中国石化“十三五”重点科技图书出版规划项目

炼油工艺技术进展与应用丛书

硫黄回收技术进展与应用

赵日峰　主编

中国石化出版社

内 容 提 要

本书系统介绍了硫黄回收及尾气处理技术的国内外进展，全面阐述了硫黄回收相关的工艺过程和反应化学，催化剂及脱硫剂的研究进展和反应原理，基础工艺计算、流程模拟及动力学模型，主要工程设备和仪表，工业装置操作技术及分析化验，节能减排与安全环保，原料和产品，以及设计的原则和工程伦理、职业操守等方面的内容。

本书可供从事硫黄回收领域的科研、设计、生产和管理工作的广大人员及高等院校相关专业师生学习和参考。

图书在版编目(CIP)数据

硫黄回收技术进展与应用／赵日峰主编．—北京：中国石化出版社，2019.9(2022.7 重印)
(炼油工艺技术进展与应用丛书)
ISBN 978-7-5114-5248-1

Ⅰ．①硫… Ⅱ．①赵… Ⅲ．①硫磺回收 Ⅳ．①TE644

中国版本图书馆 CIP 数据核字(2019)第 197167 号

中国石化出版社出版发行

地址:北京市东城区安定门外大街 58 号
邮编:100011 电话:(010)57512500
发行部电话:(010)57512575
http://www.sinopec-press.com
E-mail:press@sinopec.com
北京富泰印刷有限责任公司印刷
全国各地新华书店经销

*

787×1092 毫米 16 开本 55.5 印张 1371 千字
2019 年 9 月第 1 版　2022 年 7 月第 2 次印刷
定价:298.00 元

《硫黄回收技术进展与应用》
编 委 会

主编：赵日峰

编委：李 鹏 刘爱华 沈本贤 郭宏袒 朱学军

何智灵 金 洲 余长春 李鑫钢 朱元彪

王军长 王宝增 徐永昌 石 宁 高 娜

撰 稿 人

第一章　李　鹏　刘爱华　黄婉利　殷树青

第二章　王军长　刘增让　朱学军　裴爱霞

第三章　陈上访　朱元彪　李明军　刘忠生

第四章　王　帆　郭宏昶　王祁李　刘爱华　刘剑利　殷树青

　　　　王萌萌

第五章　刘爱华　朱元彪　李铁军　陈卫红　余　江　祁丽昉

　　　　杨建平　牛春林　张天震　郭宏昶

第六章　刘剑利　刘爱华　徐翠翠　燕　京

第七章　沈本贤　毛松柏　陆侨治　任建邦

第八章　余长春　王刻文　郭宏昶　肖　颖　胡宇湘　刘增让

第九章　何智灵　徐向峰　李伟强　孙继鹏　张　伟

第十章　朱元彪　叶信旭　魏剑萍

第十一章　王刻文　何智灵　朱元彪　郭宏昶　朱学军

第十二章　金　洲　陈上访

第十三章　王宝增

第十四章　石　宁　李玉明　刘玉法　冯俊杰

第十五章　徐永昌

第十六章　金　洲　陈上访

第十七章　王军长

其他撰稿人：雷晓虹　王凯强　袁　强　兰　敏　杜金禹

　　　　　　范　宽　许金山　王　哲　郭绍宗

前　言

炼油和石油化工、天然气化工及煤化工生产过程会产生大量含硫酸性气体。近年来，含硫原油加工量和含硫天然气处理量逐年增加，特别是高硫原油进口的增多，使炼油加工深度不断深化。面对严峻的环境状况，世界各国对含硫物质排放的环保控制标准日趋严格。

2015 年我国发布了国际上最严格的环保法规——《石油炼制工业污染物排放标准》(GB 31570—2015)，该标准规定：一般地区酸性气回收装置二氧化硫排放限值为 400mg/m^3，重点地区酸性气回收装置二氧化硫排放限值为 100mg/m^3。该标准是国际上最严格的环保标准，重点地区排放限值远低于美国加州 143mg/m^3 指标。实现从生产源头减少直至消除污染的资源化利用和环境治理已成为广泛的共识。

硫黄回收技术是用于治理含硫化氢酸性气的主要工艺技术，能够使有毒的含硫气体以硫单质的形式资源化回收，达到化害为利、降低污染、保护环境的目的。随着环保标准的日趋严格，近年来硫黄回收技术得到了快速发展。统计到 2018 年年底，我国共建设硫黄回收装置 300 余套，加工能力达 10Mt/a 以上。今后，随着人们对生态环境建设的重视，硫黄回收装置加工能力也将会有较大幅度的增长；而且随着硫黄回收技术的多样化以及操作和管理的精细化，炼油行业十分迫切需要更加深入和多方面掌握硫黄回收和尾气处理技术的理论知识和较新的技术成果。在此背景下，中国石化出版社适时组织国内硫回收领域的专家、教授编写了《硫黄回收技术进展与应用》一书。

本书共 17 章，系统介绍了硫黄回收及尾气处理技术的国内外进展，全面阐述了硫黄回收相关的工艺过程和反应化学，催化剂及脱硫剂的研究进展和反应原理，基础工艺计算、流程模拟及动力学模型，主要的工程设备和仪表，工业装置操作技术及分析化验，节能减排与安全环保，原料和产品，以及设计的原则和工程伦理、职业操守等方面的内容。本书对从事硫黄回收领域的科研、设计、生产和管理工作的广大人员及高等院校相关专业师生有较大的参考价值，对促进我国硫黄回收及尾气处理技术的发展也将大有裨益。

本书由中国石油化工股份有限公司高级副总裁赵日峰主编，参与本书编写工作的作者是多年来一直从事硫黄回收领域科研、设计、生产和管理工作的专家以及大学教授，这些同志都具有较高的理论水平和丰富的实践经验，为本书的编写质量提供了基本保证。本书的编写力求做到理论与实践相结合，工艺与工程相结合，技术与经济相结合，安全和环保相结合，国内与国外相结合，以使本书具有科学性、新颖性、系统性和实用性。但由于国内外可供参考的有关硫黄回收的书籍较少，多数撰写者都有繁忙的本职工作，编写时间有限，虽经多次审查、讨论和修改，仍难免有不妥和不足之处，敬请广大读者批评指正。

本书的编写工作得到了中国石油化工股份有限公司炼油事业部、中国石化齐鲁石化公司的大力支持，中国石化出版社对教材的编写和出版工作给予了通力协作和配合，在此一并表示感谢。

目　　录

第一章　绪论

第一节　概　　述

一、硫黄回收装置的作用

自然资源是国民经济与社会发展的重要物质基础。环境是人类进行生产和生活的场所，是人类生存与发展的基本条件。随着社会生产力和科学技术突飞猛进，人类对自然资源的需求日益增大，同时对环境的破坏也日趋加剧。如何以最低的环境代价确保经济持续增长，同时还能使自然资源可持续利用，已成为当代所有国家在经济、社会发展过程中所面临的一大难题。

我国经济近年来高速增长，综合国力日益增强，石油加工与天然气工业得到高速发展。与此同时，含硫原油加工量和含硫天然气处理量随之相应增加。特别是高硫原油进口的增多，以及大量的含硫燃料油深加工及煤造气等工艺都涉及含硫化合物的处理。国内多数天然气田也伴生大量的硫化氢。在原油中硫含量不断升高，加工深度不断深化的同时，对含硫物质排放的环保控制标准却日趋严格。面对严峻的环境状况，实现从生产源头减少直至消除污染、严重污染物的资源化处理、环境治理和修复已成为广泛的共识。经济的增长与环保的严格控制使得相关的气体脱硫与硫黄回收技术日益重要。为此，必须在开好现有硫黄回收装置的同时，建设大量硫黄回收装置以满足日益严格的环保要求。

硫黄回收装置在企业中的作用就是将含有硫化氢的酸性气，采用适当的工艺方法回收化工原料硫黄，然后进行尾气处理，达到化害为利，降低污染，保护环境的目的。

我国一直倡导节能减排工作，严格控制大气二氧化硫排放量。《石油炼制工业污染物排放标准》(GB 31570—2015)和《石油化工工业污染物排放标准》(GB 31571—2015)，要求硫黄装置烟气二氧化硫排放浓度限值 $400mg/Nm^3$，重点地区排放浓度限值 $100mg/Nm^3$。标准规定，新建企业自 2015 年 7 月 1 日起执行，现有企业自 2017 年 7 月 1 日起执行。而且限定，在国土开发密度已经较高、环境承载能力开始减弱，或大气环境容量较小、生态环境脆弱，容易发生严重大气环境污染问题而需要采取特别保护措施的地区，应严格控制企业的污染排放行为，在上述地区的企业执行 SO_2 污染物特别排放限值 $100mg/Nm^3$。

中国石化致力成为生态文明的实践者、美丽中国的建设者，积极实施绿色低碳发展战略，把降低硫黄装置烟气二氧化硫排放浓度作为炼油板块争创世界一流以及建设绿色企业行动计划的重要指标之一，要求所有硫黄回收装置烟气二氧化硫排放浓度限值 $100mg/Nm^3$。按此标准，炼油厂和天然气净化厂硫黄回收及尾气处理装置的总硫回收率要达到 99.97%～99.99%，只有采用技术更加先进可靠、尾气处理更彻底的装置才能达标。

硫黄回收装置不仅是重要的环保装置，而且是企业重要的公用工程和标配装置。硫黄回收装置出现问题，上游装置按规定均应停工或降量。随着居民尤其是城镇居民环保意识的增强和国家环保执法力度的加大，硫黄回收装置的地位越来越重要。硫黄回收装置的运行水平必然影响企业的经济效益和可持续发展。

二、硫黄回收的历史、现状及发展方向

目前炼油厂回收硫的主要技术是克劳斯(Claus)法。此法通常处理含硫化氢为15%~100%的酸性气。原始的Claus法专门用于回收吕布兰法生产碳酸钠时所消耗的硫黄，此过程由英国化学家克劳斯于1883年发明。原始的Claus法工艺分为两步：

第一步是把二氧化碳导入由水和硫化钙组成的淤浆中，产生硫化氢：

$$CaS(固)+H_2O(液)+CO_2(气)\longrightarrow CaCO_3(固)+H_2S(气) \tag{1-1-1}$$

第二步是把硫化氢和空气混合后导入一个装有催化剂的容器，发生式(1-1-2)的反应获取硫黄。

$$H_2S+1/2O_2\longrightarrow 1/xS_x+H_2O \tag{1-1-2}$$

该工艺只能在空速很低的条件下进行，而且反应热无法回收。1938年德国法本公司对Claus法工艺做了重大改革，使硫化氢的氧化分为两个阶段完成。第一阶段称为热反应阶段，有三分之一体积的硫化氢在反应炉内被氧化为二氧化硫并放出大量的反应热；第二阶段称为催化反应阶段，在催化剂床层上剩余的三分之二体积的硫化氢与生成的二氧化硫继续反应生成硫。经过改进，反应热的大部分被吸收利用。催化转化反应器的进口温度也比较容易调节，大大提高了装置的处理能力。这种经过改革的Claus工艺习惯上称为“改良Claus工艺”。改良Claus工艺成为世界上为数众多的硫黄回收装置的基础。以后该工艺虽然又经历了多次变革，并且增加了尾气处理设施，但操作原理未变。现在使用的硫黄回收方法基本都是改良Claus法。从第一套较现代化的改良型Claus工业装置于1944年投产以来，无论在基础理论、工艺流程、催化剂研制、设备结构及材质、自控方案及仪表选择等方面都有了很大发展与改进。

国内第一套从天然气中回收硫黄的装置于1965年在四川东溪天然气田建成投产，第一套从炼油厂酸性气中回收硫黄的装置于1971年在山东胜利炼油厂建成投产。目前国内的硫黄回收装置已超过300套，其中炼油厂硫黄回收装置回收能力约占70%。2000年以后，国内硫黄回收装置迅猛发展。

各国对清洁燃料的需求及来自日益严格的环保法规的压力对硫黄回收装置的总硫回收率提出了越来越高的要求。由于炼油厂加工能力的增加、炼油深度的提高，副产的硫化氢越来越多，而政府部门要求装置污染物排放量却越来越低、排放浓度也越来越低，这就要求增加硫黄回收装置处理能力的同时提高装置的总硫回收率以满足双重要求，从而使得硫黄回收装置正日益向大型化、高度自动化发展，大型装置一般都配有尾气处理装置。

随着高硫进口原油加工量的不断增加，加工过程中必然副产大量的酸性气，需要建设大量硫黄回收装置以满足日益严格的环保要求。近几年硫黄回收装置迅速发展，一大批新建装置陆续建成。硫黄回收装置一般呈现以下特点：

1）装置规模大，一般为年产20kt/a以上的装置，单套最大规模的装置为中原油田普光净化厂12套单套规模为260kt/a的硫黄装置；

2）硫黄装置环保要求日趋严格。新建装置更注重环保，绝大多数装置配有尾气处理单元，总硫回收率可达99.0%~99.9%，硫的去除率可以达到99.8%~99.99%。为了满足环保法规要求，技术得到迅猛发展，技术的需求呈现出多样性。

3）自动化程度高，控制更为准确。绝大多数装置都使用H_2S/SO_2在线比例分析调节仪，氧分析仪、氢分析仪及尾气二氧化硫在线分析仪等，大大提高了装置操作精度，为硫黄回收装置尾气达标排放奠定了基础。

4）新工艺及新催化剂迅速发展，Claus催化剂及尾气处理催化剂形成系列化。新建装置一般都使用多种催化剂来满足不同的需求，从而为硫黄回收装置大幅提高转化率创造了条件。

硫黄回收及尾气处理技术已经由单纯的环保技术发展成为兼具环保效益和经济效益的重要工艺技术。随着人们环保意识的提高、国家环保法规的日益严格，近年来各炼油厂、天然气净化厂、焦化厂、化肥厂、电厂、煤造气工厂等都在新建或扩建原有硫黄回收装置。对于新建硫回收装置，大多选择以斯科特为代表的还原吸收工艺。此类工艺虽投资及消耗指标较高，但它对Claus硫黄回收装置的适应性强，净化度高，硫回收率高达99.8%~99.99%，是目前世界上装置建设数量最多、发展速度最快的尾气净化工艺。就目前来说，斯科特工艺又进行了诸多的改进，如低温斯科特工艺、超级斯科特工艺、低硫斯科特工艺、生物斯科特工艺等。

然而，对于为数不少的小型炼油厂、焦化厂、化肥厂等，硫化氢含量低，建大型硫回收装置不合适也不现实，还有一些硫黄回收装置由于装置规模小，没有设尾气处理单元或尾气处理不达标的工艺，其原有工艺都有了改进型工艺。如Sulfreen工艺、Clauspol工艺、Super Claus工艺等，总硫回收率均达到或超过了99.5%。若要新增尾气处理装置，可考虑多用途的RAR工艺及组合式RAR工艺，其脱除效率高达99.7%~99.9%，投资和运行成本低，是一种很有发展前途的硫黄回收及尾气处理工艺。

另外，一些炼油厂的硫黄回收装置因受到场地、资金以及酸性气含量等多方面的限制，往往只能采取装置扩能的措施来解决掺炼高硫原油的问题。富氧硫回收工艺是装置扩能的有效工艺之一，发展势头迅猛。

第二节　石油及天然气中的硫分布

硫是石油中除碳、氢外的第三个主要组分。随着我国进口石油数量的增加及原油的重质化，加工高硫原油已成为我国炼油行业发展的必然趋势。常见的原油硫含量在0.05%~4%，也有极个别硫含量高达10%以上。原油按硫含量可分为低硫原油（硫含量小于0.5%）、含硫原油（硫含量为0.5%~2%）和高硫原油（硫含量大于2%）。目前世界上低硫原油仅占17%，含硫原油占30.8%，高硫原油比例高达58%，并且这种趋势还将进一步扩大。

一、石油及其加工过程中的硫分布

硫在原油中的存在形态主要有单质硫、硫醇、硫化氢、脂肪族硫化物、二硫化物、芳香族化合物、杂环硫化物，已确定结构的含硫烃就有200余种。由于各种原油的硫含量和硫组成不同，各厂的加工工艺不同，致使硫在各个馏分中的分布也不同。一般的规律是：馏分越轻，硫含量越低；馏分越重，硫含量越高，硫化合物的结构也越复杂。

石油加工过程中，原油的硫分布于炼油厂各主要装置和各产品中，影响产品质量，引起催化剂中毒，对设备、环境和安全生产构成一定的威胁。

（一）典型的原油总硫及其类型硫分布

1. 典型的原油总硫分布

原油中的硫含量变化范围为0.05%~14%，但大部分原油的硫含量都低于4%，在原油所有的馏分中，石脑油的硫含量最低。随着沸点的增加，石油馏分的硫含量呈倍数递增的趋势，而随着相对分子质量的增大，石油馏分每个分子中硫原子的平均数随沸点的升高而迅速增大。表1-2-1列出了11种含硫原油的总硫分布情况。由表1-2-1看出，原油中的含硫化合物主要分布在重质馏分中，常压渣油的硫占原油硫的90%左右，其中减压瓦斯油(VGO)中的硫占原油硫的20%~40%，减压渣油中的硫占原油硫的50%以上。可见原油中的绝大部分含硫化合物都将进入二次加工的各工艺装置中。

表1-2-1 典型含硫原油的硫分布 %(质)

原油名称	原油硫含量	汽油		煤油		柴油		减压瓦斯油		减压渣油	
		硫含量	硫分布	硫含量	硫分布	硫含量	硫分布	硫含量	硫分布	硫含量	硫分布
胜利	1.00	0.008	0.02	0.0117	0.05	0.343	6.0	0.68	17.9	1.54	76.0
伊朗轻质	1.35	0.06	0.6	0.17	2.1	1.18	15.0	1.62	16.9	3.0	65.4
伊朗重质	1.78	0.09	0.7	0.32	3.1	1.44	8.8	1.87	13.5	3.51	73.9
阿曼	1.16	0.03	0.3	0.108	1.4	0.48	8.7	1.10	20.1	2.55	69.5
伊拉克轻质	1.95	0.018	0.2	0.407	4.4	1.12	7.6	2.42	38.2	4.56	49.6
北海混合	1.23	0.034	0.7	0.414	5.2	1.14	10.2	1.62	34.4	3.21	49.5
卡塔尔	1.42	0.046	0.8	0.31	3.7	1.24	10.3	2.09	33.8	3.09	51.4
沙特轻质	1.75	0.036	0.4	0.43	3.9	1.21	7.6	2.48	44.5	4.10	43.6
沙特中质	2.48	0.034	0.3	0.63	3.6	1.51	6.2	3.01	36.6	5.51	53.3
沙特重质	2.83	0.033	0.2	0.54	2.4	1.48	4.9	2.85	32.1	6.00	60.4
科威特	2.52	0.057	0.4	0.81	4.3	1.93	8.1	3.27	41.5	5.24	45.7

2. 不同原油类型的硫分布

原油中的含硫化合物主要由硫醚硫和噻吩硫组成，对大部分原油来说，单质硫、硫化氢、硫醇和二硫化物等对加工设备具有较强腐蚀作用的活性硫的含量较低。不同原油类型硫分布见表1-2-2。

表1-2-2 不同原油类型硫分布 %(质)

原油产地与名称	总硫	S	H_2S	RSH	RSSR	RSR(Ⅰ)	RSR(Ⅱ)	残余硫
美国得克萨斯州 威逊	1.85	0.1	0	15.3	7.4	11.6	13.0	52.6
美国密执安州 得波利法	0.58	0.0	0	45.9	22.5	0.0	3.0	28.6
美国俄克拉荷马州 瓦尔玛	1.36	0.4	0	1.1	0.7	12.4	41.5	43.9
伊朗 阿卡加里	1.36	0.0	0	8.5	3.4	12.8	9.6	65.7
伊拉克 克利考克	1.93	0.0	0	7.9	3.5	20.9	24.6	41.0

续表

原油产地与名称	总硫	S	H_2S	RSH	RSSR	RSR(Ⅰ)	RSR(Ⅱ)	残余硫
美国加利福尼亚州 萨塔玛利亚	4.99	0.0	0	0.2	0.0	6.1	35.5	58.2
美国怀俄明州 阿来哥巴斯	3.25	0.3	0	1.7	1.3	15.0	13.5	68.2
美国得克萨斯州 斯洛塔	2.01	1.2	0	10.8	9.2	7.5	22.5	48.8
美国科罗拉多州 拉古来君	0.76	0.0	0	0.0	0.0	7.7	20.3	72.0
美国密西西比州 哈依得巴克	3.75	0.0	0	0.0	0.2	7.8	11.7	80.3

(二) 原油加工过程中的硫分布

油品中的硫化合物是多种多样的，对于汽油馏分而言，含硫烃类以硫醇、硫化物和单环噻吩为主，其主要来源于催化裂化(简称 FCC)汽油。而柴油馏分中的含硫烃类有硫醇、硫化物、噻吩、苯并噻吩和二苯并噻吩等，其中二苯并噻吩的 4，6 位烷基存在时，由于烷基的位阻作用而使脱硫非常困难，而且随着石油馏分沸点的升高，含硫化合物的结构也越来越复杂。石油中也有游离态的硫存在，但大多以硫化物和硫化氢、硫酸、硫醚、二硫化物及环状硫化物等形式存在。原油经加工后，硫的分布随馏分的沸点而递增，因此轻质馏分含硫少，原油中 70%~80%的硫均集中到较重馏分如柴油特别是残渣燃料油中。轻质馏分中硫多以硫醇、硫醚等存在，因此如航空燃料等产品的规格中除对总硫量有限制外还规定了硫醇性硫的允许含量。各加工装置硫分布的规律如下。

1. 常减压装置

原油经过常压蒸馏后，约 90%的硫转移到常压渣油中，而常压渣油经减压蒸馏后，约 70%的硫转移到减压渣油中，20%的硫转移到减压蜡油中，10%的硫转移到其他馏分油中。

2. 催化裂化装置

催化裂化原料中的硫有 45%~55%以硫化氢的形式进入气体产品中；35%~45%的硫进入液体产品中；5%~10%的硫进入焦炭中。

3. 渣油加氢裂化装置

原料中的硫几乎全部以 H_2S 的形式进入气相物流中，生成的汽、柴油馏分硫含量很低。

4. 延迟焦化装置

原料中的硫有 20%~27%以硫化氢的形式进入气体产品中，而原料硫进入焦炭的硫分率不仅与原料的生焦率、焦化原料的物化性质密切相关，还与焦化反应的操作条件和循环比密切相关。

表 1-2-3 为国内主要原油各馏分中硫的分布，表 1-2-4 为国外主要原油各馏分中硫的分布。

表 1-2-3 国内主要原油各馏分中硫的分布

馏分(沸程)/℃	硫含量/(μg/g)						
	大庆	胜利	孤岛	辽河	中原	江汉	吐哈
原油	1000	8000	20900	2400	5200	18300	300
<200	108	200	1600	60	200	600	20

续表

馏分(沸程)/℃	硫含量/(μg/g)						
	大庆	胜利	孤岛	辽河	中原	江汉	吐哈
200~250	142	1900	5200	130	1300	4400	110
250~300	208	3900	8800	460	2200	5900	200
300~350	457	4600	12300	880	2800	6300	300
350~400	537	4600	14200	1190	3400	10400	350
400~450	627	6300	11020	1100	3400	15400	440
450~500	802	5700	13300	1460	4300	1600	680
>500(渣油)	1700	13500	29300	3600	9400	23500	940
$\frac{渣油中硫}{原油中硫}$/%	74.7	73.3	75.0	70.0	68.0	72.2	30.1

注：江汉原油的馏分切割温度稍有差异。

表 1-2-4 国外主要原油各馏分中硫的分布

馏分(沸程)/℃	硫含量/(μg/g)						
	伊朗轻质	沙特中质	沙特重质	沙特轻质	阿联酋	阿曼	安哥拉
原油	14000	24200	28500	18000	8300	9500	2170
<200	800	700	790	410	270	300	80
200~250	4300	2640	3230	1730	1030	1400	250
250~300	9300	8120	10960	10310	5600	2900	540
300~350	14400	14230	20400	16110	9300	6200	730
350~400	17000	19390	25200	22100	11600	7400	1090
400~450	17000	22420	27100	23400	12500	9200	1100
450~500	20000	25400	30100	25700	13500	11600	1250
>500(渣油)	34000	38100	55000	39300	16000	21700	2400
$\frac{渣油中硫}{原油中硫}$/%	88.9	48.2	57.3	43.4	30.6	66.1	38.8

（三）天然气中的硫分布

1. 天然气中硫的形成

天然气中硫的形成有这几种情况：一是在地下高温高压环境下，H_2S 经 FeS_2 催化热降解产生硫；二是在地下高温高压环境中，H_2S 和 CO_2 生成硫；三是在高含硫气田开采过程中，储层压力降低导致硫溶解度降低而析出、沉积，导致储层的渗透率降低甚至发生硫堵。硫的沉积主要有物理沉积和化学沉积。

（1）化学沉积

在酸性天然气中，化学平衡是控制硫溶解和沉积的主要因素，硫与 H_2S 生成多硫化氢的过程：

$$H_2S+S_x \rightleftharpoons H_2S_{x+1} \tag{1-2-1}$$

该化学平衡过程是可逆的，从左到右为吸热反应。当温度或压力升高时，在地层中的单体硫含量减少，在天然气中的硫含量增加。天然气中硫化氢含量越高，气体对硫的溶解能力越强，对单体硫的溶解越有利。

(2) 物理沉积

天然气中有机物类(C_5以上)的质量分数小于0.5%时，易发生硫沉积，在高稠度、高压缩的天然气中，当天然气开始流动时，气流影响周围的硫颗粒，使悬浮的颗粒获得加速度随天然气一起流动。随流动方向气流速度增大，其运动也加快。在一定温度和压力下，硫内晶体的化学键破裂变成开键状的分子，导致硫发生相变，加速凝固并造成沉积。

2. 天然气中的硫组成

天然气作为一种清洁燃料和可代替的化工原料，其资源地位越加突出。国内外十分重视发展天然气产业。不同地层所产天然气有不同的硫组成，有些天然气不含或仅含微量H_2S及有机硫，称之为无硫气，但许多天然气含有一定量的H_2S及有机硫、CO_2，可称之为粗天然气。

(1) 国外天然气硫分布特征及主要组成

1) 国外高含硫化氢天然气分布特征：

目前世界上已发现了近20个高含硫化氢气田，从寒武系至第三系均有分布，它们分别分布在加拿大阿尔伯达、法国拉克、美国密西西比、南得克萨斯、东得克萨斯、怀俄明、德国威悉-埃姆斯、伊朗阿斯马里-沙阿普尔港、苏联伊尔库茨克和中国的川东北、华北赵兰庄等富含碳酸盐的含油气盆地或蒸发盐比较发育的储层中。这些气田中硫化氢含量一般占气体组分的4%~98%。其中美国南得克萨斯侏罗系灰岩储层中的硫化氢含量高达98%，为世界之最。这些高含硫化氢天然气大多都是干气，乙烷以上的重烃含量一般都小于3%，且天然气中也富含CO_2。

2) 国外含硫天然气的主要组成：

各国气田硫含量差异较大，H_2S的质量分数大致在10%~90%。法国拉克气田所产天然气的H_2S和CO_2的质量分数分别为15%和9%。加拿大Caroline气田含H_2S和CO_2的质量分数分别为36%和7%，气田处理厂采用了MDEA与Sulfinol联合脱硫处理装置；液硫采用保温管线输送，Rotoform硫黄成型工艺；整个气田实现了高度自动化管理。

国外某些含硫天然气组成见表1-2-5。

表1-2-5 国外某些含硫天然气组成 %

国外气田	H_2S	CO_2	C_1	C_{2+}
法国拉克	15.5	10.0	69.4	5.1
美国				
得克萨斯州	15.0	6.0	57.69	13.81
Person	1.6	6.9	81.57	9.43
加拿大				
比塔雷	90.6	5.1	3.4	
华特顿Ⅳ	32.2	7.6	51.2	5.7
内维斯	6.5	4.1	63.5	17.4
克罗斯菲	0.6	6.0	81.4	10.8
俄罗斯				
奥伦堡	2.58	1.4	82.2	14.25
阿斯特拉罕	24.6	14.2	49.6	12.0

续表

国外气田	H_2S	CO_2	C_1	C_{2+}
德国				
NEAG	9.0	9.5	81.5	0.5
Duste	6.31	8.88	80.64	0.2
伊朗马斯杰德	25.0	11.0	62.8	1.2

（2）国内含硫天然气的主要特征及其组成

1）国内含硫天然气的主要特征：

我国含硫化氢天然气分布也比较广泛，目前已在四川盆地、渤海湾盆地、鄂尔多斯盆地和塔里木盆地等含油气盆地中发现了含硫化氢天然气。四川盆地是中国目前含硫化氢天然气最富集的地区。

2）国内含硫天然气的主要组成：

国内开发的部分天然气田中硫化氢、二氧化碳含量偏高，如中国石化普光天然气田硫化氢含量高达12.63%，二氧化碳含量为8.71%，目前已投产3年多，年产天然气可达$120\times10^8m^3$。元坝天然气田是中国石化最新开发的大型天然气田，也是高含硫气田，二氧化碳含量相比普光气田更高，该气田有$30\times10^8m^3$的年生产能力。川渝地区若干天然气组成见表1-2-6。

表1-2-6　川渝地区若干天然气组成

气田及井站	H_2S/%	CO_2/%	碳硫比	C_1/%	C_{2+}/%
威远	0.879	4.437	5.05	86.80	0.11
卧龙河	4.48	0.54	0.12	92.42	1.35
中坝	6.32	4.13	0.65	84.84	2.903
渠县	0.531	1.913	3.60	96.357	0.315
长寿	0.285	2.251	7.90	95.983	0.657
罗家寨6#井	7.05	5.87	0.83	85.92	0.07
渡口河3#井	17.06	8.27	0.48	73.71	0.11
普光	12.63	8.71	0.69	79.81	0.37

三、硫在炼油过程中的危害

硫在炼油过程中存在极大的危害，如不及时将其脱除，将严重腐蚀设备，影响装置的长周期运行。硫腐蚀贯穿于炼油全过程。原油中硫的总含量与腐蚀性之间并无精确的对应关系，主要取决于含硫化合物的种类、含量和稳定性。如果原油中的非活性硫易转化为活性硫，即使硫含量很低，也将对设备造成严重的腐蚀，这就使硫腐蚀发生在炼油装置的各个部位。同时，硫的存在也严重地影响油品质量，各国对油品中的硫含量均有日趋严格的标准。

（一）低温轻油部位的腐蚀

原油中存在的硫化氢以及含硫化合物在不同条件下逐渐分解生成硫化氢，与原油加工中形成腐蚀性介质（如氯化氢、氨等）和人为加入的腐蚀性介质共同形成腐蚀性环境，在装置低温部位造成严重的腐蚀。典型的有常减压蒸馏装置塔顶的 $HCl+H_2S+H_2O$ 型腐蚀环境；催化裂化装置分馏塔顶的 $HCN+H_2S+H_2O$ 型腐蚀环境。$HCl+H_2S+H_2O$ 型腐蚀环境主要存在于常减压蒸馏装置塔顶循环系统和温度低于150℃的部位，如初馏塔、常压塔、减压塔塔顶部位以及塔顶冷凝冷却系统，一般气相部位腐蚀较轻，液相部位腐蚀严重，气液相变部位最为严重。氯化氢和硫化氢的沸点都非常低（标准沸点分别为-84.95℃和-60.2℃），因此，在原油加工过程中形成的氯化氢和硫化氢均伴随着油气集聚在常压塔顶，在110℃以下遇到蒸气冷凝水会形成 pH 值达 1~1.3 的强酸性腐蚀介质，对设备造成腐蚀（对碳钢为均匀腐蚀）。原油中的含硫化合物在催化裂化的反应条件下形成硫化氢，同时一些氮化物也以一定的比例存在，其中1%~2%的氮化物以 HCN 形式存在，从而在催化裂化装置吸收解吸系统形成 $HCN+H_2S+H_2O$ 腐蚀环境。

（二）高温下硫的腐蚀

高温含硫化合物的腐蚀是指240℃以上的重油部位硫、硫化氢和硫醇形成的腐蚀环境。典型的高温含硫化合物的腐蚀环境存在于常减压蒸馏装置中常压塔、减压塔的下部和塔底管道、常压渣油和减压渣油换热器等。催化装置中分馏塔的下部，在这些高温含硫化合物的腐蚀环境下，碳钢的腐蚀速率都在1.1mm/a以上。

在高温条件下，活性硫与金属直接反应，反应式如下：

$$H_2S+Fe = FeS+H_2 \tag{1-2-2}$$

$$S+Fe = FeS \tag{1-2-3}$$

$$2RSH+Fe = (RS)_2Fe+H_2 \tag{1-2-4}$$

高温硫腐蚀速率的大小，取决于原油中活性硫的多少，与总硫含量也有关系。温度的升高，一方面促进活性含硫化合物与金属的化学反应，同时又促进非活性硫的分解。温度高于240℃时，随着温度的升高，硫腐蚀逐渐加剧，特别是在350~400℃时硫化氢能分解出硫和氢，硫比硫化氢腐蚀性更强。高温硫腐蚀开始时速率很快，一定时间后速率保持恒定。这是因为生成了硫化铁保护膜的缘故，而物流的流速越高，保护膜就越容易脱落，脱落后的腐蚀会重新开始。

四、酸性气的来源及性质的要求

（一）酸性气的来源

酸性气是指气体脱硫（包括干气脱硫、液态烃脱硫、焦化富气脱硫）、硫黄回收尾气处理以及含硫污水汽提所产生的主要含硫化氢、二氧化碳等组分的气体。这些气体的湿气体呈酸性。

硫黄回收装置的酸性气一般来自气体脱硫、污水汽提、硫黄回收尾气的溶剂再生。在上游装置一般都配备了压力控制器及放火炬燃烧设施。为了除去酸性气中夹带的凝液，所有进料都有分液罐。

1. 气体脱硫酸性气的产生

气体脱硫的原理是利用溶剂对硫化氢的选择性进行的，由于溶剂和硫化氢、二氧化碳的主要反应均为可逆反应，在脱硫塔中溶剂与液态烃、干气中的硫化氢、二氧化碳反应，使原料中的酸性组分被脱除；在溶剂再生塔中溶剂释放出酸性组分，从而溶剂得到再生。

2. 酸性水汽提酸性气的产生

在常温下，硫化氢和氨溶于水，并电离成离子存在于水中。将污水加热至140℃以上，破坏了硫化氢和氨在水中的平衡，促使它们从液相向气相中转移；同时，利用水蒸气来降低硫化氢和氨在气相中的分压，这样就可以降低硫化氢和氨在水中的含量，达到净化污水的目的。

污水汽提装置与硫黄回收装置关系最密切的是污水汽提塔，污水汽提塔操作的好坏直接影响到污水汽提酸性气的质量。酸性水汽提的酸性气原料中氨对硫黄回收生产影响较大。一般情况下，溶剂再生装置的酸性气中硫化氢含量比酸性水汽提装置的酸性气要低。

由于酸性气质量直接影响到硫黄回收装置的运行，因此，加强与上游装置的联系，及时掌握酸性气的各种变化也是操作好硫黄回收装置的重要因素。

（二）对酸性气性质的要求

硫黄回收装置对原料性质有较高的要求。首先，由于炼油厂硫黄回收装置使用的工艺基本都是部分燃烧法，因此按照硫黄回收方法选用原则，要求酸性气中硫化氢含量在50%以上；其次，为保证装置产品质量，保护催化剂，防止堵塞，提高转化率，维持装置的正常生产，要求原料气中烃含量不得高于2%，氨含量不得高于3%。当酸性气质量达不到上述要求时，将引发装置一系列问题。

1. 酸性气中的烃类

酸性气体中烃类的主要影响是提高反应炉温度和废热锅炉热负荷，增加空气的需要量，致使设备和管道相应增大，增加了投资费用，然而更重要的是过多的烃类存在还会增加反应炉内COS和CS_2的生成量，影响硫的转化率，而没有完全反应的烃类则会在催化剂上形成积炭，尤其是醇胺类溶剂在反应炉高温下和硫反应生成的有光泽的焦油状积炭，即使少量积炭也会降低催化剂的活性。

2. 酸性气中的NH_3类

NH_3的危害主要表现为其必须在高温反应炉内与SO_2发生氧化反应而分解为N_2和H_2O，否则会形成NH_4HS、$(NH_4)_2SO_4$类结晶而堵塞下游的管线设备，使装置维修费用增加，严重时将导致停产。此外，NH_3在高温下还可能形成各种氮的氧化物，促使SO_2氧化成为SO_3，导致设备腐蚀和催化剂硫酸盐化中毒。为了使NH_3燃烧完全，反应炉配风需随着含NH_3气流的组成及流量而变，因而使H_2S/SO_2的比例调节更加复杂化，NH_3氧化生成的附加水分，还可能会因质量作用定律而导致生成单质硫的反应转化率降低。

3. 酸性气中的醇胺类物质

高热值醇胺类物质没有脱除干净就进入酸性气反应炉，会使酸性气反应炉温度超出工艺指标。同时燃烧不好，还会带到尾气焚烧炉继续燃烧，造成烟囱超温、冒黑烟，严重时将烟囱烧塌，烧坏炉体。

另外，会因配风不能及时跟上，氧气不足而得不到充分燃烧，导致大量析炭，从而使硫黄产品颜色变黑，有机物含量高，影响硫黄产品质量。最为严重的是大量炭粉积存在催化剂床层表，大大降低了催化剂的活性，还会堵塞反应器床层，最终导致系统压力升高，严重时装置被迫停工。

4. 酸性气中水分

酸性气携带的液体主要是水、烃及醇胺类溶剂，它们会影响硫黄回收装置的生产运行及硫黄产品的质量。

(1) 不利于硫化氢的转化率，降低装置的转化率

硫黄回收工艺要求原料酸性气中含水量低于1%，水进入硫黄回收装置会降低硫化氢的转化率和硫黄收率。

对催化剂本身来讲，大量的水进入硫黄回收装置，会使反应器内的催化剂在高温的反应过程中和水蒸气反复作用，导致催化剂颗粒外表微孔被破坏、孔径扩大、比表面积与孔体积减小等物理性质变化。同时在床层系统超温的情况下，大量的水蒸气还能与催化剂进行水合反应，此过程和热老化相结合，形成水热老化，进一步加快催化剂老化，甚至导致催化剂永久失活，增加系统的危险性。

(2) 使酸性气反应炉乃至整个系统压力突然升高，对系统造成冲击

在正常生产时，酸性气在设计条件下也存在4%的水分。在异常生产过程中，污水汽提装置存在汽提塔塔顶温度高、冲塔的可能性，塔顶酸性气夹带蒸汽(含部分油气)量增大。因此，必须进行酸性气分液，防止大量水分进入高温的酸性气反应炉，对炉子造成损坏。

大量的水进入硫黄回收装置，会在酸性气反应炉的高温下剧烈汽化，使酸性气反应炉乃至整个系统压力突然升高。克劳斯部分燃烧法工艺要求反应在接近常压的低压条件下进行。在较早的设计中，在反应炉和反应器等设备上还安装防爆膜，而水的介入使系统压力升高到设定压力以上时，会导致防爆膜炸裂，使硫黄回收装置被迫停工。在近期的设计中，不再设计防爆膜，但大量水进入酸性气反应炉，仍会对系统造成冲击。

由于酸性气带液进入硫黄回收装置会造成如此大的危害，所以要求酸性气进入反应炉前必须经过严格的脱液。如果较长时间不脱液，酸性气中如胺等杂质容易在管线及阀门的高温下碳化，将阀门及管线堵塞。

第三节　硫黄回收工艺发展历史、现状及发展方向

一、硫黄回收工艺发展历史

(一) 原始的克劳斯(Claus)工艺

1883年英国化学家C，F·Claus首先提出回收单质硫的专利技术，至今已有100多年历史。原始的Claus法专门用于回收吕布兰(Leblanc)法生产碳酸钠时所消耗的硫，反应过程列于下式：

$$2NaCl+H_2SO_4 = Na_2SO_4+2HCl \tag{1-3-1}$$

$$Na_2SO_4+2C = Na_2S+2CO_2 \tag{1-3-2}$$

$$Na_2S+CaCO_3 = Na_2CO_3+CaS \tag{1-3-3}$$

为了回收单质硫，第一步是把CO_2导入由H_2O和CaS(碱性废料)组成的液浆中得到H_2S，然后在第二步将H_2S和O_2混合后，导入一个装有催化剂的容器，催化剂床层则预先以某种方式预热至所需要的温度，反应开始后，用控制反应物流的方法来保持固定的床层温度。显然此工艺只能在催化剂上以很低的空速进行反应。反应过程如下：

$$CaS(固)+H_2O(液)+CO_2(气) = CaCO_3(固)+H_2S(气) \tag{1-3-4}$$

$$H_2S+1/2O_2 = 1/xS_x+H_2O \quad (1-3-5)$$

如果使用了水合物形式的铁或锰的氧化物，就不需要预热催化剂床层即可以开始反应，然而由于 H_2S 和 O_2 之间的反应是强烈的放热反应，而释放的热量又只靠辐射来发散，因此限制了 Claus 反应炉只能处理少量的 H_2S 气体。原始 Claus 工艺流程见图 1-3-1。

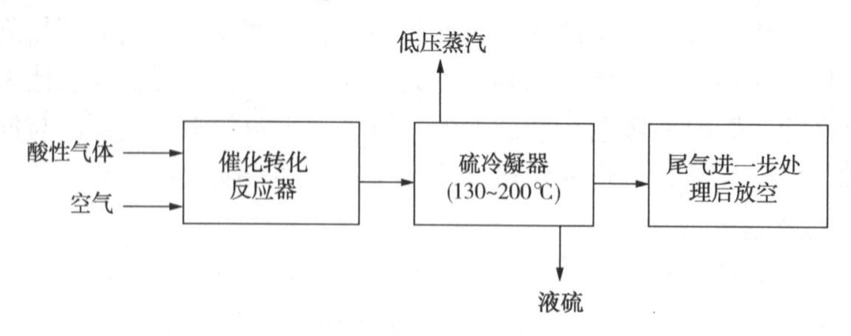

图 1-3-1　原始的克劳斯工艺流程

（二）改良 Claus 工艺

Claus 法早期的一种改型是 I · G · Claus 工艺（1932 年），该法经 Claus 反应炉燃烧一部分 H_2S，然后使生成的 SO_2 再与未反应的 H_2S 反应。由于在燃烧生成 SO_2 时已释放出大量的反应热，因而在其后的催化反应中释放的反应热大为减少，不会因超温而造成催化剂破坏，这就是所谓的“分流法”。

1938 年德国法本公司（I · G · Farbenindustrie AG）对 Claus 工艺作了重大改进，不仅显著地增加了处理量，也提出了一个回收以前浪费掉的能量的方法。其要点是把 H_2S 的氧化分为两个阶段来完成。第一阶段称为热反应阶段，有 1/3 体积的 H_2S 在蒸汽锅炉内被氧化成为 SO_2，同时放出大量的反应热以水蒸气的形式予以回收；第二阶段称为催化反应阶段，即剩余的 2/3 体积的 H_2S 在催化剂上与生成的 SO_2 继续反应而成为单质硫。反应方程式如下：

$$H_2S+3/2O_2 = SO_2+H_2O \quad (1-3-6)$$

$$2H_2S+SO_2 = 3/xS_x+2H_2O \quad (1-3-7)$$

由于设置了废热回收设备，炉内反应所释放的热量约有 80% 可以回收，而且催化转化反应器的温度也可以凭借控制进口过程气的温度加以调节，这样就基本上排除了反应器温度控制难的问题，同时也大幅度提高了装置的处理量，从而奠定了现代硫黄回收工艺的基础。“直流法”或“部分燃烧法”的问世是 Claus 工艺划时代的重大进展，此后 Claus 法在工业上得到广泛应用。随着生产发展的需要，改良 Claus 工艺本身又作了不少改进，1938 年以后的主要改进是相继增加了更多的催化反应器，同时在各反应器之间除去硫黄和热量，使反应平衡向着更高的硫黄产率方向移动。

（三）现代改良 Claus 工艺

经过半个多世纪的演变，改良 Claus 法在催化剂、设备、材质和流程以及控制方法等各方面经过不断的研究改进，才发展成为今天简单可靠、经济有效并得到普遍应用的硫回收方法。根据原料气中 H_2S 的含量不同，现代改良 Claus 工艺大致可以分为三种基本形式，即部分燃烧法、分流法和直接氧化法，无论哪种型式都是由高温反应炉、冷凝器、再热炉和催化转化反应器等一系列容器所组成。这些工艺之间的区别是在一级催化转化反应器前产生 SO_2 的方法不同。在这三种方法的基础上，各自再辅以诸如预热、补充燃料气等不同的技术措施，又可派生出各种不同变形，其大致情况见表 1-3-1。

表 1-3-1　各种工艺方法及适用范围

原料气中 H_2S 体积分数/%	工艺方法	原料气中 H_2S 体积分数/%	工艺方法
50~100	部分燃烧法	15~25	带有原料气和/或空气预热的部分分流法
40~50	带有原料气和/或空气预热的部分燃烧法	<15	直接氧化法和其他处理贫酸性气的特殊方法
25~40	分流法		

三种不同进料工艺的选择主要考虑以下两点：一是根据酸性原料气体中 H_2S 的含量，配以适量的空气；二是确定反应炉的反应温度，使炉内反应尽可能地保持热平衡。在日常生产中，H_2S 的浓度会随着反应的进行而变化，此时可以通过调节预热温度或者补充燃料气的方式对反应温度进行更好的控制。Claus 硫黄回收工艺 3 种进料方式流程见图 1-3-2。

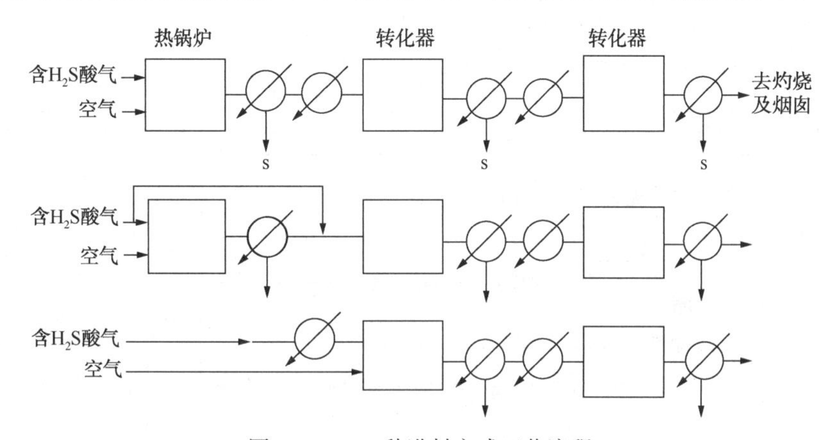

图 1-3-2　3 种进料方式工艺流程

应予指出，表 1-3-1 中所示的划分范围并非十分严格，关键是反应炉内燃烧 H_2S 所释放的热量必须保证维持稳定的火焰，否则装置将无法正常运行。

第一套较现代化的改良 Claus 工业装置于 1944 年投产，它奠定了现代硫黄回收工艺的基础。当时的这套改良 Claus 装置由酸性气反应炉、废热锅炉、反应器、硫冷凝冷却器、焚烧炉和风机等设备组成。这也标志着 Claus 硫黄回收大规模应用的开始。经过 20 多年的发展，因化学平衡的限制和催化反应温度的制约，无法进一步提高硫黄回收率。为满足更加严格的大气环保要求，人们开始了对尾气处理的研究。1970 年第一套 Sulfreen 法尾气处理工业装置投产，标志着尾气处理作为一种新型工艺技术正式问世。1974 年第一套 SCOT 装置建成投产，此后尾气处理工艺蓬勃发展，被研究过的工艺及方法达 70 种以上，已工业化的也有 20 种左右。

（四）国内 Claus 工艺及其运行情况

1. 国内首套 Claus 工艺的问世

我国 Claus 法回收硫的生产起步于 20 世纪 60 年代中期，第一套 Claus 法硫黄回收工业装置于 1965 年在四川东磨溪天然气田建成投产，首次从含硫天然气副产的酸性气中回收了硫黄。1971 年在齐鲁石化胜利炼油厂(原胜利石油化工厂)建成了以炼厂酸性气为原料年产硫黄 5kt 的 Claus 硫黄回收装置，从此揭开了我国硫回收技术发展的序幕。

1977 年四川天然气净化厂从日本引进了单套处理能力为 $400 \times 10^4 m^3/d$ 天然气净化装置，全套设备包括原料气过滤分离、脱硫、脱水、硫黄回收、尾气处理、循环水处理和污水处理等，该装置配套完整，自控水平较高，能耗较低，对促进我国硫回收技术的进步意义颇大。

2. 炼油企业首套 Claus 装置工业运行概况

胜利炼油厂第一套 5kt 的 Claus 硫黄回收装置原设计采用“分流法”两级转化工艺。由于炼油厂酸性气含烃量高(尤其含烯烃高)这一特点没有被重视，曾经 4 次开车 4 次失败，历时半年在四川石油管理局东溪炼油厂、泸州炼制所、青岛红星化工厂、华东石油学院、北京石油化工总厂设计所等单位的协助下，于 1971 年 12 月采用“部分燃烧法”生产出合格硫黄。

(1) 分流法主要工艺操作条件(见表 1-3-2)

表 1-3-2　分流法主要工艺操作条件

酸性气流量/(m^3/h)		空气流量/(m^3/h)	温度/℃								
2/3	1/3		炉膛	炉后	废热锅炉	一转入口	一转出口	二转入口	二转出口	一冷	二冷
310	173	1040	1340	1248	302	315	330	265	240	190	132

(2) 分流法生产流程(见图 1-3-3)

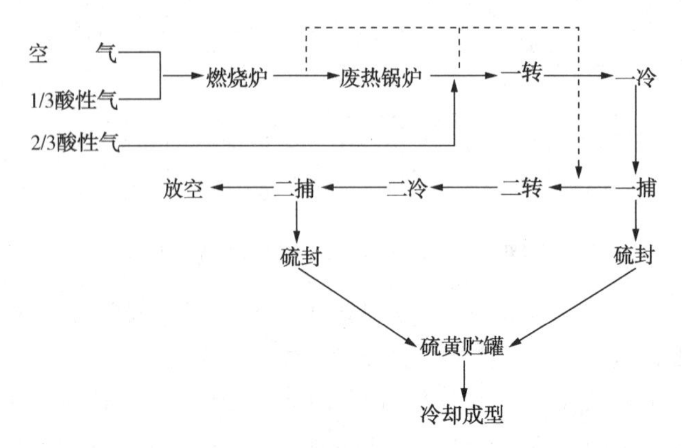

图 1-3-3　第一套 5kt 硫黄回收装置原设计分流法流程示意

(3) 部分燃烧法主要工艺操作条件(见表 1-3-3)

表 1-3-3　部分燃烧法主要工艺条件

酸性气流量/(m^3/h)	空气流量/(m^3/h)	温度/℃									转化率/%
		炉膛	炉后	废热锅炉	一转入口	一转出口	二转入口	二转出口	一冷	二冷	
350	702		876	351	310	300	294	265	130	124	78
458	918		1072	401	369	389	326	315	141	134	76

注：催化剂采用山西阳泉铝矾土。

(4) 部分燃烧法工艺流程(见图 1-3-4)

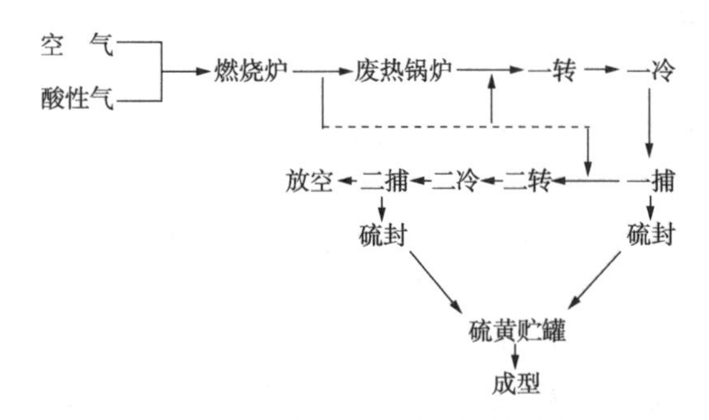

图 1-3-4　第一套 5kt 硫黄回收装置部分燃烧法流程示意

二、硫黄回收工艺现状

（一）国内酸性气处理技术

据不完全统计，国内目前有 150 多家企业 300 余套硫黄回收装置运行，其中 50kt/a 以上的装置占总数的 30%左右，主要集中在中国石化、中国石油和中化集团公司。通过对已引进的硫黄回收装置消化吸收，借鉴国外先进技术和有益经验，在硫黄回收装置工艺设计、单元设备改造、催化剂开发应用、分析控制、溶剂生产以及防腐节能等方面取得了显著的进步，并形成了具有自主知识产权的成套硫黄回收工艺技术，可以满足不同酸性气组成、不同工艺条件、不同排放标准和不同规模的硫黄回收装置的要求。

1. 工艺发展现状

我国除了从事硫黄回收装置工业生产和工程技术人员在不断改进现有技术以外，还有设计、科研单位长期从事硫黄回收技术的引进、新技术开发和科研工作。四川某设计院从 20 世纪 60 年代中期就开始 Claus 硫黄回收装置的设计建设，20 世纪 70 年代从国外引进 SCOT 尾气处理技术，消化吸收后又自行设计多套 SCOT 装置，90 年代初引进加拿大 MCRC 工艺，并在消化吸收后自行建成一套装置。

2. 主要国产化及配套硫黄回收技术

（1）SSR 硫黄回收工艺

SSR 工艺技术是中国石化集团公司 1998 年度“十条龙”重大攻关项目之一，由山东三维石化工程有限公司（原齐鲁石化胜利炼油厂设计院）开发。

SSR 工艺的主要特点包括：①对原料酸性气的适应性强。该工艺已经广泛用于石油化工企业和煤化工企业的硫回收装置，酸性气中 H_2S 摩尔分数范围在 30%～97%；②不使用在线加热炉，避免了在线炉燃烧产生的惰性气体进入系统，过程气总量比有在线炉的同类工艺少 5%～15%，工艺设备规格和工艺管道规格较小，在同等尾气净化度时，尾气污染物绝对排放量相对较少；③用外供氢作氢源，但对外供氢纯度要求不高，从而使该工艺对石油化工企业硫回收装置具有广泛的适应性。

（2）ZHSR 硫黄回收工艺

镇海石化工程有限责任公司开发的 ZHSR 硫黄回收工艺，Claus 部分采用在线炉再热流程，尾气净化单元采用还原加热炉，不需依靠外来氢源。在尾气净化单元采用了两段吸收、两段再生的技术，尾气净化炉通过扩展双比率交叉限位控制方案，使燃料气和空气在一定比例下实现轻度的不完全燃烧，使之既产生热量又产生还原性气体，并通过急冷塔后的 H_2 分析仪在线监测和控制尾气净化炉配风量。

（3）LS-DeGAS 降低硫黄装置 SO_2 排放成套技术

中国石化齐鲁石化公司研究院开发了具有自主知识产权的 LS-DeGAS 降低硫黄回收装置 SO_2 排放成套专利技术，其核心技术主要体现在：①进行催化剂方案的合理级配。一级转化器部分装填 LS-981 多功能催化剂，增加有机硫的水解转化率，降低净化尾气中 COS 含量；②配合使用高效脱硫剂，将净化尾气硫化氢含量降至 50μg/g 以下；③采用液硫脱气及其废气处理新工艺。通过开发满足液硫脱气废气加氢要求的 LSH-03A 加氢催化剂，将硫黄装置的部分净化尾气用于液硫池液硫鼓泡脱气的汽提气，节约了氮气、蒸汽的用量；液硫脱气废气和 Claus 尾气混合后进加氢反应器处理，加氢后通过急冷、胺吸收净化、焚烧排放，使 Claus 尾气达到高效净化的目的。

该技术实施后可将液硫中的 H_2S 脱至 10μg/g 以下，烟气 SO_2 排放浓度降至 $200mg/m^3$ 以下，优化操作后可以降至 $100mg/m^3$ 以下，满足 GB 31570—2015 环保标准要求，达到国际领先水平。

3. 技术装备现状

1）硫黄回收装置能力大型化，且均带有尾气处理装置。

2）适应环保法规的压力，小型硫黄回收装置都在新建或筹建尾气处理装置，或进行新技术改造。

3）再热方式多样化。如热掺和、气/气换热、电加热以及炼厂瓦斯再热炉、在线炉等；其中，再热炉和在线炉对开停工及正常运行的优越性是毋容置疑的。

4）富氧硫回收工艺的应用、烧氨火嘴的改进及酸性气质量的普遍提高，对装置的长、安、稳运行以及提高硫黄收率起到了非常重要的作用。

5）硫黄回收及尾气处理工艺多样化。从工艺技术来看 Claus-SCOT 工艺仍占主流，但其改进技术 RAR 工艺在新建装置中占有不可低估的地位。另外，国产 SSR、ZHSR、LS-DeGAS 等工艺技术以其自身的特点，也在国内硫黄回收装置中占有一席之地。而 Super Claus、MCRC 等工艺受到回收率的限制，近几年基本处于停滞状态。

（二）国外酸性气处理技术

1. 工艺发展现状

近年来国外发展了许多新的硫回收工艺技术。其一是改进硫回收工艺本身，提高硫的回收率或装置效能，这包括发展系列化新型催化剂、贫酸气制硫技术、含 NH_3 酸气制硫技术和富氧氧化硫回收工艺等；其二是发展尾气处理技术，主要包括低温 Claus 反应技术、催化氧化工艺和还原吸收工艺。这几种途径都取得了很大成功。例如近年来在工业上迅速推广的低温 Claus 反应技术，就是从改善热力学平衡的角度出发，经过不断改进而逐渐成熟的；如 Clauspol 工艺，其特点是在液相中进行低温 Claus 反应。20 世纪末相继实现工业化的 Selectox、Modop 和 Super Claus 硫回收工艺，是以 H_2S 选择性催化氧化为基础，从反应途径、设备和催化剂等方面对传统的 Claus 工艺进行了改进。德国 Linde A·G 公司还开发了 Clinsulf 工艺，它集常规 Claus 与低温 Claus 反应于一体，核心是使用了管壳式的等温反应器。Jacobs Nederland B. V.，Leiden 开发了“亚露点-Super Claus”联合工艺，是一种针对来自碱洗等物理溶剂脱硫装置的含 H_2S 气体，转换为单质硫的技术。现代的“亚露点-Super

Claus”联合工艺也可以处理来自酸性水汽提塔的含 H_2S/NH_3的气体，而且在不采用任何其他尾气处理手段的条件下，其总硫回收率高达 99.9%。所有原来的 MCRC、CBA 以及 Sulfreen 亚露点脱硫工艺都可以改造为“亚露点-Super Claus”联合工艺。

Super Claus 工艺和 Claus+SCOT 工艺因操作灵活和环境及规模效益显著，在炼油厂和天然气净化厂装置所占比例较多，而 MCRC 工艺因对酸气供应质量有较高要求，则主要用于天然气田装置。目前世界范围内建设或设计的大型硫黄回收装置见表 1-3-4。

表 1-3-4 全球建设或设计的大型硫黄回收装置

国家/企业名称	装置建设所在地	工艺类型	装置产能/(t/d)	技术许可商	工程类型	建设时间/年
巴林/Bapco	Sitra	Claus+烧氨+胺液再生+SWS(酸水汽提)	3×250	未知	新建	2017
比利时/ExxonMobil	Antwerp 炼油厂	富氧工艺+胺液再生尾气处理	325	WorleyParsons	改建	2017
巴西/Petrobras	Premium Ⅰ	SuperClaus	2×240	Jacobs	新建	2017
巴西/Petrobras	Premium Ⅱ	SuperClaus	240	Jacobs	新建	2017
巴西/Petrobras	Maranhao Premium Ⅰ	Claus+烧氨+加氢+胺液再生	238	Amec Foster Wheeler	新建	2017
中国/(中国石油/美国雪佛龙)	川东北	Claus+SCOT	2×687	WorleyParsons	新建	2016
中国/中国石化	福建	SuperClaus	513	Jacobs	新建	2018
埃及/MIDOR	Alexandna	Claus		WorleyParsons	新建	2018
印度/Essar	Vadinar	Claus+SCOT	675	Jacobs	新建	2018
印度/HMEL	Bathinda 炼油厂	Claus+TGT(尾气处理)	2×750	Jacobs	新建	2017
印度/Reliance	Jamnagar	富氧+烧氨+胺液再生	4×1300	WorleyParsons	新建	2017
印度尼西亚/Pertamina	Balongan	Claus+烧氨+加氢+胺液再生	1100	Amec Foster Wheeler	新建	未知
哈萨克斯坦/Agip KCO	Kashagan	Claus+TGT	2×1900	WorleyParsons	新建	2017
科威特/KNPC	AI Zour 炼油厂	Claus	1500	Amec Foster Wheeler	新建	2019
马来西亚/Petronas	Johor	Super Claus	3×470	Jacobs	新建	2019
俄罗斯/TAIF-NK	Nizhnekamsk	Claus+TGT	2×390	Prosemat	新建	2016
泰国/泰国石油公司	Sriracha 炼油厂	Claus+烧氨+Flexsorb	2×837	WorleyParsons	新建	2021
土耳其/STRAS	Aliaga/lzmir	SRU(硫黄回收)+TGT+胺液再生+SWS	463	KT Kinetics Tech	新建	2017
美国/雪佛龙	Richmond, VA	富氧工艺	580	WorleyParsons	改建	2018
乌兹别克斯坦/Lukoil	Bukhara, Karasul	Super Claus+TGT	2×405	Jacobs	新建	2018
乌兹别克斯坦/Mubarek	Mubarek 天然气处理厂	Claus+胺液再生	1000	WorleyParsons	新建	2018

硫回收率要求高且规模较大的装置宜选择还原吸收型的尾气处理工艺，改进后的装置总硫收率可达到99.8%以上。这种装置工艺成熟，操作性能可靠，即使上游的Claus装置产生大幅波动，仍可获得较好的总硫回收率，而且开工率高，计划外停工不到1%。

2. 设备选型、节能及安全卫生设计现状

根据硫黄回收装置工艺特点，设备选型方面：①选择安全可靠的设备，确保装置安全、稳定、可靠、长周期运行；②设备选型能力充分考虑过程气通过压力降，充分利用酸性气进装置有限的压力能，尽可能地不外加机械能来完成所有的工艺过程；③根据不同酸性气性质采用不同功能的烧嘴和控制系统；④提供的设备能确保操作平稳、运行可靠，可在设计负荷30%~130%范围内正常操作，维修方便；⑤充分考虑大直径卧式反应器径向和轴向方向的分布结构，不致于偏流，保证整个催化床层发挥作用。

节能降耗主要体现在：①根据不同温位综合考虑产生不同等级的蒸汽，降低能耗；②根据不同的供风压力，分别设置风机，降低动力的总功率，有利于节能；③合理配制多系列动力设备的数量以及功率，采用高效率的电机，优化投资与节能降耗之间的关系；④从节约水资源或降低循环水量出发，尽可能采用空冷器代替水冷。主风机、机泵备用率按100%考虑。

3. 引进的典型大型硫黄回收装置工艺特点分析

中国石化青岛炼油化工有限公司(简称青岛炼化)220kt/a硫黄回收装置采用意大利KTI公司专利技术，由中国石化工程建设公司(SEI)提供基础设计，中国石化集团洛阳石油化工工程公司(LPEC)负责详细设计，装置由相同的双系列Claus制硫单元及单系列尾气处理单元、尾气焚烧单元、液硫脱气单元4部分组成。中国石化中原油田普光分公司天然气净化厂200kt/a硫黄回收及尾气处理装置采用美国BLACK&VEATCH的专利技术及PDP工艺包，由中国石化工程建设公司(SEI)总承包，包括6个联合共12套。其技术特点对比见表1-3-5。

表1-3-5　大型硫黄回收装置技术特点对比

项　　目	普光净化厂	青岛炼化
引进技术来源	美国B&V公司	意大利KTI公司
工艺	常规Claus+尾气加氢还原吸收工艺	常规Claus+尾气加氢还原吸收工艺
制硫炉	预留双区设置，采用高效燃烧器	为完全分解原料酸性气中NH_3，采用双区设置+高效燃烧器
制硫反应器入口加热方式	采用装置自产的饱和高压蒸汽加热方案	采用装置自产的饱和高压蒸汽加热方案
三级硫冷凝器	采用加热锅炉给水的方法来降低尾气出口温度，提高硫回收率	发生低低压蒸汽并循环利用，以降低三冷过程气出口温度，提高硫回收率
尾气处理部分	采用BP Arco技术，属于尾气加氢还原吸收工艺，无需外供氢源	采用RAR工艺，属于尾气加氢还原吸收工艺，需外供氢源
加氢反应器入口加热	采用在线加热炉加热尾气同时产生氢气提供加氢反应所需氢气	采用间接加热炉加热方案
尾气焚烧炉热量回收系统	高压蒸汽过热器+余热锅炉	高压蒸汽过热器+余热锅炉
液硫脱气系统	喷射器循环脱气法-AMG专利技术	鼓气+催化剂脱气法-BP-AMOCO专利技术

续表

项　目	普光净化厂	青岛炼化
总硫回收率/%	≥99.8	≥99.8
液硫产品纯度/%	≥99.9	≥99.9
液硫产品 H_2S 含量/(μg/g)	<10	<10
尾气吸收塔出口硫化物含量/(μg/g)	<300	<300
烟道气 H_2S 含量/(μg/g)	<10	<10
装置操作弹性	30%~130%	30%~130%

三、硫黄回收工艺发展方向

(一) Claus 工艺、富氧 Claus 工艺

1. Claus 工艺

自从 20 世纪 30 年代改良 Claus 法实现工业化以来，以 H_2S 酸性气为原料的硫黄回收工业得到了迅猛发展。采用 Claus 法从酸性气中回收单质硫的工艺已成为天然气或炼厂气加工的一个重要组成部分。Claus 工艺总硫回收率可达到 94%~97%。由于受到热力学平衡限制，酸性气中 3%~5%的 H_2S 不能转化为单质硫。

2. 富氧 Claus 工艺

在硫回收技术领域，过去很少采取使用氧气或富氧空气的工艺。20 世纪 70 年代初，联邦德国的一套硫黄回收装置曾经用富氧空气处理贫酸气，其目的仅仅是为了提高 Claus 燃烧温度。1985 年 3 月美国路易斯安娜州查尔斯湖(Lake Charles)炼油厂的两套硫回收装置首次用体积分数为 55%的富氧空气代替空气操作，使装置处理量提高了 35%，达到日产硫黄 200t 水平，采用的就是 Cope 法(Claus oxygen-based process expansion)硫回收工艺，开工以后装置操作平稳，技术性能可靠，并且开停工比较容易，取得了较好的经济效益。

近年来，很多已建成的硫回收装置因面临原料酸气量大幅度增加的问题，以氧气或富氧空气代替空气的富氧氧化硫回收工艺又引起了普遍重视。

富氧 Claus 工艺是一种改良的 Claus 工艺，其主要原理和常规 Claus 工艺相同，主要的改进为反应炉供风由空气改为富氧空气，催化转化段过程气量显著减小，在装置处理能力大幅提高的同时还降低了能耗以及下游尾气处理装置的负荷。富氧 Claus 技术可以采用不同氧含量的富氧空气，如低浓度富氧[$\varphi(O_2)<28\%$]、中等浓度富氧[$28\% \leqslant \varphi(O_2)<45\%$]和高浓度富氧[$\varphi(O_2) \geqslant 45\%$]。目前使用的富氧技术主要有 Cope 工艺、Sure 工艺、PS 工艺等。

(二) 亚露点硫黄回收工艺

硫黄回收与尾气处理结合一体的亚露点硫黄回收工艺近年来取得了一定的技术进展。从热力学角度分析，经典的 Claus 法制硫过程中，H_2S 最高能达到的总转化率只决定于最后一个催化转化器的操作温度。后者由于受到气相中硫露点的限制，其最低操作温度通常控制在 180~200℃。亚露点硫黄回收工艺包括 MCRC、Sulfreen、Clinsulf-DO、Clauspol 等。

1. MCRC 工艺

MCRC 亚露点硫回收工艺是由加拿大矿物和化学资源公司(Mineraland Chemical Resource

Co.)提出的一种把硫回收装置和尾气处理装置合成一体的硫回收技术。该法把最后一级或二级转化反应器置于低温下操作，在工艺流程、技术经济性等方面都有一定的特色。MCRC硫回收率为98.5%~99.5%。

2. Clinsulf-DO 工艺

Clinsulf-DO工艺是由德国Linde公司开发的，主要用于从H_2S体积分数为1%~10%的酸性气中回收硫黄。该工艺的核心是采用了内冷式反应器，由绝热和等温两段构成：上段为绝热反应区，酸性气和空气混合物在此发生反应，释放出反应热，加快了反应速度；下段为等温反应区，反应气体通过内部冷却，温度保持在硫露点以上的安全温度。这样促使反应平衡向生成产品硫黄的方向进行，将H_2S直接氧化成硫，并极大地提高了硫转化率。

3. Clauspol 工艺

Clauspol工艺是IFP的专利技术。最初的Clauspol工艺称为Clauspol-1500，它采用喷水直冷，按照反应平衡H_2S+SO_2在排放尾气中含量小于1500μL/L，总硫转化率大于98.5%。1993年推出了Clauspol-300技术，该工艺使排放尾气中H_2S+SO_2含量可降至100~150μL/L，总硫转化率可达到99.7%，改进的关键是在溶剂循环泵后的循环返塔线上增加一个水冷却器，用间接冷却代替喷水直接冷却取走反应热。1996年，IFP又进一步开发了Clauspol-99.9工艺，该工艺可使总硫转化率达到99.9%。

4. Sulfreen 工艺

Sulfreen工艺是由德国鲁奇(Lurgi)和法国Elf Aquitanine公司联合开发的，系固相催化低温Claus工艺。为了提高总硫收率以适应更严格的SO_2排放标准，现已成功开发了几种Sulfreen变体工艺。

Hydrosulfreen工艺是在传统Sulfreen工艺的基础上增设了加氢段，在一个尾气水解/氧化反应器内先进行加氢水解。该工艺总硫收率达到99.5%。

Carbosulfreen工艺是在传统Sulfreen装置后面增设了两个CarboSulfreen反应器：第一段在富H_2S条件下进行低温Claus反应；第二段以活性炭催化剂氧化H_2S，在类似于Sulfreen反应器温度条件下直接氧化为单质硫，并同时进行Claus反应。

Oxysulfreen工艺将H_2S直接氧化为单质硫，并同时进行Claus反应。该工艺克服了传统Sulfreen工艺的局限，总硫收率可达99.5%。其工序与HydroSulfreen工艺基本相同，但尾气加氢与直接氧化分别在两个反应器完成。

5. CBA 工艺

CBA(Cold Bed Adsorption，简称CBA)又称为冷床吸收法，是Ainoeo公司于20世纪70年代开发的亚露点类硫黄回收技术，通过Siirtec Nigi公司获得许可，可以由一个或两个传统的Claus反应器后接两个CBA反应器组成。第一套CBA装置于1976年投产。

CBA催化剂和反应器与Claus装置都基本一样，这样可使升级和维护成本都不高。CBA装置升级或建设中的最复杂和最昂贵的部分是切换阀门和控制系统。

CBA工艺的最新进展是开发出一种新型的、双CBA段的改良三反应器CBA工艺。改良工艺由一个Claus反应器和两个亚露点CBA反应器构成，总硫收率可达98.5%~99.2%。如果采用两个Claus反应器取代一个反应器，可以使硫回收率从99.3%提高到99.6%。

(三)选择性氧化硫黄回收工艺

选择性氧化类工艺是利用选择性氧化催化剂将低浓度的H_2S直接氧化成单质硫。属于这类工艺的有 Selectox、Modop、超级克劳斯(Super Claus)、超优克劳斯法(EURO Claus)，其中 Super Claus 工艺发展相对迅速。

1. Super Claus 工艺

该工艺自 1988 年初在联邦德国一个天然气净化厂的日产 100t 硫回收生产装置上成功地实现工业化后，第二套建于荷兰某炼油厂的 45t/d 工业装置在 1988 年年底开工。

Super Claus 工艺是荷兰康姆普雷姆公司(Comprimo B. V.)与 VEG 气体研究所和乌德勒支(Utrecht)大学合作开发的。它有三级或四级反应器，前两级或三级使用普通 Claus 催化剂，第三级或第四级使用选择性氧化催化剂，与前几级转化反应所不同的是将 H_2S 直接选择性氧化成单质硫，总硫收率可达 99%或 99.5%以上。

2. Selectox 工艺

20 世纪 70 年代末，美国加里福尼亚州联合油公司(UNOCAL)开发的 Selectox 硫回收工艺成功地实现了工业化。该法特点是利用一种特殊的选择性氧化催化剂，用空气直接将 H_2S 氧化成为单质硫，而几乎不发生副反应，并且根据气体中 H_2S 含量不同，在国外已形成不同的工艺流程。

Selectox 工艺至今共有 16 套工业装置在运转，装置规模为 0.508~30.48t/d。该工艺成功应用于美国 Eunice 天然气净化厂，原料气中 $\varphi(H_2S)$ 为 9%，装置运行平稳，催化剂寿命在 4a 以上。

选择氧化作为一种新型的贫酸性气处理技术，其核心就在于催化剂的研制。国内方面，中国石化齐鲁石化公司开展选择氧化催化剂的开发，打破了进口催化剂在国内垄断的局面，开发的选择氧化催化剂相比国外同类催化剂采购成本可降低 30%以上。在该催化剂开发成功的基础上，可以形成新型 Claus+Super Claus 工艺硫回收技术，适用于缺少氢源的煤化工或天然气净化行业的硫回收装置。

3. Modop 工艺

自 1983 年以来，该工艺在联邦德国已建成 2 套工业装置。第一套装置用于处理两套二级 Claus 装置的尾气，总硫产量为 350t/d。第二套装置用于处理三级 Claus 装置尾气，硫的生产能力为 550t/d。两套装置总硫回收率均在 99.5%以上。

由联邦德国 Mobill · AG 公司开发的 Modop(Mobill oil direct oxidation process)直接氧化工艺，主要用于克劳斯装置尾气脱硫，也可用于 H_2S 含量较低的其他气体脱硫。与目前主要的硫回收工艺相比，Modop 工艺具有硫回收率高、能耗低，不产生有害的副产品和无废液处理问题等优点。

(四) 还原吸收法尾气处理工艺

还原类工艺的原理是先将尾气中各种形式的硫加氢还原为 H_2S，然后选择吸收 H_2S 返回 Claus 装置。

1. HCR 工艺

第一套规模为 1.5t/d 的工业装置于 1988 年在意大利 Robassomero 建成投用。

HCR 工艺是意大利 Siirtec NIGI 公司的专利技术，也属于加氢还原吸收工艺，与常用的 SCOT 工艺相比，取消了在线加热炉的设置，改为利用制硫炉过程气和焚烧炉烟气的废热加热制硫尾气，以达到加氢反应的温度。传统的 Claus 工艺一般控制 $\varphi(H_2S)/\varphi(SO_2)=2$，而 HCR 工艺过程在 Claus 段操作时仅使用少量的空气，以便增大 H_2S/SO_2 的比率，减少了 Claus 段尾气中需要加氢的 SO_2 数量，从而使加氢反应中需要消耗的氢气大大下降，而相应

的 H_2S 数量增加，使得 H_2S 分解生成的 H_2 满足尾气加氢处理的需要。

2. RAR 工艺

第一套 RAR 工业装置于 1977 年 4 月在捷克共和国 Paramo Pardubice 炼油厂投入生产，捷克布尔诺的 Ptokop 工程公司从 KTI SPA 公司获得 RAR 的专利，并成为主要承包商，Paramo Pardubice 炼油厂是最终用户。

由意大利 Technip KTI 公司开发的 RAR(Reduction、Absorption and Reycle)尾气处理技术是一种广为采用的还原型尾气处理技术，能够将炼油厂的硫黄回收率提高至 99.9%以上。该工艺基本原理和 SCOT 工艺相同，SCOT 工艺采用在线加热炉产生氢源并加热过程气，而 RAR 工艺利用外供氢源，采用气-气换热器(和加氢反应器出口过程气换热)加热过程气，以避免燃料气燃烧不完全。基于 RAR 工艺改进的 RAR MULTIPURPOSE(多用途)技术将酸气富集技术与 Claus 尾气处理技术相结合，适用于处理硫化氢含量极低或含有 Claus 装置无法处理的杂质的原料。RAR MULTIPURPOSE 技术能够提高贫酸气的硫化氢浓度，经富集后的气体便可用常规配置的 Claus 装置进行处理，最终 SO_2 排放量小于 50×10^{-6}。

3. 超级 SCOT(Super-SCOT)工艺

第一套 Super SCOT 装置于 1991 年在台湾高雄炼油厂建成。

Super SCOT 工艺是由荷兰康普雷姆公司在传统的 SCOT 还原吸收工艺基础上，为进一步提高尾气净化度和节能降耗而设计的新工艺。在 Super SCOT 工艺的还原吸收部分，通过采用从再生塔中部引出半贫液，送至吸收塔对酸气进行分段二次吸收的方法，从而提高了尾气的净化率，净化尾气中残余的 H_2S 浓度可从原来的 300×10^{-6} 降至 $(10\sim50)\times10^{-6}$，同时还节省了 30%用于再生的蒸汽消耗量。

4. 串级 SCOT 工艺技术特点

串级 SCOT 是荷兰 Comprimo 公司的专利技术，和 SCOT 工艺相比较有以下特点：SCOT 工艺需单独设置再生塔，而串级 SCOT 工艺毋需单独设置再生塔，只需将吸收塔底的富液送至上游脱硫装置吸收塔中部，进一步提高富液的酸性气负荷后，再送至共有的再生塔即可。这样既减少了装置溶液的循环总量，亦降低了蒸汽和电力消耗，还可与一个或多个吸收、再生系统相连接，即使上游脱硫装置的吸收塔停工，也可保证连续运行，因此操作非常灵活。

5. LS-SCOT 工艺

为了满足日益严格的环境保护要求，荷兰 Comprimo 公司在 SCOT 工艺的基础上又发展了低硫 SCOT LS-SCOT 工艺。LS-SCOT 与 SCOT 工艺的主要区别：①LS-SCOT 工艺吸收塔和再生塔的塔板比 SCOT 工艺的多；②LS-SCOT 工艺的溶剂中需加入助剂，以改善再生效果，即在相同蒸汽耗量时，贫液质量较高；或为达到相同贫液质量，蒸汽耗量较低；③LS-SCOT 工艺溶剂进入吸收塔的温度比 SCOT 工艺(40℃)低 5℃，使净化气中的 H_2S 含量降低 50%。因此 LS-SCOT 工艺的投资费用虽比 SCOT 工艺要高 15%，但其硫回收率从原来的 99.8%提升至 99.95%。

(五) 其他硫回收工艺

LO-CAT 工艺即湿法脱硫技术，是由美国 Merichem 公司开发的，被美国环保机构列为最可实现的控制技术。装置在常温下操作，能够处理几 mg/m^3 到 100%等不同含量的 H_2S 气体，适用于产量在 200~20000kg/d 的小规模硫黄回收装置，硫回收率高，可达 99.9%以上，处理后的净化气体中 H_2S 质量浓度可达 $10mg/m^3$ 以下。该技术工艺流程简单，操作弹性大，占地面积小，初次投资费用低，但运行成本高，化学溶剂消耗大，不适合规模较大的脱硫装置，且含铁废水难处理。

第四节 硫黄回收装置的特点

硫黄回收装置在其工艺、设备、安全、环保等方面呈现以下特点：

一、硫黄回收装置在整个炼油流程中属生产后部装置

硫黄回收装置处理的是在炼油过程中产生的酸性气体，是炼油的尾气处理装置，处于炼油过程的后部。由于硫黄回收装置处理的是气体，在工艺、设备方面有其特有的特点。硫黄回收装置属环保装置，工艺上更接近无机化工。运行的好坏直接关系到炼油厂的尾气排放是否达标，在一定程度上，硫黄回收装置有其不可替代的作用。

二、原料及过程气有毒有害，装置对防毒措施要求严格

硫黄装置的原料是酸性气，属于易燃易爆物，其火灾危害性属于甲类。原料中硫化氢为主要组成物，且过程气(过程气是指酸性气自反应炉中燃烧后产生的，最后一级反应器出口以前的工艺气体)中含硫化氢、二氧化硫等有毒有害物质，这些介质易对人体造成伤害，甚至危及人身安全，因此，装置对防毒措施要求严格。操作工在巡检、操作时应两人以上同行并携带便携式硫化氢报警仪；进行相关现场操作时，操作人员应站在上风方向；为了谨防泄漏，装置一般配有固定式硫化氢气体报警仪，随时监测装置泄漏情况；操作室放置空气呼吸器、防毒面具等防护用品以备不时之需，操作人员应熟练掌握防护用品使用方法；装置制订有相应应急预案，并组织定期演练。

三、装置工艺采用一段高温转化，二段或多段低温催化转化工艺

针对 Claus 反应的特点，硫黄回收装置一般都采用一段高温转化，二段或多段低温催化转化工艺。高温转化的目的是将一部分酸性气转化为二氧化硫和硫，同时，原料气中的烃、氨也得到充分燃烧，为后续反应创造条件。低温转化的目的是提高总硫转化率，将原料气中的硫元素充分转化为单质硫。由于 Claus 反应是放热反应，因此，反应温度越低，则转化率越高，但实际上由于在第一催化反应器内，不仅发生 Claus 反应，也发生羰基硫、二硫化碳的水解反应，为了保证羰基硫、二硫化碳的水解，反应器床层温度要求为 300℃左右，故进口温度一般要求在 220~260℃(视催化剂种类及活性不同而定)。

羰基硫、二硫化碳的水解反应方程式如下：

$$COS+H_2O=\!=\!=H_2S+CO_2 \tag{1-4-1}$$

$$CS_2+2H_2O=\!=\!=2H_2S+CO_2 \tag{1-4-2}$$

由于受到硫露点的影响，当反应温度降至一定程度之后，会有大量的液硫沉积在催化剂表面上，堵塞催化剂微孔，使催化剂的比表面积下降，导致催化剂失活。因此反应温度也不能太低。

四、装置在设备安装上有其独有的特性

硫黄回收装置是一气相反应装置，而产品是液硫。任何液硫在管线内的聚集都会引起操

作控制问题，增大装置压降、增加设备腐蚀。特别是液硫不能冷凝在管线中，否则就有可能造成设备损害，操作无法进行。为尽量减少液硫聚集及冷凝的可能性，针对硫黄特有的黏温特性，装置设备布置紧凑；管线尽量短；液硫管线一般选用带夹套的管线；管线、设备均有保温伴热但温度不宜太高，一般控制在130~160℃左右；液硫管线、阀门、降液线、设备安装上均有一定的倾斜度以利于液硫向液硫储罐方向流动；不管液硫管线设计、保温、绝热效果多好，大多数液硫管线还是存在堵塞现象，为了便于处理液硫管线的堵塞问题，液硫管线拐弯处均采用十字交叉或三通而不用弯头。

五、控制硫腐蚀是装置长周期运行的关键之一

由于在整个工艺流程中一直存在硫化氢、二氧化硫、二氧化碳、二硫化碳、氮氧化物、水蒸气和硫蒸气等，而这些介质对设备都存在着不同程度的腐蚀，因此，防止这些介质中的硫化物腐蚀一直是硫黄回收技术中要解决的关键问题之一。硫黄回收装置的腐蚀主要有低温露点腐蚀和高温硫腐蚀两种形式。

低温露点腐蚀是指含有水蒸气的气体混合物，冷却到露点以下，凝结出来的水滴附于金属表面，同时气体中酸性介质，如：氯化氢、硫化氢、二氧化硫或三氧化硫等溶于水滴中，对金属形成的化学腐蚀和电化学腐蚀。

露点腐蚀的形成主要有以下原因：

1）装置内存在液态水是造成腐蚀的主要原因。

2）反应炉、冷凝器等设备耐热衬里损坏后，过程气窜入设备本体造成腐蚀。

3）在装置开停工，紧急停车后，大量空气进入系统，使设备和衬里上吸附凝结水，与残留在系统内的酸性物质反应生成腐蚀性极强的酸。

4）由于系统泄漏、尾气排放等种种原因使二氧化硫、二氧化碳等酸性物质充斥于空气中，当环境温度、湿度适宜时，这些物质就会造成设备、管道外表面的腐蚀。

高温硫腐蚀是指240℃以上部位的硫、硫化氢和硫醇形成的腐蚀。由于硫回收装置的操作温度高(1000℃以上)而且介质的腐蚀性强，为了保护设备，装置内的酸性气燃烧炉，催化反应器和尾气焚烧炉等关键设备都要设计成带衬里的结构。在实际生产中，容易造成衬里材料损坏的主要原因有两种：一是热冲击造成的损坏；另一种是衬里材料超温带来的材料结构破坏。热冲击又分为两种情况：一种是不同材料的膨胀系数不同而产生的热应力冲击；另一种为衬里材料内所含水分的急剧汽化所带来的压力冲击。鉴于以上的几种原因，在实际生产中，对于有内衬结构的设备，应该尤其注意保持预热升温过程的平稳(应严格遵守内衬生产厂商提供的升温曲线)、防止超温。

六、装置本身对自控要求高

因炼油和化工过程中产生的含硫化氢的酸性气体均引入硫黄装置进行集中处理，在上游装置加工负荷和原料组成变化时，对硫黄装置均会产生影响，而且硫黄回收装置作为工厂里的环保装置，对上游任何一套装置产生的酸性气必须无条件接受，因此，硫黄装置本身对原料气组成和气量无选择性和控制性。再加上硫黄本身的Claus反应为H_2S和SO_2的平衡反应，因此，提高总硫转化率的首要条件是理想的H_2S和SO_2的物质的量比为2∶1。随着环保要求的日趋严格，硫黄装置满足GB 31570《石油炼制工业污染物排放标准》最新排放要求，烟气

SO_2的排放浓度小于100mg/Nm^3，这样硫黄装置总硫回收率必须达到99.98%以上，必须提升硫黄回收装置的精细化管理水平和操作水平，推荐硫黄装置配备酸性气组成在线分析仪、过程气H_2S和SO_2的比值分析仪、氢气在线分析仪、急冷水pH在线分析仪、净化气形态硫在线分析仪等在线分析仪表，以及APC先进控制系统。

七、尾气排放存在污染，国家对尾气排放有严格标准

因装置废气中含有较多的大气污染物硫化氢、二氧化硫、二氧化碳、氮氧化物等酸性气体，溶于水后生成相应的酸性物质，形成酸雨，污染较大，因此国家对硫黄回收装置尾气排放有严格排放标准。相关内容在本章第六节中将加以介绍。

第五节　硫的物理化学性质及应用

一、硫黄的来源

硫黄在远古时代就被人们所知晓。大约在4000年前，古埃及人、古希腊人和古罗马人已经会用硫黄燃烧所形成的二氧化硫来熏蒸消毒和漂白布匹。公元前9世纪，古罗马著名诗人荷马在他的著作里讲述了硫黄燃烧时有消毒和漂白的作用。硫黄在中国也很早被列为重要的药材。作为古代中国“四大发明”之一的火药就是由硝酸钾、硫黄和木炭组成的。火药的制造促进了硫黄的提取和精制技术的发展。中国明朝末年已有从黄铁矿石和含煤黄铁矿石制取硫黄的操作方法的叙述。

近代以来，随着科学技术的发展，硫黄产品实现了大规模的工业开采和应用。天然硫矿和硫铁矿开采、含硫尾气回收等工艺极大发展，促使硫黄产量大幅增加，并在各行各业中得到广泛应用。

自然界中的硫黄主要以游离态存在。天然硫矿一般与其他夹石混杂在一起，如石灰石、石膏等。在碳水化合物及细菌的作用下，石膏等物质在地下易分解成石灰和硫化氢。硫化氢在厌氧的环境下，通过细菌和水的作用，生成自然结晶硫黄，经过日积月累形成矿床。

中国的天然硫矿资源较小，基本没有成规模的开发。美国的墨西哥湾沿岸平原约有400多个盐丘层矿床。硫铁矿(FeS_2)的含硫量为20%~50%。硫铁矿或含煤硫铁矿经过工艺加工，可提炼其中的硫。中国已探明的硫铁矿资源东西分布相差较大。东部因投入的地质工作量较多、探明的矿床较多，而西部相对偏少。中国硫铁矿资源丰富，是主要的硫矿资源，占国内硫资源总量近80%。但多以中低品位为主，富矿(含硫量≥35%)仅占总储量的4%左右，平均地质品位仅为17%左右。如国内已探明矿产地达800处，硫矿石量约5000Mt，其中品位达35%以上的富矿仅有170Mt。

21世纪以来，全球绝大部分硫黄产品来自于石油与天然气加工中Claus硫回收工艺。含硫废气回收已取代传统的天然硫矿开采、硫铁矿冶炼等成为工业硫黄的主要来源。

二、硫黄产品的分类及用途

硫黄按用途分为工业硫黄、食品添加剂硫黄和不溶性硫黄。工业硫黄主要用于工业制酸、磷肥、化纤、染料、农药等工业原料。食品添加剂硫黄，由工业硫黄经加工、处理、提

纯后制得，能够破坏果片等食物的表面细胞，促进其干燥，具有漂白、防腐之作用，广泛应用于食糖、淀粉、医药、酿酒、食品加工等方面。不溶性硫黄产品可分为高品位不溶性硫黄IS90（不溶硫含量大于90%）和中品位不溶性硫黄IS60（不溶硫含量约60%）。不溶性硫黄作为硫黄的无毒高分子改性品种，分为充油型和非充油型两大类。充油型是在非充油型产品的基础上填充了4%～34%的石油专用油，主要用于橡胶工业；非充油型不溶性硫黄主要用于化纤工业。不溶性硫黄具有物理和化学惰性，在橡胶胶料中不易发生迁移，可预防胶料中的早期焦烧，减少胶料表面的"喷霜"现象。因此，在子午线高等级轮胎中得到广泛应用，成为必不可少的硫化剂。

2017年，硫黄在磷肥生产行业应用比例占60%，在医药等化学品、其他肥料及农药、橡胶添加剂行业分别占11%、10%、7%。

目前国内有近20套已建成投产的大型硫黄制酸装置（0.3Mt/a以上），且在建或准备建设的硫黄制酸装置仍很多。其硫黄制酸产量占全国总产量的95%以上，这些地区成为我国主要的硫黄消费区域。据统计，截至2016年，中国硫酸总产能已达到120Mt/a，其中硫黄制酸约占据整个硫酸市场的40%，即硫酸产量约为48Mt。按每吨硫黄可以生产约2.8t硫酸折算，合计消耗硫黄约为17.14Mt。实际产量按产能70%推算，消耗硫黄近12Mt。

硫黄在农业、医药、橡胶、建材、火药、火柴、酿酒和制糖等多领域有着重要的应用。一些特种专用硫黄在国民经济中也占有特殊地位，虽然需求量小、但价格远较普通硫黄高，经济效益好。硫黄混凝土、硫黄沥青、硫肥等应用日益增多，此外，Na-S电池、荧光级精制硫黄、杀菌用硫黄、羰基硫等特种硫黄的生产和应用，也是硫黄产品在精细化工领域的应用方向。随着原油加工量的增加，我国硫黄产量会越来越大，综合利用硫黄资源，提高产品经济效益，开发其新的用途已迫在眉睫。此外，积极开发高附加值的硫化工产品、拓展硫黄延伸产品链，对于提高效益、实现可持续发展有着重要意义。

硫黄是生产二硫化碳的重要原料。二硫化碳是一种无色或微黄色挥发性透明液体，带有芳香味，微溶于水，但能溶于醇和醚。二硫化碳为剧毒物，具有很强的溶解能力，是一种优良的溶剂，在化工冶金、人造纤维、农药、四氯化碳、橡胶及军工等领域都有广泛应用。国内二硫化碳主要用于生产人造黏胶纤维、橡胶助剂、玻璃纸、农用化学品等。目前，国内使用二硫化碳的企业约有118家，其中生产黏胶纤维和橡胶助剂的占到2/3。

硫黄尿素又称涂硫尿素、硫衣尿素，是指在球状尿素上涂覆上一层硫黄，这层涂覆的硫黄最初不渗水，在土壤中会缓慢水解。一般涂覆后的硫黄尿素颗粒直径为0.85～2.8mm。因硫黄外壳减缓了尿素养分的释放、防止氮素损失而提高了其利用率，是一种成熟且最有前途的水溶性缓效肥料。硫黄尿素的应用范围十分广泛，特别是对于生长周期较长的庄稼作物，如水稻、甘蔗、牧草等。美国率先实现硫黄尿素的工业化生产，通常是将尿素在液化床内加热后，进入转鼓，用熔融状的硫黄进行涂膜，经空气干燥后，制成涂硫尿素，即硫黄尿素。

在道路用硫黄沥青中，硫黄/沥青质量比最高为50/50，大部分为30/70～40/60。因此，硫黄沥青不但可以使用过剩的硫黄，也可以节省石油资源。硫黄沥青中的硫黄是分散的颗粒，在熔化时黏度较低，可以改善压实性，在固化后作为填料能形成互锁网络，赋予硫黄沥青更多的结构刚性，使路面稳定性更高，同时不影响低温性能。硫黄沥青混合料具有较高的稳定性和较低的空隙率，可以用于机场跑道。另外，硫黄路面更具抗水剥离性和耐油性。单纯用硫黄改性技术简称为SEA，1974~1981年期间在美国和加拿大用SEA技术修筑了100多个公路项目，从而形成了硫黄改性沥青的商业化。由于两个大问题的困扰，硫黄改性沥青的使用越来越少。一是当时在高温状态下产生的刺鼻气味和烟雾没解决，尤其是硫化氢的产生，对人身有害；二是在20世纪80年代早期硫黄出现了全球性的短缺，价格飞涨，导致了硫黄改性的应用不景气。但是用其修筑的路面表现出比常规沥青路面好得多的性能，可以用与常规的沥青混合料相近的操作方法进行操作，几乎看不到泛油现象，抗车辙性能明显好，路面横向裂纹少而轻，没有明显的水损害现象，公路的使用寿命较长，维修费用低，高、低温路用性能和水稳定性都比较好。科技人员对此很感兴趣，所以进一步研究了应用技术。

美国和日本的一些产业政策积极鼓励电动汽车的开发，并投入专项基金进行高性能电池，如Na-S电池的开发。发电厂使用Na-S电池组，可以在夜间储存一部分发电量转用于白天使用，从而克服电厂发电能力与城市白天夜间用电量潮汐波动问题。

制糖工艺中，使用食品添加剂硫黄燃烧产生二氧化硫对蔗汁进行硫熏澄清脱色及对糖浆进行漂白脱色。硫黄的质量与生成的SO_2浓度有关，而SO_2浓度对硫熏强度有直接影响，硫熏强度又影响着产品质量。制糖工业中采用食品添加剂硫黄可得到比工业硫黄更高的硫熏强度，且制糖过程的清汁、滤清汁、糖浆和白砂糖的色值都有明显下降。工厂利用甘蔗榨取糖汁，经过沸腾浓缩，分离形成糖结晶，这种结晶称为原糖，呈浅棕色。

玉米淀粉生产企业均使用食品添加剂硫黄作为添加剂，且其指标需满足国家标准要求。使用符合国标的食品添加剂硫黄，生产的产品质量明显提高，淀粉的外观色泽由白色带微黄色阴影变成白色，蛋白质和脂肪含量有所下降，卫生标准中的SO_2含量也下有所降，有利于玉米淀粉企业的生产。

在药材生产加工中，采用食品添加剂硫黄蒸熏使药材达到防腐、防霉、干燥的效果。在2012年之前部分企业使用食品添加剂硫黄，使用单耗约为1kg硫黄可生产400kg药材，一年用量约为400kg。世界卫生组织规定，人体每天摄入的二氧化硫含量需低于0.7mg/kg，但经硫黄熏蒸的药材经常达到500mg/kg。近年来，我国规范了药材生产加工相关要求，客户采购药材时，会对药材做无硫测试。因此，相关药材生产加工企业使用干燥剂、防腐剂等替代原食品添加剂硫黄。

不溶性硫黄也叫聚合硫，是硫黄的聚合体，不溶于二硫化碳，具有热塑性，温度过高时易转化为可溶性硫黄，无毒，常温下有一定的化学稳定性和化学惰性。不溶性硫黄作为一种橡胶硫化剂，主要应用于橡胶轮胎企业，还广泛应用于制造胶管、胶带、胶鞋、电线、电缆、家庭橡胶制品、乳胶制品和各种浅色制品中。此外，不溶性硫黄还可用于油罐耐油涂层、化工防腐密封剂、树脂、水泥、丁腈橡胶改性、染料纺织工业、杀虫剂生产以及重金属和废水治理等方面，应用可谓十分广泛。

在全球范围，不溶性硫黄主要应用在轮胎行业，占比达97%以上，尤其是用作子午线轮胎用橡胶硫化剂，在胶鞋、胶管、胶带、杂品制造等其他领域应用占比不到3%。在轮胎制备过程中使用不溶性硫黄，可减少胶料存放或加工过程中出现的“喷霜”现象，减少胶料的早期硫化(焦烧)，能保持胶料组分均一，进而增进胶与胶、胶与骨架材料的黏附性，克服因黏附性差造成的加工困难，并且可剔除涂浆工艺，节省汽油，清洁环境，是硫化剂中的佳品。目前，不溶性硫黄已广泛应用于轮胎的胎体胶料、缓冲胶料、侧胶和骨架材料的黏合胶料中，显著提高了橡胶与镀铜钢丝的黏合性能。

随着我国环保标准的日益严格以及汽车工业和高速公路的飞跃发展，普通斜胶胎已不能满足要求，耐高温、抗高冲、低摩擦的子午线轮胎将是未来发展的重点。子午线轮胎的耐磨性比普通轮胎高30%~50%，使用寿命是普通轮胎的1.5倍，节油6%~8%，且在高速下行驶具有安全、舒适、经济等优点，已成为轮胎工业发展的必然趋势。随着子午线轮胎使用量的迅速增加，主要用于硫化子午线轮胎橡胶的不溶性硫黄需求量也将大大增加。

三、硫黄的物理化学性质

硫黄学名：硫；别名：硫块、粉末硫黄、磺粉、硫黄块、硫黄粉；英文名：sulfur；分子式：S；相对分子质量：32.07。

性质：在环境温度、压力下，纯硫黄为亮黄色固体或淡黄色。形状有块状、粉状、粒状或片状等。块状硫黄为淡黄色块状结晶体，粉末为淡黄色，有特殊臭味，能溶于二硫化碳，不溶于水。密度、熔点及其在二硫化碳中的溶解度均因晶体不同而异，常态下，硫黄熔点为112~119℃，沸点约为445℃，自燃点为248~260℃，密度为2.07g/cm^3。硫黄在空气中遇明火燃烧，燃烧时呈蓝色火焰，生成二氧化硫，粉末与空气或氧化剂混合易发生燃烧，甚至爆炸。一般情况下，液硫不具腐蚀性，但当有水存在时，它会迅速腐蚀钢材。液硫在300℃时对钢材有严重腐蚀。

硫黄在加热或冷却时发生如下变化：

黄色固体(S_8)$\overset{94.5℃}{\rightleftharpoons}$单斜晶体$\overset{112.8℃}{\rightleftharpoons}$黄色易流动液体($S_8$)$\overset{160℃}{\rightleftharpoons}$

棕色液体(S_8)$\overset{190℃}{\rightleftharpoons}$深棕色黏性物($S_8$)$\overset{444.6℃}{\rightleftharpoons}$黄色气体($S_6$)$\overset{900℃}{\rightleftharpoons}$无色气体($S_2$)

固体硫黄的分子式一般为S_8，其结构成马鞍型，当硫黄受热时，分子结构发生变化，当加热到160℃时，S_8的环状开始破裂为开链，黏度升高，到187℃时黏度最大，继续加热到190℃以上时，长链开始发生断裂，黏度又重新下降，在130~160℃时，液硫的黏度最小，流动性最好。硫在各温度下的黏度见图1-5-1和图1-5-2。正是由于液硫在130~160℃时的黏度最小，流动性最好，而与此温度对应的蒸汽压力为0.3~0.4MPa，因此，操作上控制系统伴热蒸汽压力在0.3~0.4MPa。

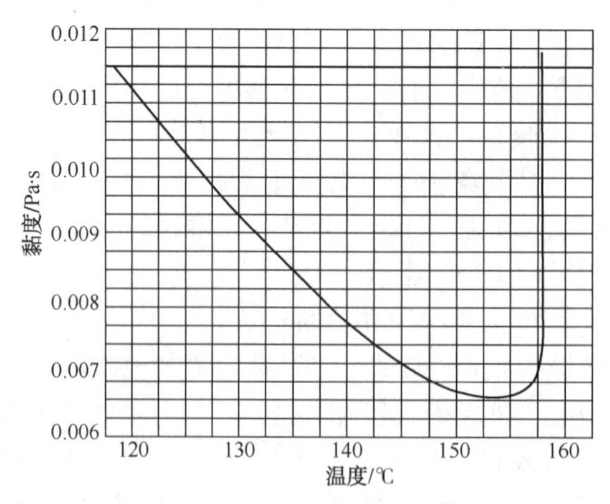

图1-5-1　120~160℃硫的黏度图

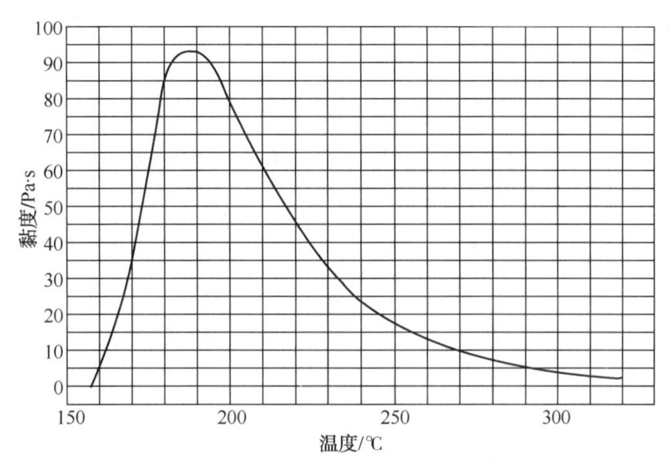

图 1-5-2　150~350℃硫的黏度图

硫分子中硫原子数目随温度的不同而有所不同，主要存在 S_2、S_6、S_8 三种分子状态。当加热硫黄时，存在如下平衡：

$$3S_8 \rightleftharpoons 4S_6 \rightleftharpoons 12S_2 \tag{1-5-1}$$

随着温度的升高，平衡逐渐向右移动，熔点以下硫分子为 S_8，熔点到沸点温度下 S_6、S_8 共存，随温度升高 S_8 逐渐减少而 S_6 逐渐增多。沸点时 S_2 开始出现，700℃时 S_8 为零，750℃时，几乎全部转变为 S_2。在不同温度下各种硫分子之间的平衡见图 1-5-3。

图 1-5-3 中条件为：高于沸点时：$P_{S_8}+P_{S_6}+P_{S_2}+P_S=1$ 大气压

低于沸点时：$P_{S_8}+P_{S_6}+P_{S_2}+P_S=$ 蒸气压

式中 P_S 为除 S_2、S_6、S_8 外，其余硫分子的分压，由于其含量极少，在图 1-5-3 中将其忽略。高于沸点时，硫蒸气总压均为 1 大气压，为过热状态。在 Claus 过程中，硫蒸气一般为过热状态。

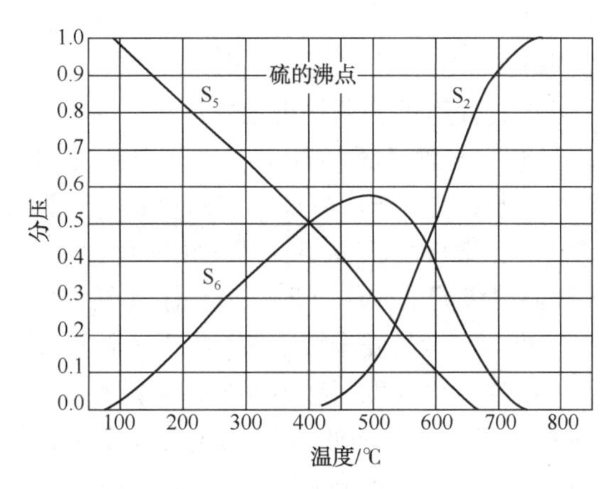

图 1-5-3　各种硫分子之间平衡图

常温常压下环八硫最稳定，这也就是平时所称的硫黄，环八硫可以形成 α 型正交硫（S_α）、β 型单斜硫（S_β）和 γ 型单斜硫（S_γ）等多种晶体，温度超过 94.5℃时，正交硫会转化成单斜硫，而当温度低于 94.5℃时，单斜硫又会转化成正交硫。硫黄熔点 112.8℃，密度 2.07g/cm^3。当温度升高到 95.6℃以后，斜方硫变为单斜硫，熔点 129.25℃，密度 1.995g/cm^3。

当继续升温时可变为液体。冷却时复原变为固体，当速冷时可生成无定形硫。单斜硫晶形和无定形硫不稳定，常温时仍转变为斜方硫。

硫的蒸气压与温度有一定的对应关系，具体对应关系见表1-5-1。

表1-5-1　硫的蒸气压与温度的对应关系

温度/℃	蒸气压/mmHg	温度/℃	蒸气压/mmHg
49.7	0.00034	242	8.4
78	0.002	245	10.0
104	0.01	265	20.0
131.9	0.081	306.5	53.5
135	0.10	342	106
141	0.13	363	176
157	0.33	374	240
172	0.63	393	436
181	1.0	410	443
190	1.4	427	580
211.3	3.14	444.6	760

注：1mmHg=133.3224Pa。

硫黄易燃，其粉尘或蒸气与空气或氧化剂混合能形成爆炸性混合物。硫黄与卤素、金属粉末等接触后也会发生剧烈反应。硫黄属于低毒危化品，但其蒸气及硫黄燃烧后产生的二氧化硫对人体有剧毒。

四、硫黄的深加工

(一) 食品级硫黄

以工业硫黄为原料可获得食品级硫黄。通过净化处理加工、只能脱除灰分等杂质，其他杂质(如砷)则较难脱除，处理过程简单，原料决定质量。

根据国家质量监督总局颁发的《食品添加剂生产许可证换(发)证实施细则》规定：凡在中华人民共和国境内生产并销售实施生产许可证管理的食品添加剂的所有企业、单位和个人(以下简称企业)，不论其性质和隶属关系如何，都必须取得生产许可证才具有生产该产品的资格。任何企业不得生产或销售无生产许可证的食品添加剂。质量要求按《食品添加剂　硫黄》(GB 3150—2010)标准执行，食品安全要求按《食品安全国家标准　食品添加剂使用标准》(GB 2760—2011)执行。资质方面要取得政府颁发的食品添加剂硫黄生产资质证书。

从1991年开始，中国石化利用硫黄回收装置，成功开发了食品级硫黄，并且在制糖、玉米淀粉、焦亚硫酸钠(食品添加剂)等不同食品行业与工业硫黄进行了对比试验，证明该产品使用性能良好，各项指标优于工业硫黄，质量满足当时国家标准GB 3150质量要求。主要生产企业有中国石化的茂名石化、北海炼化和沧州炼化公司，这些企业具有食品添加剂硫黄生产资质，稳定生产食品级硫黄。

食品添加剂硫黄年需求量大约为250~300kt，食品级硫黄生产企业最集中的省份是广西自治区，其次为广东省。食品级硫黄供应企业的分布与下游需求的地理分布联系紧密。

（二）不溶性硫黄

不溶性硫黄(Insoluble Sulfur，简称 IS)又称 μ 型硫，是硫的均聚物，也是硫的一种同素异形体，通常为淡黄色粉末，密度是 1.95g/cm^3，相对分子质量在 30000~40000 之间。不溶于二硫化碳是其不同于普通硫黄的最大特点。

不溶性硫黄已广泛应用于轮胎的胎体胶料、缓冲胶料、侧胶和骨架材料的黏合胶料中，显著提高了橡胶与镀铜钢丝的黏合性能。尽管不溶性硫黄价格是普通工业硫黄的 5~15 倍，但其仍是子午线轮胎及其他橡胶复合制品的首选硫化剂。目前国外轮胎工业中不溶性硫黄的用量已占总硫黄用量的 40%，且还在增加。

不溶性硫黄的生产方法：

1. 气化法-高温法

工艺流程见图 1-5-4。将干燥的硫黄熔化后持续升温至 500~700℃产生过热蒸气，再依靠其自身压力高速喷射到急冷液中迅速冷却，得到不溶性硫和可溶性硫的塑性混合物。待其固化后，用二硫化碳溶剂萃取其中的可溶性硫，经分离、洗涤、干燥，即可得到高含量的不溶性硫黄产品。

目前国外大多采用气化法，国内主要是无锡华盛橡胶新材料科技股份有限公司、中国尚舜化工控股有限公司采用此法，此法生产的不溶性硫黄产品在国内市场约占 80%以上。

2. 熔融法

工艺流程见图 1-5-5。硫黄先加热至熔化，在高于液硫转变的温度下，反应一段时间后迅速冷却，得到可溶性硫黄和不溶性硫黄的混合物，再经干燥、粉碎、萃取等后续操作得到产品，基本流程与气化法相同，只是淬冷的是硫黄熔体而不是过热硫蒸气。目前洛阳富华化工厂自行开发成功用炼油厂所产普通硫黄生产不溶性硫黄的技术，已建成半工业化装置。该技术反应温度低、能耗低，操作相对安全，对设备腐蚀小，对设备的材质要求较低，搪瓷、碳钢和不锈钢等材质都可以做反应釜，密封性要求较低，投资少、收效快。不溶性硫黄的聚合转化率低(不超过 30%)，对萃取工段的效率要求高，同时和一步气化法相比，中间增加了固化和粉碎步骤。

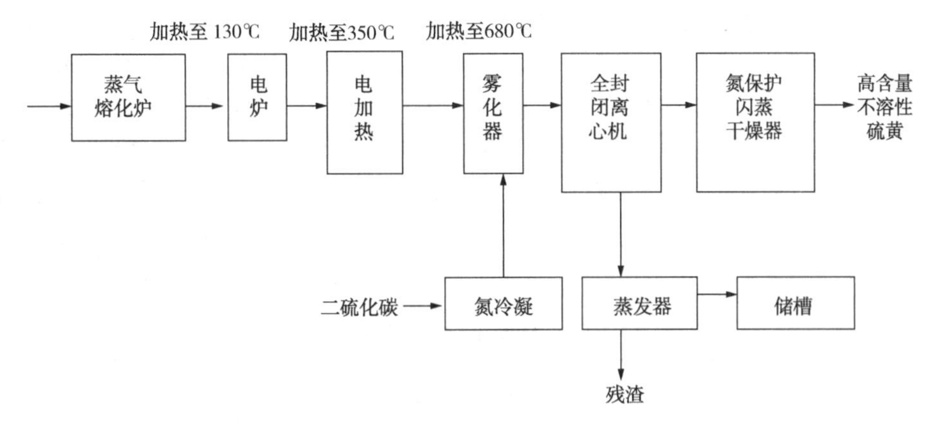

图 1-5-4　气化法-高温法不溶性硫黄生产工艺流程示意

以不溶性硫黄为硫化剂制备的橡胶轮胎一般性能较好，轮胎的高速性能和耐久性能均远远高于轮胎检测标准要求，满足轮胎厂的应用要求。

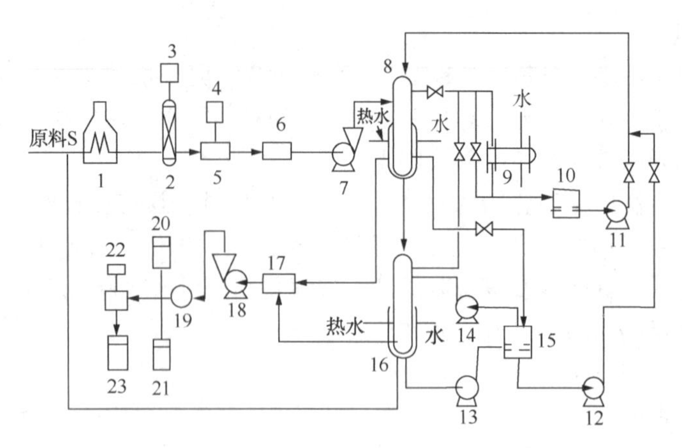

图 1-5-5　不溶性硫黄熔融法制备工艺流程

1—熔融炉；2—反应器；3—稳定剂罐；4—淬冷液罐；5—稳定池；6—干燥器；7—粉碎机；8—萃取塔；9—冷凝器；10—CS_2 储罐；11—CS_2 泵；12～14—溶剂泵；15—溶剂罐；16—蒸馏塔；17—干燥器；18—粉碎机；19—检测仪；20—IS 粉；21—非充油型 IS 粉；22—充油搅拌；23—充油型 IS 粉

五、硫黄标准

(一) 国内硫黄标准

随着技术进步以及交通运输业的发展，国内外对硫黄产品出厂到企业用户之间已发展为液态化储存、液态化运输，省去成型工艺而直接将液体硫黄作为市场销售的终端产品，无论对生产商和用户均可实现双赢，起到节能、降低成本以及满足环保的要求。目前国内生产液体硫黄的厂家约有几十家，液体硫黄的生产量占硫黄生产总量的比例也在不断增加。随着国家对节能减排工作的重视，企业从自身节约能源、降低运行费用方面考虑，直接生产和使用液态硫黄是大势所趋。

液体硫黄中一般有硫化氢存在，在运输、储存和使用过程中可能会有硫化氢释放，在安全方面存在一定风险。因此，2013 年国标委第三次组织修订 GB/T 2449—2006，将工业硫黄的标准分为固体产品和液体产品两部分，对不同类别的产品划分出相应的质量等级，在采样、试验方法、检验规则等方面作出不同规定。《工业硫黄 第 1 部分：固体产品》(GB/T 2449.1—2014)已于 2015 年 5 月 1 日起正式实施(见表 1-5-2)；《工业硫黄 第 2 部分：液体产品》(GB/T 2449.2—2015)也于 2016 年 5 月 1 日正式实施(见表 1-5-3)。固体硫黄采样针对包装产品和散装产品分别执行《化工产品采样总则》(GB/T 6678)、《固体化工产品采样通则》(GB/T 6679)，并对不同形状产品的采样方式进行规范。固体硫黄保留样的保留时间均应不少于 30 天，样品采用四分法制备。固体硫黄按批检验，规定一定时期内用同一原料连续稳定生产的产品为一批，时长不超过 3 天。

表 1-5-2　GB/T 2449.1—2014 工业固体硫黄标准　　%(质)

技术指标		优等品	一等品	合格品
硫(S)(以干基计)	≥	99.95	99.50	99.00
水分	≤	2.0	2.0	2.0
灰分(以干基计)	≤	0.03	0.10	0.20
酸度(以 H_2SO_4 计)(以干基计)	≤	0.003	0.005	0.02

续表

技术指标		优等品	一等品	合格品
有机物(以C计)(以干基计)	≤	0.03	0.30	0.80
砷(As)(以干基计)	≤	0.0001	0.01	0.055
铁(Fe)(以干基计)	≤	0.003	0.005	—
筛余物的质量分数*(粒度>150μm)	≤	0	0	3.0
粒度为75~150μm	≤	0.5		

* 筛余物指标仅用于粉状硫黄。

液体硫黄多来自炼油厂的Claus硫回收车间处理的酸性气。酸性气的主要成分为H_2S和SO_2。因此，液体硫黄中通常会含有微量的多硫化氢(H_2S_x)和游离的H_2S。若未经脱气将液体硫黄装入槽车，在运输过程中因搅动而释放到槽车液面上空气中的H_2S和H_2S_x的总量可达到300~500μg/g，极易燃烧。经过脱气后，液体硫黄中的$H_2S+H_2S_x$残存量约为10~50μg/g，释放形成的蒸气虽不易燃，但仍有比较大的毒性。液体硫黄的各项技术指标较固体硫黄要求要高一些，并增加一项硫化氢和多硫化氢检测指标，对液体硫黄进行硫化氢含量的监控，能够有效降低液硫在储存和使用过程中的安全隐患，防止环境污染，减少损失。

表1-5-3 工业液体硫黄标准(GB/T 2449.2—2015) %(质)

技术指标		优等品	一等品	合格品
硫(S)(以干基计)	≥	99.95	99.50	99.20
水分	≤	0.10	0.20	0.30
灰分(以干基计)	≤	0.03	0.10	0.20
酸度(以H_2SO_4计)	≤	0.003	0.005	0.01
有机物(以C计)	≤	0.03	0.10	0.30
砷(As)	≤	0.0001	0.001	0.01
铁(Fe)	≤	0.003	0.005	0.02
硫化氢和多硫化氢(以H_2S计)	≤	0.0015	0.0015	0.0015

注：以上项目除水分和硫化氢外，均以干基计。

作为食品添加剂，食品添加剂硫黄有感官要求和理化指标(见表1-5-4)两方面要求。要求色泽为黄色或淡黄色，组织状态为粉状或片状，且对检验方法进行详细的描述。

表1-5-4 食品添加剂硫黄理化指标要求(GB 3150—2010)

项目		指标	项目		指标
硫(S)/%(质)	≥	99.9	有机物/%(质)	≤	0.03
水分/%(质)	≤	0.1	硫化物		通过检验
灰分/%(质)	≤	0.03	砷(As)/(mg/kg)	≤	1
酸度(以H_2SO_4计)/%(质)	≤	0.003			

与工业硫黄相比，食品添加剂硫黄增加了部分理化指标(硫化物)，取消了对铁含量的要求。对比食品添加剂硫黄标准和工业硫黄标准要求可以发现，食品添加剂硫黄与优等品工

业硫黄只有水分要求有所区别，其他指标要求均一致。

国内的不溶性硫黄产品分为充油型和非充油型两类。充油型产品是在非充油型产品的基础上填充了4%~34%的专用油，主要用于橡胶工业，而非充油型不溶性硫黄主要用于化纤工业。不同的应用行业对不溶性硫黄产品的要求不尽相同。橡胶行业多要求不溶性硫黄的热稳定性指标，而化纤行业对非充油型不溶性硫黄产品一般无热稳定性指标要求。

热稳定性指标是橡胶行业对不溶性硫黄产品的一项重要指标要求。热稳定性高的不溶性硫黄产品在橡胶轮胎中不易发生“喷霜”，能够增强橡胶与钢丝帘布的黏附性，有利于保证轮胎质量。随着国内橡胶轮胎工业的发展，以及国内不溶性硫黄生产技术的进步，橡胶轮胎行业对不溶性硫黄的热稳定性指标的要求也越来越高(见表1-5-5)。

表1-5-5　橡胶用不溶性硫黄标准(HG/T 2525—2011)　%

项　目		非充油型		充油型			
		IS60	IS90	IS-HS70-20	IS-HS60-33	IS60-10	IS60-05
外观		黄色粉末		黄色不飞扬粉末			
元素硫质量分数	≥	99.50		79.00	66.00	89.00	94.00
不溶性硫含量	≥	60.00	90.00	70.00	60.00	54.00	57.00
油的质量分数				19.0~21.0	32.0~34.0	9.0~11.0	4.0~6.0
热稳定性(105℃)				75	75		
加热减量质量分数	≤	0.50					
灰分的质量分数	≤	0.30					
筛余物(150μm)的质量分数	≤	1.0					

2013年为规范国内不溶性硫黄产品的性能指标，提升我国不溶性硫黄系列产品的市场信誉，由中国橡胶工业协会橡胶助剂专业委员会组织制定了《高热稳定性不溶性硫黄》协会自律标准(XXZB/ZJ-1201—2013)，自2014年1月1日起实施。自律标准对不溶性硫黄产品的105℃/15min热稳定性及120℃/15min热稳定性等技术指标提出了更高的技术要求。

2015年3月，《中国橡胶工业协会绿色轮胎原材料推荐指南》重点推荐橡胶助剂。高热稳定性不溶性硫黄在橡胶轮胎生产中能有效防止胶料喷霜，提高轮胎的耐热、耐磨性能，减少烧焦现象，延长胶料存放时间。不溶性硫黄用于轮胎橡胶与骨架材料黏合的胶料中，可使橡胶制品和半成品表面不喷霜，使硫化速度加快，减少硫黄用量且硫化均匀，使子午线、钢丝与橡胶黏贴更牢固。

协会自律标准《高热稳定性不溶性硫黄》(XXZB/ZJ—1201—2013)，见表1-5-6。

表1-5-6　协会自律标准《高热稳定性不溶性硫黄》(XXZB/ZJ—1201—2013)　%

项　目		非充油型	充油型	
		IS90	OT20	超级IS
外观		黄色粉末	黄色不飞扬粉	黄色不飞扬粉
元素硫质量分数	≥	99.5	80±1.0	80±1.0
不溶性硫含量(占总硫元素)	≥	90.0	90.0	95.0
油含量			20.0±1.0	20.0±1.0

续表

项目		非充油型	充油型	
		IS90	OT20	超级 IS
灰分	≤	0.15	0.15	0.15
加热减量(80℃)	≤	0.50	0.50	0.50
105℃高温热稳定性(占总硫元素)	≥		80.0	85.0
120℃高温热稳定性(占总硫元素)	≥		45.0	60.0
细度	≤	0.05	150μm<1.0，180μm 全通过	0.05

(二) 国外硫黄标准

美国是硫黄产品的主要消费大国。美国国防部专门针对军用硫黄制定了一套产品标准MIL-S-487B(见表1-5-7)。

表1-5-7 美国军用标准 MIL-S-487B 指标 %

指标要求		A	B	C	D
硫	≥	99.5	99.5	99.5	99.8
水分	≤	0.20	0.10	0.10	0.05
酸度，以 H_2SO_4 计	≤	0.01	0.002	0.002	0.002
灰分	≤	0.10	0.10	0.10	0.05
氯化物，以 NaCl 计	≤	0.01	0.01	0.01	0.01
硫酸盐，以 Na_2SO_4 计	≤				0.003
颗粒分布(通过美国标准筛)					
100号	≥	98.0	99.5	99.7	99.0
200号	≥	88.0	95.0	97.0	90.0
325号	≥			93.0	80.0
氨及铵盐			0	0	

美国与中国国内的工业硫黄标准相比，其军用硫黄标准中等级分配更细致。与国内标准不同，其额外规定了氯化物、硫酸盐和氨及铵盐三种指标，但无有机物、铁含量及砷含量技术指标。

伊朗国内拥有众多炼油及天然气加工企业。以哈尔克石油公司等为代表的石化公司每年出产大量工业硫黄(产品标准见表1-5-8)，在全球硫黄市场上占有较大份额，是中国进口硫黄产品的主要来源。

表1-5-8 哈尔克石油公司的硫黄产品标准

指标	要求	指标	要求
硫含量/%(质)	≥99.50	颗粒尺寸/mm	2~6
水分/%(质)	≤0.5	大于6.0mm/%(质)	≤10
灰分/%(质)	≤0.05	通过5.6mm/%(质)	≥75.0
有机物含量/%(质)	≤0.05	2~6mm/%(质)	≥90.0
外观颜色	黄色	小于2.0mm/%(质)	≤10
堆密度/(kg/m³)	≥1040		

伊斯曼公司旗下的CrystexTM品牌不溶性硫黄产品几乎垄断了国外不溶性硫黄市场。产品性能优良，主要有高稳定性的HS OT 20和高分散性的HD OT20两类(技术指标见表1-5-9和表1-5-10)，均为充油型产品。

表1-5-9　高稳定性不溶性硫黄CrystexTM HS OT 20技术指标

指　标	要　求	指　标	要　求
外观	黄色粉末	油含量/%	19~21
不溶硫含量(占总硫量比例)/%	≥90	150μm筛余物/%	≤1.5
硫含量/%	79~81	105℃热稳定性(占总硫量比例)/%	≥80
灰分/%	≤0.05		

表1-5-10　高分散性的不溶性硫黄CrystexTM HD OT 20技术指标

指　标	要　求	指　标	要　求
外观	黄色粉末	灰分/%	≤0.05
不溶硫含量(占总硫量比例)/%	≥90	油含量/%	18.5~21.5
硫含量/%	78.5~81.5	105℃热稳定性(占总硫量比例)/%	≥80

六、硫黄市场供应分析

(一) 全球硫黄产量

全球硫黄产量见表1-5-11。北美地区产量最大，占全球生产量的30%。西亚、中欧与东亚以及东亚地区产量相当，约占全球产量的15%~20%。北美硫黄产量呈下降趋势，西亚地区硫黄产量增加明显。

表1-5-11　全球硫黄产量

国　家	硫黄产量/kt			
	2012年	2013年	2014年	2015年
中国	9900	10500	10500	11000
美国	9000	92100	96300	9300
俄罗斯	7270	7250	7300	7300
加拿大	5910	6370	5910	6000
沙特	4090	3900	3300	3300
德国	3820	3880	3800	3800
日本	3250	3300	3250	3300
哈萨克斯坦	2700	2850	2740	2700
阿联酋	1900	2000	1900	1900
伊朗	1880	1890	2100	2100
墨西哥	1740	1810	1840	1800
智利	1680	1700	1700	1700
其他	14960	15790	15830	15900
合计	68100	70450	69800	70100

（二）中国硫黄产量

中国对硫黄需求量大，国内产量偏少，是主要的进口国(见图1-5-6)。硫黄主要生产企业分布见图1-5-7，硫黄产量分区走势见图1-5-8。

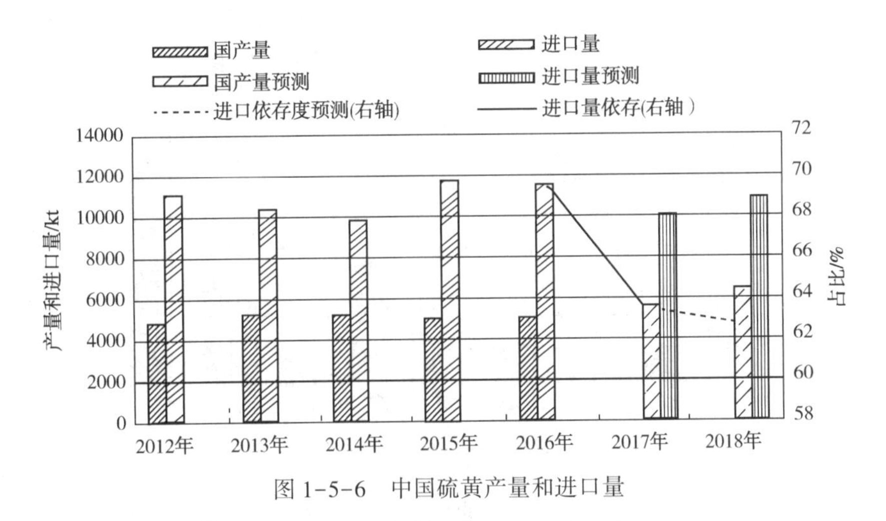

图1-5-6　中国硫黄产量和进口量

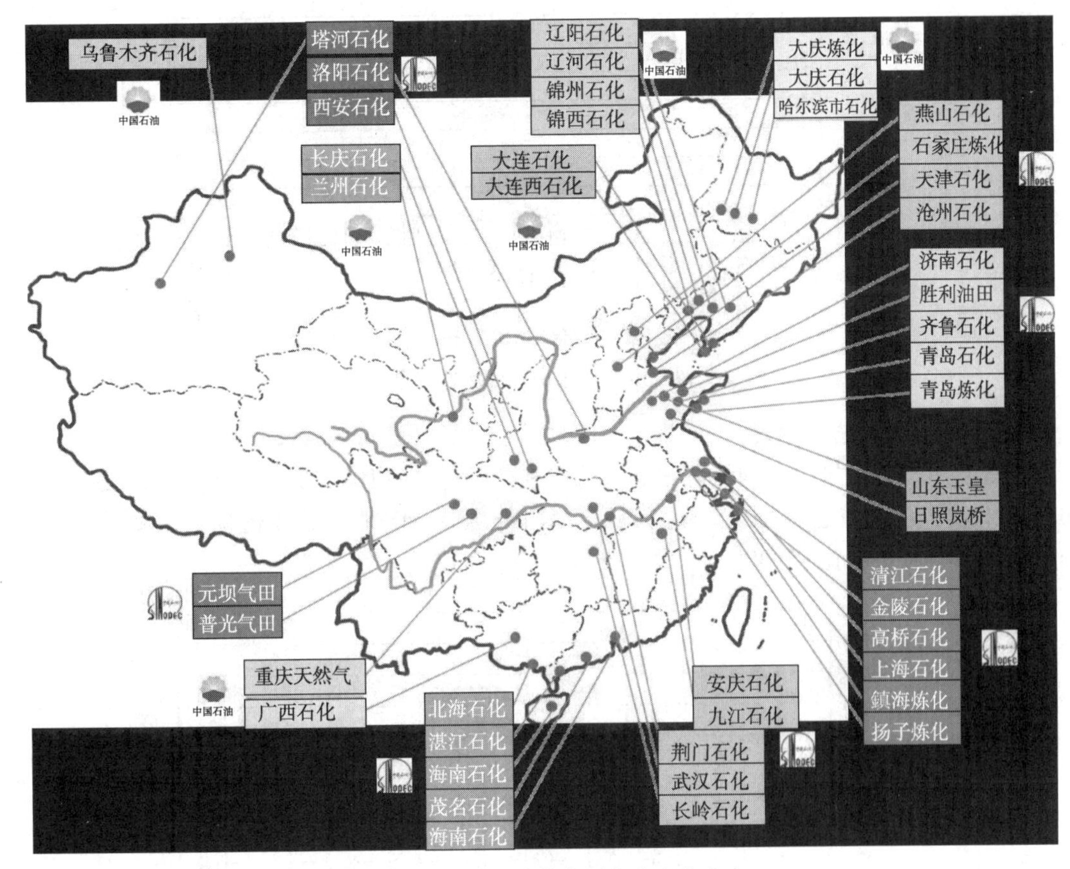

图1-5-7　中国硫黄主要生产企业分布

2017年中国硫黄产量5770kt。其中，中国石化硫黄产量4500kt，占比78%；中国石油产量 450kt，占比 9%；地方炼厂产量 300kt，6%；其他化工厂产量 320kt，占比 6%。2017 年全国前十大硫黄炼厂的总产量达 3330kt，占全国总产量 63%。中国石化炼厂有 8 家，其余两家为中化泉州、福建联合石化。中国石化普光气田产量 1480kt，占全国总产量 28%，居第 1 位。第 2 名为元坝气田，产量 250kt。第 3 名为镇海炼化，产量 220kt。4～10 名分别为镇海、金陵、泉州、青岛炼化、茂名、天津、钦州炼厂（见图 1-5-9）。

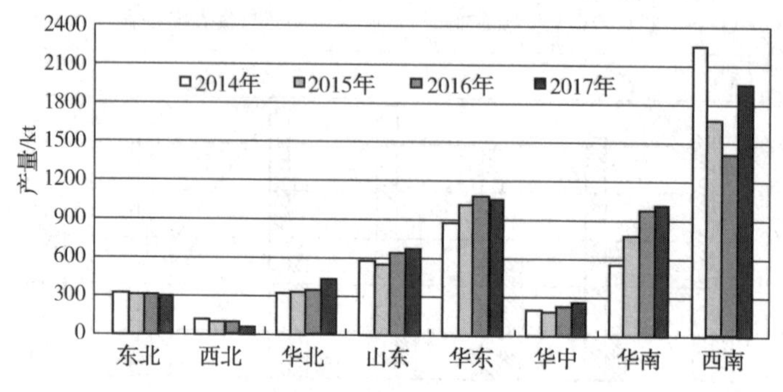

图 1-5-8　中国硫黄产量分区走势图（2014～2017 年）

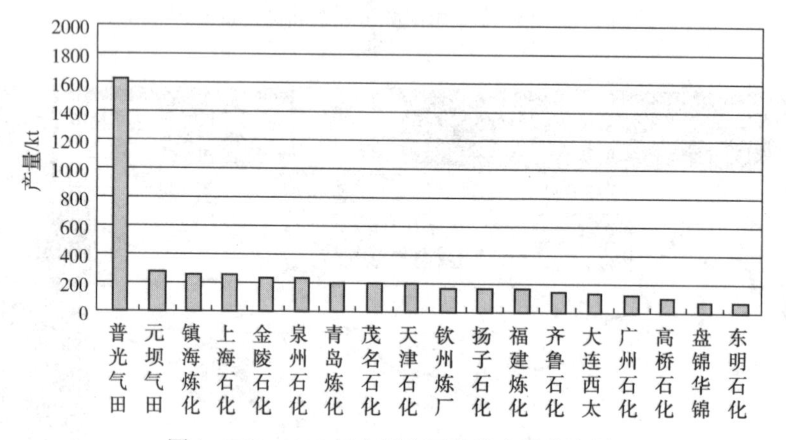

图 1-5-9　2017 年中国主要硫黄产量分布图

（三）中国硫黄进口情况

近 5 年中国硫黄进口量均保持在千万吨以上（见图 1-5-10），2017 年中国硫黄进口总量 10310kt，占国内消费总量 68%，主要应用于酸制磷肥。中东地区是中国硫黄主要进口地区，进口量约 5100kt，占比 45.39%（见表 1-5-12）。

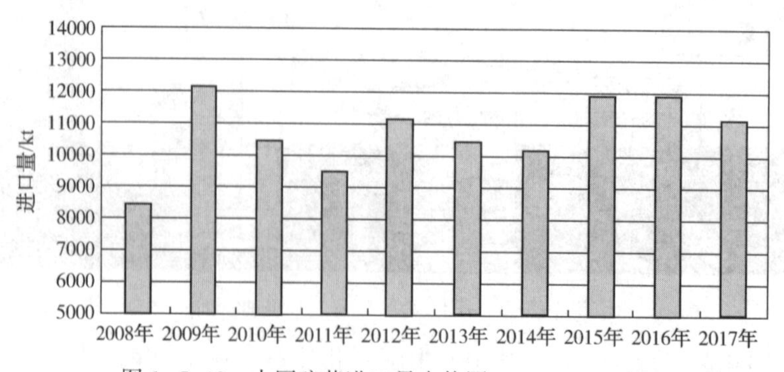

图 1-5-10　中国硫黄进口量走势图（2008～2017 年）

表 1-5-12 主要进口国家和数量

产销国及地区	进口量			
	2017 年/t	2016/t	同比/%	结构比(2017 年)/%
沙特阿拉伯	2327283	2528209	-7.95	20.71
阿联酋	1797310	1841389	-2.39	16.00
卡塔尔	975040	707982	37.72	8.68
中东地区	5099633	5077581	0.43	45.39
韩国	1069429	1267809	-15.65	9.52
日本	1036841	1154833	-10.22	9.23
日韩地区	2106270	2422641	-13.06	18.75
伊朗	1266558	922516	37.29	11.27
俄罗斯联邦	187800	630542	-70.22	1.67
土库曼斯坦	138504	616131	-56.19	1.23
哈萨克斯坦	88018	469518	-81.25	0.78
苏联、伊朗地区	1680880	2338707	-28.13	14.96
加拿大	930639	835936	11.33	8.28
美国	298134	150399	98.23	2.65
北美地区	1228773	986335	24.58	10.94

第六节 国内外硫黄回收装置的排放标准

一、国内硫黄排放标准

随着环保法规的日趋严格和人们环保意识的进一步增强，对石油化工装置中含硫化合物排放标准的要求也越来越严格，1996 年国家发布了 GB 16297—1996 环保标准，标准对工业装置 SO_2排放要求新污染源不大于 960mg/Nm^3，现有污染源 SO_2不大于 1200mg/Nm^3，并对硫化物的排放量也做出了新的规定。

2015 年为贯彻《中华人民共和国环境保护法》《中华人民共和国水污染防治法》《中华人民共和国大气污染防治法》等法律、法规，保护环境，防治污染，促进石油炼制工业的技术进步和可持续发展，我国制定并发布了 GB 31570—2015《石油炼制工业污染物排放标准》。该标准限定石油炼制工业(以原油、重油等为原料，生产汽油馏分、柴油馏分、燃料油、润滑油、石油蜡、石油沥青和石油化工原料等的工业)酸性气回收装置(石油炼制工业产生的酸性气中硫化氢转化为单质硫或硫酸的装置)烟气 SO_2 排放浓度限值为一般地区 400mg/m^3，特别排放限值为 100mg/m^3，新建企业自 2015 年 7 月 1 日起，现有企业自 2017 年 7 月 1 日起，其大气污染物排放控制按此标准的规定执行，不再执行《大气污染物综合排放标准》(GB 16297—1996)和《工业炉窑大气污染物排放标准》(GB 9078—1996)中的相关规定。

一般地区大气污染物排放限值见表 1-6-1。

根据环境保护工作的要求，在国土开发密度已经较高、环境承载能力开始减弱，或大气环境容量较小、生态环境脆弱，容易发生严重大气环境污染问题而需要采取特别保护措施的地区，应严格控制企业的污染排放行为，在上述地区的企业执行表 1-6-2 规定的大气污染物特别排放限值。

执行大气污染物特别排放限值的地域范围、时间，由国务院环境保护主管部门或省级人民政府规定。

表 1-6-1　大气污染物排放限值　　单位：mg/m^3

序号	污染物项目	工艺加热炉	催化裂化催化剂再生烟气①	重整催化剂再生烟气	酸性气回收装置	氧化沥青装置	废水处理有机废气收集处理装置	有机废气排放口②	污染物排放监控位置
1	颗粒物	20	50						车间或生产设施排气筒
2	镍及其化合物		0.5						
3	二氧化硫	100	100		400				
4	氮氧化物	150 180③	200						
5	硫酸雾				30④				
6	氯化氢			30					
7	沥青烟					20			
8	苯并(α)芘					0.0003			
9	苯						4		
10	甲苯						15		
11	二甲苯						20		
12	非甲烷总烃			60			120	去除效率≥95%	

①催化裂化余热锅炉吹灰时再生烟气污染物浓度最大值不应超过表中限值的2倍，且每次持续时间不应大于1h。
②有机废气中若含有颗粒物、二氧化硫或氮氧化物，执行工艺加热炉相应污染物控制要求。
③炉膛温度≥850℃的工艺加热炉执行该限值。
④酸性气体回收装置生产硫酸时执行该限值。

表 1-6-2　大气污染物特别排放限值　　单位：mg/m^3

序号	污染物项目	工艺加热炉	催化裂化催化剂再生烟气①	重整催化剂再生烟气	酸性气回收装置	氧化沥青装置	废水处理有机废气收集处理装置	有机废气排放口②	污染物排放监控位置
1	颗粒物	20	30						车间或生产设施排气筒
2	镍及其化合物		0.3						
3	二氧化硫	50	50		100				
4	氮氧化物	100	100						
5	硫酸雾				5③				
6	氯化氢			10					
7	沥青烟					10			
8	苯并(α)芘					0.0003			
9	苯						4		
10	甲苯						15		
11	二甲苯						20		
12	非甲烷总烃			30			120	去除效率≥97%	

①催化裂化余热锅炉吹灰时再生烟气污染物浓度最大值不应超过表中限值的2倍，且每次持续时间不应大于1h。
②有机废气中若含有颗粒物、二氧化硫或氮氧化物，执行工艺加热炉相应污染物控制要求。
③酸性气体回收装置生产硫酸时执行该限值。

非焚烧类有机废气排放口以实测浓度判定排放是否达标。焚烧类有机废气排放口、工艺加热炉、催化剂再生烟气和酸性气回收装置的实测大气污染物排放浓度，须换算成基准含氧量为3%的大气污染物基准排放浓度，并与排放限值比较判定排放是否达标。大气污染物基准排放浓度按式(1-6-1)进行计算。

$$\rho_{基}=\frac{21-O_{基}}{21-O_{实}}\times\rho_{实} \tag{1-6-1}$$

式中　$\rho_{基}$——大气污染物基准排放浓度，mg/m³；

$O_{基}$——干烟气基准含氧量，%；

$O_{实}$——实测的干烟气含氧量，%；

ρ——实测大气污染物排放浓度，mg/m³。

标准规定酸性气回收装置的加工能力应保证在加工最大硫含量原油及加工装置最大负荷情况下，能完全处理产生的酸性气。脱硫溶剂再生系统、酸性水处理系统和硫黄回收装置的能力配置应保证在一套硫黄回收装置出现故障时不向酸性气火炬排放酸性气。

对企业排放大气污染物浓度的测定采用表1-6-3所列的方法标准。

表1-6-3　大气污染物浓度测定方法标准

序号	污染物项目	标准名称	标准编号
1	颗粒物	固定污染源排气中颗粒物测定与气态污染物采样方法	GB/T 16157
		环境空气　总悬浮颗粒物的测定　重量法	GB/T 15432
2	镍及其化合物	大气固定污染源　镍的测定　火焰原子吸收分光光度法	HJ/T 63.1
		大气固定污染源　镍的测定　石墨炉原子吸收分光光度法	HJ/T 63.2
		大气固定污染源　镍的测定　丁二酮肟-正丁醇萃取分光光度法	HJ/T 63.3
3	二氧化硫	固定污染源排气中二氧化硫的测定　碘量法	HJ/T 56
		固定污染源排气中二氧化硫的测定　定电位电解法	HJ/T 57
		固定污染源废气　二氧化硫的测定　非分散红外吸收法	HJ 629
4	氮氧化物	固定污染源排气中氮氧化物的测定　紫外分光光度法	HJ/T 42
		固定污染源排气中氮氧化物的测定　盐酸萘乙二胺分光光度法	HJ/T 43
		固定污染源排气　氮氧化物的测定　酸碱滴定法	HJ 675
		固定污染源废气　氮氧化物的测定　非分散红外吸收法	HJ 692
		固定污染源废气　氮氧化物的测定　定电位电解法	HJ 693
5	硫酸雾	固定污染源废气　硫酸雾的测定　离子色谱法(暂行)	HJ 544
6	氯化氢	固定污染源排气中氯化氢的测定　硫氰酸汞分光光度法	HJ/T 27
		固定污染源废气　氯化氢的测定　硝酸银容量法(暂行)	HJ 548
		环境空气和废气　氯化氢的测定　离子色谱法(暂行)	HJ 549
7	沥青烟	固定污染源排气中沥青烟的测定　重量法	HJ/T 45
8	苯并(α)芘	环境空气　苯并(α)芘的测定　高效液相色谱法	GB/T 15439
		固定污染源排气中苯并(α)芘的测定　高效液相色谱法	HJ/T 40
		环境空气和废气　气相和颗粒物中多环芳烃的测定　气相色谱-质谱法	HJ 646
		环境空气和废气　气相和颗粒物中多环芳烃的测定　高效液相色谱法	HJ 647

续表

序号	污染物项目	标准名称	标准编号
9	苯、甲苯、二甲苯	环境空气　苯系物的测定　固体吸附/热脱附—气相色谱法	HJ 583
		环境空气　苯系物的测定　活性炭吸附/二硫化碳解吸—气相色谱法	HJ 584
		固定污染源废气　挥发性有机物的测定　固相吸附-热脱附/气相色谱-质谱法	HJ 734
10	非甲烷总烃	固定污染源排气中非甲烷总烃的测定　气相色谱法	HJ/T 38

2013年山东省发布了《山东省区域性大气污染物综合排放标准》(DB37/2376—2013)，标准规定了山东省固定源大气二氧化硫、氮氧化物及颗粒物三种污染物的排放限值、监测和监控要求，以及标准的实施与监督等相关规定。

依据生态环境敏感程度、人口密度、环境承载能力三个因素，将全省区域划分为三类控制区。核心控制区：生态环境敏感度高的区域，包括各类自然保护区、风景名胜区和其他需要特殊保护的区域。重点控制区：人口密度大、环境容量较小、生态环境敏感度较高的区域。执行重点控制区排放浓度限值仍然不能满足环境质量要求时，该区市人民政府可以依据环境容量总量控制原则倒推污染源排放浓度限值。一般控制区：人口密度低、环境容量相对较大、生态环境敏感度相对较低的区域，即除核心控制区和重点控制区之外的其他区域。

污染物排放控制要求：2013年9月1日起至2014年12月31日止为第一时段，2015年1月1日起至2016年12月31日止为第二时段，现有企业与新建企业执行省行业污染物排放标准(第一时段、第二时段)及国家有关排放标准的要求。自2017年1月1日起至2019年12月31日止为第三时段，现有企业不分控制区执行表1-6-4的排放浓度限值。

表1-6-4　大气污染物排放浓度限值(第三时段)　　单位：mg/m^3

行业	工段		SO_2	NO_x(以NO_2计)	颗粒物
火电厂①	燃煤锅炉		100	100 200②	20
	燃油锅炉或燃气轮机组		100	100	20
	气体燃料锅炉	天然气锅炉	35	100	5
		其他气体燃料锅炉	100	200	5
	燃气轮机组	天然气燃气轮机组	35	50	5
		其他气体燃料燃气轮机组	100	100	5
炼焦化学工业	装煤、干法熄焦		100		30
	推焦		50		30
	焦炉	热回收焦炉	100	200	30
		机焦炉、半焦炉	50	500	30
	粗苯管式炉、半焦烘干和氨分解炉等燃用焦炉煤气的设备		50	200	30
	硫胺结晶干燥				50
	其他设施				30
硫酸工业			300		50

续表

行业	工　　段	SO_2	NO_x(以 NO_2计)	颗粒物
硝酸工业			200	
橡胶制造工业				10
合成革工业	聚氯乙烯工艺			10
	其他			
锅炉②	燃煤锅炉	200	300	20
	燃油锅炉	100	250	20
	燃气锅炉	100	250	10
其他工业炉窑	以煤、重油、煤制气等为燃料的炉窑	300	300	30
	以轻油、天然气等为燃料的炉窑或电炉	200	200	20
其他排放源		200	300	30

①火电厂和锅炉的定义及适用范围同省相关行业标准，以下出现的均同本注释。

②采用W形火焰炉膛的火力发电锅炉、现有循环流化床火力发电锅炉执行该排放浓度限值。

自2020年1月1日起为第四时段，现有企业按照所在控制区分别执行表1-6-5中“重点控制区”和“一般控制区”的排放浓度限值，部分行业还应按所在控制区从严执行表1-6-6中相应的排放浓度限值。自2017年1月1日起，新建企业按所在控制区应分别执行表1-6-4中“重点控制区”和“一般控制区”的排放浓度限值。核心控制区内禁止新建污染大气环境的生产项目，已建项目应逐步搬迁；建设其他设施，其污染物排放应满足表1-6-5中“核心控制区”的排放浓度限值。

表1-6-5　大气污染物排放浓度限值(第四时段)　　单位：mg/m^3

污　染　物	核心控制区	重点控制区	一般控制区
SO_2	35	50	100
NO_x(以 NO_2计)	50	100	200
颗粒物	5	10	20

注：部分行业还应按所在控制区从严执行表1-6-6规定的排放浓度限值。

表1-6-6　部分行业、工段需进一步从严控制的指标和排放浓度限值(第四时段)

单位：mg/m^3

行　业	工　　段	重点控制区			一般控制区		
		SO_2	NO_x(以 NO_2计)	颗粒物	SO_2	NO_x(以 NO_2计)	颗粒物
火电厂	燃煤锅炉	—	—	—	—	100	—
	以油为燃料的锅炉或燃气轮机组	—	—	—	—	100	—
	以天然气为燃料的锅炉	35	—	5	35	100	5
	天然气燃气轮机组	35	50	5	35	50	5
	其他气体燃料锅炉	—	—	5	—	—	5
	其他气体燃气轮机组	—	—	5	—	100	5

续表

行业	工段		重点控制区			一般控制区		
			SO_2	NO_x（以 NO_2 计）	颗粒物	SO_2	NO_x（以 NO_2 计）	颗粒物
钢铁工业	炼铁	热风炉	—	—	—	80	—	15
		高炉出铁厂	/	/	—	/	/	15
		其他	/	/	—	/	/	10
	炼钢	转炉、钢渣处理	/	/	—	/	/	—
		其他	/	/	—	/	/	15
	轧钢	热处理炉	—	—	—	—	150	15
		其他	/	/	—	/	/	—
炼焦化学工业	推焦		—	/	—	50	/	—
	机焦炉、半焦炉		—	—	—	50	—	—
	粗苯管式炉、半焦烘干和氨分解炉等燃用焦炉煤气的设备		—	—	—	50	—	—
橡胶制造工业			/	/	—	/	/	10
合成革工业	聚氯乙烯工艺		/	/	—	/	/	10

注：标“—”的指标执行表 1-6-5 中对应的限值，标“/”的为不控制该项因子。

对大气污染物排放浓度的测定采用表 1-6-7 所列的方法标准。

表 1-6-7　大气污染物浓度测定方法标准

序号	污染物项目	方法标准名称	标准编号
1	颗粒物	固定污染源排气中颗粒物测定与气态污染物采样方法	GB/T 16157
2	二氧化硫	固定污染源排气中二氧化硫的测定　碘量法	HJ/T 56
		固定污染源排气中二氧化硫的测定非分散红外吸收法	HJ 629
		固定污染源排气中二氧化硫的测定　定电位电解法	HJ/T 57
3	氮氧化物	固定污染源排气中氮氧化物的测定　紫外分光光度法	HJ/T 42
		固定污染源排气中氮氧化物的测定　盐酸萘乙二胺分光光度法	HJ/T 43

实测的大气污染物排放浓度，必须按式(1-6-1)折算为基准氧含量排放浓度。各类热能转化设施的基准氧含量按表 1-6-8 的规定执行。

表 1-6-8　基准氧含量

序号	所述行业	热能转化设施类型	基准氧含量(O_2)/%
1	火电厂	燃煤锅炉	6
2		燃油锅炉及燃气锅炉	3
3		燃气轮机组	15
4	锅炉	燃煤锅炉	9
5		燃油锅炉	3.5
6		燃气锅炉	3.5

续表

序号	所述行业	热能转化设施类型		基准氧含量(O_2)/%
7	工业炉窑	冲天炉	冷风炉，鼓风温度≤400℃	15
8			热风炉，鼓风温度>400℃	12
9		水泥窑及窑磨一体机		10
10		玻璃窑炉		8
11		陶瓷工业的喷雾干燥塔及炉窑		8.6
12		砖瓦工业干燥焙烧窑		16
13		使用燃油、燃气的加热炉、热处理炉、干燥炉		3.5
14		铝用炭素厂阳极焙烧炉		15
15		金属熔炼炉、烧结炉		按实测浓度计
16		其他工业炉窑		9

二、国外硫黄排放标准

欧洲国家硫黄回收装置硫回收率控制指标主要是根据炼油厂的装置规模、通过设置各炼油厂的 SO_2 排放总量指标来进行控制。表 1-6-9 为部分国家硫黄回收装置硫黄回收率的控制指标。

表 1-6-9　部分国家硫黄回收装置硫黄回收率标准

国　家	最低硫回收率
法国	硫黄回收率>98%
德国	新建装置： 产能低于 20t/d：硫黄回收率>97% 产能在 20~50t/d：硫黄回收率>98% 产能高于 50t/d：硫黄回收率>99.8% 现有装置： 产能低于 20t/d：硫黄回收率>97% 产能在 20~50t/d 的硫黄回收率：>98% 产能高于 50t/d，采用 MODOP 工艺的装置：硫黄回收率>99.4% 产能高于 50t/d，采用 SULFREEN 工艺的装置：硫黄回收率>99.5% 产能高于 50t/d，采用 Claus 工艺的装置：硫黄回收率>99.8%
荷兰	新建装置：硫黄回收率>99.8% 现有装置：硫黄回收率>99%
英国	硫黄回收率>99%
比利时	装置产能大于 50t/d：硫黄回收率>99.5% 新硫黄回收装置：硫黄回收率>99.5% 现有硫黄回收装置：>97%
丹麦	新建装置：硫黄回收率>99.8%
芬兰	硫黄回收率>99%
意大利	硫黄回收率>99.5%

续表

国　家	最低硫回收率
挪威	对于炼油厂的排放限制根据不同的情况而定 对于不同的 CO_2 及 SO_2 排放情况，将会征收不同的税赋
西班牙	产能低于 20t/d 的：硫黄回收率>95. 5% 产能在 20~50t/d 的：硫黄回收率>96. 5% 产能高于 50t/d 的：硫黄回收率>97. 5% 该趋势显示：西班牙将会执行 98%的硫回收率标准
瑞典	2012 年：硫黄回收率>99. 5%
捷克	新建装置：硫黄回收率>99. 8%
美国	硫黄回收率>99. 9%
加拿大	产能 1~5t/d：硫黄回收率>70% 产能 5~10t/d：硫黄回收率>90% 产能 10~50t/d：硫黄回收率>96. 2% 产能 50~2000t/d：硫黄回收率 98. 5%~98. 8% 产能大于 2000t/d：硫黄回收率>99. 8%

从表 1-6-9 可以看出，许多国家根据硫黄装置规模的不同，制定了不同硫回收率的排放标准，现有装置和新建装置也制定了不同硫回收率的排放标准。从表 1-6-2 中硫回收率要求可以看出，中国大陆现有排放标准《石油炼制工业污染物排放标准》(GB 31570—2015)中规定的特别地区烟气 SO_2 排放浓度不大于 100mg/m^3 的指标，相当于硫回收率大于 99. 99%，处于国际领先水平。

部分国家 SO_2 最高排放标准见表 1-6-10。

表 1-6-10　硫黄装置 SO_2 最高排放标准

国家	SO_2 最高排放标准/(mg/Nm^3)	备注
比利时	600	NO_x 最高 450mg/Nm^3
丹麦	1000	NO_x 最高 225mg/Nm^3
法国	2010 年：800~850	
意大利	1000	
西班牙	现有装置 3400 新建装置 1700 正在酝酿实施 800 标准	
瑞典	2010 年开始执行 800	
荷兰	现有装置 1000 2010 年后新建装置 500	
挪威	对 SO_2 排放征收特别税	
芬兰	取决于炼油厂规模和硫潜含量	
世界银行标准	150	
美国	260μL/L(728)	

从表1-6-9和表1-6-10可以看出，大多数国家硫黄回收装置的硫黄回收率标准并不是很高，主要原因是硫黄回收装置排放的SO_2只占炼油厂排放总量的很小部分，多数国家主要还是通过设置炼油厂总的SO_2排放指标来进行控制。

对照我国现有的硫黄回收装置烟气SO_2排放标准（≤100mg/Nm^3），比德国和荷兰的最高标准严苛。所以，我国现有的硫黄回收装置SO_2排放标准已经达到了世界先进水平。

美国硫黄装置执行的基础排放标准为烟气SO_2排放浓度小于260μL/L，也就是所有分布在美国境内的硫黄装置必须在此标准之上制定更加严格的排放标准。不同区域的硫黄装置制定了更加细化的执行标准，如加利福尼亚州周边硫黄装置烟气SO_2排放浓度小于150μL/L，如果超过150μL/L，在150～200μL/L之间，允许排放不能超过12h；如果超过200μL/L，在200～250μL/L之间，允许排放不能超过2h；如果超过250μL/L，允许排放不超过10min。超出上述规定后每天罚款25万美元，超标排放三天工厂必须停产。加利福尼亚州还规定，硫黄装置单个排放点必须低于30μL/L，如液硫脱气废气直接排放，排放浓度不能超过30μL/L。得克萨斯州的排放标准为周边硫黄装置烟气SO_2排放浓度小于160μL/L；如果超过200μL/L，在200～250μL/L之间，允许排放不能超过4h，硫黄装置单个排放点必须低于40μL/L。并且还规定厂区外大气中SO_2浓度必须小于75μL/L，如果厂区外有医院和学校，大气中SO_2浓度必须小于1μL/L。根据人口的密度以及厂区距离市区的远近，还制定了非常详细的法规。表1-6-11为美国得克萨斯州部分区域大气SO_2控制指标。

表1-6-11　美国得克萨斯州部分区域大气SO_2控制指标　单位：μL/mL

县	2009年控制值	2010年控制值
Jefferson	80	77
Gregg	75	66
Ellis	57	31
Harris	56	47
Galveston	41	42
Nueces	28	33
Kaufman	14	14
Elpaso	11	11
Dallas	9	8
Mclennan	6	6

从表1-6-11数据可以看出，不同区域大气中SO_2浓度的控制指标不同，法规制定的非常细致，并且大气中SO_2允许浓度逐年降低。企业也可根据大气质量要求，制定厂区内各装置SO_2允许排放浓度，确保排放总量不超标。

加拿大的排放法规以硫的回收率进行核算，表1-6-12给出了加拿大阿尔伯塔省硫回收装置回收率指导方针。

表1-6-12　加拿大阿尔伯塔省硫回收指导方针

工厂	运营商	工厂编号	现有装置硫回率/%	硫回收率新标准/%
Brazeau R.	Keyspan	1121	93.5	95.9
Burnt Timber	Shell	1131	96.5	98.4

续表

工厂	运营商	工厂编号	现有装置硫回率/%	硫回收率新标准/%
Caroline 1-11	BP Canada	1374	92.0	95.9
Craoline 4-20	BP Canada	1104	85.0	89.7
Carstairs	Anderson	1020	90.0	98.2
Crossfield	Wascana/Nexen	1050	98.0	98.5
Edson	Talisman	1084	97.9	98.4
Gold Creek	Rio-Alto	1129	97.0	98.3
Jumping Pound	Shell	1037	96.2	98.4
Kaybob S. 1&2	BP Canada	1107	98.4	98.5
Kaybob S. 3	Chevron	1144	98.1	99.5
Lone Pine Ck.	Mobil	1139	98.0	98.3
Minnehik B. L.	Penn West	1047	95.6	95.9
Okotoks	Compton	1530	98.3	98.4
Redwater	Imperial	1028	浮动	95.9
Rosevear(北部)	Suncor	1206	94.6	98.3
Rosevear(南部)	Suncor	1268	95.6	98.3
Simonette	Suncor	1113	96.5	98.3
Strachan	Husky	1141	98.1	99.5
Strachan	Keyspan	1133	98.1	98.4
Sturgeon Lk.	Burlington	1112	94.0	98.3
Teepee	Talisman	1296	92.0	95.9
Waterton	Shell	1056	98.8	99.5
Wildcat Hills	Petro-Canada	1054	97.5	98.3
Wimborne	Anderson	1081	95.5	98.3
Windfall	BP Canada	1034	98.3	98.5
Zama	Apache	1219	92.0	98.2

从表1-6-12可以看出，阿尔伯塔省政府对分布在该区域的每一套硫黄装置制定了硫回收率标准。制定标准的依据：装置规模、厂区位置、周边人口的密度以及其他重要的公共设施。

参考文献

[1] 汤海涛，凌珑，王龙延．含硫原油加工过程中的硫转化规律[J]．炼油设计，1999，28(9)：9-15.
[2] 舒炼，赖治屹，吴旭．高含硫天然气脱硫工艺概况[J]．化工生产与技术，2012，19(3)：36-38.
[3] 高梅生．川东北地区天然气资源特征及可持续发展研究[D]．四川成都：成都理工大学，2007：14-20.
[4] 王开岳．天然气净化工艺[M]．北京：石油工业出版社，2005，3.
[5] 雷蕾，何保止，耿继常．硫黄回收装置酸性气分液系统存在问题的分析及优化[J]．石油化工安全环保技术，2012，28(4)：62-64.
[6] 褚秀玲．硫黄回收过程工艺的研究[D]．青岛：青岛科技大学，2010.

[7] 陈赓良．克劳斯法硫黄回收工艺技术发展评述[J]．天然气与石油，2013，31(4)：23-28.

[8] Kanattukara Vijayan Bineesh，Dong-Kyu Kim，Dong-Woo Kim，Han-Jun Cho. Selective catalytic oxidation of H_2S to elemental sulfur over V_2O_5/Zr-pillared montmorillonite clay[J]. EnergyEnviron. Sci，2010(3)：302-310.

[9] 何文建．富氧技术在脱硫装置的应用[J]．化工设计，2014，24(5)：5-8.

[10] Eow J S. Recovery of Sulfur from Sour Acid Gas：A Review of the Technology[J]. Environmental Progress，2002，21(3)：143-162.

[11] 白昊．硫黄回收工艺的模拟与优化[D]．大连：大连理工大学，2013.

[12] John Sames. Tail gas treating for sulphur recovery[J]. Sulphur，2012(338)：52-54.

[13] 刘炜，肖春，周家伟，等．200kt/a 硫黄回收及尾气处理装置技术研究与应用[J]．石油化工设计，2010，27(4)：50-53.

[14] 王新力，汪建华．青岛炼化 220kt/a 硫黄回收装置运行总结[J]．硫酸工业，2010(2)：41-48.

[15] Kanattukara Vijayan Bineesh，Dong-Kyu Kim，Dong-Woo Kim，Han-Jun Cho. Selective catalytic oxidation of H_2S to elemental sulfur over V_2O_5/Zr-pillared montmorillonite clay[J]. EnergyEnviron. Sci，2010(3)：302-310.

[16] Eow J S. Recovery of Sulfur from Sour Acid Gas：A Review of the Technology[J]. Environmental Progress，2002，21(3)：143-162.

[17] John Sames. Tail gas treating for sulphur recovery[J]. Sulphur，2012(338)：52-54.

[18] 李正西．加拿大 MCRC 硫黄回收及尾气处理技术[J]．氮肥设计，1995，33(6)：58-64.

[19] 王治红，李纭．Clinsulf-DO 硫黄回收工艺技术进展[J]．石油化工应用，2016，35(3)：10-14.

[20] 李隆基．Clauspol 硫黄回收尾气处理工艺及在我国的应用[J]．石油炼制与化工，1998，29(7)：15-19.

[21] J. Borsboom，M. van Grinsven，A. van Warners，P. van Nisselrooy. Sulfur recovery further improved[J]. Hydrocarbon Engineering，2002(3)：29-35.

[22] Dennis Koscielnuk，Frank Scheel，Steven F. Meyer，Andrea Trapet. Low cost and reliable sulphur recovery [J]. Sulphur，2010(326)：43-46.

[23] 方联殷．硫黄回收装置 HCR 工艺的应用[J]．广东化工，2009，36(11)：222-224.

[24] L. Micucci. Advanced HCR™ targets zero sulphur emissions[J]. Sulphur，2011，(337)：40-41.

[25] G. C. Perego，M. A. Galbiati，Gulyas. 带 HCR™ 尾气处理的新建硫黄回收装置简介[J]．硫酸工业，2009(4)：47-52.

[26] Michele Colozzl. Customised solutions with RAR technology[J]. Sulphur，2011，337：42-46.

[27] Luciano Sala. RAR Claus 尾气处理工艺[J]．中外能源，2009，14(6)：70-76.

[28] John S. EOW. Recovery of Sulfur From Sour Acid Gas：A Review of the Technology[J]. Environmental Progress，2002，21(3)：143-158.

[29] Process Plant Survey. Sulphur recovery plant[J]. Sulphur，2017，368：26-28.

第二章　气体脱硫

第一节　煤化工气体脱硫

一、煤化工酸性气来源及特点

煤化工是以煤炭为原料，经过化学加工使煤炭转化为气体、液体、固体燃料以及化学品等的过程。主要工艺有：煤制氢、煤直接液化制油、煤气化等，或进一步深加工生产天然气、烯烃、乙二醇、芳烃等。特别是随着炼油厂规模扩大和油品升级，氢气的产耗平衡成了一大制约因素，因此越来越多的企业选择增上煤制氢装置以求达到需要的氢气平衡。

煤化工技术的发展不可避免地带来了一系列的环保问题，煤化工装置产生的酸性气特点是气体压力低、组分复杂、酸性气 H_2S 浓度低、CO_2、NH_3 含量高，同时还含有少量 HCN、甲醇等杂质。其中低温甲醇洗酸性气中 CO_2 含量高达 60%~80%，H_2S 含量最高为 20%~40%左右，气化装置的高压闪蒸气和耐硫变换酸性气中 H_2S 浓度一般小于 1%。煤化工酸性气主要来源于酸性气脱除(低温甲醇洗)装置、煤气化装置、耐硫变换装置、酸性水汽提装置等，各气体典型组成见表 2-1-1。

表 2-1-1　煤化工酸性气典型组成　　%

组成(浓度)	甲醇洗酸性气	煤气化高压闪蒸气	变换汽提尾气
H_2	0.1~2	15~20	1~5
CO	1~6	10~30	1~3
CO_2	40~60	10~30	10~30
N_2	5~10	0~2	0.1~2
H_2S	20~40	0.1~3	1~3
COS	0.1~1	0.01~1	1~6
CH_3OH	0.1~1	0.1~0.5	0.1~1
H_2O	1~3	10~40	20~40
NH_3	0.1~2	0.1~4	10~30
CH_4	0.5~1	0.1~2	0.1~1
HCN	1~3	0.1~1	0.1~1

低温甲醇洗工艺是德国的林德(Linde)和鲁奇(Lurgi)两家公司在 20 世纪 50 年代共同研究开发的，脱硫属于物理吸收法，其原理是基于气体中硫化物在不同温度、不同压力条件下

在甲醇溶剂中的溶解度不同以实现分离和脱除。低温甲醇洗脱硫最大优点在于将煤气净化的几个工序都集中在一起，从而可以大大简化工艺流程。通过低温甲醇洗脱硫不仅可以脱除 H_2S、COS 外，也可以脱除 HCN、CO_2等，该工艺净化度高，选择性好。

各种气体在甲醇中的相对溶解度见表 2-1-2。

表 2-1-2　-40℃时各种气体在甲醇中的相对溶解度

气体	H_2S	COS	CO_2	CH_4	CO	N_2	H_2
与 H_2的相对溶解度	2540	1555	430	12	5	2.5	1
与 CO_2的相对溶解度	5.9	3.6	1				

从表 2-1-2 可以看出，甲醇对 H_2S、COS、CO_2的吸附能力很强，而对 CH_4、CO、H_2吸收相对较弱。在低温情况下，H_2S、COS、CO_2的溶解度系数随温度的降低而显著增加，而 CH_4、CO、N_2的溶解度增加得非常小，H_2的溶解度更小，因此，可以通过低温甲醇洗的方法将 H_2S 分离出来。

二、煤化工酸性气处理工艺的选择及适应性

通常根据所处理的原料气处理量中单质硫质量和 H_2S 浓度，可将处理规模划分为低潜硫量（低于 100kg/d 的单质硫）、中等潜硫量（100kg/d～20t/d 单质硫）及高潜硫量（大于 50t/d）。根据技术经济平衡分析，对于低潜硫量原料气的净化，一般采用非再生的处理方法，如干法处理技术中的氧化铁干法处理、氧化锌干法处理等；中等潜硫量一般采用湿式氧化法、胺法-湿式氧化法；对于高潜硫量原料气的净化处理一般采用胺法-克劳斯-尾气处理的经典组合流程。由于煤化工酸性气的主要特点为 H_2S 浓度低，CO_2含量高。这一特点决定了煤化工领域的硫回收装置与炼油和天然气领域的硫回收装置不同，需针对该特点进行硫回收工艺的选择。

根据酸性气 H_2S 浓度低的特点，可将浓度稍高的酸性气选用分流法、富氧法 Claus 工艺制硫；考虑到气体中有氨组分，需要炉膛温度在 1250℃以上，由于含氨的气体流量大，不能考虑全进反应炉。

超优克劳斯（EURO Claus）工艺适用于酸性气浓度范围广，H_2S 浓度可以在 23%～93%之间，既可用于新建装置，也适用于现有的 Claus 装置技术改造，还能和富氧氧化硫回收工艺结合使用。装置运行中过程气连续气相催化，中间不需要进行冷凝脱水，无“三废”处理问题。同时催化剂仅对 H_2S 进行选择性氧化，H_2、CO 等其他组分均不被氧化，不会因副反应生成 COS 或 CS_2，即使在超过化学计量的氧存在下，SO_2生成量也非常少。

总原则如下：

1. 满足国家环保要求

满足国家对新建硫黄生产装置的排放要求（GB 16297—2017），并为未来发展适当留有一定的空间。

2. 技术的可靠性

针对煤化工的特点，应选择适应低酸性气浓度、高弹性范围、可以处理复杂气体的硫回收工艺。如带有富氧或纯氧燃烧系统、烧氨及 HCN 系统、有机硫水解及甲醇预处理系统等的可靠工艺。

3. 装置投资及消耗

在满足以上两点的前提下，装置投资和操作费用尽量低。同时，如主装置没有醇胺吸收单元，应尽量避免引入新的溶剂吸收系统(如 MDEA)，造成整个工厂复杂性不必要的增加。

装置大小对环保达标、投资和操作费用影响很大，上述几个因素还应结合装置规模综合考虑。

三、煤化工脱硫流程及优化

整体煤气化联合循环(IGCC)脱硫是煤化工脱硫的典型代表，该工艺是空气分离、煤气化、煤气净化、高性能的燃气-蒸汽联合循环技术以及系统的整体化技术等多种高新技术的集成体。工艺流程示意见图 2-1-1。

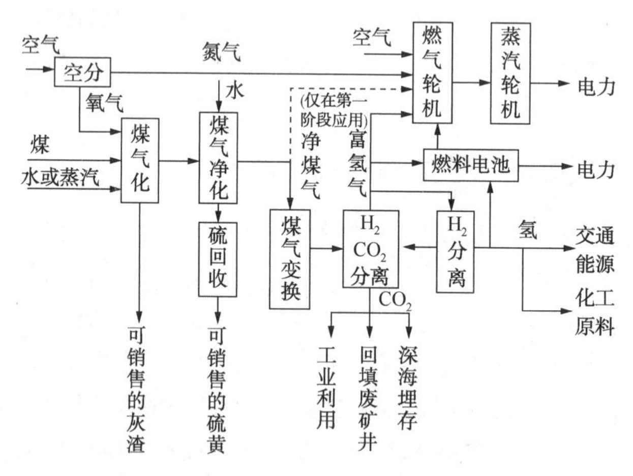

图 2-1-1　煤气化联合装置流程示意

煤炭在气化炉中气化生成的粗煤气，都含有各种杂质。一方面，这些杂质会腐蚀 IGCC 设备如燃气轮机以及管道，且粗煤气中的煤焦油和酚等在后面冷却时凝结会造成设备堵塞；另一方面，粗煤气中的许多杂质成分回收后可作化工原料等。因此，要实现 IGCC 的安全可靠、清洁发电以及合理利用煤气化后的所有产物，必须在粗煤气进入发电设备之前进行煤气净化处理。

常温煤气净化包括常温煤气除尘和常温煤气脱硫。常温煤气脱硫工艺分为：干法脱硫与湿法脱硫两大类，已在化工行业广泛应用。由于 IGCC 系统中脱硫工艺处理的煤气量一般较大，有时达到常规化工工艺的几倍到十倍。加之，煤气的用途不同，采用的脱硫工艺也有较大差别。这些因素使得目前许多已在化工行业成熟了的技术在 IGCC 中应用并不合适，而适用于 IGCC 系统的脱硫工艺在国内化工行业应用的规模往往较小。

脱硫过程的原理：一般由煤的气化炉出来的煤气中所含的硫化物包括无机硫化物和有机硫化物两大类。无机硫化物的主要成分是 H_2S；有机硫化物的主要成分是 CS_2、COS、硫醇和噻吩等。

其脱硫过程可分为 3 步：

1）把煤气中的硫化物分离出来；

2）把硫化物制成单质硫；

3）将制硫过程中产生的气体通入焚烧炉内燃烧，生成合乎环保要求的烟气，然后释放到大气中去。

以上3步中，清除煤气中的硫化物是煤气脱硫的关键。

在湿法除硫中通常采用物理吸收法[聚乙二醇二甲醚(Selexol)法]、化学吸收法[*N*-甲基二乙醇胺(MDEA)法]和物理-化学吸收法[环丁砜(Sulfinol)法]应用较多。三种脱硫工艺的比较见表2-1-3。

表2-1-3　三种脱硫工艺的比较

净化方法	聚乙二醇二甲醚(Selexol)	*N*-甲基二乙醇胺(MDEA)	环丁砜(Sulfinol)
工艺特点	①能同时脱除H_2S、CO_2、H_2O、HCN及烃类、烯烃类杂质，对H_2S、CO_2能选择性脱除；②溶剂无毒、稳定、无副反应、饱和蒸气压低、溶剂损失小、再生热耗低；③溶剂对碳钢无腐蚀；④溶剂对COS吸收能力较差，需专设COS水解塔，溶剂价格高，一次充填费用高；⑤操作温度40℃	①选择性好，净化度高，对H_2S和CO_2反应速率相差若干个数量级，适于分段脱除和再生；②溶剂稳定性好，很少发生降解，吸收能力大，溶解热低，吸收再生温差小，热耗低，蒸气压低，溶剂损失少，年补充量为2%～30%；③溶剂价格贵，一次充填费用高，造价稍低于Selexol法；④操作温度38℃	①对H_2S的溶解度比水高7倍，对有机硫也有强的吸收能力；②溶剂稳定性好，不易挥发，无毒，不易燃，对酸性气体的解吸较容易；③压力越高吸收越好；④溶剂造价高，原料中对重烃和芳烃的限量严格；⑤操作温度40℃
IGCC示范电站	美国Cool Water电站	美国Wabash River电站、美国Tampa电站、西班牙Puertollano电站	荷兰Demkolec电站

第二节　炼厂气脱硫

一、概述

原油中的硫在加工过程中会随加工工艺和深度的不同，分别进入各种石油产品中，例如催化裂化装置采用减压馏分油和常压渣油等直馏馏分油为原料时，原料中的硫约有50%以H_2S的形式进入气体产品中(包括液化气和干气)；焦化装置采用减压渣油作为原料时，原料中的硫约25%～30%以H_2S的形式进入气体产品中；加氢裂化装置原料中的硫约有90%以上以H_2S的形式进入气体产品。

炼厂干气和液化气中的硫，尤其是硫化氢对产品质量和环境影响很大，如果硫化氢脱除不好，将对下游装置加工、环境保护和设备腐蚀等方面造成非常不利的影响。因此干气和液化石油气无论是作为燃料还是化工原料，都需要脱硫。尤其是作为化工装置原料时，由于硫化物对催化剂的活性和寿命影响很大，因此对硫含量的要求更严格。

当干气作为燃料气时，国内一般要求净化干气中硫化氢含量不大于20mg/Nm^3；当干气作为制氢原料时，需先后经溶剂脱硫、加氢精制及固定床精制进行脱硫处理，要求总硫小于0.5mg/Nm^3。

当液化气作为民用燃料时，国内要求液化石油气的总硫含量不大于343mg/Nm^3，以减少对环境和人体的不利影响。随着液化石油气综合利用程度的不断提高，作为民用燃料的比例也越来越少，绝大部分经分馏和进一步加工，获得经济效益更好的产品，此时对中间产品的硫含量要求也更严格。如液化石油气经气体分馏后得到的丙烯或丁烯馏分作为选择性叠合装置原料时，要求原料中总硫含量小于5μg/g；作为聚丙烯原料时，要求总硫含量小于1μg/g；因此气体分馏后得到的丙烯还需经过精脱硫，才能作为聚丙烯装置的原料。

二、炼油厂流程简介及脱硫原料来源

（一）石油炼制的主要工艺过程分类

1. 分离工艺

电脱盐、常减压蒸馏等。

2. 转化工艺

催化裂化、加氢裂化、渣油加氢处理、延迟焦化、减黏裂化等。

3. 精制和改质工艺

加氢精制、催化重整、中压加氢改质、S-Zorb等。

4. 炼厂气加工工艺

烷基化、醚化、苯与乙烯烃化等。

5. 润滑油生产工艺

加氢、酮苯脱蜡、溶剂和白土精制等。

（二）规模型炼油厂主要工艺过程

1. 原油蒸馏

一次加工，获得直馏产品，二次加工原料。

2. 重质油加工过程

二次加工，化学加工，油品改质。包括：催化裂化、加氢裂化、焦化、渣油加工利用等。

3. 精制过程

二次加工，化学加工，轻质油品精制。包括：催化重整、烷基化、异构化、加氢精制、酸碱精制等。

（三）炼油厂三种典型的反应过程

1. 大分子分解为小分子的分解反应(断链、断环)过程

包括：热裂化、FCC、减黏裂化、加氢裂化、焦化等。

2. 分子大小不变，结构变化，异构化，环化，加氢改制

包括：重整、加氢精制、烯(芳)烃饱和等。

3. 小分子合成新型结构分子

包括：叠合(两个烯烃合成新的烯烃)、烷基化(丁烯+丁烷异辛烷)。

典型炼油厂流程图如图2-2-1所示。

（四）脱硫单元原料来源及典型性质

1. 液化气

炼厂液化气主要有以下几个来源：蒸馏液化气、催化液化气、重整液化气、加氢裂化液化气、焦化液化气等。

2. 干气

炼厂干气主要有以下几个来源：蒸馏干气、催化干气、重整预加氢干气、加氢裂化塔顶气、焦化干气、火炬气等。

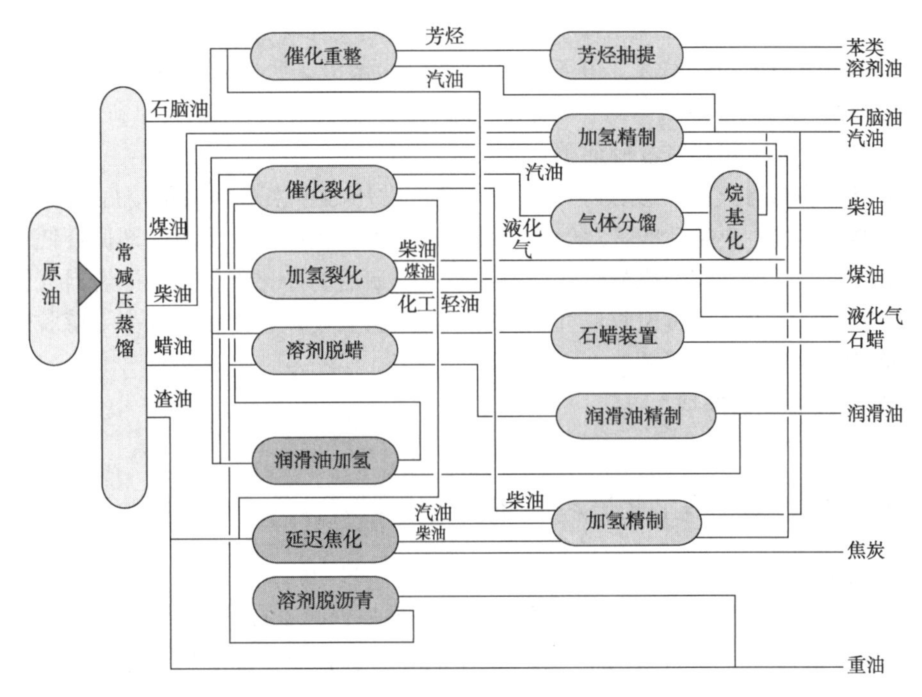

图 2-2-1　典型炼油厂流程图

3. 其他

需要进行脱硫的炼厂气还有加氢装置循环氢、火炬气、硫黄回收加氢尾气等。

4. 脱硫单元的典型原料基础数据

脱硫单元的典型原料基础数据见表 2-2-1。

表 2-2-1　脱硫单元的典型原料基础数据

项　　目	催化干气	催化液化气	焦化干气	加氢循环氢	硫黄回收加氢尾气
压力/MPa(表)	0.8~1.2	>1.2	0.8~1.2	15~15.5	110~115kPa
温度/℃	≤40	≤40	≤40	40~55	40~42
H_2S 摩尔分数/%	0.27~2.5	0.3~2.5	3~5	0.78~1.1	1.2~2.5
CO_2 摩尔分数/%	2~3.5		0.5~2.5		4.5~22
平均相对分子质量	18~22	48~50	22~23	~4.7	29~30.3

5. 脱硫产品的净化要求

脱硫单元的典型净化产品基础数据见表 2-2-2。

表 2-2-2　脱硫单元的典型净化产品基础数据

项　　目	催化干气	LPG	焦化干气	加氢循环氢	硫黄回收加氢尾气
$H_2S/(mg/m^3)$	≤20	≤20	20~100	按加氢工艺要求	<10~100
$H_2S/(\mu L/L)$	≤13.2				
总 $S/(mg/m^3)$	≤0.05%(质)	≤343	≤0.05%(质)		50~400

(五) 炼油厂常用气体脱硫方法

炼油厂气体脱硫方法可以分为干法和湿法两大类，干法脱硫目前工业应用很少，湿法脱硫中应用最普遍的是醇胺法脱硫，炼厂干气和液化石油气脱硫基本都采用这种方法。以一种适当浓度的醇胺类溶剂(如 MEA、DEA、MDEA 等)水溶液为吸收剂，在选定的工艺条件下在吸收塔(或脱硫塔)内与原料(炼厂干气或液化气)多级逆向接触，吸收原料气中的 H_2S(同时吸收或部分吸收 CO_2和其他含硫杂质)。

吸收了 H_2S 等酸性气的富液，经升温后在接近常压的再生塔内借助塔底重沸器供热解吸，使溶液得以再生。再生后的贫液经换热和冷却后返回吸收塔作为吸收剂循环使用。从再生塔顶排出的酸性气通常作为原料去硫回收装置。脱硫后的净化干气去全厂燃料气管网，净化氢气返回加氢反应器，硫黄回收尾气吸收塔净化气去焚烧炉，液化气则去下游脱硫醇工序继而进行脱硫醇精制。

(六) 醇胺法脱硫的原理

详细内容见本书第七章。

三、炼油厂气体脱硫工艺流程选择及优化

(一) 工艺流程

通常炼厂干气的脱硫路线，先采用胺法脱 H_2S，然后视脱硫后不同用途及对净化度要求再选择不同的工艺组合，以达到不同的要求。典型的醇胺法脱硫装置工艺示意流程如图 2-2-2 所示，采用不同的醇胺溶剂其流程基本相同。

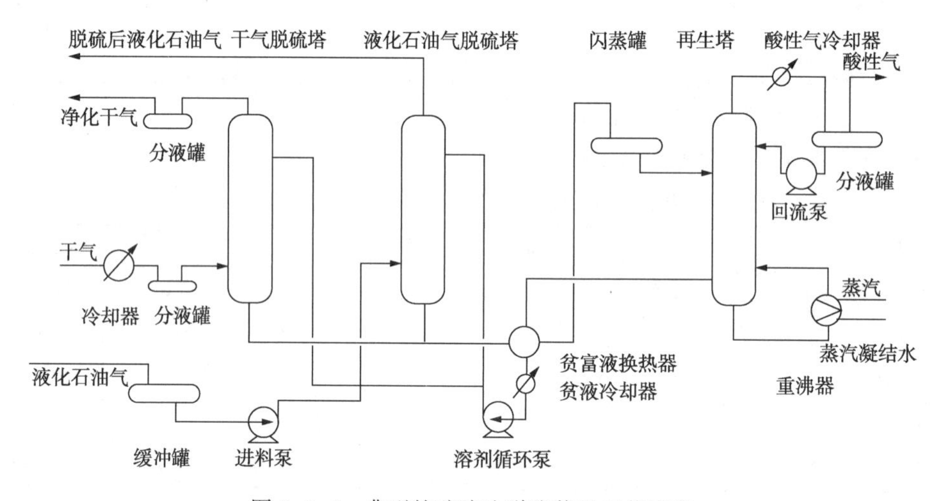

图 2-2-2　典型的醇胺法脱硫装置工艺流程

含硫干气经冷却器冷却，并经分液罐除去游离的液体后进入吸收塔，气体在塔内自下而上和醇胺溶液逆流接触，进行吸收反应，塔顶的净化气经分液罐分液后出装置。

液化石油气经缓冲罐和进料泵升压后进入吸收塔，在吸收塔内和醇胺溶液逆流接触，脱除酸性组分，塔顶液化石油气至脱硫醇部分进一步处理或出装置。

上述两个吸收塔底排出的富液合并经一级贫液-富液换热器换热，至富液闪蒸罐闪蒸出烃类，再经二级贫液-富液换热器换热至 95～100℃ 进入再生塔。再生塔底由重沸器供热，塔顶气体经冷却、冷凝后，酸气送至硫黄回收装置，冷凝液作为塔顶回流，塔底贫液经换热和冷却后循环使用。

（二）全厂脱硫系统设置模式

1. 各主体装置分别脱硫再生，酸性气集中输送至硫黄回收装置处理

早期因国内炼油厂规模较小，加工装置较少，原油的硫含量较低，需要脱硫的介质也较少，因此都采用各种含硫化氢的气体和液化石油气在各主体装置内脱硫，再生后的酸性气分别输送至硫黄回收装置，再生流程如图 2-2-3 所示。

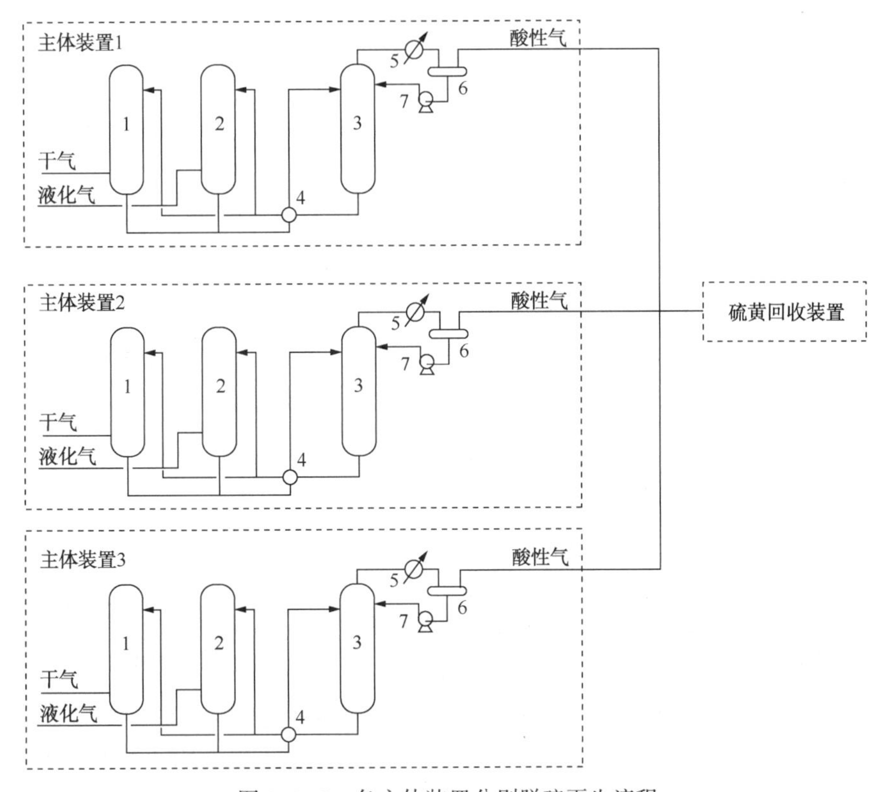

图 2-2-3　各主体装置分别脱硫再生流程

1—干气脱硫化氢塔；2—液化气脱硫化氢塔；3—再生塔；4，5—换热器；6—分液罐；7—回流泵

这种设置方式所用设备多，占地面积大、管理复杂、能耗高，更主要的是较多主体装置远离硫黄装置，给酸性气的长距离输送带来困难和安全隐患，甚至有些时候无法满足硫黄回收装置需要的酸性气压力。

2. 各主体装置仅设置脱硫，溶剂集中再生

随着炼油厂规模的扩大、加工装置的增加，尤其是原油含硫量的迅速提高，产品质量和环保要求日益严格，需要脱硫的介质也越来越多，基于安全和正常操作考虑，设置溶剂集中再生装置，每套主体装置仅设置脱硫塔，溶剂集中再生，且再生部分紧靠硫黄装置。再生流程如图 2-2-4 所示。

这种模式的主要优点是：

1）将输送酸性气改为输送贫、富液，克服了输送酸性气带来的腐蚀、分液、泄漏及H_2S中毒等隐患；

2）满足了硫黄装置对酸气压力和质量的要求；

3）有利于降低能耗及公用工程消耗，减少了操作费用；

4）有利于全厂统一管理，节约投资并减少了占地面积。

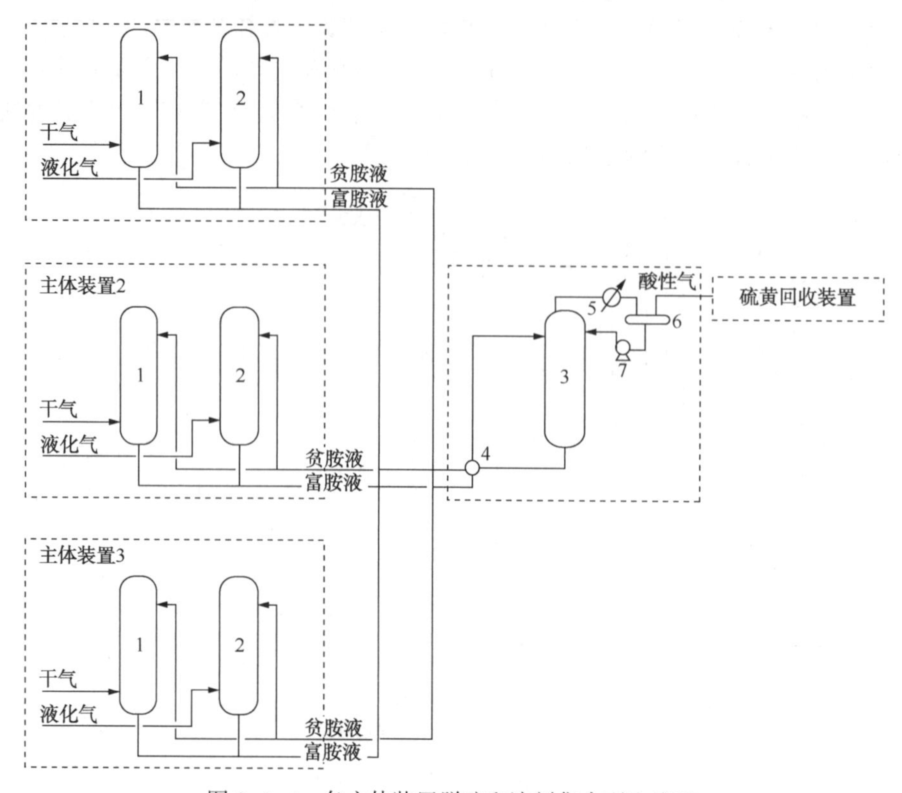

图 2-2-4　各主体装置脱硫和溶剂集中再生流程

1—干气脱硫化氢塔；2—液化气脱硫化氢塔；3—再生塔；4，5—换热器；6—分液罐；7—回流泵

但由于各主体工艺装置都设置脱硫设施，因此各主体装置都需要设置贫液缓冲罐和溶剂增压泵；同时，这种模式通常主体装置与集中再生距离较远，在富液输送过程中，有时会发生因压力降低，溶解烃类在管道中析出，造成“气阻”，使管道压降增加，溶液循环量下降，影响主体装置的正常生产。所以，当输送富液管道距离较长，尤其是输送液化气脱硫化氢的富液时，需要在主体工艺装置内设置富液闪蒸和采取增压措施。

3. 脱硫适当集中，溶剂集中再生

为进一步降低投资和操作费用，新建炼油厂还采用相似气体集中处理的方式，即把压力、温度、组成相近的气体或用途相同的气体混合进入一个吸收塔内脱硫，溶剂集中再生。这种模式的优点是由于脱硫单元相对集中，减少了吸收塔的数量，其他附属设施也都相对减少了。

（三）集中再生装置套数的设置

集中再生并不是指全厂富液都集中在一套再生系统进行再生，只是相对集中（工艺流程见图 2-2-5）。当全厂只有一套常减压装置时，集中再生装置套数通常设置两套，原因如下：

1. 富液再生部分，采用适度分类和相对集中更加科学

由于加氢型装置富液和非加氢型装置富液组成和性质不同，加氢型装置富液仅含有 H_2S，不含 CO_2；而非加氢型装置如催化裂化、延迟焦化装置富液除含 H_2S 外，还含有 CO_2 及硫的有机化合物。显然加氢型装置和非加氢型装置产生的富液分别设置再生系统、分类处理，可减少相互影响。尤其是防止非加氢型富液含有的杂质影响加氢型装置高压系统安全操

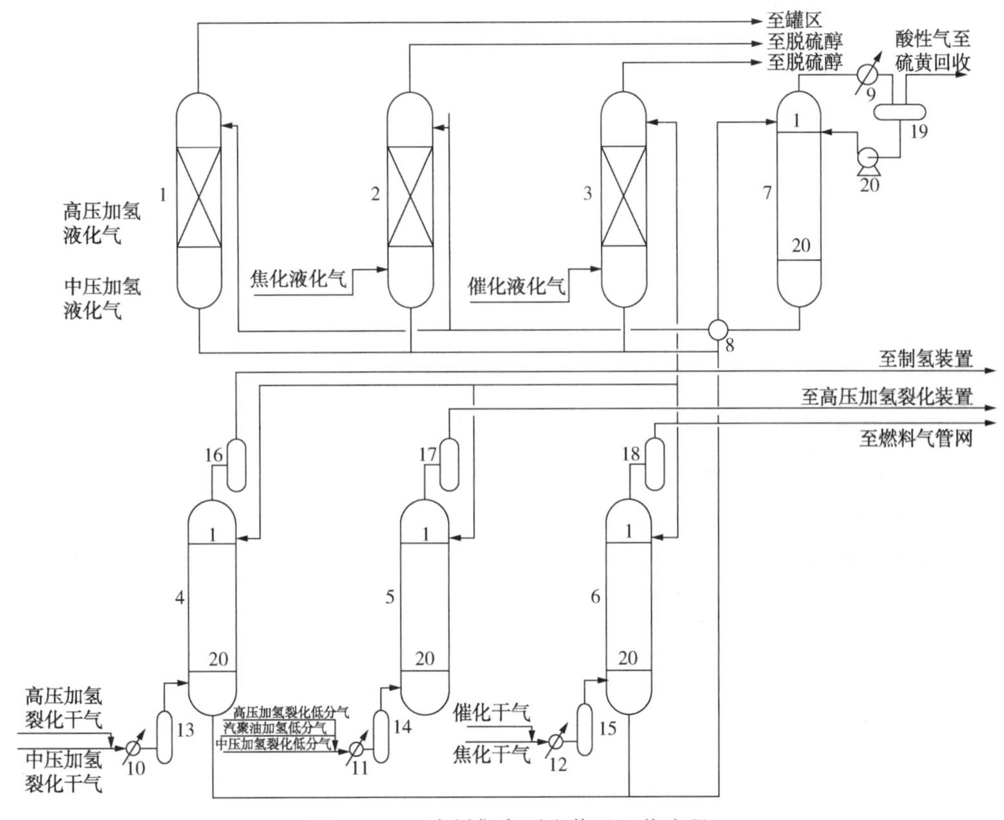

图 2-2-5　溶剂集中再生装置工艺流程

1~3—液化气脱硫化氢塔；4~6—干气脱硫化氢塔；7—再生塔；8~12—换热器；13~19—分液罐；20—回流泵

作，这种设计方法更科学合理。

2. 脱硫原料不同，对贫液质量要求不同

通常循环氢脱硫贫液质量比其他装置贫液质量要求相对宽松些。有些单位要求非加氢型装置贫液质量不大于 0.015mol(H_2S+CO_2)/mol(MDEA)，循环氢脱硫贫液要求 H_2S 不大于 0.05mol(H_2S)/mol(MDEA)。根据不同的贫液质量要求，分类处理，既满足产品质量要求，又节能降耗。

3. 目前装置规模越来越大，受设备规格的限制，宜设置为两套再生

以中国石化 XX 分公司为例，全厂溶剂再生规模为 1100t/h，设置两套再生系统，单套规模为 550t/h，再生塔径已达到 5400mm。为使生产更灵活和方便，两套再生系统的处理能力应尽量相互配合，溶剂管道互相连通，互为备用，可实现分别检修的目的。

以上只是一般考虑原则，显然再生装置套数和规模的设置还要根据全厂总流程、原油硫含量及装置组成等因素，综合考虑确定。如新建 12Mt/a 炼油厂，原油硫含量是 2.165%（质量分数），全厂总富液量是 1454t/h。其中渣油加氢脱硫富液 809t/h，其余为加氢裂化、柴油加氢精制、催化裂化等装置富液。设置两套实际处理量相同的（每套处理量 727t/h）装置，或设置两套实际处理量分别为 645t/h 和 809t/h 的规模不同的装置，或采用其他设置方式，都需要经综合分析后比较确定。

（四）工艺流程的改进

近年来醇胺法脱硫工艺为进一步降低能耗和改善选择性，有以下技术改进：

1. 吸收塔设置多个贫液入口

由于 MDEA 和 H_2S 的反应速率相对于和 CO_2 的反应速率快很多，为保持溶剂良好的选择性，在设计时可以考虑在吸收塔上部多设置几个贫液入口，增加操作灵活性，以便通过改变气液接触的塔盘数，在保证 H_2S 吸收的前提下，降低 CO_2 吸收率，减少再生蒸汽量，提高酸性气中 H_2S 浓度。

2. 各脱硫装置设置富液闪蒸罐

为避免由于个别脱硫装置操作不当，富液带入大量烃造成集中再生的闪蒸罐压力超高，影响其他脱硫装置富液的输送和操作，各脱硫单元设置富液闪蒸罐。

3. 闪蒸温度由原来的高温(90~98℃)闪蒸发展为目前的中温(60~70℃)闪蒸

为避免硫黄回收装置因酸性气中烃含量高而影响装置正常操作，通常要求酸性气中烃含量在 2%~4%(体积分数)，为此工业上采用富液闪蒸来降低酸性气中的烃含量。

影响闪蒸效果的三要素是闪蒸压力、闪蒸温度和闪蒸罐内的停留时间。其中闪蒸温度比闪蒸压力影响更大，根据闪蒸温度可分为低温闪蒸、中温闪蒸和高温闪蒸三种闪蒸方式。

由于闪蒸温度不同，工艺流程也不同(如图 2-2-6 所示)

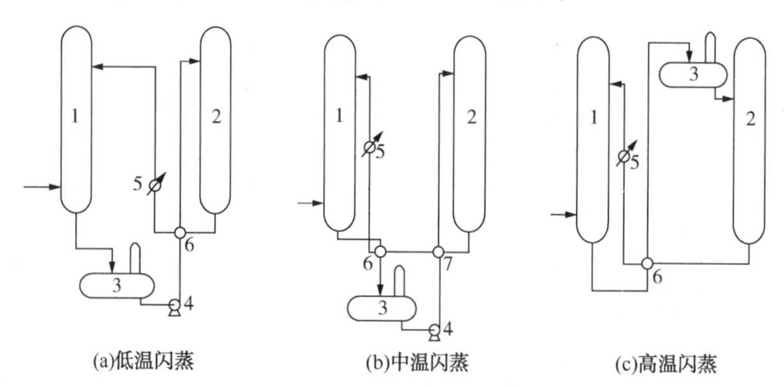

图 2-2-6　三种闪蒸方式示意图

1—吸收塔；2—再生塔；4—进料泵；5—冷却器；6，7—贫富液换热器

当采用低温闪蒸和中温闪蒸时，通常闪蒸罐放在地面上，闪蒸压力尽可能低，富液须经泵加压后进入再生塔；当采用高温闪蒸时，通常闪蒸罐放在靠近再生塔的平台上，不需要设置泵，可自压进入再生塔，闪蒸压力通常为 0. 25MPa。表 2-2-3 是利用 VMGSim 软件计算出的温度对闪蒸效果的影响情况。

表 2-2-3　温度对闪蒸效果的影响

闪蒸温度/℃	—	40	65	90	90
闪蒸压力/kPa	—	150	150	150	350
组　成	富液	闪蒸气			
H_2S/(kmol/h)	166	0. 335	1. 572	14. 215	2. 414
CO_2/(kmol/h)	18. 0	0. 044	0. 339	4. 077	0. 789
MDEA/(kmol/h)	549. 6	0	0	0. 002	0

续表

闪蒸温度/℃	—	40	65	90	90
H_2O/(kmol/h)	8477.0	0.501	2.183	20.696	2.956
烷烃/(kmol/h)	1.619	1.552	1.574	1.605	1.529
烯烃/(kmol/h)	0.559	0.430	0.493	0.542	0.463
H_2/(kmol/h)	8.5	8.484	8.474	8.485	8.399
O_2/(kmol/h)	0.003	0.003	0.003	0.003	0.003
N_2/(kmol/h)	0.003	0.003	0.003	0.003	0.003
CO/(kmol/h)	0.003	0.003	0.003	0.003	0.003

表2-2-3数据表明，当闪蒸压力相同，闪蒸温度从65℃提高至90℃，烷烃和烯烃的闪蒸率略有提高，分别从97.2%和88.2%提高至99.1%和97%，但H_2S和CO_2的闪蒸率却大幅提高，分别从0.95%和1.9%提高至8.6%和22.65%；当闪蒸压力分别为150kPa和350kPa，对应的闪蒸温度分别为65℃和90℃时，后者虽然温度提高，但受压力影响，烷烃和烯烃的闪蒸率稍有下降，分别从97.2%和88.2%下降至94.4%和82.8%，而H_2S和CO_2的闪蒸率却分别从0.95%和1.9%增加至1.45%和4.4%。说明国内原采用的高温(90~98℃)闪蒸，在烃闪蒸的同时，H_2S和CO_2也被闪蒸，虽然设计中已通过贫液洗涤来降低闪蒸汽中的H_2S和CO_2含量，但由于吸收效果受到接触时间短等因素限制，仍会有部分H_2S和CO_2逸出，引起燃料气管网和火炬系统的腐蚀，影响总硫收率，因此目前大部分装置采用中温(60~70℃)低压闪蒸。

国外某公司认为：当脱硫压力低于1.0MPa时，采用冷闪蒸；当脱硫压力高于1.0MPa时，采用中温闪蒸。

(五)增设溶剂净化设施

详细内容见本书第七章第五节。

(六)增加水洗过程

降低溶剂损耗是节省脱硫装置操作费用的重要措施，国外很多装置采用水洗过程来降低溶剂损耗，但国内几乎没有。气体脱硫中胺液的蒸发损失与溶剂种类和操作条件有关，每种溶剂的蒸发损失可以通过胺的蒸气压、操作温度及操作压力计算出。

图2-2-7表明了不同浓度MDEA溶液在不同操作温度和操作压力下的蒸发损失量，图中根据纯组分蒸汽压数据并假设为理想溶液而求得，因图中是平衡数据，实际损失低于平衡值。

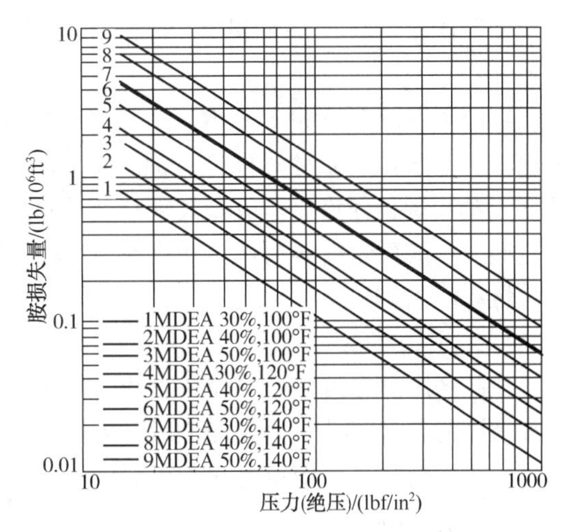

图2-2-7 MDEA溶液的蒸发损失量

注：$1lb/10^6ft^3=16.0185kg/m^3$；
$1lbf/in^2=1psi=6894.757Pa$。

吸收塔顶、再生塔顶及闪蒸罐都会产生蒸发损失。由于再生塔顶回流液的胺浓度较低，一般为1%~5%，起到了洗涤酸性气的作用，同时酸性气流量远比吸收塔顶气体量小，所以再生塔顶的胺蒸发损失量通常较小，损失量可根据表2-2-4估计。

表2-2-4　再生塔顶胺损失量估计值

溶　剂	损失量	溶　剂	损失量
MEA	<1.6mg(液)/m^3(酸性气)	DEA	<0.016mg(胺)/m^3(酸性气)
MDEA	<0.16mg(液)/m^3(酸性气)		

注：回流罐操作压力0.175MPa(绝)，操作温度49℃。

吸收塔顶的蒸发损失量最大，为减少蒸发损失量，通常采用水洗过程。

（七）炼厂气脱硫工艺参数优化

1. 溶液浓度

国产溶剂常用浓度范围：25%～35%(质)；

进口溶剂常用浓度范围：40%～50%(质)。

2. 原料温度

干气脱硫贫液入塔应高于干气入塔3～5℃，以避免液相冷凝，促进发泡。

硫黄回收净化尾气入吸收塔温度35～38℃，贫液温度可与其相近。液化气脱硫时，液化气及贫液入塔温度不能太低，避免净化液化气携带胺液。

在工业装置中，为减少溶剂的损失，通常贫液温度不宜超过45℃。贫液温度高会增加随净化气带走的溶剂蒸发损失，从反应平衡角度也对净化气的净化度不利。

3. 贫液质量

影响脱硫净化度的关键参数，常以mg(H_2S)/m^3(胺液)或mol(H_2S)/mol表示。酸性气负荷的单位换算(以H_2S及30%MDEA溶液为例)见下式：

$$0.012\text{mol } H_2S/\text{mol MDEA} = \frac{0.012 \times 34.08 \times 1000}{119.17 \div 0.3 \div 1.030} = 1.06\text{g } H_2S/\text{L MDEA 溶液} \quad (2-2-1)$$

贫液质量由再生塔的设计和操作决定，与再生塔的回流比、重沸器的供热负荷密切相关。

贫液中H_2S的含量对于吸收塔顶净化气中硫含量有重要影响。贫液中H_2S的含量越低，净化气中H_2S的含量才可能低。但贫液中H_2S的含量除与溶液种类有关外，还可通过再生温度、蒸汽量、回流比及塔盘效率来调节贫液的再生质量，只要再生热量供应到位、回流比合适等，贫液质量就会有所改善。对于炼厂气脱硫的工艺控制指标，一般控制贫液中H_2S的含量小于1g/L。

4. 溶剂循环量

在胺法脱硫中溶液循环量对含硫气体净化程度、装置能耗等有直接影响。估算时，当贫液和富液的各自酸性气负荷确定后，即可根据需脱除的总酸性气量来确定溶液循环量。在设计时，对溶液循环量应留有适当提高的余地，以便应对原料流量及酸性气(H_2S，CO_2)组分变化带来的影响。

5. 其他工艺参数

炼厂气脱硫的主要工艺参数是温度、压力和贫液质量。脱硫吸收塔贫液入口温度以40℃左右为宜，一般贫液入塔温度比干气温度高3～5℃。对于富液闪蒸来说，富液闪蒸温度远比闪蒸压力的影响大，现在普遍采用60~70℃的中等温度进行闪蒸，以避免温度过高导致H_2S也被闪蒸出来。

炼厂气入吸收塔压力与上游装置有关，一般为0.6~1.0MPa，有条件可以使用压缩机提高吸收塔进料压力，以缩减设备尺寸，提高净化气的脱硫质量。再生塔顶压力与再生气去下游硫回收装置的阻力及硫回收进料要求有关，单纯以胺液再生质量对吸收塔脱硫净化度来说，当然是希望再生塔顶的压力尽可能低，实际上需要考虑硫回收装置的要求，一般以0.06~0.1MPa为宜。

四、炼厂气脱硫主要设备

醇胺法脱硫工艺的主要设备有吸收塔、再生塔、换热器、重沸器、闪蒸罐、过滤设备和胺净化设备等。

（一）塔类

塔类包括干气脱硫塔、液化气脱硫塔和再生塔。

1. 干气脱硫塔

干气脱硫塔采用板式塔居多，原先以浮阀塔盘为主，近年来以采用在浮阀塔盘基础上研制的组合式导向浮阀塔盘为主。各种塔盘性能比较见表2-2-5。

表2-2-5　几种浮阀塔盘性能比较

浮阀类型	液面梯度	液体泛混	液体滞止区	结构可靠性
F1型浮阀	较大	较大	存在	较差
条型浮阀	较大	较大	存在	较好
ADV浮阀	较小	较大	存在	较好
船形浮阀	较大	较小	存在	较好
导向浮阀	较小	较小	基本消除	较好

组合导向浮阀塔板由导向浮阀（如图2-2-8所示）按一定比例组合而成，浮阀上设有导向孔，导向孔的开口方向与塔板上的液流方向一致。资料介绍组合式导向浮阀塔板与F1（国外称V1）型浮阀塔盘效率相比，塔板效率可提高10%~20%，处理能力提高20%~30%。

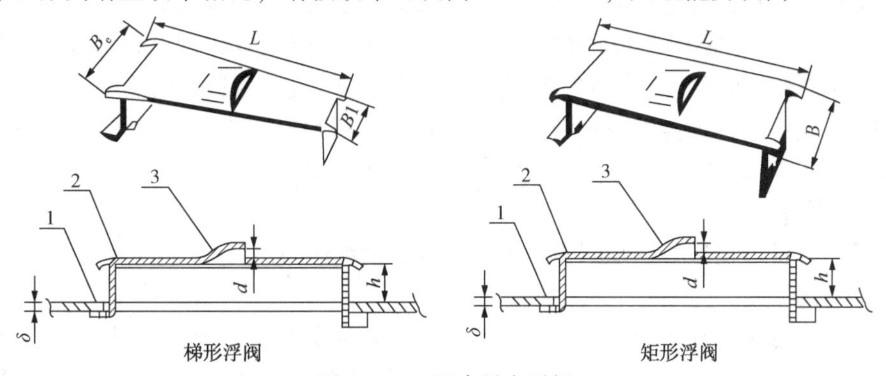

图2-2-8　组合导向浮阀

1—阀孔板；2—导向浮阀；3—导向孔

干气脱硫塔需要4~5块理论塔板盘，塔盘效率为25%~40%，实际塔盘约20块左右。根据原料含硫量及脱除要求，塔盘数也可适当增加，塔盘间距一般为600mm。

由于干气脱硫系统为易起泡系统，因此在设计和操作中都必须考虑发泡特性，孔塔气速和阀孔动能因子都不能太高。

2. 液化石油气脱硫塔

液化石油气脱硫塔是典型的液-液萃取塔，为增大接触面积，一般选用体积流量大的液化石油气作为分散相，醇胺溶液为连续相。

在传统的设计中，多数采用筛板塔盘，分散的液化石油气液滴大小是筛孔直径和流速的简单函数。若筛孔的孔径过小，则携带或返混的可能性较大，有时还会因液化气的表面张力过大而难以通过。烃类液滴在醇胺溶液中游离上升，使板效率下降，且筛孔容易堵塞；若筛孔的孔径过大，虽能减少携带和返混的可能性，但由于液滴过大而导致接触不良，也会降低板效率。可见筛板塔盘对过孔速度要求严格，过大过小都对操作不利。

由于液化石油气脱硫所需理论塔板数较少，因此也可以使用静态混合器等高效传质设备来代替常规的吸收塔。炼油厂通常采用二级静态混合器串联使用，第二级排出的富液注入第一级作为吸收溶剂以提高胺液利用率。由于液化气和胺液在静态混合器的混合程度较激烈，故在沉降分离罐的停留时间较长。随液化气硫含量的逐年增加，已很少采用静态混合设备。

3. 再生塔

再生塔的作用是利用重沸器提供的水蒸气和热量使醇胺和酸性气组分生成的化合物分解，从而将酸性气组分解吸出来，此外水蒸气还有汽提作用，即降低气相中酸性气组分的分压，使更多的酸性气组分从溶液中解吸，故再生塔也称汽提塔。

再生塔目前大部分采用板式塔，仅少数采用填料塔。由于该塔腐蚀较严重，采用填料易堵，板式塔中采用浮阀塔盘最广泛，需要3~4块理论塔盘，通常在富液进料下面有约20~24层塔盘，上部有3~4块塔盘。目前国内外有些溶剂再生装置的再生塔盘数已经达到30层。

再生塔的设计和操作关系到贫液质量，由于富液量和回流量波动大，因此，设计时应留有适当余地，气速不能太大，尤其塔的体系因子应考虑溶剂发泡的性能。

（二）换热器类

换热器类设备包括贫富液换热器、贫液冷却器、重沸器、酸性气冷凝器和干气冷却器。

贫富液换热器目前一般采用板式换热器或管壳式换热器。当采用管壳式换热器时，富液走管程，贫液走壳程。为避免由于磨损破坏金属保护层而增加设备腐蚀，富液流速应控制在0.6~1.0m/s。此外为减少因富液中酸性气组分的解吸而引起管线和设备腐蚀，富液换后温度控制低于100℃，并且调节位置靠近再生塔，避免酸性气在管道内闪蒸。

醇胺法脱硫中的重沸器以采用卧式虹吸式和罐式两种形式为主。为防止溶剂降解变质，应采用压力为0.3~0.4MPa、温度为140~150℃的饱和蒸汽。

（三）闪蒸罐

闪蒸罐的设计和操作要点是闪蒸压力、闪蒸温度和罐内停留时间。

1. 闪蒸压力

闪蒸压力越低越有利于闪蒸，当采用低温和中温闪蒸时，富液经泵升压后至换热部分，闪蒸压力要尽量低，一般约0.1MPa；当采用高温闪蒸时，富液直接至再生塔，闪蒸压力一般为0.25MPa。

2. 闪蒸温度

温度比压力影响更大，温度越高越有利于闪蒸，因此炼油厂曾经普遍采用高温闪蒸(90

~100℃)。由于高温闪蒸，在烃闪蒸的同时，硫化氢也被闪蒸，引起燃料气管网和火炬管网的腐蚀，因此目前基本都已经改为中温闪蒸(60~70℃)。

3. 停留时间

富液在罐内停留时间以 10~15min 为宜，国外某公司推荐富液在闪蒸罐内停留时间为 30min。但随着装置规模的扩大，若按照上述时间，往往给设备设计和平面布置带来困难，因此当装置规模较大时，停留时间按 10~15min 设计。

由于天然气脱硫溶解烃的分子质量较小，工业实践表明罐内的停留时间以 3~5min 为宜。

除上述 3 个影响闪蒸效率的因素外，闪蒸罐的设备结构也直接影响闪蒸效果，在设备选取时，要注意以下几点：

1）为加大闪蒸界面而有利于气体逸出，闪蒸罐宜设计为卧式，当受条件限制，采用立式罐时，可在罐内增加富液喷淋及折流板，提高闪蒸效率。

2）为降低闪蒸中 H_2S 含量，闪蒸罐顶部须设置吸收段，用贫液进行吸收，吸收段通常采用填料。

3）必须设置油出口及相应管道，便于油的收集和排出，目前闪蒸罐常用的油抽出结构形式有以下两种(如图 2-2-9 所示)。其中采用图 2-2-8(b)的形式较多。

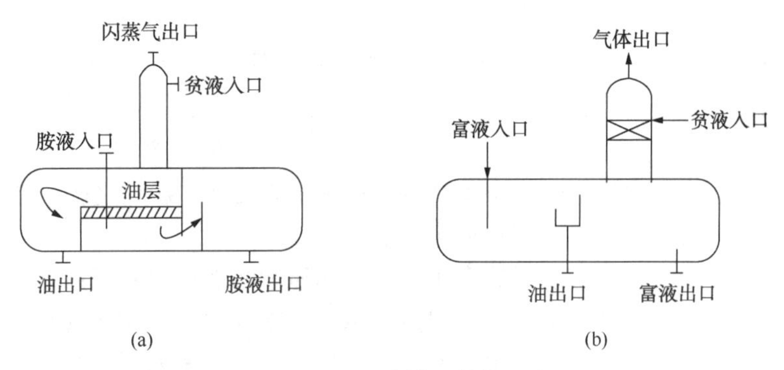

图 2-2-9　闪蒸罐的结构形式

(四) 过滤设备

因为溶剂的降解物能导致溶剂发泡，固体杂质能导致磨损并破坏金属的保护膜，在溶剂系统设置过滤器是非常必要的。目前国内贫液过滤设备采用较多的是包括一级机械过滤器、活性炭过滤器、二级机械过滤器在内的组合设备。贫液经一级过滤脱除较大颗粒(约 50μm)的机械杂质，再经活性炭脱除冷凝的烃、胺降解产物和有机酸，最后二级机械过滤脱除微小的(约 5μm)的活性炭颗粒。

设置富液过滤器可以避免因富液中含有大量杂质，尤其是开工初期管线和设备中的杂质和开工末期大量的腐蚀产物、硫化亚铁、热稳态盐等进入系统。由于富液中 H_2S 含量较高，处于安全考虑，富液过滤器一般采用自动反冲洗过滤器。

五、减少溶剂损失和降低设备腐蚀

脱硫装置的设计和操作要点是提高脱硫效果、减少溶剂损失和降低设备腐蚀。其中减少溶剂损失和降低设备腐蚀二者之间密切相关，例如腐蚀产物或降解产物都会引起溶剂发泡而增加溶剂损失，因此许多减少溶剂损失的措施同时也是降低设备腐蚀的措施。

（一）溶剂损失原因分析

影响气体脱硫溶剂损失的主要原因是蒸发、夹带和降解，而影响液化石油气脱硫溶剂损失的主要因素是溶解、乳化和夹带。

显而易见，胺液的蒸发损失和溶解损失始终存在，二者相比，溶解损失量比蒸发损失量大。工业上可以通过设置水洗措施来降低蒸发损失和溶解损失。

除胺液的蒸发损失和溶解损失外，还有胺液的夹带损失和发泡损失。

1. 夹带损失

气体脱硫时，胺液夹带损失的主要原因是：

1）气体吸收塔直径偏小；

2）塔的操作压力低于设计压力；

3）吸收塔在液泛点操作；

4）塔盘堵塞或损坏；

5）胺液分配器太小或堵塞；

6）破沫网损坏。

吸收塔气速高于设计值或压力低于设计值是造成夹带损失的主要原因。为此，应保持较低的气速。

液体脱硫时，乳化是携带胺的主要形式。影响乳化的重要设计参数是胺分配器喷嘴速度、再分配器的喷嘴速度和两相的空塔速度。

2. 发泡损失

当脱硫塔和再生塔发生发泡时，不仅会导致脱硫效果变差，净化度受影响，同时还会因冲塔造成溶剂大量损失，严重时装置被迫停工。

发泡的原因很复杂，生产实践经验表明，下列物质和溶液发泡密切相关，应尽可能从溶液中清除。醇胺的降解物、溶液中悬浮的固体、原料气带入的冷凝烃，以及几乎所有进入溶剂的具有表面活性的物质均有可能引起发泡，如原料气夹带的缓蚀剂、阀门用的润滑脂等。

发泡的原因大体可以归纳为以下几点：

1）污染物是发泡的引发剂，包括冷凝烃、有机酸和其他化学品；

2）固体会稳定泡沫，稳定剂包括硫化铁颗粒、胺降解物和其他固体物；

3）操作不正常会引起发泡，如气体线速过高、塔顶和塔底操作压力相差太大或不稳定、塔内液面波动、再生塔进料不稳定等都会引起发泡。

（二）降低溶剂损失措施

炼厂气脱硫中胺液损耗较大，主要降低胺液损耗的途径有降低胺液蒸发损耗、降低夹带损耗、降低发泡损耗等三种途径。

1. 降低胺液蒸发损耗

胺液的蒸发损失与操作条件(温度、压力及胺的浓度)有关。在温度37℃、压力0.7MPa时，30%的MDEA与50%的MDEA的蒸发损失分别为1.6mg/m^{3}和1.8mg/m^3，发生蒸发损失的部位主要在吸收塔、再生塔和闪蒸罐。通过在吸收塔和再生塔顶增加2~5块塔板，采用水洗回收净化气和再生气中蒸发的胺可降低胺的蒸发损耗，回流水中胺控制在1%~5%。温度高和压力低时蒸发损耗较高。

2. 降低夹带损耗

胺夹带损失的主要原因有：吸收塔直径及分布器尺寸偏小；操作压力远低于设计值；塔板堵塞及除沫器破损。总体上，较高的夹带损失常常是气速高于设计值或压力低于设计值引起的。为了控制夹带损失，应保持较低的气速。

3. 降低发泡损耗

在炼厂气脱硫操作过程中胺液会发泡，为了减轻发泡现象，可采取以下措施：

1）原料的预处理：

原料先经过预处理再进入脱硫系统，有效避免带入固体杂质和冷凝烃等杂质。当液化石油气和干气含有较多杂质时，须设置原料过滤器，以免原料中的杂质稳定泡沫。

干气须设置干气水冷却器和气液分离罐，冷凝并分离其中所带的重质烃。当原料中除含有 H_2S 和 CO_2 外，还含有 SO_2、HCN、HCl 及 NH_3 等物质时，建议在吸收塔前设置一个水洗塔，降低杂质进入胺液系统总量。

2）控制合适的贫液温度：

为防止干气中烃冷凝而引起发泡，贫液入塔温度一般高于气体入塔温度 3~5℃。干气中 H_2S 含量越高，二者温差越大。该温差由干气组成和吸收塔操作压力通过计算来确定，设计和生产中通过控制贫液冷后温度来实现。

液化石油气脱硫操作温度通常保持在 37. 8℃ 以上，以保持胺液和液化石油气界面的黏度小于 2mPa · s 左右，温度过低会因胺液黏度过高而导致脱硫率下降及液态烃夹带胺液严重的现象。这也是为什么一些炼油厂在冬季或贫液温度过低时就容易出现液化石油气夹带大量胺液的现象，此时提高胺和液化石油气的进塔温度就可以减少胺的损失。

在工厂采用集中再生时，贫液温度按 45~55℃ 考虑，各装置可根据各介质对贫液的温度要求考虑是否单独设置水冷器。

3）防止胺液氧化：

胺液与氧作用会生成有机酸和热稳定性盐，除引起发泡外，还加剧了溶剂的腐蚀性，氧还能使 MDEA 降解生成 DEA，影响溶液的选择吸收性能。避免氧化的措施有：采用除氧水配置溶液；溶液储罐顶部设置氮气密封设施为保证系统水平衡，需要补水的装置需考虑到补水带入的氧量，当溶液出现严重氧污染的情况要加入除氧剂。

4）加强溶剂过滤：

目前采用较多的是在贫液管线上设置活性炭过滤器和前后两个机械过滤器，富液也设置过滤器。

5）脱硫塔、再生塔设置塔压指示和塔内压差指示和报警，可随时检测并发现异常，及时处理。

6）系统长时间停工要做好防腐保护，开工时必须经过吹扫、置换和水洗，将系统内杂质彻底清除干净。

六、炼厂气脱硫溶剂的选择

炼厂气脱硫溶剂的选择应从三方面考虑。一是原料气性质，二是炼厂气的净化要求，即产品规格，三是需要考虑溶剂的特性。由于炼厂气中含有少量 C_{3+} 烃类，炼厂干气的脱硫剂不建议选择带有物理溶剂的配方溶剂，一般为普通脱硫剂或选择性脱硫溶剂，如 MDEA 或基于 MDEA 的配方溶剂和位阻胺溶剂。选择性脱硫溶剂可使酸气中 H_2S 含量高达 70%～95%。胺液使用过程的浓度为 25%～40%。表 2-2-6 列出了部分选择性脱硫性能较好的脱硫溶剂牌号。

表 2-2-6　常用的选择性脱硫溶剂牌号

溶剂牌号	配　方	溶剂牌号	配　方
UCARSOL HS 101	MDEA 为主剂	GAS/SPEC SS	MDEA 为主剂
UCARSOL HS 102	MDEA 为主剂	GAS/SPEC SS-3	MDEA 为主剂
UCARSOL HS 103	MDEA 为主剂	FLEXSORB SE/SE Plus	位阻胺
JEFFTREAT MS-100、MS-300	MDEA 为主剂	NCMA-脱硫	MDEA+位阻胺
GAS/SPEC SS	MDEA 为主剂	CT8-5	MDEA+助剂+消泡剂+缓蚀剂+抗氧剂

第三节　天然气脱硫

一、天然气净化技术综述

天然气指天然蕴藏于地层中的烃类和非烃类气体的混合物。在石油地质学中，通常指油田气和气田气，其组成以烃类为主，并含有非烃气体。天然气是一种优质、高效、清洁的低碳能源和化工原料，其资源地位日益突出，对国家改善能源结构、保护环境有着特殊的意义。全球天然气的消费量持续平稳增加，中国则处于快速增长。目前，我国正在加速发展天然气工业，以满足国家可持续发展对清洁能源需求的日益增长。我国天然气资源预测地质总储量在 38 万亿立方米，资源总量排名世界第 10 位，占世界天然气总资源的 2%。从分布上讲，存在着西多东少的特点，中西部地区资源量为 $25\times10^{12}m^3$，占全国天然气总量的 67%，目前已形成川渝、陕甘宁、塔里木及柴达木 4 大气区。我国天然气气田规模偏小、丰度偏低、埋深偏大，开发难度大，效益相对较低。

由于成因不同，天然气组分差异较大，少量气田不含或含微量 H_2S 及有机硫，多数气田含有一定浓度的硫化氢(H_2S)、有机硫及二氧化碳(CO_2)，必须经过净化，达到商品气质量指标后方可使用。在整个天然气工业产链中，为了将合格的商品气供应至用户，天然气净化是重要的环节。天然气净化通常是指脱硫脱碳、脱水、硫黄回收及尾气处理整套流程。脱硫脱碳与脱水是使天然气达到商品或管输天然气的质量指标；硫黄回收与尾气处理是为了综合利用及满足环保要求。

全球尚没有开采的油气田中有近 40%的天然气资源含有 H_2S、CO_2，天然气的劣质化变得普遍。其中，以体积分数计 H_2S 的含量超过原料气 5%的称为高含硫气田，部分含硫油气田甚至还含 COS、甲硫醇等有机硫。天然气在管道输送、LNG 生产和作为原料送入下游化工生产前，都需要进行脱硫脱碳净化处理。对于天然气的净化技术指标主要是考虑安全、热值和输送。《天然气质量指标》(ISO 13686—1998)是世界各国制定天然气质量指标的指导性准则，国外主要发达国家如美国、德国、法国、英国、俄罗斯等国的天然气质量指标与 ISO 13686—1998 国际标准的总体技术是一致的。

目前，国外管输天然气产品规格中要求 H_2S 含量≤4μL/L、CO_2含量 0～2%(体)、总硫 23～150mg/Nm^3和 LNG 产品中 H_2S≤2μL/L，CO_2≤50μL/L，总硫≤50mg/Nm^3，部分国家对

RSH 有限制，如俄罗斯 RSH≤36mg/Nm^3，欧洲气体能量交换合理化协会(EASEE-gas)要求 RSH(以 S 计)≤6mg/Nm^3。我国现行天然气质量标准为 GB 17820—2012，总体上与国外指标一致，分为三类天然气技术指标，管输气一般按一类和二类气指标执行，实际生产经常是 H_2S 取一类，总硫和 CO_2 取二类气指标，但缺少硫醇、热值等方面的指标要求。对于排放废气中的 SO_2，国外主流天然气净化技术供应商一般按世界银行提出的控制标准≤150mg/Nm^3 进行质量管控。总体上，目前是天然气产品的质量指标和废气中 SO_2 排放日趋严厉，对天然气脱硫脱碳技术水平要求更高。

法国、俄罗斯、加拿大、美国等少数国家较早就开始了高含 H_2S 和/或高含碳气田的开发，我国从 20 世纪 50 年代末涉足高酸性并含有机硫天然气的净化研究和工程应用，技术除了满足自身需要，还实现了技术输出。普光天然气净化厂和元坝天然气净化厂则是我国作为高含硫气田开发建设的典型的天然气净化厂。

我国有很大一部分天然气来自四川盆地的高含硫气田，尤其是中国石化半数以上的天然气产量来自高含硫的普光天然气净化厂和元坝净化厂。因此，高含硫天然气脱硫技术成为国家能源稳定供给和石油化工企业打造上下游一体战略的重要举措。目前，天然气净化工艺类型繁多，其主导工艺为：胺法或砜胺法脱硫脱碳，三甘醇脱水、Claus 硫黄回收、还原吸收或低温 Claus 法尾气处理。我国天然气净化工艺应用情况见表 2-3-1。

表 2-3-1　我国天然气净化工艺应用情况

年　代	20 世纪 60 年代	20 世纪 70 年代	20 世纪 80 年代	20 世纪 90 年代	21 世纪初
天然气脱硫脱碳	MEA 砜胺Ⅰ型	砜胺Ⅱ型 铁碱	MDEA 选吸 砜胺Ⅲ型 氧化铁浆液 CT 固体脱硫剂 ADA-$NaVO_3$(矾法)	MDEA 配方 PDS(磺化酞菁钴)，液相 Sulfa Treat	UDS 位阻胺
天然气脱水		TEG 硅胶		分子筛	
硫黄回收	直流 分流		合成催化剂 非常规分流	MCRC	Super Claus Clinsulf SDP Ln-Cat Ⅱ
尾气处理		液相催化 焦亚硫酸钠	还原-吸收		

二、天然气脱硫工艺

天然气中含有的 H_2S、CO_2 和有机硫化合物等酸性组分，一般会造成金属管道和设备腐蚀、催化剂中毒、天然气热值降低、产品气质量下降、环境污染等危害。当天然气中的酸性组分含量超过管输气质量(H_2S 一般≤20mg/m^3)或商品气质量要求时，必须采用合适的方法脱除后才能管输或成为商品气。目前，商品天然气指标标准见表 2-3-2。

表 2-3-2　商品天然气指标标准《天然气》(GB 17820—2012)

项　　目		一类	二类	三类
高位发热量/(MJ/m^3)	≥	36.0	31.4	31.4
总硫(以硫计)/(mg/m^3)	≤	60.0	200.0	350.0

续表

项　目		一类	二类	三类
硫化氢/(mg/m³)	≤	6.0	20.0	350.0
二氧化碳/%	≤	2.0	3.0	—
水露点/℃		在交接点压力下，水露点应比输送条件下最低环境温度低5℃		

(一) 物理溶剂法

物理溶剂法是利用 H_2S 和 CO_2 等与烃类在物理溶剂中的溶解度的巨大差别而实现天然气脱硫脱碳的方法。包括：多乙二醇二甲醚、碳酸丙烯酯、冷甲醇法。物理吸收法一般在高压和较低的温度下进行，溶剂酸气负荷高，适宜于处理酸气分压高的原料气。此外，还具有溶剂不易变质、比热容小、腐蚀性小、能脱除有机硫化物等优点。但物理吸收法不宜用于重烃含量高的原料气，且多数方法由于受溶剂再生程度限制，净化度比不上化学吸收法。

在20世纪60年代获得工业应用的物理溶剂有甲醇、碳酸丙烯酯，磷酸三正丁酯也曾被广泛研究，但最终未能获得工业应用。20世纪70年代以来，使用多乙二醇二甲醚(Selexol)、甲基吡咯烷酮(Purisol)及多乙二醇甲基异丙基醚(Sepasolv MPE)等溶剂的工艺陆续获得工业应用，我国实现工业化应用的物理溶剂包括Selexol、碳酸丙烯酯及冷甲醇法，主要用于合成气脱除 CO_2 及煤气脱硫等领域。国内外物理溶剂脱硫应用情况见表2-3-3。

表2-3-3　物理溶剂脱硫应用情况

溶　剂	多乙二醇二甲醚	碳酸丙烯酯	甲醇	*N*-甲基吡咯烷酮	*N*-甲酰吗啉
国外工艺商业名称	Selexol	Fluor Solvent	Rectisol	Purisol	Morphysorb
国外工业装置数	>50	11	>100	7	待工业化
国内应用情况	合成气	合成气	煤气	无	无
技术拥有者	美国Allied化学 南京化工研究院	美国Fluor 杭州化工研究所	德国Lurgi 国内化工设计院	德国Lurgi	美国IGT 德国Krupp

多乙二醇二甲醚法是物理溶剂法中最重要的方法，由美国Allied化学公司开发，商业名称为Selexol，现已建设50余套装置，三分之一用于天然气领域。如表2-3-4所示，在Selexol溶剂中，H_2S、CO_2溶解度分别是 CH_4 的134、15.2倍，溶解度的差异促进了酸性气体脱除及选择性脱除。甲硫醇、COS、CS_2溶解度分别是 CH_4 的340、35、60倍，从而对有机硫也有较好的脱除能力。

表2-3-4　不同气体在Selexol溶剂中的相对溶解度

项　目	相对溶解度	项　目	相对溶解度	项　目	相对溶解度	项　目	相对溶解度	项　目	相对溶解度
H_2	0.2	C_2H_4	7.2	COS	35.0	H_2S	134	SO_2	1400
N_2	0.3	CO_2	15.2	i-C_5	68.0	C_6	167	C_6H_6	3800
CO	0.43	C_3H_8	15.4	C_2H_5	68.0	CH_3SH	340	C_4H_4S	8200
CH_4	1.0	i-C_4	28.0	C_2H_2	73	C_7	360	H_2O	11000
C_2H_6	6.5	n-C_4	36.0	n-C_5	83	CS_2	360	HCN	19000

物理溶剂法的优点：

（1）溶剂再生的能耗低

物理溶剂法中酸性气溶解于溶剂中，故易于析出，而胺法中酸性气与醇胺系键结合故再生较难且能耗较高。

（2）具有选择脱硫能力

几乎所有的物理溶剂对 H_2S 的溶解能力均优于 CO_2，所以物理溶剂法可实现在 H_2S 及 CO_2同时存在的条件下选择性脱除。

（3）优良的脱有机硫能力

胺法等对天然气中的有机硫如硫醇、COS 及 CS_2 等的脱除效率均较差；然而，物理溶剂法对上述有机硫化合物有良好的脱除能力。

（4）可实现同时脱水

物理溶剂对天然气中的水分有很高的亲和力，因此可在脱除 H_2S 及 CO_2的同时完成脱水任务；而胺法的净化气是为水所饱和的，必须进入后续的脱水装置。

（5）基本上不存在溶剂变质问题

在胺法中，醇胺可与 CO_2、COS 及 CS_2 等产生变质反应而导致活性变差及腐蚀性增强等问题，物理溶剂不存在这一问题。

物理溶剂法的缺点：

（1）传质速率慢

胺法由于溶液吸收酸气后发生化学反应，传质速率大大增强（常以增强因子表示），物理溶剂法在吸收过程中缺乏此种推动力，故传质速率慢，需要很大的气液传质界面。

（2）达到高的 H_2S 净化度较为困难

由于体系的物理性质，物理溶剂法要使净化气 H_2S 含量达到小于 $20mg/m^3$或者小于 $5mg/m^3$的指标较为困难。

（3）烃类溶解量多

与胺液相比，物理溶剂对烃类，特别是重烃、芳烃有良好的亲和力，需要采取有效措施回收溶解的烃以减少烃的损失和降低酸气中的烃含量。

（4）酸气负荷与酸气分压大体成正比

由于物理溶剂法的酸气负荷大体上与天然气中的酸气分压成正比，当天然气中 H_2S 及 CO_2的浓度较低且操作压力较低时，其溶液循环量将大大高于胺法。

（二）化学溶剂法

以碱性溶液为吸收溶剂（化学溶剂），与天然气中的酸性组分（主要是 H_2S 和 CO_2）反应生成某种化合物。吸收了酸性组分的富液在温度升高、压力降低时，该化合物又能分解释放出酸性组分。包括：醇胺法（MDE 法、DEA 法、DIPA 法、DGA 法、MDEA 法、位阻胺法等）、无机碱法（活化热碳酸钾法）。如：普光气田采用 MDEA 法、元坝气田采用 UDS 法。

图 2-3-1 是高含硫天然气脱硫胺法的基本工艺流程。需要注意的是，一般会在闪蒸罐上部增设吸收段，降低闪蒸气中 H_2S 含量。

若高含硫天然气中 H_2S 含量特别高，单纯使用胺法时经济技术性较差，则可在胺法脱硫前先使用深冷分离，使原料气中半数以上 H_2S 冷凝下来去注入或进硫回收装置。Sprex 是法国道达尔、法国石油科学研究院等开发的技术，它的工艺流程见图 2-3-2。

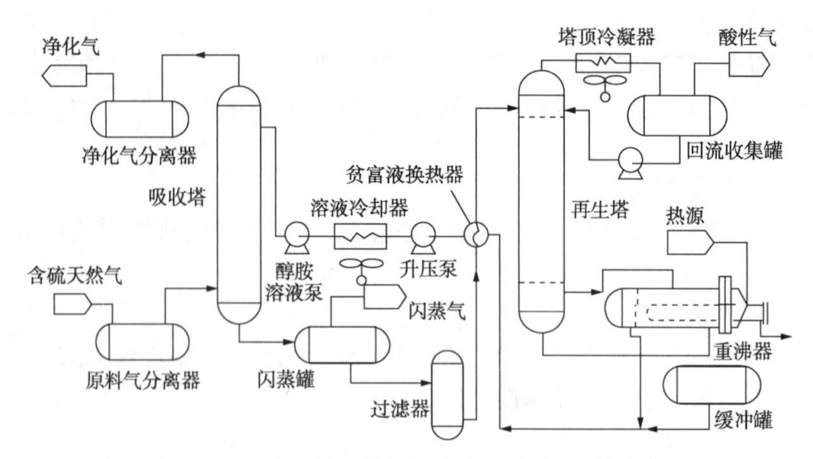

图 2-3-1　高含硫天然气脱硫胺法的基本工艺流程

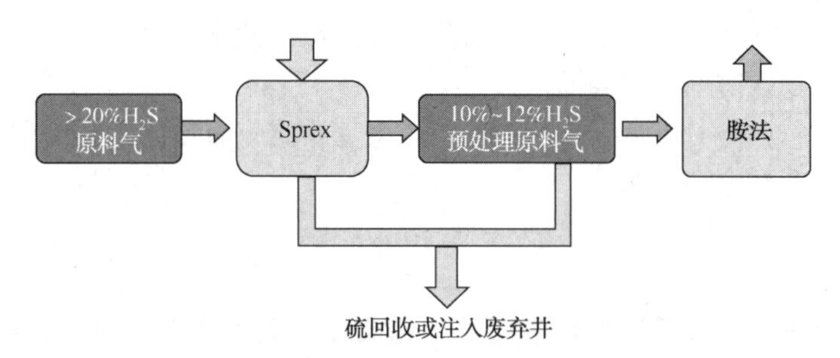

图 2-3-2　法国道达尔及石油科学研究院等开发的深冷脱硫预处理技术示意图

若高含硫天然气中 COS、RSH 含量特别高，单纯使用胺法时经济技术性较差或难以保证控制指标，则可在基本流程中串入水解或胺法脱硫后接分子筛、氧化锌等干法脱硫，如图 2-3-3 所示。

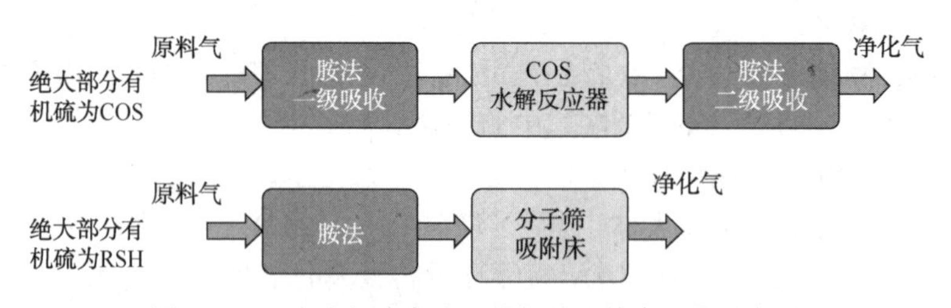

图 2-3-3　含有机硫高硫天然气处理技术工艺示意图

（三）化学-物理溶剂法

化学-物理溶剂法指以化学溶剂(胺类)与物理溶剂组成的溶液(通常含有水)脱除气体中酸性组分的方法，应用最广的为砜胺法(MEA-环丁砜、DIPA-环丁砜、MDEA-环丁砜等)，现有装置超过 200 套。将化学溶剂与物理溶剂组合的方法，典型代表为砜胺法。

砜胺法所用的物理溶剂为环丁砜，化学溶剂为二异丙醇胺(DIPA)或甲基二乙醇胺(MDEA)，配比一定量的水。砜胺法的初始开发者为荷兰壳牌公司，该公司先后开发了 DIPA+环丁砜、MDEA+环丁砜两种配伍体系，分别命名为 Sulfinol-D、Sulfinol-M。我国中国石油天然气研究院先后开发了 MEA+环丁砜、DIPA+环丁砜、MDEA+环丁砜三种体系，分别命名为砜胺Ⅰ型、砜胺Ⅱ型、砜胺Ⅲ型。砜胺法所处理的气体中 H_2S 高达 54%、CO_2高达

44%，有机硫高达 4000mL/m³。

1. 一乙醇胺-环丁砜(砜胺Ⅰ型工艺)

砜胺Ⅰ型工艺溶液组成为一乙醇胺、环丁砜、水，比例为一乙醇胺：环丁砜：水=20：50：30,可根据实际情况调整，应用于天然气脱硫及合成气脱碳。不同组成的砜胺Ⅰ型溶液密度见表 2-3-5、表面张力见表 2-3-6。

表 2-3-5　砜胺Ⅰ型溶液密度

温度/℃ \ 项目		密度/(g/cm³)				
		25	35	45	55	65
溶液组成	20：50：30	1.1312	1.1231	1.1160	1.1122	1.1110
	25：55：20	1.1462	1.1382	1.1290	1.1218	1.1078
	28：54：18	1.1421	1.1340	1.1260	1.1182	1.1102
	25：50：25	1.1320	1.1247	1.1169	1.1088	1.1015

表 2-3-6　砜胺Ⅰ型溶液表面张力

温度/℃ \ 项目		表面张力/(mN/m)				
		25	35	45	55	65
溶液组成	30：50：30	49.94	49.31	48.24	45.63	44.57
	25：55：20	45.92	45.71	44.06	45.59	45.01
	28：54：18	46.29	45.91	45.09	45.28	44.56
	25：50：25	47.58	47.39	47.05	46.57	47.71

砜胺Ⅰ型溶液比热容低于胺液，意味着对于一定的温度变化，砜胺液需要提供或取出的热量少于胺液，这有助于降低系统能耗。此外，环丁砜进入 MEA 溶液后，大幅度降低了溶液的表面张力，由于气液发泡是局部表面张力梯度产生的，较低的表面张力使气泡容易破裂，从而有助于减轻溶液的发泡倾向。

2. 二异丙醇胺-环丁砜(Sulfinol-D、砜胺Ⅱ型工艺)

壳牌公司在溶剂体系筛选时，曾使用 MEA、DEA、DIPA、MIPA(一异丙醇胺)等与环丁砜配伍，进行了广泛的研究，最终选定的醇胺是 DIPA。DIPA 相对分子质量最大，约为 MEA 的 2.2 倍，相对分子质量高是 DIPA 的一个缺点。Sulfinol 法问世以后，显示出能耗低、可脱有机硫、装置处理能力大、腐蚀轻、不易发泡及溶剂变质轻等优点。

Sulfinol-D 工艺浓度配比可调，典型为 DIPA：环丁砜：水=40：40：20，已建成 200 余套装置，其中，天然气脱硫占比 70%，也适用于合成气脱碳。Sulfinol-D 法与 MEA 装置比较优点如下：

1）Sulfinol-D 工艺装置处理能力提高约 50%；

2）装置净化度提高；

3）装置再生能耗降低；

4）胺液变质减缓；

5）装置腐蚀减缓。

Sulfinol 溶液动力黏度见表 2-3-7；水含量对 Sulfinol 溶液传热系统的影响见表 2-3-8。

表 2-3-7　Sulfinol 溶液动力黏度

溶液组成/%(质)			动力黏度/mPa · s	
DIPA	环丁砜	水	贫液	CO_2富液
40	50	10	14.2	45
52	38	10	26.0	122
52	23	25	14.2	45

表 2-3-8　水含量对 Sulfinol 溶液传热系统的影响

项目 \ 溶液水含量/%(质)		传热系数/[10^4W/(m^2 · K)]		
		10	20	25
设备	贫富液换热器	1.210	1.767	2.056
	贫液冷却器	0.641	1.470	1.624
	重沸器	2.265	3.408	3.580

砜胺Ⅱ型工艺在中国石油卧龙河脱硫装置、川西南净化二厂、川西北净化厂均有应用，溶液比例分别为 DIPA：环丁砜：水＝30：55：15/40：40：20/45：40：15。砜胺Ⅱ型工艺与Ⅰ型工艺相比，优点如下：

1）脱除有机硫能力提高。

2）再生能耗降低 25%左右。

3）溶剂损失降低。

4）装置腐蚀减缓。

砜胺Ⅱ型溶液动力黏度见表 2-3-9；砜胺Ⅱ型溶液表面张力见图 2-3-4；砜胺Ⅱ型溶液饱和蒸气压见图 2-3-5。

表 2-3-9　砜胺Ⅱ型溶液动力黏度　　单位：mPa · s

温度/℃	30	40	50	60	70	80	90	100	110
砜ⅡA 溶液	10.50	6.924	4.819	3.546	2.819	2.236	1.776	1.483	1.255
砜胺ⅡB 溶液	14.62	9.168	6.075	4.266	3.242	2.486	1.937	1.544	1.354

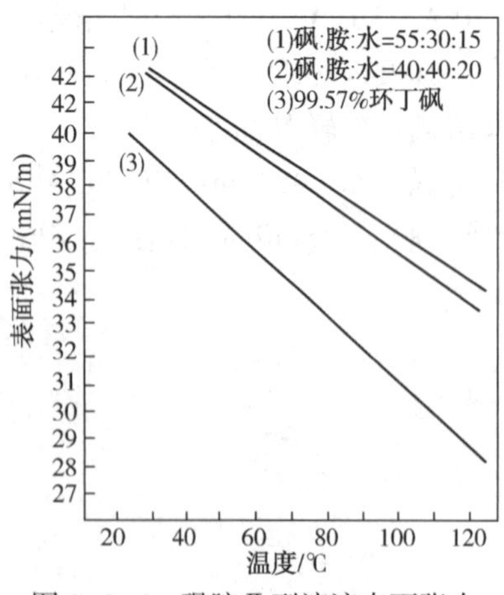

图 2-3-4　砜胺Ⅱ型溶液表面张力

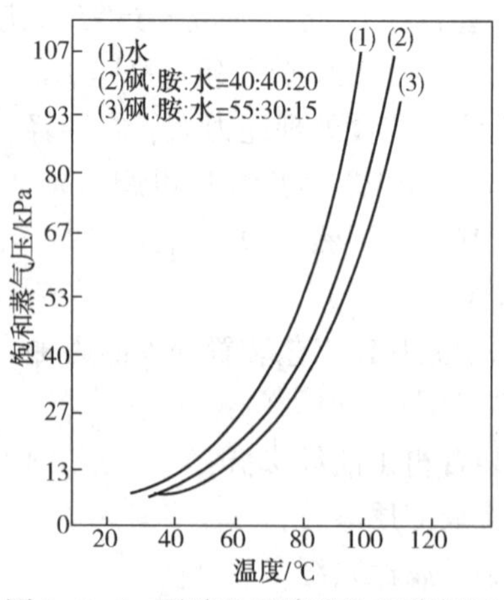

图 2-3-5　砜胺Ⅱ型溶液饱和蒸气压

3. 甲基二乙醇胺-环丁砜(Sulfinaol-M、砜胺Ⅲ型工艺)

甲基二乙醇胺-环丁砜法典型代表工艺为壳牌的 Sulfinol-M 工艺、中国石油的砜胺Ⅲ型工艺。甲基二乙醇胺-环丁砜法既有良好的脱除有机硫的能力，又可以在 H_2S 和 CO_2 同时存在的条件下从天然气中选择脱除 H_2S。工业上 Sulfinol-M 法溶液组成为：环丁砜 35%~45%，MDEA40%~55%，水 10%~15%。普遍采用砜：胺：水=40：45：15。

甲基二乙醇胺-环丁砜法特点：

1）选择性脱硫能力强；

2）酸气负荷高；

3）消耗指标低；

4）净化度高，脱有机硫能力强；

5）溶剂损失量小；

6）对设备腐蚀较轻微。

表 2-3-10 给出了砜胺Ⅲ型与 Sulfinaol-D 溶液工艺运转数据对比；表 2-3-11 给出了不同配伍浓度选择性脱硫能力对比；图 2-3-6 给出了 H_2S、CO_2 在 MDEA-环丁砜-水溶液中的平衡溶解度。

表 2-3-10 砜胺Ⅲ型与 Sulfinaol-D 溶液工艺运转数据对比

工 艺		砜胺Ⅲ	Sulfinol-D	
醇胺：环丁砜：水		40：45：15	40：45：15	
气液比		877	829	773
原料气	$H_2S/(mg/m^3)$	2.63	2.71	2.67
	$CO_2/\%$	1.04	1.03	1.06
有机硫/(mg/m^3)		647		647
吸收塔板数		23	35	35
净化气	$H_2S/(mg/m^3)$	5.0	>20	4.0
	$CO_2/\%$	0.51		6.6(mg/m^3)
有机硫/(mg/m^3)		183.5		109.4
酸气 $H_2S/\%$		79.9	66.7	67.3
$CH_4/\%$		1.20	1.49	1.60
蒸汽用量/(t/h)		16.0	22.2	22.2

表 2-3-11 不同配伍浓度选择性脱硫能力对比

溶液组成	MDEA 50 水 50	MDEA 50 环丁砜 30 水 20	MDEA 50 NMP 30 水 20	DIPA 50 环丁砜 30 水 20
吸收压力/MPa	3.3			
气液比	357			
原料气 $H_2S/\%$	6.92	7.22	6.93	7.13
$CO_2/\%$	5.12	5.14	5.10	5.12
有机硫/(mg/m^3)	270.4	285.1	272.5	283.8
净化气 $H_2S/(mg/m^3)$	19.8	8.4	8.7	2.2

续表

溶液组成	MDEA 50 水 50	MDEA 50 环丁砜 30 水 20	MDEA 50 NMP 30 水 20	DIPA 50 环丁砜 30 水 20
CO_2/%	1.45	1.86	2.25	<0.01
有机硫/(mg/m^3)	139.5	47.0	58.9	17.5
H_2S 脱除率/%	99.982	99.993	99.992	99.998
CO_2 共吸收率/%	75.12	67.74	60.84	99.83
有机硫脱除率/%	54.74	85.30	80.81	94.63

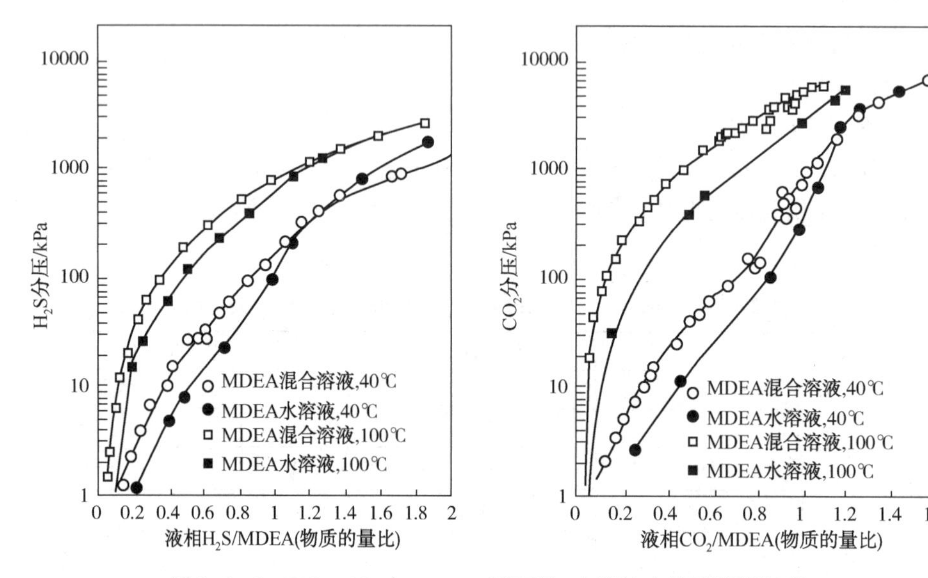

图 2-3-6　H_2S、CO_2 在 MDEA-环丁砜-水溶液中的平衡溶解度

(四) 直接转化法

使用含有氧载体的溶液将天然气中的 H_2S 氧化为单质硫，被还原的氧化剂经空气再生又恢复氧化能力的一类气体脱硫方法。主要有铁法、钒法等，可处理天然气、胺法酸性气及 Claus 尾气。

溶液中的 H_2S 可离解为 HS^- 及 S^{2-}，其比例与溶液 pH 值有关(见表 2-3-12)，直接转化法中溶液 H_2S 主要以 HS^-存在，由此，H_2S 氧化为单质硫的反应如下：

$$2HS^- \xrightarrow{[O]} S^0 + H_2O + 2e \qquad (2-3-1)$$

表 2-3-12　不同 pH 值下 H_2S 在溶液中形态比例

pH 值	2	3	4	5	6	8	9	10	11	12	13	14
H_2S/%	100	99.9	99.9	99.01	90.91	9.09	0.99	0.10	0.01	0	0	0
HS^-/%	0	0.01	0.1	0.99	9.09	90.91	99.00	99.89	99.87	98.75	88.81	44.25
S^{2-}/%	0	0	0	0	0	0	0.01	0.01	0.12	1.25	11.19	55.75

与醇胺法相比，直接转化法优点和缺点总结如下：

直接转化法优点：

1）净化度高，净化气中 H_2S 含量可低于 5.0mg/m³；

2）脱硫的同时直接生成单质硫，基本上无二次污染；

3）多数方法可以选择脱除 H_2S 而基本上不脱除 CO_2；

4）操作温度为常温，操作压力为高压或常压均可；

5）流程简单、投资较低。

直接转化法缺点：

1）硫容量低(0.2~0.3g/L)；

2）脱硫过程中溶液发生的副反应较多；

3）溶剂价格较贵；

4）二次污染问题，如污水；

5）操作问题较多，装置运行稳定性差，如硫黄堵塞、磨损腐蚀等；

6）硫产物较难利用。

常见的直接转化法包括铁法和钒法。铁法工艺包括：LO-CAT、SulFerox、Sulfint、EDTA、FD 及 HEDP-NTA 络合铁等，应用较广的为 LO-CAT 法，包括单塔流程、双塔流程(见图 2-3-7)，目前建成装置超过 146 套，其中天然气脱硫装置约 20 套。LO-CAT 法由美国空气产品和化学公司(Air Product and Chemical Co.)开发，所使用的络合剂为 ARI-310，溶液为含络合铁的 Na_2CO_3-$NaHCO_3$ 体系，pH 值为 8.0~8.5，总铁含量 500mg/L，理论硫容为 0.14g/L。

2001 年，中国石油西南油气田分公司隆昌天然气净化厂从美国 US Filter 公司引进了 LO-CATⅡ自循环装置，装置设计规模为 1.12t/d，装置投产以来，一直运行良好。2002 年 1 月至 2003 年 10 月，进入该厂原料气中 H_2S 大幅下降，潜硫量平均下降到 0.23t/d，仅为设计值的 21%，该装置充分体现了操作弹性大的优点，仍能平稳运行，同时化学药剂消耗大幅下降。

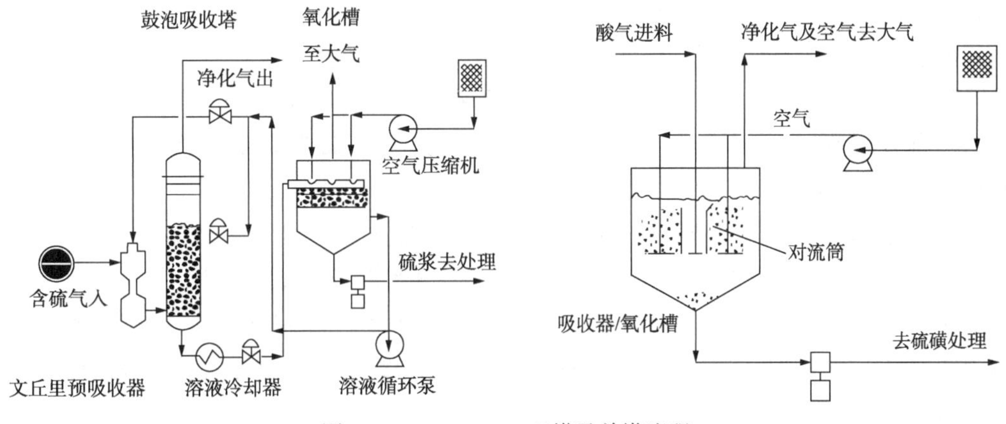

图 2-3-7　LO-CAT 双塔及单塔流程

(五) 其他脱硫工艺

1. 氧化铁固体脱硫剂

用于天然气脱硫的固体脱硫剂早期采用黄土、海绵铁等，目前应用较多的有美国 Sulfatreat 公司开发的 Sulfatreat 工艺和中国石油西南油气田分公司天然气研究院开发的 CT8-系列脱硫剂。

氧化铁脱硫为不可逆反应，具有 SLP 液相负载(supported liquid phrase)催化剂性质及阴离子无机交换剂性质。硫化氢被 $Fe_2O_3 \cdot H_2O$ 吸收或进而催化氧化为单体硫，是通过硫化氢分子在碱性液膜中溶解及离解而进行的。其主要化学反应式如下：

$$Fe_2O_3+3H_2S \longrightarrow Fe_2S_3+3H_2O(\text{脱硫过程}) \tag{2-3-2}$$

$$Fe_2S_3+3/2O_2 \longrightarrow Fe_2O_3+3S \quad (\text{再生过程}) \tag{2-3-3}$$

在常温和碱性条件下，上述反应进行得最理想。温度高于 50℃或在中性和酸性条件下，都会使硫化铁失去结晶水而变得难以再生。特点如下：

1）可根据原料气气质工况，灵活选用单塔、双塔或多塔串并联工艺流程；

2）工艺成熟、操作弹性大、设备简单、操作方便、无需专人值守、可实现橇装化；

3）对配套公用工程要求低；

4）该工艺适用于边远分散单井、压缩天然气加气站、低含硫天然气脱硫，特别是处理低潜硫量(<0.2t/d)以下的气体最为经济。

2. 膜分离技术

利用原料气的各个组分在压力作用下因通过半透膜的相对传递速率不同而得以分离。具有低能耗、操作简单、易于模块化设计的特点，已成功地应用于 CO_2驱油伴生气的分离。对于高含 H_2S 天然气的处理，采用膜分离为第一级分离，继之醇胺法，可以提高过程的经济性。此外，电化学膜法技术也在兴起。

3. 微生物脱硫技术

通过生化方法，将含有 C、H、O、S 元素的胺法酸气转化为碳水化合物与单质硫，类似于植物的光合作用。由于微生物脱硫条件温和、能耗低、投资少、废物排放少，特别适合于处理中低含硫天然气，正逐步成为脱硫领域研究的新热点。

4. 脱硫溶剂复合化

脱硫溶剂复合化表现在混合醇胺法的开发及直接转化法等方面。不同醇胺混合使用的目标是得到高净化度与低能耗的统一，为此选用高浓度的叔胺与低浓度的伯、仲胺组合，如各类 MDEA 配方溶液。在直接转化方面，将 H_2S 氧化为单质硫的氧化剂或配位剂由一元到二元变化的趋势也非常明显。

5. 电子束照射法和微波法脱硫

电子束照射法是针对工业废气处理开发的，将 H_2S 通过电子加速器产生的电子束使之分解转化为 SO_2、SO_3、CO_2等毒性小的、较易处理的物质，目前这一方法尚不成熟。微波法是利用微波能量激发等离子化学反应将 H_2S 分解为 H_2和 S，目前处于试验研究阶段。

6. 超重力氧化还原法

以传统的络合铁脱硫工艺为基础，利用超重力旋转床强化传质机制。在气液两相接触过程中，采取液相由填料的内环向外环流动，气相由外环向内环流动，气液两相在填料层中沿径向做逆向接触。超重力作用下的接触大大提高了硫化氢的脱除效率。

7. 分子筛法

分子筛因其具有孔径均匀的微孔孔道而仅允许直径较其孔径小的分子进入孔内而得名。分子筛是一种强极性的吸附剂，对极性、不饱和化合物以及易极化分子有很高的亲和力。分子筛可按分子尺寸、极性及不饱和度将复杂体系中的各组分脱除或分离出来。分子筛对天然气中的硫化物及其他组分的吸附强度按下述次序递减：

$$H_2O>CH_3SCH_3>CH_3SH>H_2S>COS/CS_2>CO_2>N_2>CH_4 \quad (2-3-4)$$

与其他吸附剂相比，分子筛不仅具有择形选择性，而且在低组分分压下仍有相当高的吸附容量。吸附剂从天然气中脱除硫醇的首次循环硫容量见表 2-3-13。

表 2-3-13 吸附剂从天然气中脱除硫醇的首次循环硫容量

吸附剂	5A 分子筛	13X 分子筛	浸铜活性碳	硅胶
吸附温度/℃	15.6	26.7	19.4	19.4
硫容量/(kg 硫/100kg)	8.3	9.0	1.1	0.8

注：压力 6.0MPa，进料硫醇含量 18mg 硫/m^3，吸附剂装量 363kg。

脱除天然气中的 H_2S 可使用 4A 或 5A 分子筛，含 H_2S 的再生气可使用胺液或其他溶剂处理，也可进入工厂的燃料气系统，早期还曾采取过将少量含硫再生气灼烧排放的措施。此外，还开发了使用 SO_2 与吸附的 H_2S 在分子筛上反应生成单质硫逸出的 Haines 工艺。在分子筛脱除 H_2S 的过程中，有可能发生 H_2S 与 CO_2 转化为 COS 的反应。

当以分子筛法脱除天然气或其他物料中的硫醇等有机硫化合物，尤其是存在含硫大分子化合物时，需要选用 13X 分子筛。

三、天然气脱硫工艺选择及优化

（一）脱硫工艺选择和优化

天然气脱硫方法的选择，不仅对于脱硫过程本身，就是对于下游工艺过程包括硫黄回收、脱水、天然气油回收以及液烃产品处理等方法的选择都有很大影响。

在选择脱硫方法时需要考虑的主要因素是：

1. 天然气中酸性组分的类型和含量

大多数天然气中的酸性组分是 H_2S 和 CO_2，但有的还可能含有 COS、CS_2、RSH 等，只要气体含有这些组分中的任何一种，就会排除选择某些脱硫办法的可能性。

原料气中酸性组分含量也是一个应着重考虑的因素。有些方法可用来脱除大量的酸性组分，但有些方法却不能把天然气净化到符合管输的要求，还有些方法只适用于酸性组分含量较低的天然气脱硫。此外，原料气中的 H_2S、CO_2 及 COS、CS_2 和 RSH(即使其含量非常少)，不仅对气体脱硫，就是对下游工艺过程都会有显著影响。

例如，在天然气液回收过程中，H_2S、CO_2 及其他硫化物将会以各不相同的数量进入液体产品。在回收凝液之前如不从天然气中脱除这些酸性组分，就可能要对液体产品进行处理，以符合产品的质量要求。

2. 天然气中的烃类组成

通常，大多数硫黄回收装置采用 Claus 法。Claus 法生产的硫黄质量对存在于酸气(从酸性天然气中获得的酸性组分)中的烃类特别是重烃十分敏感。因此，当有些脱硫方法采用的吸收溶剂含大量溶解烃类时，就可能要对获得的酸气进一步处理。

3. 对净化气和酸气的要求

作为硫黄回收装置的原料气(酸气)，其组成是必须考虑的一个因素。如酸气中的 CO_2 浓度大于 80%时，为了提高原料气中 H_2S 的浓度，就应考虑采用选择性脱硫方法的可能性，包括采用多级气体脱硫过程。

4. 对需要脱除的酸性组分的选择性要求

在各种脱硫方法中，对脱硫剂最重要的一个要求是其选择性，有些方法的脱硫剂对天然气中某一酸性组分的选择性可能很高，而另一些方法的脱硫剂则无选择性。

5. 原料气的处理量

有些脱硫方法适用于处理量大的原料气脱硫，如醇胺法，有些方法只适用于处理量小的原料气脱硫，如 LO-CAT。

6. 原料气的温度、压力及净化气的温度、压力

有些脱硫方法不宜在低压下脱硫，而另外一些方法在脱硫温度高于环境温度时会受到不利因素的影响。

7. 其他

如对气体脱硫、尾气处理有关的环保要求和规范以及脱硫装置的投资和操作费用等。

尽管需要考虑的因素很多，但按原料气处理量计的硫潜含量或硫潜量(kg/d)是一个关键因素，与间歇法相比，当原料气的硫潜量大于 45kg/d 时，应优先考虑醇胺法脱硫。

目前脱硫工艺应用情况列于表 2-3-14。

表 2-3-14　脱硫工艺应用情况统计表

方法名称		脱硫剂	脱硫情况	工业应用
一、化学吸收法				
醇胺法	单乙醇胺(MEA 法)	15%~25%(质)单乙醇胺水溶液	操作压力影响小，在 0.7MPa 的压力操作下，净化度仍很高。酸性组分含量超过 3%时，使用此法的操作费用高于物理吸收法。此法可部分脱出有机硫化合物，但对 H_2S 和 CO_2 几乎无选择性	工业上最早用的气体脱硫方法，应用十分广泛
	改良二乙醇胺(SNPA-DEA 法)	25%~30%(质)二乙醇胺水溶液	选用于高压、高酸气浓度，高 H_2S/CO_2 的天然气净化，当 H_2S 分压达到 0.4MPa 时，此法比 MEA 法经济	主要在加拿大、法国和中东应用
	二甘醇胺(DGA 法)	50%~70%(质)二甘醇胺水溶液	主要用于酸气含量高的天然气净化，腐蚀性小，再生耗热量低。DGA 水溶液的冰点在-40℃以下，可在极寒冷地区使用	装置总数在 30 套以上
	二异丙醇胺(ADIP 法)	25%~30%(质)二异丙醇胺水溶液	脱硫情况与 MEA 法相似，可部分脱除有机硫化物，有 CO_2 存在时对 H_2S 有一定的选择性，腐蚀性比 MEA 法小	主要用于炼厂气脱硫和 SCOT 法尾气处理
	甲基二乙醇胺(MDEA)	40%~60%(质)甲基二乙醇胺水溶液	脱硫情况与 MEA 法相似，有 CO_2 存在时对 H_2S 有良好的选择性，腐蚀性和溶剂损耗量均低于 MEA 法	不仅用于气体脱硫，也可在 SCOT 装置上取代 ADIP

续表

方法名称		脱硫剂	脱硫情况	工业应用
碱性盐溶液法	改良热钾碱 Benfield 和 Catacarb 法	20%~35%的碳酸钾溶液中加硼酸盐和 DEA 活化	适用于酸气量 6%以上、CO_2/H_2S 比高的气体净化，压力对操作影响较大，吸收压力不宜低于 2MPa	美国和日本的合成氨厂多采用此法，装置总数在 500 套以上
	氨基酸盐法（Alkacid）	甲基丙氨酸钾或二甲基乙氨酸钾水溶液	对 H_2S 有较好的选择性，可用于常压或高压气体脱 H_2S 和 CO_2，但净化度较差	主要在德国应用，装置总数 100 套
二、物理吸收法				
砜胺法或萨菲诺（Sulfinol-D）法		环丁砜和二异丙醇胺水溶液	兼有化学吸收和物理吸收两种作用。酸性气分压达到 0.77MPa 时，比 MEA 法经济，可有效脱除有机硫化物，缺点是吸收重烃	20 世纪 60 年代后期才工业化，主要用于天然气工业
新萨菲诺法（Sulfinol-M）		环丁砜和甲基二乙醇胺水溶液	脱硫情况大致与砜胺法类似，但对 H_2S 有良好的选择性	主要用于天然气工业

（二）胺液的选择和优化

对于高含硫天然气，原料气中 H_2S 的含量、有机硫的硫形态和含量、烃组成、尾气处理要求以及气体净化气产品规格的要求，是影响高硫天然气脱硫工艺选择的重要因素。

对于不含或有机硫含量甚微的情况，在不影响总硫及特殊要求的前提下，高硫天然气脱硫溶剂的选择相对宽松，可在单一醇胺溶剂、配方溶剂及位阻胺中根据需要选择。但往往，高硫天然气中都含有不能忽视的有机硫，或是 COS 为主或是硫醇，或是两者含量相当，都不能忽视。此时，高硫天然气脱硫工艺的选择就相对繁琐，工艺复杂度也会增加。一般，MDEA 可应对绝大多数情况下的脱硫，但 MDEA 溶液对于 COS 和硫醇的脱除率太低，必须在脱硫的后续工艺进行有机硫的脱除，或是使用胺法脱硫+水解+胺法的工艺安排。配方溶剂和位阻胺溶剂的有机硫脱除率相对单一醇胺 MDEA 有较大的提高，若是原料气中有机硫浓度不是太高或对于硫醇没有特殊要求，则可不必串接水解或分子筛等干法脱硫工段。

位阻胺是指氮原子上带有一个或多个具有空间位阻结构的非线性取代基团的醇胺类化合物，它具有高酸气负荷、选择性脱 H_2S 和较好的脱有机硫性能。Flexsorb 系列溶剂是位阻胺溶剂的典型代表。埃克森美孚（Exxon Mobil）于 1983 年开始工业化应用位阻胺溶液进行脱硫，到目前为止已商业化一系列型号为 Flexsorb 的位阻胺吸收剂，应用于净化不同类型的工业气流。其中 Flexsorb SE 和 Flexsorb SE Plus 脱硫溶剂均应用于选择性脱硫，但后者另含其他添加剂，目的是将 H_2S 脱至最低水平，并同时脱除有机硫。Flexsorb SE Hybrid 混合脱硫溶剂不但对 H_2S、COS、CS_2 等硫化物具有高选择性脱除能力，而且因为有机溶剂的加入，有机硫的脱除程度进一步提高，且在存在聚合硫、O_2 等恶劣情况下仍具有高稳定性。

应用于高硫天然气净化的配方型溶剂可分为胺类配方溶剂和化学物理溶剂。胺类配方溶剂是加入添加剂类改进型配方溶剂，主要是利用添加剂提高脱硫选择性和增加有机硫的溶剂度、水解度。这类溶剂有如 Shell 公司的 ADIP-X 溶液，能够同时部分脱除 COS 和 RSH；INEOS 公司以 MDEA 为基础的 Gas/Spec-SRS 溶剂以及 Dow 公司的 Ucarsol HS-104；BASF 公司的 aMDEA 系列与 sMDEA 脱硫溶剂以及最近的专利，均称在 MDEA 溶剂中添加饱和五元或六元杂环化合物后，有机硫可达到很高的脱除率。

为了克服物理溶剂的烃吸收率高和普通醇胺溶剂有机硫脱除率不足的问题，国外许多公司进行了化学物理吸收溶剂和配方溶剂的开发。目前，大多数化学物理吸收溶剂和配方溶剂的主要成分都含有叔醇胺，尤其是 MDEA。化学物理吸收溶剂由 MDEA、有机溶剂和水组成，通过配入一定量的有机溶剂来增加有机硫的物理溶解度，提高有机硫的脱除程度，同时通过组成中比例较高的醇胺和水来降低烃类在吸收液中的溶解度和保持良好的再生能力。化学物理吸收溶剂中最有名就是荷兰 Shell 公司开发的 Sulfinol 系列溶剂，由 DIPA 或 MDEA、环丁砜和水组成，称 DIPA 组成溶剂为 Sulfinol-D，MDEA 组成的溶剂为 Sulfinol-M，最近几年又推出了与 Suofinol-M 组成类似的、称为 Suofinol-X 的溶剂，该溶剂使用了包括 MDEA 在内的两种及以上醇胺，同时添加哌嗪，用以增加吸收液对 COS 和 CS_2的水解能力，将它们的脱除效率提高至 70%~93%。

虽然化学物理溶剂对有机硫化合物有极强的溶解能力，但这类溶剂对 C_2及以上的烃类也有很强的溶解能力，且不易通过闪蒸而释放出来，容易造成较高的烃损失，见表 2-3-15。另外，含烃和酸气的富液在再生塔再生后，烃伴随酸气进入下游硫回收装置，将对硫回收装置的配风、温度控制、催化剂等方面造成不利影响。因此，化学物理溶剂对于含 C_2 及以上烃较多的天然气不适用，或是目前适合，但随着天然气田的开采，一般天然气中的重烃含量将升高，这类溶剂也不再适合使用。

表 2-3-15 Sulfinol 溶液不同配比对烃的吸收率

溶液组成	40 : 50 : 10		52 : 23 : 25	
烃	平衡常数	共吸收烃/%	平衡常数	共吸收烃/%
CH_4	40	1.2	200	0.24
C_2H_6	28	1.7	133	0.37
C_3H_8	18	2.7	84	0.59
nC_4H_{10}	11	4.3	50	0.90
nC_5H_{12}	6.7	7.0	33	1.55

四、湿净化气脱水技术综述

天然气一般都含有水汽，有些甚至携带大量的气田水，含硫天然气夹带水汽使之更具腐蚀性。除腐蚀问题外，无论以液相或气相存在的水均会降低管道的运送能力，在较低温度条件下容易形成固体水合物堵塞阀门、管道和设备。因此，天然气中的水汽是需要脱除的组分。目前一般采用甘醇法、分子筛法、压缩、冷却等方式对湿天然气进行有效的脱水。

1. 甘醇法

甘醇类化合物具有良好的吸水性，使用三甘醇(TEG)或二甘醇脱除天然气中的水分，是天然气脱水最常用的方法，如：中国石化普光气田、元坝气田及中国石油罗家寨气田均采用三甘醇脱水。

2. 分子筛法

要求深度脱水时可采用分子筛吸附法，早期脱水还使用过活性氧化铝及硅胶等吸附剂。

3. 其他

压缩、冷却、$CaCl_2$吸收及膜分离等方法。

五、脱硫装置操作重点与难点

醇胺法装置的运转大多比较平稳，常遇到的操作问题可概括为三类：即溶剂降解、设备腐蚀和溶液发泡，产品气质量保障的难点在于有机硫化合物的脱除，此外，酸性气中烃含量控制对减少加工损失、保障硫黄品质也非常关键。

（一）溶剂变质问题

醇胺在净化过程中通常是稳定的，变质速率很低，但在使用不当的情况下，变质反应会以相当高的速度进行。醇胺的变质不仅造成胺的损失，使吸收液的有效胺浓度下降，增加溶剂消耗费用，而且不少变质产物使得溶液腐蚀性增强、溶液发泡，并增加了溶液黏度。

醇胺的变质分为四个类别，包括：氧化变质、热变质、CO_2反应变质、有机硫反应变质，其中，以氧化变质最为明显，不同因素之间存在协同作用，如：CO_2存在下醇胺的氧化变质大大加速，温度升高对各种变质反应的促进作用也是不可忽视的。

1. 热变质

醇胺及其水溶液加热到150℃以上时产生一些分解或缩聚，并使溶液腐蚀性变强，常用的醇胺中DEA最易产生热变质，MEA、MDEA对热变质是稳定的。DEA热变质速率见表2-3-16。

表2-3-16　DEA热变质速率

项目 时间/h		变质量占总量的比例/%							
		1	2	3	4	5	6	7	8
温度/℃	190	0.111	0.210	0.344	0.432	0.531	0.642	0.753	0.858
	200	0.200	0.400	0.600	0.799	1.000	1.190	1.390	1.593
	210	0.410	0.817	1.231	1.639	2.083	2.450	2.858	3.273
	220	0.712	1.429	2.141	2.858	3.570	4.288	4.999	5.723

2. 氧化变质

氧气与醇胺接触，发生氧化变质反应，其中，MEA、DEA较TEA易氧化，异丙醇胺类较乙醇胺类不易氧化，MDEA的氧化降解最轻微，为MEA的5%、DEA的2.6%，MEA氧化变质的主要产物是有机酸，MDEA氧化降解的主要产物是甲酸盐、乙酸盐和甘醇酸盐（如图2-3-8所示）。

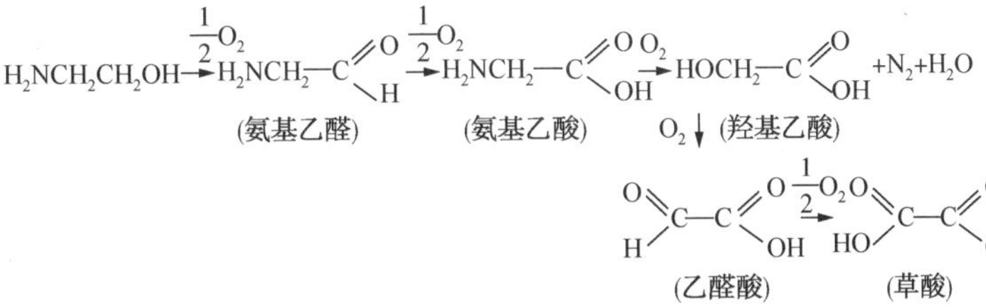

$$H_2NCH_2CH_2OH \xrightarrow{\frac{1}{2}O_2} \underset{\text{(氨基乙醛)}}{H_2NCH_2CHO} \xrightarrow{\frac{1}{2}O_2} \underset{\text{(氨基乙酸)}}{H_2NCH_2COOH} \xrightarrow{O_2} \underset{\text{(羟基乙酸)}}{HOCH_2COOH} + N_2 + H_2O$$

$$\xrightarrow{O_2} \underset{\text{(乙醛酸)}}{OHC—COOH} \xrightarrow{\frac{1}{2}O_2} \underset{\text{(草酸)}}{HOOC—COOH}$$

图2-3-8　MEA氧化反应途径

50%MDEA溶液在82℃下氧化降解结果见表2-3-17。

表2-3-17　50%MDEA溶液在82℃下氧化降解结果

时间/d	0	7	14	21	28
甲酸盐/（mg/kg）	<10	93	155	215	236
乙酸盐/（mg/kg）	<10	21	54	83	111
甘醇酸盐/（mg/kg）	<10	224	338	431	521

3. 化学变质

醇胺的化学变质包括：醇胺-CO_2 反应、醇胺-COS 反应、醇胺-CS_2反应等。醇胺-CO_2 反应中，伯胺 MEA、DGA 的变质速率较高，仲胺 DEA、DIPA 变质速率较低。

由于乙二胺衍生物碱性比 MEA 强，其硫化物和碳酸盐均难以再生，因而有相当部分乙二胺不能再生而导致溶剂损失，而且还加速设备腐蚀。COS 和 MEA 的反应与上述反应类似，产物除噁唑烷酮和咪唑啉酮外还存在二乙醇脲。CS_2 和 MEA 或 DEA 反应时先生成二硫代氨基甲酸盐的衍生物，然后转化为硫代氨基甲酸酯。

MDEA 是叔胺，分子中不存在所谓的“活泼”氢原子，不和 CO_2反应而生成噁唑烷酮一类降解产物，也不和 COS、CS_2之类的有机硫化物反应，基本上不存在化学降解问题。MDEA-CO_2 变质产物见表 2-3-18。

表 2-3-18　MDEA-CO_2 变质产物

序号	化合物名称	结构式	相对分子质量	沸点/℃
0	甲基二乙醇胺(MDEA)	$CH_3N(C_2H_4OH)_2$	119.17	247.2
1	甲醇(MeOH)	CH_3OH	32.04	64.5
2	环氧乙烷(EO)	CH_3——CH_2 \ / O	44.05	13~14
3	三甲胺(TMA)	$(CH_3)_3N$	39.11	2.87
4	*N*，*N*-二甲基乙胺(DMEA)	$(CH_3)_2NC_2H_3$	73.14	36~37
5	乙二醇(EG)	$HOCH_3CH_2OH$	62.07	197.2
6	二甲基乙醇胺(DMAE)	$(CH_2)_2NC_2H_4OH$	89.14	135
7	4-甲基吗啉(DMP)	CH_3 N（环）O	101.15	115~116
8	1，4-二甲基哌嗪	$CH_3N(C_2H_4)_2NCH_2$	114.19	131~132
9	2-羟乙基-4-甲基哌嗪(HMP)	$HOC_4H_4N(C_2H_4)_2NCH_3$	144.22	
10	三乙醇胺(TEA)	$(HOC_2H_4)_3N$	149.19	360(分解)
11	*N*，*N*-(2-羟乙基)哌嗪(BHEP)	$HOC_2H_4N(C_2H_4)_2NC_2H_4OH$	174.25	215~220
12	3-羟乙基噁唑烷酮-2(HEOD)	CH_2—CH_2 | | O　N—C_2H_4OH \ / C ‖ O	131.14	164~166
13	*N*，*N*，*N*-三(羟乙基)乙二胺(THEED)	$(HOC_2H_8)_2NC_2H_4NHC_2H_4OH$	192.26	
14	*N*，*N*，*N*，*N*-四(羟乙基)乙二酸(TEHEED)	$(HOC_2H_4)_2NHC_2H_4N(C_4H_4OH)_2$	236.3	
15	二乙醇胺(DEA)	$(HOC_2H_4)_2NH$	105.13	269
16	甲基乙醇胺(MAE)	$CH_3NHC_2H_4CH$	75.11	158

4. 热稳定盐

热稳定盐(HSS)指净化过程中醇胺与酸性较强的杂质如有机酸、SO_2、HCl 及 HCN 等结合形成的盐，在通常的再生条件下是不能再生析出醇胺的。HSS 对 MDEA 体系的影响，较其他类别醇胺更为严重，热稳定盐含量要求不超过溶液的 0.5%。MDEA 溶液含杂质的限制值见表 2-3-19。

表 2-3-19　MDEA 溶液含杂质酸的限制值

组　分	甲酸	乙酸	草酸	硫酸	硫代硫酸	盐酸	硫氰酸
浓度/(mg/kg)	500	1000	250	500	10000	500	10000

（二）设备腐蚀问题

1. 腐蚀因素

醇胺法装置上存在电化学腐蚀、化学腐蚀和应力腐蚀三种不同的腐蚀形式。腐蚀类型以及严重程度取决于多种因素，诸如醇胺种类、溶液中的杂质、溶剂的酸气负荷、装置高温部位的操作温度以及溶液流速等。

1）最主要的腐蚀剂是酸性组分（H_2S 和 CO_2）本身。游离或化合的 CO_2 都会引起腐蚀，在高温以及有水存在时腐蚀更严重。H_2S 和碳钢反应生成不溶性的硫化亚铁，并在金属表面形成膜。但此膜不能牢固地黏附在金属表面，对进一步腐蚀起不了保护作用。

2）第二类腐蚀剂是溶剂的降解产物。热稳定盐和胺降解产物通过降低溶液的 pH 值、提高溶液的导电率和螯合作用（脱除 FeS 保护膜），会显著增加胺溶液的腐蚀性。如噁唑烷酮-2 经多步反应而最终生成的 *N*-(2-羟乙基)-乙二胺就是一种腐蚀促进剂，它在装置的受热部位会如螯合剂一样与铁作用而加快设备腐蚀。

3）设备的磨蚀。溶液中悬浮的固体颗粒（主要是腐蚀产物硫化铁）对设备的磨蚀，以及溶液在换热器管和管路中的高速流动，都会因加速硫化铁膜的脱落而加快设备腐蚀。

4）应力腐蚀。脱硫装置的应力腐蚀是在醇胺、CO_2、H_2S 和设备的残余应力共同作用下发生的，是一种发生于碱性介质中的腐蚀，在温度大于 90℃ 的部位更容易发生。

5）溶液流速。溶液流速过高，易发生冲刷腐蚀。

2. 腐蚀部位

胺法腐蚀是一个影响因素众多、涉及多门学科的复杂问题，胺液本身对碳钢并无腐蚀性，腐蚀是在酸气进入胺液后才产生的。在胺法装置中发现的腐蚀类型有均匀腐蚀、电化学腐蚀、缝隙腐蚀、坑点腐蚀、晶间腐蚀（常见于不锈钢）、选择性腐蚀（从金属合金中选择性浸出某种元素）、磨损腐蚀（包括冲蚀和气蚀）、应力腐蚀开裂（SCC）及氢型腐蚀。芝加哥对上述 MEA 装置腐蚀原因的研究还提出了应力集中氢致开裂（SOHIC）的概念。

胺法装置容易发生腐蚀的敏感区域主要包括：再生塔及内部构件、贫富液换热器及富液侧、换热器后的富液管线以及游离酸气和较高温度的重沸器及附属管线等（见图 2-3-9）。

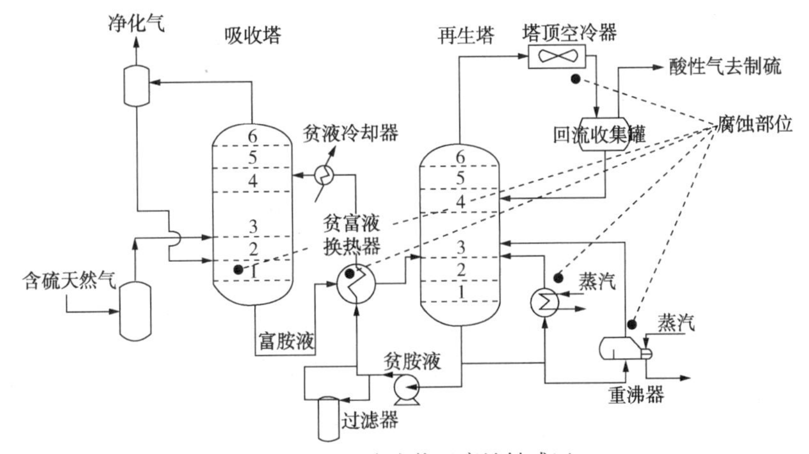

图 2-3-9　胺液装置腐蚀敏感区

胺液的腐蚀性与其反应性能有关，反应性越强，腐蚀也越严重，对于每种醇胺，其浓度越高，腐蚀率也越高，见表 2-3-20。

表 2-3-20　腐蚀敏感区腐蚀速率

位置	重沸器返回线	再生塔冷凝器入口	再生塔冷凝器出口	回流罐酸气出口	富液控制阀入口	富液控制阀出口	贫液冷却器出口	贫液缓冲罐出口
第 1 组	0.162	0.048	0.112	0.005	0.058	0.013	0.003	0.025
第 2 组	0.048	0.038	0.005	0.030	0.005	0.005	0.003	0.003

溶液在 CO_2 环境中的腐蚀率见图 2-3-10，MDEA 溶液腐蚀案例分析见表 2-3-21。

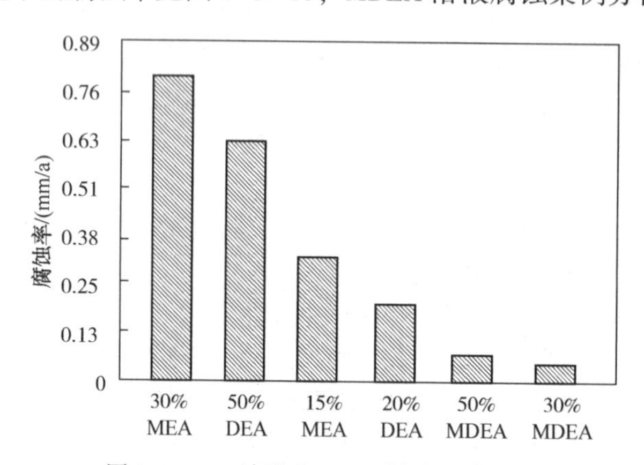

图 2-3-10　溶液在 CO_2 环境中的腐蚀率

表 2-3-21　MDEA 溶液腐蚀案例分析

溶　液	气　　质	腐　蚀　点	腐 蚀 原 因	纠 正 办 法
MDEA 配方	燃料气，45% CO_2，20mL/m^3 H_2S，2.07MPa	富液降压处坑蚀及腐蚀	系湿 CO_2 造成，气泡破裂的气蚀，CO_2 闪蒸形成坑蚀，高速冲击的腐蚀	闪蒸管线改用 304SS；限制富液及半贫液碳钢管线流速为 1.7m/s；采取措施限制产生紊流
MDEA 配方	合成气，17% CO_2，2.14MPa	吸收塔壁腐蚀	进料气与液相表面的紊流阻碍了正常的钝化层形成	腐蚀区清洁后涂以环氧树脂；将进料分配器最远的孔焊死
MDEA 配方	天然气，1.5% CO_2，5.52MPa	汽提塔板严重坑蚀及腐蚀，阀孔增大，其他设备也有腐蚀及坑蚀	活性炭进入系统造成腐蚀，贫液质量差导致在换热器内闪蒸出 CO_2 产生坑蚀	汽提塔塔板及浮阀和换热器管束均改用 316SS 材料；活性炭过滤器下游装全流的机械过滤器；换溶剂；使贫液 α_c 达到 0.015～0.020mol/mol
MDEA 配方	合成气	汽提塔 304SS 壳体纵向及环向焊缝热影响区发生腐蚀	因制造技术及不锈钢敏化产生晶间腐蚀	规定正确的焊接程序

3. 腐蚀预防与控制

为了预防胺法装置的腐蚀，在装置设计以及运行中需要考虑许多因素，简要概括如下。

1）设备和管线选用适当的材料。常见推荐材料见表 2-3-22。

表 2-3-22 胺法装置推荐材料选型

结构	推荐材料	结构	推荐材料
吸收塔壳体	碳钢	酸气冷凝器壳体	碳钢
内部构件	碳钢或不锈钢	管子	碳钢或不锈钢
再生塔壳体	碳钢	贫液冷却器壳体	碳钢
内部构件	不锈钢	管子	碳钢或不锈钢
重沸器壳体	碳钢	回流罐	碳钢
管子	不锈钢	活性碳罐壳体	碳钢
管板	碳钢	内部构件	不锈钢
蒸汽室导板	碳钢	溶液循环泵壳体	碳钢
贫富液换热器壳体	碳钢	叶轮	不锈钢
管子(富液)	不锈钢	富液管线	不锈钢
		贫液管线	碳钢或不锈钢

2）设备制造完成后应消除应力。

3）工艺参数控制合理。包括胺液浓度、酸气负载。管线液体流速，碳钢管道不超过1m/s，吸收塔至换热器的富液流速为0.6~0.8m/s，换热器至再生塔的富液流速应更低，同时，尽量减少涡流和局部压降。

4）加强溶液过滤，防止磨蚀。溶液过滤可以除去导致磨损腐蚀和破坏保护膜的固体粒子。

5）加入合适的缓蚀剂。20世纪50年代使用T-52，60年代使用$NaVO_3$和酒石酸锑钾，70年代出现了Amine Guard。但需要指出的是，缓蚀剂可防止均匀腐蚀，无法解决局部腐蚀。

6）定期采用无损探伤技术对装置进行检查，及时修复或更换，必要时进行材质升级。

（三）溶液发泡问题

胺液净化天然气是一个气液界面间传质并发生反应的过程，当采用板式塔时，气泡从塔板上的胺液中穿过，在正常情况下气泡穿过胺液后迅速破裂，当塔内产生致密的气泡且相对稳定时，胺液就发泡了。发泡的最灵敏标志是压降增加。稳定泡沫形成的条件包括：发泡剂、泡沫稳定剂和一定的流体力学条件。

1. 发泡诱因

1）醇胺的降解产物(发泡剂)；

2）溶液中悬浮的固体，如腐蚀产物硫化铁(泡沫稳定剂)；

3）原料气带入装置的烃类凝液或气田水(发泡剂)；

4）几乎进入溶液的外来物都有可能引起发泡，如原料气夹带的缓蚀剂、阀门用润滑脂等。

2. 发泡影响

1）净化气不合格；

2）装置处理能力降低；

3）胺液大量损失；

4）装置运行不平稳，甚至停车。

3. 发泡控制

（1）保持溶液清洁

其要点是防止各种杂质进入溶液，要尽量设法除去溶液的杂质或降解产物。常用的技术措施如下：①原料气分离。根据原料气的特点，选用有效的分离器（如过滤分离器）除去原料气中带的微粒、液滴等。②溶液过滤。包括机械过滤和活性炭过滤。目的是除去溶液中固体悬浮物、烃类和降解产物等。常用的有筒式过滤器、预涂层过滤器和活性炭过滤器。活性炭有良好的吸附性能，能除去烃类和降解产物，全部达到上述三个目的。筒式过滤器和预涂层过滤器只能除去固体悬浮物，前者适用于溶液中杂质含量不高的中小型装置，可除去粒径5μm以上的粒子；后者适用于大型装置，以硅藻土预涂时能除去1μm左右的粒子。

（2）溶剂复活

MDEA溶液常用离子交换法和电渗析法，砜胺溶液的复活过程比较复杂，要经过减压蒸馏、加碱处理、白土处理等多个步骤。

（3）加入阻泡剂

在采用上述两项措施的同时，应定期在实验室中测定溶液的发泡倾向，必要时注阻泡剂加以控制。用于醇胺溶液的阻泡剂主要有两类：一类是高分子醇类，用以控制非离子型的发泡物质，常用的有多烷撑二元醇、硬脂醇等；另一类是硅酮类高分子化合物，用以控制离子型发泡物质，常用的有甲基硅油等。投加阻泡剂前必须先经室内试验，确定阻泡剂的类型及其用量。

阻泡剂只能作为一种应急措施，根本的途径是弄清发泡的原因后加以清除。同时，阻泡剂还应和过滤、复活等措施配合使用，以免阻泡剂在系统中积累而产生副作用。

（4）加强工艺控制

1）控制原料气入塔及胺液入塔温度，加强闪蒸效果，避免吸收塔内产生烃类冷凝；

2）补充水应采用蒸汽凝结水；

3）保持装置平稳运行，避免工艺参数急剧变化。

MDEA溶液发泡性能测试数据见表2-3-23。

表2-3-23　MDEA溶液发泡性能测试数据（俄罗斯）

醇胺	MDEA				30%DEA+70%MDEA				40%DEA+60%MDEA	50%DEA+50%MDEA		
总胺浓度/%.	25	30	40	50	25	33	40	59	40	25	33	40
泡沫高度/mm	25	33	85	10	54	63	67	54	67	60	40	45
消失时间/s	24	30	41	3	53	66	89	84	82	39	25	60

MDEA溶液由于腐蚀较轻，产生的可稳定泡沫的硫化铁少，故发泡问题较其他胺液轻微。但也有人认为MDEA溶液抗污染能力差，有助于导致溶液发泡。目前，尚无统一的量化定论。

（四）有机物脱除问题

天然气中主要有机硫化合物包括：羰基硫（COS）、二硫化碳（CS_2）、硫醇（RSH）、硫醚（RSR）及二硫醚（RSRS）等。有机硫化物在天然气开采、处理、储运过程中会造成设备和管线腐蚀，用作燃料时带来环境污染，危害用户健康；用作化工原料时会导致下游催化剂中毒。近年来，国际社会对商品天然气有机硫含量要求越来越严格，我国对总硫要求也越来越严格。

1. 有机硫脱除工艺分类

1）物理溶剂法：通过有机硫在不同压力、温度下溶剂中的不同溶解度进行脱除；

2）化学溶剂法：与碱性溶剂反应脱除；

3）混合溶剂法：同时具备物理溶剂和化学溶剂的优点；

4）固定床催化剂：有机硫在催化剂作用下与 H_2O 发生水解反应，转化为 H_2S、CO_2，再进入下一个流程脱除。

最常用的有机硫脱除工艺为砜胺法，中国石油天然气研究院开发的 CT8-20 配方溶剂适用于天然气中高浓度有机硫的脱除，华东理工大学开发的 XDS、UDS 溶剂也具有较好的提出有机硫能力，已在中国石化元坝气田多套装置使用。砜胺法脱有机硫运行数据见表 2-3-24。

2. 有机硫脱除难点

由于有机硫种类多，脱除机理不同，很难采用单一的溶剂实现多种类有机硫的高效脱除。如：COS 可通过物理溶解、水解反应和化学吸收脱除，而硫醚为中性物质，化学反应性差，只能通过物理溶解脱除。

原料气中含有有机硫时，必须根据有机硫种类、含量选择合适的脱硫工艺。如：若原料气有机硫以 COS 为主时，可选择固定床催化剂法，已在中国石化普光气田成功应用，以硫醇为主时，需选择物理溶剂或物理化学溶剂法。

表 2-3-24　砜胺法脱有机硫运行数据

工艺	吸收塔板数	气液比	原料气有机硫含量/(mg/m³)	净化气有机硫含量/(mg/m³)	有机硫脱除率/%
砜胺Ⅲ型	23	877	647	183.5	72.7
Sulfinol-D	35	773	647	109.4	83.7

国外某公司 Sulfinol 法脱有机硫运行数据见表 2-3-25，中国石油引进装置 Sulfinol 法及砜胺Ⅱ型溶剂脱有机硫运行数据见表 2-3-26 和表 2-3-27。可以看出，COS 脱除率最高，硫醇次之，硫醚最差。

表 2-3-25　Sulfinol 法脱有机硫运行数据

组分及总有机硫	原料气/(mg/m³)	净化气/(mg/m³)	脱除率/%
RSH	150	20	87.3
RSR	132	35	74.8
COS	18	1	94.7
总有机硫	300	56	82.3
RSH	300	32	89.9
RSR	264	70	74.8
COS	36	<1	>97.4
总有机硫	600	103	83.7
RSH	450	48	89.9
RSR	396	105	74.8
COS	54	<1	>98.2
总有机硫	900	154	83.7

续表

组分及总有机硫	原料气/(mg/m³)	净化气/(mg/m³)	脱除率/%
RSH	600	64	89.9
RSR	528	140	74.8
COS	72	<1	>98.7
总有机硫	1200	205	83.8

表 2-3-26　中国石油引进装置 Sulfinol 法脱有机硫运行数据

装置处理量/(10^4m^3/d)	气液比	原料气有机硫含量/(mg/m³)	净化气有机硫含量/(mg/m³)	有机硫脱除率/%
400	686	811	79	90.7
400	686	1038	136	87.6
400	686	1152	78	93.6

表 2-3-27　中国石油砜胺Ⅱ型溶剂脱有机硫运行数据

溶液组成	气液比	贫液温度/℃	净化气总硫含量/(mg/m³)		
			最高值	最低值	平均值
35∶45∶20	502	31	363	323	343
30∶50∶20	500	31	255	238	246
30∶55∶15	500	31	206	195	200

参　考　文　献

[1] 李菁菁，闫振乾．硫黄回收技术与工程[M]．北京：石油工业出版社，2010：12.

[2] Van den Brink P J, Terode R J, Moors J H, et al. New Develop-ments in Selective Oxidation by Heterogeneous Catalysis[J]. Am-sterdam: Elsevier, 1991: 123.

[3] TerordeR J, Van den Brink P J, VisserLM, et al. Selective oxida-tion of hydrogen sulfide to elemental sulfur using iron oxide catalysts on various supports[J]. Catalysis Today, 1993(17): 217-224.

[4] Hass R H, Ingalls M N, Trinker T A, et al. Process meets sulfur recovery needs[J]. Hydrocarbon Processing, 1981, 60(2): 104-107.

[5] 汪家铭．超优克劳斯硫回收工艺技术及应用前景[J]硫磷设计与粉体工程，2009(4)：32-36.

[6] 汪家铭．超级克劳斯硫黄回收工艺技术现状与前景展望[J]．化工中间体，2008(12)：60-66.

[7] 常宏岗，游国庆，陈昌介，等．川渝地区硫黄回收工艺应用现状与改进措施[J]．西南石油大学学报，2011，33(1)：156-160.

[8] 汪家铭，莫洪彪．LO-CAT 硫回收工艺技术及其应用前景[J]．天然气与石油，2011，29(3)：30-34.

第三章 酸性水汽提

第一节 概 述

在炼油加工过程中，会伴随产生一些酸性水，如常减压蒸馏装置、催化裂化装置、加氢精制装置和加氢裂化装置、焦化装置等。其中常减压蒸馏装置包含常压塔顶回流罐和减压塔顶水封罐，催化裂化装置包含分馏塔回流罐、气压机出口油气分离器、气压机中间凝液罐和稳定塔顶回流罐，加氢精制和裂化装置包含高压分离器、低压分离器和分馏塔回流罐，焦化装置酸性水来自分馏塔回流罐、焦炭塔小给水和大吹汽。这些污水中都含有浓度较高的硫化氢和氨，同时含有酚、氰化物和油等污染物，如果不除去就会污染环境，破坏环境的正常生态体系。例如：硫化氢会使污水处理场的细菌(活性污泥)不能正常生活，甚至死亡，使污水处理场不能正常运行，还会造成大气恶化，引起水系大量藻类繁殖，消耗大量的氧气，使溶解氧大大下降，大量鱼类死亡。因此，炼油厂酸性水处理必须引起重视，它是环境保护的最后一道关口。处理酸性水的工艺方法主要有空气氧化法、催化空气氧化法、烟气和蒸汽汽提法。蒸汽汽提法又分为低压和加压、双塔和单塔等工艺流程。

处理炼油厂高浓度酸性水一般采用蒸汽汽提法，同时回收硫或氨资源。在国外，酸性水汽提绝大多数采用低压单塔汽提流程，少量采用双塔汽提流程。在国内，以单塔加压侧线流程和单塔低压流程为主，少量采用双塔加压流程。

一、原料和产品

(一) 原料

炼油厂高浓度酸性水分为加氢型和非加氢型二种，加氢型酸性水通常指的是加氢裂化装置、渣油加氢装置、蜡油加氢装置、石脑油加氢装置和柴油加氢装置等产生的酸性水，非加氢型酸性水通常指的是常减压装置、延迟焦化装置、催化裂化装置等产生的酸性水，另外，目前油制氢、焦煤制氢装置产生的含硫含氨污水也送酸性水汽提装置处理，因该污水还含CO_2，可认为是非加氢型酸性水。大型炼油厂一般按加氢型、非加氢型分二个酸性水管网，将酸性水送至不同的酸性水汽提装置处理，产生的净化水也分不同管网分开回用，以免影响上游装置。小型炼油厂一般一个管网混合处理。

酸性水的组成和性质与炼油厂加工流程及原油中硫、氮含量有关，加氢型酸性水的硫和氨浓度较高，非加氢型酸性水的硫和氨浓度较低，海洋原油的酸性水中氨含量高，高酸原油的酸性水 pH 值低。

以下为某 20Mt/a 炼油厂的酸性水组成(见表 3-1-1 和表 3-1-2)：

表 3-1-1　非加氢型酸性水组成

装置＼名称	温度/℃	压力/MPa(表)	流量/(kg/h)	组成/(μg/g)		
				H_2S	NH_3	H_2O
常减压Ⅰ	40	0.5	56320	1891	8694	989416
常减压Ⅱ	40	0.5	56320	1891	8694	989416
延迟焦化Ⅰ	50	0.8	44750	14000	8818	977182
	66	0.8	31511*	180	139	999681
延迟焦化Ⅱ	50	0.8	44750	14000	8818	977182
	66	0.8	31511*	180	139	999681
催化裂化	40	0.5	25990	1000	3000	996000
合计			291152	5163	6372	

注：其中带*的流量及组成均为平均数值。

表 3-1-2　加氢酸性水的组成

装置＼名称	温度/℃	压力/MPa(表)	流量/(kg/h)	组成/(μg/g)		
				H_2S	NH_3	H_2O
轻烃回收	40	0.8	2000	28025	16247	955729
蜡油加氢处理	39.3	0.8	117997	39980	19490	940530
加氢裂化	52.3	0.8	43469	28025	16247	955729
石脑油加氢	51	0.7	14219	7861	4480	987660
航煤加氢改质	48	0.8	2233	930	450	998620
柴油加氢改质Ⅰ	41.8	0.8	40254	21080	10290	968630
柴油加氢改质Ⅱ	41.8	0.8	40254	21080	10290	968630
硫黄回收	40	0.6	31360	50	100	999850
合计			291786	26747	13485	

注：酸性水中其他组成(参考数据)，HCN<50mg/L、苯酚<300mg/L、Cl^-<100mg/L、硫醇<50mg/L。

(二) 产品

1. 净化水

硫化物(S^{2-})：小于 20mg/L；

氨氮(NH_3-N)：小于 50mg/L；

油：小于 50mg/L；

COD：小于 1000mg/L；

pH 值：6~9。

2. 液氨

氨含量≥99.6%(质)；

硫化氢含量≤10μg/g；

油含量≤100μg/g。

二、生产原理

（一）基础知识

1. 氨

氨为无色而有强烈刺激性气体，1L 氨在标准状态下质量为 0.7708g，其相对分子质量为 17.03，熔点为-77.7℃，沸点为-33.35℃，气氨在室温下压缩至 6～7atm（1atm＝101325Pa）时即成液态氨，液氨为无色液体，其温度和压力的关系见表 3-1-3。

表 3-1-3　液氨温度和压力的关系

温度/℃	饱和压力/MPa（绝）	密　度	
		液体/（kg/L）	气体/（kg/m^3）
50	2.0727	0.5628	15.75
40	.1.585	0.5795	12.005
30	1.1895	0.5952	9.043
20	0.8741	0.6103	6.694
10	0.6271	0.6247	1.859
6	0.545	0.6303	4.250
0	0.4379	0.6386	3.452
-34	0.10	0.6828	0.863

注：氨与空气混合遇火能引起爆炸，其爆炸极限为 15.5%～27.0%（体），氨极易溶于水，在常温下 1 体积水约可液解 500 体积氨，并放出大量热，氨的水溶液呈弱碱性，也称氢氧化铵。

2. 硫氢化铵

硫氢化铵是硫化氢和氨反应后的产物，白色晶体，易吸水。硫氢化铵在水中进行如式（3-1-1）的水解反应，其水解常数受温度影响，温度升高，K_h增加，温度降低，K_h减少。

$$NH_4HS \overset{电离}{\rightleftharpoons} NH_4 + HS^- \overset{水解}{\rightleftharpoons} NH_3 + H_2S \tag{3-1-1}$$

当温度降低时，反应向左移动，溶液中 NH_4^+和 HS^-离子浓度逐渐增加。因此，在低温段，以离解反应为主。当温度升高时，K_h增加，此时硫氢化铵不断水解，溶液中游离的氨和硫化氢分子逐渐增加，相应气相中氨和硫化氢的分压也随之增加。因此在高温段的界限约为 110℃，低于 110℃，温度对 K_h影响不大，K_h值较低，高于 110℃，K_h随温度升高迅速增加。由此可见，要将污水中的氨和硫化氢脱除，温度应大于 110℃。污水汽提开工时塔底温度大于 120℃后开始排放净化水，正常生产时塔底温度控制在 160℃左右。

3. 氨、硫化氢和水的三元体系

炼油酸性水所含有害物质中以 NH_3、H_2S 为主，部分酸性水还含一定量 CO_2。汽提法以回收 NH_3和 H_2S 为主要目的。因此了解 NH_3—H_2S—H_2O 三元体系的热力学性质可以更好地理解酸性水汽提工艺的原理和操作。

三元体系的形成：NH_3、H_2S 和 H_2O 都是挥发性弱电解质，能互相发生化学反应，并能电离成离子；氨和硫化氢能以不同程度溶解于水。因此 NH_3—H_2S—H_2O 三元体系是一个化学、电离和相平衡共存的复杂体系。

1）氨溶于水后一部分以游离氨存在，一部分被电离成 NH_4^+和 OH^-。

$$NH_3+H_2O \rightleftharpoons NH_4^++OH^- \qquad (3-1-2)$$

氨溶解于水是放热的，故温度升高，电离常数 K_A 随温度升高而降低，且温度越高，K_A 降低越明显，K_A 很小(10^{-5})，因此氨在水中主要是游离的氨分子，仅有极少量的铵离子。

2）硫化氢在水中也有少许电离。

$$H_2S \rightleftharpoons H^++HS^- \qquad (3-1-3)$$

硫化氢在水中的电离常数 K_s 也受温度影响，但与 K_A 不同，温度对 K_s 的影响可分为二种情况，当温度低于125℃时，K_s 随温度升高而升高；当温度高于125℃时，K_s 随温度升高而降低，且 K_s 值比 K_A 还小(10^{-7})，所以 H_2S 在水中几乎全部以游离的硫化氢分子存在。

3）当氨和硫化氢同时存在时，则生成硫氢化铵，它是弱酸和弱碱生成的盐，在水中被大量地水解又重新生成游离的氨和硫化氢分子。即：

$$NH_4^++HS^- \rightleftharpoons (NH_3+H_2S)\text{液} \qquad (3-1-4)$$

在液相的游离氨和硫化氢分子又与气相中的氨和硫化氢呈相平衡：

$$(NH_4+H_2S)\text{液} \rightleftharpoons (NH_3+H_2S)\text{气} \qquad (3-1-5)$$

综合式(3-1-4)和式(3-1-5)可等成

$$NH_4^++HS^-(\text{即 } NH_4HS) \rightleftharpoons (NH_3+H_2S)\text{液} \rightleftharpoons (NH_3+H_2S)\text{气} \qquad (3-1-6)$$

在汽提操作条件下，汽相中氨和硫化氢是分子态，液相中氨和硫化氢有离子和分子两种形式，离子不能挥发，故称“固定态”，分子可以挥发，故称“游离态”。氨和硫化氢在水中的主要存在形式与温度、压力及其溶解在水中的浓度有关。

（二）生产原理

1. 酸性水汽提原理

污水中的 H_2S，NH_3 以“固定态”、“游离态”两种形式存在，其中“固定态”的硫氢化铵在水中的水解反应常数 K_h 随温度升高而增加，随温度降低而减少。在高温下以水解反应为主，溶液中游离的氨和硫化氢分子逐渐增加，相应气相中的 NH_3 和 H_2S 的分压也随之升高，当温度高于110℃，水解常数 K_h 随温度升高逐渐增加。因此，要将污水中氨和硫化氢脱除，使其由“固定态”转成“游离态”，最后转入气相，温度应大于110℃。

氨和硫化氢在水中溶解度随温度升高而降低，随压力增大而增大，而且氨在水中溶解度远远大于硫化氢在水中的溶解度。同时硫化氢饱和蒸气压要比同温度下的氨大得多，由于硫化氢的饱和蒸气压大于氨，故其相对挥发度也比氨大。因此，水溶液中有一定数量的游离 H_2S 分子存在，与其呈平衡的气相中的 H_2S 分子浓度就很可观了，例如：在 $H_2S—H_2O$ 体系中，当液相中游离硫化氢浓度为1.13%(质)时，与其呈平衡的汽相中的硫化氢浓度就高达99.32%(质)。

酸性水汽提塔正是基于上述这个原理设计。在汽提处理酸性水过程中，重沸器用蒸汽加热来提高酸性水温度，脱除其中 NH_3 和 H_2S。在硫化氢汽提塔顶部打入低温冷却吸收水，把酸性气中的氨吸收下来，从而在塔顶获得含氨很少的酸性气。在单塔侧线流程中汽提塔的中部形成氨的高浓度集密区，从塔的侧线引出，经过三级冷凝脱除水和硫化氢，可获得高浓度气氨。在低压汽提工艺流程中，酸性水中的 NH_3 和 H_2S 则全部以气相形式被汽提到塔顶，再送硫黄回收装置处理。

2. 氨精制原理

氨精制工艺较多，现以浓氨水洗涤工艺为例说明氨精制原理。当富氨气体与高浓度氨水接触时，气相中的硫化氢被高浓度氨水中的氨固定，生成硫氢化铵，即：

$$NH_3+H_2S \rightleftharpoons NH_4HS \tag{3-1-7}$$

显然，高浓度氨水中 NH_3 对 H_2S 的分子比越大，气相中的 H_2S 越容易被固定，脱除率也越高，通常氨水 NH_3/H_2S 分子必须保持大于 20，为此需连续或间断排放高浓度氨水，并根据液位高低补充软化水。

由于温度越低，硫氢化铵等在水中的水解反应常数 K_h 越小，意味着越容易生成硫氢化铵，精制效果越好，工业上一般控制温度在-10～0℃，根据生产实际情况控制在-8～5℃。可利用调节外补氨液蒸发量维持温度。

氨精制塔正是基于上述原理。通过控制液相中氨、硫化氢分子比及塔的温度，把硫化氢吸收“固定”于液相，从而使气相中的硫化氢不断减少，得到纯度较高的气氨，气氨经过压缩冷凝即成为液氨产品。

（三）生产过程分析

1. 三元体系的热力学性质

（1）水解常数

$$\text{水解常数 } K_h=\frac{[H_2S]\cdot[NH_3]}{[HS^-]\cdot[NH_4^+]} \tag{3-1-8}$$

硫氢化铵在水中进行如式(3-1-1)的水解反应，其水解常数 K_h 同样受温度影响，温度升高，K_h 增加，温度降低，K_h 减少。当温度降低时，K_h 减小，反应式(3-1-1)反应向左移动，故溶液中 NH_4^+ 和 HS^- 离子浓度增加，因此在低温段是以电离反应为主。

当温度升高时，K_h 值增加，此时硫氢化铵不断水解，溶液中游离的氨和硫化氢分子逐渐增加，相应汽相中 NH_3 和 H_2S 的分压也随之升高，因此在高温段是以硫化氢的水解反应为主。由实验知道，低温段与高温段的界限约为110℃，低于110℃对 K_h 的影响不大，K_h 较低；高于110℃，K_h 随温度升高迅速增加。

（2）溶解度

氨和硫化氢在水中溶解度遵循亨利定律：

$$N=P/H \tag{3-1-9}$$

式中 N——气体溶解度；

H——亨利常数；

P——气体分压

氨和硫化氢溶解度随温度升高而降低，随压力增加而增加。气液平衡数据见表3-1-4～表3-1-6。

表3-1-4 NH_3-H_2O 二元体系的气液平衡数据

温度/℃	压力/MPa	液相组成 NH_3/%(质)	气相组成 NH_3/%(质)
40.0	0.697	60.14	99.90
39.9	0.484	52.73	99.41
39.9	0.305	44.78	98.41
39.9	0.213	40.32	97.58
39.9	0.099	32.88	97.10

表 3-1-5　H_2S-H_2O 二元体系的气液平衡数据

温度/℃	压力/MPa	液相组成 H_2S/%(质)	气相组成 H_2S/%(质)
37.8	0.387	1.13	99.32
37.8	0.581	1.58	99.52
37.8	0.924	2.26	99.65
37.8	1.263	3.11	99.76
37.8	1.662	3.93	99.82

比较表 3-1-4 和表 3-1-5 可见，氨在水中溶解度远远大于硫化氢在水中溶解度，但若是在硫化氢水溶液中通入氨，则硫化氢的溶解度就大大提高(见表 3-1-6)。

表 3-1-6　NH_3-H_2S-H_2O 三元体系的气液平衡数据

温度/℃	压力/(kg/cm^2)	NH_3—H_2S—H_2O 三元体系	
		H_2S/%(质)	NH_3/%(质)
38.0	1.48	19.34	50.67

在约 38℃和 0.45MPa 大气压时，由于氨的存在，硫化氢在水中的溶解度可增加 17 倍以上。

如前所述，NH_3在水中或 H_2S 在水中，两者都是以游离的分子态存在，但是有一定量的 H_2S 和 NH_3 同时溶解在水中，则由于酸碱反应，NH_4^+和 HS^-离子浓度迅速增加。安徽工业大学张超群在《氨水脱硫液质量对 H_2S 吸收的影响》一文中指出：当温度为 32.2℃，NH_3 和 H_2S 分子比为 1 时，有 98.44%的 NH_3 或 H_2S 以离子形式存在。然而，NH_3和 H_2S 的离解度不仅与温度压力有关，且还与液相中 NH_3和 H_2S 的浓度有关。例如在 38.22℃、0.446MPa 时，当液相中 NH_3 和 H_2S 浓度分别为 NH_3=51.5%(质)、H_2S=17.08%(质)，相应的游离 NH_3 和 H_2S 的分子浓度，NH_3占总量的 83.45%，而 H_2S 只占其总量的 0.17%，也就是说，38℃、0.446MPa 的条件下，当 NH_3 和 H_2S 分子比大于 5 时，溶解于水的 NH_3 只有 16.54%被电离成 NH_4^+，而 H_2S 却有 99.8%被电离成 HS^-，游离的 H_2S 分子极小，溶液中几乎都是以 HS^-形式被"固定"在液相中。单塔侧线流程汽提塔的 24 层塔盘控制大于 138℃，目的就是要控制侧线抽出的富氨气体中 NH_3 和 H_2S 的分子比大于 5，从而保证通过三级分凝和 NH_3 精制系统可以取得高纯度的氨气。

(3) 挥发度

由于同温度下 H_2S 的饱和蒸气压大于 NH_3，故其相对挥发度也就比 NH_3 大，因此，只要溶液中有一定数量的游离 H_2S 分子存在，则与其呈平衡的气相中的 H_2S 浓度就很可观。例如在 H_2S-H_2O 体系中，液相中含游离的 H_2S 浓度为 1.127%(质)时，与其呈平衡的气相中的 H_2S 浓度则高达 99.318%(质)，正是由于 NH_3 的溶解度比 H_2S 大得多，而 H_2S 的相对挥发度比 NH_3 大得多，所以单塔侧线流程的汽提塔在低温的顶部可以获得含 NH_3很少的酸性气体。

2. CO_2的热力学性质

酸性水中含有一定量的 CO_2，它也能溶解于水，但溶解度比 H_2S 更小，在同温度下，它的蒸气压也比 H_2S 大，因此相对挥发度也比 H_2S 大，所以 CO_2比 NH_3和 H_2S 更容易汽提出来，因此，对酸性水净化而言，CO_2的存在并无影响，但对加压侧线抽氨工艺装置，需要重

视 CO_2的存在，因其在低温条件下会与氨作用生成氨基甲酸铵：

$$2NH_3(气)+CO_2(气)=NH_2CO_2NH_4(固) \quad (3-1-10)$$

氨基甲酸铵是一种白色晶体，会造成管道和阀门堵塞。单塔侧线流程汽提塔 24 层塔盘温度要控制大于 138℃，保证侧线抽出气体 $NH_3/H_2S>5$，除了保证氨气纯度外，还有一个重要的目的就是要避免生成氨基甲酸铵，硫氢化铵等结晶堵塞，保证安全生产。

三、工艺技术比较

处理以含 H_2S、NH_3为主的酸性水主要有空气氧化法和蒸汽汽提法两种。空气氧化法是用空气中的氧在一定条件下使酸性水中的硫化物氧化，通常约 90%的硫化物被氧化为硫代硫酸盐，10%被进一步氧化为硫酸盐，该方法不能起到脱氨作用，只适用于低浓度的酸性水，目前已基本被蒸汽汽提工艺所取代。

蒸汽汽提法适用于处理含 H_2S 和 NH_3浓度较高的酸性水，能满足把酸性水净化到符合排放标准和上游装置回用水质的要求，并可根据需要回收 H_2S 和 NH_3。该法根据硫化氢和氨的回收要求可分为单塔低压汽提、单塔加压汽提及双塔加压汽提三种类型。国外主要以单塔低压汽提工艺和双塔加压汽提工艺为主；国内除上述两种工艺外，还根据国情，因地制宜开发了单塔加压侧线抽氨汽提工艺。

单塔低压汽提工艺是指在尽可能低的汽提塔操作压力下，将酸性水中的 H_2S 和 NH_3全部汽提出去，一般为 0.05~0.07MPa(表)，塔顶酸性气经过冷却，含氨和硫化氢的酸性气送至硫黄回收装置的反应炉(硫化氢转化为硫，氨转化为氮)，塔底净化水可回用。该工艺具有流程简单、设备少、投资和占地面积省、能耗低、操作灵活、净化水质好和腐蚀较轻等优点。

双塔加压汽提工艺设有硫化氢汽提塔和氨汽提塔，酸性水先进硫化氢汽提塔，后进氨汽提塔。一般硫化氢汽提塔塔顶操作压力为 0.5~0.7MPa(表)，氨汽提塔操作压力为 0.1~0.3MPa(表)。硫化氢汽提塔塔顶的酸性气送至硫黄回收装置。氨汽提塔塔顶气体经过二级降温降压，进行分凝，精制脱除硫化氢后压缩、冷凝成液氨，回用于炼油装置或作为化工原料，塔底净化水可回用。该工艺操作平稳可靠，但流程和设备较复杂，投资也较高，适用于 H_2S 和 NH_3浓度较高的酸性水。

单塔加压汽提是我国自行开发的专利技术，用一个塔完成酸性水的净化、硫化氢及氨的分离回收。可处理硫化氢、氨和二氧化碳的综合浓度为 5000~55000mg/L 的酸性水。它是利用硫化氢的相对挥发度比氨高的特点，将硫化氢从汽提塔的顶部汽提出去，塔顶的酸性气送硫黄回收装置。液相中的氨和剩余的硫化氢在汽提蒸汽的作用下，在汽提塔下部被驱除到气相，使净化水质满足要求，并在塔中部形成较高的富氨气体，抽出富氨气体，经三级冷凝得到粗氨气。该工艺流程和设备较简单，操作平稳可靠，投资和操作费用较低，能耗也较低。

三种蒸汽汽提法的工艺特点比较见表 3-1-7。

表 3-1-7　三种蒸汽汽提工艺的比较

方案 项目	单塔低压汽提	双塔加压汽提	单塔加压侧线汽提
技术成熟可靠度	可靠	可靠	可靠

续表

项目 \ 方案	单塔低压汽提	双塔加压汽提	单塔加压侧线汽提
工艺流程	简单	复杂	较复杂
回收液氨	不回收	回收	回收
相对投资	约0.6	约1.2	约1.0
占地面积	小	大	较大
蒸汽单耗/(kg/t原料水)	130~1801	230~280	150~200
酸性气质量及输送	酸性气为硫化氢和氨的混合物	酸性气不含氨，酸性气压力高，可满足远距离输送	酸性气不含氨，酸性气压力高，可满足远距离输送
净化水质量	好	好	好
原料浓度及适用范围/(mg/L)	任意	≥50000	≤50000
回收液氨的利润	无	有	有
工艺流程特点	工艺流程简单、操作方便、投资和占地面积少、净化水水质好。国外广泛采用该流程，近年来国内也采用较多	工艺流程复杂，投资和操作费用均最高，适用于H_2S和NH_3浓度较高的酸性水	工艺流程和设备较简单，操作平稳，投资和操作费用较低

由表3-1-7可以看出，由于双塔加压汽提投资和蒸汽单耗都高，只有当原料水硫化氢和氨浓度很高时，才采用双塔加压汽提流程，否则较少使用。综合各种因素考虑，采用单塔加压侧线汽提工艺可满足环保要求，并且节约能耗、变废为宝。

第二节　单塔汽提工艺

一、工艺说明

（一）工艺过程

单塔低压汽提工艺根据塔顶冷却方式不同可分为酸性气冷却流程和回流液冷却流程。酸性气冷却流程为：自各上游装置来的酸性水经过脱气和除油后进入储罐，酸性水通过泵加压、净化水换热后(100℃)进入汽提塔上部。汽提塔上部设一段填料，下部设塔盘(38层)，酸性水在汽提塔中自上而下流动，由汽提塔底重沸器汽提后，H_2S和NH_3组分自酸性水中逸出，由下而上从塔顶分出。塔顶酸性气经塔顶空冷器冷却至90℃后进入塔顶回流罐进行气液分离，分离后的酸性气去硫黄回收装置，酸性液则由塔顶回流泵升压返回到塔顶作回流。回流液冷却流程为：汽提塔上部设两段填料，下部设塔盘(38层)，酸性水换热后进入汽提塔最高层塔盘，酸性水在汽提塔中自上而下流动，由汽提塔底重沸器汽提后，H_2S和NH_3组分自酸性水中逸出，填料段下方设置集液箱，抽出部分酸性水，进入空冷冷却后，由泵升压回流至塔顶，控制塔顶酸性气温度为90℃，塔顶90℃酸性气送硫黄回收装置。塔底液体经重沸器加热(129℃)后，变成气液两相返回至汽提塔，汽体在塔内参与传质，液体作为净化水由净化水泵升压和原料水/净化水换热器换热(68℃)，再经净化水空冷器和净化水冷却器冷却至40℃后送出装置。汽提蒸汽(1.0MPa或者0.4MPa)由系统管网来，作重沸器的热源，其凝结水送出装置。

(二) 操作条件

装置主要操作条件见表3-2-1。

表3-2-1　装置主要操作条件表

项　　目		设　计　值
汽提塔	塔顶压力/MPa(表)	0.13
	进料温度/℃	100
	塔顶温度/℃	110
	塔顶回流温度/℃	90
	塔底温度/℃	129

二、应用案例

(一) 过程模拟计算

以塔顶酸性气冷却流程为例(工艺流程如图3-2-1所示)，酸性水处理量100t/h，酸性水中氨含量9000μL/L、硫化氢含量15000μL/L，通过ASPEN软件模拟计算装置的物料和热量平衡(见表3-2-2和表3-2-3)。

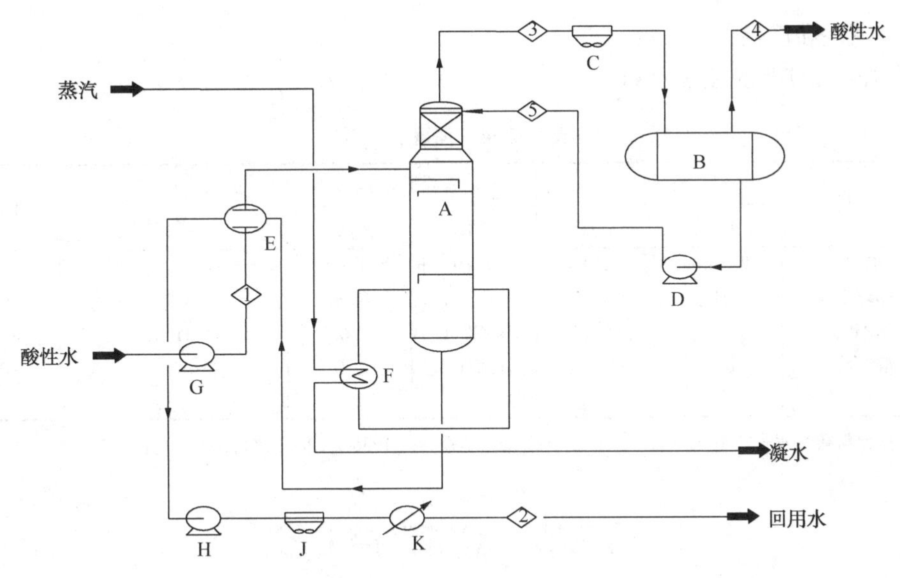

图3-2-1　单塔低压汽提工艺流程

A—汽提塔；B—回流罐；C—酸性气空冷器；D—回流泵；E—酸性水/净化水换热器；F—重沸器；G—酸性水加压泵；H—净化水加压泵；J—净化水空冷器；K—净化水冷却器

表3-2-2　物 料 平 衡

物 料 编 号	1	2	3	4	5
物料名称	酸性水	净化水	塔顶气	酸性气	回流液
温度/℃	40	40	115	90	90
压力/MPa(表)	0.7	0.8	0.13	0.12	0.7

续表

物料编号	1	2	3	4	5
流量/(kg/h)	100000	96989	11208	3011	8197
组成/%(质)					
NH_3	0.9	0.0027	15.2785	29.8041	9.7184
H_2S	1.5	0.0002	18.4943	49.8122	6.7788
H_2O	97.6	99.9971	66.2272	20.3837	83.5028

表 3-2-3　热量平衡

设备编号	物料名称	能量/kW	备注
C	酸性气空冷器	4825	
E	酸性水/净化水换热器	7205	
F	重沸器	9171	消耗 0.4MPa 蒸汽 14270kg/h
J	净化水空冷器	1674	
K	净化水冷却器	1748	消耗冷却水 146000kg/h
C	酸性气空冷器	72	电耗
D	回流泵	2	电耗
G	酸性水加压泵	60	电耗
J	净化水空冷器	36	电耗
G	酸性水加压泵	50	电耗

(二) 消耗和能耗

装置消耗和能耗见表 3-2-4。

表 3-2-4　消耗和能耗

序号	项　目	消耗量		能源折算值		设计能耗/(kgEO/h)	单位能耗
		单位	数量	单位	数量		
1	电力	kW · h/h	220	kgEO/kW · h	0.22	48.4	0.484
2	循环水	t/h	146	kgEO/t	0.06	8.76	0.0876
3	0.4MPa 蒸汽	t/h	14.27	kgEO/t	66	941.82	9.4182
4	凝结水	t/h	-14.27	kgEO/t	6.0	-85.62	-0.8562
	合计					913.36	9.1336

注：表中原料酸性水量按 100t/h 计，酸性水汽提装置单耗为 9.1336kgEO/t 酸性水。

第三节　双塔汽提工艺

一、工艺说明

(一) 工艺过程

在双塔加压汽提工艺中，有两座汽提塔，简称 H_2S 塔和 NH_3 塔。酸性水是先进 H_2S 塔(这种流程易操作)。脱气除油的酸性水升压后分两路进入 H_2S 塔，进塔顶部分称冷进料；另一部分与塔底热水换热后进塔的中上部，称热进料；塔底直接通入水蒸气或用重沸器将部分塔底液转化为水蒸气汽提，塔底温度 160~170℃。为得到高纯度酸性气，塔顶要有适宜的温度和压力，一般为35~40℃、0.5~0.7MPa，此时，冷进料可使塔内上升气流中的氨被洗涤吸收而进入液相，酸性气中氨含量可小于1.5%，满足硫回收装置要求。塔底脱硫水换热后进入NH_3塔中上部，塔底汽提，塔底温度为135~155℃，塔底净化水可达到NH_3 50~100mg/L、H_2S 20~30mg/L；塔顶温度125~145℃，压力为0.25~0.40MPa，塔顶排出含有水蒸气和硫化氢的富氨气体，该气体可经过一、二、三级分凝系统后去氨精制系统生产氨水或液氨。脱氨塔底的净化水经酸性水净化水换热器换热后进净化水泵提压，提压后的净化水经净化水空冷器、净化水冷却器冷却至40℃出装置。

脱硫塔、脱氨塔重沸器均以1.0MPa蒸汽为热源。

(二) 操作条件

双塔汽提主要工艺指标见表3-3-1。

表3-3-1 双塔汽提主要工艺指标

项目名称	工艺指标	项目名称	工艺指标
脱硫塔塔顶压力/MPa	0.5~0.65	脱氨塔塔顶温度/℃	110~145
脱硫塔塔顶温度/℃	40~55	脱氨塔塔底温度/℃	130~160
脱硫塔塔底温度/℃	145~170	净化水出装置温度/℃	≤40
脱氨塔塔顶压力/MPa	0.23~0.4		

二、应用案例

(一) 过程模拟计算

双塔汽提工艺流程如图3-3-1所示。以酸性水处理量100t/h，酸性水中氨含量9000μL/L、硫化氢含量12000μL/L为例，通过ASPEN软件模拟计算装置的物料和热量平衡(见表3-3-2和表3-3-3)。

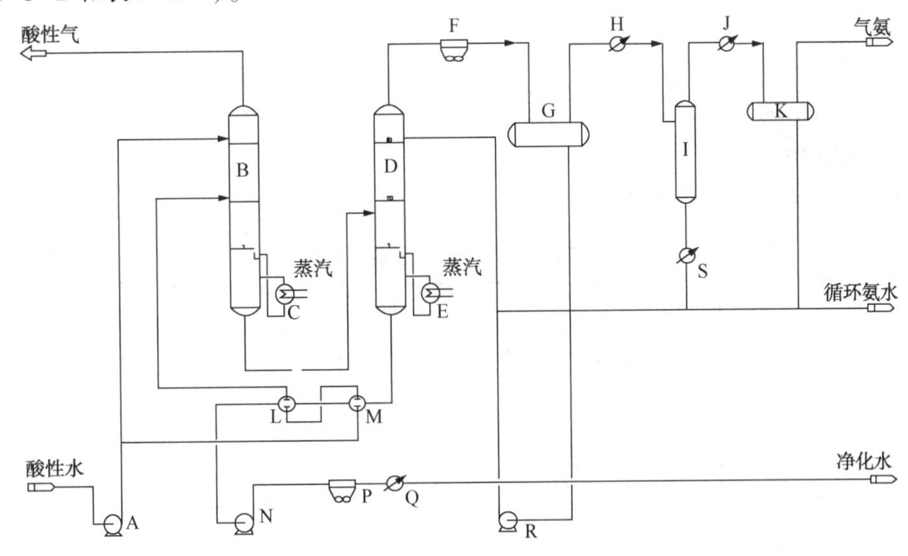

图3-3-1 双塔汽提工艺流程

A—原料泵；B—脱硫塔；C—脱硫塔重沸器；D—脱氨塔；E—脱氨塔重沸器；F—脱氨塔顶空冷器；G—一级分液罐；H—二级冷凝器；I—二级分液罐；J—三级冷凝器；K—三级分液罐；L、M—酸性水净化水换热器；N—净化水泵；P—净化水空冷器；Q—净化水冷却器；R—脱氨塔回流泵；S—二级凝液冷却器

表 3-3-2　物 料 平 衡

物 料 编 号	1	2	3	4
物料名称	进装置酸性水	酸性气	气氨	净化水
温度/℃	40	43.8	40	40
压力/MPa(表)	0.4	0.6	0.2	0.6
流量/(kg/h)	100000	1208	912	97880
组成/%(质)				
NH_3	0.9	0.003	98.62	0.003
H_2S	1.2	99.27	1.17	
H_2O	97.9	0.727	0.21	99.997

表 3-3-3　物 料 平 衡

设 备 编 号	设 备 名 称	能量/kW	备　注
C	脱硫塔重沸器	7177	1.0MPa 蒸汽 11800kg/h
E	脱氨塔重沸器	10352	1.0MPa 蒸汽 16500
H	二级冷凝器	1613	循环水 390t/h
J	三级冷凝器	312	
Q	净化水冷却器	1704	
S	二级凝液冷却器	161	
F	脱氨塔顶空冷器	11165	电耗
P	净化水空冷器	1173	电耗
A	原料泵		电耗
N	净化水泵		电耗
R	脱氨塔回流泵		电耗

（二）消耗和能耗

装置消耗和能耗见表 3-3-4。

表 3-3-4　消耗和能耗

序号	名称	单位	数量	折算系数	kgEO	kgEO/t 污水
1	循环水	t/h	390	0.06	23.4	0.234
2	电	kW · h/h	324	0.22	71.28	0.7128
3	蒸汽	t/h	28.3	76	2150.8	21.508
4	蒸汽凝液	t/h	-28.3	6.0	-169.8	-1.698
	合计				2075.68	20.7568

双塔汽提装置单耗为 20.7568kgEO/t 酸性水(不含氨精制)。

第四节　单塔加压汽提工艺

一、工艺说明

(一) 工艺过程

自上游各装置来的酸性水经过脱气除油后由酸性水泵加压，酸性水分为两路进入汽提塔，其中一路经冷进料冷却器冷却后进入汽提塔顶；另一路经二级冷凝冷却器、原料水-净化水一级换热器、一级冷却器和原料水-净化水二级换热器，分别与净化水、侧线气、净化水换热至150℃后，进入汽提塔的第1层塔盘。塔底通过重沸器用蒸汽加热汽提。

汽提塔顶酸性气进入酸性气分液罐，分液后酸性气送硫黄回收装置，汽提塔底净化水分别通过原料水-净化水二级换热器和原料水-净化水一级换热器后，再经净化水泵加压，进净化水空冷器和水冷器冷却至40℃出装置。

侧线气由主汽提塔第18层塔盘抽出后进入三级分凝系统，经一级冷却器与原料水换热后，侧线气进入一级分凝器；分凝后的侧线气再经过二级冷却器冷却、二级分凝器分凝；再经三级冷凝冷却器冷却至40℃左右，最后进入三级分凝器分凝，得到的粗氨气送至氨精制系统。一、二级分凝液分别经一级分凝液冷却器、二级分凝液冷却器后与三级分凝液合并，一起返回到酸性水原料罐。

自三级分凝器来的富气氨，进入氨精制塔，氨精制塔温度由液氨储罐来的液氨进行蒸发降温，维持-4~8℃的操作温度，以脱除氨气中的硫化氢，含硫含氨污水间断排入原料水罐。塔顶氨气经分液后进入脱硫反应器进一步脱硫，经氨气过滤器，进入氨压机。压缩机出口的氨气经氨油分离器分油后，再经脱硫反应器高温脱硫、氨冷却器冷凝后，液氨自流进入液氨储罐。

(二) 操作条件

装置主要操作条件见表3-4-1。

表3-4-1　装置主要操作条件表

序　号	名　　称	数　　值
1	汽提塔塔顶压力/MPa	0.5
2	汽提塔冷进料温度/℃	38
3	汽提塔热进料温度/℃	150
4	汽提塔侧线气氨抽出温度/℃	150
5	汽提塔塔底温度/℃	162
6	一级分凝器温度/℃	125
7	一级分凝器压力/MPa	0.45
8	二级分凝器温度/℃	90
9	二级分凝器压力/MPa	0.34
10	三级分凝器温度/℃	40
11	三级分凝器压力/MPa	0.25
12	汽提塔顶酸性气温度/℃	40
13	净化水出装置温度/℃	40

二、应用案例

(一) 过程模拟计算

单塔加压侧线汽提工艺流程如图 3-4-1 所示。以酸性水处理量 100t/h，酸性水中氨含量 9000μL/L、硫化氢含量 15000μL/L 为例，通过 ASPEN 软件模拟计算装置的物料和热量平衡(见表 3-4-2 和表 3-4-3)。

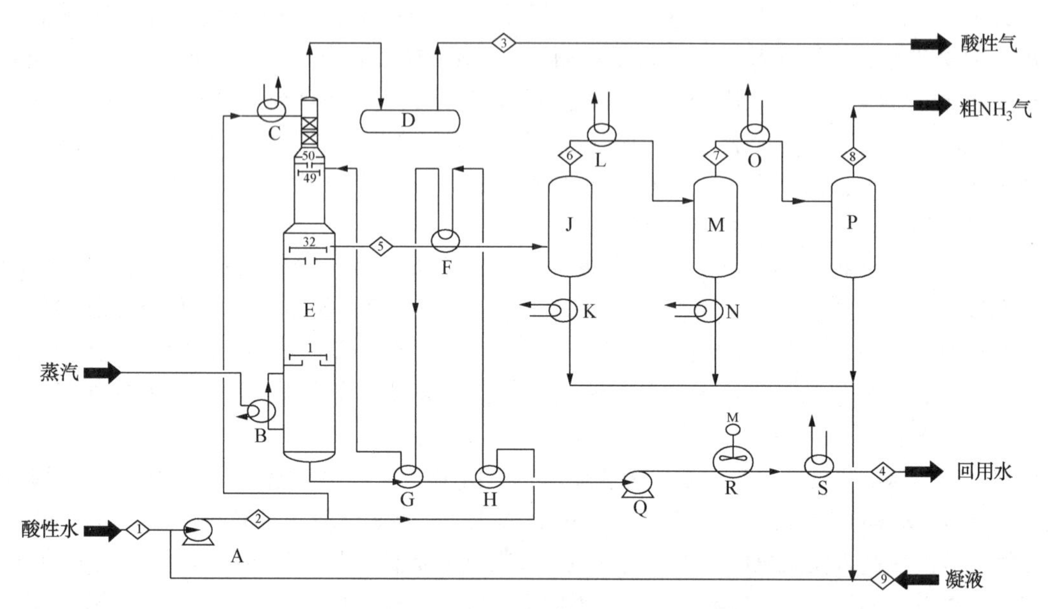

图 3-4-1　单塔加压侧线汽提工艺流程

A—酸性水加压泵；B—重沸器；C—冷污水冷却器；D—酸性气脱液罐；E—汽提塔；F—一级冷却器；G—净化水/污水二级换热器；H—净化水/污水一级换热器；J—一级分液罐；K—一级分凝液冷却器；L—二级冷却器；M—二级分液罐；N—二级分凝液冷却器；O—三级冷却器；P—三级分液罐；Q—净化水泵；R—净化水空冷器；S—净化水冷却器

表 3-4-2　物 料 平 衡

物 料 编 号	1	2	3	4	5
物料名称	进装置酸性水	进塔酸性水	酸性气	净化水	侧线气
温度/℃	40	40	40	40	149
压力/MPa(表)	0.4	0.8	0.55	0.9	0.52
流量/(kg/h)	100000	107528	1509	97591	8428
组成/%(质)					
NH_3	0.9000	1.8899	0.0040	0.0016	23.8813
H_2S	1.5000	1.628	99.3740	0	3.8464
H_2O	97.6000	96.4821	0.6220	99.9984	72.2723

续表

物料编号	6	7	8	9	
物料名称	一级气	二级气	粗氨气	氨液	
温度/℃	123	90	40	5	
压力/MPa(表)	0.45	0.38	0.25	0.12	
流量/(kg/h)	2214	1287	1042	142	
组成/%(质)					
NH_3	58.2489	82.1471	97.6260		
H_2S	7.7146	7.7078	1.5994		
H_2O	34.0365	10.1512	0.7746		

表3-4-3　能量平衡

设备编号	物料名称	能量/kW	备注
C	重沸器	10380	消耗1.0MPa蒸汽16977kg/h
E	冷污水冷却器	211	消耗冷却水35000kg/h
F	一级冷却器	3733	与侧线换热
G	净化水/污水二级换热器	4586	
H	净化水/污水一级换热器	1763	
K	一级分凝液冷却器	704	消耗冷却水84000kg/h
N	二级分凝液冷却器		
L	二级冷却器	536	与污水换热
O	三级冷却器	165	消耗冷却水28000kg/h
R	净化水空冷器	6538	
S	净化水冷却器	1760	消耗冷却水147000kg/h
A	酸性水加压泵	100	电耗
Q	净化水泵	50	电耗
R	净化水空冷器	100	电耗

(二)消耗和能耗

装置消耗和能耗见表3-4-4。

表3-4-4　消耗和能耗

序号	项目	消耗量		能源折算值		设计能耗/(kgEO/h)	单位能耗
		单位	数量	单位	数量		
1	电力	kW·h/h	250	kgEO/kW·h	0.22	55	0.55
2	循环水	t/h	294	kgEO/t	0.06	17.64	0.1764
3	1.0MPa蒸汽	t/h	16.977	kgEO/t	76	1290.252	12.90252
4	凝结水	t/h	-16.977	kgEO/t	6.0	-101.862	-1.01862
	合计					1261.03	12.6103

注：表中原料酸性水量按100t/h计，酸性水汽提装置单耗为12.6103kgEO/t酸性水(不含氨精制)。

第五节　氨精制工艺

一、工艺说明

(一) 工艺过程

自酸性水汽提单元的第三级分液罐来的粗氨气进入氨精制塔，该塔由来自液氨罐的液氨蒸发降温，使氨精制塔维持0℃左右的操作温度，以脱除氨气中的硫化氢，产生的含硫氨液送入原料水罐。塔顶氨气经氨液分离器脱液后进入低温脱硫罐进行精脱硫，再进入氨液过滤器。气氨经氨压机升压至1.2MPa，高温气氨再进入高温脱硫罐进行再脱硫，脱硫后气氨经过氨冷凝器冷凝至40℃以下形成液氨，液氨进入液氨罐，然后用液氨泵加压送出装置。

(二) 操作条件

装置主要操作条件见表3-5-1。

表3-5-1　主要操作条件表

序　　号	名　　称	数　　值
1	氨精制塔温度/℃	0
2	液氨罐温度/℃	35
3	液氨罐压力/MPa	1.2

二、应用案例

(一) 模拟计算结果

氨精制工艺流程如图3-5-1所示。以酸性水处理量100t/h，酸性水中氨含量9000μL/L、硫化氢含量15000μL/L，并采用单塔加压侧线汽提工艺产生的粗氨气为原料，通过ASPEN软件模拟计算装置的物料和热量平衡(见表3-5-2和表3-5-3)。

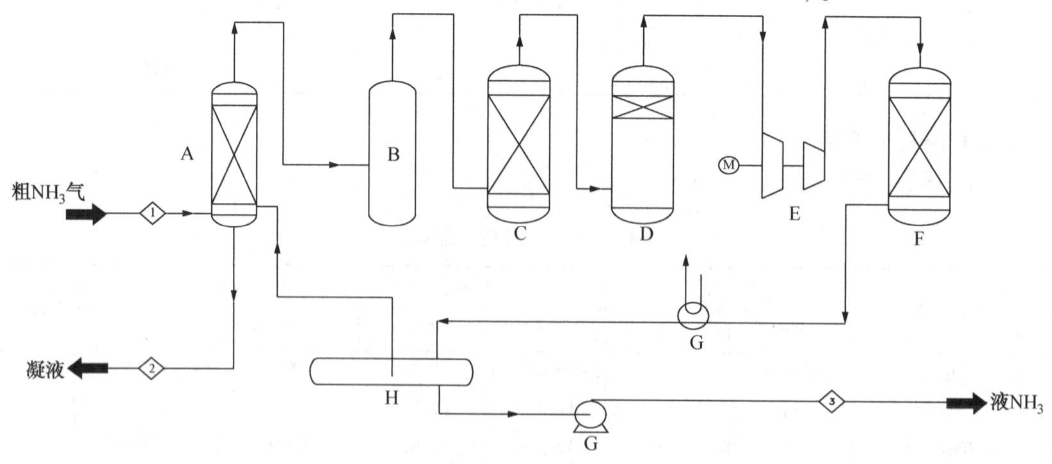

图3-5-1　氨精制工艺流程

A—氨精塔；B—分液罐；C—低温脱硫罐；D—过滤罐；E—氨压机；

F—高温脱硫罐；G—氨冷却器；H—液氨罐；J—液氨泵

表 3-5-2　物料平衡

物料编号	1	2	3
物料名称	粗氨气	氨液	液氨
温度℃	40	0	40
压力/MPa	0.25	0.2	2.0
流量/(kg/h)	1042	142	900
组成/%(质)			
NH_3	97.626		
H_2S	1.599		
H_2O	0.775		

表 3-5-3　能量平衡

设备编号	物料名称	能量/kW	备　注
E	氨压机冷却器	32	消耗冷却水 5000kg/h
E	氨压机	117	电耗
G	氨冷却器	420	消耗冷却水 70000kg/h
J	液氨泵	3	电耗

(二) 消耗和能耗

装置消耗和能耗见表 3-5-4。

表 3-5-4　消耗和能耗

序号	项　目	消耗量		能源折算值		设计能耗/(kgEO/h)	单位能耗
		单位	数量	单位	数量		
1	电力	kW·h/h	120	kgEO/kW·h	0.22	26.4	0.264
2	循环水	t/h	75	kgEO/t	0.06	4.5	0.045
	合计					30.9	0.309

注：表中原料酸性水量按 100t/h 计，氨精制单元单耗为 0.309kgEO/t 酸性水。

第六节　酸性水罐顶气治理技术

一、炼油厂储罐废气的排放

炼油厂储罐废气中的主要污染物是 VOCs(挥发性有机物)和恶臭物质，VOCs 是指参与大气光化学反应的有机化合物，或者根据规定的方法测量或核算的有机化合物；恶臭污染物是指一切刺激嗅觉器官引起人的不愉快及损害生活环境的气体物质，涵盖大部分 VOCs，我国恶臭排放标准中有氨、三甲胺、硫化氢、甲硫醇、甲硫醚、苯乙烯、臭气浓度等 9 项指标。在炼油厂，VOCs 和恶臭常伴生排放，储罐是最大的排放源。

(一) 储罐废气排放情况

废气污染物浓度和排放量是储罐废气治理的基础数据(见表 3-6-1)。

表 3-6-1　罐顶气主要污染物浓度

储 罐 种 类	主要污染物浓度/(mg/m^3)
酸性水拱顶罐	H_2S1000~100000，NH_3 400~5000，有机硫化物 50~2000，NMHC(非甲烷总烃)100000~800000，苯系物 500~40000，臭气浓度 12700000
污油拱顶罐	H_2S 10~6000，有机硫化物 50~1000，NMHC 80000~600000，高浓度水蒸气
粗柴油拱顶罐	H_2S 50~3000，有机硫化物 30~500，苯系物 500~1000，NMHC 10000~80000
成品汽油内浮顶罐	苯系物 100~400，NMHC 1000~50000
成品柴油内浮顶罐	苯系物 20~100，NMHC 500~4000
成品喷气燃料浮顶罐	苯系物 100~140，有机硫化物 10~20，NMHC 1000~4000
高温沥青拱顶罐	H_2S 20~500，苯系物 500~1500，有机硫化物 20~500，NMHC 2000~200000
高温蜡油拱顶罐	H_2S 10~20000，苯系物 500~40000，有机硫化物 20~5000，NMHC 2000~200000

储罐产生的罐顶气量包括液体进料产生的大呼吸气量、气温升高产生的小呼吸气量、进料温度高于罐内物料温度导致的蒸发气量、高压进料释放的溶解气量，并给出了最大排气速率计算方法和估算方法，其中，小呼吸产气量按罐内气体最快升温速率 5℃/h 计算；《中国石化炼化企业 VOCs 综合治理技术指南(试行)》(2017)对估算方法进行了修订，用于罐区废气处理装置规模设计，见表 3-6-2。

表 3-6-2　无外壁保温拱顶和内浮顶罐区总罐容与最大产气量的关系

总罐容/(m^3)	<5000	5000~20000	20000~40000	40000~100000
最大产气量/(m^3/h)	50~150	100~400	200~800	500~2000
产气量校核修正	1)罐区有平衡气线，进出料基本平衡，罐内液体高液位运行，最大产气量下调 50%； 2)在任何情况下，最大产气量不小于储罐液体进料量的 1.5 倍； 3)日平均产气量(m^3/h)等于 0.5 倍的最大产气量(m^3/h)； 4)高温蜡油罐等保温(或恒温)罐小呼吸产排气量应按罐内气体昼夜实际温差计算			

美国石油学会《常压和低压罐排气标准》(API 2000—2014)适用于罐顶通气部件(包括开口通气管、紧急通气口、安全阀等)设计，它以大风降温或暴雨天气储罐真空负压吸气量作为计算依据，罐内气体降温速率按 37.8℃/h 计算，以保证通气管开口足够大；呼出气量按上述吸入气量的 60%或 100%确定。这个标准不宜作为储罐废气处理装置的设计依据。

按表 3-6-2 设计废气处理装置，在暴雨之后又暴晒的极端天气，储罐排气量可能超过装置的处理规模而通过安全阀直排大气。

(二) 储罐性能标准

我国《石油炼制工业污染物排放标准》(GB 31570—2015)要求根据储罐容积和所储存挥发性有机液体(VOL)真实蒸气压大小选择压力储罐、浮顶罐或固定顶罐。储存蒸气压≥5.2kPa 的 VOL 的固定顶罐，应安装密闭排气系统至 VOCs 去除效率≥95%(或 97%)的处理装置。

天津市《工业企业挥发性有机物排放控制标准》(DB12/524—2014)对 VOL 储罐的要求严于 GB 31570，实际蒸气压≥2.8kPa 且容积≥100m^3的有机液体储罐即要求采取 VOCs 控制措施，且浮顶罐罐顶 VOCs 检测浓度应≤2000μL/L(以甲烷计)。

（三）储罐气体污染物减排

采用球罐、密闭压力罐可控制废气排放，但造价很高。浮顶罐是一种常用减排技术，通过降低外排废气中的油气浓度，外浮顶罐的油品损耗率可降到拱顶罐的5%~7%，内浮顶罐的油品损耗率可降到拱顶罐的4%。其他减排技术包括：①来料温度控制；②安装脱气罐；③建立罐顶气平衡连通管线；④控制罐内气体温度；⑤控制罐内气体压力；⑥罐顶气集气柜。

储存含硫油料的储罐存在硫化亚铁自燃风险，常用氮气保护系统预防自燃，该系统包括氮气供应、安全阀以及配套的罐内气体压力、温度、氧含量等在线监测联锁仪表等，氮气的供应能力可按罐的“大小呼吸”之和设计，宜将罐顶废气氧含量控制在6%以下，但氧含量过低会增加硫化亚铁累积风险、且氮气费用很大。在企业实际应用过程中，受氮气供应能力限制，在大风降温、暴雨天气或罐区集中出料等工况过后，罐内气体氧含量常达到12%以上。

罐顶气送瓦斯管网要符合《石油化工可燃气体排放系统设计规范》（SH 3009—2013）有关规定，即氧气含量小于2%（体），热值低于7880kJ/Nm^3［约相当于有机物浓度低于20%~25%（体）］的气体在入网前要进行热值调整。

（四）罐顶恶臭气体来源及特点

石油炼制企业中，释放罐顶恶臭气体的储罐主要包括酸性水罐、污油罐、焦化汽柴油罐（中间油品罐）、冷焦水罐、污水罐、碱渣罐、常减压塔顶油水分离罐等。这些储罐大多为常压拱顶罐，可承受的压力一般为-50~200mmH_2O（1mmH_2O=9.80665Pa）之间。

罐顶恶臭气体排放的主要特点：

1）气体组成复杂。相关资料表明，含硫污水罐、重污油罐、焦化汽柴油罐等罐顶气中可检出的恶臭物质包括硫化氢、氨、甲硫醇、乙硫醇、丁硫醇、甲硫醚、乙硫醚、二甲二硫、羰基硫等。

2）污染物浓度波动大。不同罐区污染物浓度存在较大差别，即使相同罐区、在不同日期和不同采样时间气体中的污染物浓度也存在较大波动。如某企业含硫污水罐H_2S浓度通常在10~300mg/m^{3}波动，而焦化汽柴油储罐H_2S浓度则为7.252×10^3~1.093×10^5mg/m^3、NH_3浓度为184.6~21578mg/m^3。

3）排气量不稳定。白天与夜间、晴天与阴雨天、夏季与冬季时的排气量大小均存在较大变化。晴朗的白天排气量较大，排气时间较集中；夜间储罐压力低、排气量较少；阴雨天气罐内形成负压，无气体排出。如某企业120m^3/h酸性水罐区，天气晴时白天气量为80~170m^3/h，夜间为30~65m^3/h，阴雨天时不排气；450m^3/h汽柴油罐区，天气晴时白天排气量为100~250m^3/h，夜间压力低不排气。

根据罐顶气的排放特点，罐顶气处理装置应能够同时去除无机和有机恶臭污染物，并且能够适应污染物浓度变化。另外，装置的处理气量应能够跟随储罐压力和排气量变化，防止引气量过大或过小造成罐内压力超出安全范围。

二、恶臭气体处理技术

随着原油重质化、加工深度及硫、氮、氧元素含量的提高，石油加工过程产生的硫化氢、氨、有机硫、有机胺、酚、醛等恶臭物质也显著增加。这些恶臭物质在油品及污水储运处理过程中通过罐顶呼吸气排入大气，不仅污染环境，而且危害人体健康。

现有恶臭气体处理技术有很多种，大致可分为燃烧法、冷凝法、生物法、吸附法、化学吸收法及联合法等几类。恶臭气体处理选择何种处理技术，可根据气体来源、污染物组成、浓度、气量、处理要求、操作、安全性及技术适应性进行综合考虑。

（一）燃烧法

燃烧法能够处理各种恶臭污染物，氧化脱臭彻底。该方法可分为直接燃烧法、热力燃烧法和催化燃烧法三种类型。

直接燃烧法适用于高浓度有机废气。热力燃烧法通常需要将臭气与燃料混合，燃烧温度一般在600~800℃，恶臭及总烃去除率接近100%。缺点是需考虑爆炸上下限，燃料消耗大，有被催化燃烧法取代的趋势。某些炼油厂通常也利用火炬直接燃烧恶臭气体。

催化燃烧法是在催化剂作用下，使有机污染物能够在200~300℃温度下燃烧，恶臭及总烃去除率可达99%。催化剂一般采用铂、钯贵金属或铜锰、铁、锌的氧化物，也可采用稀土化合物。与热力燃烧法相比，催化燃烧法燃烧温度较低、燃料消耗少，特别是废气中含有一定量有机物时，不需要补加燃料。该方法操作简单、效率高，已成为一种重要的脱臭手段，一般适合于处理低浓度有机废气。对于烃含量高、硫化物浓度大、并且处于易燃易爆区域的罐顶恶臭气体，应考虑预防催化剂中毒措施、防爆措施及经济性。

（二）冷凝法

冷凝法与冷冻法一般用于回收沸点较高的轻烃或恶臭污染物。该方法通常与其他方法联合使用，如油气回收中采用的冷凝+吸附技术；化工企业处理高浓度含二甲二硫（沸点109.7℃）、甲硫醇（6.8℃）、甲硫醚（37.3℃）等废气时采用的冷凝+氧化+吸附技术，对二甲二硫、甲硫醚冷凝回收，尾气中的污染物经氧化和吸附进一步去除。

（三）生物法

生物脱臭法是利用附着在填料上的微生物新陈代谢过程，将污染物分解为CO_2、水、NO_3^-和SO_4^{2-}等无害化合物，具有工艺简单、成本低廉等特点，是人们普遍关注的技术。生物脱臭主要包括三个过程：①污染物由气相转移至液相的传质过程；②液相中污染物通过细胞壁和细胞膜被微生物吸收过程；③污染物进入微生物体后被分解、利用，转变为无害物质。生物脱臭技术关键在于微生物菌种筛选和驯化、填料优化以及负荷、湿度、pH值等工艺条件的控制。生物脱臭装置由生物过滤塔、生物滴滤塔和生物洗涤器等组成。生物过滤塔采用的填料主要为堆肥和泥炭；滴滤塔采用的填料是聚丙烯球、陶瓷、木炭、塑料等。现有的生物技术适合于处理气源稳定、水溶性、可生物降解的低浓度废气，难以处理烃含量高、污染物浓度高、成分复杂的恶臭气体。

（四）吸附法

吸附法利用吸附剂孔隙内的表面积吸附恶臭物质，是一种传统的、仍处于发展阶段的除臭技术。常用的脱臭吸附剂有活性炭、两性离子交换树脂、活性氧化铝、硅胶、活性白土等。其中，活性炭具有较高的空隙率和比表面积，能够有效吸附沸点高于40℃的恶臭组分。对于H_2S（沸点-60.4℃）、甲硫醇（6.8℃）、氨（-33.5℃）、三甲胺（2.87℃）等低沸点恶臭物质，采用改性活性炭可以提高吸附效果和吸附量。如吸附H_2S和甲硫醇等酸性气体时，采用浸碱（NaOH、K_2CO_3、氨气）活性炭；吸附氨、三甲胺等碱性气体时，采用浸酸（磷酸、CO_2）活性炭。由于吸附法的吸附容量较低，并且饱和的吸附剂无论是填埋还是再生均产生二次污染，吸附剂的更换也较为麻烦，因此吸附法一般用于处理低浓度的恶臭气体，或作为其他方法的尾气处理。

吸附氧化法是吸附法的发展方向之一。该方法以粒状活性炭或纤维活性炭等为载体，通过浸渍碱、具有催化性的贵金属或含铁的复合金属氧化物等添加剂，制成吸附氧化脱硫剂，用于脱除硫化氢和有机硫等恶臭物质。除臭机理是在水蒸气条件下，H_2S、硫醇等恶臭物质与碱反应并吸附在脱硫剂上，然后在金属催化作用下与废气中氧气反应生成单质硫、二硫化物等。该方法已在罐顶恶臭气体处理等多个领域应用。吸附氧化法存在的问题是吸附反应放热量大，特别是硫化物浓度高时放热剧烈，影响安全生产；当水汽和烃含量高时，易包裹脱硫剂，导致脱硫剂效果下降并失效；空气量低或脱硫剂饱和后将形成硫化亚铁，因硫化亚铁自燃，存在爆炸隐患，且有企业已发生过类似的爆炸事故。

（五）吸收法

吸收法可分为物理吸收法和化学吸收法。物理吸收法主要是以水或柴油为吸收剂，去除水溶性恶臭气体（如去除 NH_3 或硫化物），但处理后气体不达标，很少单独采用，可作为预处理手段。化学吸收法可分为碱吸收法、酸吸收法、化学氧化法、空气催化氧化法、金属离子催化氧化法等，应用广泛，特别是氧化法发展迅速，可选择的技术种类多，将成为高浓度恶臭气体处理的主流和首选技术。

1. 碱吸收法

碱吸收法用来去除硫化氢、硫醇、酚等酸性恶臭气体。常用的吸收液主要为氢氧化钠、碳酸钠、氨水及有机醇胺类溶剂（如单乙醇胺、乙二醇胺、甲基二乙醇胺）。如采用氢氧化钠吸收液时，可以将硫化氢和硫醇等转化为低挥发性的硫化钠和硫醇钠等盐类物质。碱吸收法对易溶解的硫化氢去除效果好，去除率可达 99.9%，但对有机硫化物去除效果较差，同时吸收液更换量大，需要后处理或再生。

2. 酸吸收法

酸吸收法用来去除氨、有机胺等碱性气体。常用的吸收剂为稀硫酸或稀盐酸。在去除组成复杂的含有硫化氢、硫醇、氨等恶臭气体时，碱吸收法与酸吸收法通常串级使用，并且在酸性吸收液中添加高锰酸钾等强氧化剂，将硫醇等有机硫化物氧化为亚磺酸盐或磺酸盐，提高对有机硫化物的去除效果。

3. 化学氧化法

化学氧化法通常采用高锰酸钾、次氯酸钠、二氧化氯、过氧化氢、硝酸、臭氧、氯气等强氧化剂，在吸收恶臭气体的同时，将硫化氢氧化为硫黄，然后进一步氧化成硫代硫酸盐及硫酸盐；硫醇、硫醚等有机硫化物转化为低挥发性的二硫化物，并进一步氧化成磺酸盐。化学氧化法也可以采用先气相氧化然后液体吸收的方法，如处理甲硫醇等有机硫化物废气时，可以采用氯气将甲硫醇氧化成甲烷磺酰氯，再用碱液吸收生成磺酸盐。

以次氯酸钠为氧化剂的化学氧化法中，次氯酸钠可以单独使用，也可以与氢氧化钠、碳酸氢钠等碱液混合使用。近几年来，以次氯酸钠、氢氧化钠为主要成分的氧化吸收液，在恶臭气体处理中得到了快速应用。该方法通过氢氧化钠溶液对硫化氢进行高效吸收，并利用次氯酸钠的氧化性，对有机硫化物、Na_2S、NH_3 等污染物进行氧化分解，可以处理组成较为复杂的恶臭气体。由于次氯酸钠在强碱性条件下稳定，分解氧化速度较慢，在使用次氯酸钠与氢氧化钠混合液时，需加入少量催化剂来提高其分解速度，如活性炭、铁盐、亚铁盐、铜、高锰酸钾、氨基磺酸盐、烷基磺酸盐等。在次氯酸钠与碱浓度配比、催化剂加入量适宜条件下，硫化氢去除率可以达到 99% 以上，甲硫醇、氨等污染物的去除率可以达到95%以上。

4. 空气催化氧化法

空气催化氧化法是采用碳酸钠或氢氧化钠吸收液，将硫化氢、硫醇转化为硫氢化钠、硫化钠、硫醇钠，然后在催化剂作用下，用空气将吸收产物转化为硫黄、二硫化物。空气氧化后，碱得到还原并循环使用。催化剂可选用对苯二酚、苯三酚、蒽醌二磺酸、磺化酞菁钴等。其中磺化酞菁钴在碱液中不稳定，易与氧结合而失活，同时由于空气的氧化性较弱，不能进一步将二硫化物氧化为磺酸盐等，因此该方法工艺过程较长，由吸收、氧化再生、硫黄分离等组成。

5. 金属离子催化氧化法

金属氧化法主要用于处理硫化氢气体，理论上也不消耗碱液。其原理是在吸收硫化氢气体的同时，利用高价态金属离子将液相中的 H_2S 或 HS^- 氧化成硫黄，金属离子转变为低价态，然后再利用空气、氧气或其他方法对吸收液进行再生，将低价金属离子氧化为高价态，并恢复碱性。该方法工艺流程由吸收、再生、硫黄分离等组成。金属离子氧化法可分为砷基氧化法、钒基氧化法、铁基氧化法。其中，砷基氧化法与钒基氧化法因吸收液存在毒性和环保问题，逐渐被淘汰。

铁基氧化法在硫化氢气体处理上已得到广泛应用，H_2S 去除效果可以达到98%以上，是金属氧化法中最具发展前途的脱臭技术。铁基氧化法的吸收液主要由铁试剂、碱、稳定剂、促进剂等组成。其中，铁试剂主要为氧化铁、氢氧化铁、硫酸铁、氯化铁等；碱采用碳酸钠、碳酸氢钠等；稳定剂采用乙二胺四乙酸、乙二胺四乙醇胺-三乙醇胺、磺基水杨酸、乙二胺四乙酸-多聚糖等，目的是防止铁离子沉淀；促进剂主要为对苯二酚、三酚等，目的是作为氧载体，提高氧化速度，克服空气氧化再生慢的问题。

三、储罐常用恶臭气体处理技术

(一) 低温柴油吸收法

中国石化大连(抚顺)石油化工研究院(以下简称大连院)长期从事炼油厂储罐含硫化物VOCs废气处理技术开发，发明了“低温柴油吸收-碱液(或有机胺)脱硫”技术，2009年在中国石化金陵石化分公司1#酸性水罐区建成第一套工业装置，此后建成60多套装置处理酸性水罐区、污油罐区、中间油品(粗汽油、粗柴油)罐区、高温重油罐区等排放的含硫化氢、有机硫化物的VOCs废气，废气经过处理，非甲烷总烃小于25000mg/m^3，硫化氢浓度为0~5mg/m^3、去除率99%以上，有机硫化物去除率接近100%，有效控制了恶臭污染和VOCs排放。

近几年，针对新的国家和地方标准，大连院又在储罐废气“低温柴油吸收-碱液脱硫”基础上开发了焚烧、催化氧化、蓄热氧化(RTO)等升级改造技术，形成了“低温柴油吸收-碱液脱硫-焚烧(Tg-B)”“低温柴油吸收-脱硫均化-催化氧化(Tg-CO)”“低温柴油吸收-均化-RTO(Tg-RTO)”成套技术，其中，Tg代表“罐顶气”，B代表“焚烧(burn)”，CO代表“催化氧化(catalytic oxidation)”，RTO代表“蓄热氧化(regenerative thermal oxidation)”，具体技术及应用情况如下。

1. 罐顶废气“低温柴油吸收-碱液脱硫-焚烧”(Tg-B)处理技术

燃烧法是比较彻底的VOCs气体净化方法，可分为热力燃烧、催化燃烧(氧化)、蓄热燃烧(氧化)等。在炼油厂，利用现有加热炉、焚烧炉、催化裂化再生器、一氧化碳(CO)锅炉等作为热力燃烧设备处理 VOCs 废气，投资小，净化效率高，但一定要处理好安全问题。VOCs 废气燃烧处理，一般要控制废气的有机物浓度小于爆炸下限(LEL)的 25%；VOCs 废气进炼油厂油料加热炉、锅炉等处理，一旦发生爆炸，次生灾害会非常严重，因此，建议进入这类设备处理的废气有机物浓度要小于 LEL 的 10%。

青岛石化酸性水罐废气经过“低温柴油吸收-碱液脱硫”处理，非甲烷总烃从 200000~600000mg/m^{3}降到 5000~20000mg/m^3，回收率可达 97%以上。2015 年率先在国内外开展了“低温柴油吸收-碱液脱硫”装置尾气全部进烧氨炉、CO 锅炉焚烧试验，形成了罐顶废气“低温柴油吸收-碱液脱硫-焚烧”(Tg-B)处理成套技术，4 次分析焚烧烟气总烃(甲烷+非甲烷总烃)浓度，结果见表 3-6-3。

表 3-6-3　酸性水罐区废气“低温柴油吸收-碱液脱硫-焚烧”处理试验

烧氨炉烟气总烃浓度/(mg/m^3)	3.7	2.7	6.7	3.0
CO 锅炉烟气总烃浓度/(mg/m^3)	5.0	4.7	5.1	2.7

2010 年金陵分公司采样分析 1#酸性水罐区废气“低温馏分油吸收-碱液脱硫”处理装置进出口污染物浓度，进口 H_2S 112000~150000mg/m^3、有机硫化物(甲硫醇+甲硫醚+乙硫醇+二甲二硫+异丙硫醇+噻吩+重硫化物)993.6mg/m^3、NH_3 911~1670mg/m^3、总烃 368900~666570mg/m^3；出口净化尾气 H_2S 0.1~27mg/m^3、有机硫化物 15.2mg/m^3、$NH_3$152~379mg/m^3、总烃 16560~21736mg/m^3；2017 年将该净化尾气再送 Claus 尾气焚烧炉处理，焚烧炉烟气总烃浓度小于 10mg/m^3，NH_3、SO_2、NO_x 达标排放。

2010 年金陵分公司建成投产污油罐(3 台)、粗柴油罐(5 台)、粗汽油罐(5 台)混合废气“低温馏分油吸收-碱液脱硫”处理装置，装置进出口污染物浓度见表 3-6-4、有机硫化物浓度见表 3-6-5。

表 3-6-4　罐区废气“低温柴油吸收-碱液脱硫”装置进出口组成

采样日期	装置进出口总烃浓度及(回收)去除率			装置进出口 H_2S 浓度及去除率		
	进口/(mg/m^3)	出口/(mg/m^3)	去除率/%	进口/(mg/m^3)	出口/(mg/m^3)	去除率/%
2010.05.20	61000	18100	70.3	1970	未检出	100
2010.06.02	50400	13900	72.4	650	未检出	100
2010.11.26	398000	23500	94.1	3360	未检出	100
2011.05.20	366000	22500	93.9	900	未检出	100
2011.08.09	403000	21100	94.8	1680	未检出	100

表 3-6-5　装置进出口有机硫化物浓度

有机硫化物	甲硫醇	甲硫醚	二甲二硫	噻吩	重硫化物
进口/(mg/m^3)	54	92	11.2	4.7	12.1
出口/(mg/m^3)	未检出	未检出	未检出	未检出	未检出

注：“未检出”代表检测结果低于检出限。

2017 年，金陵分公司将污油、粗柴油、粗汽油罐区废气“低温柴油吸收-碱液脱硫”装置尾气送加氢加热炉进一步处理，加热炉烟气中总烃浓度小于 10mg/m^3，SO_2、NO_x 达标排放。

2. 罐顶废气“低温柴油吸收-脱硫均化-催化氧化”(Tg-CO)技术

2016 年 8 月上海石化采用大连院的“低温柴油吸收-脱硫均化-催化氧化”(Tg-CO)专利技术，建成投产国内外首套罐顶气“低温柴油吸收-脱硫均化-催化氧化”装置，处理储运罐区油浆、对二甲苯、渣油、沥青、重污油、轻污油等共 24 个储罐和 4 个污水池 VOCs 废气，其中，低温柴油吸收单元回收 VOCs 和有机硫化物，脱硫均化单元脱除硫化氢并使 VOCs 浓度均匀化处理，催化氧化单元实现 VOCs 深度净化。在上述排放源中，对二甲苯浮顶罐和 2 个污水池的废气 VOCs 浓度较低，没有经过低温柴油吸收，直接进“脱硫均化-催化氧化”处理。该 Tg-CO 装置的催化氧化单元废气处理量为 5000Nm^3/h，建成投产后一直运行良好，满足国家和上海市排放标准，2017 年 12 月 29 日采样分析结果见表 3-6-6。

表 3-6-6　炼油厂罐顶废气 Tg-CO 装置采样分析结果

污　染　物	非甲烷总烃	苯	甲苯	二甲苯	甲硫醇	H_2S
低温柴油吸收塔入口浓度/(mg/m^3)	30860	—	—	—	34.7	9760
低温柴油吸收塔出口浓度/(mg/m^3)	7350	—	—	—	—	—
催化氧化反应器入口浓度/(mg/m^3)	2460	286	1490	8.4	未检出	未检出
催化氧化反应器出口浓度/(mg/m^3)	8.50	未检出	未检出	未检出	未检出	未检出
污染物总去除率/%	99.97	100	100	100	100	100

注：“—”代表没有进行采样分析；“未检出”代表检测结果低于检出限。

由表 3-6-6 可知，油浆、对二甲苯、渣油、沥青、重污油、轻污油等储罐和污水池 VOCs 废气经过 Tg-CO 装置处理，低温柴油吸收油气回收率约 76%，甲硫醇、硫化氢去除率接近 100%，催化氧化净化气非甲烷总烃小于 10mg/m^3，苯、甲苯、二甲苯浓度低于检出限。

3. 罐顶废气“低温柴油吸收-均化-RTO”(Tg-RTO)技术

2017 年 9 月上海石化采用大连院的“低温柴油吸收-脱硫均化-RTO”(Tg-RTO)专利技术，建成投产国内外首套“低温柴油吸收-均化-RTO”装置，RTO 单元废气处理量 5000Nm^3/h；该装置处理沥青装车尾气和 14 台储罐废气，14 台储罐包括 2 座油浆罐(1000m^3)、6 座沥青罐(共 12000m^3)、1 座污油扫线罐(100m^3)、2 座污油罐(共 2000m^3)、1 座粗柴油罐(共 2000m^3)、2 座二聚物罐(100m^3)，装车和储罐排放废气中含有硫化氢、有机硫化物、低碳烃、沥青烟、恶臭污染物和 VOCs 等。2017 年 12 月 29 日采样分析结果见表 3-6-7。

表 3-6-7　炼油厂罐顶废气 Tg-RTO 装置采样分析结果

污　染　物	非甲烷总烃	苯	甲苯	二甲苯	甲硫醇	H_2S
低温柴油吸收塔入口浓度/(mg/m^3)	17970	215	131	110.2	2.22	383
低温柴油吸收塔出口浓度/(mg/m^3)	9717	—	—	—	—	—
RTO 入口浓度/(mg/m^3)	5170	81.8	未检出	未检出	未检出	未检出
RTO 出口浓度/(mg/m^3)	7.48	未检出	未检出	未检出	未检出	未检出
污染物总去除率/%	99.96	100	100	100	100	100

注：“—”代表没有进行采样分析；“未检出”代表检测结果低于检出限。

由表3-6-7可知，沥青罐、污油罐以及沥青装车等废气经过Tg-RTO装置处理，“低温柴油吸收”油气回收率约46%，甲硫醇、硫化氢去除率接近100%，蓄热氧化净化气非甲烷总烃小于10mg/m^3，苯、甲苯、二甲苯浓度低于检出限，非甲烷总烃去除率99.96%，苯、甲苯、二甲苯去除率接近100%。

装置投产后分析监测净化气SO_2和NO_x浓度，一直较低，2018年1月17日分析结果为SO_2浓度3mg/m^3，NO_x浓度23mg/m^3。

2018年1月6-9日对装置进行了72h考核，蓄热氧化反应器出口非甲烷总烃(NMHC)、甲烷、总烃数据见表3-6-8。

表3-6-8 装置72h考核数据 单位：mg/m^3

采样时间	1-6日13：00	1-7日10：30	1-7日13：00	1-8日10：30	1-8日14：30	1-9日10：15	1-9日15：00
NMHC	2.98	5.20	6.42	4.05	4.18	3.77	2.39
甲烷	2.93	2.91	2.82	2.62	2.52	2.65	4.85
总烃	5.91	8.11	9.24	6.67	6.70	6.42	7.24

由表3-6-8可知，蓄热氧化反应器出口NMHC浓度都小于10mg/m^3，有的数据小于4mg/m^3，即小于《石油炼制工业污染物排放标准》(GB 31570—2015)中的厂界浓度限值，实现了VOCs近零排放。

(二) 超重力处理恶臭气体

吸收法是恶臭气体治理中的一项重要技术，特别是化学吸收法，不仅吸收液种类多，而且安全可靠，能够处理高浓度废气。化学吸收中的反应大多数为快速反应，吸收过程主要受传质控制。如何提高气液间传质速率，是保证吸收净化效果、减少装置规模与投资的关键。目前，吸收法采用的吸收设备通常由吸收塔、储液罐、引气设备、循环泵、调节阀等组成，其中吸收塔包括填料塔、旋板塔、筛板塔、鼓泡塔、降膜塔等。存在的问题是：①无论是以气体为连续相的填料塔、旋板塔，以液体为连续相的筛板塔、鼓泡塔，还是气液两相均连续的降膜塔，气液分散效果均不理想，液气比低(鼓泡塔除外)，传质效率不高，通常需要两级以上串联使用，工艺流程长；②附属设备及阀门、管道多，投资高，占地大；③操作复杂，特别是对气量变化大的废气，引气量和液气比的调整更显得繁琐，调整失误会出现液体量不足或淹塔问题(说明：采用射流泵引气时，引气量与液气比的调整是矛盾的，如增大引气液体量会降低吸收液体量，减小引气液体量会增加吸收液体量)；④处理过程中有硫黄等生成时，采用填料塔、筛板塔等作为吸收塔，存在固体物堵塞问题。

为了选择简单易行、投资少、运行费用低、安全可靠的工艺与设备，在中国石化安环局和科技开发部的支持下，大连院开发了FYHG-DS超重力处理罐顶恶臭气体技术，2007年通过中国石化科技部组织的技术鉴定。该技术适用于处理各种储罐的罐顶恶臭气体，也可用于处理其他场合含H_2S、SO_2、NO_x、VOCs、NH_3、硫醇、酸雾或油雾等废气，目前已应用40余套。

1. 技术原理

FYHG-DS技术采用大连院自主开发的自吸式超重力反应器作为气液反应设备，并根据恶臭气体组成及特点，采用氧化性吸收液，完成对硫化氢、硫醇、硫醚、羰基硫、氨及有机胺等污染物的高效吸收与化学转化。吸收液主要成分是碱、氧化剂和催化剂。硫化氢最终转化为硫代硫酸盐、硫酸盐，硫醇、硫醚及二硫化物等有机硫转化为磺酸盐，氨类化合物转化为氮气或无毒的液体化合物。脱臭后的气体满足恶臭污染物排放标准，可以通过排气筒排放，也可以送回炼油厂低压瓦斯管网回收，或送加热炉作为燃料利用，具有较强的灵活性。

2. 装置组成及工艺流程

FYHG-DS 罐顶恶臭气体处理装置由 1 台 FYHG 反应器、1 台变频控制器、1 台差压变送器、1 台气体流量计、1 台 PLC 自动控制柜、1 条进气管道、1 条排气管道、1 台加药泵等组成。其中加药泵间歇使用，可向反应器内和反应器外输送吸收液。处理气量不大于 $1000m^3/h$ 时，设备占地面积 $4m^2$。设备见图 3-6-1。

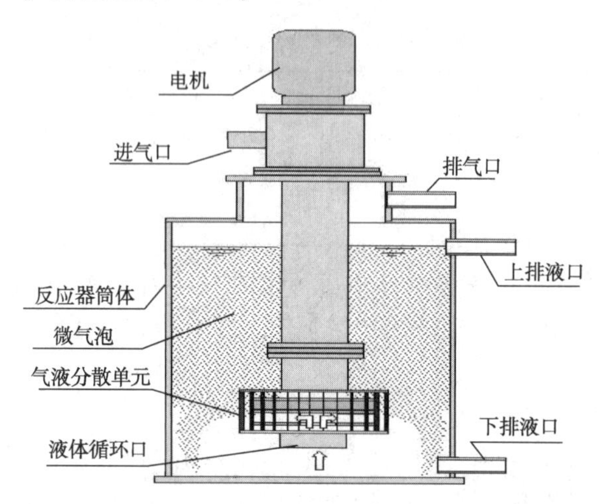

图 3-6-1　超重力反应器结构与原理

FYHG 超重力反应器主要由防爆电机、传动机构、反应器筒体及气液分散单元构成，可以负压吸气、正压排气，筒体内装有吸收液。工作原理是气液分散单元在电机驱动下，依靠高速离心液体流及定子破泡整流机构的二次分割，将气体自吸至反应器中并分割成微气泡，使气液两相间发生快速传质与化学反应，气体中的污染物被液体捕集、吸收并发生反应，处理后气体从反应器顶部排气口排出。

设备运行过程中，可通过变频器调整设备运行转数、处理气量及系统压力，使处理气量与罐顶气实际排放量保持一致，能够确保储罐始终处于安全压力范围内。差压变送器、气体流量计用于监控罐顶气气量大小和系统压力，为设备转数调整提供参考。装置操作可以手动控制，也可以通过 PLC 自动控制。自动控制时，根据设定的压力自动开机、停机，并根据控制压力自动调整变频器的运行频率。

3. 处理效果

FYHG-DS 技术可同时去除硫化氢、有机硫和氨等污染物。以处理汽柴油罐顶恶臭气体为例：处理前气体中的 H_2S 浓度 7.252×10^3 ~ $1.093\times10^5 mg/Nm^3$、NH_3 浓度 184.6 ~ $21578mg/Nm^3$，处理后气体的 H_2S 浓度小于 $1mg/Nm^3$、去除率大于 99%；处理后气体中 NH_3 浓度 2.9 ~ $62.0mg/Nm^3$、去除率 94%；对甲硫醇、乙硫醇及羰基硫的去除率也达到 95%以上，满足国家《恶臭污染物排放标准》(GB 14554—1993)的要求。

4. 技术特点

1) 装置组成及工艺流程简单，不需要风机、循环泵、储液罐等附属设备，超重力反应器单机即可完成引气、气液混合及化学反应，占地小，投资省。

2）处理过程以液体为连续相，气体以微气泡形式与液体均匀混合与分散，气液接触面积大，传质速度快，净化效果好，能够处理高浓度废气，并适应浓度变化。

3）操作简单，运行过程自动控制。PLC 控制系统根据设定的压力自动完成装置的启动、停止及运行控制。

4）安全性高，技术环保。装置采用压力控制，能够保证储罐压力处于安全范围（-50~200mmH_2O），处理气量能够适应罐顶气排放量变化。设备密封性能好，无气体泄漏，不污染工作环境。反应后的吸收液送碱渣罐处理，不产生二次污染。

5）节能减排，运行成本低。通过对系统进行密闭，减少储罐呼吸气量。而且只有当罐内压力达到设定值，装置才启动运行。装置的运行时数少，罐顶气排放量少，在实现除臭目的同时，具有良好的节能减排效果。另外，吸收液成本低，运行功率小。处理气量 100-300m^3/h，功耗只有 2.5~4.5kW。

5. 适用范围

FYHG-DS 技术可以处理高浓度恶臭气体，特别是处理气量变化大、污染物浓度高的罐顶恶臭气体，如酸性水罐、重污油罐、焦化汽柴油罐、碱渣罐、冷焦水罐等。

根据待处理气体组成不同，通过改变吸收液成分，FYHG 超重力反应器还可用于其他种类的气体，如去除废气中的 H_2S、SO_2、NO_x、VOC、硫醇、酸雾、油雾、粉尘等。

6. 应用情况

中国石化九江石化、安庆石化、塔河炼化、武汉石化、金陵石化、洛阳石化、茂名石化公司等单位有近 40 套装置在建和应用，处理酸性水罐、中间油品罐、碱渣罐、污油罐等排放的罐顶恶臭气体。

四、应用实例

（一）低温柴油吸收技术的应用

1. 废气处理量

某企业 20Mt/a 炼油加工能力，酸性水罐 5000m^3 共 4 个，20000m^3 储罐共 2 个，酸性水 700t/h，酸性水中硫化物最大浓度 26747μg/g，氨氮最大浓度 23485μg/g。

根据上述污水情况，建设一套废气处理装置，处理规模为 1000m^3/h（气相温度 45℃）。

2. 废气性质及处理效果

罐区排放气经过处理后，净化气体非甲烷总烃浓度符合国家《储油库大气污染物排放标准》（GB 20950—2007）浓度标准，非甲烷总烃浓度小于 25000mg/m^3，并可回收大量的液态烃。硫化物排放符合《恶臭污染物排放标准》（GB 14554—1993）相关限值要求。详见表 3-6-9。

表 3-6-9　酸性水罐顶气体除臭处理效果

组　成	进气浓度/（mg/Nm^3）	排放气浓度/（mg/Nm^3）
非甲烷总烃	200000~400000	<25000
甲硫醇	100~3000	<1
乙硫醇	100~3000	<2
二甲二硫	100~3000	<5

续表

组　成	进气浓度/(mg/Nm³)	排放气浓度/(mg/Nm³)
硫化氢	2000~20000	<10
氨	100~2000	<20

3. 系统组成

罐区废气处理装置由低温柴油吸收、有机胺吸收脱硫、吸收脱硫等单元组成，主要设备包括吸收塔、制冷机组、换热器和有机胺吸收塔、脱硫反应器、柴油泵及脱硫剂泵等。

4. 工艺流程

贫吸收柴油温度60℃左右，被冷却水冷却到40℃后，与冷富柴油进行一次换热，通过控制阀调节控制流量进入处理装置，柴油经制冷机组蒸发器冷却降温到0~15℃后进入吸收塔，吸收后的富柴油在塔底达到正常控制液位后，通过油泵输送，与贫柴油经过换热后出装置去加氢装置进一步处理。

当罐顶压力达到设定值时，启动液环压缩机，使废气提压到0.2MPa(表)，进入柴油吸收塔与0~15℃低温柴油充分接触吸收，可吸收废气中的大部分烃类和全部有机硫化物，尾气自塔顶排出后，进入有机胺吸收塔，去除废气中的硫化氢组分，再经过吸收液吸收脱除少量硫化氢或有机硫，最后净化气送至高点排放到大气。

工艺流程如图3-6-2所示。

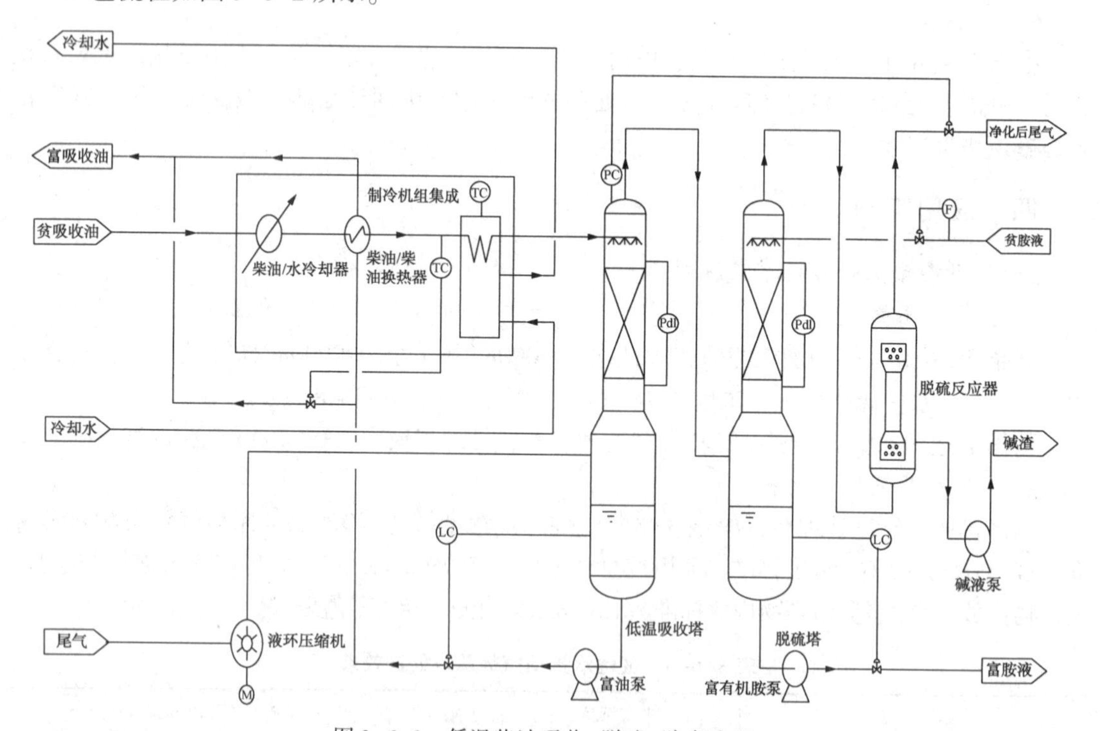

图3-6-2　低温柴油吸收+脱硫+除臭流程

(二) 尾气脱臭工艺的应用

1. 废气处理量

某企业酸性水储罐数量：2台；容积：3000m³；废气量：300Nm³/h。

2. 技术要求

在设计工艺条件下，废气经过装置处理后净化气中硫化氢、硫醇、硫醚排放符合《恶臭污染物排放标准》(GB 14554—1993)的排放要求。处理效果见表 3-6-10。

表 3-6-10 酸性水罐顶气体除臭处理效果

组 成	进 气	排 放 气
硫化氢	<20000μL/L	<5μL/L
硫醇、硫醚	<500μL/L	硫醇<0.04kg/h，硫醚<0.33kg/h

3. 工艺流程

当酸性水储罐罐顶气压力高于设定的压力高报时，由 DCS 指令气动球阀、循环泵同时打开，恶臭气体经喷射系统引入恶臭处理系统。

首先恶臭气体进入胺洗系统，该系统由胺液脱硫塔、外送泵组成。废气从脱硫塔底部进入，通过填料孔隙均匀分布后逆流而上。贫胺液由塔上部螺旋喷嘴喷出，呈三重环状液膜，均匀附着在填料表面，与废气逆向相遇，气液两相在填料表面密切接触进行传质反应，吸收尾气大部分硫化氢。塔底部液位到达设定液位后，由外送泵将富胺液送出。

经过部分脱硫后的恶臭气体余气进入气液分离器进行气液分离后，经分离后的废气从旋流吸收塔底部切向进入，螺旋上升(延长废气在塔内的停留时间)，与循环泵打上来的吸收剂在塔内旋流板作用下所产生的液膜充分接触反应，因塔内装有若干层旋流板，废气在塔内必须要通过每层液膜，达到层层降膜、层层吸收，完成一级吸收。余气继续切向进入旋流收吸塔进行处理(原理同上)，完成二级吸收。经过两级旋流吸收的余气在喷射泵所产生负压的作用下被引入吸入室，并被喷嘴处高速射流强制携带与之混合，形成气液混合流，使恶臭气体与吸收剂充分接触、反应，完成第三级吸收。

余气继续进入气液分离器进行气液分离，恶臭气体经除氨、除硫、除臭工艺后送至焚烧炉焚烧。尾气除臭流程如图 3-6-3 所示。

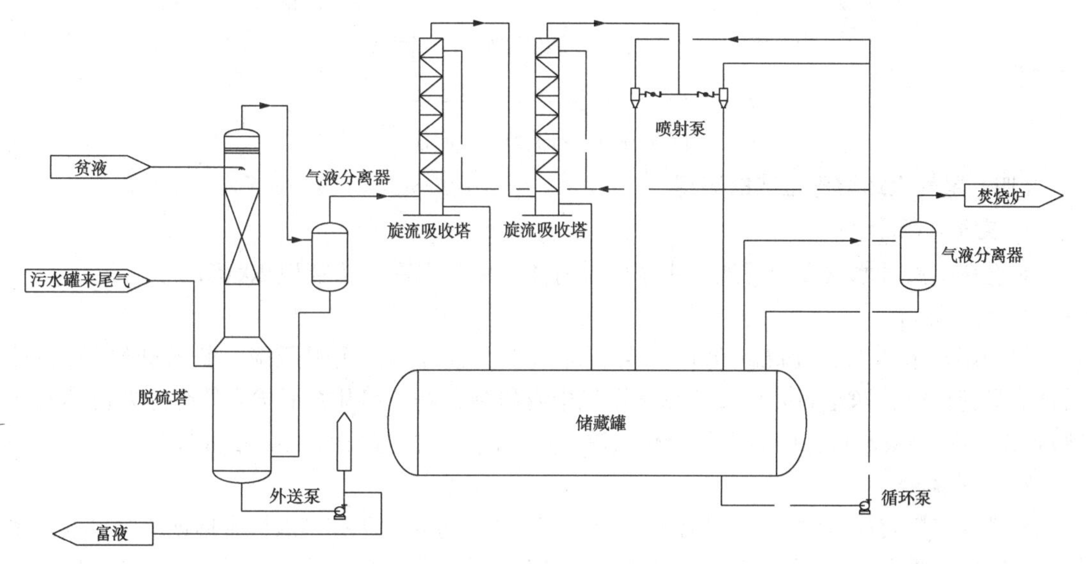

图 3-6-3 尾气除臭流程

（三）尾气超重力的应用

1. 废气处理量

某企业，酸性水汽提装置酸性水罐区设有 4 台原料水罐，总容积 16000m³。

2. 技术要求

采用“超重力反应器脱臭+低压瓦斯系统回收”技术方案，实现彻底脱臭和轻烃回收，当含氧量超标时，送至高处排放。净化尾气中有机硫化物、氨排放符合《恶臭污染物排放标准》（GB 14554—1993）；同时满足硫化氢浓度≤10mg/m³，有机硫化物浓度≤20mg/m³，氨浓度≤30mg/m³。

3. 工艺流程

各原料水罐的尾气汇集经脱硫塔脱硫后，进入超重力反应器进气口。当超重力进气管道上的压力达到启动压力后，超重力反应器启动，罐顶尾气依靠超重力反应器运行过程中产生的负压进入反应器，然后以微纳气泡形式与液体发生反应，处理后的气体从超重力反应器排气口排出。当超重力反应器运行，且氧含量≤2%，去往低压瓦斯管网管道上的自动开关阀打开，脱臭后气体进入低压瓦斯管网。当超重力反应器运行，并且氧含量>2%时，去往低压瓦斯管线上的自动开关阀关闭，去往烟囱管线上的自动开关阀打开，脱臭后气体进入高空排放。当进气管道上的压力达到停机压力后，超重力反应器停机。超重力工艺流程如图 3-6-4 所示。

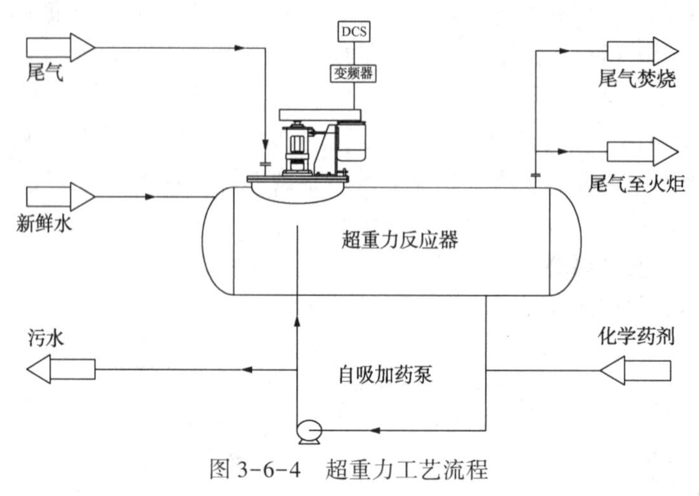

图 3-6-4　超重力工艺流程

（四）尾气水环增压工艺的应用

1. 废气处理量

某企业，酸性水汽提装置酸性水罐区设有 4 台原料水罐，总容积 20000m³。

2. 技术要求

采用尾气水环增压+脱硫+低压瓦斯系统回收技术方案，实现脱硫、脱氨和轻烃回收，当含氧量超标时，送至高处排放。净化尾气中有机硫化物、氨排放符合《恶臭污染物排放标准》（GB 14554—1993）；同时满足硫化氢浓度≤10mg/m³，氨浓度≤30mg/m³。

3. 工艺流程

酸性水汽提装置的 4 个酸性水罐均设氮气调节阀，分别用于控制酸性水罐顶压力，罐顶尾气经专用阻火器后进入尾气水环增压机增压，同时脱除氨，再进入吸收塔脱硫，脱硫后尾气送入低压瓦斯管网。尾气增压机进出口管线设置氧含量检测仪对氧含量进行检测报警，氧含量检测仪同联锁至火炬和低压瓦斯系统的切断阀。水环增压脱硫工艺流程如图 3-6-5 所示。

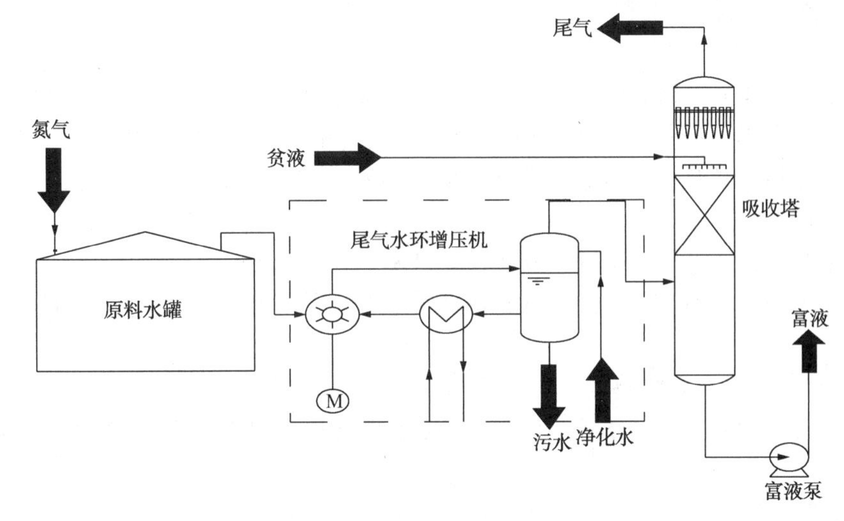

图 3-6-5　水环增压脱硫工艺流程

附录　石油化工储运罐区罐顶油气连通安全技术要求(试行)

一、正文(节选)

(一) 适用范围

1.1　本规定所称石油化工储运罐区是指石油化工企业的液体物料储运系统储罐区，包括石油化工原料罐区、中间原料罐区、成品罐区和辅助物料罐区。

1.2　本规定适用于石油化工储运罐区含有可燃液体物料的常压储罐罐顶油气连通与 VOCs 收集系统，不适用于液态烃、液氨等低温常压罐区及低压罐和压力罐的罐顶油气连通。

(二) 术语和定义

2.1　挥发性有机物(volatile organic compounds，简称 VOCs)

指参与大气光化学反应的有机化合物，或者根据规定的方法测量或核算确定的有机化合物。

2.2　直接连通

将多个储存相同或性质相近物料储罐的气相空间通过管道连通，且每个储罐 VOCs 气相支线无排气控制设施，从而使连通的储罐气相空间通过连通管道构成一个整体。在收发油过程中，VOCs 可自发从压力高的储罐向压力低的储罐流动，实现压力平衡。

2.3　气相平衡管方案

在一个罐区内将存储同一种油品多个储罐的气相空间用管道连通，使一个储罐收料时排出的气体为同时付料的另一个储罐所容纳，从而降低呼吸损耗。气相平衡管连接的储罐为直接连通。

2.4　直接连通共用切断阀方案

多个储罐气相通过连通管道连通，实现气相平衡功能，并在罐组连通收集总管道上设置远程开关阀，通过监测储罐压力和(或)罐组收集总管的压力，控制连通罐组排气。共用一个排气开关阀的几个连通储罐为直接连通。

2.5 单罐单控

在每台储罐 VOCs 气相支线与管道爆轰型阻火器之间的管段上设置远程开关阀，通过监测储罐气相压力与开关阀前后的压力(压差)控制储罐排气，不同储罐的排气通过油气管道并入罐组收集总管。单罐单控方案中连接的储罐不属于直接连通。

2.6 单呼阀方案

在每台储罐 VOCs 气相支线与管道爆轰型阻火器之间的管段上设置单呼阀，控制储罐排气。不同储罐的排气通过油气管道并入罐组收集总管。单呼阀法案中连接的储罐不属于直接连通。

2.7 最大试验安全间隙 MESG

在标准试验条件下(0.1MPa，20℃)，刚好使火焰不能通过的狭缝宽度(狭缝长为 25mm)。

2.8 极限氧浓度 LOC

在规定的试验条件下，不会发生爆炸的可燃性物质、空气与惰性气体混合物的最高氧气浓度。

(三) 基本原则

3.1 石油化工储运罐区罐顶油气连通方案及相关设施应符合《石油化工企业设计防火规范》(GB 50160)、《石油化工储运系统罐区设计规范》(SH/T 3007)等国家相关标准规范的有关规定，同时满足本规定的要求。

3.2 挥发性有机液体储罐污染控制与治理应符合《石化行业挥发性有机物综合整治方案》(环发〔2014〕177 号)、《石油炼制工业污染物排放标准》(GB 31570)和《石油化学工业污染物排放标准》(GB 31571)等相关法规及标准的规定。当采用压力罐、低温罐、高效密封的内浮顶罐等措施能够满足国家和地方的 VOCs 排放标准时，不宜采用罐顶油气连通集中处理方案。

3.3 罐顶油气连通系统应按《关于进一步加强化学品罐区安全管理的通知》(安监总管三〔2014〕68 号)要求进行安全论证。

3.4 罐顶油气连通的安全风险防控重点应是防止重大群罐火灾。

3.5 气相连通罐组采用氮封和 VOCs 抽气系统时，应确保在正常生产过程中储罐维持正压，防止形成爆炸性气体环境。

3.6 当采用明火设备或低压瓦斯系统处理 VOCs 时，罐顶油气连通与 VOCs 收集工艺应开展 HAZOP 分析，并满足后续处理设备的安全技术要求。

(四) 罐顶油气连通和 VOCs 收集系统安全要求

4.1 罐顶油气连通应根据物料性质、火灾危险性、储存温度、罐型、罐容及罐组布置等因素，选用气相平衡管、单罐单控、单呼阀方案和直接连通共用切断阀等方案。

4.2 污水池、装置内储罐等设施不应和罐区储罐气相连通，并不应共用一套收集系统。

4.3 装车、装船、未设置氮封储罐或储存过程中需要与含氧(空气)气体接触的物料储罐，宜单独设置收集系统。当需要与设置氮封的罐区共用收集管道时，应在混合时采取可靠的联锁补氮与阻火等措施确保收集管网内不形成爆炸性气体。

4.4 下列储罐应设置专用的气相连通与收集系统，并单独进入油气处理设施或进行预先处理消除危险因素：

4.4.1 苯乙烯等易自聚介质；

4.4.2 操作温度大于90℃的高温物料储罐；

4.4.3 气相空间高含硫化物的储罐；

4.4.4 与收集系统内的其他气体易发生化学反应的物料储罐。

4.5 下列储罐宜设置事故下罐顶气相线远程切断功能：

4.5.1 储存Ⅰ级和Ⅱ级毒性液体的储罐；

4.5.2 储罐内部具有硫化亚铁点火风险，且容量大于或等于1000m³的甲B和乙A类可燃液体储罐；

4.5.3 容量大于或等于10000m³的其他含有可燃液体的储罐；

4.5.4 其他气相线有切断要求的储罐。

4.6 罐顶气相线远程切断阀门应选用故障安全型的开关阀，具有手动操作功能，并在控制室设置紧急停车按钮。单罐单控方案中气相支线开关阀可作为远程切断阀使用。

4.7 当多个储罐气相直接连通共用一个排气切断阀时，应为同一物料或性质相近的物料，并符合下列规定：

4.7.1 对性质差别较大、火灾危险性类别不同、影响安全和产品质量的，储存不同种类的储罐气相不应直接连通；

4.7.2 物料毒性程度不同的储罐气相不应直接连通；

4.7.3 不同罐组内的储罐气相不应直接连通；

4.7.4 不同罐型(拱顶罐、内浮顶、卧式等)的储罐气相不应直接连通；

4.7.5 成品储罐与其他储存非同类物料的储罐不应直接连通；

4.7.6 直接连通数量应通过风险分析确定，宜不能超过储罐气相自平衡所需的最少储罐数。单罐容积小于1000m³储罐的个数不受此限制。

4.8 储罐排气与抽气控制应满足以下要求：

4.8.1 储罐排气与油气处理设施的抽气控制应独立设置。

4.8.2 当储罐气相压力和(或)收集管道压力超过设定值，且高于开关阀后压力时，开关阀开启控制储罐向收集总管排气，通过监测收集总管压力控制抽气设备的启停。

4.8.3 在收集总管或抽气设备前的缓冲罐上宜设独立的压力低低联锁停抽气设备。

4.9 当罐顶气相连通采用单呼阀方案时，应采取相关措施防止VOCs因聚合、结晶、腐蚀、冷凝堵塞等造成单呼阀失效。

4.10 单呼阀的选用应符合下列要求：

4.10.1 单呼阀的选型应根据储罐储存介质性质、正常操作压力、储罐大小呼吸损耗量、油气收集管路背压和建设地区气象条件等综合确定；

4.10.2 呼出压力设定应根据储罐的设计压力、正常操作压力和呼吸阀的定压确定，且其全开启压力不能大于呼吸阀的回座压力，其回座压力不应低于氮封阀的关闭压力，以避免储罐附件间的压力相互交集。单呼阀的超压比值应控制在10%以内，启闭压差不应超过15%；

4.10.3　单呼阀出厂前应进行水压试验、定压、密封性试验并提供试验报告和流量曲线；

4.10.4　单呼阀的设计寿命不应低于20年(易损件除外)，并应能保证3年以上的稳定运行。

(五) 氮封系统安全要求

5.1　对于需要设置氮封系统的储罐，每台储罐应设置单独的氮封阀组，氮气接入口和引压口应位于罐顶。氮封流程应符合《指导意见》的规定。

5.2　储罐氮封量应考虑储罐出料及外界气温变化的影响，可参考《Venting Atmospheric and Low-pressure Storage Tanks》(API 2000—2014)规定进行设计，并采取相应的工艺控制措施。

5.3　采用氮气密封系统的储罐应设事故泄压设备，并符合《石油化工储运系统罐区设计规范》(SH/T 3007)的要求。

5.4　氮封阀宜选用先导式或自立式开关型调节阀，并应符合下列规定：

5.4.1　根据阀前和阀后压力确定阀门的公称压力；

5.4.2　阀门口径应根据阀门的流量-压力曲线和进罐最大氮气流量及压力确定；

5.4.3　设定开启/关闭压力差不应大于0.2kPa(表)；

5.4.4　阀体、阀杆和阀芯材料应为316L不锈钢，膜片宜为聚四氟乙烯，阀盖材料可为碳钢；

5.4.5　阀门应自带过滤器以清除杂质。

5.5　每个设置有氮封的罐组宜设置一套氮气计量系统。

(六) 管道阻火技术要求

6.1　各储罐罐顶气相支线上应设置管道爆轰型阻火器。阻火器的内件材质应选用不锈钢；如果介质有腐蚀性或者阻火器使用在腐蚀性环境中，壳体材料也应选用不锈钢。

6.2　抽气设备应满足整体防爆要求，运行时内部不能产生火花。在生产过程中，废气可能出现爆炸性气体时，抽气设备应自带爆燃型阻火器，阻火器应通过出口操作条件下的阻火性能测试。当未自带阻火器时，可在抽气设备进出口设置管道爆轰型阻火器。

6.3　当多条VOCs收集系统合用一套油气处理装备时，在并入油气处理设施前应分别设置紧急切断阀，若压降允许还应设置管道阻火设施。

6.4　阻火器的选型应根据VOCs气体的性质(组成、MESG值)、操作条件(温度、压力、流速及允许压降)、潜在点火源、阻火器安装位置等综合确定。对于实际MESG值未知的VOCs气体，可根据混合气中最危险组分的MESG值选择阻火器。阻火器的阻火等级如下表所示：

附表1　阻火器阻火等级划分

阻火等级	最大实验安全间隙(MESG)/mm	阻火等级	最大实验安全间隙(MESG)/mm
ⅡA1	≥1.14	ⅡB3	≥0.65
ⅡA	>0.90	ⅡB	≥0.50
ⅡB1	≥0.85	C	<0.50
ⅡB2	≥0.75		

6.5　当管道阻火器用于易聚合、结晶、腐蚀、冷凝堵塞等条件下时，宜在管道阻火器前后设置压差监测，阻火器宜选用阻火内芯可拆卸、阻火元件须可更换式阻火器，并采取防堵措施。

6.6　阻火器性能和质量必须可靠，阻火测试应通过现行的《Flame arresters—Performance requirements，test methods and limits for use》ISO16852 国际标准规定的测试要求，并具有第三方权威实验认证。测试报告上应标明阻火器型号及规格、测试条件（温度、压力、实验介质及浓度）、流量压降曲线、阻火性能测试内容及结果等。管道爆轰型阻火器应进行爆轰测试和爆燃测试。爆轰测试火焰速度一般不应低于 1600m/s，氢气-空气混合物不低于 1900m/s。

6.7　阻火器的压降应经过实际测量，压降不应大于 0.3kPa。供应商应出具第三方认证的压降-流量图表。

6.8　管道阻火器的安装

6.8.1　管道阻火器的安装和使用要符合其检验条件，阻火器两端设置切断阀，方便安全切出检修；

6.8.2　储罐气相支线上的管道阻火器宜靠近罐顶气相出口，当空间或者罐顶承重所限时，可安装在地面处；

6.8.3　管道爆轰型阻火器的安装应避开非稳态爆轰位置，可通过实验评估确定安装位置。

6.9　管道爆轰型阻火器和潜在点火源之间的管道、管件和管道支撑结构在管道内部发生火灾爆炸时不应发生破坏。VOCs 收集管道内部气体爆炸载荷应根据气体的组分、操作压力、管道、管件、管网结构、点火源等因素进行安全分析综合评估确定。当未进行评估时，可按下列规定进行设计，并应在设计文件中说明：

6.9.1　管道和管件的公称压力应不低于 1.6MPa；

6.9.2　大于 *DN*200 的管道，弯头曲率半径与管道直径之比不小于 1.5。分支处不得安装 T 形三通；

6.9.3　管道中的截面缩小位置应设计在爆轰型阻火器之前距离至少相当于管道直径 120 倍的位置；

6.9.4　管道爆燃阻火器和潜在点火源位置之间的距离应符合实验测试认证证书中的要求。

（七）通往明火设备和低压瓦斯的安全要求

7.1　气相连通罐组收集的 VOCs 直接送往加热炉、焚烧炉等明火设备进行处理时，应采取以下安全措施：

7.1.1　VOCs 的氧含量应满足后续处理设备的安全要求，且不高于 VOCs 极限氧浓度的 60%；

7.1.2　进入燃烧设备的气体流速应满足后续处理设备的安全要求，并设置补氮等措施防止低速下回火；

7.1.3　应在距离燃烧设备 50 倍管径内的 VOCs 管道上设置带温度检测功能的管道爆燃型阻火器。当检测到进入燃烧设备内的气体流速（或压力）不满足安全燃烧要求或温度超限时，联锁开启氮气注入系统对阻火器吹扫，同时切断 VOCs 进料。

7.2　送往低压瓦斯时，应满足以下安全要求：

7.2.1 气体热值和氧含量应满足《石油化工可燃性气体排放系统设计规范》SH 3009 的要求；

7.2.2 VOCs 收集管道上应设氧含量分析仪，并设置氧含量高高联锁切断。氧含量分析仪和切断阀的安装位置应能防止过氧的 VOCs 进入低压瓦斯系统；

7.2.3 应采取防火炬气倒流的措施。除止回阀外，应设置相应的检测和自动切断设施，确保在火炬气非正常排放时能及时切出 VOCs 收集系统。

(八) 其他安全要求

8.1 改造的储罐应进行储罐罐体强度及结构适应性的校核。呼吸阀、事故泄压设备等安全附件的规格、设置应符合《石油化工储运系统罐区设计规范》(SH/T 3007)的要求。安全附件的压力设置应根据储罐承压能力重新核定。

8.2 连通罐组中轻质油储罐的安全运行应同时满足《中国石油化工股份有限公司炼油轻质油储罐安全运行指导意见(试行)》(石化股份炼调(2010)14 号)的相关要求。

8.3 VOCs 收集管道宜采取步步低设计，坡度不宜小于 2‰，管道坡向油气处理设施；当无法步步低时，高点管道宜坡向储罐，无法避免袋型时，低点需设置排凝管及阀门。

8.4 对于排放气中含有较高浓度的硫化物时，要采取防止硫化亚铁自燃的措施。所有与储罐连接的设备及密封措施应考虑抗硫腐蚀材质要求。

8.5 工艺流程和生产操作应避免轻质组分油品进入储存温度大于 40℃的储罐，宜避免柴油组分进入温度大于 50℃的储罐。

8.6 储罐氮封设施和气相切断阀应每年进行校验和测试，加强检查维护，确保氮封设施和切断阀完好投用。

8.7 连通系统中单罐需检修时，要采取可靠的隔离措施，防止串气；单罐检修后切入回收系统前，要进行氮气置换，防止形成爆炸性气体。

8.8 管道阻火器应建档并定期检查维护，检查分为日常检查、全面检查和异常检查。

8.8.1 日常检查包括：外观检查、判断是否堵塞等。

8.8.2 全面检查内容包括：阻火缝隙检测、阻火元件清洗、更换垫片、气密性测试、腐蚀检查等。全面检查的周期应根据实际操作情况(介质特性、工艺条件等)和储罐检修周期进行确定。在每个储罐检修周期内应至少开展一次全面检查。

8.8.3 异常检查主要是指疑似过火或实际过火后对阻火器进行检查。当用于检测阻火器回火的温度仪表或防止回火的流量仪表报警或联锁时，立即切断 VOCs 气相并对阻火器氮气吹扫。查明原因，并对阻火器有效性进行评估或更换。

二、条文说明

(一) 适用范围

1.1 石油化工储罐罐区为《石油化工储运系统罐区设计规范》(SH/T 3007—2014)中规定的范围。

1.2 常压储罐是指设计压力小于或等于 6.9kPa(罐顶表压)的储罐。目前石化罐区内的常压储罐设计压力常为 2kPa。对于常压储罐，在大小呼吸过程中，为防止储罐超压或负压破坏，设有呼吸系统。在正常生产过程中，空气会进入储罐。以内浮顶罐为例，常储存汽油、石脑油等易挥发、闪点较低的轻质油品，浮盘与罐壁处接触面有微小间隙无法完全隔离，且浮盘有开孔，如导向管、检尺口等处存在油气挥发，在本身结构相对封闭的内浮顶罐中，油品挥发易形成爆炸空间，储罐内部气相空间可为爆炸1区，甚至0区。如果遇到点火源(外部火焰、静电、硫化亚铁等)，可能会发生储罐内部闪爆，并通过气相连通管道使火焰传播到其他储罐，带来群罐火灾风险。1998—2010年中国石化有多家炼油厂储存轻质石脑油储罐发生爆炸起火事故，其主要原因是内浮顶上方的气相空间存在爆炸性气体。而液化烃等压力储罐在正常生产过程中，储罐内部处于正压状态，不会进入空气，内部不会形成爆炸性气体。在我国多数石化企业加工高硫原油的背景下，将常压储罐罐顶进行气相连通，储罐或收集管道的内部爆炸导致群罐火灾的风险在加大。因此，本规定主要针对石油化工储运罐区的常压储罐气相连通风险而制定。装置内气相连通的常压储罐可参照执行。

(二) 术语和定义

采用气相平衡管连接的储罐，储罐之间的连接归为直接连通。采用直接连通共用切断阀方案时，共用一个排气切断阀的这组储罐为直接连通，不共用排气切断阀的储罐之间是通过收集总管间接连通。单呼阀方案和单罐单控方案中，储罐间的连通不归为直接连通。

(三) 基本原则

3.1 《石油炼制工业污染物排放标准》(GB 31570)和《石油化学工业污染物排放标准》(GB 31571)和《石化行业挥发性有机物综合整治方案》(环发〔2014〕177号)等均强调采用源头治理技术，挥发性有机液体储存设施应在符合安全等相关规范的前提下，通过控制油品挥发蒸气压，采用压力罐、低温罐、高效密封的浮顶罐等治理技术，如柴油、喷气燃料等介质采用高效密封的内浮顶储罐可满足环保标准。目前，国家相关规定与标准只是强制拱顶罐、苯、甲苯、二甲苯等危险化学品内浮顶罐安装油气回收装置等处理设施。当采用源头治理技术能够满足国家和地方的VOCs排放标准时，为控制罐顶油气连通风险，本规定不推荐进行罐顶油气连通。

3.2 将多个相同物料或不同物料储罐的气相空间进行连通，以便将储罐内的油气送入后续的油气回收。对于各类油品储罐增加气相连通管线和VOCs治理装置后，其安全防控级别需要提高，因为整个储罐组都通过气相连通管线连接成一个整体，这时安全风险防控的重点需要防止群罐火灾。按照中国石化安全风险矩阵，群罐火灾可归为失控的火灾爆炸事故。连通的总罐容越大，连通储罐数量越多，则群罐火灾下事故损失越严重。因此罐顶油气连通项目应根据群罐火灾及其可能的经济损失判断可能的事故等级，并采取不同的设防标准。通常罐顶油气连通群罐火灾的发生频率应控制在10^{-6}/a以下。

3.3 通过设置氮封，并配套工艺控制措施，维持储罐正压，防止空气进入(或少量进入)，从而防止在储罐及连通收集系统内部形成爆炸性气体，是最本质的安全措施之一。

3.4 加热炉、焚烧炉、工艺炉、TO、RTO等属于明火设备。控制不当时存在重大的相互安全影响。如氧控制不当，管道内成为预混的爆炸性气体，一旦发生回火，长距离输送会产生爆轰。对于某些明火设备，VOCs在进炉处理前需要进行配风稀释，降低烃浓度，控制VOCs处于爆炸下限以下，满足炉子的处理要求。如果配风稀释控制不当，也会形成爆炸性气体。收集的VOCs进入明火设备处理，需要根据VOCs形成爆炸性气体的可能性采用不同的安全控制措施，其工艺控制复杂，影响因素较多。故要求对这些处理工艺在设计阶段开展HAZOP分析。

（四）罐顶油气连通和 VOCs 收集系统安全要求

4.1　污水池虽然加盖进行了封闭，但密封不严，且很少有氮封。在抽气过程中，污水池呈负压状态，废气中富含空气。污水池的特点是平时烃浓度很低，但烃浓度波动非常大(排入污水池的物料不宜控制)，当烃浓度较高时，污水池内部处于爆炸气体环境，遇到点火源易发生密闭空间的火灾爆炸事故，近年来多次发生污水池闪爆事故证实了污水池的危险性。污水池废气收集处理时除了安装管道爆轰型阻火器外，通常对废气的总烃浓度需要进行在线检测并设置相关的安全联锁。为了降低污水池系统对罐区的安全影响，特规定污水池应单独设置收集系统和处理装置。当需要共用一个废气处理设施时，污水池的废气应单独收集，通过专用的收集管道单独进入废气处理设施，并在进废气处理设施前设置紧急切断阀和管道阻火设施。对于装置内的储罐，为防止装置内的废气反窜到储运罐区以及火灾爆炸事故的相互影响，故规定装置内的储罐不能与罐区共用一个收集管道。

4.2　对于装车、装船、未设置氮封储罐或储存过程中需要与含氧(空气)气体接触的物料储罐，这些设施的 VOCs 氧浓度难以控制，波动大，易形成爆炸性气体。因此最好设置专用收集系统。当条件受限，需要与其他设置氮封的储罐共用一个收集总管时，可采取氧含量检测联锁补氮、氧含量高高切断等措施，防止混合后在收集管内形成爆炸性气体。同时这些系统在混合前需要设置阻火设施，防止对混合后的系统产生安全影响。

4.3　苯乙烯具有聚合特点，难处理，不能采用活性炭吸附工艺进行处理。高温物料易冷凝、堵塞、不易处理；高含硫化物的 VOCs 对收集管道系统的材质有较高要求，有潜在的点火源。对这些物料储罐宜设单独的收集系统。当需要和其他储罐共用一个收集系统时，需要采用脱硫等预先处理，消除危险因素后方可共用一个收集系统。

4.4　为了便于事故下相邻储罐的气相切断，本条规定在每个储罐的气相支线上设置可远程关闭的开关阀。罐顶气相线远程切断阀门可设置在储罐气相出口与管道阻火器之间的管线上，这样设置能保证在阻火器被击穿前，及时切断气相。当远程切断阀设置在阻火器之后时，需要考虑管道过火后，切断阀仍能实现远程切断功能。

4.5　本条对直接连通进行规定。直接连通包括两种情况，一种是气相平衡管连通的几个储罐；二是共用一个排气切断阀的几个储罐。

4.5.1　防止不同品种和火灾危险性的物料互窜，相互污染和安全影响。

4.5.2　规定不同罐组不直接连通是考虑消防需要。

4.5.3　不同类型储罐(内浮顶、拱顶等)不直接连通是考虑到拱顶罐、内浮顶储罐一般储存不同危险性物料，物料的火灾危险性不同。如果储存相同物料，则拱顶罐内油气浓度通常较高，直接连通增加内浮顶储罐的危险性。

4.5.4　根据国际油气生产者协会(OGP)发布的数据，按照工业标准设计与运行维护的拱顶罐或内浮顶储罐发生内部爆炸的频率约为 1.15×10^{-4}/(年·每座)，而管道爆轰型阻火器风险降低因子约为 10 倍。连通数量越多，发生事故可能性就越大。因此只通过安装管道爆轰型阻火器无法将群罐火灾风险降低到可接受水平。直接连通可利用储罐间的气相平衡，降低大呼吸引发的氮气消耗，同时降低大呼吸排气，美国石油学会标准 API 2000—2014《Vent atmospheric and low pressure storage tanks》认为 5 个罐连通时气相可自平衡，氮封可以不考虑泵出量。目前，《石油化工设计防火规范》(GB 50160)规定罐组内单罐容积大于或等于 10000m^3的储罐个数不应多于 12 个；单罐容积小于 10000m^3的储罐个数不应多于 16 个；

但单罐容积均小于1000m³储罐以及丙B类液体储罐的个数不受此限。连通储罐的数量越多，发生火灾的几率越大，后果越严重，通过限制直接连通的储罐数量，降低发生重大群罐火灾的风险。同时参考GB 50160第6.2.7条，小容积储罐火灾危险性较小，连通数量未做规定。

4.6 排气与抽气均采用基本过程控制系统进行控制，将两者分开设置是减少共因的影响，防止基本过程控制系统故障把储罐抽成负压，空气进入群罐，增加风险。排气时可检测储罐或收集管道的压力控制排气，也需要考虑开关阀后的压力，防止开关后压力高，其他物料倒窜入储罐。在收集总管或抽气设备前的缓冲罐上设独立的压力低低联锁停抽气设备，其目的是将抽气系统的基本过程压力控制与压力低安全保护分开设置，防止基本过程控制系统故障，导致抽气系统将管道或罐组抽成负压。

（五）氮封系统安全要求

5.1 连通罐组设置氮封系统是有效防止储罐内部形成爆炸性气体的一种安全措施。多个储罐共用一个氮封阀组时，氮封阀组故障将造成多个储罐同时缺少氮封，共用风险较大。此外，共用氮封阀组时，每个储罐实际上也通过氮气管线进行了直接连通。因此，规定每个储罐应设置一套专用的氮封阀组。对于氮封管道来说，氮封管道的水力压降对于储罐的设计压力数值来说，不能忽略且是一个会根据工况条件而变化的数值。因此设计氮封流程时，氮封阀的引压管道应由罐顶取压口接入，这样调节阀的工作状态可以和储罐运行状态相关联，根据储罐运行时的通气量改变氮封调节阀的工作状态，才能保证储罐在一定密闭条件下的储罐气相空间的供气平衡。氮气接入口应位于罐顶，有条件下可尽量靠近呼吸系统，从而及时稀释呼吸口下部的空气。

5.2 储罐的氮封供气量应大于或等于由于泵抽出储罐内储存的液体所需的补充气量与由于外界气温变化而产生的储罐内气体冷凝和收缩所需补充的气量之和。API2000—2014给出氮封供气量的简化计算方法，并根据不同的氮封量与配套的工艺安全措施规定了三种级别的氮封。企业可根据现场氮气供气能力选用不同级别的氮封。

5.2.1 当采用第一级别氮封量时，储罐气相空间被划分爆炸1区，即在正常运行条件下储罐内部偶尔可能出现爆炸性气体环境。参考API 2000—2014氮封的设计要求，对于危险性较高的储罐，当储罐内部为爆炸1区时，需要设置氧含量检测设施。

5.2.2 当储罐内部为爆炸1区时，呼吸阀阻火器应为长时间耐烧大气爆燃型阻火器。防止呼吸阀排气火灾下阻火器失效，产生回火。国外实验已证明，呼吸阀火灾可能导致回火事故发生，导致火焰进入储罐内部气相空间。NFPA67—2013第10.2.3条建议“储罐放空管端阻火器应进行耐烧测试”。对于耐燃烧性阻火器，《石油气体管道阻火器》(GB/T 13347—2010)要求耐火2h，试验过程中无回火现象。《Flamearresters—Performance requirements, test methods and limits for use》(ISO 16852—2016)要求耐烧型阻火器在试验中，保护侧的温度上升10min内不能超过10K。当稳定温度建立后可以停止燃烧测试，但燃烧测试时间不能小于2h。阻火呼吸阀应整体通过现行的ISO16852或GB/T 13347规定的测试要求，同时阻火呼吸阀应整体进行流量测试。

（六）管道阻火技术要求

6.1 泵和风机本身就是潜在火源，抽气设备应根据连通罐组内的气相空间爆炸分区和外部环境选择满足防爆要求的设备(包括内部设备元件和电气设施)，设备内部在运行时不能产生火花，从而保证本质安全。安装在两端的阻火器能及时阻灭泵和风机内发生的爆炸，保护上下游装置和设备安全。美国 33CFR：§154.826 要求使用在爆炸 0 区的风机，真空泵，压缩机等机械设备进出口必须设置阻火器。NFPA67 第 10.5 条规定使用在爆炸 0 区的风机、真空泵、压缩机应自带爆燃阻火器，阻火器应通过出口操作条件下的阻火性能测试。当未自带阻火器时，可在抽气设备进出口设置管道爆轰型阻火器。

6.2　罐顶油气连通项目选择的管道爆轰型阻火器必须通过第三方实验测试认证，测试技术标准应遵循 ISO 16852。目前 GB/T 13347—2010 与 ISO 16852—2016 在管道爆轰阻火器测试方面存在一定差距，满足国标不一定满足 ISO 16852。GB/T 13347—2010 对火焰速度没有具体要求，仅仅要求不低于厂家提供的安全阻火速度值，同时对爆轰型阻火器也未要求进行爆燃测试。ISO 16852—2016 规定测试火焰传播速度必须满足爆轰特征，碳氢化合物-空气混合物(ⅡA，ⅡB1，ⅡB2 和ⅡB3)火焰速度≥1600m/s；氢气-空气混合物(ⅡB 和ⅡC)火焰速度≥1900m/s；两组火焰检测器测试的火焰速度应为常量，火焰传播速度偏差不能超过 10%；爆轰型阻火器还应经过 5 次爆燃测试。同时还规定了相关带节流的爆轰型阻火器测试要求。

6.3　石化常压储罐设计压力多为 2kPa，再加上各安全附件设置压力不重叠，导致排气压力区间较窄，排气压力低。因此，在该系统中，压降也是选择管道爆轰型阻火器的关键指标之一。压降过大，则将导致收集系统无法运行；压降过小，可能会影响阻爆轰性能。本规定要求阻火器压降应经过实际测量，压降不应大于 0.3kPa。

6.4　管道爆轰阻火器应尽量靠近储罐安装。如果是罐顶的气相线，阻火器尽可能安装在罐顶气相管线出口处。但是如果由于空间或者罐顶承重所限、或者为方便维修维护，也可以安装在罐底地面处，如上海赛科的连通罐区。对于管道内的气体爆炸可分为三个过程：爆燃区、非稳态爆轰区、稳态爆轰区，附图 1 给出了受限爆炸的火焰速度和压力曲线(摘自 NFPA69—2014)。非稳定爆轰处是最危险的地方。目前，气相连通储罐管道上所选阻火器为稳态爆轰型阻火器，无法阻止非稳态爆轰。因此管道爆轰型阻火器的安装要避开可能的非稳态爆轰位置。非稳态爆轰位置受爆炸性气体组分、爆炸特性、管网布置、点火源分布等多种因素影响，可实验评估确定安装位置。在没有实验评估时，为方便企业实施，本规定参考德国标准 TRbF 20 给出了管道阻火器相关安装指南。

6.5　管网内的爆炸是一个复杂过程，受多种因素影响，可通过实验确定实际条下的爆炸载荷，从而作为管网的设计条件。在没有实验下，为方便实施，参考德国 TRbF 20 和美国 NFPA69 等标准给出了相关指南。常压储罐 VOCs 收集管道运行压力一般为 kPa 级。为了防止内部爆炸破坏，对于 *DN*200 以下的管道，管道公称压力一般不低于 1.0MPa；对于 *DN*200 以上的管道，管道公称压力一般不低于 1.6MPa。中国石化管道等级一般要求输送油品、油气的管道材料等级不低于 1.6MPa，设计温度(T_d)大于 200℃时不低于 2.5MPa。因此规定连通与收集管道的管道公称压力一般不低于 1.6MPa。管道内发生爆炸时，弯头、连接件等管件是最容易发生失效的部位，内部的爆炸波通过局部反射在这些部位产生高压，弯管和连接件需用采取合理的安装方式。

（七）通往明火设备和低压瓦斯的安全要求

7.1　本条适用于罐区收集的 VOCs 直接通过加热炉等明火设备进行处理的工艺。对于 VOCs 先经过油气回收后进入加热炉处理的工艺需要根据风险分析的结果设计针对性的安全措施，也可参考本条的相关要求。气体流速是指进入燃烧器内部时的速度，不是 VOCs 管道

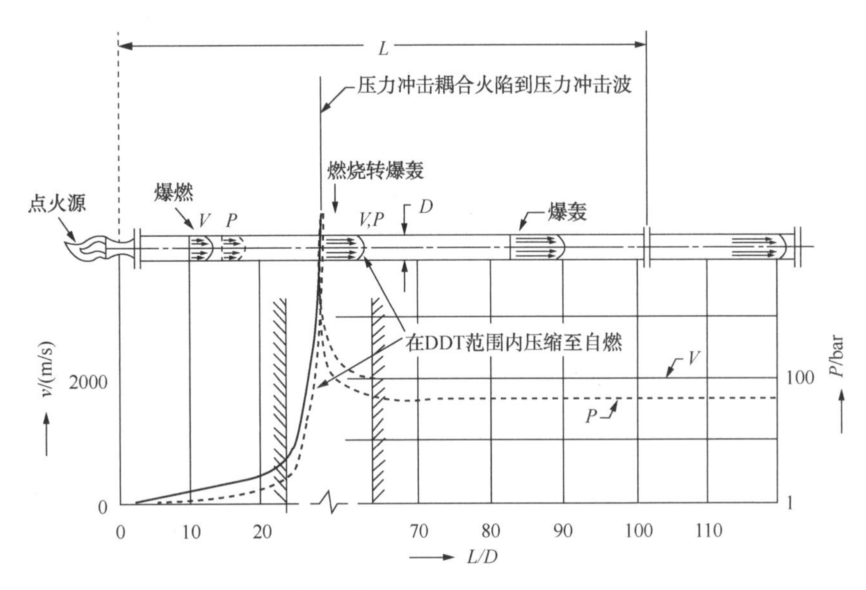

附图 1　密闭爆炸过程火焰速度和压力曲线

内的气体流速。目前，设有氮封的储罐内部气相空间可划分爆炸 1 区；未设氮封的储罐或需要与氧接触的气体储罐气相空间为爆炸 0 区。安全联锁的设置可考虑爆炸性气体出现的可能性。例如扬子巴斯夫 VOCs 治理项目中，处于爆炸 0 区时，安全联锁采取 SIS 执行，而处于爆炸 1 区时，安全联锁采取 DCS 执行。通常直接送往加热炉的 VOCs，需防止收集管道内形成爆炸性气体，同时防止回火。

7.2　本条目的是防止火炬气热值过低、过氧、混合不均匀等造成的危害。为了防止事故泄放下，火炬气倒窜入罐区，在火炬气大量排放时，应确保在火炬气非正常排放时能及时切出 VOCs 收集系统。

参 考 文 献

[1] 北京市环境保护科学研究院、国家环保总局环保标准研究所 . GB 20950—2007 储油库大气污染物排放标准[S]. 北京：中国环境出版社，2007.

[2] 天津市环环境保护研究所、北京市机电研究院环境保护研究所 . GB 14554—1993 恶臭污染物排放标准[S]. 国家环境保护局、国家技术监督局，1993.

[3] 刘忠生，郭兵兵，齐慧敏 . 炼油厂酸性水罐区排放气量分析计算[J]. 当代化工，2009，38(3)：248-251.

[4] 刘忠生，廖昌建，陈玉香 . 炼油厂恶臭和 VOCs 无组织排放量计算方法[J]. 炼油技术与工程，2014，44(6)：61-64.

[5] American Petroleum Institute. API Standard 2000 Seventh Edition. Venting Atmospheric and Low-pressure Storage Tanks. March 2014.

[6] U. S. Environmental Protection Agency. 40 CFR Part 60，Subpart Kb-Standards of Performance for Volatile Organic Liquid Storage Vessels(Including Petroleum Liquid Storage Vessels) for Which Construction，Reconstruction，or Modification Commenced After July 23，1984.

[7] 刘忠生，方向晨，王海波．炼油厂酸性水罐区气体污染物减排技术[J]．炼油技术与工程，2009，39(11)：54-57.
[8] 方向晨，刘忠生，郭兵兵，等．炼油厂酸性水罐区气体减排和治理新技术[J]．炼油技术与工程，2012，42(3)：58-62.
[9] 刘忠生，王有华，戴金玲．酸性水罐氮气保护防止硫化亚铁自燃事故的设计分析[J]．当代化工，2009，38(2)：155-157.
[10] 郭兵兵，刘忠生，王海波，等．炼油厂恶臭废气综合治理技术的研究[J]．石油炼制与化工，2014，45(9)：95-101.
[11] 郭兵兵，方向晨，刘忠生，等．低温油品吸收法储罐呼吸气综合治理及回收技术[J]．当代化工，2012，41(7)：725-727.
[12] 郭兵兵，华秀凤，朴勇，等．低温柴油吸收工艺在高温油品储罐罐顶废气净化中的应用[J]．生产与环境，2014，14(10)：30-33.
[13] 郭兵兵，朴勇，祝月全，等．高温蜡油罐区废气综合治理技术[J]．当代化工，2014，43(9)：1879-1882.

第四章　硫黄回收工艺

第一节　概　　述

随着世界经济的迅猛发展，工业化进程不断提速，现代工厂中的硫黄回收装置不仅仅作为一个企业工艺流程的末端装置，而是成为大型煤化工、天然气净化、炼油及化工厂不可缺少的配套装置。硫黄回收工艺技术包括配套的尾气处理技术已经由单纯的环保技术发展为兼具环保效益和经济效益的重要工艺技术。在新工艺、新催化剂大力发展的同时，硫黄回收装置的工程设计也增添了更多自动控制、先进控制、自动分析仪表、联锁系统等的研发应用，设备设计、材质选择方面也在不断进步。此外，硫黄回收装置的工艺管理也由过去的“粗放”管理逐步转变为“精细”管理，使得装置的运行更加平稳、安全，效率更高。

世界石油资源仍处于需求不断增长阶段，炼化工业正朝着大规模、集成化方向发展，作为与环境保护紧密相关的企业末端流程，硫黄回收装置一旦出现问题，牵一发而动全身，这也给硫黄回收工艺技术创新带来了新的挑战。由于各企业的加工流程、生产目的不同，硫黄回收装置原料性质差别较大，选用何种技术、设备，装置规模如何配置，对于企业来说就需要综合考虑环保指标、效果及成本等多方面的因素。

第二节　硫黄回收工艺类型

一、硫黄回收技术类型

1. 概述

随着全球高硫原油、天然气、页岩气等的资源开发以及煤化工的兴起，从炼制产生的酸性气中回收硫单质的工艺已经逐渐成为炼油厂、化工厂的重要组成部分。为适应经济迅速发展的形势和国家发展战略的变化，我国对环境保护的要求日趋严格，提高硫黄回收技术水平有重大意义。

在不断收紧的环保规定下，各界的硫黄回收工作者将压力转化为动力推动着工艺技术的不断改进，改进后的新工艺通常具有更高的硫回收率、更高的能量利用率和更低的硫排放等特点。同时，由于各行业生产装置产生的酸性气性质差别很大，近年来国内外对于硫黄回收技术的研究也呈现多样化的发展趋势。

2. 国内外研究现状及主要技术类别

近阶段国外硫黄回收工艺发展的主要趋势是简化工艺、简化操作、降低成本、提高装置的安全性；而我国限于严格的环境保护法规的实施以及国家、行业在节省能源消耗指导方面的战略，对硫黄回收技术的研究主要集中于降低硫排放、节省能耗等方面。

硫黄回收主要的工艺类别可分为干法氧化、湿法氧化、生物处理法和电化学法。

目前工业上广泛采用的Claus工艺属于干法氧化工艺。随着炼化工艺的进步，尾气处理技术飞速发展以适应严格的排放限制，而Claus工艺也衍生出了富氧Claus、亚露点硫黄回收以及Claus加选择性氧化法等改良型Claus工艺，硫回收率持续提高，目前可达99.99%。

湿法氧化工艺主要指的是铁基或钒基络合物的悬浮液吸收氧化法和有机催化剂的吸收氧化法等，比较具有代表性的是美国Merichem公司的LO-CAT技术。

电化学法主要指的是硫化氢间接电解制硫和氢气的技术。

相比较而言，Claus工艺搭配相应的尾气处理技术具有回收率高、硫黄产品质量好等特点，是当前炼油厂的主流的硫黄回收工艺。经典的Claus工艺适用于规模较大、H_2S浓度较高(不低于30%)的炼厂酸性气，但当酸性气量较小或者其中的H_2S浓度较低时，就需要对原料进行提浓，或者考虑使用其他的工艺方法。比如对原料酸性气直接进行选择性催化氧化的工艺、液相氧化工艺等技术。

二、克劳斯法硫黄回收工艺

1. Claus工艺、富氧Claus工艺

(1) Claus工艺

自20世纪30年代经德国法本公司改良的Claus工艺工业化以来，以硫化氢酸性气为原料的硫黄回收生产装置得以迅速发展，特别是20世纪50年代以来开采和加工含硫原油及天然气，工业上普遍采用了Claus过程回收单质硫。经过几十年的发展，Claus工艺在催化剂、自控仪表、设备结构和材质等方面取得很大的进展，但在工艺路线上并无多大变化，普遍采用的仍然是直流式或分流式工艺。

经典的Claus硫黄回收工艺的主要流程通常包括制硫部分和尾气处理部分。其中，制硫部分一般采用部分燃烧法、二级或三级转化Claus工艺，原料酸性气在经过热反应阶段和催化反应阶段两个过程后，其中大部分的硫化氢转化为液相的单质硫，剩余部分残留在尾气中。以最为常见的两级转化Claus工艺为例，其典型的工艺流程示意图如图4-2-1所示。

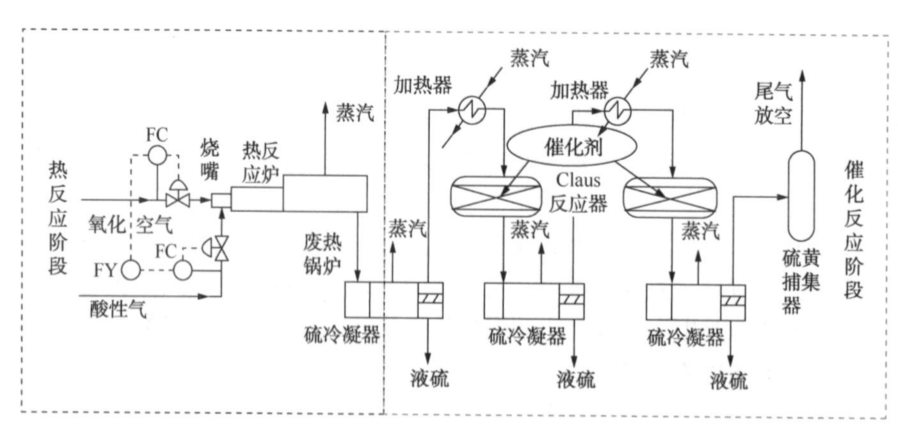

图4-2-1　Claus工艺流程示意图

采用Claus法从酸性气中回收单质硫时，由于受反应温度下化学平衡及可逆反应的限制，即使在设备和操作条件良好的情况下，使用活性好的催化剂和三级Claus工艺，硫黄回收率最高也只能达到96%~97%，仍有3%~4%的硫残留在尾气中。如果直接进行热焚烧排空，就意味着这部分硫将以SO_2的形式排入大气，将造成严重的环境污染问题。硫黄回收尾气处理工艺技术装置的总硫回收率达到99.9%以上。由于尾气处理技术使得总硫回收率得以大大提高，并能消化掉Claus反应部分运行波动时产生的回收率下降问题，增加了装置运行的可靠性，因此自从硫黄回收尾气处理工艺技术问世以来，针对Claus工艺的改进主要集中于尾气处理技术，至今已实现工业化的尾气净化工艺已达数十种之多。

（2）富氧Claus工艺

世界各国工业化的发展加速了污染源的扩大，促使人们越发注意保护环境问题，并颁布了相应的法规。虽然各国执行的环保标准不同，但总的趋势是倾向于更加严格。例如我国环境保护部和国家质量监督检验检疫总局颁布的国家标准《石油炼制工业污染物排放标准》（GB 31570—2015），规定了酸性气回收装置的烟气中二氧化硫排放浓度不得高于400mg/Nm^3（干基），在执行特别排放限值的地区甚至不得高于100mg/Nm^3（干基），这意味着如果没有其他新增排放去处，装置的总硫回收率至少需要达到99.97%以上。要达到如此高的硫回收率，不仅需要改进尾气处理过程，也需要提高Claus制硫部分的转化率。因此，世界各国在不断开发具有高活性催化剂的同时，也在不断研究和改进工艺流程，提高硫回收装置制硫部分的效能。另外，随着炼化的大型化发展趋势，以及高硫原油、高硫煤资源的大量开发，硫黄回收装置的规模也在不断扩大。在这样的背景下，富氧Claus技术开始登上舞台。富氧Claus是指以氧气或者富氧空气代替空气来增加装置处理能力并提高回收率的一系列新型Claus工艺。自20世纪90年代开发并工业化后，富氧硫回收技术在改扩建旧Claus装置上得到广泛应用，其代表技术有Cope法（美国空气产品和化学公司），Sure法（BOC/Parsons公司）、OxyClaus法（德国Lurgi公司）和后燃烧工艺（Messer公司）等，目前以采用Cope法和Sure法居多。

1）Cope法。Cope法是空气产品和化学公司和Goar Arrington & Associates公司共同研制的，于20世纪80年代中期获得工业应用。该法有两项改进措施：一是增设过程气循环系统（见图4-2-2），控制燃烧炉温度低于耐火材料允许温度；二是设计了一种特殊燃烧器，操作条件是：燃烧压力0.04~0.08MPa，燃烧温度可高达1538℃，O_2浓度21%~100%。Cope工艺在不同H_2S浓度下、装置处理能力的增加和空气中氧含量的关系见图4-2-3。

2）Sure法。Sure法是BOC和Parsons公司于1987年共同开发的。该工艺根据空气中氧含量高低可分为以下三种：

① 低富氧含量工艺：空气中氧含量小于28%，此时只要将纯氧气或富氧空气掺入到燃烧用空气中即可，硫黄回收装置无须改动设备，装置处理能力增加20%。

② 中等富氧含量工艺：中等富氧指空气中氧含量为28%~45%。当空气中氧含量超过28%，原采用的燃烧器不能承受更高的燃烧温度，需更换为专用Sure燃烧器；此外废热锅炉和一级硫冷凝器产生的蒸汽量及过程气出口温度增加，影响硫回收率，因而还要受废热锅炉和一级硫冷凝器取热能力的限制。中等富氧含量工艺装置处理能力增加约75%。

③ 高富氧含量工艺：高富氧是指空气中氧含量高于45%。此时燃烧炉炉膛温度就会超过耐火材料的温度极限，为此需采用Sure双燃烧工艺，即采用两座燃烧炉和两台废热锅炉

串联排列，全部酸性气和空气都进入装有 Sure 燃烧器的第一燃烧炉，部分富氧通过 Sure 燃烧器的专用注氧喷嘴进入第一燃烧炉，燃烧后过程气经第一废热锅炉和硫冷凝器冷却后进入第二燃烧炉，剩余富氧通过喷嘴注入第二燃烧炉，再经第二废热锅炉及硫冷凝器进入催化反应部分。第一、第二燃烧炉分别约可回收总硫的 70% 和 15%。高富氧含量工艺可使装置处理能力增加 150%。

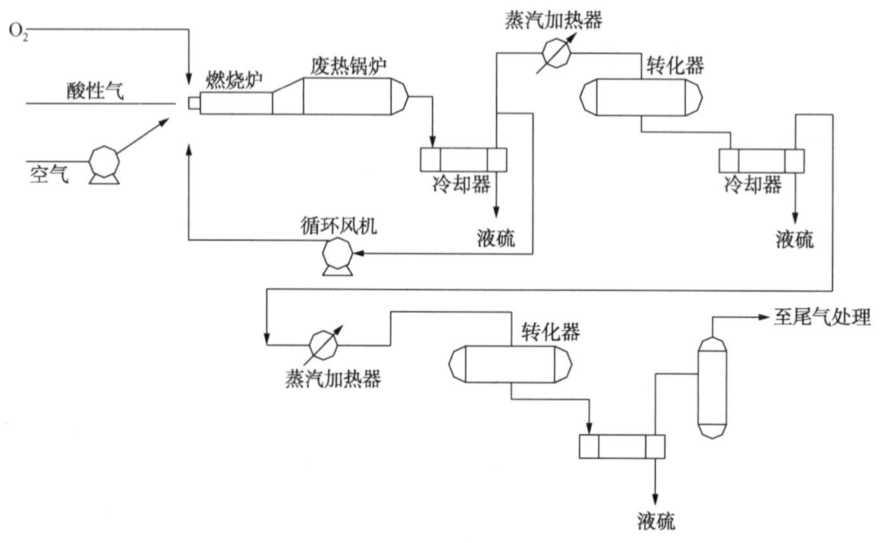

图 4-2-2　Cope 工艺流程示意图

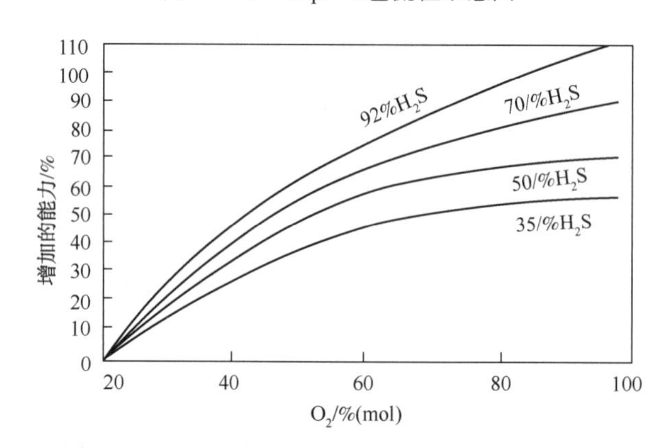

图 4-2-3　Cope 装置处理量和空气中氧含量的关系

上述三种不同氧含量工艺可根据装置处理量的要求进行选择，也可分步实施。

3）OxyClaus 法。该技术的关键是采用 Lurgi & Root Braun 公司开发的专有反应炉，该反应炉可以准确地控制酸性气与氧气在火焰中心燃烧，同时在火焰周围引入空气，使其余酸性气燃烧，不需要任何类型的气体循环，对耐火材料也无特殊需求。该反应炉的另一特点是氧气利用率高，可达 80%~90%。

工业实践表明，采用富氧 Claus 硫回收工艺，由于进燃烧器的混合气体中的 H_2S 分压和燃烧温度的提高，不仅使装置的硫回收率有所提高，而且能改善原料酸性气中的重质芳烃和 NH_3 的分解问题，同时也为原料浓度较低的贫酸性气的处理带来了高效、低投资的技术路线。

2. 亚露点硫黄回收工艺

亚露点硫黄回收工艺也称低温 Claus 法，从 20 世纪 70 年代以来迅速发展，比较具有代表性的工艺有 Sulfreen、MCRC、Clauspol、CBA 等。从热力学及化学反应动力学的角度分析，经典 Claus 工艺中 H_2S 最高可达到的转化率只决定于最后一级 Claus 反应器的反应温度。而受到气相中硫露点的限制，一般情况下反应温度最低控制在 180～200℃，因此经典的 Claus 工艺即使使用三级催化反应器，硫回收率也只能达到 97%左右，远远不能跟上日趋严格的环保要求。亚露点硫黄回收工艺突破了硫露点温度的限制，以低于硫露点温度的操作条件进行 Claus 反应，使得反应能进行得更加完全，从而获得更高的硫回收率。

亚露点硫黄回收工艺的主要特点是在液相或固体催化剂上进行低温 Claus 反应。前者是在加有特殊催化剂的有机溶剂中，在略高于硫熔点的温度下，使尾气中的 H_2S 和 SO_2 继续进行 Claus 反应生成硫黄以提高硫转化率；后者是在低于硫露点温度下，在固体催化剂上发生 Claus 反应，利用低温和催化剂吸附反应生成的硫，降低硫蒸气压，进一步提高平衡转化率。

无论反应是在液相或固体催化剂上进行，根据 Claus 反应式，可以看出，控制过程气中 H_2S/SO_2 的比例是这类工艺提高硫回收率的关键，它不能降低尾气中 COS 和 CS_2 含量，硫回收率约为 98.5%～99.5%。这类工艺流程简单，投资和操作费用也较低，适用于中、小型规模装置。

下面分别对几种典型的亚露点硫黄回收工艺做简单介绍：

(1) Sulfreen 工艺

Sulfreen 工艺由 Lurgi 公司与 Elf 公司联合开发，是最早工业化且应用较广的酸性气处理工艺，至今已建设约 50 套工业装置，总硫回收率为 99.0%～99.5%。Sulfreen 工艺的流程示意图见图 4-2-4。

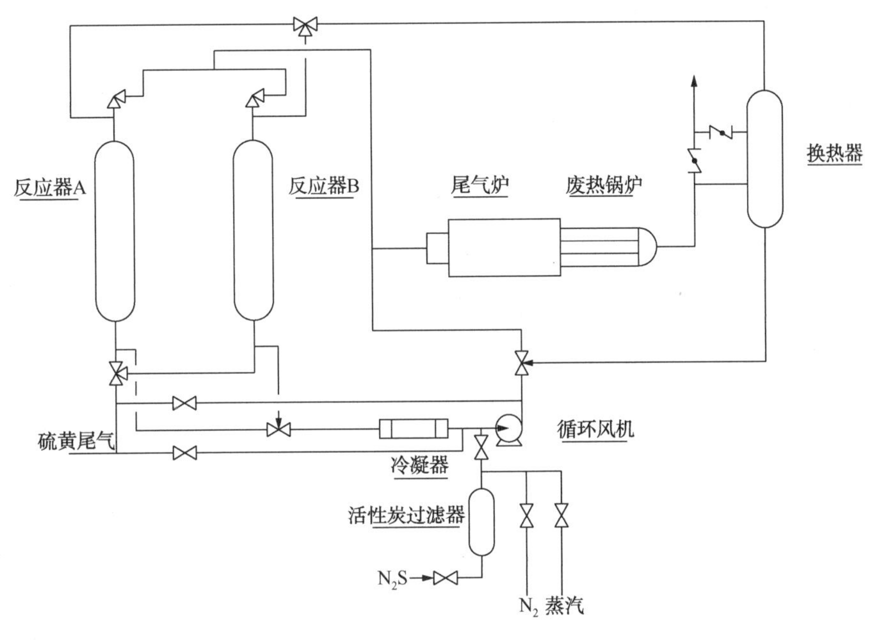

图 4-2-4　Sulfreen 工艺示意流程

Sulfreen 尾气处理是利用二个反应器，由时间程序控制器控制，使一个反应器进行反应吸附，另一个反应器进行再生，定时自动切换、连续操作。反应时硫黄尾气由下而上通过床层，过程气中的 H_2S 和 SO_2 在低温下继续发生 Claus 反应，生成的硫蒸气被催化剂和顶部的活性炭吸附，尾气被净化，净化尾气至焚烧炉焚烧后排放；再生时来自循环风机的再生气和焚烧炉烟气换热至 325℃，自上而下通过催化剂，依次进行升温脱水、脱硫、还原和冷却吸水四个阶段，进行催化剂的再生，再生气中的硫经硫冷凝器冷凝后排至硫池，气体返回至循环风机入口，形成闭路循环。

为进一步提高 Sulfreen 工艺的硫回收率以适应更严格的 SO_2 排放标准，专利商在 Sulfreen 工艺基础上又开发了 Hydrosulfreen、Doxosulfreen、Carbonsulfreen、Oxysulfreen、二段 Sulfreen 等组合工艺。

(2) MCRC 工艺

MCRC 工艺是加拿大 Delta 公司的专利技术，1976 年工业化。其特点是将 Claus 反应条件扩展至露点以下、凝点以上的低温(130～150℃)，Claus 反应进行得更完全。MCRC 装置反应器级数有三级和四级两种，三级的硫黄回收率为 98.5%～99.2%，四级为 99.3%～99.4%。MCRC 法流程简单、工艺成熟、不产生二次污染物、硫黄回收率适中，适合中、小型规模装置。

MCRC 工艺由常规 Claus 段和 MCRC 催化反应段二部分组成，三级转化和四级转化的 MCRC 装置常规 Claus 段都相同，包括酸性气反应炉、废热锅炉、一级硫冷凝器和一级反应器；MCRC 反应段的反应器数量有二个和三个两种类型，分别称为三级和四级 MCRC 装置。三级 MCRC(具有二个 MCRC 反应器)流程见图 4-2-5。当 MCRC 反应段具有二个反应器时，其中一个反应器处于高温再生，并同时进行常规 Claus 反应，另一个反应器处于低温 Claus 反应和吸附；当具有三个反应器时，反应器按再生、一级亚露点和二级亚露点顺序定期切换，用时间程序控制器控制。可以看出，MCRC 工艺起到了常规 Claus 加尾气处理一顶二的作用。

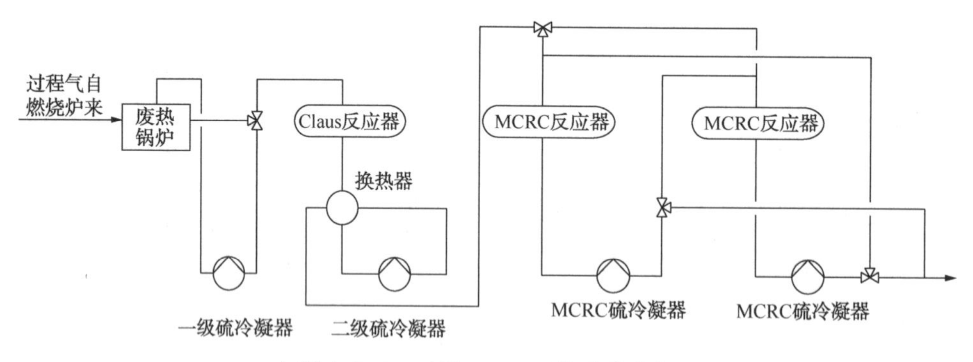

图 4-2-5　三级 MCRC 工艺示意流程

(3) Clauspol 工艺

Clauspol 工艺是法国石油研究院于 20 世纪 60 年代末开发的专利技术，故又称为 IFP 法，自 1971 年至 1999 年，世界各地已有 40 多套装置投入运行。Clauspol 法的工艺原理是在加有特殊催化剂的有机溶剂中，在略高于硫熔点的温度下，使尾气中的 H_2S 和 SO_2 继续在液相中进行 Claus 反应。反应中生成的硫，由于密度较大，沉降到底部与溶剂分离，并加以回收。

由于 H_2S 在溶剂中的溶解度略低于 SO_2，为保持溶剂中 H_2S/SO_2 比例为 2，应控制 Claus 尾气中 H_2S/SO_2 之比稍高于 2，通常控制在 2.01~2.24。尾气中的 COS 和 CS_2 在 Clauspol 反应器中也会发生水解反应，但水解率仅分别为进入反应器的 COS 和 CS_2 含量的 40%和 15%。

Clauspol 1500 是最早工业化的 Clauspol 工艺，后在此基础上又发展了 Clauspol 300、Clauspol 150 工艺。为进一步提高 Clauspol 工艺的硫回收率，法国石油研究院在 Clauspol 300 基础上又开发了 Clauspol99.9 工艺，具体改进内容是：

1）Claus 反应器采用选择性好、有机硫水解能力强的 CRS31 钛基催化剂，使 COS 和 CS_2 的水解率分别达到 98%~100%和 93%~96%，大大降低了出口气体中的 COS 和 CS_2 含量。

2）Clauspol 溶剂采用减饱和回路，由于反应器内尾气中的硫蒸气含量与溶液中的液硫浓度有气液平衡关系，在 Clauspol1500 的操作条件下，溶液中的液硫浓度约为 2%，相应的气相硫蒸气浓度为 350mL/m^3，如果将溶液中的液硫浓度降低，则尾气中的硫蒸气含量也相应降低，为此开发了溶液“减饱和”回路，流程见图 4-2-6。即从原循环回路中抽出部分溶剂，经冷却器冷却至 50~70℃，使其中的硫形成固体硫，经分离器分离，顶部澄清的溶剂经换热后返回至溶剂循环回路；底部带有残留溶剂的固体硫淤浆，在加热器中加热到硫熔点以上温度，再返回到反应器底部，液态硫沉降，残留的溶剂向上流动并进入循环回路。

经“减饱和”回路操作，尾气中的硫蒸气含量可降低至 50mL/m^3，装置的总硫回收率可达 99.5%~99.9%。减饱和回路投资和操作费用相对于 Clauspol300 分别约增加 10%和 20%。

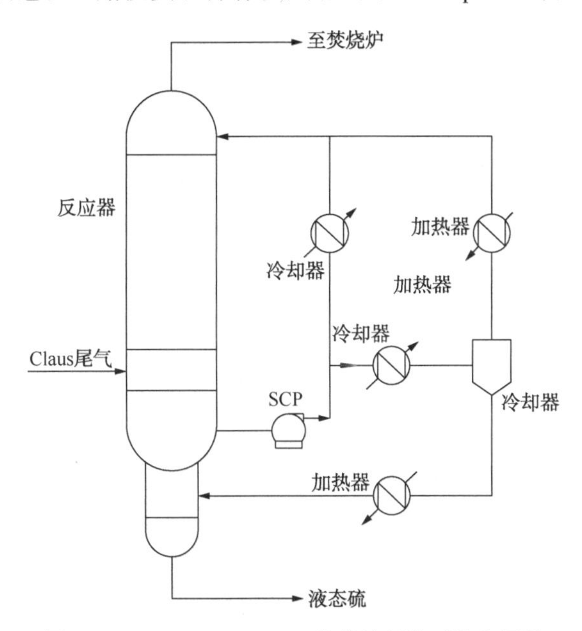

图 4-2-6　Clauspol99.9 工艺的溶剂的减饱和回路

（4）CBA 工艺

CBA 工艺又称为冷床吸收，是阿莫科公司于 20 世纪 70 年代开发的亚露点硫黄回收技术，首次工业化应用于 1976 年。传统的 CBA 工艺多采用四个反应器，第一个反应器以 Claus 反应器方式运作，并同时进行再生，剩余的三个反应器以 CBA 反应器方式运作。除四反应器 CBA 工艺外，还曾采用过三反应器 CBA 工艺，仅有一个 CBA 反应器，即第一和第二反应器在常规 Claus 反应器方式下操作，仅第三个反应器以 CBA 方式运作，因而切换也仅由一个反应器进行。该工艺硫回收率较低，但投资仅类似于传统的三级 Claus 工艺。

CBA 工艺的最新进展是开发出一种新型的、双 CBA 段的改良三反应器 CBA 工艺。改良工艺由一个 Claus 反应器和两个亚露点 CBA 反应器构成，总硫收率接近于传统的四反应器工艺水平，其流程示意图见图 4-2-7。经不断改进，CBA 工艺的总硫收率可达 98%~99%。

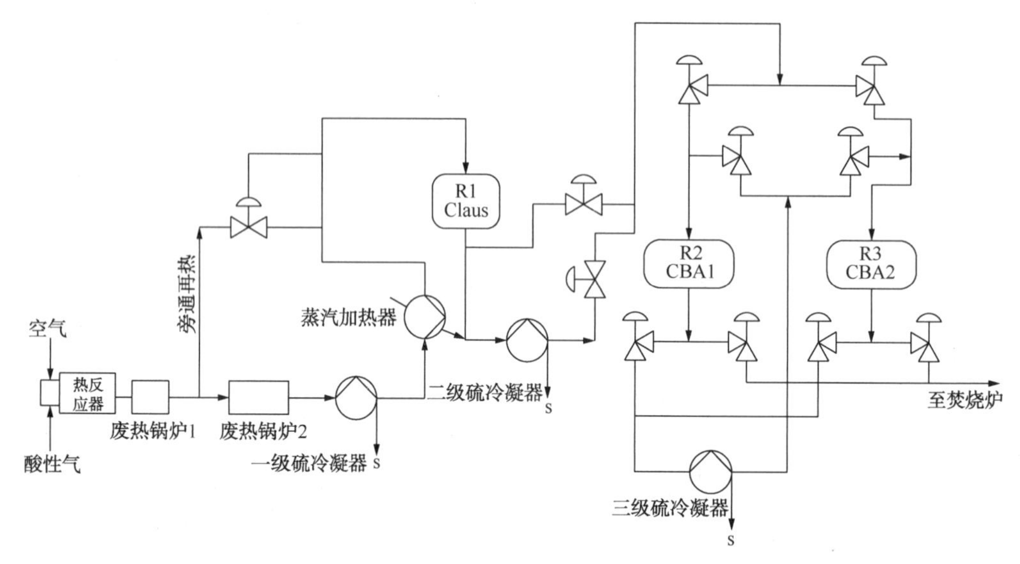

图 4-2-7　三级转化 CBA 改良工艺流程示意图

3. 选择性氧化硫黄回收工艺

以超级克劳斯(Super Claus)工艺、超优克劳斯(EURO Claus)工艺为代表的选择性氧化硫黄回收工艺被视为是 Claus 工艺问世以来的显著技术进步之一。其工艺的特点就是在常规 Claus 反应器后增加一台选择性催化氧化反应器，利用催化剂使尾气中的残余 H_2S 直接转化为单质硫，从而提高总硫回收率。常规的三级 Claus 装置很容易改造为 Super Claus 装置，总硫回收率可达 98%~99%，而投资仅比三级 Claus 装置增加 10%~15%，该投资已包括专利使用费和催化剂费用。由于 Super Claus 工艺催化剂不受水蒸气的影响，流程中就不需要急冷塔，使流程更简单，也可避免酸性水的二次污染，由于流程简单，投资较低、硫回收率适中，特别适合于中、小规模装置。

Super Claus 工艺使用的选择性氧化催化剂有以下特点：

1）气体中所含的大量水蒸气对催化剂几乎没有影响，故过程气不需要冷凝脱水，既简化了流程，节省了投资，又降低了能耗，减少了酸性水的排放。

2）催化剂的选择性高，仅氧化 H_2S，其他组分如 H_2、CO 等均不被氧化，即使在超过化学计量的氧存在下，SO_2生成量也非常小。

3）催化剂的转化率高，能将过程气中 85%以上的 H_2S 直接氧化为单质硫。不发生 Claus 反应。不生成 COS 和 CS_2。

4）催化剂寿命长达 10 年。

Super Claus 工艺又有 Super Claus99 和 Super Claus99.5 两种流程，其工艺流程和技术介绍详见第五章第四节。

选择性氧化工艺的技术关键是催化剂，由于开发了对水蒸气不敏感的 Super Claus 催化剂，流程中就不需要急冷和再热等过程，使流程更简单、投资更节省；由于 Super Claus 催化剂的不断更新换代，反应器入口温度虽然降低，能耗也随之减少。

属于该类的典型工艺还有 BSR-Selectox 工艺、Modop 工艺、BSR/Hi-Activity 工艺、Clinsulf-DO 工艺等。

1. BSR-Selectox 工艺

Selectox 工艺由美国 UNOCAL 公司于 20 世纪 70 年代开发，至今共有 16 套工业装置在运转，其中 13 套是 Selectox 工艺，3 套是 BSR-Selectox 工艺，规模为 0.508～30.48t/d。Selectox 工艺用于处理 H_2S 浓度小于 30%(体)的贫酸性气或硫回收尾气。一般把应用于硫黄回收的称为循环 Selectox 工艺，应用于硫回收尾气处理的称为还原 Selectox 工艺(即 BSR-Selectox 工艺)，BSR-Selectox 工艺于 1978 年工业化。工艺流程示意图见图 4-2-8。可以看出流程的前端部分类似还原吸收类工艺，即加氢还原后的尾气经废热锅炉回收热量后，在急冷塔中进一步冷却，使过程气中的水分含量从约 30%降至约 5%，尾气经再热并与空气混合后进入 Selectox 反应器，反应器内装有选择性氧化催化剂，使尾气中约 80%的 H_2S 直接氧化为硫单质，总硫回收率可达 98.5%～99%，若再增加一个 Claus 反应器，总硫回收率可达 99.5%以上。

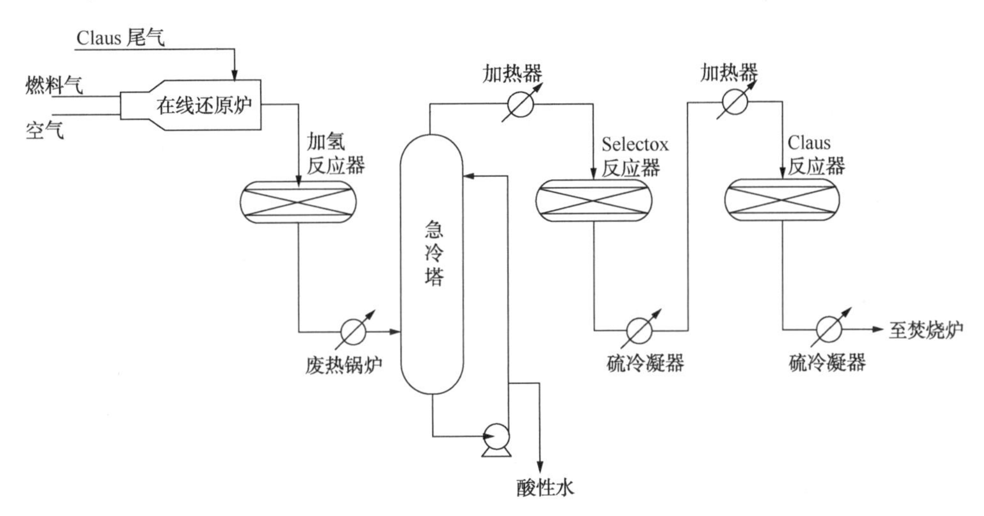

图 4-2-8 BSR-Selectox 工艺流程示意图

2. Modop 工艺

Modop 工艺是德国 Mobil 公司开发的专利技术，1983 年工业化，流程和 BSR-Selectox 法相同，仅采用的催化剂不同，Modop 工艺选择性氧化采用 CRS-31 钛基催化剂。装置的硫回收率与进入氧化反应器过程气中的水含量有关，当水含量为 5%(体)时，硫回收率最高达 99.25%，而当水含量降至 2.5%时，硫回收率最高可达 99.5%。为避免 Modop 反应器温升太高(>70～90℃)影响催化剂性能，Modop 反应器可根据上游 Claus 部分硫回收率设置一级或二级，通常当上游设置二级 Claus 反应器时，下游需设置二级 Modop 反应器；当上游设置三级 Claus 反应器时，下游仅设置一级 Modop 反应器。

3. BSR/Hi-Activity 工艺

BSR/Hi-Activity 工艺和 BSR-Selectox 工艺的主要区别是使用了一种高活性的对水蒸气

不敏感的氧化催化剂，故可省去急冷脱水和再热步骤，从而简化了流程，节省了投资和操作费用。该工艺中所用的氧化催化剂是阿塞拜疆石油化学研究所开发的，可将85%~95%的 H_2S 直接氧化为单质硫，总硫回收率高达99.5%以上。

4. Clinsulf-DO 工艺

Clinsulf-DO 工艺是德国 Linde 公司的专利技术。该工艺可用于处理 H_2S 浓度为1%~20%的贫酸性气或硫回收尾气。当用于处理硫回收尾气时，流程和 BSR-Selectox 工艺类似，即 Claus 尾气经加氢、脱水、再热并与空气混合后进入该公司的专利设备-内冷式 Clinsulf 反应器，使其中90%以上的 H_2S 直接氧化为硫单质，装置总硫回收率达99.3%~99.6%。

三、液相氧化法硫黄回收工艺

液相氧化法也是重要的硫黄回收工艺技术之一，其通常具有操作弹性大、原料适应性强等特点，代表性的工艺有 LO-CAT 法、Streford 法、Sulferox 法等。

（一）LO-CAT 工艺

20世纪80年代，美国 Wheelabrator 清洁空气系统公司推出 LO-CAT 工艺，根据酸性气体来源和净化要求的不同，LO-CAT 工艺有常规型、自循环型、水系催化剂和 LO-CAT Ⅱ等不同的流程模式；2001年美国 Merichem 公司获得 LO-CAT 工艺的专利权，MINI-CAT 派生于 LO-CAT 的硫化氢清除技术，MINI-CAT 用于包括垃圾气体及沼气处理在内的低压清除硫化氢领域十分经济有效，到2016年，已有200多套 LO-CAT 装置被授与专利许可，被美国环保机构列为最可实现的控制技术。该工艺在常温下操作，采用水基的多元螯合铁催化剂，将硫化氢转化为单质硫，能够处理几 mg/m^3 到100%等不同含量的 H_2S 气体，适用于产量在200kg/d~20t/d 的小规模硫黄回收装置，硫回收率高，可达99.9%以上，处理后的净化气体中 H_2S 质量浓度可达 $10mg/m^3$ 以下。整个反应为改进的 Claus 反应，但完成该反应的机制与 Claus 工艺大不相同。该工艺为液相、室温过程，而 Claus 工艺为气相、高温过程。

该技术工艺流程简单，操作弹性大，占地面积小，初次投资费用低，但运行成本高，化学溶剂消耗大，不适合规模较大的脱硫装置，含铁废水难处理。该工艺生成的硫黄产品质量不高，所产硫黄可直接用于农业的土壤改性剂和农用杀虫剂，也可用于医疗卫生垃圾的处理剂，经熔硫设备提炼后，可为硫酸厂和化肥厂提供原料。

1. 工艺原理

如图4-2-9所示，LO-CAT 工艺依靠络合铁溶液将硫化氢转化为单质硫，含有硫化氢的气体进入吸收装置后与络合铁催化剂溶液接触，硫化氢被 Fe^{3+} 转化成单质硫，同时 Fe^{3+} 转化为 Fe^{2+}。净化后的气体离开吸收装置，含硫溶液进入氧化分离装置，用空气氧化 Fe^{2+} 为 Fe^{3+}，达到催化剂再生的目的，再生溶液重新返回吸收装置利用。单质硫沉淀在装置底部形成浓缩的硫浆，硫浆进入过滤器以固体硫黄的形式回收，滤液回流至氧化分离装置。

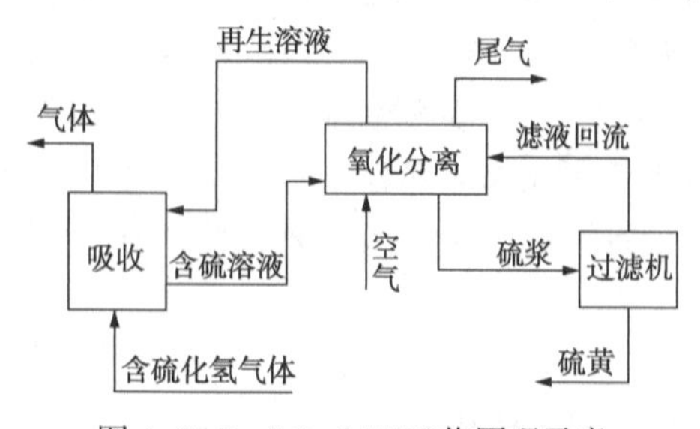

图4-2-9　LO-CAT 工艺原理示意

2. 工艺流程

LO-CAT 分为常规流程（见图4-2-10）和自循环流程（见图4-2-11）。

原料气进入吸收塔内，与络合铁催化剂逆流

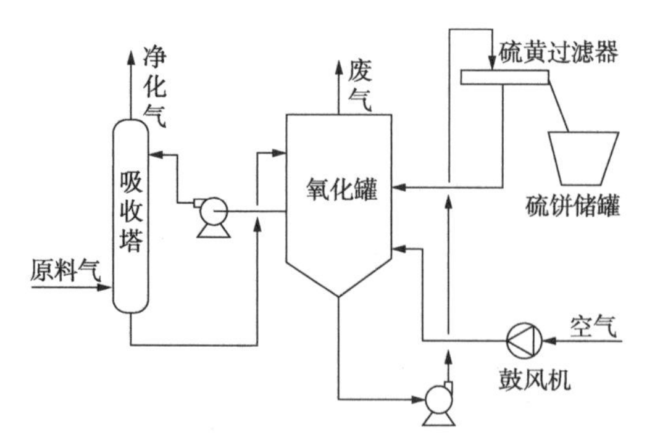

图 4-2-10 LO-CAT 常规流程示意

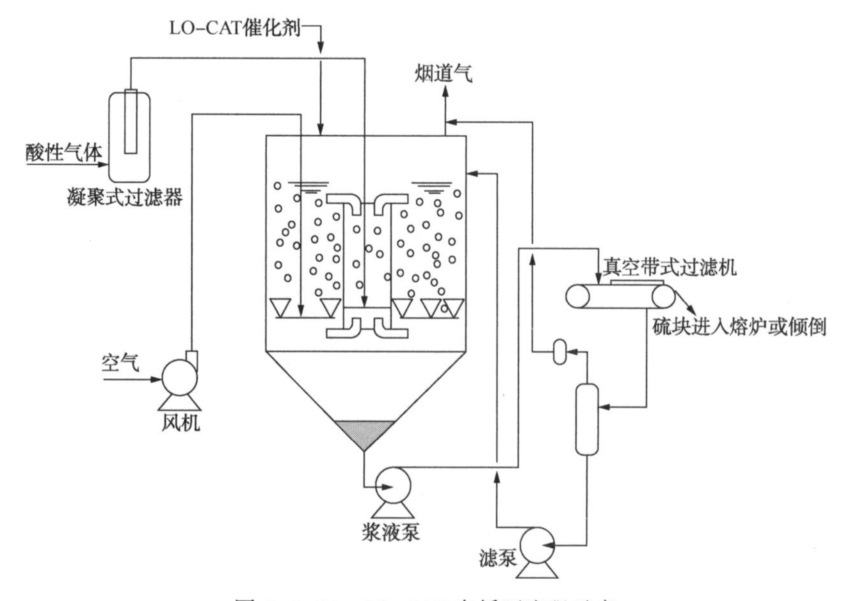

图 4-2-11 LO-CAT 自循环流程示意

接触，H_2S 被氧化成固体硫。净化气从塔顶排出装置，反应后的催化剂溶液进入氧化罐与空气反应，达到催化剂再生的目的。再生后的催化剂经溶液循环泵打入吸收塔。

原料酸性气中 H_2S 的氧化反应在起吸收器作用的内筒中进行，它与作为氧化（再生）器的外筒构成套筒形式，从而将硫化物离子与空气隔离，以尽可能地减小副产物生成。进行吸收（脱硫）反应时，含 H_2S 的酸性气通过一个气相分配系统，在吸收器内鼓泡，并与从吸收器顶部下来的 Fe^{3+} 发生反应，生成的单质硫下沉至反应器底部。进行再生（氧化）反应时，被还原的 Fe^{2+} 在氧化器内通过压缩空气分配系统，将空气从外筒下部鼓入溶液，使 Fe^{2+} 被重新氧化为 Fe^{3+} 而得以重复利用。由于外筒溶液中空气量远多于内筒溶液中的酸性气量，故在反应器的内筒和外筒之间液体形成的密度差能将再生后液体抬升到吸收器上部而自动形成循环。

自循环流程与常规流程主要区别在于吸收器和氧化器被整合为一个装置，从而减少一个容器，也省去溶液循环泵以及相关的管道等设备。同时该工艺能够处理压力更高的酸性气，并能脱除 CO_2，适用于处理含胺酸气及其他非易燃低压气体。酸性气体从吸收/氧化塔的吸收区进入，在络合铁催化剂的作用下发生反应，生成单质硫。反应后的混合液从吸收区上部溢流到氧化区，铁催化剂被从氧化区底部送入的空气氧化再生，不断地循环使用。沉淀在反应器底部的硫黄经浆液泵送至过滤机过滤，生成产品硫块。为进一步提升产品硫的质量，可将硫块送至熔炉进一步加工。

LO-CAT 工艺包括吸收和再生两部分，如图 4-2-12。在吸收段，气体物流中 H_2S 被吸收到含水、循环的 LO-CAT 溶液中，一旦被吸收，H_2S 就离子化为 H^+ 离子和氢硫化物离子，氢硫化物离子再与三价铁离子反应生成固体单质硫和铁离子。铁离子不会进一步还原，在吸收段喷注空气，氧被吸收入溶液中，使铁离子氧化成三价铁状态。该工艺 LO-CAT 装置的主要动力消耗是两台 65kW 旋转式风机，用以将空气注入工艺过程中。化学品补充费用主要来源于铁和螯合物化学品及碱。螯合物为水溶性有机化合物，合适的螯合物可使铁在水中的溶解度从百万分之几增加到 5%。该工艺技术可降低螯合物的降解。

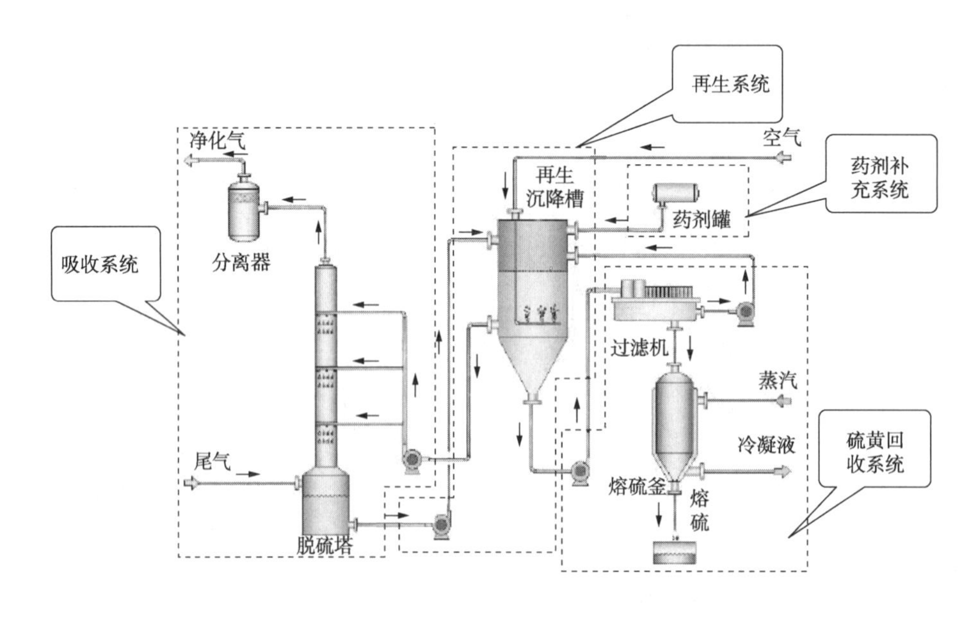

图 4-2-12　LO-CAT 装置流程

该工艺具有动力消耗、化学品费用和后处理费用低，H_2S 脱除率高的特点，得以迅速推广，全球已建成 200 多套装置。

3. LO—CAT 系统的特点

1）脱除 H_2S 的效率特别高，净化气体中 H_2S 含量可达 $2mg/m^3$。

2）不需要反应槽，真空脱水后硫膏的固体含量可达 80%～90%。

3）该法溶剂对碳钢有腐蚀性，所有碳钢设备用聚酯衬里，管道与阀门用不锈钢材料。

4）溶液无毒性，在常温条件下操作，脱硫效率最高可达 99.99%，且固体盐生成少，空气量及压力不大，洗液用量少，机械设计紧凑。

国内对 LO—Cat 工艺也作了不少改进，其中包括 FD 法、HEDP-NTA 法、龙胆酸-铁法等，也能获得较好的净化效果。

4. 反应机理

（1）吸收反应过程

$$H_2S(g) \rightleftharpoons H_2S(l) \qquad (4-2-1)$$

$$H_2S(l)+OH^- \longrightarrow HS^- +H_2O \quad (4-2-2)$$

$$2Fe^{3+}(l)+HS^-+OH^- \longrightarrow 2Fe^{2+}(l)+S\downarrow +H_2O \quad (4-2-3)$$

吸收总反应：

$$H_2S+2Fe^{3+}(l)+2OH^- \longrightarrow 2Fe^{2+}(l)+S\downarrow +2H_2O \quad (4-2-4)$$

（2）再生反应过程

$$O_2(g) \rightleftharpoons O_2(l) \quad (4-2-5)$$

$$O_2(l)+4Fe^{2+}(l)+2H_2O \longrightarrow 4Fe^{3+}(l)+4OH^- \quad (4-2-6)$$

（3）脱硫总反应

$$2H_2S+O_2 \longrightarrow 2H_2O+2S \quad (4-2-7)$$

5. LO-CAT 脱硫溶剂

铁氧化剂：黑色液体，提供足够的络合铁离子作为氧化剂，把吸收的硫化氢转变为硫黄；

络合铁稳定剂：亮黄色液体，维持铁离子在脱硫液中稳定存在；

细菌抑制剂：浅棕色液体，抑制细菌在溶液中生长；

表面活性剂：亮白色液体，降低表面张力，促使硫黄颗粒易于聚集和沉降。

6. 溶液循环量

溶液循环量与气体处理量、硫化氢含量以及铁浓度及碱度有直接的关系。

（1）原料气处理量和硫化氢含量变化与循环量调整

当原料气流量提高或原料气中硫化氢含量升高时，一般装置操作弹性为 110%~120%，超过正常使用范围，必须通过提高溶液循环量来达到脱除硫化氢维持系统稳定运行的目的，由于脱硫系统再生能力、吸收装置处理能力等因素的影响，必须同时通过其他调节手段来达到装置平稳运行。

因此，在原料气处理量和硫化氢含量的波动较大时应及时调整胺循环量。

（2）铁浓度与循环量关系

脱硫液中铁浓度越高，吸收硫容越大，溶液中当铁浓度为 1g/L 时，理论吸收硫容为 0.31g/L，当原料气流量提高或原料气中硫化氢含量升高时，超过正常使用范围，除了提高溶液循环量外，可以通过加入铁剂提高溶液吸收硫容达到脱除硫化氢维持系统稳定运行的目的。

因此，在原料气处理量和硫化氢含量的波动较大时，可通过测定溶液的电位、铁含量等分析数据及时调整胺循环量，保证脱硫系统的控制指标在合理的范围内。

7. 主要操作要点

1）pH 值控制。LO-CAT 工艺中循环溶液 pH 值合适的范围为 8.0~8.5，通过加入 45% KOH 溶液调节 pH 值。

2）溶液氧化还原电势。氧化还原电势与 $Fe^{3+} \longrightarrow Fe^{2+}$ 的转化率有关，氧化器出口氧化还原电势应在-125mV 以上，吸收塔出口氧化还原电势应在-250mV 以上。

3）相对密度测定。通过相对密度的测定可以间接反映溶液中可溶性盐的含量，相对密度升高，系统中可溶性盐浓度提高，影响脱硫和再生效率下降。

4）表面活性剂。硫颗粒表面有时附着气泡和碳氢化合物加入表面活性剂，保证硫颗粒的润湿，促进硫沉降。通过沉降试验确定加入量。

5）吸收再生温度控制。LO-CAT 溶液的吸收温度必须比进入反应器的温度高，防止碳氢化合物和过量的水冷凝，一般情况下维持 1.7~2.7℃。

6）根据工艺设计参数。控制碱度、络合剂、铁等在设计参数范围内，根据生产负荷的变化适当调整。

8. 典型应用案例

典型应用案例见表 4-2-1。

表 4-2-1　典型应用案例

项　目	设　计　值	实际操作参数
原料气气量/(Nm^3/h)	150(90~165)	60~90
硫化氢浓度/%	23	6~10
铁浓度/(μg/g)	500	450~500
操作温度/℃	40~60	40~50
氧化还原电位/mV	-175~-250	-150~-200
溶液 pH 值	8~9	8~9
溶液密度/(kg/L)	1.2	1.2
净化气硫化氢/(mg/m^3)	<10	5
ARI-340 加入量/(L/h)	0.03~0.10	0.08
ARI-350 加入量/(L/h)	2.50~10	1.2
ARI-400 加入量/(L/h)	0.02~0.05	0.02
ARI-600 加入量/(L/h)	0.01~0.10	0.007
KOH 加入量/(L/h)	1.0~4.0	0.7

（二）Nasil 硫黄回收工艺

水相湿法催化氧化法：以络合铁(LO-CAT)为催化剂，以其碱性(pH-8)水溶液为氧化吸收剂，空气中的氧气为再生剂，达到酸性气净化和硫化氢硫黄资源化的双重目的，得以在市场上广泛使用，但普遍存在以下问题：

1）以水溶液为介质的脱硫液不能适应高温气源的脱硫需求，如 PDS 湿法脱硫只能将煤气化后的气体温度降到 50℃以下才能操作。

2）无论是吸收法还是催化氧化法脱硫，实际生产时均是在碱性条件下进行，硫化氢及空气中的二氧化碳容易转化为碳酸盐、硫酸盐以及硫代硫酸盐等，容易堵塞管道；脱硫液自身的降解特性及大量无机盐，既严重腐蚀设备又产生大量的难处理废水，大量副盐的产生及高毒性复杂外排污水的难处理一直是湿法氧化硫化氢硫黄资源化技术应用的瓶颈问题。

3）湿法催化氧化法脱除硫化氢反应生成的水将直接稀释以水为介质的脱硫液，必须在一定的时间外排被稀释的脱硫液、补充新鲜脱硫液、调节脱硫液 pH 等以实现最佳脱硫效率。

4）湿法脱硫产生的大量硫黄泡沫严重影响催化剂再生效率和有机硫的脱除。

北京化工大学余江教授团队设计非水介质的酸性脱硫新思路，在铁基离子液体疏水性介质中以酸性脱硫剂反应性吸收硫化氢，将硫化氢氧化为硫黄和水，水自然分相而避免脱硫液被稀释。该项技术突出的优点为，在整体脱硫过程中脱硫液不会被稀释而是脱硫活性成分的浓度发生变化；酸性条件下没有各种副盐产生，从理论和实践上均消除了二次污染。

在国家自然科学基金重大研究计划及国家高技术研究发展计划(863 计划)的支持下，余江教授课题组首先提出以疏水性介质为酸性脱硫体系的硫化氢净化技术，在开放的自然环境中以氯化咪唑与水合氯化铁反应，合成络合型铁基离子液体。水分测定以及红外光谱均表明，氯化咪唑与水合氯化铁反应后，生成的产物即使长时间暴露于空气中也不会吸水，具有强疏水特性；热重分析表明其热分解温度可达 350℃，经马弗炉焙烧实验证明其循环使用温度可达 240℃；以吡啶为探针的实验表明，它具有路易斯酸和布朗酸的双重特性、对称性良好的电化学氧化还原峰和电化学可逆性，如图 4-2-13 和图 4-2-14，这些性能均为构建以酸性非水介质为脱硫液的硫化氢绿色脱硫技术奠定基础。

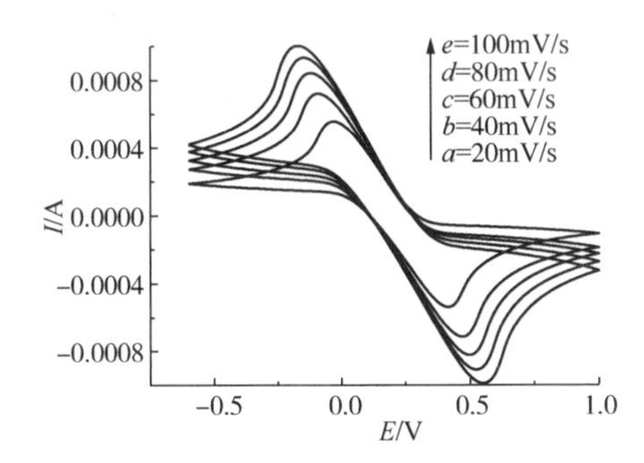

图 4-2-13　不同扫描速率下铁基离子液体脱硫剂的循环伏安曲线

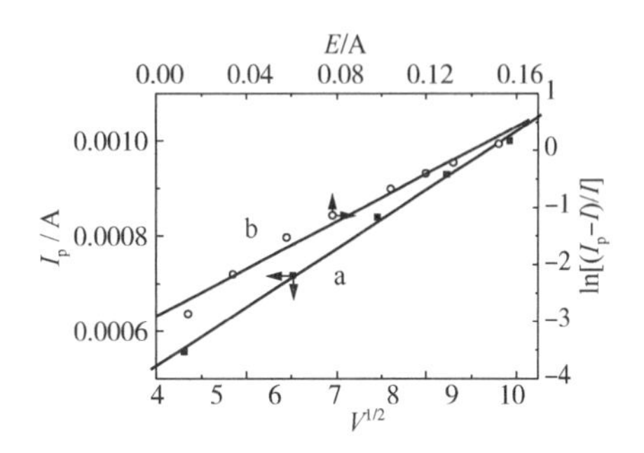

图 4-2-14　铁基离子液体脱硫剂峰电流、电压及扫描率关系图

硫容是表征脱硫剂脱硫性能的重要指标。铁基离子液体脱硫剂具有很好的耐热性，实验分别测得 50℃时硫容为 0.31g/L，105℃时 0.87g/L，140℃时 0.98g/L，180℃时硫容增加到 3.92g/L，由此可见升高温度将显著提高脱硫液的脱硫容量。通过硫化氢流量、浓度、反应温度、氧气流量等对脱硫效率的影响以及反应后对脱硫液物化性能的分析表明，铁基离子液体脱硫剂吸收硫化氢并将其氧化为硫黄，游离的氢与氧气反应生水，同时铁基离子液体得以再生而循环使用，如下式。

$$\mathrm{BmimFe(III)}_x\mathrm{Cl}_y+\mathrm{H_2S}\xrightarrow{\text{脱硫}}\mathrm{BmimFe(III)}_x\mathrm{Cl}_y+\mathrm{S}+\mathrm{H_2}\xrightarrow{\mathrm{O_2}}\mathrm{H_2O} \quad (4-2-8)$$

铁基离子液体中硫化氢酸性脱硫技术特征与优势：

1) 动力学受限的再生过程：与传统水相湿法脱硫动力学过程相似，非水相离子液体硫化氢脱硫过程中的吸收反应主要受液膜机理控制，氧化反应属于快反应步骤，该反应决定速度的步骤是脱硫之后的氧气氧化再生反应过程。实验表明，加热、增加氧气浓度、采用非敞口容器会明显加快再生速率，在敞口容器中通入空气，自然搅拌条件下需要进超过 130h 的再生过程，而在相对密封的容器中 50℃通氧仅只需 2.7h 即可完全再生。

2) 非水相湿法氧化脱硫工艺：传统水相湿法脱硫液主要是采用含有一定脱硫剂活性成分的水溶液，并且需要调节脱硫液溶液 pH 在弱碱性范围，增强脱硫液对 H_2S 气体的吸收能力，确保脱硫剂活性成分的有效性。在此条件下的脱硫反应容易产生含 SO_4^{2-}、$S_2O_3^{2-}$、SO_3^{2-} 等离子的副产物。以铁基离子液体为脱硫剂脱硫反应后，铁基离子液体脱硫剂的红外光谱与反应前一样，没有观察到脱硫液中有 S—O 键伸缩振动峰的存在。因此铁基离子液体的脱硫

过程没有 SO_4^{2-}、$S_2O_3^{2-}$、SO_3^{2-} 等副产物的产生，铁基离子液体脱硫剂的强酸特性抑止了硫氧酸根类离子副产物的形成。

水分测定仪分析反应前后铁基离子液体脱硫剂样品，发现反应后的铁基离子液体与反应前一样均不含有水分，说明再生阶段生成的水与铁基离子液体是分相的，完全不同于传统水相湿法氧化脱硫工艺，再生氧化阶段会生成水，导致脱硫液被不断稀释。由此依据铁基离子液体所具有的强疏水和氧化特性，构建新型的非水相湿法氧化脱硫工艺，不仅能有效吸收 H_2S 气体，而且同时发生氧化反应达到脱硫的目的。另外，在非水相湿法氧化脱硫工艺中脱硫剂与再生过程中产生的水能自然分离，避免了脱硫剂被水稀释而导致其流失，如图 4-2-15。

3）铁基离子液体处理硫化氢气体温度使用范围宽，在不超过铁基离子液体的循环使用温度 240℃范围内均可直接使用。实验结果表明，在 2h 的反应时间内，随着反应温度的升高，脱硫效率逐渐升高，尤其以 180℃的反应温度最佳。温度的升高使反应速率增大、使气体在离子液体中的传质更好，也可降低气体在离子液体中的溶解度。140℃、160℃和 180℃三个中高温条件下铁基离子液体氧化硫化氢所得到的硫黄产物样品经元素分析，室温及高温反应所得到的硫黄纯度均达到 99%以上。

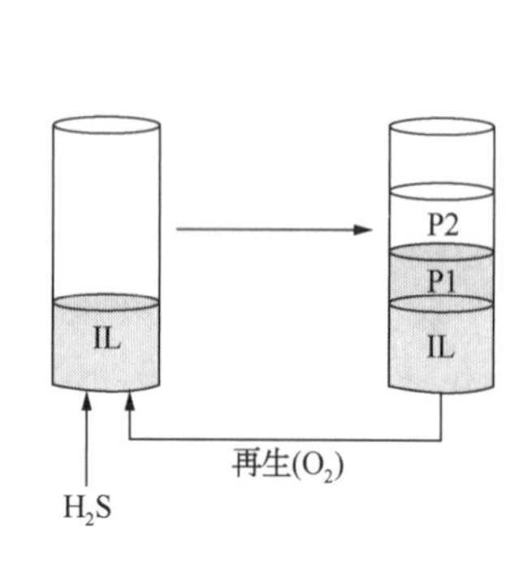

图 4-2-15　非水介质湿法氧化硫化氢脱硫及原位分离工艺

IL-铁基离子液体脱硫剂；P1-硫黄；P2-H_2O

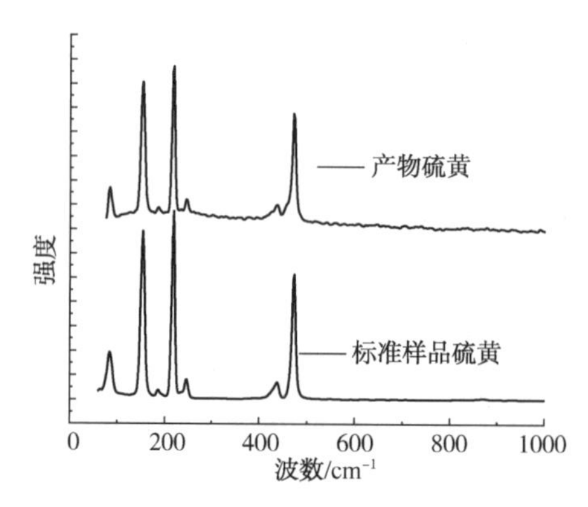

图 4-2-16　产物硫黄及标准样品硫黄的拉曼图谱对比

图 4-2-16 是产物硫黄和标准硫黄的拉曼光谱图，产物硫黄拉曼光谱与高纯度硫黄拉曼光谱比较，两图中每个峰的形状和位置以及各个峰相对强度都相同，说明铁基离子液体处理硫化氢气体产生的硫黄为高纯单质硫。

余江团队在北京顺义区完成了吨级铁基离子液体脱硫剂的放大实验，并在山西煤化工集团以焦炉煤气为对象建立“非水相湿法氧化硫化氢脱硫工艺”的工业侧线，为解决当前焦炉煤气使用水相湿式氧化法脱除硫化氢工艺中碱耗高并产生大量无机盐废液的重大难题探索新途径。图 4-2-17 是焦炉煤气侧线实验装置及得到的硫黄产物现场照片。

焦炉煤气铁基离子液体脱硫过程无需添加任何化学药剂，没有废水产生，也没有副产物无机盐的生成，所得硫黄产物可以通过自然沉降方式获得，工艺简单、操作简便，从根本上实现绿色无污染脱硫。

余江教授等开发的新型复合液体脱硫剂，发展湿法氧化脱硫非水相处理新工艺，克服在

图 4-2-17　焦炉煤气非水相湿法氧化脱硫侧线实验装置(左)及硫黄产物(右)现场照片

醇胺吸收法及湿法催化氧化(如 PDS 法)等均相处理硫化氢(H_2S)气体的过程中脱硫剂组成配制复杂、易降解、易流失，需要定期补给脱硫剂活性成分，必须严格控制脱硫剂水反应液的酸碱度等缺陷，实现反应净化与产物的自动分离，直接将复合气体组分中含硫成分转化为单质硫，避免脱硫过程工艺长、能耗大、脱硫剂降解、被水稀释而导致脱硫剂成分变化和流失的二次污染等问题，形成了 Nasil-DS 硫黄资源化工艺技术，其原理和特点主要表现在：

1）Nasil-DS 脱硫液中的活性成分具有适宜的氧化能力，可以直接将 H_2S 氧化为硫黄单质，然后在空气中脱硫液 Nasil-DS 得以再生循环使用，同时 H_2S 中的 H 被氧化为 H_2O，以 Nasil-DS 为催化剂去除 H_2S 反应可表示如下：$H_2S+2O_2 = S+H_2O$。

2）脱硫液具有疏水特性，酸性气中的水分和反应过程中脱硫所产生的水及产物固体硫黄均自动与脱硫剂分层而被分离，不会稀释脱硫剂，而且可实现产物从脱硫剂中分离回收。

3）特别是运行过程中无需再添加任何辅助药剂，既简化工艺，又无废水等二次污染产生。

4）脱硫液在室温条件下就可以实现高效脱硫，又具有良好的耐热特性，可在 120℃条件下循环操作，在 70~90℃条件下既可以显著提高其脱硫和脱硫性能，又可以加速其再生效率。

此脱硫技术的核心是应用异相在线分离技术，脱硫剂合成工艺简单且性能稳定，脱硫工艺具有脱硫剂流失性小、节约用水、反应分离一体化、工艺流程短及不造成二次污染的特点，能够替代传统液体脱硫剂，应用于石化炼厂气、天然气、焦炉煤气等的高浓度脱硫，也可以是用于石化工业等废水处理末端低浓度有毒废气的现场处理，充分表现出适用范围广、效率高、节水、无二次污染、易再生循环使用等方面的优点，具有重大的环境保护功能和经济效益。

制作单元化操作设备与工艺，根据不同需求实施单元组合集成，设备投资小，在精细化工及资源环境领域的广泛使用将创造巨大效益。不仅如此，Nasil 硫黄资源化技术所用设备与传统的水相湿法氧化技术设备具有相通性，因此，从技改的角度可以节约技改成本，便于技改的实施。

（三）SulFerox 脱硫技术

Dow 和 Shell 公司联合开发的 SulFerox 工艺，其工艺流程与 LO-CAT 相似，但没有使用双络合系统，其最大的特点是铁浓度高达 4%，是 LO-CAT 的 20 倍。浓度增加 20 倍，在经济上具有重要意义：节省操作费用，降低设备投资。第一套 SulFerox 装置建于 1987 年，用于处理美国白堡油田低压天然气。到 2009 年，已有 40 多套 SulFerox 装置被授与专利许可，其中 30 多套装置在运行。SulFerox 工艺最大的装置应用于 Dewver 城的强化采油回收装置，采用两套并联装置取代了三套选择性胺装置，处理气体量达 $290\times10^6ft^3/d$。单系统硫产量最大的装置在 Sara 炼油厂，硫黄产量达 14t/d 以上。

1. 工艺特点

1）硫容高、络合剂降解小；

2）再生空气量小；

3）适用于高二氧化碳气体中的选择性脱除硫化氢；

4）溶液脱除气体中有机硫（硫醇脱除率 50%~90%，COS30%~60%）。

2. 工艺流程图

SulFerox 脱硫技术工艺流程图见图 4-2-18。

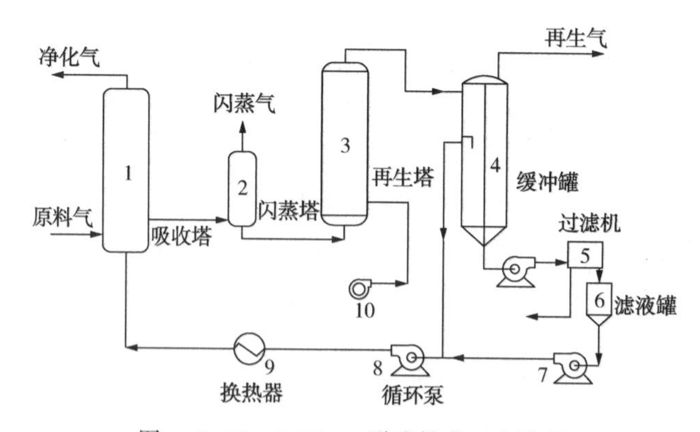

图 4-2-18　SulFerox 脱硫技术工艺流程

3. 典型应用案例

典型案例操作参数见表 4-2-2。

表 4-2-2　典型案例操作参数

项　目	实际操作参数	项　目	实际操作参数
原料气气量/(Nm^3/h)	29000	操作压力/MPa	6.7
硫化氢浓度/(μL/L)	1800	溶液 pH 值	6.5~7.3
CH_4/%	58.5	回收流量/(t/d)	1.7
C_2H_6/%	0.3	净化气硫化氢/(mg/m^3)	4
CO_2/%	40	工艺用水量/(m^3/h)	9
操作温度/℃	32	电/(kW · h/h)	300

（四）Sulfint HP 脱硫技术

为了解决铁基液相氧化还原法工艺难以应用于高压原料气的问题，法国石油研究院（IFP）与 LGI 公司合作开发了 Sulfint HP 工艺，并于 1999~2001 年期间在处理量为 $2000m^3/h$ 的中试装置上进行了 3 次中试，试验装置的操作压力为 8MPa，原料气 H_2S 含量最高达到 5000μL/L，中试结果证实了此工艺在技术经济上的可行性。

工艺过程主要包括 3 个循环：吸收循环、溶液过滤循环和空气再生循环，前 2 个循环在压力下进行，第 3 个循环在常压下进行。在第 2 个循环中，仅从全部脱硫富液中分出少量进行过滤后进入再生循环，从而达到降低能耗的目的。

1. 工艺流程

Sulfint HP 脱硫技术工艺流程见图 4-2-19。

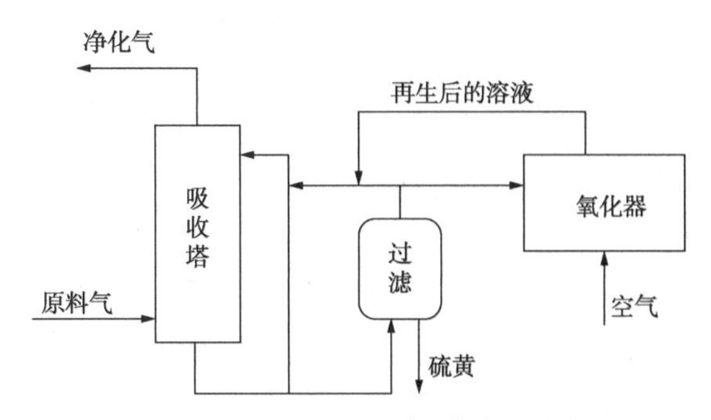

图 4-2-19　Sulfint HP 脱硫技术工艺流程

2. 典型应用案例

典型案例操作参数见表 4-2-3。

表 4-2-3　典型案例操作参数

项　　目	实际操作参数	项　　目	实际操作参数
原料气气量/(Nm³/h)	40000	回收硫量/(t/d)	18
硫化氢浓度/(μL/L)	20000	蒸汽/(t/h)	1.2
H_2S 脱除率/%	99.9	废水量/(m³/h)	10
操作温度/℃	20~40	电/(kW·h/h)	1500
溶液 pH 值	7~9		

(五) Stretford 工艺

Stretford 工艺的应用起始于 1959 年，是由英国西北煤气公司和克兰顿-苯胺公司共同开发的一套气体脱硫与硫回收复合的典型的钒基工艺。该工艺以碳酸盐洗液为介质，钒作为催化剂，同时采用蒽醌-2,7 二磺酸钠(ADA)作为还原态钒的载体，可以使硫化氢转化为单质硫。该工艺和 LO-CAT 工艺的主要区别在于硫和溶剂的分离方法不同，LO-CAT 法采用沉降分离，硫从容器底部分出，而 Stredford 工艺采用空气鼓泡，生成泡沫硫，泡沫状的硫从容器上部溢出至收集罐，再经过滤或离心作用形成硫饼。

该工艺的主要问题在于：

1）有害废液处理困难，工艺过程气体刺激性气味大，造成二次污染；

2）副产物多，使得化学品消耗量大增；

3）生成的硫产品质量较差；

4）对原料中的 COS、CS_2和硫醇等有机硫几乎不起作用。

(六) 工艺技术展望

自工业化以来，Claus 工艺迅速发展，成为了硫黄回收的主流工艺。当原料中 H_2S 浓度较低、装置规模较小时，如 LO-CAT 工艺等液相氧化工艺也得到了广泛的应用。在上述两种工艺之外，硫化氢间接电解制硫和氢气的技术也是处理酸性气的方案之一，但由于其对设备材质等的局限性应用不多。

尽管 Claus 工艺对原料 H_2S 的浓度有一定限制，但配套尾气处理工艺后，其具有高转化率、高产品质量、低硫排放等特点，特别适合于现代环保要求越来越严、工业规模越来越大型化的硫黄回收装置。随着新型催化剂、新型脱硫溶剂的研发，Claus 工艺仍在节能减排、缩减投资等方面有很大的潜力。可以预计，在未来的硫黄回收工业应用及工艺研发中，Claus 法仍将占据主导地位。

近些年来，为了适应飞速发展的工业化进程，相比欧美国家，我国环境保护法律的更新速度较快，因此，能显著降低硫排放的还原吸收类尾气处理技术在国内现有的硫黄回收装置中占据统治地位。但随着新工艺新技术的发展，对焚烧后烟气进行脱硫处理的烟气碱洗工艺走入了人们的视线，由于该工艺使用碱洗的方法直接降低排放烟气中的 SO_2 含量，对焚烧前尾气中的硫含量适应性较大，使得催化氧化工艺、氧化吸收工艺等其他尾气处理技术具备了在国内进一步发展的可能。

第三节　硫黄回收工艺原理及工艺指标

一、Claus 反应原理

Claus 法是目前国内外应用最广、技术最成熟的硫黄回收工艺，其原理基于 Claus 反应，即酸性气中的 H_2S 通过酸性气反应炉内的高温热反应和 Claus 反应器内的低温催化反应，使其转化为单质硫。

1. Claus 反应方程式

Claus 反应按照反应发生的区域可以分为高温热反应和低温催化反应两部分。按照反应产物来分类可分为主反应和副反应。由于原料酸性气成分复杂，无论是在反应炉内发生的高温热反应还是在 Claus 反应器内发生的低温催化反应均存在多种主反应和副反应。

（1）酸性气反应炉内的高温热反应

酸性气反应炉内发生的总反应为 H_2S 氧化为单质硫，其总反应式是：

$$3H_2S+1.5O_2 = S_x+3H_2O \quad (4-3-1)$$

实际上，反应分为二步进行：

$$H_2S+3/2O_2 \rightleftharpoons SO_2+H_2O \quad (4-3-2)$$

$$2H_2S+SO_2 \rightleftharpoons S_x+2H_2O \quad (4-3-3)$$

第一步是参与反应的三分之一 H_2S 与 O_2 反应生成 SO_2 和 H_2O，第二步是剩余三分之二的 H_2S 与第一步反应生成的 SO_2 反应，转化为单质硫。

（2）Claus 反应器内的低温催化反应

低温催化反应是在 Claus 反应器内的催化剂床层上按式(4-3-3)进行的。从理论上讲，温度越低转化率越高，但当温度低于硫露点温度时，会使液硫沉积在催化剂表面而使催化剂失去活性，因此通常应在硫露点温度以上 20℃ 左右操作。

（3）不同形态的硫相互转化的反应

单质硫的形态非常复杂，无论是液态还是气态时均是由不同形态的硫组分组成的混合物。液态硫是由环状 S_8 和链状多硫 S_x 的混合物，而气态硫形态更多，包含 S_1 ~ S_8 等组分。研究认为，当温度高于 700K 时硫蒸气主要由 S_2 组成，而 700K 以下时主要以 S_6 和 S_8 为主。

通常在工程上 Claus 过程中发生的主要硫形态转化反应可以用如下几式描述：

$$3S_2 \rightleftharpoons S_6 + 272.2kJ \quad (4-3-4)$$

$$4S_2 \rightleftharpoons S_8 + 404.4kJ \quad (4-3-5)$$

$$4S_6 \rightleftharpoons 3S_8 + 124.5kJ \quad (4-3-6)$$

2. 克劳斯工艺的主要副反应

(1) 酸性气反应炉内的发生的副反应

酸性气中除 H_2S 外，一般还含有烃类、CO_2和 H_2O，炼厂酸性气中还含有 NH_3或 HCN 等物质，因此酸性气反应炉内的反应非常复杂。其中主要副反应有：氨和烃类的氧化反应；生成或消耗 COS 和 CS_2的副反应；生成或消耗 CO 和 H_2的副反应；以及 S 形态转化的副反应。由于副反应多，因而反应后的气体组成很复杂。一般气体中的 H_2主要来源于 H_2S 的热分解和烃类的燃烧；CO 来源于 CO_2和 H_2S 的反应、H_2的还原反应和烃的氧化反应；COS 和 CS_2来源于烃和 SO_2的反应，CO、CO_2和硫蒸气的反应。酸性气反应炉内主要反应及其反应热见表 4-3-1。

表 4-3-1　酸性气反应炉内发生的反应及其反应热

序　号	反应(摩尔)	反应热/kJ[①]	
		927℃	1204℃
1)硫、硫化物及烃类的氧化反应			
1	$H_2S+3/2O_2 = SO_2+H_2O$	-519.6	-519.2
2	$2H_2S+SO_2 = 3/2S_2+2H_2O$	42.1	41.3
3	$2H_2S+2O_2 = S_2+2H_2O$	-475.4	-477.9
4	$H_2S+1/2O_2 = H_2O+S_1$	58.0	57.5
5	$S_1+O_2 = SO_2$	-577.1	-577.5
6	$2S_1 = S_2$	-432.8	-434.5
7	$S_2+2O_2 = 2SO_2$	-721.4	-720.6
8	$CH_4+2O_2 = CO_2+2H_2O$	-797.3	-801.5
9	$C_2H_6+7/2O_2 = 2CO_2+3H_2O$	-1424.9	-1429.5
10	$CH_4+3/2O_2 = CO+2H_2O$	-518.3	-522.1
11	$CH_4+O_2 = CO+H_2O+H_2$	-270.2	-272.9
12	$CH_4+2H_2O = CO_2+4H_2$	193.5	196.0
2)生成或消耗 CO 及 H_2的反应			
13	$H_2+CO_2 \rightleftharpoons CO+H_2O$	32.9	31.7
14	$CO_2+H_2S \rightleftharpoons CO+H_2O+1/2S_2$	114.7(1639℃)	113.8(1927℃)
15	$2CO_2+H_2S \rightleftharpoons 2CO+H_2+SO_2$	284.8(1639℃)	281.5(1927℃)
16	$H_2S \rightleftharpoons 1/2S_2+H_2$	89.2(1639℃)	88.8(1927℃)
17	$2CO+O_2 \rightleftharpoons 2CO_2$	-561.7	-599.2
18	$4CO+2SO_2 = 4CO_2+S_2$	-402.4	-397.8
19	$H_2+1/2O_2 = H_2O$	-248.1	-249.4

续表

序　号	反应(摩尔)	反应热/kJ[①]	
		927℃	1204℃
20	$H_2+1/2S_2═H_2S$	-89.7	-89.2
3)生成或消耗 COS 的反应			
21	$2CH_4+3SO_2═2COS+1/2S_2+4H_2O$	-130.9	-135.9
22	$2CO_2+3S_1\rightleftharpoons 2COS+SO_2$	-624.2	-625.5
23	$CS_2+CO_2═2COS$	2.5	2.9
24	$2S_1+2CO_2═COS+CO+SO_2$	-319.8	-321.9
25	$CO+S_1═COS$	-304.4	-303.6
26	$CH_4+SO_2═COS+H_2O+H_2$	2.5	-1.3
27	$CS_2+H_2O\rightleftharpoons COS+H_2S$	-31.7	-30.9
28	$COS+H_2O\rightleftharpoons H_2S+CO_2$	-34.6	-33.8
29	$2COS+SO_2═\frac{3}{2}S_2+2CO_2$	-25.0	-26.3
30	$COS+CO+SO_2═S_2+2CO_2$	-113.0	-112.6
31	$COS+H_2\rightleftharpoons CO+H_2S$	-2.1	-3.8
32	$COS+3/2O_2═CO_2+SO_2$	-553.4	-553.4
33	$COS═CO+1/2S_2$	88.0	86.3
4)生成或消耗 CS_2 的反应			
34	$C_1+2S_1═CS_2$	-443.7	-444.9
35	$CH_4+2H_2S═CS_2+4H_2$	259.8	260.6
36	$CH_4+4S_1═CS_2+2H_2S$	-965.8	-967.9
37	$CH_4+2S_2═CS_2+2H_2S$	-99.7	-99.2
38	$CO_2+3S_1═CS_2+SO_2$	-627.2	-628.0
39	$C_2H_6+7/2S_2═2CS_2+3H_2S$	-183.9	-183.9
40	$C_3H_8+5S_2═3CS_2+4H_2S$	-261.5	-262.3
41	$CS_2+2H_2O\rightleftharpoons CO_2+2H_2S$	-66.3	-64.6
42	$CS_2+SO_2═CO_2+3/2S_2$	-22.5	-23.4
43	$CS_2+CO_2═2CO+S_2$	178.9	175.6

① 负值表示放热反应。

(2) Claus 反应器内发生的副反应

克劳斯反应器内发生的主要副反应是 COS 和 CS_2 的水解反应，见式(4-3-7)和式(4-3-8)。

$$COS+H_2O\rightleftharpoons CO_2+H_2S \tag{4-3-7}$$

$$CS_2+2H_2O\rightleftharpoons CO_2+2H_2S \tag{4-3-8}$$

随着国家对环保工程的重视，硫黄烟气排放指标日益收紧，对于目前硫黄回收普遍采用的还原吸收法处理 Claus 尾气，由于有机硫难以通过还原吸收法完全去除，因此上述副反应在 Claus 反应器中十分重要。上述反应随温度的升高而增加，因而通常采用提高一级反应器床层操作温度或在一级反应器催化剂床层的下部使用专门的有机硫水解催化剂，也可上述二种手段同时使用，以促进 COS 和 CS_2的水解，提高装置转化率，维持下游操作的稳定性。

（3）H_2S 溶解于液硫产生多硫化氢的反应

Claus 工艺回收的液硫中均含有少量的 H_2S，H_2S 在液硫中的含量随温度升高而增加，其原因是：H_2S 溶解于液硫时会生成多硫化氢（H_2S_x，x 通常为 2）；同时随着温度的降低多硫化氢也会降释放出 H_2S。其反应式如下：

$$H_2S+(x-1)S \rightleftharpoons H_2S_x \tag{4-3-9}$$

3. 反应炉中高温区的反应机理

如前文所述，反应炉内的化学反应相当复杂。据相关研究报告表明，如假设通过燃料气进入反应炉的原料酸性气中仅包含 H_2S、CH_4和 NH_3三种可供氧化的物质，H_2S 将首先氧化生成 S_2和 H_2O，并消耗掉大部分的氧，故这是炉内发生的主要反应，在使用高强度的燃烧器时，反应炉内氧化反应的次序及历程依次如下：

$$2H_2S+O_2 \rightleftharpoons S_2+2H_2O \tag{4-3-10}$$

$$3S_2+4H_2O \rightleftharpoons 4H_2S+2SO_2 \tag{4-3-11}$$

$$S_2+2O_2 \rightleftharpoons 2SO_2 \tag{4-3-12}$$

S_2是继 H_2S 后第二个被氧化的物质，此反应生成的 SO_2是作为烃类及 NH_3的氧化剂。因此，Claus 装置（主）燃烧器及反应炉内物质被氧化的次序大致为：

$$H_2S>S_2>CH_4>NH_3$$

以上是建立在原料酸性气中仅包含 H_2S、CH_4和 NH_3等三种可供氧化的物质的假设前提下的，实际的情况则更加复杂。

（1）CH_4的氧化反应与 CO、H_2及有机硫化合物的生成

在自由火焰及其周围的高温反应区内，部分 CH_4氧化生成 CO 和 H_2，并消耗一定量的 O_2，部分 CH_4与 H_2O 反应而生成 CO 和 H_2。这两个反应是反应炉内生成 CO 和 H_2的主要（副）反应。在自由火焰区内未被氧化掉的 CH_4，将在反应炉内转化为 CS_2、COS、CO、CO_2和 C（烟炱），这是炉内生成有机硫化合物的主要（副）反应。研究表明，在反应炉的反应条件下由 CO/CO_2不可能生成 CS_2，后者是通过烃类与 S_2和/或 H_2S 的反应生成。因此，当原料酸气中烃类含量较高而不能在自由火焰区内完全被燃烧（或氧化）掉时，过程气中 CS_2的生成率将增加。CS_2和 COS 在反应炉内的生成及转化涉及的反应途径非常复杂，Clark 等将有关反应途径进行了归纳，如图 4-3-1 所示。

（2）H_2S 热裂解生成 H_2和 S_2的反应

$$2H_2S \rightleftharpoons 2H_2+S_2$$

$$SO_2+2H_2 \rightleftharpoons 0.5S_2+2H_2O$$

在反应炉前端的自由火焰区的高温条件下，会有少量 H_2S 被热裂解而生成 H_2和 S_2；但当有大量 H_2S 被热裂解后，在反应炉后端温度相对较低的部位（燃烧室）H_2与 S_2会重新结合而生成 H_2S。因此，最终 H_2的量取决于火焰温度、燃烧（室）温度和过程气在反应炉蒸汽发生器中的冷却速度。

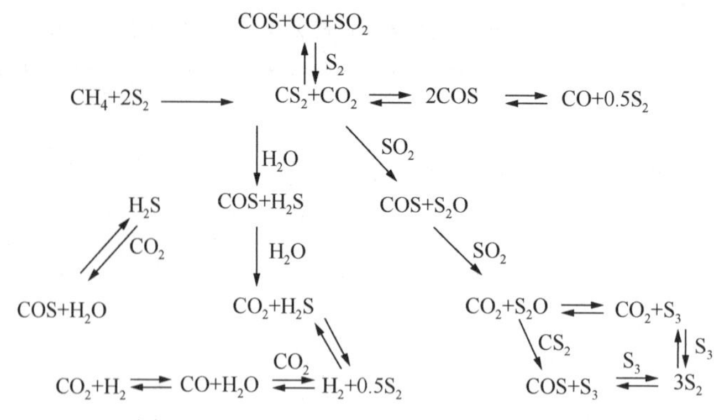

图 4-3-1　CS_2和 COS 的生成与转化途径

（3）NH_3的分解机理

1）NH_3的部分氧化：

$$2NH_3+3/2O_2 = N_2+3H_2O \tag{4-3-13}$$

NH_3在反应炉中分解的一个重要途径是通过上式所示的部分氧化反应，但根据近年来的研究发现，在模拟 Claus 装置反应炉的工况条件下，上述反应需在炉温达到 700℃时才开始，炉温达到 1000℃时，NH_3的转化率仅为 4.9%（见表 4-3-2）。然而，H_2S 部分氧化为 SO_2的反应在 300℃时即开始，炉温达到 600℃时 H_2S 的转化率已接近 100%（见表 4-3-3），故上述反应不可能是 NH_3在炉内分解的主要途径。

表 4-3-2　不同温度下 NH_3部分氧化反应的转化率

温度/℃		700	800	900	1000	1100	1200	1300
反应混合物	NH_3 4%(mol)	1.4(0.55)	2.4(0.5)	2.9(0.46)	4.9(0.42)	5.9(0.39)	34.5(0.15)	98.7(0.14)
	O_2 3%(mol)						67.2(0.24)	99.6(0.23)
	Ar 93%(mol)						71.9(0.37)	99.8(0.34)

注：括号内为停留时间，单位为 s。

表 4-3-3　不同温度下 H_2S 部分氧化反应的转化率

温度/℃		300	400	500	600			
反应混合物	H_2S 4%(mol)	1.0(0.33)	2.0(0.22)	50.8(0.15)	4.9(0.42)			
			4.0(0.24)	55(0.18)	97.0(0.16)			
			6.8(0.26)	59.5(0.19)	99.5(0.17)			
	O_2 6%(mol)		12.8(0.28)	61.3(0.21)	100(0.19)			
				66.8(0.23)				
	Ar 90%(mol)			77.3(0.25)				

注：括号内为停留时间，单位为 s。

2）NH_3的热分解反应：

$$2NH_3 = N_2+3H_2 \tag{4-3-14}$$

除上述氧化反应[式(4-3-16)]外，NH_3在反应炉内分解的另外一个重要途径是通过式(4-3-14)的热分解反应，但根据近年来的研究发现，虽然存在 NH_3在 1300℃的高温下彻底分解的可能，但由于过程气中大量存在的 H_2S 及 H_2O 对裂解反应的强烈抑制作用，即使在这样的高温下，NH_3的转化率仍不足50%。

表4-3-4的实验分别是在以下三种不同的工况条件下进行：

工况1：过程气中 NH_3含量为16.2%，其余为Ar，停留时间为0.6s；

工况2：过程气中 NH_3含量为14.5%，H_2O 含量为14.5%，其余皆为Ar，停留时间为0.5s；

工况3：过程气中 NH_3含量为14.5%，H_2S 含量为65%，其余皆为Ar，停留时间为0.6~1.0s。

表4-3-4　有 H_2O 和 H_2S 存在时 NH_3的热分解转化率

反应温度/℃	NH_3的热解转化率/%		
	工况条件(1)	工况条件(2)	工况条件(3)
900	13.4	0.5	0
1000	33.1	1.1	—
1100	91	5.8	29
1200	99.6	12.1	—
1300	100	32.7	45.6
1400	—	58.5	—
1500	—	86.5	61.2

3）NH_3与其他氧化剂的反应：

$$2NH_3+S_2 = H_2S_2+N_2+2H_2 \quad (4-3-15)$$

$$2NH_3+CO_2 = CO+H_2O+2H_2+N_2 \quad (4-3-16)$$

$$2NH_3+SO_2 = 2H_2O+H_2S+N_2 \quad (4-3-17)$$

S_2和 CO_2作为 NH_3氧化反应的氧化剂，通过上述反应式分解 NH_3，但表4-3-5数据表明，进入Claus装置反应炉的 NH_3主要是通过 NH_3和 SO_2的反应而被分解的。

表4-3-5　不同温度下 NH_3与 SO_2反应的产物分布

反应温度/℃	停留时间/s	SO_2浓度/%(摩尔)	NH_3浓度/%(摩尔)	SO_2转化率/%	NH_3转化率/%
700	0.87	2.9	3.8	5	6
	1.39	2	2.6	32.4	34.3
	2.79	1.6	1.9	48	52.5
800	0.42	2.7	3.6	8.7	10
	0.53	2.7	3.5	11.5	13
	0.79	2.1	2.7	28.7	32
	1.26	1.8	2.2	40.7	45
900	0.19	2.8	3.7	5.6	6.5
	0.29	2.5	3.3	17	18.5
	0.48	1.6	1.9	48	51.5
	0.72	1.3	1.5	56.7	62.5

续表

反应温度/℃	停留时间/s	SO_2浓度/%(摩尔)	NH_3浓度/%(摩尔)	SO_2转化率/%	NH_3转化率/%
1000	0.18	2.1	2.5	31.3	37
	0.27	1.2	3	60.5	67
	0.36	1	0.9	68.5	77
	0.44	0.8	0.6	74	84
1100	0.16	1.3	1.3	55.3	68
	0.25	0.9	0.4	70.8	90
	0.33	1	0	66.5	99
	0.41	1	0	66.3	100
1200	0.15	1.2	0.1	60.2	97.5
	0.23	1.3	0	56.8	100

注：原料气组成(摩尔分数)：$NH_3$4%，$SO_2$3%，Ar93%。

通过对NH_3分解的各种途径的反应机理研究表明，在Claus装置反应炉内NH_3的分解反应机理相当复杂，其中涉及许多反应途径，从近年来取得的研究成果并结合现场观察，大致可归纳出以下认识：

H_2S与O_2的反应速度远大于NH_3，故部分氧化反应并不是炉内分解NH_3的主要途径。在反应炉内存在大量的H_2S和H_2O，由于它们对NH_3热裂解反应的强烈抑制作用，因此即使在1300℃左右的高温下，热裂解反应也未必是NH_3分解的主要途径。NH_3与SO_2的部分氧化反应在相对较低的温度下(如700℃)NH_3的转化率即可达到50%左右。由此可以推测，与SO_2氧化反应很可能是NH_3分解的主要反应。NH_3与SO_2反应的主要产物是S_2、H_2S、N_2和H_2。反应产物的测定结果与以最小自由能法计算的平衡产率相比较表明，动力学限制因素对转化率有重要影响。

(4) 芳香烃(BTX)的分解机理

在Claus装置反应炉的工况条件下，由于二甲苯、甲苯和苯分子争夺O_2的能力远低于H_2S、H_2及在自由火焰区生成的多种游离基，故BTX的氧化和/或部分氧化速度极低，很可能是通过如图4-3-2所示的途径进行热分解。

表4-3-6列出了有关以上热裂解反应的反应热。

表4-3-6　BTX热分解有关反应的反应热

母体分子	反应产物	ΔH/(kJ/mol)
p-二甲苯	4-甲基苄基+H	353.2
	$C_7H_7+CH_3$	423.8
甲苯	苄基+H	356.1
	苯基+CH_3	426.4
苯	苯基+H	464.2

分析图4-3-2及表4-3-5可以看出：

相对于甲苯和苯，二甲苯受热除去一个H原子或一个甲基(CH_3)所需的能量是最低的，

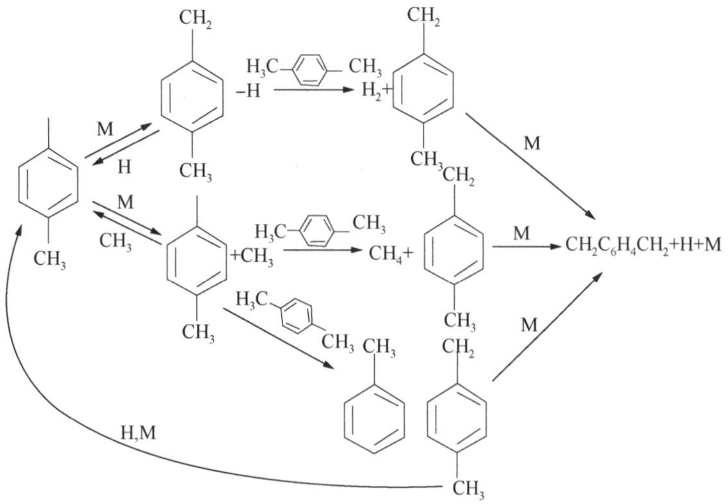

图 4-3-2　二甲苯热分解为甲苯的反应机理

故二甲苯分子首先与其他分子碰撞发生脱甲基反应或脱氢反应；

上述反应一旦引发，所有生成的4-甲基苄基最终都将转化为甲苯；

按照同样的反应机理，甲苯也将被热分解而转化为苯；

如果反应炉的温度足够高，苯也将进一步分解为CH_4等轻烃而被氧化分解；但是，若炉温不够高，则可能会有大量苯进入下游催化转化反应段而导致催化剂失活。

英国BOC公司在开发新型燃烧器的过程中，在其规模为4t/d的实验装置对BTX热裂解反应的机理及其动力学限制因素做了深入研究，结果表明上述诸反应能否引发首先取决于反应炉温度——热力学条件；但反应一旦开始，反应进行的程度则也与停留时间——动力学限制因素密切相关。在温度为1000℃时，若停留时间为1s，则过程气中还存在相当数量的甲苯；而停留时间增至2s后，过程气中基本不存在甲苯，而苯的含量则有明显增加。当温度为1100℃时，二甲苯在很短的停留时间内即可全部分解为甲苯，故在甲苯浓度随停留时间变化的曲线上出现峰值。由于同样的原因，随后在苯浓度随停留时间变化的曲线上也出现峰值；最终在停留时间超过1s之后，BTX等三个组分的浓度均降到接近于零的水平(见图4-3-3)。

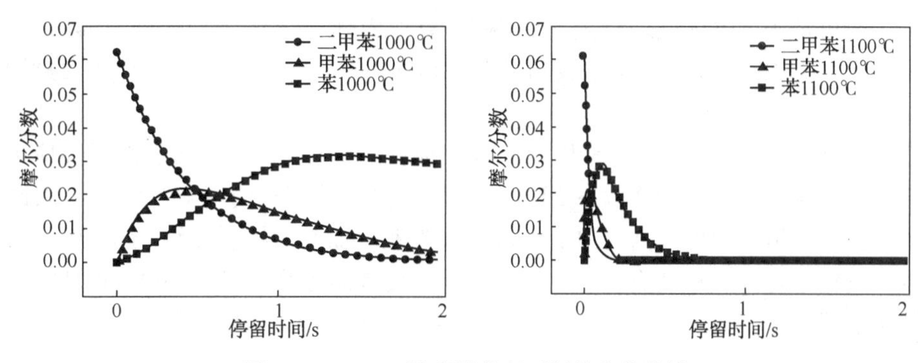

图 4-3-3　BTX浓度随停留时间的变化曲线

二、Claus 反应平衡

1. Claus 反应的平衡常数

关于 Claus 反应的热力学研究有很多，主要围绕着热反应的化学平衡来开展。一般来说，反应温度是化学平衡中的关键因素。以在反应炉中 Claus 基本反应式可简化为如式(4-3-18)的形式来说明。由于在反应炉中反应物和产物均为气相，由式(4-3-18)可以看出，其正向反应速率与 H_2S 和 O_2的分压呈正比；逆向反应速率与硫蒸气和水蒸气的分压呈正比。将正反应速率表示为 $k_1(P_{H_2S})(P_{O_2})^{1/2}$，逆反应速率表示为 $k_2(P_{S_x})^{1/x}(P_{H_2O})$，则当正向反应速率和逆向反应速率相等时达到平衡状态：

$$k_1(P_{H_2S})(P_{O_2})^{1/2}=k_2(P_{S_x})^{1/x}\cdot(P_{H_2O}) \tag{4-3-18}$$

化学应平衡常数定义为：

$$K=(P_{S_x})^{1/x}(P_{H_2O})/[(P_{H_2S})(P_{O_2})^{1/2}]=k_1/k_2 \tag{4-3-19}$$

根据热力学的原理，平衡常数 K 的数值取决于反应温度，因此温度是反应进行程度的重要影响因素。表 4-3-7 列出了 Claus 工艺中主要的化学反应平衡常数与温度的关系：

表 4-3-7　Claus 工艺主要化学反应的平衡常数 K_P

序号	化学反应式	$\ln K_P=A/T+B\ln T+CT+DT^2+I$					温度区间/K
		A	B	$C\times10^3$	$D\times10^6$	I	
1	$H_2S+0.5O_2\longrightarrow H_2O+0.5S_2$	-4438	1.3260	-1.58	0.2611	-2.1235	≥900
2	$COS+H_2S\longrightarrow CS_2+H_2O$	-3122	3.8559	-3.2763	0.51	-27.2885	718～1500
3	$H_2S+CO_2\longrightarrow COS+H_2O$	-4819	0.0319	-0.7166	-0.0242	2.8177	718～1500
4	$H_2+CO_2\longrightarrow CO+H_2O$	-5030	0.1115	-1.4317	0.2441	5.1289	298～2000
5	$COS+H_2O\longrightarrow H_2S+CO_2$	4077	-0.031	0.72	0.024	-1.5299	298～700
6	$CS_2+2H_2O\longrightarrow 2H_2S+CO_2$	7258	-3.88	3.99	-0.48	24.67	298～700
7	$2H_2S+SO_2\longrightarrow 2H_2O+0.5S_6$	12954	5.6699	-5.1394	0.839	-50.3414	298～700
8	$2H_2S+SO_2\longrightarrow 2H_2O+3/8S_8$	14596	5.9181	-5.1329	0.7829	-54.7634	298～700

注：K_P 计算式中分压皆以 kPa 计。

另外，也可从美国气体处理和供应商协会(以下简称 GPSA，即 Gas Processors Suppliers Association)提供的 Claus 反应平衡常数和温度对应关系图中获得几个主要反应的平衡常数，见图 4-3-4。

从表 4-3-6 和图 4-3-4 可以看出，Claus 反应在一定温度以下时温度越低反应进行越充分，当超过一定温度时，由于产物 S_2组分的增加，温度越高正向反应越完全。因此，在反应炉中由于高温环境，温度越高对 H_2S 的转化越有利。而在一级、二级 Claus 反应器中，较低的温度对反应平衡向右移动更有利。但由于一级反应器还兼顾有机硫的水解功能，水解需要一定的起始温度，因此，通常在生产中需要保证一反的入口温度高于水解反应发生的起点，二级反应器入口温度可稍低，只需高于硫的露点温度即可。

虽然根据热力学原理，反应平衡常数仅和温度相关，与反应物的初始浓度无关，然而实

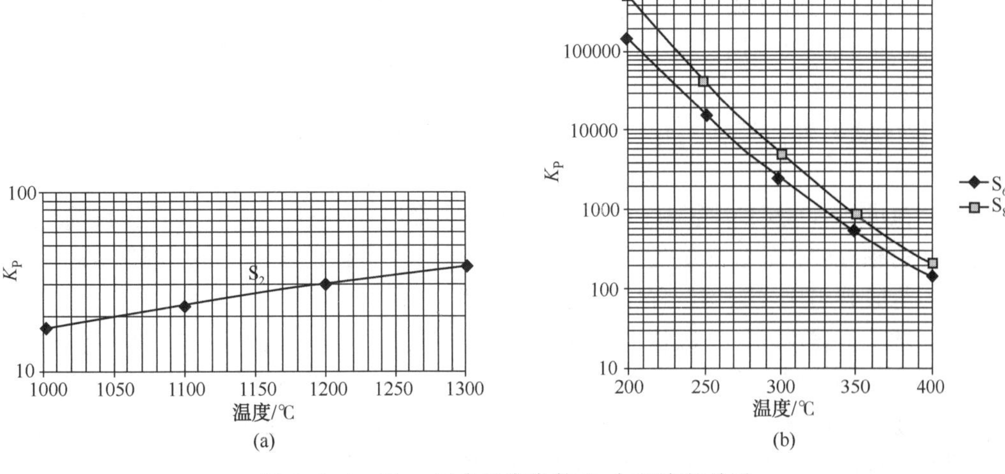

图 4-3-4　Claus 反应平衡常数 K_P 与温度的关系

际生产是一个动态过程，当酸性气(反应物)成分改变时，反应温度也将随之改变，因此各原料酸性气的初始浓度也将对化学平衡常数产生影响。原料中的 H_2S 浓度越高，热反应的温度就越高，平衡常数就越大。

2. 硫蒸气的平衡组成

硫蒸气的组成非常复杂，温度对硫蒸气平衡影响很大，在目前追求硫回收率的情况下，研究硫蒸气平衡组成对提高 Claus 段的硫回收率有重要的意义。在大量研究确认了 S_3、S_4、S_5 和 S_7 等种类的硫存在后，Gamson 等人进一步测定了不同温度下硫蒸气中不同种类的组成，如图 4-3-5 所示。

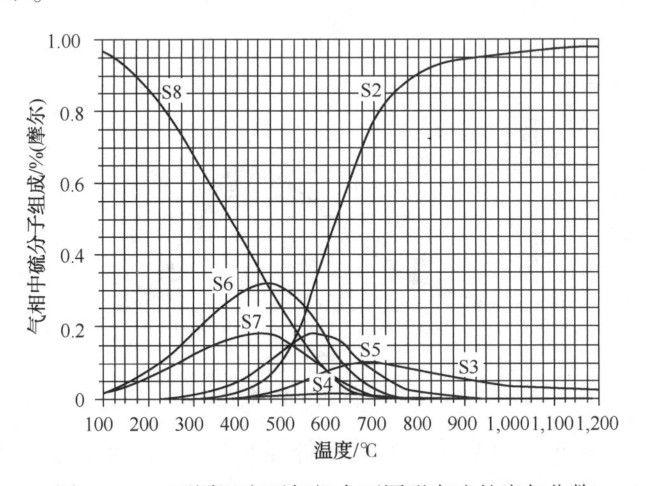

图 4-3-5　不同温度下气相中不同形态硫的摩尔分数

从图 4-3-5 可看出，在低温下相对分子质量较大的硫占主要地位，相应的硫蒸气分压较低，有利于平衡向右移动，而当温度较高时，S_2等小分子的硫形态开始主导，硫蒸气分压升高。

综合分析上述图表后可以得出：

1）硫蒸气组成对 Claus 平衡转化率影响很大，因此在计算时必须计算在内；

2）从实验室和工业实践可得出结论，H_2S 转化为硫的反应大致是在 218～1400℃范围内进行的，因此在热力学计算中可简化模型只考虑 S_2、S_6 和 S_8；

3）当温度高于 925℃时，几乎 100%的硫蒸气以 S_2 的形式存在；温度低于 205℃时，几乎所有硫形态均为 S_8；

4）在温度低于 2649℃时，不发生如下 H_2S 和 SO_2 生成 S_1 的反应：

$$2H_2S+SO_2 \rightleftharpoons 2H_2O+3S_1 \tag{4-3-20}$$

因此，在进行常规 Claus 装置模拟计算考虑硫平衡时，可不考虑 S_1 存在，仅简化为 S_2、S_6 和 S_8 之间的相互转化。硫蒸气的组成分布取决于系统的热力学状态，它仅随系统的温度改变而变化，与原料组成及采用何种工艺无直接关系。

同时，基于上述说明，可以推断，降低 Claus 尾气出 Claus 段的温度有利于提高的硫回收率，因此，将三级硫冷凝器的过程气出口温度降至 127℃左右更利于提高硫回收率。有时为了更好的能量利用率，也有将三级硫冷凝器壳程分成两部分，前半部分产低低压蒸汽回收热量，后半部分产乏汽以求降低过程气的出口温度。

3. 不同温度下硫组分的形态分布

从上文可以看出，气相的单质硫存在多个分子形态，在不同温度下硫组分的分布是不同的。当在某个温度下达到气/液平衡时，液态硫的蒸气压 P_S(Pa)与温度的关系式可表达如下：

$$\ln P_S=9.9087+5.42412\times10^{-3}T+1439.83/T-2.20858\times10^6/T^2 \tag{4-3-21}$$

平衡时气相组分中各种硫组分的比例与温度关系如图 4-3-6 所示。

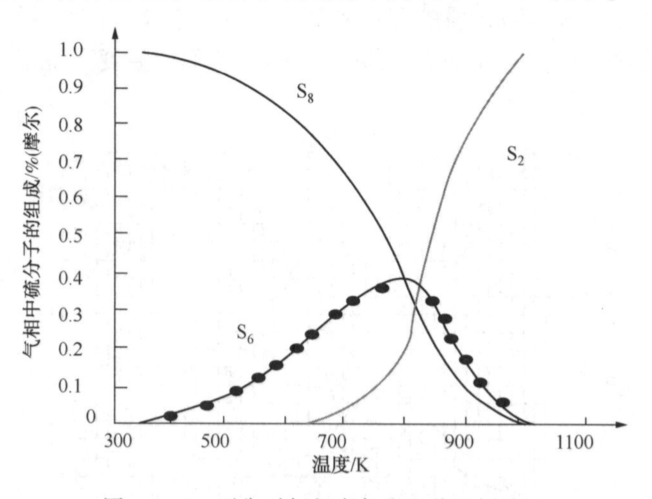

图 4-3-6　平衡时气相中各硫组分比例关系

尽管气相中的硫由多种组分组成，上文已经提到过，在工程工艺计算中通常简化为以 S_2、S_6 和 S_8 之间的相互转化来表达：

$$3S_2 \rightleftharpoons S_6+272.2\text{kJ} \tag{4-3-22}$$

$$4S_2 \rightleftharpoons S_8+404.4\text{kJ} \tag{4-3-23}$$

$$4S_6 \rightleftharpoons 3S_8+124.5\text{kJ} \tag{4-3-24}$$

4. 反应温度与转化率的关系

前文已经提到 Claus 反应平衡常数与温度相关，考虑了硫蒸气平衡的影响后，图 4-3-7

使用更精确的热力学数据回归了转化率与反应温度的关系，可以归纳为如下几个要点：

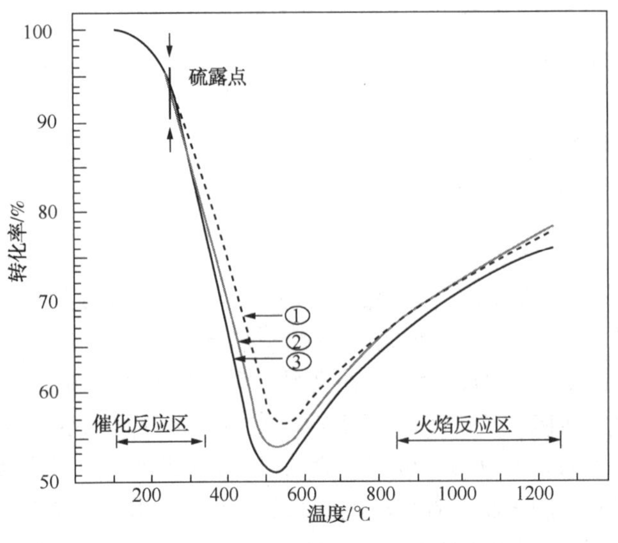

图 4-3-7　H_2S 转化为硫的平衡转化率

1）以 550℃ 为分界，平衡转化率曲线分为两个部分，右边体现了反应炉中的主要反应情况，在这个区间内 H_2S 的转化率随温度的升高而增加；曲线左边代表 Claus 反应器中的反应情况，在此区域内 H_2S 的转化率随温度的降低而迅速增加。

2）虽然化学平衡不受动力学的影响，且化学平衡也是制约硫回收率的重要因素。从反应动力学分析，随着温度降低反应速率也逐渐变慢，经过试验证明低于 350℃ 时反应速率已经不能满足工业化的要求，必须引入催化剂加速反应过程，以求在尽可能低的温度下完成反应，提高转化率，并大大缩短达到平衡的时间，从而降低所需的反应空速，减小反应器体积以达到工业化要求。

3）从化学平衡关系式看，O_2 过量不能提高转化率，因为，多余的 O_2 将会和 H_2S 反应生成 SO_2，但提高 O_2 在空气的中的浓度和酸性气中 H_2S 的浓度有利于提高转化率。

4）降低过程气中的硫蒸气分压有利于平衡向右边移动，且硫蒸气远比过程气中其他组分更容易冷凝，因此在工业生产中会在反应器之间设置硫冷凝器。同时，硫组分被冷凝后也降低了过程气的硫露点，有利于下一级反应在更低的温度下操作，从而达到更高的平衡转化率。

三、Claus 硫回收工艺流程

自 20 世纪 30 年代改良 Claus 工艺工业化以来，以硫化氢酸性气为原料的硫黄回收生产装置得以迅速发展，特别是 50 年代以来开采和加工含硫原油及天然气，工业上普遍采用了 Claus 过程回收单质硫。据不完全统计，世界上已建成 500 多套装置，从硫化氢中回收硫黄的产量超过 30Mt/a，占世界产品硫总量的 45%。经过几十年的发展，Claus 法在催化剂、自控仪表、设备结构和材质等方面取得很大的进展，但在工艺路线上并无多大变化，普遍采用的仍然是直流式或分流式工艺，各种工艺方法适用范围见表 4-3-8。

表 4-3-8 各种工艺方法及其适用范围

原料气中 H_2S 含量/%	工 艺 方 法
55~100	部分燃烧法
30~55	带有原料气和/或空气预热器的部分燃烧法
15~30	分流法；带有原料气和/或空气预热的分流法
10~15	带有原料气和/或空气预热器的分流法
5~10	直接氧化法和其他处理贫酸性气的方法

常规 Claus 硫黄回收工艺是由一个热反应段和若干个催化反应段组成。即含 H_2S 的酸性气在反应炉内用空气进行不完全燃烧，严格控制风量，使 H_2S 燃烧后生成的 SO_2 量满足 H_2S/SO_2 分子比等于或接近 2，H_2S 和 SO_2 在高温下反应生成单质硫，受热力学条件的限制，剩余的 H_2S 和 SO_2 进入催化反应段在催化剂作用下，继续进行生成单质硫的反应。生成的单质硫经冷凝分离，达到回收的目的。最大可能地提高硫的回收率，保证克劳斯段稳定安全运转，首要尽可能采取必要的手段对各种影响因素加以改善，使其干扰降低到最小限度，提高反应过程中 H_2S 生成单质硫的转化率，其次是尽可能将生成的硫加以回收，降低硫蒸气分压以及硫雾的夹带损失，以期获得最大的硫产品收率。

Claus 硫黄回收催化反应段实质上包括以下三个步骤：

1）过程气首先在再热器加热使过程气达到 Claus 反应的入口温度条件，同时也使得硫黄冷凝器出口气体中夹带的液硫全部转变为蒸气态，避免催化反应段生成的单质硫冷凝在催化剂床层之中。当流程中设置有多个再热器时，第一再热器必须保证其出口气体温度足够高从而使过程气中所含的 COS 和 CS_2 能在一级反应器中充分水解。

2）加热至适当温度后的过程气进入反应器的催化剂床层，通常采用活性氧化铝基催化剂。当过程气中 COS 和/或 CS_2 含量过高时，为促进其水解也可以在一级反应器中使用钛基催化剂。

3）最后的步骤是过程气进入液硫冷凝器以回收单质硫，从而改善在下一个反应器中进行的 Claus 反应的平衡条件。最后第一冷凝器的设计应保证系统的气态硫尽可能少地带入到下游。

传统 Claus 法制硫黄的工艺流程在烧氨与否及烧氨方式、过程气加热方式、液硫脱气过程、催化剂选用、热量回收方式有所区别(这些子系统的技术选择都会有单独的章节进行讲述，此处不再一一赘述)。但是总体而言 Claus 硫黄回收的工艺流程是一致的，下面就典型的 Claus 硫黄回收对工艺流程进行简述如下：

溶剂再生单元和酸性水汽提单元的酸性气(或经预热后)至酸性气分液罐分液后进入酸性气反应炉，分液罐的酸性液自流至酸性液压送罐，定期用氮气压送或泵送至酸性水汽提装置。

空气经反应炉风机增压后(或经预热)进入酸性气反应炉。配风量按 NH_3 和烃类完全分解，1/3 体积 H_2S 生成 SO_2 严格控制。

燃烧后的高温过程气先后经反应炉蒸汽发生器和第一硫冷凝器回收热量，产生蒸汽，同时硫蒸气冷凝为液硫，分离液硫并经预热后进入一级反应器，在催化剂作用下，H_2S 和 SO_2 发生反应生成硫黄，反应后的过程气经第二硫冷凝器冷却，使硫蒸气冷凝为液硫，分离液硫并经预热后进入二级反应器，使剩余的 H_2S 和 SO_2 继续发生反应生成硫黄，再经第三硫冷凝器冷却，分离液硫后的过程气可至硫黄尾气处理部分。

产生的液硫经硫封至液硫池进行脱气，释放出的 H_2S 随脱气气体一并抽送至酸性气反应炉或尾气处理部分，脱气后的液硫经液硫泵送出装置或至成型机成型。

四、Claus 硫黄回收主要工艺指标

Claus 硫黄回收装置主要有以下几个控制指标：

（一）硫黄产品指标

硫黄产品指标按照不同的出厂形式分为液体硫黄及固体硫黄，不同形态的硫黄产品对应的有优等品、一等品及合格品等不同的等级要求。具体指标见第一章第五节。

（二）尾气排放指标

近年实施的《石油炼制工业污染物排放标准》（GB 31570—2015）中对硫黄回收装置尾气排放的 SO_2 指标要求≯100mg/m³。部分硫黄回收装置目前已按照 SO_2 含量≯50mg/m³来执行，这对尾气吸收处理单元提出了更严格的要求。

（三）能耗指标

按照《炼油单位产品能源消耗限额》（GB 30251—2013）要求硫黄回收装置（含尾气处理，不含溶剂再生）能耗定额为 10kgEO/t，产能 15kt/a 以上时能耗定额为 30kgEO/t。

（四）Claus 硫黄回收工艺参数指标

结合装置运行情况及近年来的统计数据，硫黄回收装置主要设备操作条件见表 4-3-9。

表 4-3-9 Claus 硫黄回收主要工艺操作条件

项目	主要操作条件	
	温度/℃	压力/MPa
酸性气进装置	40~85	0.065~0.5
酸性气反应炉	1250~1400	0.03~0.05
反应炉蒸汽发生器	入口 1250~1400 出口 310~350	
一级反应器	入口 230~250 出口 290~310	
二级反应器	入口 205~225 出口 225~245	
第一冷凝器	入口 310~350 出口 160~180	
第二冷凝器	入口 290~310 出口 160~175	
第三冷凝器	入口 225~245 出口 135~160	
加氢反应器	入口 280~320 出口 310~350	
急冷塔	入口 180~350 出口~40	
吸收塔	~40	0.006~0.01
再生塔	塔顶：~115；塔底：~125	0.105~0.125
焚烧炉	650~750	常压或微负压

第四节 过程气再热方式

一、过程气再热方式

过程气再热是指在硫黄回收工艺中，过程气需要通过直接或间接加热方式达到催化反应

器所需温度。过程气的再热方式的选择是影响工艺流程、长周期运行、装置的投资及能耗的重要因素。

过程气再热方式总体上分为直接加热和间接加热两种方式。直接加热是指在需加热介质中直接引入其他的高温介质，即采用与较热的气体混合而达到再热目的的方法，如掺合法和在线炉加热法。间接加热是指不需要向需加热介质中引入其他介质，即采用换热的方式使过程气温度升高，如中压蒸汽加热法、气-气换热法、管式加热炉和电加热法等。

表 4-4-1 中统计了 2010~2015 年投产的部分企业硫黄回收装置过程气加热方式。

表 4-4-1　部分企业硫黄回收装置过程气加热方式

企业	设计产能/(10kt/a)	制硫单元工艺	尾气处理单元工艺	进一级反应器过程气加热方式	进二级反应器过程气加热方式	进加氢反应器尾气加热方式	投产时间
案例一	2	2 级克劳斯	还原-吸收	热掺和	热掺和	气-气换热(与加氢反应器出口烟气换热)+电加热	2010
案例二	0.8	2 级克劳斯	还原-吸收	热掺和	热掺和	气-气换热(与焚烧炉出口烟气换热)+电加热	2011
案例三	5	2 级克劳斯	还原-吸收	中压蒸汽换热	中压蒸汽换热	过热中压蒸汽换热	2012
案例四	0.5	2 级克劳斯	还原-吸收	热掺和	热掺和	气-气换热(与焚烧炉出口烟气换热)+电加热	2012
案例五	4	2 级克劳斯	还原-吸收	中压蒸汽换热	中压蒸汽换热	过热中压蒸汽换热	2014
案例六	8	2 级克劳斯	RAR (2 头 1 尾)	中压蒸汽换热	中压蒸汽换热	过热中压蒸汽换热	2014
案例七	2×7	2 级克劳斯	还原-吸收	中压蒸汽换热	中压蒸汽换热	过热中压蒸汽换热	2015

由表 4-4-1 可见：

1）硫黄回收装置规模不大于 20kt/a 时，一、二级反应器过程气再热采用热掺合，加氢反应器尾气再热采用气-气换热等方式较为普遍。

2）硫黄回收装置规模达到 20kt/a 以上时，一、二级反应器过程气加热采用自产中压蒸汽加热，加氢反应器尾气加热采用在线加热炉、间接加热炉及过热中压蒸汽换热等方式较为常见。近年来，随着国产低温加氢催化剂的研发成功，以及对于节能更高的要求，新建装置采用过热中压蒸汽再热的方式日益普遍。

二、过程气再热方式比较

（一）一、二级反应器过程气再热

1. 掺合法

掺合法是把酸性气反应炉的高温烟气掺入过程气中，以实现过程气再热的目的。掺和法包括内掺合法和外掺合法两种方法，其中内掺合法由于高温蝶阀开度受硫蒸气冷凝的影响，因此内掺合法陆续改造为外掺合法。外掺合法是由设在酸性气反应炉尾部的两个高温掺合阀把高温烟气掺入过程气中，通过调节掺合阀开度和掺合量满足一、二级反应器入口温度要求。

（1）优点

流程和设备简单，操作和投资成本低，温度调节灵活，适合规模较小的装置。

（2）缺点

1）影响长周期运行。

由于高温掺合阀与酸性气反应炉末端抽出的大于1000℃的高温气体直接接触(烧氨工况温度达1250℃)，掺合阀材质和制造难度高，易发生阀芯高温腐蚀，导致反应器入口温度无法控制，影响装置长周期运行。

据资料介绍，中国石化齐鲁石化公司胜利炼油厂80kt/a硫黄回收装置将实心掺和阀阀芯改造为空心阀芯，阀芯材质改为CrMoV高温钢，内部采用除氧水循环冷却，运行效果较好。

2）硫回收率略有下降。

未经除硫的高温过程气掺和进一、二级反应器中，反应物中硫浓度的提高，抑制了反应式(4-4-2)中H_2S继续向生成S方向的转化，硫回收率略有下降，但下降程度不多，可以在尾气处理加氢还原吸收处理部分得到弥补，详见表4-4-2。

$$H_2S+3/2O_2 \longrightarrow SO_2+H_2O \tag{4-4-1}$$

$$2H_2S+SO_2 \rightleftharpoons 3/xS_x+2H_2O \tag{4-4-2}$$

表4-4-2　掺合法对硫回收率的影响

加热方式	克劳斯部分硫回收率/%	包括还原-吸收法尾气处理的总硫回收率/%
一、二级反应器均采用蒸汽加热	95.5	99.8
一级反应器热掺和，二级反应器蒸汽加热	95.45	99.8
一、二级反应器均采用热掺和	95.2	99.8

2. 中压蒸汽加热

过程气进入Claus反应器的温度应根据所选催化剂推荐的条件确定，应比硫蒸气露点高10~30℃。为增加CS_2、COS水解率，一级反应器入口温度通常取240~250℃，二级反应器入口温度通常控制在220~230℃。需要硫黄装置废热锅炉发生4.0MPa(表)以上中压蒸汽作为一、二级反应器加热器的热源，因此会增加废热锅炉的设计与制造难度，投资也将增加。

（1）优点

这种加热方式操作简单，温度调节方便，与掺合法相比不影响硫回收率，满足装置的长周期运行。

（2）缺点

加热效果受蒸汽压力影响大。对于小规模硫黄回收装置不经济。

由以上内容可见，当硫黄回收装置规模较小时，在保证掺合阀的设计及选材质量前提下，一、二级反应器过程气加热采用热掺合具备一定的竞争力。采用蒸汽加热对于中、大型规模的硫黄回收装置是较好的选择，条件具备的情况下采用在线炉加热等方式也具有特有的优势。

3. 小结

一、二级再热方式比较见表4-4-3。

表 4-4-3　一、二级反应器过程气主要加热方式比较

一、二级再热方式	优　点	缺　点	适用范围
掺合法	1. 流程和设备简单，投资和操作成本低； 2. 温度调节灵活	1. 硫转化率略有下降； 2. 掺合阀材质要求高； 3. 操作弹性较小； 4. 影响装置长周期运行	小型规模装置(小于 20kt/a)
蒸汽加热法	1. 操作简单、温度控制方便； 2. 操作弹性大	1. 投资和操作成本较高； 2. 受饱和蒸汽温度限制，提温受限	中、大型规模装置

(二) Claus 尾气加热方式

1. 在线炉

在线炉由燃烧段和混合段组成，燃烧段发生燃料气的次化学当量反应产生包括还原组分 H_2 和 CO 在内的高温烟气，反应式见式(4-4-3)。Claus 尾气在混合段与燃烧段产生的高温烟气混合升温，使之达到加氢反应器入口所需温度。加氢反应器入口温度和燃料气流量串级控制燃料气量，燃料气和空气比值及空气流量串级控制空气量。工艺流程见图 4-4-1。

$$CH_4+1/2O_2 = CO+2H_2 \tag{4-4-3}$$

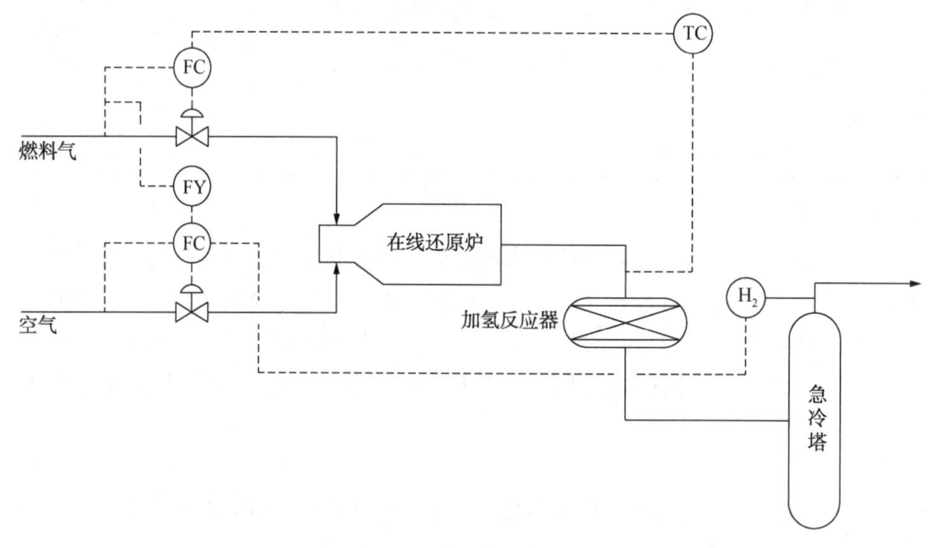

图 4-4-1　在线炉工艺流程

考虑到炼油厂燃料气组分的波动对燃烧段的次当量燃烧产生影响，可在燃料气管线上设置密度在线分析仪，并将燃料气密度信号纳入控制系统中。

(1) 优点

加热效果和适应性好，占地小。尤其适用于现场无氢源的硫黄回收装置。

(2) 缺点

1) 对催化剂影响大，控制复杂。

在线炉法要求燃料气组分相对稳定且不含重烃类杂质，燃料气中 C_4、C_5 含量均应小于 0.1%(体)。同时要严格控制燃料气和空气的比例，空气量不足时会造成燃料气燃烧不完全，加氢反应器很容易积炭、失活；当空气量过剩时则会引起催化剂的失活或亚硫酸化。通

常操作中控制空气/燃料气比为化学计量的85%~95%左右。

炼油厂硫黄回收装置多采用交叉限位控制方案对燃烧段的次当量燃烧进行控制，并能够达到良好的运行效果。但需要指出的是采用在线炉法对催化剂的影响依然很大，应设置合适的测量仪表及控制系统，减少炼油厂燃料气组成波动的影响，避免反应器床层漏氧与积炭，保证装置的正常生产。

2）燃烧器的性能对燃料气中重烃含量的适应性影响较大，通常在线炉火嘴投资较高。

3）在尾气中引入更多的 N_2、CO_2 及 H_2O，硫黄回收规模较大时，进入后续急冷系统的尾气量增加较多。

2. *尾气加热炉*

尾气加热炉是一种典型的间接加热尾气的方式，尾气在尾气加热炉中用燃烧燃料气产生的烟气间接加热后，再和外供氢气经氢气混合器混合后进入加氢反应器。大连石化、青岛炼化和天津石化引进意大利 Technip KTI 公司的 Claus+RAR 工艺技术中，尾气进加氢反应器前采用尾气加热炉工艺。

尾气再热温度和燃料气流量串级控制燃料气流量，为避免因燃料气压力超限而引起联锁停车，燃料气压力与流量组成选择性调节回路，即燃料气流量和燃料气压力进行高、低选，保证燃烧火焰不会发生脱火或回火，见图4-4-2。

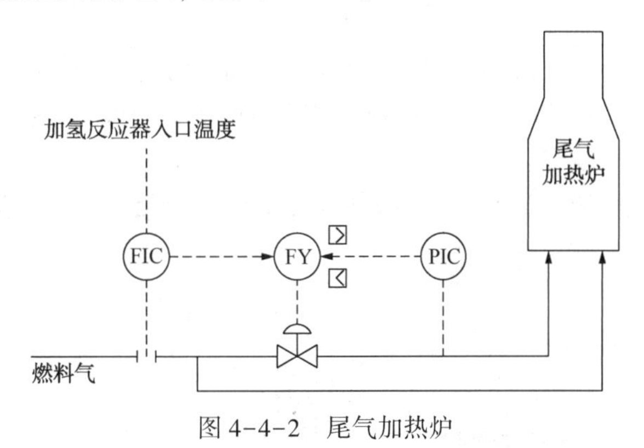

图4-4-2　尾气加热炉

（1）优点

1）加热效果和适应性好，控制简单。且避免因燃料组成波动，引起燃烧空气量控制不合适而破坏加氢催化剂。

2）与在线炉相比，尾气处理部分设备相对较小。

（2）缺点

燃料气消耗量大，能耗较高。据资料介绍，某尾气处理(配套硫黄回收能力135kt/a)的尾气加热炉的燃料气单耗达35kg/t回收硫黄，热效率仅为65%~70%。另外尾气加热炉在占地和投资方面也不具备竞争力。

3. *蒸汽加热*

传统加氢钴钼催化剂要求加氢反应器入口温度为280~300℃，限制了蒸汽加热的应用。近年来，随着国产低温加氢催化剂研制成功，以及硫黄回收装置的大型化要求和对于能耗指标要求的日益提高，蒸汽加热的应用更加广泛。目前越来越多的装置采用蒸汽加热方式，即加氢反应器入口尾气经装置自产过热中压蒸汽加热至220℃后进入加氢反应器(末期

240℃)，在加氢反应器中完成 COS、SO_2、S 的加氢和水解反应。

(1) 优点

1) 控制简单，避免了因燃料气组成波动对加氢催化剂的影响。

2) 加氢反应器入口尾气再热温度低，装置能耗低。

据文献介绍，国内某炼油厂 60kt/a 硫黄回收装置采用低温加氢催化剂，加氢反应器入口 Claus 尾气采用中压蒸汽加热，装置运行平稳。与同规模常规加氢催化剂，采用在线炉工艺及采用常规加氢催化剂，蒸汽加热工艺能耗比较详见表 4-4-4。

表 4-4-4 低温及常规加氢催化剂对再热能耗的比较

项 目	中压蒸汽加热(低温催化剂)	常规加氢催化剂
单位能耗/(MJ/t)	-2457.23	-2157.46

由上表可见，采用低温加氢催化剂，过热蒸汽再热的能耗更有优势。

(2) 缺点

1) 加热效果受蒸汽品质影响大，对于废热锅炉的设计和制造要求较高。

2) 工艺流程较长，对于蒸汽管线的布置要求较高。

3) 过程气压降较大。

4. 气-气换热

通过气气换热达到加氢反应器入口温度要求的方式按照热介质的不同有两种主要类型，一种是与加氢反应器出口尾气换热，另一种是与焚烧炉出口烟气换热。

加氢反应器出口尾气换热：

加氢反应器入口温度通过调节气-气换热器热侧旁路流量来控制，见图 4-4-3。

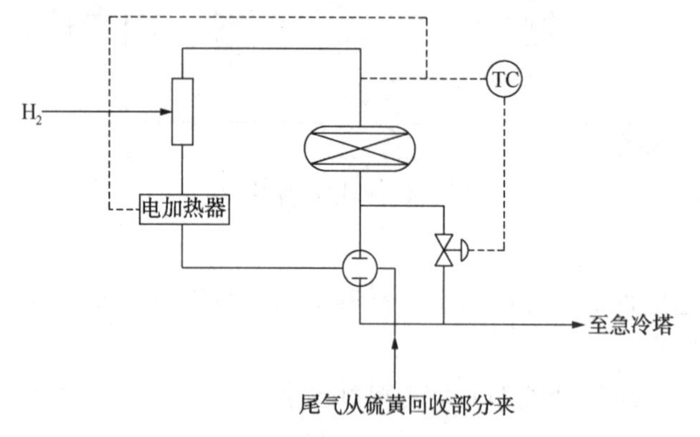

图 4-4-3 加氢反应器出口尾气换热

(1) 优点：

1) 与在线炉、尾气加热炉加热相比，能耗低，操作费用较低，控制简单。

2) 对加氢催化剂影响小。

(2) 缺点

1) 气-气换热器传热系数小，换热温差小，设备规格大，占地较大。

2) 操作温度较高，材质要求较高。

3) 换热效果受装置负荷影响大，低负荷工况需投用电加热器。

综上所述，气-气换热器适合于中、小规模装置。

焚烧炉出口烟气换热：

尾气焚烧炉出口设置尾气加热器，加热器入口烟气温度用鼓风机出口二次风来调节（也可用焚烧炉蒸汽发生器中心管塞阀进行调节），烟气经取热后排至烟囱。

（1）优点

1）与在线炉、尾气加热炉加热相比，能耗低，操作费用较低。

2）对加氢催化剂影响小。

3）换热温差大，设备规格小，较占地面积小。

（2）缺点

1）操作温度较高，材质要求较高。

2）工艺流程长，控制复杂，过程气热量损失大。

综上所述，气-气换热器适合于中、小规模装置。在有氢气供给的情况下，可选用气-气换热器，而与采用在线炉相比，可避免在线炉内燃料气不完全燃烧引起的催化剂失活。在刚开工或生产不正常的情况下，由于加氢水解反应放热量小，反应器出口温度低，需要采用电加热器来保证反应器的入口温度。

5. 小结

Claus 尾气加热方式比较见表 4-4-5。

表 4-4-5　Claus 尾气加热方式比较

Claus 尾气加热方式	优　点	缺　点	适用范围
在线炉	1. 加热效果和适应性好； 2. 压降小	1. 控制复杂，投资和操作成本较高； 2. 由于过程气流量增加，管线、设备尺寸也相应增大； 3. 燃料气和空气比例控制对加氢催化剂影响大； 4. 能耗高	中、大型规模；燃料气组成比较稳定
尾气加热炉	1. 加热效果和适应性好，控制简单； 2. 对加氢催化剂影响小； 3. 压降小	1. 投资和操作成本较高； 2. 过程气中未引入其他气体，管线、设备尺寸也小于在线炉； 3. 热效率低，能耗高	中、大型规模；有氢气供应
中压蒸汽加热	1. 操作简单、温度控制方便； 2. 操作弹性大； 3. 对加氢催化剂影响小	1. 投资和操作成本较高； 2. 加热效果受蒸汽品质影响； 3. 工艺流程长，过程气压降增加	中、大型规模
气-气换热法（与加氢反应器出口尾气换热）	1. 操作简单、温度控制方便； 2. 能耗低； 3. 对加氢催化剂影响小	1. 换热器设备庞大； 2. 操作弹性小； 3. 工艺流程长，管线布置复杂，过程气压降增加； 4. 开工速度较慢，易形成硫冷凝	小型规模（小于 20kt/a）
气-气换热法（与焚烧炉出口烟气换热）	1. 能耗低； 2. 对加氢催化剂影响小； 3. 占地较小； 4. 操作费用较低	1. 工艺流程长，过程气热损失大； 2. 控制较复杂； 3. 设备材质要求高	小型规模（小于 20kt/a）

综上所述，对于硫黄回收装置过程气加热方式的选择应因地制宜，根据各企业的具体情况，结合装置规模、酸性气组成、操作弹性、燃料气来源、能耗指标要求、装置平面及投资等方面综合考虑，最终确定过程气加热的最佳方式。

第五节　液硫脱气

硫黄回收装置生产过程中，从硫冷凝器排出的液硫中一般均溶解有少量的硫化氢，液硫中 H_2S 的含量一般为300~500μg/g。这部分 H_2S 若不能有效地脱除，液硫装车现场及固体硫黄成型生产单元化工异味较大，影响硫黄产品的质量，未脱气成型的固体硫黄易碎性高，并且液硫在存储、运输和加工过程中存在安全隐患，溶解在液硫中的多硫化氢（H_2S_x）就会分解生成 H_2S 并释放出来，当 H_2S 积聚达到一定浓度时，会发生毒害甚至有爆炸危险。从安全和环境卫生的角度考虑要求将液硫中的 H_2S 降低到15μg/g以下。

一、液硫脱气原理

（一）液硫中 H_2S 溶解度

硫黄回收装置采用硫冷凝器进行硫蒸气冷凝分离，在不同位置硫冷凝器中，由于过程气温度、停留时间、H_2S 分压等不同，造成不同硫冷凝器分离的液硫中 H_2S 含量也有所区别，第一硫冷凝器出来的液硫中 H_2S 的含量一般为500~700μg/g，第二硫冷凝器出来的 H_2S 的含量一般为180~280μg/g，第三硫冷凝器出来的 H_2S 的含量一般为70~110μg/g。Claus反应生成液硫的过程中，由于液体的表面张力使液硫中包有一部分的 H_2S 和 SO_2，另外液硫中也溶解一部分 H_2S。H_2S、SO_2溶解于液硫时不仅有物理溶解，也会生成以化学键结合的多硫化氢（H_2S_x，x 通常为2~8）和联多硫酸；H_2S 在液硫中的溶解度随温度的升高略有降低，但由于多硫化氢的生成量随温度升高而增加甚快，故总的 H_2S 溶解量随温度升高而增加，不同温度下 H_2S 的溶解度见图4-5-1。二氧化硫在液硫中的溶解极少，而且比较容易被脱除。

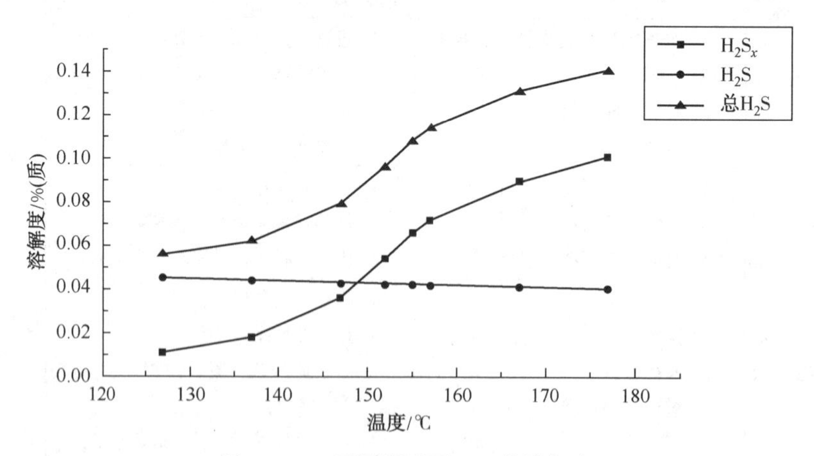

图4-5-1　不同温度下 H_2S 的溶解度

（二）脱除原理

液硫脱气工艺的原理为促进 H_2S_x 分解为 H_2S，并以可控的方式释放溶解的 H_2S。液硫池或脱气设施中的硫黄温度、H_2S 分压、停留时间以及搅拌的程度等对脱气均有影响。脱气过程中，也可以使用催化剂加快 H_2S_x 分解速度的。溶解在液硫中的 H_2S 通过物理吸附进入气相。按式(4-5-1)脱除物理溶解于液硫中的 H_2S 比较容易，而按式(4-5-2)所示从多硫化氢中脱除 H_2S 就比较困难。

$$\underset{\text{(溶解在液相)}}{H_2S} \longrightarrow \underset{\text{(气相)}}{H_2S} \tag{4-5-1}$$

多硫化物分解为 H_2S 和硫是一个很慢的反应，反应式如下所示：

$$\underset{\text{(溶解在液相)}}{H_2S_x} \longrightarrow \underset{\text{(溶解在液相)}}{H_2S} + \underset{\text{(液相)}}{(x-1)S} \tag{4-5-2}$$

液硫脱气过程中最主要的是释放 H_2S 并加速多硫化物分解成 H_2S 和液体硫。释放出的 H_2S 必须从液体硫上方的空间通过气体扫吹除去。多硫化物的分解可以通过催化剂加速，如氨气。然而，一些催化剂会带来一些问题，比如形成铵盐堵塞设备管道，需要定期清洗泵的过滤器、喷雾嘴、硫泵、液体管道等。一般来说，液硫脱气是停留时间和搅拌程度的函数。影响脱气效果的因素是：

1）液硫中 H_2S 的初始浓度；

2）液硫中 H_2S/H_2S_x 的比例；

3）有无催化剂的使用；

4）脱气段数量；

5）每个阶段要获得的脱气程度；

6）气相中氧气含量；

7）液硫温度。

为此，液硫脱气工艺通常按以下基本原理进行设计与操作：

1）利用碱性催化剂来加速 H_2S_x 的分解，最常用的是氨及其衍生物；

2）使液硫的温度降低到149℃以下进行脱气操作，从而有利于 H_2S 的分解；

3）在脱气过程中让液硫在脱气池中有足够的停留时间；

4）通过喷洒和/或搅动等机械方法将溶解在液硫中的 H_2S 驱赶出来，这些措施也能促进多硫化氢的分解而释放出 H_2S；

5）向液硫中通入 H_2S 含量极低或不含 H_2S 的气体进行汽提，使用的汽提气体包括：硫黄回收装置自身的净化尾气、氮气或空气等。

二、液硫脱气工艺

国内外工业上应用比较成熟且能满足脱气效果的脱气工艺主要有7种工艺。

（一）LS-DeGAS 脱气工艺

2013年，中国石化齐鲁石化公司研究院通过催化剂研发实现突破的原始创新和工艺技术的集成创新，形成了LS-DeGAS降低硫黄回收装置 SO_2 排放成套技术，该技术包含液硫脱气及其废气处理技术。LS-DeGAS液硫脱气及其废气处理工艺流程见图4-5-2。

该工艺采用鼓泡脱气，鼓泡所用气体为硫黄回收装置吸收塔塔顶净化尾气，其主要成分为氮气，含微量的COS和 H_2S，少量的 CO_2。净化尾气引入液硫池底部，作为液硫脱气的汽提气对液硫进行鼓泡脱气，在液硫池底设盘管，盘管上开孔，在液硫池内鼓泡，通过鼓泡搅

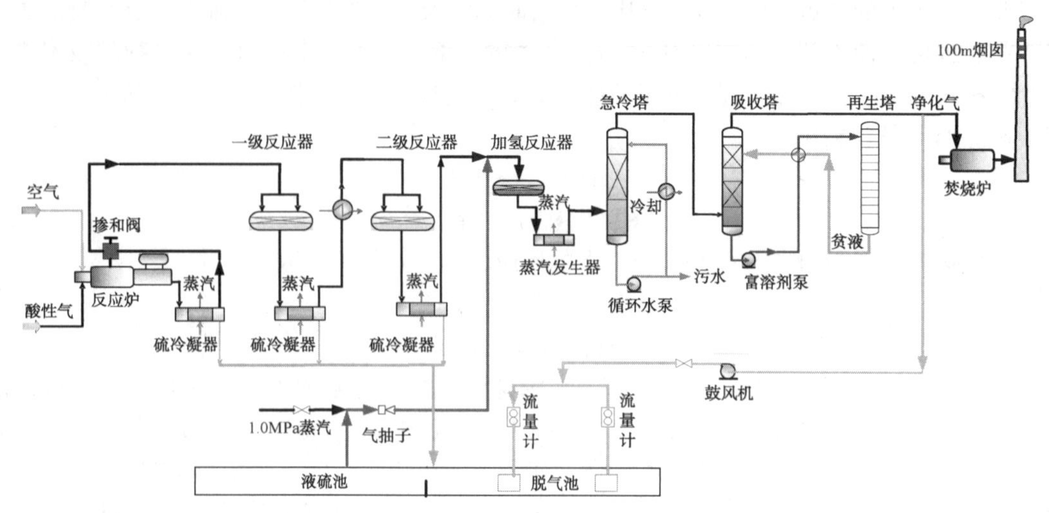

图 4-5-2　LS-DeGAS 液硫脱气及其废气处理工艺流程图

动液硫池中的液硫，液硫温度 140～150℃。同时降低液硫池气相空间中 H_2S 的分压，液硫池中的 H_2S 不断溢出，使液硫中溶解的硫化氢的量达到 15μL/L 以下。含有硫化氢及硫蒸气的液硫脱气的废气经蒸气抽空器抽出与 Claus 尾气混合，加热到 220～260℃ 进入加氢反应器，在特殊加氢催化剂的作用下硫蒸气转化为硫化氢，经急冷、胺液吸收、胺液再生，再生酸性气重新返回热反应段进一步回收单质硫，其余净化尾气引入焚烧炉焚烧后达标排放。

制硫部分生产的液体硫黄进入液硫池，Claus 尾气处理装置的吸收塔塔顶的达标净化尾气经过液硫脱气风机加压后通过鼓泡分布器均布进入液硫脱气池，强烈的湍动促进液硫中的 H_2S 扩散出来与净化尾气一起进入液硫池顶部空间。蒸汽抽空器(气抽子)将液硫池顶部的气体加压后送入加氢反应器。加氢反应器内部装填高耐氧低温加氢催化剂，将液硫脱气产生的废气中含有的二氧化硫、微量的硫雾全部加氢生成硫化氢，送入尾气处理装置处理。经过脱气之后的液硫产品溢流至液硫产品池。

加氢尾气经过急冷塔急冷后进入吸收塔，吸收塔采用净化度较高的复配高效脱硫剂，在吸收温度 25～35℃，加氢尾气硫化氢含量 0～3%(体)，气液体积比 0～500 的工况下，保证脱后净化尾气硫化氢含量小于 20μL/L。

尾气加氢催化剂为高耐氧低温加氢催化剂，较普通催化剂活性提高 30%以上，催化剂应同时具有脱氧、有机硫水解、SO_2和 S 加氢等多种功能，保证非硫化氢的含硫物质在 3s 内瞬间加氢或水解转化为硫化氢，避免硫穿透现象发生。

LS-DeGAS 液硫脱气及其废气处理工艺解决现行硫黄装置排放不达标的现实问题，为新建硫黄及改造装置提供一种投资少、操作费用少的新方法。

(二) Shell 脱气工艺

在 Shell 液硫脱气工艺中，脱气是在位于液硫池内两个串连的汽提塔中进行的，在汽提塔中用空气鼓泡，搅动液硫。鼓风机将液硫向上吹起，通过塔垂直循环，行成剧烈的搅动，使液硫每小时在汽提塔中流动数百次，塔内设有挡板，使用挡板的目的是减少可能存在的液硫沟流现象，将空气分散形成小气泡，更小的气泡形成新的气液界面以增加空气与硫的接触时间，约有 60%的 H_2S 直接氧化为单质硫，从而更好地脱除 H_2S 。在汽提塔里的气体气必须是空气而不是氮气、二氧化碳、Claus 尾气、SCOT 尾气或任何不含有氧气的气体，空气中的氧气可作为氧化剂，可以通过与溶解在溶液中的硫化氢氧化反应生成单质硫来降低 H_2S 的浓度。空气经鼓风机进入，一般在 50kPa(7~8pis)的压力下。汽提空气和脱出的 H_2S 一起进入液硫池的气相空间，由气抽子从液硫池抽出并送入焚烧炉(或制硫炉)进行处理，脱气后的液硫进入产品池，经液硫泵送往液硫储罐。该工艺不需要催化剂，仅通过汽提作用来脱除 H_2S，工艺流程示意图见图 4-5-3。

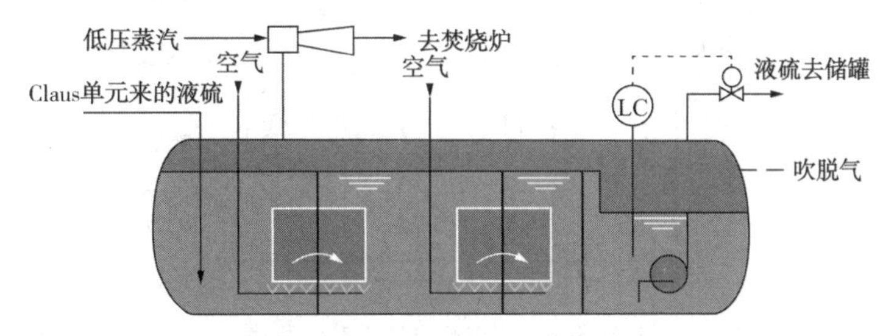

图 4-5-3　Shell 脱气工艺流程图

Shell 液硫脱气过程的主要优势是：

1）用空气脱除硫化氢，浓度可达 15μL/L 以下。

2）在脱气过程中不使用催化剂或化学剂。

3）液硫池的大小能装一天的产量，如果需要可以更大些。

4）运营成本和资本投入成本较低，液硫不采用在硫池中用液硫泵打循环(多个阶段)来进行搅拌，达到脱气的目的。淘汰液硫泵打循环方式，在资金投入和电机耗电量方面都有显著节省。通常情况下，对于一个液硫脱气系统(达到 15μL/L 硫化氢)，壳牌工艺电量要求大约是 1.2kW·h/t 硫，而连续 SNEA 工艺的电量要求约为 5kW·h/t 硫。壳牌工艺需要汽提气的量非常小。对于 100t/d 硫黄回收装置的案例研究表明，与 SNEA 脱气工艺相比，壳牌工投资低，运营成本减少了约 64%。

5）脱气液硫产品具有以下优点：

① 安全处理、运输和储存的产品；

② 减少设备腐蚀，处理设施和储罐；

③ 减少 H_2S 排放到大气中的量。

(三) SNEA 脱气工艺

SNEA 液硫脱气在液硫池中进行，液硫池设两个独立的喷淋区，用泵输送，使用专用催化剂，停留时间 9h，硫黄温度维持在 135~145℃。SNEA 液硫脱气有间断操作和连续操作两种流程，图 4-5-4 显示了一个连续的、两级 SNEA 系统(SNEA 也提供 3 级或 4 级系统)。脱气池需要两个分区，其大小能够保证停留时间和重复利用率。

来自 Claus 单元的硫进入第一分区，通过泵喷入液面之上的气相空间。通常情况下，催化剂(NH_3)注入到第 1 硫循环泵的吸入口。硫最终流向第二分区。在这里硫再次被循环(通过泵吸)，并再次喷入的气相空间，喷洒的液滴越小，脱气效果越好。最终脱气后液硫经泵送到产品成型或仓库。经两级后，当注入 NH_3 催化剂时液硫中 H_2S 可以被脱至约 15μL/L 的硫化氢。和壳牌工艺一样，SNEA 工艺通常使用一个小的空气流作为吹扫气，从液硫池的气相空间除去硫化氢。并且，通常使用蒸汽喷射器将池中吹扫气排放至焚烧炉处理。

当需要将硫化氢脱除到15μL/L时，SNEA系统的投资成本和操作成本要远远高于壳牌系统。但是，SNEA工艺的操作单元在实际应用中要远远多于壳牌系统，这是因为SNEA系统比壳牌系统更适合于工厂，SNEA系统最主要的缺点就是要通过使用氨气催化剂来达到15μL/L硫化氢含量。

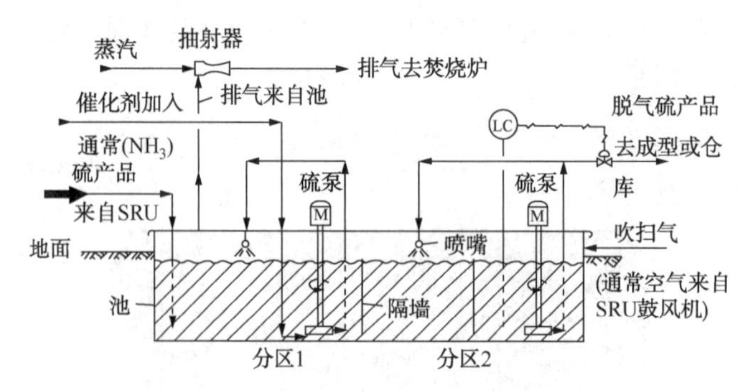

图4-5-4　SNEA脱气工艺流程图

（四）Exxon Mobil脱气工艺

Exxon Mobil工艺在液硫池的关键位置设置采用了多个专用文丘里喷嘴，液硫用专用文丘里喷嘴吸入喷出，喷嘴在液硫池底部，用空气鼓泡，形成极小的气泡，搅动液硫，促进H_2S从液相中逸出。添加催化剂和保持停留时间是Exxon Mobil脱气工艺的两个关键因素，可根据液硫在液硫池的停留时间选择是否添加催化剂，一般推荐液硫在液硫池的停留时间小于24h，使用催化剂以提升脱气效果，大于24h，可不添加催化剂。催化剂一般以液体形式加入，通过泵注入系统。图4-5-5为Exxon Mobil脱气工艺流程图。

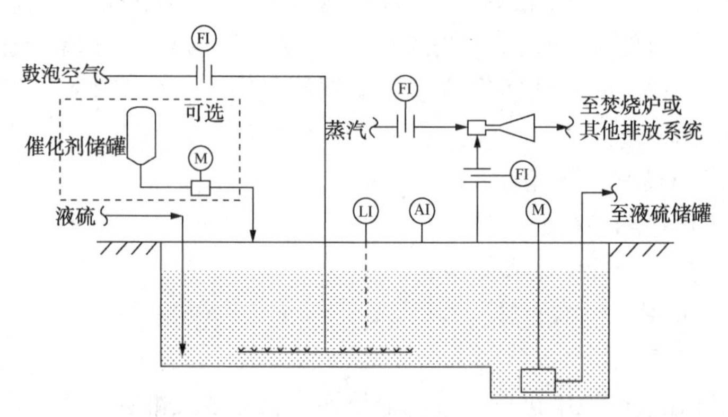

图4-5-5　Exxon Mobil脱气工艺流程图

（五）Amoco(BP)脱气工艺

Ortloff和Black & Veatch提供的Amoco(现为BP)工艺中，液硫被冷却至130~140℃，与低压压缩空气并流一起通过装有活性氧化铝Claus催化剂的固定床进行脱气，通过催化剂床层时，部分H_2S直接氧化为单质硫，通常不需要进行液硫循环。固定床可置于液硫池中，但大多数置于液硫池外，采用的是外部压力容器。Amoco(BP)工艺流程见图4-5-6。

山东三维工程公司在Amoco(BP)工艺的基础上对其进行了改进。液硫池内的液硫经过液硫脱气泵升压作为喷射器的动力源(取代蒸汽)来抽取池中H_2S，喷射器出口的液硫与空气混合后进入液硫脱气塔，在塔内催化剂床层发生反应，液硫中以多硫化物形式存在的H_2S

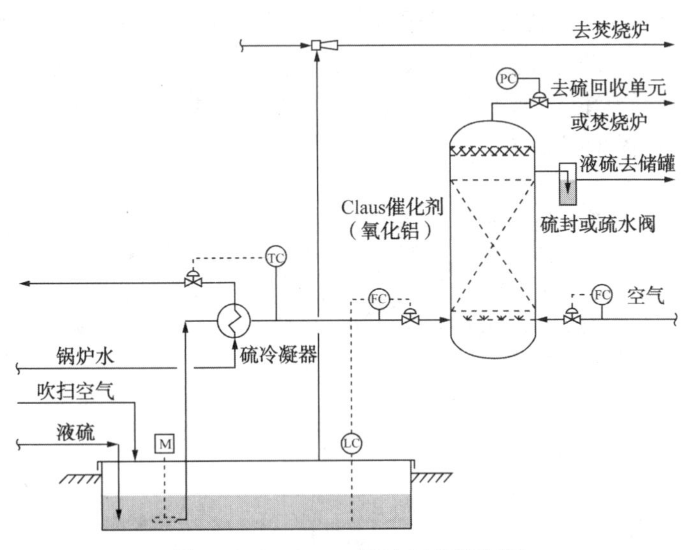

图 4-5-6　Amoco(BP)工艺流程图

分解为游离态 H_2S，部分 H_2S 氧化为单质硫。从塔顶出来的酸性气进入制硫炉，塔底出来的液硫再次返回液硫池，工艺流程图见 4-5-7。

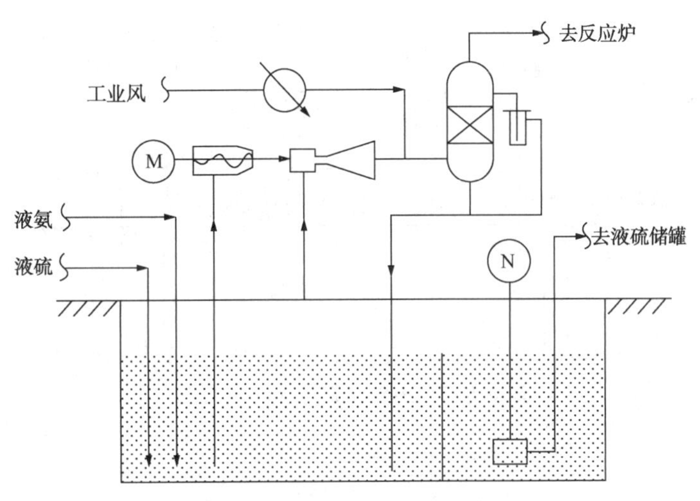

图 4-5-7　山东三维脱气工艺流程图

（六）D′GAASS 脱气工艺

D′GAASS 脱气工艺采用一个立式容器进行脱气，利用空气进行氧化和汽提，不需要添加催化剂。来自液硫池的液硫与预热后的干燥空气在填料床中于 50～100Pa 压力下逆流接触，液位维持在床层以上，从接触塔至液硫池设有一根回流管。空气由特殊设计的分布器引入后向上流动，通过搅拌脱除游离的 H_2S，D′GAASS 脱气工艺流程见图 4-5-8。

D′GAASS 脱气工艺主要的控制点包括：①D′GAASS 接触塔硫黄进料速率的控制；②硫黄进料温度的控制(130～140℃)；③过程空气控制在设计流量下(与硫黄速率无关)；④接触塔通过调节塔底控制液位；⑤接触塔通过调节尾气流量控制压力。

（七）HySpec 脱气工艺

HySpec 脱气工艺通常采用 2～4 个搅拌槽式反应器，每个反应器包含一台密封罐，密封罐有一根导流管从顶部插入底层，导流管内设有专门的多叶片叶轮。液硫用泵送入第一反应器底部，后通过立管溢流依次进入下一级反应器，停留时间仅需几分钟。为提高多硫化物的分解速度，可使用胺作为催化剂，以每个罐内的液硫量为基准，催化剂用量约为 2~3μg/g，HySpec 脱气工艺流程图见图 4-5-9。

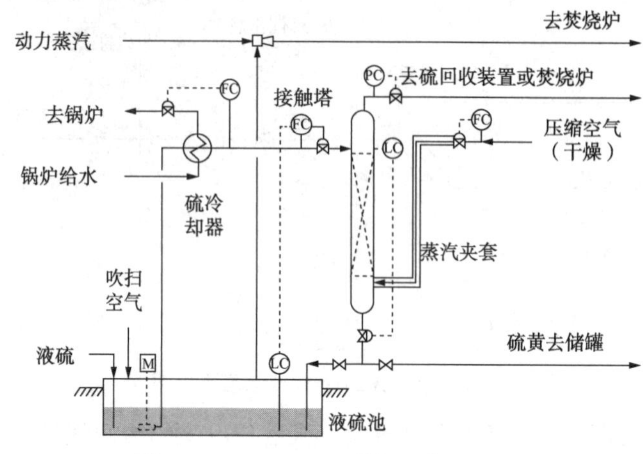

图 4-5-8　D′GAASS 脱气工艺流程图

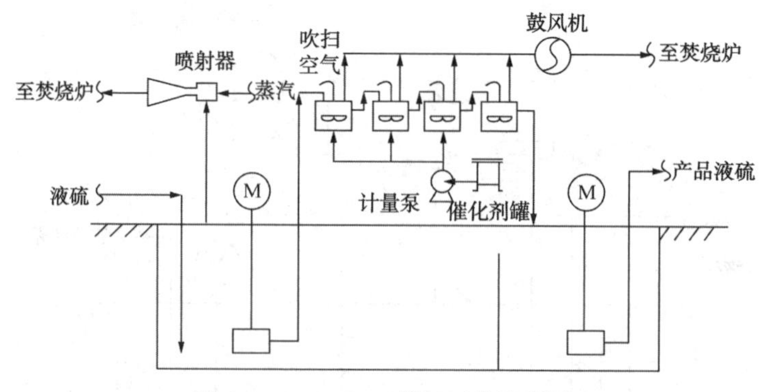

图 4-5-9　HySpec 脱气工艺流程图

三、小结

硫黄回收装置液硫通过液硫脱气泵的搅拌、注氨、鼓空气等的脱气措施，将液硫中的 H_2S 脱除，将液硫坑中的 H_2S 引到尾气炉焚烧。该工艺路线使装置 SO_2 的排放浓度增加了 100~300mg/m^3，不能满足国内最新环保标准 GB 31570—2015，对装置的达标排放影响比较大。

以氨作为脱气促进剂的装置，由于尾气输送到尾气炉焚烧时尾气炉温度为 600℃左右，不足以让其 NH_3 完全燃烧分解，导致生成铵盐堵塞后路换热管，也会造成 NO_x 排放超标，近年来已经逐步被其他工艺替代。

液硫池上有液硫脱气泵，通过液硫脱气泵将脱气池中的液硫循环往复地喷洒，通过喷洒搅动可以脱除部分 H_2S；同时向液硫池中通入含 H_2S 较低的气体，可以降低液硫表面的 H_2S 分压，促进液硫中 H_2S 的脱出，但是用空气作为汽提气体，将液硫脱出的废气引进制硫部分进行处理，增加了装置能耗。

利用吸收塔塔顶的净化气作为吹脱气对液硫进行汽提避免了上述工艺的缺陷，吹脱气体可进入加氢反应器进行处理，满足最新环保法规要求，操作简单，针对新建装置和现有装置的改造具有投资小、见效快的巨大优势。

第六节　影响硫回收率的因素

由于受Claus反应热力学平衡及可逆反应的限制，即使在设备及操作条件良好的情况下，装置总硫转化率最高也只能达到96%~97%，尾气中仍有少量的硫化物以SO_2等形态排入大气，既损失了硫资源，又造成了环境污染。

影响硫回收装置总硫回收率的因素主要有酸性气质量、催化剂和脱硫剂性能、工艺及装置操作运转情况等。

一、硫回收率的计算方法

（一）反应炉硫回收率计算

不同硫回收工艺、不同气体组成和不同的操作条件得到的硫回收率不同，一般情况下，直流工艺中反应炉的硫回收率为60%~70%，分流工艺中反应炉的硫回收率为0~67%，依据不同的分流比例得到不同的硫回收率。炉膛温度越高，制硫炉转化率越高。反应炉硫回收率计算公式如下：

反应炉回收率η=[1-一冷出口气体($H_2S+SO_2+COS+2CS_2$)物质的量/入反应炉($H_2S+SO_2+COS+2CS_2$)物质的量]×100%

其中：入反应炉($H_2S+SO_2+COS+2CS_2$)物质的量=酸性气流量×酸性气中($H_2S+SO_2+COS+2CS_2$)体积分数÷22.4

一冷出口气体中($H_2S+SO_2+COS+2CS_2$)物质的量=一冷出口过程气中($H_2S+SO_2+COS+2CS_2$)体积分数×一冷气体流量÷22.4

（二）一级反应器硫回收率和有机硫水解率计算

一级反应器的硫回收率与操作条件和催化剂性能密切相关，正常工况下相对硫回收率大于65%，如果催化剂性能优异，反应条件优化，相对硫回收率可以达到70%以上。一级反应器的硫回收率可以按照一级反应器出入口总硫物质的量计算，如下式：

η=[1-二冷出口气体($H_2S+SO_2+COS+2CS_2$)物质的量/一转入口($H_2S+SO_2+COS+2CS_2$)物质的量]×100%

其中：一转入口($H_2S+SO_2+COS+2CS_2$)物质的量=一转入口气体流量×一转入口($H_2S+SO_2+COS+2CS_2$)体积分数÷22.4

二冷出口气体($H_2S+SO_2+COS+2CS_2$)物质的量=二冷出口过程气中($H_2S+SO_2+COS+2CS_2$)体积分数×二冷出口气体流量÷22.4

由于在一级反应器中二氧化硫的反应只有Claus反应，因此，硫回收率可以按照一级反应器出入口二氧化硫物质的量计算，如下式：η=Claus转化率(%)=(1-第二冷凝器入口SO_2物质的量/第一冷凝器出口SO_2物质的量)×100%。

一级转化器有机硫水解率计算方法为：

有机硫水解率(%)=[1-第二冷凝器入口($COS+2CS_2$)物质的量/第一冷凝器出口($COS+2CS_2$)物质的量]×100%。

(三) 二级转化器硫回收率和有机硫水解率计算方法

二级反应器的硫回收率与操作条件和催化剂性能密切相关，二级反应器的硫回收率可以按照二级反应器出入口总硫物质的量计算，如下式：

η=[1-三冷出口气体($H_2S+SO_2+COS+2CS_2$)物质的量/二转入口($H_2S+SO_2+COS+2CS_2$)物质的量]×100%

其中：二转入口($H_2S+SO_2+COS+2CS_2$)物质的量=二转入口气体流量×二转入口($H_2S+SO_2+COS+2CS_2$)体积分数÷22.4

三冷出口气体($H_2S+SO_2+COS+2CS_2$)物质的量=三冷出口过程气中($H_2S+SO_2+COS+2CS_2$)体积分数×三冷出口气体流量÷22.4

或：

η=Claus 转化率(%)=(1-第三冷凝器入口 SO_2物质的量/第二冷凝器出口 SO_2物质的量)×100%。

二级转化器有机硫水解率计算方法为：

有机硫水解率(%)=[1-第三冷凝器入口($COS+2CS_2$)物质的量/第二冷凝器出口($COS+2CS_2$)物质的量]×100%。

(四) 单程总硫回收率和有机硫水解率计算方法

硫黄装置单程总硫回收率一般为95%~97%，随装置运行时间延长，催化剂性能下降，总硫回收率降低。计算方法如下：

η=[1-第三冷凝器出口气体($H_2S+SO_2+COS+2CS_2$)物质的量/入反应炉($H_2S+SO_2+COS+2CS_2$)物质的量]×100%

其中：入反应炉($H_2S+SO_2+COS+2CS_2$)物质的量=酸性气流量×酸性气中($H_2S+SO_2+COS+2CS_2$)体积分数÷22.4

第三冷凝器出口气体中($H_2S+SO_2+COS+2CS_2$)物质的量=第三冷凝器出口过程气中($H_2S+SO_2+COS+2CS_2$)体积分数×Claus 尾气流量÷22.4

COS 总水解率计算方法为：

(1-第三硫冷凝器出口 COS 物质的量/第一硫冷凝器入口 COS 物质的量)×100%。

CS_2总水解率计算方法为：

(1-第三硫冷凝器出口 CS_2物质的量/第一硫冷凝器入口 CS_2物质的量)×100%。

(五) 总硫回收率

对于 Claus+还原吸收法处理工艺的硫黄装置，总硫回收率一般为99.8%~99.99%。正确的总硫回收率计算方法应该为硫黄产量和硫黄潜含量的比值。但由于硫的潜含量受分析误差的影响较大，如果用硫的潜含量计算总硫回收率，误差较大。计算公式：

$$总硫回收率(\%)=S_1\times100\%/S_0$$

式中　S_0——酸气中的总硫潜含量(以 S 计)；

　　　S_1——硫黄产量。

为了消除分析误差带来的影响，对于没有烟气碱洗单元的硫黄回收装置，总硫回收率多采用烟道气法：

$$总硫回收率=(S_0-S_e)\times100\%/S_0$$

其中 $$S_0=M_{H_2S}\times Q_0\times32.06/22.4$$

$$S_e=(C_{SO_2}\times0.5+C_{H_2S}\times0.94+C_{COS}\times0.53)\times Q_e\times10^{-6}$$

式中 S_0——酸气中的总硫潜含量(以S计)，kg/h；

S_e——焚烧炉烟道气中的总硫含量(以S计)，kg/h；

Q_0——标准状态下的酸气流量，Nm^3/h；

Q_e——标准状态下的焚烧炉废气流量，Nm^3/h；

M_{H_2S}——酸性气中 H_2S 的浓度,%(摩尔)；

C_{SO_2}——焚烧炉废气中 SO_2浓度，mg/Nm^3；

C_{H_2S}——焚烧炉废气中 H_2S 浓度，mg/nm^3；

C_{CoS}——焚烧炉废气中 COS 浓度，mg/Nm^3；

32.06——S 的相对分子质量；

标准体积/物质的量为22.4；SO_2中S的含量为0.5；

H_2S 中S的含量为0.94；COS中S的含量0.53。

如采用烟道气法计算总硫回收率，由于尾气焚烧炉烟气在线流量计测量精度偏低，流量测量值偏小，采用现有在线测量流量进行转化率计算将导致收率偏差较大。通过查阅相关文献及对气体流程进行模拟计算，确定以下方法进行烟气流量校正。

1）根据SRU原料酸性气和末级硫冷器出口气体组分计算得出硫黄回收装置尾气气体流量 Q_{SRU}。

2）根据半富液循环量、贫液及半富液分析数据计算尾气吸收塔脱除的 H_2S、CO_2体积流量 $Q_{尾H_2S}$、$Q_{尾CO_2}$。

3）保持急冷塔液位不变，读取急冷塔外排酸性水流量，计算反应过程生成水摩尔流量，从而得出自系统冷却脱除气态水在标况下的体积流量 $Q_{尾H_2O}$。

4）读取在线炉燃料气流量 $Q_{燃F-401}$、在线炉助燃空气 $Q_{空F-401}$、尾气焚烧炉燃料气 $Q_{燃F-402}$、尾气焚烧炉助燃空气 $Q_{空F-402}$、液硫池脱气空气 $Q_{池空}$、液硫池抽空蒸汽流量 $Q_{池蒸}$。

则校正后烟气流量为：

$Q_{烟气校}$=SRU尾气 Q_{SRU}+在线炉燃料气 $Q_{燃F-401}$+在线炉助燃空气 $Q_{空F-401}$+尾气焚烧炉燃料气 $Q_{燃F-402}$+尾气焚烧炉助燃空气 $Q_{空F-402}$+液硫池抽空废气($Q_{池空}$+$Q_{池蒸}$)-急冷塔冷却脱水 $Q_{尾H_2O}$-尾气吸收塔脱(H_2S+CO_2)$Q_{尾H_2S}$、$Q_{尾CO_2}$

对于配置烟气碱洗脱硫，而且液硫脱气废气已经引入制硫炉或加氢反应器处理的硫黄回收装置，可以采用净化气总硫的方法计算总硫回收率：

$$总硫回收率=(S_0-S_e)\times100\%/S_0$$

其中，$S_0=M_{H_2S}\times Q_0\times32.06/22.4$

S_e=净化气总硫含量$\times Q_e\times10^{-6}$

净化气总硫采用微库仑法测定，单位 mg/m^3，净化气形态硫包括 H_2S、COS、CS_2、CH_3SH等。

二、影响硫回收率的因素

(一) 酸性气质量的影响

1. 酸性气 H_2S 含量

酸性气中 H_2S 含量的高低可直接影响到装置的硫回收率和投资建设费用(见表 4-6-1 和表 4-6-2)。因此，上游脱硫装置使用高效选择性脱硫溶剂既可有效地降低酸性气中的 CO_2 含量，同时又提高了 H_2S 含量，对于确保下游 Claus 装置的长、安、稳运行非常重要。

表 4-6-1　不同来源酸性气组成

组成/%(体)	H_2S	CO_2
FCC 酸性气	50~60	20~30
焦化酸性气	60~70	10~20
清洁酸性气	90~98	2~5
煤制氢酸性气 1	25~30	60~70
煤制氢酸性气 2	1~2	80~90

表 4-6-2　酸性气中 H_2S 含量与硫回收率和投资费用的关系

H_2S/%(体)	16	24	58	93
装置投资比	2.06	1.67	1.15	1.00
硫回收率/%	93.7	94.2	95.0	95.9

Claus 装置 H_2S 含量、转化器级数和硫回收率的关系见表 4-6-3，随着原料其中硫化氢含量的提高，转化率呈现出逐步升高的趋势。

表 4-6-3　Claus 装置 H_2S 含量、转化器级数和硫回收率的关系

原料气中 H_2S 含量/%(干基)	计算的硫回收率/%		
	两级转化	三级转化	四级转化
20	92.7	93.8	95.0
30	93.1	94.4	95.7
40	93.5	94.8	96.1
50	93.9	95.3	96.5
60	94.4	95.7	96.7
70	94.7	96.1	96.8
80	95.0	96.4	97.0
90	95.3	96.6	97.1

酸性气 H_2S 含量与炉温关系见图 4-6-1。

2. 烃含量

酸性气体中烃类的影响一是提高反应炉温度和废热锅炉热负荷，加大空气的需要量，致使设备和管道相应增大，增加了投资费用；二是过多的烃类存在会增加反应炉内 COS 和 CS_2 的生成量，影响硫的转化率，而没有完全反应的烃类还会在催化剂上形成积炭，尤

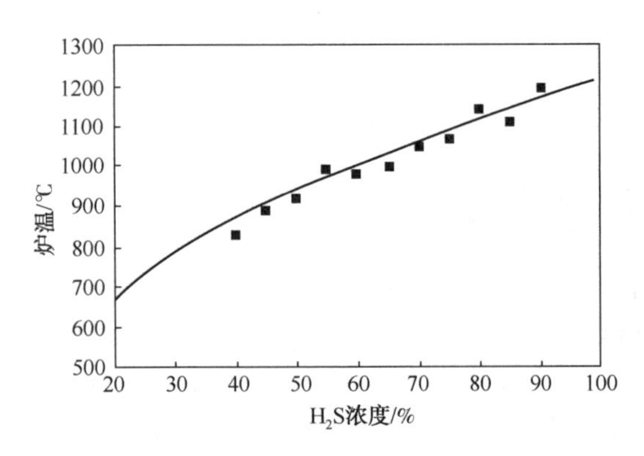

图 4-6-1　硫化氢含量与反应炉炉膛温度的关系

其是醇胺类溶剂在反应炉高温下和硫反应而生成的有光泽的焦油状积炭，会大大降低催化剂的活性。

如 1%的乙烷需要 3.5%的氧气，换算为空气即增加 17%的空气，如果是重烃，将会大幅增加空气的需求量，从而使反应炉超温，催化剂反应空速加大。更重要的是烃类存在还会增加反应炉内 COS 和 CS_2的生成量，影响硫的转化率。主要反应如下：

$$2CH_4+3SO_2 = 2COS+1/2S_2+4H_2O \tag{4-6-1}$$

$$CH_4+SO_2 = COS+H_2+H_2O \tag{4-6-2}$$

$$CH_4+2H_2S = CS_2+4H_2 \tag{4-6-3}$$

$$CH_4+4S = CS_2+2H_2S \tag{4-6-4}$$

$$CH_4+2S_2 = CS_2+2H_2S \tag{4-6-5}$$

$$2C_2H_6+7S_2 = 4CS_2+6H_2S \tag{4-6-6}$$

$$C_3H_8+5S_2 = 3CS_2+4H_2S \tag{4-6-7}$$

生成的 CO、CO_2参与反应，生成更多的有机硫(见图 4-6-2)。

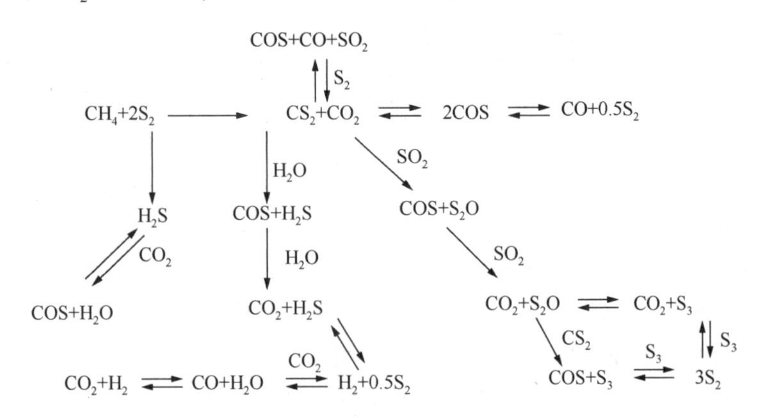

图 4-6-2　有机硫反应网络图

因此，原料气带烃的危害可以归纳为：

1）增加系统负荷，严重时出现配风不足。

2）酸气燃烧炉超温。

3）副反应增加，制硫转化率降低。

4）产生炭黑，堵塞系统。

5）产生黑硫黄，影响产品质量。

过程气有机硫与酸性气烃含量密切相关，通过调整操作参数可降低过程气中有机硫含量，或改变有机硫的形态。具体操作如下：

1）通过酸性气和空气预热，可提高炉膛温度，炉膛温度由904℃提高至1291℃，炉膛出口CS_2的含量由1600μL/L降至160μL/L。

2）适当提高反应炉配风量，可减少过程气CO生成，从而降低COS的生成量。

3）提高一级转化器温度至315~350℃，增加有机硫水解活性。

4）提高加氢反应器温度至300~350℃，增加有机硫水解和氢解活性。

不同形态的烃在反应炉内完全燃烧的温度不同，表4-6-4给出了杂质含量与火焰温度的关系。

烃的含量特别是芳烃的含量，是选择燃烧器时一个非常重要的因素。下面几点值得关注的方面会引导我们选择一个高强度、混合能力优异的燃烧器：

1）如果停留时间足够，混合充分以及反应温度高，由烃生产的CS_2大部分还在反应炉内部时，就会进一步分解为COS，部分会进一步水解为H_2S。在一级转化炉内，COS很容易被转化，因此这也是我们在初级阶段所希望形成的；

2）如果烃含量很高，应该考虑采用预热方法来提高反应炉温度，同时停留时间也要比常规的停留时间长(采用1.5s而不是通常的0.8~1s)，高强预混燃烧器有利于提供长的停留时间；

3）由Bovar — Western研究中心所作的实验表明，如果温度超过1510℃，反应炉内将不会存在CS_2；

4）如果含有大量的芳香族化合物，特别是侧链芳香族化合物(如甲苯)，若不在主燃烧器内除掉，将会导致一级催化反应器催化剂发生焦化现象。

表4-6-4　烃含量与火焰温度的关系

杂质	允许体积含量上限/%	火焰温度/℃	杂质	允许体积含量上限/%	火焰温度/℃
饱和烃	—	950	BTX	0.2	1250
BTX	0.05	1100	硫醇	0.2	1200
BTX	0.1	1200	硫醚	0.5	1250

轻烃CH_4完全分解的温度为950℃，1250℃以上生成COS，无CS_2生成；0.2%的BTX完全分解的温度为1250℃，1300℃以上生成COS，无CS_2生成。

如果由于烃类燃烧不充分导致催化剂积炭，可采用“积炭在线硫洗技术”进行除炭：发生积炭的催化剂床层暂时性地在低于硫的露点温度下操作，使沉积在催化剂表面的粉末状积炭被液硫浸泡后带出装置。

3. 氨含量

NH_3的危害主要表现为其必须在高温反应炉内与O_2发生氧化反应而分解为N_2和H_2O，否则会形成NH_4HS、$(NH_4)_2SO_4$类结晶而堵塞下游的管线设备，使装置维修费用增加，严重时将导致停产，因此，烧氨的硫黄装置所有点的温度都不要低于152℃。此外NH_3在高温下还可能形成各种氮的氧化物，如 NO_2、N_2O、NO、N_2O_3、N_2O_4，这些氮氧化物促使 SO_2 氧化成为 SO_3，导致设备腐蚀和催化剂硫酸盐化中毒；对动物和人体产生危害，NO 和血红蛋白亲和力极强，是氧的数十万倍，血液中含有 1~1.5mg/L 的 NO，会产生呼吸疾病、肺气肿等；形成光化学烟雾；形成酸雨、酸雾、破坏臭氧层。

为了使 NH_3 燃烧完全，反应炉配风需随着含 NH_3 气流的组成及流量而变化，因而使 H_2S/SO_2 的比例调节更加复杂，NH_3 氧化生成的附加水分，还会导致生成单质硫的反应转化率降低。图 4-6-3 为剩余反应炉燃烧剩余的 NH_3 浓度与火焰温度的关系。

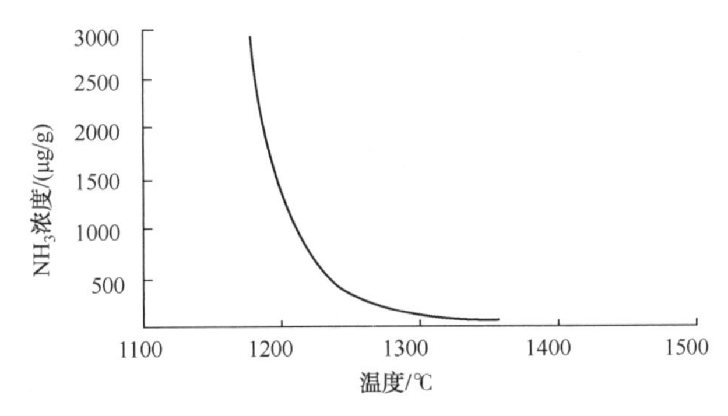

图 4-6-3　剩余 NH_3 浓度与火焰温度的关系

如果酸性气中存在氨，就必须采取措施确保在热反应阶段将氨全部消除。要求温度大于1250℃时才能有效地除氨。

要达到足够的燃烧温度，可以通过预热主燃烧器的上游空气和酸气，也可以采用分流注入的工艺来实现。采用分流工艺时，将所有的含氨酸性气和部分纯酸气通过燃烧器注入，剩余的纯酸气注入反应炉。这方法可能会造成部分烃类燃烧不充分，形成积炭并进入一级催化反应器造成焦化现象，这是一个需要慎重考虑的事项。

酸性气中含氨也会增加设备和管线的尺寸，进而增加投资，而且增加催化剂的反应空速，降低单程硫回收率和有机硫水解率。因此，对于烧氨的硫黄装置要求配风更加严格，在烧氨过程中，气量大幅增加，反应式如下：

$$NH_3+3/4O_2 = 1/2N_2+3/2H_2O \tag{4-6-8}$$

$$2NH_3+SO_2 = N_2+2H_2O+H_2S \tag{4-6-9}$$

$$2NH_3 = N_2+3H_2 \tag{4-6-10}$$

另外一个应该关注的事项是，如果燃烧器不能提供很好的混合效果，那么随之而来将会发生氨的如下反应：

$$2NH_3+5/2O_2 \longrightarrow 2NO+3H_2O \tag{4-6-11}$$

这一反应生成的 NO 会促进 SO_2 生成 SO_3，进而导致硫回收单元的酸腐蚀问题。

4. 水

酸性气中水含量变化对转化率有很大的影响。以一级转化反应器为例，H_2S 含量低的贫酸性气受此影响的程度远大于 H_2S 含量高的富酸性气。一般情况下酸性气中的水含量约为2%~5%。另外，过程气中也含有水，且含量变化很大，特别是在雨雪天气时，将会有相当的水分进入过程空气中，在日常生产时则还要注意避免在风机的吸入口处排放水蒸气。酸性气带水的危害：

1）炉温下降，损坏炉衬里。

2）由 $2H_2S+SO_2 = \frac{3}{x}S_x+2H_2O$ 知，当 H_2O 增加，平衡向逆方向移动，制硫转化率降低。

3）H_2O 与 H_2S 在催化剂表面形成竞争吸附，从而降低催化剂活性。

4）催化剂粉化，导致床层压降高，活性低。

5. 酸性气中 CO、CO_2 的影响

酸性气中含有 CO、CO_2 在反应炉内发生如下反应：

$$CO_2+H_2S = CO+H_2O+1/2S_2 \quad (4-6-12)$$

$$2CO_2+H_2S = 2CO+H_2O \quad (4-6-13)$$

$$2CO_2+3S = 2COS+SO_2 \quad (4-6-14)$$

$$CS_2+CO_2 = 2COS \quad (4-6-15)$$

$$2CO_2+2S = COS+CO+SO_2 \quad (4-6-16)$$

$$CO_2+3S = CS_2+SO_2 \quad (4-6-17)$$

$$CO+S = COS \quad (4-6-18)$$

如果酸性气含 30%的 CO_2，一级转化器入口有机硫将高达 5000~10000μL/L，要达到加氢反应器出口有机硫小于 20μL/L 的要求，对应的一级反应器和加氢反应器的水解率要求见表 4-6-5。

表 4-6-5　有机硫水解率与加氢反应器出口有机硫对应的关系

一级反应器有机硫/(μL/L)			加氢反应器有机硫/(μL/L)		
入口	水解率/%	出口	入口	水解率/%	出口
10000	98	200	200	98	4
	95	500	500	98	10
	90	1000	1000	98	20
	80	2000	2000	98	40
	70	3000	3000	98	60
	90	1000	1000	95	50
	95	500	500	95	25

CO 存在会导致更大的困惑，在一级、二级、加氢反应器均可发生 CO 和 S 反应生成 COS，因此，在催化剂活性较低时，会出现加氢反应器出口 COS 浓度高于入口的现象。

COS 和 CS_2 中含的硫是被关注的，必须强制它们在一级反应器中进行水解以避免硫黄回收率的损失。通常在废热锅炉出口过程气中观察到的以 COS 和 CS_2 形式存在的硫约占 0.5%~2%。

平衡计算可以看出 COS 应该在反应炉中产生，并且从硫黄装置运行中实际得到的数据推测 COS 很可能是由一氧化碳和单质硫之间的反应得到的。最有力的证据是大量的 COS 通常是伴随着大量的一氧化碳同时出现的。

在反应炉中 CS_2 就是用单质硫和饱和烃进行反应得到的。然而在硫黄回收反应炉物流中

水的实际数量明显地改变了将 CS_2转变成 CO_2和 H_2S 的水解反应的热力学推动力，如果给足够的时间来使之达到平衡，水解反应将基本完成并且在废热锅炉出口过程气中的 CS_2 含量基本上是可以忽略不计的。

（二）反应炉温度的影响

反应炉的温度与酸性气的组成、燃烧方式以及进炉原料的温度相关，温度升高硫黄收率增加。反应炉温度与硫回收率的关系见图 4-6-4。根据图 4-6-4H_2S 转化制硫的热化学反应段的模拟计算，理论的硫黄收率为 70%~80%。低于 830K(557℃)时，温度升高硫黄收率增加。随温度降低，热化学反应越来越慢，低于 620K(347℃)时，热化学反应速度太慢而没有实用价值。因此，需要采用催化技术来提高低温下的反应速率。

酸性气预热温度对 COS、CS_2形成的影响趋势见图 4-6-5。

随着酸性气预热温度的升高，反应炉炉膛温度升高。随炉膛温度升高，COS 的生成量增加，CS_2的生成量降低。而 CS_2水解反应需要两步反应：

$$CS_2+H_2O = COS+H_2S \tag{4-6-19}$$

$$COS+H_2O = CO_2+H_2S \tag{4-6-20}$$

第一步是 CS_2先水解为 COS，COS 进一步水解为 H_2S。COS 水解速度比 CS_2快得多。因此，实际操作中应尽量减少 CS_2的生成量。

（三）不同工艺的影响

Claus 硫回收工艺分直流法和分流法；过程气再热方式有高温掺合、在线加热炉、蒸汽加热、电加热、气气换热等。分流法目的是提高制硫炉炉膛温度，反应炉平稳运行的最低温度 925℃，在此温度下火焰稳定，燃烧充分。不同分流比例对硫回收率的影响较大，图 4-6-6 给出了分流比例与火焰温度的关系，图 4-6-7 给出了分流比例与反应炉硫回收率的关系，图 4-6-8 给出了分流比例对各单元硫回收率的影响。

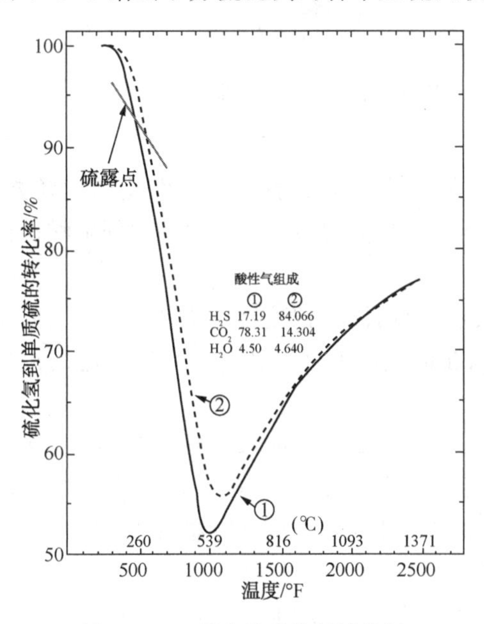

图 4-6-4 反应炉硫化氢转化制硫随温度变化的曲线

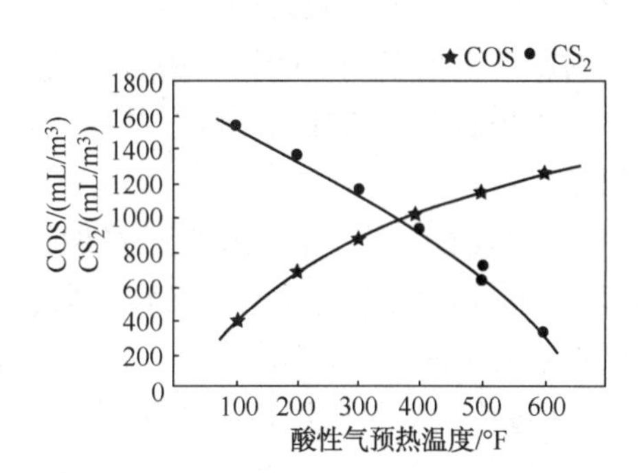

图 4-6-5 酸性气预热温度对 COS/CS_2形成的影响

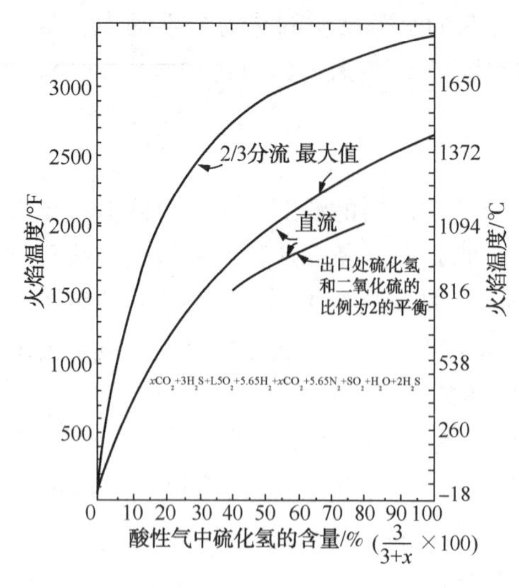

图 4-6-6　分流比例与火焰温度的关系

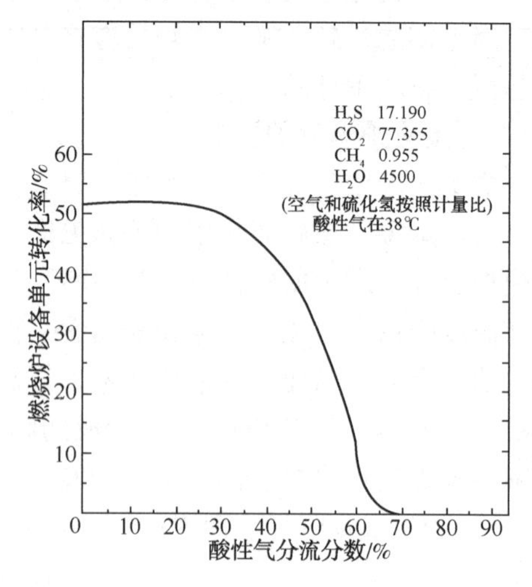

图 4-6-7　分流比例与反应炉硫回收率的关系

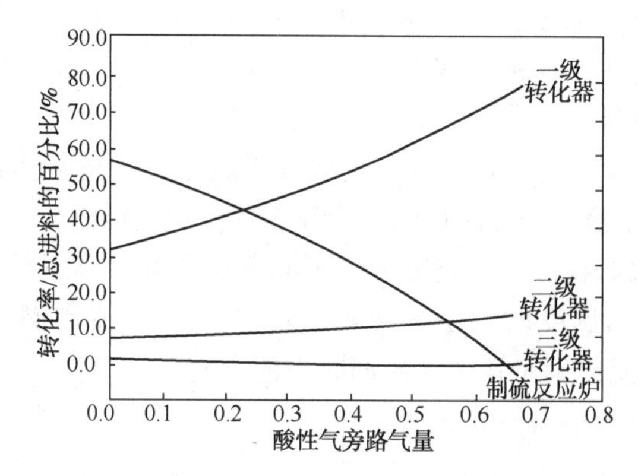

图 4-6-8　酸性气旁路气量与各单元硫转化率的关系

分流法对硫回收率的影响还包括：

1）对催化剂的影响。酸性气中有害物质不经过制硫炉，直接接触催化剂。烃类、胺、氨、水导致催化剂积炭、氨中毒、催化剂粉化等。制硫炉过氧还会导致催化剂硫酸盐化，增加了催化剂负荷，降低硫黄回收率。

2）对脱硫剂的影响。酸性气中含有的烃类会导致脱硫剂发泡和变质。

3）产生黑硫黄。酸性气中含有的烃类可以在催化剂上高温裂解，导致催化剂积炭，并产生黑硫黄。

对于高温掺合工艺：一级反应器高温掺合，制硫炉高温气体不经一级硫冷器直接进入一级转化器，大量的硫蒸气进入一级转化器，抑制了一级反应器的硫平衡转化。二级高温掺合，在抑制硫的平衡转化的同时，反应炉产生的有机硫未经一级反应器水解直接进入二级反应器，导致过程气有机硫增加，硫回收率降低，烟气二氧化硫排放增加。

对于在线加热炉工艺：燃料气的燃烧会导致过程气气量增加，相同体积催化剂，空速变大，硫化氢转化率降低；烃类的次当量燃烧产生 CO_2、CO，返回再生酸性气 CO_2量增加，过程气有机硫增加；烃类次当量燃烧极易产生析炭，影响催化剂活性，产生黑硫黄。

电加热：适用于小规模装置或辅助加热，不影响硫回收率。

气气换热：流程长，系统压降大，换热器存在泄漏的风险，末期换热效率低，导致入口温度难以提温，影响有机硫转化。

蒸汽加热工艺：目前最理想的加热方式，中压蒸汽温度249~251℃，稳定易控。缺点是入口温度低，只有220~240℃，催化剂床层提温受限。如催化剂床层积硫，无法实现热浸泡除硫，建议：一级反应器和加氢反应器在中压蒸汽加热的基础上，增加过热蒸汽二级加热。

酸性气浓度对硫回收率的影响见表4-6-6。

表4-6-8　酸性气浓度对硫回收率的影响　%

项　目	理想的总硫回收率	
	富酸性气	贫酸性气
酸性气组成	H_2S：81 CO_2：14 H_2O：4.6	H_2S：17 CO_2：78 H_2O：4.5
制硫炉	66.6	0
一级转化器	88.2	80.8
二级转化器	97.9	97.5
三级转化器	99.3	99.0
四级转化器	99.5	99.2

尾气处理工艺主要有低温工艺、超级Claus工艺、SCOT工艺、湿法可再生工艺、钠法碱洗工艺、氨法脱硫工艺等，不同尾气处理工艺对硫回收率和SO_2排放的影响见表4-6-7。

表4-6-7　不同尾气处理工艺对硫回收率和SO_2排放的影响

工艺名称	硫黄回收率/%	SO_2排放浓度/(mg/m^3)
低温工艺	99.0~99.8	≤2000
SuperClaus	99.0~99.3	≤2000
EUROClaus	99.5	≤1000
SCOT	99.8	≤960
Super SCOT	99.9	≤550
LS-SCOT	99.98	≤143
RAR	99.8	≤960
烟气碱洗	99.8	≤50
氨法脱硫	96.0	≤50
湿法可再生工艺	99.99	≤50

(四) 风气比的影响

风气比为空气和酸性气的体积比，也是获得理想的硫回收率的重要参数之一。原料气中H_2S、烃类及其他可燃组分的含量已确定时，可按化学反应的理论需O_2量计算出风气比。在Claus反应过程中，空气量的不足和过剩均使转化率降低。空气不足比空气量过剩对硫转化率的影响更大(见图4-6-9和表4-6-8)。

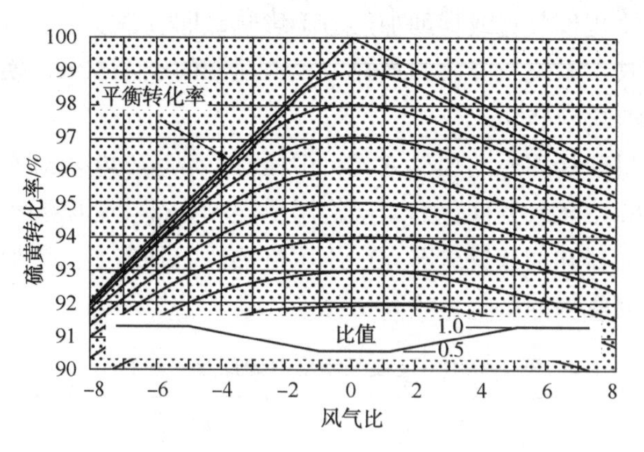

图 4-6-9　转化率与过剩空气的关系

表 4-6-8　风气比对硫转化率的影响

空气供应情况		空气不足		正确			空气过剩	
风气比/%		97	98	99	100	101	102	103
硫平衡转化率损失/%	二级转化	3.6	3.12	2.7	2.53	2.56	2.79	3.2
	三级转化	3.1	2.14	1.3	1.05	1.20	1.54	2.1

理想的 Claus 反应要求过程气 H_2S/SO_2 的比例是 2∶1 的化学计量要求，才能获得高的转化率，这是 Claus 装置最重要的操作参数。若反应前过程气中 H_2S/SO_2 与 2 有任何微小的偏差，均将对反应后装置的总硫转化率产生更大的偏差，而且转化率越高偏差越大。微过氧操作，可降低有机硫的生成，并提高硫回收率。

某企业 2016 年 10 月 12 日，装置开始将配风比回路（H_2S-2SO_2）设定值从零逐步调低。10 月 13 日 9∶00 比值回路设定值调整至-0.1，14 日 9∶00 比值回路设定值调整其-0.2，17 日 9∶00 比值回路设定值调整其-0.3。对应的烟气二氧化硫的排放浓度见图 4-6-10。

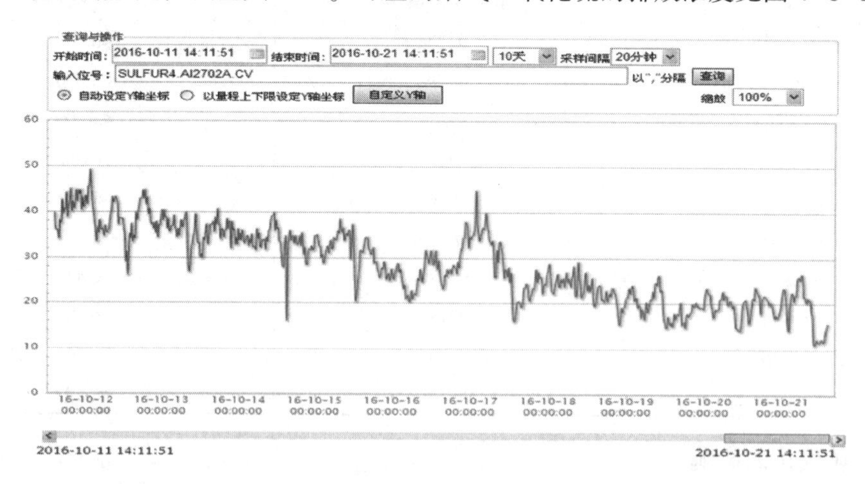

图 4-6-10　某企业风气比对应的烟气二氧化硫的排放浓度

在酸性气突然带烃时，还会因为配风调整不及时，H_2S/SO_2 比值失调，大幅降低硫回收率，导致烟气 SO_2 排放超标。图 4-6-11 为某企业富液带烃对应的烟气 SO_2 排放超标的曲线。

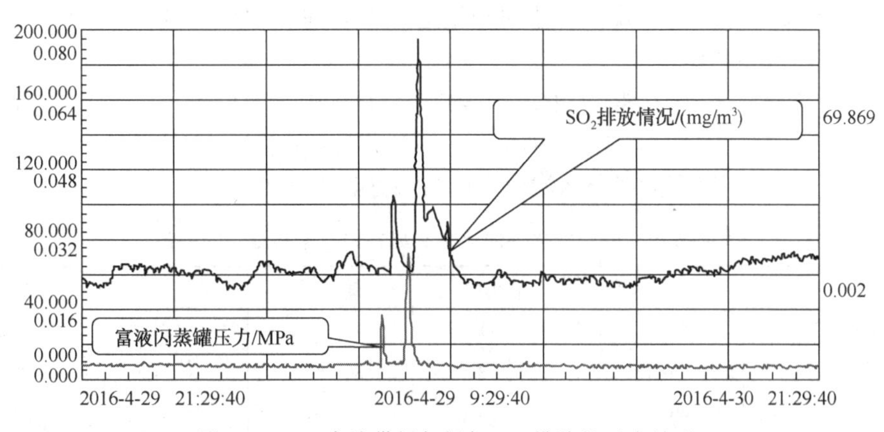

图 4-6-11　富液带烃与烟气 SO_2 排放的对应关系

(五) 反应温度对硫回收率的影响

反应器的操作温度不仅取决于热力学因素，还要考虑硫的露点温度和气体组成。从热力学角度分析，操作温度越低，平衡转化率越高，但温度过低，会引起硫蒸气因催化剂细孔产生的毛细管作用而凝聚在催化剂的表面上，使其失活。因此过程气进入反应器床层的温度至少应比硫蒸气露点温度高 20~30℃。由于过程气中 COS 和 CS_2形态硫的损失，工业上一般采用提高一级反应器床层温度的办法以促使 COS 和 CS_2的水解，并通过二级或三级反应器来弥补因前述温度提高而引起的平衡转化率的下降。第二和第三反应器应使用尽可能大的比表面积和孔体积的催化剂。例如美国 S—201Al_2O_3催化剂的比表面积高达 320m^2/g，中国石化齐鲁石化公司研究院开发的 LS-02 催化剂的比表面积高达 350m^2/g 以上，法国 CR-3S Al_2O_3催化剂不仅具有 360m^2/g 的比表面积，而且其孔径≥1μm 的超大孔体积与孔径>0.1μm 的孔体积之比竟高达 0.7 以上，从而减少了颗粒内部的扩散限制，增加了硫的吸附量，故其与普通 Al_2O_3催化剂相比，允许在更低的温度下操作，可以确保装置达到更高的转化率水平。

对于硫化氢浓度 90%以上的酸性气，建议一级反应器床层温度控制在 300~340℃，二级转化器床层温度控制在 220~240℃，加氢反应器床层温度控制在 260~300℃；对于硫化氢浓度 50%~60%的酸性气，建议一级反应器床层温度控制在 320~350℃，二级转化器床层温度控制在 220~240℃，加氢反应器床层温度控制在 300~350℃。在此反应温度下，配合高性能催化剂，可以获得加氢反应器出口有机硫小于 20μL/L 的理想水解效果。

(六) 催化剂性能对硫回收率的影响

普通的制硫催化剂单程总硫回收率为 95%，性能良好的催化剂单程总硫回收率可以达到 97%。TiO_2基催化剂相比氧化铝基催化剂可以取得更好的有机硫水解率和更高的活性稳定性，即使在 300℃以下对 CS_2的水解率也可以达到 90%以上。因此，工业装置上一般采用催化剂级配的模式，一方面提高有机硫水解率，另一方面降低催化剂的采购成本。

对于过程气再热方式采用中压蒸汽加热的硫黄装置，理想的催化剂装填方案为：一级反应器上部装填 1/3 到 1/2 体积的脱漏氧保护催化剂(铁剂)，下部装填 2/3 到 1/2 体积的钛基催化剂，二级转化器装填大孔径氧化铝催化剂。铁剂的作用一是脱除过程气微量氧，避免下游氧化铝基催化剂硫酸盐化，二是脱氧的过程释放出大量的反应热，反应温升大，床层温度高，有机硫水解效果好。有机硫水解速率随反应温度升高而增加，每升高 20℃，水解速率可增加 2 倍。反应方程如下：

$$FeSO_4+2H_2S \rightleftharpoons FeS_2+SO_2+2H_2O+Q \quad (4-6-21)$$

$$FeS_2+3O_2 \rightleftharpoons FeSO_4+SO_2+Q \quad (4-6-22)$$

一级转化器催化剂级配方案与床层温升的关系见表 4-6-9。

表 4-6-9　一级转化器催化剂级配方案与床层温升的关系

催化剂	氧化钛		氧化铝		脱漏氧		脱漏氧+氧化铝		脱漏氧+钛基	
入口温度/℃	230		230		230		230		230	
温升/℃	60～70		60～80		80～110		80～100		80～100	
床层温度/℃	290～300		290～310		310～340		310～330		310～330	
COS 水解率/%	初期	末期	初期	末期	初期	末期	初期	末期	初期	末期
	95	80	90	10	95	30	90	20	98	90

对于过程气有机硫含量特别高的硫黄回收装置，可以考虑在一级反应器最下部装填加氢催化剂，理由是反应炉内会生成部分氢气，CS_2加氢生成 H_2S 和 CH_4的反应活化能相比 CS_2水解生成 H_2S 和 CO_2的活化能小的多，也就是说 CS_2加氢反应更容易发生。

某牌号加氢催化剂床层温度与有机硫转化率关系见表 4-6-10。

表 4-6-10　加氢催化剂床层温度与有机硫转化率关系

床层温度/℃	250	280	300	320
COS 转化率/%	80	95	98	99
入口 COS 含量/(μg/g)	2000	2000	2000	2000
出口 COS 含量/(μg/g)	400	100	40	20
入口 COS 含量/(μg/g)	1000	1000	1000	1000
出口 COS 含量/(μg/g)	200	50	20	10
入口 COS 含量/(μg/g)	500	500	500	500
出口 COS 含量/(μg/g)	100	25	10	5

从图 4-6-12 可以看出，停留时间降低(装置负荷增加)，CS_2水解率明显减低，COS 水解率降低较少，硫化氢和二氧化硫转化为硫的转化率变化很小。负荷不变，转化器出口温度有小部分降低，COS 和 CS_2的水解率进一步减低。

(七) 高效脱硫溶剂

普通脱硫剂净化气中硫化氢为 300μg/g 左右，二氧化碳吸收率为 30%～50%；而高效脱硫剂净化气中硫化氢可以达到 10μg/g 以下，二氧化碳吸收率小于 8%。因此，单程硫回收率提高 0.1%。

(八) 液硫脱气废气的处理

液硫脱气一般采用空气鼓泡或净化气鼓泡的方式，脱气后的废气如引入焚烧炉焚烧后排放，一方面会导致烟气二氧化硫排放超标，另一方面导致硫回收的降低和硫的损失。因此，需要合理的处理液硫脱气废气。对于空气鼓泡脱气的工艺，废气一般引入制硫炉处理；对于净化气鼓泡的工艺，一般采用中国石化齐鲁石化公司研究院配套工艺和催化剂，废气引入加氢反应器处理。

另外，降低最后一级硫冷器的温度，也可以提高单程总硫回收率，末级硫冷器温度每降低10℃，硫回收率提高0.7%，末级硫冷器理想温度为127℃。硫蒸气损失与最终冷凝器温度的关系见图4-6-13。

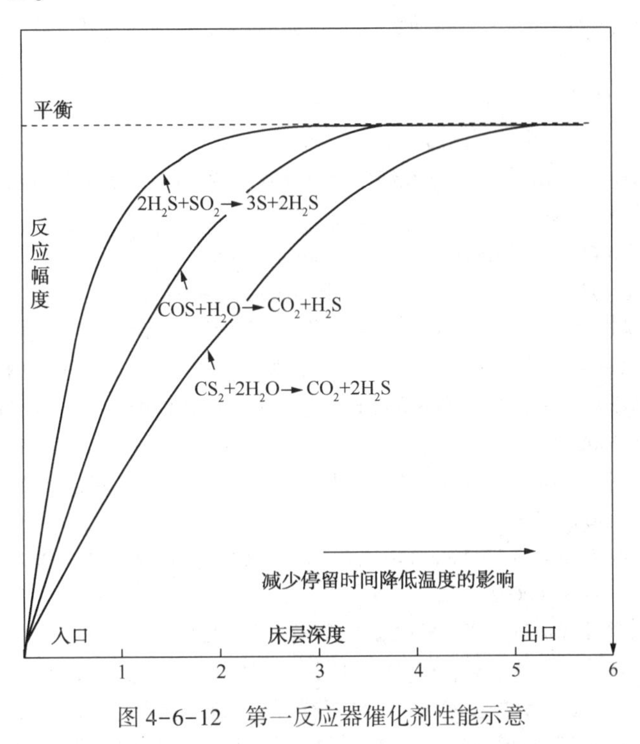

图4-6-12　第一反应器催化剂性能示意

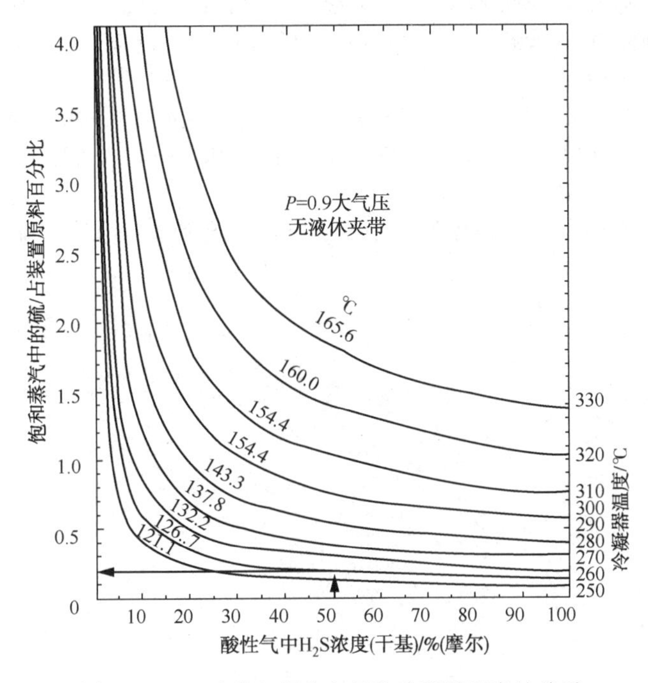

图4-6-13　硫蒸气损失与最终冷凝器温度的关系

用好硫捕集器，利用丝网的阻挡和吸附作用，将过程气中雾状硫充分回收下来，降低硫分压，也可以提高硫的单程回收率。

参 考 文 献

[1] 俞英等．硫化氢间接电解制取氢气和硫黄的方法的研究[J]．石油与天然气化工，1998，27(1)：35-38.
[2] 李文波等．富氧硫回收装置改造技术进展[J]．科技进展，2002，2：31-34.
[3] 颜廷昭．直接氧化法硫回收技术评述[J]．化工动态，2000，8(2)：41-45.
[4] 刘宏伟，徐西娥．LO-Cat 硫黄回收技术在炼厂硫黄回收装置中的应用[J]．石油与天然气化工，2009，38(4)：322-326.
[5] 刘剑平．高效率的回收硫[J]．江苏化工，2000，28(1)：42.
[6] 朱立凯．天然气处理与加工[M]．北京：石油工业出版社，1997：173.
[7] H. G. 巴斯基尔著．陈庚良译．改良克劳斯法硫黄回收的效能[J]．石油与天然气化工，1983，A02：1-86.
[8] 陈赓良，肖学兰．克劳斯法硫黄回收工艺技术[M]．北京：石油工业出版社，2007：5-7.
[9] J. Norman et. al，Oxygen；the solution for sulfur recovery and BTX. The Proceedings of Laurance Reid Gas Conditioning Conference(2002)：225.
[10] H. Borsboom et al，New insights into the CLAUS thermal stage. The proceedings of Laurance Reid Gas Conditioning Conference(2003)：229.
[11] P. D. Clark et. al，Mechanisms of CO and COS formation in CLAUS furnace. The Proceedings of Laurance Reid Gas Conditioning Conference(2001).
[12] 殷树青．硫黄回收过程气加热方式比较[J]．硫酸工业，2012(2)：45-48.
[13] 李菁菁，闫振乾．硫黄回收技术与工程[M]．北京：石油工业出版社，2010：32.
[14] 李菁菁．炼油厂工艺环保装置的技术现状及展望(3)[J]．炼油技术与工程，2007，37(12)：47.
[15] 高小荣，王占顶．硫黄回收装置 CLAUS 尾气加热方式探讨[J]．炼油技术与工程，2014，44(7)：17.
[16] P. EMAHIN RAMESHNI. 集液硫脱气于一体的硫黄收集系统新标准(RSC-D)™[J]．硫酸工业，2010，(5)：41-49.
[17] 张义玲，殷树青，达建文．液体硫黄脱除 H_2S 工艺进展[J]．上海化工，2015，40(5)：27-30.
[18] P. D. CLARK，M. A. SHIELDS，N. I. DOWLING，R. SUI and M. Huang. 液硫脱气与克劳斯尾气处理[J]．硫酸工业，2012，(4)：10-13.
[19] 徐永昌，任建邦，李勤树，等．液硫脱气及废气处理新工艺的应用[J]．工业技术，2013，41(4)：269-273.

第五章　尾气处理技术

第一节　概　　述

克劳斯(Claus)反应是可逆反应，受反应温度下化学平衡的限制，即使采用活性良好的催化剂和三级转化，硫回收率也只能达97%左右，尾气中尚含有约1%~3%(体)的H_2S、SO_2、硫蒸气和有机硫化物，灼烧后均以SO_2的形式排入大气。这不仅浪费了硫资源，而且产生严重的大气污染。近年来，各国相继规定了严格的SO_2排放标准，随着环境保护意识的不断增强，要求硫黄回收装置的总硫收率不断提高，促使Claus法工艺也相应地进行了一系列改进。

由于单纯的克劳斯硫回收甚至再加上尾气处理装置仍不能满足日趋严格的环保标准要求，推动着尾气处理技术不断发展。

近年来国外发展了许多新的硫回收工艺技术。其一是改进硫回收工艺本身，提高硫的回收率或装置效能，这包括发展系列化新型催化剂、贫酸气制硫技术、含NH_3酸气制硫技术和富氧氧化硫回收工艺等；其二是发展尾气处理技术，主要包括低温Claus反应工艺、催化氧化技术和还原吸收技术。纵观这些改进都是沿着两个思路来开拓的：一是着眼于改进工艺本身以提高硫回收率和装置效率；二是发展尾气处理技术。这两个思路都取得了很大成功。根据硫回收率和工艺路线的不同，尾气处理技术主要有以下几类：还原吸收法类尾气处理技术、低温尾气处理技术、催化氧化尾气处理技术、氨法尾气处理技术、尾气焚烧处理技术、干法尾气处理技术、碱法烟气处理工艺、湿法氧化尾气处理技术、有机胺可再生烟气处理技术、生物法尾气处理技术等。不同的尾气处理技术适用于不同的硫黄回收工况，并可取得不同的硫黄回收率，满足不同的环保法规要求。

第二节　还原吸收法尾气处理技术

一、概述

荷兰壳牌(Shell)公司于20世纪70年代初提出Claus+SCOT尾气处理工艺，把硫黄回收率从二级Claus的95%提高到99.9%左右。还原吸收类硫黄回收尾气处理技术是基于在一种钴-钼型催化剂上，用氢或氢和一氧化碳混合气体作还原气体，将尾气中所有含硫组分SO_2、S_x、COS和CS_2还原成H_2S，然后用胺法脱硫溶剂进行化学性选择吸收，吸收硫化氢后的溶剂经再生或汽提后，含硫化氢的酸性气循环至Claus装置继续回收单质硫。加氢工艺投资较高，操作费用亦高，但由于可达到相当高的硫回收率(99.8%以上)，在环保要求高的国家和地区得到广泛应用。

该工艺于1973年实现工业化。对炼油厂或天然气加工处理厂来说，SCOT装置具有运转可靠、操作灵活、操作弹性大、硫黄回收率高(99.8%以上)的特点，即使上游的Claus装置产生大幅波动，仍可获得较好的总硫回收率，而且开工率高，计划外停工不到1%，使SCOT工艺取得了迅猛发展，成为众多尾气处理工艺中应用最广泛的一种，随着含硫原油加工量的增加以及环保要求的日益严格，SCOT工艺仍具有广阔的发展前景。

荷兰STORK公司(原Comprimo与Stork合并而成)在SCOT工艺的基础上，还成功开发出了串级SCOT工艺。所谓串级SCOT就是将来自SCOT装置的富液与气体胺法脱硫装置共用一个再生塔，从而降低了能耗、节省了投资。

意大利Nigi公司开发成功了Super SCOT技术，即不需外供还原氢气的HCR技术，节能降耗型的Super SCOT技术的应用，使净化尾气中的H_2S含量从300μg/g，降至10~50μg/g，使淘汰尾气焚烧炉只有一步之遥了。

基于美国Shell公司和法国Axens公司低温Claus尾气加氢催化剂的开发成功，荷兰Comprimo公司采用低温加氢催化剂，开发了具有低温SCOT尾气处理新技术(LT-SCOT)。该技术可使Claus尾气加氢反应器入口温度由常规的280~300℃降至220~240℃，烟气SO_2的浓度降低到300μg/g以下。

中国石化齐鲁石化公司研究院开发了LS-DeGAS降低硫黄装置烟气二氧化硫排放成套技术，至2017年12月已有50余套装置采用此技术，实施后烟气二氧化硫排放浓度稳定低于100mg/m^3，优化装置操作后，烟气二氧化硫排放浓度稳定低于50mg/m^3。

二、还原吸收类尾气处理工艺反应原理

由于该还原吸收类工艺可以充分利用炼油厂的富余H_2，加上硫黄回收装置和脱硫装置本身工艺简单成熟，操作灵活方便，非计划停工时间小于1%，因此SCOT工艺安全可靠，在各种进料及尾气流量范围下均适用，净化后尾气SO_2排放浓度可降至300μg/g以下，是目前世界上装置建设数量最多，发展速度最快，并将规模和环境效益与投资效果结合得最好的尾气处理工艺。

(1) 还原吸收工艺原理

SCOT工艺的基本原理是采用钴钼催化剂，将常规Claus工艺尾气中的SO_2、有机硫、单质硫等所有硫化物，经加氢还原转化为H_2S后，用醇胺脱硫溶液吸收法将H_2S提浓，再将提浓的H_2S返回到Claus装置进行再次转化处理。经处理后尾气残余硫含量甚低，可直接焚烧后排入大气。

常规SCOT尾气处理装置需要在还原反应器的进气温度达到280~300℃的条件下才能运行，以便实现所有硫化物向H_2S的完全转化。

在加氢催化剂作用下，Claus尾气加氢反应器内发生的主要反应：

$$S_8+8H_2 = 8H_2S+335kJ/mol \quad (5-2-1)$$

$$SO_2+3H_2 = H_2S+2H_2O+214kJ/mol \quad (5-2-2)$$

$$CS_2+4H_2 = 2H_2S+CH_4+232kJ/mol \quad (5-2-3)$$

$$COS+H_2 \rightleftharpoons H_2S+CO+Q \quad (5-2-4)$$

$$COS+H_2O \rightleftharpoons H_2S+CO_2-35kJ/mol \quad (5-2-5)$$

$$CS_2+H_2O \rightleftharpoons H_2S+COS-67kJ/mol \quad (5-2-6)$$

同时还存在以下副反应：

$$SO_2+2H_2S \rightleftharpoons 3S+2H_2O+233kJ/mol \tag{5-2-7}$$

$$SO_2+3CO = COS+2CO_2 \tag{5-2-8}$$

$$S_8+8CO = 8COS \tag{5-2-9}$$

$$CO+H_2O \rightleftharpoons CO_2+H_2+41kJ/mol \tag{5-2-10}$$

$$CO+H_2S = COS+H_2 \tag{5-2-11}$$

$$CS_2+3H_2 = CH_3SH+H_2S \tag{5-2-12}$$

$$CH_3SH+H_2 = H_2S+CH_4 \tag{5-2-13}$$

$$2COS+SO_2 = 2CO_2+3/8S_8 \tag{5-2-14}$$

$$2CS_2+SO_2 = 2COS+3/8S_8 \tag{5-2-15}$$

$$3CO+SO_2 = 2CO_2+COS \tag{5-2-16}$$

其中，式(5-2-1)~式(5-2-3)是不可逆的加氢反应，式(5-2-4)是可逆的加氢反应，式(5-2-5)、式(5-2-6)是可逆的水解反应，式(5-2-7)是可逆的制硫反应，式(5-2-8)~式(5-2-11)是在过程气中有CO存在时发生的副反应，式(5-2-12)是生成硫醇的副反应，式(5-2-13)是硫醇加氢生成硫化氢的反应，式(5-2-14)~式(5-2-16)为SO_2存在时可能发生的副反应。

由于加氢催化剂载体一般为氧化铝或氧化钛，因此，加氢催化剂同时具有加氢和Claus反应功能。SO_2在加氢反应器内既可发生Claus反应生成单质硫，又可进行加氢反应生成硫化氢。在较低的温度下，制硫反应的反应速率大于加氢反应，一旦有硫化氢存在便迅速转化为单质硫，单质硫进一步加氢生成硫化氢。随反应温度的升高，反应式(5-2-7)的速率明显减小，反应向左移动；反应式(5-2-1)~式(5-2-6)的速率明显增大。在加氢催化剂作用下，CS_2既可氢解生成硫化氢，又可发生式(5-2-12)的反应氢解生成硫醇，还可以发生式(5-2-6)水解反应生成COS，在氢气存在条件下，CS_2氢解速率大于水解速率。式(5-2-11)生成的硫醇在氢气和催化剂的作用下发生式(5-2-12)反应，继续加氢生成硫化氢。因此，性能优异的催化剂可将加氢和水解反应进行彻底，最终将含硫化合物全部转化为硫化氢。如加氢催化剂加氢和水解活性稍差，会导致加氢反应器出口有机硫较高，而且生成的硫醇不能彻底加氢转化为硫化氢。

(2) 加氢反应过程原理

在加氢反应器内，催化剂使用的主要目的是提高除了H_2S以外其他硫化物(主要是SO_2、COS、CS_2和单质硫)转化为H_2S的转化率。以下出自于“text-book”化学(The following“text-book”chemistry applies)。

$$S_8+8H_2 = 8H_2S+335kJ/mol \tag{5-2-1}$$

$$SO_2+3H_2 = H_2S+2H_2O+214kJ/mol \tag{5-2-2}$$

$$COS+H_2O \rightleftharpoons H_2S+CO_2-35kJ/mol \tag{5-2-5}$$

$$CS_2+H_2O \rightleftharpoons H_2S+COS-67kJ/mol \tag{5-2-6}$$

此外，SCOT®的另一个优点是CO通过“水煤气转化反应”转化为CO_2，如式(5-2-10)。近几年某些国家对CO的排放标准作了严格规定，硫黄回收装置可能会达不到要求，在此单元配备热焚烧炉后，为了保证CO的转化率，此热焚烧炉的操作温度必须达到850℃。

$$CO+H_2O = CO_2+H_2+41kJ/mol \tag{5-2-10}$$

Peter Clark 等人指出了 COS 和 CS_2分别与 SO_2可能发生的反应[式(5-2-14)和式(5-2-15)]。此外，文献给出了 CO 与 SO_2在催化剂作用下可能发生的反应[式(5-2-16)]，而我们也意识到，在反应温度较低的范围内，CO 和 S 生成 COS 的反应[式(5-2-17)]在热力学上是有利。

$$2COS+SO_2 \xlongequal{} 2CO_2+3/8S_8 \tag{5-2-14}$$

$$2CS_2+SO_2 \xlongequal{} 2COS+3/8S_8 \tag{5-2-15}$$

$$3CO+SO_2 \xlongequal{} 2CO_2+COS \tag{5-2-16}$$

$$CO+S \xlongequal{} COS \tag{5-2-17}$$

最重要的是，反应式(5-2-4)对于理解 SCOT®化学过程至关重要，式(5-2-4)是“酸转移反应”，此反应是生成 COS 的逆反应。

$$COS+H_2 \xlongequal{} H_2S+CO+Q \tag{5-2-4}$$

事实上，在尾气处理系统加氢反应器中存在多个化合物，同时发生多个反应。为了准确的预测催化剂的性能，正确地判断出哪个反应正在进行是至关重要的，接下来给出三个新的关键反应特征。

对 COS 和 CO 转换动力学：

一般认为 COS，CO 和 CS_2的转化动力学为“可逆一级反应”，如果考虑到 COS 的水解，该方程可以写为：

$$r(COS)=k[COS]$$

$$k=-GHSV.\ln(1-x_{eq}),\ x_{eq}=(C_{in}-C_{out})/(C_{in}-C_{eq}) \tag{5-2-18}$$

式中 $GHSV$——实际空速，$m^3/(m^3$ 催化剂·h)；

C_{in}——原料气中 COS 的浓度,%；

C_{out}——出口 COS 的浓度,%；

C_{eq}——COS 的平衡浓度,%。

可以看到，反应平衡决定了 C_{eq}，从 C_{out}到 C_{eq}的方式很关键，其由催化剂的性能特点决定。

以中国石化齐鲁石化公司研究院开发的 LSH-02 催化剂为例，研究发现，COS 表观转化活性不遵循“可逆一级反应动力学”。由图 5-2-1 可以看出，COS 的入口浓度对其出口浓度影响很小，因此，COS 的入口浓度可以显著地影响 COS 的转化率，这说明 COS 的转化不遵循可逆一级反应动力学。

众所周知，CO_2和 H_2S 浓度升高会降低 COS 的转化率，这是因为式(5-2-5)的逆反应会抑制 COS 的水解。

$$COS+H_2O = H_2S+CO_2-35kJ/mol \tag{5-2-5}$$

此外，图 5-2-2 显示原料气入口 CO 的浓度不利于 COS 和 CO 的转化，图中 CO 的浓度在正常范围内(一般是 0.2%~10%)。从图 5-2-2 可以看出，不同原因引起 CO 浓度的增加使得 COS 的转化率有 15%的差异，这说明要预测催化剂低温性能，就有必要考虑原料气中 CO 的浓度。值得注意的是，“可逆一级反应”[式(5-2-5)]COS 水解动力学中显示不出 CO 的这种影响。

$$r(COS)=k[COS]$$

$$k=-GHSV.\ln(1-x_{eq}),\ x_{eq}=(C_{in}-C_{out})/(C_{in}-C_{eq}) \tag{5-2-19}$$

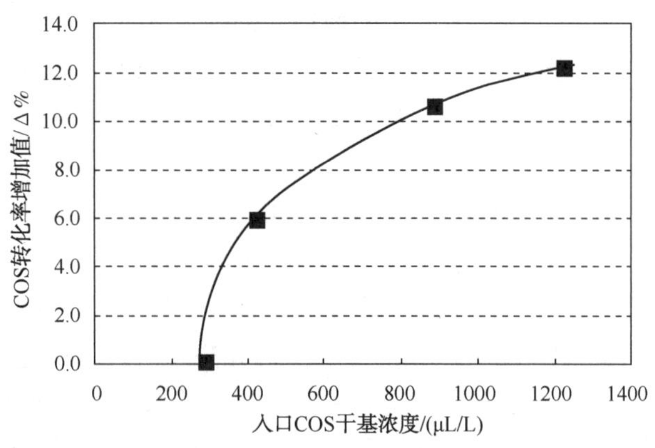

图 5-2-1　COS 浓度对 COS 转化率的影响

为了理解以及模仿 CO 和 COS 的转化反应，以下八个式子是最重要的反应。

$$SO_2+3H_2 \xlongequal{} H_2S+2H_2O+214kJ/mol \tag{5-2-2}$$

$$S_8+8H_2 \xlongequal{} 8H_2S+335kJ/mol \tag{5-2-1}$$

$$CS_2+4H_2 \xlongequal{} 2H_2S+CH_4+232kJ/mol \tag{5-2-3}$$

$$CH_3SH+H_2 \xlongequal{} H_2S+CH_4 \tag{5-2-13}$$

$$CS_2+H_2O \xlongequal{} H_2S+COS-67kJ/mol \tag{5-2-6}$$

$$COS+H_2O \xlongequal{} H_2S+CO_2-35kJ/mol \tag{5-2-5}$$

$$CO+H_2O \xlongequal{} CO_2+H_2+41kJ/mol \tag{5-2-10}$$

$$COS+H_2 \xlongequal{} H_2S+CO+Q \tag{5-2-4}$$

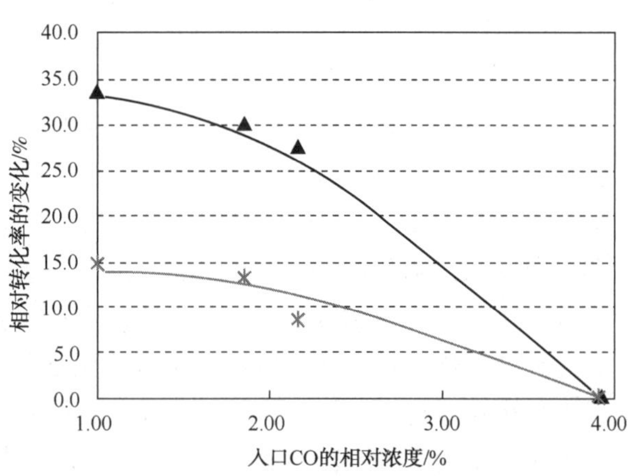

图 5-2-2　CO 浓度对 COS 和 CO 转化率的影响

*—COS 的数据；▲—CO 的数据

前四个在热力学和动力学上都是有利的，这四个式子是放热反应。式(5-2-6)是受平衡控制的反应，但其在热力学和动力学上是有利的，且 CS_2 的浓度往往比 COS 低得多。因此，当原料气中 COS 的浓度增加时，CS_2 对其自身转化为 COS 的贡献很大。

建立模型的过程中，最关键的是关注以下三个相互联系的且同时进行的可逆一级反应。

$$COS+H_2O \xlongequal{} H_2S+CO_2-35kJ/mol \tag{5-2-5}$$

$$CO+H_2O \xlongequal{} CO_2+H_2+41kJ/mol \tag{5-2-10}$$

$$COS+H_2 \xlongequal{} H_2S+CO+Q \tag{5-2-4}$$

反应式(5-2-5)、式(5-2-10)、式(5-2-4)正向和逆向的反应常数分别定义为 k_{3f}、k_{3b}、k_{5f}、k_{5b}、k_{10f}和 k_{10b}，浓度随时间的变化定义为 $d\delta/dt$，由此我们可以将 COS 和 CO 的浓度变化定义为：

$$d[COS]/dt=-(d\delta/dt)_3+(d\delta/dt)_{14}-(d\delta/dt)_{10}$$

$$d[CO]/dt=-(d\delta/dt)_5+(d\delta/dt)_{10}$$

建模的第一个阶段，在假设反应为气相均一且 CO_2、H_2、H_2S 的浓度恒定不变，为反应式(5-2-5)、式(5-2-10)、式(5-2-4)创建了分析方法。但发现描述这三个反应的分析方法和实验结果不是很匹配，这说明需要建立一个包含所有反应式和吸收参数的更复杂的模型，来描述这个复杂的非均一的催化反应系统。带有速率方程式的综合方法，既考虑到了强吸附性分子表面吸收的影响，又考虑到了水汽转化反应[式(5-2-10)]的反应顺序变化的影响。强吸附性分子中的 CO 是对反应动力学影响显著的主要化合物之一，众所周知，CO 因其强的吸附性而抑制反应的进行，尤其是在贵金属以及过渡金属催化作用下。CO 的吸附能抑制 COS 的水解和 CO 的转化反应，CO 的强吸附性对反应的阻碍作用、甚至是负反应级数，这可以理解为“自中毒”。通过大量的试验数据，这些反应式设置了反应速率常数，这使得反应器出口 COS 和 CO 的预测浓度和实际浓度偏差在 30%范围内波动，因此我们认为“可逆一级反应”中 COS 的水解动力学偏差是由 CO 转化反应[通过式(5-2-10)和式(5-2-4)影响 COS 的转化]以及表面吸附效应引起的。因此，只有将三个反应联系起来并考虑表面吸附的影响，才可以描述 COS 的一级转换速率常数。

$$CO+H_2O \xlongequal{} CO_2+H_2+41kJ/mol \tag{5-2-10}$$

$$COS+H_2 \xlongequal{} H_2S+CO+Q \tag{5-2-4}$$

在具有二百个小元素的自定义反应器中进行的不同反应，阐明了不同化合物在 SCOT® 反应器中的特有反应性能。由图 5-2-3 可以看出，在反应器的初始位置(即反应器催化剂床层上部)，COS 和 H_2的反应[式(5-2-4)]最快，同时伴随着 COS 的水解反应。

随着 COS 浓度的降低，加氢反应对降低 COS 总浓度的贡献越来越少。COS 加氢反应是 SCOT®过程中 COS 的水解反应动力学不遵循可逆一级动力学的重要因素之一。

此外，当原料气中 CO 的浓度升高时，COS 加氢反应对低温加氢过程的影响程度变弱[式(5-2-4)]，这是由于“酸转移反应”导致平衡逆向进行，使得 COS 的整体反应速率下降。CO 和 COS 是相互制约的，当其中一个化合物(A)的浓度减少时另一个化合物(B)就会使这个浓度(A 的)增加。在 CO 和 COS 相互转化的一系列过程中，最后两个化合物的浓度都会逐渐降低并最终达到稳定状态。然而，CO 对 COS 反应动力学的影响比 COS 对 CO 反应动力学的影响要大。加氢反应器里原料气中 CO 的含量[如 0.2%~10%(体)]要比 COS 高得多(如 100~1000μL/L)，因此，COS 的浓度对 COS 转化为 CO 的反应的绝对贡献要远远小于对逆向反应的贡献。

COS 反应器深度对 COS 水解和加氢转化率的影响见图 5-2-3。

总之，关于 CO 和 COS 相互转换的第一个观点是：“有两个反应可以将 COS 转换掉——加氢和水解。CO 和 COS 的相互转换反应与 COS 的加氢反应和 CO 的酸转移反应息息相关

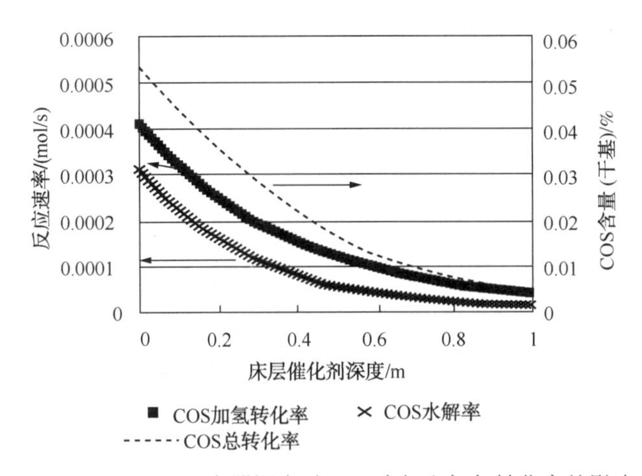

图 5-2-3　COS 反应器深度对 COS 水解和加氢转化率的影响

[式(5-2-4)的逆反应]"。

此外，在低温反应过程中，CO 因其强的表面吸附性而抑制 COS 的水解以及 CO 的水煤气转化反应。

CO、COS 以及原料气中其他成分对 SCOT®过程的影响较大，只有进一步掌握了 SCOT®化学知识才可能对加氢反应器进行优化设计并选择出最佳操作条件。

甲硫醇形成的调控：

当甲硫醇在尾气加氢反应器中产生时，它将不易被吸收塔中的胺溶液吸收，从而增加了总有机硫的排放量，理解此过程并控制这一现象，对于减少二氧化硫排放尤为重要。

正如 Clark 等人建议，SRU 过程中，当温度低于 300℃时，氧化铝催化剂不能很好地催化 CS_2的转化。实验室的研究结果发现，低温下 CS_2在尾气加氢反应器中的转换率非常高，其原因是 CS_2有两条转化路径——水解和加氢，而加氢程度大，不应被忽视。

$$CS_2 \begin{cases} \xrightarrow{H_2O} \text{水解}: CS_2+2H_2O \longleftrightarrow 2H_2S+CO_2 \\ \xrightarrow{H_2} \text{加氢}: CS_2+3H_2 \xrightarrow{k_1} CH_3SH+H_2S \\ \qquad\qquad CH_3SH+H_2 \xrightarrow{k_2} CH_4+H_2S \end{cases}$$

因此，在 SCOT®催化反应器中，提高催化剂的加氢活性，CS_2转换率非常高。如反应式所示，加氢反应过程中甲硫醇以中间产物的形式存在。温度降低时第二步的甲硫醇加氢反应速率降低：

$$CH_3SH+H_2 \xlongequal{} H_2S+CH_4 \qquad (5-2-13)$$

首先，温度高时，CS_2更容易发生水解反应：

$$CS_2+H_2O \rightleftharpoons H_2S+COS \qquad (5-2-6)$$

$$COS+H_2O \rightleftharpoons H_2S+CO_2 \qquad (5-2-5)$$

其次，温度越高越有利于第二步的甲硫醇加氢生成甲烷的反应。

图 5-2-4 给出了 CH_4/CH_3SH 比率的实验室测试结果，代表第二个反应相比第一反应的相对强度，温度升高 CH_4/CH_3SH 明显上升。

中国石化齐鲁石化公司开发的 LSH-02 催化剂对催化 CS_2的转化具有本身的优势，关键是低温下该催化剂能强烈地推动第二步加氢反应的进行。

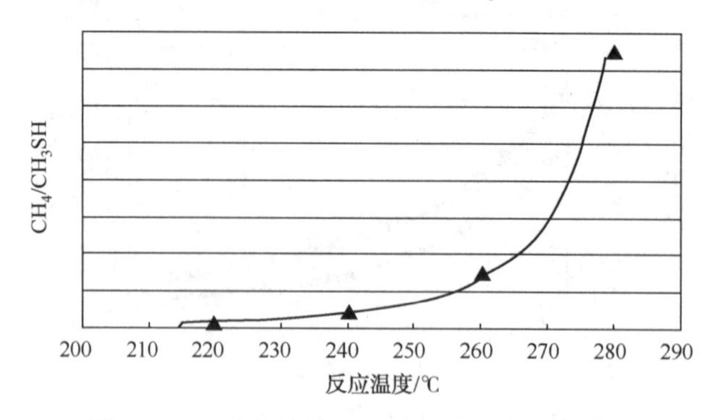

图 5-2-4 反应温度对 CH_4/CH_3SH 比率的影响

三、国外还原吸收法尾气处理工艺

（一）SCOT 工艺技术

1. 技术简介

SCOT 工艺是还原吸收类尾气处理工艺的典型代表，也是目前最广泛使用的尾气处理工艺。SCOT 工艺将 Claus 部分的尾气通过在线还原炉加热并提供还原介质；在加氢反应器内，各种含硫组分加氢还原成为 H_2S；之后尾气经急冷降温、胺液吸收后焚烧排放。通过该方法，Claus 硫黄回收装置的总硫回收率达到 99.8%以上。

2. 工艺特点

1）总硫回收率可以达到 99.8%以上，较单纯的 Claus 硫黄回收大大提高；排放烟气中的 SO_2 含量也远低于单纯的 Claus 硫黄回收，具有良好的环境效益。

2）装置可靠性高、抗波动能力强，可以满足长周期运行需求，装置的使用和维护较为简单。

3）设置在线还原炉，还原气体的生成及尾气加热是通过在线还原炉实现，对于无外供氢源的装置，尤其具有竞争优势。

4）设置加氢反应器，尾气中的各种含硫介质被转化成 H_2S 的反应效率高，除 COS 外基本可以完全反应，对后续吸收和总硫回收率的提升效果显著。

5）设置独立的吸收-再生系统，可单独采用吸收性能更好的吸收剂吸收尾气中 H_2S，降低烟气中硫含量；独立的再生系统可以保证吸收剂的再生效果，进一步提高总硫回收率。

6）设置焚烧炉余热锅炉回收烟气热量，降低装置的能耗。

SCOT 工艺在 Claus 硫黄回收后增加了反应器、塔等一系列设备，流程较复杂，设备投资、操作费用也较高。对单套装置而言，SCOT 尾气处理的设备投资和两级 Claus 的设备投资相当。

3. 工艺流程和参数

SCOT 工艺流程可分为四个部分：

(1) 还原气生成及尾气加热部分

在线还原炉由燃烧段和混合段组成，燃烧段发生燃料气的次化学当量反应产生包括还原

组分 H_2 和 CO 在内的高温烟气，Claus 尾气在混合段与燃烧段产生的高温烟气混合升温，使之达到加氢反应器入口所需温度：

$$CH_4+\frac{1}{2}O_2 = CO+2H_2 \tag{5-2-20}$$

为防止积炭，一般供给的空气量为理论当量的 75%～95%；对于炼化行业，燃料气中烃含量较高，配风量一般不低于理论当量的 85%。

当装置内有固定的还原气源(如 H_2)时，在线还原炉仅起到提升尾气温度的作用。

(2) 反应部分

Claus 尾气和高温还原气体混合升温后，进入加氢反应器，在催化剂作用下发生加氢和水解反应，使 Claus 尾气中的单质 S、SO_2加氢生成 H_2S，Claus 尾气中的 COS、CS_2水解或加氢生成 H_2S。

(3) 急冷部分

为降低加氢反应后尾气的温度，满足后续吸收要求，急冷部分设置了废热锅炉和急冷塔。通过废热锅炉将尾气温度从 320～350℃降至 170℃左右，通过急冷塔将尾气的温度降至 40℃左右，尾气中的水含量也从约 30%降至约 5%。

当装置不需要低压蒸汽，或者装置规模较小，或要求 SCOT 装置压降很低时，可不设废热锅炉，加氢反应器出口尾气直接进急冷塔。

(4) 吸收再生部分

早期吸收剂采用二异丙醇胺，目前大部分脱硫装置采用选择性吸收性能更好的 *N*-甲基二乙醇胺(MDEA)作吸收剂。尾气中 H_2S 通过吸收塔完成吸收，脱除了 H_2S 的尾气送至焚烧炉，吸收了 H_2S 的富液通过再生塔完成解吸并循环使用。再生塔顶酸性气返回 Claus 反应炉进一步回收硫。

SCOT 工艺技术工艺原则流程见图 5-2-5。

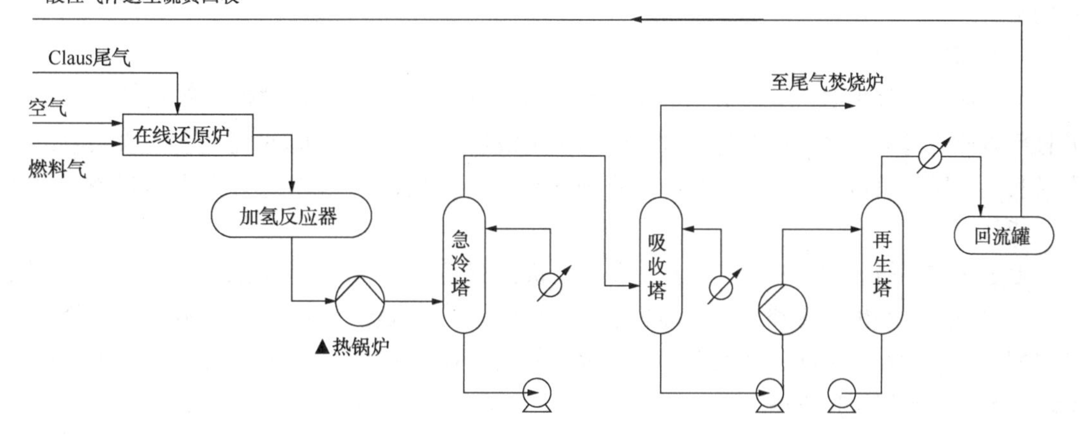

图 5-2-5　SCOT 工艺技术工艺原则流程

SCOT 典型工艺参数见表 5-2-1 和表 5-2-2。

表 5-2-1　SCOT 工艺参数(反应器类)

设备名称	入口温度/℃	出口温度/℃	压力/MPa(表)
加氢反应器	280	320	0.024

表 5-2-2　SCOT 工艺参数(塔类)

设备名称	塔底温度/℃	塔顶温度/℃	塔底压力/MPa(表)	塔顶压力/MPa(表)
急冷塔	65	40	0.019	0.014
尾气吸收塔	40	40	0.014	0.01
再生塔	126	118	0.13	0.1

(二) 串级 SCOT 工艺技术

1. 技术简介

串级 SCOT 工艺是壳牌(Shell)公司的专利技术，是在常规 SCOT 工艺流程基础上进行了改进的一种新工艺；尾气处理工艺的吸收再生部分(溶剂再生)有独立式和联合式两种形式。独立式是指硫黄装置设置了专供本装置使用的溶剂再生系统。联合式是指硫黄装置中的再生过程在上游溶剂再生装置中进行。联合式也称为串级 SCOT 工艺技术。采用串级 SCOT 工艺时，SCOT 装置和上游脱硫装置、溶剂再生装置必须采用同一种溶剂。联合式根据吸收剂是否再利用又可分为直接再生型和间接再生型。

(1) 直接再生型

SCOT 装置中不单独设置再生系统，而是充分利用上游装置的溶剂再生系统。对于新建硫黄回收装置和脱硫装置，溶剂再生系统仅多增加 SCOT 装置的溶剂循环量；对于改造装置，则要求现有溶剂再生系统的设备有足够的富裕能力。该工艺技术的缺点是脱硫和尾气处理对吸收剂中 H_2S 的含量要求不同，尾气处理要求吸收剂中的 H_2S 含量更低；若吸收剂质量仅能满足脱硫要求，则不能满足尾气处理要求；若能满足尾气处理要求，则需要消耗更多的能量。

(2) 间接再生型

由于加氢尾气中 H_2S 含量较低，吸收塔出口富液中 H_2S 含量也较低，还有进一步利用吸收剂负荷的潜力，可将该部分吸收剂作为半贫液送至脱硫装置的吸收塔进行二次吸收以提高吸收剂酸性气负荷，完成吸收后的吸收剂送至溶剂再生系统。该工艺不仅节省投资，也降低了能耗。

上述两种串级 SCOT 工艺从工艺原理上分析都有其合理性，但目前工业应用并不普遍，其主要原因是：脱硫装置和尾气处理装置要采用同一种吸收剂，但实际上脱硫及尾气处理对吸收剂贫液质量要求不同；吸收剂再生受脱硫装置限制，减少了装置的独立性，增加了操作复杂性和装置检修安排难度。

2. 工艺特点

串级 SCOT 工艺技术和 SCOT 工艺技术比较有以下特点：

1) SCOT 装置无需单独设置溶剂再生系统，投资省、占地少。

2) 间接再生型可降低装置的吸收剂循环总量，降低能耗。

3）操作灵活，吸收和再生可灵活搭配，无需一一对应。

3. 工艺流程

串级 SCOT 工艺流程比常规 SCOT 工艺流程仅少了吸收再生部分。对于直接再生型，富液直接进入再生塔，详见图 5-2-6。

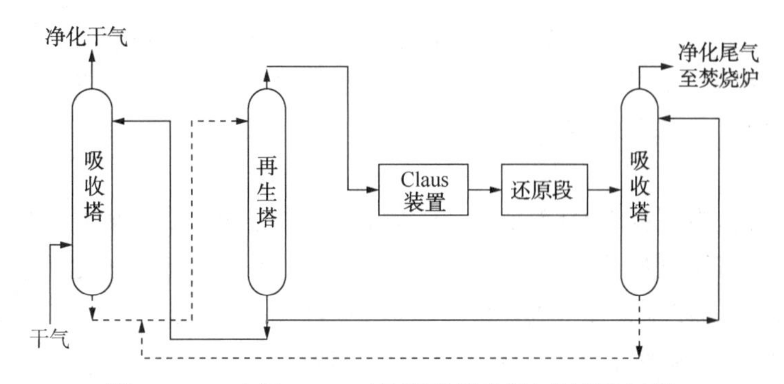

图 5-2-6　串级 SCOT 工艺流程示意图(直接再生型)

对于间接再生型，半贫液进入吸收塔进行二次吸收以提高吸收剂的酸性气负荷，详见图 5-2-7。

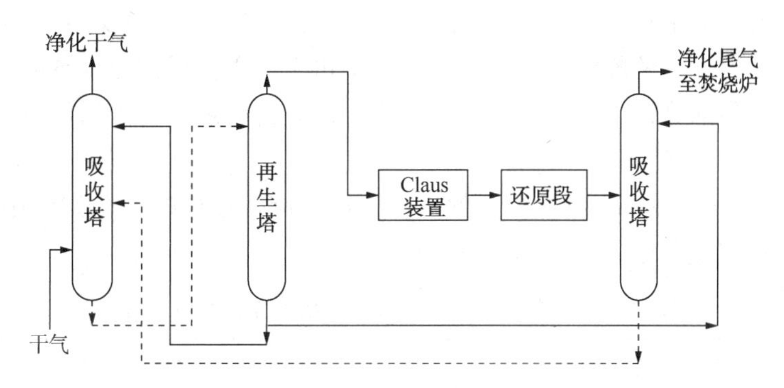

图 5-2-7　串级 SCOT 工艺流程示意图(间接再生型)

4. 典型案例

1998 年某公司引进一套 20kt/a 硫黄回收工艺技术及串级 SCOT 工艺技术(间接再生型)，于 1999 年建成投产。

该装置的工艺技术特点是：

1）设置酸性气和空气预热器。

2）Claus 工艺采用二级转化，一、二级反应器过程气采用外掺合预热，Claus 尾气采用在线还原炉加热方式。

3）液硫采用循环脱气。

4）采用间接再生型 SCOT 工艺。与常规 SCOT 比较，不仅减少一套再生系统，降低了投资，节省了占地面积，蒸汽耗量还降低了 15%。

5）用蒸汽喷射器代替循环风机。

1998 年某公司也引进一套 10kt/a 硫黄回收工艺技术及串级 SCOT 工艺技术(直接再生型)，并于 2001 年建成投产。装置规模为 10kt/a，设计操作弹性为 15%~120%，总硫转化率为 99.8%。其中 Claus 部分为 93.5%，SCOT 部分为 6.3%。装置的主要技术特点是：

1）设置酸性气和空气预热器；

2）Claus 工艺采用二级转化，Claus 尾气采用在线还原炉加热方式；

3）尾气处理采用直接再生型串级 SCOT 工艺技术；

4）液硫采用 Shell 脱气法，脱气后液硫中 H_2S 含量小于 10μg/g；

5）设备组合式布置，装置平面布置紧凑，反应器和硫冷凝器各自采用三合一组合结构。

（三）Super SCOT 工艺技术

1. 技术简介

Super SCOT 工艺为超级 SCOT 工艺，是 Shell（壳牌）公司在常规 SCOT 还原吸收工艺基础上开发的进一步提高尾气净化度和节能降耗新工艺，该工艺能将净化尾气中 H_2S 含量从 300μL/L 降至 30μL/L 以下，而能耗却低于常规 SCOT 工艺。据有关资料介绍，第一套 Super SCOT 工业装置于 1991 年在中国台湾高雄炼油厂建成投产。

2. 工艺特点

Super SCOT 工艺的技术特点是：

1）采用两段再生、两段吸收。净化尾气中 H_2S 含量和进入吸收塔塔顶贫液中 H_2S 含量理论上是相平衡的，为了提高尾气净化度，必须要改进贫液的再生效果，降低贫液中 H_2S 含量。再生塔分为上、下两段，上段富液采用浅度再生，再生后部分半贫液返至吸收塔中部作为吸收溶剂，其余部分进入下段进行深度再生，深度再生后的贫液返回至吸收塔顶部作为吸收溶剂。

2）降低贫液温度。在典型的操作条件下，贫液温度降低值与净化尾气中 H_2S 体积分数的下降值之间的对应关系见表 5-2-3。

表 5-2-3　贫液温度的下降与脱硫效率的对应关系

尾气中 H_2S 体积分数设计值/%	100	90	80	65	50	35
贫液温度下降值/℃	0	1	2	4	6	10

利用程序计算不同贫液温度对尾气净化度的影响，结果如下：

当 MDEA 浓度为 30%，尾气中 H_2S 含量为 2.16%（体），贫液中 H_2S 含量为 0.8g/L，贫液入塔温度分别是 40℃、38℃和 36℃时，净化气中对应 H_2S 含量为 60.9μL/L、33.8μL/L 和 27.0μL/L。计算结果同样表明，降低贫液入塔温度，对降低净化气中 H_2S 含量效果明显。

采用两段再生、两段吸收和降低贫液温度两个措施可单独采用，也可同时采用，具体方案视排放尾气中的 SO_2 要求而定。

3. 工艺流程

Super SCOT 工艺示意流程见图 5-2-8。

4. 典型案例

台湾高雄炼油厂两套装置仅采用了两段再生，装置操作参数见表 5-2-4。

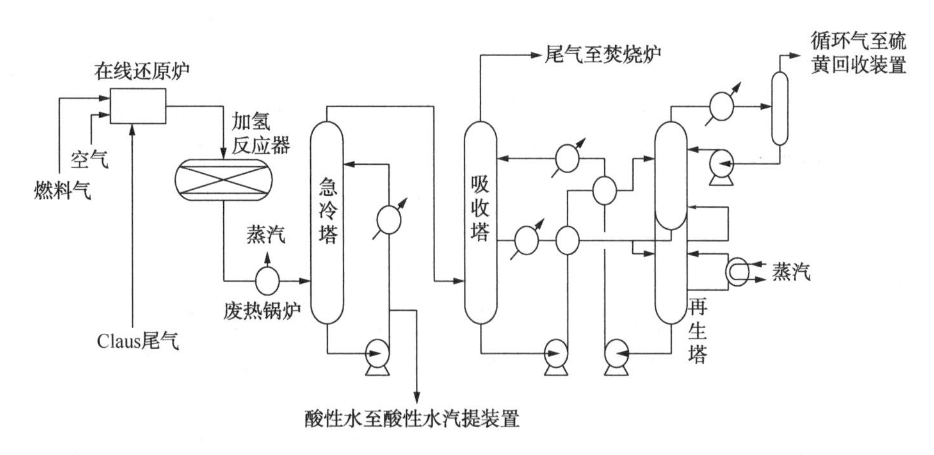

图 5-2-8　Super SCOT 工艺示意流程

表 5-2-4　Super SCOT 工艺装置操作参数

项　　目	装置 1	装置 2
进料中 H_2S 浓度/%(体)	1.3	1.7
进料中 CO_2 浓度/%(体)	3.0	2.5
净化气总硫/(μL/L)	<50	<50
贫液温度/℃	45	44
蒸汽单耗①/(kg/m^3)	320	350
可再生溶剂浓度/%(质)	24	26
溶剂总浓度/%(质)	24.5	27

① 仅指深度再生溶剂的蒸汽单耗。

由于该装置部分溶剂采用了深度再生，使蒸汽耗量增加，两套装置蒸汽耗量分别为 $320kg/m^3$ 溶液和 $350kg/m^3$ 溶液(按深度再生溶液量计算)。但是同常规 SCOT 工艺相比，在要求达到相同净化度时，Super SCOT 工艺蒸汽用量比常规 SCOT 工艺减少 30%，但装置投资却增加约 30%~40%。

镇海石化工程有限责任公司公开了一种具有高效硫化氢脱除率的胺液脱硫方法的专利，其技术路线与 Super SOCT 工艺较为相似，专利内容显示在吸收塔净化尾气净化度相同情况下，采用二级吸收、二段再生工艺较采用一级吸收、一段再生工艺重沸器蒸汽量节约 30% 左右，具体可参考表 5-2-5 试验对比。

表 5-2-5　二级吸收、二段再生工艺及一级吸收、一段再生工艺试验对比

进吸收塔尾气组成/%(摩尔)	出吸收塔净化尾气组成/%(摩尔)	一级吸收、一段再生工艺		二级吸收、二段再生工艺		
		溶剂	重沸器蒸汽量	粗溶剂	精溶剂	重沸器蒸汽量
H_2S：1.84 H_2O：7.45 CO_2：11.54 H_2：2.18 N_2：76.99	H_2S：0.01 H_2O：6.75 CO_2：9.53 H_2：2.31 N_2：81.4	250t/h 30%(质) MEDA 溶液	0.4MPa 饱和蒸汽 18298kg/h	100t/h 30%(质) MEDA 溶液	150t/h 30%(质) MEDA 溶液	0.4MPa 饱和蒸汽 14163kg/h

（四）LS-SCOT 工艺技术

1. 技术简介

LS-SCOT 工艺是 SHELL（壳牌）公司的专利技术。LS-SCOT 工艺意为低硫 SCOT 工艺。其技术关键是在溶剂中加入一种廉价的助剂，以改善溶液的再生效果，降低贫液中 H_2S 含量（即使贫液更“贫”）。使用该贫液，可使净化尾气中 H_2S 含量小于 10μL/L，总硫小于 50μL/L，硫回收率可达 99.95%。

2. 工艺特点

LS-SCOT 工艺流程和常规 SCOT 工艺流程相同，其主要差别是：

1）总硫回收率高。LS-SCOT 工艺回收率保证值为 99.95%，常规 SCOT 工艺一般为 99.8%。

2）LS-SCOT 工艺的吸收塔和再生塔塔盘比常规 SCOT 工艺多。

3）LS-SCOT 工艺溶剂中需加入某些助剂，该助剂能改善再生效果，即在相同蒸汽耗量下，贫液质量有所提高，使得贫液中的 H_2S 含量更低；换言之，即达到相同贫液质量，蒸汽耗量降低。见图 5-2-9。

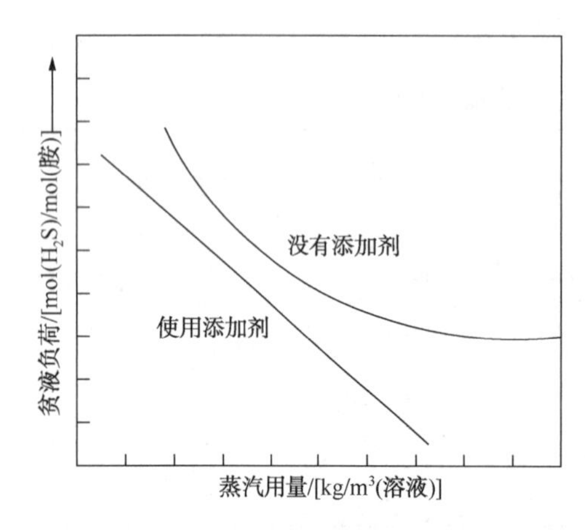

图 5-2-9　助剂对贫液质量和蒸汽耗量的影响

4）为降低净化气中 H_2S 含量，LS-SCOT 工艺贫液进吸收塔温度比常规 SCOT 低，当然进入吸收塔的气体温度也需相应降低。这主要是由于急冷塔出口的尾气含饱和态的水，如果贫液温度低于尾气温度，尾气中的水会冷凝出来，导致贫液被稀释。

3. 工艺流程

LS-SCOT 工艺流程在常规 SCOT 工艺流程部分完全一致，仅在设备投资和操作参数上有一些差异，其中设备投资约增加 15%，主要花费在：吸收塔和再生塔塔盘数有少量增加。因进入吸收塔的贫液和气体温度降低，冷却器面积需少量增加。

4. 典型案例

表 5-2-6 中为 3 套 LS-SCOT 装置的详细操作参数。

表 5-2-6　LS-SCOT 装置操作参数

项　　目	装置 1	装置 2	装置 3
进料中 H_2S 浓度/%（体）	2.4	2.1	1.4
进料中 CO_2 浓度/%（体）	7.1	4.0	3.0
净化气总硫/（μL/L）	<50	<50	<50
贫液温度/℃	35	39	32
溶剂类型	DIPA	MDEA	DIPA
可再生溶剂浓度/%（质）	41	52	44

续表

项　　目	装置 1	装置 2	装置 3
溶剂总浓度/%(质)	42	53	48
蒸汽单耗/(kg/m^3)	120	135	132
吸收塔塔盘数	11	11	9

由于添加了专用添加剂，因而 LS-SCOT 装置最好设计为独立的再生装置，而不要与上游的集中再生联合使用。

现有常规 SCOT 工艺可以改造为 LS-SCOT 工艺操作，但由于受吸收塔和/或再生塔塔盘的局限，预期性能可能不如新建装置好，但仍能达到提高硫回收率和/或减少蒸汽消耗、降低能耗的目的。通常，再生塔的性能受塔底平衡条件的限制，因而溶剂再生的效果与汽提蒸汽消耗紧密相关。在 LS-SCOT 工艺中，由于溶剂添加助剂改变了平衡条件，从而在溶剂得到相同的再生程度时使蒸汽消耗得以降低，或在使用等量蒸汽的条件下，溶剂再生得更彻底，从而达到降低能耗的目的。

陶氏化学、亨斯迈等国内外厂商开发了带添加剂的高效 MDEA 脱硫溶剂，可以提高 H_2S 的选择吸收效果，降低 CO_2的共吸率，相较传统 MDEA 溶剂，净化尾气中的 H_2S 可以降低 50%以上。采用高效脱硫溶剂后，新建炼油厂的净化尾气中的 H_2S 含量可以控制到 10μL/L 以下。

(五) HCR 工艺技术

1. 技术简介

HCR 工艺(High Claus Ratio Process)是由意大利 SHRTEC NIGH 公司(现为意大利 SINI 公司收购)开发成功的不需要外供还原用氢的专利硫回收尾气处理技术，HCR 工艺在技术上与 Claus+SCOT 组合工艺区别不大，主要在操作参数配置上有所不同。

HCR 意为高 Claus 比例，即通过减少酸性气反应炉的空气供给量，使过程气中 H_2S/SO_2 比例从常规的 2∶1 增大至 4∶1 以上(其比值一般在 4~100 的范围内)，从而大幅度减少了尾气中需加氢还原的 SO_2 量，依靠酸性气反应炉中 H_2S 分解生成的 H_2 就足以作为加氢的氢源，而不需外供氢源，这也是 HCR 工艺的技术核心。

采用 H_2S/SO_2 高比率运行，还有助于减轻上游装置工况波动带来的影响，使 HCR 装置操作较为平稳，很容易达到总硫回收率 99.8%。

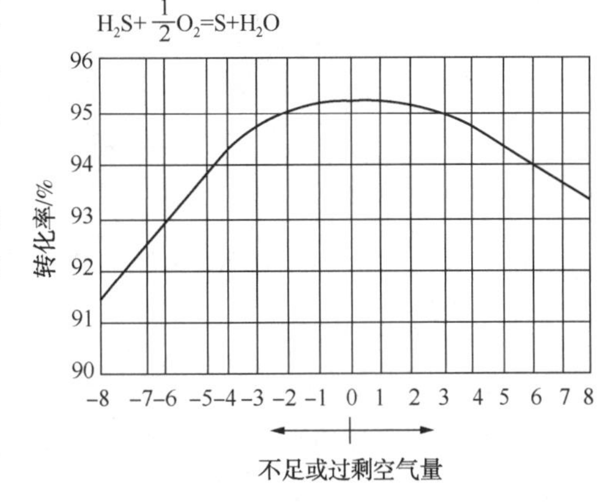

图 5-2-10　转化率与过剩空气的关系

2. 工艺特点

该工艺的优点是：

1) 控制 H_2S/SO_2 比例在 4∶1 以上，相对常规需控制该比例为 2 要宽松得多。

图 5-2-10 中是 H_2S/SO_2 比值和转化率关系。

由图 5-2-10 中可以看出，H_2S/SO_2 =2 时，对应的最大转化率值域较宽；而在 4~8 时，对转化率影响不大。当 H_2S/SO_2 从 2 上升到 4 时，Claus 转化率从 95.2%下降到 95%，仅下降了 0.2%。

2）不需外供氢源，可降低装置投资和操作费用。由于控制酸性气燃烧欠氧度以达到更高的 H_2S/SO_2 比例，所以在酸性气燃烧炉中得以产生足够后续加氢反应所需的还原气体组分，使得尾气处理部分加氢反应器在正常工况下无需补充氢气，对于无氢源可用的天然气净化厂尤其有吸引力。

除此之外，H_2S 的直接裂解也可以产生一定数量的氢气。根据 NIGI 专利的 HCR 工艺设计表明，在 Claus 部分制硫反应炉发生的反应中，大约占酸性气进料 6%的 H_2S 发生分解反应生成 H_2，热反应方程式如下：

$$H_2S \longrightarrow H_2 + 0.5S_2 \qquad (5-2-21)$$

$$\Delta H = -905\text{kcal/Nm}^3 H_2S$$

3. 工艺流程

采用 HCR 工艺操作，对装置总处理能力（含再生循环气）影响不大，控制过程气中 H_2S/SO_2 比值为 4 时，因进入尾气处理部分过程气中 H_2S 含量有所增加，并导致再生循环气量相应增加，但由于 HCR 反应炉需要的空气量也相应减少，过程气量的增加被空气量的减少而补偿，所以当控制较高 H_2S/SO_2 比例时，装置的总处理能力基本保持不变。此外，吸收所需贫液会相应增加，但是增幅较小，吸收塔的设计基本不受影响，因此，控制高 H_2S/SO_2 比的 HCR 硫黄回收装置的设计本质上与 H_2S/SO_2 比为 2 时相同，不需要额外的投资。

HCR 还原吸收段工艺示意流程见图 5-2-11。

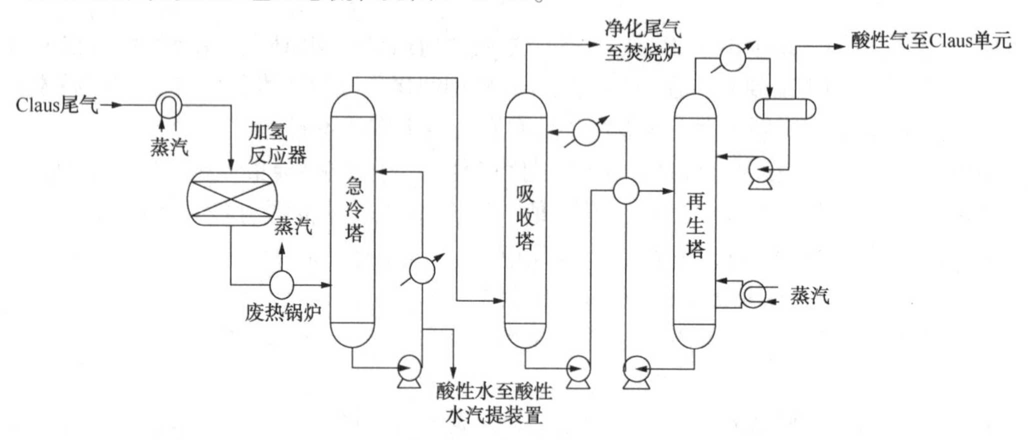

图 5-2-11　HCR 还原吸收段工艺示意流程

4. 典型案例

第一套应用 HCR 工艺的工业装置于 1988 年在意大利 Robassomero-Torino 建成投产，装置规模为 1.5t/d，总硫回收达 99.9%，运行多年来效果令人满意。此后，国内炼油厂也陆续引进该工艺。中海油惠州炼油项目于 2008 年引进该专利技术，装置 2009 年实现中交投产，运行至今。其制硫部分规模为 2×30kt/a，尾气处理部分规模为 60kt/a，主要处理全厂再生酸性气和酸性水汽提酸性气。其装置运行初期，由于上游装置影响，酸性气流量及组分波动频繁，制硫尾气中 H_2S、SO_2 含量随之波动，但是 H_2S/SO_2 基本上围绕着 4 上下波动，符合 HCR 工艺的控制要求，表 5-2-7 中是 H_2S/SO_2 及转化率的分析数据。

表 5-2-7　H_2S/SO_2及转化率分析数据

物料名称	尾气中 H_2S 浓度/%(摩尔)	尾气中 SO_2浓度/%(摩尔)	H_2S 转化率/%	H_2S/SO_2
1	0.33	0.17	98.08	1.94
2	0.86	0.14	96.30	6.14
3	0.42	0.10	98.00	4.20
均值	0.54	0.14	97.46	3.86

从表 5-2-7 分析数据看出，虽然理论上，$H_2S/SO_2=2$ 时 Claus 转化部分 H_2S 的转化率达到最大值，然而在实际操作中，按照 $H_2S/SO_2=4$ 控制制硫燃烧的配风，制硫部分 H_2S 的转化率仍维持了较高值(97.46%)，达到了 HCR 工艺的设计要求。

但是也有资料表明，通过降低配入 Claus 部分制硫反应炉的空气量来提高过程气中H_2S/SO_2比例(达到4以上)，从而达到装置自身氢平衡的方案在理论上是可行的，但在技术上由于调节幅度不可能很大，仅在特定场合才有可能实现。对部分燃烧法的硫处理工艺而言，占总量70%以上的硫在反应炉内生成，空气量不足将导致反应炉炉温和炉内转化率急剧下降，若炉温低于1000℃时将产生一系列操作问题，如在炉内生成大量有机硫化合物，对尾气处理部分造成压力，甚至造成排放不达标。

此外，需要说明的是，HCR 工艺操作方案，指的是在装置正常运行期间，不需要额外增加还原所需的氢气，但是对于装置开工初期(预硫化)或者生产异常时，仍需要外补一定量的氢气，否则，若加氢反应不完全，SO_2有穿透加氢反应器进入急冷塔的可能，严重时会引起急冷塔的堵塞，并导致急冷水 pH 值下降，给急冷塔的操作带来危害。因此，装置的设计有时仍然保留外补氢气管线，以用于开工和出现异常状况时提供氢气来稳定操作。

(六) RAR 技术

1. 技术简介

RAR 工艺是原意大利 KTI 国际动力技术公司的专利技术，现该公司已被 Maire Tecnimont 公司收购，可简称为 KT-MET 公司。根据 KT-MET 公司的介绍，使用 RAR 工艺设计的硫黄回收装置产能最大可达单系列 1800t/d。该技术是较为成熟的工艺，在世界范围内应用案例很多。

RAR 工艺是 Reduction，Absorption and Recycle 工艺的缩写，是一种利用加氢还原反应使尾气中的其他形态的硫转化成硫化氢，再利用胺液选择性吸收循环的方法将硫循环回 Claus 部分以达到高回收率目的的工艺。使用该工艺的装置硫黄回收部分通常采用部分燃烧法、两级转化 Claus 制硫工艺，过程气采用装置自产 4.4MPa 蒸汽加热升温；尾气处理采用 RAR 还原-吸收工艺，处理后的净化尾气进行热焚烧，尾气焚烧炉出口设置蒸汽过热器，烟气取热后高空排放。

随着工艺不断地发展，KTI 公司对 RAR 工艺做了许多改进工作，以降低能耗及提高硫回收率。例如将尾气吸收与酸性气富集相结合，形成 RAR Multipurpose 技术，以适应更广泛的原料性质。

2. 工艺特点

还原吸收类工艺的主要特点就是硫回收率高，RAR 工艺也不例外。使用 RAR 工艺的硫黄回收装置其硫回收率可达 99.9%。与大多还原吸收类工艺相似，RAR 工艺的主要特点如下：

1）采用两级转化 Claus 制硫工艺，过程气采用自产 4.4MPa 中压蒸汽加热方式；

2）加氢催化剂可采用低温型催化剂，Claus 尾气采用自产 4.4MPa 中压蒸汽加热升温，并设置外补氢气源，保持尾气加氢反应所需的氢气浓度；

3）尾气吸收温度较低，采用高效脱硫溶剂，净化度高；

4）三级硫冷凝器冷却温度较低，以提高 Claus 部分的回收率；

5）三级硫冷凝器的壳程与液硫冷却器的壳程连通，发生的乏汽经空冷冷却后，凝结水循环使用。

RAR 工艺和 SCOT 工艺的主要差别如下：

1）加氢反应器入口气体的加热方式和氢源不同。RAR 工艺利用外供氢源，采用气-气换热器(和加氢反应器出口过程气换热，适合中、小型规模装置)、尾气加热炉(适合采用普通加氢催化剂的大、中型规模装置)或者蒸汽加热器(适合采用低温加氢催化剂的装置)加热硫黄尾气。

2）SCOT 工艺急冷塔采用注氨或注碱的方式消除腐蚀，急冷塔系统设备采用碳钢，能耗更低且在操作上更为稳定。RAR 工艺为避免上游 Claus 装置或加氢反应器的误操作而引起的腐蚀，急冷塔系统设备采用不锈钢，注氨仅作为临时调节手段。

3）RAR 工艺的吸收剂针对不同的指标要求及后续流程可采用多种选择。另外，由于该工艺一般情况下吸收后富液的酸性气负荷较低，因此，其富液可作为半贫液供上游脱硫装置使用，或者作为本工艺酸性气富集使用的溶剂。

3. 工艺流程

(1) 典型 RAR 尾气处理工艺流程

尽管 RAR 工艺有许多改良或改进工艺，但其基本原理还是采用还原吸收理念。Claus 部分一般均为典型的两级 Claus 反应流程，尾气处理部分采用 RAR 还原吸收工艺，其典型流程如图 5-2-12 所示。

为达到更严格的排放指标要求，可降低吸收塔的操作温度。在工厂循环水温度较高时可增加贫液深冷器和急冷水深冷器作为辅助手段，使用冷媒水冷却达到所需温度。其流程示意图如图 5-2-13 所示。

(2) RAR Multipurpose 工艺流程

在 RAR 工艺流程基础上发展而成的多用途 RAR 工艺，即 RAR Multipurpose 工艺，基本原理类似于串级 SCOT 工艺，可分为与脱硫系统联合工艺和设置单独吸收-再生系统的工艺。设置独立吸收-再生系统的多用途 RAR 工艺设有完整的吸收-再生系统。该系统不仅处理 RAR 部分的尾气，还可同时提浓原料酸性气。利用 RAR Multipurpose 技术可实现对原料中硫化氢的富集，同时去除原料中的全部杂质；富集后的气体可送至克劳斯部分，由于原料中的惰性气体浓度降低，装置的设备尺寸得以减小，且可省去对空气进行预热的设备，节省投资。

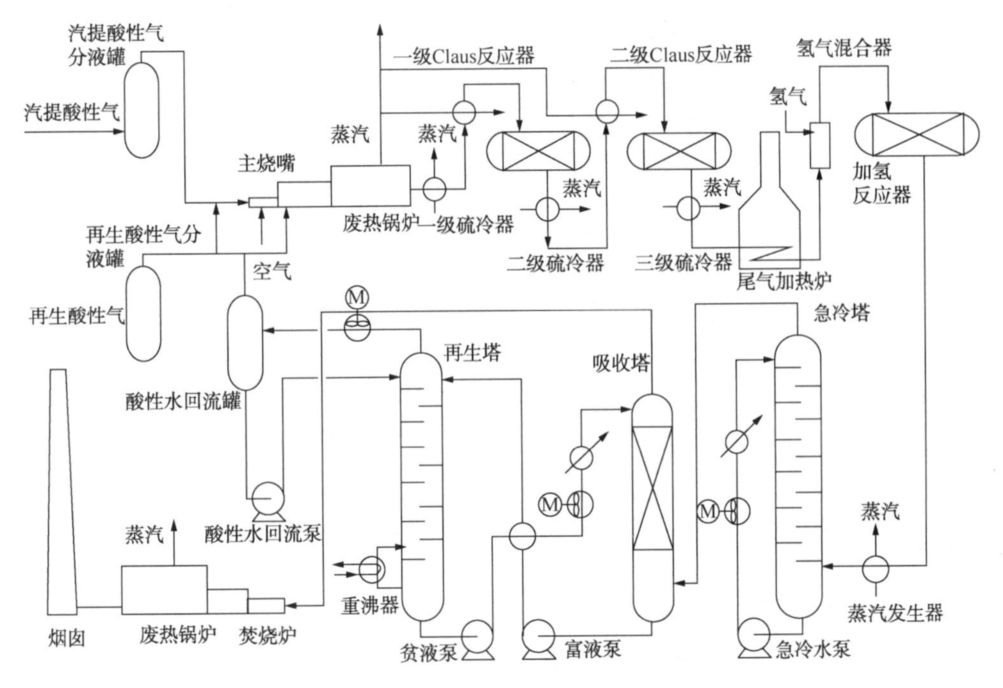

图 5-2-12　典型的 RAR 工艺流程

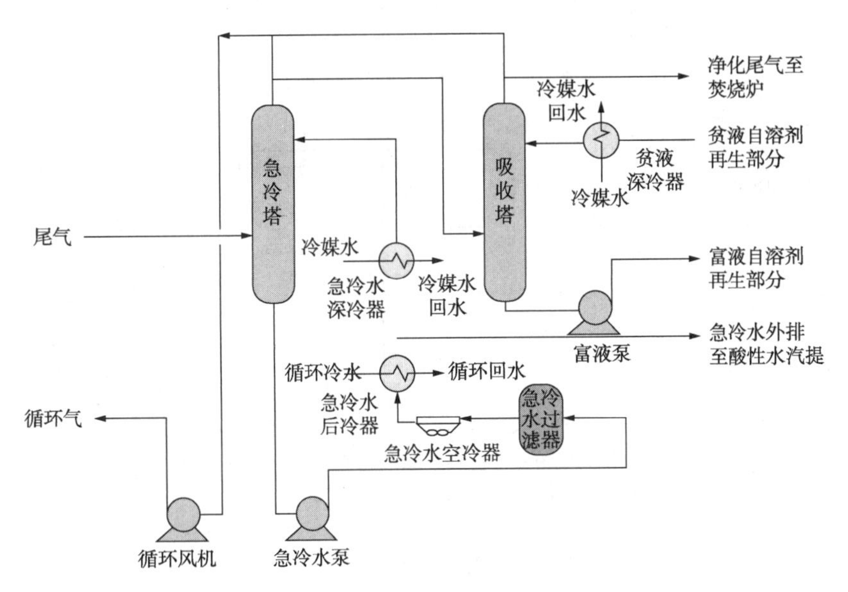

图 5-2-13　带深冷器的急冷吸收示意流程

4. 典型案例

目前基于 RAR 或多用途 RAR 专利工艺技术的硫黄回收及尾气处理装置已有超过 100 套投入运行，其中包括中国的 10 多套在运行装置。早在 1997 年中国石化某厂就引进了 KTI 公司的 2×60kt/a RAR 硫黄回收工艺装置。随着炼油厂规模的不断扩大、加工原油的含硫量越来越高，后续引进的 RAR 工艺装置都在往大规模发展，比如 2004 年中国石油某厂引进的 3×90kt/a（尾气处理相当于配套 2×135kt/a 硫黄）装置、2005 年中国石化某厂引进的 2×

110kt/a(尾气处理相当于单套配套 220kt/a 硫黄)装置和 2012 年中国石油某厂引进的 2×120kt/a+60kt/a 硫黄回收装置。表 5-2-8 为三套装置的技术特点分析比对。

表 5-2-8 国内 RAR 装置的技术特点对比

项目	中国石化某厂		中国石油某厂		中国石油某厂	
设计时间	1997		2004		2012	
装置规模/(kt/a)	2×60		3×90		2×120+60	
硫回收率/%	99.8		99.9		99.95	
吸收塔顶气体 H_2S 含量/(μg/g)	56.8(设计值)		198(设计值)		10(设计值)	
排放烟气中 SO_2 浓度/(mg/Nm³)(干基)	105(设计值) 960(排放标准)		366.5(设计值) 960(排放标准)		90(设计值) 100(排放标准)	
排放烟气中 H_2S 浓度/(μg/g)	<10		<10		<10	
酸性气组成/%(体)	再生酸性气	汽提酸性气	再生酸性气	汽提酸性气	再生酸性气	汽提酸性气
H_2S	60	75	85.0	36.0	83	43.5
CO_2	34	17	9.6	—	9	4
HC	2	2	1.5	0.8	1.5	0.5
H_2O	4	4	3.9	27.2	6.5	19.8
NH_3	—	2	—	36.0	—	32.2
加氢反应器入口温度/℃	315		290(初期) 320(末期)		220(初期) 240(末期)	
技术特点	1. 加氢反应器入口过程气采用和反应器出口气体换热的预热方式; 2. 反应炉双区燃烧; 3. 液硫脱气采用循环脱气，脱气后液硫中 H_2S 含量小于 50μg/g; 4. 采用浓度为 40%的高效脱硫溶剂		1. 加氢反应器入口过程气采用管式加热炉的加热方式; 2. 反应炉双区燃烧; 3. 液硫脱气采用 Amoco 脱气法，脱气后液硫中 H_2S 含量≤10μg/g 4. 采用浓度为 35%的高效脱硫溶剂		1. 加氢反应器入口过程气采用蒸汽加热器(过热中压蒸汽)的加热方式; 2. 反应炉双区燃烧; 3. 三冷将过程气冷却至 135℃，提高 Claus 部分回收率; 3. 液硫脱气采用 Amoco 脱气法，脱气后液硫中 H_2S 含量≤10μg/g; 4. 脱气前液硫储存于液硫罐，罐内使用氮气密封，密封气送至加氢反应器，避免硫池含硫蒸汽进入尾气焚烧炉增加烟气中 SO_2 的排放; 5. 采用浓度为 45%的高效脱硫溶剂	

（七）LT-SCOT 工艺

普通的还原吸收工艺，加氢反应器的入口温度要求 280~320℃，要满足加氢反应器的入口温度要求，需要将 Claus 尾气进行加热，目前主要加热方式有在线炉、气气换热器、电加热和管式加热炉等。

由于将 Claus 尾气加热到 280~320℃能耗过高，近年来，国外专利商开始将降低加氢反应器的入口温度作为研究开发的重点，目的是能够利用炼油厂方便得到的或硫黄装置自产的中压蒸汽就能够将尾气加热到加氢反应所要求的温度，因为 4.0MPa 蒸汽的饱和温度是 251℃，所以就需要将加氢反应器入口温度降低到 240℃以下。由于美国 Shell 公司和法国 Axenc 公司低温 Claus 尾气加氢催化剂的开发成功，荷兰 Comprimo 公司采用低温加氢催化剂，开发了具有良好发展前景的低温 SCOT 尾气处理新技术(LT-SCOT)。美国 Shell 和 NIGI 公司开发了基于 Criterion 公司的 C-234 催化剂的低温尾气处理工艺，荷兰 Jacobs 公司和意大利 KTI 公司也开发了基于法国 Axens 公司 TG-107 催化剂的低温尾气处理工艺。目前，中海油惠州炼油厂 60kt/a 硫黄回收装置、中国石化普光气田气体净化厂 12 套 200kt/a 硫黄回收装置、厦门腾龙芳烃 80kt/a 硫黄回收装置、中国石化金陵石化 100kt/a 硫黄回收装置及福建炼化 100kt/a 硫黄回收装置均采用引进的低温尾气处理工艺，尾气加氢单元配套推荐的 SCOT 催化剂为 C-234 或 TG-107 催化剂。

该技术可使 Claus 尾气加氢反应器入口温度由常规的 280~300℃降至 220~240℃。低温 SCOT 工艺的开发成功，带来了整个 SCOT 工艺技术的巨大进步，加氢预热段可直接采用装置自产的中压蒸汽加热，不需要再设置在线加热炉和气气换热器，减少了加氢反应器下游设备的负荷，降低了装置能耗、操作费用和设备投资。LT-SCOT 还原吸收法尾气处理工艺流程如图 5-2-14 所示。

低温 SCOT 比常规 SCOT 装置总投资费用减少大约 15%，该工艺可以应用在炼油厂和天然气处理厂的新建项目，也可应用于改造项目。

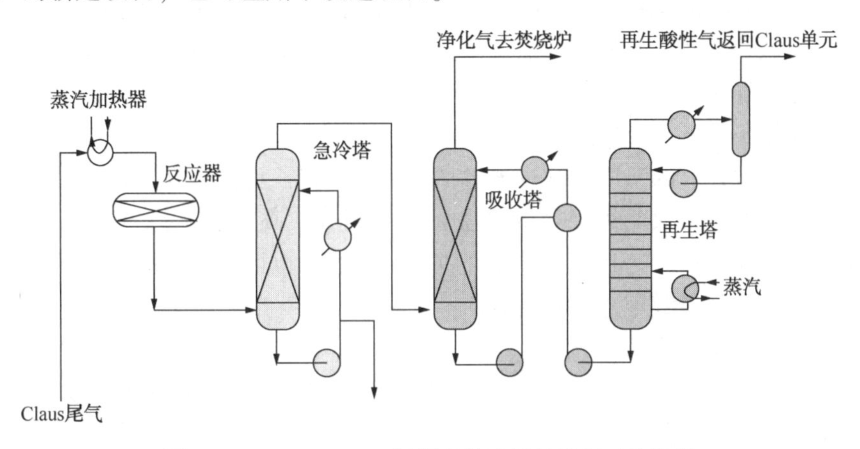

图 5-2-14　LT-SCOT 还原吸收法尾气处理工艺流程

由于低温 SCOT 工艺采用了新型低温加氢催化剂，使过程气的入口温度下降到 220℃左右，采用 4MPa 的饱和蒸汽对过程气进行加热就可以满足要求，这使得过程气的预热控制和安全保护变得更加简单，从而提高了整个装置流程的稳定性和操作性。由于采用再热器预热的方式代替了使用价格昂贵的在线燃烧炉和废热锅炉，不需要使用在线燃烧炉和燃料气，过程气总体积相应减少。蒸汽再热器的控制方式非常灵活，且对仪表的依赖性较少，因而预热系统操作失灵的几率相对较小，装置运行更加稳定可靠。为了节省设备投资费用和提高装置的可靠性，Claus 反应器和低温 SCOT 反应器还可以设计在一个壳程内，节约占地面积。

Claus 装置出来的尾气通常在 120～160℃的温度进入 SCOT 系统，而原来需要加热大约 140℃，现在只需要加热 80℃左右即可，节省了用于加热的燃料气 30%～50%。同时由于取消了助燃空气的需求，也节约了鼓风机消耗的电能。单就节省能源所产生的效益，不到一年的时间就可以与更换低温 SCOT 催化剂所需要的费用相抵。

三、国内还原吸收法尾气处理技术

（一）LQSR 节能型硫黄回收尾气处理技术

1. 技术简介

LQSR 节能型硫黄回收尾气处理技术是由中石化洛阳工程有限公司与中国石化齐鲁分公司研究院共同开发。LQSR 节能型硫黄回收尾气处理技术包括 Claus 制硫、尾气处理及焚烧、尾气处理溶剂再生、液硫脱气四个部分。在应用专有低温尾气加氢催化剂的基础上，简化加氢反应器入口尾气的加热方式，可使用自产过热蒸汽配合电加热器的预热形式，能有效降低能耗、减少装置投资，同时还有助于提高装置运行的可靠性。

该工艺自研发成功以来已有 20 多套应用实例。综合性能达到国际领先水平。

在国家新的发展时期内环境保护愈发重要，LQSR 工艺也在持续改进，为了应对《石油炼制工业污染排放标准》（GB 31570—2015）特别地区排放限值烟气中 SO_2<100mg/Nm^{3}的要求，可以通过以下几个措施提高烟气净化度：

（1）升级催化剂

升级 Claus 部分催化剂，并升级 Claus 反应器的催化剂装填方式，在一级反应器中装填新型 Claus 催化剂和钛基催化剂，以强化一反的转化率，并促进有机硫水解；升级加氢催化剂，改装低温耐氧高活性的新型尾气加氢催化剂，进一步节省能量，并在提高有机硫水解率的同时增加催化剂寿命与抗波动的能力。

（2）优化操作条件

降低三冷出口过程气的温度，减少被过程气夹带的硫，直接提高 Claus 部分的回收率。

降低吸收塔温度，采取两级吸收的方法，或采用进口高效脱硫溶剂及新型复配脱硫溶剂，降低尾气中的硫含量，达到提高总硫回收率的目的。也可在普通的溶剂吸收后增设碱洗塔（前碱洗），进一步脱除尾气中的硫化氢。

（3）增设烟气净化措施

在尾气焚烧炉后增设烟气碱洗塔，可有效降低烟气中 SO_2的排放至 50mg/Nm^{3}以下。

（4）优化液硫脱气流程

采用硫池外空气加压汽提工艺，将液硫中硫化氢和含硫蒸汽引入反应炉，避免其进入焚烧炉。或采用齐鲁研究院的 LS-DEGAS 工艺，使用净化尾气注入硫池的形式对液硫进行汽提，并将液硫池废气引入加氢反应器进一步回收其中的硫。

2. 工艺特点

LQSR 节能型硫黄回收尾气处理技术为典型的还原吸收工艺，其主要工艺特点如下：

采用装置自产的中压蒸汽加热过程气，取代了传统的在线加热炉或管式加热炉等，具有工艺优化、控制简单、占地少、投资省、能耗低等优点。开发出的有机硫深度水解催化剂具有良好的有机硫水解性能，低温加氢催化剂具有良好的水解、耐氧、耐水热稳定性等性能，通过优化催化剂级配方案，采用该技术，烟气中 SO_2 排放浓度低于 100mg/Nm^3，满足《石油炼制工业污染物排放标准》(GB 31570—2015)对特别地区限值要求，综合性能达到国际领先水平。

1）使用低温型加氢催化剂，保证转化率的同时降低初始反应温度；

2）开发出的有机硫深度水解催化剂具有良好的有机硫水解性能，低温加氢催化剂具有良好的水解、耐氧、耐水热稳定性等性能，操作稳定，催化剂更换周期长；

3）使用自产中压蒸汽加热尾气，配以电加热器作为补充热源，节能、投资少、占地小、运行稳定；

4）液硫脱气采用空气加压汽提(硫池外)或 LS-DEGAS 工艺，保证液硫中 H_2S 达标的同时回收硫池中的硫蒸气；

5）降低三级冷却器出口温度(130~140℃)，提高 Claus 部分的硫回收率。三冷所产乏汽可与液硫冷却器(如液硫脱气采用加压汽提工艺)合并冷却循环使用，简化流程。

3. 工艺流程和参数

(1) 工艺流程

LQSR 工艺也是还原吸收工艺的一种，Claus 部分改良的两级 Claus 工艺流程，尾气处理部分采用 LQSR 节能型还原吸收技术，其典型流程如图 5-2-15~图 5-2-17 所示。

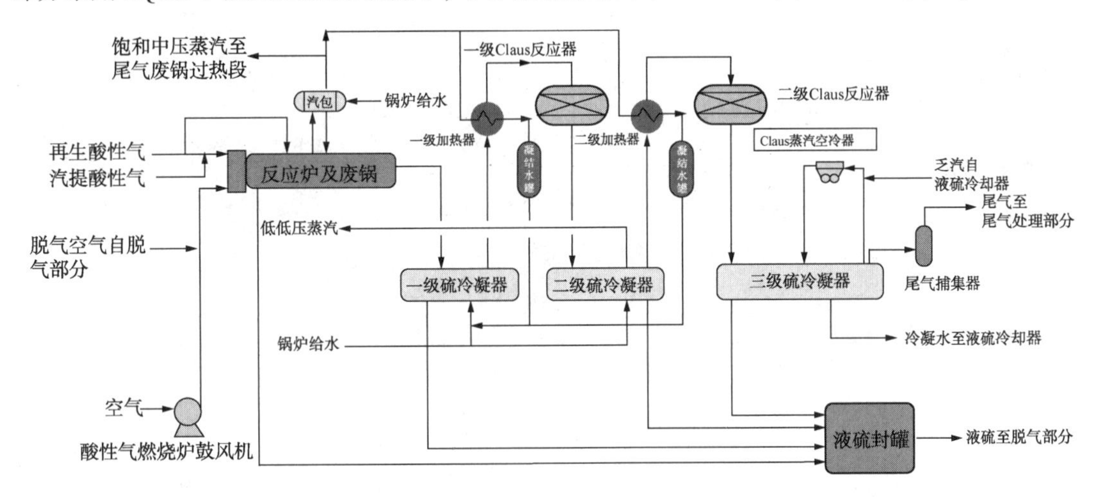

图 5-2-15　LQSR 工艺 Claus 反应部分典型流程

流程简述如下：

含氨酸性气进入反应炉一区；不含氨酸性气一路经酸性气预热器加热后与含氨酸性气合并进入反应炉的一区，剩余部分进入反应炉的二区。助燃空气由反应炉风机经空气预热器预热后进入反应炉，配风量按烃类完全燃烧和 1/3 硫化氢生成二氧化硫来控制。进炉酸性气与燃烧炉空气采用主回路比例调节，尾气管道上设置 H_2S/SO_2 比例在线分析仪，连续分析尾气的组成，反馈微调进炉空气，使过程气中 H_2S/SO_2 尽量接近 2∶1，最大限度提高 H_2S 转化

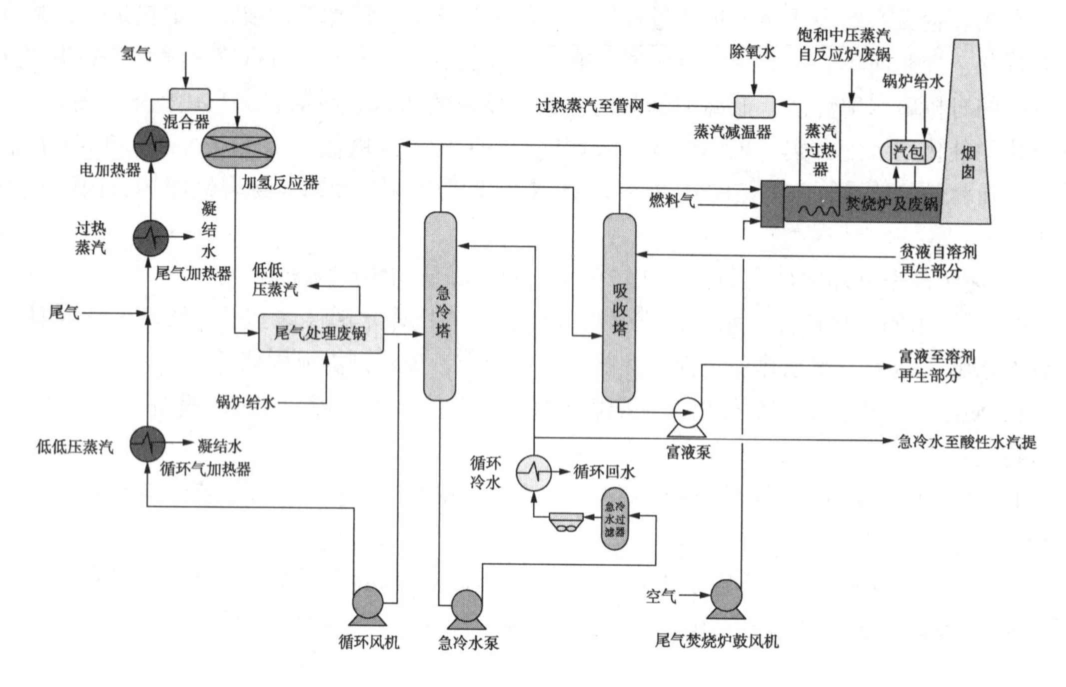

图 5-2-16　LQSR 工艺尾气处理部分典型流程

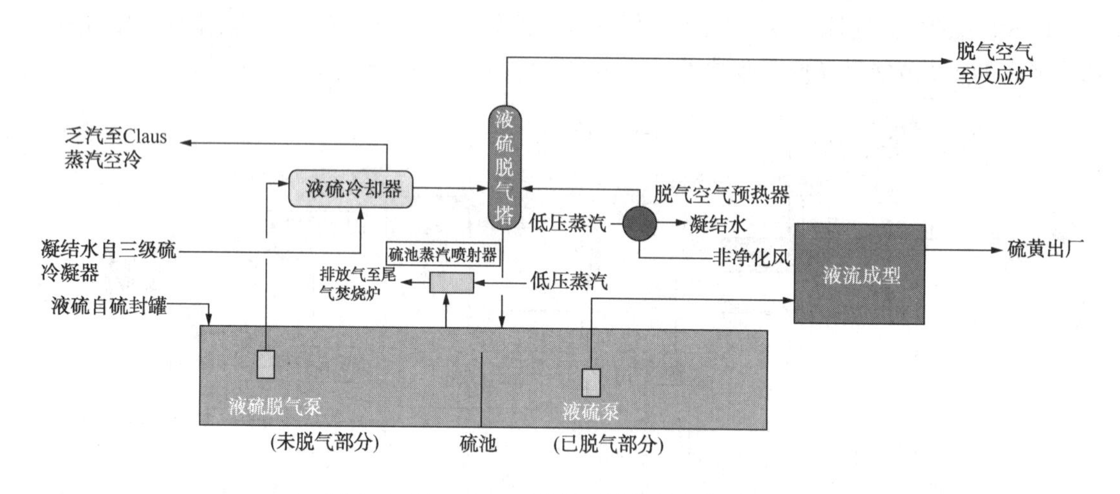

图 5-2-17　LQSR 工艺液硫脱气部分典型流程

率，提高 Claus 部分硫回收率。燃烧后高温过程气进入废热锅炉冷却，经一级冷凝器冷却、分离液硫，过程气用自产中压蒸汽加热至所需温度后，进入一级反应器，进行 Claus 反应，然后经二级冷凝分离液硫；过程气用废热锅炉产生的中压蒸汽加热至所需温度后进入二级反应器，进行克劳斯反应，然后进入三级冷凝器分离出液硫；过程气(尾气)再经液硫捕集器进一步捕集硫雾后，送至尾气处理部分。

由各硫冷凝器冷凝分离出的液硫经硫封至硫池未脱气部分，未脱气的液硫经液硫脱气泵加压送至液硫冷却器，冷却后的液硫送至液硫脱气塔。在液硫脱气塔中，液硫与来自工厂管网的非净化压缩空气直接接触以脱除液硫中溶解的 H_2S。液硫脱气塔顶排出的含 H_2S 的空气送至反应炉，与进炉助燃空气合并后进入燃烧器。脱气后的液硫自液硫脱气塔顶部溢流进入液硫池已脱气部分储存，一部分用液硫泵送至液硫成型机进行成型，固体硫黄经计量、包装、缝袋后储存在仓库内或直接销售至厂外，剩余部分送至液硫储罐，由液硫装车设施装车后外运。

自液硫捕集器来的尾气采用中压蒸汽加热升温，增设电加热器用于运行末期加氢反应初始温度保证手段，并设置外补氢气源保持尾气加氢反应所需的氢气浓度。过程气和氢气混合后进入加氢反应器，其中的各种硫化物被水解加氢还原为 H_2S，加氢后过程气经尾气处理废热锅炉冷却后送入急冷塔进一步冷却，其中的水蒸气组分被冷却分离，产生的急冷水由急冷水泵送至酸性水汽提装置处理。急冷后的尾气进入尾气吸收塔，与脱硫溶剂分段逆流接触，其中的 H_2S 和少部分 CO_2 被溶剂吸收，脱硫溶剂经再生循环使用。尾气吸收塔顶出来的尾气进入焚烧炉，用燃料气助燃进行热焚烧，使硫化物焚烧为 SO_2，焚烧炉烟道气经中压蒸汽过热器和废热锅炉冷却，烟道气降温后经烟囱排空。

反应炉及尾气焚烧炉余热锅炉发生的中压蒸汽除一部分用于一级过程气加热器、二级过程气加热器及尾气加热器外，其余部分经蒸汽过热器过热后并入工厂中压蒸汽管网。

一、二级硫冷凝器和尾气处理废热锅炉产生的低压蒸汽供装置内保温、伴热用，剩余部分送至溶剂再生部分使用。三级硫冷凝器和液硫冷却器产生的乏汽经空冷冷凝后循环使用。

（2）主要设备操作参数

1）反应炉：

温度：1050~1300℃；

压力：0.055MPa(表)。

当有烧氨要求时反应炉温度应不低于1250℃；当采用双区炉技术时，Ⅰ区的炉温(绝热火焰温度)应不低于1250℃。

2）酸性气燃烧炉废热锅炉：

为减轻高温硫腐蚀，废热锅炉过程气出口温度不宜高于320℃，壳程发生蒸汽条件一般取4.4MPa(表)、256.2℃。

3）一、二、三级硫冷凝器：

一、二级硫冷凝器过程气出口温度分别采用170℃和160℃，壳程均发生低低压蒸汽，发生蒸汽条件按比低低压蒸汽管网压力高0.05MPa计。

当对回收率的要求较为严格时，可降低三级硫冷凝器过程气出口温度至135℃，并使三级硫冷凝器发生乏汽。当需要更低的能耗指标时，也可使三级硫冷凝器发生低低压蒸汽，过程气出口温度宜按155℃计，发生蒸汽条件与一、二级硫冷凝器保持一致。

4）一、二级过程气加热器，尾气加热器：

一、二级过程气加热器采用来自反应炉废热锅炉产生的中压蒸汽作为热源，过程气出口温度以240℃和220℃为初始条件。

尾气加热器可采用废热锅炉产生的中压蒸汽以及来自系统管网的过热中压蒸汽作为热源，过程气出口温度在开工初期控制在220℃，开工末期应适当升高至240℃。对于装置规模较大、下游没有设置电加热器的情况，尾气加热器可按2台串联设计。

5）一、二级反应器，加氢反应器：

操作温度应控制在硫露点以上至少30℃。一级反应器入口温度宜取240~250℃以获取更高的有机硫水解率，二级反应器入口温度宜取 210~230℃，加氢反应器入口温度宜取 220~240℃。

6）尾气处理废热锅炉：

尾气处理废热锅炉的设置随装置能耗指标的要求而定。应按运行初期工况和运行末期工况分别核算，壳程可发生低低压蒸汽，发生蒸汽条件应与一、二级硫冷凝器相同。

7）急冷塔：

急冷水进塔温度不应高于 40℃。对于环保要求严格的项目，视情况降低急冷水入塔温度，急冷水出塔温度一般在 60~70℃范围内。

8）尾气吸收塔：

尾气吸收温度应不高于 40℃。对于环保要求严格的项目，应通过降低贫液温度以降低吸收温度至 35~38℃。

9）焚烧炉：

尾气焚烧炉操作温度宜取 650~750℃。

10）焚烧炉余热锅炉：

本着节能的理念，尾气焚烧炉余热锅炉烟气出口温度不宜高于 320℃。当烟囱高度较高时，烟囱会产生更大温降，此时尾气焚烧炉余热锅炉烟气出口温度可适当提高，但不应高于 350℃。焚烧炉的烟气除用以发生中压蒸汽外，还应取热对中压蒸汽进行过热。

4. 典型案例

近几年采用 LQSR 节能型硫黄回收尾气处理工艺的工程项目见表 5-2-9。

表 5-2-9 LQSR 节能型硫黄回收尾气处理工艺工程项目

序号	建设单位	处理能力/(kt/a)	投产时间
1	案例 1	55	2012 年
2	案例 2	55	2014 年
3	案例 3	4	2014 年
4	案例 4	40	2014 年
5	案例 5	2×70	2015 年
6	案例 6	30	2015 年
7	案例 7	2×70	2015 年
8	案例 8	30	2016 年
9	案例 9	80	2017 年
10	案例 10	60	2017 年
11	案例 11	50	2018 年
12	案例 12	100	设计中

以中国石化某厂的两套 70kt/a 硫黄回收为例，该装置采用 LQSR 节能型硫黄回收尾气处

理技术，于2015年投产，烟气SO_2排放浓度设计值为400mg/Nm^3，满足国家大气污染物综合排放标准（GB 16297—1996）的要求，后续随着《石油炼制工业污染物排放标准》（GB 31570—2015）的出台，以及引入低H_2S浓度的煤化工酸性气的影响，装置于2017年完成了升级改造。期间催化剂配方及装填方案重新优化，采用了中国石化齐鲁石化公司的新型催化剂。一级反应器采用LS-971脱漏氧保护催化剂和LS-981G钛基催化剂，二级反应器全部装填LS-02氧化铝基催化剂，加氢反应器装填LSH-03A低温耐氧高活性尾气加氢催化剂。同时采用高性能复合脱硫溶剂，提高尾气净化度，升级液硫脱气流程，采用LS-DEGAS工艺。改造后总硫回收率达99.99%以上，烟气SO_2排放浓度维持在30～70mg/Nm^3，低于GB 31570—2015中特别地区排放限值。

中国石油某炼油厂的硫黄回收装置为引进意大利KTI公司的RAR工艺，装置规模为2套120kt/a+1套60kt/a，同时基于"N+1"的原则，考虑全厂加工高硫原油的工况，增设了一套采用LQSR高效节能型硫黄回收技术的60kt/a装置，引进工艺和LQSR工艺均采用进口催化剂，尾气处理共用一套溶剂系统，脱硫溶剂采用45%的进口高效脱硫溶剂，总硫回收率达99.95%以上，烟气SO_2排放浓度保证在100mg/Nm^3。引进工艺装置和国产工艺装置均于2017年投入运行，烟气中SO_2排放浓度维持在低于90mg/Nm^3。

山东某厂50kt/a硫黄回收采用LQSR节能型硫黄回收尾气处理技术，与前文改造后中国石化某厂的硫黄装置类似，采用了中国石化齐鲁石化公司的新型催化剂，一级反应器采用LS-971和LS-981G各装填50%的方式，二级反应器全部装填LS-02，加氢反应器装填LSH-03A催化剂。由于吸收塔采用的溶剂是全厂统一再生供应的，为了保证烟气排放达标，装置设置了前碱洗设施，在吸收塔后增加了尾气碱洗塔，进一步脱除尾气中的H_2S。液硫脱气系统采用了LS-DEGAS液硫脱气及其废气处理成套技术，保证液硫中H_2S含量小于10μg/g的同时减少硫池顶含硫蒸汽对烟气中SO_2排放的贡献。

上述三套采用LQSR节能型硫黄回收尾气处理工艺的装置对比情况见表5-2-10。

表5-2-10　LQSR节能型硫黄回收尾气处理工艺装置情况

项　目	中国石化某厂	中国石油某厂	山东某厂
设计时间	1997年	2012年	2016年
投产时间	—	—	—
装置规模/(kt/a)	2×70	60 (另有2×120+60采用RAR技术)	50
硫回收率/%	99.95	99.95	99.95
满足的标准	GB 31570—2015	GB 31570—2015 特别地区限值	GB 31570—2015 特别地区限值
排放烟气中SO_2浓度/(mg/Nm^3)(干基)	100(设计值) 200(排放标准)	90(设计值) 100(排放标准)	78.5(设计值) 100(排放标准)
排放烟气中H_2S浓度/(μg/g)	<10	<10	<10
硫黄产品指标	GB/T 2449.1优等品	GB/T 2449.1、2 优等品	GB/T 2449.2优等品

续表

项　目	中国石化某厂	中国石油某厂	山东某厂
烟气净化度保证措施	1. 使用新型催化剂，增加水解率，提高操作稳定性； 2. 更换脱硫剂，采用高效复配型脱硫溶剂，提高尾气处理段回收率； 3. 液硫脱气采用 LS-DEGAS 液硫脱气及其废气处理成套技术，减少硫池废气对 SO_2 排放的贡献； 4. 采用浓度为 40% 的高效脱硫溶剂	1. 使用进口催化剂，提高反应程度； 2. 与引进工艺共用脱硫溶剂系统，使用 45% 进口高效脱硫溶剂，提高尾气的净化度； 3. 液硫脱气采用循环加压脱气，脱气后的空气使用蒸汽喷射器抽至反应炉，回收其中的硫单质，避免进入尾气焚烧炉影响烟气 SO_2 排放达标	1. 使用新型催化剂，增加水解率，提高操作稳定性； 2. 液硫脱气采用 LS-DEGAS 液硫脱气及其废气处理成套技术，减少硫池废气对 SO_2 排放的贡献； 3. 尾气吸收塔后增加碱洗塔，进一步吸收其中的 H_2S

（二）ZSHR 硫回收技术

1. 技术简介

ZHSR 硫回收技术属于尾气加氢还原类工艺，由镇海石化工程股份有限公司于 20 世纪 90 年代初开发，形成了具有自主知识产权，适合中国企业的 ZHSR 国产化大型硫黄回收技术，打破了大型硫黄回收技术依靠国外引进的格局。

中国石化集团公司科技部组织有关部门多次对 ZHSR 大型硫黄回收国产化技术进行了鉴定，与会专家对采用该技术的硫黄回收装置进行了实地考察，并依据装置的标定报告、现场的实测分析数据，对该技术给予了充分肯定和积极评价。鉴定结果认为："镇海石化工程公司设计的硫黄回收装置采用的工艺技术先进、工程设计成熟、设备结构合理、过程控制可靠，符合安全、卫生和环境保护要求""装置的综合技术达到国际先进水平""建议在石化企业新建或扩建的硫黄回收装置设计中大力推广和应用"。

随着国内环保要求的提高，对硫黄回收装置的技术要求也越来越高，镇海石化工程股份有限公司结合设计和生产运行经验，不断推进技术进步，完善 ZHSR 技术，相继开发出低硫排放的 LS-ZHSR 技术、超低硫排放的 LLS-ZHSR 技术(烟气钠法脱硫)。

2. 工艺特点

1）装置采用二级常规 Claus 制硫和加氢还原尾气净化工艺。该工艺具有：工艺成熟、硫回收率高、操作弹性大、灵活、适应性强等优点。

2）Claus 部分采用蒸汽加热流程，此流程成熟、可靠、操作方便，同时升温快捷，负荷波动适应性强。尾气加氢部分采用蒸汽加热或在线加热炉流程，此流程成熟、可靠，方便加氢催化剂预硫化和钝化的操作。

3）尾气净化部分采用两级吸收、两段再生的专利技术，可使净化后尾气的 $H_2S \leqslant 10\mu L/L$，同时具有较低的能耗。

4）液硫脱气采用空气鼓泡脱气+尾气回收的专利工艺，该工艺流程简单、脱气后液硫中 H_2S 含量 $\leqslant 10\mu g/g$，尾气增压后返回至反应炉回收硫。

5）尾气加氢单元的开停工循环采用蒸汽抽射器，蒸汽抽射器比循环风机投资低、操作简单、维护方便，使设备运行更加可靠。

6）装置硫回收单元的反应炉、锅炉、硫冷器、加热器、反应器、硫封罐、液硫池采用特殊的布置方式，使生成的液硫自动全部流入液硫池，全装置无低点积硫。

7）尾气焚烧采用热焚烧工艺，确保排放烟气中硫化氢含量小于 10μL/L，焚烧炉后设蒸汽过热器和蒸汽发生器，以充分回收能量。

8）尾气焚烧炉设多级空气配风，并设置 O_2分析仪，实现闭环控制，根据尾气中 O_2的含量调节焚烧炉配风以降低 NO_x的生成，并能节约能耗。

9）焚烧炉后烟气采用钠碱法脱硫专利技术，排放烟气中二氧化硫浓度低于 $10mg/m^3$，排放污水的 COD 低于 50mg/L。

10）整个工艺控制过程采用 DCS 控制系统。针对硫黄装置原料酸性气流量、组成波动大的特点，装置采用了串接、比值、分程、选择、前馈-反馈和交叉限位控制，加强了装置的适应能力。同时根据安全和环保的要求，装置设置必要的开工程序和停车联锁，提高了装置的安全性和自动化程度。

3. 工艺流程

硫黄回收装置工艺示意图如图 5-2-18 所示。

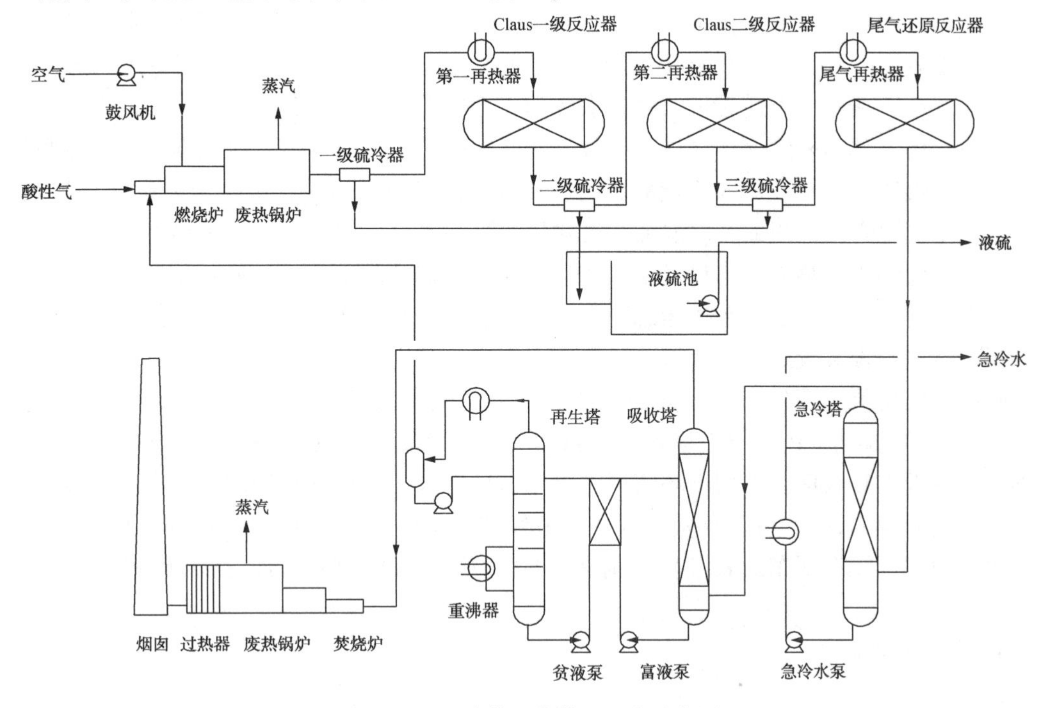

图 5-2-18　硫黄回收装置工艺示意图

（1）Claus 硫回收单元

胺液再生装置的清洁酸性气进入酸性气预热器预热，升温后进入脱硫酸性气分液罐，以分离出酸性气中的冷凝液和夹带的液体。酸性水汽提装置的含氨酸性气进入含氨酸性气分液罐，以分离出酸性气中的冷凝液和夹带的液体，分离出的液体进入酸性水排液罐，再由氮气压至系统酸性水管网。

自清洁酸性气分液罐顶部出来的脱硫酸性气分成两股，一股脱硫酸性气与自含氨酸性气分液罐顶部出来的含氨酸性气混合后与反应炉风机来的适量空气在主燃烧器内混合进行燃烧反应，另一股脱硫酸性气直接进入燃烧室后区，生成的过程气经余热锅炉取热发生 4.0MPa 蒸汽后冷却，进入第一硫冷凝器被除氧水冷却，其中的硫蒸气被冷凝、捕集分离。第一硫冷凝器出来的过程气进入第一再热器，被自产的 4.0MPa 蒸汽加热至合适温度后进入第一级 Claus 反应器，在催化剂作用下发生 Claus 反应，过程气出反应器后进入第二硫冷凝器被除氧水冷却，其中的硫蒸气被冷凝，捕集分离。第二硫冷凝器出来的过程气进入第二再热器，由自产的 4.0MPa 蒸汽加热至合适温度后进入第二级 Claus 反应器，在催化剂作用下发生 Claus 反应，过程气出反应器后进入第三硫冷凝器被除氧水冷却，其中的硫蒸气被冷凝，捕集分离。第三硫冷凝器出来的 Claus 尾气进入尾气净化单元。

各个硫冷凝器分离出来的液硫经硫封罐后汇集到液硫池，液硫池中的液硫经过空气鼓泡器脱除硫化氢，出液硫池的废气经蒸汽喷射器或增压机加压送至燃烧炉回收硫，液硫经泵送至成型机成型固硫后出厂或经泵送至液硫罐区。

（2）尾气净化单元

Claus 硫回收单元尾气经过 4.0MPa 蒸汽或在线炉加热至合适温度后进入加氢反应器，当其产生的还原气不足时，可由系统外供氢。在加氢反应器中，在催化剂作用下发生水解还原反应，尾气中的各种硫化物水解、加氢还原为硫化氢，加氢尾气出加氢反应器后进入蒸汽发生器被除氧水冷却，产生 0.4MPa 蒸汽充分回收能量。尾气出蒸汽发生器后进入急冷塔下部，过程气在急冷塔中被逆流来的冷却水冷却，其中的水蒸气组分被冷凝成工艺水。

自急冷塔上部出来的冷却气进入吸收塔，其中的硫化氢和部分二氧化碳等气体被脱硫溶剂吸收，吸收塔顶的尾气进入焚烧室焚烧。燃料气在燃烧器与来自焚烧炉风机的空气焚烧，燃烧气与尾气混合至适当的焚烧温度。焚烧后的高温尾气经随后的蒸汽过热器取热产生过热蒸汽，再经焚烧炉余热锅炉取热发生 4.0MPa 蒸汽，冷却后的尾气由烟囱高空排放。

出急冷塔底的急冷水由泵送至急冷水空冷器、急冷水后冷器冷却后循环使用，多余的水被送至酸性水汽提装置。

吸收了硫化氢和部分二氧化碳等气体的富溶剂从吸收塔底进入富液泵，升压后送至贫液-富液换热器换热，进入再生塔再生，再生后的贫液由泵送至贫液-富液换热器、贫液空冷器冷却后进入吸收塔，溶剂循环使用。再生塔顶出来的酸性气经冷却后进入回流罐，经分离后气相返回至 Claus 单元。回流罐底的凝液经回流泵升压后返回再生塔上部回流。

尾气净化单元在开车或长期低负荷运行时，需要惰性气体循环。此循环利用喷射器来进行。

4. 典型案例

案例一：

镇海炼化公司第 7 套硫黄回收装置，由镇海石化工程股份有限公司承担 EPC 总包，采用 ZHSR 硫黄回收技术。技术路线：制硫单元采用二级转化 Claus 制硫工艺，尾气处理单元采用还原-吸收工艺；尾气处理采用两级吸收和再生技术，采用国产脱硫剂；处理炼油厂清洁和含氨酸性气；尾气加热采用在线炉加热流程；液硫脱气采用空气鼓泡和增压回收技术；Claus 反应器采用氧化铁基催化剂，尾气加氢反应器采用氧化钴钼基催化剂(高温)。装置设计工程费：19240 万元(包括系统配套及成型)，装置占地：7878 平方米。装置于 2010 年 1 月完成详细工程设计，2011 年 8 月 18 日建成中交，2011 年 9 月 16 日装置引酸性气开工。

装置主要技术指标：硫黄生产能力100kt/a；装置的硫回收率大于99.95%；烟气二氧化硫排放浓度低于200mg/m³；硫黄质量符合国家标准GB/T 2449/1—2014工业硫黄优等品指标；标定期间装置单耗折合标准燃料为-133.797kgEO/t硫黄。

案例二：

武汉石化公司第3套硫黄回收装置，由镇海石化工程股份有限公司承担EP+C，采用ZHSR硫黄回收技术。技术路线：制硫单元采用二级转化Claus制硫工艺，尾气处理单元采用还原-吸收工艺；尾气处理采用两级吸收和再生技术，采用进口脱硫剂；处理炼油厂清洁和含氨酸性气；尾气加热采用蒸汽加热流程；液硫脱气采用空气鼓泡和增压回收技术；Claus反应器采用氧化钛+氧化铝基催化剂，尾气加氢反应器采用氧化钴钼基催化剂(低温)。装置设计工程费：15077万元(包括成型)，装置占地：8080平方米。装置于2015年5月完成详细工程设计，2015年11月30日建成中交，2016年1月30日硫黄回收装置引酸性气开工。

装置主要技术指标：硫黄生产能力80kt/a；装置的硫回收率大于99.99%；烟气二氧化硫排放浓度低于100mg/m³；硫黄质量符合国家标准GB/T 2449/1—2014工业硫黄优等品指标；标定期间装置单耗折合标准燃料为-66.71kgEO/t硫黄。

(三) SSR无在线炉硫回收技术

SSR(Sinopec Sulphur Recovery Process)工艺是由山东三维石化工程有限公司(原齐鲁石化胜利炼油设计院)为主开发的一种还原吸收法尾气处理工艺。该工艺和SCOT工艺相近，与常规Claus+SCOT工艺相比，Claus制硫部分仍采用高温热反应和两级催化反应生成硫黄，改用烟气余热加热经一级冷凝器除硫后的过程气，使之达到一级催化转化器入口温度。利用一级催化转化器出口的过程气与经二级冷凝器除硫后的过程气换热，使之达到二级催化转化器入口温度。尾气处理部分取消了常规Claus+SCOT工艺流程中的在线加热炉及其配套的鼓风机等设备，改用制硫尾气与氢气直接混合利用烟气余热加热混合物，使之达到加氢反应温度。加氢后的过程气经蒸汽发生器降温后，依次经过水洗、胺液吸收，将溶剂再生脱除的酸气返回Claus制硫部分作原料。吸收塔顶部出来的尾气经烟气余热器加热升温后进焚烧炉焚烧，烟气经烟囱排入大气。SSR的优势是过程气再热完全利用装置自身余热，在能耗、投资、污染物(SO_2)绝对排放量等方面优于国外类似工艺。经过了研究、开发、完善、成熟的过程，已经在国内150多套工业装置上实施，投产规模大于70kt/a的装置有十几套。其中齐鲁石化二硫黄的80kt/a装置和上海石化的72kt/a装置已经安全运行了10年以上，大连西太平洋的80kt/a装置、海南石化的80kt/a装置分别于2005年、2006年投产，广东惠州石化100kt/a装置也已投产，在满负荷情况下总硫排放稳定在76mg/m³以下。

1. SSR硫黄回收工艺研发内容

1）开发了SSR工艺。包括工艺路线的确定以及开停工工艺流程的优化与改进，与齐鲁石化公司研究院催化剂专家确定最终工艺参数。

2）开发了LS系列制硫催化剂和尾气加氢催化剂。齐鲁石化公司研究院组织了新型LS系列制硫催化剂和尾气加氢催化剂的国产化研发，其性能达到国际先进水平。

3）开发了SSR工艺设计应用软件。在借鉴国外硫黄模拟软件计算结果的基础上，结合实际运行装置的运行参数，筛选优化各设计参数，建立数学模型，编制工艺设计应用软件。

4）内冷式高温掺合阀的研发，取得了国家发明专利，专利号：ZL00 111165.5。

5）筛选了新型制硫尾气净化吸收溶剂。

6）研发了大型硫回收装置的全套工艺设备，开发的制硫燃烧炉取得了国家专利，专利号：ZL01277752.8。

2. SSR 硫黄回收工艺基础技术

SSR 工艺的基本原理与国外技术如 Claus+Scot、KTI 的 RAR 工艺、NIGI 的 HCR 工艺相同，所以产品质量和尾气排放质量相当。制硫部分采用一级高温反应，两级催化转化的部分燃烧法硫回收工艺。尾气处理部分采用外供氢源的加氢还原吸收工艺。SSR 是世界上唯一完全用自身反应热作再热热源的硫回收工艺：过程气再热完全利用装置自身余热，不使用再热炉、电能、燃料气和蒸汽等外供能源。在能耗、投资、污染物(SO_2)绝对排放量等方面优于类似工艺。工艺流程见图 5-2-19。

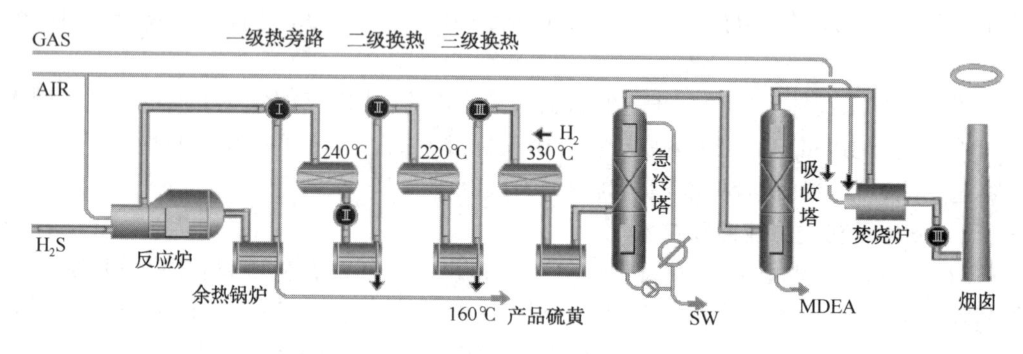

图 5-2-19　SSR 工艺流程示意

3. SSR 的工艺特点

1）对原料酸性气的适应性强。

"SSR"工艺可以适应 30%~97%浓度的酸性气。酸性气浓度大于 50%以上采用常规部分燃烧法，高温燃烧可以消除酸性气中的杂质对于硫黄产品的影响，保证达到优等品的质量要求；无在线炉硫黄回收及尾气处理工艺采用双室炉膛设计替代分流法，解决了分流法工艺酸性气中杂质不能完全分解的问题，使 30%~50%浓度的酸性气得以顺利处理；当酸性气浓度低于 21%时，火焰燃烧处于不稳定状态，空气以及酸性气流量的波动已经严重影响火焰燃烧，采用伴烧、富氧措施可以稳定火焰，消除残氧对于 Claus 工艺的影响，保证装置平稳运行。

烃类甚至少量的芳烃往往会引起大量烟炱的产生，严重影响硫黄回收装置的长周期运行。无在线炉硫黄回收及尾气处理工艺通过燃烧炉的温度以及停留时间的核定，使该工艺处理含烃类酸性气的能力得到大幅度提高，在用装置酸性气中的烃含量最高达到 12%(体积分数，以甲烷计)；该工艺可以有效分解酸性气中的 NH_3，已投产的装置酸性气最高 NH_3浓度达到 22%(体积分数)。

2）SSR 工艺可以适用于各种规模的硫回收装置，已经投产的装置，规模最小的日产硫黄 4t，规模最大的日产硫黄 360t。

3）低负荷工况可操作性能好：装置设计操作下限保证值为30%；已经投用的生产装置有15%低负荷运行的先例。

① 低浓度低负荷运行：采用伴烧工艺，提高炉膛温度消除残氧的同时增加过程气总量，避免反应器分布不均。

② 高浓度低负荷运行：精确控制反应器入口温度，防止露点凝结。

4）SSR工艺从制硫至尾气处理全过程，只有制硫燃烧炉和尾气焚烧炉，中间过程没有任何在线加热炉或外供能源的加热设备，使装置的设备台数、控制回路数均少于类似工艺，形成了投资省、能耗低、占地较少的特点。

5）SSR工艺的过程气再热，全部利用装置自身的反应余热，不使用任何外供能源（如：燃料气、蒸汽、电能）的加热设备，SSR的装置能耗是同类工艺中较低的。

6）SSR工艺技术不使用在线加热炉，避免了在线炉燃烧产生的惰性气体进入系统，过程气总量比有在线炉的同类工艺少5%～15%，工艺设备规格和工艺管道规格较小；在同等尾气净化度时，尾气排放量和污染物（SO_2）绝对排放量相对较少。

7）SSR工艺是使用外供氢作氢源，但对外供氢纯度要求不高，从而使该工艺对石油化工企业硫回收装置具有广泛的适应性。

① CO、H_2都可以作为氢源；

② 为防止出现结焦、增加加氢催化剂床层的压力降，氢源中不建议出现碳三以上重烃；

③ 对于无任何氢源的精细化工企业，可以设置在线氢气发生炉用于补充氢源的不足，同时提高过程气温度。

8）SSR工艺的主要设备均使用碳钢制造，且都可国内制造，从而形成了投资低、国产化率高的特点。

① 传统的硫冷凝器使用寿命短，易出现泄漏。SSR工艺设备研发期间针对上述问题对传统硫冷器的结构进行了独特的改进，取消了壳体上的膨胀节，不仅消除了硫冷凝器的薄弱环节，而且最大程度地减少了换热管对管板的作用力，使硫冷凝器的使用寿命大大延长。

② 余热锅炉管板采用独特的管板焊接结构，使挠性管板的受力更加均匀。

9）工艺控制方式灵活多变，能满足客户的多方需求。转化器入口过程气再热方式可以采用高温掺合或自产蒸汽加热，控制简单、灵活、投资省；

① 自行开发的高温掺合阀性能可靠，已经获得了国家发明专利（专利号：ZL 00001165.5），生产装置最长使用周期已经达到5年以上。

② 自行开发的卧式蒸汽加热器可以实现中压4.0MPa蒸汽加热过程气至240℃。

10）自行开发的“制硫燃烧炉”，采用刚玉莫来石大砖结构，可以保证使用10年以上。已经获得了国家发明专利（专利号：ZL 01277752.8），生产装置最长使用周期已经达到7年以上。

11）无在线炉硫黄回收及尾气处理工艺可以实现制硫与尾气处理同时开工、停工而不相互影响，减少了装置的开工时间和停工处理时间，为客户的检修提供了保证。

4. 无在线炉硫黄回收及尾气处理工艺技术的优势

制硫一、二、三级冷凝器的出口过程气温度约为160℃，一级转化器入口温度多在240℃左右，二级转化器入口温度在220℃左右，而加氢反应器入口温度一般均在300℃，依次进行计算，采用Claus+SCOT工艺与采用SSR工艺比较，每kmol过程气经三次再热需增加耗燃料气(甲烷计)总量为0.252kg，过程气总增量约为12.6%(体积分数)。

(1) 计算数据分析

根据理论计算和统计数据表明，尾气焚烧炉燃料气耗量约为0.6kg/kmol(过程气)，采用Claus+SCOT工艺与采用SSR工艺比较，燃料气耗量将增加约50%。这对全装置的能耗指标影响很大。

工艺过程的净化气通常需控制总硫≤300μL/L，依此推算，使用再热炉工艺使过程气流量增加12.6%左右，说明最终经排气筒排放烟气的排放量相应增加，烟气中SO_2绝对排放量亦同步增加12.6%。在人们的环保意识日益增强的今天，硫回收装置如何减少SO_2污染，以获得最佳环境效益是非常重要的。

(2) 建设投资分析

二级转化Claus装置相对投资为100时，同等规模的二级转化Claus+SCOT尾气处理装置相对投资增加至200。根据已投产的采用SSR工艺的硫回收装置投资分解，二级转化制硫加尾气焚烧相对投资为100时，增加的尾气处理部分，如不含溶剂再生设施，相对投资增至130~135；尾气处理部分同时包含溶剂再生设施时，相对投资增至165。“SSR”硫回收装置比采用Claus+SCOT装置投资下降30%左右。

采用三级再热炉的硫回收装置，由于燃料气的燃烧，使工艺过程中的过程气量逐级递增，增加量从3.7%至15%左右，致使工艺设备和管道规格亦相应加大，导致建设投资上升成为必然。

(3) 装置能耗对比

表5-2-11是国内三套硫回收装置的能耗对比表，10kt/a和40kt/a装置均采用在线还原炉的SCOT尾气处理工艺；80kt/a装置采用SSR工艺。表中数据表明SSR工艺装置的能耗较低(表中数据没有考虑装置的规模效应)。

表5-2-11　国内三套硫回收装置的能耗对比　　kgEO

2004年	80kt/a装置能耗	10kt/a装置能耗	40kt/a装置能耗
3月	-60.63	135.28	197.51
4月	-88.3	137.64	160.23
5月	-51.35	133.85	217.34
6月	-48.57	136.2	189.48
11月	-54.89	131.24	224.99
12月	-17.07	132.7	178.92
平均值	-53.468	134.485	194.745

5. 无在线炉硫黄回收及尾气处理工艺应用案例

采用无在线炉硫黄回收及尾气处理工艺技术建成投产规模大于70kt/a的装置有齐鲁石化二硫黄的80kt/a硫黄回收装置、上海金山石化的72kt/a硫黄回收装置、大连西太平洋的80kt/a硫黄回收装置、海南炼化的80kt/a硫黄回收装置、大连西太平洋100kt/a硫黄回收装置、齐鲁石化四硫黄的80kt/a硫黄回收装置、中化泉州380kt/a硫黄回收联合装置(3×100kt+80kt/a)、广西石化260kt/a硫黄回收联合装置(2×100kt/a+60kt/a)、齐鲁石化五硫黄的

120kt/a 硫黄回收装置、中海惠州炼化二期 120kt/a 硫黄回收装置(2×120kt/a)。

(1) 齐鲁石化二硫黄 255t/d 硫回收装置

- 装置设计能力为日产硫黄 255t;
- 总硫收率为 99.9%;
- 设计计算单位能耗为-1308MJ/t(硫黄)。

装置由制硫、液硫脱气、尾气处理、溶剂再生、尾气焚烧、中压除氧水供给和产品成型等工序组成，总占地面积 11819m^2，其中设备布置区占地面积仅为 4081m^2。装置于 2000 年 10 月投料生产，安全运行至今。

齐鲁石化二硫黄装置标定的主要结论:

- 在标定期间总硫回收率达到 99.9%以上。
- 装置在 73kt/a 负荷下全年能耗为：-11996.803×10^4MJ;
  全年硫黄产量为 73031.33t;
  单位产量(硫黄)计算能耗为：-1642.693MJ/t;
  在 80kt/a 负荷下全年能耗为：-11455.612×10^4MJ;
  全年硫黄产量为 84350.50t;
  单位产量(硫黄)计算能耗为：-1358.097MJ/t。
- 尾气中的 SO_2 在 2005 年 11 月 22 日(73kt/a 负荷)的排放浓度为 400.993mg/Nm^3，在 11 月 23 日(80kt/a 负荷)的排放浓度为 362.25mg/Nm^3，现阶段排放在 100mg/m^3 以下。

(2) 大连西太平洋石油化工有限公司 240t/d 硫回收装置

- 装置设计能力日产硫黄 240t，总硫收率 99.9%;
- 单位产量(硫黄)计算能耗为：-8260.53MJ/t;
- 装置由制硫、尾气处理、尾气焚烧、中压除氧水供给等工序组成;
- 装置于 2005 年 12 月 19 日实现中交，2005 年 12 月 24 日投料安全运行。

装置标定结论:

- 标定期间液硫产量达到 10.3t/h，达到设计负荷的 103%，超过设计预期;
- 产品各质量指标均在优等品指标以上;
- 装置大负荷生产情况下烟道外排尾气中 SO_2 的量很低，最大时为 290mg/Nm^3，满足当时国家排放要求;
- 各个制硫反应器的催化剂性能优异，Claus 转化率 96.7%;
- 公用工程消耗和能耗情况：实际消耗-169.1kgEO/t 硫黄，低于设计值-159.1kgEO/t 硫黄。各种公用工程的消耗和产出均达到了设计要求，3.5MPa(表)蒸汽和酸性水的产量稍低，原因是总酸性气进料中含氨酸气量较少，对应的配风量较少，导致总的气流量偏低。

6. *无在线炉硫黄回收及尾气处理工艺改进*

“无在线炉硫黄回收及尾气处理工艺技术”已在国内 150 多套硫黄回收装置上应用，随着项目的进行，业主的应用情况及改进建议陆续被实施到新的项目中。主要改进措施有:

(1) 催化剂不断优化

山东三维石化工程有限公司(简称三维工程)一直秉承与齐鲁石化研究院的合作，将其研发的新型催化剂不断应用在三维工程承接的工程项目中。新型催化剂即意味着新工艺的诞生，低温尾气加氢催化剂、抗漏氧催化剂以及羰基硫水解催化剂等新型产品的陆续应用，极大提高了制硫转化率的同时，降低了总硫排放，也促进了硫黄回收再热技术的改型。自行研发的单级卧式中压蒸汽加热器可以实现一级转化器入口温度在220~247℃调整，为制硫催化剂的热浸泡和还原提供了可能。

（2）优化关键设备大型化的设计

装置大型化的基础是关键设备的大型化：三维工程最早完成了255t/d硫回收装置大型化设备的研发；目前设计的装置硫回收规模达到了360t/d，尾气处理规模达到了600t/d。三维工程通过不断摸索、总结，充分掌握了大型化硫回收设备设计、制造的诀窍。我国第一部相关规范《石油化工管壳式余热锅炉》(SH/T 3158—2009)即由三维工程主编。该规范涵盖了设备的材料选择、设计计算、结构设计、制造、检验、安装和验收等各个环节，可作为硫回收装置主要设备如余热锅炉、硫冷凝器、蒸汽发生器等的设计、制造、检验的标准依据。

（3）增加"无在线炉"工艺适应性

自2004年始，探索将"无在线炉硫黄回收及尾气处理工艺"应用于其他行业的硫黄回收装置。经检验，该工艺除适应炼化企业的硫黄回收装置外，完全可以适应煤化工、化肥等行业的硫黄回收装置。这些行业与炼化企业的不同之处，主要在于原料酸性气中H_2S含量低且含有NH_3、HCN等杂质，需考虑采取增加酸性气、空气预热，释放氢、燃料气伴烧，富氧或纯氧工艺等手段，解决原料酸性气中H_2S含量低、炉膛温度难以维持的弊端，从而确保装置长期稳定运行、排放尾气达标。

神华包头硫黄回收装置采用驰放气伴烧工艺从2011年开工运行至今。

内蒙古荣信硫黄回收装置采用富氧技术(5.0MPa氧气)于2015年启动平稳运行至今。

（4）探索处理复杂组成酸性气的进展

酸性气中含有烃类、HCN以及大量的氨类往往是影响硫黄回收装置长周期稳定运行的重要因素。

Borsboom等2003年发表的研究报告表明在制硫燃烧炉中H_2S首先燃烧而生成S_2和H_2O，消耗掉大部分的空气，生成物S_2和H_2O通过Claus的逆反应生成H_2S和SO_2。NH_3在燃烧炉中分解的重要途径并不是NH_3与O_2的直接氧化反应，而SO_2才是NH_3的直接氧化剂。SO_2与NH_3部分氧化反应在700℃时就可获得50%的转化率，当燃烧炉炉膛温度达到1100℃时，NH_3转化率达到97.5，当燃烧炉炉膛温度达到1200℃时，NH_3将基本上全部转化。基于此理论，无在线炉硫黄回收及尾气处理工艺将双室炉膛设计应用于烧氨流程取得重大成功。通过控制制硫燃烧炉分流量、配风比例以及适宜的炉膛停留时间可以实现高浓度氨含量酸性气的处理。

烃类在自由火焰区由于受到酸性气与空气的混合强度影响，可能有少量的CH_4被氧化而生成CO和H_2，部分CH_4发生水煤气反应与H_2O结合生成CO和H_2，并消耗一定的氧气，与此同时，H_2S高温裂解生成S_2、H_2，上述三个反应是制硫燃烧炉内生成CO和H_2的主要来源。

H_2S高温裂解反应实质上是代表一系列十分复杂的游离基反应的最终结果，在1000℃以上高温的条件下反应进行速度非常快，通常在0.5~2s达到或接近反应平衡。而且酸性气中H_2S的浓度越高，炉膛温度越高，生成的H_2含量越高，同时制硫燃烧炉内消耗H_2的反应使余热锅炉出口的H_2浓度维持在0~5%左右。H_2S高温裂解反应同时是可逆反应，随着温度的降低H_2+S_2迅速结合生成H_2S，通过合理设计制硫余热锅炉的降温速率、提高炉膛温度以及控制配风量可以得到满意的H_2浓度，降低硫黄回收装置的能耗。

未被氧化的CH_4最终会在燃烧炉内转化为CS_2、COS、CO、CO_2和C(烟炱)，特别是当烃类含量较高而不能在自由火焰区被燃烧(或氧化)掉时，C(烟炱)和CS_2的生成率增加，这也是Claus装置产生黑硫黄的主要原因。从926℃开始至1000℃，由于烃类的氧化速度相对缓慢，残留的烃类为CS_2的大量生成提供了有力条件，在1000℃时CS_2的生成量达到最高，当温度达到1150~1200℃时，由于CH_4氧化速度加快，残余CH_4的浓度降低，CS_2的生成条件被破坏，而CS_2与SO_2、H_2O反应消耗的速度加快，反而使CS_2的浓度迅速下降(见图5-2-20)。针对含烃量高的酸性气，在设计前期预留提高制硫燃烧炉炉膛温度的手段才是最有效的应对措施。

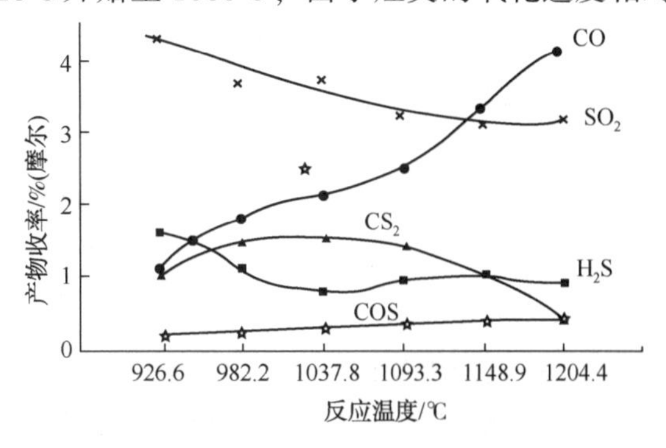

图5-2-20　反应温度与反应产物的关系

通过煤化工以及炼油行业硫黄回收装置制硫余热锅炉出口COS、CS_2含量检测发现，炼油行业含量相对较低，在1000~2500μg/g，煤化工行业最高达到4700μg/g，控制总硫排放对于后续的催化剂水解率提出了更高的要求。

(5) 改进工艺适应新环保要求

为了达到新标准中提到的SO_2排放标准，即400mg/Nm^{3}和100mg/Nm^{3}的要求，改进现有无在线炉硫黄回收及尾气处理工艺，在原有工艺基础上，通过采取以下措施进行有效控制：

1) 优化开停工跨线设置，在开停工切换流程处设置氮锁，杜绝过程气泄漏；调整计算、降低吸收塔贫液进料温度，改造现有吸收塔进料方式，控制吸收塔顶净化气H_2S含量。

2) 考虑设置单独配套的溶剂再生装置，采用选择吸收性好的配方溶剂，配套胺液净化设施，有效降低热稳定盐含量，确保溶剂再生塔、尾气吸收塔平稳操作。

3) 与催化剂研究单位合作，开发高水解率的羰基硫水解催化剂，消除羰基硫的影响。

研究表明酸性气中CO_2的含量超过35%，将对后续MDEA吸收H_2S产生较大影响。正因为如此，炼化企业以及精细化工企业的排放均可以控制在较低水平，而煤化工行业酸性气中由于CO_2含量较高，采用单纯的SCOT工艺总硫难于控制在100mg/m^{3}以下，一般在200mg/m^{3}左右。选择性更高的吸收剂是现阶段该工艺实现突破的焦点。

(6) 解决开停工排放超标问题，实现硫黄回收装置全流程达标排放

硫黄回收装置开停工期间对于系统内部残余FeS的处理一直以来是困扰装置开停工的难题。传统做法采用制硫燃烧炉燃烧瓦斯产生的含氧烟气对系统残余FeS进行钝化处理，该工艺存在排放高、催化剂易飞温的缺陷。为解决上述问题，无在线炉硫黄回收及尾气处理工艺将尾气循环钝化工艺扩展至Claus部分，将Claus部分与SCOT部分形成一个大循环，采用氮气作为循环载体，通过补充空气作为氧化剂，对系统内FeS进行钝化处理，消除了传统工艺中氧含量不稳定、流速小处理效果不理想的诸多问题。SCOT部分在Claus部分吹硫、钝化期间继续承担加氢作用，将吹扫钝化过程中形成的SO_2转化为H_2S并被MDEA所吸收，可以实现总硫达标排放。清洁停工工艺见图5-2-21。

(7) 优化平面布置，力争美观实用

随着装置设计规模的大型化，势必要求装置布局合理紧凑，既应满足生产流程的要求，还应保证装置检维修需要。目前对于新建炼油企业，为了缩短硫黄回收装置原料酸性气的输

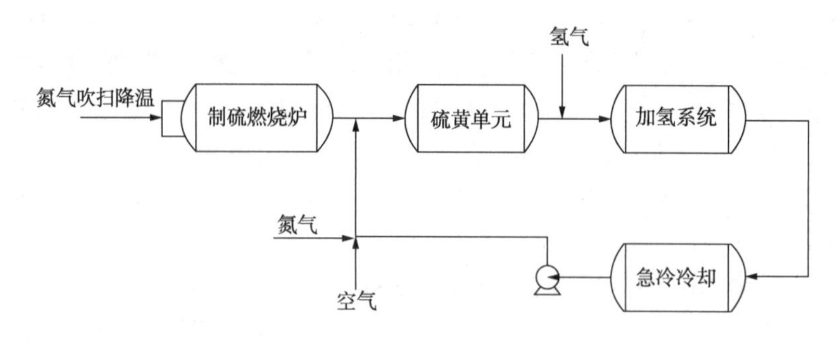

图 5-2-21　清洁停工工艺

送距离，硫黄回收装置与溶剂再生装置、酸性水汽提装置一般考虑联合布置，因此在装置整体布局上应统筹规划，尽量缩短管线输送距离。

同时新型炼化企业人员配置相对较少，对于装置布置更倾向于功能化和人性化发展，充分考虑阀门的可操作性、巡检路线的连续性以及紧急事件处理的便捷性是以后设计布置平面考虑的重点。

(四) 中国石化 LS-DeGAS 尾气处理技术

面对日益严峻的环境问题，国家环保部门对于化工生产尾气排放要求也日渐提高。在此背景下，中国石化开发了 LS-DeGAS 降低硫黄装置烟气二氧化硫排放技术。

对目前普遍使用的硫回收+尾气处理工艺而言，影响硫黄回收装置 SO_2 排放浓度的主要因素为 Claus 尾气净化气和液硫脱气废气中含有一定量的硫化物。净化尾气的总硫含量与脱硫剂的净化度和催化剂的转化率(特别是有机硫转化率)密切相关。净化尾气主要含有未被吸收的 H_2S 和有机硫，如果经焚烧炉焚烧后转化为 SO_2，可增加硫黄回收装置 SO_2 排放浓度 150~500mg/m^3。提高净化气的净化度，将净化气中 H_2S 含量降至 50μg/g，甚至 20μg/g 以下，烟气中 SO_2 浓度将会显著下降。

液硫脱气是硫回收装置安全生产环节中一个十分重要的保障措施。Claus 法生产的硫黄 H_2S 含量通常在 300~500μg/g，液硫中 H_2S 若不能有效地脱除，在液硫装车现场及固体硫黄成型生产单元化工异味较大，液硫在运输过程中也存在安全隐患，H_2S 易引起聚集，发生爆炸危险。而且未脱气硫黄成型的固体硫黄易碎性高，在装卸和运输过程中会产生更多的硫黄细粒和粉尘。因此，液硫必须经过脱气处理。液硫脱气产生的废气通常引入焚烧炉焚烧后排放，可增加硫黄回收装置 SO_2 排放浓度 100~200mg/m^3。

因此，硫黄回收装置 SO_2 排放浓度要想降至 100mg/m^3 以下，必须降低净化尾气总硫含量，并且合理处理液硫脱气的废气。

截至 2017 年 12 月底，采用 LS-DeGAS 技术，国内硫黄装置烟气二氧化硫排放浓度可以达到 100mg/m^3 以下的硫黄装置共计 50 余套，包括中国石化 30 余套、中国石油 3 套、中国化工 3 套、中国海油 2 套和地方炼油厂 3 套等。

LS-DeGAS 硫黄装置降低二氧化硫排放成套技术的内容包括高效有机硫水解催化剂、高效脱硫剂、独立的再生系统、降低吸收塔温度、合理处理液硫脱气废气，以及增上净化气超净化塔等，该技术的特点是低投资，低运行成本，清洁环保，不产生二次污染。

1. LS-DeGAS降低硫黄装置烟气二氧化硫排放技术内容

(1) 开发了液硫脱气新工艺

Claus反应生成液硫的过程中，由于液体的表面张力使液硫中含有H_2S和SO_2，液硫中H_2S的含量一般为300~500μg/g。H_2S、SO_2溶解于液硫时不仅有物理溶解，也会生成多硫化氢(H_2S_x，x通常为2~8)和联多硫酸；H_2S在液硫中的溶解度随温度的升高略有降低，但由于多硫化氢的生成量随温度升高而增加甚快，故总的H_2S溶解量随温度升高而增加。二氧化硫在液硫中的溶解极少，而且比较容易被脱除。这部分硫化氢若不能有效地脱除，则液硫装车现场及固体硫黄成型单元化工异味较大；液硫在运输过程中存在安全隐患，H_2S易引起聚集，发生爆炸危险。从安全和卫生的角度考虑需将液硫中的H_2S降低到10μg/g以下。

脱除物理溶解于液硫中的H_2S比较容易，而按下式所示从多硫化氢中脱除H_2S就比较困难。

$$H_2S_x \rightleftharpoons H_2S+S_x-1 \tag{5-2-22}$$

为解决上述困难，液硫脱气及其废气处理工艺采用鼓泡法，即向液硫中通入(H_2S含量极低或不含H_2S的)气体进行汽提，使用的汽提气体为Claus装置自身的净化尾气。

本技术采用硫黄装置自身的净化尾气作为液硫脱气鼓泡的气源，节约了氮气、蒸汽的用量，在满足液硫脱气质量要求的前提下，无任何公用工程物料的额外投入，形成了投资省、能耗低的特点。使液硫中H_2S满足小于10μg/g的指标要求，消除了液硫在储存、运输和加工过程的安全隐患以及现场的异味，具有良好的环保效益。

(2) 合理处理液硫脱气废气

本技术开发了低温耐氧高水热稳定性的LSH-03A液硫脱气废气加氢专用催化剂，将液硫脱气废气引入加氢反应器处理。催化剂特点如下：

1) 低温活性好。

由于液硫脱气废气从液硫池脱出温度较低(100~120℃)，与原硫黄回收装置Claus尾气混合后，会导致加氢反应器入口温度降低。如使用低温Claus尾气加氢催化剂，不需要增设加热或换热设施，混合后可直接进Claus尾气加氢反应器，减少了装置投资。因此，催化剂具有良好的低温加氢活性是十分必要的。

LSH-03A催化剂使用温度低，可将尾气加氢反应器入口温度降至220℃，节能效果显著。

2) 耐硫酸盐化能力强。

由于液硫脱气废气中O_2含量较高(1%以上)，常规Claus尾气中O_2含量小于0.05%。较高浓度的O_2如不能全部加氢，会导致加氢催化剂反硫化，而且载体氧化铝在SO_2存在的工况下，会发生硫酸盐化，最终导致催化剂失活。因此，适合液硫脱气废气加氢的催化剂应具备不易反硫化及耐硫酸盐化的特点。催化剂反硫化的机理如下：

$$Co_9S_8+\frac{25}{2}O_2 = 9CoO+8SO_2 \tag{5-2-23}$$

$$MoS_2+\frac{7}{2}O_2 = MoO_3+2SO_2 \tag{5-2-24}$$

硫酸盐化的机理如下：

$$2Al_2O_3+6SO_2+3O_2 \rightleftharpoons 2Al_2(SO_4)_3 \tag{5-2-25}$$

二氧化钛为载体的催化剂具有易于硫化，不易反硫化，不易发生硫酸盐化，即使发生硫酸盐化后，在氢气和 H_2S 存在的情况下具有可以还原的特点。氧化钛基催化剂发生硫酸盐化的速率是氧化铝基催化剂的五分之一，抗硫酸盐化中毒能力明显优于氧化铝。本技术开发了钛铝复合载体作为 LSH-03A 催化剂的专用载体。

3）催化剂加氢活性高。

由于液硫脱气废气中含有一定量的单质硫，如催化剂活性低，不能满足单质硫加氢的要求，装置很容易发生 S 穿透催化剂床层，急冷塔堵塔的现象。因此，适合液硫脱气废气加氢的催化剂应该较常规催化剂具有更高的加氢活性。

LSH-03A 尾气加氢催化剂为高耐氧低温加氢催化剂，较普通催化剂活性提高 30%以上，催化剂应同时具有脱氧、有机硫水解、SO_2 和 S 加氢等多种功能，保证非硫化氢的含硫物质在瞬间加氢或水解转化为硫化氢，避免硫穿透现象发生。

并且液硫脱气废气引入加氢反应器后，可提高加氢反应器床层温升，增加有机硫的水解效果。在保证节能效果的同时，降低烟气二氧化硫排放浓度。

4）具有良好的脱氧活性。

液硫脱气废气氧含量较高，加氢催化剂的活化状态为硫化态，氧会导致催化剂由硫化态变为氧化态而失去活性，添加助剂后，在 H_2S 存在的情况下，催化剂快速由氧化态变为硫化态而恢复活性，从而将过程气中的氧气脱除，避免后续胺液氧化变质。脱氧反应机理如下：

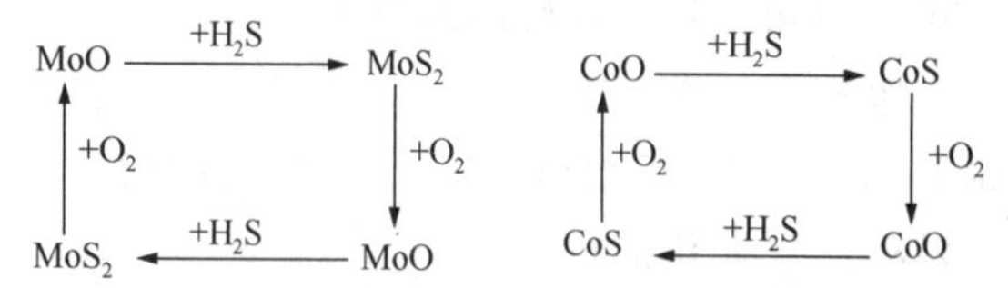

脱氧反应会释放出大量的反应热，从而提高了加氢反应器的床层温度和反应温升。利用此原理，可灵活调整加氢反应器的床层温度，以此来保证有机硫在加氢反应器的水解和氢解率，降低加氢反应器出口过程气中有机硫的含量。特别是，目前大多数硫黄回收装置 SCOT 单元加氢反应器的再热采用中压饱和蒸汽，过程气进入加氢反应器的最高温度为 240℃，在装置运行末期，催化剂的有机硫水解活性会随运行时间延长而降低。较高的反应温度有利于提高有机硫的水解率，因此，采用 LS-DeGAS 技术降低硫黄装置烟气二氧化硫排放浓度的硫黄回收装置，可以利用抽入加氢反应器的废气中夹带的氧气含量，调整加氢反应器的床层温度和床层温升。如果加氢反应器入口温度控制在 220~240℃，1%体积的氧气进入加氢反应器，床层温升为 120℃，再加上硫化物和单质硫加氢的正常温升 30~50℃，因此，加氢反应器的床层温升可以非常灵活地在 50~120℃之间调节，即床层温度可以非常灵活地在 260~350℃之间调节，以此，确保有机硫保持较高的水解率，以及烟气保持较低的二氧化硫排放浓度。

LSH-03A 低温耐氧高活性尾气加氢催化剂可以满足液硫脱气废气含氧及高水蒸气含量的使用工况，液硫脱气废气可直接引入加氢反应器，经加氢转化为 H_2S，并通过胺液吸收返回制硫单元回收单质硫，避免了该废气进入焚烧炉引起的排放影响。

5）具有良好的水热稳定性。

液硫脱气废气中水含量高达 40%以上，要求加氢催化剂具有良好的耐水热稳定性，添加骨架稳定剂可提高催化剂的水热稳定性，满足长周期高水蒸气含量运行的要求。

（3）降低尾气吸收单元温度

保证吸收塔塔顶温度低于35℃，同时选用硫化氢解析效果较佳的高效脱硫溶剂，可将胺液中的 H_2S 降低至0.2g/L，净化气中硫化氢含量降至20mg/m^{3}以下，对烟气 SO_2 贡献值小于40mg/m^3。

（4）开发了高性能有机硫水解催化剂以及合理的催化剂级配方案

净化气中的有机硫主要为COS，在焚烧炉中焚烧变为 SO_2，会增加硫黄回收装置烟气中 SO_2 排放浓度。本工艺通过对制硫单元催化剂装填方案进行合理级配，提高有机硫的水解转化率，降低过程气中COS的含量，净化气中COS含量降至20mg/m^{3}以下，对烟气 SO_2 贡献值小于40mg/m^3。级配方案如下：一级反应器上部1/3体积的LS-971催化剂、下部2/3体积的LS-981G有机硫水解催化剂，二级反应器全部装填LS-02新型氧化铝基制硫催化剂。

（5）吸收塔后增加一级净化塔

吸收塔后增加一级净化塔，吸收微量硫化氢，防止装置波动和开停工时时净化气中硫化氢升高而影响排放。吸收塔中使用的吸收液主要为碳酸钠与碳酸氢钠水溶液，或为碳酸铵和碳酸氢铵水溶液。

净化塔中主要化学反应：

$$2NaOH+CO_2 \rightleftharpoons Na_2CO_3+H_2O \tag{5-2-26}$$

$$2NaOH+H_2S \rightleftharpoons Na_2S+2H_2O \tag{5-2-27}$$

$$Na_2CO_3+H_2S \rightleftharpoons NaHS+NaHCO_3 \tag{5-2-28}$$

$$Na_2CO_3+CO_2+H_2O \rightleftharpoons 2NaHCO_3 \tag{5-2-29}$$

$$NaHCO_3+H_2S \rightleftharpoons NaHS+H_2O+CO_2 \tag{5-2-30}$$

通过调节吸收液的pH值，可以把 CO_2 的共吸收率降至1%以下，整个体系最终消耗的氢氧化钠溶液的量可近似于硫化氢消耗的氢氧化钠的量。因为整个体系中硫化氢的含量是微量的，所以整个碱液净化单元需要补充的碱液量也是很小的。吸收硫化氢后的废液注入酸性水管网。

或为：

$$(NH_4)_2CO_3+H_2S \rightleftharpoons (NH_4)_2S+H_2O+CO_2 \tag{5-2-31}$$

$$(NH_4)_2CO_3+H_2S \rightleftharpoons NH_4HS+NH_4HCO_3 \tag{5-2-32}$$

$$NH_4HCO_3+H_2S \rightleftharpoons 2NH_4HS+CO_2+H_2O \tag{5-2-33}$$

$$(NH_4)_2CO_3+CO_2+H_2O \rightleftharpoons 2NH_4HCO_3 \tag{5-2-34}$$

碳酸铵吸收二氧化碳后生成碳酸氢铵，一方面碳酸氢铵可以继续与硫化氢发生反应，进一步吸收过程气中的硫化氢；另一方面，因碳酸氢铵不稳定，易发生分解反应生成碳酸铵和 CO_2，生成的碳酸铵又可以吸收过程气中的硫化氢。这种可逆性使得体系中的二氧化碳处在一种连续的平衡状态，平衡的总体结果是体系基本不吸收 CO_2。

从上面反应方程式中可以看出在净化塔内硫化氢与吸收液反应生成 $(NH_4)_2S$、NH_4HS，该废水引入污水汽提装置，重新回收硫化氢和氨，清洁环保，不产生二次污染。

吸收液消耗量非常低。在装置正常运行工况下，可通过调节吸收液pH值，做到吸收液零消耗；在装置异常硫化氢超标时，吸收液pH值降低，通过联锁，自动增加吸收液注入量，操作灵活方便。工艺流程见图5-2-22。

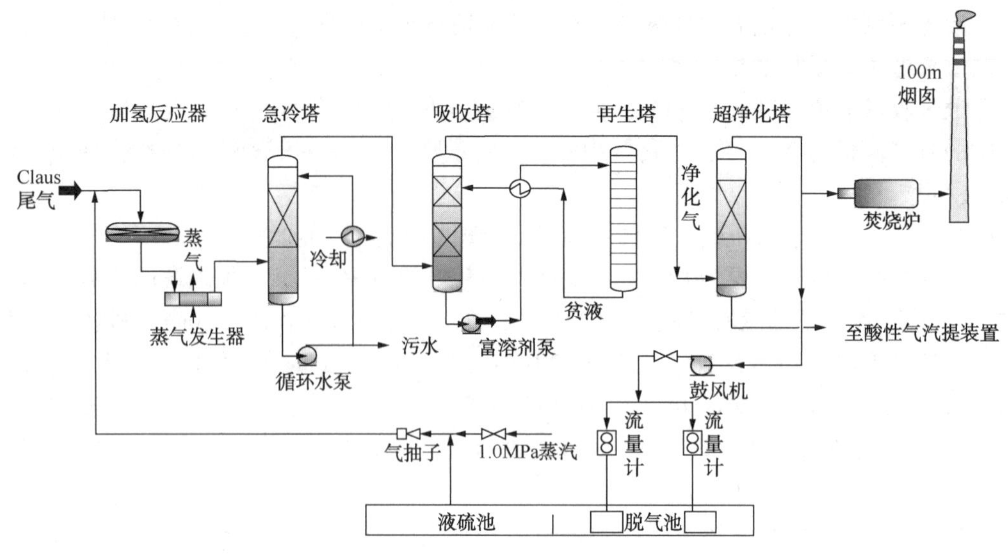

图 5-2-22　工艺流程简图

2. 主要操作条件

(1) 液硫脱气主要工艺操作条件

1) 吹脱比(净化尾气与液硫体积比:　　80~100
2) 液硫温度:　　140~160℃
3) 净化尾气温度:　　20~35℃
4) 吸收塔顶净化气中硫化氢含量:　　≤20μg/g
5) 液硫吹脱废气氧含量:　　≤1%
6) 加氢反应器出口气体中 COS 含量:　　≤20μg/g
7) 蒸汽喷射器蒸汽入口压力:　　1.0~1.3MPa

(2) 净化塔主要工艺操作条件

1) 停留时间:　　6s
2) 超净化塔塔顶温度:　　30~40℃
3) 气体入塔温度:　　20~35℃
4) 净化塔入口气体中 H_2S 含量:　　≤50mg/m^3
5) 净化塔入口气体中 COS 含量:　　≤20mg/m^3
6) 净化塔入口气体中 CO_2 含量:　　≤5%(体)

3. 装置运行典型案例

(1) 某厂 60kt/a 硫黄装置

实施内容:

1) 采用了高效催化剂。硫黄回收装置设计硫黄生产能力为 60kt/a。催化剂全部采用齐鲁石化公司研究院的催化剂,一级反应器的上层三分之一和二级反应器的全部采用 LS-02 氧化铝基催化剂;一级反应器下部三分之二采用 LS-981G 钛基催化剂,尾气加氢催化剂采用低温加氢催化剂 LSH-03A。

2) 采用了高效脱硫剂。使用浓度约 40%~45%。

3) 合理处理了液硫脱气废气。液硫脱气采用空气鼓泡方式,脱气废气采用蒸汽抽空器抽送入酸性气燃烧炉。

60kt/a 硫黄装置于 2016 年 2 月 23 日正式进酸性气投产，酸性气为全厂混合清洁酸性气，4 月 13 日起处理含氨酸性气，脱硫剂浓度约 40%，吸收温度 35℃。装置负荷约 70%，酸性气流量平稳，排放尾气二氧化硫含量基本在 $50mg/m^3$ 以下。

表 5-2-12 为开工后在线仪表未投用排放尾气人工采样数据。

表 5-2-12 开工初期人工检测数据

日 期	SO_2/(mg/m^3)	氧/%	NO_2/(mg/m^3)	一氧化碳/(μg/g)
2 月 24 日	20	5.23	16.8	220
2 月 25 日	42.9	2.65	82	13
2 月 26 日	22.8	2.27	96.35	12
3 月 1 日	34.3	2.18	91.6	18
3 月 2 日	34.3	3.25	104.3	7
3 月 3 日	34.5	2.91	67.7	16
3 月 4 日	35.2	2.84	82.3	13

尾气在线环保检测表至 2016 年 3 月 7 日才基本调试好，排放检测数据也较为稳定，数值基本稳定在 $50mg/m^3$ 以下。含氨酸性气引入后排放有所升高，经调整基本稳定在 $50mg/m^3$ 以下。

2016 年 7 月 14~16 日 60kt/a 硫黄装置运行负荷为 70%左右，烟气二氧化硫排放稳定在 $50mg/m^3$ 以下。

2016 年 8 月 60kt/a 硫黄装置运行负荷为 100%，烟气二氧化硫排放稳定在 $100mg/m^3$ 以下(见图 5-2-23)。

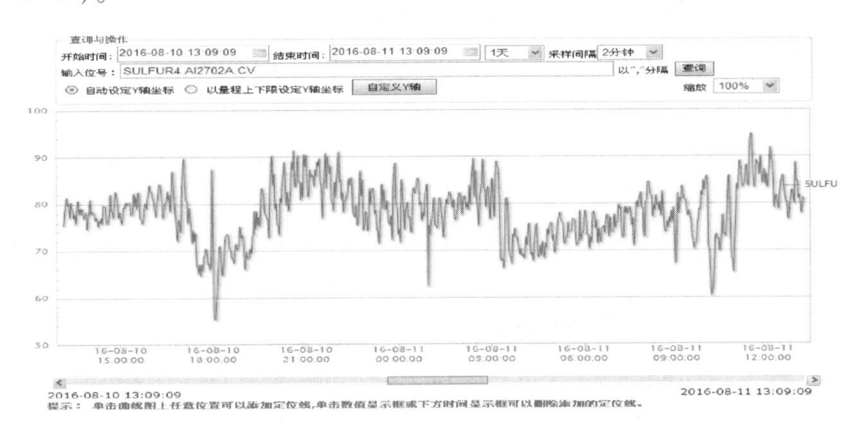

图 5-2-23 60kt/a 硫黄装置满负荷烟气 SO_2 排放趋势图

通过优化操作，在满负荷工况下，将烟气二氧化硫排放浓度降至了 $30mg/m^3$ 以下。

运行 2 年后，尾气加氢反应器入口温度 218℃，床层温度 240~250℃，还有巨大的提温空间，如果将加氢反应器床层温度提高至 300℃以上，烟气 SO_2 排放浓度还会大幅度降低。

从烟气二氧化硫排放结果可以看出，开工一年以来可以稳定在 $100mg/m^3$ 以下，优化操作后，可以达到 $30mg/m^3$ 以下，装置经历了满负荷和三伏天的严峻考验，达到新的环保标准要求。

（2）某公司 20kt/a 硫黄回收装置

装置在 2015 年的大检修中，采用齐鲁石化公司研究院的 LS-DEGAS 工艺对 20kt/a 硫黄装置进行以下 4 个部分的改造：

1）二转入口过程气加热方式改造：增加一台 3.5MPa(表)饱和蒸汽加热器，二转入口过程气由高温掺合加热改为中压蒸汽加热。

2）更换催化剂：按照改造方案对 Claus 催化剂和加氢催化剂进行了重新的级配。

3）增加液硫池鼓泡器：自吸收塔顶出口管线用引风机引净化尾气进液硫池；更换液硫池顶的喷射器，将液硫池内的废气用蒸汽抽空器增压后引至加氢反应器进行处理。

4）增设碱洗塔：吸收塔后增设碱洗塔，碱洗塔含盐废液引入酸性水管网。

改造前，烟气中 SO_2 排放值在 300~400mg/m³之间。更换催化剂和二转过程气加热器改造后，烟气中的 SO_2 排放值在 80~120mg/m³之间波动(图 5-2-24)。

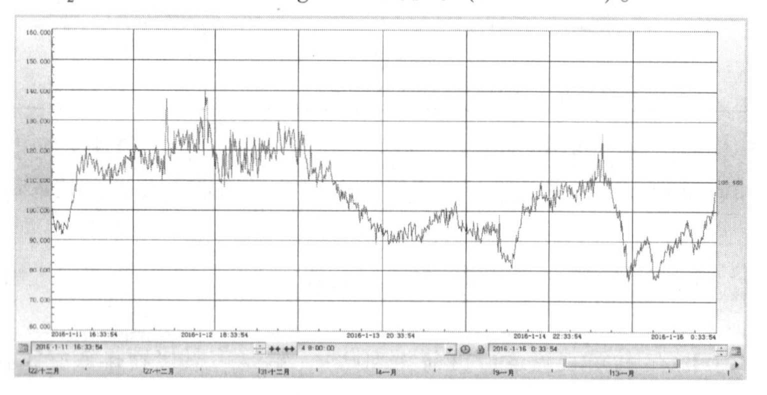

图 5-2-24　更换催化剂和二转加热器后 SO_2 排放情况

2016 年 1 月 22 日装置投用超净塔，投用前后烟气 SO_2 的变化情况见图 5-2-25。投用超净塔后，烟气 SO_2 由 126mg/Nm³降至 85~90mg/Nm³，降幅在 40%左右。

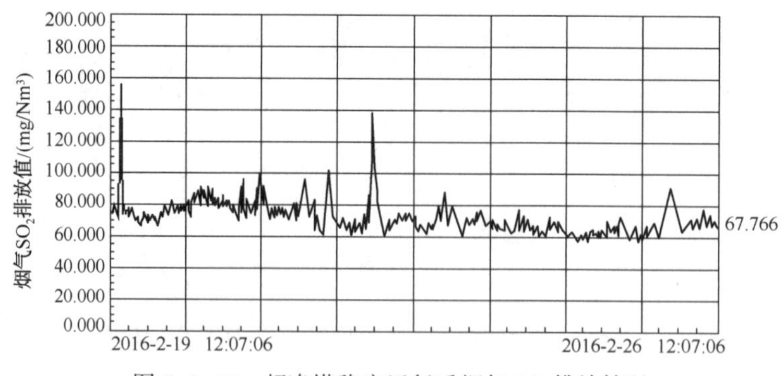

图 5-2-25　超净塔稳定运行后烟气 SO_2 排放情况

图 5-2-25 给出了净化塔投用初期烟气 SO_2 排放情况。可以看出，烟气 SO_2 排放基本可以保持在 100mg/Nm³以下。由于装置规模小，受上游波动影响大，偶有超过 100mg/Nm³的情况，主要影响因素如下：

（1）富液带烃

从催化和加氢等上游装置脱 H_2S 塔送来的富胺液中，如果夹带大量的轻烃，富液闪蒸罐压力升高，同时表现出硫黄装置烟气 SO_2 排放浓度增加，如图 5-2-26 所示。

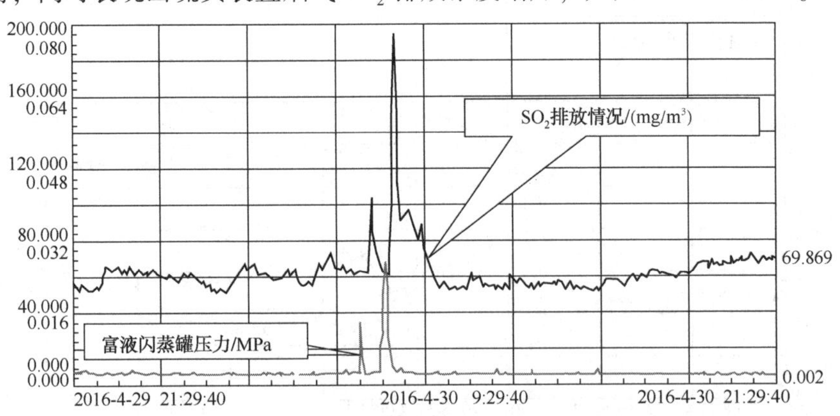

图 5-2-26　富液闪蒸罐压力与 SO_2 排放浓度的关系

主要原因是酸性气带烃时制硫炉需要大幅增加配风量，以此保证烃在制硫炉的充分燃烧，否则，氧气不足时制硫炉内 H_2S 转化为 SO_2 的比例降低，Claus 反应平衡打乱，制硫转化率大幅降低，因此，烟气 SO_2 排放浓度增加。经加强对上游装置脱 H_2S 塔液位的监管和考核，已消除了酸性气带烃的问题。

(2) 酸性气量变化

酸性气气量波动对烟气 SO_2 排放浓度的影响见图 5-2-27。

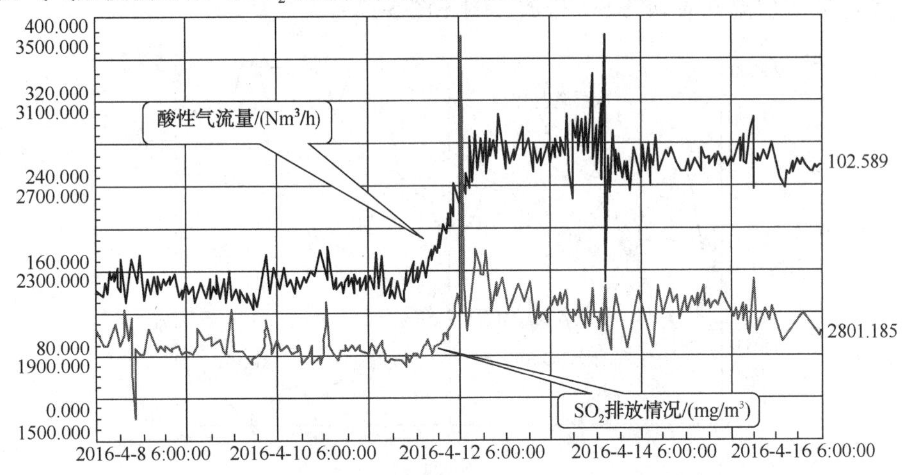

图 5-2-27　酸性气气量波动对烟气 SO_2 排放浓度的影响

由于硫黄装置 H_2S/SO_2 比值分析仪未投自动控制，在酸性气量大幅波动时，依靠手动配风无法及时调整满足 H_2S 燃烧转化为 SO_2 所需的风量，Claus 反应平衡瞬间打乱，制硫转化率大幅降低，因此，烟气 SO_2 排放浓度增加。

从图 5-2-27 结果可以看出，酸性气量从 2800Nm³/h 突然升高至 3200Nm³/h（超装置设计负荷 30%），烟气 SO_2 排放浓度从 80mg/m³ 升高至 400mg/m³，调整后稳定在 100mg/m³ 左右。经加强上游装置酸性气气量的平稳率考核，解决了酸性气大幅波动的问题。

(3) 再生蒸汽压力不稳定

溶剂再生蒸汽压力对烟气 SO_2 排放影响结果见图 5-2-28。

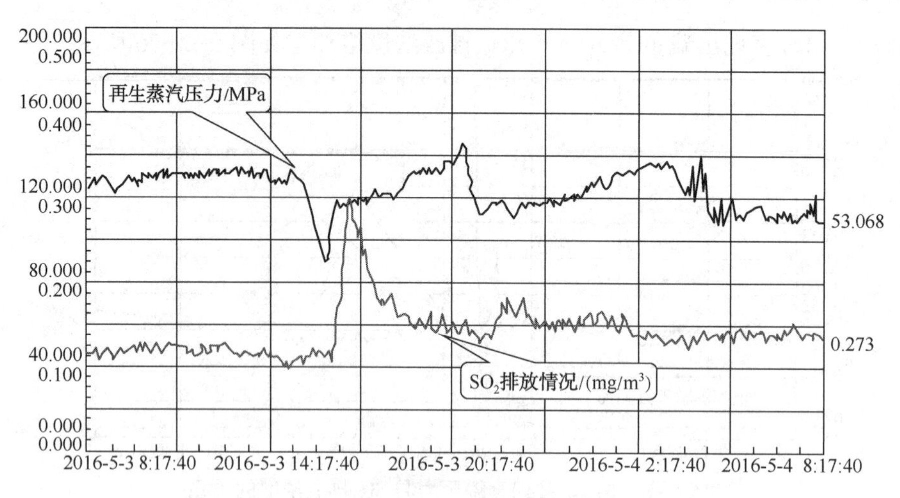

图 5-2-28　溶剂再生蒸汽压力对烟气 SO_2 排放影响

脱硫溶剂再生需要提供足够的温度，一般采用低压蒸汽(0.3MPa)作为再生热源，在蒸汽压力大幅降低时，溶剂再生效果不佳，贫液贫度(H_2S 浓度)较高，严重影响净化气中 H_2S 的脱除效果，因此，烟气 SO_2 排放浓度增加。此时应立即投用 1.0MPa 蒸汽补压阀来稳定再生蒸汽的压力，消除由此带来的烟气 SO_2 排放浓度的波动。

(4) 加氢反应器床层温度

加氢反应器床层温升对烟气 SO_2 排放影响见图 5-2-29。

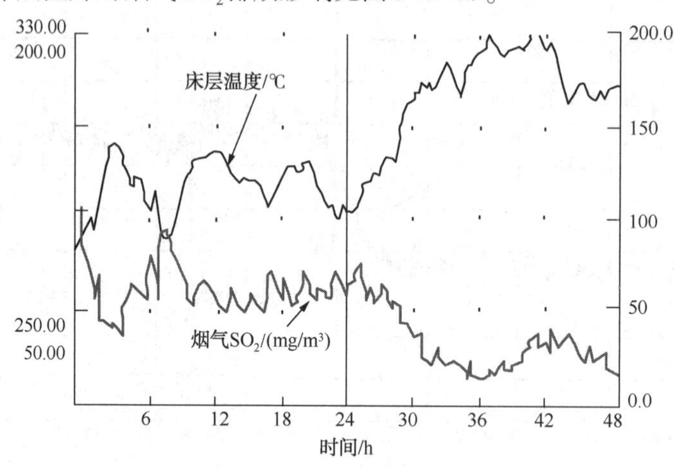

图 5-2-29　加氢反应器床层温升对烟气 SO_2 排放影响

硫黄装置酸性气中 CO_2 含量高达 30%，在制硫炉中产生大量的有机硫，有机硫的水解反应需要较高的反应温度，反应温度越高有机硫转化为 H_2S 的反应深度越大，因此，提高加氢反应器的床层温度，可大幅降低过程气中有机硫的含量，进而大幅降低烟气 SO_2 的排放浓度。从图 5-2-29 结果可以看出，加氢反应器床层温度由 250℃ 提高至 330℃，烟气二氧化硫排放浓度由 80~100mg/m^{3}降至 20~40mg/m^3。

经优化上游装置脱 H_2S 塔等的工艺操作，加强设备运行管理与维护，强化岗位技术练兵，严格工艺纪律和考核后，硫黄装置平稳运行，烟气 SO_2 排放能够稳定达标。

从图 5-2-30 结果可以看出，异常工况消除后烟气 SO_2 排放浓度为 20~60mg/m^3。

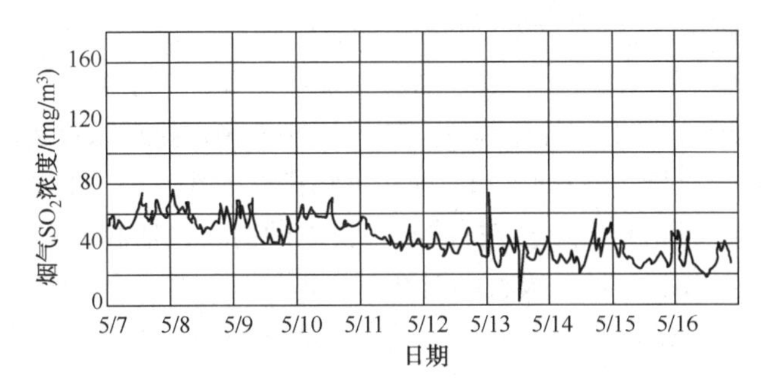

图 5-2-30　异常工况消除后烟气 SO_2 排放

图 5-2-31 为 2016 年 7 月 17 日 9：39~7 月 19 日 9：39 的 48h 烟气 SO_2 排放趋势图，装置负荷 90%~100%，烟气二氧化硫 10~40mg/m^3。

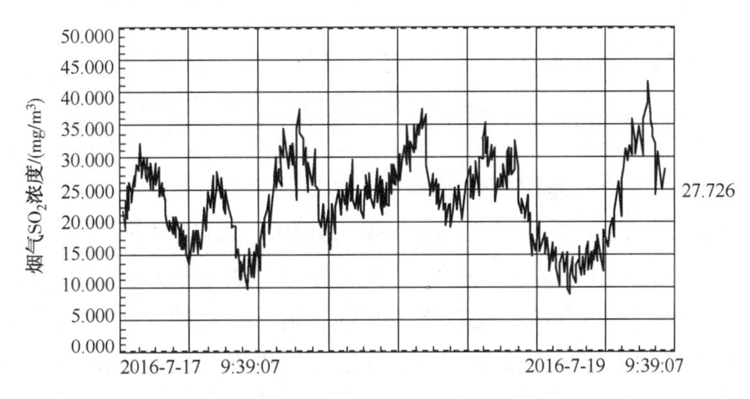

图 5-2-31　装置负荷 90%~100%工况 48h 烟气 SO_2 排放趋势图

图 5-2-32 为 2016 年 7 月 8~10 日 48h 烟气 SO_2 排放趋势图，装置负荷 120%，烟气二氧化硫 50~85mg/m^3。

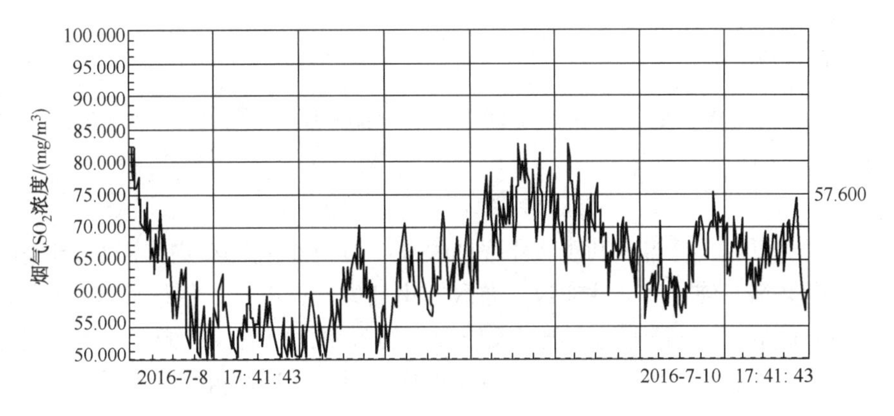

图 5-2-32　装置负荷 120%工况 48h 烟气 SO_2 排放趋势图

LS-DeGAS 降低硫黄装置烟气二氧化硫排放浓度的成套技术在 20kt/a 硫黄装置应用结果表明，正常工况下硫黄装置烟气 SO_2 排放浓度低于 100mg/m^3。由于受上游装置操作波动大的影响，偶有超过100mg/Nm^3的情况。通过稳定上游装置操作，开好液化气和干气脱硫装置，避免酸性气量大幅波动，消除酸性气大量带烃的现象；稳定溶剂再生蒸汽的压力；通过调整液硫脱气废气引入加氢反应器的气量，提高加氢反应器的床层温度等，消除了装置波动对焚烧炉烟气 SO_2 排放浓度的影响。优化调整操作后，烟气 SO_2 排放浓度稳定至 20~60mg/Nm^3，满足 2017 年 7 月 1 日起执行的《石油炼制工业污染物排放标准》(GB 31570—2015)要求。

LS-DeGAS 硫黄装置降低二氧化硫排放成套技术的内容包括高效有机硫水解催化剂、高效脱硫剂、独立的再生系统、降低吸收塔温度、合理处理液硫脱气废气，以及增上净化气超净化塔等，该技术的特点是低投资、低运行成本，清洁环保，不产生二次污染。

第三节　低温尾气处理技术

一、技术介绍

低温尾气处理工艺又称亚露点硫回收工艺，是指在低于硫露点温度下进行 Claus 反应，这类尾气处理工艺的特点是在常规 Claus 段后再配置 2~3 个低温反应器，反应温度在 130℃左右，由于反应温度低，反应平衡大幅度地向生成硫的方向移动。由于反应生成的部分液硫沉积在催化剂上，因此反应器需周期性地再生、切换使用。

我国已引进的低温 Claus 工艺包括 Sulfreen、MCRC、CBA、Clauspol 等，但受环保排放指标的限制，因低温 Claus 工艺难以满足国家排放标准，故近十几年来中国炼油厂未再新建低温 Claus 装置，甚至原有引进装置也被陆续改造以满足国家排放标准。

低温 Claus 技术因为流程短、投资低，经过改良后可以达到一定的回收率，所以对于天然气净化厂需大规模回收硫黄的情况而言，依然具备竞争力。据资料介绍，中国石油工程设计有限公司(简称 CPE)西南分公司研发了具有自主知识产权的 CPS 低温 Claus 硫黄回收工艺，该工艺已于 2009 年在重庆天然气总厂万州分厂首次投产成功，目前已在 4 套天然气净化厂硫黄回收装置上投用。

二、技术原理

低温 Claus 工艺是指在低于硫露点温度下进行 Claus 反应的一种酸性气处理方法，反应方程式详见式(5-3-1)。

$$2H_2S+SO_2 \rightleftharpoons S_x+2H_2O \tag{5-3-1}$$

该反应为放热反应，低温有利于转化率的提高。但当催化剂床层的温度低于硫黄的露点时，液硫会冷凝并堵塞催化剂活性通道，导致催化剂失活，限制了传统 Claus 工艺硫回收率的进一步提高。而低温 Claus 工艺突破了反应温度的限制，使反应在低于硫露点的温度下进行，获得更高的硫回收率。沉积了液体硫黄的催化剂通过周期性再生恢复活性，通过多台反应器切换实现连续操作。

低温 Claus 工艺按所使用的催化剂相态分成两类：在液相中或在固体催化剂上进行。前者在加有特殊催化剂的有机溶剂中，在略高于硫熔点的温度下，使尾气中的 H_2S 和 SO_2 继续进行 Claus 反应，从而提高硫的转化率，如 Clauspol 工艺；后者在低于硫露点的温度下，在固体催化剂上发生 Claus 反应，反应生成的硫被吸附在催化剂上，降低硫的蒸汽压，有利于 H_2S 和 SO_2 的进一步反应，达到提高硫收率的目的，如 Sulfreen、MCRC 和 CBA 工艺。

因为反应温度低，该工艺过程气中 COS 和 CS_2 水解困难，通常回收率只能达到98.5%~99.5%，投资和操作费用也较低。但经过组合其他工艺过程后的总硫回收率可以达到99.9%。

三、工艺流程和参数

（一）Sulfreen 工艺

Sulfreen 尾气处理工艺详见第四章第二节。

Sulfreen 工艺主要操作参数详见表5-3-1。

表5-3-1　Sulfreen 工艺主要操作参数

项　目	数　值	项　目	数　值
反应吸附温度/℃	130~150	再生冷却吸水温度/℃	130
再生脱水温度/℃	130~180	硫回收率/%	98.5~99.5
再生脱硫温度/℃	180~270		

为提高总硫回收率以适应更为严格的 SO_2 排放标准，后又开发了 Hydrosulfreen、Oxysulfreen、Doxosulfreen、Carbonsulfreen 及二段 Sulfreen 等工艺。

1. Hydrosulfreen 工艺

由于 Sulfreen 工艺总硫回收率在很大程度上受 COS、CS_2 水解不完全和 Claus 尾气中 H_2S/SO_2 比不能精确控制的影响。为解决这两个难题，在传统 Sulfreen 工艺的基础上增设了加氢段，在一个尾气水解/氧化反应器内先进行加氢水解，然后以 TiO_2 基催化剂直接氧化 H_2S 为单质硫。剩余的未反应的 H_2S 和 SO_2 在 Sulfreen 装置内继续进行低温 Claus 反应。该工艺总硫收率达99.5%~99.7%。

2. Oxysulfreen 工艺

Oxysulfreen 工艺和 Hydrosulfreen 工艺基本相同，均采用有机硫水解-H_2S 直接氧化-低温 Claus 反应。差别之处是有机硫水解与直接氧化分别在两个反应器中完成，且在水解后经急冷塔除去水分后再送至氧化反应器。虽然总硫收率可达99.7%~99.9%，但由于投资高，操作难度大，推广受到限制。

3. Doxosulfreen 工艺

为进一步降低 Sulfreen 装置出口气中的硫含量，Doxosulfreen 工艺在传统的 Sulfreen 反应器上部增加一个在低于硫露点条件下进行 H_2S 直接氧化的反应器，也可以将 Doxosulfreen 催化剂床层和 Sulfreen 催化剂床层布置在一个反应器中，共用一套再生循环系统。应用 Doxosulfreen 工艺，总硫收率可达99.7%~99.9%。

4. Carbonsulfreen

该工艺和 Doxosulfreen 工艺基本相同，主要的差别在于 Doxosulfreen 工艺的氧化反应采用氧化铝基催化剂，而 Carbonsulfreen 工艺的氧化反应采用活性炭基催化剂。应用 Carbonsulfreen 工艺，总硫收率可达 99. 7%~99. 9%。

5. 二段 Sulfreen

该工艺是在原 Sulfreen 反应器后增设一台中间冷却器，将尾气冷却后再进入第二个 Sulfreen 反应器，使之在更低的温度下反应，从而提高硫回收率。应用二段式 sulfreen 工艺，总硫收率可实现>99. 5%。

(二) MCRC 工艺

MCRC 工艺的介绍见第四章第二节。其工艺流程设置及与三级转化 Claus 装置硫回收率对比详见表 5-3-2。

表 5-3-2　MCRC 装置流程设置及与三级转化 Claus 装置硫回收率比较

项　　目	Claus 反应器个数	MCRC 吸附反应器个数	MCRC 再生反应器个数	硫回收率/%
三级 MCRC 装置	1	1	1	96. 8~99
四级 MCRC 装置	1	2	1	98. 8~99. 5
三级转化 Claus 装置	3	—	—	94. 5~97

四级转化 MCRC 装置工艺流程示意图见图 5-3-1。

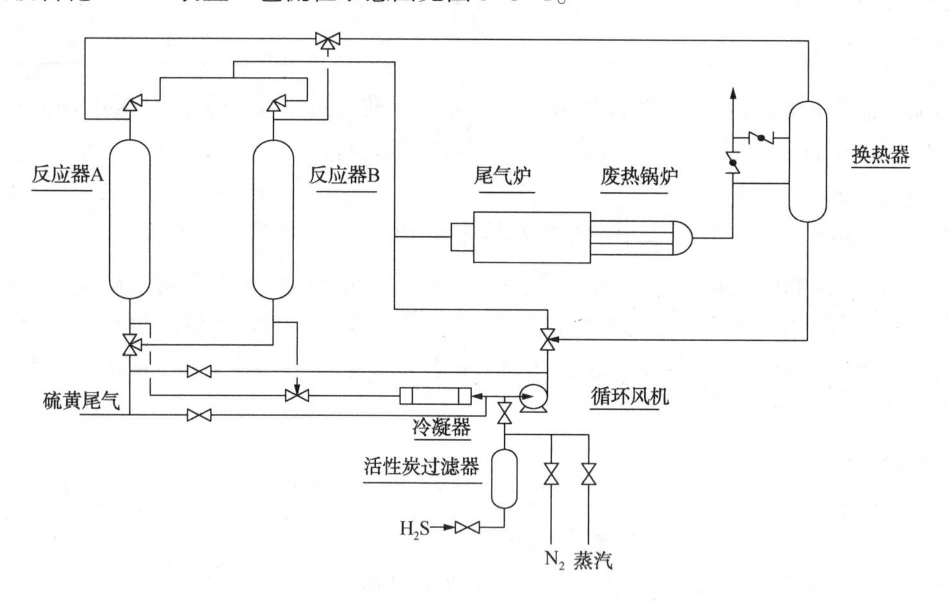

图 5-3-1　四级转化 MCRC 装置工艺流程示意图

(三) CBA 工艺

CBA 工艺介绍见第四章第二节。

(四) Clauspol 工艺

Clauspol 工艺介绍见第四章第二节。

(五) CPS 工艺

CPS 工艺由 CPE 西南分公司开发，该工艺采用三级 CPS 反应器和三级 CPS 冷凝器。三级 CPS 反应器通过定期自动切换操作，使其中两个反应器处于吸附态，另一个反应器处于再生、预冷状态。该工艺硫黄回收率大于 99. 2%。工艺流程示意图见图 5-3-2。

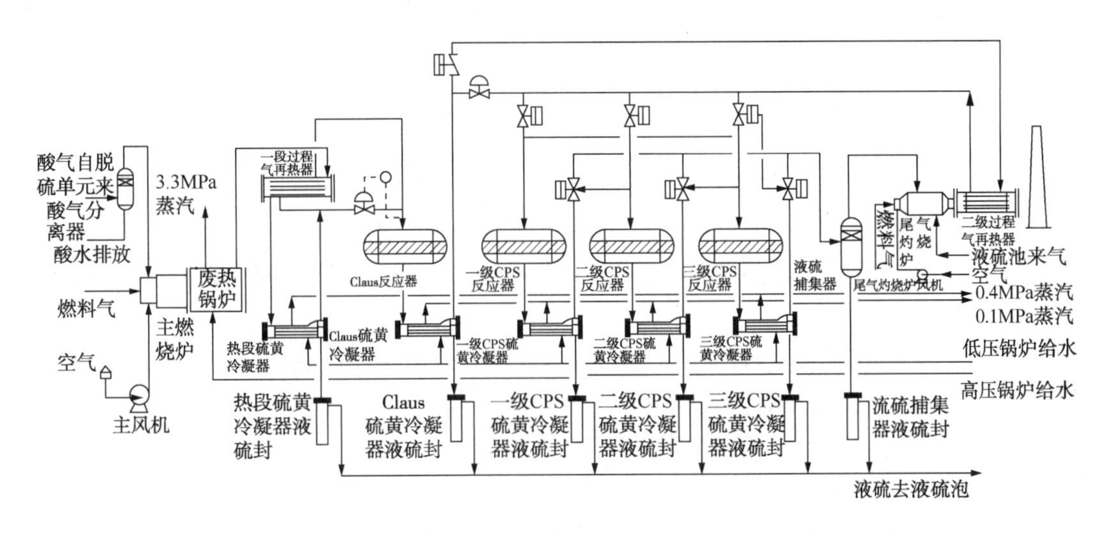

图 5-3-2　CPS 硫黄回收工艺流程示意图

CPS 工艺热段硫黄冷凝器前热反应段的工艺流程与常规 Claus 工艺类似，热段硫黄冷凝器出口过程气体通过一级过程气再热器加热后进入 Claus 反应器内，热源为余热锅炉出口过程气。Claus 反应器出口过程气进入 Claus 硫黄冷凝器冷却，分离液硫后的过程气进入二级过程气再热器与焚烧烟气换热后温度升高，进入一级 CPS 反应器进行再生。当达到规定的再生温度后，进入一级 CPS 硫黄冷凝器冷却分离液硫，然后直接进入二级 CPS 反应器进行低温 Claus 反应。二级 CPS 反应器出口过程气进入二级 CPS 硫黄冷凝器冷却后进入三级 CPS 反应器，再经三级 CPS 硫黄冷凝器冷却、捕集后进入尾气焚烧炉。

CPS 工艺通过阀门的自动开关进行控制，改变过程气的流向，实现三级 CPS 反应器和三级 CPS 冷凝器的循环。

四、技术特点

1. Sulfreen 工艺

1）两个反应器由时间程序控制器控制。

2）催化剂再生需经过脱水、脱硫、还原及冷却吸水四个阶段。

3）尾气中 $H_2S : SO_2$ 需控制在 2∶1 以提高硫回收率。

4）再生时再生气与焚烧炉烟气换热。

5）Sulfreen 工艺与常规 Claus 工艺组合使用，硫回收率可达 99.5%以上。

2. MCRC 工艺

1）前半段与常规 Claus 工艺流程相仿，后半段为两个交替处于吸附状态的 MCRC 催化反应器。两个反应器的吸附再生程序由时间控制器控制。

2）再生热源为上游 Claus 段经分硫、再热后的过程气，不需要额外设置热源。

3）再生 MCRC 反应器采用气-气换热，即再生 MCRC 反应器入口气体和 Claus 反应器出口气体换热，流程简单，操作简便。

4）尾气中 $H_2S : SO_2$ 需控制在 2∶1 以提高硫回收率。

5）三级转化 MCRC 装置的二个 MCRC 反应器在切换时，床层温度呈现逐变过程，造成回收率瞬间下降。四级转化 MCRC 装置可克服上述缺点，反应器切换时，硫回收率波动平和。

3. CBA 工艺

1）CBA 工艺的再生气源是 Claus 反应器出口气体（旁路硫冷凝器），再生气的温度即 Claus 反应器的出口温度，可通过控制 Claus 反应器入口温度来调节。

2）CBA 工艺在再生完成后，有预冷却和后冷却过程，减少了反应器切换时造成硫回收率的下降。

3）CBA 工艺先采用装置自产中压饱和蒸汽加热，再用一级废热锅炉出口约 650℃的中温气体进行掺合，以满足反应器入口温度需要。

4）CBA 工艺中的硫冷凝器多采用双管程。

4. Clauspol 工艺

1）典型的液相低温 Claus 工艺，流程较简单。

2）操作过程连续，催化剂不需要定期切换再生，操作简单，压降小。

3）溶剂和催化剂来源容易，装置操作费用低。

4）尾气中 H_2S：SO_2通常控制在 2.0~2.2 左右，尾气中的 COS、CS_2在溶剂中会发生一定程度的水解反应。

5. CPS 工艺

1）对再生后的反应器进行预冷，待再生状态的反应器过渡到低温吸附态时，下一个反应器才切换至再生态，整个过程中始终有两个反应器处于低温吸附状态，有效避免不经预冷就切换、从而导致切换期间硫黄回收率降低和 SO_2排放量增加的问题，确保了装置高的硫黄回收率。

2）用焚烧后的高温尾气加热 Claus 冷凝器出口的过程气。

3）Claus 反应器出口过程气经冷凝冷却后与焚烧烟气换热作为再生气，由于该过程气分离掉绝大部分硫蒸气，因此进入再生反应器中的硫蒸气含量低，有利于反应平衡向生成单质硫方向推进。

五、应用案例

1. Sulfreen 工艺

中国石化上海石化公司和扬子石化公司在 20 世纪 80 年代初引进了 Sulfreen 工艺，工艺流程见图 5-3-1。该装置工艺特点如下：

1）采用 Lurgi 公司烧氨燃烧器和燃烧炉。为保证氨的完全分解，燃烧炉采用双燃烧室设计。

2）Claus 反应器采用氧化铝基催化剂 CR 及含有活性钛组分的催化剂 CRS-21，提高有机硫的水解率。Sulfreen 反应器采用 RP-AM2-5 催化剂，该催化剂对液硫的吸附量大。

3）掺合阀阀芯选用高温陶瓷材质。

4）采用 H_2S/SO_2在线分析仪。

2. MCRC 工艺

中国石化镇海炼化公司 30kt/a MCRC 硫黄回收装置。设计处理浓度为 45%~85%(体),酸性气流量为 982~3437Nm^3/h,操作弹性 30%~105%,设计转化率 99%。该装置工艺特点如下:

1) 采用三级转化 MCRC 工艺。设置酸性气预热器,提高酸性气燃烧炉的炉温。

2) Claus 反应器入口过程气采用高温掺合法进行加热,MCRC 反应器入口气体与 Claus 反应器出口气体换热。

3) 催化剂及酸性气燃烧炉燃烧器等关键设备均为引进。Claus 反应器采用有机硫水解率强的 S-701 氧化钛催化剂,MCRC 反应器采用表面积和孔隙率较大的 S-2001 催化剂。

实际运行中,硫黄尾气排放 SO_2 平均浓度为 3065mg/m^3,硫回收率 99%,硫黄产品符合优质品标准。

运行过程中部分参数详见表 5-3-3。

表 5-3-3 三级转化 MCRC 装置主要运行参数

项 目	参 数	项 目	参 数
酸性气进装置压力/kPa	20~40	Claus 反应器入口温度/℃	270~290
酸性气预热后温度/℃	75~100	MCRC 反应器入口温度/℃	130~280
酸性气燃烧炉炉膛温度/℃	1250~1350	焚烧炉温度/℃	600~650

3. CBA 工艺

重庆天然气净化总厂引进的 2 套硫黄回收装置均为 CBA 四级转化工艺,单套装置硫黄产量约 35t/d,除酸性气燃烧器、催化剂及三通切换阀等关键设备引进外,其余均为国产设备。设置 3 台 CBA 反应器和 3 台 CBA 冷凝器。设计硫黄回收率为 99.2%。实际运行中总结出以下操作经验:

1) 引进 CBA 装置采用活性 Al_2O_3 催化剂,在操作过程中发现,当操作温度不大于 500℃,催化剂的热老化和水热老化进行得较慢,可通过再生恢复其活性,通常使用寿命大于 3 年。因此,在操作中应避免反应器超温。

2) 为提高硫黄回收率,需严格控制风气比,因此装置设置 H_2S/SO_2 比值在线分析仪,并参与配风的反馈控制调节。同时操作人员须密切观察燃烧炉温度以及各反应器温度。

3) 由于催化剂积硫导致 Claus 反应器过程气出口温度偏低时,会造成有机硫水解不完全,可通过开大废热锅炉热旁通阀来提高反应器入口温度。

4. CPS 工艺

CPS 硫黄回收工艺于 2009 年首次应用于重庆天然气净化总厂万州分厂,处理酸性气 6337m^3/h,其中 H_2S 浓度 55.7%,硫回收率达 99.25%,尾气 SO_2 总排放量≤71kg/h,硫黄产量为 56~112t/d。

该装置采用三级 CPS 反应器和三级 CPS 冷凝器。除酸性气燃烧器、切换阀、风机等关键设备和催化剂从国外引进外,其余均为国产。原料酸气组成见表 5-3-4。

表 5-3-4　原料酸性气组成

组　　成	高含硫工况/%(体)	低含硫工况/%(体)
H_2S	55.702	56.278
CO_2	39.888	39.221
H_2O	4.165	4.166
CH_4	0.265	0.334
C_2H_6	0.0004	0.0008

2009 年装置运行数据统计详见表 5-3-5。

表 5-3-5　装置运行数据

日期	时间	酸气流量/(m^3/h)	空气流量/(m^3/h)	酸性气 H_2S 体积分数/%	燃烧炉温度/℃	系统回压/kPa	Claus 反应器床层温度/℃	尾气体积分数/%	
								H_2S	SO_2
11 月 17 日	10：00	4249	6809	70.56	1007	20.8	329	0.14	0
11 月 17 日	14：00	4338	6923	70.70	1015	20.8	328	0.06	0
11 月 17 日	18：00	4041	6524	70.28	1017	27.4	329	0.04	0
11 月 18 日	10：00	4086	6773	68.05	1017	25.8	329	0.06	0.06
11 月 18 日	14：00	4125	6480	67.56	1013	23.1	327	0.04	0.05
11 月 18 日	18：00	3889	6301	67.21	1011	25.2	327	0.04	0.08
11 月 18 日	22：00	4163	6721	67.84	1004	26.2	329	0.05	0.13
11 月 19 日	10：00	4186	6683	67.00	1004	25.7	329	0.07	0
11 月 19 日	14：00	4418	6906	67.56	1006	22.4	328	0.04	0.11
11 月 19 日	18：00	4453	6941	67.49	1007	27.2	328	0.03	0.02
11 月 19 日	22：00	4348	7316	70.83	1012	27.8	329	0.05	0.03

第四节　催化氧化尾气处理技术

催化氧化工艺的基本原理是利用选择性氧化催化剂将尾气中的硫化氢直接催化氧化为硫单质，直接氧化工艺利用选择性氧化催化剂来促进 H_2S 与 O_2 的不可逆反应并限制 H_2S 与 SO_2 的可逆反应，从而提高硫回收率。由于所需的反应是放热的而高温又会增加副反应的发生，所以原料气必须是低 H_2S 浓度。同时，必须确保进料中的硫以适当的形式氧化。这可以通过使用一个加氢步骤将硫化合物转化成 H_2S 或者通过 Claus 燃烧系统来处理过量的 H_2S 来完成。属于该工艺的有 BSR-Selectox 法、Modop 法和超级克劳斯法(Super Claus)。其中以 Super Claus 发展最迅速。

一、Super Claus 硫黄回收工艺

荷兰 Comprimo 公司开发的 Super Claus 工艺，并于 1988 年实现了工业化，包括两种类型，Super Claus 99 及 Super Claus 99.5，前者的总硫收率为 99%左右，后者的总硫收率可达到 99.5%。1990 年后，Super Claus 又在催化氧化催化剂方面不断加以改进，从而降低了反应器的操作温度和过程气再热的能耗，使该法得到迅速发展。Super Claus 硫黄回收工艺，在常规 Claus 工艺基础上，添加一个选择性催化氧化反应段，将来自最后一级 Claus 段的过程气中残留的 H_2S 选择氧化为单质硫，总硫回收率可达 99%以上。表 5-4-1 为两种 Super Claus 工艺与典型的两级催化转化 Claus 工艺的对比。

表 5-4-1　Super Claus 与典型 Claus 工艺的对比

工　艺	至主燃烧炉的氧量/%	两段转化或加氢段后/%			选择氧化段酸收率/%	硫蒸气损失/%	总硫收率/%
		转化率	H_2S	SO_2			
Claus	100	96.7	2.2	1.1	—	0.2	95.5
Super Claus 99	96.5	95.7	4.0	0.3	3.6	0.2	99.1
Super Claus 99.5	100	96.7	3.3	0	2.9	0.2	99.4

Super Claus 工艺的流程简便，又是稳态反应过程，投资较低，硫回收率适中，硫回收率为 99%~99.5%，所以在工业化后发展很快，成为广泛应用的硫黄回收工艺之一。

Super Claus 工艺最初是 Stork 工程师、承包商 BV、Gastec 与乌得勒支大学合作开发的一种直接氧化扩展的 Claus 工艺，现在 Jacobs Comprimo® 公司负责许可。该工艺由一个酸性气燃烧器、3~4 个催化反应器和脱硫用的 4~5 个冷凝器组成。过量的 H_2S 在热段和前面 2~3 个转化器中进行 Claus 反应。离开最后一个 Claus 反应器的尾气中的 SO_2 浓度降低。尾气组成中大约占 0.3%~0.8%(体)的 H_2S 在最后的反应器阶段被氧化成单质硫。该工艺简称为 Super Claus 99 工艺，其主要特点是前面的两级或三级反应器为常规 Claus 反应器，操作是在 H_2S 过剩条件下(即 H_2S/SO_2 大于 2)运行，控制进入选择性催化氧化反应器的过程气 H_2S/SO_2 比大于 10，再配入适当高于化学当量的空气量使 H_2S 在催化剂上选择性催化氧化为单质硫。该反应器采用选择性高的 Super Claus 催化剂，防止 Claus 反应反向进行并使 H_2S 氧化成 SO_2 最小化。采用两个 Claus 反应器的工艺可以使整个硫回收率达 99.2%。在氧化之前一个附加的反应阶段可以使硫回收率提高到 99.4%以上。

（一）工艺原理

Super Claus 工艺其选择氧化催化剂的表面积小、表面无 Claus 活性，处理 Claus 尾气时不用脱除 H_2O。Super Claus 硫黄回收工艺是传统 Claus 工艺的延伸。在常规 Claus 工艺基础上，添加一个选择性催化氧化反应段，将来自最后一级 Claus 工艺气中残余 H_2S 选择氧化为单质硫，从而将硫黄回收率提高到 99.0%以上。其工艺流程简图如图 5-4-1 所示。

Super Claus 工艺的反应主要发生在酸性气反应炉、催化 Claus 反应工段、选择性反应工段、尾气焚烧工段这四个阶段。

1. 高温反应工段

Super Claus 硫黄回收工艺的反应控制如下：H_2S 和空气按一定比例在酸性气燃烧炉进行

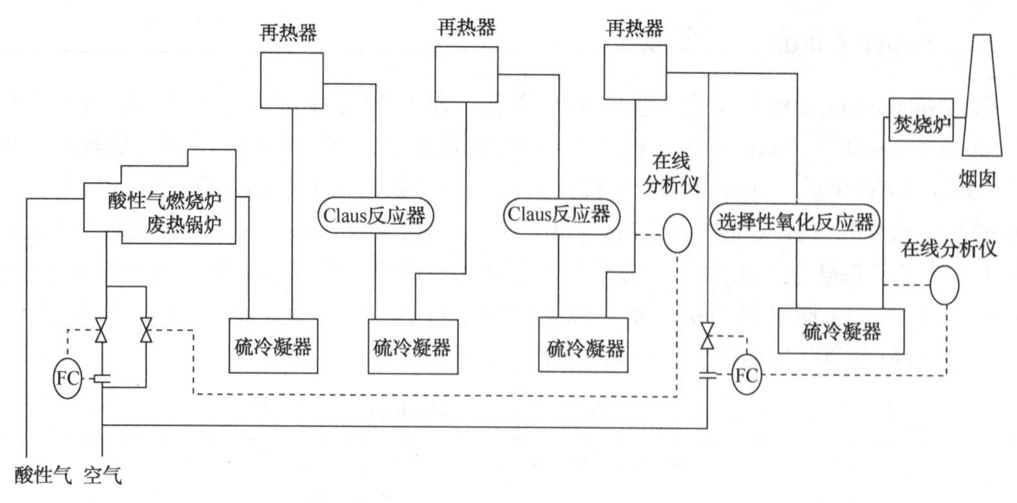

图 5-4-1　Super Claus99 工艺流程简图

部分燃烧；自控仪表系统使空气流量能够自动调节以保证将原料酸性气中的烃类完全燃烧氧化；同时在 Super Claus 工段的选择氧化反应器的入口控制 H_2S 含量为 0.3%~0.8%(体)。

Super Claus 工艺的操作原理为控制调整空气与酸性气的比例使得 H_2S/SO_2 比值大于2∶1而获得高浓度 H_2S 的过程气，以实现整体高的硫黄回收率。通过控制进入 Super Claus 反应器的 H_2S 浓度在 0.3%~0.8%来调节控制燃烧空气的流量，使得酸性气燃烧炉燃烧反应和 Claus 反应器的催化反应在非传统 Claus 反应比例下进行(即 H_2S 和 SO_2的比例大于 2∶1)。

常规 Claus 段在 H_2S 过剩条件下运行，对其硫回收率有一些不利影响，下降约 1%~2%，但它可在后续的选择性催化氧化段得到高转化率，足够弥补并提高总转化率。图 5-4-2 给出了二级 Claus 反应器出口气 H_2S/SO_2比值与总硫收率的关系。

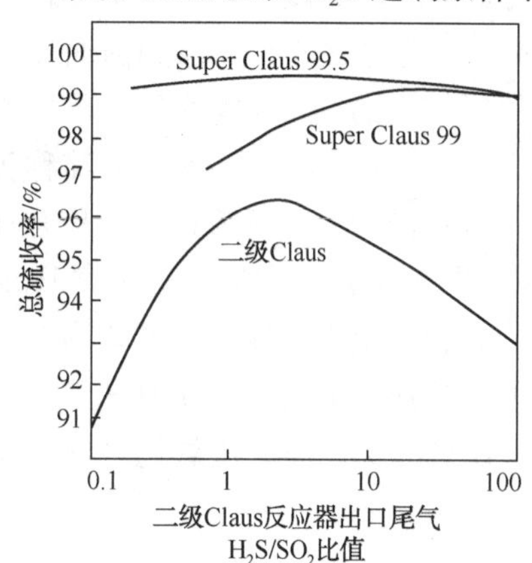

图 5-4-2　二级出口 H_2S/SO_2比值对 Super Claus 总硫收率的影响

从图 5-4-2 可见，在 H_2S/SO_2比值较低时，由于选择性催化氧化段仅催化 H_2S 转化，而对 SO_2等硫化物无能为力，故总硫收率较低，较高的 H_2S/SO_2比可得到高的总硫收率；但过高的 H_2S/SO_2比必然使二段出口的 H_2S 浓度升高，而选择性催化氧化段进料 H_2S 浓度高将使催化剂床层产生大的温升，这是需要严格加以控制的，所以通常控制二段出口过程气 H_2S/SO_2比在 10 左右，H_2S 浓度低于 0.3%~0.8%。

Super Claus 工艺前端的燃烧部分是由 H_2S 的反馈控制调节而不是传统的 H_2S/SO_2比例反馈控制调节。通过过程气分析仪来测量三级反应器出口气流中 H_2S 浓度。分析仪控制器调整进入主烧嘴的空气流量以确保获得所要求的 H_2S 浓度(0.6%~0.9%)。

主烧嘴和热反应中发生的主要反应：

$$H_2S+\frac{3}{2}O_2 \rightleftharpoons SO_2+H_2O+Q_{热} \tag{5-4-1}$$

大部分剩余的 H_2S 与 SO_2发生反应生成硫，反应如下：

$$2H_2S+SO_2 \rightleftharpoons \frac{3}{2}S_2+2H_2O+Q_{热} \tag{5-4-2}$$

通过这个 Claus 反应，在主烧嘴和主燃烧室中产生了硫蒸气。

在主燃烧室中，同时 H_2S 和 CO_2发生的副反应如下：

$$H_2S+CO_2 \rightleftharpoons COS+H_2O \tag{5-4-3}$$

$$2H_2S+CO_2 \rightleftharpoons CS_2+2H_2O \tag{5-4-4}$$

混合酸性气中的氨发生以下氧化反应：

$$2NH_3+3/2O_2 \rightleftharpoons N_2+3H_2O+Q_{热} \tag{5-4-5}$$

2. 催化 Claus 反应工段

在下游催化 Claus 工段，Claus 反应在 Claus 催化剂的作用下以低温连续进行。

$$2H_2S+SO_2 \rightleftharpoons 3/xS_x+2H_2O \tag{5-4-6}$$

羰基硫和 CS_2作为主燃烧室的副产物主要在一级反应器中发生水解。

$$COS+H_2O \rightleftharpoons H_2S+CO_2 \tag{5-4-7}$$

$$CS_2+2H_2O \rightleftharpoons 2H_2S+CO_2 \tag{5-4-8}$$

在每一级反应器后均进行硫黄冷凝和分离以有利于在下一级催化反应器继续转化成硫黄。

3. 选择性氧化工段

来自三级 Claus 反应器的过程气与空气混合。在选择性氧化工段，采用一种特殊的选择性氧化催化剂将 H_2S 直接转化为单质硫。发生以下反应：

$$H_2S+0.5O_2 \rightleftharpoons 1/xS_x+H_2O \tag{5-4-9}$$

由于式(5-4-9)为热力学完全氧化反应，所以可以获得较高的硫黄回收率。

Super Claus 工艺的关键步骤是选择性催化氧化段，所使用的选择性氧化催化剂只将 H_2S 氧化为单质硫，即使氧过剩也不产生 SO_2与 SO_3；它不催化 H_2S 与 SO_2的反应，所以它不像低温 Claus 反应那样受平衡限制，其转化率可达 85%~95%；也不催化 CO 或 H_2的氧化反应；而且过程气中的水汽实际上不影响反应而不需除去，这就简化了工艺流程而节约了投资和运行费用。图 5-4-3 为 Claus 不同硫回收率及选择性催化氧化段不同转化率下的总硫收率。

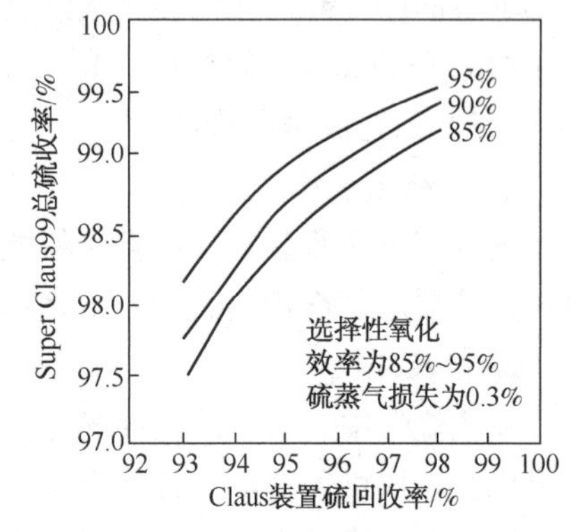

图 5-4-3　Super Claus 99 工艺的总硫收率

由于 H_2S 直接氧化为单质硫是一个强放热反应，1% H_2S 转化为硫的反应热导致的温升约 60℃，因此进入选择性催化氧化反应器的过程气 H_2S 浓度必须严格稳定控制，以防超温而使催化剂失活，防止旁路工况(Bypass 工况)出现引起焚烧炉 SO_2浓度剧烈波动而超标排放，通常 H_2S 浓度不得超过 1.8%而应低于 0.6%~0.9%。所以上游常规 Claus 段应选用性能优良的催化剂。

已开发了四代 Super Claus 催化剂。第一代(以 α-氧化铝为载体的铁和铬氧化物催化剂)热稳定性高。然而，其比表面积低($10m^2/g$)，需要反应器入口温度高(240~250℃)。第二代催化剂比表面积约为 $90m^2/g$，以 SiO_2 及 $\alpha-Al_2O_3$ 为载体，并且不用 Cr，其活性更高，进料温度为 200℃（较第一代催化剂降低 50℃），转化率上升 10%，即总硫收率可提高 0.5%～0.7%，所以第二代催化剂较第一代催化剂不仅能耗降低，也可允许稍高的进料 H_2S 浓度，又避免了重金属 Cr 带来的问题，使反应器温度下降到 200～220℃。反应器温度降低节省了公用工程费用并提高了硫收率。第三代催化剂特点是添加了 Na_2O、Fe 及 Zn 等作为活性组分，以便在较高温度下减少 SO_2 的生成。最后，第四代 Super Claus 催化剂含有锌助剂以进一步使 SO_2 生成最少和提高硫收率。

两代催化剂的性能对比示于图 5-4-4。

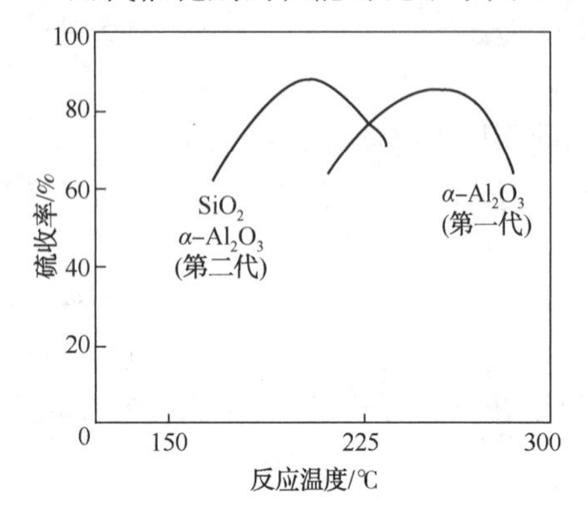

图 5-4-4　两代 Super Claus 催化剂的性能

4. 焚烧炉

来自选择性氧化工段的尾气在焚烧炉里被高温氧化，达到适合的烟气排放指标。发生的主要反应为：

$$H_2S+3/2O_2 \rightleftharpoons SO_2+H_2O \quad (5-4-10)$$

$$1/xS_x+O_2 \rightleftharpoons SO_2 \quad (5-4-11)$$

$$COS+3/2O_2 \rightleftharpoons SO_2+CO_2 \quad (5-4-12)$$

$$CS_2+3O_2 \rightleftharpoons CO_2+2SO_2 \quad (5-4-13)$$

同时，其他可燃物质比如 H_2 和 CO 也分别氧化转化为水和 CO_2。

$$H_2+1/2O_2 \rightleftharpoons H_2O \quad (5-4-14)$$

$$CO+1/2O_2 \rightleftharpoons CO_2 \quad (5-4-15)$$

在该工艺的持续开发过程中，发现有大量的单质硫通过尾气逃逸。为此，Stork 设计了一个垂直的深度冷却器以使尾气温度降到低于硫的凝固温度（114.5℃）。1994 年深冷器被安装在德国 Rutenbrock 的 Wintershall 天然气生产装置上。

（二）工艺流程和参数

1. 原料气系统

进入硫黄回收装置的各类原料酸性气进分离罐分液，酸性液间歇送出界区。混合酸性气通过预热器用蒸汽预热后进入主烧嘴。

2. 热反应段

在主烧嘴中，所有的酸性气与空气在次化学当量下燃烧。进入主烧嘴的空气来自于主空气风机，该风机同时给选择性氧化工段提供空气。

进入主烧嘴的空气完全足以氧化酸性气中的碳氢化合物和氨，并且尽可能地控制 H_2S 燃烧以使得在三级 Claus 反应器出口 H_2S 的体积浓度在 0.3%～0.8%。

进入主烧嘴的空气通过主烧嘴控制系统（ABC）控制。ABC 控制系统包含两部分：前馈部分控制和反馈部分控制。

（1）前馈部分控制

空气的需求量通过分别测量的酸性气流量后经计算转换成需要空气量，空气调节系统由主调节阀和微风调节阀组成调节系统，使微风调节阀在规定的范围内进行正常调节，且整个调节系统处于稳定状态。

(2) 反馈部分控制

空气流量控制系统通过设置在选择性氧化反应段上游工艺管线上的 H_2S 分析仪控制器(反馈控制)来调节。它能保证过程气中的 H_2S 体积浓度在0.3%~0.6%，以使装置获得最佳的硫黄回收率。

酸性气燃烧炉所产生的热量，需要通过锅炉产生高压饱和蒸汽以回收热量，锅炉液位采用三冲量控制回路。

过程气通过废锅后进入一级硫冷凝器进行冷凝冷却，硫蒸气被冷凝成液硫并从气体中分离出来，同时产生低压蒸汽。来自一级硫冷凝器的液硫通过一级液硫封直接送入液硫池。

3. Claus 催化反应段

来自一级硫冷凝器的过程气，通过一级预热器预热，以获得 Claus 催化反应的最佳温度。

反应器入口的温度维持在250℃，以使得 COS 和 CS_2 在催化剂床层底部更好的转化。H_2S 和 SO_2 在催化剂的作用下发生反应，直至反应达到平衡。

来自一级反应器的过程气在二级硫冷凝器中冷凝冷却。冷凝下来的液硫通过二级液硫封直接进入液硫池。

冷却后的过程气进入二级预热器，预热后进入二级反应器，并在三级硫冷凝器中冷却。所产生的液硫通过三级液硫封直接进入液硫池。

二级 Claus 反应器入口的温度为210℃，低于一级反应器，以促进 H_2S 和 SO_2 转化为硫黄。在低负荷操作时，反应器入口温度需适当提高，避免液硫在催化剂床层冷凝。

过程气进入三级预热器，预热后进入三级反应器，之后在四级硫冷凝器冷却。所产生的液硫通过四级液硫封直接进入液硫池。

三级 Claus 入口温度为195℃，低于一二级反应器入口温度，以促进 H_2S 和 SO_2 转化为硫黄。在低负荷操作时，反应器入口温度需适当提高，避免液硫在催化剂床层冷凝。

4. 选择性氧化段

为了提高硫黄回收率，过程气进入选择性氧化段。过程气在四级预热器预热至210℃以获得四级反应器最优的转化条件。氧化空气从主空气风机引出，预热后的氧化空气注入到过程气管线上。空气和过程气在混合器中适当混合。H_2S 在选择性氧化反应器中通过一种特殊的选择性氧化催化剂后被选择性地氧化为单质硫。通入的空气适当过量，以维持反应器中的氧化环境，防止催化剂被硫化。因此，需要根据生产负荷和选择性氧化段上游过程气中 H_2S 的浓度等因素精确控制氧化空气流量。

选择性氧化反应器的入口温度为210℃。过程气离开四级反应器之后进入五级硫冷凝器。为了尽可能多地冷凝硫蒸气，最后五级硫冷凝器在较低的温度下操作，通过副产低低压蒸汽来实现。液硫通过液硫封直接进入液硫池。

来自五级硫冷凝器的过程气进入下游的硫捕集器，硫捕集器中有一个除雾器，用于捕捉气体中剩余微量的液硫。捕捉下来的液硫通过液硫封直接送入液硫池。

当选择性氧化器发生故障时，自动使用选择性氧化工段的旁路，此时 Claus 反应部分仍然正常工作，来自四级预热器的过程气通过选择性氧化段的旁路管线直接进入热焚烧炉。

5. 焚烧炉

来自硫捕集器的尾气和其他不能直接排放到大气中的硫化合物气体在焚烧炉内与空气燃烧转化为 SO_2。要焚烧的气体通过与热烟道气混合加热，热烟道气由燃料气在焚烧炉烧嘴燃烧获得。通过焚烧炉温度来调节控制燃料气的流量。燃料气的助燃空气由焚烧炉空气风机来提供。

空气通过两部分进入焚烧炉：一次风和二次风。一次风用于燃料气的化学当量燃烧。二次风用于燃料气的过化学当量燃烧和过程气的燃烧。一次风的流量根据燃料气的流量比例控制。一次风分布在烧嘴的中心和周围，减少了烧嘴中 NO_x 的生成。

焚烧炉尾气管线上安装一个氧气分析仪，其氧气控制信号作为二次风流量控制器的设定值。焚烧炉的热烟气通过蒸汽过热器和高压蒸汽锅炉回收热量，装置内副产饱和高压蒸汽经过蒸汽过热器过热后并入工厂蒸汽管网。

6. 主要操作参数

Super Claus 装置的主要操作参数见表 5-4-2。

表 5-4-2　主要工艺操作参数

项目	数据	项目	数据	项目	数据
主燃烧炉压力	≤60kPa	主燃烧炉温度	1250~1400℃	焚烧炉温度	700~800℃
一反入口温度	250~270℃	二反入口温度	205~225℃	三反入口温度	195~215℃
一反床层温度	320~340℃	二反床层温度	224~240℃	三反床层温度	198~218℃
四反入口温度	210~220℃	二反出口 H_2S	0.6%~0.9%		
四反床层温度	260~270℃	四反出口 O_2	0.5%~1.0%		

一个用来处理含 93%H_2S 的原料气的 100t/d 规模 Super Claus 装置，其公用工程费用通常包括 220kW 的电力、0.12t/h 的燃料气和 13.5t/h 的锅炉给水。同时，Super Claus 装置产生 13.9t/h 的蒸汽，其中的 2.9%用于厂内供热。

目前，在运转或在建的 Super Claus 装置超过 130 套，能力达到 1200t/d。马来西亚国家石油公司、马来西亚国家能源公司在其炼油和石化综合开发(RAPID)项目柔佛州现场安装了新的三级硫黄回收单元(SRU)，该公司已选定雅各布斯的 Super Claus 技术作为其中的一个组成部分。SRU 将帮助该项自减轻环境影响。有 13 套装置也将被安装在沙特阿拉伯的三处沙特阿美设施上，并且阿尔伯塔省埃德蒙顿市加拿大石油公司许可该技术用于加工沥青和沥青衍生的原油。Jacobs 还接到一份为西北改质公司准备 362t/d Super Claus 装置工艺设计包的合同，也获得了一份在中国建设一套新的 Super Claus 装置的合同。Jacobs 还收到了金奈石油公司的一份合同，安装一套硫黄回收装置作为其印度金奈 Manali 炼厂渣油改质项目的一部分。Jacobs 还安装一套硫回收综合设施作为 BP 公司美国印第安纳州 Whiting 炼厂扩建的一部分。

(三) Super Claus 工艺的主要特点

1) 不要求精确控制 H_2S/SO_2的比例，而是控制最后一级 Claus 反应器出口工艺气中 H_2S 含量在 0.3%~0.8%(体)之间，使得操作变得灵活方便。

2) 选择性氧化反应($H_2S+1/2O_2=S+H_2O$)是一个热力学完全氧化反应，因此可以达到很高的转化率。

3) 使用一种特殊的选择性氧化催化剂，该催化剂对水和过量氧均不敏感，可以将 Claus 尾气中大部分 H_2S 直接氧化为单质硫。其效率可达 85%~95%，且不发生副反应。

4) 由于上游 Claus 采用了硫化氢过量操作，抑制了尾气中 SO_2 含量，因此装置总硫回收率高。所以，Super Claus 反应段具有硫黄回收和尾气处理的双重作用。

5) 由于 Super Claus 工艺采用过量空气操作，选择氧化反应后只有微量的 H_2S，因此对空气的控制要求不是很严格。可以采用简单的流量控制回路。

6）Super Claus 催化剂具有良好的热稳定性、化学稳定性和机械强度，催化剂寿命长。

7）适用的酸性气浓度范围广，H_2S 体积分数可以从 23%~93%。

（四）应用案例

某装置引进的 Superclaus99 专利技术及关键设备装置的技术经济指标见表 5-4-3。

表 5-4-3 Superclaus99 工业装置的主要技术经济指标

规模/(kt/a)	20	
硫回收率/%	98.9	
排放烟气中 SO_2 浓度/(mg/Nm^3)	5411	
操作弹性/%	30~110	
酸性气组成/%(体)	范围	设计值
H_2S	60~75	68
CO_2	17~32	24.5
NH_3	1~2	1.5
H_2O	4.0	4.0
烃	1~2	2.0
硫黄产品质量	合同期望值	合同保证值
纯度/%	>99.9	99.9
灰分/%	<0.03	<0.05
酸度(H_2SO_4)/%	<0.005	<0.01
有机物/%	<0.025	<0.025
水分/%	<0.1	<0.1
H_2S/(μg/g)	<10	≤10
工艺特点	1. 采用三级转化和 Super Claus99 专利技术； 2. 设置酸性气和空气预热器，预热介质为装置自产 1.3MPa 蒸汽； 3. 过程气全部采用燃料气在线加热炉的再热方式； 4. 液硫采用 Shell 脱气专利技术； 5. 引进全部催化剂及部分设备； 6. 采用了 ABC 主燃烧器控制方案及完整的自保连锁系统	
占地面积/m^2	1680(不包括液硫成型及公用工程部分)	
消耗指标(以硫黄产品计算)		
1.0MPa 蒸汽/(t/t)	-2.3(负值表示自产，下同)	
0.3MPa 蒸汽/(t/t)	-0.62	
电/(kW·h/t)	71.55	
脱氧水/(t/t)	3.7	
燃料气/(Nm^3/t)	95.5	
净化风/(Nm^3/t)	87	
凝结水/(t/t)	-0.52(包括 1.0MPa 和 0.3MPa)	
催化剂(一次装入量)/m^3		
CR 催化剂	17.4	
CRS31 催化剂	8.4	
AM 保护催化剂	6.2	
Super Claus 催化剂	7.4	

二、超优克劳斯(EURO Claus)工艺

EURO Claus(Extremely Upgraded Reduction Oxidation Claus)是Super Claus技术的改进版，简称Super Claus 99.5工艺。在Super Claus 99工艺中，Claus反应中产生的SO_2、COS及CS_2等硫化物随过程气直接进入选择性催化氧化段，而过程气中所含的SO_2、COS及CS_2在选择性催化氧化反应器中不能获得转化，所以总硫回收率在99%左右。改进的Super Claus 99.5工艺，即EURO Claus工艺，在选择性催化氧化段前增加了一个加氢还原反应器，使过程气中的SO_2、COS及CS_2先行转化为H_2S，再在选择性催化氧化反应器中氧化成单质硫，从而使总硫收率升至99.5%。

1. 工艺流程

该工艺是在H_2S选择性氧化之前将SO_2催化还原成硫蒸气。该技术在2000年首次工业应用。该工艺中，热反应段后紧接三个催化段，其中第二段含有Claus和加氢两种催化剂，通过将最后一个Claus反应器的废气中硫化氢浓度保持在0.8%(体)和1.0%(体)之间，来控制选择性氧化反应器温度的上升并使硫回收率达到最高。而第三段含有第四代Super Claus催化剂，一般进入氧化反应器的H_2S有94%转化为硫。每段之间通过冷凝器脱硫。如果采用垂直的深冷器来限制硫雾和硫蒸气损失的话，那么该工艺总的硫回收率可达到99.7%或99.8%以上。此外，该工艺还可分解多达30%的氨和处理掉2%的重质烃和芳烃。它还有个特点就是高的开停工比。其工艺流程见图5-4-5。

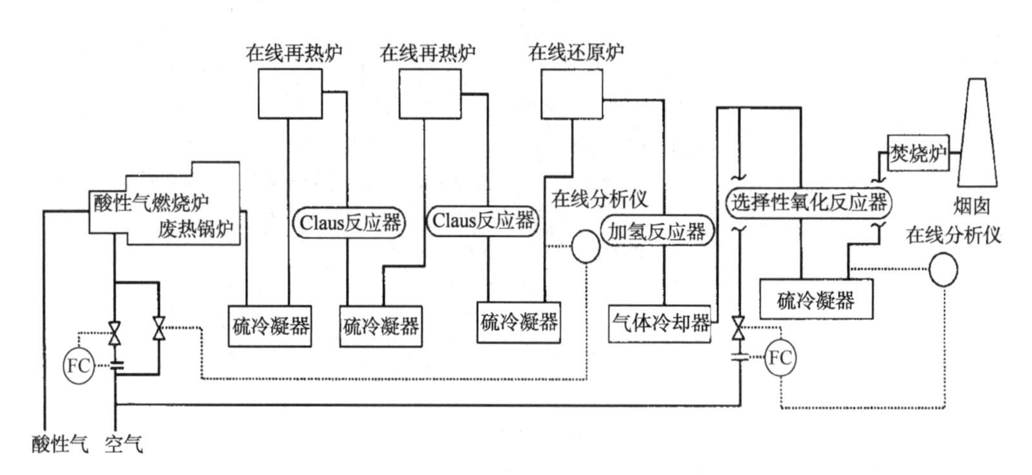

图5-4-5　Super Claus 99.5工艺示意流程

2. 工艺特点

EURO Claus工艺与Super Claus工艺区别在于，在最后一级Claus催化反应器床层中的Claus催化剂下面装填了一层加氢还原催化剂，将SO_2和有机硫还原成S和H_2S，使总硫回收率得以大大提高。根据酸性气体进料量和催化反应器数量，EURO Claus工艺的硫回收率可以达到99.4%以上。

EURO Claus工艺中，通过以下三种途径生成单质硫：

(1) Claus反应

$$2H_2S+SO_2 \rightleftharpoons 3/nS_n+2H_2O \tag{5-4-16}$$

（2）SO_2催化还原反应和有机硫水解反应（SO_2被Claus尾气中的H_2和CO还原生成S和H_2S）

$$SO_2+2H_2 = 1/nS_n+2H_2O \quad (5-4-17)$$

$$SO_2+3H_2 = H_2S+2H_2O \quad (5-4-18)$$

$$SO_2+2CO \rightleftharpoons 1/nS_n+2CO_2 \quad (5-4-19)$$

$$COS+H_2O \rightleftharpoons H_2S+CO_2 \quad (5-4-20)$$

$$CS_2+2H_2O \rightleftharpoons 2H_2S+CO_2 \quad (5-4-21)$$

（3）H_2S选择氧化反应（H_2S被选择性催化氧化生成硫）

$$H_2S+1/2O_2 = 1/nS_n+2H_2O \quad (5-4-22)$$

Super Claus和EURO Claus工艺在没有气体吸收提浓和尾气处理的情况下可以使硫黄回收率达到99.0%和99.4%。

由于国外很多炼油厂建在远离城市的偏远地区，人口密度较低，对二氧化硫的排放要求相对较宽松，而Super Claus和EURO Claus工艺具有投资和操作成本较低的优势，因此，在国外发展迅猛。

三、Super Claus/DynaWave工艺

为了满足更加严格的环保标准要求，需要将总硫去除率提高至99.9%以上，Jacobs公司和MECS公司将两家的Super Claus直接氧化Claus技术与DynaWave（动力波碱洗）尾气处理系统结合了起来，宣称这种结合可提供一种有成本效益的胺基尾气处理系统替代方案，以满足更高硫回收率增长的需要，同时也降低装置的温室气体（GHG）排放。工艺流程见图5-4-6。

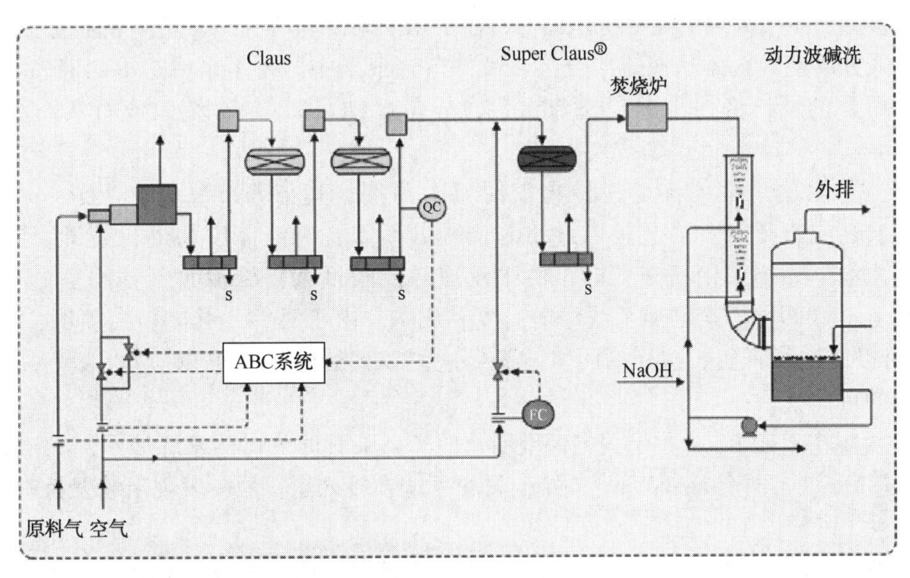

图5-4-6　EURO Claus+碱吸收工艺

通过这两种技术联合，在降低操作成本的情况下可以达到99.9%的硫去除率，同时还使所需的安装空间减少了40%，简化了总体流程操作，提供了更好的生产可靠性，非计划停工时间<1%。在联合工艺中，初始进料中99.0%的H_2S被捕集并在Super Claus工艺中转化为单质硫。剩下的硫在DynaWave工艺中被洗涤并转化为Na_2SO_4。该工艺烟气排放的SO_2

<50μL/L。表 5-4-4 给出了处理能力为 140t/d 条件下的相关几种硫回收技术的资本成本。如表 5-4-4 所示，带有 Super Claus/DynaWave TGTU 的两段 Claus 比常有胺基 TGTU 的两段 Claus 要节省 24%，而 Super Claus/DynaWave TGTU 比胺基 TGTU 要节省 53%。

表 5-4-4　硫回收技术的投资成本比较

技术名称	相对成本	技术名称	相对成本
两段 Claus	100	胺基 TGTU	85
两段 Claus+胺基 TGTU	185	Super Claus/DynaWave TGTU	40
两段 Claus+Super Claus/DynaWave TGTU	140		

DynaWave®的湿气洗涤系统是一种可去除 Claus 装置尾气物流中 SO_2 的高效装置。DynaWave 可以被用作小型 Claus 厂(<50t/d)的一个独立尾气处理装置，也可以与一个非胺基尾气处理装置联合，为中等规模的 Claus 厂(<450t/d)提供一种有经济吸引力的替代方案。传统的 SCOT 装置也可以与 DynaWave 联合以达到超低排放。

尾气中已有的硫化合物首先被氧化成 SO_2，随后尾气流与湿气洗涤系统的碱性液[如苛性钠(NaOH)]接触以捕获 SO_2。烟气在排入大气之前其 SO_2 浓度被降到非常低的水平，小于 100μL/L的烟道气浓度可轻松达到。采用 DynaWave 方法，没有 H_2S 循环回 SRU；总硫去除率为 99.95%。此外，该系统的设备成本低于典型的胺吸附系统，并且 DynaWave 能够适应宽范围的进料条件。

该 DynaWave 系统的独特之处是利用转换喷嘴将洗涤液向上注入，在垂直管的顶部与入口气体相接触。气体与液流反向接触，会在容器管内称为“泡沫区”的地方形成泡沫。由于这种亲密接触产生了大量的返混，从而使得需要用来急冷和清洗入口气体液体量较少。泡沫混合物进入分离室，气体从液体中分离，液体落入液槽中。再用泵将这里的液体循环到喷嘴。如果需要的话，将一种 SO_x 洗涤试剂，如苛性钠(NaOH)、纯碱或石灰石添加到液槽中。

与苛性纳相比，石灰石是一种比较便宜的药剂，其与 SO_x 反应会生成一种固体材料——硫酸钙或石膏。由于这是可过滤的，所以不需要对液体废物进行处理。同时，石膏可用于水泥厂。当采用石灰石时，由于反应性能较低和需要泥浆制备设备，所以会抵消一些优势。这两种因素增加了洗涤塔尺寸和成本。由于具有大孔的转向喷嘴，所以 DynaWave 可以使用像石灰石这样的固体试剂。这些较大的喷嘴也可以应对固体物质，也增加了装置的可靠性。

2005 年年初，MECS 为位于美国怀俄明州的辛克莱石油公司两家炼油厂(辛克莱尔和卡斯珀炼油厂)安装了两套 DynaWave 系统。每个系统在投入运行后，表现出装置特有的性能，只需要很少的维护停工时间。

2010 年年初，美国路易斯安那州的一家润滑剂生产商，其原有的尾气处理装置发生了一次爆炸。由于安全阀和排空阀泄漏，导致洗涤塔顶上半部分被炸掉。在该尾气处理装置前面的硫黄装置采用的是冷床吸附(CRA)操作工艺，于是联系了 MECS 公司决定采用其 DynaWave 设计来替换损坏的设备。在再次满足强制执行的排放要求之前，路易斯安那州给了润滑油生产商六个月的时间来完成硫回收装置的维修。在期限的压力下，MECS 决定重新利用在爆炸中没被损坏的一些现有设备(主循环洗涤器泵、碱罐)。MECS 提供了一个崭新的316不锈钢DynaWave洗涤塔，直径1.8m，高14m，大大小于之前的装置。由于容器尺寸较小，使DynaWave尾气处理器能够轻松适应原来尾气处理装置的容器所占的现有空间。总之，在规定期限20周的条件下，MECS能够用18周的时间完成安装。较小的DynaWave容器尺寸和重新利用一些设备的能力被认为是能够在期限之前交付使用的主要关键点。据MECS介绍，目前，有超过300多套DynaWave湿式洗涤系统在全世界各行业应用。

第五节　氨法尾气处理技术

一、概述

氨法脱硫技术作为一种硫黄回收装置尾气治理技术，近年了得到了快速发展。该技术工艺流程简单、运行可靠、投资省、运行成本低，SO_2排放可达到50mg/Nm^{3}以下，能够满足GB 31570—2015标准要求，具有较强的技术竞争力。全部过程没有"三废"排放，还可以将SO_2回收成硫酸铵化肥。

此外，石油炼厂的加氢型酸性水中常含有较高浓度的氨气，可以用来制氨水或精制液氨，制得的氨可以用来处理硫回收尾气，节省了氨的外购费用，经济性高，且达到了以废治废、废物利用的效果。

江南环保科技有限公司是氨法脱硫工艺的先进提供商，在建和建成脱硫装置共计200多套。主要内容包括硫黄回收、酸性水汽提、溶剂再生、氨精制和尾气氨法脱硫。整个流程没有废水废渣排放，不产生任何二次污染，甚至还可以利用炼厂废氨，变废为宝，化害为利，环境和社会效益显著。

二、氨法脱硫工艺原理及化学反应

1. 基本反应原理

氨法脱硫技术以NH_3和SO_2反应为基础，在多功能吸收塔中，氨将尾气中的SO_2吸收得到中间产品亚硫酸铵的溶液，通过鼓入空气将亚硫酸铵直接氧化成硫酸铵，通过结晶、烘干得到副产品硫酸铵。

主要反应式：

$$SO_2+H_2O+xNH_3 = (NH_4)_xH_{2-x}SO_3 \tag{5-5-1}$$

$$(NH_4)_xH_{2-x}SO_3+1/2O_2+(2-x)NH_3 = (NH_4)_2SO_4 \tag{5-5-2}$$

2. 脱硫液的性质

（1）纯组分水溶液的密度(g/L)

$$\rho_{(NH_4)_2SO_3}=1000+5.4\omega \tag{5-5-3}$$

$$\rho_{NH_4HSO_3}=987+5.35\omega \tag{5-5-4}$$

$$\rho_{(NH_4)_2SO_4}=1000+5.77\omega \tag{5-5-5}$$

式中　ω——溶液质量分数,%。

（2）混合溶液的密度(g/L)

$$\rho_{mix}=1000+a_1k_1+a_2k_2+a_3k_3+\cdots \tag{5-5-6}$$

式中 a_1、a_2、a_3——混合溶液中各种铵盐的含量，g/L；

k_1、k_2、k_3——混合溶液中各种组分溶液的系数。

$$k_i=\rho_i-100/\rho_i\omega_i \tag{5-5-7}$$

ρ_i——各组分铵盐溶液的密度，g/L；

ω_i——各组分铵盐溶液的质量分数,%。

k 值随溶液浓度的变化不大，可按表 5-4-1 中的平均值考虑，$(NH_4)_2S_2O_3$ 的 k 值可取 0.474。

表 5-4-1 各组分密度常数 k 值

铵 盐	k 值范围	k 值平均值
$(NH_4)_2SO_3$	0.460~0.515	0.480
NH_4HSO_3	0.385~0.406	0.400
$(NH_4)_2SO_4$	0.460~0.483	0.474

3. *溶液组成和浓度的表示方法*

规定溶液浓度的表示方法如下：

C——有效 NH_3浓度，mol NH_3/100molH_2O；

S——SO_2浓度，mol SO_2/100molH_2O；

A——$(NH_4)_2SO_4$浓度，mol$(NH_4)_2SO_4$/100molH_2O。

$$S=[H_2SO_3]+[HSO_3^-]+[SO_3^{2-}] \tag{5-5-8}$$

$$C=[NH_4OH]+[NH_4^+] \tag{5-5-9}$$

当烟气中 SO_2浓度高时溶液中$(NH_4)_2SO_3$全部转化为 NH_4HSO_3，此时溶液中有可能含有游离的 SO_2，这时$[H_2SO_3]\neq0$，通常，溶液中主要是 NH_4HSO_3、$(NH_4)_2SO_3$共存，不存在 SO_2和 NH_3，即$[H_2SO_3]=0$，$[NH_3OH]=0$。

$$S=\frac{x+y}{2}\times100,\ \text{mol/100mol}H_2O \tag{5-5-10}$$

$$C=\frac{2x+y}{2}\times100,\ \text{mol/100mol}H_2O \tag{5-5-11}$$

$$Z=\frac{1000D-116x-99y-132A}{18} \tag{5-5-12}$$

式中 x——$(NH_4)_2SO_3$含量，mol/L；

y——NH_4HSO_3含量，mol/L；

Z——H_2O 含量，mol/L；

A——$(NH_4)_2SO_4$含量，mol/L；

D——溶液相对密度。

已知 S、C 时可由下列方程求$(NH_4)_2SO_4$和 NH_3HSO_3的摩尔浓度。

$$[(NH_4)_2SO_3]=C-S,\ \text{mol/L} \tag{5-5-13}$$

$$[NH_4HSO_3]=2S-C,\ \text{mol/L} \tag{5-5-14}$$

$$[NH_4HSO_3]=\frac{2S-C}{S}\times100\% \tag{5-5-15}$$

溶液中$(NH_4)_2SO_3$与NH_4HSO_3质量分数$=\frac{116(C-S)}{99(2S-C)}$　　(5-5-16)

溶液NH_4HSO_3与$(NH_4)_2SO_3$的比值通常用S/C来表示。在极限情况下，溶液中只含$(NH_4)_2SO_3$，即1mol SO_2结合2mol NH_3，此时$S/C=0.5$；当溶液中仅含NH_4HSO_3时，即1molSO_2结合1molNH_3，此时$S/C=1.0$。溶液中任何组成可用$S/C=0.5\sim1.0$间的数值表示。

$$S/C=\frac{x+y}{2x+y} \tag{5-5-17}$$

4. 溶液的黏度

$$\lg\mu_{(NH_4)_2SO_3}=0.065C(1+0.016C) \tag{5-5-18}$$

$$\lg\mu_{NH_4HSO_4}=0.036C(1+0.100C) \tag{5-5-19}$$

$$\lg\mu_{(NH_4)_2SO_4}=0.051C(1+0.015C) \tag{5-5-20}$$

式中　C——盐的浓度，当量/L。

混合溶液的黏度如下：

$$\mu=\mu_{(NH_4)_2SO_3}+\mu_{NH_4HSO_3}+\mu_{(NH_4)_2SO_4} \tag{5-5-21}$$

5. 溶液的 pH 值

溶液$S/C=0.6\sim0.95$范围内 pH 可用下式计算：

$$PH=8.88-4\frac{S}{C} \tag{5-5-22}$$

纯$(NH_4)_2SO_3$溶液的pH=8；5% NH_4HSO_3溶液的pH=3；45% NH_4HSO_3溶液的pH=2.7。

6. 化学反应

氨水溶液吸收SO_2：

$$2NH_3OH+SO_2 \rightleftharpoons (NH_4)_2SO_3+H_2O \tag{5-5-23}$$

生成的$(NH_4)_2SO_3$再吸收SO_2：

$$(NH_4)_2SO_3+SO_2+H_2O \rightleftharpoons 2NH_4HSO_3 \tag{5-5-24}$$

当被处理气体中含有O_2时有如下反应：

$$SO_2+O_2 \rightleftharpoons 2SO_3 \tag{5-5-25}$$

$$3SO_2 \rightleftharpoons S+2SO_3 \tag{5-5-26}$$

生成的SO_3在溶液中都生成$(NH_4)_2SO_4$。

反应生成$(NH_4)_2SO_3$、NH_4HSO_3都能被氧化：

$$2(NH_4)_2SO_3+O_2 = 2(NH_4)_2SO_4 \tag{5-5-27}$$

$$2NH_4HSO_3+O_2 = 2NH_4HSO_4 \tag{5-5-28}$$

$$2(NH_4)_2SO_3+SO_3+H_2O = 2NH_4HSO_3+(NH_4)_2SO_4 \tag{5-5-29}$$

当被处理气体中含有CO_2时有下列副反应：

$$2NH_3+H_2O+CO_2 = 2(NH_4)_2CO_3 \tag{5-5-30}$$

由于H_2SO_4的酸性比H_2CO_3强，CO_2不会从吸收液中置换SO_2，即CO_2的存在不影响脱硫。

用固体碳铵作氨源时吸收反应如下：

$$2NH_4HCO_3+SO_2 \rightleftharpoons (NH_4)_2SO_3+H_2O+CO_2 \tag{5-5-31}$$

吸收液中的$(NH_4)_2SO_3$吸收SO_2的能力比氨更强，是氨法脱硫的主要吸收介质，而

NH_4HSO_3与$(NH_4)_2SO_4$则不吸收SO_2。吸收过程终了时，溶液中无效组分增多，吸收能力下降需对富液进行再生处理。再生时反应如下：

$$2NH_4HSO_3 \rightleftharpoons (NH_4)_2SO_3+SO_2+H_2O \tag{5-5-32}$$

加NH_3，NH_4HSO_3再生反应如下：

$$NH_4HSO_3+NH_3 = (NH_4)_2SO_3+Q \tag{5-5-33}$$

$$NH_4HSO_3+NH_4HCO_3 = (NH_4)_2SO_3+H_2O+CO_2-Q \tag{5-5-34}$$

7. 化学平衡

当溶液 pH 值为 4.71~5.96 时，SO_2、NH_3的平衡分压值可用约翰斯通(Johnstone)式表示(实验得出)：

$$P^*_{SO_2}=M\frac{(2S-C)^2}{C-S}\times 133.3 \tag{5-5-35}$$

$$P^*_{NH_3}=N\frac{C(C-S)}{2S-C}\times 133.3 \tag{5-5-36}$$

式中　$P^*_{SO_2}$——溶液面上SO_2平衡分压，Pa；

$P^*_{NH_3}$——溶液面上NH_3平衡分压，Pa；

C——溶液中NH_3的总浓度，mol/100molH_2O；

S——溶液中SO_2总浓度，mol/100molH_2O；

M、N——系数，工业应用范围内仅与温度有关。

$$\lg M=5.865-\frac{2369}{T} \tag{5-5-37}$$

$$\lg N=13.68-\frac{4987}{T} \tag{5-5-38}$$

式中　T——温度，K。

当溶液中存在$(NH_4)_2SO_4$时，SO_2、NH_3的平衡分压用下式计算：

$$P^*_{SO_2}=\frac{M(2S-C+2A)^2}{C-S-2A} \tag{5-5-39}$$

$$P^*_{NH_3}=\frac{NC(C-S-2A)}{2S-C+2A} \tag{5-5-40}$$

式中　A——溶液中$(NH_4)_2SO_4$的浓度，mol/100molH_2O。

Chertkov 也测定过含$(NH_4)_2SO_4$溶液中SO_2的蒸气压，由实验数据导出下列算式：

$$P^*_{SO_2}(\text{实际})=P^*_{SO_2}(\text{计算})\frac{C+A}{C} \tag{5-5-41}$$

式中　$P^*_{SO_2}$(计算)——不考虑$(NH_4)_2SO_4$影响时的计算值。

溶液上方水的平衡蒸气压可用下式计算：

$$P_{H_2O}=P_w\left(\frac{100}{100+C+S}\right) \tag{5-5-42}$$

式中　P_w——反应温度下纯水的蒸气压。

前苏联契尔特柯夫利用多家的实验数据整理出$P^*_{SO_2}$的经验式：

$$\lg P_{SO_2}=9.096\lg S/C-\frac{2443}{T}+1.139\lg C+9.204 \tag{5-5-43}$$

式(5-5-43)适用所有浓度及 S/C 值范围，不必对 $(NH_4)_2SO_4$ 进行校正。

$$P_{NH_3}=\frac{N(C-S-2A)}{2S-C+2A}\times 133.3 \tag{5-5-44}$$

$NH_3-SO_2-H_2O$ 体系的蒸气压见表 5-4-2。

表 5-4-2　$NH_3-SO_2-H_2O$ 体系的蒸气压　　单位：mmHg

组成/%				pH	85℉(29.4℃)			125℉(51.7℃)			165℉(73.9℃)			205℉(96.1℃)		
C	S	NH_3	SO_2		P_{SO_2}	P_{NH_3}	P_{H_2O}	P_{SO_2}	P_{NH_3}	P_{H_2O}	P_{SO_2}	P_{NH_3}	P_{H_2O}	P_{SO_2}	P_{NH_3}	P_{H_2O}
2	1.9	1.74	6.22	4.8	0.35	0	35	1.21	0	104	3.54	0.02	273	9.12	0.17	637
2	1.7	1.75	5.6	5.3	0.07	0	35	0.24	0.01	105	0.71	0.09	274	1.84	0.64	639
4	3.6	3.24	11	5	0.28	0	33	0.96	0.01	101	2.8	0.1	264	7.21	0.75	615
5	3.2	3.28	9.88	5.5	0.08	0	34	0.27	0.03	101	0.79	0.27	265	2.03	2	618
6	5.1	4.58	14.6	5.3	0.21	0	32	0.73	0.03	98	2.14	0.26	256	5.52	1.92	596
7	4.5	4.66	13.2	5.7	0.07	0	33	0.22	0.06	98	0.66	0.61	257	1.69	4.49	599
8	6.4	5.8	17.5	5.5	0.16	0	31	0.54	0.06	95	1.57	0.54	248	4.06	3.99	579
9	5.6	5.93	15.6	6	0.05	0.01	32	0.16	0.13	96	0.47	1.23	250	1.2	8.98	583
10	7.5	6.94	19.6	5.7	0.11	0.01	31	0.37	0.11	92	1.09	1.02	242	2.82	7.48	564
11	6.5	7.13	17.4	6.2	0.03	0.02	31	0.1	0.25	93	0.28	2.38	244	0.72	17.5	568
12	9	7.91	22.3	5.7	0.13	0.01	30	0.45	0.13	90	1.31	1.23	235	3.38	8.98	547
13	7.8	8.16	19.9	6.2	0.03	0.02	30	0.12	0.3	91	0.34	2.86	237	0.87	20.9	553
14	9.8	8.94	23.5	6	0.08	0.02	29	0.28	0.22	88	0.82	2.15	229	2.1	15.7	535
15	8.4	9.25	20.9	6.4	0.02	0.04	29	0.05	0.59	89	0.15	5.72	232	0.39	41.9	541
16	15.2	8.94	31.9	4.8	2.82	0	27	9.67	0.02	83	28.3	0.18	217	73	1.33	505
16	12	9.59	27	5.7	0.17	0.01	28	0.6	0.17	85	0.93	2.45	223	2.4	18	521
16	8.8	10.3	21.4	6.7	0	0.11	29	0.01	1.53	87	0.04	14.7	228	0.1	107.87	531
18	16.2	9.74	33	5	1.25	0	27	4.3	0.05	81	12.6	0.46	212	32.4	3.37	493
18	13.5	10.3	29.1	5.7	0.2	0.01	27	0.67	0.19	83	1.97	1.84	216	5.07	13.5	504
18	9.9	11.2	23.1	6.7	0	0.13	28	0.01	1.72	85	0.44	16.5	222	0.11	121.2	518
20	17	10.5	33.7	5.3	0.71	0.01	26	2.44	0.09	79	7.15	0.88	207	18.4	6.41	483
20	13	11.4	28	6.2	0.06	0.04	27	0.19	0.5	82	0.56	4.77	214	1.45	34.9	498
22	16.5	11.6	32.7	5.7	0.24	0.02	26	0.82	0.23	78	2.41	2.25	205	6.2	16.5	478
22	13.2	12.4	28	6.4	0.02	0.07	27	0.08	0.93	80	0.24	8.99	210	0.62	65.8	490
2	1.9	1.74	6.22	4.8	0.35	0	35	1.21	0	104	3.54	0.02	273	9.12	0.17	637
2	1.7	1.75	5.6	5.3	0.07	0	35	0.24	0.01	105	0.71	0.09	274	1.84	0.64	639
4	3.6	3.24	11	5	0.28	0	33	0.96	0.01	101	2.8	0.1	264	7.21	0.75	615
5	3.2	3.28	9.88	5.5	0.08	0	34	0.27	0.03	101	0.79	0.27	265	2.03	2	618
6	5.1	4.58	14.6	5.3	0.21	0	32	0.73	0.03	98	2.14	0.26	256	5.52	1.92	596
7	4.5	4.66	13.2	5.7	0.07	0	33	0.22	0.06	98	0.66	0.61	257	1.69	4.49	599
8	6.4	5.8	17.5	5.5	0.16	0	31	0.54	0.06	95	1.57	0.54	248	4.06	3.99	579
9	5.6	5.93	15.6	6	0.05	0.01	32	0.16	0.13	96	0.47	1.23	250	1.2	8.98	583
10	7.5	6.94	19.6	5.7	0.11	0.01	31	0.37	0.11	92	1.09	1.02	242	2.82	7.48	564
11	6.5	7.13	17.4	6.2	0.03	0.02	31	0.1	0.25	93	0.28	2.38	244	0.72	17.5	568
12	9	7.91	22.3	5.7	0.13	0.01	30	0.45	0.13	90	1.31	1.23	235	3.38	8.98	547
13	7.8	8.16	19.9	6.2	0.03	0.02	30	0.12	0.3	91	0.34	2.86	237	0.87	20.9	553

续表

组成/%				pH	85℉(29.4℃)			125℉(51.7℃)			165℉(73.9℃)			205℉(96.1℃)		
C	S	NH_3	SO_2		P_{SO_2}	P_{NH_3}	P_{H_2O}	P_{SO_2}	P_{NH_3}	P_{H_2O}	P_{SO_2}	P_{NH_3}	P_{H_2O}	P_{SO_2}	P_{NH_3}	P_{H_2O}
14	9.8	8.94	23.5	6	0.08	0.02	29	0.28	0.22	88	0.82	2.15	229	2.1	15.7	535
15	8.4	9.25	20.9	6.4	0.02	0.04	29	0.05	0.59	89	0.15	5.72	232	0.39	41.9	541
16	15.2	8.94	31.9	4.8	2.82	0	27	9.67	0.02	83	28.3	0.18	217	73	1.33	505
16	12	9.59	27	5.7	0.17	0.01	28	0.6	0.17	85	0.93	2.45	223	2.4	18	521
16	8.8	10.3	21.4	6.7	0	0.11	29	0.01	1.53	87	0.04	14.7	228	0.1	107.87	531
18	16.2	9.74	33	5	1.25	0	27	4.3	0.05	81	12.6	0.46	212	32.4	3.37	493
18	13.5	10.3	29.1	5.7	0.2	0.01	27	0.67	0.19	83	1.97	1.84	216	5.07	13.5	504
18	9.9	11.2	23.1	6.7	0	0.13	28	0.01	1.72	85	0.44	16.5	222	0.11	121.2	518
20	17	10.5	33.7	5.3	0.71	0.01	26	2.44	0.09	79	7.15	0.88	207	18.4	6.41	483
20	13	11.4	28	6.2	0.06	0.04	27	0.19	0.5	82	0.56	4.77	214	1.45	34.9	498
22	16.5	11.6	32.7	5.7	0.24	0.02	26	0.82	0.23	78	2.41	2.25	205	6.2	16.5	478
22	13.2	12.4	28	6.4	0.02	0.07	27	0.08	0.93	80	0.24	8.99	210	0.62	65.8	490

注：1mmHg=133.3224Pa。

8. 传质模型及动力学

(1) 传质模型

用$(NH_4)_2SO_3$脱除烟气中的SO_2为一典型的汽液传质过程，SO_2、NH_3先从气相扩散到液膜然后进入液相主体。液相中的化学反应都是飞速反应、吸收SO_2的总传质阻力在气膜。尽管随吸收过程的进行，溶液pH值增加、SO_2溶解度下降、液膜传质阻力加大，但气膜传质阻力仍是主要的。

(2) 吸收系数

M. E. ПоЗИН 对吸收过程研究得到的结论是：气膜和液膜分系数(K_1、K_2)随温度的升高而增大，提出的计算式如下：

$$K_1 = AD_1^{0.5}\rho_1^{0.25}/\eta^{0.25} \tag{5-5-45}$$

$$K_2 = BD_2^{0.67}\rho_2^{0.17}/\eta^{0.17} \tag{5-5-46}$$

式中 A，B——比例系数；

D_1，D_2——气相、液相扩散系数；

ρ_1，ρ_2——气体和液体的密度；

η_1，η_2——气体、液体的动力黏度。

D_1与T的0.17~0.2次方成正比、ρ_1与T成反比，η_1与T的0.75~1.0次方成正比，综合结果：$K_1 \propto T^{0.4\sim0.5}$。$D_2$随温度上升而增大，$\eta_2$随温度上升而减小，综合结果：$K_2$随温度上升而增大。

传质总方程：

$$\frac{1}{K} = \frac{1}{K_1} + \frac{1}{\beta H K_2} \tag{5-5-47}$$

式中 K——传质总参数；

β——化学参数；

H——亨利参数。

亨利参数 H 随温度的升高而减小，β、K_2 随温度的升高而增大，传质总系数 K 值依温度对每个参数的影响程度而转移，可能增加，也可能减小。

(3) 吸收温度

与 Na_2CO_3、NaOH 水溶液吸收 SO_2 过程不同，$(NH_4)_2SO_3$-NH_4HSO_3 水溶液吸收 SO_2 过程中，温度影响十分明显，特别是高酸度 $S/C=0.936$ 的溶液影响更大，在 10~50℃范围内传质系数 K 从 10mol/(m^2·h·%SO_2)降到 2mol/(m^2·h·%SO_2)。

不同温度时的 M、N 值见表 5-4-3。

表 5-4-3　不同温度时的 M、N 值

温度/℃	30	40	50	60	70	80	90	100	110	120
M	0.011	0.0198	0.034	0.056	0.091	0.143	0.218	0.323	0.478	0.687
N	0.00166	0.00559	0.0174	0.0506	0.1382	0.3569	0.8744	2.04	4.56	9.78

由表 5-4-3 可见，随吸收温度的升高，M 值增大，当溶液的 C、S/C 一定时，$P^*_{SO_2}$ 随 M 呈正比增大，即温度升高时溶液面上 SO_2 平衡蒸汽压上升，对一定的吸收装置，净化气中 SO_2 含量增大。随着吸收温度上升，N 值增大，当溶液的 C、S/C 一定时，$P^*_{NH_3}$ 随温度上升呈正比增加，随净化气带出的氨损失增大。

动力学与传质研究发现，传质速率随温度的提高而降低，23℃与 52.5℃时的相对传质速率分别为 10.2 和 2.32。

通常，吸收温度在常温或稍高于常温条件下进行。

传统的硫酸尾气处理中，由于尾气经过浓硫酸吸收塔，尾气中的水分含量接近零，吸收温度一般在 25~28℃；在火电厂烟气脱硫中因烟气的温度和湿度都较高，吸收温度也较高，一般在 50~60℃。

对 Claus 尾气处理装置，吸收塔顶吸收液温度 50℃时，净化气中的 SO_2 可达 200μL/L 以上，NH_3 含量在 2000μL/L 以上，而当吸收塔顶吸收液温度降为 40℃后，净化气中 SO_2、NH_3 含量可减少到 100μL/L 和 150μL/L，故保持较低的吸收温度对提高气体净化度、降低氨损耗有利。

硫酸厂氨法尾气回收装置，由于干燥尾气的绝热冷却冬季可使循环液温度降到 17~20℃。SO_2 吸收率可达到 92%左右，夏季循环液温度升到 20~25℃，吸收率即下降到 90%左右，可见温度对吸收率的影响是敏感的。

(4) 亚硫酸铵-亚硫酸氢铵的自动分解

在一定条件下亚铵可自动分解：

$$4HSO_3^- \rightleftharpoons SO_4^{2-} + S_3O_6^{2-} + 2H_2O \quad (5\text{-}5\text{-}48)$$

生成的连三硫酸盐水解：

$$S_3O_6^{2-} + H_2O \rightleftharpoons S_2O_3^{2-} + SO_4^{2-} + 2H^+ \quad (5\text{-}5\text{-}49)$$

总反应如下：

$$4HSO_3^- \rightleftharpoons 2SO_3^{2-} + S_2O_3^{2-} + 2H^+ + H_2O \quad (5\text{-}5\text{-}50)$$

$$2NH_4HSO_3 + 2(NH_4)_2SO_3 \rightleftharpoons 2(NH_4)_2SO_4 + 2(NH_4)S_2O_3 + H_2O \quad (5\text{-}5\text{-}51)$$

当[H^+]、[$S_2O_3^{2-}$]达到一定数值后按下列反应自动加速进行：

$$5S_2O_3^{2-} + 6H^+ \rightleftharpoons 2S_5O_6^{2-} + 3H_2O \quad (5\text{-}5\text{-}52)$$

$$2S_5O_6^{2-}+HSO_3^{-} \rightleftharpoons 2S_4O_6^{2-}+2S_2O_3^{2-}+2H^+ \tag{5-5-53}$$

连锁反应生成的 $S_2O_3^{2-}$、$S_3O_6^{2-}$、$S_5O_6^{2-}$ 间可相互转换。

研究和生产经验指出，在较低温度下(如循环液温度≤45℃)自动分解反应不明显；当溶液中有 $S_2O_3^{2-}$ 后自动分解加速，且随 $S_2O_3^{2-}$ 浓度的增长而加快；自动分解速度随溶液 S/C 的增长而加快，当 $S/C>1$ 后分解速度急剧上升。在生产和储运过程中应严格控制循环液温度≤40℃，产品中不应含游离 SO_2($S/C≤1$)。

(5) 亚铵溶液的氧化

气体带入吸收系统的氧与吸收液间发生的副反应，使吸收液有效组分浓度下降，吸收能力减弱。

1)亚盐的氧化是在液相中进行的。溶液的吸氧速度越快氧化速度越快。不管 C_{NH_3} 的大小如何，随着时间的推移，氧吸收速度 G_{O_2} 都会改变。

溶液总浓度低时，氧化速率很慢，并随浓度的增加而加快，当总浓度达到 2~3mol/L 时，氧化速率达到最大值，随后随总浓度的增加而减慢。

2) 溶液的 S/C 值对吸氧速率的影响：

在 NH_3(总)$=C+A=8.0$mol/L、$C=3\sim7.5$mol/L 范围内可用下式表示：

$$\lg G_{O_2}=6\lg S/C+0.325 \tag{5-5-54}$$

在 NH_3(总)$=C+A=8.0$mol/L 不变，$C<3.0$mol/L 时可用下式表示：

$$\lg G_{O_2}=6\lg S/C+0.118 \tag{5-5-55}$$

两曲线的共同规律是随溶液 S/C 增大(NH_4HSO_3 相对含量增大)，氧化速率加快，$S/C=1$(100% NH_4HSO_3)比 $S/C=0.73$(NH_4HSO_3 相对含量为 63%)的氧化速率提高 6 倍，说明 NH_4HSO_3 的氧化速率比 $(NH_4)_2SO_3$ 快得多。

3) 溶液温度对氧化速率的影响：

50℃时的吸氧量比 22℃时提高 2.1 倍。

硫酸厂氨法尾气回收中尾气温度 60~70℃，尾气吸收塔循环液温度 25~30℃，温度对氧化速率的影响不大，用未干燥的高浓度 SO_2 炉气制造亚硫酸氢铵标准溶液或固体亚铵时，特别是使用气氨中和原液时，温度会急剧升高，此时应重视温度对氧化速率的影响。可用下列方程表达：

$$[G_{O_2}]_t=[G_{O_2}]_{22℃}+at+bt^2 \tag{5-5-56}$$

式中　$[G_{O_2}]_t$——任一温度时溶液吸氧速率，g/(m²·h)；

$[G_{O_2}]_{22℃}$——22℃时溶液的吸氧速率，g/(m²·h)；

a——常数，人工配制溶液时 $a=-0.0565$，工厂操作溶液，$a=-0.0400$；

b——常数，人工配制溶液时 $b=0.0013$，工厂操作溶液，$b=0.0009$；

t——溶液温度，℃。

4) 氧浓度对氧化速率的影响：

影响亚铵氧化速率的因素是多方面的，在其他影响 O_2 吸收的一切条件保持不变的情况下，对于稀溶液，气相氧浓度由 12.5%提高到 100%，溶液中 $(NH_4)_2SO_4$ 只增长 10%，对于浓溶液，气相氧浓度由 12.5%提高到 100%时溶液中 $(NH_4)_2SO_4$ 浓度增长 5.3 倍，硫酸厂尾气中 O_2 浓度 5.5%~13%对尾气处理的亚铵溶液的氧化速率影响不大。

二、工艺流程及参数

硫黄回收尾气送入吸收塔，经洗涤降温、吸收 SO_2、除雾后的净烟气送去界区外原烟囱排放。尾气中的二氧化硫被吸收，形成的亚硫酸铵溶液，经氧化、浓缩，得到一定浓度的硫酸铵溶液，再送入蒸发结晶系统，经蒸发、结晶，得到一定固含量的硫酸铵浆液。

一定固含量的硫酸铵浆液，再经旋流器、离心机、干燥机后，得到水分<1%的硫酸铵，再进入自动包装机包装即可得到商品硫酸铵。

整套工艺系统包括尾气系统、吸收循环系统、氧化空气系统、蒸发结晶系统、硫酸铵后处理系统、吸收剂系统、检修排空系统、工艺水系统等。

1. 主要设备

(1) 尾气系统

组成尾气系统的主要设备有烟道、烟道膨胀节等。

所有脱硫烟道均采用钢制烟道，烟道设加强筋并保温。吸收塔入口前的原烟气段烟道由于烟气温度较高且远离吸收塔，无需防腐处理。在烟气入口靠近吸收塔处为干湿交界面，此部分烟道内衬合金以避免腐蚀。相应部位的膨胀节也考虑保温及防腐。净烟道烟温较低，为防止露点腐蚀，也采用碳钢+不锈钢材质，相应部位的膨胀节也考虑保温及防腐。

(2) 吸收循环系统

吸收系统的作用是从尾气中除去二氧化硫和其他酸性气体；将吸收塔内形成的亚硫(氢)铵氧化成硫酸铵；利用尾气热量，将硫酸铵溶液浓缩。

通过设置吸收液液滴洗涤系统、细微颗粒物洗涤及高效除雾器对脱硫后的烟气进行充分洗涤、捕捉、细微颗粒物去除等，达到二氧化硫和细微颗粒物高效脱除的目的。

组成吸收塔烟气吸收系统的主要设备有：吸收塔、循环槽、吸收循环泵、洗涤循环泵、硫酸铵排出泵等。

(3) 氧化空气系统

氧化空气系统的作用是将满足压力要求的氧化空气送往吸收塔将亚硫(氢)铵氧化为硫酸铵。

氧化空气系统的主要设备有：氧化风机及相关管线。

(4) 蒸发结晶系统

蒸发结晶系统的作用是将硫酸铵溶液中的水通过蒸汽加热的方式让水蒸发，待蒸发至过饱和浓度后析出硫酸铵结晶。

工艺路线为：蒸发分离室的浓缩液经蒸发循环泵打入蒸发加热器，再回蒸发分离室进行汽水分离，使浓缩液进一步浓缩并析出结晶，浓缩液继续循环。汽体从蒸发分离室顶部出来，经过冷凝器使气体降温冷凝，不凝气经真空泵抽出排放。含结晶的料液从蒸发分离室的底部经排出泵打入旋流器。

蒸发结晶系统主要设备包括料液槽、蒸发补液泵、蒸发循环泵、加热器、分离室、冷凝器、真空泵、旋流器给料泵等。

(5) 硫酸铵后处理系统

硫酸铵后处理系统的作用是：将蒸发结晶系统生成的硫酸铵浆液加工得到硫酸铵产品。主要设备有：旋流器、离心机、干燥机、自动包装机等。

工艺路线为：旋流器给料泵来的硫酸铵浆液送入旋流器，经过旋流器的分离，含固量40%~50%的底流进入离心机，分离产出的含水约4%的硫酸铵湿料，送至干燥机干燥，然后进入自动包装机，包装入库，即可得到商品硫酸铵。旋流器上部的溢流液及离心机的母液均返回蒸发结晶系统。干燥鼓风机将空气鼓入蒸汽换热器换热后进入干燥机，在干燥塔机内热风对物料进行干燥；最后产品自干燥机出口流出，同时干燥尾气经旋风除尘器、引风机送至吸收塔内，经塔内洗涤除尘除雾后随净烟气排放。

(6) 吸收剂系统

吸收剂系统包括吸收剂存储槽(罐)及相应管路，吸收剂可以采用气氨、氨水、液氨等。

氨水浓度越高，越有利于储存和水平衡的控制。若全部采用氨水，通常浓度不宜低于15%。根据氨水的特性，20%~25%属于比较好的储存和使用浓度。

氨法脱硫技术可直接使用气氨、液氨(纯氨99.6%)，即气氨、液氨可以直接加入到塔内，无需在塔外配制成氨水。

(7) 检修排空系统

检修排空系统主要设备有检修槽(或检修池)、检修泵、地坑和地坑泵。

地坑用于收集、储存脱硫系统在检修、冲洗过程中产生的液体。浆液管和浆液泵在停运时需冲洗，冲洗水通过地沟收集到地坑中，地坑的收集液通过地坑泵送至吸收塔循环使用。当吸收塔出现故障需要检修时，通过循环泵将吸收塔或循环槽的溶液送至检修槽。在吸收塔重新启动前，检修槽的溶液经检修泵送回吸收塔重复使用。检修槽的容量能收集吸收塔单塔故障状态下所有的液体。

脱硫装置所有冲洗和清扫过程中产生的废水均经地沟收集回收至地坑，经地坑泵送回吸收系统重复使用。

(8) 工艺水系统

界区外来的工艺水经工艺水泵送至各用水点(主要用水点循环水槽)。工艺水系统的作用是：接收工艺补充水，按工艺需求量进行补水，以维持系统内的水平衡。

工艺水供应系统的主要设备有：循环水槽、循环水泵、工艺水泵。

工艺水的用途：吸收塔补水、除雾器冲洗、管道冲洗。

工艺水的消耗途径：随烟气蒸发、副产物带走水分。

界区外来的工艺水经管道送至循环水槽储存，经循环水泵、工艺水泵送至各用水点。

工艺水作为除雾器的冲洗水和烟气洗涤水定量送入吸收塔内。

除雾器冲洗设置为可通过DCS自动定期冲洗或根据除雾器压差在DCS上自动或手操顺序冲洗。

2. 氨法脱硫技术的工艺技术特点

(1) 氨法脱硫技术的优势及先进性

在国家环保部发布的2010年第103号文件《国家先进污染防治示范技术名录》和《国家鼓励发展的环境保护技术目录》的公告中，氨法脱硫技术被列为尾气脱硫大力推广的示范技术。氨法脱硫技术的优势及先进性如下：

1) 氨逃逸浓度低，有效地解决了氨逃逸及气溶胶问题。

氨损问题曾经是困扰氨法脱硫技术发展的关键因素，经多年研究，经济地解决了氨损难题。所有项目的氨逃逸浓度皆小于3mg/Nm^3，氨回收率达99%。

2）资源回收，真正实现循环经济。

氨法脱硫技术可实现硫资源高效回收，系统不产生废水，治理污染的同时又变废为宝，真正实现了循环经济。

3）系统能耗低，无阻塞，装置设备占地面积小。

氨法液气比较低，系统阻力小；无原料预处理工序，系统简单，流程短，设备少，能耗低，占地面积小；工艺设计合理，避免了阻塞现象；脱硫吸收与硫酸铵生产系统可以相互独立布置，具有较大灵活性。

4）二氧化硫浓度适应强。

氨法可用于300~30000mg/Nm^3甚至更高二氧化硫浓度的烟气，且应用于中、高SO_2浓度时经济性更加突出，SO_2浓度越高，副产品硫酸铵产量越大，脱除单位SO_2的运行费用越低，环保效益、经济效益一举两得。

5）无二次污染。

氨法技术在高效脱除烟气中SO_2的同时，整个过程无废水和废渣排放，不产生二次污染。

（2）硫回收+氨法脱硫技术的优势及先进性

1）节省投资。

投资比Super Claus、EURO Claus、SCOT低20%~30%。

2）降低运行成本。

蒸汽消耗低。能耗低，是SCOT工艺能耗的1/3，无加氢催化剂、溶剂和氢气消耗，运行成本大幅降低。

3）满足国内外排放标准。

经处理后的硫黄尾气二氧化硫浓度可达35mg/Nm^3以下，优于最新环保标准特殊地区硫黄回收装置烟囱排放$SO_2 \ngtr 100$mg/Nm^3的排放要求，同时为将来二次提标排放要求预留了充分的空间。

4）解决硫回收开停工工况不达标问题。

氨法脱硫工艺具有操作弹性大、适用范围广的特点。氨法可用于300~30000mg/Nm^3甚至更高二氧化硫浓度的烟气。脱硫塔的弹性随Claus反应器的负荷或操作状况变化而变化。当硫回收单元开停工或转化率有波动时，可自动调整循环液的pH值，即时调整吸收剂的加入量，增大氧化风量，确保烟气二氧化硫达标排放。氨法脱硫循环液是缓冲溶液，循环槽内的溶液有很大的吸收缓冲能力。

5）能耗低。

因无需消耗其他工艺必需的氢气、苛性碱，整个尾气处理装置能耗低，运行费用低。

6）无三废排放。

氨法脱硫处理硫黄尾气，无废水、废渣排放，烟气中的$SO_2$99%以上转化为硫铵产品，可直接作化肥销售。

7）装置可靠性和稳定性高。

氨法脱硫技术处理硫黄尾气，因技术优势明显，快速得到煤化工、石化等行业的认可，同类装置业绩众多。且整个处理工艺流程短，无氢气、反应器等系统，工艺控制简单，装置可靠性和稳定性高。

8)旧装置改造方便。

采用氨法脱硫改造方案，可以以较低的运行成本将硫回收尾气中的二氧化硫等回收成硫酸铵，变废为宝，化害为利，具有显著的环境和社会效益。同时，在脱除尾气中的SO_2时，不产生CO_2，氨法技术不产生任何废水、废液和废渣，没有任何二次污染，是一项绿色的脱硫技术。

此外，氨法改造也具有旧装置改造方便的优点：

1）氨法脱硫改造，无需对原有装置进行调整，不影响 Claus 装置和 SCOT 装置的正常运行。改造完成后，SCOT 装置也可作为氨法脱硫的备用装置。

2）改造期间，原有硫回收装置无需停炉，可以待装置建成后，通过短暂的停炉时间完成烟道对接。

（3）材料选择及腐蚀控制

优良的材料选择和防腐设计是可靠性的基础。好的防腐设计根据区域条件的不同，采用不同的防腐方案，且基本的结构设计也根据防腐材料的物理特性和施工工艺而尽可能地为提高防腐可靠性创造条件。氨法脱硫系统通过设备、管道材质的选择，确保脱硫系统长周期稳定运行。

1）吸收塔整体采用 316L 材质，在耐腐的同时满足长周期稳定运行要求。

2）介质为硫酸铵溶液的泵过流部分选用双相不锈钢材质，耐磨、耐腐性能佳。

3）介质为硫酸铵溶液的管道选用 316L 材质，硫酸铵浆液选用双相不锈钢材质。

4）在所有可能有浆液外溢或冲洗的地点均设有围堰保证无废水排放、浆液外流，围堰内设有地沟、地坑，用于收集浆液和冲洗水送回塔内使用，围堰内地面做耐酸瓷板防腐，既美观又耐腐。

5）所有设备、管道连接用螺栓、螺母采用不锈钢材质。

（4）自动控制

1）为保证烟气脱硫效果和烟气脱硫设备的安全经济运行，氨法脱硫设置以分散控制系统(FGD-DCS)为核心的完整的检测、调节、联锁和保护装置，实现以 LCD/键盘和鼠标作为监视和控制中心，对整个脱硫系统的集中控制。可实现对烟气脱硫设备及其附属系统启/停的控制、正常运行的监视和调整以及系统运行异常与事故工况的处理。

2）氨法脱硫装置在脱硫岛内设置有独立的 DCS 控制系统，以完成对脱硫岛工艺系统的监视和控制。

3）部分脱硫辅助工艺系统采用可编程控制器(PLC)实现其自动控制功能。脱硫 FGD-DCS 设置与上述系统的冗余通讯接口，以实现在 FGD-DCS 操作员站上实现对这些工艺系统的远方监视和操作。

4）通过脱硫 FGD-DCS 与主厂房 DCS 联网，可实现脱硫系统运行稳定后，在控制室主机 DCS 操作员站上完成对脱硫系统的远方监视和控制。

（5）氨逃逸气溶胶控制

氨逃逸和气溶胶曾经困扰氨法烟气脱硫的两大难题。氨逃逸是指没有参与反应，而随净烟气溢出的游离氨；气溶胶是指脱硫过程中形成的悬浮在净烟气中的细微颗粒物。氨逃逸及气溶胶意味着氨及铵盐随着净烟气排放，这样主要会产生两个重要问题：

1）运行不经济。氨法脱硫技术因脱硫剂为价格较高的氨，其装置的经济性必须建立在氨回收的基础上，氨损高必然装置的经济性差，装置运行成本高。

2）造成二次污染。氨是恶臭物质，且在空气中会发生复杂的反应，有生成氮氧化物及铵盐气溶胶的可能。铵盐气溶胶还会增加空气中尘含量。

控制氨逃逸和气溶胶的措施相辅相成。目前，经过不断地技术开发与实践已经成功解决这两个问题。可以从以下三个方面予以辨别分析：

1）从烟气尾巴的长短以及烟羽颜色予以分别。

净烟气中的游离氨与 SO_2 反应生成亚硫酸铵，形成气溶胶，烟气尾巴拖长下垂、颜色呈蓝色，与大气的界面模糊不清（见图5-5-1和图5-5-2）。

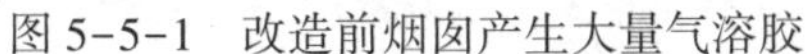

图5-5-1　改造前烟囱产生大量气溶胶

图5-5-2　改造后烟囱烟羽短

2）分析烟气中的游离氨含量。

正常运行氨法脱硫项目氨逃逸在 $3mg/Nm^3$ 以下。

3）统计分析脱硫装置的氨回收率。

氨逃逸量大，反过来氨的利用率就会大幅度下降。正常运行氨法脱硫项目氨回收率均≥99%以上。

控制氨逃逸技术措施：

1）合理的工艺流程安排。

通过在塔内实施分段吸收，合理控制吸收液pH值，有效地控制气溶胶、细微颗粒物生成。

2）合理的设备结构设计。

合理的塔直径以控制塔内气速在合理范围内。必要的喷淋层间高度及塔高度以保证烟气的停留时间和气液接触效果。

3）塔内设置细微颗粒物控制系统。

脱硫塔内设置细微颗粒物控制系统，对脱硫后烟气进行细微颗粒物的脱除，减少雾滴及细微颗粒物等排放。

4）塔内设置多级氨法专用的高效除雾器。

氨法脱硫吸收塔内设有多级氨法专用的高效除雾器，可保证吸收塔出口净烟气携带液滴含量（干态）不大于 $50mg/Nm^3$，有效地控制氨逃逸和气溶胶，同时提高了氨回收利用率。

（6）脱硫产物硫酸铵的用途

硫酸铵，主要用作化肥中的氮肥，肥料硫酸铵约占其总消费量的80%。硫酸铵的优点是吸湿性较小，不易结块。另外，在工业上应用也很广泛，如在医药上用作制酶的发酵氮源，纺织上用作染色印花助剂，精制的硫酸铵用于啤酒酿造等。

硫是植物生长需求的三大中量元素之一，因此世界各国对硫肥的生产和消费比较重视。由于硫酸铵产品中硫含量较高，也可以作为硫肥施用。在缺硫地区施用硫肥，作物产量可以增加 10%~30%。在中国南方，硫肥对水稻、小麦、油菜、紫云英、花生、芝麻、甘蔗、烟草、黄麻、橡胶、荔枝和红薯等都有明显的增产作用。

(7) 典型项目介绍

硫回收采用二级 Claus 设计，硫回收效率为 95%，硫回收量为 160kt/a，分为 3 套设计，各配套 1 台尾气焚烧炉，设计焚烧总烟气量为 194238Nm³/h，设计二氧化硫浓度为 12600mg/Nm³。尾气脱硫塔 1 用 1 备。焚烧后尾气采用氨法脱硫净化，净化后烟气通过 120m 高烟囱排放。脱硫后的硫酸铵溶液送锅炉区的氨法脱硫装置统一处理。该项目 72h 性能测试期间主要运行参数见表 5-5-4。

表 5-5-4 72h 性能测试期间主要运行参数

序号	项　目	设计值	实际运行值
1	烟气流量/(Nm³/h)	≤194238	41839
2	入口 SO_2浓度/(mg/Nm³)	≤12600	12319
3	出口 SO_2浓度/(mg/Nm³)	≤200	79. 25
4	脱硫效率/%	≥98	99. 36
5	出口 NH_3浓度/(mg/Nm³)	≤6	2. 6
6	氨利用率/%	≥97	99. 16

三、工艺操作注意事项

1. 开停工操作

(1) 装置启动前的检查

1) 管道设备安装完毕且试压、冲洗或吹扫合格；

2) 水联动已完成；

3) 根据 PID 图，对工艺流程进行检查，确认管道、设备安装无误，现场气动阀、调节阀和旁路手动阀处于全关位；各泵进口管道(以液体流向为准)畅通，倒淋阀关闭，泵出口管道(以液体流向为准)除出口切断阀全关外，其余阀门均处于全开位；

4) 液氨液位正常，液氨管线吹扫、打压、置换合格，阀门打压合格、输氨管线气动阀、调节阀和旁路手动阀处于全关位，其余手动阀处于开位，检修槽、地坑已经投用，地坑泵、检修泵能正常启动；循环水系统已运行正常，工艺水送至各用水点前；泵机封水已开启，流量、压力正常；

5) 检查各设备地脚螺栓、管道法兰螺栓、垫片等结构的完整性及螺栓的应用是否正确；

6) 检查所有应保温的设备及管路是否已完成保温；

7) 联系仪表检查所有仪表接线是否正确无误；

8) 现场温度计、压力表和变送器等仪表已投用，仪表、联锁已经调试合格；

9) 各机泵及其余动设备已按要求加入了润滑油或脂；

10) 机泵及其余动设备的单体试车和联动试车已合格；

11) 现场照明已经调试合格具备投用条件；

12) 现场道路畅通、安全设施已合格备用；

13）通讯设施齐全并完好备用；

14）氧化风机冷却水已调好，流量、压力(0.2~0.4MPa)符合开启要求；

15）脱硫塔上所有人孔已封闭。

（2）整套系统的启动及停止顺序

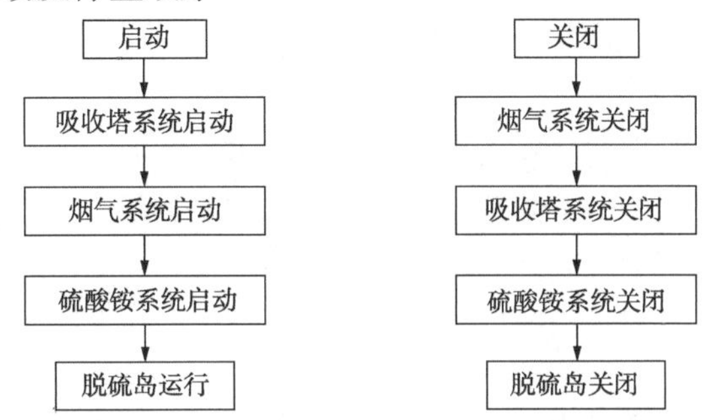

(3)脱硫系统投料试车

脱硫装置在试车前应作水循环试验(水联动试车)，水循环结束后应打开脱硫塔吸收段、洗涤段底部人孔以及循环槽底部人孔，将底部清理干净。清理干净后，回装好人孔，准备投料试车。投料试车以前应确保液氨储槽中液氨储量满足开车需要，启动各动设备前应检查相应的管路阀门开关状态并及时调整。

第一步：建立稳定的水循环、吸收循环和洗涤循环系统

1）循环槽注液：水联动试车完成，并将脱硫塔吸收段、洗涤段及循环槽下部沉积的污泥等排放以后，先将检修槽的溶液打回循环槽及脱硫塔洗涤段建立液位(如检修槽无液位，则不需此步)，若溶液不足开启工艺水泵向脱硫系统供水；

2）建立顶部水循环：启动工艺水泵向循环水槽开始补水，循环水槽液位超过设定值后，按程序启动一台循环水泵；观察循环水槽液位的变化情况，建立稳定的水循环系统；

3）建立中部吸收循环：向脱硫系统循环槽开始补液，循环槽液位超过设定值后，按程序启动一台吸收循环泵；在循环槽液位达到设定值时，观察循环槽液位的变化情况，逐步运行另外吸收循环泵，吸收循环建立完成；

4）建立底部洗涤循环：通过吸收循环泵将循环槽内溶液加入脱硫塔洗涤段，脱硫塔洗涤段液位上升至设定值后，按程序启动洗涤循环泵一台，脱硫塔洗涤段建立液位并建立洗涤循环。循环水槽及循环槽和洗涤循环段液位稳定后，脱硫系统停止加水并维持吸收循环、洗涤循环、水循环的稳定运行。

第二步：尾气导入脱硫塔

1）当脱硫系统溶液循环正常后，通知班长、总调准备通尾气；

2）在接到班长及调度通知后，尾气通入脱硫塔后及时确定尾气的各个参数是否在正常范围内；

3）此时要密切观察脱硫塔及烟道上各点温度和压力的变化。注意脱硫塔洗涤段及循环槽的液位变化，手动调节相关流量，确保液位稳定；

4）根据尾气的流量、尾气中SO_2的浓度、脱硫效率保证值，初步确定脱硫剂液氨量，慢慢调整加氨量，保证出口二氧化硫在控制指标要求以下。

2. 装置停车

（1）计划停车

如果净化或脱硫装置大修以及其他原因需要停尾气脱硫装置，脱硫装置按如下程序停车。

在停车以前，应注意：

1）控制各储槽的存液量，防止满槽，料液溢出；

2）控制较低的循环槽液位和比重(氧化空气压力较低时)，确保停车后液体能有足够的存放空间；

3）将循环槽、检修槽、脱硫塔的液位控制在低位。

（2）脱硫系统的停车

停车顺序：待净化车间尾气停止入塔时，尾气温度降低时→停止加氨→停止向脱硫塔内补水→停循环泵→停氧化风机→停冲洗系统→停工艺水泵→结束。主要确认尾气前段全部停运且入塔温度降低到常温范围可以停运脱硫系统。

1）尾气系统的停运。

2）脱硫塔系统的停运。

脱硫塔尾气切除后，停止吸收剂的加入，停止工艺水补充水加入，待系统出料结束后，往洗涤段加水，将洗涤段溶液稀释至密度小于设定值，再将洗涤段的溶液排入检修槽，同时停洗涤循环泵，保证洗涤段溶液液位在安全停车要求。

洗涤循环泵停运后，需通过稀硫酸铵副线冲洗洗涤段数分钟，冲洗完成后停吸收循环泵。吸收循环泵停运后，吸收段持液将回流到循环槽内，此时需保持循环槽液位在安全停车要求。停运氧化风机并停运各泵后，洗涤循环泵、硫酸铵排出泵的进出口开启，通过相应泵管道排放口，将管道、泵体内溶液排放干净。除冬季外，系统停运后需将硫酸铵排出泵出口到脱硫装置的管道用冲洗水冲洗；冬季无需冲洗，防止结冰冻住。

（3）非计划停车

在发生以下情况时，脱硫装置作为非计划停车处理：

1）脱硫系统电源中断；

2）全厂电源中断；

3）洗涤循环泵全部发生故障跳车；

4）洗涤段温度超联锁值；

5）吸收循环泵全部发生故障跳车；

6）仪表空气中断处理；

7）进口尾气温度超过联锁值；

8）其他危及装置稳定运行的因素。

非计划停车的处理：

出现紧急情况，汇报调度，待许可后，按照脱硫系统停车程序进行处理。

3. 日常工艺操作

（1）脱硫剂的调整

运行期间，尾气全部进入脱硫塔，脱硫塔本身保证的脱硫效率一般不低于99%。

循环槽 pH 值一般控制在 4.0~7.0 之间，脱硫剂的加入量可根据循环槽 pH 计进行调整，通过 pH 计来反映，洗涤段 pH 值一般控制在 2.0~4.0 之间。

（2）调节氧化空气

定期分析循环槽吸收液中的液相组成：硫酸铵和亚硫酸铵[$(NH_4)_2SO_4$、$(NH_4)_2SO_3$]；

氧化率严格按要求控制合格。

（3）吸收循环泵运行注意事项

1）吸收循环泵运行情况的判断：如果循环槽比重上升，吸收循环泵电流上升，属于正常波动；如果循环槽比重相对稳定，吸收循环泵电流和流量出现下降，可判断过滤器堵塞，应及时清理。

2）吸收段喷头局部堵塞的判断和处理：基于上述第1）条处理后仍不能消除吸收循环泵电流和流量下降的问题，可判断喷头有堵塞情况，需及时处理。

（4）洗涤循环泵运行注意事项

1）洗涤循环泵进出口局部堵塞情况的判断：洗涤循环泵电流下降，出口压力低，可判断进口堵塞；洗涤循环泵电流下降出口压力上升，可判断出口相关部件堵塞。进出口堵塞后影响硫铵分布器工作效果，需及时安排清理。

2）洗涤段三点温度正常不高于70℃，如果高于此值，应立即全开稀硫铵冲洗，冲洗后温度会下降，如果冲洗后温度继续上升，可判断硫酸铵冲洗分布器喷头堵塞，需停车检查处理。

3）运行时要严密注意洗涤循环泵的压力，应保持压力稳定。如运行时发现压力不断升高，则可能出口喷嘴堵塞。

4）如果洗涤循环泵发生故障不能正常运行，应立即组织倒泵处理，同时开启稀硫酸铵副线降温；如果两台泵都不能正常运行，开稀硫酸铵副线、塔壁冲洗水或烟道入口事故喷淋降温，脱硫装置做停车处理。

（5）除雾段冲洗要求

各除雾器冲洗水定时开启，冲洗方法：按操作面板要求程序控制或者手动逐个开启。开启前需控制氧化段液位不要太高（开启除雾器冲洗水后需观察循环水槽及循环槽液位的变化）。

四、运行中的主要问题

1. 对原料的要求

（1）氨法脱硫对硫回收尾气的要求

硫回收尾气的压力需克服脱硫系统约2kPa的阻力降。

硫回收尾气焚烧炉的设计应确保硫化氢等焚烧完全，脱硫塔入口处烟气H_2S、COS、CS_2、S总量小于10μg/g。

脱硫装置入口烟气氨含量小于3mg/Nm^3。新建脱硫塔入口氨含量不得高于3μg/g，避免过多游离氨进入脱硫装置，否则一方面影响脱硫系统结晶出料，另一方面也会产生气溶胶，导致出口粉尘超标。

（2）氨法脱硫对氨品质的要求

脱硫系统若采用反应剂为液氨，其品质应符合国家标准《液体无水氨》（GB 536—2017）合格品技术指标的要求，见表5-5-5。

表 5-5-5　液氨品质参数

指标名称	合格品	备　注
氨含量/%	≥99.6	
残留物含量/%	≤0.4	质量法
水分/%	—	
油含量/(mg/kg)	—	质量法
		红外光谱法
铁含量/(mg/kg)	—	
密度/(kg/L)		25℃时
沸点/℃		标准大气压

同时，液氨不应含有 H_2S 等还原性物质及有机杂质。

若吸收剂由管道送入脱硫界区，则要求进入界区的液氨压力、流量保持稳定。液氨压力大于蒸汽分压 0. 3MPa。如采用外购氨水或装置副产作吸收剂，为保证装置长周期稳定运行，氨水品质至少不低于以下参数(见表 5-5-6)。

表 5-5-6　氨水品质参数

项　目	指　标	单　位
游离氨	≥20	%
S^{2-}	5	mg/L
Cl^-	20	mg/L
油脂	≤5	mg/L
酚类	≤10	mg/L
醇类	≤10	mg/L
悬浮物	≤20	mg/L
金属离子总量	≤15	mg/L
阴离子总量	≤35	mg/L
有机物总量	≤20	mg/L
温度	常温	℃

（3）水质对氨法脱硫的影响

氨法烟气脱硫工艺用氨作脱硫剂生产硫酸铵化肥，不排放废水，所有进入吸收液的杂质皆由硫酸铵产品带出，若用作脱硫工艺水，水质太差对脱硫装置的影响主要体现在以下方面：

1）硫酸铵品质难以达到 T/CPCIF006—2017 行业标准要求；

2）硫酸铵结晶难以进行，根据经验一般要求吸收液中杂质的含量小于 1%时结晶才能良好地形成。如果结晶形成不好或不能形成，硫酸铵将不能正常产出，脱硫运行也将无法维持；

3）设备及管道容易形成结垢。

水质钙镁离子过高容易造成吸收系统设备及管道的结垢，一旦结垢将会严重影响脱硫效率等性能及经济技术指标，脱硫装置也将难以维持正常运行。

2. 主要工艺指标异常处理

(1) 脱硫塔压力故障

现象：DCS 上显示塔内压降过大。

原因：除雾段有积物。

处理：1) 增加除雾器的冲洗时间和水量；

2) 若无效果，需停车检查。

(2) 尾气进口温度超温

现象：DCS 上脱硫塔进口尾气温度有点高而报警。

原因：循环泵故障，循环流量不够，喷嘴发生堵塞，塔壁积料，仪表故障；

处理：1) 若泵故障，切换为备用泵运行；

2) 若循环量不够，增加一台泵运行；

3) 加大洗涤段稀硫酸铵的冲洗量和频率；

4) 如果温度大范围快速波动，可判断是热电偶故障，需检查确认；

5) 若上述四种措施无效，需要停车清理喷嘴。

3. 其他工艺指标异常时的判断及处理方法

工艺指标异常时的判断及处理方法见表 5-5-7。

表 5-5-7　工艺指标异常时的判断及处理方法

现　象	原　因	处理方法
净尾气 SO_2 的浓度超标	1. 脱硫剂加入量不够； 2. 吸收循环系统出现异常； 3. 入塔尾气中 SO_2 浓度超标	1. 增加入塔的氨水量； 2. 查找吸收循环泵运行情况并处理； 3. 控制入塔尾气中 SO_2 浓度
氧化液的亚铵盐浓度过高，氧化率下降	1. 氧化风机故障； 2. 入塔尾气中 SO_2 浓度超标； 3. 循环槽溶液相对密度太大	1. 及时处理氧化风机，增加进入脱硫塔的氧化空气量，如果处理不好整个脱硫系统应紧急停车检查氧化空气系统； 2. 控制合格的入塔尾气中 SO_2 浓度； 3. 控制循环槽溶液相对密度不超过设定值

第六节　碱法烟气处理技术

一、技术介绍

锅炉烟气脱硫有：钙法——以石灰石为脱硫剂，脱硫产物为石膏，按照工艺分(半)干法、湿法；氨法——以氨(水)为原料，脱硫产物为硫酸铵；碱法——以烧碱、纯碱为吸收剂，脱硫产物是硫酸钠；双碱法——烧碱和石灰石为原料，最终产物是石膏；镁法——以氧化镁为原料，脱硫产物是硫酸镁。

硫黄回收装置的烟气脱硫中有：氨法、碱法、二氧化硫回收法。三种脱硫在装置的应用中有二种流程，氨法和二氧化硫回收法为 Claus+尾气焚烧+烟气脱硫，碱法为 Claus+尾气处理+尾气焚烧+烟气脱硫，碱法脱硫也叫动力波脱硫(杜邦技术)。

碱法烟气脱硫技术近年来才在国内大型硫黄回收装置应用，镇海石化工程股份有限公司2015年获得此专利技术，2016年首次在燕山石化公司65kt/a硫黄回收装置应用成功，以后又在已建或新建的十余套硫黄回收装置中应用。

碱法烟气脱硫系统主要由烟气换热系统、SO_2吸收系统和废水氧化系统组成。

二、技术原理

该法使用NaOH溶液在塔内吸收烟气中的SO_2，生成HSO_3^-、SO_3^{2-}与SO_4^{2-}，反应方程式如下：

1. 脱硫过程

$$2NaOH+SO_2 = Na_2SO_3+H_2O \quad (5-6-1)$$

$$Na_2SO_3+SO_2+H_2O = 2NaHSO_3 \quad (5-6-2)$$

其中：式(5-6-1)为启动阶段NaOH溶液吸收SO_2以及再生液pH值较高时(高于8时)，脱硫液吸收SO_2的主反应；式(5-6-2)为脱硫液pH值较低(5~8)时的主反应。

常温下，用Na_2SO_3溶液吸收SO_2时，溶液pH随$n(SO_3^{2-}):n(HSO_3^-)$变化的关系见表5-6-1。

表5-6-1　溶液中pH值与$n_3^{2-}(SO_3^{2-}):n(HSO_3^-)$变化的关系

$n(SO_3^{2-}):n(HSO_3^-)$	91∶9	1∶1	9∶91
pH值	8.2	7.2	6.2

2. 氧化过程(副反应)

$$Na_2SO_3+1/2O_2 = Na_2SO_4 \quad (5-6-3)$$

$$NaHSO_3+1/2O_2 = NaHSO_4 \quad (5-6-4)$$

系统将考虑备用容量，以保证脱硫系统连续安全稳定运行。

三、工艺流程和参数

1. 工艺流程

从硫黄焚烧炉余热锅炉来的烟气温度较高，通过相变换热器降低温度，同时回收热量加热空气，加热后空气与脱硫后烟气混合，提高了烟气的温度，降低了水的分压，确保排放烟气不产生白烟。

烟气在脱硫塔内通过与雾化的吸收液高速碰撞，使气、液二相流充分接触，烟气温度被急冷下来，同时烟气中的SO_2被液体中的碱性成分大量吸收，烟气得到充分净化。烟气经丝网除雾器脱水后由脱硫塔顶部达标排放。

脱硫后的吸收液进入塔底，吸收液在塔底与空气接触，部分亚硫酸盐氧化生成硫酸盐，由脱硫循环泵继续送至塔体循环使用。为了防止吸收液的硫酸盐积聚，堵塞设备和管线，控制塔釜Na_2SO_4溶液浓度在5%~15%，需要有少量的废水外排，此废水还有较高的化学耗氧量(COD)，其进入氧化罐，通过罐内的搅拌器使空气和吸收液充分接触，进一步氧化，合格后污水送出装置。

为控制塔釜pH值在7左右，需不断向塔釜补入NaOH溶液。脱硫塔的热量通过水蒸发带走，脱硫系统的液位会下降，需补充水以维持脱硫塔的液位。

烟气钠法脱硫流程图见图5-6-1。

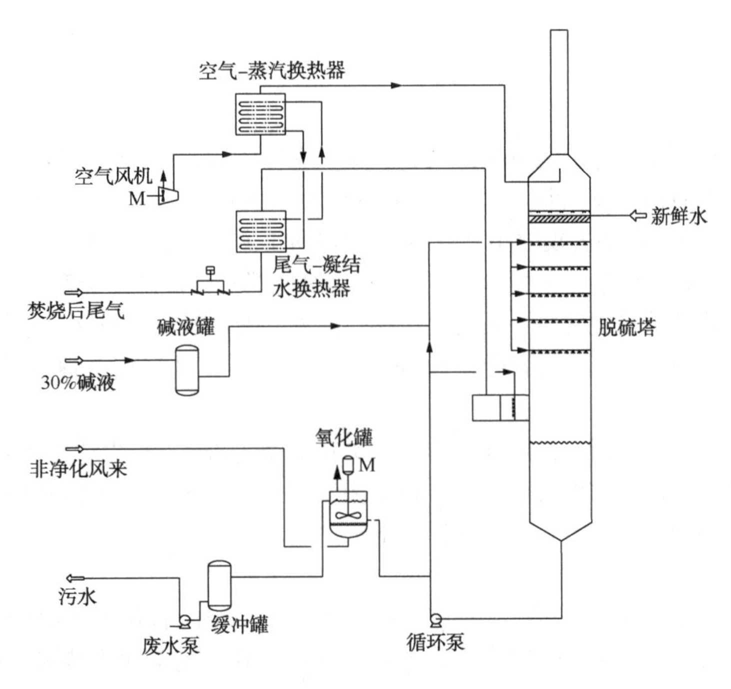

图 5-6-1　烟气钠法脱硫流程图

2. 操作参数

1）烟气入脱硫塔温度 200℃；

2）烟气脱硫塔急冷后温度 60℃；

3）烟气排放温度 90℃（目标不冒白烟）；

4）空气预热后温度 150℃；

5）相变换热器管束温度 180℃；

6）烟气钠法脱硫总压力降 3kPa；

7）脱硫塔塔釜 pH 值 7（设计），实际控制在 6~9；

8）废水出装置 pH 值 6~9，COD 小于 50mg/L；

9）烟气二氧化硫排放浓度小于 10mg/m^3（氧浓度 3%）。

四、技术特点

烟气钠法脱硫技术与氨法和二氧硫回收法相比有以下优缺点：

1. 优点

1）技术成熟、流程简单、操作方便；

2）脱硫效率可以达到 98%~99%，二氧化硫排放控制在 10mg/m^{3}以下；

3）相对投资低。

2. 缺点

1）有碱液消耗，增加了一定的运行成本；

2）有小量的硫酸钠废液的产生。

五、应用案例

案例一：

镇海炼化公司第4、5、7套硫黄回收装置尾气提标改造，由镇海石化工程股份有限公司设计，采用ZHSR的钠法烟气脱硫专利技术。装置原设计：第4、5套硫黄回收装置规模70kt/a，第7套硫黄回收装置规模100kt/a；制硫单元采用二级转化Claus制硫工艺，尾气处理单元采用还原-吸收工艺，尾气热焚烧后从烟囱高空排放。改造后流程：在原焚烧炉余热锅炉后增设相变换热器和脱硫塔，烟气通过换热降温和碱液脱硫后与高温空气混合在塔顶放空。改造总投资：6580万元(三套合计)。改造于2017年2月完成工程设计，2017年6月30日投用。

装置改造后主要技术指标：烟气中SO_2排放浓度<5mg/m^3、粉尘浓度<5mg/m^3；外排污水COD<50mg/L、悬浮物浓度<50mg/L、pH值控制在7~8；碱液(30%)消耗量50~84kg/h；烟气脱硫单元能耗约8kgEO/t硫；烟气排放不冒白色。

案例二：

茂名石化公司第6套硫黄回收装置尾气提标改造，由镇海石化工程股份有限公司设计，采用ZHSR的钠法烟气脱硫专利技术。装置原设计：第6套硫黄回收装置规模100kt/a；制硫单元采用二级转化Claus制硫工艺，尾气处理单元采用还原-吸收工艺，尾气热焚烧后从烟囱高空排放。改造后流程：在原焚烧炉余热锅炉后增设脱硫塔，烟气通过降温和碱液脱硫后在塔顶放空。改造投资：2100万元。改造于2017年4月完成工程设计，2017年7月16日投用。

装置改造后主要技术指标：烟气中SO_2排放浓度<10mg/m^3；外排污水COD<20mg/L、pH值控制在8~9，碱液(30%)消耗量60~70kg/h；烟气脱硫单元能耗约7kgEO/t硫。

第七节　有机胺湿法可再生尾气处理技术

一、概述

拥有CANSOLV技术的壳牌全球解决方案公司已与福斯特惠勒公司一起签订了全球企业框架协议(EFA)，其中福斯特惠勒公司将为包括CANSOLV二氧化硫洗涤技术在内的一些壳牌全球解决方案公司技术提供工程支持。

CANSOLV公司的CANSOLV® SO_2洗涤工艺可以选择性地吸收Claus工艺尾气中的SO_2，SO_2浓度可降至<10μg/g。吸收SO_2时CO_2的选择性是50000∶1。因为尾气是在过量空气中燃烧，所以其中所有的硫化合物都会转化为SO_2。与传统的气体处理相比，该工艺用能较少，所以在工程上可以设计使用低质量废热。所采用的被称为CANSOLV吸收剂DS的二胺溶剂具有低挥发性和低毒性。低挥发性是因为SO_2溶解于水产生H^+和HSO_3^-，H^+使一个氮原子质子化从而使溶剂保持以盐的形式存在。已证明，当第二套工业装置投入烟气脱硫使用时，溶剂的稳定性甚至比预期的结果还要高。此外，据报道该工艺容易维护，并且占地面积少。因为循环回到Claus进料中的SO_2降低了空气(氧气)的需求量，所以可以提高Claus装置的处理量。事实上，CANSOLV洗涤工艺的成功应用表明，全新的方法可以用于硫回收装置

(SRU)的设计，它将使成本和排放两者都降低。

截至2012年第1季度，已有15套装置获得CANSOLV洗涤工艺的许可，这些装置已在运转或处于工程设计或采购阶段。其中有一套装置是建在美国加州的一个炼油厂，该炼油厂需要处理产自其烷基化工艺装置的40000Nm^3/h(33.9MMscf/d)的废酸性气，以遵守更严格的SO_2排放法规。炼油厂以前采用一个硫酸铵系统，但被CANSOLV洗涤工艺取代，而且自从该装置启动后，尽管处理气的SO_2浓度高达6000μL/L，炼油企业也一直能满足20μL/L的SO_2排放要求。此外，还有一个好处就是回收的SO_2能够循环回烷基化装置以提高硫酸产量。

中石化炼化工程(集团)股份有限公司洛阳技术研发中心和齐鲁石化公司研究院研究开发了具有自主知识产权的吸收剂LAS(Liquid Absorbent of SO_2)及配套的可再生湿法烟气脱硫(Regenerable Absorption Process for SO_x Cleanup，简称RASOC工艺)，主要针对炼油厂催化裂化装置烟气脱硫，亦可用于硫黄装置尾气、S Zorb再生烟气、冶炼尾气和燃煤锅炉烟气的脱硫。

二、Claus+RASOC硫黄回收组合工艺与超低排放控制技术介绍

为了满足硫黄回收装置尾气排放新标准要求，国内科研机构围绕着尾气处理技术开展了大量的研究工作，在可再生湿法烟气脱硫(RASOC)的基础上，整合Claus-RASOC工艺，开发一种新型硫黄回收组合工艺技术(工艺流程见图5-7-1)，以更短的流程、更高的效率提高硫黄回收装置总硫回收率，实现尾气超低排放。

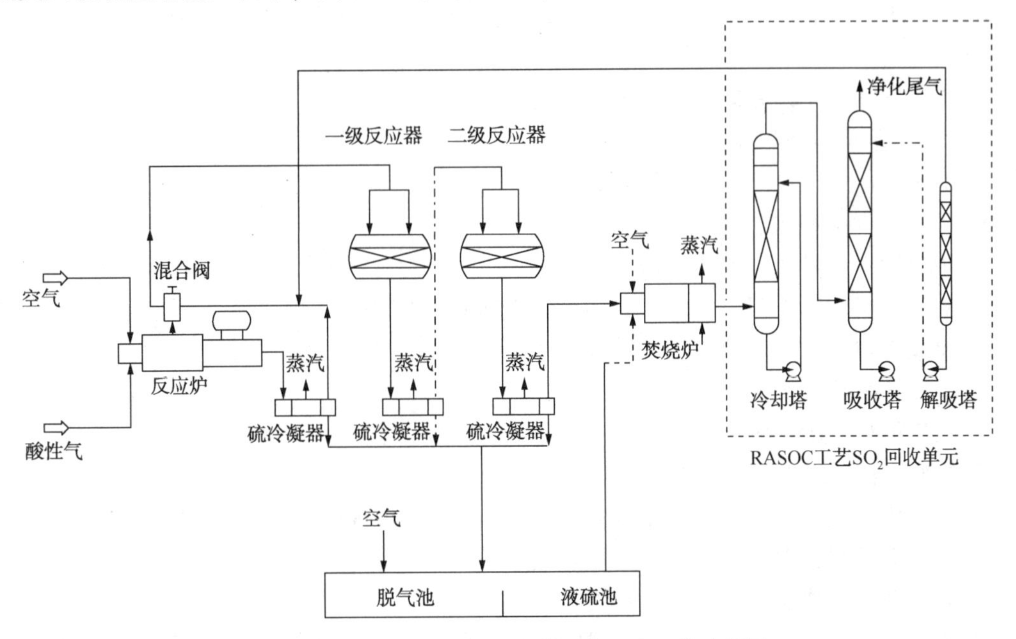

图5-7-1　Claus+RASOC硫黄回收组合工艺流程图

1. Claus+RASOC硫黄回收组合工艺流程

Claus装置尾气及来自其他装置的含硫废气进焚烧炉焚烧，经焚烧、余热回收后的烟气送入RASOC工艺急冷工段冷却降温，冷却、除雾后的烟气在脱硫工段与LAS吸收剂接触，脱除烟气中的SO_2后达标排放。吸收了SO_2的富液在吸收剂再生工段进行解吸，再生后的吸

收剂贫液返回吸收塔循环使用；回收的高纯度SO_2返回 Claus 装置生产硫黄。

本工艺采用专用LAS吸收剂，通过吸收—解吸循环，实现SO_2的资源化回收。LAS吸收剂是一种具有特殊双胺官能团的有机胺衍生物，具有吸收速度快、吸收容量大、再生效果好、蒸发损失小等优点，在SO_2含量为500～100000mg/m^{3}范围内，均可达到良好的脱硫效果。

RASOC 整套工艺由四部分构成：

1）洗涤系统：含硫烟气先在烟气洗涤塔中进行水洗降温，同时除去催化剂粉尘及强酸性气体。

2）吸收系统：经过洗涤的含硫烟气从吸收塔底部进入，与吸收剂进行逆向接触，烟气中的SO_2被吸收剂吸收，净化后的烟气直接放空，吸收了SO_2的富液去再生塔。

3）再生系统：吸收了SO_2的富吸收剂经过换热器换热后，进入再生塔，经过蒸汽汽提，SO_2脱附成为纯度较高的副产品，再生后的吸收剂经过换热器冷却后返回吸收塔。

4）热稳定盐处理系统：在整个吸收-解吸过程中，由于氧化作用，有少量的SO_2转化为SO_3，从而以SO_4^{2-}的形式存在于吸收剂中，这种盐不能通过加热的方式除去，称为热稳定盐，随着吸收剂的循环使用，热稳定盐不断累积，严重影响吸收剂的吸收容量及脱硫效果，必须将其除去。

将一部分含有热稳定盐的吸收剂通过热稳定盐脱除系统，除去热稳定盐，维持吸收-再生系统中的离子平衡，保证吸收剂的脱硫效率。

高纯度的SO_2副产品可以生产液体SO_2，也可与 Claus 工艺相结合生产硫黄，还可生产硫酸。

2. 吸收剂(LAS)研究及配套 RASOC 工艺的开发

作为吸收剂应具备以下几个条件：

1）对SO_2有很好的吸收性能及再生性能；

2）吸收剂性能稳定，适宜长周期运转；

3）吸收剂挥发性小，易于回收；

4）对设备腐蚀性小且毒性较小，对环境及人体毒害小；

5）价廉易得。

3. 工艺条件考察

该工艺的适宜操作条件为：

1）吸收剂的 pH 值控制在 4～6 之间；

2）使用该工艺可以处理烟气中SO_2的含量在500～100000mg/m^3；

3）吸收塔的操作温度应在40～60℃左右；

4）再生塔的操作温度在105～115℃左右；

5）根据烟气中SO_2的含量和脱除要求，灵活选择液气比，一般控制在0.2～0.5L/m^{3}左右；

6）吸收塔理论塔板选择在4～5块为宜；

7）烟气中的NO_x、CO_x的存在对LAS吸收剂的吸收效果没有影响。

4. 技术特点

1）烟气治理更彻底，不产生二次污染；

2）采用可循环使用的专用 LAS 吸收剂，吸收速度快、吸收容量大、再生效果好；

3）可回收高纯度 SO_2，实现资源化利用；

4）与钠碱法脱硫技术比，碱耗减少 80%以上，脱硫废液减排 80%以上。

5. 技术指标

原烟气：SO_x 含量为 500～100000mg/Nm³；

颗粒物：70～1000mg/Nm³；

净化气：1)净化烟气中 SO_2≤50mg/Nm³；

2)净化烟气中颗粒物≤30mg/Nm³；

3)回收的 SO_2纯度≥99.9%(干基)。

二、Claus+RASOC 硫黄回收组合工艺与超低排放控制技术可行性分析

1）中国石化自主开发的 RASOC 工艺趋于成熟，配套 LAS 吸收剂已成功工业应用，工业应用结果表明，LAS 吸收剂稳定性好、腐蚀性小、吸收-解吸性能好，是一种性能优良的烟气脱硫吸收剂。

2）Claus 硫黄回收装置技术成熟，国内相关工程公司对 Claus 硫黄回收工艺均有深刻的理解和丰富的工程经验。

3）与 Claus-SCOT 硫黄回收工艺相比，本项目组合工艺在实现尾气超净排放的基础上，建设投资降低 20%以上，装置能耗降低 10%以上。在可再生湿法烟气脱硫工艺中，没有加氢还原步骤，Claus 尾气直接送至焚烧炉，将其中的含硫化合物全部焚烧转化为 SO_2，焚烧尾气进入可再生湿法烟气脱硫装置，经冷却、吸收和再生，回收高纯度的 SO_2，净化尾气直接达标排放。可再生湿法烟气脱硫工艺选用专用双胺溶剂，吸收和解吸性能优异，具有很高的选择性，其净化尾气中 SO_2能够降至 50mg/m³以下。尾气处理装置省去了加热炉、加氢反应器、还原用氢气，因此总的投资费用要比 SCOT 工艺省 20%以上。回收的 SO_2返回 Claus 装置，无需耗费空气再氧化转化 H_2S，由此减少了进入酸性气焚烧炉惰性气体数量，可使装置处理能力增加，简化了生产操作。

综上所述，可再生湿法烟气脱硫工艺有望成为一种非常具有竞争力和吸引力的硫回收工艺。

第八节 湿式氧化尾气脱硫技术

有关湿法氧化工艺技术的详细介绍参见第四章第二节。湿法氧化工艺可单独使用，也可与 Claus 工艺组合使用，形成 Claus+加氢还原+LO-CAT 的组合工艺，用于尾气的达标治理。中国石化齐鲁石化公司研究院与北京化工大学合作开发了具有自主知识产权的 Claus+加氢还原+LO-CAT 的组合工艺，简称 CHL 硫黄回收及尾气处理工艺。

该技术的特点：

1）开发了一种非水相的脱硫液，可以直接将硫化氢氧化为单质硫，脱硫液的硫容大(1g/L)、活性成分不降解，硫黄与脱硫液易于分离；

2）疏水性脱硫液活性成分含量高，添加特殊助剂，有机硫脱除率达 80%以上；

3）脱硫液使用无需辅剂，酸性脱硫无需调控脱液 pH 值，硫黄自沉分离，开放式熔硫，无副盐产生，无“三废”排放；

4）工艺绿色化、流程简单、流程短、适用范围广，在低温和高温条件下均可进行湿法氧化脱硫；

5）能耗低，相比 Claus+SCOT+烟气碱洗技术降低 20%以上；

6）配合使用高效有机硫水解催化剂和加氢催化剂，净化尾气硫化氢含量小于 5μg/g，有机硫小于 5μg/g，总硫小于 10μg/g；烟气 SO_2 排放浓度小于 $30mg/m^3$。

主要工艺条件：

1）吸收温度：常温；

2）再生温度：常温；

3）硫黄纯化温度：130~150℃；

4）可省去掉焚烧炉，尾气直排大气，异常工况设置碱洗塔。

技术指标：

1）净化尾气硫化氢含量小于 10μg/g，有机硫小于 10μg/g，总硫小于 20μg/g；

2）焚烧后烟气二氧化硫小于 $30mg/m^3$；

3）硫黄达到工业合格品质量要求；

4）能耗降低 20%~30%。

第九节　生物脱硫技术

一、概述

生物脱硫技术基于 20 世纪 90 年代 Paques(帕克)公司开发的 Thiopaq®技术；帕克公司是一家主要以生物技术解决各种环境问题的荷兰公司，至今已经有近 40 年的历史。从 20 世纪 80 年代开始，帕克开始研究开发应用于废水和气体处理系统生物技术。Shell 公司与帕克公司合作进行该技术的开发与推广应用，世界首例高压气体处理单元于 2002 年在加拿大启动，2005 年帕克开始在中国推广 Thiopaq®生物脱硫技术，2007 年获得英国优秀工程奖，2011 年生物硫制剂开始在欧洲销售，目前国内业绩数 40 多个。

生物法脱除 H_2S 有直接法和间接法。直接法是通过筛选出高效脱硫菌对 H_2S 直接吸收、分解。间接法则是通过细菌氧化 Fe^{2+}生成 Fe^{3+}，再利用 Fe^{3+}的催化氧化作用脱除 H_2S。

生物脱硫是硫化物在微生物的作用下被氧化成单质硫，单质硫经沉淀分离从而达到去除硫的目的。能够氧化硫化物的微生物主要为：丝状硫细菌、光合硫细菌和无色硫细菌，其中大部分属于自养型。

生物脱硫技术的研究和应用领域主要集中在以下几个方面：石油脱硫、煤炭脱硫、燃料气、沼气、酸性水、烟道气脱硫及工业废气的脱硫。工业气体生物脱硫国内外研究较多，并获得较好脱硫效果的细菌(见表 5-9-1)，主要有脱氮硫杆菌和氧化亚铁硫杆菌等，而且还开发出工业化应用的气体脱硫工艺。其中荷兰 Paques 公司和 Shell 公司采用脱氮硫杆菌开发出 Shell-Paques 工艺；日本钢管公司(NKK)以氧化亚铁硫杆菌开发了 Bio-SR 工艺。

表 5-9-1　主要脱硫细菌的生长特征

细　菌	适宜温度/℃	适宜 pH 值	营养类型	代谢物
T. ferrooxidans	20~35	2.0~3.0	自养	Fe^{2+}、硫、无机硫化物
T. denitrificans	28~35	4.0~9.5	自养	Fe^{2+}、硫、无机硫化物
T. thiooxidans	25~33	0.5~7.0	自养	硫、无机硫化物
T. thioparus	11~25	4.5~10	自养	无机硫化物

在含硫气体脱除工艺中常用的是硫杆菌属的氧化亚铁硫杆菌(T. ferrooxidans，简称 T. F 菌)、脱氮硫杆菌(T. denittificans，简称 T. D 菌)等，从两种细菌出发推出了两种脱硫工艺：Shell-Paques 工艺和 Bio-SR 工艺。

二、Shell—Paques 工艺

Thiopaq®技术发明于 20 世纪 90 年代，早期被用于脱除厌氧反应器产生的沼气中的硫化氢，净化后的沼气可被用来发电或生产蒸汽，自 1997 年起，帕克公司与荷兰 Shell 公司开始共同探索生物脱硫技术在油气领域的应用，该技术应用被命名为 Thiopaq® O&G 工艺。其后与 Shell Global Solutions 公司进行合作开发，将工艺扩展用于处理天然气和合成气，称之为 Shell-Paques/Thiopaq 工艺。目前全世界已有数十套装置在运行，国内有新疆天富热电股份有限公司、山西潞安煤基合成油有限公司、山西三维集团股份有限公司、奎屯锦疆化工有限公司等采用该技术。

1. 生物脱硫工艺原理

生物脱硫工艺将气体净化与硫黄回收集成为一体，生物脱硫装置主要由洗涤塔和生物反应器组成。在洗涤塔中，硫化氢被吸收为硫化物，同时碱被消耗；而在生物反应器中，硫化物在被氧化为单质硫的过程中，消耗的碱又重新得到了再生，并通过系统内部的循环得到重新利用。

主要化学反应如下：

$$H_2S+OH^- \rightleftharpoons HS^-+H_2O \text{（洗涤塔中的硫化氢吸收）} \quad (5-9-1)$$

$$HS^-+1/2O_2 \rightleftharpoons S^0+OH^- \text{（生物反应器中的硫化物氧化）} \quad (5-9-2)$$

2. 生物脱硫工艺流程

生物脱硫工艺流程如图 5-9-1 所示。

3. 生物脱硫升气式反应器

生物脱硫升气式反应器如图 5-9-2 所示。

4. 生物脱硫应用实例

2002 年 12 月全球第 1 套采用该工艺的大型高压天然气生物脱硫装置在加拿大 Bantry 天然气净化厂投产，该厂处理由 9 个气田集输而来的含硫天然气。2004 年 12 月采用同样工艺的美国 Teague 天然气净化厂投产，该厂处理东 Texas 所产的低含硫、高 CO_2/H_2S 天然气，设计处理量 $169\times10^4m^3/d$(两套)，而原料气压力则高达 8.2MPa。生物脱硫应用结果：

1）装置运转平稳，微生物催化剂可以经受剧烈的压力变化而不影响其脱硫性能；

2）当原料气中 CO_2浓度高达 4%时，脱硫溶液具有良好的缓冲作用，仍能保持脱硫溶液 pH 值稳定，并保证净化气的 H_2S 浓度降到 $6mg/m^3$以下；

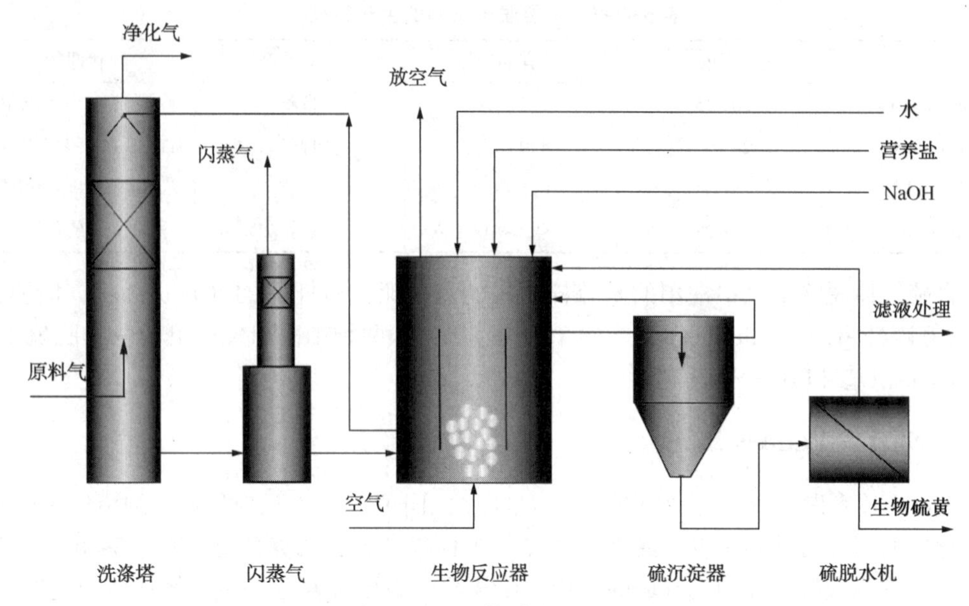

图 5-9-1　生物脱硫工艺流程

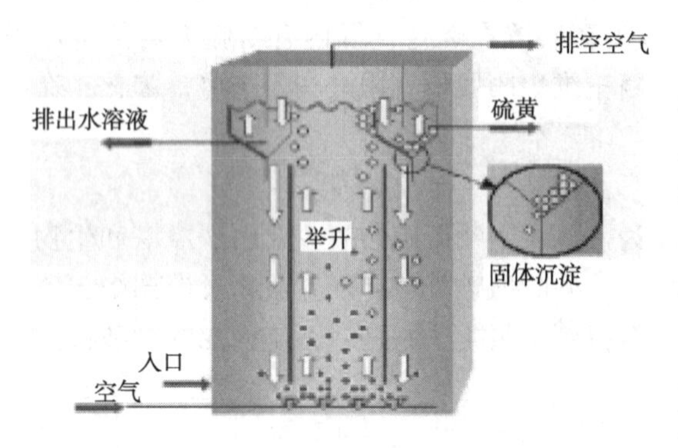

图 5-9-2　生物脱硫升气式反应器

3）由于生物硫黄良好的亲水性，只要采取适当的措施，该生物脱硫工艺基本上不存在（包括 Lo-Cat 法在内）铁基氧化还原法常见的溶液发泡和设备堵塞问题；

4）反应原理决定生物脱硫工艺的硫容量，单纯提高吸收溶液碱度不能提高硫容；

5）提高硫容的另一个“瓶颈”在于其相对较缓慢的再生速率；气升式反应器的实验室研究表明，其处理 H_2S 的最高负荷为 0.246kg/（m^3·h）。

5. 生物脱硫特点

1）工艺简单、设备少；

2）低运行费用仅需添加碱和营养液、无贵重催化剂；

3）H_2S 脱除率>99.9%；

4）维护和操作容易；

5）生成水溶性生物硫黄产品，因此不存在结垢和堵塞的问题；

6）生物活性高，操作弹性大。

6. 关键控制参数

1）pH 值：8~9；

2）温度：30~40℃；

3）氧化还原电位（ORP）：-300~-360mV；

4）电导率：<40mS/cm；

5）溶解氧。

7. 生物脱硫中硫的分离和应用

图 5-9-3 给出了生物脱硫中硫黄分离的工艺流程。

图 5-9-3　硫黄分离工艺流程

三、Bio-SR 生物脱硫工艺

Bio-SR 工艺最初由日本 Dowa mining 公司开发成功，后来日本钢管公司 NKK 获得工艺的独家实施许可，该工艺主要用于处理化工厂以及炼油厂的各种含硫气体。为将该工艺用于净化处理含 H_2S 的天然气，美国气体研究院(IGT)与 NKK 公司进行了合作开发，并获得该工艺的使用授权。在 1984 年，第一套工业装置应用于钡化学试剂厂排放气脱硫，它利用氧化亚铁硫杆菌的间接氧化作用，用硫酸铁脱除硫化氢，再用 T. F 菌将亚铁氧化为三价铁。其脱硫原理如下：

$$H_2S+Fe_2(SO_4)_3 = S\downarrow +2FeSO_4+H_2SO_4\text{(化学吸收)} \quad (5-9-3)$$

$$2FeSO_4+H_2SO_4+1/2O_2 = Fe_2(SO_4)_3+H_2O\text{(细菌再生)} \quad (5-9-4)$$

Bio-SR 工艺以硫酸铁水溶液为吸收剂，将硫化氢吸收并氧化为单质硫，同时硫酸铁被还原为硫酸亚铁。由于氧化亚铁硫杆菌具嗜酸性，反应在酸性条件下进行，pH 值为 2~3。反应过程在常温下操作，在强酸性介质条件下，由于腐蚀性较强，因此所选设备塔罐均用橡胶衬里，管道阀门用塑料材料，从而增加了设备投资费用。Bio-SR 工艺只在最初开发出来的时候建有工业装置，其后就未见有关装置建设的报道，这很可能与工艺在酸性条件下使用存在一定腐蚀，并且生物氧化反应中产生的黄钾铁矾副产物容易堵塞设备以及所采用的细菌培养较为困难有关。工艺流程见图 5-9-4。

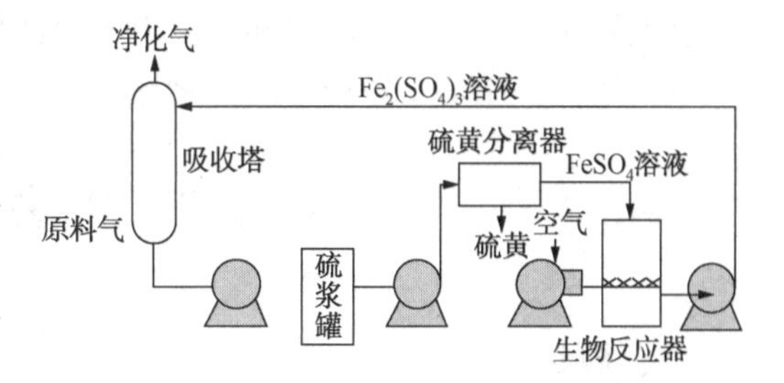

图 5-9-4　Bio-SR 生物脱硫工艺流程

四、两种生物脱硫工艺比较

两种生物脱硫工艺比较见表5-9-2。

表5-9-2　两种生物脱硫工艺比较

项　　目	Shell-Paques 工艺	Bio-SR 工艺
吸收形式	板式或填料式	填料式
pH值	8.5~9.3	2.0~2.5
生物反应器	流化床(较大)	固定床较小
微生物种类	脱氮硫杆菌	氧化亚铁硫杆菌
反应温度/℃	30~40	常温
营养液	5%~10%的生物质	补加水和少量Fe、N，P，K等微量元素和硫酸
硫黄亲水性	好	较差
设备材质	常规材料	耐酸特制材料
废物	少量含硫酸盐废液	少量黄钾铁矾沉淀
硫黄纯度	约99%	约90%

五、国内外生物法脱硫技术发展趋势

从国内外的研究成果看，可以将微生物脱硫技术与目前广泛使用的湿法脱硫相结合，用微生物水溶液或悬浮乳液吸收气相当中的硫化物，然后利用微生物脱除液相中溶解的硫化物。将湿法脱硫工程经验和硫回收技术与微生物脱硫技术联合开发生物脱硫新技术形成优势互补，对推动生物脱硫技术的发展和应用具有十分重要的现实意义。从国内外生物法推广应用经验来看，国内该技术仍处于初始研究阶段，工业化程度不高。随着基因工程技术的快速发展，构建脱硫性能稳定、繁殖速度快、脱硫产物能够再利用的工业微生物将是未来微生物脱硫的发展方向之一。今后生物法要注重以下方面优化：

1）培育新型高效脱硫菌种提升菌种脱硫活性；

2）生物反应器结构简单、体积小；

3）降低硫酸盐生成量；

4）减少动力消耗(曝气)；

5）减少化学试剂用量。

重点研究领域：一是筛选和分离出脱硫活性更高、遗传稳定性更好的新菌株；二是开发出高效、连续、流动效果稳定的生物反应器。

第十节　干法尾气脱硫技术

一、概述

目前，国内外硫黄装置烟气脱硫技术主要分为两个大的类别：第一种是湿法，即采用某种液体吸收剂、乳液吸收剂或者吸收溶液对废气进行处理；第二种是干法，采用粉状或粒状的吸附剂、吸收剂或催化剂来脱除烟道气中的二氧化硫。我国目前尾气脱硫基本上都是采用钠法碱洗脱硫技术，硫黄装置采用烟气后碱洗的湿法脱硫技术可以实现 50mg/m^{3}以下的更低排放，但是该类工艺产生新的二次污染物——含硫酸钠废水，该类废水无法直接排放，再处理工艺投资巨大。

干法脱硫因操作简单、设备投资省、无二次污染等特点近年来发展迅速，被认为最具有应用前景的脱硫工艺。所以最近几年干法烟气脱硫技术的研究与开发受到国内外的普遍重视。如果能够采用一种成熟的干法脱硫技术用于硫黄回收装置烟气二氧化硫的脱除，就可以实现硫黄回收装置烟气满足更低排放标准的达标排放，从而消除硫黄回收装置的发展瓶颈。

二、干法脱硫用于硫黄回收装置工艺路线

目前我国硫黄回收装置大都采用 Claus+SCOT 的硫黄回收工艺。中国石化齐鲁石化公司研究院开发的干法脱硫工艺应用于硫黄回收装置，可以在现有装置工艺基础上采用如图 5-10-1 所示的工艺路线。

硫黄装置采用齐鲁石化公司的 LS-DeGAS 成套技术，可以实现在正常运行工况下，即可保证硫黄装置烟气 SO_2 排放能达到 100mg/m^{3}以下。此时，烟气干法脱硫单元可以停用，烟气经干法脱硫单元跨线直接经烟囱排放，从而降低装置运行操作成本和能耗。当装置出现异常波动，或者开停工期间，仅靠 LS-DeGAS 技术无法保证硫黄装置烟气达标排放，此时，烟气干法脱硫单元开启，以干法脱硫工艺脱除烟气中二氧化硫，实现装置达标排放。如采用 LS-DeGAS+干法烟气脱硫技术可实现硫黄装置近零排放。

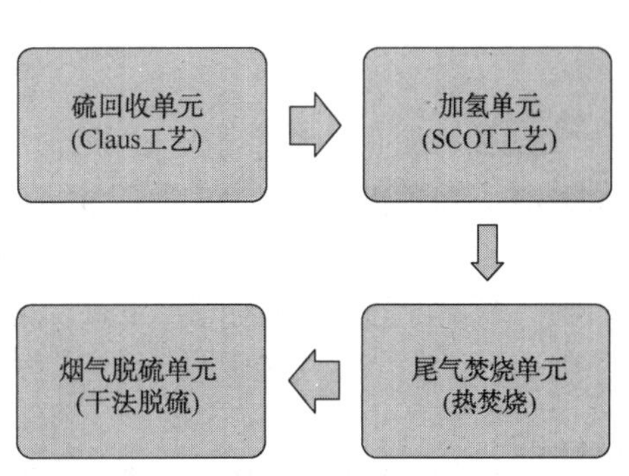

图 5-10-1 干法脱硫用于硫黄回收装置工艺路线

干法烟气脱硫是利用特殊的吸附剂脱除烟气中的 SO_2，其中活性炭干法烟气脱硫是目前应用范围最广、最有应用前景的一种方法。活性炭因其具有丰富的孔隙结构、高比表面积和丰富的官能团，受到脱硫科研工作者的重视。活性炭烟气脱硫技术具有工艺流程短、占用场地小、投入成本低、二次污染小、吸附剂可再生等优点。但由于活性炭吸附二氧化硫硫容较低、必须对其进行改性处理，方可满足硫黄装置烟气处的要求。干法脱硫用于硫黄回收装置烟气脱硫工艺流程示意见图 5-10-2。

三、干法烟气脱硫技术简介

（一）干法脱硫技术原理

由于吸附剂本身具有内表面积大、对可吸附物质的吸收能力较强的特点，对低浓度的二氧化硫烟气有较好的吸附能力，能有效地吸附烟气中的二氧化硫，从而降低烟气二氧化硫排放。同时，吸附剂的微小颗粒尺寸比较均匀，机械强度较高，化学性质比较稳定，市场来源广泛，经济成本较低，因此可以在硫黄回收装置尾气脱硫技术中大量使用。

低温吸附剂孔结构良好、比表面积大，具有较高的吸附能力。吸附剂脱硫包括物理吸附

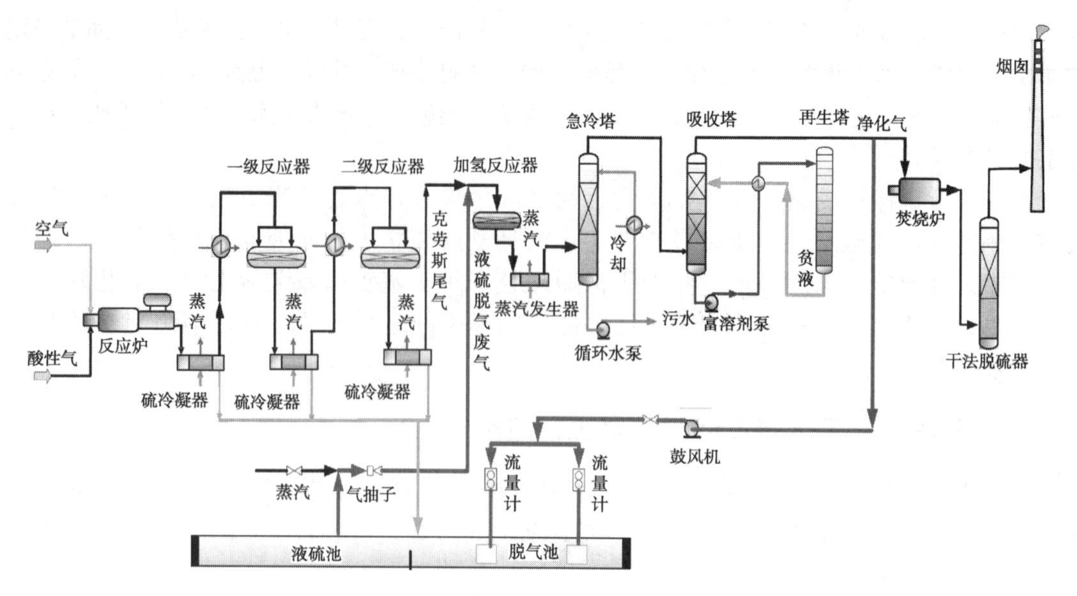

图 5-10-2　干法脱硫用于硫黄回收装置烟气脱硫流程示意图

和化学吸附。在不含水蒸气和氧气的情况下，主要以物理吸附为主，吸附量小。当烟气中含有足够的水蒸气和氧气时，主要以化学吸附为主，并伴随着物理吸附，当 SO_2 吸附于吸附剂表面时，与烟气中水和氧气生成 H_2SO_4。研究发现，当吸附温度低于 100℃时，主要发生物理吸附，当温度高于 100℃时，主要以化学吸附为主。

目前，工业上活性炭吸附干法脱硫大都利用其较高温度下发生的化学吸附性能，其主要包括以下 3 步：SO_2、水蒸气和 O_2 在活性炭表面吸附；SO_2 被催化氧化成 SO_3，并进一步生成 H_2SO_4；生成的 H_2SO_4 从活性炭表面脱附，生成的稀硫酸回收利用。

具体的可以由 Tamura 等提出的如下脱硫机理表示：

$$SO_2+C \longrightarrow C-SO_2 \tag{5-10-1}$$

$$O_2+C \longrightarrow C-O \tag{5-10-2}$$

$$H_2O+C \longrightarrow C-H_2O \tag{5-10-3}$$

$$C-SO_2+C-O \longrightarrow C-SO_3 \tag{5-10-4}$$

$$C-SO_3+C-H_2O \longrightarrow C-H_2SO_4 \tag{5-10-5}$$

$$C-H_2SO_4+nC-H_2O \longrightarrow C-(H_2SO_4 \cdot nH_2O) \tag{5-10-6}$$

（C 表示活性炭表面的活性位，-表示吸附作用）

（二）固定床活性炭干法脱硫工艺

吸附剂吸附工艺中的吸附装置以固定床和流化床的工业化应用最多。固定床吸附工艺利用固定床作为脱硫反应装置，吸附剂在脱硫过程中保持静止，而烟气连续通过床层得以净化，吸附饱和的吸附剂多采用水洗再生，得到一定浓度的稀硫酸，可用于钢板酸洗、硫线、石膏、磷线等工艺，也可以对稀硫酸进行技术处理得到理想的硫酸产品。Lurgi 工艺是此类工艺的典型代表，其工艺流程示意图见图 5-10-3。

固定床反应器具有其本身结构所决定的优势：①返混率低，流体与固体吸附剂可以进行充分的接触反应；②对催化剂的磨损比较小；③结构形式不是很复杂。同时，固定床反应器本身的结构也决定了它具有不可避免的缺点：①传热性能不理想；②操作过程中使用的吸附剂不能随时更换，因此不适于频繁更换吸附剂的反应过程；③反应产物是稀硫酸，该硫酸品质较差，市场利用率低，再处理投资高，限制了活性炭脱硫工艺的发展。

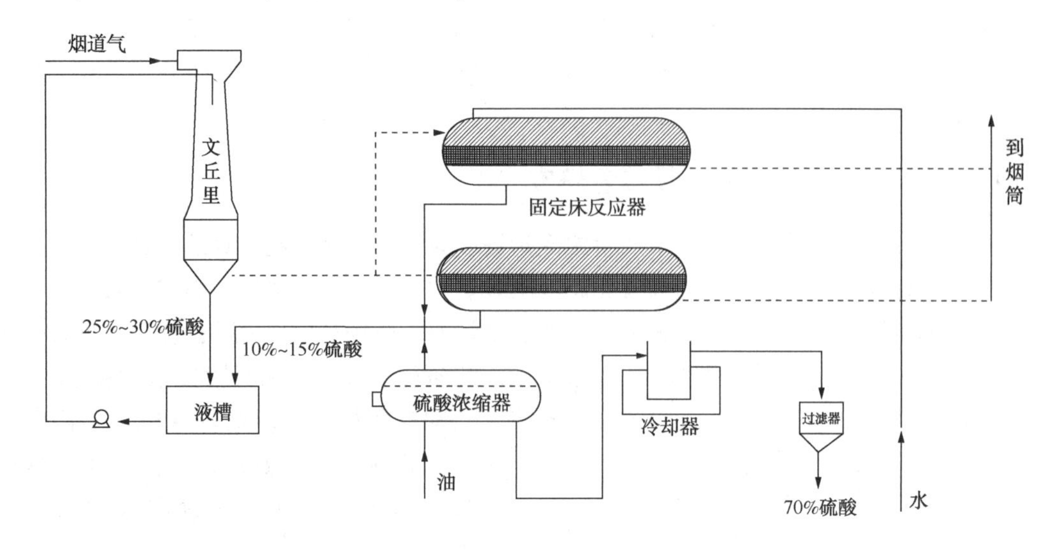

图 5-10-3　Lurgi 活性炭固定床工艺流程图

（三）活性炭循环流化床烟气脱硫技术

吸附剂循环流化床烟气脱硫技术是一种使用高速流动的烟气、使其与所携带的悬浮粉末吸附剂得到充分混合的技术，工艺流程见图 5-10-4。该工艺主要包括四个系统：吸附、除尘、解吸和副产物回收系统。烟气进入吸附塔，与吸附剂充分接触发生吸附反应。吸附了 SO_2气体的活性炭进入解吸塔，通过加热的方式将 SO_2解吸出来。反应塔内的气固湍流流动比较激烈，粉末吸附剂的循环倍率也被加强，这样延长了粉末吸附剂与烟气的接触时间，脱硫灰的再循环也显著提高了容器内单位区域的吸附剂含量，脱硫效率得到了很大的提升。同时解吸后的吸附剂经过筛分后再次通入吸附塔进行循环使用。

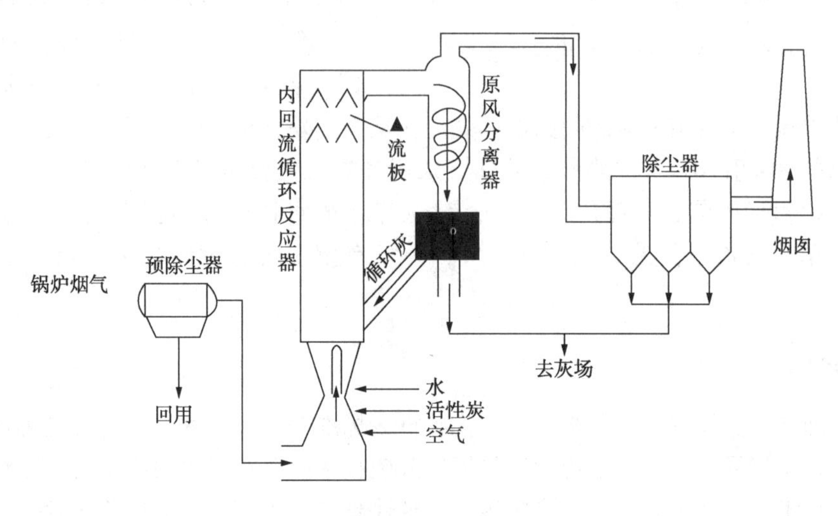

图 5-10-4　吸附剂循环流化床工艺流程

与固定式反应器相比，流化床反应器具有不可替代的优势，其中包括：①固体物料能够方便地输送；②床层分布均匀。缺点：①返混严重，为了限制反混，可以在内部增加部件或者采用多层；②存在气泡，使得反应不充分；③固体颗粒磨损仍然十分严重，而且会存在夹带粉尘飞出；④工艺复杂，自控系统要求高，设备制造费用高，其巨额投资建设费用限制了该类技术的发展。

四、干法脱硫用于硫黄回收装置研究

吸附剂因其自身优异性能并且不产生二次污染成为当前最具发展前景的一种干法脱硫技术，但是工业化应用最多的固定床和流化床吸附装置均存在一定局限性：固定床吸附技术将二氧化硫中硫资源转化为稀硫酸，该类稀硫酸品质较差，市场利用率较低，提质再处理技术投资较高；流化床吸附技术设备投资大，自动控制精度要求高。这极大地限制了干法脱硫技术的发展，也使得干法脱硫技术用于硫黄回收装置烟气脱硫难度加大。

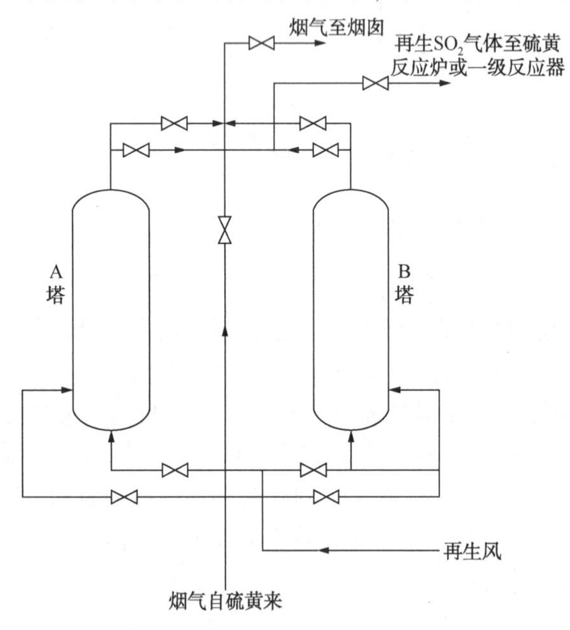

图 5-10-5　活性炭脱硫工艺流程示意图

开发一种新型吸附剂干法脱硫工艺，以满足硫黄回收装置烟气干法脱硫的要求。从投资角度考虑，所开发的新型脱硫工艺采用固定床吸附工艺，利用吸附剂低温下的物理吸附性能吸收硫黄回收装置烟气中残留的二氧化硫。为保证吸附过程的连续性，可设置 A、B 双吸收塔（工艺流程示意见图 5-10-5），A 塔吸附饱和后切换 B 塔。吸附饱和的 A 塔通过升温解吸出 SO_2，解吸出的 SO_2 引入硫黄回收装置的 Claus 炉或者一级反应器处理，回收单质硫，实现硫元素的闭路循环处理，从而实现含硫气体的超低排放。

解吸出的 SO_2 引入硫黄回收装置处理，采用齐鲁石化公司研究院研发的高二氧化硫含量气体引入硫黄回收装置处理技术，不会对现有硫黄回收装置的正常运行产生影响。该工艺操作简单、投资小，无二次污染生成，并且有望实现硫黄回收装置烟气二氧化硫零排放。

五、结论

随着我国环保法规的日益严格，二氧化硫排放标准提升，烟气二氧化硫能否达标排放成为硫黄回收装置发展的瓶颈。常规的湿法烟气脱硫技术因存在二次污染正被逐渐淘汰，活性炭干法脱硫技术因其经济高效、无二次污染的特性具有巨大发展潜力。若研发一种新型活性炭脱硫技术，以活性炭作为吸附剂在低温下物理吸附烟气中的 SO_2，加热再生后的二氧化硫引入硫黄回收装置进一步回收硫资源，可以实现硫单质的闭路循环处理，实现装置硫单质的零排放。该技术用于硫黄回收装置烟气干法脱硫可以解决硫黄装置发展瓶颈，应用前景广阔。

第十一节　尾气焚烧处理技术

硫黄回收装置产生的含硫气体，经胺液吸收净化后，尾气中仍然含有少量的硫化氢气体，由于硫化氢是剧毒气体，不能直接排放到大气中，空气中允许硫化氢存在的安全值在 $10mg/m^3$ 以下，因此，硫黄装置净化尾气还必须经过焚烧处理，将微量硫化氢转化为二氧化硫后排放。

Claus 工艺推广应用初期，尾气直接排往大气，后来为了减少含硫气体对大气的污染，在没有尾气处理技术之前就在 Claus 装置后面加一个焚烧炉，将尾气焚烧后再放空。例如法国拉克气田于 1960 年开发，1965 年前的 Claus 硫回收装置后面就装有焚烧炉；美国第一套 Claus 装置于 1944 年投产，1965 年后添加了尾气焚烧炉。1970 年前后发达国家先后颁布了关于限制含硫废气排放的法规，针对硫回收装置的实际情况陆续开发了多种尾气处理工艺技术、将尾气处理再经焚烧后放空。

以前在我国由于加工原油以低硫原油为主，硫黄回收装置规模不大，20 世纪 90 年代以前大多数硫黄回收装置 Claus 尾气经焚烧后直接排放。在排放标准不很严格的国家(如加拿大)，焚烧法处理尾气仍是一种比较重要的方法。

硫黄回收装置尾气的焚烧处理分为热焚烧和催化焚烧两种工艺，热焚烧处理温度较高，一般在 600~800℃，消耗大量的燃料和氧，装置能耗高，并经常出现温度过低导致焚烧不完全或温度过高导致焚烧炉变形等情况。催化焚烧是在较低的温度(一般 200~400℃)及催化剂作用下把硫化氢等硫化物转化为二氧化硫，使用此工艺装置能耗和操作费用可显著降低，但装置建设成本比热焚烧工艺略高。多年前燃料价格较低时，催化焚烧工艺的经济优势不明显，但随着国家对节能降耗的日益重视及燃料气价格的上涨，催化焚烧的技术优势已显现出来。此外，为满足日趋严格的排放标准，单纯的 Claus 硫回收工艺将逐步升级为 Claus+尾气深度净化工艺(如 SCOT 工艺)。深度净化工艺尾气相对清洁，催化剂不易污染或中毒，更适合催化焚烧。

一、尾气焚烧工艺类型

(一) 热焚烧

热焚烧是指在有过量空气存在的条件下，用燃料气把尾气加热到一定程度，使尾气中的含硫化合物全部转化为 SO_2。为使尾气中的含硫化合物全部燃烧转化为 SO_2，焚烧温度一般控制在 600~800℃左右，温度过低时对 CO、H_2 的焚烧不利，一般认为烟道气中有 2.0%(体)左右的游离氧时，对焚烧最为有利，这时 H_2 能完全燃烧，燃料气耗量最低。我国硫黄回收装置全部采用热焚烧法。

(二) 催化焚烧

催化焚烧是指在有催化剂存在的条件下，以较低的温度使尾气中的 H_2S 灼烧为 SO_2，灼烧温度一般不超过400℃，催化剂通常使用附载Co、Mo、Ni等金属氧化物的活性氧化铝或SiO_2催化剂，主要型号有法国石油研究院(IFP)的RS103、RS105，国际壳牌集团的S099、S599，法国Rhone-Poulenc公司的CT739、CT749以及德国BASF公司的R8-10。催化焚烧与热焚烧工艺相比，可以节约近50%的能量，操作费用也可降低近50%，一个100t/d的硫回收装置约可节约$1.0467×10^6$kJ/h的热能，催化剂使用寿命期间累计节约的燃料费用是所消耗的催化剂费用的10倍以上，当装置规模更大时，其节能效果将更加显著。尽管催化焚烧在技术、经济方面比热焚烧具有很大的优势，西方发达国家的石油化工厂推崇催化焚烧技术，但催化焚烧存在以下缺陷：①在较低的温度下，H_2、COS及其他硫化物焚烧不完全，造成环境污染；②催化焚烧法节省燃料，但增加催化剂的费用。催化焚烧工艺流程见图5-11-1。

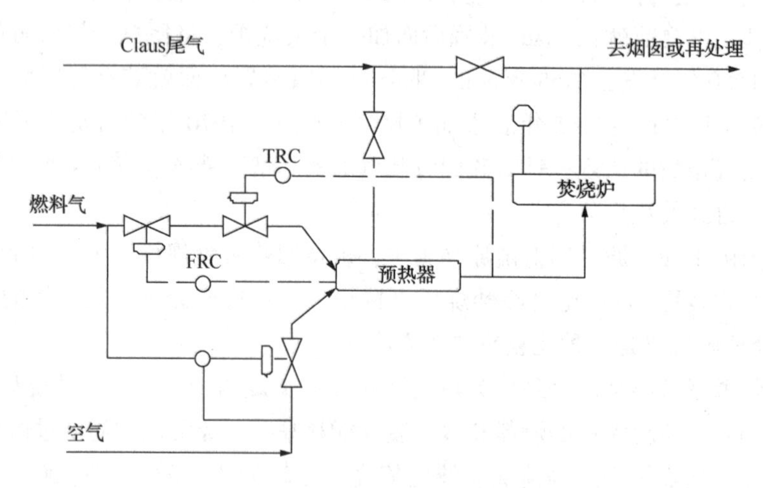

图5-11-1　催化焚烧装置示意图

壳牌石油公司和法国石油研究院的硫回收尾气催化焚烧工艺已在国外广泛应用。如壳牌石油公司工艺主要用于SCOT尾气催化焚烧，已有30余套工业装置；法国石油研究院的催化焚烧工艺在1980年前已至少应用于4套Claus装置的尾气处理。

壳牌石油公司硫回收尾气催化焚烧工艺主要操作参数为：催化剂S-099或CRITERION 099，反应温度370℃，空速$7500h^{-1}$。进料气硫化氢为300μL/L、羰基硫为10μL/L、二硫化碳为1μL/L时，出口硫化氢含量<4μL/L、三氧化硫含量<1μL/L。

法国石油研究院硫回收尾气催化焚烧工艺主要用于Claus尾气的催化焚烧，主要操作参数为：催化剂RS 103或RS 105，操作温度300~400℃，催化剂空速$2500 \sim 5000h^{-1}$，过氧量0.5%~1.5%(体)，出口硫化氢≤5μL/L，二硫化碳+羰基硫≤150μL/L。

上述两种工艺类似，均采用耐硫酸盐化氧化铝载体催化剂和燃料气直燃式预热，通过燃料气量控制预热温度，温控较复杂，防爆要求较高，可考虑用非明火的电加热预热。空气过剩量需严格监控，过多的氧可能促进三氧化硫生成。空气过剩量不应低于5%(体)，否则催化剂上的金属硫酸盐将还原为硫化态，硫化态再氧化释放的大量热量会促发不期望的热反应。尾气中硫化氢等组分也应控制在爆炸极限内。

二、燃料的燃烧和硫的氧化反应

燃烧所用的燃料多为可燃气体，如天然气、炼厂气、焦炉气、煤气等。在过量空气条件下燃烧可视为完全燃烧，即所有碳元素均转化为 CO_2；氢元素都转化为 H_2O。一些可燃气体的着火点列于表 5-11-1。

表 5-11-1　一些可燃气体的着火点

气体	CO	H_2	H_2S	COS	CS_2
着火点/℃	610	510	392	≤317	≤317
可燃气体在空气中的比例/%	1.25~74.0	4.0~7.5	4.3~45.5	—	—

硫化物的主要反应：

$$2H_2S+3O_2 = 2SO_2+2H_2O \tag{5-11-1}$$

$$S_8+8O_2 = 8SO_2 \tag{5-11-2}$$

$$2COS+3O_2 = 2SO_2+CO_2 \tag{5-11-3}$$

$$CS_2+3O_2 = 2SO_2+CO_2 \tag{5-11-4}$$

1. 灼烧温度

试验和生产实践得出，灼烧温度要比可燃气体的着火点高得多，通常，大致在600℃左右可使尾气中的硫充分转化为 SO_2。当尾气含硫高时灼烧温度也要提高。

2. 过剩空气量

进灼烧炉的尾气及燃料气按化学计量完全燃烧所需要的空气量称理论空气量，实际空气用量与理论空气量的比称空气过剩系数。适当的空气过剩是硫完全转化的必要条件，而不仅仅是为了燃料气的完全燃烧。有人把燃烧后气体残存的 O_2、尾气在炉内的停留时间、灼烧温度关联了一个数学式，计算结果表明，当尾气中含 H_2 0.8%、H_2S 300mL/m^3，灼烧后气体残余 O_2为 2.1%时，相应的空气过剩系数为 1.5。

3. 燃料气的消耗

当灼烧温度确定后燃料气的消耗量因其组成、灼烧方式(热灼烧还是催化灼烧)、尾气灼烧后 H_2S 含量的不同而有较大差异，实际用量应通过物料和热量衡算确定。威远脱硫一厂酸性气 H_2S 20%，天然气消耗量为 200m^3/t 进料硫，卧龙河引进装置酸性气 H_2S 5%，每处理 1t 进料硫消耗天然气为 80m^3。

4. 尾气在炉内的停留时间

尾气在炉内的停留时间与灼烧温度的关系为：炉温越高需要的停留时间越短。

三、技术经济性比较

热灼烧和催化灼烧的相对投资和其他经济指标对比见表 5-11-2 和表 5-11-3。

表 5-11-2　热灼烧和催化灼烧的比较　　%

项　　目	BSR/Selector-I 法		BSR 法
	热灼烧	催化灼烧	无需灼烧
投资	61	71	79
装置建设费用	45	45	75
燃烧炉和烟囱	10	16	0
初始催化剂及化学品	6	10	4
美元/t 进料硫	6	3.35	3.53
燃料、电及蒸汽	6	3.35	2.22
化学品	0	0	1.31

注：以上游 90t/d 硫回收装置的投资为 100%作基准，建立尾气处理装置的相对投资。

表 5-11-3　热灼烧和催化灼烧的比较

项　　目	Claus 装置			SCOT 装置尾气处理装置		
	热灼烧	催化灼烧		热灼烧	催化灼烧	
		铝矾土	S-099		铝矾土	S-099
灼烧炉出口温度/℃	600	430	350	550	400	300
急冷后温度/℃	400	400	350	400	400	300
过量空气(总的可燃气体)/%	150	150	50	100	100	50
H_2S 总转化率/%	100	100	100	100	100	100
CS_2/%	90	85	95			
COS/%	75	10	50			
CH/%				80	0	0
预热炉用燃料/(t/d)	3.2	1.8	0.7	3.6	2.4	1.5
空气鼓风机/[(kW·h)/d]	1900	500	300	1300	460	400

注：以 100t 进料/d 的 Claus 装置为基准，进料气中含 H_2S 94%，CH 1%，H_2O 5%。

由表 5-11-2、表 5-11-3 可以看出，催化灼烧的投资比热灼烧要高出 10%左右，而操作费用几乎可节约近 50%。即使同样的催化灼烧也因尾气是否处理过而灼烧温度略有不同，并且温度稍高些则 COS 的转化率可望有所提高。另外，催化焚烧的实际收益与装置的规模有关。一个 100t/d 的硫回收装置约可节约 1.0467×10^6 kJ/h 的热能，按气体热值为 33494.4kJ/m^3(标况)折算，约相当于 30m^3/h(标况)。因此从价值上来说，催化剂使用寿命期间累计节约的燃料可能是消耗掉催化剂费用的 10 倍以上，当装置规模更大时，其节能效果更加显著。

四、焚烧炉

通常焚烧炉与烟囱连为一体。加拿大 Alberta 地区硫回收装置技术参数见表 5-11-4。

表 5-11-4　焚烧炉技术参数

参　　数	数值	参　　数	数值
焚烧炉耐火砖厚度/mm	225	烟囱耐火砖厚度/mm	75
燃烧器数目/个	6	烟囱 40m 处气体停留时间/s	3
尾气入口/个	2	烟囱顶气体停留时间/s	9.3
焚烧炉体积/m^3	108	焚烧炉内气体停留时间/s	1.39
水平烟道耐火砖厚度/mm	75	水平烟道气体停留时间/s	0.83
水平烟道体积/m^3	64.5	烟囱内气体停留时间/s	7.15
烟囱采料口处直径/mm	2750	合计停留时间/s	9.37

计算出的气体在焚烧炉及烟囱内的停留时间见表 5-11-5。

表 5-11-5　停留时间

部位	焚烧炉	水蒸气过热段	烟囱	合计
停留时间/s	0.66	0.77	5.1	6.53

文献推荐的焚烧炉热强度为 $343.32\times10^4 \sim 167.47$kJ/($m^2$·h)。

五、烟道气的地面水平最高浓度估算

对于一定的环境来说，大气污染的严重性很大程度是由气候所决定的。虽然在一定的地区排放到大气的总污染物是一定的，但是大气污染的程度范围是变化的。Bosanquet 和 Pearson 方程式描述了直接顺风的地面气体最高浓度，表示为：

$$C_{max} = 2.15\frac{Q\times10^5}{UH^2}\left(\frac{p}{q}\right) \tag{5-11-5}$$

在一定距离内，$X_{max} = H/2p$。

式中　Q——在大气温度下的气体排放速度，ft^3/s（1ft = 0.3048m，余同）；

U——平均风速，ft^3/s；

H——有效烟囱高度，ft；

p——扩散系数，以相对单位表示；

q——扩散系数，以相对单位表示；

C_{max}——气体的地面最高平均浓度，mL/m^3；

X_{max}——烟囱至地面最高水平浓度的距离，ft。

在包括特殊情况在内的计算中，可以用 M(kg/s) 代替 Q(ft^3/s)，这样，计算产率 C 单位变为 mg/ft^3。

高度 H 通常假定等于烟囱高度。实际上，它是冒烟水平高度。如果在提高温度下或有相当大的出口速度，冒烟水平比烟囱高度要高些，因此，由于浮力和喷射的作用，有效烟囱高度比物理烟囱高度要高些。

p 和 q 值通常采用 Bosanquet 和 Pearson 方程，见表 5-11-6 的数值。

表 5-11-6 Bosanquet 方程和 Pearson 方程系数

湍流	p	q	p/q
低	0. 02	0. 04	0. 50
一般	0. 05	0. 08	0. 63
疾风	0. 10	0. 16	0. 63

图 5-11-2 是根据上述方程式列出的，提供估计地面最高浓度和至烟囱距离的易行办法。

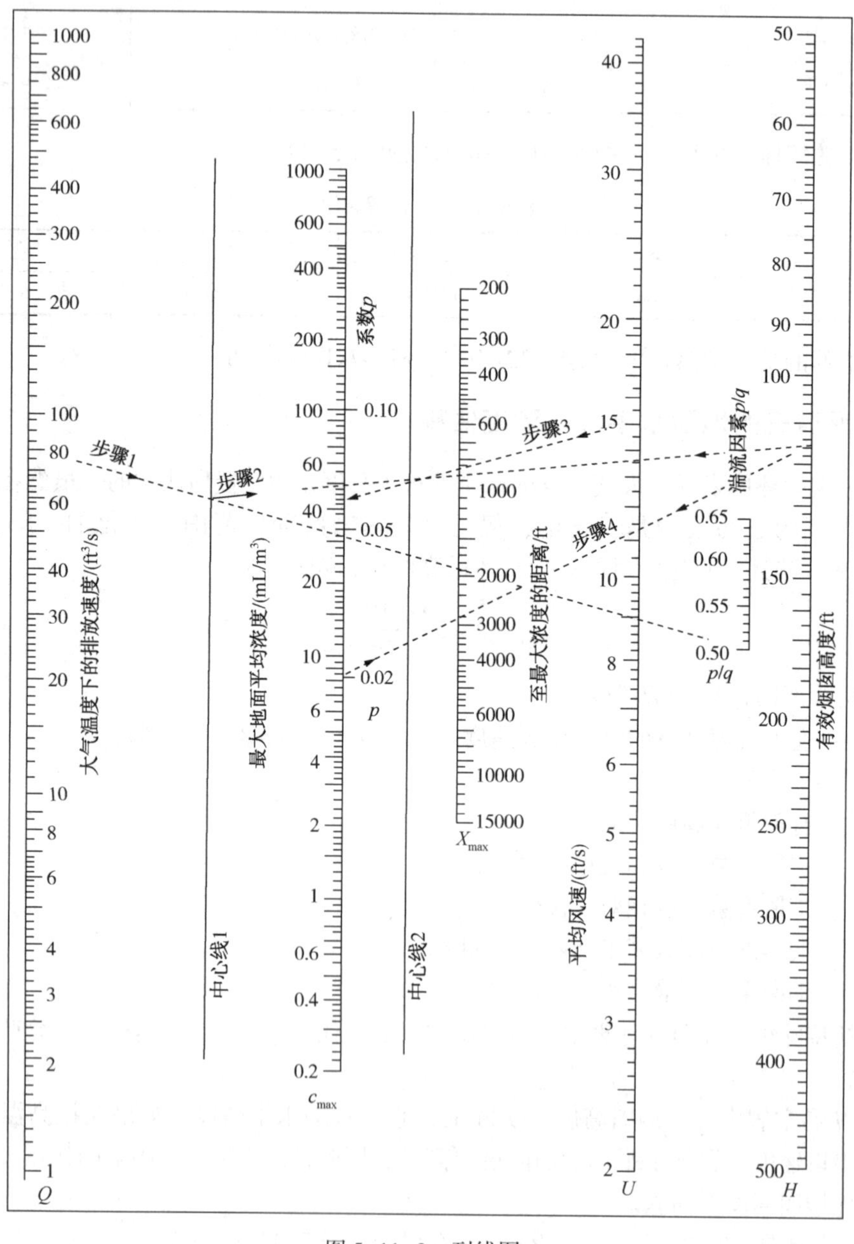

图 5-11-2 列线图

例：如果烟囱排放速度是 $80ft^3/s$，有效烟囱高度是 116ft，平均风速是 15ft/s（10.23mile/h），空气湍流很小，最高的平均地面水平浓度是多少？从烟囱到地面最高水平浓度点的最长距离是多少？

解：查表 5-11-6，湍流很小的湍流系数是

$$p/q=0.5 \text{ 和 } p\leqslant 0.02$$

从 Q 刻线上的 $80ft^3/s$ 引线到 p/q 刻线上的 0.5，并通过中心线（步骤 1）。从中心线的交点引线和 H 刻度线上的 116ft 相连，并通过中心线（步骤 2）。中心线的交点和 U 刻度线上的 15ft/s 连接，并延伸到 C_{max} 刻度线上，读出地面最高水平浓度为 $42.6mL/m^3$（步骤 3）。

H 刻线上的 116ft 和 p 刻度线上的 0.02 连接，通过 X_{max} 引线上的交点读出 2900ft 为地面最高水平浓度点（步骤 4）。

假设从烟囱排放的气体含 0.5%（体积）SO_2，SO_2 的最高平均地面水平浓度为 $42.6\times 0.005=0.213mL/m^3$。

第十二节　影响烟气 SO_2 排放的因素

目前国内硫黄回收装置大多采用 Claus 工艺回收硫黄，Claus 尾气再经还原吸收单元净化处理，研究硫黄回收装置烟气 SO_2 排放浓度的影响因素，开发降低硫黄回收装置烟气 SO_2 排放浓度的新技术，是满足新的环保标准的迫切要求。

一、硫黄回收装置烟气 SO_2 的主要来源

硫黄回收装置主要由热反应单元、催化反应单元和尾气净化处理单元组成，工艺流程示意见图 5-12-1。其中，热反应单元为含 H_2S 的酸性气在反应炉中部分燃烧转化为 SO_2，在高温下 H_2S 与 SO_2 发生 Claus 反应生成单质硫和过程气。单质硫进入液硫池得到液体硫黄，过程气进入催化反应段的一级转化器和二级转化器，经 Claus 催化转化后，单质硫进入液硫池，反应后的 Claus 尾气进入尾气净化处理单元；Claus 尾气首先在加氢催化剂的作用下，含硫化合物加氢转化为 H_2S，然后经急冷塔降温，进入胺液吸收塔，胺液吸收加氢尾气中的 H_2S，净化后含少量 H_2S 的净化尾气和液硫脱气的废气混合，引入焚烧炉焚烧后排放，烟气 SO_2 排放质量浓度小于 $960mg/m^3$。

目前，硫黄回收装置烟气 SO_2 的来源主要有两类，即硫黄回收装置自产和外部装置供给的含硫废气。硫黄回收装置自身产生的含硫气体为净化尾气、液硫脱气废气、阀门泄漏的过程气和开停工产生的含硫废气；外部装置供给的含硫废气主要为 S Zorb 再生烟气、其他含硫废气（如脱硫醇尾气）等。以下对各种烟气 SO_2 来源进行讨论。

（一）净化尾气

原料酸性气中 H_2S 经过二级 Claus 制硫和尾气还原+溶剂吸收，净化尾气中残余含硫化合物（包括 H_2S 和有机硫）进焚烧炉焚烧后生成了 SO_2，这是硫黄回收装置烟气 SO_2 的主要来源。净化尾气 H_2S 的含量主要取决于单程总硫回收率和胺液的净化度，有机硫的含量主要取决于催化剂的有机硫水解活性。

按酸性气 H_2S 浓度 80%，在线炉加热工艺计算尾气净化度与烟气 SO_2 排放浓度的关系见表 5-12-1。

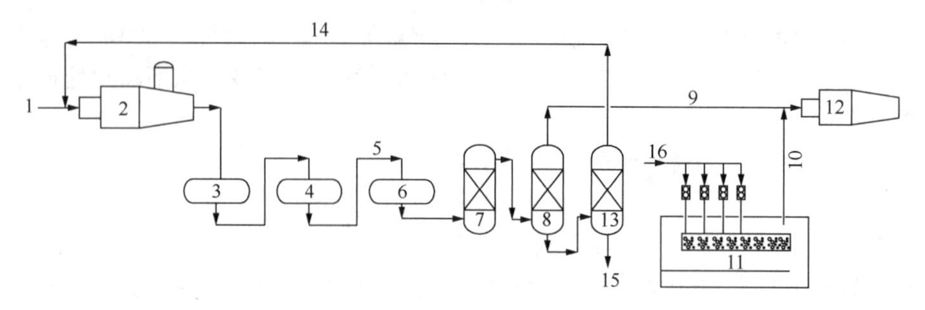

图 5-12-1　硫黄回收装置工艺流程示意

1—酸性气；2—制硫炉；3—一级转化器；4—二级转化器；5—Claus 尾气；6—加氢反应器；7—急冷塔；8—吸收塔；9—净化尾气；10—液硫脱气废气；11—液硫池；12—焚烧炉；13—再生塔；14—再生酸性气；15—贫液；16—空气或氮气

表 5-12-1　尾气净化度与烟气 SO_2 排放浓度的关系

净化后尾气总硫/(μg/g)	装置总硫回收率/%	烟道气中 SO_2 浓度/(mg/m^3)
400	99.89	758
350	99.91	664
300	99.92	572
250	99.93	477
200	99.95	383
150	99.96	289
100	99.97	197
50	99.99	103

从表 5-12-1 中结果可以看出，烟气 SO_2 排放浓度小于 $760mg/m^3$，净化尾气的总硫含量必须小于 400μg/g，装置总硫转化率达到 99.9%；烟气 SO_2 排放浓度小于 $400mg/m^3$，净化尾气的总硫含量必须小于 200μg/g，装置总硫转化率达到 99.95%；烟气 SO_2 排放浓度小于 $200mg/m^3$，净化尾气的总硫含量必须小于 100μg/g，装置总硫转化率达到 99.97%。

表 5-12-2 为三套硫黄回收装置净化气含硫化合物的组成。其中，装置 1 为酸性气含烃 2%~3%的炼厂硫黄回收装置，装置 2 为酸性气不含烃的炼厂硫黄回收装置，装置 3 为掺炼煤化工酸性气(CO_2 含量为 76%)的炼厂硫黄回收装置。

表 5-12-2　硫黄回收装置净化气含硫化合物的组成

装置		1	2	3
硫化物含量/(μg/g)	H_2S	200	230	180
	COS	65	18	110

从表 5-12-2 数据可以看出，硫黄回收装置净化气含硫化合物主要为 H_2S 和 COS。酸性气烃含量、CO_2 含量不同，会导致过程气中有机硫的含量不同。

从以上分析可以看出，净化气的总硫主要为 H_2S，同时含有部分 COS。H_2S 含量的高低主要取决于胺液的吸收效果，COS 含量主要取决于酸性气的组成，以及催化剂的水解活性和稳定性。

（二）液硫脱气的废气

液硫中一般含有300~500mg/kg的H_2S及H_2S_x，在出厂前需要进行脱气处理。液硫脱气的方式主要有：鼓泡、喷淋和循环脱气等，不同脱气方式产生的废气组成不同。在液硫脱气时，如果废气不进行处理直接进入焚烧炉，废气中所带的硫化物燃烧转化为SO_2，会对烟气SO_2排放浓度带来较大影响。之前液硫脱气的废气均采用与净化尾气混合引入焚烧炉焚烧进行处理，会使烟气SO_2排放浓度增加100~200mg/Nm^3。因此，必须回收处理液硫脱气后废气中的硫。

表5-12-3给出了5套硫黄回收装置液硫脱气废气对烟气SO_2排放浓度的影响。

表5-12-3　液硫脱气废气对烟气SO_2排放浓度的影响　　单位：mg/m^3

装置	液硫脱气废气进焚烧炉烟气SO_2	液硫脱气废气不进焚烧炉烟气SO_2	差值
1	756	616	140
2	222	60	162
3	805	664	141
4	326	223	103
5	451	261	190

从表5-12-3结果可以看出，液硫脱气引入焚烧炉，烟气SO_2排放浓度增加100~200mg/Nm^3。要降低SO_2排放浓度，必须回收液硫脱气废气中的硫及硫化物。

（三）阀门内漏的过程气

硫黄回收装置Claus单元跨线和尾气处理单元开工线上的阀门腐蚀内漏，会有少量未处理的过程气直接进入焚烧炉燃烧生成SO_2。

（四）燃料气携带的含硫化合物

焚烧炉燃料气含有硫化物，燃烧后也会增加烟气SO_2排放浓度，但影响较小。若以低硫燃料气硫化物浓度按20μL/L计算，仅增加装置SO_2排放质量浓度1mg/Nm^3，所以该因素可以忽略不计。

（五）装置开停工的废气

硫黄回收装置尾气加氢单元催化剂预硫化原料为酸性气，在装置常规开工的48h催化剂预硫化阶段，Claus过程气无法进尾气处理单元进行加氢脱硫净化，直接经焚烧炉焚烧后通过烟囱高空排放，SO_2排放浓度会略高。在硫黄回收装置停工操作中，Claus反应尾气通过Claus单元跨线到焚烧炉焚烧后经烟囱排放。由于Claus反应尾气中的硫没有得到回收，烟囱高空排放的烟气中SO_2浓度会在短时间内较高。

（六）S Zorb再生烟气

S Zorb汽油吸附脱硫技术可以生产硫小于10mg/kg的满足国Ⅴ排放标准的汽油，因此该技术在国内得到快速推广。多数企业吸附剂再生产生的含SO_2的再生烟气引入硫黄回收装置处理，如直接引入烟囱排放，将会导致排放SO_2质量浓度增加1000~10000mg/Nm^3。引入硫黄回收装置制硫炉和尾气单元处理后排放，可满足质量浓度小于960mg/Nm^{3}的现行国家排放标准，但引入不同的部位处理，对烟气SO_2的影响略有不同。

（七）其他含硫废气

炼油厂脱硫醇尾气、酸性水罐罐顶气等恶臭气体含有大量的硫醇、硫醚等有机硫化物，送到焚烧炉燃烧后也会产生大量的 SO_2，会增加烟气 SO_2 排放质量浓度 50~100mg/Nm^{3}左右。

二、影响硫黄回收装置烟气 SO_2 排放浓度的因素

（一）酸性气质量

进硫黄回收装置酸性气的质量是影响总硫回收率的主要因素，应尽可能稳定上游装置的操作，保证硫黄回收装置平稳运行，提高总硫回收率，降低 SO_2 的排放。应设置上游装置酸性气出装置边界条件考核指标，防止酸性气流量大幅度波动以及酸性气带烃、带胺液、带水对硫黄回收装置的冲击；干气脱硫塔贫液入塔温度一般应高于气体入塔温度 5~7℃，避免凝缩油进入胺液；污水汽提装置要加强隔油，防止酸性气带烃。

（二）脱硫溶剂质量

脱硫溶剂的吸收效果和选择性是影响 SO_2 排放的主要因素，国外目前已开发出多种用途、满足不同使用要求的脱硫溶剂，如 H_2S 高净化度脱硫剂、有机硫脱硫剂、CO_2 选择性脱硫剂等。普通脱硫剂在处理高 CO_2/H_2S 比的原料气时，净化度与选择性分离的要求将会产生矛盾，造成在吸收 H_2S 的同时，对 CO_2 的吸收也有较好的选择性，这样就会造成大量的 CO_2 在反应系统内循环，降低了对 H_2S 的吸收效果，而且增加了过程气中有机硫的含量。

1. 净化尾气中 H_2S 含量与脱硫剂品质的关系

目前硫黄回收装置所用脱硫剂为国产单一配方(MDEA)型产品，由于硫黄回收装置系统压力较低，对吸收效果产生了一定的影响。国外开发出了配方型脱硫剂，相同条件下对 H_2S 的吸收效果显著增强。

采用国外某公司高效脱硫溶剂 1 和 2 以及国产普通脱硫剂分别处理 H_2S 体积分数为 4%、3%、2%、1%的 Claus 尾气，试验条件为：吸收温度 38℃，气液体积比 300：1，净化尾气的 H_2S 含量见表 5-12-4。

表 5-12-4　净化尾气的 H_2S 含量

原料 H_2S 体积分数/%	4	3	2	1
进口脱硫剂 1 净化气 H_2S/(μL/L)	11	9	8	6
进口脱硫剂 2 净化气 H_2S/(μL/L)	26	15	11	8
普通脱硫剂净化气 H_2S/(μL/L)	480	398	305	190

从表 5-12-4 可以看出，进口脱硫剂对 H_2S 净化效果明显优于国产普通脱硫剂，使用高效脱硫溶剂可显著降低净化尾气 H_2S 含量 184~469μL/L，折算烟气中转化为 SO_2 的浓度大约降低 300~800mg/m^3。

由于国外脱硫剂 2 在齐鲁石化公司 80kt/a 硫黄回收装置上进行了工业应用试验，结果表明，净化尾气 H_2S 含量由原来的 100~300μL/L 降至 50μL/L 以下，降低烟气 SO_2 排放浓度 200~600mg/m^3。在液硫脱气废气直接引入焚烧炉处理的工况下，烟气 SO_2 排放浓度由原来 400~800mg/m^{3}降至 100~300mg/m^3；将液硫脱气废气改出尾气焚烧炉，改入 Claus 尾气加氢反应器，烟气 SO_2 排放浓度降至 30~200mg/m^3。

2. 净化尾气中 H_2S 含量与溶剂贫度的关系

净化尾气的总硫含量与脱硫剂的净化度和催化剂的转化率(特别是有机硫含量)密切相

关，净化尾气主要含有未被吸收的H_2S和有机硫，经焚烧炉焚烧后转化为SO_2。

采用普通脱硫剂，按溶剂循环量(硫)14t/t、MDEA浓度30%(质)计算，净化尾气中H_2S含量与脱硫剂中H_2S含量(贫度)的关系见表5-12-5。

表5-12-5　净化尾气中H_2S含量与脱硫剂贫度的关系

贫液H_2S/(g/L)	净化后尾气H_2S/(μL/L)	蒸汽消耗(溶剂)/(t/t)	能耗(EO，硫)/(kg/t)
0.6	370	0.070	65
0.5	345	0.070	66
0.4	286	0.071	67
0.3	256	0.072	68
0.2	235	0.076	72

从表5-3-5中结果可以看出，贫液中H_2S含量与净化后尾气H_2S含量有直接关系，贫液中H_2S含量越低，净化后尾气H_2S含量越低，也就是脱硫剂对H_2S的吸收效果越好。贫液越贫，脱硫剂再生需要消耗的蒸汽量越大，从而会引起装置能耗增加，但增加幅度不大。如果使用高效脱硫剂，能耗会大幅降低。推荐贫液中H_2S含量小于0.5g/L。

3. 净化尾气中H_2S含量与脱硫剂循环量的关系

脱硫剂贫度按(H_2S)0.3g/L计算，净化尾气中H_2S含量与溶剂循环量的关系见表5-12-6。

表5-12-6　净化尾气中H_2S含量与溶剂循环量的关系

溶剂循环量(硫)/(t/t)	净化后尾气H_2S/(μL/L)	蒸汽消耗(溶剂)/(t/t)	能耗(EO，硫)/(kg/t)
12	270	0.075	78
15	181	0.078	89
17	141	0.080	94
18	121	0.080	110
21	97	0.081	122

从表5-12-6结果可以看出，增加脱硫剂循环量可有效降低净化尾气中H_2S含量，但装置能耗显著增加。目前硫黄回收装置净化后尾气中H_2S含量一般为200~300μL/L，如果降至100μL/L以下，增加能耗(EO，硫)44kg/t。因此，不推荐增加脱硫剂循环量来降低净化尾气中H_2S含量。

(三)吸收塔温度

随着温度的升高，净化气体中H_2S的含量呈先减小后升高的变化趋势。这是因为以MDEA为主剂配制的脱硫剂与气体中H_2S的反应是吸热反应，温度的升高不利于H_2S的脱除，从而导致净化气中H_2S含量较高，对烟气SO_2排放浓度的影响较大；但温度升高，脱硫剂的黏度变小、表面张力降低，有利于在喷雾时形成更小、更细的液珠，有利于脱硫剂在填料表面铺展，使气液接触更加充分，使反应进行得更快。研究表明，20~38℃时脱硫效果最好。

(四)催化剂性能

采用高活性的制硫催化剂可显著提高制硫单元总硫回收率和有机硫的水解率，减轻尾气净化单元的负荷，胺液再生塔返回制硫单元的 H_2S 量降低，净化尾气总硫含量(包括 H_2S 和有机硫)降低，从而烟气 SO_2 排放浓度降低。

采用高活性 Claus 尾气加氢催化剂，特别是选用水解性能较佳的 Claus 尾气加氢催化剂，可显著降低净化尾气有机硫的含量。有机硫水解性能较差的加氢催化剂，净化尾气中会有 50~100mg/Nm^{3}的有机硫，烟气 SO_2 排放质量浓度会增加 50~100mg/Nm^3；有机硫水解性能良好的加氢催化剂，净化尾气中只有 10μL/L 以下的有机硫，对烟气 SO_2 排放影响较小。现有工艺采用高性能催化剂合理级配，配套吸收效果较佳的脱硫溶剂，装置总硫回收率可以达到 99.93%以上，SO_2 排放浓度可小于 400mg/Nm^3。

方案 1：采用普通的氧化铝基催化剂使用三年跟踪标定装置单程总硫转化率和有机硫水解率，结果见表 5-12-7；方案 2：一级转化器装填钛基催化剂，使用 3 年跟踪标定装置单程总硫转化率和有机硫水解率，结果见表 5-12-7。

表 5-12-7　催化剂性能随运转时间的变化　　%

运行时间/年	方案1		方案2	
	单程总硫转化率	有机硫水解率	单程总硫转化率	有机硫水解率
0.5	97.0	99.0	97.0	99.0
1.0	96.9	95.0	97.0	98.0
1.5	96.8	90.0	96.9	96.0
2.0	96.8	80.0	96.8	95.0
2.5	96.6	70.0	96.6	94.0
3.0	96.5	60.0	96.6	93.0

从表 5-12-7 结果可以看出，两种方案单程总硫转化率基本一致，随运转时间延长，单程总硫转化率下降速率较缓慢；而对有机硫水解率影响较大。采用普通的氧化铝基催化剂使用三年后有机硫水解率降至 60%，甚至更低；而一级转化器装填钛基催化剂，使用三年后有机硫水解率仍然维持在 90%以上。

另外，采用高活性 Claus 尾气加氢催化剂，特别是选用水解性能较佳的 Claus 尾气加氢催化剂，可显著降低净化尾气有机硫的含量。有机硫水解性能较差的加氢催化剂，净化尾气中会有 50~200μL/L 的有机硫，对烟囱 SO_2 的排放贡献值达到 100~300mg/Nm^3；有机硫水解性能良好的加氢催化剂，净化尾气中只有 20μL/L 以下的有机硫。

目前现有硫黄回收装置不需要进行任何改造，通过优化操作，采用高性能催化剂合理级配，配套吸收效果较佳的脱硫溶剂，装置总硫回收率可达到 99.93%以上，烟气 SO_2 排放浓度小于 400mg/m^3。如烟气 SO_2 排放浓度达到小于 100mg/m^{3}的指标要求，在上述方案的基础上，必须合理处理液硫脱气废气。

(五) 液硫脱气的废气

液硫脱气的废气直接引入尾气焚烧炉处理，对硫黄回收装置烟气 SO_2 排放浓度影响较大，可使烟气 SO_2 排放值增加 30%~40%。镇海炼化开发了液硫脱气新工艺：液硫脱气后废气进入脱硫罐进行除硫，除硫后废气引至焚烧炉焚烧，能够有效降低液硫脱气废气对装置烟气 SO_2 排放浓度的影响。废气脱硫罐投用期间，装置烟气 SO_2 排放质量浓度能够降至 200mg/m^3

(标准状态)以下。液硫脱气的废气如改入制硫炉处理，可降低硫黄回收装置 SO_2 排放质量浓度 50~150mg/m^3(标准状态)。

(六) S Zorb 再生烟气

齐鲁石化公司 S Zorb 再生烟气引入 80kt/a 硫黄回收装置尾气处理单元，硫黄回收装置未进行任何改动，S Zorb 再生烟气不需要加热，直接由管线引入加氢反应器前与 Claus 尾气混合后进入加氢反应器，加氢反应器装填 S Zorb 再生烟气处理专用 LSH-03 低温 Claus 尾气加氢催化剂，加氢反应器入口温度可降至 220℃。2010 年硫黄回收装置净化尾气 SO_2 排放检测结果为 187~361mg/Nm^3，与未处理 S Zorb 再生烟气前相比，烟气 SO_2 排放浓度没有增加，无任何负面影响。该技术已先后应用于中国石化北京燕山石化公司 12kt/a、齐鲁石化公司 80kt/a、沧州石化公司 20kt/a、济南石化公司 40kt/a 及高桥石化公司 5.5kt/a 硫黄回收装置上。综合各装置标定结果表明：使用 LSH-03 低温高活性尾气加氢催化剂，将 S Zorb 再生烟气引入硫黄回收装置尾气处理单元，装置操作稳定，能耗低，SO_2 排放量低，是 S Zorb 再生烟气较理想的处理方式，具有良好的经济效益和社会效益。

(七) 非常规酸性气等含硫气体

催化裂化、焦化等装置脱硫尾气、酸性水罐罐顶气等非常规酸性气，引入焚烧炉焚烧处理后排放，对于大型硫黄回收装置所占比例较低，可满足现行环保法规的要求；对于小型硫黄回收装置，由于所占比例较大，会导致硫黄回收装置排放超标。因此，应禁止此类气体引入硫黄回收装置尾气焚烧炉焚烧。可采用中国石化大连石油化工研究院开发的低温柴油吸收处理技术。

(八) 烟气氧含量对 SO_2 排放的影响

《石油炼制工业污染物排放标准》(GB 31570—2015)SO_2 排放浓度要求：氧浓度 3%、标准状态、干基。不同氧含量条件下，硫黄回收装置 SO_2 浓度是不一样的。因此，监测硫黄烟气 SO_2 排放浓度时，应根据氧含量的测定结果折算到氧浓度 3% 标准状态下的 SO_2 排放浓度，具体折算见表 5-12-8。

表 5-12-8　烟气氧含量对 SO_2 排放浓度的影响　mg/m^3

烟气中氧的体积分数/%	硫回收率 99.9%时烟气中 SO_2 浓度	硫回收率 99.93%时烟气中 SO_2 浓度	硫回收率 99.97%时烟气中 SO_2 浓度
1	869	522	218
2	823	496	206
3	777	467	195
4	731	442	183
5	688	416	172
6	642	387	160
7	596	361	149
8	553	333	137
9	507	307	126
10	462	278	115

从表 5-12-8 结果可以看出，在烟气中氧含量 3%、SO_2 浓度达到 100mg/m^3 以下时，总

硫回收率必须达到99.99%以上。如配风过大，烟气中氧含量大于3%，会稀释SO_2的浓度，按环保法规要求，应该按氧含量3%重新折算SO_2的浓度。

三、降低烟气SO_2排放措施

（一）尾气净化单元改造

硫黄回收装置SO_2排放浓度取决于尾气处理单元的尾气净化度，如达到世界先进排放标准，净化后尾气中H_2S体积分数必须降至100μL/L以下。建议尾气处理单元采用二级吸收、二级再生等技术，提高H_2S吸收效果。

（二）液硫脱气尾气处理单元改造

对采用氮气鼓泡脱气技术的装置，脱后废气可由入焚烧炉改为入制硫炉；对采用循环脱气技术的装置，可更换原蒸汽抽射器，把脱后废气引入制硫炉；对采用空气鼓泡脱气技术的装置，可采用中国石化镇海炼化公司脱后尾气再处理技术。

（三）关键设备升级改造

装置开停工跨线上的阀门应选择泄漏等级高的阀门，并采用双阀控制，避免过程气泄漏导致烟气SO_2排放浓度增加，并设置氮气吹扫线。

（四）优化催化剂选择

目前国产硫黄催化剂物化性质、活性和稳定性已全面达到进口催化剂水平，部分性能优于进口催化剂，所有种类的制硫催化剂和尾气加氢催化剂全部可以实现国产化。建议制硫催化剂采用多功能硫黄回收催化剂或钛基催化剂和氧化铝基催化剂合理级配，使净化尾气中COS浓度小于10μL/L；尾气加氢催化剂选用水解活性较佳的低温加氢催化剂，在提高有机硫水解性能的前提下，降低催化剂的使用温度，进一步降低装置能耗，延长催化剂使用寿命。

（五）设置独立的溶剂再生系统

硫黄回收装置吸收塔操作压力低，尾气脱H_2S难度相对较大，因此，对溶剂品质的要求较高，要求贫液中的H_2S质量浓度不大于0.5g/L，因此溶剂再生系统必须独立设置，溶剂浓度控制在35~45g/100mL，重沸器蒸汽温度135~150℃，并定期分析溶剂中的热稳态盐含量，控制溶剂中的热稳态盐含量小于2g/100mL。建议增设溶剂沉降和过滤系统。

（六）降低吸收塔温度

胺液选择性吸收H_2S的过程是放热过程，会引起胺液温度升高10℃左右，而胺液最佳的吸收温度为20~38℃。此外，贫胺液温度高也易引起胺液发泡，造成胺液质量下降，所以要严格控制贫胺液进吸收塔的温度为30~38℃。

（七）合理安排S Zorb烟气处理方式

由于S Zorb再生烟气的组成不稳定，并且含有90%左右的N_2，引入硫黄回收装置前端会导致装置操作不稳定，能耗大幅增加。建议采用中国石化齐鲁石化公司研究院开发的S Zorb专用尾气加氢催化剂，S Zorb再生烟气直接引入硫黄回收装置尾气加氢单元，不需增设任何设施，装置操作稳定、能耗低，SO_2排放量低。

如果催化裂化烟气脱硫装置离S Zorb装置较近，可考虑将S Zorb尾气与催化烟气混合，引入催化烟气脱硫装置处理。

（八）控制酸性气质量

进硫黄回收装置酸性气设置原料质量控制指标，如因上游脱硫装置波动引起硫黄回收装置酸性气进料异常，应稳定上游操作，并对上游装置严格考核，保证硫黄回收装置安稳运行。

（九）配备完善的在线仪表

配备 Claus 过程气 H_2S、SO_2比值分析仪、氢含量分析仪、急冷水 pH 值分析仪、净化后尾气 H_2S 含量分析仪、烟气 SO_2分析仪、烟气氧含量分析仪等在线分析仪。硫黄回收装置是企业内部最末端的环保装置，任何一套装置产生的含 H_2S 的酸性气都必须无条件地接收，并且上游任何一套装置的波动都会引起硫黄回收装置操作波动，酸性气经处理后含硫化合物的排放浓度有严格的限定值。因此，硫黄回收装置稳定操作困难重重，波动大，人工调整严重滞后，只有完善在线仪表，并且用好在线仪表，才是硫黄回收装置稳定运行的前提和保障。

参 考 文 献

[1] GerritBloemendal. Frank Scheel. Juste Meijer. 低温尾气处理工艺展现科技进步优势[J]. 烃加工，2008，5.

[2] SALA Luciano. Cool catalyst benefits[J]. Hydrocarbon Engineering，2006，5.

[3] 陈赓良 . 克劳斯法硫黄回收工艺技术进展[J]. 石油炼制与化工，2007，9.

[4] 蒲远洋，陆永康，慰悯若，等 . 提高 CBA 工艺的总硫回收率[J]. 天然气与石油，2008，1.

[5] Peter D Clark，Ming Huang，N I Dowling. New technologies for sulphur recovery at the 1-10 tonne/day scale [J]. Sulphur，2008(315)：29-32.

[6] N Haimour，R E1-Bishtwai. Effects of impurities in Claus feed，Ⅱ CO_2. Energy sources. Part A，Recovery，Utilization，and environmental effects. 2007(29)：169-178.

[7] Sulphur Group. Handling sulphur plant vent gases[J]. Sulphur，2007(308)：27-35.

[8] 80 Mark C Anderson. Boosting sulphur recoverycapacity[J]. Sulphur，2007(312)：52-55.

[9] Abolghasem Shamsi，M Craig Thomas，Anthony Aimm. Catalytic decomposition of hydrogen sulfide into hydrogen and sulfur[J]. American Chemical Society，Division of fuel Chemistry Preprints of Symposia，2006 (2)：626-627.

[10] 刘爱华，徐翠翠，陶卫东，等 . S Zorb 再生烟气处理专用催化剂 LSH-03 的开发及应用[J]. 硫酸工业，2014(2)：22-25.

[11] 李鹏，刘爱华 . 影响回收装置 SO_2排放浓度的因素分析[J]. 石油炼制与化工，2013(4)：75-77.

[12] 刘爱华，刘剑利，陶卫东，等 . 降低回收装置尾气 SO_2排放浓度的研究[J]. 硫酸工业，2014(1)：18-22.

[13] 刘剑利，马鹏程，刘爱华，等 . 影响克劳斯转化率的因素分析[J]. 齐鲁石油化工，2010 (2)：155-158.

[14] 李海燕，刘增让，刘爱华，等 . LQSR 节能型回收尾气处理技术在 70kt/a 装置的工业应用[J]. 齐鲁石油化工，2017，45(4)：289-292.

[15] 高礼芳，刘剑利，刘爱华，等 . LQSR 节能型回收尾气处理技术开发与应用[J]. 硫酸工业，2018 (3)：32-35.

[16] 刘爱华，刘剑利，刘增让，等 . LS-DeGAS 降低装置烟气 SO_2排放成套技术工业应用[J]. 齐鲁石油化工，2016，44(3)：167-171.

[17] 赵琦. 超级 Claus 工艺在天然气硫回收装置中的应用[J]. 化肥设计，2004(2)：32-36.
[18] Sarlis，J. N. et al. Review of Cansolv SO2 Scrubbing System's First Commercial Operations in the Oil. Refining Industry. In 2005 NPRA Annual Meeling，San Francisco，CA，March 13-15，2005[CD-ROM]；National Petrochemical and Refiners Assoc.：Washington，D. C.，2005；Paper AM-05-19.
[19] P. D. Clark，N. I. Dowling and M. Huang. Conversion of CS_2 and COS over alumina and titania under Claus process conditions[J]. Applied Catalysis，2001(31)：107.
[20] No-Kuk Park，Dong cheul Han，Gi Bo Han. Predicting SCOT catalyst activity[J]. Sulphur，2005(300)：45-56.
[21] Hydrocarbon Engineering Group. Sulfur Technology Reivew Prosernat[J]. Hydrocarbon Engineering，2006(4)：76.
[22] Bloemendal，Gerrit and Ticheler，Ellen. Low temperature SCOT catalyst pays off [J]. Hydrocarbon Engineering，2004，12.
[23] 朱宏韬. 硫黄回收装置中加氢水解反应器的动态模拟与优化[J]. 计算机与应用化学，2007(6).
[24] B Gene Goar. The impracticality of requiring 99. 95% recovery efficiency of Claus sulfur Recovery units. 85th Ammual GPA(Gas Processors Association) Convention 2006 vol. 168 S V Krashennikov，L V Morgun，S V Shurupov. Optimum performance of sulphur plants[J]. Sulphur，2006(307)：45-46.
[25] D A Mironov，O I Platonov，A G ryabko. Aftertreatmint of the Tail Gases of a Claus Process Line To Remove Elemintal Sulfur[J]. Coke and Chemistry，2006(12)：18-21.
[26] 兰州大学. 一种生物及化学两级反应器处理硫化氢工艺. CN 200610200610[P]. 2007.
[27] 阮文权，顾建，邹华. 一种将含硫化合物转化为单质硫的生物脱硫技术. CN 200710098869[P]. 2008.
[28] 李菁菁，我国炼厂脱硫、硫回收及尾气处理装置的现状与改进[J]. 硫酸工业，2001(3)：15-18.
[29] 李军. 炼厂硫黄回收装置尾气处理技术分析[J]. 河北化工，2012(3)：44-46.
[30] 陈赓良. 克劳斯法硫黄回收工艺技术发展评述[J]. 天然气与石油，2013(8)：25-28.
[31] 周彬，廖铁. CPS 硫黄回收工艺在万州分厂的应用[J]. 石油天然气与化工，2010，39(1)：16-19.
[32] 肖秋涛，刘家洪. CPS 硫黄回收工艺的工程实践[J]. 石油天然气与化工，2011，29(6)：24-26.
[33] 李菁菁，闫振乾. 硫黄回收技术与工程[M]. 北京：石油工业出版社，2010.
[34] 傅敬强，万义秀. 五种克劳斯延伸硫黄回收装置运行情况的对比分析[J]. 石油与天然气化工，2012，41(2)：150.
[35] 林宵红. MCRC 硫黄回收技术[J]. 石油化工环境保护，1998，(2)：37-41.
[36] 刘艳，陈邦海. CBA 硫黄回收装置的收率与二氧化硫排放问题[J]. 石油与天然气化工，2011，40(3)：318-328.
[37] 吴安. 工业锅炉烟气湿法脱硫实用技术设计[M]. 北京：机械工业出版社，2014.
[38] 郭东明. 脱硫工程技术与设备[M]. 北京：化学工业出版社，2011.
[39] 陈枝. 烟气脱硫产物亚硫酸铵氧化动力学研究[D]. 重庆：重庆大学，2007.
[40]《硫酸铵 T/CPCIF006-2017》行业标准.
[41] Karimi A.，Tavasoli A. chemical kinetic of H_2S oxidation in iron chelate solution[J]. Chem. Eng. Res. & Des. 2011：2380-2394.
[42] Houben，G. J. Modeling the Buildup of Iron Oxide Encrustations in Wells[J]. Ground Water，2004，42(1)，78-82.
[43] Hua，G. X.，McManus，D. and Woollins，J. D. The evolution，chemistry and applications of homogeneous liquid redox sulfur recovery techniques[J]. Commentson Inorganic Chemistry，2001，22(5)，327-351.
[44] 张春燕，刘宇红，赵文辉. 生物脱硫技术在炼厂气中的应用[J]. 化学工业，2008，26(3)：43-46.
[45] 郝丽，姜道华，米治宇. 生物技术在炼厂气脱硫中的应用[J]. 石油化工安全环保技术，2009，25

(1)：55-58.

[46] 李志章，徐晓军，陈斌，等．硫化氢气体的生物脱除方法研究[J]．昆明冶金高等专科学校学报，2007，23(3)：58-63.

[47] Aroca G，Urrutia H，Nunez D，et a1. Comparison on the removal ofhydrogen sulfide in biotrickling filters inoculated with Thiobaeillusthioparus and cidithiobacillus thiooxidans[J]. Electronic Journalof Biotechnology，2007，10(4)：514-520.

[48] 徐宏建等，Fe(III)-EDTA 吸收 H_2S 反应动力学的实验研究[J]．高校化学工程学报，2003，15(6)：531-535.

[49] 刘增让，李海燕，刘爱华，等．煤化工酸性气对回收装置烟气 SO_2 排放浓度的影响[J]．硫酸工业，2018，(1)：34-37.

[50] 刘增让，刘爱华，刘剑利，等．国内外贫酸性气处理工艺技术研究进展[J]．齐鲁石油化工，2011，39(4)：346-351.

[51] 胡少花．论低浓度二氧化硫废气处理技术[J]．江西建材，2015，(5)：242-242.

[52] 易争明，李群生．烟道气脱硫新工艺[J]．化工进展，2007，26(10)：1505-1507.

[53] 王盼．活性炭烟气脱硫工艺的研究进展及存在的问题[J]．江西建材，2016，(5)：275-276.

[54] 刘溪．烟气活性炭脱硫的实验研究与数值模拟[D]．大连：大连理工大学，2012.

[55] 贺尧祖，李建军，刘勇军，等．炭基脱硫剂再生研究综述[J]．化工技术与开发，2016，45(5)：44-46.

[56] 李从，张婷，李俊青，等．干法脱硫剂脱除 SO_2 的机理及动力学研究进展[J]．应用化工，2015，44(5)：927-931.

[57] 陈红芳．论活性炭材料在烟气脱硫脱硝技术中的应用[J]．山西科技，2010，25(2)：92-93.

[58] 张睿．干法炭基烟气脱硫技术现状及前景[J]．化学工程师，2010(10)：34-36.

[59] 郝吉明，王书肖，陆永琪．燃煤二氧化硫污染控制技术手册[M]．北京：化学工业出版社，2001：278-283.

[60] 于建国．粉末活性炭循环流化床吸附脱硫技术数值模拟[D]．辽宁：辽宁科技大学，2013.

[61] Mahin Rameshni P E. 集液硫脱气于一体的硫黄收集系统新标准(RSC-D)™[J]．硫酸工业，2010(5)：41-49.

[62] 刘奎．炼油厂 SO_2 排放控制[J]．炼油技术与工程，2007，37(9)：54-58.

[63] 唐汇云，孟祖超，刘祥．用于炼厂恶臭气体的液体脱硫剂研制[J]．西安石油大学学报(自然科学版)，2009，24(6)：67-70.

[64] 陈上访，金州．硫回收装置处理汽油吸附脱硫再生烟气试运总结[J]．齐鲁石油化工，2011，39(1)：11-17.

[65] 徐永昌，任建邦．汽油吸附脱硫再生烟气引入硫黄回收装置尾气处理单元运行总结[J]．齐鲁石油化工，2011，39(1)：10-16.

[66] 王明文．S Zorb 再生烟气进入硫黄回收装置的流程比较[J]．石油化工技术与经济，2012，28(4)：35-38.

[67] 方向晨，刘忠生，王母海．炼油企业恶臭气体治理技术[J]．石油化工安全环保技术，2008，24(5)：48-50.

第六章　硫黄回收及尾气处理催化剂

目前国外硫黄回收及尾气处理催化剂生产(研发)企业主要包括 Axens 公司、BASF 公司、Catalysts & Chemicals Industries 公司、UOP 公司、Criterion 催化剂公司。国内研发机构主要为中国石化齐鲁石化公司研究院和中国石油西南油气田公司天然气研究院，中国石化齐鲁石化公司研究院开发的 LS 系列硫回收催化剂和中国石油西南油气田分公司天然气研究院的 CT 系列硫回收催化剂，其主要物化性能和技术指标与国外同类产品相当，有的品种达到了国际领先水平，且已代替进口催化剂在引进装置上使用，催化剂已实现国产化，取得了显著的经济效益和社会效益。

第一节　催化剂种类及特点

自 20 世纪 30 年代改良 Claus 法硫黄回收工艺实现工业化以来，相应使用的硫黄回收催化剂经历了一系列的发展。到目前为止，大致可分为三个阶段，一是天然铝矾土催化剂阶段，二是活性氧化铝催化剂阶段，三是多种催化剂同时发展的阶段。

一、天然铝矾土催化剂阶段

早期的硫黄回收装置使用天然铝矾土作催化剂，硫黄回收率只有 80%~85%左右，未转化的各种硫化物经焚烧后以二氧化硫的形式排入大气，对环境污染比较严重，但由于天然铝矾土价格低廉，且具有较好的活性，在 20 世纪 70 年代能够满足工业装置对硫黄回收率的要求，故得到广泛应用。

天然铝矾土催化剂的缺陷很明显，主要表现在强度差，使用过程中粉碎严重；活性差；对某些硫化物特别是有机硫化物催化活性差。

二、活性氧化铝催化剂阶段

20 世纪 70 年代，硫黄回收装置数量剧增，各国相继制定了较严格的尾气排放标准，硫黄回收装置采用新一代的高效催化剂势在必行。法国率先推出牌号为 CR 的人工合成球形高纯度 η 型活性氧化铝催化剂。随后，美国、加拿大、德国也相继在硫黄回收装置上推广活性氧化铝催化剂。至 80 年代初，国外的硫黄回收装置几乎已全部采用活性氧化铝催化剂。相同反应条件下，改用活性氧化铝催化剂后，催化段 Claus 反应的转化率可提高约 3%，且催化剂强度得到明显改善。20 世纪 70 年代中期我国开始研制活性氧化铝硫黄回收催化剂，80 年代，国内硫黄回收装置逐步应用活性 Al_2O_3硫黄回收催化剂。

在相同工况下，采用活性氧化铝催化剂取代天然铝矾土催化剂，总硫转化率有了大幅度的提高；但是活性氧化铝催化剂也存在一定的局限性，主要表现在：

1）容易发生硫酸盐化从而导致活性下降；

2）对有机硫化物（尤其是羰基硫）的转化活性欠佳；

3）和天然铝矾土相比，床层阻力增大。

针对上述问题，研制了一系列加有添加剂的活性氧化铝催化剂，用作添加剂的主要有钛、铁、硅的氧化物，其含量为活性氧化铝催化剂质量的1%～8%。

天然铝矾土、高纯度的活性氧化铝以及加有添加剂的活性氧化铝通称为铝基硫黄回收催化剂。

三、多种催化剂同时发展的阶段

针对铝基催化剂的缺陷，80年代成功研制了系列新型催化剂，形成了以铝基催化剂为主、多种催化剂同时发展的局面，例如耐硫酸盐化型、有机硫水解型、脱漏氧型等，也有针对复杂工况的多功能复合催化剂等。

还有针对不同硫黄工艺开发的催化剂，主要有以下几类：

针对超级克劳斯（Super Claus）工艺开发的选择氧化制硫催化剂，该催化剂对水和过量氧均不敏感，可以将Claus尾气中大部分H_2S直接氧化为单质硫，其效率可达85%～95%。

针对尾气采用SCOT法之类的还原-吸收尾气处理工艺开发了Claus尾气加氢催化剂，使尾气中所有含硫化合物及单质硫均还原为H_2S，最终以单质硫的形式回收。

针对硫黄回收装置催化焚烧工艺开发了硫化氢催化焚烧催化剂，国外壳牌公司、法国罗纳普朗克公司和法国石油研究院等已实现工业化。使用此类催化剂尾气焚烧温度可由约750℃降至300～400℃，出口H_2S可降至10μL/L以下。

第二节　制硫催化剂及发展趋势

氧化铝基催化剂的发展历史最长，由最初的天然铝钒土到活性氧化铝，整整经历了10年的改进，从而使硫黄回收装置的收率由原来的80%～85%提高到了94%。20世纪80年代末到90年代初，世界各国催化剂制造商，如法国罗纳普朗克公司、美国铝业公司、美国凯撒铝及化学品公司、德国BASF公司等都把研究方向转到氧化铝基催化剂孔结构及助剂上。$A1_2O_3$在低温情况下，反应生成的硫易冷凝，堵塞毛细孔道使活性位减少，其比表面积损失最多达55%，增加催化剂大孔的数量可有效解决此问题，催化剂孔径大于1μm的孔体积与大于0.1μm的孔体积之比大于0.7，则具有最好的催化活性。氧化铝基催化剂活性与孔结构和添加的助剂有关，少量的微孔（<0.003μm）、较多的间隙孔（0.003～0.02μm）及适量的大孔（>0.1μm）利于催化剂活性的提高。国外硫黄回收催化剂主要品种及牌号见表6-2-1。

表 6-2-1　国外硫黄回收催化剂主要品种及牌号

企业	催化剂	外观	主要组成	用　途
Axens 公司	DR	球形	Al_2O_3	活性床填料和 Claus 反应
	CR	球形	大孔 Al_2O_3	Claus 反应和亚露点尾气处理
	CR-3S	球形	超大孔 Al_2O_3	Claus 反应和亚露点尾气处理
	AA2-5	球形	多孔 Al_2O_3	Claus 反应和亚露点尾气处理
	AM	球形	改性 Al_2O_3	除氧剂和 Claus 反应
	AM S	球形	改性 Al_2O_3	除氧剂、Claus 和 CS_2 反应
	CRS-31	条形	TiO_2	Claus 反应、COS、CS_2 有机硫水解
BASF 公司	DD-431	球形	活性 Al_2O_3	普通 Claus 反应及富氧 Claus 工艺，也可用于亚露点硫黄回收工艺
	DD-831	球形	Al_2O_3+助剂	Claus 反应，抗硫酸盐化
	DD-931	球形	Al_2O_3+TiO_2 助剂	Ti-Al 复合型硫黄回收催化剂，具有较高的 CS_2 转化率
	SRC99 Ti	条形	TiO_2	Claus 反应、提高有机硫化物转化
Catalysts & Chemicals Industries 公司	CSR-2	球形	活性 Al_2O_3	Claus 反应
	CSR-3	球形	Al_2O_3+助剂	对水解反应有较高的活性
	CSR-7	球形	Al_2O_3+助剂	用于 Claus 催化剂的抗漏氧保护
UOP 公司	S-501	球形	Al_2O_3+TiO_2 助剂	Claus 反应、提高有机硫化物转化
	S-701	条形	TiO_2	Claus 反应、提高有机硫化物转化
	S-2001	球形	活性 Al_2O_3	低温 Claus 反应

国内硫黄回收催化剂主要品种及牌号见表 6-2-2。

表 6-2-2　国内硫黄回收催化剂主要品种及牌号

企业	催化剂	外观	主要组成	用　途
中国石化齐鲁石化公司研究院	LS-300	球形	活性 Al_2O_3	常规 Claus 反应
	LS-971	球形	Al_2O_3+助剂	具有脱漏氧和制硫双重功能
	LS-901	条形	TiO_2	有机硫化物的水解和 Claus 反应
	LS-981	条形	Ti-Al 复合载体	具有耐硫酸盐化、脱漏氧保护、有机硫化物水解及抗结炭性能
	LS-981G	三叶草形	TiO_2	有机硫化物的水解和 Claus 反应
	LS-02	球形	活性 Al_2O_3	常规 Claus 反应

续表

企业	催化剂	外观	主要组成	用　途
中国石油西南油气田公司天然气研究院	CT6-2B	球形	活性 Al_2O_3	常规 Claus 反应
	CT6-4	球形	Al_2O_3+助剂	低温 Claus 反应
	CT6-4B	球形	Al_2O_3+助剂	具有脱漏氧和制硫双重功能
	CT6-6	球形	Al_2O_3+助剂	催化氧化反应
	CT6-7	球形	Al_2O_3+助剂	常规 Claus，MCRC
	CT6-8	条形	TiO_2	高效有机硫水解

一、活性氧化铝催化剂

(一) 活性氧化铝催化剂性能特点

晶体学研究表明 Al_2O_3表面存在酸性中心和碱性中心，系 Claus 催化剂重要的表面化学性质，是其水合物在脱水过程中产生的。脱水过程如下：

$$-O-\underset{|}{\overset{OH}{Al}}-O-\underset{|}{\overset{OH}{Al}}-O-\ \xrightarrow[-H_2O]{加热}\ -O-\underset{(a)}{Al^{+}}-\underset{(b)}{\overset{O^{-}}{Al}}-O-\ 或\ -O-Al^{+}-\overset{O^{2-}}{O}-\underset{(a)(b)}{Al^{+}}-O-$$

其中(a)表示路易斯酸性部位，属于缺电子中心；(b)表示碱性部位，属于带电子中心。上述过程与焙烧时氧化铝脱水程度以及氧化铝的晶型有关，焙烧温度升高，脱水量增多，因而表面 OH 基减少。H_2S 和 SO_2的 Claus 催化反应发生在 Al_2O_3表面 OH 基部位，高频伸缩振动 OH 基的催化能力最强，表面酸对催化活性的影响较多。

活性氧化铝催化剂主要成分为 Al_2O_3，通常采用氢氧化铝快脱粉作为主要原料，采用转动成型法制备，其工艺流程如图 6-2-1 所示。

活性氧化铝催化剂优点：催化剂具有颗粒均匀、磨耗小、活性高和成本低等特点。催化剂外形为球形，流动性好，易于装卸；孔结构呈双峰分布，大孔较多，有利于气体的扩散；比表面积较大，具有较多的活性中心；压碎强度高，为催化剂长周期稳定运转提供保证；杂质含量低，钠含量小于 0.2%(质)，水热稳定性好。

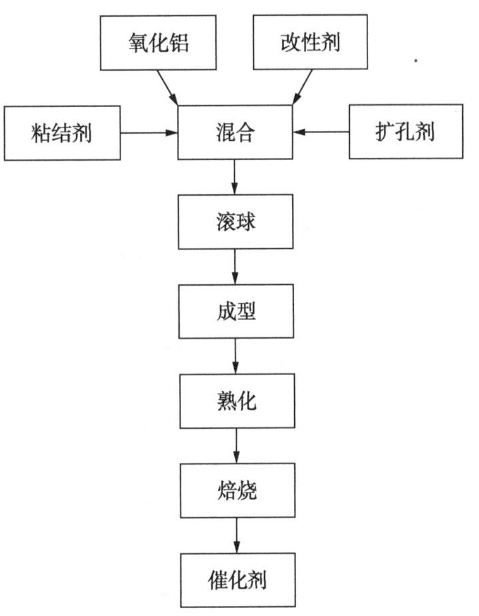

图 6-2-1　催化剂的制备流程

活性氧化铝催化剂缺点：易发生硫酸盐化中毒，结构稳定性差，活性下降速度快，CS_2、COS 等有机硫水解活性较低。

使用范围：适用于操作稳定的普通 Claus 反应，一般装填于保护剂的下部。

(二) 活性氧化铝催化剂发展趋势

随着技术的进步，氧化铝基硫回收催化剂将向大比表面积、大孔体积方向发展，比表面积将进一步提高，由目前大于 $300m^2/g$ 提高到大于 $350m^2/g$，孔体积由目前大于 0.40mL/g 提高到大于 0.45mL/g。助剂由过去单一的氧化钠、氧化钙逐步转到了其他活性组分上，而没有改性助剂的也在氧化钠的含量上做改进。根据氧化钠含量的相对减少，把这种氧化铝基催化剂称之为“纯”氧化铝催化剂，这里的“纯”是指氧化钠的含量相对比较低，一般低于 0.25%。氧化铝基硫回收催化剂要具有适量的大孔(孔径大于 0.1μm)，大孔的孔容占总孔容的 30%以上，转化率更高，使用寿命更长，抗硫酸盐化性能更好。目前，该类催化剂牌号主要为德国 BASF 公司的 DD-431、美国 Porocel 公司的 Maxcel727、Axens 公司的 CR-3S、齐鲁石化公司研究院 LS-02 等。氧化铝催化剂物化性质见表 6-2-3 和表 6-2-4。

表 6-2-3　常规氧化铝催化剂物化性质

项　　目	LS-300	CT6-2B	S-201
外观	白色小球	白色小球	白色小球
外形尺寸/mm	φ4~6	φ4~6	φ4~6
比表面积/(m^2/g)	315	280	305
孔容/(mL/g)	0.41	0.42	0.41
大孔体积/(mL/g)	0.05	0.04	0.05
平均孔径/nm	4.40	4.30	4.20
强度/(N/颗)	150	140	150

表 6-2-4　新型氧化铝催化剂物化性质

项　　目	CR-3S	Maxcel727	LS-02
外观	白色小球	白色小球	白色小球
外形尺寸	φ3~5	φ3~5	φ3~5
比表面积/(m^2/g)	360	371	365
孔容/(mL/g)	0.47	0.48	0.48
大孔体积/(mL/g)	0.14	0.17	0.17
平均孔径/nm	4.89	4.96	4.88
强度/(N/颗)	120	120	120

(三) LS-02 氧化铝催化剂应用实例

1. 工业应用装置流程简介

中国石化普光天然气净化厂 162 系列设计规模为 200kt/a，操作弹性为 30%~130%，年操作时间为 8000h，硫回收率可到 99.8%以上。

硫黄回收单元采用直流法(也称部分燃烧法)Claus 硫回收工艺(见图 6-2-2)，其流程设置为一段高温硫回收加两段低温催化硫回收，该部分硫回收率为 93%~97%。来自天然气脱硫单元的酸性气进入分液罐进行分液后，进入反应炉。在反应炉内，部分 H_2S 与 O_2燃烧生成 SO_2，生成的 SO_2与 H_2S 继续反应生成 S_x。反应炉蒸汽发生器产生 3.5MPa 饱和蒸汽，硫冷凝器产生 0.4MPa 蒸汽，一级反应器和二级反应器入口过程气升温采用 3.5MPa 等级的饱和蒸汽加热。

2. 催化剂的装填

普光净化厂硫黄回收装置反应炉温度较低，酸性气中 CO_2含量较高，在反应炉中生成大量的有机硫化物。为了增加有机硫水解活性，需在一级反应器上部装填部分有机硫水解活性

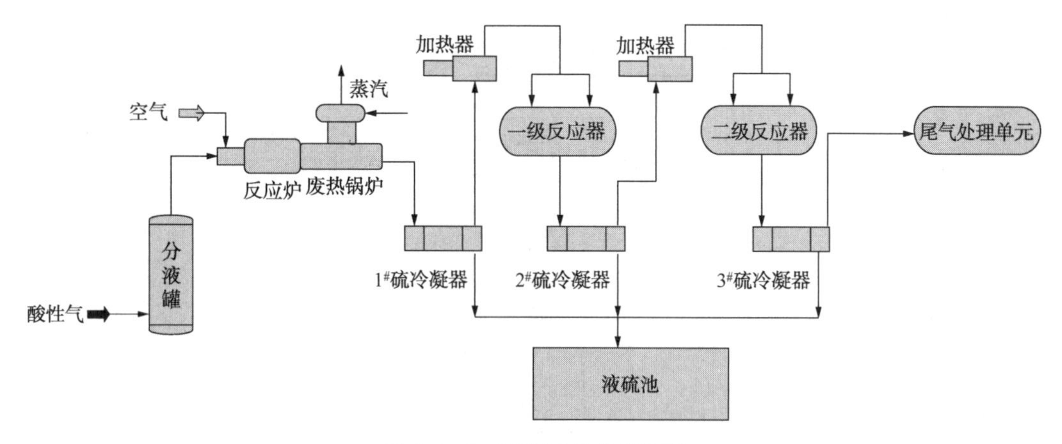

图 6-2-2　硫黄回收单元流程

高的 LS-981 多功能硫黄回收催化剂。催化剂装填方案如下：一级反应器上部装填三分之一的 LS-981 多功能硫黄回收催化剂，下部装填三分之二 LS-02 催化剂(见图 6-2-3)；二级反应器不换剂，继续使用在用的 Maxcel727 催化剂。

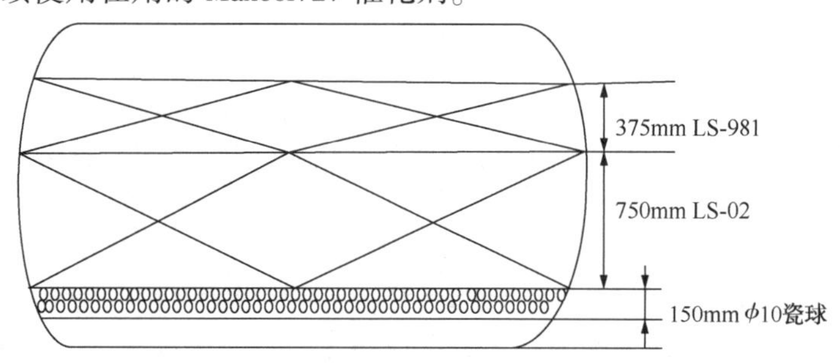

图 6-2-3　一级反应器催化剂装填示意

3. 装置工业标定

(1) 装置运行参数

2014 年 3 月，对 162 系列进行工业应用标定试验。一级反应器入口温度控制在 214～216℃，二级反应器入口温度控制在 212～213℃，标定负荷为 80%、100%、110%(见表 6-2-5～表 6-2-7)。

表 6-2-5　162 系列 80%负荷硫黄回收单元操作参数

项　目	2014-03-23			2014-03-24			2014-03-25		
	9：30	14：00	19：30	9：30	14：00	19：00	9：30	14：00	19：00
酸性气流量/(Nm^3/h)	23925	23960	23946	23946	23967	23889	23952	23954	23963
空气流量/(Nm^3/h)	32534	32539	32308	32667	32801	32892	33215	33910	33154
反应炉炉膛温度/℃	1112	1113	1109	1116	1120	1123	1117	1132	1123
反应炉炉前压力/kPa	30	30	30	30	31	30	31	32	31
一级反应器入口温度/℃	214	215	215	216	215	216	216	216	215
一级反应器床层温升/℃	83	83	83	82	83	81	83	81	81
二级反应器入口温度/℃	213	213	212	212	212	212	212	212	213
二级反应器床层温升/℃	10	10	11	11	10	12	11	11	10

表 6-2-6　162 系列 100%负荷硫黄回收单元操作参数

项　　目	2014-03-27			2014-03-28			2014-03-29		
	9∶30	16∶00	19∶00	9∶30	14∶00	19∶00	9∶30	14∶00	19∶00
酸性气流量/(Nm^3/h)	29916	29889	30001	29947	29959	29840	29974	29914	29960
空气流量/(Nm^3/h)	40300	39172	38654	38812	40425	40923	40553	40215	39215
反应炉炉膛温度/℃	1121	1107	1108	1087	1107	1111	1104	1108	1097
反应炉炉前压力/kPa	39	39	39	38	40	41	40	40	39
一级反应器入口温度/℃	215	215	215	216	215	215	215	215	215
一级反应器床层温升/℃	83	85	81	78	79	79	81	80	80
二级反应器入口温度/℃	213	213	212	212	212	212	212	212	212
二级反应器床层温升/℃	11	11	12	11	10	11	11	11	12

表 6-2-7　162 系列 110%负荷硫黄回收单元操作参数

项　　目	2014-03-30			2014-03-31			2014-04-01		
	9∶30	14∶00	19∶00	9∶30	14∶00	19∶00	9∶30	14∶00	19∶00
酸性气流量/(Nm^3/h)	32812	32906	33028	32986	32955	32759	32940	32861	33049
空气流量/(Nm^3/h)	44144	44717	44546	44089	42826	43467	43622	44843	42976
反应炉炉膛温度/℃	1104	1109	1107	1112	1099	1108	1104	1125	1105
反应炉炉前压力/kPa	44	45	44	44	43	43	43	44	43
一级反应器入口温度/℃	215	215	215	215	215	215	215	215	215
一级反应器床层温升/℃	81	81	82	81	81	82	81	81	80
二级反应器入口温度/℃	212	212	212	212	212	212	212	212	213
二级反应器床层温升/℃	10	11	11	11	12	11	11	11	10

装置负荷在 80%~110%的情况下，一级反应器床层温升 80℃左右，说明一级反应器催化剂催化性能较高。

(2) 单程总硫转化率的计算

标定期间，装置单程总硫转化率、COS 总水解率及 CS_2总水解率结果见图 6-2-4~图 6-2-6。硫回收单元单程总硫回收率较高，均大于 95%，标定期间 CS_2总水解率均为 100%，COS 总水解率均在 98%以上，这说明在硫回收单元有机硫的水解反应进行得比较彻底。

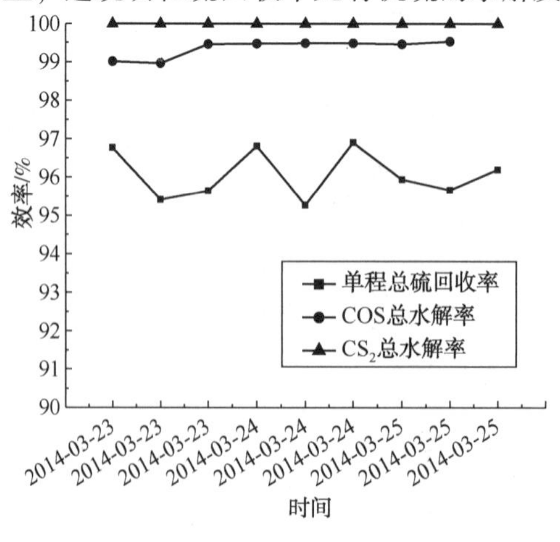

图 6-2-4　162 系列 80%负荷标定期间数据

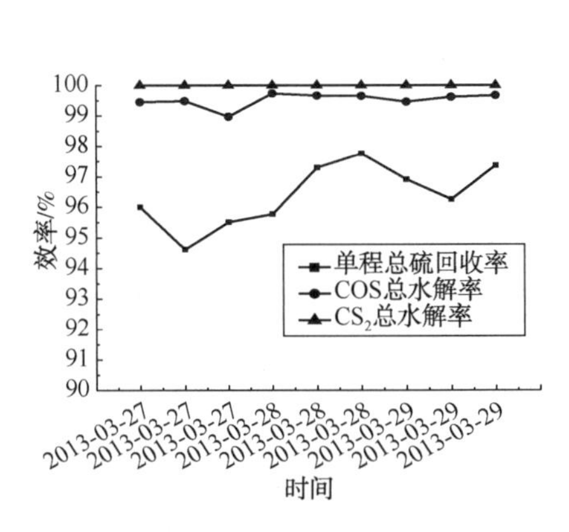

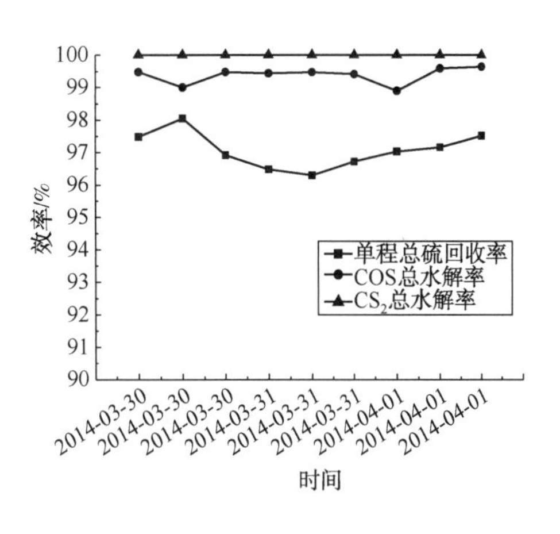

图 6-2-5　162 系列 100%负荷标定期间数据

图 6-2-6　162 系列 110%负荷标定期间数据

（3）一级反应器器的性能考察

一级转化器床层温度一般控制在 280~330℃。在转化器中，硫化氢和二氧化硫反应生成硫的反应是放热反应，因此较低的温度有利于反应的进行，而主要副反应有机硫的水解反应是吸热反应，该反应至少应在 300℃以上才能进行，而且温度高有利于反应的进行。一级转化器床层温度控制较高的目的，就是使过程气中的 COS、CS_2尽量水解完全。

标定期间一级转化器 Claus 转化率和有机硫水解率结果见图 6-2-7~图 6-2-9。一级转化器 Claus 平均转化率一般在 50%以上，有机硫平均水解率均在 95%以上，这说明在一级转化器中水解反应进行得比较彻底，同时也进行了大部分 Claus 反应，表明新更换的 LS-981 多功能硫回收催化剂和 LS-02 氧化铝基硫回收催化剂的级配使用取得了良好效果，在一级反应器中既保证了 Claus 反应的进行，又兼顾了有机硫水解反应的进行。

162 系列硫黄回收装置在 80%、100%、110%和 130%运行负荷下分别进行了标定，装置各项参数运行正常，4 种工况下单程硫回收率均在 95%以上，有机硫水解率均在 98%以上，产品硫黄满足工业一级硫黄质量标准。LS-02 新型氧化铝基制硫级配催化剂具有较高的 Claus 转化活性以及较高的有机硫水解活性。

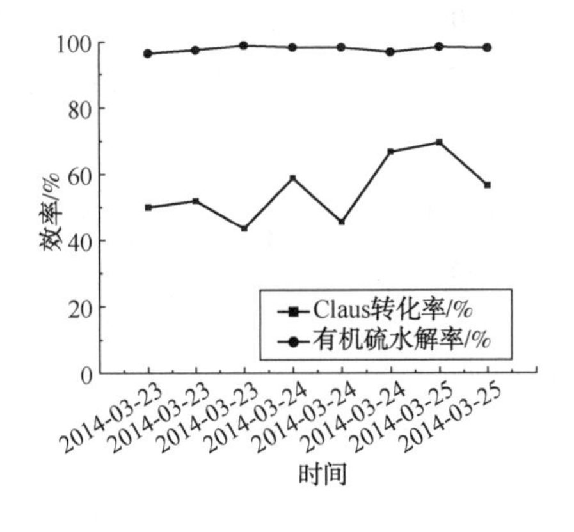

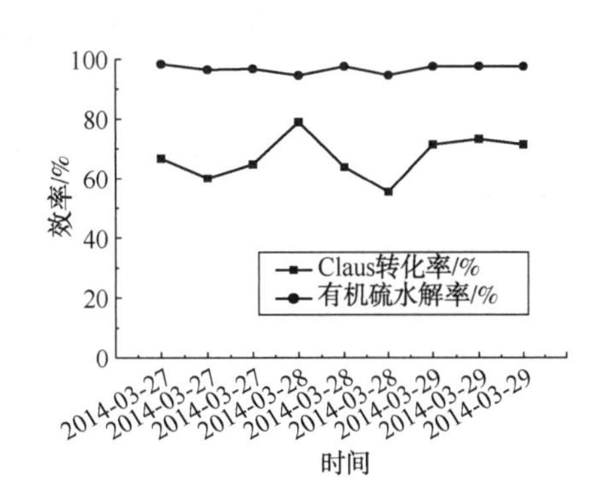

图 6-2-7　162 系列 80%负荷标定期间数据

图 6-2-8　162 系列 100%负荷标定期间数据

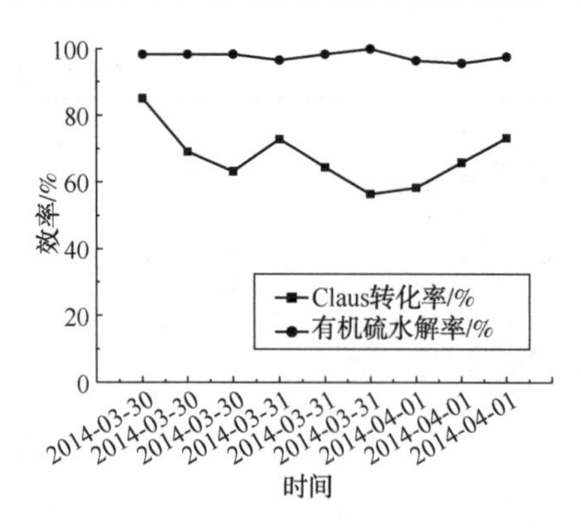

图 6-2-9　162 系列 110%负荷标定期间数据

二、脱漏氧保护催化剂

(一) 脱漏氧保护催化剂性能特点

脱漏氧保护催化剂以专用氧化铝为载体，浸渍专利活性组分制备而成(见图 6-2-10)。

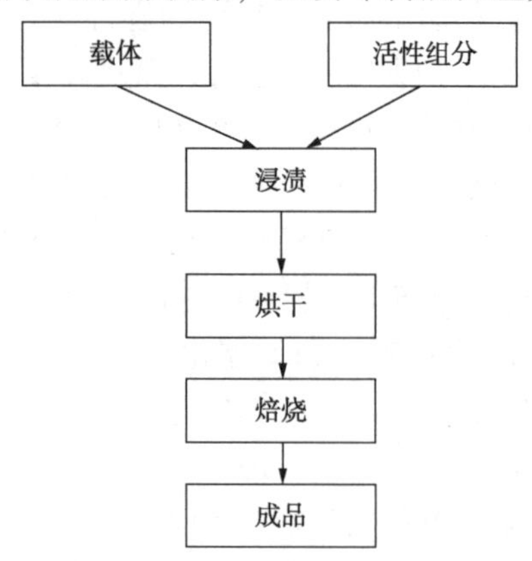

图 6-2-10　催化剂制备工艺流程

脱漏氧保护催化剂具有代表性的主要为法国 AM 催化剂、中国石化齐鲁石化公司研究院 LS-971 催化剂、中国石油西南油气田公司天然气研究院 CT6-4B 催化剂等。其物化性质见表 6-2-8。

表 6-2-8　脱漏氧保护催化剂物化性质

项　　目	LS-971	CT6-4B	AM
外观	褐色小球	褐色小球	褐色小球
外形尺寸	ϕ4~6	ϕ4~6	ϕ4~6
比表面积/(m^2/g)	240	240	240
孔容/(mL/g)	0. 35	0. 34	0. 33
平均孔径/nm	4. 6	4. 5	4. 5
强度/(N/颗)	150	140	150
Al_2O_3/%(质)	80	80	80
$FeSO_4$/%(质)	5	5	5

优点：含有铁助剂，具有脱“漏 O_2”保护功能。该催化剂即保护了反应器下部催化剂，也具有硫回收功能，其活性与氧化铝基催化剂相当。

缺点：该催化剂用于有机硫含量较高的过程气时，有机硫水解性能不理想。催化剂一般装填在反应器的上部，在装置超温和高温遇到冷凝水时，强度下降幅度较大，有时发生粉化现象，引起床层压降上升。

使用范围：该催化剂可全床层装填，也可分层装填。在分层装填使用时，可将催化剂装填在反应器的上部，约占床层总体积的1/3～1/2，脱除多余的氧气，保护下部的氧化铝基催化剂，避免和减少了下部 Al_2O_3催化剂的硫酸盐化中毒，延长催化剂使用周期。

（二）硫酸盐化机理

ClausAl_2O_3催化剂的硫酸盐化中毒机理是一个比较复杂的过程，受到多种因素例如 SO_4^{2-}、硫沉积、积炭和表面积丧失等影响，其中硫酸盐化作用是造成催化剂活性降低的主要原因。Claus 活性损失与催化剂的 SO_4^{2-}含量密切有关，当 SO_4^{2-}质量分数与比表面积的比率>0.03 时，两者成正比关系，有机硫水解反应受 SO_4^{2-}的影响程度更大。

为此，进行了系统研究，探查到硫酸盐化成因来自于三条途径：①Al_2O_3与 SO_3直接反应成为硫酸铝，即 $Al_2O_3+3SO_3 = Al_2(SO_4)_3$；②$SO_2$和 O_2在 Al_2O_3上催化反应，随后生成硫酸铝，即 $Al_2O_3+3SO_2+3/2O_2 = Al_2(SO_4)_3$；③$SO_2$在 Al_2O_3表面不可逆化学吸附成为类似硫酸盐的构造。其中①和②都产生了相当于 $Al_2(SO_4)_3-Al_2O_3$对照样的红外吸收光谱，实际上归属于一个类型。图 6-2-11 为对照样的红外吸收光谱图。图中光谱 A 为 $\gamma-Al_2O_3$载上 5%(质)$Al_2(SO_4)_3$后的背底光谱，$1600cm^{-1}$谱带是催化剂上吸附水的吸收光谱。经 500℃、2h 加热脱除吸附水后产生的光谱 B，出现了 1400 和 $1100cm^{-1}$两条主谱带，有力地表明属于硫酸盐的特征吸收光谱。对于成因①和②，由于结果明确，因而结论也较肯定；但对于③的认识，其中的 SO_2红外吸收光谱在解释上还存在分歧。目前较为流行和接受的观点认为，SO_2分子与表面存在的氧离子键合成为桥架型类似硫酸盐构造。

综上所述，当前对活性氧化铝催化剂的硫酸化问题大致看法如下：

1）第①个和第②个途径生成硫酸盐的机理是类似的，但在反应炉正常操作时炉内生成的 SO_3量很少，故第①个途径并非硫酸盐化的主要影响因素。但过程气中存在一定量的剩余氧则是必然的，因而可以认为第②个途径是主要影响因素。

2）第③个途径形成的硫酸盐可认为是催化反应过程中的一种中间产物，且对 H_2S/SO_2的转化反应是必不可少的。同时，由此途径生成的大部分硫酸盐按式(6-2-1)被 H_2S 还原而使催化剂的活性得到恢复，故不会对活性中心造成永久性的伤害(失活)。研究结果表明，温度和 H_2S 分压越高则还原程度越高。

$$Al_2(SO_4)_3+9H_2S = Al_2O_3+9H_2O+3/2S_8 \qquad (6-2-1)$$

3）工业实践表明，由第②个途径生成的硫酸盐难以在一、二级反应器的操作条件下还原，故会对活性氧化铝催化剂表面的活性中心造成永久性的伤害。研制和应用漏氧保护催化剂，要尽可能地降低过程气中氧含量，从而降低催化剂表面的硫酸盐生成量。

4）催化剂硫酸盐化后的影响主要反映在 2 个方面：一是导致 Claus 反应的转化率下降，对操作温度较低的二级和三级反应器此影响尤其严重；二是影响催化剂对 CS_2的转化效率，

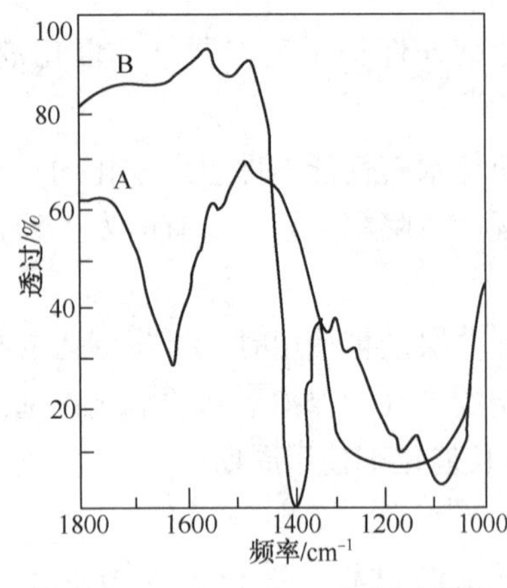

图 6-2-11 $Al_2(SO_4)_3$红外光谱图

因为硫酸盐是 CS_2转化最大的影响因素。

(三) 漏氧保护催化剂的作用机理

当前国内外常用的漏氧保护催化剂皆属负载型活性氧化铝，负载的活性金属化合物比活性氧化铝更容易发生硫酸盐化反应；同时，生成的硫酸盐也能容易地被过程气中的 H_2S 还原。

如果以 MO 表示所负载的金属活性化合物的氧化态，则后者首先在 H_2S 存在的条件下发生硫化反应：

$$MO+H_2S = MS+H_2O \quad (6-2-2)$$

与此同时，也有部分 MO 经催化氧化转化为硫酸盐：

$$2MO+2SO_2+O_2 = 2MSO_4 \quad (6-2-3)$$

硫化态的金属活性化合物极易发生下列两个氧化反应：

$$2MS+3O_2 = 2MO+2SO_2 \quad (6-2-4)$$

$$MS+2O_2 = MSO_4 \quad (6-2-5)$$

在 H_2S 存在的条件下，同时还发生 MSO_4的还原及生成单质硫的反应：

$$2MSO_4+8H_2S = 2MS+8H_2O+S_8 \quad (6-2-6)$$

综上所述，负载有活性金属的脱漏氧保护催化剂的作用机理主要包括硫化、吸氧(脱氧)和还原三个步骤，来防止活性氧化铝表面的硫酸盐化。由于式(6-2-4)和式(6-2-5)所示的两个反应容易进行，从而对活性氧化铝表面的硫酸盐化起到了保护作用。同时，式(6-2-1)所示的 $Al_2(SO_4)_3$还原反应是一个弱放热反应，在较高的温度与 H_2S 分压下才能缓慢地进行，而式(6-2-6)所示的 MSO_4还原反应是一个强放热反应，在相对较低的温度下即可进行，故使用漏氧保护催化剂不仅能降低活性氧化铝表面上的硫酸盐生成量，还能在一定程度上提高 Claus 反应转化率。

(四) 脱漏氧保护催化剂发展趋势

随着仪表控制精度的增加，氧的残余量逐渐降低，国外脱漏氧催化剂用量逐渐减少。国内脱漏氧催化剂用量比较大，这是由于国内一级反应器入口气体再热方式采用中压蒸汽加热形式的增多，一级反应器床层温度很难达到 320℃，而一级反应器中下部装填的氧化钛硫回收催化剂需要在床层温度达到 320℃才能发挥出最佳活性。由于脱漏氧保护催化剂反应热比较大，因此脱漏氧保护催化剂被赋予了新的使命，装填在一级反应器上部来提高反应器的床层温度。

(五) 脱漏氧保护催化剂的工业示范

齐鲁石化公司胜利炼油厂 40kt/a 硫黄回收装置由两套 20kt/aClaus 部分和一套共用的尾气加氢处理组成，其中 Claus 部分采用酸性气部分燃烧法和高温热掺合二级催化转化的 Claus 工艺。1999 年 11 月，在 40kt/a 硫黄回收装置Ⅰ套和Ⅱ套上进行了 LS-971 和 LS-811 Al_2O_3催化剂的活性对比试验。

1. 催化剂装填

在Ⅰ套装置的第一反应器按照常规装填使用 LS-811 Al_2O_3催化剂 6.4t，在第二反应器下部装填 LS-811 Al_2O_3催化剂 4.2t，上部(即容易遭受“漏氧”影响且硫酸盐化最为严重的部位)装填 LS-971 脱氧保护催化剂 2.8t；作为参照对比试验的Ⅱ套装置，其第一和第二反应器全部装填 LS-811 Al_2O_3催化剂，合计 12.8t。

2. 运行结果

Ⅰ套装置于 1999 年 12 月 1 日开工投运，Ⅱ套装置于 1999 年 12 月 25 日进气运行，为了便于现场比较，以Ⅱ套装置的投运时间为准，于 2000 年 3 月 25 日(标 1)和 9 月 23 日(标 2)分别对 LS-971 和 LS-811 两种催化剂使用 3 个月和 9 个月后的运行情况进行标定(见表 6-2-9)。在相同工艺装置和相近工艺条件下，Ⅰ套装置第二反应器床层温升比Ⅱ套装置第二反应器提高了 10℃，Claus 总硫转化率则提高了 1%左右，取得了明显的使用效果。图 6-2-12 和图 6-2-13 分别为根据现场操作数据逐日统计的第二反应器床层温升和月平均总硫转化率变化情况，可以看出伴随着装置操作工况的变化，两套装置的总硫转化率相差 1%左右，第二反应器床层温升相差 9~10℃，Ⅰ套装置的运行结果自始至终优于Ⅱ套装置，说明 LS-971 脱氧保护催化剂效能显著。

表 6-2-9　LS-971 和 LS-811 催化剂工业运行标定结果

项　目			标 1 (Ⅰ套)	标 1 (Ⅱ套)	标 2 (Ⅰ套)	标 2 (Ⅱ套)
酸性气流量/(Nm^3/h)			2619	2661	2389	2366
酸性气中 H_2S 的含量/%(体)			90.69	90.69	87.59	87.59
空气流量/(Nm^3/h)			5321	5382	5050	4710
风气比			2.03	2.02	2.11	1.99
反应炉中部温度/℃			1231	1145	1253	1122
反应炉蒸汽发生器出口温度/℃			346	317	365	318
第一反应器	入口温度/℃		241	235	238	239
	床层温度/℃		319	314	318	318
	床层温升/℃		78	79	80	79
	出口温度/℃		308	306	306	308
	入口气体组成/%(体)	H_2S	3.58	3.24	2.83	2.49
		SO_2	1.94	1.81	1.69	1.36
	出口气体组成/%(体)	H_2S	1.96	1.91	0.77	0.79
		SO_2	1.09	1.06	0.84	0.69
第二反应器	入口温度/℃		220	230	220	229
	床层温度/℃		250	250	250	249
	床层温升/℃		30	20	30	20
	出口温度/℃		240	239	239	240
	入口气体组成/%(体)	H_2S	2.01	2.13	2.06	2.07
		SO_2	0.99	1.09	1.26	1.03
	出口气体组成/%(体)	H_2S	0.7	0.86	0.72	0.87
		SO_2	0.41	0.61	0.23	0.43
总硫转化率/%			96.3	95.1	96.6	95.5

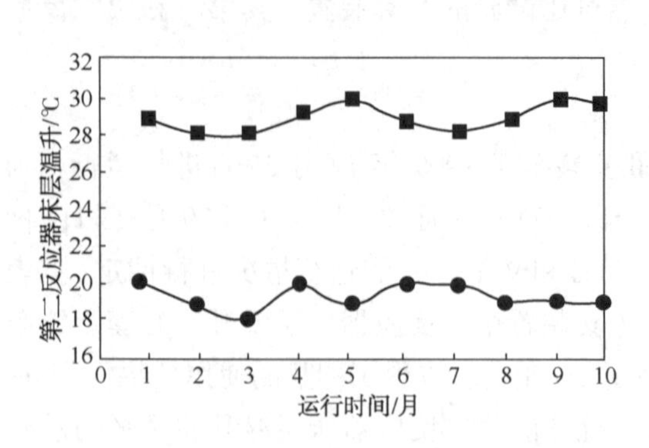

图 6-2-12　Ⅰ套和Ⅱ套装置第二反应器床层温升对比
—■— —Ⅰ套装置；—●— —Ⅱ套装置

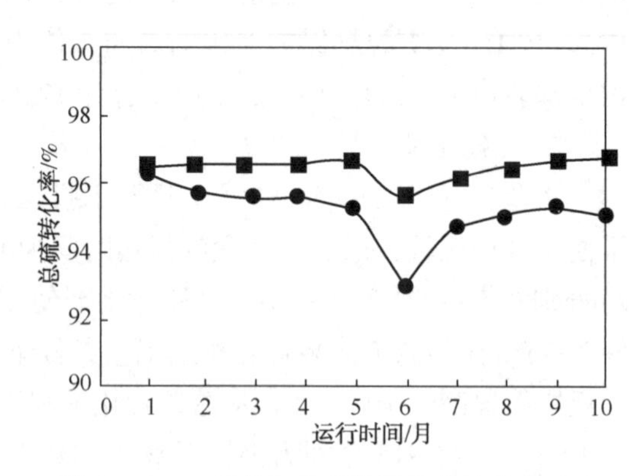

图 6-2-13　Ⅰ套和Ⅱ套装置总硫转化率对比
—■— —Ⅰ套装置；—●— —Ⅱ套装置

三、二氧化钛基催化剂

(一) 二氧化钛基催化剂性能特点

二氧化钛基硫回收催化剂主要以偏钛酸为原料，添加少量成型助剂采用挤出成型工艺制备，催化剂中氧化钛含量一般在 85%(质)以上。其制备工艺流程见图 6-2-14，物化性质见表 6-2-10。

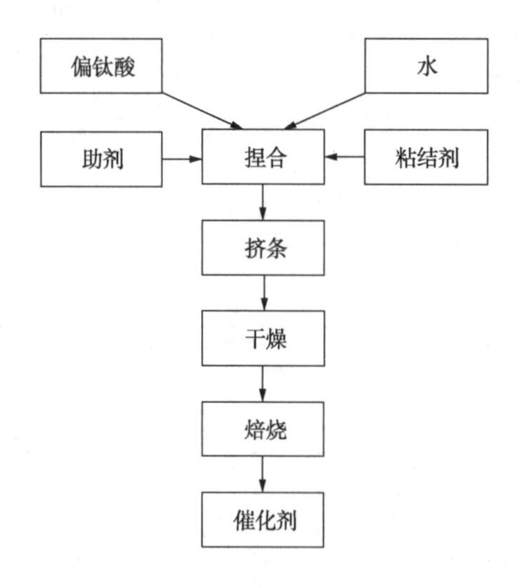

图 6-2-14　二氧化钛基催化剂制备工艺流程

表 6-2-10　二氧化钛基催化剂物化性质

项　　目	LS-901	LS-981G	CRS-31
外观	白色条形	白色条形	白色条形
外形尺寸/mm	$\phi3\times(2\sim15)$	$\phi3\times(2\sim15)$	$\phi3\times(2\sim10)$
比表面积/(m^2/g)	110	130	120
孔容/(mL/g)	0.20	0.25	0.24

续表

项　　目	LS-901	LS-981G	CRS-31
强度/(N/颗)	140	200	130
TiO_2/%(质)	85	85	85

二氧化钛基催化剂优点：该催化剂对有机硫化物的水解反应和 H_2S 与 SO_2 的 Claus 反应具有更高的催化活性，几近达到热力学平衡；对于“O_2”中毒不敏感，水解反应耐“O_2”中毒能力为 0.2%(体)，克劳斯反应时则高达 1%(体)，并且一旦排除了高浓度 O_2 的影响，活性几乎得到完全恢复；在相同的转化率条件下，允许更短的接触时间约 3s，相当于 1000～1200h^{-1}空速，因此可以缩小反应器体积。

二氧化钛基催化剂缺点：制造成本较高，孔体积和比表面积较小，磨耗大，抗结炭性能差。

二氧化钛基催化剂使用范围：特别适用于过程气中有机硫含量较高的反应过程或者没有 Claus 尾气处理单元的硫黄回收装置，以提高硫回收率，减少硫的排放。

（二）TiO_2 催化剂的反应性能

1. TiO_2 对 H_2S 的作用特性

图 6-2-15 是 TiO_2+4%S、TiO_2 和 Al_2O_3 吸附 H_2S 后的程序升温脱附(TPD)结果。由 TiO_2 曲线看出，在 TiO_2 上吸附的 H_2S 分别在 40～450℃温度区间有两个脱附峰，前者是 H_2S，后者为 SO_2。同时反应管壁上有硫析出。由 TiO_2 和单质硫机械混合样品的 TPD 结果(TiO_2+4%S 曲线)表明，单质硫也可被转化为 SO_2，说明吸附在 TiO_2 上的 H_2S 在一定温度下发生转化，生成硫并进一步转化为 SO_2。对比 Al_2O_3 曲线和 TiO_2 曲线看出，在 Al_2O_3 上吸附的 H_2S 是一个 40～500℃宽温度区间的脱附峰，并且没有明显的转化产品。因此，H_2S 在 Al_2O_3 上的行为同 TiO_2 不一样。TiO_2 从室温吸附 H_2S 后经不同温度处理后的红外结果见图 6-2-16，从图 6-2-16 可以看出，经 300℃处理后波数为 1620cm^{-1} 的水峰明显增加，表明 H_2S 转化过程同时形成水，含氧产物的生成说明 TiO_2 中的氧参与了 H_2S 的转化。结果表明，吸附在 TiO_2 上的 H_2S 不仅易脱附，而且可以与 TiO_2 中的氧发生转化反应；而吸附在 Al_2O_3 上的 H_2S 既不易脱附，又不易转化。

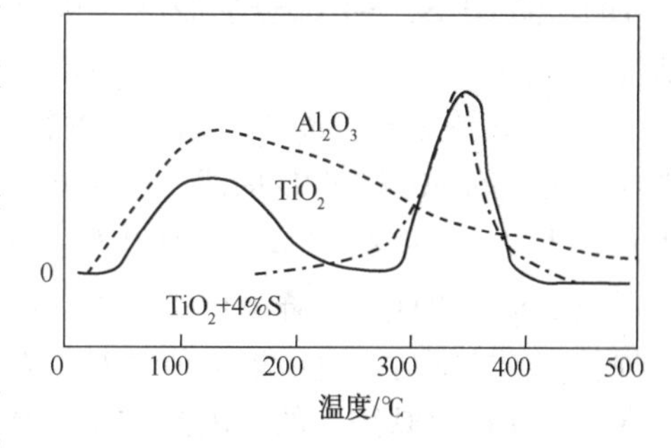

图 6-2-15　不同样品上吸附 H_2S 后的 TPD 谱图

文献报道了部分还原的 TiO_2 对 H_2O 有较强的解离能力。由于 H_2S 分子、水分子的结构和性质有相似之处，因此 TiO_2 对 H_2S 的作用还与 TiO_2 表面的不规整性有关。由图 6-2-17 看出，500℃氢预处理的 TiO_2 样品 TiO_2[H]在不到 100℃即有氢放出，同时在 TiO_2[H]上吸附 H_2S 后的 IR 谱上无水峰出现，说明 TiO_2[H]在预处理过程使其表面形成大量缺陷(低价钛或氧空位)，对 H_2S 具有较强的解离能力。相反 Al_2O_3 在氢预处理前后其吸附 H_2S 的 TPD 曲线基本相同，表明氢处理对 Al_2O_3 表面性质影响不大。

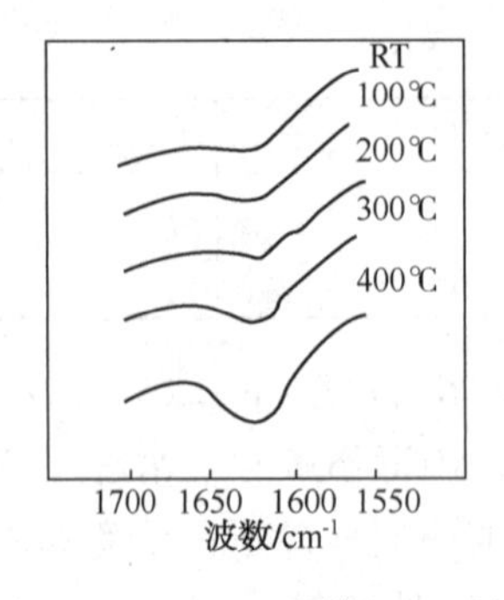

图 6-2-16　TiO_2吸附 H_2S 后经不同温度处理后的红外谱图

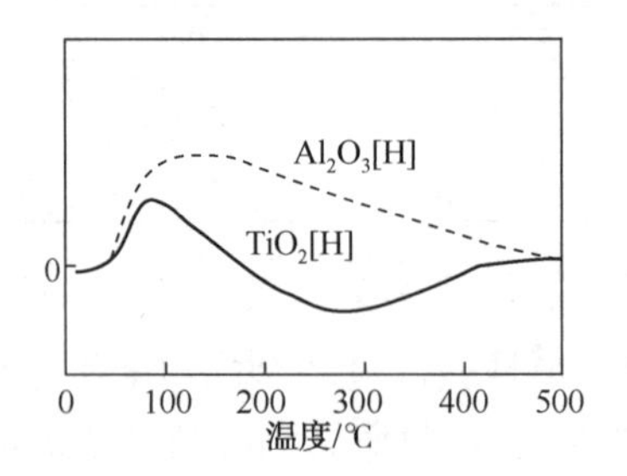

图 6-2-17　氢处理样品上吸附 H_2S 的 TPD 谱图

因此，由于 TiO_2的化学活泼性，TiO_2的氧或部分失氧还原后产生的低价钛或氧空位均可参与 H_2S 的转化反应。而 Al_2O_3则没有这种性质，致使 TiO_2和 Al_2O_3对 H_2S 的作用表现出明显不同的特性。

2. TiO_2对 SO_2的作用特性

图 6-2-18 为 TiO_2和 Al_2O_3吸附 SO_2的 TPD 曲线，由图 6-2-18 看出，TiO_2上吸附 SO_2的 TPD 结果和 H_2S 不同，在 300℃可基本脱附完，并且没有明显的转化发生。在 Al_2O_3上吸附 SO_2的 TPD 结果同吸附 H_2S 的 TPD 结果相似，有一个 40~500℃的宽温度区间脱附峰，并存在多种吸附态。Al_2O_3上 H_2S、SO_2吸附的 TPD 结果表明，在 Al_2O_3表面存在着很难脱附的 H_2S、SO_2吸附物种。这种强吸附态的存在不仅占据了表面活性位置，而且易发生硫酸盐化，而 TiO_2由于 H_2S、SO_2都较易脱除，从而不易发生硫酸盐化。因此 TiO_2可保持较高的催化活性。

SO_2在氢预处理样品 TiO_2[H]上的行为和 TiO_2相比有明显的不同。图 6-2-19 为氢预处理样品上吸附 SO_2的 TPD 曲线。由图 6-2-19 看出，在 300℃左右多一个肩峰，并在 TPD 过程有 S 生成，说明在 TiO_2[H]上出现了新的吸附态，并有转化发生。文献报道 SO_2易在 Ti^{3+}上形成 SO_2^-，TiO_2[H]样品由于氢处理过程使其表面缺氧并形成低价钛，有夺取合适元素恢复规整表面的能力。这种能力使其对外界分子表现出较强的作用。可认为这种新吸附态是吸附在低价钛或氧缺陷上的，因此 TiO_2氢预处理形成的表面特性不仅对 H_2S 具有较高的活性，对 SO_2也具有高的活性。Al_2O_3[H]样品上 SO_2吸附的 TPD 和 Al_2O_3基本类似。

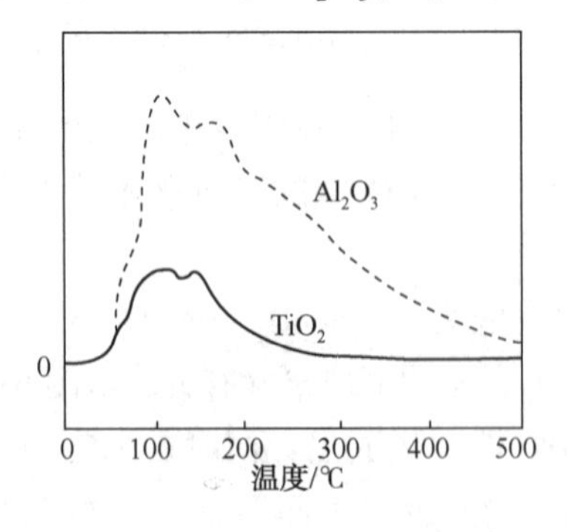

图 6-2-18　TiO_2和 Al_2O_3吸附 SO_2的 TPD 谱图

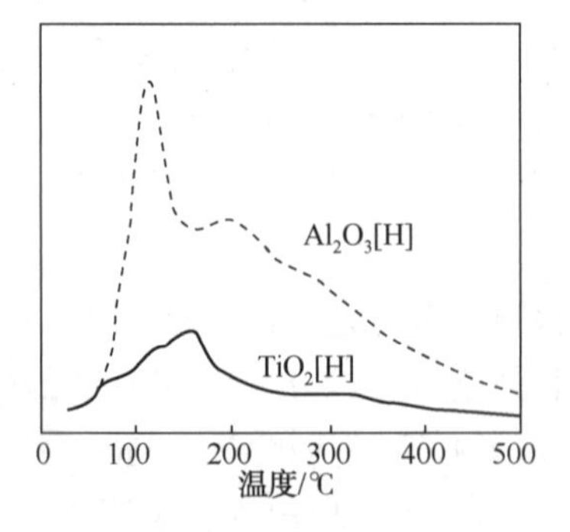

图 6-2-19　氢预处理样品上吸附 SO_2的 TPD 谱图

TiO_2、TiO_2[H]吸附 SO_2 后不同温度下处理的红外谱图(IR)见图 6-2-20。由于两种样品的表面性质不同，TiO_2表面是富氧状态，TiO_2[H]表面的低价钛较丰富。因此，SO_2在两种样品上的 IR 结果也表现出明显不同。对图 6-2-20 中的 a 和 b 进行比较可看出，TiO_2[H]样品的 $1330cm^{-1}$峰很弱，而 TiO_2上此峰则较强。相反，TiO_2[H]样品的 $1280cm^{-1}$较强，而 TiO_2 $1280cm^{-1}$峰则较弱，表明 $1330cm^{-1}$峰是 SO_2在 TiO_2表面氧上的吸附态，而 $1280cm^{-1}$峰是同低价钛有关的 SO_2吸附态。另外，TiO_2样品的 $1280cm^{-1}$峰随着处理温度升高而逐渐加强，而 $1330cm^{-1}$峰则逐渐减弱。相反，TiO_2[H]样品的 $1280cm^{-1}$峰较强，随着处理温度升高而逐渐减弱，而 $1325cm^{-1}$峰逐渐增强。从 SO_2吸附峰随温度升高发生的相向变化可以推知发生了以下过程：

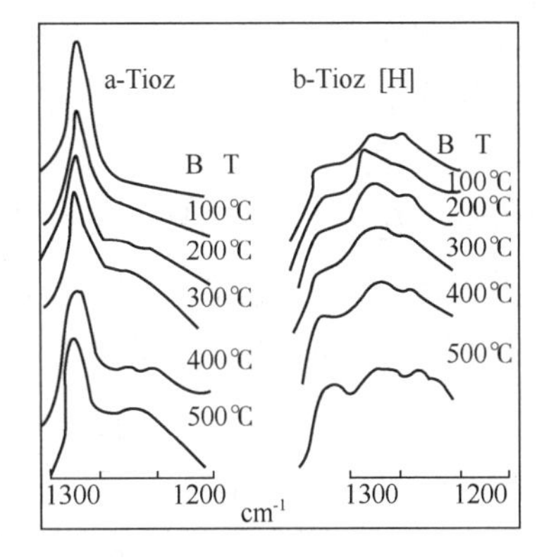

图 6-2-20　不同样品上吸附 SO_2后不同温度处理的 IR 谱图

a. TiO_2

$$\text{Ti–O–Ti–O(–S(=O)O)–Ti} \xrightarrow{\triangle} \text{Ti–O–Ti–*–Ti} + SO_3$$

b. TiO_2[H]

$$\text{Ti–*–Ti–S(O)(O)–Ti} \xrightarrow[>200℃]{\triangle} \text{Ti–O–Ti–O–Ti} + S$$

由于 TiO_2中的氧可参与转化，SO_2、O、S 等在 TiO_2表面可形成一个平衡转化区域。由于 Al_2O_3的惰性，不可能存在这样一个转化区域，因此 TiO_2对 SO_2的作用显然不同于 Al_2O_3。

二氧化钛基催化剂由于二氧化钛具有变价性能，硫化氢和二氧化硫在二氧化钛表面容易脱附，不易发生硫酸盐化，催化剂可保持较高的催化活性。同时由于氧化钛的表面酸性较弱，碱性中心较多，而有机硫的水解反应是在催化剂的碱性中心进行，因此，钛基催化剂的有机硫水解活性较高，稳定性较好。

(三) TiO_2催化剂的发展趋势

随着环保法规的日益严格，TiO_2催化剂用量逐年增多，配套低温尾气加氢催化剂装填在一级反应器下部，保证在吸收塔尾气中 COS 含量低于 20μL/L。尤其对于处理煤化工酸性气的硫黄回收装置，TiO_2催化剂的使用比例更大。

(四) TiO_2催化剂的工业应用示范

LS-901 TiO_2基催化剂在某厂 5kt/a 硫黄回收装置上的工业应用：在一级反应器装填 LS-901 催化剂 2t，床层高度约 0.6m。

LS-901 TiO_2基催化剂的活性明显优于 LS-300 氧化铝基催化剂。在酸性气流量大幅度增加的情况下，装置一级反应器装填使用 LS-901 催化剂后，有机硫水解率可从原来的 92%

(体)提高到99%(体)，尾气中的硫化合物含量从0.96%(体)降低至0.71%(体)，从而使装置总硫转化率由94.6%(体)进一步提高到97.0%(体)，其工业运行数据见表6-2-11。另外，催化剂在运行过程中经历了频繁的开停工吹扫、降温积硫和积炭后，虽然受到了不同程度的损害，但对其使用活性还未有严重影响，即使在高负荷接近于1000h^{-1}高空速的苛刻条件下，仍然保持99%(体)的有机硫水解率和非常高的Claus活性。说明该催化剂能够适应较宽的操作条件变化范围，抗工况波动能力强，具有较氧化铝基催化剂更为优越的活性和稳定性。

表6-2-11　LS—901催化剂工业运行数据

项　　目		LS-901	LS-300
一级反应器入口	H_2S/%(体)	4.49	3.93
	SO_2/%(体)	2.22	1.70
	COS/%(体)	0.25	0.60
一级反应器出口	H_2S/%(体)	0.79	0.83
	SO_2/%(体)	0.89	0.85
	COS/%(体)	0	0.08
二级反应器入口	H_2S/%(体)	1.27	1.73
	SO_2/%(体)	1.17	0.94
	COS/%(体)	0.05	0.15
二级反应器出口	H_2S/%(体)	0.43	0.63
	SO_2/%(体)	0.28	0.28
	COS/%(体)	0	0.05
尾气硫含量/%(体)		0.71	0.96
有机硫水解率/%		100	92
总硫转化率/%		97.0	94.6

四、助剂型氧化铝硫黄回收催化剂

(一)催化剂性能及特点

助剂型氧化铝硫黄回收催化剂主要以$TiO_2-Al_2O_3$助剂型催化剂为主(物化性质见表6-2-12)，$TiO_2-Al_2O_3$催化剂最早是法国Rhone-Progil公司在20世纪70年代初开发的一种助剂型硫黄回收催化剂。目前，最具代表性的催化剂为BASF公司开发的DD-931催化剂和中国石化齐鲁石化公司研究院开发的LS-981催化剂。

优点：与氧化铝催化剂相比，耐硫酸盐化能力好，对有机硫水解能力强和寿命长的特点；与氧化钛催化剂相比，具有更大的比表面积；具有适量的大孔孔隙率，具有更高的压碎强度，价格便宜；具有良好的Claus活性、有机硫水解活性和脱"漏O_2"活性；具有良好的抗积炭性能。

缺点：催化剂制备工艺复杂，制造成本较高。

适用范围：特别适用于含烃类原料气，以提高催化剂的抗结炭性能，从而延长催化剂的使用寿命和装置的运行周期，消除由于装置运行周期较短而带来的生产瓶颈。

表 6-2-12　助剂型催化剂的物化性质

物化性质	LS-981	DD-931
外观	土黄色条形	白色球形
规格/mm	ϕ4×(3~10)	ϕ3~5
强度/(N/cm)	≥200	≥100
磨耗/%(质)	≤0.5	≤0.5
堆密度/(kg/L)	0.90~1.00	0.77
比表面积/(m^2/g)	≥200	≥280
孔容/(mL/g)	≥0.30	≥0.30
主要成分	助剂+TiO_2+Al_2O_3	TiO_2+Al_2O_3

LS-981 多功能硫黄回收催化剂采用氧化铝-氧化钛复合载体及独特的制备工艺，克服了普通氧化铝或氧化钛基催化剂硫酸根含量高，孔容、比表面积小，强度低、磨耗高的缺点。催化剂强度大于 200N/cm，且具有良好的水热稳定性及抗硫酸盐化能力。该催化剂同时具有良好的 Claus 活性、有机硫水解活性和脱氧活性，更重要的是该催化剂具有良好的抗积炭性能，大大优于纯氧化铝和纯氧化钛催化剂，从而延长了催化剂的使用寿命。LS-981 多功能硫黄回收催化剂适用于过程气复杂，工况波动较大的硫黄回收装置，可延长装置的运行周期，消除硫黄回收装置带来的瓶颈制约。

DD-931 催化剂是 BASF 公司开发的一种二氧化钛(TiO_2)氧化铝复合材料 Claus 催化剂，粒径约 4mm 左右的小球。该催化剂的特点是：与单纯的活性氧化铝相比，氧化钛成分大大提高了对 COS 和 CS_2的水解活性；与钛基催化剂相比，该剂有更大的比表面积；具有适量的大孔孔隙率，比挤压成型的钛基催化剂有更高的压碎强度；价格比钛基催化剂便宜。

图 6-2-21 列出了以 ASRL 标准方法对经老化的 SRC-99ti 催化剂(二氧化钛基催化剂)和 DD-931 催化剂的评价结果。老化后的催化剂相当于暴露在氧气中且已使用了 3a 以上的催化剂。催化剂评价时条件：空速为 $1000h^{-1}$，温度则模拟活性氧化铝一级反应器的操作温度。图中的数据表明，在温度为 310℃时，经苛刻老化的 DD-931 的 CS_2转化率约 90%；温度上升至 320℃时则提高到 95%左右，与 SRC-99ti 催化剂仅差几个百分点；而此时活性氧化铝的 CS_2转化率尚不足 70%。

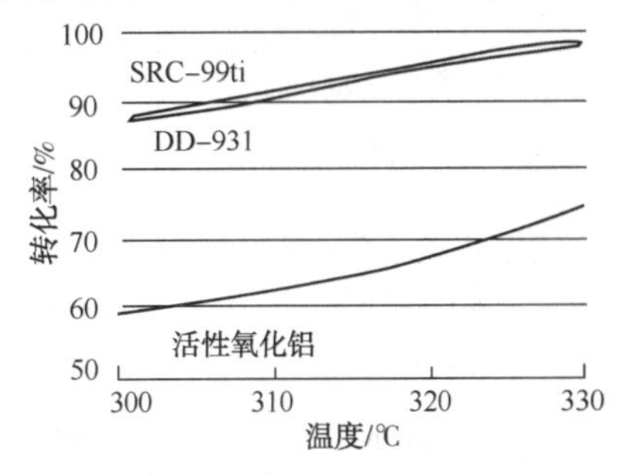

图 6-2-21　DD-931 催化剂水解活性

(二) 催化剂工业应用示范

2009 年 4 月，LS-981 催化剂应用于中国石化齐鲁石化公司胜利炼油厂 80kt/a 的硫黄回收装置上。该装置采用酸性气部分燃烧法，一级反应器入口气体再热方式为高温热掺合，二级反应器入口气体再热方式为气气换热工艺。

(1) LS-981 催化剂装填。

齐鲁石化公司胜利炼油厂 80kt/a 硫黄装置的两个转化器为平行摆放。2009 年 4 月在装置大修时进行了一级转化器催化剂更换，在一级转化器上部装填 410mm 高度的 LS-981 催化剂，共计 20t，下部装填 420mm 高度的 LS-300 氧化铝基催化剂，共计 14t；二级转化器没有更换催化剂，仍使用2005年5月份更换的LS-300催化剂，该催化剂已使用近四年的时间。催化剂装填方法为先在一级反应器的底部铺两层8目不锈钢丝网，不锈钢丝网上部装填高度为120mm的ϕ15mm五孔硬质瓷球，再装填床层高约420mm的LS-300催化剂，上边再装填高约410mm的LS-981催化剂。催化剂装填示意见图6-2-22。

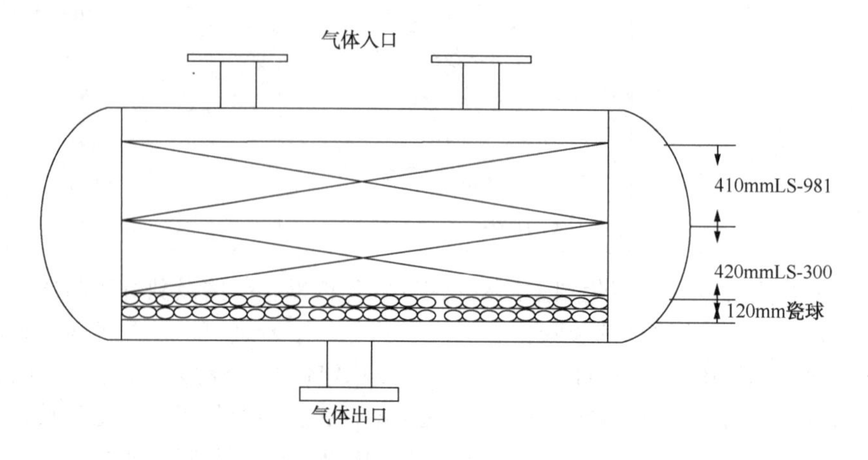

图6-2-22　一级反应器催化剂装填示意

(2) 装置开工及应用效果标定

2009年6月进行了初期应用效果标定，标定结果见表6-2-13。

表6-2-13　胜利炼油厂80kt/a硫黄回收装置标定结果

标定时间		2009-6-8		2009-6-9		2009-6-10	
工艺条件		一级反应器	二级反应器	一级反应器	二级反应器	一级反应器	二级反应器
酸性气流量/(Nm^3/h)		8138		8437		7990	
酸性气中H_2S/%(体)		76.8		78.0		80.0	
空气流量/(Nm^3/h)		14769		15432		14840	
入口温度/℃		233	243	232	245	235	236
床层温度/℃		327	256	329	260	326	251
床层温升/℃		94	13	97	15	91	15
入口气体含量/%(体)	H_2S	6.12	1.80	5.58	2.26	5.81	2.64
	SO_2	3.97	1.24	3.50	0.86	3.09	1.07
	COS	0.19	0	0.14	0	0.21	0
	CO_2	2.38	2.51	2.23	2.61	3.20	3.52
出口气体含量/%(体)	H_2S	1.87	0.60	2.35	0.77	2.67	0.94
	SO_2	1.46	0.51	0.85	0.24	1.06	0.04
	COS	0	0	0	0	0	0
	CO_2	2.50	2.49	2.52	2.53	3.54	3.60
一级反应器有机硫水解率/%		100		100		100	
总硫转化率/%		96.9		96.8		96.6	

从表6-2-12标定结果可以看出，装置总硫转化率达到96%以上，一级反应器有机硫水解率达到100%。一级反应器入口温度为233~235℃，床层温升为90℃以上。

该装置在2005年11月曾委托青岛科技大学进行系统标定，标定时催化剂的级配方案为一级反应器上部三分之一LS-971脱“漏 O_2”保护催化剂，下部三分之二LS-300氧化铝基制硫催化剂，二级反应器全部为LS-300催化剂，标定结果为：单程总硫转化率95.99%，一级反应器入口温度240~250℃，床层温升70℃左右。换剂前后相比较，一级反应器温度降低10℃，床层温升升高近20℃，单程总硫转化率提高0.5~1.0个单位。

第三节 克劳斯尾气加氢催化剂及发展趋势

酸性气体经二级Claus转化后，气体中化合物有 SO_2、COS、CS_2 和单质S。加氢反应器发生的主要反应：

$$S_8+8H_2 \Longrightarrow 8H_2S+335kJ/mol \tag{6-3-1}$$

$$SO_2+3H_2 \Longrightarrow H_2S+2H_2O+214kJ/mol \tag{6-3-2}$$

$$CS_2+4H_2 \Longrightarrow 2H_2S+CH_4+232kJ/mol \tag{6-3-3}$$

$$COS+H_2 \rightleftharpoons H_2S+CO+Q \tag{6-3-4}$$

$$COS+H_2O \rightleftharpoons H_2S+CO_2-35kJ/mol \tag{6-3-5}$$

$$CS_2+H_2O \rightleftharpoons H_2S+COS-67kJ/mol \tag{6-3-6}$$

加氢反应器发生的副反应：

$$SO_2+2H_2S \Longrightarrow 3S+2H_2O+233kJ/mol \tag{6-3-7}$$

$$SO_2+3CO \rightleftharpoons COS+2CO_2 \tag{6-3-8}$$

$$S_8+8CO \Longrightarrow 8COS \tag{6-3-9}$$

$$CO+H_2O \rightleftharpoons CO_2+H_2+41kJ/mol \tag{6-3-10}$$

$$CO+H_2S \rightleftharpoons COS+H_2 \tag{6-3-11}$$

$$CS_2+3H_2 \Longrightarrow CH_3SH+H_2S \tag{6-3-12}$$

$$CH_3SH+H_2 \Longrightarrow H_2S+CH_4 \tag{6-3-13}$$

$$2COS+SO_2 \Longrightarrow 2CO_2+3S \tag{6-3-14}$$

$$2CS_2+SO_2 \Longrightarrow 2COS+3S \tag{6-3-15}$$

Claus尾气加氢催化剂一般根据使用温度可以分为常规Claus尾气加氢催化剂和低温Claus尾气加氢催化剂。常规Claus尾气加氢催化剂主要活性组分为Co和/或Ni和Mo，Al_2O_3 作为载体材料。催化剂床层操作温度较高，一般为300~330℃，经加氢后的尾气中非硫化氢的总硫含量小于300μg/g。为简化加氢段再热操作，减小加氢反应器下游段冷却器热负荷，降低能耗，国内外开发出更低入口温度的加氢催化剂。Criterion公司提供了可以在反应器入口温度为225~240℃范围内操作运行的Criterion 234低温加氢催化剂，最新开发的Criterion734催化剂可在反应器入口温度为200℃下运行。齐鲁石化公司研究院已开发出LSH-02低温尾气加氢催化剂，可满足加氢反应器入口温度220℃的使用要求，目前已应用于国内多套硫黄回收装置。国外从事尾气加氢催化剂研发的机构主要有Axens公司和美国Criterion催化剂公司，国内主要有中国石化齐鲁石化公司研究院和中国石油西南油气田分公司天然气研究院。

一、Axens 公司尾气加氢催化剂

Axens 公司开发的 TG-103 尾气处理催化剂活性组分为 Co、Mo，外形为球形。TG-103 催化剂具有稳定性好、压碎强度高、压降较低，硫醇转化较高的特点。

TG-133 催化剂是同 TG-103 催化剂一起开发的另一种尾气处理催化剂，Co、Mo 为活性组分，催化剂外观为三叶草条形。与 TG-103 催化剂相比，TG-133 催化剂具有更低的密度，因而穿过尾气处理反应器的压降减少。TG-133 催化剂可以金属氧化物形式或以金属硫化物形式交付。

TG-107 催化剂是一种低温型 Claus 尾气加氢催化剂，它允许加氢反应器在低于传统尾气处理催化剂 50~60℃的温度条件下操作，同时仍然保持硫回收率为 99.8%。

TG-107 催化剂是在德国某炼厂 SCOT 装置上进行的中试试验。试验结果表明，采用 TG-107 催化剂可使 CO 发生变换反应转化成 H_2，对二氧化硫排放可忽略不计，并且运行一年后发现催化剂的性能几乎与新鲜催化剂一样好，表明催化剂具有稳定性高和运转周期长的特点。

TG-107 催化剂的首次工业应用是在英国石油公司处理量 271900bbl/d 的炼厂进行的，并且这是低温 SCOT 工艺的首次工业应用。经过两年运转后，TG-107 催化剂仍满足装置的性能要求，操作温度为 230℃。TG-107 催化剂在一家美国炼厂的尾气处理装置中，使其入口温度从 300℃降到了 230~240℃。

TG-136 催化剂也是同 TG-107 一起开发的低温催化剂。TG-136 的 Co、Mo 含量比 TG-107 高，以超高纯度的氧化铝作为载体、外观三叶草形、直径 2.5mm。当反应器要求压降低时，可采用三叶草形的 TG-136 催化剂。TG-136 允许装置在温度低于 220℃下操作，可减少燃料气用量和/或避免炭沉积在内嵌的燃烧器内。此外，该催化剂也可以在温度 240℃下操作，并且不会产生非理想化合物如硫醇和/或甲烷。2010 年 6 月，TG-136 催化剂应用于加拿大安大略省的帝国石油公司萨尼亚炼油厂硫黄回收装置。该装置要求吸收塔尾气中硫化氢需降至 2009 年安大略省规定的<250μL/L，炼油厂硫回收率要求是 99.9%以上。自开工以来，装置运行正常，同时 TG-136 催化剂在 COS 转化方面表现出极佳的活性，在反应器入口温度为 241℃条件下，COS 平衡转化率达到 90%以上。表 6-3-1 列出了 Axens 公司尾气加氢催化剂性能参数。

表 6-3-1　Axens 公司尾气加氢催化剂性能参数

催化剂	TG-103	TG-107	TG-133	TG-136
类型	常规型	低温型	常规型	低温型
外观	球形	球形	三叶草	三叶草
直径/mm	2~4	2~4	2.5	2.5
组成	Co-Mo/Al_2O_3	Co-Mo/Al_2O_3	Co-Mo/Al_2O_3	Co-Mo/Al_2O_3
比表面积/(m^2/g)	215	215		230
自然装填密度(kg/L)	0.76	0.76	0.44	0.59
密相装填密度/(kg/L)	0.79	0.79	0.53	0.69

二、美国 Criterion 催化剂公司尾气加氢催化剂

(一) 催化剂种类及性能

美国 Criterion 催化剂公司(简称美国标准公司)的尾气处理催化剂包括 C-234、C-534 和 C-734 系列。C-234 Co、Mo 催化剂具有高比表面积和三种形状：3.0mm 球形、3.2mm 圆柱形和 3.2mm 三叶草形。在应用中，产生的床层压降是球形的最大、三叶草形的最小。C-234 系列催化剂被推荐用于有过积炭问题或有过催化剂使用周期缩短问题的尾气处理装置。C-234 催化剂是 C-534 和 C-734 两种催化剂的一种低成本替代剂。

C-534 催化剂为球形，最显著的特点是压降较低，同时还具有较高的物理强度和热稳定性，可更好地抵御工艺过程的扰动。

C-734 催化剂在三种催化剂中活性最高，产生的压降最小。C-734 活性提高是 Criterion 公司开发了一种新的先进载体的结果，这种载体具有高的宏观孔隙率，可以使催化剂负载更多的金属而不是使金属团聚。C-734 催化剂可以在入口温度低至 200℃ 的条件下操作。2009 年，C-734 实现了商品化。一家欧洲炼厂应用结果表明，每立方米 C-734 催化剂在较低温度下操作将节约运行成本 4800 美元/a。催化剂成本投资不到两年即可收回。新西兰炼油公司(New Zealand Refining)2010 年 5 月在其 Whangarei 炼油厂也将其加氢尾气处理部分所用催化剂更换为 C-734，装置入口温度从 280℃ 降到 235℃，使装置的燃料气消耗下降 20%~22%。

(二) C-734 与 C-234 催化剂性能对比

C-734 催化剂与 C-234 催化剂相比在以下三个方面表现得更好：更高的 COS 转化率，更高的 CO 转化率和能更好地抑制 CH_3SH 的形成。图 6-3-1 和图 6-3-2 给出了低温及宽温域内对 C-734 催化性能的测试数据。

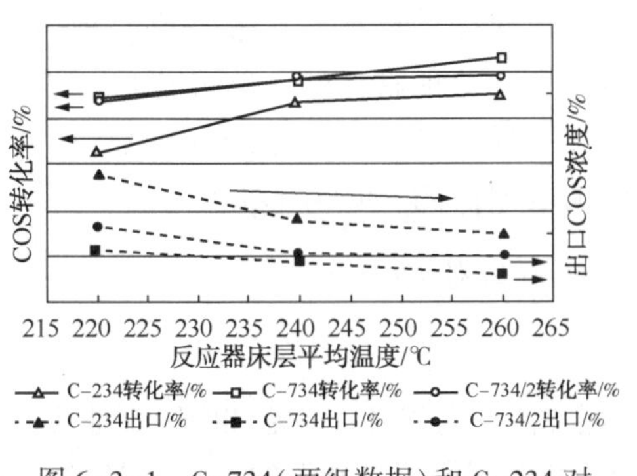

图 6-3-1　C-734(两组数据)和 C-234 对 COS 转化率的性能比较

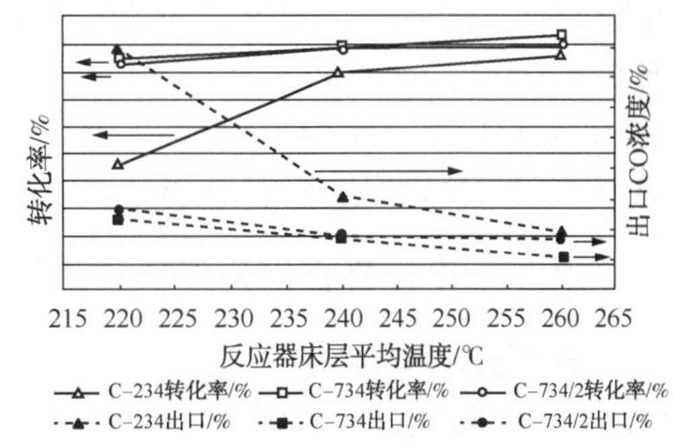

图 6-3-2　C-734(两组数据)和 C-234 催化 CO 转化的性能比较

C-734 对催化 CO 的转化表现出优异的性能，这在严格限制 CO 排放的国家(如德国)非常具有吸引力。C-734 对 CO 含量高的原料气所表现出的优异性能符合未来的需求，将使得硫黄回收装置能用来处理烃含量较高的原料。需要注意的是，原料气中高的烃和 CO_2 含量将导致更高的 CO 含量，这是由于在硫黄回收装置升温阶段，烃类会分解为 CO。图 6-3-3 给出了 C-734 将 CH_3SH 进一步转化为甲烷的优异性能。

需要注意的是横坐标“反应器床层平均温度”与催化反应器的入口温度不是一回事，通常

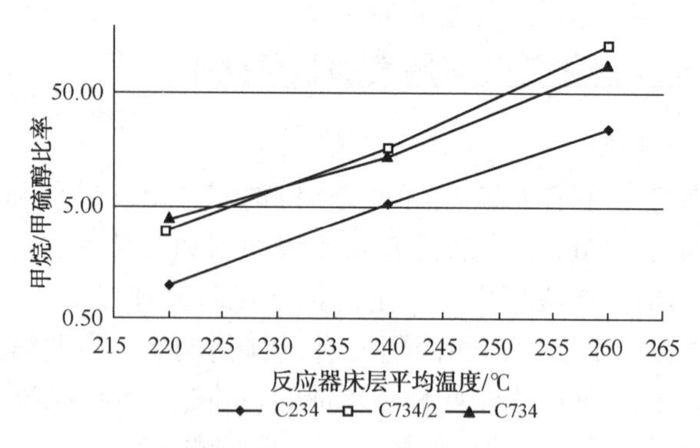

图 6-3-3　C-734(两组数据)和 C-234 催化转化 CH_3SH 为 CH_4的性能对比

情况下，反应器床层平均温度比催化反应器的入口温度高 20~30℃，催化剂在 220℃就有优异的性能，这就意味着反应器的入口温度可以低于 220℃，这使得中压蒸汽的应用成为可能。

C-734 催化剂在催化 COS 以及 CO 转化的性能上表现优异，并能在低温范围内减少 CH_3SH的形成，这就意味着此催化剂的应用不但能降低 SO_2的排放，还可以使入口温度低于 220℃或者在 220℃时能延长催化剂的使用寿命。

(三) C-234 催化剂工业应用实例

Shell Fredericia 炼油厂有一套使用 C-234 催化剂的 LT SCOT®装置，此装置已运行多年，加氢反应器入口温度一直为 240℃。Shell Global Solutions 为实现 SCOT®反应器入口温度在低于 240℃下运行的目标，在 2009 年 1 月份，对装置进行了标定工作。标定试验从入口温度 240℃开始，接下来每天的入口温度维持在 230℃和 223℃。标定试验中记录反应器的温度、催化反应器的出口组成、冷却水的 pH 值、H_2S/SO_2比值仪的浓度以及其他操作参数。整个过程中急冷水的 pH 值稳定、没有发生操作失误。当入口温度为 240℃时，加氢反应器的床层温升为 24℃，其反应主要发生在反应器床层的上半部分，尤其是上部。通过降低反应器入口温度到 223℃，反应器床层保持相同的反应温升，这表明在低的入口温度下，催化剂仍具有优异的催化性能。当入口温度为 240℃时，总的有机硫排放浓度为 13μL/L，而入口温度降到 230℃和 223℃时有机硫只有少许增加，分别是 21μL/L 和 24μL/L。

三、中国石化齐鲁石化公司研究院尾气加氢催化剂

(一) 催化剂种类及性能

国内尾气加氢催化剂主要研究单位为中国石化齐鲁石化公司研究院和中国石油西南油气田石化公司天然气研究院，表 6-3-2 给出了齐鲁石化公司研究院开发的 Claus 尾气加氢催化剂的物化性质。

表 6-3-2　LS 系列 Claus 尾气加氢催化剂的物化性质

项目	LS-951	LS-951T	LS-951Q	LSH-02	LSH-03
外观尺寸/mm	$\phi3\times(2\sim10)$ 蓝灰色 三叶草条	$\phi3\times(2\sim8)$ 蓝灰色 三叶草条	$\phi3\sim5$ 蓝灰色 球	$\phi3\times(2\sim10)$ 灰绿色 三叶草条	$\phi3\times(2\sim10)$ 灰绿色 三叶草条
CoO/%(质)	≥2.5	1.8~2.2	1.8~2.2	1.6~2.0	1.6~2.0

续表

项目	LS-951	LS-951T	LS-951Q	LSH-02	LSH-03
MoO_3/%(质)	≥10	9.0~11.0	9.0~11.0	10~13	10~13
比表面积/(m^2/g)	≥260	≥300	≥260	≥180	≥180
比孔容/(mL/g)	≥0.4	≥0.50	≥0.35	≥0.35	≥0.35
强度/(N/cm)	≥120	≥150	≥120	≥150	≥150
堆密度/(g/mL)	0.6~0.7	0.6~0.7	0.75~0.85	0.7~0.8	0.7~0.8
磨损率/%	≤0.5	≤0.5	≤0.5	≤0.5	≤0.5
类型	常温型	常温型	常温型	低温型	低温型

LS-951催化剂是齐鲁石化公司研究院开发的第一代配套大型硫黄回收装置国产化的Claus尾气加氢专用催化剂，以改性γ-Al_2O_3为载体，以钴、钼为活性金属组分。具有堆密度小、孔容和比表面积大、活性组分分布均匀、水热稳定性好、加氢活性和有机硫水解活性高及活性稳定性好等特点。2000年9月在齐鲁石化公司胜利炼油厂80kt/a硫黄回收装置上应用，使用寿命达到8年。

LS-951T催化剂是在LS-951 Claus尾气加氢催化剂的基础上，通过制备工艺和活性组分的优化，开发成功的性能更加优异的催化剂。该催化剂外观为三叶草形，有效降低催化剂床层的阻力降，侧压强度高，磨耗低，耐水热稳定性好，抗粉化能力强，孔容、比表面积大，活性组分高度分散，堆密度小，相同体积，可减少催化剂的装量(质量)三分之一，降低企业生产成本。LS-951T催化剂的使用温度较LS-951催化剂可以降低20℃。

LS-951Q催化剂外观设计为球形，流动性好，易于装卸，同时压碎强度高，磨耗低，具有良好的抗工况波动性能，耐水热稳定性好，抗粉化性能优良，孔容、比表面积大，具有较多的活性中心。其综合性能与美国标准公司的C-534催化剂相当。

LSH-02低温型Claus尾气加氢催化剂实现了低温型Claus尾气加氢催化剂的国产化。该催化剂采用钛铝复合氧化物为载体，增加催化剂的低温有机硫水解活性和低温硫化性能；优化了制备工艺及活性组分，采用三元金属作为活性组分，提高催化剂的低温还原性能和二氧化硫加氢活性；催化剂活性组分分布均匀，加氢活性高；催化剂具有良好的低温加氢活性和水解活性，使用温度较普通Claus尾气加氢催化剂降低60℃以上，加氢反应器入口最低可降至220℃。该催化剂综合性能达到了国际先进水平。

针对S Zorb装置再生烟气及液硫脱气废气引入硫黄回收装置尾气加氢单元的处理方案，专门开发出了低温耐氧高活性的LSH-03A加氢催化剂。该催化剂是以钛铝复合氧化物为载体，钴、钼等为活性金属组分制备而成。具有低温活性好、SO_2加氢能力及耐硫酸盐化能力强、易于硫化、不易反硫化的特点。催化剂通过添加耐氧助剂，具有良好的耐氧、脱氧功能，当Claus尾气中氧含量不高于0.2%时催化剂的加氢活性和水解活性不受影响。该催化剂使用温度较低，加氢反应器入口最低可降至220℃，可以大大降低Claus尾气加氢装置的能耗。该催化剂综合性能达到了国际领先水平。

开发的低温耐氧高活性尾气加氢催化剂与普通的Claus尾气加氢催化剂相比较应具有以下特点：

1. 低温活性好

由于液硫脱气废气从液硫池脱出温度较低(100~120℃)，与原硫黄回收装置Claus尾气混合后，会导致加氢反应器入口温度降低。如使用低温 Claus 尾气加氢催化剂，不需要增设加热或换热设施，混合后可直接进 Claus 尾气加氢反应器，减少了装置投资。因此，开发适应液硫脱气废气加氢要求的低温 Claus 尾气加氢催化剂是十分必要的。

齐鲁石化公司研究院已经具有低温尾气加氢催化剂的开发经验，开发的 LSH-02、LSH-03 低温 Claus 尾气加氢催化剂，尾气加氢反应器的入口温度可以降低至 220℃。

2. 耐硫酸盐化能力强

由于液硫脱气废气中 O_2 含量较高(1%以上)，常规 Claus 尾气中 O_2 含量小于 0.05%。较高浓度的 O_2 如不能全部加氢，会导致加氢催化剂反硫化，而且载体氧化铝在 SO_2 存在的工况下，会发生硫酸盐化，最终导致催化剂失活。因此，适合液硫脱气废气加氢的催化剂应具备不易反硫化及耐硫酸盐化的特点。催化剂反硫化的机理如下：

$$MoS_2+O_2 = MoO_2+2S \tag{6-3-16}$$

$$Co_9S_8+\frac{25}{2}O_2 = 9CoO+8SO_2 \tag{6-3-17}$$

硫酸盐化的机理如下：

$$2Al_2O_3+6SO_2+3O_2 \rightleftharpoons 2Al_2(SO_4)_3 \tag{6-3-18}$$

研究发现，二氧化钛为载体的催化剂具有易于硫化，不易反硫化，不易发生硫酸盐化，即使发生硫酸盐化后，在氢气和 H_2S 存在的情况下可以还原的特点。氧化钛基催化剂发生硫酸盐化的速率是氧化铝基催化剂的五分之一，抗硫酸盐化中毒能力明显优于氧化铝。

3. 加氢活性高

由于液硫脱气废气中含有一定量的单质硫黄，如催化剂活性低，不能满足单质硫加氢的要求，装置很容易发生硫穿透催化剂床层，急冷塔堵塔的现象。因此，适合液硫脱气废气加氢的催化剂应该较常规催化剂具有更高的加氢活性。

4. 具有良好的脱氧活性

液硫脱气废气氧含量较高，加氢催化剂的活化状态为硫化态，氧会导致催化剂由硫化态变为氧化态而失去活性，添加助剂后，在 H_2S 存在的情况下，催化剂快速由氧化态变为硫化态而恢复活性，从而将过程气中的氧气脱除，避免后续胺液氧化变质。脱氧反应机理如下：

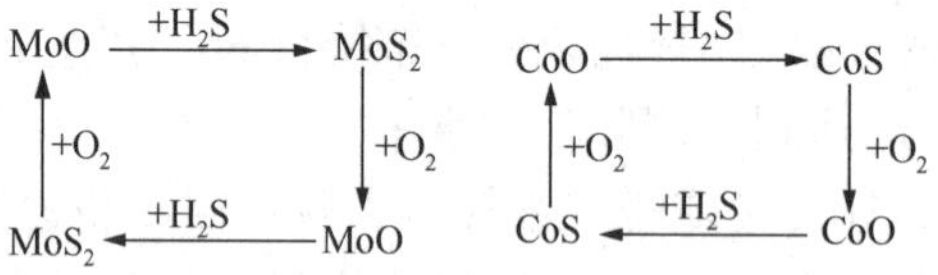

$$MoO \xrightarrow{+H_2S} MoS_2 \xrightarrow{+O_2} MoO \xrightarrow{+H_2S} MoS_2 \xrightarrow{+O_2} MoO$$

$$CoO \xrightarrow{+H_2S} CoS \xrightarrow{+O_2} CoO \xrightarrow{+H_2S} CoS \xrightarrow{+O_2} CoO$$

5. 具有良好的水热稳定性

液硫脱气废气中水含量高达 40%以上，要求加氢催化剂具有良好的耐水热稳定性，添加骨架稳定剂可提高催化剂的水热稳定性，满足长周期高水蒸气含量运行的要求。

（二）催化剂工业应用示范

1. 催化剂的装填

某公司 20kt/a 硫黄回收装置制硫单元一级反应器装填有机硫水解活性较高的钛基制硫催化剂，二级反应器装填氧化铝基制硫催化剂，尾气加氢反应器装填 LSH-02 低温 Claus 尾气加氢催化剂。尾气加氢反应器催化剂装填示意见图 6-3-4，催化剂装填高度为 800mm，装填量为 8.8t。

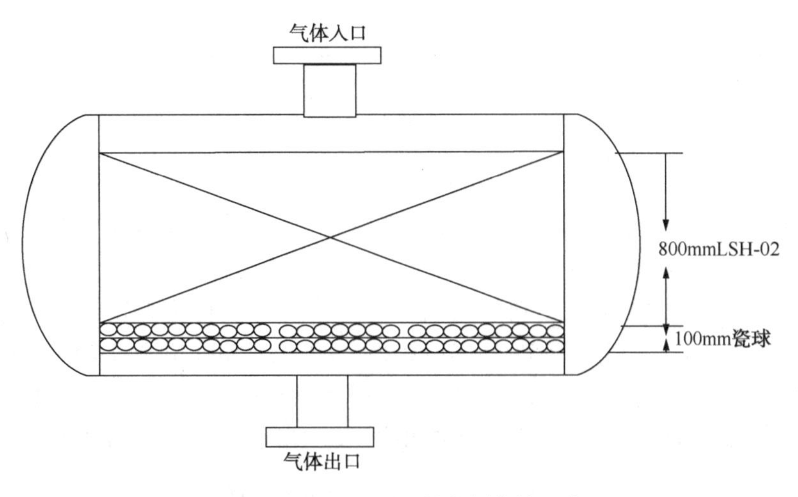

图 6-3-4　LSH-02 催化剂装填示意

2. 催化剂工业应用

20kt/a 硫黄回收装置 Claus 尾气的再热方式均采用气气换热器，即 Claus 尾气与尾气焚烧炉的烟气换热。LSH-02 催化剂经干燥、硫化后，3 月 9 日转入正常生产，装置正常运行 4 个月后于 2010 年 7 月 29~31 日进行了催化剂应用效果标定(见表 6-3-3)。

表 6-3-3　SCOT 单元运行参数

时间	加氢反应器/℃					急冷水 pH 值
	入口	上部	中部	下部	温升	
2010-7-29-9：00	213	239	239	240	27	7.3
2010-7-29-11：00	208	224	228	232	24	7.3
2010-7-29-15：00	221	233	239	236	15	7.3
2010-7-30-9：00	223	238	235	234	15	7.3
2010-7-30-11：00	220	242	235	227	22	7.3
2010-7-30-15：00	217	238	231	231	21	7.3
2010-7-31-9：00	210	227	223	225	17	7.3
2010-7-31-11：00	213	238	229	225	25	7.3
2010-7-31-15：00	211	240	235	227	29	7.3

尾气加氢反应器入口温度最低控制 208℃，一般控制在 220℃左右，在此温度下，催化剂床层温升 15~29℃，急冷水的 pH 值没有降低，因此，二氧化硫的穿透量已低至可忽略不计的程度。表 6-3-4 给出了加氢反应器出入口气体组成的变化情况。

表 6-3-4　加氢反应器出入口气体组成

气体组分含量/%(体)		H_2S	SO_2	COS	H_2
2010-7-29-9：00	入口	0.72	0.52	0.10	5.20
	出口	1.63	0	0	3.92
2010-7-30-9：00	入口	1.02	0.38	0.28	4.81
	出口	1.75	0	0	4.03

续表

气体组分含量/%(体)		H_2S	SO_2	COS	H_2
2010-7-31-9：00	入口	0.56	0.50	0.12	4.65
	出口	1.12	0	0	3.25

在反应器入口温度208~223℃之间，使用常规色谱仪加氢反应器出口检测不到非硫化氢的含硫化合物，加氢后硫化氢的含量较入口有较大幅度的提高，说明经LSH-02催化剂加氢后，除SO_2加氢和COS水解为H_2S外，还有部分单质硫加氢转化为硫化氢。另外，由于酸性气中含有较高的烃类(一般大于5%)，导致过程气COS含量较高，但经LSH-02催化剂加氢水解后，使用常规色谱仪加氢反应器出口检测不到COS的存在，说明LSH-02催化剂具有良好的低温有机硫水解活性。表6-3-5给出了标定期间净化尾气二氧化硫排放量。

表6-3-5 烟气二氧化硫排放情况

时　间	二氧化硫/(mg/Nm^3)	时　间	二氧化硫/(mg/Nm^3)
2010-7-29	416	2010-7-31	439
2010-7-30	405		

烟气二氧化硫排放量低于$500mg/m^3$，远低于当时执行的小于$960mg/m^3$的国家环保标准，说明LSH-02在较低的使用温度下，完全满足工业装置的使用要求。

该装置SCOT单元尾气加氢反应器设计使用常规Claus尾气加氢催化剂，设计数据与实际运行数据的比较见表6-3-6。其中，运行数据为2010年7月、8月两个月的平均值。

表6-3-6 SCOT单元设计数据与实际运行数据的比较

项　目	设计值	运行数据	降低值
装置负荷/%	60~110	70	
加氢反应器入口温度/℃	300	222	-78
加氢催化剂床层温度/℃	330	253	-77
焚烧炉炉膛温度/℃	750	635	-115
焚烧炉瓦斯消耗量/(kg/h)	100	40	-60

由表6-3-6可以看出，在装置设计负荷70%的工况下，与设计值相比较，加氢反应器的入口温度降低78℃，催化剂床层温度降低77℃，相当于生产1t硫黄节约成本58元。

第四节 硫化氢选择氧化催化剂及发展趋势

硫化氢选择氧化催化剂是配合Super Claus工艺开发成功的，Super Claus硫黄回收工艺是传统Claus工艺的延伸。在常规Claus工艺基础上，添加一个选择性催化氧化反应段，将来自最后一级Claus段的过程气中残余H_2S选择氧化为单质硫。其工艺流程简图如图6-4-1所示。基于这样的理念，Super Claus工艺的Claus部分不再控制$H_2S:SO_2=2:1$，而是控制最后一级Claus反应器出口的H_2S浓度。其反应方程式为：$H_2S+\frac{1}{2}O_2 \longrightarrow S+H_2O$。由于该反应是热力学完全反应，所以可以获得较高的硫黄回收率，硫黄回收率可达99.0%以上。

Super Claus 工艺的核心技术在于反应段采用了先进的硫化氢选择氧化催化剂，反应过程打破了常规 Claus 过程的化学平衡因素限制，将 Claus 尾气中大部分硫化氢直接氧化成单质硫。

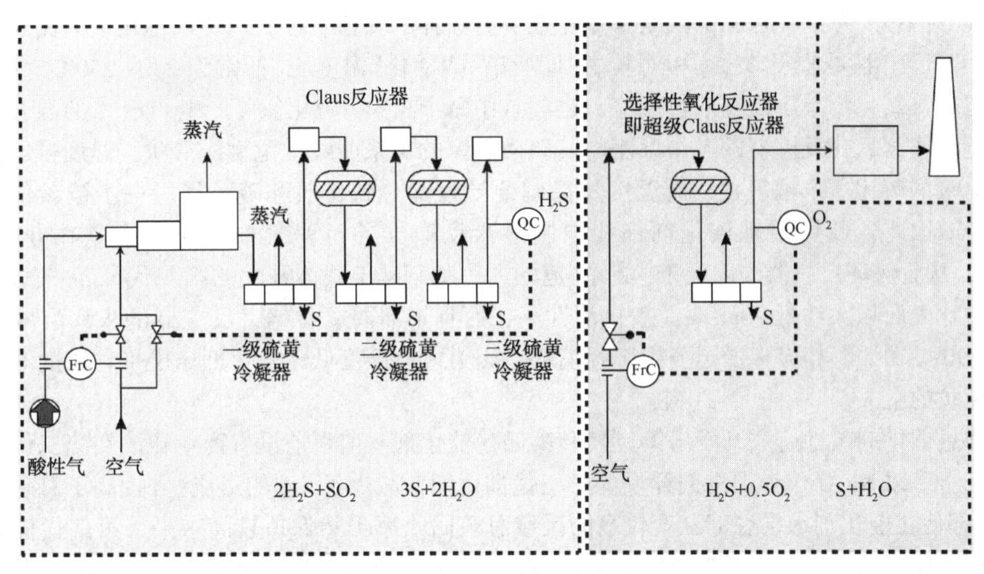

图 6-4-1　Super Claus 工艺流程示意

在 Super Claus 反应过程中主要进行以下反应：

主反应：
$$2H_2S+O_2 \longrightarrow 2S+2H_2O \tag{6-4-1}$$

副反应：

硫的继续氧化反应
$$1/nS_n+O_2 \longrightarrow SO_2 \tag{6-4-2}$$

Claus 平衡反应的逆反应
$$3/nS_n+2H_2O \longrightarrow 2H_2S+SO_2 \tag{6-4-3}$$

在 Super Claus 反应过程中，反应式(6-4-1)是主反应，反应式(6-4-2)和式(6-4-3)是副反应。因此，应尽量避免反应式(6-4-2)和式(6-4-3)的发生，同时最大限度的进行反应式(6-4-1)，这就对硫化氢选择氧化催化剂提出了特殊要求。首先，催化剂对硫应具有极高的选择性，不显示或者不具备 Claus 活性，对水、过量氧均不敏感，从而不会促使硫蒸气与水汽发生 Claus 逆反应或者单质硫的进一步氧化反应。其次，该催化剂对孔结构也有要求，在较高的比表面积的情况下小孔太多，硫会在这些孔内滞留时间过长，存在被继续氧化为 SO_2 的危险，而比表面积过低则孔径太大，活性组分的负载量较低。

硫化氢选择氧化催化剂具有以下性能特点：

1）在硫化氢选择氧化催化剂的作用下，85%的 H_2S 转变成硫黄；

2）对于过量 O_2，不敏感；

3）对于高 H_2O 含量不敏感；

4）不发生 Claus 反应，也不促进 Claus 反应的逆反应；

5）无 CO/H_2 氧化反应发生；

6）在 Super Claus 反应段，无 COS/CS_2 的生成；

7）寿命长，通常大于 10 年。

目前，国外已开发出四代配套催化剂，第一代超级 Claus 催化剂以 α-氧化铝（α-Al_2O_3）为载体，Claus 活性比较低，非常细小的氧化铁覆盖在 α-Al_2O_3 表面。少量的氧化铬用来稳定氧化铁。第一代催化剂具有优异的热稳定性。催化剂表面积非常小，大约 $10m^2/g$，需要相对较高的反应器入口温度，一般为 240~250℃。

以 $\alpha-Al_2O_3$ 为担体的 Super Claus 催化剂具有极佳的热稳定性，但由于催化剂的比表面积较低，故反应器要求入口温度相对较高(即所谓的"活化"温度)，通常为 240~250℃。同时，硫化氢直接氧化为单质硫是放热反应，过程气中每 1%(体)硫化氢可产生约 60℃的温升。大量试验表明，氧化反应器的操作温度与其硫回收率的关系曲线呈抛物线形状，温度过低会有 5%~10%的硫化氢未被氧化，而温度过高则会导致部分硫化氢和硫蒸气进一步被氧化为二氧化硫。因此，使用铝基催化剂往往限制进入反应器的过程气中硫化氢含量在 0.7%~0.8%，从而保证反应器温度处于"最佳"范围内。基于硅土载体开发的第二代 Super Claus 催化剂，比表面积大约为 $90m^2/g$，催化活性高，而且不需要氧化铬，反应器的入口温度可降低至 190~210℃，相应降低了公用工程消耗。因为入口温度低，催化剂床层平均温度低，有利于硫黄的生成。

通过催化剂改性研究开发出第三代和第四代催化剂，但目前没有商业化。在第二代催化剂基础上，以 Na_2O 作为促进剂开发的第三代催化剂，减少了 SO_2 的形成(并提高了总硫回收率)，即使在催化剂床层底部温度较高的区域总硫回收率仍然保持较高水平。第四代催化剂以锌作为促进剂，进一步减少温度较高时 SO_2 的形成，使总硫收率更高，并且对反应器中的较高温度不那么灵敏。表 6-4-1 列出了第一代和第二代催化剂的物理性质及适用条件。

表 6-4-1　第一代和第二代催化剂的物理性质及适用条件

项　　目	第一代催化剂	第二代催化剂
形状	挤出条形	挤出条形
活性组分	Fe_2O_3/Cr_2O_3	Fe_2O_3
载体	$\alpha-Al_2O_3$	硅土
比表面积/(m^2/g)	10	90
相对密度	0.92	0.48
入口温度/℃	240	185
硫化氢浓度/%(体)	0.8	1.2

图 6-4-2 列出了第一代、第二代和第三代催化剂在不同反应温度下的硫黄回收率。第三代催化剂的硫回收率已经可以达到 90%以上，反应温度相比第一代催化剂也有明显降低。

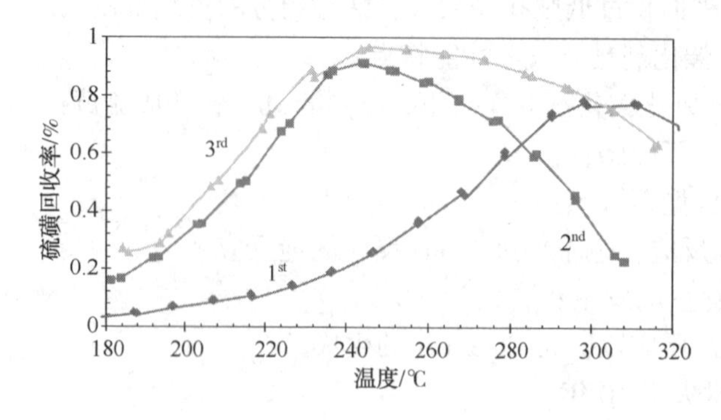

图 6-4-2　催化剂在不同反应温度下的硫黄回收率

硫化氢选择氧化制硫催化剂的发展方向为新型催化剂载体的开发，碳化硅陶瓷材料现已广泛应用于半导体、光学元件、医学等领域，它们具有的高导热性、高抗氧化性、高机械强度和化学稳定性，是催化氧化制硫工艺催化剂的理想载体。此类材料克服了铝基 Claus 催化剂固有的热老化、水热老化、硫酸盐化等缺陷。德国 Lurgi 公司在微型装置进行的试验表明，负载型碳化硅催化剂非常适合于选择性催化氧化制硫工艺，因而正处于迅速发展中。

第五节　硫化氢催化焚烧催化剂及发展趋势

一、国外催化焚烧催化剂种类及发展

利用催化焚烧法治理含硫废气起步较晚，催化剂大多以比表面积至少为 $200m^2/g$ 的非碱性多孔耐热氧化物为担体，一种或多种活性金属氧化物为主要活性组分。耐热氧化物包括二氧化硅、活性氧化铝、二氧化钛等。此外，也可以用酸性金属磷酸盐、砷酸盐和无定形结晶沸石作载体，以及天然存在的非碱性沸石、丝光沸石、毛沸石、辉沸石等。合成型的沸石也成功地用于该催化剂，其中的结晶型硅酸盐沸石尤为突出。在合成的 HY 沸石中，二氧化硅与三氧化二铝的比例为 4∶1 或 6∶1。活性组分由 La、Cu、Fe、V 等元素的金属氧化物组成。在催化剂的作用下，含污染物的废气，除硫化物转化为二氧化硫和水外，烃类、甲醇、乙醇、羟基类有机化合物完全转化成二氧化碳和水。

在 20 世纪 70 年代中期，国外含硫工业废气焚烧催化剂已实现了工业应用，主要有英荷壳牌(Shell)公司的 Criterion-099、S-099 及 S-599 催化剂、法国罗纳普朗克公司的 CT-739、CT-749 催化剂、恩格哈德公司的 CI-739 催化剂、法国石油研究院的 RS-103、RS-105 催化剂等，其主要物性指标见表 6-5-1。其中，Criterion 099 为 Shell 公司最新一代硫回收尾气催化焚烧催化剂。该催化剂可同时氧化尾气中的硫化氢、羰基硫及二硫化碳，不氧化尾气中的一氧化碳、烃类及氢气等组分，避免这些组分燃烧产生的过热破坏催化剂，焚烧尾气中三氧化硫的生成率也较低。法国石油研究院及罗纳普朗克公司的催化剂也有工业应用的案例。使用这些催化剂的焚烧装置尾气焚烧温度可由约 750℃降至 300~400℃，出口硫化氢可降至 10μL/L 以下。这类催化剂研究的难点主要在于：①如何克服催化剂活性中心的硫酸盐化，保持催化剂长期稳定运行；②降低催化剂成本，以利于推广应用。

表 6-5-1　国外催化焚烧催化剂的型号及物性指标

型号	载体	外观	比表面积/(m^2/g)	强度/(N/粒)	堆密度/(kg/L)	生产商
RS-103	氧化铝	ϕ5~6mm 球形	>200	—	—	法国石油研究院
RS-105	氧化铝	ϕ5~6mm 球形	>200	—	—	法国石油研究院
CT-739	二氧化硅	ϕ4~6mm 球形	250	100	0.60	法国罗纳普朗克公司
CT-749	二氧化硅	ϕ4~6mm 球形	250	100	0.60	法国罗纳普朗克公司
S-099	二氧化硅	ϕ3~4mm 球形	—	>90	0.81	英荷壳牌公司
S-599	二氧化硅	ϕ3~4mm 球形	—	>90	—	英荷壳牌公司
CRITERION 099	氧化铝	ϕ4mm 球形	235	140	0.73	英荷壳牌公司

二、国内催化焚烧催化剂种类及发展

1987年，沈阳催化剂厂生产出以二氧化钛为载体、型号为HE-861的焚烧催化剂，该催化剂曾在国内某废气处理装置上作过工业试验。20世纪90年代初期，浙江大学催化研究室研制了RS-1型含硫有机废气焚烧催化剂，在杭州民生药厂进行了甲硫醇废气催化焚烧在线试验。90年代中期，河南洛阳石化公司申请了一项关于气体中硫化氢的催化焚烧专利，以活性炭作含硫工业废气催化焚烧催化剂。

中国石化抚顺石油化工研究院开发的催化剂载体为二氧化硅、第一种活性组分为铋的氧化物，以催化剂质量计，铋的含量为0.5%~10%。第二种活性组分为铈、铜或镧的氧化物，铈、铜或镧与铋的摩尔比为(0.5：1)~(5：1)。可以用于各种含硫化氢废气的催化焚烧处理，适宜条件下硫化氢的氧化率高于99.9%，二氧化硫生成率高于90%。

中国石化齐鲁石化公司研究院开发的催化剂以二氧化硅和氧化钛为载体，铁、钒和铈的氧化物为活性组分，助剂为氧化钙。该催化剂具有低温活性高、活性稳定性好及耐硫酸盐化能力强等优点。使用该催化剂在一定条件下硫化氢转化率≥99%、二氧化硫生成率≥96%。

第六节　制酸催化剂及发展趋势

一、制酸催化剂组成及分类

制酸催化剂主要是钒催化剂，钒催化剂的主要化学组分是五氧化二钒V_2O_5(主催化剂)、硫酸钾K_2SO_4(或部分硫酸钠Na_2SO_4，助催化剂)、二氧化硅SiO_2(载体，通常用硅藻土，或加入少量的铝、钙、镁的氧化物)，通常称为钒-钾(钠)-硅体系催化剂。

催化剂按使用温度分中温型(S101、S101Q、S101-2H)和低温型(S107、S108、S107Q)，S109-1、S109-2型则兼具中、低温双重特性，S106为耐砷型催化剂；外形有条形、球形、环形和雏菊形。表6-6-1列出了按使用性能划分的钒催化剂系列，表6-6-2列出了按催化剂规格尺寸划分的钒催化剂系列。

表6-6-1　按使用性能划分的钒催化剂系列

催化剂系类	基本性能	产品特征
S101系列	中温型催化剂	性能稳定可靠
S108系列	低温型催化剂	用于低温段位，性能稳定可靠
S109系列	宽温型催化剂	产品兼具中、低温催化剂优势，可用于转化器任意段位
S112系列	含铯催化剂	CS的加入，不同碱金属盐的优化配比使其具有优异的低温性能
S115系列	含铯催化剂	CS含量及添加方式的调整保证了催化剂优异的低温性能
S116系列	耐砷催化剂	适用于杂质含量较高的制酸原料
S1-ZM系列	复合中温型催化剂	添加进口硅藻土，优化助催化剂及生产工艺，可替代各型催化剂适用于制酸装置的中温段位
S1-DM系列	复合低温型催化剂	添加进口硅藻土，优化助催化剂及生产工艺，可替代各型催化剂适用于制酸装置的底温段位

表 6-6-2　按催化剂规格尺寸划分的钒催化剂系列

后缀	外观形状	产品特征
无后缀	柱状	传统型产品，使用中压力降较大
-SM	实心梅花状	结合柱状和梅花状产品特点，优化外表面积、体积，替代柱状催化剂可有效降低压力降，延长使用寿命
-H	环状	
-M	梅花状	系统压力降小，容尘能力强
-DM	大颗粒梅花状	用于转化器Ⅰ段最上部，极强的容尘能力，防止催化剂粉化或块状

二、制酸催化剂装填

各硫酸制造企业以及设计单位在确定装填定额时会有一定的差异。一般推荐柱状钒催化剂的装填定额按220~260L催化剂/(t酸·d)(100%H_2SO_4)考虑。环状及梅花状钒催化剂因其本身堆密度较小，在装填时多采用对照柱状催化剂按等质量的装填方法，故而一般选择为260~300L催化剂/(t酸·d)(100%H_2SO_4)。

当装填定额一旦确定下来后，该套硫酸装置所需钒催化剂的总量即可确定下来了，如何合理地将这些催化剂分配到各段中去同样是需要重点考虑的问题。工业设计中转化系统催化剂的装填与分配从理论上讲要求各种催化剂应提供正确的动力学方程式，计算结果才具有实际意义。但目前工业生产中各单位情况千差万别，加上催化剂使用于工业反应中的动力学方程式及有关参数失真，故国内在进行催化剂各段分段装填时很少采用。设计单位与硫酸生产厂家多是依据实践经验来确定催化剂总用量及各段催化剂的分配比例。大型钒催化剂生产厂家在这方面更是做了大量研究，也可提供参考指导。

1. 一转一吸，四段转化流程

所谓一转一吸是指SO_2经多段转化后只经过一个或串联多个吸收塔，吸收其中的SO_3后排放。这种流程比较简单，但转化率相对较低，不能满足日益提高的环保排放的要求，故而新建厂基本不再采用。一转一吸工艺制酸催化剂的选型见表6-6-3。

表 6-6-3　一转一吸工艺制酸催化剂的选型

段　　位	催化剂体积分数/%	选用催化剂的型号
Ⅰ段	20~22	S101或1/3S108(上部)+2/3S101(下部)
Ⅱ段	23~25	S101
Ⅲ段	25	S101
Ⅳ段	27~32	S101或S108

注：此流程也可以全部选用S109宽温型钒催化剂。

2. 两转两吸，3+1四段转化流程

自20世纪60年代以来，转化工艺流程最大的变化是采用了两次转化、两次吸收新流程，简称为两转两吸流程，它最大的优点在于能够处理较高浓度的SO_2气体，总转化率高，有效减少尾气中SO_2的排放量。目前在我国使用较多的是3+1流程，即第一次转化用三段催化剂，第二次转化用一段催化剂(见表6-6-4)。

表 6-6-4　两转两吸工艺(3+1 四段)制酸催化剂的选型

段位		催化剂体积分数/%	选用催化剂的型号	转化率/%
一转	Ⅰ段	19~21	S101 或 1/3S108(上部)+2/3S101(下部)	
	Ⅱ段	23~25	S101	
二转	Ⅲ段	23~25	S101	≥92.0
	Ⅳ段	30~32	S108	≥99.6

3. 两转两吸，3+2 五段转化流程

随着环保要求的日益提高，在两转两吸3+1转化流程的基础上又发展了两转两吸3+2流程，即转化器中催化剂共分为五段，其中第一次转化使用三段催化剂，第二次转化用两段催化剂。与3+1流程相比，因在二转部分又增加了一段催化剂，SO_2的氧化在第5段催化剂中可在更低温度情况下反应，进一步提高了总转化率，降低了尾气中SO_2的排放量(见表6-6-5)。

表 6-6-5　两转两吸工艺(3+2 五段)制酸催化剂的选型

段位		催化剂体积分数/%	选用催化剂型号	转化率/%
一转	Ⅰ段	19~20	1/3S108(上部)+2/3 S101(下部)	≥92.0
	Ⅱ段	21~23	S101	
	Ⅲ段	21~23	S101	
二转	Ⅳ段	17~19	S108 或 1/2S108(上部)+1/2 S101(下部)	≥99.7
	Ⅴ段	17~19	S108	

三、国外制酸催化剂发展动向

由于国外钒催化剂性能优良，目前我国的大型硫酸生产装置绝大部分采用进口钒催化剂，主要以美国Monsanto的LP系列和丹麦托普索的VK系列为主。

美国Monsanto原来主要产品为M11、M210和M516，后来又推出环形产品LP110和LP120，环形催化剂床层压降比条形低45%~50%，并且解决了环形催化剂抗压强度与使用寿命不及条形催化剂的问题。近年来又推出了Cs-110和Cs-120型含铯钒催化剂，使用该催化剂转化率可提高1%，使排放尾气中SO_2量减少36%~50%，工作温度可降低410℃，转化器进气温度可降低到350℃。此催化剂还适合于处理高浓度的二氧化硫气体，美国Kennecott公司进气的SO_2为14%，采用该催化剂，尾气中SO_2的排放值为100cm^3/m^3。

丹麦托普索(Topse)公司原有产品为VK38、VK48，1988年又开发了VK58型含铯钒催化剂，此催化剂在低于400℃时仍具有很高的活性，其起燃温度比传统型的低20~40℃，从而降低了采用一转一吸装置尾气的二氧化硫排放量。此催化剂适合于处理低浓度的二氧化硫气体，或用富氧空气产生的高浓度二氧化硫气体。1996年和1998年该公司又推出了VK59、VK69型含铯钒催化剂，该催化剂起燃温度较低，仅为320~330℃，因此可以有效地提高开车速度，而且活性也有了显著的提高。国外钒催化剂的研究一直比较活跃，不断有新产品推出，美国Monsanto和丹麦Topse除提高原有型号的产品质量外，均开发出超低温的含铯催化剂，并应用于工业生产。

四、国内制酸催化剂发展动向

我国于1951年研制成功的第一个品种是中温型钒催化剂V1型(S101)，并达到了当时国外同类产品的水平，以后相继研制出耐砷型(S106)、低温型(S107、S108)和宽温型(S109)等钒催化剂。近一二十年来，由于钒催化剂载体硅藻土质量的下降导致了钒催化剂质量的下降，另一方面由于硫酸行业原料结构的变化，原有钒催化剂难以满足生产的需要，因此，引起了生产企业和研究单位的重视。近几年国内也有生产厂家在研制超低温的含铯催化剂，并取得了初步成果。

第七节　催化剂制备工艺及性能指标

一、催化剂制备工艺

催化剂的制备方法应确保所制得的催化剂具有所需要的性质，如化学组成、比表面积、最佳的孔结构，以及活性组分牢固地负载在载体上，使用时不会因烧结或流体力学等因素而发生显著变化。活性组分负载于载体上的方法较多，一般有浸渍法、沉淀法、机械混合法等。

(一) 浸渍法

将载体浸泡于含有活性组分的溶液中称为浸渍。图6-7-1给出了粒状载体浸渍法的工艺流程示意。它是先将载体制成一定形状(如球状、条状等)，然后进行浸渍、干燥、焙烧等步骤，成品不需要再进行成型加工。

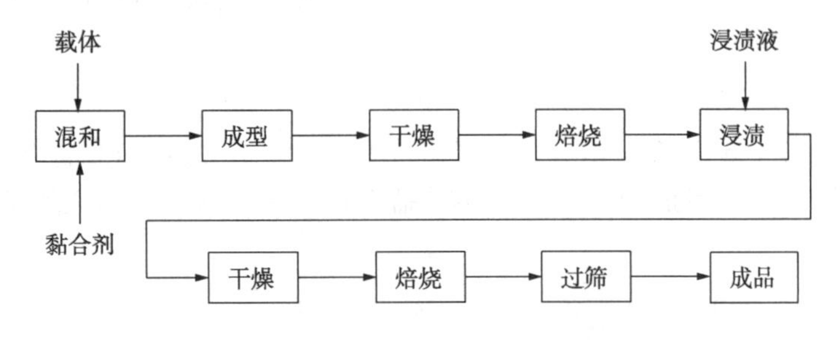

图6-7-1　粒状载体浸渍法的工艺流程示意

(二)沉淀法

沉淀法制备催化剂的工艺过程包括：原料金属盐溶液配制、中和沉淀、过滤、洗涤、干燥、焙烧、粉碎、混合成型等工艺过程，如图6-7-2所示。

(三) 混合法

1. 干混法

它是将活性组分、助催化剂、载体及黏合剂等组分放在混合器或研磨机中进行机械混合。混合后再进行挤条、干燥、焙烧等工序。图6-7-3为干混法工艺过程。

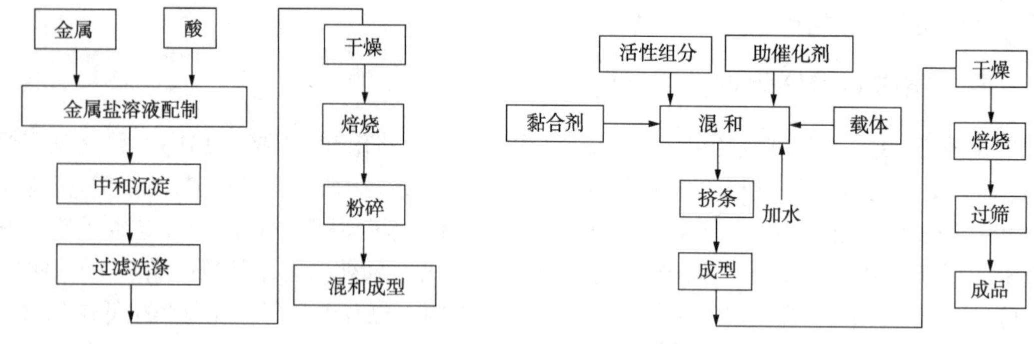

图 6-7-2　沉淀法制备催化剂的工艺流程示意　　图 6-7-3　干混法的工艺过程示意

2. 湿混法

此法是将一种固态组分与其他几种活性组分的溶液捏和后，再经成型、干燥、筛分、焙烧等工艺制得成品。这种方法往往需要较高的焙烧温度，焙烧条件决定了催化剂比表面。

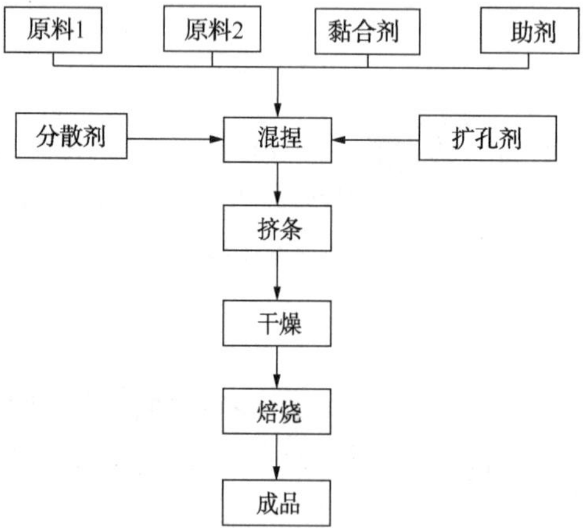

图 6-7-4　催化剂混捏法制备工艺示意

(四)催化剂制备实例

下面以混捏法、浸渍法和沉淀法 3 种实例说明多功能硫回收催化剂制备过程。

1. 混捏法催化剂制备

制备工艺流程如图 6-7-4 所示。首先将原料 1、原料 2 和助剂混合均匀，活性组分、黏合剂和水溶解在一起，配成均匀的透明溶液，然后将已配制好的溶液加入到混和均匀的物料中，经捏合、挤条、烘干、焙烧制成成品催化剂。

2. 浸渍法催化剂制备

制备工艺流程如图 6-7-5 所示。首先将原料 1、原料 2、助剂与黏合剂、扩孔剂一起捏合、挤条、烘干、焙烧制备成载体，然后用铁盐溶液采用等体积浸渍法浸渍载体，再经烘干、焙烧制备而成。

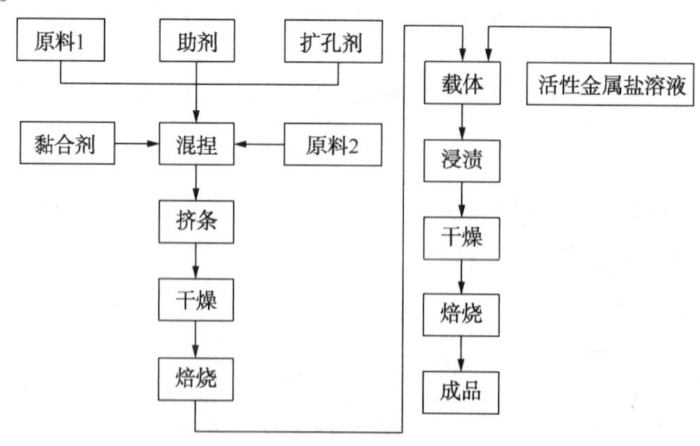

图 6-7-5　催化剂浸渍法制备工艺流程示意

3. 沉淀法催化剂制备

首先将氢氧化铝溶于氢氧化钠溶液中，配制成偏铝酸钠溶液，另一原料打浆，配制成浆液，采用碳化法制备工艺，在偏铝酸钠溶液一边通入二氧化碳，一边加入偏钛酸溶液，成胶反应一段时间后，加入助剂，继续反应至溶液 pH 达到指定值，停止反应，溶液经过滤、洗涤、烘干，即得复合干胶，干胶经粉碎后，加入助剂、黏合剂，经捏合、挤条、烘干、焙烧，制备成多功能硫回收催化剂。制备流程见图 6-7-6。

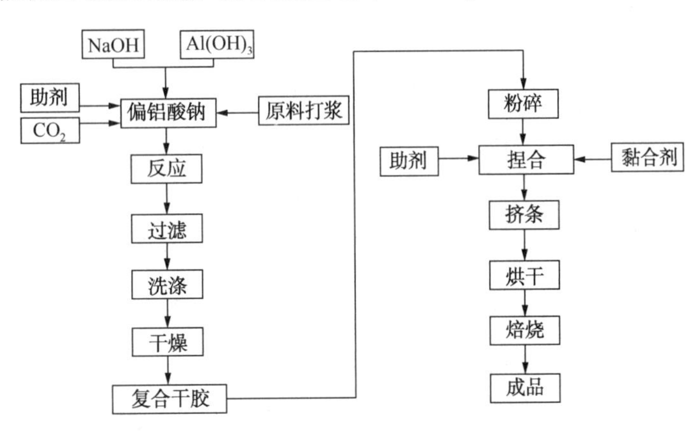

图 6-7-6　催化剂沉淀法制备工艺流程示意

二、催化剂性能指标

工业用催化剂的活性、选择性、寿命是由催化剂的组成、结构、物化性能决定的。催化剂的宏观结构与性能指标对催化剂的开发和使用有重要意义。

催化剂宏观结构与性能的表征：

固体催化剂宏观结构主要包括：催化剂密度、颗粒形状和尺寸、比表面积、孔结构（如孔径、孔径分布、孔体积）。

固体催化剂宏观性能主要包括：强度、磨耗等。

（一）催化剂密度

包括颗粒密度（假密度）、骨架体积（真密度）和堆密度。对于使用者来说，往往关心的是其堆密度。堆密度是以催化剂颗粒堆积时的体积为基准的密度。骨架密度>颗粒密度>堆密度。堆密度与催化剂的孔容与孔径分布有关。一般催化剂的孔容越小，堆密度就越大，由于近年来希望催化剂具有较大的孔容，因此催化剂的堆密度也有向轻质化发展的趋势，随之也会减少催化剂的装填量，降低催化剂费用。

$$V_{堆积}=V_{隙}+V_{孔}+V_{骨架} \tag{6-7-1}$$

式中　$V_{隙}$——堆积时颗粒之间的空隙体积；

$V_{孔}$——颗粒内部开孔所占的体积；

$V_{骨架}$——骨架为固体骨架体积。

骨架密度是催化剂颗粒固体骨架及其中包含的封闭孔的总体积。骨架密度的测定基于阿基米德原理。将一定质量 m 的多孔颗粒浸入可湿润的液体或气体介质中，当润湿介质完全进入颗粒的间隙和颗粒内的开孔内，颗粒置换出的介质体积即是颗粒的骨架体积 $V_{骨架}$。

$$\rho_{骨架}=m/V_{骨架} \tag{6-7-2}$$

颗粒密度即单个颗粒的密度，是一种表观密度。颗粒体积 $V_{颗粒}$ 由颗粒内的孔体积 $V_{孔}$ 和颗粒骨架体积 $V_{骨架}$ 两部分组成。

$$\rho_{颗粒}=m/V_{颗粒}=m/(V_{骨架}+V_{孔}) \tag{6-7-3}$$

从骨架密度和颗粒密度可以求得催化剂颗粒的孔隙率。

$$\theta=1-\rho_{颗粒}/\rho_{骨架} \tag{6-7-4}$$

堆积密度定义为质量除以颗粒的堆积体积，是一种表观密度。堆积体积是一种外观体积，它与颗粒的形状、装填的方式以及容器的形状有关。

$$\rho_{堆积}=m/V_{堆积} \tag{6-7-5}$$

从颗粒密度和堆积密度可以求得催化剂堆积的空隙分数 ε：

$$\varepsilon=1-\rho_{堆积}/\rho_{颗粒} \tag{6-7-6}$$

堆积密度可分为以下种类：

- 振实堆积密度(GB)
- 松装堆积密度(GB)
- 振动堆积密度(vibratory packing density，ASTM)
- 拍击堆积密度(tapped packing density，ASTM)
- 容积密度(bulk density，ASTM)

在工业生产实践中，固定床反应器催化剂装填还有袋式装填密度(sock loading density)和密相装填密度(dense loading density)等概念，分别指采用相应的催化剂装填方式时，工业催化剂在反应器内的堆积密度。

袋式装填法是通过一个接在催化剂料斗出口的帆布筒，靠自然重力直接把催化剂倒入反应器中的简单装填方法。该方法适用于催化剂易积炭、床层易堵塞的反应过程。其缺点是催化剂装填的均匀性较差，容易产生沟流和热点。

密相装填就是利用专门的装填器，通过空气推进或动能推进的方式将催化剂条均匀地水平分散在催化剂床层截面。密相装填有效地避免了因催化剂条架桥造成的床层空隙，能够强化传质，降低返混、沟流。密相装填密度一般比袋式装填密度大15%。

(二) 颗粒形状和尺寸

催化剂颗粒大小是催化剂宏观性质中十分重要的性质之一。在实际应用中，催化剂颗粒的大小直接影响反应物及产物的扩散，在一定程度上控制着反应的速度和途径。另外，催化剂颗粒大小也是考察工业催化剂机械强度的指标之一，即经过某种机械磨损后催化剂颗粒大小变化越大，其机械强度越低。催化剂几何形状主要有球形、圆柱形、圆环柱体、粉末、微球等形状。硫黄回收及尾气加氢催化剂一般制成 $\phi4\sim6$mm 的球形或条状三叶草形。

(三) 比表面积、孔体积

1. 比表面积

单位质量催化剂的表面积叫比表面积(m^2/g)。其中具有活性的表面叫作活性比表面积。尽管催化剂的活性、选择性以及稳定性等主要取决于催化剂的化学结构，但其在很大程度上也受到催化剂的某些物理性质(如催化剂的比表面)的影响。一般认为，催化剂比表面积越大，其所含有的活性中心越多，催化剂的活性也越高。通常要求氧化铝基硫回收催化剂比表

面积要高于 $300m^2/g$。目前，最新一代氧化铝基硫回收催化剂比表面积高于 $350m^2/g$。

2. 孔体积

孔体积是描述催化剂孔结构的一个物理量，孔体积是多孔性催化剂颗粒内孔的体积总和，单位是 mL/g。孔体积的大小主要与催化剂中的载体密切相关。在使用过程中孔体积会逐渐减小，而孔径会变大。氧化铝基硫回收催化剂孔体积要求大于 0.40mL/g。

Custom-tailored 孔结构理论指出合理的孔结构即最小量的微孔（正常的硫黄回收装置的操作条件下单质硫在 < 3nm 的孔内发生凝聚）、最大量的中间孔（3~10nm，这些孔提供了 95%的比表面积及相应的高转化率）和适宜的大孔（ > 75nm 的孔增加了扩散速度及上述反应物和产物的进出速度）。大孔（>75nm）对催化剂的孔容贡献比较大，但是大孔过多催化剂的强度会有所下降。催化剂的比表面积大，可以提供较多的活性中心，从而催化剂的活性高。

20 世纪 80 年代，R·A·Burns、R·blipper 和 R·K·Kerr 等对几种典型 Claus 催化剂的孔半径系统进行考察后，发现其<10nm 的孔对比表面积的贡献达到 95%以上，而该孔大约只占总孔量的一半，在此基础上提出了所谓 B·L·K 方程。

$$\lg\left(\frac{M}{100}\right)=\frac{4}{S_V}\sqrt{6V_0K}\left(\frac{V}{R}\right) \tag{6-7-7}$$

式中　M——克劳斯转化率，%；

S_V——气体空速，L/(kg·h)；

V_0——分子平均自由程，cm/s；

K——催化剂反应速率常数；

R——催化剂颗粒直径，cm；

V——代表孔半径 4nm 以下的孔体积，mL/g。

可以看出硫转化率与催化剂孔半径小于 4nm 以下的孔体积成正比，与催化剂的粒度成反比。

（四）强度

催化剂的强度是保证催化剂长周期运转必要的条件。催化剂强度高，在运转的过程中不会破碎，运转周期也长，通常要求催化剂的强度应不低于 120N/粒。压碎强度和催化剂的孔结构密切相关，孔径越小，压碎强度越大。在催化剂制备过程中优化制备工艺或添加助剂，可以增加催化剂的强度。在测定催化剂强度前，为保证数据的准确性，需在 250℃温度下将催化剂样品干燥至少 1h。将代表性的单颗粒催化剂以正向（轴向）或侧向（径向）或任意方向（球形颗粒）放置在两平台间，均匀对其施加负载直至颗粒破坏，记录颗粒压碎时的外加负载。

（五）磨耗

催化剂的磨耗率高低直接关系到反应器床层的压降、催化剂粉化情况和硫黄产品的质量。催化剂的磨耗率应控制小于 0.5%，并应尽可能使催化剂表面光滑，这样可降低磨耗。磨耗与催化剂的强度存在着一定的关系。因为过多的催化剂粉末会导致系统压降增加，发生沟流及引发硫黄块的形成并在冷凝器中产生硫雾及硫阻塞。硫回收催化采用旋转碰撞法测定磨耗。其基本思想是将催化剂装入旋转容器内，催化剂在容器旋转过程中上下滚动而被磨损，经过一段时间，取出样品，筛出细粉，以单位质量催化剂样品所产生的细粉量，即磨损率来表示磨耗数据。

三、硫回收催化剂性能指标测定方法

（一）强度测定方法

催化剂强度通常采用以下三种方法测定，对于硫黄回收系列催化剂，主要采用第一种方法测定压碎强度。

HG/T 2782—2011：化肥催化剂颗粒抗力的测定

GB 10505.1—1989：3A 分子筛抗强度测定方法

ASTM D 4179—2001：Standard Test Method for Single Pellet Crush Strength of Formed Catalyst Shapes

（二）固定床催化剂磨损率测定方法

催化剂磨损率通常采用以下三种方法测定，对于硫黄回收系列催化剂，主要采用第一种方法测定磨损率。

HG/T 2976—2011：化肥催化剂磨耗率的测定——旋转碰撞法(见图 6-7-7)

GB 10505.2—1989：3A 分子筛磨损率测定方法

ASTM D 4058—1996(2006)：Standard Test Method for Attrition and Abrasion of Catalysts and Catalyst Carriers

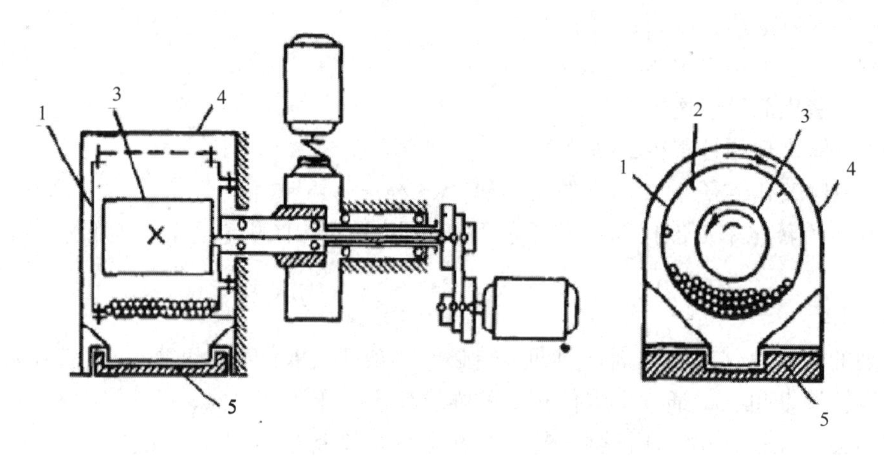

图 6-7-7 固定床催化剂磨损率测定方法——旋转碰撞法

（三）堆密度测定方法

催化剂堆密度通常采用以下 5 种方法测定，对于硫黄回收系列催化剂，主要采用第一种方法测定堆密度。

HG/T 4680—2014 化肥催化剂堆积密度的测定

GB/T 6286—1986 分子筛堆积密度测定方法

ASTM D 4180—2003 Standard Test Method for Vibratory Packing Density of Formed Catalyst Particles And Catalyst Carriers

ASTM D 4164—2003 Standard Test Method for Mechanically Tapped Packing Density of Formed Catalyst and Catalyst Carriers

ASTM D6683—2001 Standard Test Method for Measuring Bulk Density Values of Powde and other Bulk Solids

(四)催化剂比表面积、孔体积、平均孔径

1. 催化剂比表面积、平均孔径

催化剂比表面积采用 GB/T 6609.35—2009 氧化铝化学分析方法和物理性能测定方法 第35部分：比表面积的测定-氮吸附法。

原理：放入气体中的试样，其表面(包括外部和内部通孔的表面)在低温下发生物理吸附。当吸附达到平衡时，测量平衡吸附压力和吸附的气体量，根据 BET 方程式由吸附等温线求出试样单分子层饱和吸附，从而计算出试样的比表面积；根据 Kelvin 方程式由脱附等温线可计算出试样的孔直径。

2. 催化剂孔径分布

众所周知，多孔固体的性能由其孔结构决定，已有多种方法用于表征孔结构。由于大多数多孔固体结构复杂，因此不同方法得到的结果通常不能吻合，而且仅靠一种方法也不能给出孔结构的所有信息。应依据多孔固体材料的应用，其化学和物理特性和孔径范围选择最合适的表征方法。

最常用的方法如下：

(1) 压汞法

加压向孔内充汞。此方法适于孔径范围大约在 0.003~400μm 之间的大多数材料。

(2) 气体吸附分析介孔-大孔法

通过吸附一种气体表征孔结构，如液氮温度下的氮气。该方法适于测量孔径范围大约在 0.002~0.1μm(2.0~100nm)之间的孔，是表面积评估技术的拓展。

(3) 气体吸附分析-微孔法

通过吸附一种气体表征孔结构，如液氮温度下的氮气。该法适用于测量孔径范围大约在 0.4~2.0nm 之间的孔，是表面积评估技术的拓展。

以上方法可参考：压汞法和气体吸附法测定固体材料孔径分布和孔隙度(GB/T 21650.1—2008)。

根据 Ritter 和 Drake 发展的压汞法来评价固体的孔径分布和孔中的比表面积。它是一种可比较的方法。由于汞污染，本方法通常是破坏性的。测得的渗透到孔或空隙中汞的体积是与孔径相关的静压力的函数。

四、催化剂物理及化学性能国家标准

对于硫黄回收系列催化剂，国家编制了相关物理及化学性能的国家标准，具体如下：

硫黄尾气加氢催化剂物理性能试验方法(GB/T 33068—2016)；

脱氧保护型硫黄回收催化剂物理性能试验方法(GB/T 31583—2015)；

二氧化钛型硫黄回收催化剂物理性能试验方法(GB/T 35961—2018)；

低温硫黄尾气加氢催化剂物理性能试验方法(GB/T 34699—2017)；

低温硫黄尾气加氢催化剂化学成分分析方法(GB/T 34702—2017)。

第八节　催化剂活性评价方法

硫黄回收及尾气处理催化剂除了在实验室进行物性测试外，活性评价亦是研发或生产过程中样品测试的基础方法。催化剂的活性评价可分为定性评价和定量评价。定性评价主要是了解催化剂在某个参数方面的大致情况，如参数的基本趋势或参数值的大概范围，它是一种粗略的评价方法；定量评价则以知道某个参数的准确值以及精度的高低为目的，这种情况往往对评价方法有较高要求。此外，催化剂的评价方法还可以从样品的来源划分，如分为工业样品评价法以及实验室样品评价法。工业样品来源于生产商、经销商或工厂，它们常以预测工业使用效果或者评比几种工业样品使用差异为目的；实验室样品评价则往往以研发符合工艺要求的、更优更好的催化剂为目的。由此可见，各种评价方法的侧重点不同，目的也不一样，无论选择哪种评价方法都存在着一定的差异，加上在实施细节上的不同，很难找到一种统一的评价方法。

在硫黄回收催化剂活性评价领域比较知名的国外公司有加拿大硫黄回收研究所和法国罗纳-普朗克公司，国内有中国石化齐鲁石化公司研究院和中国石油西南油气田分公司天然气研究院。所采用的催化剂评价方法既有定性方法，也有定量评价；既有采用工业样品评价法，也有采用实验室样品评价法。

一、评价装置和流程的基本特点

硫黄回收及尾气处理催化剂的活性考察，是以一定的工艺评价装置，模拟工业装置操作条件或期望的工艺条件，装填好催化剂样品，配合色谱仪、库伦仪等分析仪器，对催化剂进行一定时间的性能测试。

评价的催化剂是Claus硫黄回收及尾气处理催化剂，包括常规活性氧化铝催化剂、助剂型硫黄回收催化剂、钛基硫黄回收催化剂，以及低温Claus催化剂、直接氧化催化剂、加氢水解催化剂等。评价的参数主要有常规Claus转化率、有机硫水解率、低温Claus转化率、低温硫容、选择性氧化制硫转化率和加氢水解总硫转化率等。

催化剂的预处理手段往往采用破碎、硫酸盐化、轻度老化和苛刻老化等；从时间上看，有短时间评价和较长时间评价；对实验结果的认识，除了测试结果的具体数据外，对于已有成熟样品的同类样品，往往侧重利用已认同的相似样品作参考，采用对比测试法，进而获得对新样品性能优劣的认识。

二、催化剂实验室评价目的

实验室工艺评价流程常以催化反应器为核心，在催化反应器中装填催化剂，配制需要的原料气，在拟定的温度压力和流量下进行催化反应效果的评价，进而获得催化剂样品的相关活性数据。评价的目的主要包括以下方面：

1. 产品出厂的合格性评价

这种评价方法相对比较固定。这是因为实验评价人员对催化剂产品的各种特性比较熟悉，知道产品主要的优缺点和瓶颈参数，同时掌握了大量的基础对比数据，所以产品的评价方法通常没有争议，并有较强的延续性，所采用的方法皆为研发产品时形成的固定方法，只是各家产品使用的评价条件各不相同。

2. 外来商业产品的活性评价

外来商品的评价通常采用典型同类产品在模拟使用环境下进行对比评价，通过同等条件下的优劣对比获得评价结果。这种评价方法看似合理，但也存在很大的局限性，因为首先它是在短时间内获得的评价结果，只做了初活性评价，对工业应用结果仅起到参考作用。由于工业应用条件是复杂的，影响催化剂活性的因素也较多，而每一种催化剂发挥优势的条件也各不相同，所以短时间的活性初步评价，很难全面真实地反映催化剂的各种状况，特别是在全方位抗干扰影响因素的能力以及长时间使用的稳定性等方面。

3. 研发过程中实验样品的活性评价

在研发过程中，实验样品活性评价是全方位的，所以使用的评价方法也是最多的，这可能是造成各种评价方法具有显著性差异的原因。硫黄回收及尾气处理催化剂研发的过程可分为催化剂制备路线和配方初步确定的过程、制备优化的过程和新催化剂样品的应用工艺特性全面考察的过程。在研发新催化剂过程中，使用的评价方法通常包括初活性评价、较长时间稳定性评价和抗干扰或抗伤害性评价等。

4. 新研发的中间放大样品侧线试验评价。

为了把实验室的技术过渡到工业装置应用，新研发的催化剂样品往往会完成一个中间放大试验研究，一方面是为了验证实验室的结论和结果以及实验室规模无法完成的一些试验，以便对实验室结果加以延伸；另一方面是为了工业应用收集工艺设计数据和操作数据。中间放大试验通常有两种情况，一是完成包括工艺在内的中间放大试验，它需要对工艺的各个单元和设备进行考察；二是侧重于对采用此工艺的催化剂进行考察。

三、中国石化齐鲁石化公司研究院活性评价方法

1. 硫黄微反评价装置

试验在10mL微型反应装置上进行，反应器由内径为20mm的不锈钢管制成，反应器放置在恒温箱内。催化剂装填量为10mL，上部装填相同粒度的石英砂进行混合预热。模拟硫黄回收工业装置过程气组成，通过控制N_2、空气、CO_2、H_2S、SO_2、CS_2、COS、H_2和水蒸气等的流量来控制气体组成；气体经预热到一定温度后通入一个装填催化剂和填料的固定床反应器；该反应器通过加热系统控制一定的反应温度；气体经Claus反应后进入分离器分离出硫黄；再经冷凝器分离出水后经碱液吸收含硫化合物后排放；试验每1h分析一组原料气和尾气组成，作为计算催化剂活性的依据。

采用日本岛津GC-2014气相色谱仪在线分析反应器入口及出口气体中H_2S、SO_2、COS、CS_2的含量，采用GDX-301担体分析硫化物，采用5A分子筛分析O_2含量，柱温120℃，采用热导检测器，以氢气作载气，柱后流速为25mL/min。

硫黄微反评价装置主要包括以下系统：

(1) 进气系统

装置配有8路进气系统。

每路气体经减压阀减压后，经气体质量流量控制器控制流量进入混合器。当试验过程中气体质量流量控制器出现故障时，关闭气体质量流量控制器两端的球阀，通过调节旁路截止阀调节流量以维持试验。

（2）进水系统

原料瓶中的水经过滤后由计量泵控制流量，经三通球阀进入反应系统。通过三通球阀选择进反应系统或回流。装置配有电子秤计量进水量。

（3）反应系统

混合均匀的原料气体经过预热与经过汽化预热的水蒸气混合后进入反应器进行反应。预热及反应的温度靠一个恒温箱控制。反应产物进入硫捕集器，经过硫捕集器的气体进入脱水分离罐。

（4）压力控制系统

脱水分离罐排出的气体通过干燥过滤，由压力控制器控制压力后经碱洗罐洗涤后放空。

（5）分析系统

经过干燥处理的原料混合气和产物气分别由截止阀放出一部分进入气相色谱仪进行分析，尾气经碱洗罐洗涤后放空。通过三通阀选择分析原料气或产物气。

（6）冷却系统。

装置配有进口低温循环浴槽实现产物的冷却。

（7）控制系统

控制系统由计算机、进口单回路调节器及德国 Siemens 可编程控制器组成小型 PC-DCS 系统。

装置操作规程如下：

（1）开工过程

1）将按试验要求装好的反应器放入加热箱，并将反应器出入口接头接好，将检测反应温度的热偶插到适当位置。

2）接通反应所需气体，要求入口压力小于 16MPa，调节装置面板上的相应的反应气体的减压阀，使减压压力比反应系统压力高 0.3~0.5MPa。

3）利用氮气质量流量控制器的旁路阀将系统压力升至高于反应压力，对装置进行试漏。

4）打开装置面板上的仪表电源开关，检查各调节器显示是否正常。

5）打开低温浴槽电源开关，检查低温浴槽工作是否正常。

6）运行装置控制软件，按试验要求给定各参数值，并开始加热。

7）给定反应压力，使反应压力达到试验要求。

8）通过调节加热箱温度使反应温度达到试验要求后，在计算机控制画面上按试验要求给定泵流量并开始进料。

（2）停工过程

1）在计算机控制画面将泵量设定为零(停止进料)。

2）在计算机控制画面上关闭加热电源(停止加热)。

3）在计算机控制画面上将除氮气外反应气体流量设定为零(氮气吹扫)。

4）在计算机控制画面上将反应压力设定为零，降低系统压力。

5）在计算机控制画面上将氮气流量设定为零(停止进气)

6）退出控制程序。

7）关闭低温浴槽电源。

8）关装置面板上的仪表电源。

9）关闭各气源。

装置安全规程如下：

1）装置运行前必须严格试漏，试漏合格后才能使用。

2）开启装置前，应先启动装置室内排风系统，防止有毒气体中毒。

3）装置开启的同时开启 H_2S 报警仪，实时监测屋内有毒气体含量。

4）打开加热箱时应关闭风扇或佩戴防毒面具。

5）装置中的气体质量流量控制器严禁进液体，同时应保证质量流量计入口压力高于出口压力。

6）在装置带压情况下，反应温度严禁超过500℃。

7）泵出口三通阀应处于回流或进系统状态，严禁处于截止状态。

8）气相色谱开启前必须开启载气，以防干烧损坏。

9）试验结束后，必须关闭所有电源和气源。

10）定期检查气房中储存 H_2S 和 SO_2 气体气瓶的气密性，严防泄漏。

实验室微反活性评价装置示意见图6-8-1。

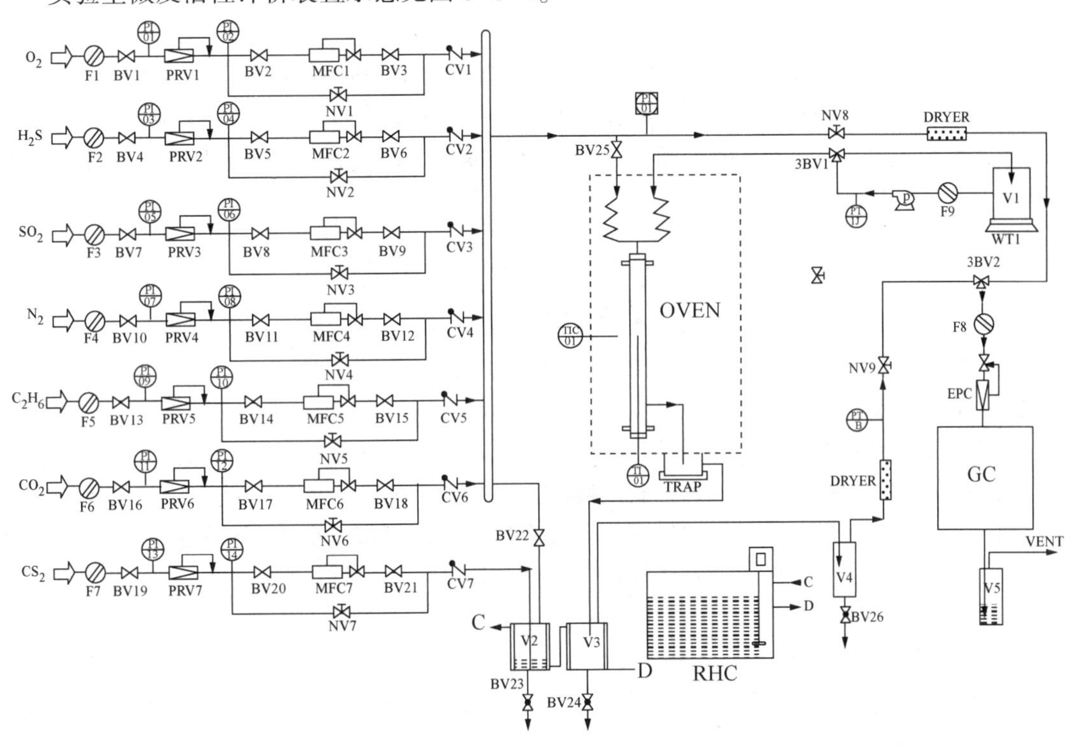

图6-8-1　实验室微反活性评价装置示意

P—计量泵；MFC—质量流量控制器；EPC—电子压力控制器；PRV—减压阀；OVEN—加热箱；COOLER—冷却池；TRAP—捕集器；DRYER—干燥器；BV—球阀；NV—截止阀；CV—单向阀；3BV—三通球阀；F—过滤器；TIC—温度控制；TI—温度显示；PI—压力表；PIB—标准压力表；GC—气相色谱仪；PT—压力传感器；WT—电子秤；RHC—低温浴槽；V1—水罐；V2—鼓泡器；V3—脱水罐；V4—分液罐；V5—碱洗罐

2. 催化剂活性评价方法

（1）制硫催化剂的活性评价方法

1）Claus 转化率评价：

以 $2H_2S+SO_2 \longrightarrow \frac{3}{x}S_x+2H_2O$ 为指标反应，考察催化剂的 Claus 转化率，入口气体组成为 H_2S 2%、SO_2 1%、O_2 3000μL/L、H_2O30%、其余为 N_2，气体体积空速为 2500h^{-1}，反应温度为 230℃，根据下式计算催化剂的 Claus 转化率：

$$\eta_{H_2S+SO_2}=\frac{M_0-M_1}{M_0}\times 100\% \tag{6-8-1}$$

式中　M_0，M_1——反应器入口及出口处 H_2S 和 SO_2的体积分数和。

2）有机硫水解率评价：

以 $CS_2+2H_2O \longrightarrow CO_2+2H_2S$ 为指标反应，考查催化剂的有机硫水解率，入口气体组成为 H_2S 2%、CS_2 0.6%、SO_2 1%、O_2 3000μL/L、H_2O 30%、其余为 N_2，气体体积空速为 2500h^{-1}，反应温度为 300℃，根据下式计算催化剂的 CS_2水解率：

$$\eta_{CS_2}=\frac{C_0-C_1}{C_0}\times 100\% \tag{6-8-2}$$

式中　C_0，C_1——反应器入口及出口处 CS_2的体积分数。

3）催化剂脱漏“O_2”活性评价：

以 $FeS_2+3O_2 \xlongequal{} FeSO_4+SO_2$ 为指标反应，考察催化剂的脱漏“O_2”活性。反应器入口气体组成为 H_2S 2%、SO_2 1%、O_2 3000μL/L、H_2O 30%，其余为 N_2；气体体积空速为 2500h^{-1}，反应温度为 230℃，测定反应出口气体组成中的 O_2 含量。根据下式计算催化剂的脱漏“O_2”率：

$$\eta_{O_2}=\frac{D_0-D_1}{D_0}\times 100\% \tag{6-8-3}$$

式中　D_0、D_1——反应器入口及出口处 O_2的体积分数。

每小时采样分析一次，分析结果取 10h 的平均值。

（2）硫黄回收催化剂苛刻老化

硫黄回收催化剂活性评价过程通常仅持续 10h，对新鲜催化剂而言，10h 的连续运转对催化剂使用性能的影响并不大。为考察运转时间对催化剂使用性能的影响，一般采用人为苛刻老化的方法对催化剂进行一定的处理，以便在短时间内模拟出催化剂较长使用时间后的情况。按照苛刻老化条件进行试验可以模拟催化剂使用 3 年后的性能情况。

苛刻老化条件：

1）催化剂 550℃焙烧 2h；

2）空速 1000h^{-1}，温度 260℃，气体组成 SO_2：空气：水蒸气=1：2.5：6.5 对催化剂进行处理，时间 2h。

（3）尾气加氢催化剂活性评价方法

1）催化剂预硫化：

试验装置经试密合格后，对催化剂进行常规干法预硫化。

硫化条件：压力为常压；体积空速为 1250h^{-1}；所用硫化气为氢气加 2%(体)的硫化氢。

硫化步骤：通氮气升温，按空速调整好氮气量，以 50℃/h 升温至 200℃；切断氮气，切换为硫化气，并调整气量，继续升温至 300℃，恒温 3h；待反应器出入口硫化氢平衡后，结束硫化，切换为反应气。

2）催化剂活性评价：

反应气体积组成：H_2S 1%、SO_2 0.6%、CS_2 0.5%、H_2 8%、H_2O 30%、其余为 N_2。

反应条件：体积空速 2500h^{-1}、压力 0.1MPa、反应温度 250℃（低温催化剂）或 280℃（常规催化剂）。

计算公式：

以 $3H_2+SO_2 \longrightarrow H_2S+2H_2O$ 为指标反应，考察催化剂的 SO_2 加氢活性。根据下式计算催化剂的 SO_2 加氢转化率：

$$\eta_{SO_2}=\frac{M_0-M_1}{M_0}\times 100\% \tag{6-8-4}$$

式中　M_0、M_1——反应器入口及出口处 SO_2 的体积分数。

以 $CS_2+2H_2O \longrightarrow CO_2+2H_2S$ 为指标反应，考察催化剂的有机硫水解活性。根据下式计算催化剂的水解率：

$$\eta_{CS_2}=\frac{C_0-C_1}{C_0}\times 100\% \tag{6-8-5}$$

式中　C_0、C_1——反应器入口及出口处 CS_2 的体积分数。

（4）硫黄选择氧化催化剂活性评价方法

以 $2H_2S+O_2 \longrightarrow 2S+2H_2O$、$2H_2S+3O_2 \longrightarrow 2SO_2+2H_2O$ 为指标反应，考察催化剂的催化活性，入口气体组成为 H_2S 1%、O_2 1.5%、H_2O 30%，其余为 N_2，气体体积空速为 1200h^{-1}，反应温度为 200℃，根据下式计算催化剂的 H_2S 转化率 η_{Act}：

$$\eta_{Act}=\frac{M_0-M_1}{M_0}\times 100\% \tag{6-8-6}$$

式中　M_0，M_1——反应器入口及出口处 H_2S 的体积分数。

根据下式计算催化剂的 H_2S 转化生成硫黄的选择性 η_{Sel}：

$$\eta_{Sel}=\frac{M_0-M_1-C_0}{M_0-M_1}\times 100\% \tag{6-8-7}$$

式中　M_0，M_1——反应器入口及出口处 H_2S 的体积分数；

　　　C_0——出口处二氧化硫的体积分数。

根据下式计算催化剂的 H_2S 转化生成硫黄的产率 η_{Yld}：

$$\eta_{Yld}=\eta_{Act}\times\eta_{Sel} \tag{6-8-8}$$

四、中国石油西南油气田分公司天然气研究院采用的活性评价方法

中国石油西南油气田分公司天然气研究院硫黄回收及尾气处理催化剂产品的活性指标作为产品技术要求已写入了中国石油的企业标准，同时对硫黄回收及尾气处理催化剂的活性评价方法亦作了较详细的规定，也列入了中国石油的企业标准。此外，还使用了一些其他评价方法，如采用与典型催化剂性能对比的方法；为了考察催化剂的适应性，使用了侧重模拟工厂气质组成和操作条件考察的方法；为了考察催化剂的活性稳定性、抗伤害因素冲击性和对寿命的预测，使用了轻度老化、苛刻老化、较长时间运转的方法；为实现催化剂工业应用，选用现场侧线试验的方法。下面是该企业标准中的产品活性指标评价主要内容：

1. 评价条件

反应温度：320℃；反应压力(表压)：50kPa；体积空速：$5000h^{-1}$；催化剂装量：20mL；催化剂粒度：1.5~2.5mm；反应器规格：ϕ25mm×2.5mm；原料气组分及浓度见表6-8-1，反应评价装置如图6-8-2所示。

表6-8-1　原料气组分及浓度

组分名称	H_2S	SO_2	CO_2	H_2O	O_2	N_2	合计
浓度/%	5.0	2.5	20.0	25.0	0.2	余量	100.0

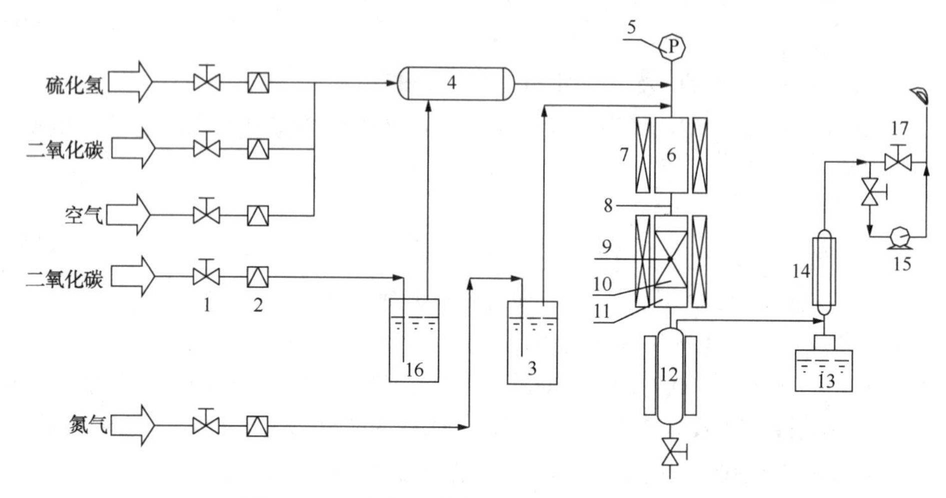

图6-8-2　硫黄回收催化剂活性评价装置示意

1—阀门；2—流量计；3—增水器；4—混合器；5—压力表；6—预热器；7—加热炉；8—取样点；9—测温点；10—催化剂；11—反应器；12—分离器；13—容器；14—冷却器；15—湿式流量计；16—二硫化碳瓶；17—灼烧处

2. 活性评价试验

硫黄回收催化剂在上述条件下进行了初活性评价试验，运转时间10h，用气相色谱仪每2h分析一次原料气及尾气组成，然后根据原料气及尾气中各含硫化合物的分析数据来计算硫转化。催化剂除上述考察内容外，还包括有机硫水解活性指标。

3. 转化率的表示及计算公式

体积校正系数K_v按式(6-8-9)计算：

$$K_v=[100-(\phi H_2S+\phi SO_2+\phi O_2)]/[100-(\phi' H_2S+\phi' SO_2+\phi' O_2)] \qquad (6-8-9)$$

式中　K_v——体积校正系数；

ϕ——原料气各组分干基含量，%；

ϕ'——尾气各组分干基含量，%。

硫转化率按式(6-8-10)计算：

$$\eta_0=100-100\cdot K_v\cdot S'/S \qquad (6-8-10)$$

式中　S'——尾气中H_2S和SO_2干基含量之和，%；

S——原料气中H_2S和SO_2干基含量之和，%；

η_0——硫转化率，%。

五、国外催化剂活性评价方法

1. 加拿大硫黄回收研究所采用的活性评价方法

目前国外生产的催化剂常采用加拿大硫黄回收研究所设计的评价装置——ASRL 活性评价装置，该评价方法得到普遍认可。2000 年，加拿大硫黄回收及尾气处理研究所(ASRL)接受沙特阿拉伯-美国石油公司(SAUDIARAMCOL)的委托，在开展通过优化试验测定 BTX 对 TiO_2Claus 催化剂的影响时，于 2002 年使用了以下评价装置流程(如图 6-8-3 所示)。BP(AMO-CO)以及 BV 公司在评定低温 Claus 催化剂时也采用了该评价试验装置，并使用原颗粒进行评价。另据资料显示，加拿大硫黄回收研究所，常规评价时仍采用以 N_2代替其他组分、评价时间亦在 7~72h 不等，在做其他类似试验时亦曾使用过微型反应装置进行评价试验。

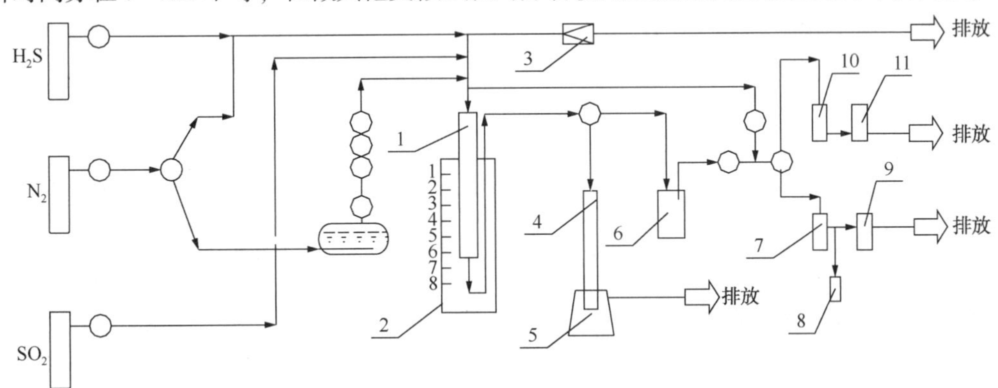

图 6-8-3　ASRL 活性评价流程示意图

1—反应器；2—加热炉；3—降压阀；4—冷凝器；5—硫收集器；6—主碱收集器；7—碱收集器；8—注射管取样；9—疏水器；10—碱收集器；11—疏水器

2. 法国罗纳-普朗克公司采用的活性评价方法

法国罗纳-普朗克公司的评价条件见表 6-8-2。

表 6-8-2　法国罗纳-普朗克公司使用的常规评价条件

组分名称	H_2S	SO_2	CS_2	H_2O	O_2	N_2	合计
浓度/%	2.5~8.4	1.25~4.5	1.0	20.0~30.0	0~0.3	余量	100.0

试验通常遵循 H_2S+2CS_2：$2SO_2$的配气规则，氧浓度根据考察的催化剂和考察目的而选用不同的氧含量，比如在评价 CR 和 CR-3S 时选用了 300×10^{-6}甚至更低的氧含量，考察 AM 和 CRS-31 时则选用了较高浓度的氧含量。此外，反应温度按照工业装置的实际反应温度进行选取，停留时间设定为 2~3s。

法国罗纳-普朗克公司在评价催化剂时，使用了具有代表性的苛刻老化和轻度老化的概念，大致程序如下：将样品首先用 7：3 的 Air-SO_2混合气体(体)，于 450℃条件下进行硫酸盐化预处理 2h，然后置于常规条件下进行 Claus 反应和有机硫水解反应的活性评价，即为轻度老化；苛刻老化则是首先将催化剂样品经过高温焙烧处理(700℃处理)，然后再进行轻度老化程序。有资料显示，法国罗纳-普朗克公司的技术专家认为，经轻度老化后的催化剂相当于在工业装置上连续运转了 2000h；苛刻老化则相当于运转了 3~4 年的时间。当然这种估算法还没有达成共识。

六、国标规定的催化剂评价方法

近几年，我国出台了一系列关于硫黄回收催化剂活性试验方法的国家标准，具体如下。

1. 氧化铝型硫黄回收催化剂活性试验方法(GB/T 33103—2016)

其反应条件见表 6-8-3。

表 6-8-3　氧化铝型硫黄回收催化剂活性试验方法

项　目	条件 1	条件 2
催化剂装填量/mL	30	
原料气(干气)的空速/h^{-1}	1500±50	
水蒸气与干气体积比	0.35±0.02	0.38±0.02
系统压力/kPa	≤50	
活性测定温度/℃	320.0±1.0	230.0±1.0
原料气(干气)组成	H_2S：4.0%～4.2%，SO_2：1.9%～2.1%，CS_2：0.25%～0.45%，O_2：0.18%～0.22%，CO_2：19.0%～21.0%，其余为 N_2	H_2S：2.0%～2.2%，SO_2：0.9%～1.1%，CO_2：19.0%～21.0%，其余为 N_2

条件 1(一级反应器)总硫转化率 E_1：

$$E_1=\frac{(\varphi_1+\varphi_2+2\varphi_3)-\dfrac{1-(\varphi_1+\varphi_2)}{1-(\varphi_4+\varphi_5)}(\varphi_4+\varphi_5+2\varphi_6+\varphi_7)}{\varphi_1+\varphi_2+2\varphi_3}\times100\%$$

式中　φ_1——原料气中硫化氢的体积分数,%；
φ_2——原料气中二氧化硫的体积分数,%；
φ_3——原料气中二氧化碳的体积分数,%；
φ_4——尾气中硫化氢的体积分数,%；
φ_5——尾气中二氧化硫的体积分数,%；
φ_6——尾气中二硫化碳的体积分数,%；
φ_7——尾气中硫氧化碳的体积分数,%。

条件 1(一级反应器)有机硫水解率 E_2：

$$E_2=\frac{\varphi_3-\dfrac{1-(\varphi_1+\varphi_2)}{1-(\varphi_4+\varphi_5)}(\varphi_6+0.5\varphi_7)}{\varphi_3}\times100\%$$

式中　φ_1——原料气中硫化氢的体积分数,%；
φ_2——原料气中二氧化硫的体积分数,%；
φ_3——原料气中二硫化碳的体积分数,%；
φ_4——尾气中硫化氢的体积分数,%；
φ_5——尾气中二氧化硫的体积分数,%；
φ_6——尾气中二硫化碳的体积分数,%；
φ_7——尾气中硫氧化碳的体积分数,%。

条件 2(二级反应器)总硫转化率 E_3：

$$E_3=\frac{(\varphi_8+\varphi_9)-\frac{1-(\varphi_8+\varphi_9)}{1-(\varphi_{10}+\varphi_{11})}(\varphi_{10}+\varphi_{11})}{\varphi_8+\varphi_9}\times100\%$$

式中 φ_8——原料气中硫化氢的体积分数,%；

φ_9——原料气中二氧化硫的体积分数,%；

φ_{10}——尾气中硫化氢的体积分数,%；

φ_{11}——尾气中二氧化硫的体积分数,%。

2. 脱氧保护型硫黄回收催化剂活性试验方法(GB/T 31198—2014)

其反应条件见表 6-8-4。

表 6-8-4　脱氧保护型硫黄回收催化剂活性试验方法反应条件

项　　目	反应条件
催化剂装填量/mL	30
原料气(干气)的空速/h^{-1}	1500±50
水蒸气与干气体积比	0.35±0.02
系统压力/kPa	≤50
活性测定温度/℃	280.0±1.0
原料气(干气)组成	H_2S：4.2%~4.5%，SO_2：1.9%~2.1%，O_2：0.18%~0.22%，CO_2：19.0%~21.0%，其余为 N_2

催化剂的总硫转化率 E_1：

$$E_1=\frac{(\varphi_1+\varphi_2)-\frac{1-(\varphi_1+\varphi_2+\varphi_5)}{1-(\varphi_3+\varphi_4+\varphi_6)}(\varphi_3+\varphi_4)}{\varphi_1+\varphi_2}\times100\%$$

式中 φ_1——原料气中硫化氢的体积分数,%；

φ_2——原料气中二氧化硫的体积分数,%；

φ_3——尾气中硫化氢的体积分数,%；

φ_4——尾气中二氧化硫的体积分数,%；

φ_5——原料气中氧的体积分数,%；

φ_6——尾气中氧的体积分数,%。

催化剂的脱氧率 E_2：

$$E_2=\frac{\varphi_2-\frac{1-(\varphi_1+\varphi_2+\varphi_5)}{1-(\varphi_3+\varphi_4+\varphi_6)}\varphi_6}{\varphi_1+\varphi_2}\times100\%$$

式中 φ_1——原料气中硫化氢的体积分数,%；

φ_2——原料气中二氧化硫的体积分数,%；

φ_3——尾气中硫化氢的体积分数,%；

φ_4——尾气中二氧化硫的体积分数,%；

φ_5——原料气中氧的体积分数,%；

φ_6——尾气中氧的体积分数,%。

3. 二氧化钛型硫黄回收催化剂活性试验方法(GB/T 31193—2014)

其反应条件见表6-8-5。

表6-8-5　二氧化钛型硫黄回收催化剂活性试验方法反应条件

项　　目	条件1	条件2
催化剂装填量/mL	30	
原料气(干气)的空速/h^{-1}	1500±50	
水蒸气与干气体积比	0.35±0.02	0.38±0.02
系统压力/kPa　≤	50	
活性测定温度/℃	320.0±1.0	230.0±1.0
原料气(干气)组成	H_2S：2.0%～2.2%，SO_2：1.9%～2.1%，CS_2：0.9%～1.1%，O_2：0.18%～0.22%，CO_2：19.0%～21.0%，其余为N_2	H_2S：2.0%～2.2%，SO_2：0.9%～1.1%，CO_2：19.0%～21.0%，其余为N_2

催化剂活性计算公式与氧化铝型硫黄回收催化剂活性试验方法一致。

第九节　催化剂的装填与使用

一、催化剂的装填

（一）施工人员的准备

施工人员入厂前须进行三级安全教育，认真学习施工方案，掌握作业要领。催化剂粉尘对人体损害较严重，须准备好作业人员全封闭劳动保护用品，器内作业人员进入反应器前必须进行必要的体格检查。

（二）催化剂装填系统应具备条件

确认反应系统管线加封盲板；器内构件检查合格，卫生合格。切断氮气改由净化风接入反应器，反应器内充入氧气含量大于20%，温度小于50℃。分析反应器内气体(爆炸气)是否合格，爆炸气体含量小于0.5%。

（三）反应器外的准备工作

将所有的装填材料(催化剂、惰性瓷球及不锈钢丝网)运至现场，有秩序地安置好，以便装填。备好吊车和叉车以及网兜、吊装带，设立警戒线。将实际要装填的催化剂及瓷球过磅称毛重，装填后再称空桶和剩下的催化剂及瓷球，得出净重，并做记录。人孔法兰面及法兰应用橡胶板或石棉布须保护好，以免损坏密封面。进入反应器前，必须开具进容器作业票，同时落实安全措施：带空气呼吸器、监护到位方可进入。装填人员必须穿戴干净的规定的工作服、工作鞋，在器内工作人员必须轮换进行，工作完毕必须充分淋浴。受限空间作业有视频监控。

（四）反应器内的检查准备工作

对要带入反应器的工具备一份清单，工作完毕后应检查所有工具是否已带出反应器。进行容器内清扫，栅板整理如有坏损变形应及时落实整改。整体更换不锈钢丝网，不锈钢丝网材质为0Cr18Ni19，满足GB/T 5330—2003标准，不锈钢丝网按大于栅板尺寸200mm要求重新编制固定好。查盲板是否处于正常状态。测量催化剂及惰性瓷球堆层高度，并在反应器壁上画出清晰的记录线。检查催化剂装料斗和胶管、插板等安装是否妥当。

（五）催化剂装填技术要求

装填前应保证反应器内无杂物。检查反应器内划线的基准点、准确度，误差<3%，或径向误差<1.5；检查每一层瓷球装填量、密度，误差<3%；检查每床层催化剂装填量、密度，误差<3%。装填过程不得损坏反应器及其附件。检查内构件及通道封装是否符合有关机械标准。

（六）催化剂装填方法

装填催化剂前，必须先把反应器内部清扫干净，将蓖板安装就位，铺上不锈钢丝网，然后在上面先后堆放摊平10~15cm高的较大开孔瓷球和5~10cm高的较小开孔瓷球，要求蓖板和丝网至少确保使用一个催化剂寿命周期。

催化剂装填程序如下：

1）按照催化剂级配方案准备好反应器装催化剂示意图，图上须注明每个床层所需的催化剂型号、数量和料面高度。

2）在反应器顶平台上要准备好用来盖住料斗和反应器法兰的防水帆布。

3）打开反应器顶部入口。

4）检查反应器内的气体并确认合格后才允许进入。

5）检查反应器内件完好无损，确认反应器底部无积液且无任何杂物方可进行装催化剂作业。

6）反应器顶人孔法兰上安装好固定料斗，固定料斗法兰与反应器人孔法兰连接。

7）在固定料斗出口处连接好帆布管，帆布管下端面距催化剂料面应保持约800~1000mm的距离。

8）用吊车将催化剂直接吊至反应器顶部平台上，使料桶口对准固定料斗。

9）打开料斗出料口上的插板阀，催化剂通过固定料斗和帆布管流到反应器里，调节插板开度，便可控制催化剂的流量。

10）在反应器内必须有作业人员用节流方法使帆布管内径充满催化剂（即用人工紧紧夹住装满催化剂的帆布管），以避免催化剂自由下落，造成破碎，在反应器内有一至两名作业人员将帆布管中流出的催化剂均匀布满反应器的横截面。

11）要严格按反应器的催化剂床层分布图装填催化剂，床层装填时空间高度每上升200mm扒平一次。

12）当反应器内催化剂料位升高至帆布管底部时，便可割掉一段帆布管；当反应器装填到顶部时，用长木耙把催化剂尽量向里推，确保装实，空间高度一致。

13）同样方法装完顶部瓷球；根据要求的空高，停止装填，摆放好格栅网，并用不锈钢丝固定好；取出全部装填器具。

14）确认无任何工具和设备遗留在反应器里后，将人孔法兰沟槽密封面清理干净。

催化剂装填完毕立即封上料口。启用前应避免水汽及过程气进入反应器，开工前应先用干燥风进行吹扫，除去床层粉尘，吹扫时，转化器应处于放空状态。

（七）催化剂装填过程注意事项

1）装填过程中不损伤催化剂，并且要满足反应器结构设计的要求。

2）催化剂在装填的全过程中，应避免受潮，催化剂到用时才开桶，催化剂暴露大气中的时间必须限定到最短。

3）当催化剂装填工作由于下雨必须中止时，反应器人孔及装填设备必须用帆布盖紧，反应器内用仪表风密封，地面的催化剂及时用雨布盖紧，若因别的原因需要中止时，亦采用同样措施。

4）由于催化剂易碎，不要从 1m 以上的高度把它倒落，也不能用脚踩，必要时用 450mm×350mm 以上的木板垫脚。

5）器内作业需有人监护，高空作业时要系安全带，不要站在起吊物品的下面。

6）装剂过程中要注意严禁任何金属物掉入器内。

7）催化剂的装填必须按规定的方法和用专用工具进行装填。

8）催化剂顶部加装瓷球或丝网加固，防止催化剂使用过程中偏流。

二、催化剂的使用

（一）制硫催化剂的开停工及再生

硫黄回收催化剂不需进行活化处理，升温脱除吸附水后即可使用。

1. 开车要点如下

1）用燃料气过氧燃烧烘炉。

2）烘炉完毕，切入烟道气，催化剂床层按 30~40℃/h 速度升温。床层温度达到 120℃时，恒温 2~3h 脱除吸附水，床层温度达到 240~250℃时，恒温 2h 左右稳定操作，随后改用酸性气进料转入正常生产操作，运行中，控制 H_2S/SO_2为 2∶1 左右。这是达到最高硫转化率的关键。

3）转化器操作温度，一般情况下一级反应器床层温度为 300~320℃后，二级反应器床层温度为 240~260℃，其他操作条件不变，如以上条件不合适，可根据现场具体情况随时调整。

4）用烟道气开车升温预处理催化剂时，务必注意，防止因 O_2不足燃烧不完全而使催化剂床层积炭，并要求每小时分析一次 O_2含量，以调整操作，当出现床层温度失控采用通入蒸汽进行降温时，应先排尽管线里的冷凝水，防止水进入催化剂床层，影响催化剂强度。

5）反应器顶部可增设 ϕ25~50mm 蒸汽管线，一旦床层温度失控，在紧急情况下可直接通入蒸汽进行降温，在打开过热蒸汽阀前，必须先打开副线阀，彻底排除管线里的冷凝水。

6）催化剂在使用时，床层任何部分的温度都不应低于硫的露点温度。为此要求装置一级反应器温度不低于 220℃，二级反应器温度不低于 210℃。催化剂开工升温预处理过程中，要尽可能防止 450℃以上的高温，以免催化剂使用性能受到损害。催化剂在使用时，要求床层任何部位的温度不大于 450℃。

2. 制硫催化剂的停车

1）先降低进炉空气量，使 H_2S/SO_2的比值达到 3~4，将反应器床层温度提高 20℃，运转 24h 进行还原再生操作，以减少 Al_2O_3催化剂上的硫酸盐含量。

2）停止进酸性气，改用燃料气当量燃烧，并引入降温介质，在上述温度条件下，吹扫 24h 以上，赶净催化剂吸附和沉积的单质硫。

3）用烟道气或补入的氮气使床层降温至150℃，并根据具体情况采取降温措施，当床层降至常温后方可打开转化器人孔。

4）停工注意事项：在停工过程中，如遇催化剂床层温度超高，可通入过热水蒸气进行降温，在打开过热蒸气阀前，必须先打开副线阀，彻底排除管线里的冷凝水，以免催化剂炸裂而粉碎；若用N_2进行密封保护，应使系统保持微正压，注意防止超压损坏设备。

3. 催化剂的再生

催化剂的再生措施：如果在生产中装置总硫转化率，特别是有机硫水解率显著下降，床层压力明显上升时，则应及时进行再生操作，所推荐的方法是针对积硫和/或硫酸盐化中毒而引起的催化剂永久性失活的复活措施。

1）保持装置的其他操作条件不变，仅将床层温度提高20~30℃运转12h，进行催化剂的"热浸泡"处理，以除去床层过量的积硫。

2）"热浸泡"处理结束后，调整H_2S/SO_2的比值至3~4，运转20~30h进行催化剂的还原操作，以减少催化剂上的硫酸盐含量。

4. 制硫反应器操作温度

反应器的操作温度不仅取决于热力学因素，还要考虑硫的露点温度和气体组成。目前，各炼化企业硫黄回收装置均采用回收率较高的两级低温Claus催化转化工艺，一级反应器除了发生主反应，生成单质硫以外，更主要是发生COS和CS_2的水解反应，这一部分有机硫主要是酸性气组分中含烃类及CO_2，在制硫炉中发生一系列副反应而产生的，由于酸性气的组分性质基本不变，因此这部分副反应也是无法避免的。一方面，低温有利于主反应向正反应方向进行，生成单质硫，提高硫转化率；另一方面，高温又有利于水解反应的进行，所以，只能找到一个合适的温度区间，使硫的转化率和有机硫的水解率均具有较高水平，这就对一级反应器的入口温度及床层温度有较为严格的要求，综合考虑，一级反应器入口温度应控制偏高，保证床层温度在300~340℃，二级反应器入口温度可以控制偏低，保证床层温度在210~240℃，主要有以下三点原因：

1）一级反应器是COS和CS_2水解反应的主反应区，提高温度能促使水解反应的进行，从而降低一级反应器出口过程气的COS和CS_2的含量，进而降低进入尾气加氢单元的COS和CS_2含量，确保尾气加氢反应器中对COS和CS_2更充分地加氢还原，最终降低通过尾气焚烧炉焚烧而排入大气的SO_2含量。

2）硫黄蒸气的露点温度与硫黄蒸气的分压成正比例关系，即硫黄蒸气分压越高，硫黄蒸气的露点也就越高。由于在一级反应器中硫蒸气的浓度较高，硫蒸气的分压也较高，所以硫黄蒸气的露点较高，大约在180~200℃，控制较高的床层温度，可以避免硫蒸气冷凝，覆盖催化剂表面，造成硫沉积，使催化剂活性降低。

3）虽然较高的床层温度对硫转化率的影响有所降低，但所降低的幅度是完全可以接受的，而且在一级反应器中损失的硫转化率可以在二级反应器中得到弥补。因为在二级反应器中硫蒸气的浓度大大降低，分压也大大降低，所以硫蒸气的露点温度也随之降低，大约在160~180℃，这样，二级反应器的入口温度只要控制在比硫蒸气露点温度高出30℃左右，确保不出现硫冷凝的低温范围即可，这样不但可以保证不出现硫沉积现象，而且可以实现硫转化率的最大化。

(二) 尾气加氢催化剂的预硫化及钝化

一般情况下，Claus 尾气加氢催化剂以 CoO/MoO_3 氧化态的形式提供，在反应之前要进行硫化以使其具有活性。总的硫化反应如下：

$$MoO_3+H_2+2H_2S = MoS_2+3H_2O \tag{6-9-1}$$

$$9CoO+H_2+8H_2S \longrightarrow Co_9S_8+9H_2O \tag{6-9-2}$$

2010 年前，绝大多数硫黄回收装置是在 Claus 单元引入酸性气开工后，采用配风偏低所得到的 Claus 尾气来进行加氢催化剂预硫化操作，既延长了装置开工时间，也增加了装置开工时烟气中 SO_2 排放量，无法满足国家排放标准要求。为解决硫黄回收装置开停工过程中所存在的环保排放超标问题，目前硫黄回收装置基本采用酸性气体提前预硫化工艺，既可缩短开工时间，又可大幅降低烟气 SO_2 排放量。

1. 传统过程气预硫化工艺

硫黄回收装置尾气加氢催化剂传统的预硫化工艺如下：制硫单元操作正常，加氢催化剂床层温度升到 200℃时，制硫单元调整操作，使尾气中$(H_2S+COS)/SO_2$的比值达到 4~6，同时加氢反应器入口注入 H_2，使急冷塔出口 H_2 含量维持在 4%~5%。加氢尾气不经过胺液吸收，直接进入尾气焚烧炉焚烧后排放烟囱，烟气中 SO_2 排放浓度高，一般在 30000mg/m^3，远高于当时国家标准所规定的 960mg/m^3，污染环境严重。该过程持续 48h 后，预硫化操作结束，具体工艺流程见图 6-9-1。

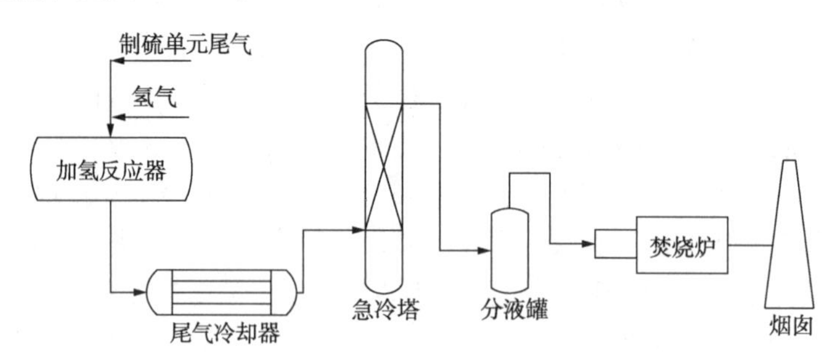

图 6-9-1　传统预硫化工艺示意

2. 酸性气闭路循环直接预硫化工艺

酸性气闭路循环直接预硫化工艺首先在尾气处理单元建立闭路循环，补充一定量的氮气和酸性气，然后向加氢反应器注入 H_2，控制急冷塔出口 H_2 含量为 1%~3%(体)。预硫化后的尾气先进入尾气冷却器冷却后，再进入急冷塔冷却，之后经循环气线和电磁阀返回加氢反应器。当系统压力过高时，少量循环气可以通过循环气压控阀进入吸收塔，经吸收塔吸收硫化氢后的废气进尾气焚烧炉焚烧，焚烧后通过烟囱排放，具体工艺流程见图 6-9-2。

硫化步骤如下：

1) 以小于 30℃/h 的速度，将催化剂床层温度升至 120℃恒温干燥 2h，继续以小于 30℃/h 的速度，将催化剂床层温度升至 200℃，恒温 2h 后准备进行催化剂硫化。

2) 在维持催化剂床层温度 200℃的情况下，慢慢将空气的化学当量值降低至 65%~85%。

3) 检查尾气单元循环气内 H_2 在 3%~5%左右，反应器床层温度 200℃时，准备进行预硫化操作。

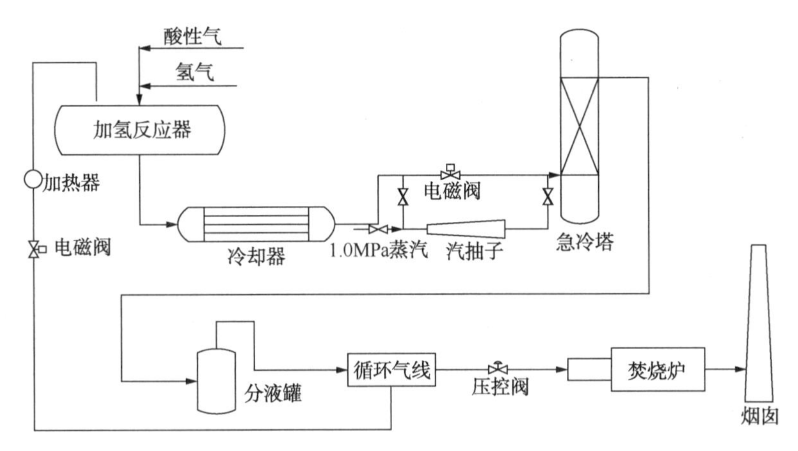

图 6-9-2 酸性气直接预硫化工艺示意

4）联系化验分析预硫化酸性气组分，要求烃含量小于 2%。

5）引入酸气，并调节酸气量，使反应器入口气流内约含有 1%（体）的 H_2S，每 1h 分析一次反应器出入口 H_2S 含量，1h 化验一次急冷塔顶 H_2 含量和急冷水 pH 值。

6）预硫化过程中控制床层温差不大于 25℃。若催化剂床层温升超过 25℃时，应降低 H_2S 浓度以减少放热。如果降低 H_2S 浓度也很难控制温升，就降低反应器入口温度。

7）当反应器进、出口气流内 H_2S 含量基本一致或进出口气流没有温升时，将空气化学当量值降至 65~85%，使循环气内 H_2+CO 含量升至 5%（体），同时将催化剂床层温度以每小时不大于 15℃的速度升至 230℃。

8）当反应器进出口 H_2S 含量相等后，保持相同的酸气量，将催化剂的温度升至 260℃，分析反应器进出口 H_2S 含量相等后，维持 4h 后预硫化过程结束。

9）停预硫化酸性气，通入氮气将管线内酸气吹扫至焚烧炉置换合格后，关前后截止阀，这时还原段已具备生产条件。

10）将反应器入口的温度调至 220~280℃，准备切换硫黄尾气至尾气处理单元。

硫化前准备工作：

1）在催化剂硫化之前，在线氢分析仪处于备用状态，并准备好量程为 100~10000μg/g 的硫化氢检测管；

2）氢气和硫化氢处在备用状态，一旦催化剂床层升到要求温度，随时可以将这些反应物补入反应系统；

3）所有物料都可能含有硫化氢气体，因此在取样时应遵守 HSE 法规。准备好劳保防护器材，并有专人监视。

对于尾气加氢催化剂的硫化和还原反应，都必需有氢气。氢气补入采用间接加热系统，或采用加氢炉的尾气加氢装置。氢气不应含有较大的烃分子，如丙烷以上的烃。对于常规加氢装置，氢气中含有较大的烃分子是可接受的。但对于尾气加氢装置，由于氢分压非常低，较大的烃分子，尤其重整氢中含有的单环芳烃类物质（BTEX），会使催化剂结焦，降低其活性，并导致反应器压降上升。

酸性气直接预硫化工艺具有以下优点：

1）由于硫黄回收装置反应炉、焚烧炉温度高，升温时间长，加氢催化剂提前预硫化操作过程能够在制硫炉、焚烧炉升温过程中同步进行，缩短硫黄回收装置开工周期 40h。

2）采用 Claus 尾气预硫化，需在硫黄回收装置 Claus 单元引酸性气开工后进行，预硫化期间，要降低制硫炉配风，引起 Claus 单元硫回收率下降，增加了装置开工 SO_2 排放量。对于 80kt/a 硫黄回收装置开工，加氢催化剂采用直接预硫化技术与 Claus 尾气预硫化技术相比，可减少 SO_2 排放量 24t。

3）加氢催化剂提前预硫化操作过程不受反应炉配风及 Claus 尾气中 SO_2、COS、CS_2 等组分影响，只要预硫化酸性气组分纯净且组分稳定，预硫化深度控制简便。

4）加氢催化剂提前预硫化，能实现装置反应炉、反应器升温和预硫化操作同步进行，对于 80kt/a 规模硫黄回收装置开工，可节约燃料 16t、节电大于 5×10^4kW · h。

酸性气直接预硫化过程需注意事项：

1）引入 H_2S 的系统要准备就绪，否则在没有 H_2S 存在的情况下催化剂在 200℃温度时暴露在 H_2 中会造成催化剂活性的永久损失。主要发生以下反应：

$$CoO+H_2 = Co+H_2O \tag{6-9-3}$$

$$MoO_3+3H_2 \longrightarrow Mo+3H_2O \tag{6-9-4}$$

2）在没有 H_2 存在的情况下，催化剂长时间暴露在 H_2S 中会造成催化剂床层积硫从而影响催化剂的活性。主要发生以下反应：

$$MoO_3+3H_2S = MoS_2+3H_2O+S \tag{6-9-5}$$

$$9CoO+9H_2S = Co_9S_8+9H_2O+S \tag{6-9-6}$$

3）催化剂预硫化期间，每小时一次取样分析反应器出入口气体中的 H_2S 的含量，每小时化验一次急冷塔顶 H_2 含量和急冷水 pH 值，以便及时掌握预硫化的情况。

4）预硫化是放热反应，在预硫化期间，需避免催化剂床层温度超过 400℃。床层温度如达到或接近 400℃，是由以下因素引起：

① 酸性气流量太高；

② 气体中 SO_x 含量高，或燃料气造成的 SO_x 含量高；

③ 硫黄回收装置出来的气体含过剩的 O_2。

如存在上述情况，应及早降低反应器的入口温度和进反应器的酸性气流量，并进一步分析检查反应器进口气体组成。

5）在催化剂预硫化操作期间，应避免氢含量小于 1.0%（即预硫化操作中缺氢），这将会导致加氢催化剂的硫黄化。

6）在预硫化期间，应加强对 H_2S 泄漏的检测，尤其是循环风机密封和风机出入口等部位，发现问题及时处理，并注意安全防护措施。

预硫化过程温度记录频次：

1）每 30min 记录反应器入口温度；

2）每 30min 记录催化剂床层所有温度；

3）每 30min 记录反应器出口温度。

预硫化过程分析频次：

1）每 1h 分析一次反应器入口 H_2S 含量；

2）每 1h 分析一次反应器出口 H_2S 含量；

3）每 1h 分析一次冷却塔 H_2 含量；

4）每 1h 分析一次冷却塔循环水 pH 值。

3. Claus 尾气加氢催化剂器外预硫化

硫化方式主要有两种，一种是器内硫化，即将一定配比的 H_2S 和 H_2 通入反应器，与催化剂反应完成硫化；另一种则是器外硫化，采用固态或液态硫化物代替 H_2S，与催化剂一同装入反应器，通入 H_2 完成硫化。两种硫化方式最大的区别在于硫源。

器外预硫化主要有以下两个优势：一是避免了酸气的使用，从而实现了 Claus 工段和尾气加氢工段同时开工，大大降低开工过程中的硫化物排放量，可实现绿色开工；二是由于硫化物分解为吸热反应，硫化反应为放热反应，二者热量部分抵消，减小反应器内的温度波动，并且硫化过程中不需调节酸气和 H_2 的比例，大大简化了硫化操作流程。

较佳的硫化剂应具有以下特点：硫化剂分解速度快；硫化剂分解温度适宜；硫化剂添加量少；硫化效果好。

器外预硫化程序如下：

（1）加氢反应器床层升温干燥

加氢系统冲入氮气，启动循环风机开始循环，按照 20~30℃/h 的升温速度控制加氢催化剂床层升至 120℃，恒温干燥 2h 脱除吸附游离水；然后继续按照 20~30℃/h 的升温速度将催化剂床层温度升至 200℃，恒温干燥 2h 脱除化学结合水。

（2）催化剂硫化

催化剂干燥结束后风机全量循环，打开加氢反应器入口 H_2 管线，控制反应器入口的 H_2 含量保持在 5%左右，硫化注硫泵具备注硫条件；反应器入口温度恒温控制 200℃，启动注硫泵以 1L/min 速度注入二甲基二硫（DMDS），同时计量 DMDS 罐液面。反应器内注入 DMDS 后，床层温度会上升，密切注视床层各点温度。如果 DMDS 注入 5min 未出现温升，则降低注入量，以 10~12℃提高反应器入口至 210℃，等待硫化氢穿透床层；当反应器出口检测到硫化氢并且含量大于 0.5%后，注硫泵继续以 1L/min 速度注入 DMDS，反应器入口温度按 10~20℃/h 的速度继续升温至 230℃，恒温控制入口温度继续进行硫化；当硫化温度波穿过下部床层并且出口的 H_2S 浓度大于 1%后（硫化是放热反应，上层催化剂硫化时，放热导致上层温度较高，上层硫化完毕，反应向下层转移，下层温度升高，上层温度回落，造成高温区从催化剂床层上部至下部，形成温度波），注硫泵继续以 1L/min 速度注入 DMDS，反应器入口按 10~20℃/h 的速度继续升温至 250℃，继续进行硫化，当反应器入口、出口的 H_2S 浓度平衡，才认为催化剂已硫化完毕，亦可参考床层温升变化情况，当床层温度不再上升或略有下降时，即据此判定催化剂硫化结束。

（3）催化剂钝化

硫化结束后进入钝化步骤，整个钝化过程空速控制为 $1250h^{-1}$。以 30℃/h 降温至 200℃后切断硫化气，用氮气降温至 50℃，逐渐增大 O_2 含量，O_2 含量按 1%、3%、5%、10%、15%、21%递增，当 O_2 达到 21%后，钝化结束。

4. 尾气加氢催化剂的钝化处理

在装置停工前，控制尾气加氢反应器催化剂床层中部温度以 20~30℃/h 的速度降温，

钝化机理：

$$MoS_2+7/2O_2 = MoO_3+2SO_2+Q \tag{6-9-7}$$

$$Co_9S_8+25/2O_2 = 9CoO+8SO_2+Q \tag{6-9-8}$$

$$2MoS_2+3SO_2 = 2MoO_3+7S \tag{6-9-9}$$

$$2Co_9S_8+9SO_2 = 18CoO+27S \tag{6-9-10}$$

每小时一次采样分析反应器出入口的气体组成；要求不含有 H_2，以避免和防止催化剂与 H_2 接触，同时要求将 O_2 含量控制在 0.5%～1.0%范围。继续降温至 100℃时恒温操作，并对催化剂进行钝化处理。要求将反应器的入口温度控制在 100℃±10℃，入口 O_2 含量控制在 0.5%～1.0%范围，当床层温升不明显时，方可按递次逐步提高 O_2 含量至 2%、3%，直至 5%，但须保证反应器床层温度≯150℃。当反应器出入口过程气中 H_2S、SO_2、H_2、O_2、CO_2 含量基本上达到平衡且床层无温升时，才认为钝化已经结束。

第十节　影响催化剂活性的主要因素

日益严格的环保法规要求硫黄回收装置必须保持高硫回收率。由于硫黄回收装置在热转化阶段只能达到 60%～70%的硫回收率，因此在实际生产中预防催化剂失活对保证装置的高硫回收率和避免对下游尾气处理装置的影响就尤为重要。

一、氧化铝基硫回收催化剂失活原因理论研究

对新鲜及使用后的 LS-02 氧化铝基硫回收催化剂进行 BET、XRD、XPS、TPD 和 SEM 等系统表征，探讨造成氧化铝基硫回收催化剂失活的主要因素。

（一）催化剂 BET 分析

对新鲜剂 LS-02 和使用 2 年后的 LS-02 催化剂进行了 BET 分析，N_2 吸附脱附曲线和孔分布曲线见图 6-10-1 和图 6-10-2，新鲜剂和使用后样品的比表面积、孔容和孔径数据见表 6-10-1，新鲜剂和使用后样品的孔分布对比见图 6-10-3。

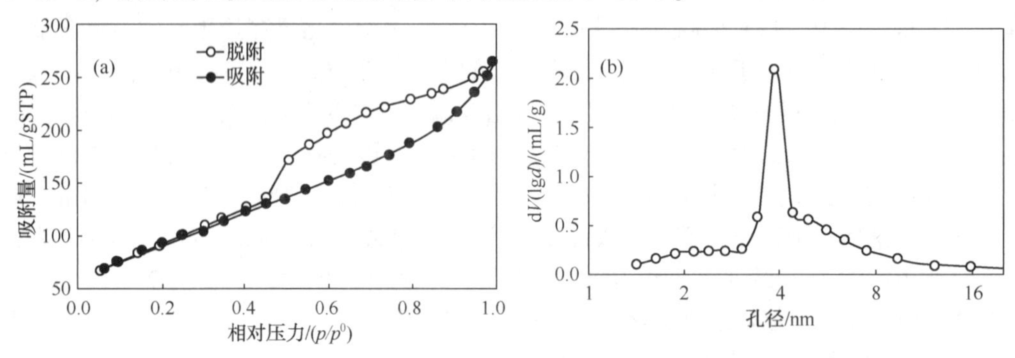

图 6-10-1　新鲜剂的(a)N_2 吸附脱附曲线和(b)孔分布曲线

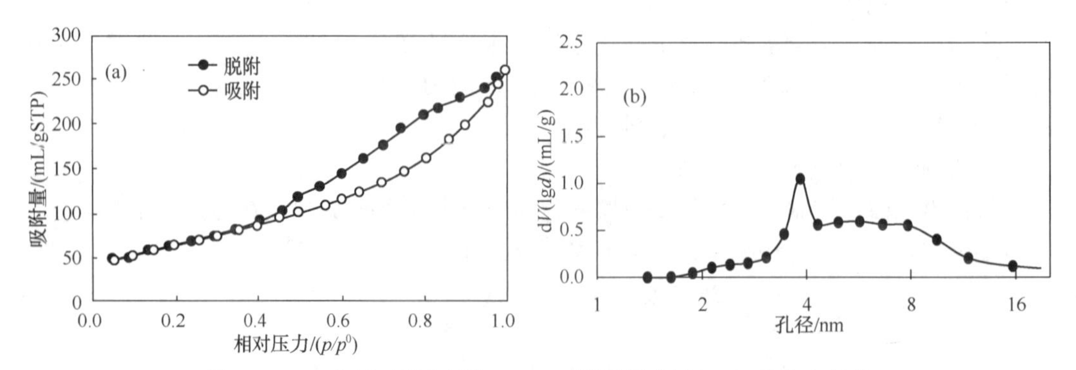

图 6-10-2　使用后催化剂的(a)N_2 吸附脱附曲线和(b)孔分布曲线

表 6-10-1 新鲜剂和使用后样品的比表面积、孔容和孔径

样 品	比表面积/(m^2/g)	平均孔径/nm	孔容/(mL/g)
新鲜剂	356	4.8	0.41
使用后	242	8.0	0.40

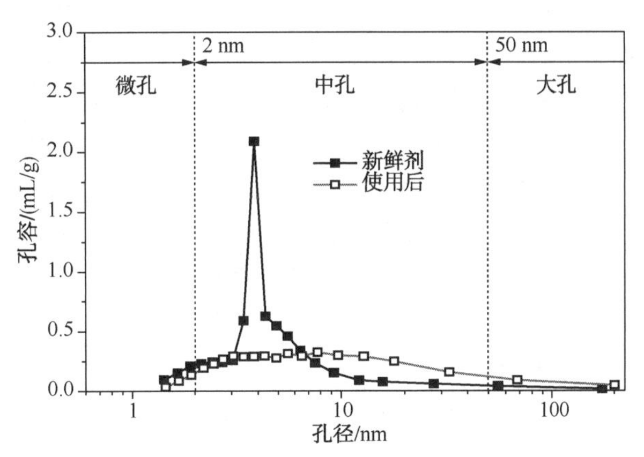

图 6-10-3 新鲜剂和使用后样品的孔分布对比

BET 结果表明新鲜催化剂具有很高的比表面积，使用后的催化剂比表面积显著降低，平均孔径明显增加，孔容略有降低。新鲜催化剂有少量微孔，孔分布主要集中在 3~10nm 的介孔。使用后的催化剂保留新鲜催化剂约一半的微孔外，出现了少量大孔。新鲜催化剂和使用后催化剂孔道都主要集中在介孔，但孔道有明显不同，使用后的样品 3~6nm 介孔明显减少，而大于 6nm 的介孔显著增加，孔道分布比较弥散。这表明催化剂在使用过程中比表面积的损失主要是微孔坍塌或堵塞所致，说明催化剂发生了热老化和水热老化。

(二) 催化剂 XRD 分析

新鲜催化剂和使用后催化剂的 XRD 谱图见图 6-10-4。

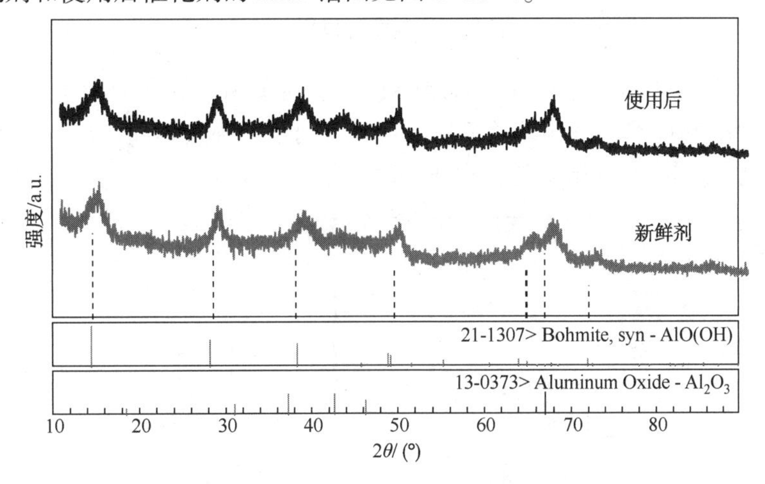

图 6-10-4 催化剂的 XRD 谱图

注：晶相主要为薄水铝石 AlO(OH)相和-Al_2O_3 相

XRD 谱图表明催化剂新鲜样品主要由薄水铝石和氧化铝两种晶相构成。使用后催化剂晶相与新鲜剂基本一致，但使用后的样品的 $\gamma-Al_2O_3$ 相都有所增强，即 2θ 为 67.032°(100%)和 42.611°(50%)的衍射峰都有所增强，说明在催化剂使用过程中薄水铝石晶相有向氧化铝晶相转化的趋势。

(三) XPS 分析

新鲜催化剂和使用后催化剂的 XPS 全谱见图 6-10-5 和图 6-10-6。新鲜催化剂和使用后催化剂的外表面和颗粒内部元素的原子百分含量见表 6-10-2 和表 6-10-3。

表 6-10-2　新鲜剂外表面和颗粒内部元素的原子百分含量

组　成	原颗粒外表面/%	中心位置/%
$Al^*O(OH)/Al_2^*O_2$	30.1	34.1
$AlO^*(OH)/Al_2O_3^*$	24.2	26.2
$AlO(O^*H)$	26.3	30.0
$C^*—C/C^*—H$	13.2	5.8
$C^*—O$	3.5	2.7
$C^*O_3^{2-}$	1.0	1.3
Cl^-	1.8	

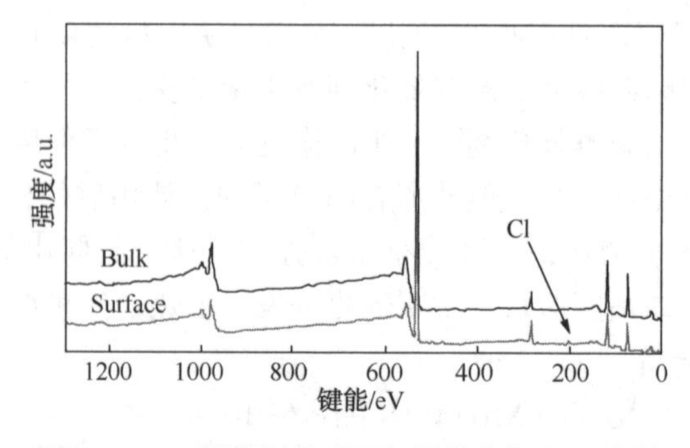

图 6-10-5　新鲜剂外表面与颗粒内部 XPS 全谱

新鲜催化剂扣除污染碳、碳酸根碳、表面 Cl 等杂元素外，表面和体相存在明显的羟基氧(Al-OH)、氧化铝氧(Al_2O_3)和碳酸根氧(CO_3^{2-})，可以认为新鲜催化剂上有很高的薄水铝石 AlO(OH)含量，这与 XRD 结果是相吻和的。

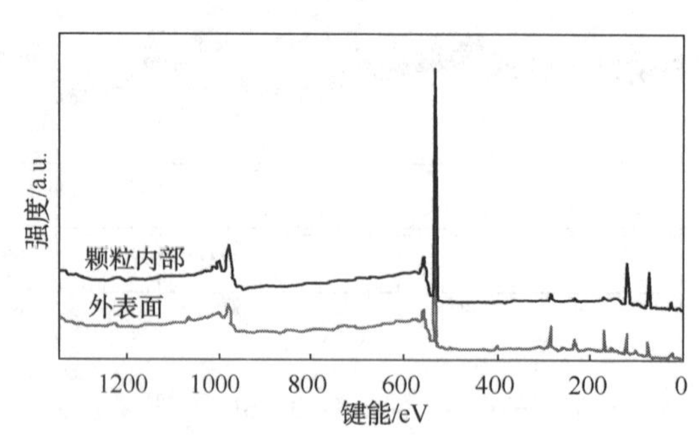

图 6-10-6　使用后催化剂外表面与颗粒内部 XPS 全谱

表 6-10-3　使用后催化剂外表面和颗粒内部元素的原子百分含量

组　　成	原颗粒外表面/%	中心位置/%
$Al_2^*O_3/Al^*O(OH)$	16.6	33.4
$C^*—C/C^*—H$	8.7	3.1
$C^*—O$	4.4	2.0
$C^*O_3^{2-}$	0.5	0.7
$Fe_2^*O_3$	1.6	
N^*H^{4+}/Amine	1.9	
Na^+	0.6	
$HO^*/SO_4^{*2-}/CO_3^{*2-}$	34.1	33.4
$Al_2O_3^*$	20.0	25.8
S	0.2	
$S^*O_4^{2-}$	7.8	1.5
Si^*O_2	3.8	

从表 6-10-3 的 XPS 数据可以看出，使用后的催化剂样品表面组成复杂，有多种元素沾污，表面和体相元素组成差别很大。说明催化剂上存在较为严重的外来物沾污，总结如下：

S：包括单质硫和硫酸盐硫。其中只有表面存在很少量单质硫，体相和表面均存在硫酸盐硫，而且表面硫酸盐硫含量很高。表明该催化剂表面硫酸根沉积量大。相应地，硫酸根的存在表明催化剂上部分氧化铝转化为了硫酸铝，在表面有较多氧化铝转化为硫酸铝。

Na：表面有少量 Na，体相没有。

Si：归属为 SiO_2，有较多 SiO_2 存在催化剂表面，体相没有。

C：表面存在较多积炭且积炭不具有扩散和迁移能力，因此表面碳含量明显高于体相。

Al：表面 Al 被少量单质 S 和 C 覆盖，而且严重硫酸盐化，导致其表面原子浓度远低于体相。

O：氧的化学形态复杂，主要归属为碳酸根、硫酸根和羟基氧物种，酸根和羟基氧总量在表面和体相相差不大，但氧化铝氧表面明显低于体相，这也表明表面硫酸盐化比体相严重得多。

Fe：归属为氧化铁，只存在于表面，推测可能来自生产设备的腐蚀。

XPS 结果表明，催化剂的主要失活原因是硫酸盐化和积炭。

(四) 程序升温脱附

对新鲜催化剂和使用后催化剂进行了程序升温脱附考察。

图 6-10-7 新鲜催化剂的 CO_2-TPD 表明新鲜催化剂上存在弱、中、强三种碱性中心，对应的脱附温度分别为~100℃，200~300℃，~450℃。弱碱性中心量>中等强度碱性中心量>强碱性中心量。在 CO_2-TPD 到 700℃后再吸附 CO_2 时仅存在弱碱性中心和少量中强碱性中心，强碱性中心消失。这可能与薄水铝石相在高温转化为相对较为惰性的氧化铝相有关。

图 6-10-8 的使用后催化剂的原样和吸附 CO_2 后的原样催化剂 CO_2-TPD 显示出明显的低温 CO_2 脱附峰和高温 CO_2 脱附峰，说明催化剂保留了较多弱碱性中心和强碱性中心。TPD 后降温吸附 CO_2 的 TPD 实验(c)只观察到少量低温 CO_2 脱附出来，说明催化剂高温脱附处理后催化剂上只存在很少量弱碱性中心。与 XRD 关联说明催化剂的弱碱性中心主要来自薄水铝石相。

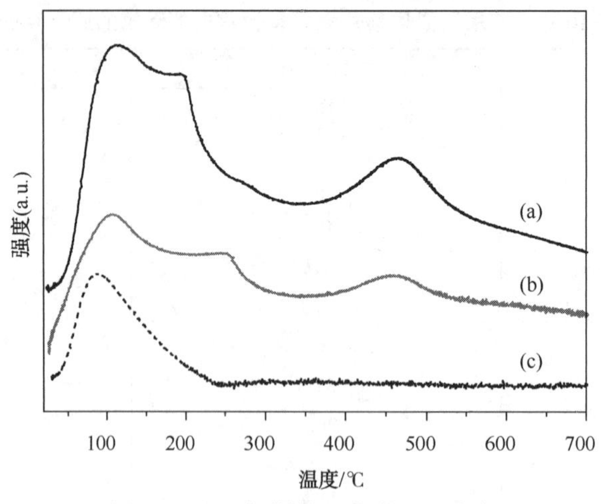

图 6-10-7　新鲜剂 TPD 的 CO_2 响应

(a)催化剂不经处理直接吸附 CO_2 后程序升温脱附；(b)催化剂不吸附 CO_2 直接程序升温脱附；(c)在(b)升温到 700℃后降温吸附 CO_2 后程序升温脱附

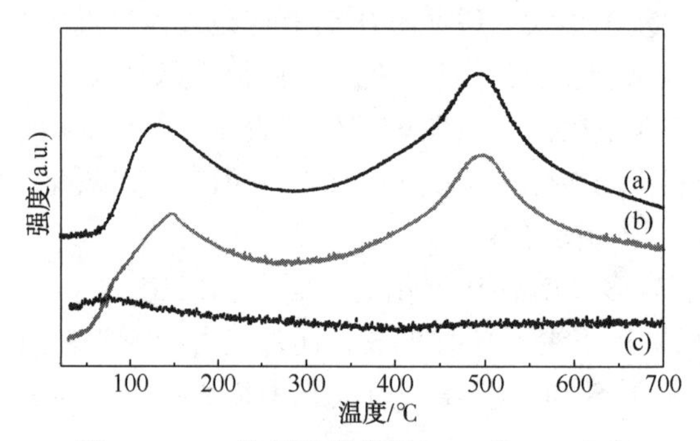

图 6-10-8　使用后催化剂 TPD 的 CO_2 响应

(a)催化剂不经处理直接吸附 CO_2 后程序升温脱附；(b)催化剂不吸附 CO_2 直接程序升温脱附；(c)在(b)升温到 700℃后降温吸附 CO_2 后程序升温脱附

高温处理后的催化剂的 CO_2-TPD 对比结果(图 6-10-9)显示：发生严重硫酸盐化的使用后催化剂样品在高温处理后将损失全部碱性中心，而新鲜催化剂还能保留较多的弱碱性中心和少量中强碱性中心。这可以看出硫酸盐化主要是通过酸与薄水铝石反应损失催化剂的活性相，导致催化剂失活。

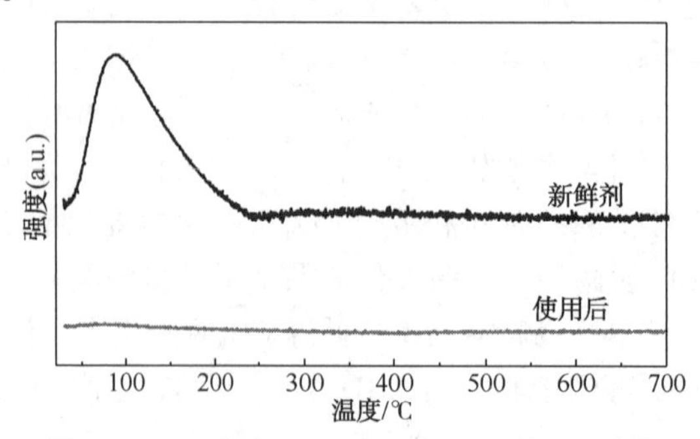

图 6-10-9　直接 TPD 后 CO_2-TPD 的 CO_2 响应

（五）扫描电镜（SEM）

经真空干燥处理的新鲜剂和使用后催化剂SEM图见图6-10-10和图6-10-11。

图6-10-10　经真空干燥处理的新鲜剂SEM图

图6-10-11　经真空干燥处理的使用后催化剂SEM图

SEM表明新鲜催化剂颗粒形貌为比较均匀，催化剂主要由无定形亚微米颗粒堆积而成，而亚微米颗粒由小得多的无定形纳米颗粒互相粘接而成，颗粒之间不规则孔道多且较小。

使用过的催化剂出现了超过1μm尺度的较大颗粒，由于大颗粒的形成，大颗粒之间存在明显较大的催化剂孔道，催化剂颗粒的堆积仍然是不规则的。

上述SEM结果与BET结果相一致。大颗粒生成明显损失了催化剂的表面积，大颗粒之间的堆积孔道明显增加了催化剂孔径。

（六）结论

1）新鲜催化剂具有窄分布的3～10nm介孔，使用后的催化剂比表面积显著减小，平均孔径明显增大。说明催化剂发生了热老化和水热老化

2）XRD结果表明，新鲜催化剂为薄水铝石和$\gamma-Al_2O_3$晶相；使用后样品的$\gamma-Al_2O_3$相有所增强。

3）XPS 结果表明，催化剂的主要失活原因是硫酸盐化和积炭。

4）催化剂的 CO_2-TPD 结果表明，新鲜催化剂上存在丰富的碱性中心，催化剂的硫酸盐化会导致碱性中心损失。

5）SEM 表明催化剂主要由纳米颗粒堆积而成的无定形亚微米颗粒构成，失活催化剂上出现明显的超过 1μm 的颗粒，且堆积孔道明显变大。

二、尾气加氢催化剂反应性能和活性

反应器条件和催化剂性能是影响加氢效率和 COS 水解的主要因素。活性 COS 可由 H_2S 和 CO 反应生成，同时，尾气加氢催化剂还可以促进水煤气变换反应，即 CO 与水反应生成 H_2。尾气加氢催化剂活性衰减时，CO 含量增加，COS 浓度也增加。CO 含量对 COS 转化率的影响见图 6-10-10，可以看出随过程气中 CO 浓度的增加，COS 的转化率降低。CO、CO_2 存在时加氢反应器内发生的典型反应见表 6-10-4。

当催化剂 COS 水解活性减弱时，通过提高床层温度可以提高催化剂活性。

表 6-10-4　CO、CO_2 存在时加氢反应器出入口组成

组成/%	入口	出口	组成/%	入口	出口
CO_2	0.51	2.85	H_2	11.0	10.95
CO	3.48	1.13	COS/(μL/L)	0	558
H_2S	0.91	1.75	H_2O	30	29
SO_2	0.70	0	N_2	余量	余量

表 6-10-4 中发生的主要反应：

$$S_8+8CO=\!=\!=8COS \tag{6-10-1}$$

$$CO+H_2S=\!=\!=COS+H_2 \tag{6-10-2}$$

$$CO+H_2O=\!=\!=CO_2+H_2 \tag{6-10-3}$$

$$COS+H_2=\!=\!=H_2S+CO \tag{6-10-4}$$

$$COS+H_2O=\!=\!=H_2S+CO_2 \tag{6-10-5}$$

$$2COS+SO_2=\!=\!=2CO_2+3/8S_8 \tag{6-10-6}$$

$$2CS_2+2SO_2=\!=\!=COS+5/8S_8 \tag{6-10-7}$$

$$SO_2+3H_2=\!=\!=2H_2S+2H_2O \tag{6-10-8}$$

从上述反应可以看出，CO 与 S 及硫的化合物又可以反应生成 COS，COS 发生水解和氢解反应生成硫化氢，在催化剂床层不同的位置两种反应的速度见图 6-10-12。

加氢催化剂随着运行时间的延长活性逐渐降低，以 CS_2 加氢为例，发生的反应表示为：

$$CS_2+3H_2=\!=\!=CH_3SH+H_2S \tag{6-10-9}$$

$$CH_3SH+H_2=\!=\!=H_2S+CH_4 \tag{6-10-10}$$

首先第一步加氢生成甲硫醇和硫化氢，甲硫醇进一步加氢生成硫化氢和甲烷。因此，在加氢催化剂活性降低时，反应不彻底，反应器出口会有甲硫醇的生成。这种情况下通过提高加氢反应器的反应温度降低甲硫醇的生成。图 6-10-13 给出了反应温度对 CH_4/CH_3SH 比率的影响。

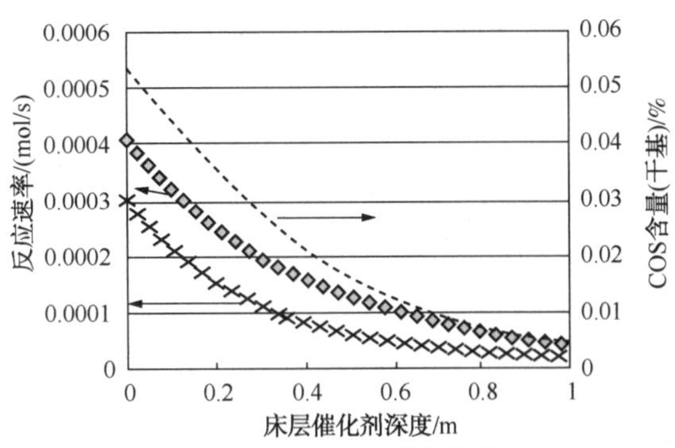

图 6-10-12　催化剂床层不同的位置两种反应的速度

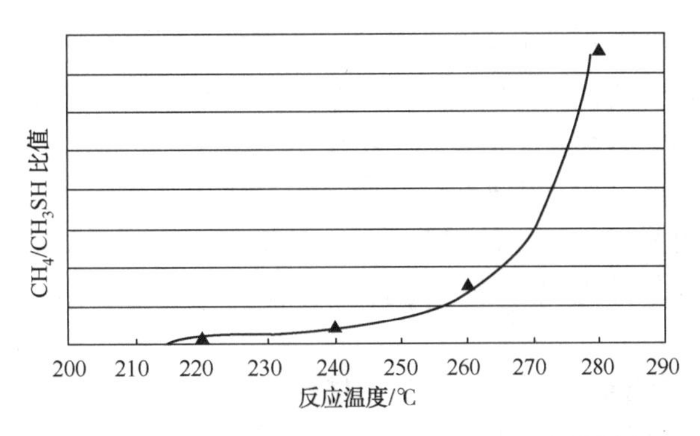

图 6-10-13　反应温度对 CH_4/CH_3SH 比率的影响

三、影响催化剂活性的主要因素

硫黄回收催化剂的性能和硫黄回收装置的转化率受催化剂失活的影响较大，其中失活的原因有多种，包括由于热老化和水热老化引起的比表面积下降、SO_2的吸附及硫酸盐化、硫沉积和积炭等，而与日常操作相关的有以下几种：

1）装置系统操作温度过低造成催化剂床层温度过低。低于或接近硫的露点温度会因液硫的生成而造成催化剂的临时性失活，同时催化剂遇液态水被浸泡而变成粉末，造成永久性失活。

2）原料中带烃（尤其是重烃），或在装置开停工时用燃料气预热的过程中对燃烧所需的配风控制不当，都会使催化剂因积炭而临时性失活。

3）装置工艺系统中过量氧的存在会造成催化剂硫酸盐化而致永久性失活。

尽管临时性的失活可以通过热浸泡的方式来进行再生，但催化剂活性会因为高温的热冲击而减弱。

催化剂失活的原因有两类：第一类是改变催化剂基本结构性能的物理失活，包括磨耗和机械杂质污染、热老化或水热老化引起的比表面积损失。在运转良好的装置中，这类损耗尽管不可逆，但速度缓慢，不是失活的主要原因。更主要的失活原因是第二类，即由于化学反应或杂质沉积阻碍气体通道而造成的活性中心大量损失，包括硫酸盐化中毒，硫沉积和积炭等。通过再生可以恢复部分活性，但再生本身还可能引起第一类失活。

（二）外部因素影响催化剂活性

1. 机械杂质污染

机械杂质是指过程气中夹带的铁锈、耐火材料碎屑等，也包括催化剂粉化后产生的细粉。总体而言，只要装置设计和操作合理，催化剂的强度良好，机械杂质对催化剂的污染不是影响其活性和寿命的主要因素。

2. 热老化和水热老化

在硫黄回收装置的正常操作条件下，热老化会使催化剂的比表面积逐渐降低。热老化是催化剂在使用过程中因受热而使其内部结构发生变化，引起比表面积逐渐减少的过程。热崩塌使较小的孔变为大孔而发生的不可逆现象，由此引起的比表面积的损失是时间与温度的函数。与此同时，氧化铝也会和过程气中存在的大量水蒸气进行水化反应，此过程和热老化相结合进一步加快催化剂的老化。工业经验表明，反应器温度不超过500℃时，这两种老化过程都进行得较缓慢，而且活性氧化铝只要操作合理，催化剂的寿命都在3年以上。要注意的是必须避免反应器超温，否则氧化铝会发生相变化，导致催化剂永久性的失活。

反应炉燃烧器的故障可加速热老化引起的失活，开/停工期间或在氧化催化剂再生期间(由烧掉催化剂上沉积的烃类)引起的超温会导致催化剂比表面积永久性损失。

催化剂的热老化在正常的Claus操作条件下是不可避免的。可通过下列几点延长催化剂的寿命：

1）用性能优良的燃烧器、机械设计/建筑材料；

2）装热电偶及温度控制仪表；

3）停工前正确进行硫蒸气吹扫；

4）尽量不要烧炭。

当活性氧化铝催化剂处在高水蒸气分压的条件下，能够发生比表面积的再水合作用。在正常的Claus转化器操作条件下，催化剂会缓慢地转变为一水软铝石或一水合氧化铝物相。然而，如果在175℃以下注入水蒸气或再热器发生泄漏，Claus催化剂的比表面积就会发生快速下降。为了获得最高的Claus转化率，应尽量避免上述情况发生。然而催化剂的水热老化是不可避免的(原因是在正常的Claus操作条件下水热老化同样会发生)，选择合适的催化剂可以提高抗水热老化的能力。将工业上使用的无助剂催化剂与含助剂催化剂进行了对比试验。在相同的实验条件下助剂型催化剂表现出更好的抗水热老化能力。

图6-10-14是新鲜氧化铝催化剂的物相图谱，图6-10-15是使用3年后氧化铝催化剂的物相图谱。可以看出新鲜氧化铝催化剂由一水铝石和氧化铝组成，而使用3年后的催化剂物相显示只有氧化铝，因此，可以说明，氧化铝催化剂在使用过程中发生了物相结构的变化。

3. 硫沉积

硫沉积是在冷凝和吸附两种作用下发生的。前者指反应器温度低于硫露点时，过程气中的硫蒸气冷凝在催化剂微孔结构中；后者指硫蒸气由于吸附作用和随之发生的毛细管冷凝作用而沉积在催化剂微孔结构中。硫沉积而导致的催化剂失活一般是可逆的。具有大量小孔的Claus催化剂，由于硫的冷凝而使孔阻塞，结果导致转化率的降低。相反，具有优良孔径的Claus催化剂(中孔为3~5nm，大孔为＞75nm)则不会发生阻塞，能够保持较高的比表面积，因此在较低操作温度下仍能保持较好的活性，对于H_2S与SO_2的转化具有更好的热力学优势。

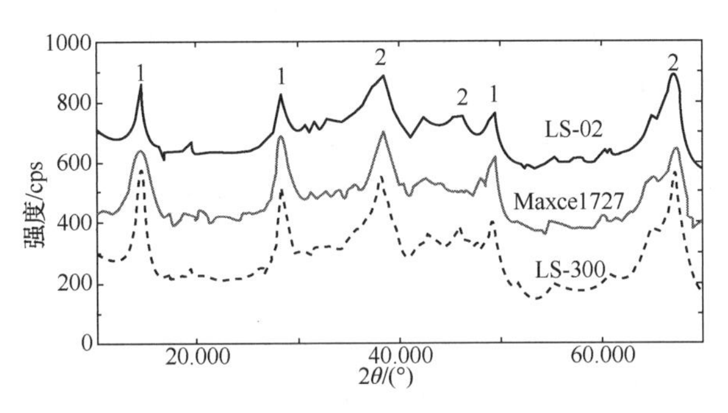

图 6-10-14　新鲜催化剂样品的 XRD 谱图

1—水铝石；2—氧化铝

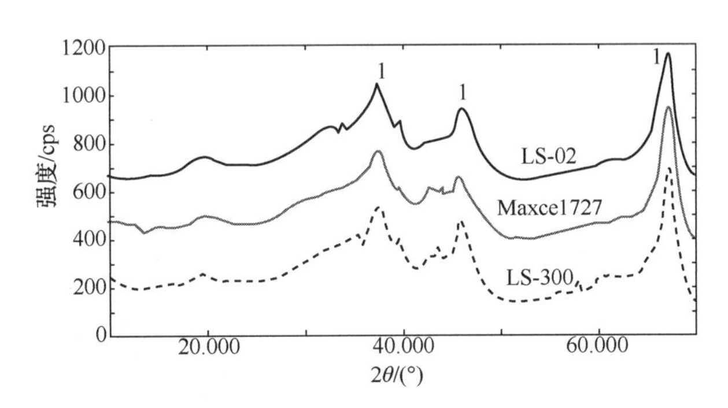

图 6-10-15　使用 3 年后催化剂样品的 XRD 谱图

1—氧化铝

Claus 催化剂的硫冷凝是一可逆过程。冷凝的硫可通过“热浸泡”来脱除，对催化剂没有不利影响。“热浸泡”在硫黄回收装置内进行，通常包括以下步骤：

1）据不同的床层操作温度，将转化器温度提高 15~35℃。对于一级反应器，此温度应高于 340℃。下游床层的操作温度也应相应提高 15~30℃。

2）H_2S/SO_2之比应保持正常操作水平。用于硫燃烧的游离氧不能进入床层。

3）热浸泡需持续 12~36h，时间长短依据催化剂孔中硫黄冷凝的严重程度而定，之后反应器温度控制按正常操作。

4. 碳/氮化合物的沉积

酸性气中的杂质如芳烃、高分子量烃、氮化物(来自氨盐)和胺能够阻塞 Claus 催化剂的孔道而使催化剂失活。炭沉积是指原料酸气中所含的烃类有时未能完全燃烧而生成炭或焦油状物质沉积在催化剂上。在上游脱硫装置操作不正常时，胺类溶剂也会随酸性气带入反应器，并发生炭化而沉积在催化剂上。炭在 Claus 催化剂上的沉积有两种类型：

1）轻度、粉末状炭，主要在装置开工时形成，由于燃料气燃烧时配风不足造成；

2）重度积炭，主要由芳烃和其他高分子量烃的裂解造成。

粉末状的炭一般不会使催化剂失活，但将充满催化剂颗粒间空隙，增大压降或使气流通过转化器时分布不均匀。

在催化剂上有少量炭沉积时一般对活性影响不大，要注意的是焦油状物质的沉积。催化剂表面沉积 1%~2%(质)的焦油时，可使催化剂完全失活。

Claus 过程气中芳烃[分流工艺或未被燃烧炉分解，进入催化剂床层的 BTX(BTX：benzene，toluene，xylenes)]能与硫反应生成复杂的 C-S 聚合物堵塞催化剂孔道和覆盖催化剂表面，一般不会穿透整个颗粒。BTX 中二甲苯和甲苯影响较大，都会严重降低催化剂活性。一些相对分子质量较大的烃、有机胺、铵盐都会覆盖在催化剂外表面，堵塞和屏蔽催化剂内表面大量活性位，导致永久性失活。碳在催化剂上的存在模式见图 6-10-16。

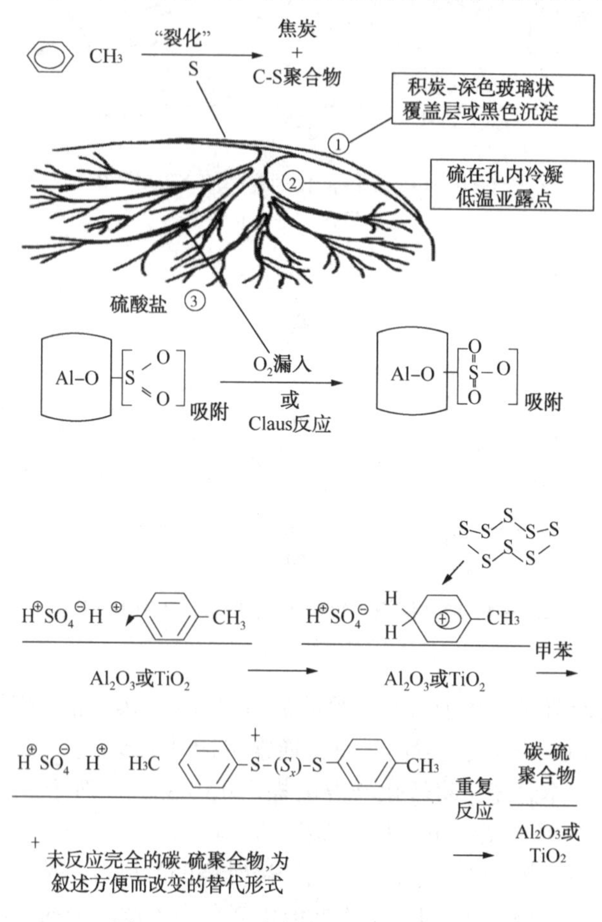

图 6-10-16　碳在催化剂上的存在模式

Claus 催化剂的抗积炭能力不同，有助剂的催化剂其抗积炭能力较强。减轻烃和氨盐中毒的方法是在一级反应器(在此由于积炭而使催化剂失活)Claus 催化剂上部装 76~152mm 高度的球形填料作为保护层。硫黄回收装置的球形填料的孔隙提供了烃和铵盐沉积的比表面，由此保护了下面的催化剂。

5. 硫酸盐化

国外一些大学和公司的研究人员开展 Claus 催化剂的基础和应用研究工作一直十分活跃。20 世纪 70 年代初，A · V · Deo 和 I · G · Dalla Lana 通过对反应物分子在 Al_2O_3 表面吸附状况的红外光谱研究，率先揭示了 Claus 反应机理，系 H_2S 和 SO_2 反应物分子以强的氢键与 Al_2O_3 表面的 OH 基缔合，循适当方向聚集于表面进行反应；指出了 SO_2 在 Al_2O_3 表面碱性部位的不可逆化学吸附，可形成类似硫酸盐的结构，导致活性部位被覆盖而降低催化剂活性；认为 Claus 催化剂的活性与表面酸的类型和强弱关系不大。

图 6-10-17 给出了催化剂上 SO_4^{2-} 含量与过程气中不同的 H_2S/SO_2 比值的关系，可以看

出过程气中 H_2S/SO_2 的比值越大，催化剂上硫酸根越低，说明催化剂硫酸盐化速度越慢。

图 6-10-18 给出了 CS_2 转化率与过程气中 H_2S/SO_2 比值的关系，可以看出 CS_2 转化率随过程气中 H_2S/SO_2 比值增加而升高。

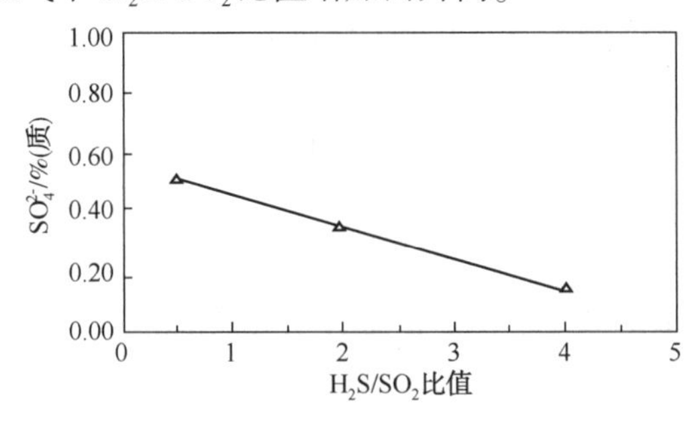

图 6-10-17　催化剂上 SO_4^{2-} 含量与过程气中 H_2S/SO_2 比值的关系

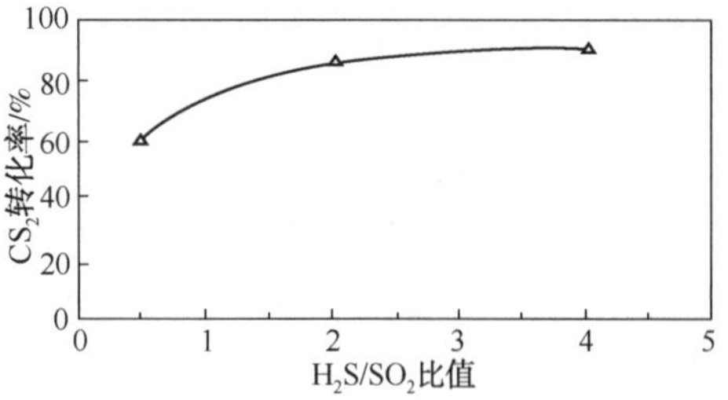

图 6-10-18　CS_2 转化率与过程气中 H_2S/SO_2 比值的关系

反应器温度和过程气中硫化氢含量越低，越容易发生催化剂的硫酸盐化；而过程气中的氧和二氧化硫含量越高，也越容易发生催化剂的硫酸盐化。当酸性气含氨时，未被燃烧的氨，在装置低温段会发生铵盐结晶，危害系统的正常运转。同时它在反应炉中部分氧化成一氧化氮，该物质对气相中的二氧化硫氧化成三氧化硫有催化作用，这是造成催化剂硫酸盐化中毒的原因之一。因而处理含氨酸性气时，其燃烧炉配风应适当过量，以减少氨和一氧化氮的量，同时反应炉温度一般控制在 1250℃以上，促进氨的分解。

SO_2 的化学吸附/硫酸盐化主要取决于硫黄回收装置的操作温度、H_2S/SO_2 比值、过剩的氧、反应炉燃烧器等不合理操作和设计。硫和 SO_2 的氧化形成 SO_3 吸附在催化剂的活性位(表面积)上导致了硫酸盐化，由此减少了 Claus 反应的活性中心。表 6-10-5 列出了新鲜的、使用半个周期的、使用一个周期的 Claus 催化剂的典型分析结果。

表 6-10-5　Claus 催化剂的典型分析数据

催化剂	表面积/(m^2/g)	单质硫/%(质)	化学吸附 SO_2%/(质)	碳/%(质)
新鲜样品	325~340	0	0	0
使用半个周期样品	200~250	0~4	2~4	0.1~0.5
用过的样品	100~125	0~25	3~7	1~3

Claus 催化剂的制备工艺不同，其耐硫酸盐化的能力也不同。

以下几点有利于催化剂活性的保持：

1）正确的设备设计；

2）优化 Claus 装置的操作条件及停工程序；

3）选择合适的 Claus 催化剂及床层支撑填料；

4）选择正确的催化剂再生程序。

生产中对失活的催化剂进行再生的方法主要是脱附再生，即“烧碳”操作、“热浸泡”操作。一般推荐使用“热浸泡”操作。

如果在生产过程中装置总硫转化率，特别是有机硫水解率显著下降，床层温升下降及有温升下移趋势，床层压力降明显上升时，应考虑对催化剂进行再生操作。主要方法是针对因积硫和硫酸盐化中毒而引起的催化剂非永久性失活而采取的复活措施，一是热浸泡，一是硫酸盐还原。

硫酸盐化是一部分可逆过程，采用以下“再生”程序可以消除(“与热浸泡”同时进行)：

1）调节燃烧炉酸性气/空气控制器，提高反应器入口 H_2S/SO_2 的比值最小为 2∶1，以脱除硫酸盐，在硫酸盐的还原过程中维持较高的“热浸泡”温度。

2）整个还原过程可持续 12~16h，要求还原完全以满足尾气要求或环保法规。温度越高，需要的还原时间越短。

3）慢慢重新建立 2∶1 的化学计量比，之后降低每一床层的操作温度至硫露点以上的正常温度，将流速调整至正常水平，记录每一床层的温度差别以检验再生的效果。如果没有明显的温升，失活可能是由其他原因造成的，需要进行催化剂的更换。

硫酸盐化与操作条件密切相关：

1）转化器温度越低，越容易发生硫酸盐化，低温 SO_2 吸附速度快、脱附速度慢；

2）过程气硫化氢含量越低，二氧化硫含量越高，越容易发生硫酸盐化；

3）过程气中 H_2S/SO_2 比值越低，越容易发生硫酸盐化；

4）过程气氧含量越高，越容易发生硫酸盐化；

5）烧氨工艺更容易发生硫酸盐化。

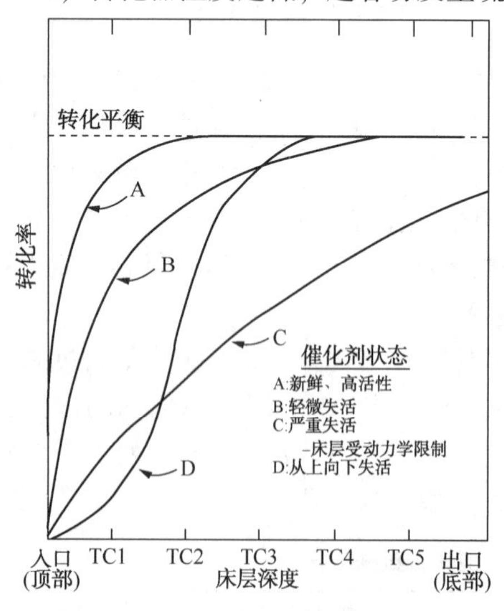

图 6-10-19　催化剂不同失活状态下的转化率曲线

催化剂床层性能也依赖于温度、压力、反应物和产物的浓度以及停留时间。通常，对于性能良好的催化剂，在床层入口 30cm 处就可以达到转化平衡。图 6-10-19 展示了催化剂活性衰退的情况。如曲线 A 所示，活性催化剂床层的转化率快速达到象征反应平衡的点。如曲线 B 所示，当催化剂的活性逐渐降低，平衡点的位置逐渐向床层下部移动，至此催化剂床层还受动力学限制；若不能在现有催化剂床层深度达到平衡，则为曲线 C 所示。当这种情况发生时，它是易于观察到的，转化负荷将移动到下一个反应器，反应器会出现较大的床层温升，其后续的冷凝器也会产出更多的硫黄。如果没有下游的转化反应器，硫排放会明显增加。

若顶部催化剂受污染而出现失活，这种情况一般会沿着床层从上而下发展。在此情况下，催化剂床层的性能表现如曲线 D，在床层深处还是可以达到完全平衡。

参　考　文　献

[1] 廖小东，余军，黄灵，等．硫黄回收催化剂的选择及组合[J]．石油与天然气化工，2000，29(6)：294-297.

[2] 王开岳．天然气净化工艺[M]．北京：石油工业出版社，2005：302-303.

[3] 陈赓良，肖学兰，杨仲熙，等．克劳斯法硫黄回收工艺技术[M]．北京：石油工业出版社，2007：164.

[4] Mophett，E. M. et a1. A Case Study Using a New Titania Claus Catalyst[C]. Spring National Meeting. AIChE，

April 2005.

[5] Sulfur Recovery. Axens company website http：//www. axens. net/product/catalysts-a-adsorbents/77/am. html (accessed Feb. 1，2012).

[6] Schmidt，M；Roisin，E. More than 20 Years Operating Experience with Low-temperature Hydrogenation Catalyst[J]. SULPHUR，2012.

[7] Bloemendal，G；Scheel，F；Meijer，J. LT TGT goes Prime Time！[J]. Hydrocarbon Engineering，Dec 2007：43-50.

[8] Roisin，E；Ray，J. -L. ；Nedez，C. New catalyst boosts TGTU Efficiency[J]. SULPHUR 2007：310(May-June)，1-3.

[9] Axens TG 107&TG 136 Low Temperature Claus Tail Gas Treatment Catalysts. Axens brochure[Online] http://www. axens. net/html-gb/offer_products_7_p130. html. php(accessed Jan . 24,2013).

[10] ESCOBAR J，TOLEDO J，CORTES M A，et al. Highly active sulfided CoMo catalyst on nano-structured TiO_2[J]. Catalysis Today，2005，106(1-4)：222-226.

[11] MAITYSK，RANA M S，BEJ S K，et al. Studies on physico-chemical characterization and catalysis on high surface area titania supported molybdenum hydrotreating catalysts[J]. Applied Catalysis A：General，2001，205(1-2)：215-225.

[12] 殷树青，唐昭峥，高淑美，等．含硫工业废气焚烧催化剂及处理工艺[J]．黑龙江石油化工，2001(12)：10-12.

[13] Criterion Catalyst&Technologies. Product bulletin：Criterion 099 catalytic incineration catalyst. http：//www. criterioncatalysts. com/.

[14] 陈学梅．我国二氧化硫氧化制硫酸的钒催化剂现状和展望[J]．硫磷设计与粉体工程，2004(4)：12-17.

[15] 李国东．SO_2氧化制酸催化剂的选型及装填[J]．化学与生物工程，2005(3)：52-54.

[16] 孙远龙，田先国．我国硫酸钒催化剂的现状及发展方向[J]．硫酸工业，2008(3)：6-9.

[17] 辛勤，罗孟飞．现代催化研究方法[M]．北京：科学出版社，2009：53-55.

[18] 温崇荣，吴文莉．硫黄回收及尾气处理催化剂活性评价方法[J]．石油与天然气化工，2008(增刊)：121-125.

[19] 陈赓良．克劳斯法硫黄回收工艺技术[M]．北京：石油工业出版社，2007.

[20] 方伟．新型低温 Claus 尾气加氢脱硫催化剂的研制[D]．武汉：武汉理工大学，2007.

[21] 张弛．一种新型低温加氢催化剂[C]．第 16 届全国化肥甲醇技术年会，2007.

[22] 靳昀，达建文，刘爱华．多功能硫黄回收催化剂在工业装置应用[J]．分子催化，2017，21(增刊)：37-38.

[23] 徐翠翠，达建文，刘爱华，等．LS-02 催化剂的工业放大生产及应用[J]．齐鲁石油化工，2014，42(3)：181-184.

[24] 许金山，刘爱华，刘剑利，等．LS-981 多功能硫黄回收催化剂的研制与工业应用[J]．石油炼制与化工，2011，42(3)：33-37.

[25] 胡文宾，唐昭峥，解秀清，等．LS-971 脱氧保护催化剂的制备与表征[J]．石油炼制与化工，2002，33(11)：59-61.

[26] 商剑峰，刘爱华，罗保军，等．新型氧化铝基制硫催化剂的研制[J]．齐鲁石油化工，2012，40(4)：276-281.

[27] 殷树青，徐兴忠．硫黄回收及尾气加氢催化剂研究进展[J]．石油炼制与化工，2012，43(8)：98-102.

[28] 殷树青．LS 系列硫回收催化剂的制备及应用[J]．炼油技术与工程，2006，36(10)：38-40.

[29] 许金山，刘爱华，达建文 . LS-981 多功能硫回收催化剂的研制与开发[J]. 炼油技术与工程，2010，40(10)：48-51.
[30] 刘爱华，刘剑利，陶卫东，等 . 硫回收技术及催化剂进展[C]//张义玲 . 硫黄回收技术协作组第十一届年会论文集 . 淄博：中国石化齐鲁分公司研究院，2013：13-19.
[31] 刘爱华，张孔远，刘玉法，等 . LS-951 催化剂在 CLaus 尾气加氢装置上的应用[J]. 石油化工，2003，32(2)：146-148.
[32] 刘爱华，张孔远，燕京 . LS-951T 新型 Claus 尾气加氢催化剂的工业应用[J]. 中外能源，2007，12(4)：91-94.
[33] 刘爱华，徐翠翠，陶卫东，等 . S Zorb 再生烟气处理专用催化剂 LSH-03 的开发及应用[J]. 硫酸工业，2014(2)：22-25.
[34] 王建华，刘爱华，陶卫东 . S Zorb 再生烟气处理技术开发[J]. 石油化工，2012，41(8)：944-947.
[35] 刘增让，刘爱华，刘剑利，等 . 硫黄装置尾气残余硫化氢催化焚烧催化剂的开发[J]. 齐鲁石油化工，2017，45(3)：179-182.
[36] 许金山，刘爱华，刘剑利 . 硫化氢选择性氧化催化剂 LS-06 的研究与开发[J]. 石油炼制与化工，2017，48(10)：22-27.
[37] 商剑锋，刘爱华，罗保军，等 . 新型氧化铝基制硫催化剂的研制[J]. 齐鲁石油化工，2012，40(4)：276-281.
[38] 刘剑利，马鹏程，刘爱华，等 . LS-981 多功能硫黄回收催化剂的工业应用试验[J]. 辽宁化工，2010，39(4)：345-348.
[39] 达建文，殷树青 . 硫黄回收催化剂及工艺技术[J]. 石油炼制与化工，2015，46(10)：107-112.
[40] 殷树青，唐昭峥，达建文，等 . 气体中硫化氢催化焚烧催化剂的制备和性能研究[J]. 化工保护，2002，22(3)：138-141.
[41] 殷树青 . 硫黄回收装置过程气加热方式比较[J]. 硫酸工业，2012(2)：45-48.
[42] 殷树青 . LS-941 硫化氢选择氧化超级克劳斯催化剂的研究[J]. 石油炼制与化工，2004，35(7)：6-9.
[43] 殷树青 . LS-991 SiO_2基 H_2S 尾气焚烧催化剂的研制[J]. 精细石油化工进展，2002，3(1)：12-15.
[44] 殷树青 . 硫黄回收催化剂及工艺技术综述[J]. 硫酸工业，2016(3)：33-38.
[45] 殷树青 . 克劳斯催化剂失活机理及再生工艺[J]. 精细石油化工进展，2001，2(5)：44-46.
[46] 郝国杨，刘爱华，刘剑利，等 . 硫黄回收催化剂活性评价装置及方法的改进[J]. 齐鲁石油化工，2015，43(2)：95-99.

第七章　脱　硫　剂

第一节　常用的醇胺及其溶液的理化性质

通过可再生溶剂吸收脱除 H_2S 和 CO_2 等酸性组分是最常用的石油天然气、油田伴生气和炼厂气净化方法。其中占主导地位的是以醇胺为溶剂的化学吸收工艺，由于其工艺操作简单，处理量大，对原料气中酸性气体(尤其是 H_2S)浓度适应范围广、脱除率高。特别对于需要通过 Claus+还原吸收法大量回收硫黄的净化装置，使用醇胺法是最有效的工艺。

一、醇胺法脱硫脱碳工艺溶剂发展概况

醇胺法脱硫脱碳工艺问世于 20 世纪 30 年代，已有近 90 年的发展历史。所有醇胺法工艺都采用基本类似的工艺流程和设备。因此，该工艺的发展过程实质上是各种醇胺溶剂及与之复配的溶剂和添加剂的选择、改进的过程，是不断创新驱动发展的过程。

1930 年，R. R Bottoms 发明醇胺法脱硫脱碳并申请了专利。那时，醇胺法脱硫脱碳采用一乙醇胺(MEA)为溶剂。MEA 特点是化学反应活性好，能同时大量脱除原料气中的 H_2S 和 CO_2，但几乎没有选择性。MEA 溶液浓度一般为 15%~20%，缺点是容易发泡及降解变质，同时由于 MEA 所需再生温度较高(约 125℃)，易导致再生系统腐蚀，在高酸气负荷下则更会引起系统严重腐蚀。

20 世纪 50 年代，针对法国、加拿大净化大量高含 H_2S 与 CO_2 天然气的要求，开发成功了以二乙醇胺(DEA)为溶剂的新工艺，即 SNPA-DEA 工艺。在合理选择材质并使用缓蚀剂的情况下，DEA 水溶液的浓度可提高至 40%~50%，从而大幅度降低了溶液循环量。但 DEA 对原料气中的 H_2S 与 CO_2 基本上也无选择性，且其降解变质也比较严重。

20 世纪 50 年代后期，二异丙醇胺(DIPA)开始应用于天然气和炼厂气净化，国外称此工艺为 Adip 法。其特点是当原料气中同时存在 H_2S 与 CO_2 时，可以完全脱除 H_2S 而部分地脱除 CO_2，即溶剂具有一定选择性。早期的 SCOT 法尾气处理工艺中的选吸脱硫装置都采用 DIPA 溶剂。DIPA 的化学稳定性优于 MEA 和 DEA，故溶剂的降解变质情况也较前者有所改善。同时 DIPA 能较有效地脱除原料气中的羰基硫(COS)，故在炼厂气脱硫中应用较多。目前欧洲的炼厂气脱硫装置亦大量采用 DIPA 水溶液。DIPA 水溶液的浓度一般为 30%~40%。

进入 20 世纪 60 年代，1964 年壳牌公司开发成功了 Sulfinol 溶剂，这是醇胺法工艺的一项重大进展，国内通常称之为砜胺法工艺。砜胺法工艺的溶剂是由物理溶剂环丁砜与 DIPA 混合而成。此溶剂的特点是酸气负荷相当高(包括物理溶解和化学吸收两部分)，特别在原料气中 H_2S 与 CO_2 分压高的情况下，物理溶解的酸气可以通过闪蒸而释出，从而减少了再生的能耗；且环丁砜的比热容远低于水，这样又进一步降低了能耗。同时，砜胺溶剂对有机

硫化合物有较好的溶解能力，但砜胺溶剂对 C_2 以上的烃类也有很强的溶解能力，且不易通过闪蒸而释出，故重质烃类含量较高的原料气不宜采用砜胺溶剂。

20 世纪 70~90 年代，甲基二乙醇胺(MDEA)溶剂得到迅速发展。MDEA 溶剂的特点是在原料气中 CO_2/H_2S 比甚高的工况下，能选择性地高效脱除 H_2S，而部分脱除 CO_2，溶剂不易降解变质；MDEA 水溶液的浓度可达 50%，且溶液的抗泡性和腐蚀性较 MEA 和 DEA 均有所改善。

国外，美国在天然气净化装置上 MDEA 的用量约占醇胺总量的 50%左右。美国陶氏化学(Dow Chemical)公司开发 Gas/Spec 系列溶剂、UOP 公司开发 Amine Guard 工艺，推出商业化的工艺有 Amine Guard FS 和 Amine Guard ST 工艺；德国 BASF 公司推出商业化的 aMDEA 工艺，其系列溶剂有 a-MDEA-1~a-MDEA-6。

国内，1984 年四川石油管理局天然气研究院研发 MDEA 溶剂，并在胜利炼油厂获得应用。1986 年我国完成 MDEA 溶液压力下脱硫工艺的工业化。20 世纪 90 年代，MDEA 溶剂在炼厂气(包括液化石油气)脱硫装置上得到推广应用。

但美中不足，MDEA 对有机硫化合物脱除率较低。

自进入 21 世纪以来，大力发展配方型溶剂(formulatedsolvent)技术。所谓配方型溶剂是以 MDEA 为主要组分，再复配物理溶剂或化学添加剂构成。其实质是以 MDEA 溶剂为基础，按不同的工艺要求加入各种组分，改善 MDEA 溶剂对不同类型酸性组分的脱除性能。国外 10 多家公司，如美国联碳(Union Carbide)公司推出 Ucarsol 系列脱硫溶剂，意大利 Snamprogetti 公司推出 Selefining 溶剂等。国内如中国石油西南油气田分公司天然气研究院(原四川石油管理局天然气研究院)开发了 CT8-5 和 CT8-20 溶剂等。

2011 年，中国石油化工股份有限公司部署组织华东理工大学等单位联合开发 UDS 系列高效脱硫复合溶剂，可针对气体组成特点能动调变溶剂配方组成，高效脱除 H_2S 和多种有机硫化物，在高酸性天然气、油田伴生气、炼厂液化气、干气、硫黄回收尾气净化工业装置得到了广泛应用，取得了很好的脱硫净化效果，尤其是在有机硫脱除方面，表现出了明显优势。

综上所述，为了满足工业及日常应用的需求，原料气必须进行净化处理。有机硫是原料气中较难脱除的杂质。近几年来，国际社会对商品天然气中有机硫含量的要求愈来愈严格，溶剂法高效脱除天然气中有机硫工艺研发受到了普遍关注。脱硫溶剂与溶剂法净化工艺相辅相成。天然气、油田伴生气和炼厂气等溶剂脱硫净化技术的发展趋势如下：

1. 高效脱有机硫溶剂的配方优化

醇胺溶剂技术的操作数据和经验日益丰富，具有针对性的各种溶剂不断涌现，在 MDEA 基础上优化配方的复合型溶剂，已成为提高脱有机硫效果的溶剂技术发展的主流。

2. 高效脱有机硫溶剂的系列化

国外各种牌号的商业溶剂均是系列化溶剂，是专有技术。具有知识产权的系列化溶剂有利于在国际上形成竞争优势。

3. 加强高效脱有机硫溶剂应用基础研究

值得注意的是，优化和系列化都是建立在应用基础理论研究之上，由于有应用基础理论的支撑，可有力推进国产化新型溶剂的开发。

二、脱硫溶剂的分类及其主要理化性质

吸收法脱硫溶剂可分为化学吸收脱硫溶剂、物理吸收脱硫溶剂、配方型脱硫溶剂三类。

(一) 典型化学吸收脱硫溶剂

通过气体中硫化物和溶剂中的碱性物质发生酸碱中和反应，转化成盐溶解在溶剂中从而达到脱除效果的溶剂称为化学吸收溶剂。从醇胺法脱硫脱碳工艺溶剂发展概况中列举的溶剂可以看出，醇胺化学吸收溶剂广泛应用于国内外气体脱硫工艺。

1. 典型化学吸收脱硫溶剂命名

典型化学吸收脱硫溶剂按系统命名的中文名称、分子式、分子结构简式、英文名称如表7-1-1所示。

表 7-1-1 典型化学吸收脱硫溶剂

化学溶剂名称	分子式	分子结构简式	化学溶剂英文名称
一乙醇胺	C_2H_7NO	$H_2N—CH_2—CH_2—OH$	Monoethanolamine(MEA)
二乙醇胺	$C_4H_{11}NO_2$	$OH—CH_2—CH_2—NH—CH_2—CH_2—OH$	Diethanolamine(DEA)
三乙醇胺	$C_6H_{15}NO_3$	HO N OH OH	Triethanolamine(TEA)
甲基二乙醇胺	$C_5H_{13}NO_2$	$HO—CH_2—CH_2—N(CH_3)—CH_2—CH_2—OH$	Methyldiethanolamine(MDEA)
二异丙醇胺	$C_6H_{15}NO_2$	$CH_3—CH(OH)—CH_2—N(H)—CH_2—CH(OH)—CH_3$	Diisopropanolamine(DIPA)
二甘醇胺	$C_4H_{11}NO_2$	$NH_2—CH_2—CH_2—O—CH_2—CH_2—OH$	Diglycolamine(DGA)
2-氨基-2-甲基-1-丙醇	$C_4H_{11}NO$	H_2N OH	2-amino-2-methyl-1-propanol(AMP)
甲基单乙醇胺	C_3H_9NO	H N OH	*N*-Methylmonoethanolamine(MMEA)
二甲基乙醇胺	$C_4H_{11}NO$	N OH	*N*,*N*-dimethylethanolamine(DMEA)

由典型化学吸收脱硫溶剂分子结构简式可以看出，醇胺类化合物的分子结构具有一些特点，如醇胺类化合物的分子结构中至少包含一个羟基。醇胺类化合物分子中具有的羟基可以降低化合物的蒸汽压，同时增加水溶性；另外，醇胺类化合物的分子结构中至少包含一个胺基。醇胺类化合物的分子中具有的胺基为水溶液提供了必要的碱度，有利于对酸气组分的吸收。

2. 单组分醇胺溶剂伯、仲、叔醇胺分类

胺类是含有氨基(NH_2—)官能团的一类有机化合物的总称。它可以被看成是氨(NH_3)分子中的氢被烃基取代得到的产物。根据被取代的H的数量，醇胺化合物分为伯胺(一级胺)、仲胺(二级胺)、叔胺(三级胺)。伯、仲、叔的含义，分别是指氮原子上连有一个、两个或是三个烃基。

按此含义分类，上述典型化学吸收脱硫溶剂中，一乙醇胺(MEA)、二甘醇胺(DGA)、2-氨基-2-甲基-1-丙醇(AMP)属于伯醇胺，二乙醇胺(DEA)、二异丙醇胺(DIPA)、甲基单乙醇胺(MMEA)属于仲醇胺，三乙醇胺(TEA)、二甲基乙醇胺(DMEA)、甲基二乙醇胺(MDEA)属于叔醇胺。

3. 典型化学吸收脱硫溶剂的理化性质与变化考察

表 7-1-2 列出了典型化学吸收脱硫溶剂的有关理化性质。

表 7-1-2　典型化学吸收脱硫溶剂的理化性质

项目	一乙醇胺(MEA)	二乙醇胺(DEA)	三乙醇胺(TEA)	二异丙醇胺(DIPA)
外观	无色液体	无色黏稠液体或结晶	无色至浅黄色黏稠液体	白色结晶固体
分子式	C_2H_7NO，伯胺	$C_4H_{11}NO_2$，仲胺	$C_6H_{15}NO_3$，叔胺	$C_6H_{15}NO_2$，仲胺
相对分子质量	61.08	105.14	149.19	133.19
沸点(1.013×10^5Pa)/℃	171	268.8	360(分解)	249
凝点(1.013×10^5Pa)/℃	10.5	28	22.4	42
密度(20℃)/(g/cm^3)	1.018	1.092	1.1242	0.99
黏度(20℃)/mPa·s	24.14	351.9(30℃)	280(35℃)	198(45℃)
质子化平衡常数(20℃)pK_a	9.6	8.9		8.8
饱和蒸气压(50℃)/Pa	28	1.1	0.013	3
表面张力(50℃)/(mN/m)	45.5	43.5	44.8	35.6
溶解性	能与水、乙醇和丙酮等混溶，微溶于乙醚和四氯化碳	易溶于水、乙醇，微溶于苯和乙醚	易溶于水、乙醇、丙酮、甘油及乙二醇等，微溶于苯、乙醚及四氯化碳等	溶于水和乙醇
项目	甲基二乙醇胺(MDEA)	2-氨基-2-甲基-1-丙醇(AMP)	甲基单乙醇胺(MMEA)	二甲基乙醇胺(DMEA)
外观	无色或微黄色黏稠液体	无色液体	无色透明液体	无色透明或微黄色的液体
分子式	$C_5H_{13}NO_2$，叔胺	$C_4H_{11}NO$，伯胺	C_3H_9NO，仲胺	$C_4H_{11}NO$，叔胺
相对分子质量	119.16	89.14	75.11	89.14
沸点(1.013×10^5Pa)/℃	247	165	159	134.6
凝点(1.013×10^5Pa)/℃	-21	-71	-3	-59
密度(20℃)/(g/cm^3)	1.042	0.88	0.935	0.8879
黏度(20℃)/mPa·s	101	3.5	13	3.8
质子化平衡常数(20℃)pK_a	8.52	9.7		
饱和蒸气压(50℃)/Pa	10.4		824.7	2267.2
表面张力(50℃)/(mN/m)	36.3		31.4	27.7
溶解性	能与水、醇互溶，微溶于醚	与水混溶，溶于乙醇、乙醚、苯、丙酮等多数有机溶剂	易与水、乙醇、乙醚混溶	易与水、乙醇、醚、丙酮混溶

表 7-1-2 中几种典型化学吸收脱硫溶剂的有关理化性质变化情况分别如下：

相对分子质量变化情况为：三乙醇胺(TEA)149.19>二异丙醇胺(DIPA)133.19>甲基二乙醇胺(MDEA)119.16>二乙醇胺(DEA)、二甘醇胺(DGA)105.14>2-氨基-2-甲基-1-丙醇(AMP)、二甲基乙醇胺(DMEA)89.14>甲基单乙醇胺(MMEA)75.11>一乙醇胺(MEA)61.08。

常压沸点(℃)变化情况为：三乙醇胺(TEA)360(分解)>二乙醇胺(DEA)268.8>二异丙醇胺(DIPA)249>甲基二乙醇胺(MDEA)247>二异丙醇胺(DIPA)233>二甘醇胺(DGA)221>一乙醇胺(MEA)171>2-氨基-2-甲基-1-丙醇(AMP)165>甲基单乙醇胺(MMEA)159>二甲基乙醇胺(DMEA)134.6。

参考经验，选择醇胺溶剂脱有机硫时，考虑溶剂的常沸点最好大于180℃，若能大于225℃更好。

常压凝点(℃)变化情况为：二异丙醇胺(DIPA)42>二乙醇胺(DEA)28>三乙醇胺(TEA)22.4>一乙醇胺(MEA)10.5>甲基单乙醇胺(MMEA)-3>二甘醇胺(DGA)-12.5>甲基二乙醇胺(MDEA)-21>二甲基乙醇胺(DMEA)-59>2-氨基-2-甲基-1-丙醇(AMP)-71。

密度(g/cm^3)变化情况为：三乙醇胺(TEA)1.1242>二乙醇胺(DEA 1.092>二甘醇胺(DGA)1.058>甲基二乙醇胺(MDEA)1.042>一乙醇胺(MEA)1.018>二异丙醇胺(DIPA)0.99>甲基单乙醇胺(MMEA)0.935>二甲基乙醇胺(DMEA)0.8879>2-氨基-2-甲基-1-丙醇0.88。

黏度(mPa·s)变化情况为：甲基二乙醇胺(MDEA)101>二甘醇胺(DGA)40>一乙醇胺(MEA)24.14>甲基单乙醇胺(MMEA)13>二甲基乙醇胺(DMEA)3.8>2-氨基-2-甲基-1-丙醇(AMP)3.5。

50℃饱和蒸气压(Pa)变化情况为：二甲基乙醇胺(DMEA)2267.2>甲基单乙醇胺(MMEA)824.7>一乙醇胺(MEA)28>二甘醇胺(DGA)25.4>甲基二乙醇胺(MDEA)10.4>二异丙醇胺(DIPA)3>二乙醇胺(DEA)1.1>三乙醇胺(TEA)0.013。

50℃表面张力(mN/m)变化情况为：一乙醇胺(MEA)45.5>三乙醇胺(TEA)44.8>二乙醇胺(DEA)43.5>二甘醇胺(DGA)37.5>甲基二乙醇胺(MDEA)36.3>二异丙醇胺(DIPA)35.6>甲基单乙醇胺(MMEA)31.4>二甲基乙醇胺(DMEA)27.7。

表7-1-2中pK_a称为醇胺的质子化平衡常数，用以衡量醇胺吸收酸性气体的反应活性，其值愈大，则醇胺的化学反应活性愈高。

醇胺的碱性源自其分子中氮原子上未配对电子对质子的亲合力，而N原子上烷基取代基团的存在则不同程度地削弱了亲合能力，导致其碱性减弱，且气液界面反应的平衡常数亦发生变化。

醇胺的质子化平衡常数pK_a变化情况为：2-氨基-2-甲基-1-丙醇(AMP)9.7>一乙醇胺(MEA)9.6>二乙醇胺(DEA)8.9>二异丙醇胺(DIPA)8.8>甲基二乙醇胺(MDEA)8.52。

4. *MDEA水溶液的性质*

文献报道了对MDEA水溶液有关性质回归的计算式，特介绍如下：

30%MDEA溶液，303~383K密度计算式为：

$$\rho = 0.9949 + 0.000703T - 0.000002018T^2 \tag{7-1-1}$$

45%MDEA溶液，303~383K密度计算式为：

$$\rho = 1.0991 + 0.0002237T - 0.000001425T^2 \tag{7-1-2}$$

式中，ρ 为密度，g/cm^3；T 为温度，K。

30%MDEA 溶液，273~373K 运动黏度计算式为：

$$\lg\upsilon = -3.1463 + (1074.5/T) \tag{7-1-3}$$

45%MDEA 溶液，273~373K 运动黏度计算式为：

$$\lg\upsilon = -3.6578 + (1326.0/T) \tag{7-1-4}$$

式中，υ 为运动黏度，mm^2/s；T 为温度，K。

23%MDEA 溶液比热容计算式为

$$C_p = 3.7085 + 0.00117t \tag{7-1-5}$$

30%MDEA 溶液比热容计算式为：

$$C_p = 3.6467 + 0.00391t \tag{7-1-6}$$

45%MDEA 溶液比热容计算式为：

$$C_p = 3.3536 + 0.00435t \tag{7-1-7}$$

50%MDEA 溶液比热容计算式为：

$$C_p = 3.2975 + 0.00295t \tag{7-1-8}$$

式中，C_p 为比热容，J/(g · ℃)；t 为温度，℃。

30%MDEA 溶液，30~110℃表面张力计算式为：

$$\sigma = 59.35 - 0.1449t \tag{7-1-9}$$

45%MDEA 溶液，30~110℃表面张力计算式为：

$$\sigma = 55.65 - 0.1376t \tag{7-1-10}$$

式中，σ 为表面张力，mN/m；t 为温度，℃。

文献提供的 50%MDEA 溶液在 25℃的表面张力为 48mN/m，100℃时为 36.5mN/m。

30%MDEA 溶液，303~373K 饱和蒸气压计算式为：

$$\lg p = 10.985 - (2237.57/T) \tag{7-1-11}$$

45%MDEA 溶液，303~373K 饱和蒸气压计算式为：

$$\lg p = 11.008 - (2252.70/T) \tag{7-1-12}$$

式中，p 为饱和蒸气压，kPa；T 为温度，K。

化学脱硫溶剂的有关理化性质与其使用性能密切相关。

5. 典型化学吸收脱硫溶剂使用性能特点

基于上述化学吸收脱硫溶剂的有关理化性质，对典型化学吸收脱硫溶剂使用性能特点分述如下：

（1）一乙醇胺(MEA)脱硫溶剂的使用性能特点

1）净化度高。不论是 H_2S 还是 CO_2，MEA 法均可将其脱除达到很高的净化度，但溶剂无选择性。

2）脱除一定量的酸气所需要循环的溶液较少。在普通的胺中因 MEA 分子量最小，故在单位质量或体积的基础上具有较高的酸气负荷。

3）腐蚀性强。MEA 的再生温度较高(约 125℃)，导致再生系统腐蚀严重，在高酸气负荷下则更明显。为了避免和有效控制对装置的腐蚀，通常 MEA 溶液使用浓度较低，在 15%左右，酸气负荷 0.3~0.4mol(酸气)/mol(MEA)，一般不超过 0.35mol(H_2S+CO_2)/mol(MEA)。

4）易降解。由于 MEA 与 CO_2、COS 等存在不可逆的降解反应，易形成无法再生的热稳定盐，故MEA装置通常需配置胺液复活设施。

(2) 二乙醇胺(DEA)脱硫溶剂的使用性能特点

1) 净化度较高。DEA的碱性较MEA稍弱，平衡时气相中的H_2S及CO_2分压高于碱性更强的MEA，用于天然气脱硫脱碳时净化度低于MEA。溶剂同样无选择性。

2) 基本不降解。DEA与CO_2、COS的反应产物在装置再生条件下可分解而使DEA获得再生，故溶剂在脱硫脱碳过程中降解少。

3) 通常不安排溶液复活设施。采用侧线加碱真空蒸馏复活DEA溶液的效果不佳，故DEA装置通常不设复活设施。

(3) 三乙醇胺(TEA)脱硫溶剂的使用性能特点

1) 硫容量小。由于TEA的碱性较弱，因此硫容量小。

2) 净化度低。与H_2S和CO_2的反应性较差，因此净化度低。

3) 难以有效脱除有机硫。TEA对COS和硫醇等有机硫的化学吸收和物理溶解能力均较低，因此无法有效脱除有机硫。

4) 稳定性较差。TEA的热稳定性和再生稳定性较差。

虽然TEA是醇胺脱硫溶剂中最早实现工业应用的溶剂，但由于TEA在脱硫脱碳性能方面没有明显优势，且反应能力和稳定性较差，目前已被其他醇胺溶剂取代而不再使用。

(4) 甲基二乙醇胺(MDEA)脱硫溶剂的使用性能特点

1) 良好的选择性吸收性能。在H_2S与CO_2共存时，由于MDEA水溶液与H_2S反应比与CO_2反应快得多，故在脱除H_2S的同时只部分脱除CO_2。但MDEA醇胺溶剂与COS、硫醇等有机硫化物的化学反应速率均较慢，且醇胺溶剂对有机硫化物的物理溶解有限，因而对有机硫的脱除率较低，难以满足高含有机硫的天然气和炼厂气的净化要求，需增加辅助的工艺过程以进一步降低产品气总硫含量。

2) 再生能耗低。与MEA等相比，MDEA溶液使用浓度高、酸气负荷高、溶液循环量小，加之解吸热低和CO_2吸收量低，可降低过程能耗。

3) 发泡倾向低和腐蚀性小。与MEA等相比，解吸温度较低，再生系统腐蚀轻微。

4) 稳定性好。不与CO_2环化成恶唑烷酮类或生成其他变质产物，也不会因原料气含CS_2或COS而变质。

5) 溶剂损失小。MDEA蒸气压低，故气相损失小，溶剂稳定性好，变质损失小。

不过，研究表明，温度是影响MDEA的降解关键因素，在≯120℃条件下，MDEA因CO_2所致的降解实际上可以忽略，但随温度上升，降解加剧，在140℃时，仅300h，就有约20%的MDEA降解。

(5) 二异丙醇胺(DIPA)脱硫溶剂的使用性能特点

1) 蒸汽耗量低。DIPA富液再生容易，所需的回流比显著低于MEA和DEA。

2) 具有选择性。在H_2S与CO_2共存时，几乎完全脱除H_2S而仅吸收部分CO_2，即溶剂具有一定选择性。

3) 腐蚀轻。其腐蚀速率低于MEA和DEA。

4) 降解慢。在CO_2等组分的作用下降解速度慢，故DIPA装置通常不需要安排胺液复活设施。

5) DIPA相对分子质量大，熔点较高(42℃)，导致配制溶液较为麻烦。

(6) 二甘醇胺(DGA)脱硫溶剂的使用性能特点

1) 使用浓度高。DGA 法的溶液浓度可高达 65%，相应循环量可显著降低以降低再生能耗。

2) H_2S 净化度高。即使贫液温度高达 54℃也可保证 H_2S 净化度，因此溶液冷却可仅使用空冷而不用水冷，故适用于沙漠及干旱地区。

3) 二甘醇胺溶液凝点低。在通常使用的 DGA 浓度下，溶液的凝点低于-40℃，而 MEA 及 DEA 等溶液凝点则在-10℃以上，所以 DGA 法适于寒冷地区使用。

(7) 2-氨基-2-甲基-1-丙醇(AMP)脱硫溶剂的使用性能特点

1) 溶剂选择性较高。AMP 为具有空间位阻效应的伯胺，因此具有对 H_2S 良好的反应活性和选择性。在相同压力下，H_2S 在 AMP 水溶液中的溶解度大于 DEA。由于空间位阻效应，选择性脱硫性能高于 MDEA。

2) 溶剂稳定性好。AMP 与 CO_2、COS 等酸性组分生成的氨基甲酸盐的稳定性远比 MEA、DEA 弱，因此溶剂具有较好的稳定性和再生性能。

3) 溶剂价格较高。受合成工艺的限制，AMP 溶剂的价格远高于其他醇胺溶剂。

4) 有机硫脱除效率不理想。

(8) 甲基单乙醇胺(MMEA)脱硫溶剂的使用性能特点

1) 甲基单乙醇胺为仲胺，与 MEA 相比，在降解性和腐蚀性方面均有所降低。

2) 甲基单乙醇胺的 CO_2 吸收容量稍高于 MEA，在 CO_2 分压较低时，也有较大的溶解度和较快的反应速率。

3) 溶剂损失量较小。

但甲基单乙醇胺并未得到广泛应用，有关甲基单乙醇胺的工业应用在国内外也很少见报道。

(9) 二甲基单乙醇胺(DMEA)脱硫溶剂的使用性能特点

1) 二甲基单乙醇胺为叔胺，与 MEA 相比，其与 H_2S 和 CO_2 的反应性降低，因此净化度低。降解性和腐蚀性明显低于 MEA。但由于沸点较低(134.6℃)，溶剂损失量较大。

2) 由于二甲基单乙醇胺的高挥发性限制了它的工业应用，因此有关二甲基单乙醇胺的工业应用在国内外报道甚少。

6. 典型脱硫溶剂位阻胺理化性质及使用性能特点

醇胺分子上胺基($-NH_2$)的一个或两个 H 原子被具有较大空间位阻效应的基团如烷基或其他基团取代后构成的醇胺类统称为位阻胺。所谓空间位阻效应，主要是指分子中某些原子或基团彼此接近而引起的空间阻碍作用。

位阻胺是 20 世纪 80 年代国外研制出的选择性吸收性能好于 MDEA 的脱硫溶剂。1984 年，美国 Exxon 研究与工程公司开发了 Flexsorb 的位阻胺脱硫溶剂。国内，中国石油化工集团公司南化研究院等开展了空间位阻胺脱硫溶剂的研发工作。

为便于理解空间位阻效应，下面介绍典型有机硫 COS、几种脱硫溶剂分子的结构、电子密度以及轨道能量分布示意图。

(1) 典型有机硫 COS、几种脱硫溶剂分子的结构、电子密度以及轨道能量分布示意

量子化学是用量子力学原理研究原子、分子和晶体的电子层结构、化学键理论、分子间作用力、化学反应理论、各种光谱、波谱和电子能谱的理论，以及无机和有机化合物结构和性能关系的科学。采用量子化学方法研究天然气、炼厂气净化溶剂中各溶剂组分与硫化物分

子间相互作用，能够获得有关溶剂分子-硫化物分子体系的能量分布及相容性信息。

采用 Materials Studio 软件构建 COS 和溶剂分子的初始几何结构，并用 DMol3 工具进行初步优化。然后用 Gaussian 03w 软件在 B3LYP/6-31++G(d，p)理论水平下对 COS 和溶剂分子的结构进行优化，可得到各分子的稳定构象以及分子最高占用轨道能量(EH)、最低空轨道能量(EL)等。

COS 分子的结构(a)、电子密度(b)、(c)最高已占分子轨道(HOMO)和(d)最低未占分子轨道(LUMO)能量分布如图 7-1-1 所示。

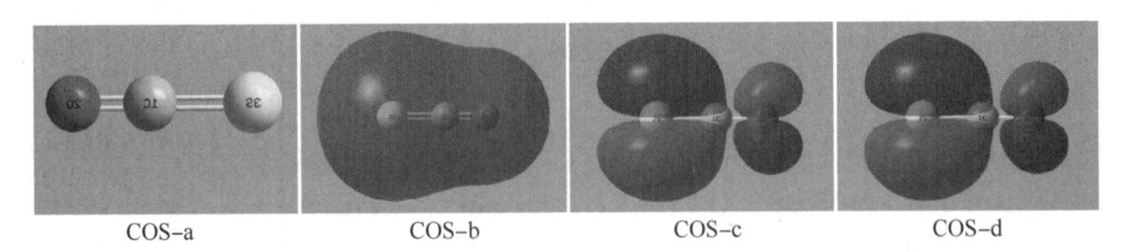

图 7-1-1　COS 的结构(a)、电子密度(b)、HOMO(c)和 LUMO(d)能量分布

MEA、DEA、MDEA、SUL 进行分子结构优化，优化后的这几种脱硫溶剂分子的结构(a)、电子密度(b)、(c)最高已占分子轨道(HOMO)和(d)最低未占分子轨道(LUMO)能量分布如图 7-1-2 所示。

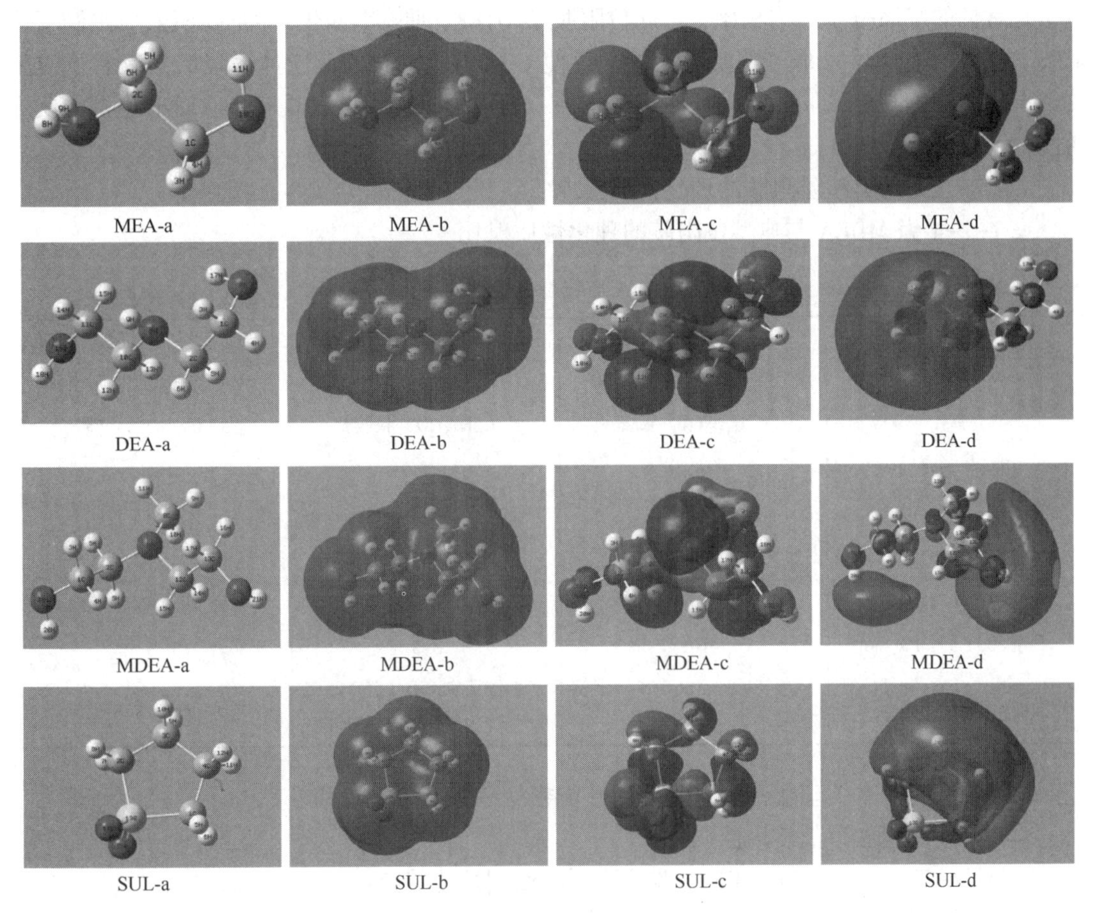

图 7-1-2　几种溶剂分子的结构(a)、电子密度(b)、HOMO(c)和 LUMO(d)能量分布

（2）典型位阻胺脱硫溶剂命名

典型位阻胺脱硫溶剂按系统命名的中文名称、分子式、分子结构简式、英文名称如表7-1-3所示。

表 7-1-3　典型位阻胺脱硫溶剂

位阻胺溶剂中文名称	分子式	分子结构简式	位阻胺溶剂英文名称
N,*N*-二乙基乙醇胺	$C_6H_{15}NO$	$CH_3—CH_2—N(CH_2CH_3)—CH_2—CH_2—OH$	*N*,*N*-Diethylethanolamine(DEEA)
叔丁胺基乙氧基乙醇	$C_8H_{19}NO_2$	$HO—CH_2—CH_2—O—CH_2—CH_2—NH—C(CH_3)_2—CH_3$	2-[2-(tert-butylamino)ethoxy]ethanol(TBEE)
2-氨基-2-甲基-1,3-丙二醇	$C_4H_{11}NO_2$	HO, H_2N, OH（键线式）	2-Amino-2-methyl-1,3-propanediol(AMPD)
2-氨基-2-羟甲基-1,3-丙二醇	$C_4H_{11}NO_3$	HO, H_2N, OH, OH（键线式）	2-Amino-2-hydroxymethyl-1,3-propanediol(AHPD)

与常见的醇胺分子结构相比，空间位阻胺结构使空间位阻基团产生的位阻效应限制了位阻胺上氮原子连接的H原子的反应活性，致使CO_2与位阻胺的反应速率降低，有利于位阻胺具有较高的选择性；同时空间位阻胺结构使位阻胺的碱性增强，提高了它对硫化氢的反应活性。

（3）MDEA与典型位阻胺的理化性质对比

表7-1-4为MDEA与典型位阻胺的理化性质对比。

表 7-1-4　MDEA 与典型位阻胺的理化性质对比

项目	甲基二乙醇胺(MDEA)	二乙基乙醇胺(DEEA)	叔丁胺基乙氧基乙醇(TBEE)
外观	无色或微黄色黏稠液体	无色液体	无色至浅黄色透明液体
分子式	$C_5H_{13}NO_2$，叔胺	$C_6H_{15}NO$，叔胺	$C_8H_{19}NO_2$，仲胺
相对分子质量	119.16	117.2	161.2
沸点(1.013×10^5Pa)/℃	247	163	242
凝点(1.013×10^5Pa)/℃	-48	-71	-42
密度(20℃)/(g/cm^3)	1.042	0.88	0.94
黏度(20℃)/mPa·s	101	3.5	
溶解性	能与水、醇互溶，微溶于醚	与水混溶，溶于乙醇、乙醚、苯、丙酮等多数有机溶剂	易溶于水

位阻胺溶剂的有关理化性质与其使用性能密切相关。

（4）典型位阻胺溶剂使用性能特点

1）*N*,*N*-二乙基乙醇胺(DEEA)脱硫溶剂的使用性能特点：

① 溶剂具有有一定选择性。DEEA具有较弱的碱性和一定的空间位阻效应，与CO_2反

应速率较低，使其具有一定选择性和较高的吸收容量。

② 再生能耗较低。DEEA 与酸性组分的反应热较小，再生能耗较伯胺和仲胺等要低一些。

③ 吸收速率慢。在要求高效脱除 CO_2 时需加入活化剂。

④ 有机硫脱除效率有限。由于 DEEA 与 COS 等的反应性较弱，对 COS 和硫醇等的物理溶解度亦较低，因此对有机硫的脱除率不尽人意。

有关二甲基单乙醇胺的工业应用在国内外未见报道。

2）叔丁胺基乙氧基乙醇(TBEE)脱硫溶剂的使用性能特点：

① 溶剂选择性较高。TBEE 为空间位阻仲醇胺，其 pK_a 值 10.3 高于 MDEA 的 pK_a 值 8.52，对 H_2S 的相对选择性约为 MDEA 的 3 倍，且具有更高的酸气负荷。

② 溶剂再生能耗较低。TBEE 具有比 MDEA 更低的再生能耗(约为 MDEA 能耗的 70%)。

③ 溶剂腐蚀性和降解性较低。TBEE 的腐蚀性和降解性均较低，可单独使用或与 MDEA 复配使用。

④ 溶剂价格较高且有机硫脱除效率亦不尽人意。

7. 醇胺脱硫溶剂使用过程中关注的问题

对于醇胺脱硫溶剂，使用过程中醇胺的降解、抗泡、腐蚀性等问题十分引人关注，积累了丰富的经验。

引起醇胺降解的主要因素大致包括醇胺的热降解、醇胺与 CO_2、COS 等发生不可逆反应、醇胺的氧化降解生成热稳定盐。故使用醇胺前，对所处理的原料组成要充分了解，以选择合适的工艺；要避免胺液与空气接触和阳光照晒；要避免采用过高的胺液再生温度。

醇胺溶液抗发泡性功能对工业吸收脱硫净化装置甚是重要。醇胺脱硫溶剂使用过程中有时出现轻度发泡，这属于正常现象；但出现重度发泡是令人困扰的工艺故障，它可能导致净化气不合格、装置处理量降低及胺液大量损失甚至装置无法正常运转等问题。在胺液严重发泡的紧急情况下，采用加入消泡剂的方法，这仅为应急措施，治本措施应是进行胺液发泡问题的技术诊断，找出原因，并设法去除导致溶液发泡的诱发因素。

预防胺液发泡的关键是正确选用高性能吸收脱硫溶剂并保持溶剂清洁。因此，原料气采用有效分离所夹带的液、固杂质措施；溶液系统采用有效过滤措施；避免重烃在吸收过程中冷凝、预防矿物油污染措施；补充水为脱盐脱氧水措施；维持装置平稳运行，避免工艺参数急剧变化等，均可作为应对胺液发泡的有效措施。

醇胺溶液对装置腐蚀影响的程度是关系到工业吸收脱硫净化装置安全运行的问题。

胺法吸收脱硫装置中发生腐蚀的敏感区域主要有再生塔及其内部构件、贫富液换热器的富液侧、换热器后的富液管线、有游离酸气和较高温度的重沸器及附属管线等处。常见的腐蚀类型有均匀腐蚀、电化学腐蚀、缝隙腐蚀、坑点腐蚀、晶间腐蚀、选择性腐蚀、磨损腐蚀、应力腐蚀、开裂及氢型腐蚀等。

胺法吸收脱硫装置为了预防腐蚀问题，首先要正确选用设备和管线的材料，设备制成后要消除应力，避免应力开裂；同时胺液浓度及其酸气负荷等工艺参数要优化、合理；还有加强溶液过滤措施，可以有效除去导致磨损腐蚀和破坏保护膜的固体粒子；另外，适当使用缓蚀剂亦是预防腐蚀的常用措施，但缓蚀剂仅能解决均匀腐蚀问题，而无法解决局部腐蚀问题。

（二）典型物理吸收脱硫溶剂

物理吸收脱硫溶剂是利用 H_2S 及 CO_2 等酸性气体在不同压力、温度条件下，在溶剂中具有不同溶解度来达到脱除效果。其吸收脱硫过程只涉及物理过程，无化学反应发生。

采用物理溶剂净化的典型工艺有：德国 Lurgi 公司 Purisol 工艺；美国 Selexol 工艺；德国 Friedrich Unde 公司 Estasolvan 工艺；Linde 和 Lurgi 公司 Rectisol 工艺；美国 Fluor 公司 Fluor 工艺；Sepasolv MPE 工艺等。

1. 典型物理吸收脱硫溶剂命名

典型物理吸收脱硫溶剂按系统命名的中文名称、分子式、分子结构简式、英文名称如表 7-1-5 所示。

表 7-1-5　典型物理吸收脱硫溶剂

物理溶剂名称	分子式	分子结构简式	物理溶剂英文名称
聚乙二醇二甲醚	$H_3CO(C_2H_4O)_nCH_3$ $n=2\sim9$	H_3C, O, n, OCH_3	Polyethyleneglycol dimethylether（别名 NHD）
碳酸丙烯酯	$C_4H_6O_3$	CH_3, O, O, O	Propylene carbonate（PC）
甲醇	CH_3OH	$CH_3—OH$	Methyl alcohol
N-甲基吡咯烷酮	C_5H_9NO	N, O	*N*-Methyl pyrrolidone（NMP）
磷酸三丁酯	$C_{12}H_{27}PO_4$	O, O, P, O, O	Tributyl phosphate（TBP）
环丁砜	$C_4H_8O_2S$	O, O, S	Tetramethylene sulfone（SUL）
二甲基亚砜	C_2H_6OS	O, S, H_3C, CH_3	Dimethyl sulfoxide（DMSO）
二甲基甲酰胺	C_3H_7NO	O, H, N, CH_3, CH_3	*N*,*N*-Dimethylformamide（DMF）

2. 典型物理吸收脱硫溶剂主要理化性质与变化考察

表 7-1-6 列出了典型物理吸收脱硫溶剂的有关理化性质。

表 7-1-6　典型物理吸收脱硫溶剂的理化性质

项目	聚乙二醇二甲醚(NHD)	碳酸丙烯酯(PC)	甲醇	N-甲基吡咯烷酮(NMP)	磷酸三丁酯(TBP)
外观	淡黄色透明液体	无色液体	无色液体	无色透明油状液体	无色黏稠液体
分子式	$H_3CO(C_2H_4O)_nCH_3$ $n=2-9$	$C_4H_6O_3$	CH_3OH	C_5H_9NO	$C_{12}H_{27}PO_4$
相对分子质量	280-310	102.09	32.04	99.13	266.32
沸点(1.013×10^5Pa)/℃	>250	242	64.7	202	180(2.87kPa)
凝点(1.013×10^5Pa)/℃	-26	-48.8	-97	-24	-79
密度(25℃)/(g/cm^3)	1.032	1.2047	0.7918	1.028	0.9766
饱和蒸气压(50℃)/Pa		44.7	55526	248.1	2670Pa(20℃)
表面张力(50℃)/(mN/m)		37.7	20.2	39.2	27.79
黏度(25℃)/mPa·s	5.8	2.5	0.55	1.65	3.7
溶解性	与水混溶	溶于水和四氯化碳，与乙醚、丙酮互溶	溶于水，可混溶于醇类、乙醚等多数有机溶剂	能与水、醇、醚、酯、酮、卤代烃和芳烃互溶	难溶于水，与多种有机溶剂混溶
项目	环丁砜(SUL)	二甲基亚砜(DMSO)	二甲基甲酰胺(DMF)	2-氨基-2-甲基-1,3-丙二醇(AMPD)	2-氨基-2-羟甲基-1,3-丙二醇(AHPD)
外观	无色透明液体	无色透明液体	无色透明液体	白色结晶或粉末	白色结晶或粉末
分子式	$C_4H_8O_2S$	C_2H_6OS	C_3H_7NO	$C_4H_{11}NO_2$	$C_4H_{11}NO_3$
相对分子质量	120.14	78.13	73.9	105.14	121.14
沸点(1.013×10^5Pa)/℃	285	189	153	151℃(10mm Hg)	220℃(10mmHg)
凝点(1.013×10^5Pa)/℃	26	18.4	-61	110	170
密度(20℃)/(g/cm^3)	1.261	1.100	0.948		1.353
黏度(20℃)/mPa·s	10.286				
饱和蒸气压(50℃)/Pa	5.1	401.8	2246.4	1330(152℃)	73
表面张力(50℃)/(mN/m)	47.3	39.6	31.7		
溶解性	可与水、丙酮、甲苯等互溶	溶于水、乙醇、丙酮、乙醚、苯和氯仿	与水混溶，可混溶于多数有机溶剂	溶于乙醇和水，微溶于乙酸乙酯、苯，不溶于乙醚、四氯化碳	溶于乙醇和水，微溶于乙酸乙酯、苯，不溶于乙醚、四氯化碳

表 7-1-6 中几种典型物理吸收脱硫溶剂的有关理化性质变化情况分别如下：

相对分子质量变化情况为：聚乙二醇二甲醚(NHD)280~310>磷酸三丁酯(TBP)266.32>2-氨基-2-羟甲基-1,3-丙二醇(AHPD)121.14>环丁砜(SUL)120.14>2-氨基-2-甲基-1,3-丙二醇(AMPD)105.14>碳酸丙烯酯(PC)102.09>*N*-甲基吡咯烷酮(NMP)99.13>二甲基亚砜(DMSO)78.13>二甲基甲酰胺(DMF)73.9>甲醇 32.04。

常压沸点(℃)变化情况为：环丁砜(SUL)285>聚乙二醇二甲醚(NHD)>250>碳酸丙烯酯(PC)242>*N*-甲基吡咯烷酮(NMP)202>二甲基亚砜(DMSO)189>二甲基甲酰胺(DMF)153

>甲醇 64.7。

常压凝点(℃)变化情况为：2-氨基-2-羟甲基-1,3-丙二醇(AHPD)170>2-氨基-2-甲基-1,3-丙二醇(AMPD)110>环丁砜(SUL)26>二甲基亚砜(DMSO)18.4>*N*-甲基吡咯烷酮(NMP)-24>聚乙二醇二甲醚(NHD)-26>碳酸丙烯酯(PC)-48.8>二甲基甲酰胺(DMF)-61>磷酸三丁酯(TBP)-79>甲醇-97。

密度(g/cm^3)变化情况为：2-氨基-2-羟甲基-1,3-丙二醇(AHPD)1.353>环丁砜(SUL)1.261>碳酸丙烯酯(PC)1.2047>二甲基亚砜(DMSO)1.100>聚乙二醇二甲醚(NHD)1.032>*N*-甲基吡咯烷酮(NMP)1.028>磷酸三丁酯(TBP)0.9766>二甲基甲酰胺(DMF)0.948>甲醇 0.7918。

25℃黏度(mPa·s)变化情况为：环丁砜(SUL)10.286>聚乙二醇二甲醚(NHD)5.8>磷酸三丁酯(TBP)3.7>碳酸丙烯酯(PC)2.5>*N*-甲基吡咯烷酮(NMP)1.65>甲醇 0.55。

50℃饱和蒸汽压(Pa)变化情况为：甲醇 55526>二甲基甲酰胺(DMF)2246.4>二甲基亚砜(DMSO)401.8>N-甲基吡咯烷酮(NMP)248.1>2-氨基-2-羟甲基-1，3-丙二醇(AHPD)73>碳酸丙烯酯(PC)44.7>环丁砜(SUL)5.1。

50℃表面张力(mN/m)变化情况为：环丁砜(SUL)47.3>二甲基亚砜(DMSO)39.6>*N*-甲基吡咯烷酮(NMP)39.2>碳酸丙烯酯(PC)37.7>二甲基甲酰胺(DMF)31.7>磷酸三丁酯(TBP)27.79>甲醇 20.2。

3. 物理脱硫溶剂吸收溶解基本特点

有关物理脱硫溶剂吸收溶解基本特点，常与气体组分在溶剂中的溶解度和物理溶剂吸收法遵循的亨利定律有关。关于亨利定律请参阅化工原理等教科书，关于某些气体组分在物理溶剂中的相对溶解度见表 7-1-7。

表 7-1-7　某些气体组分在物理溶剂中的相对溶解度

气体组分	聚乙二醇二甲醚(25℃)	碳酸丙烯酯(25℃)	*N*-甲基吡咯烷酮(25℃)	甲醇(-25℃)
CO_2	1.0	1.0	1.0	1.0
CH_4	0.066	0.038	0.072	0.051
C_2H_6	0.42	0.17	0.38	0.42
C_2H_4	0.47	0.35	0.55	0.46
C_3H_8	1.01	0.51	1.07	2.35
i-C_4H_{10}	1.84	1.13	2.21	—
n-C_4H_{10}	2.37	1.75	3.48	—
H_2S	8.82	3.29	10.2	7.06
COS	2.30	1.88	2.72	3.92
CH_3-SH	22.4	27.2	34.0	—
CS_2	23.7	30.9	—	—
C_2H_5-SH	—	—	78.8	—
CH_3-S-CH_3	—	—	91.9	—

注：以 CO_2 的溶解度为基准，计为 1。

4. 典型物理吸收脱硫溶剂使用性能特点

基于上述物理吸收脱硫溶剂的有关理化性质，对典型物理吸收脱硫溶剂使用性能特点分述如下。

(1) 聚乙二醇二甲醚脱硫溶剂的使用性能特点

聚乙二醇二甲醚是由美国联合化学公司1965年开发的物理吸收溶剂，商业名称为Selexol(赛列克索)。Selexol是美国UOP公司的专利技术，之后DOW和UOP等化学品公司对该工艺进行了进一步完善。对于天然气脱硫脱碳，聚乙二醇二甲醚法是物理溶剂法中很重要的一种方法。

Selexol溶剂无毒性，对H_2S、COS、CO_2有较强的吸收能力，在H_2S、CO_2同时存在时，具有选择性脱除H_2S的性能，即对H_2S具有更强的选择性吸收能力；Selexol溶剂对水分有很好的亲和力，可同时脱硫脱水；另外该溶剂蒸气压低，溶剂损失小，在高酸气分压下，溶液的酸气负荷较高，操作费用较低；但Selexol溶剂对高碳数烃类的溶解度较高，存在对烃类的溶解与夹带问题。

(2) 碳酸丙烯酯脱硫溶剂的使用性能特点

美国Fluor公司首先研究开发了碳酸丙烯酯法，其商业名称为Fluor Solvent。适用于天然气中CO_2含量很高的场合，国内主要用于合成气领域脱除CO_2。与聚乙二醇二甲醚相比，碳酸丙烯酯对H_2S及CO_2的溶解能力较弱；此外，碳酸丙烯酯中H_2S与CO_2相对溶解度的比值为3.29，而聚乙二醇二甲醚则高达8.82，因此，聚乙二醇二甲醚较碳酸丙烯酯更适合用于脱除H_2S，特别是选择性脱除H_2S的工况。

(3) 低温甲醇脱硫溶剂的使用性能特点

低温甲醇洗脱技术是以甲醇为溶剂在低温下脱除酸气的方法，是德国Lurgi公司首先开发的，商业名称为Rectisol。低温甲醇洗法既可同时脱除CO_2和H_2S，也可设置两段吸收，即第一段脱除H_2S，而第二段脱除CO_2。低温甲醇洗法在化肥工业、石油工业、煤气合成气工业以及液化天然气等领域得到了广泛的应用。

低温甲醇脱硫溶剂无腐蚀性，不需要特殊的防腐材料；甲醇溶剂价格便宜，在低温下，溶剂损失小，溶剂吸收能力较强，溶剂循环量小，动力消耗小；甲醇溶剂化学稳定性和热稳定性好，使用过程中不起泡，传热、传质性能好；低温甲醇脱硫净化成本较低，设备投资较少。但众所周知甲醇溶剂有毒，同时低温操作时需要冷源，耗费冷量。

(4) *N*-甲基吡咯烷酮(NMP)脱硫溶剂的使用性能特点

Purisol法采用的溶剂是NMP。NMP溶剂沸点较高，H_2S在NMP中的溶解度是CO_2的10.2倍，特别适用于有CO_2存在的情况下选择性地吸收脱除H_2S。NMP也是脱除有机硫化合物的优良溶剂。

(5) 磷酸三丁酯(TBP)脱硫溶剂的使用性能特点

德国Friedrich Unde公司提出的Estasolvan法使用的吸收介质是TBP，可用于气体脱硫和回收烃。TBP对H_2S也具有选择性，可将含H_2S的气体处理达到管输标准。但TBP与水的互溶性不好。

(6) 环丁砜(SUL)、二甲基亚砜(DMSO)、二甲基甲酰胺(DMF)脱硫溶剂的使用性能特点

与甲醇、碳酸丙烯酯、*N*-甲基吡咯烷酮等物理溶剂不同，环丁砜、二甲基亚砜和二甲基甲酰胺通常并不单独作为溶剂用于酸性气的脱硫脱碳过程。由于环丁砜、二甲基亚砜和二甲基甲酰胺等溶剂对COS、硫醇、硫醚等有机硫化物具有很高的溶解性能以及H_2S/CO_2选

择性，因而通常作为提高有机硫脱除效率和溶剂脱硫选择性的组分，调配于醇胺等溶剂以提高溶剂的净化功能，如 Shell 公司开发的 Sulfinol 溶剂和国内的砜胺溶剂。

5. 物理吸收脱硫溶剂脱除酸性气体杂质的优缺点

物理溶剂脱除酸性气体杂质的机理与醇胺溶剂不同，有其独特的优点和缺点。大致可归纳如下：

1）物理溶剂对酸性气体杂质的吸收容量受其在气相中的分压控制。由于酸性气体杂质在物理溶剂中的平衡溶解度与其气相分压基本呈正比，因而物理溶剂的吸收容量取决于酸气组分的气相分压，而不像化学溶剂的吸收容量受限于化学反应计量系数。这也使得物理溶剂法需要维持较高的吸收压力以提高酸气组分的气相分压，从而确保达到满意的净化度。

2）具有脱 H_2S 选择性。几乎所有的物理溶剂对 H_2S 的平衡溶解度均显著大于 CO_2，所以物理溶剂对 H_2S/CO_2 的选择性大于醇胺溶剂。

3）具有良好的有机硫脱除性能。物理溶剂对有机硫化物的平衡溶解度高于醇胺溶剂。

4）再生能耗较低。物理溶剂依靠其与酸性气体间的非键合力实现酸性气体在其中的物理溶解，而醇胺溶剂主要依靠其与酸性气体的化学键合作用实现吸收脱除酸性气体的目的。所以，酸性气体在物理溶剂中的溶解热远远小于其与醇胺溶剂的反应热，从而使得物理溶剂的再生能耗较低。

5）吸收传质速率较慢。酸性气体被醇胺溶液吸收后在液相中发生化学反应，因而传质速率大幅增加；物理溶剂吸收酸性气体过程中缺乏此种推动力，因而传质速率较慢，为保证净化度需要更大的气液传质界面(即吸收塔需要更多的塔板数或填料高度)。

6）物理溶剂对原料气的净化度难以达到醇胺溶剂的水平。由于体系的物理性质，物理溶剂对 H_2S 的脱除深度难以达到国标二类气≤20mg/Nm^3 和一类气≤6mg/Nm^3 的要求。

7）对烃类溶解量较大。与醇胺溶液相比，物理溶剂对烃类、尤其是碳数较多的烃类具有较强的亲和力和较大的平衡溶解度，因而需要采取有效措施以回收溶解于物理溶剂中的烃类以减少烃损失并降低再生酸性气的烃含量。

(三) 配方型脱硫溶剂

溶剂的分子结构决定溶剂的功能。综观上述化学溶剂、物理溶剂各自的性能和特点，物理化学混合溶剂法成为气体脱硫尤其是高效脱除有机硫最好的选择，配方型溶剂应运而生。配方型溶剂是由物理溶剂和化学溶剂等按配方一定比例复配而成，兼具物理溶剂法和化学溶剂法的特点。配方型溶剂可调范围大，是国内外重点开发对象。

1. 典型配方型脱硫溶剂(UDS)基本性质

国内外开发的配方型脱硫溶剂，均是通过在醇胺溶剂中加入某些物理溶剂(物理-化学溶剂)或针对性的活性组分，能够结合醇胺溶剂对 H_2S 和 CO_2 的良好脱除性能以及特定组分对有机硫的良好溶解性，达到对 H_2S、CO_2 和有机硫的同时有效脱除目的。砜胺溶剂、Flexsorb 溶剂、LHS-1 溶剂、HRS-1 溶剂、CT8-5 溶剂、UDS 溶剂等均属于配方型脱硫溶剂。其中典型配方型脱硫溶剂 UDS 的基本性质见表 7-1-8。

表 7-1-8　典型配方型溶剂(UDS)的基本性质

项　目	性质或数值	项　目	性质或数值
外观	浅黄色至棕红色液体	运动黏度(20℃)/(mm^2/s)	≤90.0
脱硫组分含量/%	≥97.0	溶解性	与水互溶
密度(20℃)/(g/cm^3)	1.035~1.065	碱性氮含量/(g/L)	≥110

2. 温度对配方型脱硫溶剂(UDS)水溶液基本物性的影响

脱硫溶液物性是天然气等工业净化装置设计的重要参数。UDS 溶剂主要包括配方组分(UDS-F)和 MDEA 组分。以配方组分与 MDEA 的质量比表示 UDS 溶剂基本构成，例如，“UDS(3:7)”表示 UDS 溶剂中配方组分与 MDEA 的质量比为 3:7；用脱硫溶剂水溶液中相应 UDS 溶剂的质量分数来表示其浓度，例如，“UDS 溶液的浓度为 50%”系指 UDS 水溶液中相应 UDS 溶剂的质量分数为 50%。

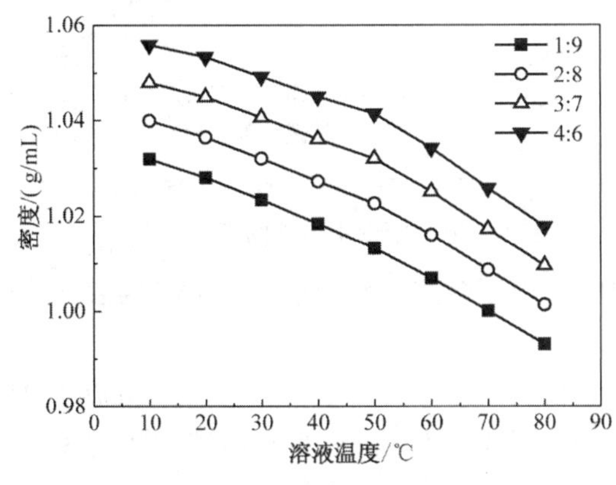

图 7-1-3　不同温度下 UDS 新型复合溶剂水溶液的密度

不同温度下各常用配比 50% 质量浓度 UDS 新型复合溶剂水溶液的密度、黏度、表面张力和饱和蒸气压结果如下所示。

图 7-1-3 显示了不同配比的 UDS 新型复合溶剂水溶液 10~80℃时的密度变化情况。

由图 7-1-3 中实验数据得到不同配比的 UDS 新型复合溶剂水溶液 10~80℃的密度计算式如式(7-1-13)所示。

$$\rho = k_1 + k_2 t + k_3 t^2 \qquad (7-1-13)$$

式中，ρ 为溶液密度，g/mL；t 为溶液温度，℃；k_1、k_2 和 k_3 均为与溶液配比有关的系数，其值列于表 7-1-9。

表 7-1-9　式(7-1-13)中 k_1~k_3 数值

配比	k_1	$k_2\times10^{-4}$	$k_3\times10^{-6}$
1:9	1.03531	-3.1257	-2.6994
2:8	1.04246	-2.3123	-3.5446
3:7	1.04961	-1.5030	-4.3869
4:6	1.05677	-0.6936	-5.2292

图 7-1-4 显示了 10~80℃时各配比的 UDS 新型复合溶剂水溶液的黏度变化情况。

由图 7-1-4 中实验数据得到不同配比的 UDS 新型复合溶剂水溶液 10~80℃的黏度计算式如式(7-1-14)所示。

$$\mu = k_4 e^{k_5 t} \qquad (7-1-14)$$

式中，μ 为溶液黏度，mPa.s；t 为溶液温度，℃；k_4 和 k_5 为与溶液配比有关的系数，其值列于表 7-1-10。

表 7-1-10　式(7-1-14)中 k_4 和 k_5 数值

配比	k_4	k_5	配比	k_4	k_5
1 :9	13. 3023	-0. 0246	3 :7	13. 1844	-0. 0258
2 :8	13. 2303	-0. 0253	4 :6	13. 1621	-0. 0261

图 7-1-5 显示了不同配比 UDS 新型复合溶剂水溶液在 10~80℃时的表面张力变化情况。

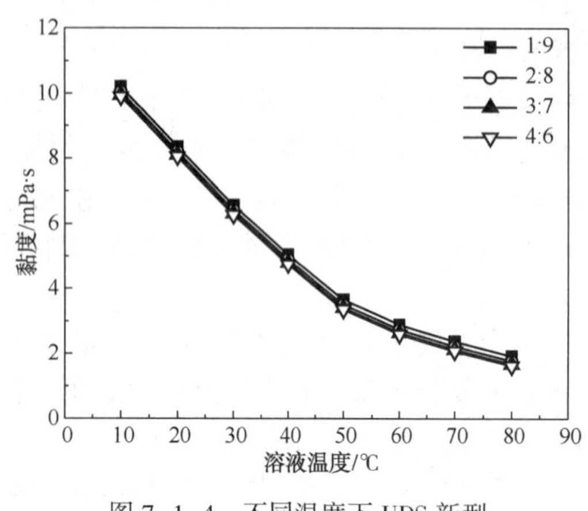

图 7-1-4　不同温度下 UDS 新型复合溶剂水溶液的黏度

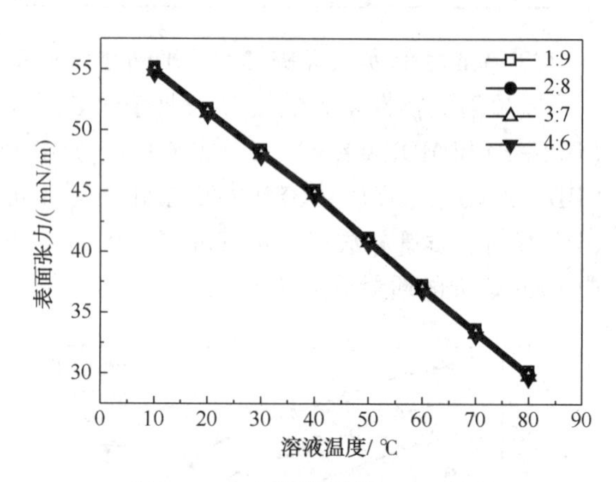

图 7-1-5　不同温度下 UDS 新型复合溶剂水溶液的表面张力

由图 7-1-5 中实验数据得到不同配比的 UDS 新型复合溶剂水溶液 10~80℃的表面张力计算式如式(7-1-15)所示。

$$\sigma = k_6 + k_7 t \tag{7-1-15}$$

式中，σ 为溶液表面张力，mN/m；t 为溶液温度,℃；k_6 和 k_7 为与溶液配比有关的系数，其值列于表 7-1-11。

表 7-1-11　式(7-1-15)中 k_6 和 k_7 数值

配比	k_6	k_7	配比	k_6	k_7
1 :9	59. 0786	-0. 3604	3 :7	58. 6786	-0. 3604
2 :8	58. 8786	-0. 3604	4 :6	58. 4786	-0. 3604

图 7-1-6 显示了 UDS 新型复合溶剂水溶液在 40~130℃时的饱和蒸气压变化情况。

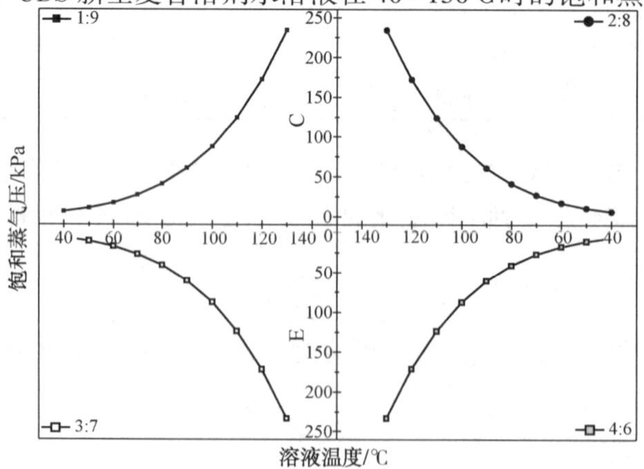

图 7-1-6　不同温度下 UDS 新型复合溶剂水溶液的饱和蒸气压

对图 7-1-6 中 40~130℃不同温度下 UDS 新型复合溶剂水溶液的饱和蒸气压实验数据回归后得到式(7-1-16)。

$$\ln P = k_8 + k_9 t + k_{10} t^2 \tag{7-1-16}$$

式中，P 为饱和蒸汽压，kPa；t 为溶液温度,℃；k_8、k_9 和 k_{10} 为常数，其值列于表 7-1-12。

表 7-1-12　式(7-1-16)中 k_8~k_{10} 数值

配比	k_8	k_9	$k_{10}\times10^{-4}$
1∶9	-0.22469	0.05797	-1.09768
2∶8	-0.22565	0.05796	-1.09739
3∶7	-0.22664	0.05795	-1.0971
4∶6	-0.22765	0.05794	-1.0968

3. 脱硫剂浓度对配方型脱硫溶剂(UDS)基本物性的影响

除了温度因素，脱硫剂浓度对配方型脱硫溶剂(UDS)基本物性也有重要影响。常压、40℃下不同脱硫剂浓度对 UDS-2(3∶7)溶液密度、黏度及表面张力的影响，分别如图 7-1-7、图 7-1-8 及图 7-1-9 所示。

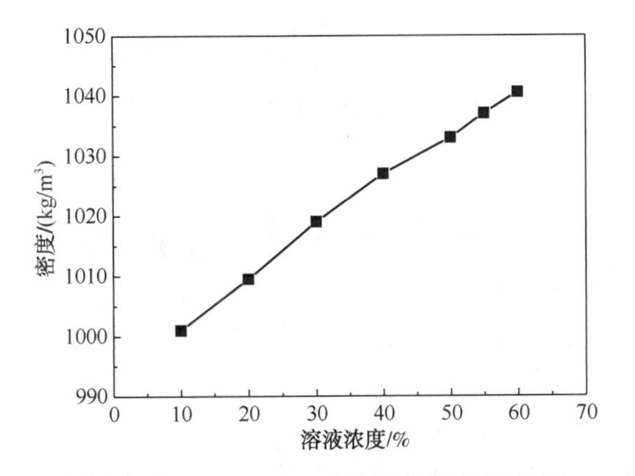

图 7-1-7　UDS-2(3∶7)溶液的密度(40℃)

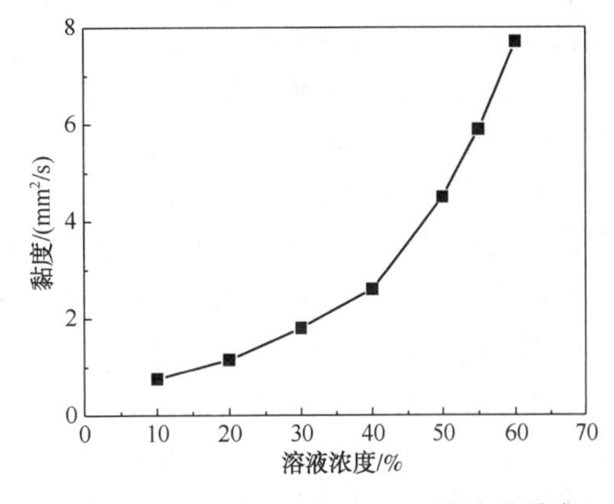

图 7-1-8　UDS-2(3∶7)溶液的黏度(40℃)

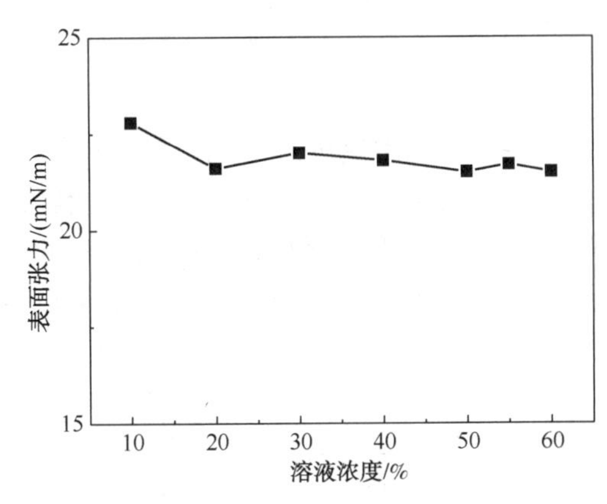

图 7-1-9　UDS-2(3∶7)溶液的表面张力(40℃)

由图 7-1-7 可见，常压、温度 40℃下，在考察的浓度范围，随着溶剂浓度的增加，溶液的密度逐渐增大。

由图 7-1-8 可见，常压、温度 40℃下，在考察的浓度范围，随着溶剂浓度的增加，溶液的黏度呈指数曲线增加。

由图 7-1-9 可见，常压、温度 40℃下，在考察的浓度范围，随着溶剂浓度的增加，溶液的表面张力呈略下降趋势。

4. 配方型脱硫溶剂使用性能特点

(1) Sulfinol(砜胺溶剂)脱硫溶剂的使用性

能特点

1）砜胺Ⅰ型（一乙醇胺-环丁砜）。与常规的MEA法相比，装置的处理能力可提高约30%～40%，对H_2S及CO_2净化度较好，溶液循环量较小，能耗较低；但是砜胺Ⅰ型溶液再生温度较MEA法高8～10℃，因此砜胺Ⅰ型比MEA容易变质而加重对装置腐蚀的影响。

2）砜胺Ⅱ型（二异丙醇胺-环丁砜，Sulfinol-D）。装置处理能力较MEA法提高约50%，溶液的酸气负荷提高约1/3，净化气总硫含量也显著降低，装置热负荷较MEA法有明显下降，醇胺变质情况好于砜胺Ⅰ型。

3）砜胺Ⅲ型（甲基二乙醇胺-环丁砜，Sulfinol-M。）与MDEA溶液相比，脱除有机硫的能力有所提高，可在高CO_2含量情况下从天然气中选择性脱除H_2S，且溶液再生能耗低于MDEA溶剂。

（2）Flexsorb脱硫溶剂的使用性能特点

1）Flexsorb SE：采用位阻胺的水溶液用于选吸H_2S的工艺；

2）FlexsorbSE+：在Flexsorb SE工艺的基础上添加了活化催化剂，以提高溶液中H_2S的解吸速率；

3）Flexsorb@ SE：美国ExxonMobile公司的专利工艺，采用环丁砜、Flexsorb SE与水的混合物用于选择脱除H_2S及有机硫的工艺；

4）Flexsorb HP：在碳酸钾/碳酸氢盐中加入位阻胺，专门用于脱除CO_2的工艺；

5）Flexsorb PS：环丁砜和位阻胺的水溶液，主要用于大量脱除H_2S、CO_2、COS、RSH的工艺，脱除效果相当于sulfinol-D。

（3）LHS-1脱硫溶剂的使用性能特点

中石化洛阳石化工程公司研究所开发的LHS-1配方型溶剂，与常用的MEA和DEA相比，反应热较低，再生较容易，能耗较低；在CO_2、H_2S同时存在时，对H_2S具有较高吸收选择性；可部分脱除COS等有机硫；LHS-1腐蚀性较低，可在较高的浓度下使用。

（4）HRS-1脱硫溶剂的使用性能特点

HRS-1溶剂是中国石化长岭炼化公司研究院开发的以MDEA为基础的配方型溶剂，与MEA溶剂相比，具有较高的H_2S吸收选择性；溶剂使用浓度较高，腐蚀性较低；溶剂降解和失活速率较低。该溶剂主要用于在CO_2、H_2S同时存在时选择性吸收脱除H_2S，未见该溶剂关于有机硫脱除性能的报道。

（5）CT8-5脱硫溶剂的使用性能特点

CT8-5溶剂是中国石油西南油气田公司天然气研究院开发的复配型溶剂，以MDEA为基础组分（含量在90%以上），添加适量能改变脱硫选择性和再生性能的添加剂及微量辅助添加剂构成。在CO_2、H_2S同时存在时，对H_2S具有较高的吸收选择性，CO_2共吸率低于MDEA溶剂；腐蚀性较低、溶剂化学稳定性好、降解少，无需配置胺液复活设施；溶剂再生能耗较低。未见该溶剂关于有机硫脱除性能的报道。

（6）CT8-20脱硫溶剂的使用性能特点

CT8-20溶剂也由中国石油西南油气田公司天然气研究院开发，由MDEA和物理溶剂环丁砜构成，属砜胺Ⅲ型溶剂，性能与Shell公司的Sulfinol-M溶剂类似。与MDEA溶剂相比，可在高CO_2含量情况下从天然气中选择性脱除H_2S；在脱除CO_2和H_2S的同时，还提高了对 COS 为主的有机硫脱除性能。由于物理溶剂环丁砜的大量存在(与 MDEA 的含量相当)，再生能耗低于 MDEA 溶剂。

(7) UDS 脱硫溶剂的使用性能特点

中国石化部署组织华东理工大学等联合开发的 UDS 系列高效复合溶剂，可针对气体组成特点能动调变溶剂配方组成，在保持高效脱除 H_2S 的同时，对 COS、RSH、CS_2 等有机硫化物具有明显脱除功能优势。在我国特大型高酸性天然气净化装置、炼厂液化气、干气、硫黄回收尾气脱硫脱碳等工业净化装置得到了广泛应用。

综上所述，UDS 等配方型溶剂兼具物理溶剂法和化学溶剂法的优点。与化学溶剂法相比，UDS 等配方型溶剂具有污染小、再生能耗低、可将硫化氢、有机硫、CO_2 在同一单元一起高效脱除的优势；与物理溶剂法相比，UDS 等配方型溶剂具有重烃吸收少、选择性高的优势。

(四) 脱硫溶剂基本性质、性能及气液相中硫化物、二氧化碳分析

脱硫溶剂研发、生产、使用、分析、检验、监测等都需按照规范的分析方法对脱硫溶剂基本性质、基本性能及气液相中硫化物、CO_2 等进行检测，下面对有关分析方法作扼要介绍，详细分析方法请查阅有关标准。

1. 脱硫溶剂基本性质的分析

脱硫溶剂密度、运动黏度、表面张力、浓度均是试剂、产品重要的基本性质。溶剂密度、运动黏度、表面张力分析方法按照国家有关标准进行，具体标准列于表 7-1-13。

表 7-1-13　溶剂密度、运动黏度、表面张力分析方法

物性	标准名称	标准号
密度	化工产品密度、相对密度测定通则	GB/T 4472—1984
运动黏度	石油产品运动黏度测定法和动力黏度计算法	GB/T 265—1988
表面张力	天然胶乳环法测定表面张力	GB/T 18396—2001

运动黏度测定采用上海昌吉地质仪器有限公司生产的型号为 SYD-265D-1 石油产品运动黏度测定器进行分析。表面张力分析采用上海衡平仪器仪表厂生产的型号为 BZY-1 全自动表面张力仪测定。

关于脱硫溶剂浓度分析，由于 UDS 等配方型溶剂包括多种有机胺等组分，很难用单一化合物代表其有效浓度。考虑到 UDS 溶剂中各组分的相对含量在使用过程中基本不变，因此以代表有机胺浓度的“碱度”(即碱性氮含量)来表征 UDS 脱硫溶剂的有效浓度是行之有效的办法。测定碱度时，首先，按照《天然气净化厂及溶液分析方法》(SY/T 6537—2002)中的方法，采用盐酸标准溶液滴定以测定新鲜 UDS 溶剂的碱度(N_{B1})；再采用相同方法测定 UDS 溶液的碱度(N_{B2})，则溶液的浓度(c)可按照下式计算：

$$c = N_{B2}/N_{B1} \tag{7-1-17}$$

2. 脱硫溶剂基本性能的分析

分析热稳定性、抗泡性、热稳定性盐含量、阴离子含量、阳离子含量、腐蚀性等，可以从多角度来表征脱硫溶剂在使用过程中的基本性能。

脱硫溶剂的热稳定性可采用美国 TA 仪器公司生产的型号为 Q600SDT 差热-热重综合热分析仪进行评价。热重分析条件如下：N_2 气氛，流速为 120~160mL/min，计算机程序控温

(自室温以 5℃/min 升至 300℃)，温度精度±0.1℃。

溶剂抗发泡性能测定参照行业标准《配方型选择性脱硫溶剂》(SY/T 6538—2002)中的方法进行，实验流程如图 7-1-10 所示。

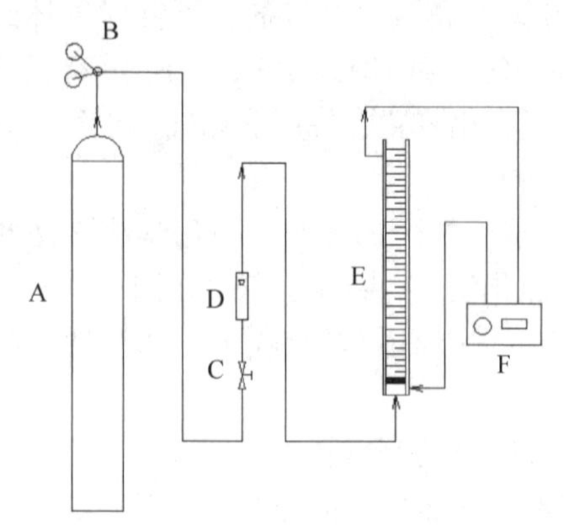

图 7-1-10　溶剂抗发泡性能测试实验流程
A—气体钢瓶；B—减压阀；C—针型阀；D—转子流量计；E—发泡管；F—超级恒温水浴

具体操作步骤如下：

1) 打开恒温水槽，设定水浴温度(如 30℃)；

2) 将待测溶剂配成一定浓度的水溶液，待水浴温度达到预定值后，将待测溶剂由管口加入发泡管中(液面至发泡管底部玻砂高约 100mm)，并恒温静置 10min；

3) 依次打开气体(如 N_2)钢瓶阀门和针型阀，调节气体流量至所需值(如 250mL/min)，通气 5min 后读取泡沫层高度值；

4) 随后关闭针型阀停止通气，同时开始计时，读取消泡时间。开始计时至泡沫刚好破灭见清液，即为消泡时间。

脱硫溶剂的热稳定性盐(Heat Stable Salts，HSS)含量采用阳离子交换-容量法测定。

脱硫溶剂的阴离子含量采用美国 Thermo Elemental 生产的型号为 Dionex-600 高效离子色谱分析。离子色谱仪的相关参数如表 7-1-14 所示。

表 7-1-14　高效离子色谱仪的规格参数

项　目	阴离子	阳离子
淋洗液	20mmol/L NaOH	20mmol/L 甲磺酸
分离柱	Ionpac-AS-11	Ionpac-CS-12A
抑制器	ASRS-ULTRA 阴离子抑制器	DIS-5C
检测方法	电导检测器	电导检测器
分离方式	高效离子交换色谱	高效离子交换色谱

脱硫溶剂的金属阳离子含量采用美国 Thermo Elemental 生产的型号为 IRIS 1000 的全谱直读等离子体发射光谱仪(ICP-AES)分析。测定之前，样品需经过灰化和酸解等预处理。准确称取约 30g 的脱硫溶液样品于瓷坩埚(50mL)中，在电热鼓风干燥箱内加热浓缩，以除去大部分水；将浓缩后的样品置入 600℃下的马弗炉中，灼烧样品至无残炭为止；在坩埚中依次加入 10mL 盐酸和 3mL 硝酸使残余物溶解，然后将此溶液在平板电炉上蒸至剩余 2mL 左右，再用去离子水稀释定容；最后，采用 ICP-AES 测定该水溶液的阳离子含量，通过换算即可得到样品的金属阳离子含量。ICP-AES 的分析条件如表 7-1-15 所示。

表 7-1-15　全谱直读等离子体发射光谱仪的分析条件

项　目	参数	项　目	参数
RF 发生器功率/W	1150	提升量/(mL/min)	2
频率/MHz	27.12	雾化器压力/psi(1psi=6.895kPa)	26
进样泵速/(r/min)	100		

溶剂的腐蚀性测试可采用图 7-1-11 所示的实验装置进行。

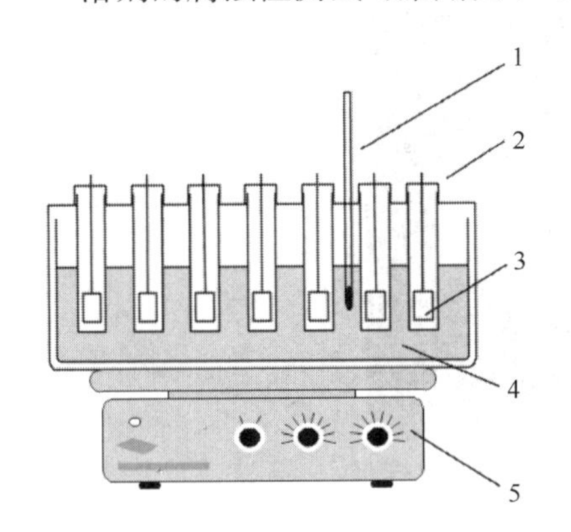

图 7-1-11 腐蚀性测试实验装置
1—温度计；2—具塞试管；3—金属试片；4—恒温油浴；5—搅拌及加热单元

测试前用金相砂纸将不同材质的金属挂片逐级打磨至 800 号，然后依次在超声波清洗器中经无水乙醇和丙酮清洗并在冷风下吹干，置于干燥器中至恒重。将一定量的待考察溶液倒入具塞试管并置于恒温油浴中，待溶液温度达到设定值后，将已精确称量的金属挂片置于待测溶液中。静置一定时间后取出，依次经无水乙醇、去离子水和石油醚擦洗，最后用丙酮超声波清洗，在吹干后置于干燥器中至恒重后精确称重。

3. 液相中硫化物、二氧化碳含量的分析

溶剂吸收法工艺在高压低温条件下，脱硫溶剂与天然气等酸性气在吸收塔内逆流接触而选择性吸收 H_2S、CO_2 和有机硫等酸性气体杂质；溶解了酸性气体杂质的胺液称为富液；在近常压和高温的条件下释放出酸性组分实现再生的溶剂称为贫液。贫液和富液中的 H_2S 含量测量采用碘量法。

富液中的有机硫总量采用江苏江分电分析仪器有限公司生产的型号为 WK-2D 微库仑仪测定。首先，应对富液进行预处理以消除 H_2S(液相中以 HS^- 和 S^{2-} 形式存在)对有机硫含量测定的干扰；然后，用微库仑仪测定经预处理后的富液和空白样品的总硫含量，两者的差值经换算后即为富液中的有机硫总量。

贫富液中的 CO_2 含量采用酸解体积法进行分析。用硫酸分解贫富液中的碳酸盐，放出二氧化碳，测其体积而得 CO_2 含量，并加入重铬酸钾以消除液体中的硫化物和硫代硫酸盐对测定结果的影响。

4. 气相中硫化物、二氧化碳含量的分析

国内外已先后颁布了针对天然气中 H_2S 的不同的测试标准。气相色谱法由于通过选择合适的色谱柱和检测器后能够实现对各硫化物的高效分离和精确定量，是分析各有机硫组分的适宜方法。气体样品中的硫化物采用气相色谱仪进行测定，如图 7-1-12 所示。GC-9560 气相色谱仪由上海华爱色谱分析技术有限公司生产，配有 FPD 检测器，毛细管色谱柱为 SE-30(30m×0.32mm×1.0μm)，由兰州化学物理研究所生产。色谱分析条件为：载气为氮气，压力为 0.08MPa；氢气和空气的压力均为 0.1MPa。检测器和气化室的温度为 250℃。采用程序升温，升温程序为：50℃保持 3min，以 3℃/min 的速率升温至 180℃，恒温 5min。

根据各硫化物标样的气相色谱保留时间对样品中的硫化物进行定性分析，并以不同浓度硫化物标样的色谱分析结果绘制硫化物定量分析所用的标准曲线。在双对数坐标上建立硫化物含量和色谱峰高响应值的线性关系曲线，然后以此曲线作为样品中硫化物定量分析的标准曲线。

气体样品 CO_2 含量的分析，若 CO_2 的含量≥300mg/Nm^3 时，采用上海豫东电子科技有限公司生产的 CO_2 检测管进行测定；若气体样品 CO_2 的含量<300mg/Nm^3 时，采用德国西门子股份公司生产的型号为 ULTRAMAT6 的 CO_2 红外分析仪进行测定。

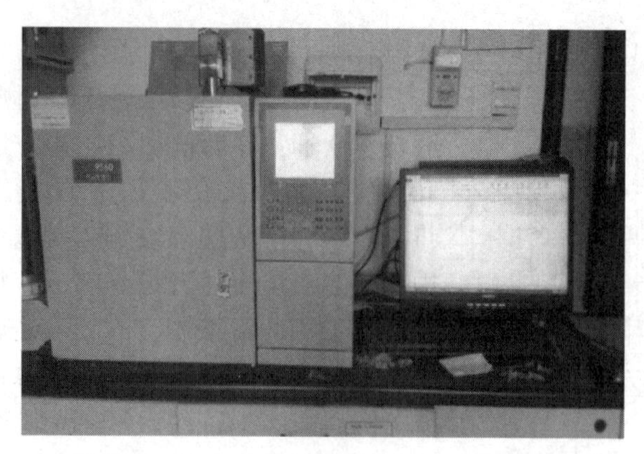

图 7-1-12　气相色谱法天然气组成分析装置

第二节　气体吸收脱硫与溶剂再生工艺原理

本节介绍天然气等所含的酸性组分被醇胺溶剂吸收脱除的过程原理、脱除机理，有机硫酸性组分在脱硫溶剂中溶解热力学，脱硫溶剂吸收 COS 酸性组分动力学，醇胺脱硫溶剂的再生工艺原理、基于分子管理的溶剂吸收脱硫脱碳效果。

一、叔胺(R_3N)MDEA 吸收脱硫过程原理

前已述及，物理溶剂法是依靠 H_2S、CO_2 和有机硫在不同压力、温度下在溶剂中有不同的溶解度来取得脱除效果的方法。化学溶剂法最具有代表性的溶剂是醇胺。根据 Lewis 酸碱理论，醇胺首先与天然气中酸性较强的 H_2S 和 CO_2 反应，再与酸性较弱的有机硫反应。

醇胺法脱除天然气中的有机硫化合物存在以下两种机理：①有机硫在醇胺溶液中的物理溶解。②部分有机硫与醇胺直接反应生成可再生或难以再生的含硫化合物，也有部分有机硫化合物与水发生水解反应而生成 H_2S 和 CO_2，进一步被醇胺吸收，统称为化学溶解。醇胺溶液对 H_2S 和 CO_2 的吸收主要是基于酸碱反应。

脱硫工艺中应用广泛的 MEA、DEA、DIPA、DGA、MDEA 等醇胺溶剂对 H_2S 和 CO_2 均具有良好的脱除效果；只要传质设备设计合理、操作条件适宜，上述溶剂的净化气的 H_2S 和 CO_2 含量均能够控制在指标要求之内。但 COS、硫醇(RSH)在醇胺溶液中溶解度是物理溶解和化学溶解之和，它们的酸性对其与醇胺溶液的气液平衡特性具有重要影响。不过 COS 和 RSH 的酸性远弱于与其大量共存于高酸性天然气中的 H_2S 和 CO_2。例如，硫醇的质子化平衡常数(pK_a)为 9~12，而 H_2S 和 CO_2 的 pK_{a1}分别为 6.98 和 6.35(见表 7-2-1)。

酸性气的质子化平衡常数(pK_a)其值愈大，则酸性气与醇胺的化学反应活性愈低。RSH、COS 较弱的酸性使其在醇胺溶液中的化学溶解度较低。以叔胺(R_3N)MDEA 吸收脱硫为例，图 7-2-1 为 MDEA-H_2O-H_2S-CO_2-RSH 体系的吸收解吸过程原理。应用于净化工艺的各种醇胺与 H_2S 的反应都可认为是瞬时反应，反应速率常数大于 10^9L/(mol · s)，且在界面和液相中都达到平衡。但各种醇胺与 CO_2 的反应速率却有很大差别。MEA 和 DEA 均能直接且快速地与 CO_2 反应生成胺基甲酸盐，反应时间为 10^{-2}~10^{-6}s；而 MDEA 由于在氮原子上没有活泼 H，因而不会生成胺基甲酸盐。按双膜理论，CO_2 首先由气相进入气膜，再经气

液界面进入液膜，再进入液相主体，与 OH^- 反应生成 HCO_3^- 离子，HCO_3^- 离子再与胺进行反应。CO_2 与胺的反应是受液膜控制的慢反应，反应时间大于 0.01s。MDEA 对 H_2S 和 CO_2 吸收速率的巨大差异是选择性吸收的基础。工业上可通过 H_2S 和 CO_2 与胺液的接触时间、接触面积使之有利于 H_2S 的吸收反应，而不利于 CO_2 的吸收反应，以提高溶剂的选择性吸收能力。

有机硫化物(RSH)穿过气液界面，以分子形式溶解于液相(物理溶解)，然后再与液相中的醇胺分子发生化学反应(化学溶解)。由于酸性较弱，有机硫化物与醇胺的化学反应平衡常数与速率均较低。Bedell SA 和 Miller 认为，硫醇(RSH)的溶解是由物理溶解和化学溶解两部分组成：物理溶解量与温度、压力有关；化学溶解量等于硫醇(RSH)在胺液中形成的硫醇盐(RS^-)的溶解量。但是，一方面大量酸性较强的 H_2S 和 CO_2 易与醇胺反应，造成液相的 pH 值显著下降，生成大量的质子化胺和氢离子，这进一步抑制了 RSH 硫与醇胺的化学反应。即酸性较强的 H_2S 与 CO_2 可显著抑制 RSH 和 COS 在液相中的化学溶解。另一方面，在工业净化装置中，大量 H_2S、CO_2 与醇胺反应释放出的热量会造成液相温度明显升高，从而使得有机硫在溶液中的亨利系数升高，导致原本就极其有限的物理溶解进一步下降。所以，以醇胺溶剂净化高酸性天然气、炼厂气时，有机硫传质推动力很低，相应的有机硫脱除率也相当有限。接下来进一步讨论酸性组分的脱除机理。

表 7-2-1　酸性气的质子化常数①

项　目	H_2S	CO_2	MeSH	EtSH	硫醇
pK_{a1}②	6.98	6.35			
pK_a			10.32	10.89	9~12

① 298.15K；

② 下角标“1”表示在水中的一级电离。

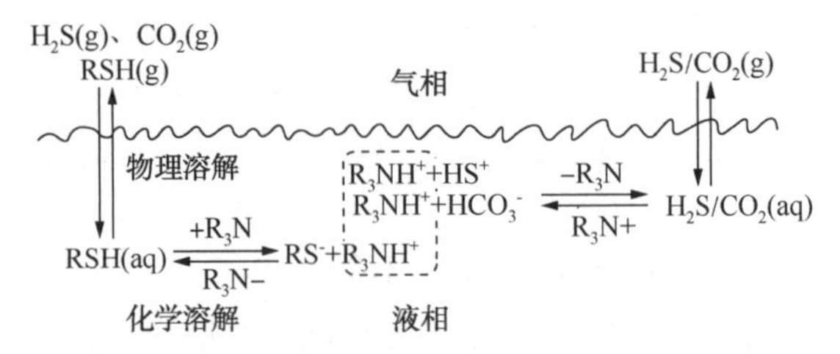

图 7-2-1　MDEA-H_2O-H_2S-CO_2-RSH 体系的吸收解吸过程原理

图中 aq(aqueous solution)，即为水溶液。

二、酸性组分的脱除机理

本节探讨了 H_2S、CO_2、COS、RSH、CS_2 各酸性组分被醇胺溶剂脱除的机理。

(一) 醇胺吸收脱除 H_2S 的机理

H_2S 被醇胺溶液吸收，是基于酸碱中和反应的化学吸收。醇胺化合物与 H_2S 的反应系质子反应，是受气膜控制的瞬时反应。伯胺、仲胺和叔胺(分别用 RNH_2、R_2NH 和 R_3N 表示)与 H_2S 的反应可分别表示如下：

$$RNH_2+H_2S \rightleftharpoons RNH_3^++HS^- \quad (7-2-1)$$

$$RNH_2+HS^- \rightleftharpoons RNH_3^+ + S^{2-} \tag{7-2-2}$$

$$R_2NH+H_2S \rightleftharpoons R_2NH_2^+ + HS^- \tag{7-2-3}$$

$$R_2NH+HS^- \rightleftharpoons R_2NH_2^+ + S^{2-} \tag{7-2-4}$$

$$R_3N+H_2S \rightleftharpoons R_3NH^+ + HS^- \tag{7-2-5}$$

$$R_3N+HS^- \rightleftharpoons R_3NH^+ + S^{2-} \tag{7-2-6}$$

上述反应具有很高的反应速率，反应通常在气液界面即已完成。

（二）醇胺吸收脱除 CO_2 的机理

CO_2 被醇胺溶液吸收，也是基于酸碱中和反应的化学吸收。醇胺与 H_2S 的反应是受气膜控制的瞬时反应，然而，醇胺-CO_2 的反应速率常数较前者低 3~6 个数量级。因此，与脱除 H_2S 相比，醇胺与 CO_2 的反应情况就有很大不同。对于胺基氮原子上有活泼氢原子的醇胺化合物，Danckwerts 首先提出的基于生成两性离子中间产物的反应机理被后来的很多研究者所证实并被广泛接受。不同醇胺分子与 CO_2 的反应情况有所不同，反应速率也存在很大差异。伯胺和仲胺胺基 N 原子上具有活泼 H 原子，因此伯胺和仲胺分子可与 CO_2 可先形成两性离子，两性离子在碱分子 B(可以是水分子或另一醇胺分子)的作用下通过脱质子反应生成相应的胺基甲酸盐，其中两性离子的脱质子反应是该过程的控制步骤，整个过程具有中等的反应速率，反应式为：

伯胺

$$CO_2+RNH_2 \rightleftharpoons RNH_2^+COO^- \tag{7-2-7}$$

$$B+RNH_2^+COO^- \rightleftharpoons RNHCOO^- + BH^+ \tag{7-2-8}$$

仲胺

$$CO_2+R_2NH \rightleftharpoons R_2NH^+COO^- \tag{7-2-9}$$

$$B+R_2NH^+COO^- \rightleftharpoons R_2NCOO^- + BH^+ \tag{7-2-10}$$

此外，溶液中的 CO_2 分子自身也会发生水解反应，伯胺和仲胺还可以作为碱催化剂催化 CO_2 的水解反应：

$$CO_2+H_2O+RNH_2 \rightleftharpoons RNH_3^+ + HCO_3^- \tag{7-2-11}$$

$$CO_2+H_2O+R_2NH \rightleftharpoons R_2NH_2^+ + HCO_3^- \tag{7-2-12}$$

与基于生成两性离子的反应相比，式(7-2-11)和式(7-2-12)所示的碱催化水解反应的速率较慢。

由于叔醇胺胺基 N 原子上无活泼 H 原子，不能与 CO_2 反应生成两性离子，因而只能通过碱催化的方式催化 CO_2 的水解反应，因此具有较低的反应速率，反应式为：

$$CO_2+H_2O+R_3N \rightleftharpoons R_3NH^+ + HCO_3^- \tag{7-2-13}$$

叔醇胺中的 MDEA 与 MEA、DEA、DGA 和 DIPA 等醇胺相比具有更高的脱硫选择性。当以 MDEA 水溶液处理同时含有 H_2S 和 CO_2 的原料气时，MDEA 吸收 H_2S 的过程是受气膜扩散控制的瞬时反应；而吸收 CO_2 的过程则是受反应和液膜扩散共同控制的慢反应，反应在液相主体中仍继续进行，这种反应速率上的巨大差别是 MDEA 溶剂产生选择性吸收的动力学基础。

（三）醇胺吸收脱除 COS 的机理

COS 与醇胺反应遵从类似 CO_2 被醇胺溶液吸收的反应机理。

根据脱除过程本质的不同，可将醇胺溶液对 COS 的溶解脱除作用分为物理溶解、化学吸收、催化水解反应后再吸收。化学吸收的脱除机理依据醇胺分子结构的不同而异。

1. 物理溶解

COS 的沸点与丙烷相近，在水中的溶解度较低，仅为 1.254g/L。因此 COS 在醇胺溶液中的物理性溶解相当有限。

2. 化学吸收

COS 分子的结构和性质与 CO_2 类似，COS 与碱性的胺类化合物的反应遵从类似 CO_2 的反应机理，碱性较强的伯胺和仲胺能够与 COS 反应生成相应的硫代氨基甲酸盐，基于生成两性离子的反应式如下：

伯胺 $$COS+RNH_2 \rightleftharpoons RNH_2^+COS^-（两性离子） \quad (7-2-14)$$

$$B+RNH_2^+COS^- \rightleftharpoons RNHCOS^-+BH^+ \quad (7-2-15)$$

仲胺 $$COS+R_2NH \rightleftharpoons R_2NH^+COS^-（两性离子） \quad (7-2-16)$$

$$B+R_2NH^+COS^- \rightleftharpoons R_2NHCOS^-+BH^+ \quad (7-2-17)$$

3. 水解反应

COS 的分子结构为线性分子，可以水解。对于叔胺而言，基于碱催化方式的反应式为：

$$COS+H_2O+R_3N \rightleftharpoons R_3NH^++HCO_2S^- \quad (7-2-18)$$

对于胺基 N 原子上具有活泼氢的伯胺和仲胺，能够通过形成两性离子[式(7-2-14)~式(7-2-17)]方式或以碱催化[式(7-2-18)]方式脱除 COS。

醇胺分子通过生成两性离子的方式脱除 COS 时，式(7-2-14)和式(7-2-16)脱质子反应是该过程的控制步骤。溶液中的水和醇胺分子均能够作为碱而催化两性离子的脱质子反应，但是水分子对两性离子脱质子过程的催化作用远低于醇胺分子的催化作用，Littel 等在研究 COS 在 MEA、DEA、DGA、DIPA、MMEA 和 AMP 等醇胺水溶液中反应动力学时发现，COS 与醇胺分子反应形成的两性离子在相应醇胺分子的催化作用下的脱质子反应速率均比该两性离子在水分子催化作用下的脱质子反应速率快 100 倍以上。因此，两性离子脱质子反应中起主要作用的是胺类分子。对于 MDEA 这类叔醇胺而言，通过化学反应脱除 COS 的方式仅限于碱催化过程。根据 Amararene 和 Bouallou 关于 COS 在 DEA 和 MDEA 溶液中吸收动力学的研究结果，通过碱催化方式脱除 COS 过程的反应速率大大低于基于生成两性离子脱除 COS 的过程。

当 COS 水解为 H_2S 及 CO_2 时，容易脱除。然而，该反应在没有催化剂存在的情况下只能以很低的反应速率进行。低温下 COS 水解的反应速率甚慢，25℃以下的拟一级反应速率常数仅为 $0.0011s^{-1}$。

总而言之，通常的醇胺溶液对 COS 的脱除率均不高。

（四）醇胺吸收脱除 RSH 的机理

硫醇在复合溶剂中的溶解是由物理溶解、化学溶解吸收两部分构成。

1. 物理溶解

硫醇在物理溶剂中的溶解度取决于物系的亨利系数，其数值愈小，则溶解度愈大。40℃、4MPa 压力下，有酸性气体存在时，甲硫醇在质量分数为 50%MDEA 水溶液中的亨利系数为 9.8~14.0。

2. 化学溶解

硫醇化合物也能够与醇胺发生化学反应形成相应的硫醇盐而溶解于溶液中，反应式如下：

$$RNH_2+RSH \rightleftharpoons RNH_3^+RS^- \tag{7-2-19}$$

$$R_2NH+RSH \rightleftharpoons R_2NH_2^+RS^- \tag{7-2-20}$$

$$R_3N+RSH \rightleftharpoons R_3NH^+RS^- \tag{7-2-21}$$

但是由于硫醇化合物的酸性比 COS 还弱，反应速率更低，且醇胺化合物对硫醇分子的化学溶解性随溶剂中酸性组分负荷的增加而迅速下降，当醇胺的酸性组分负荷大于 0.1mol/mol 时，醇胺水溶液对硫醇的化学溶解度迅速下降到仅占物理溶解度的 10%左右。对于高酸性石油天然气的净化工艺，溶剂中酸性组分负荷将明显大于 0.1mol/mol，因此原料气中的硫醇化合物将主要依靠物理溶解而脱除，但醇胺化合物对硫醇的物理溶解性同样较低。由于一般的醇胺化合物对硫醇分子的化学溶解性和物理溶解性均不理想，因此总体脱除率不高，且随着硫醇分子碳数的增加，硫醇化合物的酸性降低，脱除率显著下降。在以碱性较强的 MEA 和 DEA 为溶剂的工业装置中，甲硫醇的脱除率一般为 45%～55%，乙硫醇的脱除率为 20%～25%，而丙硫醇的脱除率只有不到 10%。

（五）醇胺吸收脱除 CS_2 机理

醇胺类溶剂对 CS_2 的净化脱除作用同样可分为物理溶解、化学反应吸收、催化水解后再吸收三种。CS_2 分子结构类似于 CO_2 的结构，但其酸性比 CO_2 更弱。它与碱性强的醇胺反应生成硫代氨基甲酸盐，与弱碱性的醇胺反应生成 Lewis 酸碱络合物。

1. 物理溶解

CS_2 在醇胺溶液中的物理性溶解也相当有限。

2. 化学吸收作用

基于生成两性离子的脱质子反应实现 CS_2 的化学吸收脱除。醇胺直接与 CS_2 反应生成相对稳定的化合物。生成两性离子的反应式如下：

伯胺

$$CS_2+RNH_2 \rightleftharpoons RNH_2^+CSS^- \tag{7-2-22}$$

$$RNH_2{}^+CSS^-+B \rightleftharpoons RNHCSS^-+BH^+ \tag{7-2-23}$$

仲胺

$$CS_2+R_2NH \rightleftharpoons R_2NH+CSS^- \tag{7-2-24}$$

$$R_2NH+CSS^-+B \rightleftharpoons R_2NCSS^-+BH^+ \tag{7-2-25}$$

式中，B 代表水分子或另一醇胺分子。

3. 催化水解反应。

CS_2 首先发生水解反应生成 COS，继而水解生成 H_2S 和 CO_2，再通过与醇胺溶剂反应吸收脱除。反应式如下：

$$CS_2+H_2O \rightleftharpoons COS+H_2S \tag{7-2-26}$$

$$COS+H_2O \rightleftharpoons H_2S+CO_2 \tag{7-2-27}$$

$$AmH+H_2O+COS \rightleftharpoons AmH_2{}^++HCO_2S^- \tag{7-2-28}$$

$$HCO_2S^-+AmH+H_2O \rightleftharpoons AmH_2{}^++HCO_3{}^-+HS^- \tag{7-2-29}$$

式中，AmH 代表醇胺分子。

该反应在没有催化剂存在的情况下只能以很低的反应速率进行。CS_2 水解后生成的 H_2S 及 CO_2 非常容易脱除。由于传统的醇胺化合物对 CS_2 分子的化学溶解性和物理溶解性均不理想，因此总体脱除率不高。同时，脱有机硫的各种烷醇胺，MEA 是最强的有机碱，MEA 会与 CS_2 发生不可逆的降解反应，所以当待处理气体中有 CS_2 时，应避免使用 MEA 类伯胺；

与 MEA 相比，仲胺、叔醇胺与 CS_2 的反应速率较低，主要通过催化水解反应脱除 CS_2。

此外，硫醚(RSR)及二硫醚(RSSR)在天然气中含量极少，属中性物质，化学反应性差，只能通过物理溶解脱除。

三、有机硫酸性组分在脱硫溶剂中溶解热力学

由于脱硫溶剂种类繁多，实验测定酸性气体组分在每一种脱硫溶液中的溶解度难以完成。专家、学者们对气体组分在溶液中的溶解热力学开展研究，开发了一些气体溶解度和溶解选择性的预测方法，如基团贡献法、状态方程法、分子动力学模拟以及正规溶液理论。这类方法只需通过测定少量物性数据即可预测溶剂对混合气体的溶解选择性，大幅降低了实验工作量。溶解度参数计算方法可以预测新型复合溶剂对 COS/CO_2、CH_3SH/COS 的溶解选择性。

(一) 两维溶解度参数的计算理论

根据“相似相溶”原理，有机硫化物与溶剂的溶解度参数越相近，意味着有机硫越易物理溶解于溶剂。因此，通过对比有机硫化物与溶剂的溶解度参数可以评估溶剂对有机硫化物的物理溶解性能。在对 Hildebrand 溶解度参数、Hansen 三维溶解度参数以及 Bagley 两维溶解度参数的继承与修正的基础之上，研究者们建立了新的两维溶解度参数计算方法，即通过一个液体混合热力学模型，对正规溶液理论进行了修正。新定义的两维溶解度参数(δ')，分为物理和化学分量两部分，可表示如下：

$$\delta' = \delta^2/\lambda = \delta_{phy}^2/\lambda + \delta_{chem}^2/\lambda = \delta'_p + \delta'_c \tag{7-2-30}$$

式中，δ 为 Hildebrand 溶解度参数；λ 是液体内聚能的平方根；δ'_p和 δ'_c分别是溶解度参数的物理和化学分量。液体内聚能可被分为物理和化学作用，其中物理作用即范德华力(包括分子间色散、诱导及偶极作用)，化学作用则包括分子间的缔合和电子授受等特殊作用。δ'按照下式计算：

$$\delta = (E/V_m)^{1/2} \tag{7-2-31}$$

$$\lambda = p^{1/2} \tag{7-2-32}$$

$$\delta' = \delta^2/\lambda \tag{7-2-33}$$

式中，E、V_m 及 p 分别是液体内聚能、摩尔体积及液体内压；E 和 V_m 采用基团贡献法计算，相关基团贡献值列于表 7-2-2 中；p 可由物质的热压系数的实验值求得。

复合溶剂的溶解度参数按照式(7-2-34)计算。

$$\delta' = \sum \delta'_i x_i \tag{7-2-34}$$

式中，i 为某一溶剂组分；x 为溶剂组分的摩尔分数。

表 7-2-2　两维溶解度参数计算过程中涉及的基团贡献值

基团	Δv_m①/(cm³/mol)	ΔE②/(J/mol)	ΔF_d③/($J^{1/2}\cdot cm^{3/2}/mol^{1/2}$)	ΔE_h④/($J^{1/2}\cdot cm^{3/2}/mol^{1/2}$)
$-CH_3$	33.5	4710	420	0
$-\overset{H_2}{C}-$	16.1	4940	270	0

续表

基团	$\Delta v_m^{①}$/(cm³/mol)	$\Delta E^{②}$/(J/mol)	$\Delta F_d^{③}$/ ($J^{1/2}\cdot cm^{3/2}/mol^{1/2}$)	$\Delta E_h^{④}$/ ($J^{1/2}\cdot cm^{3/2}/mol^{1/2}$)
—CH(H)—	13.5	4310	200	0
=CH₂	28.5	4310	400	0
=C<	-5.5	4310	70	0
>CH—	-1.0	3430	80	0
—SH	28.0	14440	540⑤	4020⑤
—OH	10.0	29800	210	20000
>N—	-9.0	4190	20	5000
—NH—	4.5	8370	160	3100
—O—	3.8	3350	100	3000
>SO₂	32.5	26640	605	11300
—CH=O	22.3	21350	470	4500

① V_m的基团贡献值(298.15K)。

② E的基团贡献值。

③ 摩尔吸引常数色散分量的基团贡献值。

④ 摩尔吸引常数氢键分量的基团贡献值。

⑤ 采用基团贡献法，根据文献中乙硫醇的相关数据求得。

此外，溶解度参数的物理和化学分量依据溶剂性质按照相应公式计算：对于一般的极性和非极性分子，其溶解度参数的物理分量按照式(7-2-35)计算，相应的化学分量则由溶解度参数减去其物理分量求取；对于缔合性分子，其溶解度参数的化学分量按照式(7-2-36)计算，相应的物理分量则由溶解度参数减去其化学分量求取。

$$\delta'_p = \delta_d^2/\lambda \tag{7-2-35}$$

$$\delta'_c = \delta_h^2/\lambda \tag{7-2-36}$$

式中，δ_d和δ_h分别是Hansen溶解度参数的色散分量和氢键分量，均采用基团贡献法计算，相关基团贡献值列于表7-2-2中。

有机硫化物与溶剂组分在溶解度参数上的差异R_c按照式(7-2-37)计算：

$$R_c = \left[\left(\sqrt{\delta'_{pm}} - \sqrt{\delta'_{ps}}\right)^2 + \left(\sqrt{\delta'_{cm}} - \sqrt{\delta'_{cs}}\right)^2\right]^{1/2} \tag{7-2-37}$$

式中，m和s分别代表有机硫化物和溶剂组。

(二) MeSH、COS和多种溶剂的两维溶解度参数及其差异 R_c

包括MeSH、COS和19种溶剂(已经工业应用或者具有潜在工业应用价值的脱硫溶剂以及水)的两维溶解度参数及其差异R_c如图7-2-2所示。

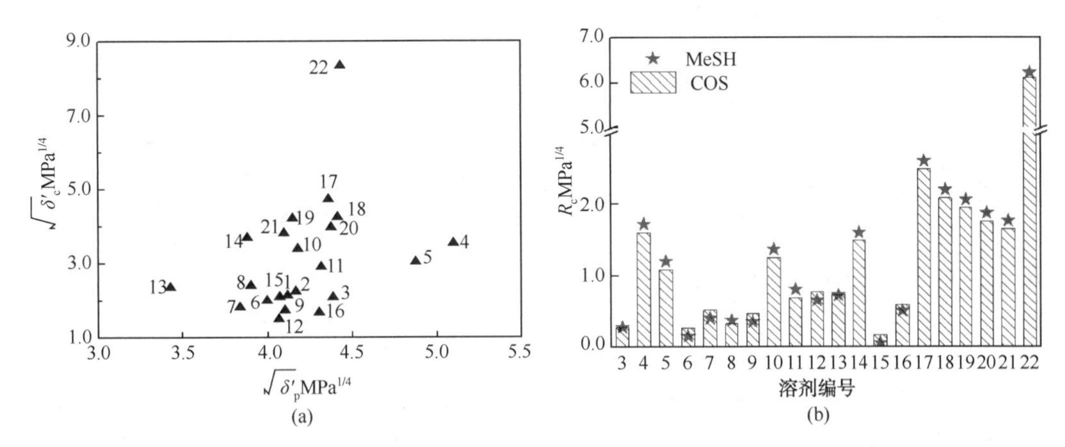

图 7-2-2 MeSH、COS 和多种溶剂的两维溶解度参数及其差异 R_c

1—MeSH；2—COS；3—pyridine 吡啶(PD)；4—烟醇(HMP)；5—l4-羟基吡唑酮(HPP)；6—*N*-甲基吡咯烷酮(NMP)；7—UDS-F；8—甲酰基吗啉(NFM)；9—哌嗪(PZ)；10—羟乙基吗啉(HEM)；11—哌啶乙醇(HEP)；12—三乙烯二胺(DABCO)；13—碳酸丙烯酯(PC)；14—二甲基亚砜(DMSO)；15—环丁砜(SUL)；16—Selexol；17—MEA；18—DEA；19—MDEA；20—DIPA；21—DGA；22—水

从图 7-2-2 可以看出，溶剂与 MeSH、溶剂与 COS 之间的 R_c 的变化规律相近，水与 MeSH、COS 之间的 R_c 最大，分别为 6.23MPa$^{1/4}$ 和 6.11MPa$^{1/4}$；其次为醇胺溶剂(MEA、DEA、MDEA、DIPA、DGA)与 MeSH、COS 之间的 R_c，分别为 1.77～2.61MPa$^{1/4}$、1.66～2.49MPa$^{1/4}$；而其他溶剂(分子间缔合和电子授受等作用较弱的物理溶剂与环状胺类)与 MeSH、COS 之间的 R_c 最小，分别为 0.05～1.73MPa$^{1/4}$、0.16～1.60MPa$^{1/4}$。水、醇胺与两种有机硫化物的之间的 R_c 均较大，这主要是由于 δ'_c 相差较大所致。MeSH 和 COS 的 δ'_c 分别仅为水的 6.7%、7.4%，仅为醇胺的 20%～30%、22%～34%。这是因为水和醇胺均为强缔合性溶剂，溶剂分子间均存在氢键，其 δ'_c 均较大；而 MeSH、COS 均不能形成氢键，分子间无缔合作用，其 δ'_c 均较小。而且，溶剂对有机硫的物理溶解主要依靠两者之间的非键合相互作用(小于 10kJ/mol)，而水或醇胺分子间的氢键作用更大(10～40kJ/mol)，因此，有机硫分子难以插入水或醇胺溶剂中。

以上结果表明，与醇胺溶剂和水相比，分子间缔合和电子授受等作用较弱且溶解度参数更接近有机硫化物(MeSH、COS)的溶剂组分对有机硫具有更大的亲和力和更高的平衡溶解度。其中，Selexol、NMP 及 SUL 等溶剂对硫醇和 COS 具有较醇胺溶剂更高的溶解度和脱除率均已被多年的工业实践所证明。新的两维溶解度参数理论具有较高的预测准确性。

(三) COS、MeSH 在 UDS 脱硫溶剂中溶解热力学

1. 酸性组分在溶剂中平衡溶解度测定及溶解吸收模型

酸性组分在溶剂中平衡溶解度测定实验流程如图 7-2-3 所示。控温精度±0.2℃。实验前用氮气检查装置气密性后，向反应釜中加入 50～100mL 脱硫溶液，密封后用甲烷充分置换釜内氮气，待温度升至所需值后，充入一定分压的待测酸性气体组分，系统总压由甲烷维持，气液双驱动搅拌。系统达到每个平衡点后，分别取微量样品分析气液两相酸性组分浓度。

(1)硫醇硫在 UDS 溶液中的溶解吸收模型

在 30℃温度条件下，测定甲硫醇(MeSH)、乙硫醇(EtSH)、异丙硫醇(*i*-PrSH)、正丙硫醇(n-PrSH)在质量分数为50%的UDS溶液中的气液平衡数据。

根据实验测得的MeSH、EtSH、i-PrSH、n-PrSH这些硫醇硫化合物在UDS溶液中的浓度及相应气相分压，拟合得到式(7-2-38)所示的非线性关联式，建立了硫醇硫化合物在UDS水溶液中的溶解吸收模型。

$$p_i = \exp(A_i x_i + B_i) \quad (7-2-38)$$

化合物在质量分数为50%的UDS溶液中的浓度单位为mol/L，相应的模型参数列于表7-2-3中。

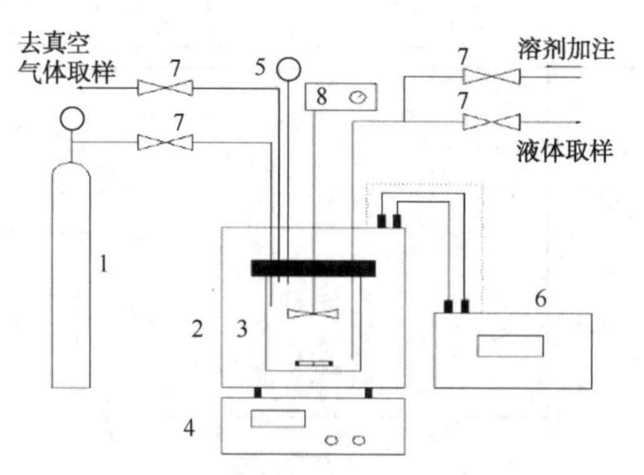

图 7-2-3　平衡溶解度测定实验流程

1—酸性气体钢瓶；2—恒温水浴；3—不锈钢反应釜；4—磁力搅拌器；5—压力计；6—温度测量与控制；7—针型阀；8—机械搅拌器

表 7-2-3　硫醇硫化合物在UDS溶液中的溶解吸收模型参数

硫醇硫化合物	A_i	B_i	硫醇硫化合物	A_i	B_i
MeSH	2.708	2.129	i-PrSH	1.926	3.972
EtSH	2.216	3.106	n-PrSH	1.823	4.194

(2)COS在UDS溶液中的溶解吸收模型

在30℃温度条件下，测定COS在质量分数为50%的UDS溶液中的气液平衡数据。根据实验测得的COS在质量分数为50%的UDS溶液中的浓度及相应气相分压，拟合得到式(7-2-39)所示的非线性关联式，建立了COS组分在UDS水溶液中的相应溶解度模型。

$$P_{\cos} = \exp(1.284x + 4.132) \quad (7-2-39)$$

式中，$P_{\cos}$为COS气相分压，kPa；x为COS在UDS溶液中的浓度，mol/L。

(3) COS/CO_2在溶剂中溶解选择性

对COS和CO_2的溶解选择性可用选择性因子α_{COS/CO_2}表征，其表达式为：

$$\alpha_{COS/CO_2} = \frac{x_{COS}}{x_{CO_2}} = \frac{H_{CO_2}}{H_{COS}} \quad (7-2-40)$$

式中，H_{CO_2}和H_{COS}分别为CO_2和COS在溶剂中的亨利系数。可以看出，新型脱硫溶剂的α_{COS/CO_2}的计算关键在于确定CO_2和COS在溶剂中的亨利系数。

(4) CO_2和COS在溶剂中的亨利系数计算式

在气液相平衡时，任一组分在各相中的逸度相等，因此，气体组分i溶解于溶剂中的气液平衡可以用逸度f_i表示：

$$f_i^G = f_i^L \quad (7-2-41)$$

假设气体可视为理想气体，则气体组分i的气相逸度f_i^G等于气相分压p_i。将气体组分在液相中的逸度f_i^L与活度系数关联，可以得到下式：

$$p_i = f_i^G = f_i^L = x_i \gamma_i f_i^0 \quad (7-2-42)$$

式中，x_i表示气体溶质i在液相中的摩尔分数；γ_i是气体溶质在液相中的活度系数；f_i^0

表示气体溶质的标准态逸度，由式(7-2-41)可以推导出：

$$-\ln x_i = \ln\left(\frac{f_i^0}{p_i}\right) + \ln\gamma_i \tag{7-2-43}$$

依据修正的Scatchard-Hildebrand正规溶液理论，活度系数的自然对数($\ln\gamma_i$)与气体溶质、脱硫溶剂溶解度参数之差的平方$(\delta'_s-\delta'_i)^2$成正比，即得到下式：

$$\ln\gamma_i = \frac{V_i\phi_s^2}{RT}(\delta'_s - \delta'_i)^2 \tag{7-2-44}$$

式中，V_i是在与液相温度和压力相同条件下液态溶质的摩尔体积；ϕ_s为脱硫溶剂的体积分数；δ'_s、δ'_i分别为脱硫溶剂、气体组分的溶解度参数；R是理想气体常数；T是体系的热力学温度。

将式(7-2-44)代入式(7-2-43)，则得到下式：

$$-\ln x_i = \ln\left(\frac{f_i^0}{p_i}\right) + \frac{V_i\phi_s^2}{RT}(\delta'_s - \delta'_i)^2 \tag{7-2-45}$$

假设气液两相的相平衡关系符合亨利定律：

$$p_i = H_i x_i \tag{7-2-46}$$

式中，H_i为亨利系数。

将式(7-2-46)代入式(7-2-45)可以推导出：

$$\ln H_i = \ln f_i^0 + \frac{V_i\phi_s^2}{RT}(\delta'_s - \delta'_i)^2 = A + B(\delta'_s - \delta'_i)^2 \tag{7-2-47}$$

式中，参数$A=\ln f_i^0$，取决于气体组分和脱硫溶剂的种类，不随体系的温度和压力而变化；参数B与气体组分和脱硫溶剂的种类以及体系温度有关。在给定温度下，对于相同气体组分和同一类溶剂体系，A、B可视为常数以简化计算。

2. COS/CO_2在多种溶剂中的亨利系数及两维溶解度参数

(1) COS/CO_2在多种溶剂中的亨利系数及溶解度参数

相关文献报道了COS和CO_2在多种溶剂中的亨利系数(H)和溶解度参数计算结果，列于表7-2-4。

表7-2-4　COS和CO_2在多种溶剂中的亨利系数及溶解度参数(303K)

体系	溶液浓度/%	δ'_i/MPa$^{1/2}$	δ'_s/MPa$^{1/2}$	H
COS-MEA	19.7	39.58	80.405	0.0425
COS-DGA	4.2		87.481	0.0453
COS-DEA	3.2		88.252	0.0449
COS-AMP	27.9		71.402	0.0385
COS-UDS-F	27.1		70.496	0.0388
COS-TEA	23.6		77.132	0.0403
COS-DMMEA	3.5		87.986	0.0468

续表

体系	溶液浓度/%	δ'_i/MPa$^{1/2}$	δ'_s/MPa$^{1/2}$	H
CO_2-MEA	2.4	22.48	88.743	0.0181
CO_2-DGA	34.1		70.258	0.0160
CO_2-DEA	3.2		88.252	0.0183
CO_2-DEA	27.2		75.892	0.01643
CO_2-AMP	3.5		87.580	0.01813
CO_2-AMP	27.9		71.402	0.0157
CO_2-DMMEA	20.8		78.522	0.0169

(2) 50%的各配比 UDS 新型复合溶剂及原 UDS 溶剂的溶解度参数

UDS 新型复合溶剂是由基础组分 MDEA 和特定溶剂组分按照特定比例组成的复配溶剂。根据表 7-2-4 所列数据和式(7-2-47)，回归得到“COS-溶剂”和“CO_2-溶剂”体系的相关参数 A、B，数据回归分析分别如图 7-2-4、图 7-2-5 所示，A、B 的计算结果列于表 7-2-5。从数据回归结果可以看出，对于“COS-溶剂”和“CO_2-溶剂”两种体系，$\ln H_i$ 和$(\delta'_s-\delta'_i)^2$ 均呈现较好的线性关系，两者的线性相关系数(R^2)分别为 0.957 和 0.950。

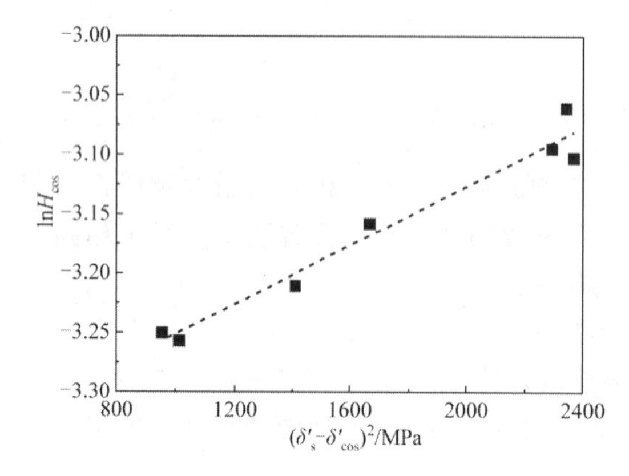

图 7-2-4　COS-溶剂体系的 $\ln H_i$ 与 $(\delta'_s-\delta'_i)^2$ 的数据回归分析

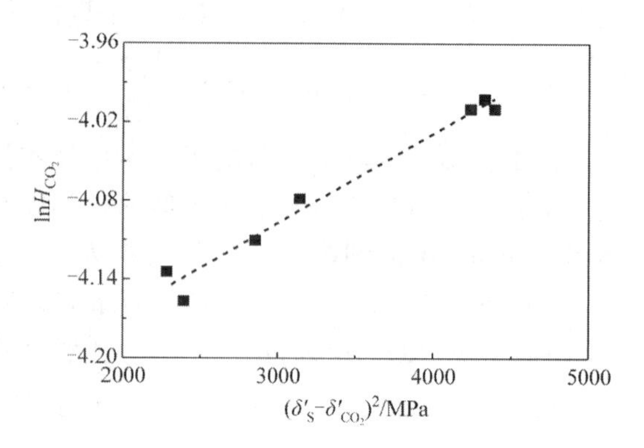

图 7-2-5　CO_2-溶剂体系的 $\ln H_i$ 与 $(\delta'_s-\delta'_i)^2$ 的数据回归分析

表 7-2-5　气体溶质和溶剂的相关参数 *A*、*B*

气体溶质	A	B	R^2
COS	-3.3769	1.2477×10^{-4}	0.957
CO_2	-4.2040	6.8869×10^{-5}	0.969

根据式(7-2-34)计算得到的浓度为 50%的各配比 UDS 新型复合溶剂及原 UDS 溶剂的溶解度参数见表 7-2-6。

表 7-2-6　各配比 UDS 新型复合溶剂及原 UDS 溶剂的溶解度参数

溶剂	UDS 新型复合溶剂				原 UDS 溶剂
	1∶9	2∶8	3∶7	4∶6	
溶解度参数 δ'	61.2	60.2	59.3	58.4	63.6

(3) COS/CO_2 在 UDS 新型复合溶剂中的溶解选择性

结合气体组分和溶剂的溶解度参数及参数 A、B，根据式(7-2-47)计算得到 COS 和 CO_2 在 UDS 新型复合溶剂及原 UDS 溶剂的亨利系数，进而再由式(7-2-40)计算得到相应的溶剂的选择性因子α_{COS/CO_2}，并与 MDEA 溶液中的α_{COS/CO_2}进行对比，结果如图 7-2-6 所示。从图中可以看出，各配比的 UDS 新型复合溶剂的选择性因子α_{COS/CO_2}均高于 MDEA 和原 UDS 溶剂，其中，配比为 1∶9、2∶8、3∶7 和 4∶6 的 UDS 新型复合溶剂的α_{COS/CO_2}分别较 MDEA 溶剂提高了 5.2%、5.8%、6.3%和 6.7%，分别较原 UDS 溶剂提高了 1.5%、2.0%、2.5%和 2.9%。这表明，与 MDEA 溶剂和原 UDS 溶剂相比，微调配方后的 UDS 新型复合溶剂对 COS 具有更高的选择性，有助于在天然气净化过程中保证高效脱硫的同时达到适度脱碳的净化要求，减少硫黄回收装置中过多 CO_2 的无效循环。这主要是针对性地微调了 UDS 新型复合溶剂配方组分的构成，使其对 COS 的平衡溶解度增大，而又适度地降低了溶剂中增加 CO_2 平衡溶解度的组分，确保其对 CO_2 的溶解度维持在适宜的水平。

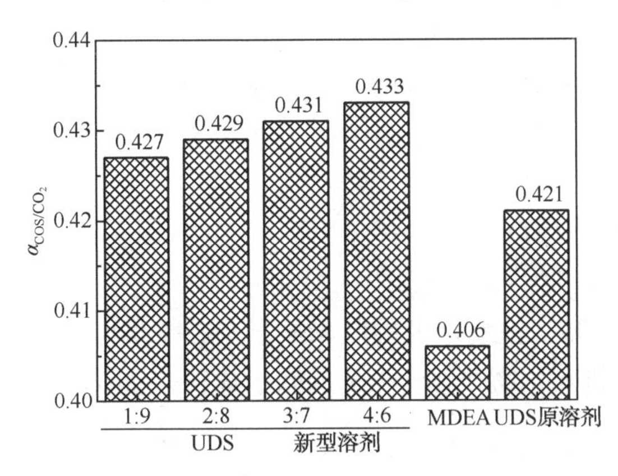

图 7-2-6 各配比 UDS 新型复合溶剂及 MDEA、原 UDS 溶剂的α_{COS/CO_2}

3. CH_3SH、COS 在不同溶剂中两维溶解度参数及扩散系数

(1) MeSH、COS 与 MDEA、各配比 UDS-2 溶剂的溶解度参数及其差异 R_c

MeSH、COS 与 MDEA、各配比 UDS-2 溶剂的两维溶解度参数及其差异 R_c 如图 7-2-7 所示。从图 7-2-7 可以看出，随着配方组分/MDEA 配比的增加，UDS-2 溶剂与有机硫的 δ'更加接近，两者间的 R_c 逐渐缩小。这反映出，与 MDEA 相比，UDS-2 溶剂对有机硫化物具有更大亲和力和平衡溶解度，因而有机硫化物在 UDS-2 溶液中的传质推动力更大。

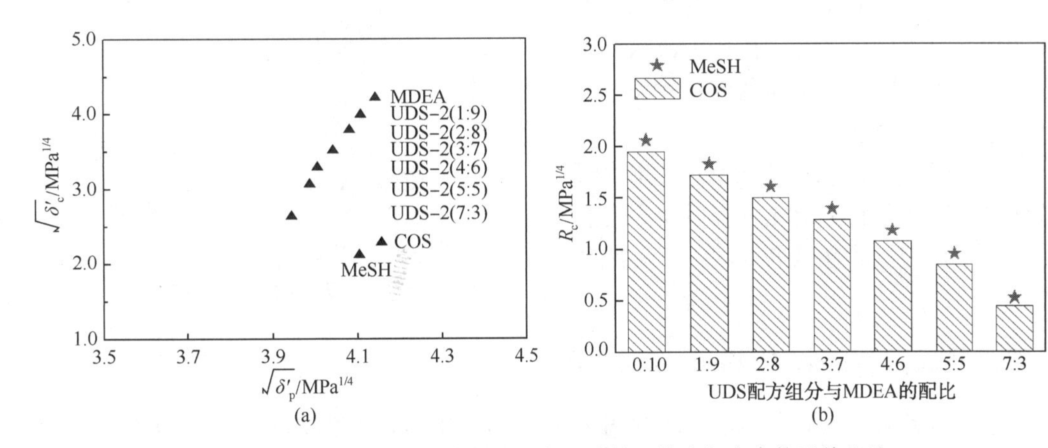

图 7-2-7 MDEA、UDS-2 溶剂以及有机硫的两维溶解度参数及其差异 R_c

(2) MeSH、COS 在 MDEA 与 UDS-2(3∶7)溶液中的扩散系数

对比 MDEA 与各配比 UDS-2 溶剂的基本物性，结果如表 7-2-7 所示。从表 7-2-7 可以

看出，随着配方组分与MDEA配比的增加，UDS-2溶剂密度缓慢增加，而黏度降低幅度较大；各配比UDS-2溶剂的表面张力基本稳定在22~23mN/m，明显低于MDEA。

表7-2-7　MDEA与各配比UDS-2溶剂的基本物性(20℃)

溶剂	密度/(kg/m^3)	黏度/(mm^2/s)	表面张力/(mN/m)
MDEA	1041.0	98.66	40.2
UDS-2(1:9)	1042.5	87.25	22.8
UDS-2(2:8)	1043.8	73.63	22.6
UDS-2(3:7)	1045.2	69.33	22.3
UDS-2(4:6)	1046.0	62.89	22.5
UDS-2(5:5)	1046.6	55.88	22.6
UDS-2(7:3)	1047.8	47.36	22.4

脱硫溶剂黏度较小，有利于减小气体溶质在液相的传质阻力，提高有机硫在液相中的扩散系数，从而提高传质系数K。物理溶解于脱硫溶液中的MeSH和COS在液相中的扩散系数D_L可以按照下式计算：

$$D_L = \frac{7.4\times10^{-8}(\beta M_a)^{0.5}T}{\mu V_{os}^{\ 0.6}} \tag{7-2-48}$$

式中，β为脱硫溶液的缔合因子，取2.6；M_a为脱硫溶液的摩尔质量，kg/kmol；T为液相温度，K；μ为液相黏度，mPa·s；V_{os}为有机硫化物在常沸点下的摩尔体积，cm^3/mol。

对比MeSH、COS在MDEA与UDS-2[以UDS-2(3:7)为例]溶液中的扩散系数，结果如图7-2-8所示。从图7-2-8可以看出，由于UDS-2(3:7)溶剂的黏度更小，有机硫化物在UDS-2(3:7)溶液中的扩散系数是在MDEA中的1.11倍，有利于改善传质系数K。此外，较低的溶剂黏度也可减少脱硫溶液循环的动力消耗。

总之，UDS-2溶剂从传质推动力和传质系数两方面提高了有机硫化物在气液两相间的传质速率，从而有效提高有机硫脱除效果。

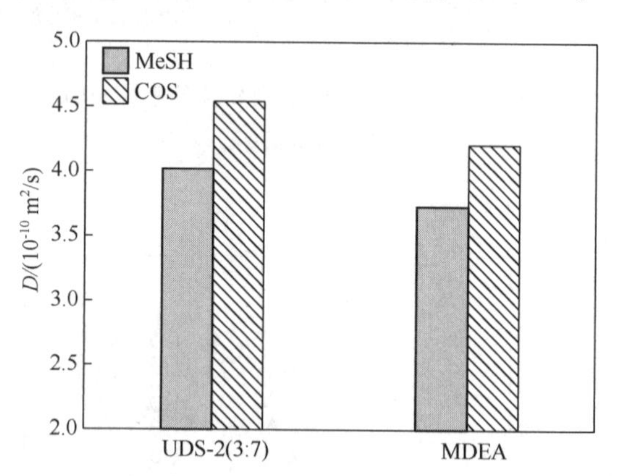

图7-2-8　MeSH、COS在MDEA与UDS-2(3:7)溶液中的扩散系数

四、脱硫溶剂吸收COS反应动力学

专家、学者从反应动力学角度，探讨分析了MDEA等醇胺溶剂吸收净化天然气、炼厂气等原料气时对COS等有机硫脱除率相当有限问题的原因。

（一）COS水解转化反应热力学分析

$$COS + H_2O \rightleftharpoons H_2S + CO_2 \tag{7-2-49}$$

假设式(7-2-49)所示的水解反应在 COS 和 H_2O 分压相等的情况下开始，由该水解反应的平衡常数可得到相应的平衡转化率，不同温度下的平衡转化率如图 7-2-9 所示。20℃时，平衡转化率为 99.88%，随着反应温度的升高，平衡转化率下降，300℃时的平衡转化率降至 95.93%。由各温度下的平衡常数，根据式(7-2-50)计算得到的该水解反应在不同温度时的标准摩尔吉布斯自由能变 $\Delta_r G_m^\ominus$ 如图 7-2-10 所示。

$$\Delta_r G_m^\ominus = -RT\ln K^\ominus \tag{7-2-50}$$

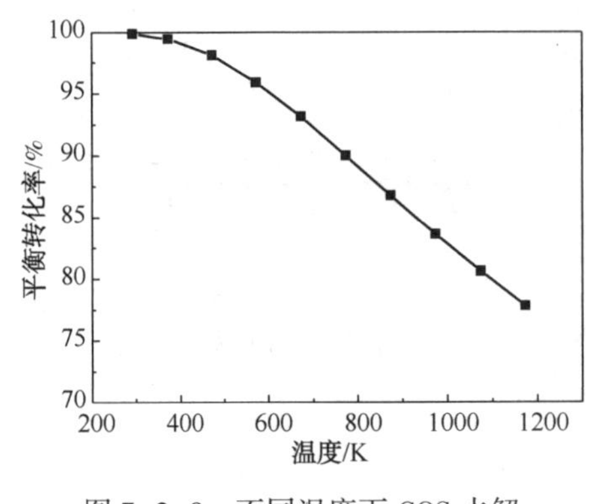

图 7-2-9　不同温度下 COS 水解反应的平衡转化率

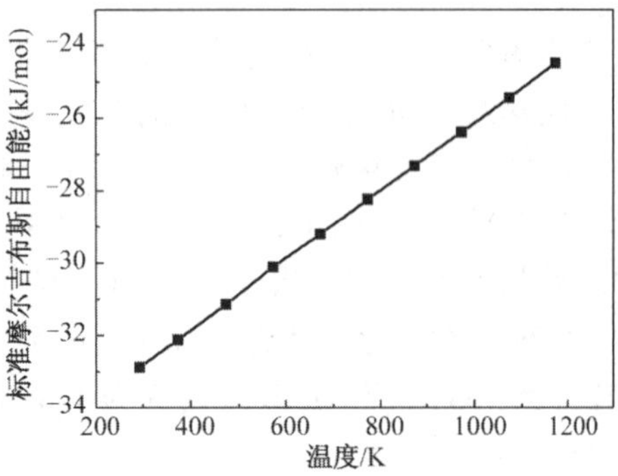

图 7-2-10　不同温度下 COS 水解反应的标准摩尔吉布斯自由能

该水解反应的平衡常数与温度的关系可由式(7-2-51)所示的 van't Hoff 方程描述。

$$\frac{\mathrm{d}\ln K^\ominus}{\mathrm{d}T} = \frac{\Delta_r H_m^\ominus}{RT^2} \tag{7-2-51}$$

当温度变化范围不大时，参加反应的各物质的摩尔恒压热容 $\Delta_r C_{p,m}^\ominus$ 不变，该反应的标准摩尔反应焓 $\Delta_r H_{p,m}^\ominus$ 为定值，将 $\ln K^\ominus$ 对 $1/T$ 作图，由斜率得到该反应的 $\Delta_r H_{p,m}^\ominus$ 为 35.68kJ/mol。一方面，由于气液平衡的限制，吸收过程应尽量在较低的温度下进行；另一方面，过低的操作温度将严重影响气液传质及反应速率。同时，为了避免原料天然气中碳数较高的烃在脱硫溶液中凝结而带来溶液发泡等问题，天然气吸收净化过程通常在 40℃左右的温度下操作。根据计算得到的 $\Delta_r H_{p,m}^\ominus$ 和已有温度条件下的平衡常数，计算得到该水解反应在 40℃下的平衡常数 $K^\ominus = 2.84\times10^5$，则 COS 水解反应的平衡转化率为 99.81%。可见，在通常的吸收操作条件下，COS 水解反应的平衡转化率很高。但采用醇胺溶液的净化过程对 COS 的脱除率实际上相当有限。其原因是，虽然式(7-2-49)的正反应在理论上能够完全进行，但是在没有有效催化剂存在的情况下该水解反应速率较低，在吸收过程有限的接触时间内，实际的 COS 水解转化率不高。

（二）COS 水解转化反应动力学分析

1. 不同温度下 COS 水解转化率与所需反应时间

根据 Thompson 等的研究结果，式(7-2-49)所示的 COS 水解反应的反应速率 r_{COS} 与溶液中 COS 浓度 C_{COS} 的变化关系符合一级反应速率方程：

$$r_{COS} = \frac{-\mathrm{d}C_{COS}}{\mathrm{d}t} = k_{COS}C_{COS} \tag{7-2-52}$$

积分后得到：

$$\ln\left(\frac{C_{\text{COS},\ 1}}{C_{\text{COS},\ 2}}\right) = k_{\text{COS}}(t_2 - t_1) \tag{7-2-53}$$

根据 Thompson 等测得的速率常数，由式(7-2-54)的 Arrhenius 方程可计算该水解反应在 15～50℃温度范围内的活化能 E_a = 95.75kJ/mol。不同温度下 COS 水解转化率随反应时间的变化结果如图 7-2-11 所示。由图 7-2-11 可见，反应温度对水解反应速率影响很大，提高反应温度将明显有利于提高反应速率，进而提高 COS 的脱除率。而当吸收操作温度较低、接触时间有限时(在吸收塔正常操作情况下)，没有催化作用存在的 COS 的水解转化脱除效果几乎可以不予考虑。在反应温度为 40℃时，COS 水解转化率达到 20%所需的反应时间为 0.47h，达到 50%所需的反应时间为 1.45h。

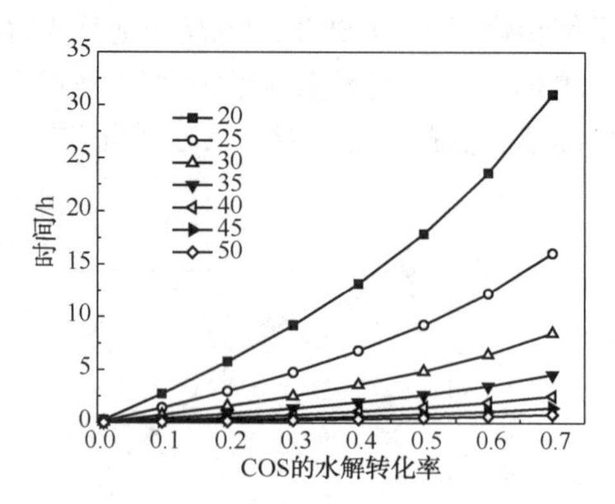

图 7-2-11 不同温度(℃)下 COS 水解转化率与所需反应时间

$$k_{\text{COS}} = k_{\text{COS},0}\exp\left(-\frac{E_a}{RT}\right) \tag{7-2-54}$$

2. 提高 COS-Am 两性离子的脱质子速率和 COS 水解反应速率

MDEA 对 COS 的水合过程具有碱催化效应，但其与 COS 的反应速率甚低，所以，MDEA 对 COS 的化学溶解度很低，在应用过程中难以达到满意的 COS 脱除效果，需要选择可加速 COS 反应的溶剂组分，改善脱硫溶液对 COS 的脱除性能。

由 COS 的脱除机理分析可知，COS 形成的两性离子(COS-Am 两性离子)的脱质子反应是过程的限制步骤，包括醇胺在内的一些碱性化合物能够作为促进 COS-Am 两性离子的脱质子反应，催化效果因化合物的碱性及分子结构不同而有较大差异。COS-Am 在醇胺分子作用下的脱质子速率是水分子作用下的几十至上千倍。

但使用碱性更强的溶剂还会带来溶剂再生能耗以及腐蚀性的增加。因此更为适宜的方法是通过引入能够显著提高 COS-Am 两性离子的脱质子速率、加速 COS 水解反应速率以及提高 COS 物理溶解性的关键溶剂组分，在保证对 COS 和硫醇等有机硫化物高脱除率的同时，赋予溶剂体系良好的化学和热稳定性能、较低的再生能耗和腐蚀性，而不是单纯寻求增加溶剂的碱性。

(1) 提高 COS-Am 两性离子的脱质子速率

已有的研究报道了包括 MEA、DEA、MIPA(单异丙醇胺)、DIPA、AMP 以及 UDS-F 在内的共 26 种化合物与 COS 的二级反应动力学常数，结果表明这些化合物与 COS 的反应速率大小遵循如下顺序：UDS-F>MIPA>MEA>DEA>DIPA>AMP，UDS-F 与 COS 的反应速率约为 MEA 等其他 5 种有机胺类化合物的 14～49 倍。

根据 Littel 等的测定结果，与 MEA、DEA、DIPA、AMP 等醇胺化合物相比，除了能够加速两性离子的脱质子过程外，COS 与 UDS-F 反应形成的两性离子本身更容易发生脱质子反应。分别在水分子和自身胺分子作用下，COS-Am 两性离子的脱质子速率如图 7-2-12 所示。由图 7-2-12 可以看出，MMEA 催化脱质子反应速率与 UDS-F 相当，COS-MMEA 两性离子在没有催化剂作用下的脱质子反应速率最高，但由于 MEA、MMEA 等强碱性的醇胺会

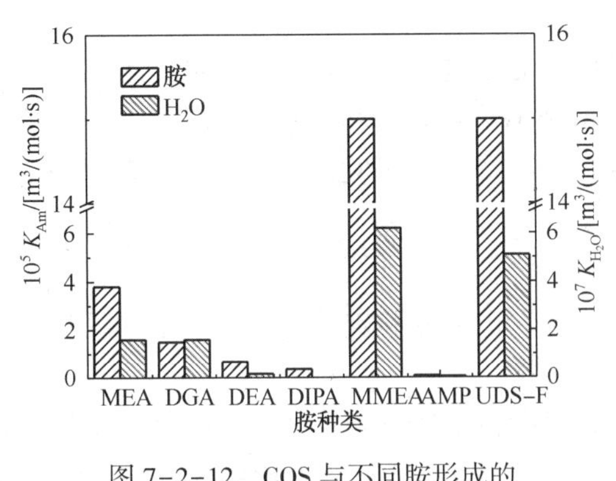

图 7-2-12　COS 与不同胺形成的两性离子的脱质子反应速率

与 COS 反应生成难以再生的化合物硫代碳酸盐，从而导致胺液的降解。从这一点来看，MEA 和 MMEA 均不适宜作为净化含有高浓度 COS 的酸性石油天然气等的溶剂组分。而 UDS-F与 COS 的反应速率明显高于除 MMEA 以外的其他几种常用醇胺化合物。在水分子作用下，COS-UDS-F 两性离子的脱质子反应速率是 COS-MEA 两性离子的 3.2 倍，是 COS-AMP 两性离子的约 100 倍。在自身胺分子的催化作用下，COS-UDS-F 两性离子在脱质子反应速率方面表现出的优势则更为明显。COS-UDS-F 两性离子的脱质子反应速率是 COS-MEA 两性离子的约 4 倍，是 COS-AMP 两性离子的约 170 倍。在这两方面优势作用下，引入 UDS-F 作为溶剂组分将能够在一定程度上打破 COS-Am 两性离子脱质子反应速率低的瓶颈，加速溶剂组分与 COS 的反应速率，显著提高 COS 脱除率。

(2) 提高 COS 的水解反应速率

溶剂的碱性和自身的分子结构均对其催化 COS 水解反应的性能有着显著影响。与通常的醇胺化合物相比，具有环状结构的胺类化合物能够更有效地催化 COS 的水解反应。Bush 通过向含有质量分数为 20%~60%的叔醇胺、20%~40%的物理溶剂以及 10~60%水的混合溶液中添加 0.1%~5%的双环叔胺化合物来提高 COS 的水解转化率。Chen 等通过向 *N*-甲基吡咯烷酮等物理溶剂中添加 DAB(三乙烯二胺)等双环胺类化合物来提高 COS 的水解反应速率，进而增加溶剂对 COS 的整体脱除率。Correll 和 Friedli 也提出了引入含氮杂环化合物来提高 COS 水解转化率的方法。研究结果均显示，具有环状结构的胺类化合物能够大大提高 COS 在水溶液中的水解反应速率，但在提高 COS 脱除率的同时，具有双环结构的胺类化合物的引入也会增加 CO_2 的共吸率，使得溶剂的脱硫脱碳选择性降低。当原料气中酸性组分主要为硫化物时，该溶剂体系是适用的，但是对于 H_2S 和 CO_2 均大量存在的高酸性石油天然气而言，溶剂脱硫脱碳选择性的降低则会影响硫黄回收装置的正常操作。

五、醇胺脱硫溶剂的再生工艺原理

对醇胺脱硫溶剂的再生原理、醇胺脱硫溶剂的再生要求简要介绍如下。

(一) 醇胺脱硫溶剂的再生原理

图 7-2-1 示意了 MDEA-H_2O-H_2S-CO_2-RSH 物系吸收的基本原理为：通过加压、降温等方法使 H_2S、CO_2 和有机硫等酸性气体被吸收溶解在醇胺溶剂中，H_2S 和 CO_2 被醇胺溶液吸收，是基于酸碱中和反应的化学吸收。化学吸收反应是可逆放热反应，在较低的温度下(25~40℃)，反应向右即吸收方向进行；在较高温度下(105℃以上)，反应向左即解吸方向进行，此时生成的胺的硫化物和碳酸盐分解，析出 H_2S 和 CO_2。故醇胺脱硫溶剂的再生工艺原理是吸收过程的逆过程，通过降压、升温、汽提的方法将吸收了 H_2S、CO_2 和有机硫等硫化物的酸性气从溶剂富液中解吸，溶剂富液解吸出所吸收的酸性气后成为贫液，醇胺溶剂获得再生，形成可以循环使用的溶剂。

（二）醇胺脱硫溶剂的再生性能和效果

再生贫液中酸性组分含量直接影响净化气质量。无论是高压吸收操作（如天然气净化），还是低压吸收操作（如 Claus 尾气净化），对再生贫液 H_2S+CO_2 含量均有严格要求。除了设备条件外，影响溶剂再生效果的主要因素为醇胺自身性质（与酸性组分形成胺盐的热分解温度）和温度、压力、蒸汽负荷等再生条件。

1. 溶剂的热稳定性能

在醇胺法酸性气净化过程中，醇胺溶剂自身的挥发性和热稳定性能是影响溶剂损耗和再生性能的重要因素，也是评价溶剂性能的重要参考指标。

热重分析是在程序控温条件下，研究样品在升温过程中质量变化的一种技术。常用来研究样品的热稳定性、特定组分含量、催化剂样品对吸附质的吸附/脱附性能等。采用热重分析能够评价溶剂的热稳定性能以及再生性能。

图 7-2-13 所示为 UDS 和 MDEA 的热重分析结果。图中失重速率曲线的峰值对应的温度即为样品失重最快的温度，可用此温度表征样品的挥发性或热稳定性能，从失重速率曲线上得到的 UDS 和 MDEA 的最快失重温度分别约为 210℃和 195℃，可见在特定的使用温度下 UDS 溶剂的热稳定性能更好一点。

2. 溶剂的再生温度

吸收酸性组分后的富液通过在再生塔中解吸出酸性组分而再生为贫液而循环使用，溶剂中酸性组分解吸完全程度将直接影响到再生贫液在循环使用过程中的净化效果。要获得再生质量合格的贫液需要维持一定的再生塔釜温度和再生能耗。

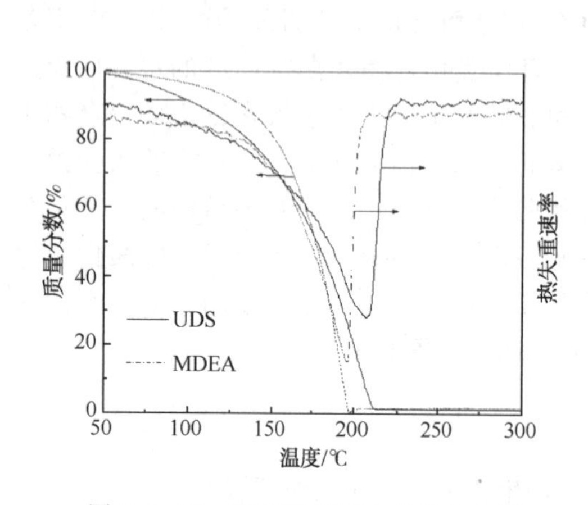

图 7-2-13　UDS 和 MDEA 的热重分析

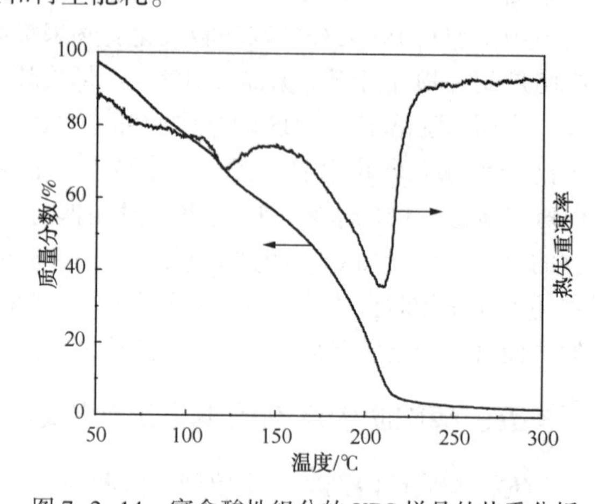

图 7-2-14　富含酸性组分的 UDS 样品的热重分析

图 7-2-14 所示为富含酸性组分的 UDS 溶剂的热重分析结果，由图可见，失重速率曲线上出现了两个明显的失重峰，对应的最快失重温度分别约为 120℃和 210℃，较低温度下的失重峰对应的是酸性组分的解吸，而高温下的失重与图 7-2-14 中相同，为溶剂挥发所致。由热重分析结果可以推断，富含酸性组分的 UDS 溶剂的适宜再生温度在 120℃左右。

3. 溶剂的再生效果

（1）再生酸性气品质

再生酸性气的 H_2S 含量与原料天然气的 H_2S 含量、溶剂的脱硫选择性有关。元坝净化厂硫黄回收装置采用非常规分流法，再生酸性气 H_2S 含量需控制在 30%以上，以控制燃烧炉温度。再生酸性气的总烃含量过高也会对硫黄回收装置的生产运行产生以下消极影响：升高主燃烧炉操作温度、降低硫回收率以及影响硫黄产品质量。元坝净化厂 Claus 硫黄回收装置要求再生酸性气的总烃含量控制在 2%以下。该厂再生酸性气组成如图 7-2-13 所示。

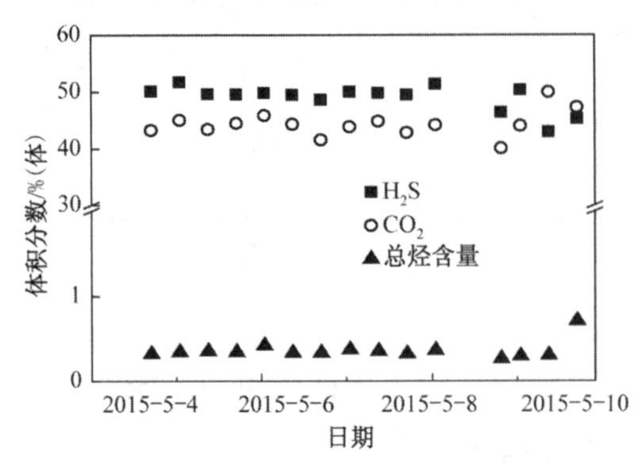

图 7-2-15　元坝净化厂脱硫装置再生酸性气组成

从图 7-2-15 可以看出，再生酸性气的 H_2S 含量维持在 49%左右，较 CO_2 含量高约 5 个百分点；而总烃含量维持在 0.4%左右，远低于装置的控制指标。再生酸性气完全满足下游硫黄回收装置的要求，这主要是因为 UDS 溶剂对硫化物的优异选择性脱除作用。

(2) 再生贫液质量

贫液中残留的酸性气和热稳定性盐(HSS)会减少有效溶剂分子的数量，降低吸收过程的传质推动力，从而直接影响酸性气的脱除深度；另外，HSS 还具有较强的腐蚀性，因此，维持贫液的酸性气和 HSS 含量处于较低数值有利于保障产品气质量。元坝净化厂脱硫装置 UDS 贫液的酸气含量与 HSS 含量如图 7-2-15 所示。贫液的 H_2S 与 CO_2 平均含量分别为 0.14g/L 和 0.59g/L[见图 7-2-15(a)]，贫液的酸气含量足够低，可以满足天然气和 Claus 尾气的净化要求。贫液的 HSS 含量维持在 0.4%以下[见图 7-2-15(b)]，表明 UDS 溶剂的稳定性良好，化学降解造成的损失小。

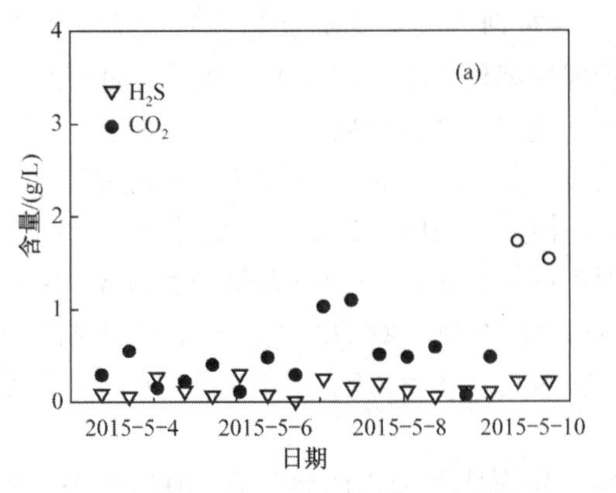

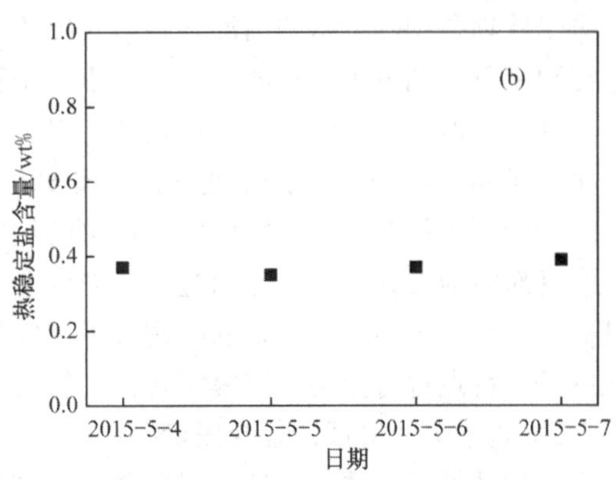

图 7-2-16　元坝净化厂脱硫装置 UDS 再生贫液的 H_2S、CO_2 及热稳定性盐含量

(3) 再生能耗

醇胺吸收法脱硫工艺的能耗主要包括富液再生塔的蒸汽消耗与胺液循环的动力消耗，其中再生蒸汽消耗约占总能耗的 65%，是影响脱硫工艺经济性的关键指标之一。元坝净化厂脱硫装置 UDS 溶剂的再生能耗如图 7-2-17 所示。从图 7-2-17 可以看出，110%、100%、50%负荷下的 UDS-2 贫液的再生能耗均值分别为 0.134、0.131、0.120t 蒸汽/t 贫液。不同生产负荷下的再生能耗差异主要是由于富液的酸性气负荷不同造成的。

(4) 贫液的杂质离子含量

造成天然气脱硫装置腐蚀的因素主要包括原料天然气中的酸气组分、溶剂自身的腐蚀性以及热稳定性盐等。另外，溶剂的某些降解产物也会加剧装置的腐蚀，例如，MDEA 的主要降解产物甲酸盐和乙酸盐。脱硫系统内溶液的铁离子主要源于装置的腐蚀，其含量可反映装置的腐蚀情况。采用 ICP-AES 测定元坝净化厂脱硫装置贫液的铁离子含量，Fe^{2+} 与 Fe^{3+} 的总和不超过 5μg/g(见表 7-2-8)，这表明元坝净化厂脱硫装置的腐蚀程度轻微。UDS 溶剂降解产生的甲酸根、乙酸根含量较低(见表 7-2-8)。元坝净化厂脱硫装置腐蚀情况与普光净化厂使用进口溶剂 MDEA 脱硫装置的腐蚀情况相当。

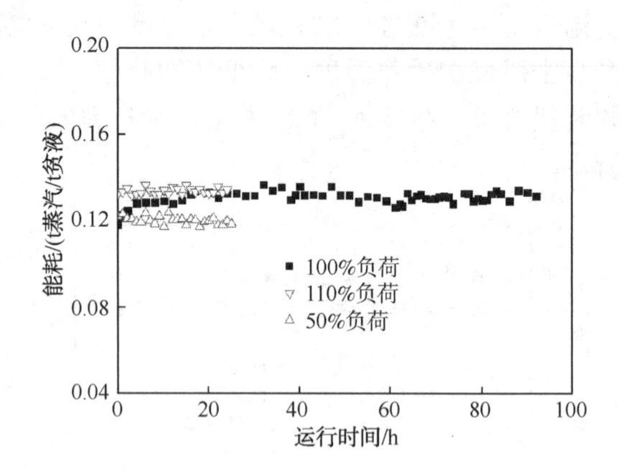

图 7-2-17　元坝净化厂脱硫装置 UDS 溶剂再生能耗(溶剂再生饱和蒸气压为 0.35MPa)

表 7-2-8　贫液的杂质离子含量

离子	含量/(μg/g)	离子	含量/(μg/g)
Fe^{2+}/Fe^{3+}	<5.0	CH_3COO^-	906.7
$HCOO^-$	1364.4		

六、基于分子管理的溶剂吸收脱硫效果

(一) 分子管理

分子管理是国际学术的前沿之一。2005 年，华东理工大学沈本贤等首先在国家发明专利中提出了石脑油分子管理的理念。基于分子管理的炼化技术已成为国内外同行的共识。

石油与天然气资源的分子管理贯穿加工工艺全过程，站在全局的高度对石油与天然气中的烃类分子和杂质分子(元素)进行分子尺度的规划、识别、分离及高效转化和利用。

分子管理是指在详细研究原料和产物的组成与性质关系的基础上，避免分子功能错位配置，有针对性地设计一系列分离过程，充分合理利用原料中每一种或者每一类分子的特点，将其高效转化、分离为所需要的产物分子，并尽可能减少副产物的产生。分子管理对污染物则根据分子特点进行捕集、富集、转化，努力变害为利、变废为宝。

(二) 基于分子管理的复合脱硫剂

由模型计算得到的羰基硫、甲硫醇、乙硫醇、异丙硫醇和正丙硫醇在 UDS 溶剂中的亨利系数(m)和传质性能因子(b)，列于表 7-2-9。

表 7-2-9　UDS 溶剂中有机硫的亨利系数和传质性能因子

有机硫化合物	m_i	$b_i \times 1000/(mol^{0.3} \cdot m^{-0.6} \cdot s^{-0.3}/kPa)$
COS	3.59	0.921
MeSH	3.53	0.758
EtSH	4.03	0.703
i-PrSH	4.40	0.615
n-PrSH	4.59	0.597

注：i 表示某一有机硫组分。

亨利系数 m 表征了天然气中有机硫在溶剂中的溶解能力，m 越小，表明该有机硫在溶剂中的溶解性越好，越有利于吸收。根据表7-2-9的结果，有机硫在UDS溶剂中的溶解能力大小顺序为：甲硫醇>羰基硫>乙硫醇>异丙硫醇>正丙硫醇。传质性能因子 b 表征了吸收过程中有机硫化物在气液两相的传质性能，相同条件下，b 越大，表明该有机硫化物的传质系数越大，越有利于吸收。以UDS为溶剂时有机硫在相同条件下中的传质系数大小顺序为：羰基硫>甲硫醇>乙硫醇>异丙硫醇>正丙硫醇。综合溶解性和传质性能两方面因素，有机硫在UDS溶剂中的吸收难易程度顺序为：羰基硫最易吸收，甲硫醇和乙硫醇次之，异丙硫醇和正丙硫醇最难于吸收。

羰基硫、甲硫醇、乙硫醇、异丙硫醇和正丙硫醇在MDEA溶剂中的亨利系数(m)和传质性能因子(b)列于表7-2-10。

表7-2-10　MDEA溶剂中有机硫的亨利系数和传质性能因子

有机硫化合物	m_i	$b_i \times 1000/(\mathrm{mol}^{0.3} \cdot \mathrm{m}^{-0.6} \cdot \mathrm{s}^{-0.3}/\mathrm{kPa})$
COS	9.76	0.149
MeSH	11.94	0.344
EtSH	4.21	0.383
i-PrSH	10.90	0.589
n-PrSH	6.61	0.615

从表7-2-10的数据可见，各有机硫化物在MDEA溶剂中的亨利系数和传质性能因子与在UDS溶剂中呈现出明显不同的变化规律。各有机硫化物在UDS溶剂中的亨利系数均低于MDEA溶剂，表明这几种有机硫化物在UDS溶剂中的溶解性大于MDEA溶剂。综合溶解性和传质性能两方面的因素，在相同的吸收操作条件下，UDS溶剂对原料气中有机硫化物的吸收脱除效果优于MDEA溶剂。

根据分子模拟计算并结合试验，可筛选出对MeSH和COS具有高效脱除作用的溶剂组分。将筛选出的组分(称之为“配方组分”)按一定比例配入到MDEA溶剂中，可形成新的复合脱硫剂。

(三) UDS溶剂吸收净化酸性气工业应用

基于分子管理的UDS溶剂高效吸收脱硫净化天然气、炼厂气，在工业上已获得了广泛应用。

1. UDS溶剂的工业应用情况

UDS系列溶剂在中石化西南油气分公司元坝天然气净化厂、中石化中原油田普光分公司天然气净化厂和我国多家炼厂脱硫装置上获得应用(见表7-2-11)。均取得了优良的脱硫净化效果。UDS系列脱硫溶剂针对炼厂气脱硫，其型号为XDS溶剂。在炼厂，干气、液化石油气脱硫采用醇胺溶剂吸收工艺，选用MDEA脱硫剂时，贫液浓度一般控制在30%左右；而采用UDS脱硫剂，贫液浓度可达约45%；与贫液浓度30% MDEA的吸收脱硫相比，贫液浓度45% UDS吸收脱硫能更有利于有机硫脱除并具有明显节能效果。

表 7-2-11　UDS(XDS)溶剂的工业应用情况表

使用企业	净化装置
中国石化西南油气分公司元坝天然气净化厂	天然气净化及硫黄回收装置
中国石化中原油田普光分公司天然气净化厂	天然气净化及硫黄回收装置
中国石化茂名石化公司	液化气和干气脱硫装置
中国石化广州石化公司	液化气和干气脱硫装置
中国石化上海石化公司	液化气和干气脱硫装置及硫黄回收装置
中国石化高桥石化公司	液化气及干气脱硫装置
中国石化安庆石化公司	液化气和干气脱硫装置
中国石化湛江石化公司	液化气和干气脱硫装置及硫黄回收装置
中国石化泰州石化公司	液化气脱硫装置
中国石油乌鲁木齐石化分公司	干气脱硫装置
中国石油吉林石化分公司	硫黄回收装置
中国石油抚顺石化分公司	干气脱硫装置

2. UDS 溶剂净化元坝天然气的工业应用效果

为了安全、优质、高效开发元坝气田高酸性天然气，中国石化组织中国石化工程建设公司(SEI)、中国石化西南油气分公司、华东理工大学等进行科技攻关。UDS 溶剂成功应用于 SEI 精心设计的元坝天然气净化厂的四套联合净化装置。元坝净化厂脱硫工艺过程不设 COS 水解反应器，对天然气中 H_2S、MeSH 和 COS 以及 CO_2 的脱除效果均取决于 UDS 溶剂的功能。自 2014 年 12 月 10 日起元坝净化厂的第二、第一、第四及第三联合净化装置依次进行投料开车，至 2015 年 6 月，元坝净化厂四套联合净化装置全部一次开车成功，并顺利完成第四、第二、第一联合装置的考核标定工作。

元坝天然气净化厂对原料天然气采用串级吸收-联合再生工艺，吸收塔包括第一段和第二段，分别具有不同塔板数。自 SCOT 尾气脱硫单元来的半富液和再生后的贫液分别泵入吸收塔第一段和第二段的顶部，与原料气在塔内逆流接触。大部分酸性气体杂质在第一段吸收塔被脱除，残余的酸性气体杂质在第二段吸收塔被脱除以满足净化要求(从第二段吸收塔顶部排出的天然气称为净化气，净化气经脱水后即得到产品气)。自吸收塔底部排出的富液经闪蒸释放出溶解和夹带于其中的烃类(即“闪蒸气”)，闪蒸气经贫液吸收净化后并入燃料气管网，闪蒸后的富液在再生塔中经加热汽提从而释放出酸性气体组分(即“再生酸性气”)。再生后的贫液经冷却后再分别返回天然气吸收塔、闪蒸气吸收塔以及尾气吸收塔，循环使用，确保元坝产品气质量达到国标一类气的指标要求[$H_2S \leq 6mg/Nm^3$，总硫(TOS)$\leq 60mg/Nm^3$，$CO_2 \leq 2\%$]。

(1) 元坝原料天然气组成

元坝天然气净化厂第二联合装置标定期间(2015 年 5 月 4 日至 2015 年 5 月 10 日)，原料气组成如表 7-2-12所示。从表 7-2-12 可以看出，由于元坝气田复杂的地质条件，各气井所产天然气的有机硫构成与含量相差较大且持续波动，标定期间原料气的有机硫分布与净化装置的设计值有所偏离；COS 成为最主要的有机硫化物，约占有机硫总量的 85%。由于元坝净化厂脱硫工艺过程不设 COS 水解反应器，为使产品气达到国标一类气的质量要求，这要求 UDS 溶剂不仅应具有应对脱甲硫醇的功能，还应具有主动应对原料气 COS 含量上升的功能。

表 7-2-12　元坝原料天然气组成

酸气组分	含量/(mg/Nm³)	含量/%(体)
H_2S		5.5~5.8(5.7)
CO_2		4.5~4.7(4.6)
COS	95.0~126.6(112.5)	
MeSH	13.1~22.8(17.7)	
EtSH	1.0~1.6(1.1)	
PrSH	0.7~2.3(1.1)	
TOS	114.1~146.5(132.2)	

注：括号内的数字为平均值。

(2) 产品气质量

元坝天然气净化厂第二联合装置标定期间，100%、110%及 50%生产负荷下的产品气质量分析结果如图 7-2-18 所示。在 100%生产负荷期间(2015 年 5 月 4 日 8:00 至 2015 年 5 月 8 日 9:00)，原料气处理量稳定在 $12.5\times10^4Nm^3/h$ 左右，产品气的 H_2S 含量基本维持在 $1mg/Nm^3$ 以下，MeSH、COS、总硫及 CO_2 含量分别基本稳定在 $9\sim15mg/Nm^3$、$36\sim46mg/Nm^3$、$48\sim60mg/Nm^3$ 及 0.4%~0.6%[见图 7-2-18(a)]。在 110%生产负荷期间(2015 年 5 月 8 日

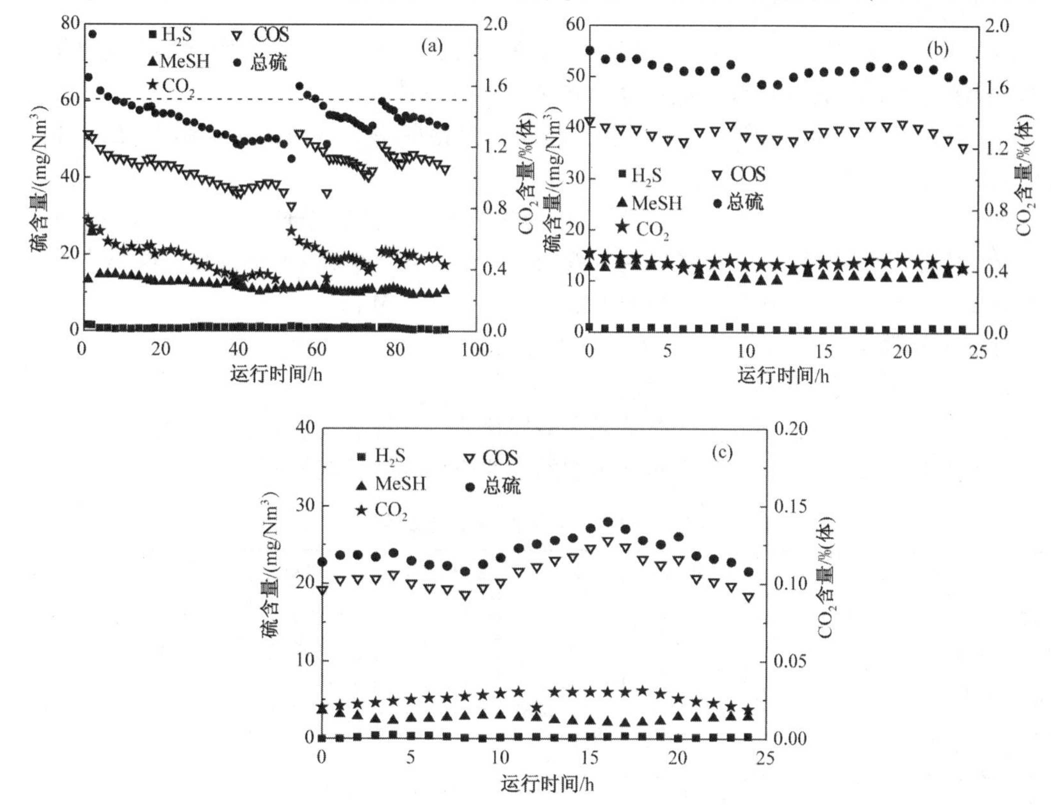

图 7-2-18　元坝第二联合装置标定期间产品气质量分析结果

(a)100%负荷；(b)110%负荷；(c)50%负荷

11:00至2015年5月9日11:00)，原料气处理量稳定在13.8×10^4 Nm^3/h左右，产品气的H_2S含量仍维持在1mg/Nm^3以下，MeSH、COS、总硫及CO_2含量分别基本稳定在10～13mg/Nm^3、37～41 mg/Nm^3、47～54mg/Nm^3及0.4%～0.5%[见图7-2-18(b)]。在50%生产负荷期间(2015年5月9日15:00至2015年5月10日16:00)，原料气处理量稳定在6.4×10^4 Nm^3/h左右，产品气的H_2S含量降至0.5mg/Nm^3以下，MeSH、COS、总硫含量分别基本稳定在2～3mg/Nm^3、18～26 mg/Nm^3、21～28mg/Nm^3，CO_2含量小于0.1%[图7-2-18(c)]。在整个标定期间，UDS溶剂对最主要有机硫化物COS的脱除率保持在66%～84%。

可以看出，在100%和110%的高生产负荷下，在元坝原料气有机硫构成转变为以COS为主的情况下，UDS溶剂对H_2S、CO_2和有机硫均具有优良的脱除性能，产品气的质量(H_2S、总硫以及CO_2含量的均值分别低于1mg/Nm^3、56mg/Nm^3及0.6%)稳定达到国标一类气质量指标要求。

总之，与国外进口MDEA溶剂相比，UDS溶剂吸收脱硫在表现出同等优异脱除H_2S性能的同时，还具有更高的有机硫脱除效率，对原料气中硫化物种类和含量适应性强，可以应对不同原料气脱硫技术的要求。

第三节 胺液脱硫剂的选择与优化

胺液的选择和优化原则：

1) 由于单乙醇胺能与COS(液化气体中通常含有的组分)反应发生变质而不能再生，所以单乙醇胺一般用于油气田和其他不含COS或CS_2的气体脱硫。

2) 当需要从同时含有CO_2与H_2S的气体中选择性脱除H_2S时，应采用MDEA(甲基二乙醇胺)法或其配方溶液法。

3) 当酸气中酸性组分分压高、有机硫化物含量高，且需要同时脱除H_2S和CO_2时，应采用吸收剂为环丁砜与二异丙醇胺的混合液(Sulfinol-D法)；如需要选择性脱除H_2S时，则应采用吸收剂为环丁砜与甲基二乙醇胺的混合液(Sulfinol-M法)。

4) 二甘醇胺(DGA)法适宜在高寒及沙漠地区采用。

5) 酸气中重烃含量较高时，一般宜用醇胺法。

上述主要胺溶剂的酸气负荷、贫液残余酸气负荷、富液酸气负荷、重沸器温度、反应热等一些主要工艺参数见表7-3-1，这些溶剂的一些应用场合情况见表7-3-2。

表7-3-1 胺法脱硫工艺参数

项目	MEA	DEA	SNPA-DEA	DGA	Sulfinol	MDEA
酸气负荷/[m^3(15.6℃)/L，38℃]，正常范围	0.0230～0.0320	0.0285～0.0375	0.0500～0.0585	0.0350～0.0495	0.030～0.1275	0.022～0.056
酸气负荷/(mol/mol胺)，正常范围	0.33～0.40	0.35～0.65	0.72～1.02	0.25～0.3		0.2～0.55
贫液残余酸气负荷/(mol/mol胺)，正常范围	0.12±	0.08±	0.08±	0.10±		0.0056～0.01

续表

项　　目	MEA	DEA	SNPA-DEA	DGA	Sulfinol	MDEA
富液酸气负荷(mol/mol 胺)，正常范围	0.45~0.52	0.43~0.73	0.8~1.1	0.35~0.40	—	0.4~0.55
重沸器温度/℃，正常范围	107~127	110~121	110~121	121~127	110~138	110~127
反应热(估计)/(kJ/kgH_2S)	1280~1560	1160~140	1190	1570	可变量/负荷	1040~1210
反应热(估计)/(kJ/kgCO_2)	1445~1630	1350~1515	1520	2000	可变量/负荷	1325~1390

注：SNPA-DEA 是指改良的二乙醇胺。

表 7-3-2　胺法脱硫的应用情况

方法名称	脱硫剂	脱硫情况	工业应用
单乙醇胺 (MEA 法)	15%~25% (质) 单乙醇胺水溶液	操作压力影响小，在 0.7~0.7MPa 的压力操作下，净化度仍很高。酸性组分含量超过 3%时，使用此法的操作费用高于物理吸收法。此法可部分脱出有机硫化合物，但对 H_2S 和 CO_2 几乎无选择性	工业上最早用的气体脱硫方法，应用十分广泛
改良二乙醇胺 (SNPA-DEA 法)	25%~30% (质) 二乙醇胺水溶液	选用于高压、高酸气浓度，高 H_2S/CO_2 的天然气净化，当 H_2S 分压达到 0.4MPa 时，此法比 MEA 法经济	主要在加拿大、法国和中东应用
二甘醇胺 (DGA 法)	50%~70% (质) 二甘醇胺水溶液	主要用于酸气含量高的天然气净化，腐蚀性小，再生耗热量低。DGA 水溶液的冰点在-40℃以下，可在极寒冷地区使用	装置总数在 30 套以上
二异丙醇胺 (DIPA 法)	15%~25% (质) 单乙醇胺水溶液	操作压力影响小，在 0.7~0.7MPa 的压力操作下，净化度仍很高。酸性组分含量超过 3%时，使用此法的操作费用高于物理吸收法。此法可部分脱出有机硫化合物，但对 H_2S 和 CO_2 几乎无选择性	工业上最早用的气体脱硫方法，应用十分广泛
甲基二乙醇胺 (MDEA)	40%~60% (质) 甲基二乙醇胺水溶液	脱硫情况与 MEA 法相似，有 CO_2 存在时对 H_2S 有良好的选择性，腐蚀性和溶剂损耗量均低于 MEA	不仅用于气体脱硫，也可在 SCOT 装置上取代 ADIP
砜胺法或萨菲诺 (Sulfinol-D)法	环丁砜和二异 丙醇胺水溶液	兼有化学吸收和物理吸收两种作用。酸气分压达到 0.77MPa 时，比 MEA 法经济，可有效脱除有机硫化物，缺点是吸收重烃	20 世纪 60 年代后期才工业化，主要用于天然气工业

第四节　胺法脱硫的主要影响因素

一、概述

胺法处理中经常遇到溶液发泡、设备腐蚀以及溶剂损失等问题，会直接影响脱硫的效果。

(1) 溶液发泡

主要产生三点危害：①处理量大幅度下降，甚至需停车处理。②溶液脱硫效率受影响。

③造成溶剂损失。

能够引起溶液发泡的杂质有：①醇胺的降解产物。②溶液中悬浮的固体，如腐蚀产物硫化铁。③原料气带入装置的烃类凝液或气田水。④几乎进入溶液的外来物都有可能引起发泡，如原料气夹带的缓蚀剂、阀门用润滑脂等。

（2）设备腐蚀

引起腐蚀由五方面组成：①主要的腐蚀剂是酸性组分（H_2S 和 CO_2）本身。游离或化合的 CO_2 在高温和水存在时腐蚀更严重。H_2S 和铁反应生成不溶性的 FeS，不能牢固地粘附在金属表面。②第二类腐蚀剂是溶剂的降解产物。它们在装置的受热部位会如螯合剂一样和铁作用而促进设备腐蚀。醇胺与原料气中的 CO_2 或有机硫发生副反应，最终生成 *N*-（2-羟乙基）-乙二胺。③悬浮固体颗粒对设备磨蚀。溶液中悬浮固体颗粒为 FeS。在换热器管子和管路中的高速流动，都会因加速 FeS 膜的脱落而加快设备腐蚀。④垢物改变流道引起的冲刷。结垢物的生成会改变流体的流道形状，使管子沿流道形状出现冲刷。⑤应力腐蚀。由醇胺、CO_2、H_2S 和设备残余应力共同作用下发生的，高温部位尤其容易发生。

（3）溶剂损失

1）溶液蒸发损失。T、P 和胺浓度会影响胺蒸发损失量。当 T 升高或 P 压力降低，胺的蒸发损失都会加大。

2）气相夹带。包括吸收塔塔顶气体的夹带（量大）、闪蒸罐中闪蒸气的夹带（量小）、汽提塔塔顶气体的夹带（量小）。

3）溶液降解。分为热降解、氧化降解和化学降解三种，造成溶剂损失的主要为化学降解。化学降解主要是因为系统中存在 CO_2 和有机硫化物。胺液的损失主要是由降解损失引起的，损失量占总量的50%以上。

4）胺液在烃液中的溶解。当温度升高或压力降低时，液烃携带的胺液量。

二、影响脱硫效果的因素

1. 温度

（1）吸收温度

从热力学分析，醇胺与 H_2S、CO_2 反应属放热反应，反应温度升高，化学平衡常数减小，故希望在较低的温度下反应；但反应温度升高却有利于反应速率常数提高，故升温有利于加快反应速率。在实际操作中，由于醇胺溶液吸收 H_2S 速率极快，故温度对 H_2S 脱除率影响很小；醇胺与 CO_2 反应受动力学控制，随着反应温度升高，溶液黏度减小，扩散系数增大，吸收速率常数也成正比增长。

吸收塔温度主要受原料气温度和贫液温度的影响。影响原料气温度的因素包括气候、气井温度等。贫液入吸收塔温度可由贫液冷却器调控。

对于炼厂气脱硫过程，还需要考虑到防止气体中重烃的冷凝而加重吸收塔溶剂发泡，破坏正常生产操作。荷兰 Comprimo 公司推荐贫溶剂入吸收塔温度应比气体入塔温度高 5～10℃，以防止重烃冷凝。对于含 C_3 以上组分较多的加氢裂化、加氢精制气体脱硫、焦化富气脱硫尤为重要。改进的措施是贫溶剂冷却器出口设贫溶剂温度控制，若溶剂采用集中再生，则在个别对贫溶剂温度有特殊要求的部位设置单独的换热器。

邱奎等对天然气 MDEA 脱硫工艺中吸收温度的影响进行了研究，结果见图 7-4-1。在

20~35℃之间，随吸收塔温度升高，H_2S 脱除率基本不变，而 CO_2 脱除率明显增大，脱硫选择性下降，因而溶液循环量增大。超过 35℃，CO_2 脱除率略有下降，这是因为温度升高，酸气平衡溶解度降低，抵消了因吸收速率升高而带来的结果。吸收塔温度升高能耗增大，因此吸收塔温度不宜过高。相反，吸收塔温度过低也可能带来 CO_2 吸收速率减慢、烃冷凝引起溶液发泡等问题。

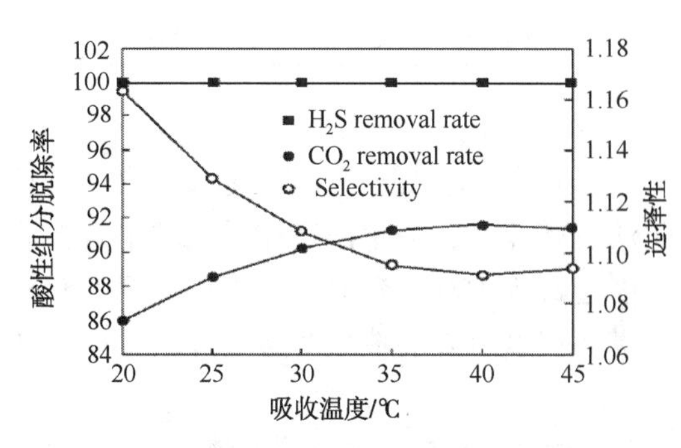

图 7-4-1 吸收温度对酸性组分脱除率和选择性的影响

进一步，作者还研究了贫液温度对净化气中 H_2S 含量的影响，如图 7-4-2 所示。结果发现，在 30~40℃范围内，改变贫液温度对净化气中 H_2S 含量影响不大，当贫液温度>40℃时，净化气中的 H_2S 含量随贫液温度升高迅速增大。

此外，作者还研究了吸收塔温度对相应贫液循环量和脱硫能耗的影响，如图 7-4-3 所示。结果发现，随吸收塔温度的升高，溶液循环量和脱硫能耗都均呈现增大的趋势，且在高温区域的增大速率更快。

对于 Claus 尾气脱硫装置，降低贫液入塔温度是提高脱硫效率的重要措施。以超级 SCOT 工艺为例：在典型的操作条件下，贫液温度降低值与净化尾气中 H_2S 体积分数的下降大致对应关系如下：随温度的逐渐下降，尾气中 H_2S 含量迅速下降，如表 7-4-1 所示。

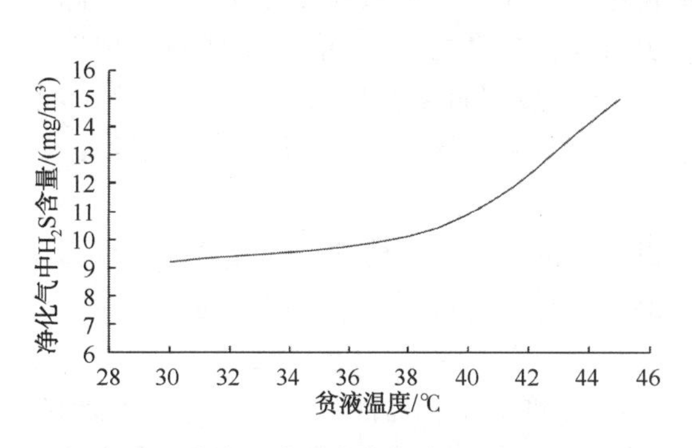

图 7-4-2 贫液温度对净化气中 H_2S 含量的影响

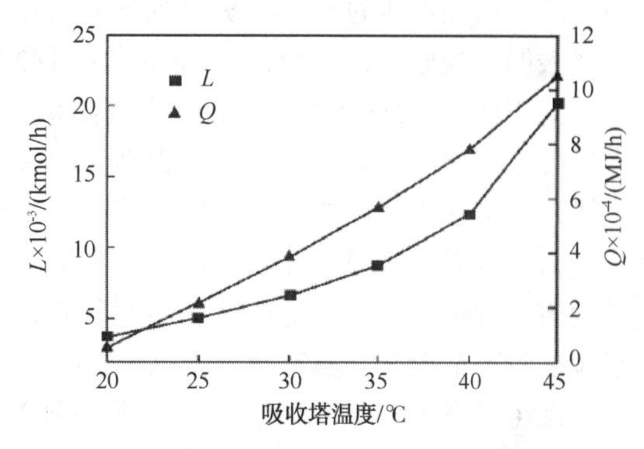

图 7-4-3 溶液循环量 L 及脱硫能耗 Q 与吸收塔温度的关系

表 7-4-1 贫液温度与脱硫效率的对应关系

尾气中 H_2S 体积分数设计值/%	100	90	80	65	50	35
贫液温度下降值	0	1	2	4	6	10

工程上常用选择因子表征 MDEA 选择性脱硫的强弱。

以脱硫效率与脱碳效率的比值表示的选择因子： $S_1=\eta_S/\eta_C$

以富液中 H_2S 与 CO_2 浓度比值表示的选择因子： $S_2=[H_2S]_F/[CO_2]_F$

式中，η_S、η_C为 H_2S 和 CO_2 的脱除率；$[H_2S]_F$、$[CO_2]_F$为富液中 H_2S 和 CO_2 的摩尔分数。

吸收温度对 MDEA 脱硫选择性的影响如表 7-4-2 所示。由表中可知，随吸收温度的提高，选择因子 S_1、S_2 下降，选择性变差。

表 7-4-2　吸收温度对 MDEA 脱硫选择性的影响

原料气温度/℃	贫液温度/℃	S_1	S_2
23	32	3.92	0.490
11	37	4.61	0.576

（2）再生温度

理论上，再生温度越高，对再生操作越有利，但所需的能量也越多。适宜的再生温度，要综合考虑贫液质量和所需能耗的影响。对于胺法脱硫体系，再生温度还受到胺本身性质如沸点、降解等因素的限制，因此，适宜的再生温度通常为 100~140℃。适当提高温度有利于提高溶剂的再生效果，提高脱硫效率，但是如果塔底温度过高会造成醇胺的降解，而且冲塔倾向比较大。

对于使用 MEA 作为溶剂的脱硫体系，由于再生时 MEA 与 H_2S 的化合物较易分解，当原料气 H_2S/CO_2 高时，溶液再生温度为 110~116℃，富液中 H_2S 绝大部分已被解吸出来，再提高温度对提高溶液的再生度作用不大，反而加剧溶液对设备的腐蚀、加速溶液的降解。

CO_2 与 MEA 的化合物比较稳定，要求较高的再生温度。当原料气中酸性组分只有 CO_2 时，常常需要 118~122.9℃再生才能达到满意的效果。研究发现，超过 130.3℃，CO_2 的解吸速率不再增加，而超过 127℃时 MEA 的降解速度将很快增加而导致溶液破坏。实际操作中可适当增加再生过程中汽提蒸汽量来提高溶液再生度，而不过分强调提高再生温度。国内实践表明，当原料气中 H_2S/CO_2 低达 0.182 时采用 110℃的再生温度仍能达到满意的结果。

对于使用 MDEA 作为溶剂的脱硫体系，再生塔底温度接近溶液的沸点温度，再沸器正常温度范围为 110~127℃，为减少高温的热降解反应，再沸器尽可能在较低温度下操作，再生塔顶温度在 105℃左右。

再生塔温度由重沸器功率决定。为重沸器提供热量的加热介质通常为低压蒸汽。重沸器是脱硫过程最主要的耗能部位，因此研究重沸器能耗与醇胺溶液再生塔温度之间的关系，对于脱硫过程节能降耗具有重要意义。

邱奎等对天然气 MDEA 脱硫工艺中醇胺溶液再生温度对重沸器能耗的影响进行了研究，结果如图 7-4-4 所示。由图可知，当再生塔温度在 124~133℃之间变化时，重沸器功率变化范围为 72000~1115000MJ/h。即溶液每升高 1℃，重沸器功率增加约 4778MJ/h。重沸器功率由溶液循环量和再生塔温度两方面决定。由于高含硫天然气脱硫过程溶液循环量大，故重沸器功率与常规含硫天然气相比大很多。醇胺溶液再生温度一般维持在 130℃以内。当温度超过此值，升温对贫液再生质量影响不大，但会造成醇胺溶液热降解加剧。因此，在贫液再生质量达标前提下，应尽可能降低醇胺溶液再生塔温度，减小重沸器功率，使脱硫能耗下降。

美国联合碳化有限公司公开了菲律宾某炼油厂 MDEA 再生塔底压力最高达 0.14MPa，温度为 132℃；在比利时安特卫普 FINA 石化厂，MDEA 再生塔压力为 0.11~0.12MPa，温度为 130~131℃；美国联合碳化有限公司推荐 MDEA 的再生温度不应超过 130℃，重沸器表面温度不超过 160℃。

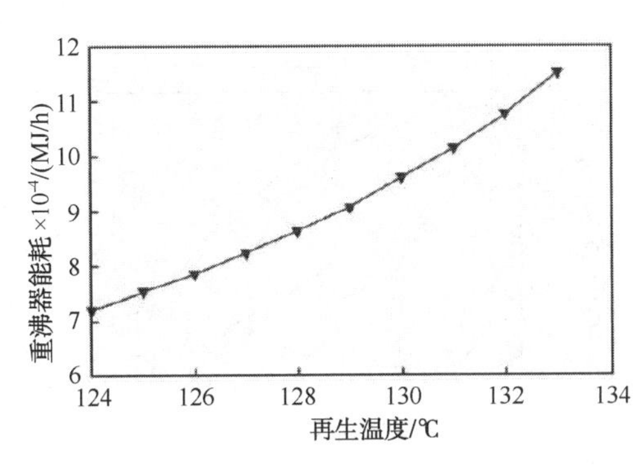

图 7-4-4　再生温度对重沸器能耗的影响

目前国内炼厂气脱硫溶剂再生温度一般在120℃左右，塔顶压力约0.08MPa，酸性气出装置压力约0.065MPa，而有的脱硫装置与硫黄回收装置距离远，酸性气管线长，管线压降大，造成酸性气压力无法满足硫黄回收工艺的要求，有的增设了酸性气鼓风机。

2. 压力

(1) 吸收压力

吸收塔的操作压力通常由原料气的压力来决定。

理论上，保证原料气相对高的压力有利于吸收过程的进行，这是因为总压升高，酸气分压亦升高；总压不变，当酸性组分浓度增加，则酸气分压也会升高，酸气分压升高有利于提高反应传质速率，增大溶液酸气负荷，降低溶液循环量。

实践中，原料气的压力通常取决于上游装置的操作条件。仅仅为了强化吸收而采用额外的手段来提升压力在经济上是非常不合理的，故此需要首先调整其他参数使系统能够在较低的压力下进行操作。

对于砜胺水溶液，其脱酸气为物理化学过程，酸气分压低时过程以化学吸收为主，酸气分压高时物理溶解作用增大，酸气分压高低都可以得到好的气体净化度，分压越高溶液吸收净负荷越大，运行费用越低。天然气净化装置多数情况下依气源的压力而定，合成气净化装置则被安装在产品生产总过程的适宜位置，例如合成氨、甲醇厂变换气脱硫、脱碳吸收压力一般为1.76MPa和2.74MPa。

醇胺法脱硫属化学吸收，对压力的影响不如物理化学溶剂法敏感，但高压仍有利于吸收操作。就天然气脱硫来说，装置的吸收压力主要取决于天然气压力及净化后的输气压力。

对于使用MDEA溶剂体系的选择性脱硫，尽管降低吸收压力可提高溶液的选择性，但通常不会为了提高溶液的选择性而降低吸收压力，因为吸收压力的降低会降低溶液的吸收能力，增加溶液的循环量。

邱奎等通过模拟软件对高酸性天然气体系中吸收塔压力的影响进行了研究，在满足净化度前提下，令吸收塔压力在6~9MPa内变化，研究了吸收塔压力对溶液循环量、脱硫能耗和酸气脱除率的影响，具体的影响结果如下。

不同吸收压力下H_2S和CO_2的脱除率如图7-4-5所示。由图可知，H_2S属快速化学反应，吸收塔压力对其酸气负荷影响不大。醇胺溶液吸收CO_2同时存在化学作用和物理作用，吸收塔压力升高，首先加速了CO_2物理溶解作用，提高了CO_2溶解度，故脱除率上升；其次溶解扩散速率是CO_2与醇胺化学反应的控制步骤，高压促进气体溶解，增大了醇胺溶液中CO_2的浓度，也就加快了化学反应速率。因此，吸收塔压力升高会使脱硫选择性下降，有可能导致溶液过度吸收CO_2，减少产品气数量。

不同吸收压力下溶液循环量L和能耗Q如图7-4-6所示。由图可知，吸收塔压力升高，溶液循环量及脱硫能耗同时降低，说明溶液酸气负荷随吸收塔压力增加基本成正比增长。因此，吸收塔压力升高会使溶液酸气负荷增大、循环量降低，公用工程消耗减少，能耗降低。

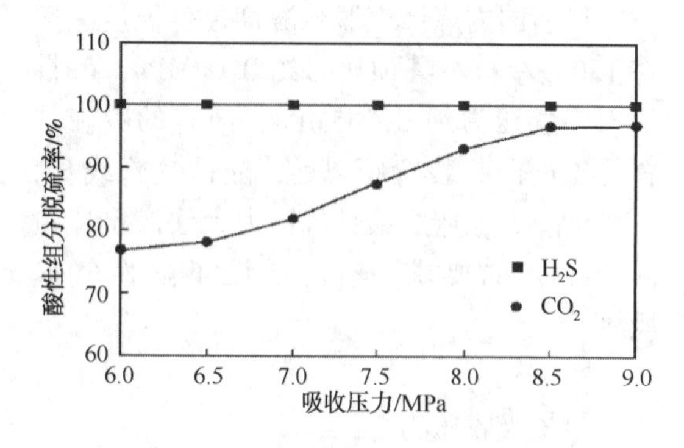

图 7-4-5　吸收压力对酸性组分脱硫率的影响

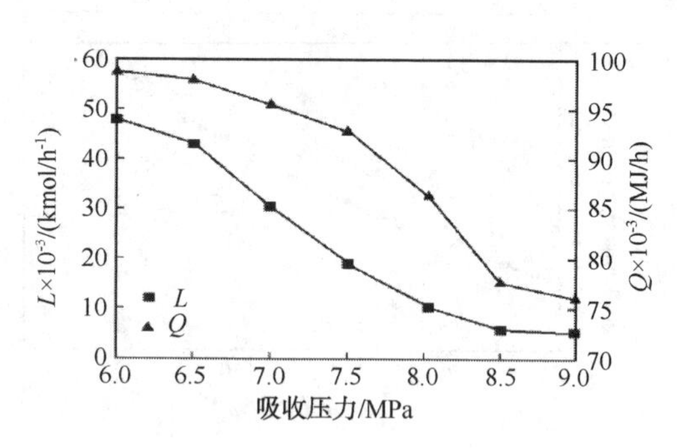

图 7-4-6　吸收压力对溶液循环量和脱硫能耗的影响

（2）再生压力

为了获得足够的净化度，再生塔通常在略高于常压的条件下操作，再生塔底压力取决于以下几个因素：

1）要使该压力下塔底溶液温度达到再生温度；

2）提供汽提 H_2S、CO_2 所需的蒸汽；

3）克服再生塔阻力损失，使酸气有足够的压力进入硫黄回收装置，并使贫液顺利通过贫液泵前设备到达贫液泵而不致发生泵抽空。

通常只要满足再生温度的要求，其他要求都可达到。过高的塔底压力不但没有必要还会加剧再沸器和再生塔的腐蚀，通常为 0.034～0.17MPa。再生塔顶压力由净化气要求的富液解吸温度下的平衡蒸汽压力决定。

加拿大某公司不同醇胺溶剂脱硫工艺所使用的再生压力数值如表 7-4-3 所示。由表中可知，对于不同的醇胺，再生塔底的压力均在常压附近，再生塔的压降均为 21kPa。

表 7-4-3　加拿大某公司生产参数

溶剂名称	再生塔底最高压力/MPa	再生塔底最高温度/℃	再生塔顶压力/MPa
MEA	0.097	120	0.076
DEA	0.119	124	0.098
DIPA	0.138	128	0.117
MDEA	0.143	127	0.122

在常压下，一乙醇胺溶液的再生可达到很完全的程度，再生液中硫化氢浓度能降至 0.1～0.2g/L。但当汽提中同时存在二氧化碳和硫化氢时，再生液中二氧化碳含量对硫化氢净化有很大的影响。在液相中有碳酸盐存在时，液面上硫化氢分压升高，从一乙醇胺溶液中赶走二氧化碳不如硫化氢容易，因为一乙醇胺的碳酸盐在大气压下沸点温度时分解不完全，为了分离二氧化碳，往往需要在较高压力下再生，以提高溶液的沸点温度。

3. *胺液浓度*

溶剂浓度的确定是综合比较装置投资、操作费用、操作稳定性和可靠性的过程。采用过低的溶剂浓度会使溶剂的循环量增加，从而导致装置投资和运行成本的增加；而过高的浓度会使吸收效率下降，且使溶剂系统的发泡几率增加。其中温度的影响尤其需要引起重视，因为对于不同酸性气组分浓度的气体，其吸收过程释放的单位热量也是不同的，即溶剂浓度的变化所产生的影响是不同的。需要指出的是：当提高溶剂浓度并同时适当增加溶剂循环量以降低富液酸性气负荷的时候，可以降低塔内的温度并抵消因温度因素而造成的吸收效率的下降。总之，在保证产品质量的前提下，采取同样的硬件设施，不能期望因为增加溶剂浓度而按比例的减少吸收塔的溶剂循环量。胺液脱硫浓度举例如表 7-4-4 所示。

表 7-4-4　胺液脱硫浓度举例

原料气	天然气	天然气	天然气	天然气	天然气	干气
溶剂	MEA	DEA	MDEA	MDEA+DEA	环丁砜+MDEA	MDEA
浓度	17%	20%	50%	MDEA：21.8% DEA：4.2%	环丁砜：50% MDEA：32%	40%

（1）MEA 溶剂

一乙醇胺脱硫液是由一乙醇胺与水组成。确定脱硫液浓度时必须从技术、经济两方面考虑，即装置的一次性投资、辅助设施费用、溶剂消耗等，以及被处理气体的性质，要求的气体净化度，吸收、再生速度，溶液对碳钢设备的腐蚀，溶液发泡趋势，稳定性盐类的污染，无机盐残渣物的影响等。

关于溶液的浓度，不同文献的推荐值相差较大。有人认为采用稀溶液在工艺适应性上更强。国内外多数工业装置采用 15%的稀溶液，也有采用 10%~13%，甚至 6%~7%的脱硫装置，为的是减轻溶液的发泡性，这样势必加大溶液循环量，增加公用消耗。用于脱硫的一乙醇胺水溶液浓度通常为 15%~18%，溶液吸收酸性气体的理论负荷为 0.5mol/mol 胺，实际操作的负荷约为 0.35mol/mol 胺。

（2）MDEA 溶剂

反应物 MDEA 浓度的增加使反应向正向移动，有利于吸收过程的进行。但是，MDEA 溶液的浓度提高会使其黏度随之提高，过高的黏度使干气脱硫塔的传质效果下降，甚至出现发泡现象。增加 MDEA 溶液浓度同时使溶液的总量降低，设备的一次性投资下降。经过理论计算和生产实践的验证，在不同的工况下适宜采用的 MDEA 溶剂质量分数范围为 20%~50%。具体需要综合比较装置投资，运行成本和吸收的效果而定。

不同 MDEA 浓度对选择性的影响如图 7-4-7 所示，由图可知，在相同的气液比下，选择性随溶液浓度上升而改善，而如果随溶液浓度升高而相应提高气液比运行时，则选择性的改善更为显著。尽管提高溶液浓度可改善选择性，但是浓度过高会使溶液的腐蚀性增强，还会因吸收 H_2S 量增多使吸收塔底溶液温升过高而影响吸收。典型的浓度为 30%~50%(质)。

（3）物理化学溶剂

对于物理化学溶剂，在相同酸气分压下，随着溶液中环丁砜含量的增加，酸气的溶解度增加，溶液的表面张力增大，泡沫高度增大，综合考虑，推荐环丁砜质量分数为 30%~50%。

二异丙醇胺环丁砜水溶液与二异丙醇胺水溶液相比，在低的 H_2S 及 CO_2 分压下酸气平衡溶解度没有显著差别，而在高分压下，尤其是 H_2S 的平衡溶解度大幅度上升。试验发现，环丁砜每增加 10%，总酸气平衡溶解度增加 1~3m^3/m^3 溶液。

气体中同时存在 CO_2 和 H_2S 时，二异丙醇胺水溶液对脱除 H_2S 有很好的选择性。当系统引入环丁砜后，致使二异丙醇胺水溶液的选择性丧失殆尽。

砜胺水溶液脱酸气过程中，胺是化学反应的主体。环丁砜二异丙醇胺水溶液脱有机硫的能力稍低于环丁砜一乙醇胺水溶液。试验发现：相同酸气分压时，H_2S 与 CO_2 在环丁砜甲基二乙醇胺（SF-MDEA）水溶液中的溶解度之差值比 MDEA 水溶液中的溶解度差值要大，说明 SF-MDEA-H_2O 溶液对 H_2S 具有热力学选择性，而 DIPA、MEA 水溶液则没有这种选择性。

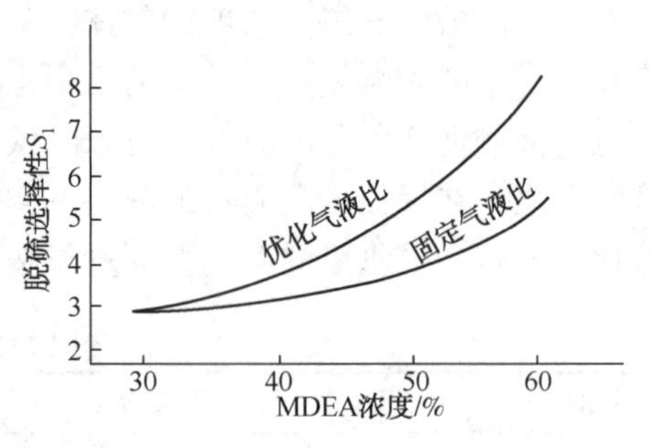

图 7-4-7　MDEA 浓度对脱硫选择性的影响

工业装置运行经验得出，SF-DIPA-H_2O 比 SF-MEA-H_2O 再生性能好，再生蒸汽消耗少，相同的再生温度时贫液 CO_2 含量只有后者的 1/5~1/10，但后者胺变质速度较低。

胺与 CO_2 的反应需要等分子的水参加，砜胺水溶液脱 COS 除物理溶解外，不论是胺的化学反应还是水解作用都需要水。用 SF-MEA-H_2O 净化天然气的实践证明，当水含量很低时（如 6%），溶液吸收酸气后难以再生，腐蚀也相当严重。当水含量增加到 30%时，富液容易再生，腐蚀也大为减轻。增加水含量可提高换热器的传热系数、降低烃的共吸收量。通常认为水含量 30%左右为宜。

胺水溶液含水 70%左右，砜胺水溶液含水只有 20%左右，而环丁砜的比热容只有 1.59kJ/(g·℃)，比水的热容低得多，砜胺水溶液吸收再生循环中消耗的热量和冷量比胺水溶液低。过程的能耗低，装置冷换设备投资省。

溶液配伍与配比：砜胺水溶液中采用哪一种胺与环丁砜水配伍以及砜、胺、水配比是根据原料特性、净化要求、装置工况等许多因素综合确定的。

几个实际溶液配比如下：

$CO_2/H_2S=5\sim6$，天然气净化装置：

SF：MEA：H_2O=(40~50)：20：(20~30)

$p_{H_2S}=0.965$MPa，$p_{CO_2}=0.414$MPa，天然气净化装置：

SF：DIPA：H_2O=60：30：10

H_2S 含量 700mg/m³，$p_{CO_2}=0.49$MPa，变换气脱碳装置：

SF：DIPA：H_2O=45.1：27.1：27.8

工业装置上得到的溶液组成对净化结果的影响如表 7-4-5 所示。由表中可得，增大物理化学溶剂中物理溶剂的含量，可以提高溶液对总硫的脱除效果。

表 7-4-5　物理化学溶剂溶液组成对净化效果的影响

DIPA：环丁砜：H_2O	35：45：20	30：50：20	30：55：15
净化气 H_2S/(mg/m³)	≤1	<1	<1
净化气总硫/(mg/m³)	323~363	238~255	195~206
净化气总硫平均值/(mg/m³)	345	246	200
气液比	502	500	500

4. 脱硫剂循环量

系统的溶液循环量与原料气处理量、酸性组分含量以及胺液浓度有很大关系。

(1) 原料气处理量和酸性组分含量对循环量影响很大

当原料气流量提高或原料气中硫化氢含量升高时，必须通过提高胺液循环量来达到脱除硫化氢的目的，但由于受胺液再生能力、气体带胺、胺液发泡等因素的影响，胺液循环量的提高也受到严格限制，必须同时通过其他调节手段来达到脱除硫化氢的目的。因此，必须根据原料气处理量和性质的变化及时调整胺循环量。

在满足净化气质量的前提下，通常希望吸收塔在低液气比下操作，以确保更低的溶液循环量，富液再生所消耗的蒸汽量也就更低，而蒸汽的耗费在脱硫操作费用中所占比重是最大的，通常达到70%以上。

对于常规含硫天然气脱硫，在较低液气比下操作可满足气体净化要求，但高含硫天然气由于酸气组分含量高，必须采用很高的溶液循环量才能达到净化要求。通过与相同规模装置对比，高含硫天然气脱硫装置的溶液循环量是常规脱硫装置的10倍以上，溶液循环量大幅提高将带来再生能耗的增大和操作费用显著增加，因此是工艺优化研究的重点。

在日处理天然气 $300\times10^4Nm^3$(20℃，101.325kPa)的满负荷生产条件下，随着酸性组分含量的不断增加，为了保证产品气符合国家标准的相关要求，需不断提高脱硫系统中的MDEA溶液循环量。

不同酸性气组分含量下的MDEA溶液循环量见表7-4-6。

表7-4-6 不同酸性组分含量下的MDEA溶液循环量

名称	$\varphi(CO_2)$/%	$\rho(H_2S)$/(mg/m³)	MDEA溶液循环量/(m³/h)
原料气	5.280	403.2	63.25
	5.680	590.4	83.24
	6.080	676.8	95.12
	6.280	748.8	102.85
产品气	3.000	20.0	

(2) 溶液浓度越高，脱除效果越好，但是越容易发泡，损失增加

一般正常胺液浓度选择范围在20%~40%，跟选择的胺液种类有很大关系。胺液循环量不足会导致吸收效果差，循环量过大会导致动力消耗大，所以循环量应控制在刚好能满足化学吸收所需的量为好。在实际操作过程中，应在保证净化气质量的情况下，要求循环量尽可能的低，以达到节能的目的。

5. 再生蒸汽量

胺法气体脱硫仍是目前研究的重点与应用最活跃的领域。该方法中作为吸收剂的胺(MDEA)通过再生循环使用，胺液再生的热源为蒸汽。该工艺的能耗主要集中在胺液再生装置，其能耗的高低直接影响脱硫的成本。

处理量增加将导致溶液循环量增大，而且由于高含硫天然气中酸性组分浓度高，需要更大溶液循环量以保证足够净化度，这是高含硫天然气脱硫能耗高的主要原因。一般原料气处理量增加导致溶液循环量增大，进而引起脱硫能耗成正比增加。

胺液循环量增加会使重沸器蒸汽耗量增加，同时溶液循环泵负荷增加，公用工程的循环水、电力等工质消耗量也会增大，最终带来脱硫能耗增加。胺系统操作经验表明，溶液循环量变化带动公用工程消耗量变化，是影响脱硫装置能耗的最主要因素。

以普光气田高含硫天然气(H_2S 含量13.0%~18.0%，CO含量为8.0%~10.0%，有机硫

含量 340.6mg/m³) 为原料，脱硫装置胺液系统采用 50%MDEA 溶剂，采用富 MDEA 集中再生工艺，以节约装置能耗。

针对再生蒸汽用量偏大问题，通过开展再生系统热负荷测试，减小再生蒸汽用量，优化再生系统工艺参数。普光净化装置胺液再生塔满负荷运行期间设计值为 67.4t/h，在装置运行初期，由于优化胺液循环量，胺液再生塔能耗降至 50~55t/h，运行一年后，系统热稳定盐持续上升，至 0.8%~1.2%后通过进行胺液净化处理，热稳定盐含量保持稳定，再生塔能耗经工艺优化后下降，满负荷运行控制在 45~50t/h。

测试过程及结果：对净化装置胺液再生塔进行的一系列参数实验，实验前提条件是在原料气负荷在 120~125km³/h 的范围内，再生塔顶压力稳定在 77~83kPa 的范围，保证塔顶温度在不低于 91%的情况下进行热负荷测试工作。

由测试结果看，稳定再生塔顶部压力 77~83kPa 的范围，保证塔底在 41t/h 以上的蒸汽量，湿净化气中 H_2S 的含量变化较为轻微，CO_2 含量有略微上涨，持续运行 24h，塔底蒸汽量对湿净化气二氧化碳含量影响不大。继续逐步降低再生蒸汽量，当蒸汽量降至 38t/h 时，湿净化气中 H_2S 的含量从 0.8×10^{-6} 上涨至 1.5×10^{-6}，并且还有继续上升的趋势，CO_2 含量有略微上涨，基本影响不大。

6. 贫液再生度

贫液再生度反映出溶液再生程度和再生效果，较高的贫液再生度能够提高溶液脱硫容量和速率，减少贫液循环量和溶液循环电耗。贫液再生度受贫液再生系统操作条件影响较大，再生压力、再生温度、再生方式均会对再生度造成影响。表 7-4-7 给出了 MDEA+DEA 混合胺溶液脱硫工厂操作数据。

表 7-4-7　MDEA+DEA 混合胺溶液脱硫工厂操作数据

项目	数据	项目	数据	项目	数据
气体流量/(Nm³/h)	7000	净化气成分		H_2S/(mol/mol 胺)	0.187
溶液流量/(m³/h)	17.3	CO_2/%	14.38	吸收塔	
溶液组成		H_2S%	0.022	直径/m	0.92
MDEA/%	21.8	贫液		压力/MPa	0.94
DEA/%	4.2	CO_2/(mol/mol 胺)	0.02	贫液温度/℃	54
进气成分		H_2S/(mol/mol 胺)	0.004	富液温度/℃	59
CO_2/%	19.20	富液		进气温度/℃	34
H_2S/%	2.078	CO_2/(mol/mol 胺)	0.545		

胺法脱除天然气、合成气、炼厂气中的硫化氢和有机硫时，溶液再生度越高，吸收效果越好，但能耗也越大，一般根据净化要求合理确定。

再生塔底再生温度的高低主要取决于再生后贫胺液的质量，而贫胺液的质量又是保证气体净化指标的关键。

为确保干气、液化气中 H_2S 质量浓度控制指标小于或等于 20mg/m³，则贫液中 H_2S 质量浓度应低于 2.5g/L。实际生产中，富液中 H_2S 质量浓度一般不大于 9g/L，贫液中 H_2S 质量浓度不大于 1.2g/L，有些企业甚至将贫液中 H_2S 质量浓度控制在 1.0g/L 以下。

某厂自 2015 年 9 月初以来，MDEA 再生塔底液位出现有规律的波动，每隔 8min 出现 1 个波峰和 1 个波谷，塔顶压力波动范围在 85~110kPa，塔底温度波动范围在 119~127℃。

溶剂再生塔的操作异常直接影响贫液再生度及脱硫效果，贫液中硫化氢含量由原来的2~3g/L升至4~6g/L，贫胺液中二氧化碳质量浓度由原来的1~2g/L升至2~3g/L。

酸气负荷是指溶液中酸气的物质的量与胺的物质的量之比(mol酸气/mol醇胺)，表示的是胺液脱硫能力高低。

溶液的酸气负荷越高，酸气在溶液中的浓度越大，根据亨利定律，酸气的气相分压越高，即净化气中H_2S和有机硫的含量越高。当醇胺溶液酸气负荷增加超过设计值时，会导致净化装置溶液系统发生设备及管线的严重腐蚀、胺液浊度高、溶液发泡、降解等一系列严重问题。

7. 贫液质量

(1) 溶液杂质的来源及危害

溶液中的杂质通常是微细悬浮物，其来源主要有：

1) 腐蚀产物、降解产物、化学品带入、溶液与H_2S反应生成的沉淀等；

2) 胺溶液溶解的烃类；

3) 原料气带入的有机酸和气井用缓蚀剂；

4) 机-泵-阀使用的皂基润滑油；

5) 气液传质元件上气液接触时产生的泡沫。

各种杂质积聚在溶液中，导致溶液容易发泡和消泡时间长，使操作困难，降低塔的处理量，使塔阻力迅速增大，严重时引起泛塔，使装置无法运行。

(2) 可采取的措施

对于贫液中的杂质，可以采取以下措施进行脱除或减少：

1) 采取有效的防腐措施，降低溶液中腐蚀产物的含量；

2) 抑制溶液降解，及时将失活溶液进行复活处理；

3) 减少溶液中降解产物含量；

4) 设置过滤器，使溶液中悬浮物的含量不大于0.01%(质)，过滤介质可采用羊毛毡、玻璃布、涂覆硅藻土的金属丝网或金属片、活性炭等，采用活性炭可除去冷凝在溶液中的烃类、井下带来的有害物、压缩机油及其他有害物。

5) 对于发泡严重的装置，通常向溶液中注入消泡剂，常用的消泡剂有有机硅、酰胺类、磷酸酯类化合物，对于活化热钾碱装置往往采用聚氧乙烯-聚氧丙烯嵌段共聚物。

(3) 典型案例

某厂有两套脱硫装置，设计总处理能力$140\times10^4m^3/d$。采用MEA法脱除天然气中的硫化氢。溶液发泡问题未解决好，大修后不久，装置的处理能力就明显下降。使用消泡剂以稳定操作，有一定效果，一旦停止添加消泡剂，处理量下降得很快。随着消泡剂使用时间的增加，维持同样的处理量需要添加的消泡剂量也要增加。消泡剂在溶液中积累，对系统的影响较大。装置投运以来处理量一直达不到设计值，大修前还不到设计能力的一半，运行中常有跑液现象发生，消耗指标也比国外大型工厂高，其根本原因是溶液中混入了过多的杂质。

重庆天然气净化厂3套MDEA法或环丁砜-MDEA装置运行7年的经验发现，MDEA比其他胺溶液抗污染能力差，特别是气田水进入系统后溶液发泡严重而频繁，使用消泡剂效果都不明显，影响气体处理量和净化气质量。MDEA降解产物、溶液中悬浮的固体颗粒、原料气中夹带的浓烃或气田水、润滑油都是溶液发泡的原因。溶液发泡使脱硫脱碳效果变坏，处理气量锐减，严重时低负荷下操作都会引起泛塔，直至停产。保持溶液清洁，防止、抑制腐蚀和降解，杜绝有害物质带入并及时清除溶液中有害物质是抑泡和消泡的积极措施。新装置开工时和对生产装置定期清洗都是有效措施。新装置常用碱液和去离子水清洗，老装置则用酸液清洗。应急时也可适当加入消泡剂进行消泡。系统中设置溶液过滤器可有效地除去一部分有害物质，通常在活性炭过滤器后设置常规机械过滤器以防炭粉进入系统。

（4）溶液中 Na^+对脱硫过程的影响

天然气中硫化氢脱除以 *N*-甲基二乙醇胺（MDEA）为代表的脱硫工艺占主导，大连西太平洋石油化工有限公司硫黄回收装置胺液脱硫系统胺液持有量 1200t，2013 年 7 月发现胺液脱硫深度不够，脱硫后气体中硫化氢含量时常超标。经取样分析，发现贫胺液中存在大量 Na^+和 Cl^-，胺液中的 Cl^-属于热稳定盐阴离子一种，通过适当增加胺液循环量可消除其对气体脱硫质量的影响，Na^+可能是造成胺液脱硫效果变差的主要原因。

由图 7-4-8 可见，随着 Na^+含量的增加，再生后贫液中的硫化氢含量基本呈线性增加趋势。说明胺液中的 Na^+浓度影响了胺液再生的质量，Na^+含量越高，胺液中的硫化氢残留越多，无法得到有效再生的胺液。

这是因为 Na^+引入胺液系统，在吸收过程中 Na^+与 HS^-结合生成 NaHS，由于 NaHS 是强碱性盐，加热不易分解，在胺液再生条件下能稳定存在。所以，被 Na^+所束缚的硫化氢形成的 HS^-与 Na^+的含量呈现对应关系，即 Na^+含量越高，贫胺液中的 H_2S 含量就越高。

随着溶液中 Na^+含量的提高，净化后气体中的硫化氢含量增加，特别是当溶液中 Na^+含量超过 2000μg/g 时，净化后的气体中硫化氢含量呈线性递增趋势，说明 Na^+对气体脱硫效果的影响显著（见图 7-4-9）。

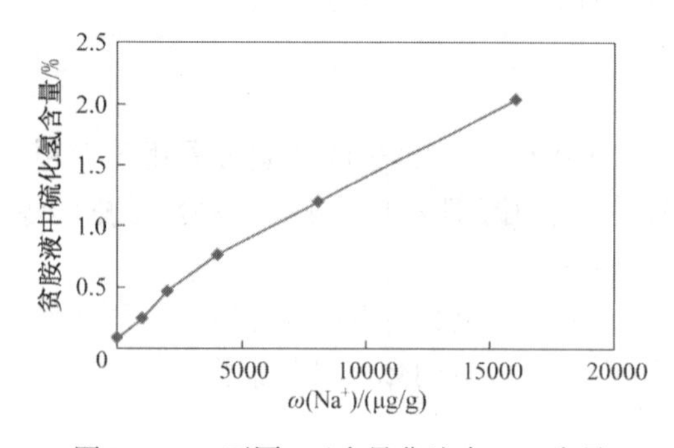

图 7-4-8　不同 Na^+含量贫液中 H_2S 含量

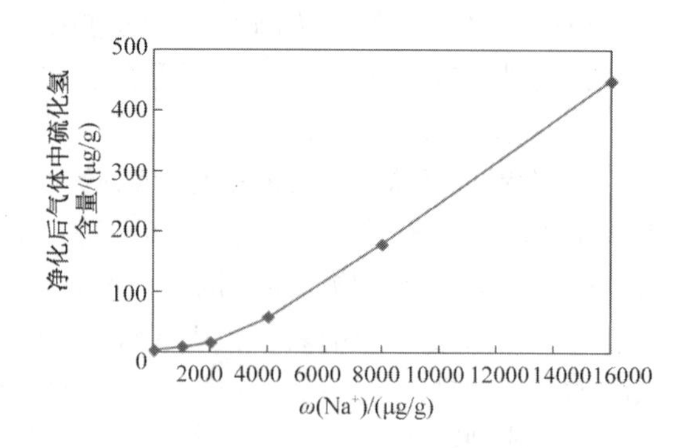

图 7-4-9　贫胺液中 Na^+含量对气体脱硫深度的影响

$$(C_2H_5O)_2N^+HCH_3HS^- \rightleftharpoons (C_2H_5O)_2N^+HCH_3 + HS^- \qquad (7-4-1)$$

$$NaHS \rightleftharpoons Na^+ + HS^- \qquad (7-4-2)$$

胺液吸收硫化氢后，MDEA 与硫化氢发生可逆反应，生成 $(C_2H_5O)_2N^+HCH_3HS^-$，后者在水溶液中可逆电离成 $(C_2H_5O)_2N^+HCH_3$ 和 HS^-，由于同离子效应，由反应式（7-4-2）所示的被 Na^+束缚了的 HS^-使反应式（7-4-1）平衡向左移动，使得胺液吸收甲烷气中硫化氢的过程中，气相中会保持较高硫化氢平衡浓度。

北京思践通科技发展有限公司有针对性地设计并制造了一套胺液净化设备，进行胺液综合治理。2014 年 7 月完成现场安装，7 月中旬正式运行。截至 2015 年 3 月底，净化后胺液指标明显改善。净化前后胺液指标如表 7-4-8 所示。

表 7-4-8　胺液净化前后的指标

项　目	净化前	净化后
w(热稳盐)/%	3.77	2.00
$w(Na^+)$/(μg/g)	7800	2000
pH	11.2	10.1
再生后硫化氢浓度/(g/L)	4.0	1.5
$w(Cl^-)$/(μg/g)	3800	800

由于胺液品质改善，节能降耗效果明显。首先，由于胺液系统中 Na^+ 与 Cl^- 含量逐渐下降，提高了胺液脱硫效率，胺液循环量较之前降低 100t/h，再生蒸汽量减少 8t/h；同时操作条件优化，胺液损失大幅度降低，新鲜胺液的消耗量同比降低 30t/a。

(5) 热稳定盐的影响

热稳定盐是醇胺脱硫溶液的主要变质产物，热稳定盐将影响醇胺溶液的性能。常见的热稳定盐有甲酸盐、乙酸盐、乙醇酸盐、草酸盐、硫酸盐、硫代硫酸盐、氯盐。胺液中不断积累的热稳定盐会使溶液的性能发生变化。主要影响如下：

1) 甲酸胺盐或硫酸胺盐质量分数低于 2%时，能提高醇胺的脱硫效率和 H_2S 的选吸性能。但当甲酸铵或硫酸胺盐质量分数大于 1%后，会增大装置运行不平稳的可能性。

2) 长链有机酸盐具有较强的气泡性，即使含量只有 0.1%，也会使溶液发泡而导致溶液脱除酸气的能力降低。

3) 在气体净化生产过程中，对热稳定盐的控制视具体情况而定：当热稳定盐是甲酸盐、乙酸盐、乙醇酸盐、草酸盐、硫酸盐、硫代硫酸盐或氯盐时，热稳定盐总量控制在 1%即可。

4) 当热稳定盐总含量小于 1%时，反而不利于 H_2S 的选择性脱除，适量的热稳定盐有利于 H_2S 选择性吸收。

5) 由于草酸盐和氯盐的腐蚀性很强，当热稳定盐是以草酸盐和氯盐为主时，其控制量应更低。

6) 长链的有机酸盐具有两亲性质，能显著降低胺液的表面张力，使溶液发泡能力增强，消泡时间变长，从而导致液泛和吸收塔阻力增大，其含量应控制在 0.1%以下。

8. CO_2 的共吸收性能

(1) 气相杂质的来源、危害及处理方法

原料气中可能带有含油污水、酸化液、泡排剂、缓蚀剂等容易引起发泡的物质。这些物质进入吸收塔之前必须经过足够大的气液分离器与原料气过滤器，以脱除原料气中尽可能带有的固体与液体杂质。

若原料气中杂质脱除不彻底，这些物质将会进入溶液系统，降低溶液表面张力、增加体系液相黏度和表面黏度、增加泡沫表面电荷、影响气泡排气，从而使溶液泡沫高度变大，消泡时间变长。

处理措施：天然气净化厂使用高效分离器，对进入吸收系统的原料气进行处理，使用效果较好。在原料气输出站之前经过较为彻底的分离处理，能够有效降低醇胺溶液发泡的可能。

(2) 气相中 CO_2 对 H_2S 吸收的影响

当气体中同时存在 CO_2 和 H_2S 时，其在醇胺溶液中的溶解度与单一气体不同，如图 7-4-

10 所示。MDEA 用于选择性脱硫时，在有 CO_2 存在下，MDEA 可同时与 CO_2 和 H_2S 反应。

MDEA 与 H_2S 反应为快速反应，其反应式如下。

$$H_2S+R_2NCH_3 \rightleftharpoons RCH_3NH^+ + HS^- \tag{7-4-3}$$

MDEA 与 CO_2 的反应如下：

$$CO_2+H_2O \rightleftharpoons H^+ + HCO_3^- \tag{7-4-4}$$

$$H^+ + R_2CH_3N \rightleftharpoons R_2CH_3NH^+ \tag{7-4-5}$$

上面两式相加为总反应：

$$R_2CH_3N+H_2O+CO_2 \rightleftharpoons R_2CH_3NH^+ + HCO_3^- \tag{7-4-6}$$

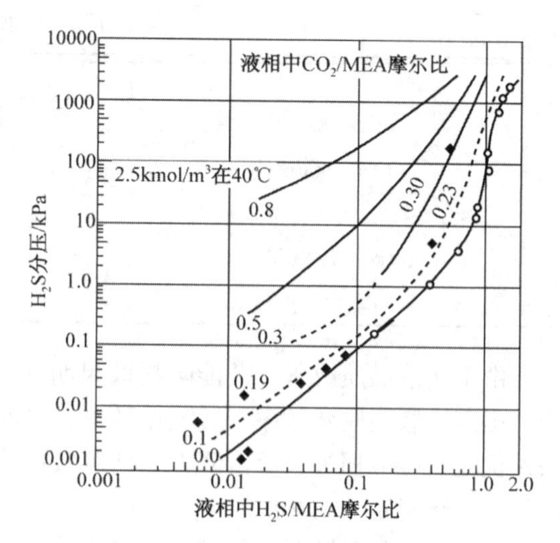

图 7-4-10　CO_2 对 H_2S 在 2.5mol MEA 溶液中溶解度的影响

●—Lawso 等 1976 年测定；○—Lat 等 1980 年测定

因此，H_2S 与 CO_2 是竞争吸收关系。CO_2 可与 H_2S 共吸收，从而减少 MDEA 的吸收容量，影响净化气 H_2S 含量。工业上一般采用以下方法减少 CO_2 共吸收：

1）增大 MDEA 浓度。CO_2 共吸率减少，增大 MDEA 浓度对 CO_2 的吸收促进不显著反而使黏度上升，传质系数下降，不利于 CO_2 吸收。

2）降低溶液循环量，CO_2 共吸率减少。因为溶液循环量下降，液相负荷升高而使吸收的 CO_2 总量减少。

3）降低吸收温度，CO_2 共吸率减少。因为 MDEA 吸收 CO_2 属液相反应控制，CO_2 吸收量随温度上升而增加。

4）减少塔板数，CO_2 共吸收率减少。因为减少塔板数能减少气液接触时间，MDEA-H_2S 与 MDEA-CO_2 在反应机理及速率差别，沿塔高变化不同，随着接触时间增加，CO_2 吸收量增加快于 H_2S，选择性下降。表 7-4-9～表 7-4-11 分别为 MDEA 常压脱硫、加压脱硫及工业应用数据。

表 7-4-9　MDEA 溶液常压脱硫数据

项目	Ⅰ	Ⅱ	Ⅲ
气体	加氢尾气	加氢尾气	加氢尾气
溶剂	MDEA	MDEA	DIPA
气体处理量/(Nm^3/h)	3000	180000	10000
原料气			
H_2S/%	～1.5	～1.5	～3.0
CO_2/%	～18	25～30	～20
净化气			
H_2S/%	<300	<300	<300
CO_2/%	～16	23～27	～17
H_2S 脱除率/%	>98	>98	>98
CO_2 共吸收率/%	～10	～10	～20

表 7-4-10　MDEA 溶液加压选择性脱硫数据

项目	Ⅰ	Ⅱ	Ⅲ
气体	天然气	天然气	炼厂气
压力/MPa	0.17	3.5	0.55
原料气			
H_2S/%	7.1	0.24	8.5
CO_2/%	21.3	1.30	1.4
净化气			
H_2S/%	160	4	25
CO_2/%	18.5	1.11	1.08
酸气 H_2S/%	56.1	55.6	95.3
H_2S 脱除率/%	99.79	99.79	99.97
CO_2 共吸收率/%	26	14.70	30

表 7-4-11　MDEA 溶液天然气脱硫工业试验数据

项目	数据							
气体流量/(Nm^3/h)	94000							
吸收塔压力/MPa	6.6							
进气温度/℃	32							
进气 H_2S 含量/(mg/Nm^3)	40~60							
CO_2 含量/%	3.83							
试验序号	1	2	3	4	5	6	7	8
塔板数	10	10	10	10	10	10	20	10
胺浓度 MDEA/%	39	53	53	49	49	46	46	43
进液氨温度/℃	47	47	46.5	44	55	45	45	46
胺液循环量	中等	中等	低	中等	中等	中等	中等	高
CO_2 共吸收率/%	39	30	25	35	35	30	47	40
净化气 H_2S 含量/(mg/Nm^3)	<1	<1	<1	<1	<1	<1	<1	<1

近年来开发出混合胺溶液法处理气体，典型的是以 MDEA 溶液为主，配入其他胺与活化剂。应用 MDEA 与 DEA 混合胺溶液脱除天然气中 H_2S 的工厂操作数据如表 7-4-12 所示，混合胺溶液浓度 21.8% MDEA+4.2%DEA，净化气中 H_2S 含量 2mg/m^3(标)(99%脱除率)，CO_2 脱除率 32%。表 7-4-12 表示的是 MDEA-DEA 混合胺溶液脱硫工厂的操作数据。

表 7-4-12　MDEA+DEA 混合胺溶液脱硫工厂操作数据

项目	数据	项目	数据	项目	数据
气体流量/(Nm^3/h)	7000	净化气成分		H_2S/(mol/mol 胺)	0.187
溶液流量/(m^3/h)	17.3	CO_2%	14.38	吸收塔	
溶液组成		H_2S%	0.022	直径/m	0.92
MDEA/%	21.8	贫液		压力/MPa	0.94
DEA/%	4.2	CO_2/(mol/mol 胺)	0.02	贫液温度/℃	54
进气成分		H_2S/(mol/mol 胺)	0.004	富液温度/℃	59
CO_2/%	19.2	富液		进气温度/℃	34
H_2S/%	2.078	CO_2/(mol/mol 胺)	0.545		

9. 吸收塔和再生塔盘数优化

(1) 吸收塔

吸收系统由进口分离器、吸收塔(接触器)和出口分离器组成，吸收塔理论板数为4~5块，实际板数20~25块，全塔效率0.25~0.4。为防止重烃冷凝，贫液入口温度高于气体进塔温度1~5℃，气体入塔温度应控制使釜液排出温度不超过49℃。塔盘是脱硫塔的主要部件之一，是气液相传热、传质的主要场所。塔盘工况良好，可以提高气液相接触面积，使气液相充分接触，增加吸收效果。

某公司干气脱硫塔采用立体传质塔板CTST，气液相接触传质传热核心元件是梯形立体喷射罩，喷射罩由喷射板、端板组成，喷射板上部适当位置开有喷射孔，为气相通道，喷射板下端与塔板间有一定的底隙，是液体进入罩内的通道，喷射板上部装有分离板，在喷射板与分离板间设气液通道。但随着生产的进行，系统中的焦粉会在塔板上发生沉积甚至堵塞喷射孔和底隙，从而减小了气液相接触面积，增大了脱硫塔的压降，使干气脱硫塔的脱硫效果大大降低。

某炼厂通过对前几个生产周期的观察，焦化干气脱硫塔基本有效运行周期在2年左右，时间过长，塔盘堵塞严重。自2013年4月干气脱硫塔投入运行以来，至2015年10月，焦化装置加工负荷较高，长期的高负荷运行使干气携带焦粉量增加，焦粉与胺液携带的盐类等杂质逐渐沉积，堵塞部分塔盘空隙，导致气液相接触不良，影响脱硫效果。

(2) 吸收塔喷嘴及喷淋层

喷淋塔是国内最常用的脱硫吸收塔类型，具有维护简单、脱硫效率高的优点，但由于引进技术消化不足，存在喷嘴雾化能力不够、内部结构设计不合理等问题。

新型“液包气”超细雾化喷嘴可在液压和气压小于0.5MPa下，将液滴雾化粒径分散至小于250μm，雾化角在40°~90°之间。现有喷淋层的管道布置为鱼骨状，为降低管内压损，将喷淋层的支管布置成与塔壁等距的环状，并将气管主管与浆液主管相向布置以节省空间。

将优化方案在某电厂对喷淋塔进行改造，改造后的喷淋塔脱硫性能实验表明：优化后的脱硫效率提高10%以上，系统pH值与喷淋塔脱硫效率存在线性关系。

气流分布的均匀性会对填料塔的二氧化硫吸收效率产生一定的影响，在填料塔结构和负荷一定的情况下，气流初始分布越均匀，吸收效果越好。对于气流分布不均匀的填料塔加上孔板或格栅后，气流均布状况改善，开孔率10%的孔板最好，压降最小。若保证现有脱硫吸收塔填料层与进料口距离6~7m，可以减少或消除引起局部液泛的区域，使塔内气体不均匀度下降20%，达到投资费用与气流均布效果的相对平衡。

(3) 汽提再生系统

汽提系统由富液闪蒸、贫/富液换热器、汽提塔、重沸器、塔顶冷凝器、溶液冷却器、复活器及泵组成。

汽提塔：理论板数3~4块；进料板以上3~4块实际板；进料板以下20~25块实际板，再生蒸汽消耗量为0.12~0.18t/水蒸气/t醇胺溶液，最多不超过0.24t水蒸气/t醇胺溶液。

重沸器：再沸器的热负荷包括：将酸性醇胺溶液加热至沸点的热量，将醇胺与酸性气体生成的化合物分解的热量，将回流液(冷凝水)汽化的热量，加热补充水的热量，重沸器及汽提塔的热损失。通常还要考虑15%~20%的安全裕量。

目前常用的重沸器形式是卧式热虹吸式重沸器和釜式重沸器两种形式，釜式重沸器的管束全部浸泡在液相中，气液分相流动，动能较低，腐蚀较轻。热虹吸式重沸器操作不当时，会出现部分管束暴露在气相中，引起局部过热并加剧腐蚀。因此，从防腐角度讲，推荐采用釜式重沸器。

汽提塔回流比：汽提塔顶排出的气体中水蒸气摩尔数与酸气摩尔数之比称为该塔的回流比。水蒸气经塔顶冷凝器冷却为水后送回塔顶作回流。对于伯醇胺和低 CO_2/H_2S 比的酸性气体，回流比为3；对于叔醇胺和高 CO_2/H_2S 比的酸性气体，回流比为1.2。

(4) 换热器结构

目前国内大部分换热器仍采用浮头式换热器，不仅传热系数小、换热面积大，同时也存在腐蚀、泄漏等问题。若采用国外近年新研制的全焊接式板式换热器，由于采用激光焊接，板片材质全部为316L，可消除泄漏、降低腐蚀，提高设备的可靠性和使用寿命。

(5) 复活器

复活器是使降解的醇胺尽可能复活，使热稳定的盐类释放出游离醇胺，并除去不能复活的降解产物。MEA等伯醇胺由于沸点低，可采用半连续蒸馏的方法，将汽提塔重沸器出口的一部分贫液送至复活器加热复活。

通常是向复活器中加入2/3的贫液和1/3的强碱(10%氢氧化钠或碳酸钠溶液)，加热后使醇胺由复活器蒸出。为防止热降解发生，复活器温度升至149℃时加热停止。降温后、再将复活器中剩余的残渣(固体颗粒、溶解的盐和降解产物等)除去。胺的循环量应大于化学计量数，为0.33~0.4mol酸气/mol胺(化学计量值：0.5mol酸气/mol胺)。

第五节　胺液净化技术

一、胺液清洁运行的意义

如前所述，醇胺法吸收脱硫脱碳是现代炼油、天然气等化工生产中的重要处理单元。但醇胺法吸收脱硫装置在长期运行中，不可避免会有许多杂质进入胺液系统从而造成胺液的污染。污染物在溶剂系统中长期累积，达到一定程度时必然会引起一系列的问题。胺液受到污染，特别是因降解和污染形成的热稳定盐(HSS)，不仅是造成设备严重腐蚀的重要原因之一，还会影响脱硫效果和产品质量，加剧胺液发泡，影响脱硫装置的正常运行。醇胺降解、装置腐蚀和溶液发泡是醇胺法脱硫装置经常遇到的三类操作问题。

为保证胺液脱硫装置稳定运转，必须对胺液中的各类污染物有全面认识，掌握污染物的来源和污染程度；通过正确使用合适的技术和管理手段，采取有效措施以保持胺液清洁和高效运行，使脱硫脱碳装置保持产品合格，同时尾气、烟气排放达标。合理的设计、严格的操作条件控制和溶剂的清洁操作是维持脱硫装置长期稳定运转的三大要素，三者相辅相成缺一不可。装置工艺设备设计不合理或操作不当，将导致溶剂的污染和降解，胺液降解产物又会造成设备的腐蚀与溶剂发泡等操作问题，严重降解的胺液无法维持装置正常操作，会频频出现设备腐蚀、脱硫塔发泡冲塔等问题。因此保持胺液溶剂清洁状态至关重要。

胺液受到污染形式多样。为了使胺液清洁运行，多年来已形成的胺液净化技术包括：对运行胺液做全面的检测分析，详细了解污染物组分和污染程度，为方案设计提供数据支持；

对胺液运行中常见问题进行逐一分析，提供相应的措施建议；开发胺液过滤、离子交换和电渗析脱盐等胺液净化技术。

二、胺液清洁运行技术

（一）运行胺液分析方法

为全面评估溶剂运行的清洁状况和受污染程度，需对不同脱硫装置内运行的胺液进行测试，如固体悬浮物含量、热稳态盐、阴离子（硫酸根、氯离子、甲酸根、乙酸根离子等）、阳离子（钠离子、铁离子、钙离子等）、胺液发泡趋势等分析项目。分析数据是发现和研究问题的基础，应定期监测分析。中国石化《炼油工艺防腐蚀管理规定》实施细则中建议各炼厂单位建立胺液分析标准和制度，表 7-5-1 是与胺液腐蚀相关的若干分析项目，均按最低 1 次/周的频次进行取样分析。

表 7-5-1 胺液腐蚀相关的分析项目

项　目	标准名称	标准号
总硫含量/（μg/g）	水质硫化物的测定碘量法	HJ/T 60—2006
氯离子/（μg/g）	水质　氯化物的测定　硝酸汞滴定法（试行）	HJ/T 343—2007
Fe/（μg/g）	水质　铁的测定　邻菲啉分光光度法（试行）	HJ/T 345—2007
氧含量/（mg/L）	水质　溶解氧的测定　电化学探头法	HJ/T 506—2009
固体悬浮物/%	水质悬浮物的测定　重量法	GB 11901—1989

此外，胺液 pH 值采用 pH 计测定；热稳态盐分析采用阳离子交换-容量法。

通过综合对比分析一定时期内的历史数据可发现异常问题。根据历史数据的变化趋势，某段时期内数据发生突变可能为异常运行的特征表象，须重点关注，避免问题进一步加剧恶化。

1. 固体悬浮物分析

（1）固体悬浮物总量的检测

1）测试方法：按照 GB 11901—1989 进行。图 7-5-1 为悬浮物含量测试装置。

图 7-5-1　悬浮物含量测试装置

一定体积混合均匀的胺液通过 0.45μm 有机相（尼龙膜或 PTFE 膜）微孔滤膜过滤器，截留在滤膜上的固形物于 103～105℃烘干至恒重，质量增加的部分即为悬浮颗粒物总质量。

2）计算：

$$SS\% = (m_1 - m_0) \times 10^6 / V \qquad (7-5-1)$$

式中　SS——胺液中悬浮物浓度，mg/L；

m_1——悬浮物+滤膜+称量瓶质量，g；

m_0——滤膜+称量瓶质量，g；

V——试样体积，mL。

（2）固体悬浮物粒径分布的检测

1）测试方法：激光粒度分析或多级过滤-重量法。按多级过滤-重量法，准备不同过滤精度的有机膜片（20μm、10μm、5μm、1μm、0.45μm），将一定体积混合均匀的胺液依次经以上膜片逐级过滤，截留在滤膜上的固形物于103~105℃烘干至恒重，分别称重不同膜片和称量瓶过滤前后的质量，可计算不同过滤区间内悬浮物含量。

2）为全面了解胺液中颗粒物情况，建议：①对胺液做>0.45μm的悬浮物含量测试；②粒径分布测试，指导过滤器精度的选择和过滤方案的设计。

（3）固体悬浮物的形态观察

1）仪器：采用体视显微镜观察。

2）观察颗粒物外观形态，可区分判断大致成分：

① 刚性颗粒物，如活性炭颗粒、焦粉、腐蚀剥落物等。此类颗粒物易过滤，过滤时形成滤饼，截留效率高。

② 胶状物，如胺液降解产物等。胶状物粒径细，低精度过滤器过滤时易穿透，而对于高精度过滤器容易堵塞，造成过滤流量骤减。

③ 油性物，如凝析油、沥青质等。黏稠易堵塞滤芯，不能反冲洗。

（4）悬浮物的元素分析

通过扫描电子显微镜，进行能谱分析（Energy Dispersive Spectrometer，EDS），可知待分析物元素组成。例如，对图7-5-2中的片状物进行能谱分析（右图），可明晰主要元素组成为Fe、S、Si。判断该物质为FeS，可能来源于胺液对管路的腐蚀；Si元素可能来源于胺液中的粉尘SiO_2。

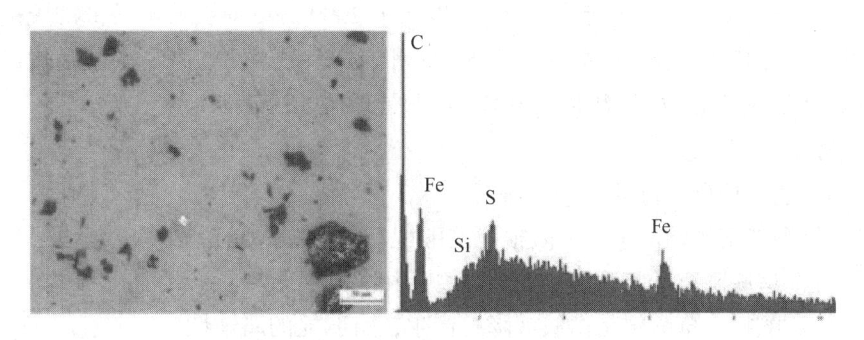

图7-5-2　悬浮物能谱分析图

2. 热稳态盐分析

（1）测试方法：按阳离子交换-容量法进行

取一定质量的贫胺液流经氢型阳离子树脂，质子化MDEA（$MDEAH^+$）吸附于阳离子树脂表面，贫胺溶液中的热稳态盐阴离子与胺阳离子交换下来的H^+结合生成酸，可用氢氧化钠标准溶液滴定其中H^+的浓度，即可计算出贫胺液中热稳态盐的含量。

（2）计算

$$HSS = V_{NaOH} \times C_{NaOH} \times 11.9/W \quad (7-5-2)$$

式中　V_{NaOH}——NaOH 消耗量，mL；

C_{NaOH}——NaOH 浓度，mol/L；

W——样品质量，g；

11.9——甲基二乙醇胺相对分子质量×100/1000。

[例]：对一胺液样品进行热稳态盐含量测试，称取 1.62g 胺液样品，滴加至 H 型阳离子树脂中，并用去离子水淋洗树脂，在树脂下方用锥形瓶接取淋出液，直至出水接近中性。用浓度 0.11mol/L 的 NaOH 标准溶液滴定，当滴定至终点(酚酞指示剂变红不褪色)时，消耗碱液 5.5mL，试计算该胺液的热稳态盐含量为多少？

解：

$$\begin{aligned} HSS &= V_{NaOH} \times C_{NaOH} 11.9/W \\ &= 5.5mL \times 0.11mol/L \times 11.9/1.62 \\ &= 4.44\% \end{aligned}$$

应注意监测胺液系统热稳态盐含量程度，若 HSS>1.5%时，需密切关注溶剂脱硫性能和设备、管道腐蚀状况。

3. 阳离子/阴离子分析

（1）金属阳离子检测

1）检测方法：电感耦合等离子体光谱法(ICP)。检测精度：μg/g。

测试金属离子时(如铁离子)，不应做过滤处理，避免过滤掉不溶性的金属，影响测试结果。

2）金属阳离子重点考察元素：Fe、Na。

① Fe 存在形态：络合态铁离子、FeS 不溶物、$FeCO_3$ 等，总铁元素可反映胺液的腐蚀情况。

② Na 来源于原料气、补充水等。Na^+浓度高于 2000μg/g 时会影响胺液的脱硫效果。胺液中过多的 Na^+与 H_2S 结合，以盐的形式 NaHS 和 Na_2S 稳定存在，HS^-无法通过汽提方式再生出来。由于“同离子效应”，贫胺液中 HS^-抑制气体中 H_2S 的吸收。

（2）阴离子检测

1）检测方法：按离子色谱(IC)法进行。

2）重点检测考察的阴离子为甲酸根、乙酸根、草酸根、硫酸根、亚硫酸根、硫代硫酸根、氯离子等，这些阴离子与胺液的腐蚀性息息相关。

甲酸根、乙酸根、草酸根是由胺液降解产生，有明显的腐蚀性。

硫酸根、亚硫酸根、硫代硫酸根是由进气中所含 SO_2 转化或含硫物的降解产生。

Cl^-则是由原料气、补充水带入。

而 SCN^-，通常是 H_2S 与原料气中带入的 CN^-反应生成；焦化装置、催化裂化装置干气中亦会直接带入 SCN^-。

4. 胺液发泡分析

按 SY/T 6538—2002 方法进行。

（二）胺液常见问题分析

1. 胺液悬浮物污染

（1）主要来源

气体带入的焦粉；设备、管线腐蚀，检修后设备管线清洗不彻底；细小活性炭粒，颗粒活性炭因摩擦而产生细小炭粉等。其中，硫化亚铁（FeS）、凝析油及各种衍生物等，是导致胺液呈现黑色、黏稠状的主要物质。

（2）主要危害

1）引起设备堵塞，当胺液中焦粉物质较多时，过滤器不能长期平稳运行，造成频繁堵塞。由此增加了装置的操作费用和操作人员的劳动强度。因此需对胺液悬浮物定期过滤净化。

2）加剧设备和管线的磨损；

3）造成胺液发泡、加剧胺液降解等。胺液中悬浮物+烃混合形成的"鞋油状"污物黏稠易堵塞，严重影响脱硫装置的正常运行。胺液的净化是保证脱硫系统高效稳定运行的前提条件，为了保证胺液的净化效果，必须对胺液中的固体颗粒物和烃类物质进行过滤。

2. 胺液烃污染

（1）烃污染来源

原料气预处理不充分，致使重烃组分随气体进入胺液系统；有时，因操作不当，会带入动力设备润滑油等。

（2）主要危害

胺液中混入烃类污染物，会引起胺液的表面张力改变，增强气膜表面的弹性，导致胺液起泡性和泡沫稳定性增强；另外，胺液中混入烃类污染物，会影响溶剂气液传质，影响胺液吸收酸气的速率和脱酸气效果。

3. 胺液热稳态盐生成

（1）热稳态盐的产生

众所周知，醇胺与吸收的酸性气体结合生成的盐经高温处理可以分解，故醇胺得以再生。但溶液中的一些无机和有机阴离子以及氨基酸离子等，它们与醇胺结合形成醇胺盐，这些盐在高温再生过程中不能分解除掉，因而被称为热稳定性盐。

（2）热稳态盐的危害

热稳态盐会影响脱硫效果，影响产品质量；加剧管路、设备腐蚀；造成换热器结垢、塔盘堵塞；增加胺液发泡，加大胺液损耗。

下面简要分析探讨热稳态盐（HSS）加速胺液对管路、设备腐蚀的基本原理。

胺液中的 H_2S 硫化作用于设备/管路，碳钢表面形成一层海绵状多孔的膜层 FeS，并产生钝化，暂时阻止腐蚀的进一步产生。反应式如下：

$$H_2S+Fe \longrightarrow FeS+H_2 \qquad (7-5-3)$$

热稳态盐中对腐蚀影响较大的阴离子有草酸根离子、甲酸根离子、乙酸根离子、氯离子、氰根离子。这些离子与碳钢表面的 FeS 钝化层反应，形成相应的铁络合物，加速钝化层的破坏。HSS 渗透并溶解 FeS 从而破坏多孔的钝化层，反应式如下：

$$FeS+6SCN^{-} \longrightarrow Fe(SCN)_6^{4-}+S^{2-} \qquad (7-5-4)$$

$$FeS+C_2O_4^{2-} \longrightarrow Fe(C_2O_4)+S^{2-} \qquad (7-5-5)$$

这样，通过破坏 FeS 钝化层，新鲜的金属表面重新暴露，与 H_2S 又产生腐蚀，因此 HSS 加速了胺液对管路设备的腐蚀。

(3) 胺液设备、管线的防腐蚀

胺法吸收脱硫装置的腐蚀问题是一个必须注意的重要问题，若装置受到严重腐蚀，可能导致装置非计划性停产、设备寿命缩短甚至产生设备及人员伤亡事故。

胺法吸收脱硫装置容易发生腐蚀的敏感区域主要有再生塔及其内部构件，贫富液换热器的富液侧，换热器后的富液管线，以及有游离酸气和较高温度的重沸器及附属管线等处。

防腐蚀问题可从三方面考虑：

1) 在设计时，应对管线和设备增加壁厚，留有腐蚀余量。对于腐蚀性极强的胺液系统，最容易产生腐蚀的部件应使用抗腐钢材。

2) 在设备制造时，应释放焊接产生的热应力。

3) 操作过程中：①应避免胺液浓度过高；②应采用符合质量要求的补充水；③应保持过滤器良好工作状态；④应防止再生塔温度过高；⑤应防止氧气通过其他途径进入系统。

4. 溶剂损失

胺液损失大体分三类：正常损失、非正常损失和降解损失。

(1) 正常损失

醇胺溶液的正常损失包括：①净化气带走的醇胺溶剂；②闪蒸罐排出的闪蒸气中携带的醇胺溶剂，当然，醇胺溶剂这种损失量通常很小；③再生塔回流罐排放的酸气中含有微量醇胺溶剂蒸气，但这种损失量也很小，再生塔塔顶流出物基本不含溶剂；④在醇胺溶剂复活釜中损失，由于溶剂复活温度比再生温度高，造成溶剂损失。

(2) 非正常损失

醇胺溶液的非正常损失主要包括：①溶剂循环系统的跑、冒、滴、漏；②吸收塔内溶液发泡增加的溶剂损失；③原料气携带采出水所增加的溶剂损失等。溶剂非正常损失常高于正常损失。

(3) 降解损失

降解是指醇胺溶液变质、吸收酸气能力降低的现象。严重降解的醇胺吸收溶液需要更新。

1) 醇胺溶液的降解主要有三类：

① 热降解：系指溶液温度过高产生的变质现象。

② 化学降解：系指气流中的 CO_2、有机硫和醇胺发生化学副反应，产生难以完全再生的化合物。

③ 氧化降解：系指溶液和氧接触产生热稳定性很高、不能再生的产物。如一乙醇胺(MEA)和氧能反应生成热稳性盐类的降解产物。

醇胺溶液降解损失远高于醇胺溶液正常损失和非正常损失。

2) 降低醇胺溶液降解损失的措施：

① 应严格控制醇胺溶液的再生温度。

② 应保持脱硫系统密闭，避免空气进入系统。

③ 醇胺溶液储罐应充入惰性气保护。

④ 补充水应不含游离氧，保证补充水的品质。

通过比对贫胺液与新鲜胺液外观颜色差异、检测胺液的浓度和 pH 值，可有助于判断贫胺液的品质。

5. 胺液发泡

胺液在使用过程中，随着胺液系统中的杂质(悬浮物颗粒、烃类、热稳态盐等)不断累积，胺液物理性状的黏度、表面张力等性质发生改变，形成不易破裂的泡沫，消泡减慢。泡沫的形成取决于气泡形成的难易程度(发泡趋势)和气泡的稳定性情况(泡沫稳定性)。气泡界面的弹性膜强度越高，泡沫的稳定性则越高。

(1) 溶液发泡的诱因

胺液含有腐蚀产物和固体杂质；胺液降解产物；胺液含油；原料气带有液体烃类和采出水；脱酸装置上游添加的各种化学剂、防腐剂等活性物质；装置投产时，系统净化程度不够；补充水水质不合要求；机械式和活性炭过滤器工作状态恶化等，均会引起溶液发泡。

(2) 溶液发泡带来的问题

溶液发泡可直接造成净化气体及液态烃严重带液；装置压降波动、处理量和脱酸效率大幅降低以及溶剂耗量大幅上升。发泡严重时将迫使装置停产。

(3) 缓解发泡的措施

1) 加强预防，强化过滤，采用多级过滤方式，如机械过滤器+活性炭过滤器+机械过滤器，去除胺液中的固体悬浮物、烃类污染物，从源头上控制污染。

2) 预先脱除原料气中焦粉等；

3) 预先脱除原料气中的烃类，并控制原料气及贫液温度(为防止重烃冷凝析出，吸收塔中，贫液入塔温度一般控制<45℃，且略高于原料气入塔温度)。避免气体中的烃类物质过多地进入胺液中。

4) 胺液储罐用氮气保护，防止胺液氧化降解。

5) 适当添加合适的消泡剂。适量添加消泡剂在短期内可有效抑制胺液发泡。但消泡剂也属于表面活性剂，消泡剂不溶/微溶于胺液，以小液滴形式分散于发泡体系中。过量添加或添加不当，也可能无效甚至加剧胺液发泡，影响气液传质。

(三) 胺液净化技术

1. 溶剂过滤技术

(1) 常见过滤方式与过滤器

1) 常见过滤方式：

① 砂滤，如石英沙过滤等，石英沙过滤精度为10~100μm；

② 微滤，过滤精度为0.1~10μm；

③ 超滤，过滤精度≤0.1μm。

2) 常见过滤器，如PP过滤器、金属(不锈钢、钛钢)过滤器、陶瓷过滤器、活性炭过滤器等。

过滤器的关键部分是滤芯。图7-5-3为不同类型过滤器(滤芯)照片。

滤芯的指标有好几项，如过滤精度，即可过滤分离颗粒物的尺度，是1μm、5μm还是10μm、20μm……？滤芯的分离效率与膜的组成结构有关，多层不同精度梯度的膜过滤效率则高；滤芯的纳污容量，与滤膜有效面积相关，膜面积越大，纳污量越大；滤芯的使用寿命与过滤料液的污染程度、过滤方案相关，料液悬浮物越多，滤芯的使用寿命越短。因此，合理科学的过滤组合方案至关重要。

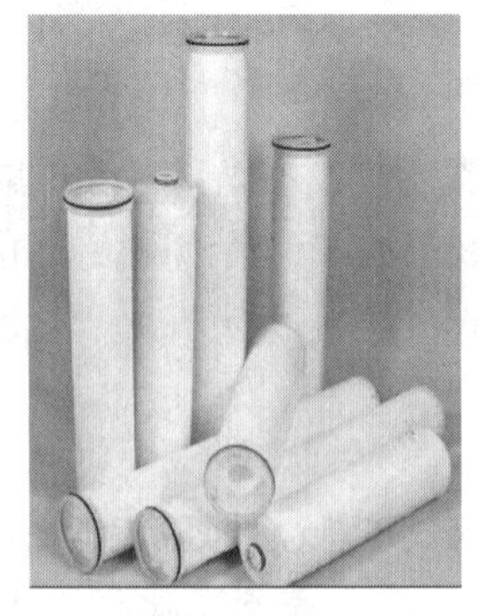

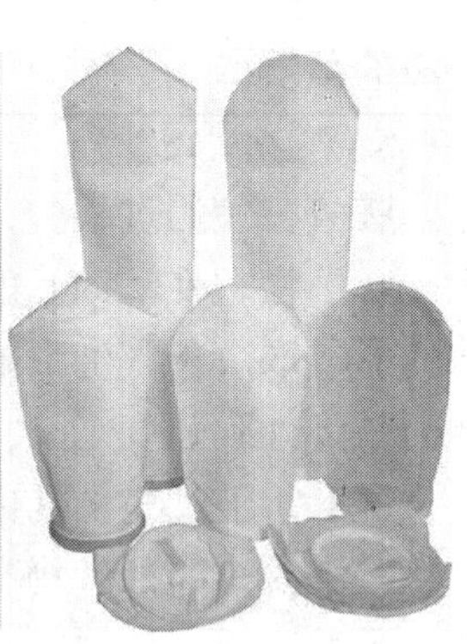

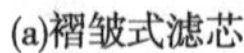

(a)褶皱式滤芯 (b)金属滤芯 (c)陶瓷滤芯 (d)滤袋

图 7-5-3 不同类型过滤器(滤芯)

(2) 几种常见过滤器的对比

1) 折叠式过滤器。图 7-5-4 为折叠式滤芯内部结构示意图。折叠式过滤器滤芯中折叠的多层滤膜孔径呈渐变趋势：从滤芯外层到内层，各层滤膜的孔径逐级变小，大颗粒在外层被截留，小颗粒在内层截留，实现杂质的分级截留。折叠式滤芯过滤面积大，纳污量大，有不同过滤精度可供选择，成本相对较低。

但折叠式过滤器滤芯不可清洗，不可重复使用。为保障滤芯的过滤精度，需防止滤芯过早堵塞，这样可延长滤芯的使用寿命。

2) 金属滤芯/自动反冲洗过滤器。金属滤芯包括不锈钢滤芯或钛材滤芯，滤芯成本较高，纳污量有限。但金属滤芯使用后经清洗能重复使用，可节省成本。不过每次进行清洗时要消耗水，增加了操作费用，且产生一定的废水量。

图 7-5-5 为自动反冲洗过滤器示意图。自动反冲洗过滤器操作自动化程度较高。金属滤芯/自动反冲洗滤芯适于处理大颗粒杂质，对于细粒径的杂质过滤效果并不理想。因为滤芯一旦被细粒径的杂质堵塞，过滤过程会停留于反冲洗状态，降低反冲洗系统效率，导致过滤效率急剧下降。

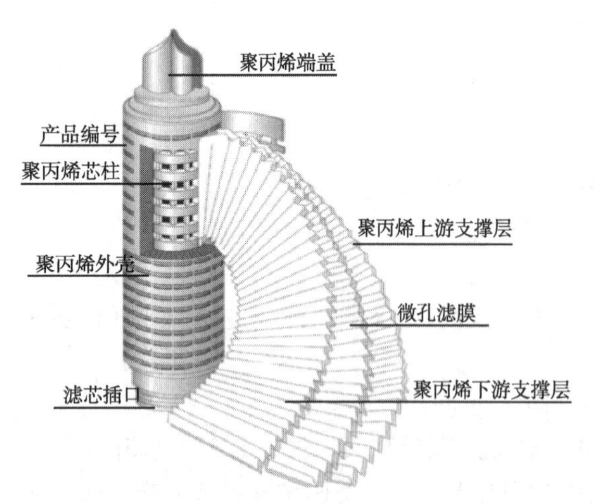

图 7-5-4 折叠式滤芯内部结构示意图

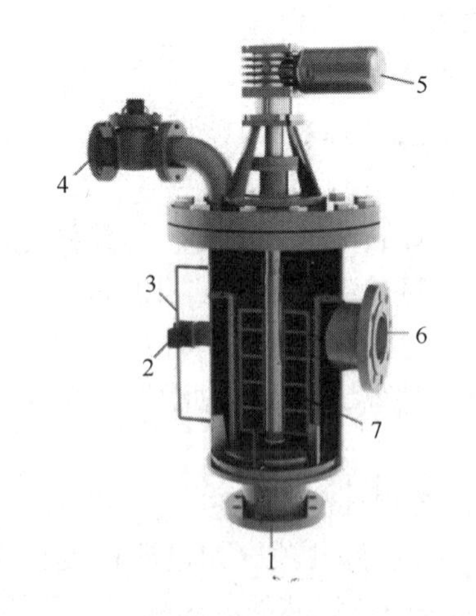

图 7-5-5 自动反冲洗过滤器示意图

1—入水口；2—压差开关；3—控制管路；4—排污开关；5—电力马达；6—出水口；7—滤网

特别需要注意，胺液系统产生的悬浮颗粒是含 FeS 等及烃类物质的混合物，具有很强的堵塞性。对于悬浮物较多的胺液，使用金属滤芯需频繁清洗，产生大量废水，大大增加操作成本，从经济角度和环保角度看是不合算的。若胺液中含油较多，油与固体颗粒形成的黏稠物黏附到金属滤芯上，不仅会减少金属滤芯的在线使用寿命，而且使反冲洗更难将滤芯清理干净，加剧滤芯堵塞的情况，这种情形下不适宜采用金属滤芯和自动反冲洗滤芯。

而高性能、大通量的褶皱式滤芯过滤器是除去胺液中悬浮颗粒的较优选择。

3）烛式过滤器：

① 烛式过滤器的基本结构与操作方法：图 7-5-6 为烛式过滤器结构示意图。在密闭的壳体里，组合多根多孔滤芯，在滤芯外套上过滤滤布，过滤时用泵将料浆送入过滤器内，料浆中的液相穿过过滤介质进入多孔滤芯的中心汇总到清液出口排出，在滤饼层未形成前，排出的清液再回到原料浆进口送至过滤器作循环过滤，直至滤饼层形成(能达到过滤要求)时控制清液不再循环，清液通过三通阀送至下道工序使用，进行正常过滤。

图 7-5-6 烛式过滤器结构示意图

烛式过滤器操作时，经历过滤-反吹-排渣三步序贯操作。

过滤，即为正常过滤一段时间后，当多孔烛芯上滤饼层达到一定厚度时，自动提供信号控制进料(停止)；

反吹，即为排净过滤器内的残液后，自动提供信号控制反吹口(压缩空气、氮气或饱和蒸汽)进行反吹，使滤饼脱落；

排渣，即为停止反吹后，自动提供信号打开过滤器排渣口进行排渣，排渣结束后关闭排渣口，回到过滤前初始状态，准备进行下一轮过滤。

② 烛式过滤机特点：烛式过滤机是一种高效、节能密闭澄清精密过滤的过滤机，自动卸渣，便于自动化操作，是活性炭脱色最理想的设备。具有如下优缺点：

操作简便，清洗气体反吹，排渣不卸渣，劳动强度低；滤饼可进行洗涤、干燥，节约成本，经济效益好；机壳密闭安全，无泄漏，环境清洁，无污染；全过程可实现自动化控制，但设备投资大，价格比袋式与板框压滤机高。

(3）管式超滤技术

1）超滤原理：为适应更高的过滤要求，针对胺液中粒径<1μm 的颗粒物，可采用超滤技术。超滤膜材选用高化学稳定性和强耐化学腐蚀能力的特殊滤膜，经特殊的亲水化处理，拥有均匀的孔径分布和高度的亲水性，从而使膜片兼具优异的透水性能和抗污染能力。

图 7-5-7 为超滤原理图。图示超滤以“错流过滤”方式进行，过滤方向同滤液流动方向相垂直，流体的剪切力抑制了流体中颗粒物在滤膜表面的沉积；膜材质表面呈独特的凸点，有利于过滤液体形成湍流，膜面不易沉淀结垢，大大增强了膜的抗污性。

2)超滤技术特点：与常规微滤技术相比，超滤技术有以下技术优势：

① 分离精度高达 0.05~0.1μm，有效截留颗粒物、胶体等，透过液澄清透亮；

② 改进了制膜工艺，膜元件耐酸碱性强，膜使用寿命长；

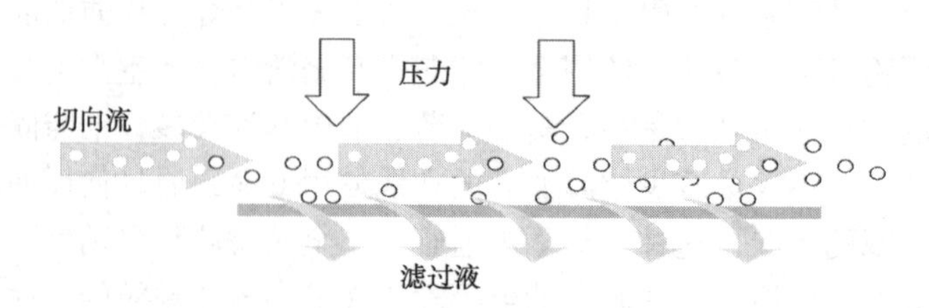

图 7-5-7　超滤原理图

③ 膜孔径呈不对称分布，衰减慢，可维持高通量过滤；

④ 可结合使用粉末活性炭吸附技术，同时实现过滤、脱色、除油。

(4) 多级过滤组合技术

为实现有效的过滤和尽可能延长滤芯使用寿命，需针对不同待过滤物料制定合理的过滤技术方案。

1) 颗粒物过滤技术：不含油溶剂的颗粒物进行过滤时，根据过滤物料中颗粒物的粒径分布情况和脱除需求，为保证不同粒径分布的颗粒均能有效除去，同时最大化实现过滤滤芯的使用寿命，通常采用多级过滤的组合方式。例如溶剂中大颗粒固体、细颗粒粉末均有一定粒径分布，可采用 20μm 折叠滤芯过滤+10μm 折叠滤芯过滤+1μm 精密过滤的三级过滤组合，实施对溶剂中的粒径大于 20μm、大于 10μm 和大于 1μm 的颗粒物进行分级脱除，最终可保证溶剂中大于 1μm 粒径的颗粒物基本被脱除。

2) 溶剂除油技术：含油溶剂的颗粒物过滤技术要考虑溶剂如何有效除油的问题。吸附除油材料中，活性炭颗粒(如经活化处理后的果壳类活性炭)因具有较大比表面积，对非极性烃类物质的选择性吸附较强，常被用来除去烃类。如可采用 10μm 预过滤+活性炭过滤+1μm 精密过滤的三级组合技术来达到目的。

第一级过滤为预过滤，去除溶剂胺液中大于 10μm 的固体颗粒，避免颗粒杂质进入活性炭过滤器，以利延长活性炭过滤器使用寿命；第二级为活性炭过滤器，主要是吸附去除溶剂胺液中的烃类物质；第三级为 1μm 的高精度终端过滤器，脱除 1μm 以上的固体颗粒，同时捕捉在高速流体冲刷下产生的活性炭小颗粒。

多级过滤组合技术用于溶剂胺液过滤，可实现胺液中烃类、固体悬浮物一并除去。

例如，某石化厂胺液净化项目，溶剂集中再生装置胺液悬浮物为 461mg/L，含油量为 344mg/L，胺液浑浊不透光，有明显浮油。经采用胺液四级过滤设备：一级大流量过滤+二级精密过滤+三级活性炭过滤+四级精密过滤，有效脱除了胺液中的悬浮固体颗粒以及烃类等有机物。

胺液净化效果见表 7-5-2 和图 7-5-8。

表 7-5-2　某石化厂胺液净化效果

项　目	原样	净化后
悬浮物/(mg/L)	461	47
含油量/(mg/L)	344	53
外观	浑浊不透光，有明显浮油，静置有沉淀	清澈、无沉淀、无浮油

图 7-5-8　某石化厂胺液过滤效果

左：胺液原样；右：净化后胺液

2. 浅层床离子交换脱热稳态盐技术

(1) 离子交换技术原理

离子交换树脂是一类带有活性基团的网状结构高分子化合物。在它的分子结构中，一部分为树脂的基体骨架，另一部分为由固定离子和可交换离子组成的活性基团。离子交换树脂具有交换、选择、吸附和催化等功能，在工业高纯水制备、医药卫生、冶金行业等领域都得到了广泛的应用。利用离子交换树脂对阴、阳离子的选择性吸附作用，可有效脱除各种阴阳离子，因此也被广泛用于脱除胺液中的热稳态盐。胺液流经树脂床，与阴离子交换树脂接触发生离子交换，其中的阴离子(如 SO_4^{2-}、Cl^-等)与阴离子交换树脂上的 OH^-进行交换，阴离子被转移到树脂上，从而达到脱除阴离子热稳态盐的目的。

(2) 浅层床离子交换技术特点

图 7-5-9 为离子交换树脂床比对照片。右图中呈扁平状的离子交换床设备即为浅层树脂床设备。

(a)传统树脂床

(b)浅层树脂床

图 7-5-9　离子交换树脂床比对照片

浅层床离子交换技术采用的树脂颗粒粒径仅为传统工艺所用树脂的约 1/5，提高了离子交换动力学特性，具有更大的抗反渗透和抗机械损耗能力，提高了淋洗过程的扩散速率，有助于减少再生剂用量和淋洗液排放量。

与传统离子交换技术不同，浅层床离子交换技术采用特殊的树脂装填技术，树脂床内完全压缩填充树脂，这样树脂在树脂床内不产生扰动，不会破坏树脂的交换层。表 7-5-3 为浅层树脂床与传统树脂床技术的对比。

表 7-5-3　浅层树脂床与传统树脂床技术对比

序号	项　目	传统树脂床	浅层树脂床
1	设备结构	设备占地面积大，高度 1~2m	设备低矮，高度只有 0.15~0.6m
2	树脂吸附、再生	吸附约 8h，解吸 1~3h、双床，1 用 1 备	吸附解吸过程共需 3~20min(逆流再生)，单床，无需备用设备

续表

序号	项　目	传统树脂床	浅层树脂床
3	树脂用量	装填树脂约 800L，可用 1 年	装填树脂约 100L、可用 1~2 年
4	树脂更换	过程较复杂，耗时耗力	直接更换，简单高效
5	酸碱用量	再生酸碱需要量大	酸碱使用量节省 10%~20%
6	自用水率	多	约为传统床的 20%~50%
7	自控程度	有时需要手动操作	全自动化运行，无人操作

由上可见，浅层树脂床具有床层矮、效率高、消耗低、液体分布均匀等特点。

(3) 浅层床离子交换配套工艺

浅层床离子交换配套工艺包括含胺水回收、再生碱液回收利用、含碱水回收工艺。

1) 含胺水回收：碱液置换水时，树脂床内的水主要是含胺液，COD 含量高，不宜直接排放，应利用氮气将碱液从罐中压出，通过树脂床将上一过程残存在树脂床内的水回收进入含胺水罐。这样，一可降低胺损，二可降低碱渣中的 COD。

2) 再生碱液回收利用：树脂再生后树脂床内残留的碱液，应利用含碱水顶回碱罐，回收利用。这样，可减少碱液的消耗和废碱的排放。

3) 含碱水回收：树脂床碱液再生清洗后，对含碱水罐内进行补水，补充的这部分水先经树脂床，充分利用，对树脂再次进行清洗，有利于降低树脂内的钠离子、氯离子。

国内外已有近 2000 套浅层床高效离子交换工艺技术装置在运行，是已被证明可替代传统离子交换技术的工艺，有着良好的发展和应用前景。

例如，中石化镇海炼化 3.0Mt/a 催化裂化联合装置，吸收脱硫装置的胺液净化，采用浅层床离子交换脱热稳态盐工艺技术，自 2003 年 8 月设备调试运行至今，效果良好。表 7-5-4 为浅层床离子交换在该联合装置中净化胺液脱热稳态盐效果。

表 7-5-4　浅层床离子交换在镇海炼化催化裂化联合装置净化胺液效果

项　目	净化前	净化后	备注
HSS 浓度/%(质)	3.5	0.5	释放了更多的自由胺，减少胺损；腐蚀、发泡得到基本解决，产品质量更加稳定
胺液损耗/(t/月)	8	6	
腐蚀速率/(mm/a)	2.286	0.0508	
泡沫高度/消泡时间/(cm/s)	20/20	3.5/5	

3. 电渗析脱盐技术

(1) 电渗析技术概述

电渗析(Electrodialysis，ED)是以溶液中的离子选择性地透过离子交换膜为特征的一种新兴的高效膜分离技术。它是利用直流电场的作用使溶液中阴、阳离子定向迁移(即阳膜只允许阳离子透过，阴膜只允许阴离子透过)，从而达到离子从溶液中分离的一种物理化学过程。

电渗析技术是开发较早的膜分离技术之一。1863 年，Dubrunfaut 制成了第一个膜渗析器，成功地进行了糖与盐类的分离。1950 年，Juda 和 McRae 研制成功了具有高选择透过性的阳、阴离子交换膜以后，便奠定了电渗析技术的实用基础。如今电渗析技术已发展成为取得重大工业成就的膜分离技术之一。

(2) 电渗析原理

电渗析是指溶液中溶质通过半透膜的现象。自然渗析的推动力是半透膜两侧溶质的浓度差。在直流电场的作用下，离子透过选择性离子交换膜的现象称为电渗析。

离子交换膜是由高分子材料制成的对离子具有选择透过性的薄膜。主要分为阳离子交换膜(CM，简称阳膜)和阴离子交换膜(AM，简称阴膜)两种。阳膜由于膜体固定基带有负电荷离子，可选择透过阳离子；阴膜由于膜体固定基带有正电荷离子，可选择透过阴离子。阳膜透过阳离子、阴膜透过阴离子的性能称为膜的选择透过性。电渗析过程最基本的工作单元称为膜对，一个膜对构成一个脱盐室和一个浓缩室，一台实用电渗析器由数百个膜对组成。图 7-5-10 简要表示电渗析器基本原理。

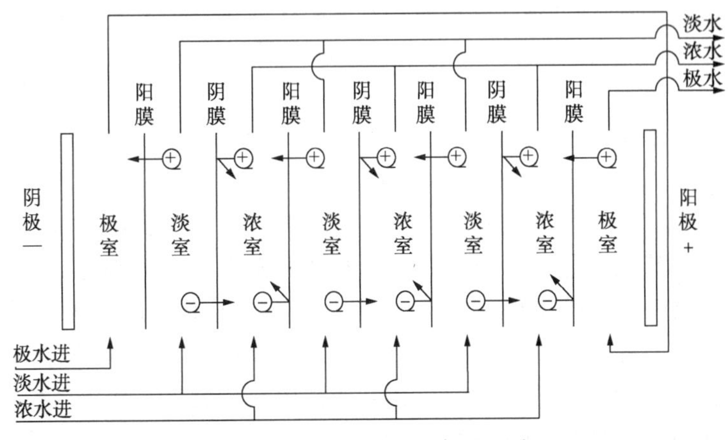

图 7-5-10 电渗析基本原理图

电渗析器的主要部件为阴、阳离子交换膜、隔板与电极三部分。隔板构成的隔室为液流经过的通道。淡水经过的隔室为脱盐室，浓水经过的隔室为浓缩室。若把阴、阳离子交换膜与浓、淡水隔板交替排列，重复叠加，再加上一对端电极，就构成了一台实用电渗析器。

若电渗析器各系统进液都为 NaCl 溶液，在通电情况下，淡水隔室中的 Na^+ 向阴极方向迁移，Cl^- 向阳极方向迁移，Na^+ 与 Cl^- 就分别透过 CM 与 AM 迁移到相邻的隔室中去。这样淡水隔室中的 NaCl 溶液浓度便逐渐降低。相邻隔室，即浓水隔室中的 NaCl 溶液浓度相应逐渐升高，从电渗析器中就能源源不断地流出淡化液与浓缩液。淡水水路系统、浓水水路系统与极水水路系统的液流由水泵供给，互不相混，并通过特殊设计的布、集水机构使其在电渗析内部均匀分布，稳定流动。从供电网供给的交流电经整流器变为直流电(国内大都采用三相桥式无级调压硅整流器，交流电输入通过隔离变压器，直流输出设有正、负极开关或自动倒极装置。整流器设有稳压和过电流保护装置，由电极引入电渗析器。经过在电极溶液界面上的电化学反应，完成由电子导电转化为离子导电的过程。

(3) 电渗析工艺特点

电渗析膜设备和离子交换树脂、反渗透 RO 膜一样，也是分离、提取物质的一种方法，较其他分离、提取方法，电渗析膜分离器技术具有十分突出的优势，主要特点如下。

1) 装置设计与系统应用灵活。除盐率根据需要可在 30%~99%的范围内选择。原水回收率较高，一般能达到 65%~80%。装置设计与系统应用灵活，根据不同的条件要求，可以灵活地采用不同形式的系统设计，并联可增加产水量，串联可提高脱盐率，循环或部分循环可缩短工艺流程。整个操作简单，易于实现机械化和自动化控制。

2）能量消耗低。电渗析膜分离过程无相变。在一定的含盐量条件下，电渗析膜分离是用清洁能源电能实现将水中已离解的离子定向迁移；动力耗电也较低，是目前比较经济的水处理技术之一。同时，过程在常温下进行，产品性能影响小，适用于氨基酸、维生素等热敏的活泼化合物的生产，减少了破坏其结构的可能性或减少副反应的发生，稳定了产品质量。

3）基本无环境污染。电渗析膜分离器运行时，工艺过程洁净，不像离子交换树脂那样有饱和失效问题，所以不必用酸、碱频繁再生，也不需要加入其他药剂，仅在定时清洗时用少量的酸即可实现提取有价值成分，达到分离、净化、提纯和精制产品的目的，对环境基本无污染。与反渗透相比，也没有高压泵的强烈噪声，有利于实施清洁生产。

4）使用寿命长。装置预处理工艺简便，设备经久耐用。分离专用膜、电极一般均可用1~3年，隔板可用5年左右。设备操作、维修方便。

（4）电渗析器主要部件

目前世界上应用于脱盐的电渗析器都是压滤型的，介绍电渗析器的主要部件隔板和电极如下。

1）电渗析器隔板：隔板由非导体和非吸湿材料制成。这类材料要有一定的弹性，保证有良好的密封性能和绝缘性能。常用材料有天然或合成橡胶、聚乙烯、聚氯乙烯和聚丙烯等。均相离子交换膜较薄，弹性差，以选配天然橡胶或合成橡胶隔板为宜。隔板的作用为：①支撑膜面，将阴、阳离子交换膜隔开，以形成膜堆内部淡水和浓水的流经通道。②隔板网搅动液流，减小膜-液界面的扩散层厚度，提高极限电流密度。③隔板与膜上的布水孔叠加形成膜堆布、集水内管，使液流均匀分布到淡、浓水室。④隔板框与离子交换膜一起构成隔室的密封周边，保证隔室内部液流不往外泄漏。

2）电渗析器电极：电极材料要求导电性能好、机构强度高、电化学性能稳定、价格低廉、加工方便。常用电极材料的电化学性能和适用水质范围见表7-5-5。

表7-5-5　不同电极材料的电化学性能和适用水质范围

电极材料	有害离子	有益离子	适用水质	公害
二氧化钌		Cl^-高有利	限制较小	无
石墨	SO_4^{2-} 和 HCO_3^- 引起氧化损耗	Cl^-越高损耗越小	广泛	无
不锈钢	Cl^-有穿孔腐蚀作用	NO_3^-、HCO_3^-	$Cl^-<100mg/L$ 的 SO_4^{2-} 和 HCO_3^- 水型	无
铅	Cl^-、HCO_3^-	SO_4^{2-} 越高越好	少 Cl^- 的 SO_4^{2-} 水型	Pb^{2+}

铅电极在天然水脱盐过程中应尽量避免采用。目前二氧化钌电极具有广泛的应用范围。

（5）电渗析脱盐应用案例

浙江海牛环境科技股份有限公司将电渗析技术(见图7-5-11)应用于移动式胺液净化服务，使之用于炼油厂、天然气净化厂的脱硫装置胺液净化系统脱除热稳定盐等。

例如，采用电渗析技术对中国石化中原油田普光净化厂730m^3 的 MDEA 溶液中的 HSS、氯离子(Cl^-)、钠离子(Na^+)等进行重点脱除试验。现场试验脱除 MDEA 热稳定盐 HSS 效果如图7-5-12所示。40余天试验中，胺液系统 HSS 由3%逐渐降低到0.5%。同时，氯离子由1300mg/L 降至近200mg/L，Cl^-脱除率约为84.6%；钠离子由4200mg/L 降至700mg/L，

图 7-5-11　电渗析设备

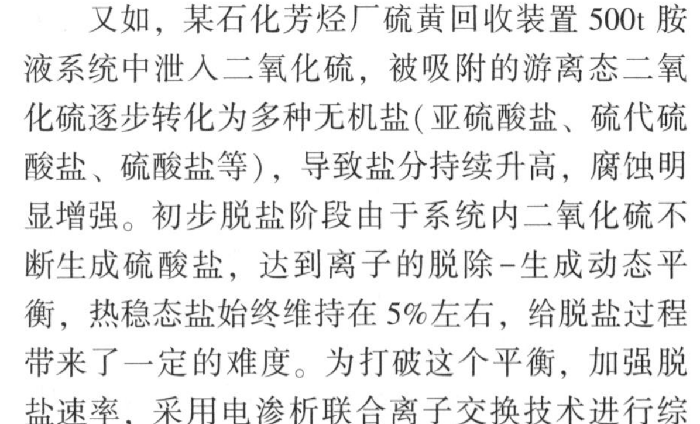

Na^+脱除效率约为 83. 3%。

又如，某石化芳烃厂硫黄回收装置 500t 胺液系统中泄入二氧化硫，被吸附的游离态二氧化硫逐步转化为多种无机盐(亚硫酸盐、硫代硫酸盐、硫酸盐等)，导致盐分持续升高，腐蚀明显增强。初步脱盐阶段由于系统内二氧化硫不断生成硫酸盐，达到离子的脱除-生成动态平衡，热稳态盐始终维持在 5%左右，给脱盐过程带来了一定的难度。为打破这个平衡，加强脱盐速率，采用电渗析联合离子交换技术进行综合脱盐，如图 7-5-13 所示，有效脱除胺液中的大量无机盐，促使热稳态盐降至低于 1%。

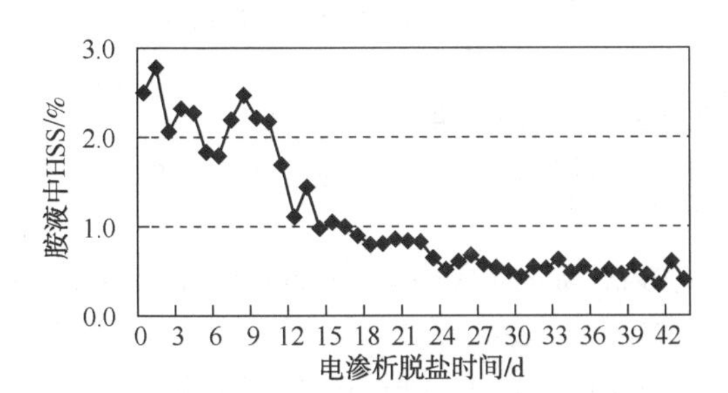

图 7-5-12　净化期间胺液 HSS 浓度变化

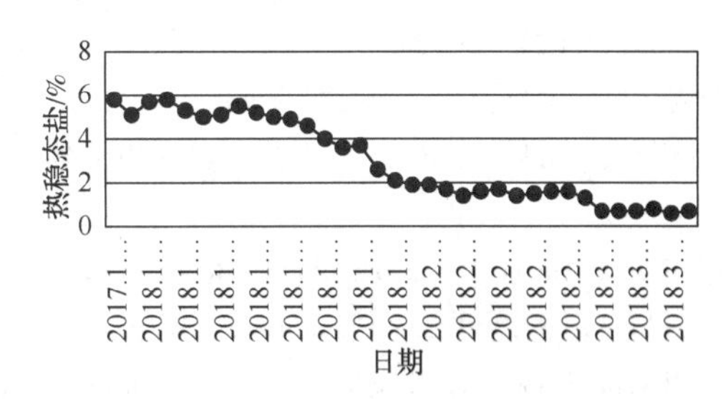

图 7-5-13　某石化芳烃厂胺液 HSS 变化曲线

三、胺液清洁运行管理

(一) 加强原料气的预净化处理

为保证胺液装置的平稳运行，首先须做好脱硫原料气的预净化处理，控制溶剂污染的源头。原料气中往往携带来自上游工艺中的杂质，如焦粉、不同链长的烃类、水汽液滴中携带的杂离子、其他气体组分等。随着原料气与溶剂逆流充分接触，这些杂质也将随之进入溶剂中，造成溶剂的污染，影响装置运行的稳定性，降低脱硫效率。应在原料气与溶剂接触前端采取适宜的技术措施，将携带的这些污染物预先有效去除，可大大降低后端溶剂净化和补充的成本。

(二) 加强脱硫剂筛选，控制溶剂质量

通常，脱硫溶剂为多元复合溶剂，为增加溶剂的稳定性和综合性能，生产厂商在溶剂中会添加不同种类的添加剂，国内外市场上的脱硫剂质量参次不齐，选择一种高效脱硫剂至关重要，高效溶剂应脱硫脱碳性能好、气液比高、稳定性好、不易降解。在溶剂配置时，避免使用含杂质较多的水质而引起溶剂污染，水质的硬度、pH 值和电导率、离子浓度须符合质量要求，严格把控除盐水水质。

(三) 加强循环溶剂中烃和热稳态盐的脱除

在溶剂循环线中设置合适精度的过滤装置，有效脱除循环溶剂中烃和热稳态盐等悬浮物，有效控制胺液的清洁程度。对于受到中度以上污染的溶剂进行净化处理时，采用的净化技术应根据溶剂污染类型的特点，进行合理选择。

(四) 定期监测胺液清洁状态

胺液清洁状态须坚持定期监测，发现异常须及时净化处理。

参 考 文 献

[1] 章建华．新型溶剂高效吸收净化高酸性石油天然气技术开发研究[D]．上海：华东理工大学，2011.

[2] 张峰．净化元坝天然气的高性能脱硫溶剂开发研究[D]．上海：华东理工大学，2016.

[3] 柯媛．提高 UDS 脱硫溶剂对普光高含硫天然气净化功效研究[D]．上海：华东理工大学，2017.

[4] 王亚军，李春虎，薛真等．溶剂法脱除天然气中有机硫的原理及发展趋势[J]．天然气与石油，2015，33(3)：28-32.

[5] 沈本贤，章建华．高酸性石油天然气的高效净化脱硫剂：200910233505. 1[p]2009.

[6] 黄黎明．高含硫气藏安全清洁高效开发技术新进展[J]．天然气工业，2015，35(4)：1-6.

[7] 陈赓良，缪明富，马卫．天然气中有机硫化合物脱除工艺评述[J]．天然气工业，2007，27(10)：120-122.

[8] 党晓峰，张书成，李宏伟，等．天然气净化厂胺液发泡原因分析及解决措施研究[J]．石油化工应用，2008，27(2)：50-54.

[9] 周标红．微量硫化氢和硫醇的汞量测定法[J]．湖北化工，2005(6)：47-48.

[10] 周璇，刘棋，魏志强，等．高含硫气田天然气处理工艺的研究[J]．石油与天然气，2013，31(2)：43-46.

[11] Rivera-Tinoco R and Bouallou C. Reaction kinetics of carbonyl sulfide(COS) with diethanolamine in methanolic solutions[J]. Ind. Eng. Chem. Res.，2008，47：7375-7380

[12] Rivera-Tinoco R，Bouallou C. Reaction kinetics of carbonyl sulfide(COS) with diethanolamine in methanolic solutions[J]. Industrial & Engineering Chemistry Research，2008，47(19)：7375-7380.

[13] Burr B，Lyddon L. A comparison of physical solvents for acid gas removal[C]//87th Annual Gas Processors Association Convention，Grapevine TX，March. 2008：2-5.

[14] Mohammad Shokouhi，Hadi Farahani，Masih Hosseini-Jenab. Experimental solubility of hydrogen sulfide and carbon dioxide in dimethylformamide and dimethylsulfoxide[J]. Fluid Phase Equilibria，2014，367：29-37.

[15] 胡英．物理化学(第五版)[M]．北京：高等教育出版社，2007.

[16] Brok T J，Mathilda R J，Klinkenbijl J M，et al. Process removing carbon dioxide from gas mixtures[P]. US 7758673 B2，2010-07-20.

[17] 常虹岗，鹿涛，何金龙等．H_2S、CO_2、COS、MESH 在 MDEA-TMS-H2O 中的气液平衡研究[J]. 2010，30(3)：1-5.

[18] 四川石油管理局天然气研究所 405 组．用物理-化学混合溶剂选择性脱除硫化氢与有机硫[J]．石油与天然气化工，1990，19(1)：1-10.

[19] 胡天友．高酸性天然气中有机硫脱除溶剂(CT8-20)的研究[J]．气体净化，2005，5(4)：38-44.

[20] Schubert C N，Ashcraft A C. Composition and method for removal of carbonyl sulfide from acid gas containing same[P]. US 7857891 B2，2010-12-28.

[21] Zong L，Chen C C. Thermodynamic modeling of CO_2 and H_2S solubilities in aqueous DIPA solution，aqueous sulfolane-DIPA solution，and aqueous sulfolane-MDEA solution with electrolyte NRTL model[J]. Fluid Phase Equilib，2011，306(2)：190-203.

[22] Javad S A，Hooshang J R，Nader N. Design of an ensemble neural network to improve the identification performance of a gas sweetening plant using the negative correlation learning and genetic algorithm[J]. Journal of Natural Gas Science and Engineering，2014，21：26-39.

[23] 陈敏恒，丛德滋，方图南，等．化工原理(下册)(第三版)．北京：化学工业出版社，2008：96-110.
[24] Littel R J，van Swaaij W P M，Versteeg G F. Kinetics of carbon dioxide with tertiary amines in aqueous solution[J]. AIChE Journal，1990，36(11)：1633-1640.
[25] 俞春芳，黑恩成，刘国杰．聚合物的溶剂选择与新的两维溶解度参数[J]．化工学报，2001，52：288-294.
[26] 刘国杰，黑恩成，史济斌．一个新的溶解度参数[J]．化工学报，1994，456：666-672.
[27] 徐云蕾，俞春芳，黑恩成，等．液体内压的预测和新溶解度参数值[J]．化工学报，2000，51(3)：407-413.
[28] 伍艳辉，于世昆，段永超，等．基团贡献法预测含极性基团离子液体对气体的溶解选择性[J]．化工学报，2011，62(10)：2684-2690.
[29] Vaidya P D，Kenig E Y. Kinetics of carbonyl sulfide reaction with alkanolamines：a review[J]. Chemical Engineering Journal，2009，148(2)：207-211.
[30] Littel R J，Versteeg G F，van Swaaij W P M. Kinetics of COS with primary and secondary amines in aqueous solutions[J]. AIChE Journal，1992，38(2)：244-250.
[31] Awan J A，Valtz A，Coquelet C，etal. Effect of acid gases on the solubility of n-propylmercaptan in 50wt% methyl-diethanolamine aqueous solution[J]. Chemical Engineering Research and Design，2008，86(6)：600-605.
[32] Sánchez F A，Soria T M，Pereda S，et al. Phase Behavior Modeling of Alkyl-Amine+Water Mixtures and Prediction of Alkane Solubilities in Alkanolamine Aqueous Solutions with Group Contribution with Association Equation of State[J]. Industrial & Engineering Chemistry Research，2010，49(15)：7085-7092.
[33] Zhang J H，Shen B X，Sun H，et al. A study on the desulfurization performance of solvent UDS for purifying high sour natural gas[J]. Petroleum Science and Technology，2011，29：48-58.
[34] Thitakamol B，Veawab A. Foaming behavior in CO_2 absorption process using aqueous solutions of single and blended alkanolamines[J]. Industrial & Engineering Chemistry Research，2008，47(1)：216-225.
[35] 陈赓良，朱利凯．天然气处理与加工工艺原理及技术进展[M]．北京：石油工业出版社，2010.
[36] 章建华，沈本贤，刘纪昌．XDS溶剂高压吸收脱除高酸性天然气中有机硫的模型[J]．石油学报(石油加工)，2009，25(6)：767-771.
[37] Zhang JH，Shen BX，Liu JC，et al. Study on removing organosulfur from high sour natural gas by medium pressure absorption using XDS solvent[J]. Petroleum Processing & Petrochemicals. 2009，40：65-68.
[38] Zhang JH，Shen BX，Sun H，et al. A study on the desulfurization performance of solvent UDS for purifying high sour natural gas[J]. Petroleum Science & Technology. 2011，volume 29(1)：48-58.
[39] Zhang JH，Shen BX，Liu JC，et al. Absorption selectivities of solvents for organosulfurs in high sour natural gas[J]. Energy Sources Part A Recovery Utilization & Environmental Effects. 2014，36(36)：822-829.
[40] Zhang Feng，Shen Benxian，Sun Hui，et al. Rational formulation design and commercial application of a new hybrid solvent for selectively removing H_2S and organosulfurs from sour natural gas. Energy & Fuels，2016，30(1)：12-19.
[41] 李菁菁，闫振乾．硫黄回收技术与工程[M]．北京：石油工业出版社，2010.
[42] Zhang Feng，Shen Benxian，Sun Hui，et al. Simultaneous removal of H_2S and organosulfur compounds from liquefied petroleum gas using formulated solvents：solubility parameter investigation and industrial test. China Petroleum Processing & Petrochemical Technology，2015，17(1)：75-81.
[43] 张峰，沈本贤，孙辉，等．基于分子管理的脱有机硫复配型溶剂的开发与应用．化工进展，2015，34(6)：1786-1791.

[44] Ke Yuan, Shen Benxian, Sun Hui, et al. Study on foaming of formulated solvent UDS and improving foaming control in acid natural gas sweetening process. Journal of Natural Gas Science & Engineering, 2016, 28: 271-279.

[45] Ke Yuan, Shen Benxian, Sun Hui, et al. Experimental Study of UDS Solvents for Purifying Highly Sour Natural Gas at Industrial Side-stream Plant. China Petroleum Processing & Petrochemical Technology, 2016, 18 (1): 15-21.

[46] 沈本贤，刘纪昌，陈晖，等．石脑油的优化利用方法：CN1285707c [p].

[47] 柯媛，沈本贤，孙辉，等．UDS溶剂抗发泡性能的影响因素研究及控制．化工进展，2017，36(5)：1628-1635.

[48] Schnabel T, Vrabec J, Hasse H. Henry's law constants of methane, nitrogen, oxygen and carbon dioxide in ethanol from 273 to 498 K: Prediction from molecular simulation[J]. Fluid phase equilibria, 2005, 233(2): 134-143.

[49] Sidi-Boumedine R, Horstmann S, Fischer K, et al. Experimental determination of hydrogen sulfide solubility data in aqueous alkanolamine solutions[J]. Fluid Phase Equilibria, 2004, 218: 149-155.

[50] Mandal B and Bandyopadhyay S S. Simultaneous Absorption of CO_2 and H_2S Into Aqueous Blends of N-Methyldiethanolamine and Diethanolamine[J]. Environ. Sci. Technol., 2006, 40(19): 6076-6084.

[51] Li M H, Shen K P. Solubility of hydrogen sulfide in aqueous mixtures of monoethanolamine with N-methyldiethanolamine[J]. J. Chem. Eng. Data, 1993, 38(1): 105-108.

[52] Rinker E B, Ashour S S and Sandall O C. Absorption of Carbon Dioxide into Aqueous Blends of Diethanolamine and Methyldiethanolamine[J]. Ind. Eng. Chem. Res., 2000, 39(11): 4346-4356.

[53] Liao C H, Li M H. Kinetics of absorption of carbon dioxide into aqueous solutions of monoethanolamine+N-methyldiethanolamine[J]. Chemical Engineering Science, 2002, 57: 4569-4582.

[54] Mandal B P, Kundu M and Bandyopadhyay S S. Physical Solubility and Diffusivity of N_2O and CO_2 into Aqueous Solutions of(2-Amino-2-methyl-1-propanol+Monoethanolamine) and (N-Methyldiethanolamine+Monoethanolamine)[J]. J. Chem. Eng. Data 2005, 50(2): 352-358.

[55] Mandal B P, Biswas A K and Bandyopadhyay S S. Absorption of carbon dioxide into aqueous blends of 2-amino-2-methyl-1-propanol and diethanolamine[J]. Chemical Engineering Science, 2003, 58: 4137-4144.

[56] Li M H and Chang B C. Solubilities of Carbon Dioxide in Water+Monoethanolamine+2-Amino-2-me thyl-1-propanol[J]. J. Chem. Eng. Data, 1994, 39(3): 448-452.

[57] Xiao J, Li C W and Li M H. Kinetics of absorption of carbon dioxide into aqueous solutions of 2-amino-2-methyl-1-propanol+monoethanolamine[J]. Chemical Engineering Science, 2000, 55: 161-175.

[58] Park S H, Lee K B, Hyun J C, et al. Correlation and Prediction of the Solubility of Carbon Dioxide in Aqueous Alkanolamine and Mixed Alkanolamine Solutions[J]. Ind. Eng. Chem. Res., 2002, 41(6): 1658-1665.

[59] Sakwattanapong R, Aroonwilas A and Veawab A. Reaction rate of CO_2 in aqueous MEA-AMP solution: Experiment and modeling[J]. Energy Procedia, 2009, 1: 217-224.

[60] Rebolledo-Libreros M E and Trejo A. Gas solubility of CO_2 in aqueous solutions of N-methyldiethanolamine and diethanolamine with 2-amino-2-methyl-1-propanol[J]. Fluid Phase Equilibria, 2004, 218: 261-267.

[61] Dubois L and Thomas D. CO_2 Absorption into Aqueous Solutions of Monoethanolamine, Methyldiethanolamine, Piperazine and their Blends[J]. Chem. Eng. Technol., 2009, 32(5): 710-718.

[62] Littel R J, Versteeg G F, van Swaaij W P M. Solubility and diffusivity data for the absorbtion of carbonyl sulfide, carbon dioxide and nitrous oxide in amine solutions[J]. J. Chem. Eng. Data, 1992, 37(1): 49-55.

[63] 肖春雨，程林，陈建良，等．大型复合深度同步脱有机硫技术研究[J]．天然气与石油，2014，32

(1): 22-28.
[64] 柯媛，沈本贤，张峰，等. UDS溶剂净化高含硫天然气工业应用研究[J]. 炼油技术与工程，2015，45(12): 1-5.
[65] Zhang Feng, Shen Benxian, Sun Hui, et al. Removal of organosulfurs from liquefied petroleum gas in a fiber film contactor using a new formulated solvent[J]. Fuel Processing Technology, 2015, 140: 76-81.
[66] 王开岳. 天然气净化工艺-脱硫脱碳、脱水、硫黄回收及尾气处理[M]. 北京：石油工业出版社，2005.
[67] Arthur Kohl, Richard Nielsen. Gas Purification, 5 Edition, Gulf Publishing Company, 1997.
[68] 陈赓良，常宏岗. 配方型溶剂的应用与气体净化工艺的发展动向[M]. 北京：石油工业出版社，2004.
[69] 宋彬，陈赓良，罗云峰，等. 醇胺法工艺模型化与模拟计算[M]. 北京：石油工业出版社，2011.
[70] 朱世勇. 环境与工业气体净化技术[M]. 北京：化学工业出版社，2011.
[71] 马鑫. 硫黄回收装置工艺方案确定及设备选择[D]. 山东：中国石油大学(华东)，2007.
[72] 常宏岗，王荫，胺法脱硫、硫黄回收工艺现状及发展[J]. 石油与天然气化工，2002，31: 33-36.
[73] 汪家铭，林鸿伟，SCOT硫回收尾气处理技术进展及应用[J]. 化肥设计，2012，50(4): 7-11.
[74] 殷树青. 硫黄回收及尾气处理工艺综述[J]. 硫酸工业，2017，6: 34-41.
[75] 曹生伟，夏莉，术阿杰，等. 普光净化厂尾气处理装置运行优化[J]. 石油与天然气化工，2012，41(3): 281-285.
[76] 陈庚良，SCOT法尾气处理工艺技术进展[J]. 石油炼制与化工，2003，34(10): 28-32.
[77] 李春虎. 化学和能源等工业中的气体脱硫净化[C]. 上海：中国国际煤化工及煤转化高新技术研讨会，2004，10.
[78] 席宝山，李春虎等. CDM循环经济协调发展[M]. 北京：中国市场出版社，2005.
[79] 林本宽. 炼气厂脱硫技术改进措施[J]. 炼油设计，2000，30(5): 44-46.
[80] 许世森，危师让. 分析评价大型IGCC电站中煤气净化工艺的设备和技术特点[J]. 洁净煤技术，1999，5(1): 47-51.
[81] J. Shao，陆侨治. 解决胺厂操作问题的最新进展——利用AmiPur在线去除热稳态盐[J]. 石油与天然气化工，2003，32(1): 29-30，45.
[82] 陈赓良. 炼厂气脱硫的清洁操作问题[J]. 石油炼制与化工，2008，31(8): 20-24.
[83] 陈赓良，常宏岗. 配方型溶剂的应用与气体净化工艺发展动向[M]. 北京：石油工业出版社，2009: 111.
[84] 国家环境保护局. GB/T 11901—1989 水质 悬浮物的测定 重量法[S]. 北京：中国标准出版社，1990，1-2.
[85] 中国石油天然气股份有限公司西南油气田分公司天然气研究院. SY/T 6538—2002 配方型选择性脱硫溶剂[S]. 北京：国家经济贸易委员会，2002，1-11.
[86] 岑嶺，李洋，温崇荣，等. 硫黄回收及尾气处理装置的腐蚀与防护[J]. 石油与天然气化工，2009，38(3): 217-221.
[87] 韦冬萍，胡荣宗，潘丹梅，等. 碳钢在含热稳定性盐的*N*-甲基二乙醇胺介质中的腐蚀行为[J]. 腐蚀科学与防护技术，2008，20(5): 331-335.
[88] 李超，王拥军，陆侨治，等. 采用电渗析技术对普光天然气净化厂的应用[J]. 石油与天然气化工，2017，46(5): 16-19.

第八章　工艺计算及流程模拟

第一节　硫黄回收及尾气处理过程的化学反应与动力学

硫具有多达 25 种已知同位素，其中有四种稳定同位素：^{32}S（94.99%±0.26%），^{33}S（0.75%±0.02%），^{34}S（4.25%±0.24%），^{36}S（0.01%±0.01%）。

单质硫随温度变化的形态复杂多样，由于硫原子之间可以成键形成链式结构，与碳元素类似，硫自身及其与氢、氧、碳之间可以形成相当复杂的化合物体系，这使得硫黄回收过程主要反应似乎比较简单，而实际过程可能很复杂。

一、硫黄回收过程的化学反应网络

现代工业硫黄的生产和利用如图 8-1-1 所示。硫黄的生产主要来自含硫矿物资源的加工和化石能源开发利用过程中的硫黄回收工艺，其中化石能源加工过程的硫黄回收主要采用 Claus 硫黄回收工艺。Claus 工艺过程看似简单，但由于硫及其化合物形态的多样性，实际涉及到均相和多相化学反应相当复杂。同时，随着环保标准的要求越来越苛刻，越来越多的硫黄回收尾气需要深度净化处理，同样涉及到诸多化学反应。

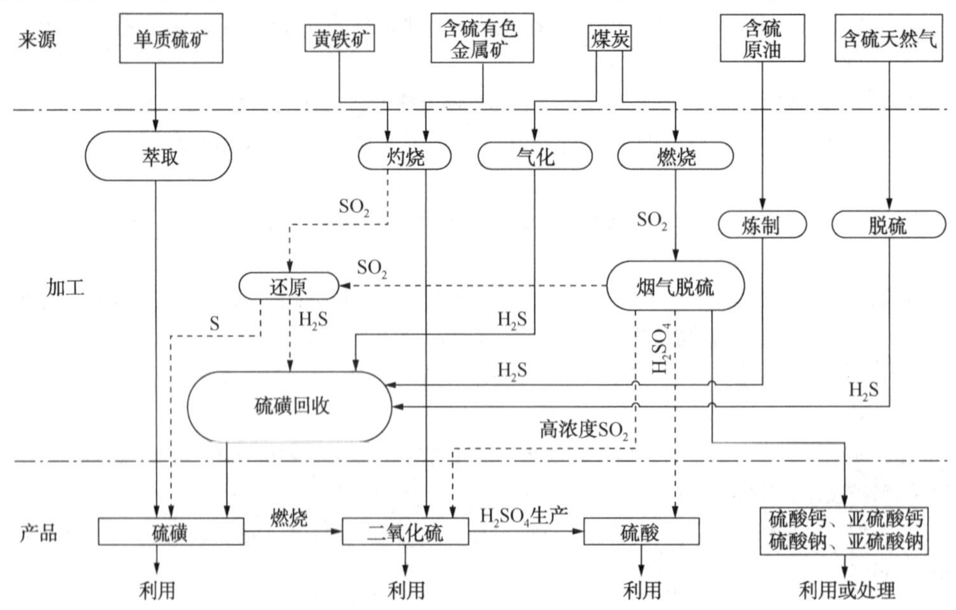

图 8-1-1　硫的主要来源和加工路线

实线：常见路线；虚线：可能路线

现代工业上的 Claus 硫黄回收过程主要涉及超过 1000℃的高温热化学反应和 200~350℃的催化转化反应。由于硫原子之间，以及硫原子与碳、氢、氧原子之间都可以成键，在硫黄回收过程工艺气从高温换热降温的过程中，不同的单质硫分子以及各种硫化物之间也会发生相应的化学反应。

在不考虑含氮化合物（氨、有机胺等）参与反应的情况下，硫黄回收过程的热化学反应和催化反应主要是硫、氧、氢和碳四种元素形成的单质和/或化合物之间的转化，所涉及的化学反应仍然是十分复杂的，图 8-1-2 是这些元素及其相应的化合物之间转化的反应网络示意图。

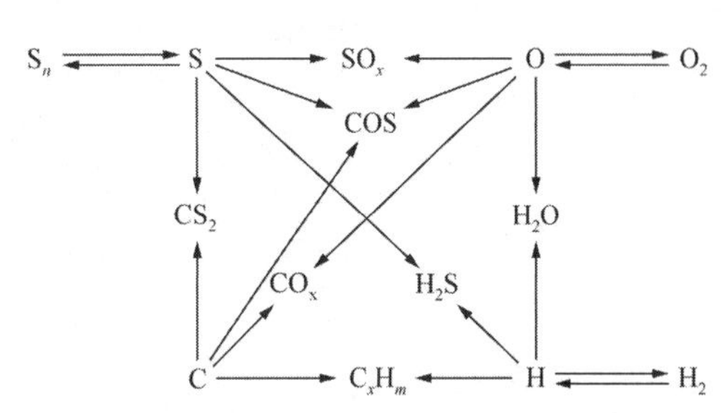

图 8-1-2 硫黄回收过程重要化合物的反应网络示意图

由于硫、氧、氢和碳四种元素的单质和化合物之间存在多种可能的化学反应，形成了硫黄回收过程中高温热化学反应复杂的反应网络。近年来，研究者对此进行了比较深入的研究，对热化学反应过程中硫化物转化和芳烃生成的反应网络罗列如图 8-1-3~图 8-1-6 所示。

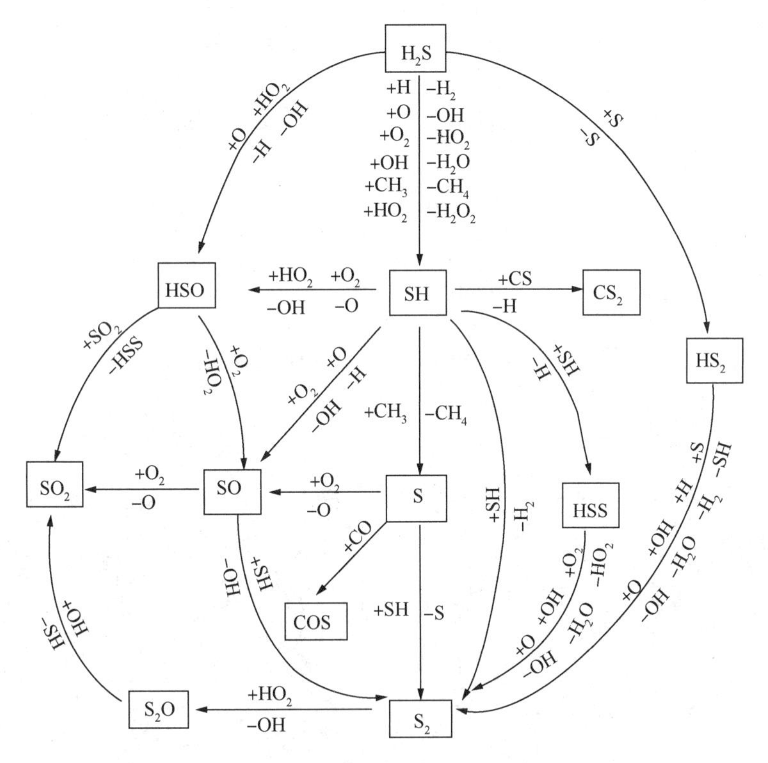

图 8-1-3 H_2S 转化反应网络

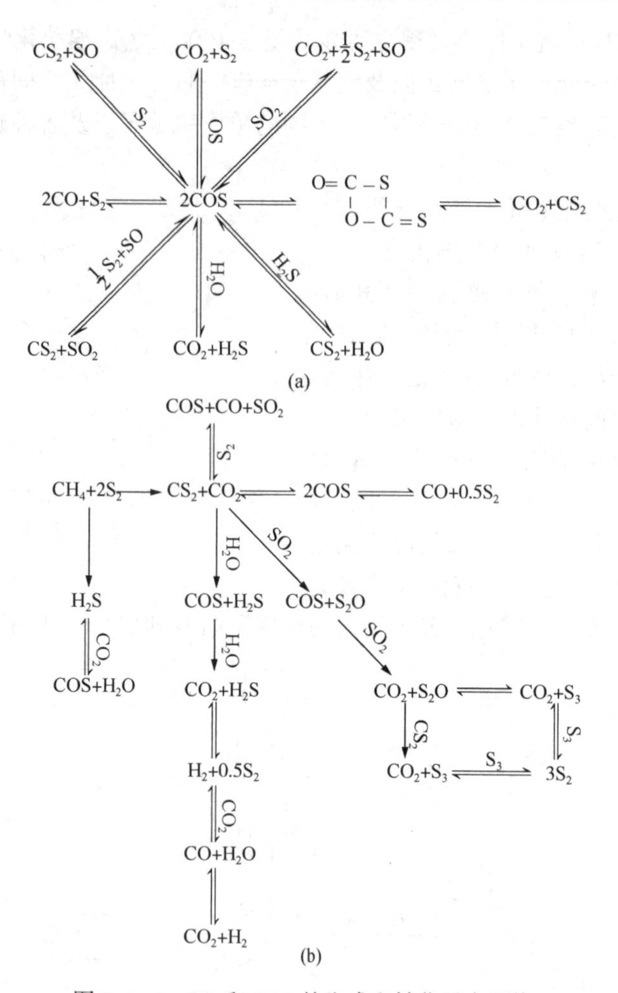

图 8-1-4　CS_2和 COS 的生成和转化反应网络

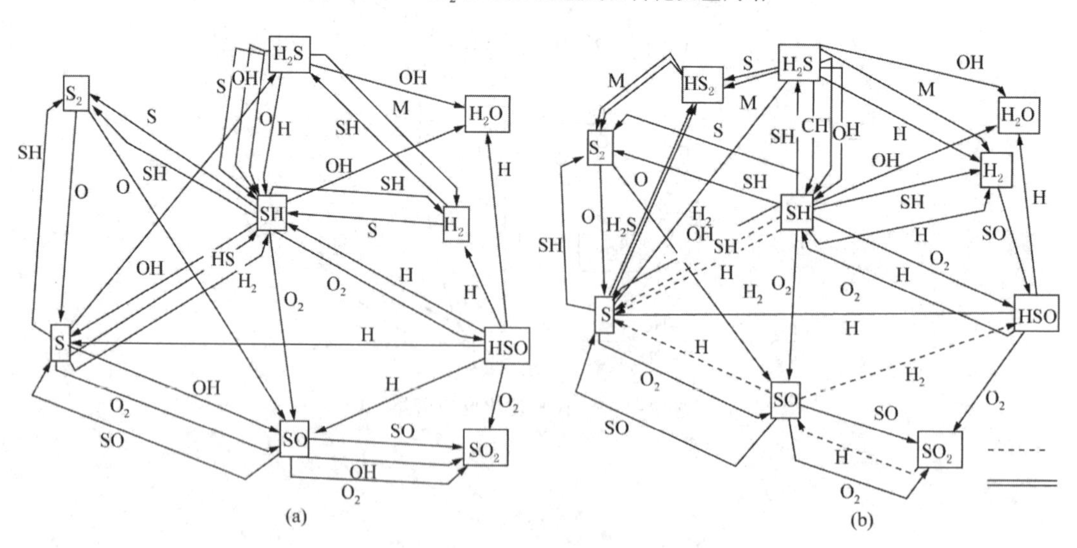

图 8-1-5　硫化物之间转化反应网络

(a)停留时间 0.0832ms，氧未耗尽，H_2S/O_2向 SO_2生成方向进行；

(b)停留时间 0.8ms，氧已耗尽，SO_2/S 会发生逆反应，并向 S_2生成方向进行。

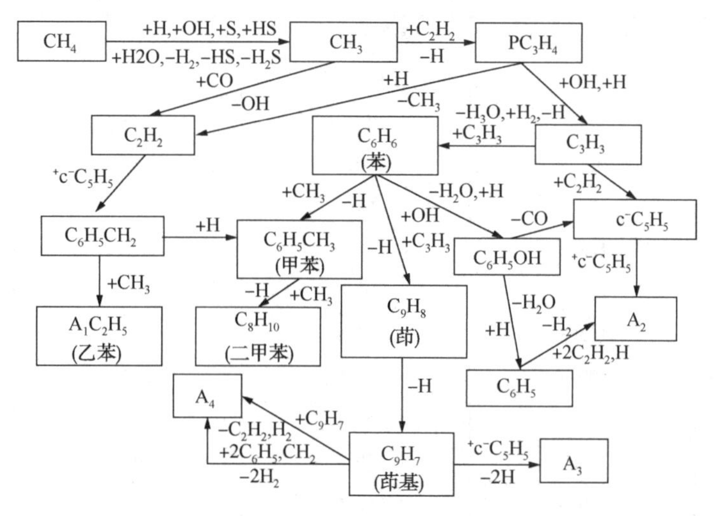

图 8-1-6　芳烃生成反应网络

硫黄回收过程的硫化物 SO_2、H_2S、COS 和 CS_2 等都希望转化为目标产物单质硫，即以硫黄形式回收。为了提高硫黄回收效率，无论是高温热化学反应还是下游中温催化反应，都希望尽可能将这些硫化物转化为单质硫。在这一过程中，芳烃是高温相对稳定的烃类转化产物，而且芳烃在催化转化时容易导致结焦或积炭，形成比较稳定的固体，直接覆盖催化剂表面和堵塞催化剂孔道，导致催化剂失活，影响硫化物催化转化性能。Clark 指出，工艺气中的芳烃在催化剂上容易与单质硫形成 C–S 聚合物堵塞催化剂孔道。此外，一些相对分子质量较大的烃、有机胺、铵盐都会覆盖在催化剂外表面，堵塞催化剂孔道和覆盖催化剂表面大量活性位，导致永久性失活。在中国石化齐鲁石化公司研究院提供的大比表面积氧化铝硫黄回收失活催化剂上采用多种仪器表征分析的结果也支持这一观点[参见本节第三部分(三)硫黄回收催化剂失活机理部分]。

二、硫黄回收过程的反应热力学

硫黄回收过程尽管是一个很复杂的反应网络，但其本质仍然遵循基本的化学反应热力学原理，即化合物从高 Gibbs 自由能向较低 Gibbs 自由能转化。由于高温能够提供足够的能量使各种化合物分子被活化，因此也会存在少数化合物比较容易从低 Gibbs 自由能向高 Gibbs 自由能转化，由此也导致了反应的复杂性，特别是高温热化学反应。催化反应过程，由于催化剂表面结构的复杂性和单质硫结构与相态的多样性，导致了催化反应虽然以生成硫黄为主，但实际的反应过程同样是十分复杂的。为了较好地认识这些反应过程，从热力学上对一些重要的硫化物分子的转化进行分析。Hawboldt 对硫黄回收过程的研究显示 HSC Chemistry 计算结果和实验研究具有很好的一致性和准确性，表 8-1-1 列出了硫黄回收过程一些常见化合物的热力学参数。

表 8-1-1　25℃时硫黄回收过程常见化合物热力学参数[①]

化合物	$\Delta H^{\ominus}$/(kJ/mol)	$\Delta G^{\ominus}$/(kJ/mol)	$S^{\ominus}$/[J/(mol·K)]	C_p/[J/(mol·K)]
H_2S	-20.5	-33.3	205.8	34.2
HS	139.3	105.0	195.6	32.0
H_2S_2	15.7	-5.8	266.5	49.2
S	277.2	236.7	167.8	23.6
S_2	128.6	79.7	228.2	32.5
S_3	144.7	91.0	276.3	47.0
S_4	145.8	91.4	310.6	67.5
S_5	109.4	36.8	308.6	101.8
S_6	101.3	53.1	354.1	112.4
S_7	113.7	59.1	407.7	133.4
S_8	100.4	48.6	430.3	155.6
S_2O	-41.8	-71.8	267.0	44.4
SO	4.8	-21.2	221.9	30.2
SO_2	-296.8	-300.1	248.2	40.1
SO_3	-395.8	-370.9	256.8	50.9
COS	-138.4	-165.6	231.6	41.5
CS	279.8	202.6	210.6	31.6
CS_2	116.7	66.6	237.9	45.5
CO_2	-393.5	-394.4	213.8	37.1
H_2O	-241.8	-207.4	188.8	37.9

①HSC Chemistry(热力学软件)数据

(一)H_2S 氧化反应热力学

H_2S 中的硫是最低价态-2 价，在氧化过程中可以逐步氧化到最高+6 价。根据表 8-1-1 的热力学数据，在 25℃标准状态下：①H_2S 直接热分解转化为 HS、H_2S_2以及各种形态的单质硫在热力学上都是不利的；②H_2S 与 O_2进行部分氧化反应生成原子态 S 和 HS 在热力学上是不利的。实际上，H_2S 热分解和氧化反应的情形主要是超过 1000℃的高温热化学反应和 200~350℃的催化转化反应，对 0~2000℃范围每摩尔 H_2S 转化为其他硫化物的 Gibbs 自由能变化进行计算，结果如图 8-1-7 所示。理论上，H_2S 的热脱氢在 0~2000℃的温度范围内都是不利的；而 H_2S 的氧化，除了生成原子态 S 外，生成其他硫化物在 0~2000℃范围内都是很有利的，而且在~780℃以上，生成 SO_2是最有利的。这可以较好地解释 Claus 硫黄回收过程 H_2S 高温热化学反应时，尽管控制氧气进料量，希望尽可能生成单质硫，但 SO_2仍然是主要产物之一。

在硫黄回收过程中，希望所有硫化物最终转化为零价单质硫，理论上 H_2S 转化为单质硫时与 O_2摩尔比为 1∶0.5，按此摩尔比，考虑到可能的逐级氧化产物，以及复杂的单质硫形态，把 H_2S 氧化反应表示如下：

$$H_2S + 0.5O_2 \rightarrow HS + H_2S_2 + S_n(n = 1 \cdots\cdots 8) + S_2O + SO + SO_2 + SO_3 + H_2 + H_2O \quad (8-1-1)$$

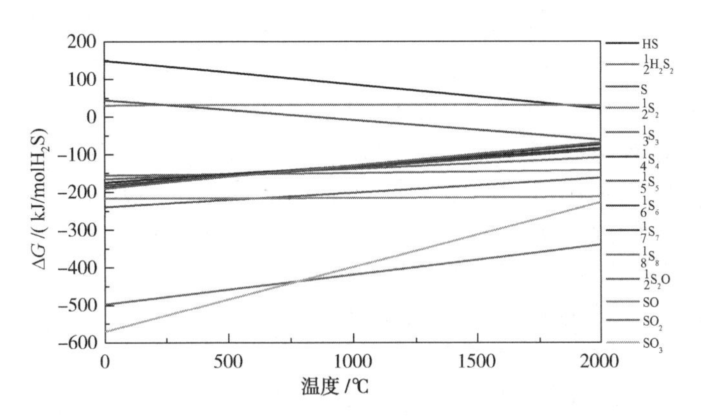

图 8-1-7　1 mol H_2S 热分解或氧化的 Gibbs 自由能随温度的变化

对于此反应，在常压、25℃下进料，氧气分别采用纯氧或空气，计算与纯 H_2S 绝热反应产物的产物组成和温度如表 8-1-2 所示。按理论制硫的 $H_2S:O_2$摩尔进料比 1∶0.5，采用纯氧为氧化剂时，绝热反应最高温度为 1933℃；采用干燥空气为氧化剂时，绝热反应最高温度为 1280℃。

表 8-1-2　常压下 H_2S 氧化的绝热温升和产物组成①

项目	纯 H_2S 与纯 O_2	纯 H_2S 与空气
原料温度 / ℃	25	25
产品气温度 / ℃	1933	1280
H_2S / mol	5. 723	12. 31
HS / mol	3. 676	4.373×10^{-1}
H_2S_2/ mol	3.409×10^{-2}	8.736×10^{-2}
S / mol	7.723×10^{-1}	8.146×10^{-3}
S_2/ mol	32. 42	36. 66
S_3/ mol	7.377×10^{-2}	1.837×10^{-1}
S_4/ mol	1.528×10^{-4}	9.731×10^{-4}
S_5/ mol	3.795×10^{-8}	1.335×10^{-6}
S_6/ mol	$5.642E\times10^{-10}$	6.107×10^{-8}
S_7/ mol	5.716×10^{-12}	1.323×10^{-9}
S_8/ mol	1.460×10^{-14}	8.351×10^{-12}
S_2O / mol	3.526×10^{-1}	2.109×10^{-1}
SO / mol	6. 614	4.422×10^{-1}
SO_2/ mol	17. 39	12. 32
SO_3/ mol	1.177×10^{-4}	7.821×10^{-6}
H_2/ mol	34. 15	12. 69
H_2O / mol	58. 26	74. 70
O_2/ mol	6.199×10^{-4}	1.581×10^{-7}

① 1 bar(绝)，25 ℃，$H_2S:O_2=1:0.5$（mol∶mol），H_2S 100 mol。

由表 8-1-2 数据可见，H_2S 与空气进行氧化转化时，高温下平衡产物超过 1%的组分主要有 H_2S、S_2、SO_2、H_2和 H_2O，其他组分都很少。为进一步了解产物组成随温度的变化，在覆盖催化反应段温度到最高绝热温升温度范围(0~2000℃)进行 H_2S 氧化的组成变化的计算分析。同时，为更好地描述 H_2S 氧化产物的分布和便于分析讨论，假设反应进料的 H_2S 为 100mol，考虑全部含硫化合物，将所有单质硫按硫原子摩尔数加和，表示为 ΣS^0，用于描述硫黄收率；将所有正化合价的硫按照硫原子摩尔数乘以相应价态加和，表示为 ΣS^+，值为正，用于描述总的硫正化价数；将所有负化合价的硫按照硫原子摩尔数乘以相应价态加和，表示为 ΣS^-，值为负，用于描述总的硫负化价数。如果 $\Sigma S^+ + \Sigma S^- = 0$，即硫的正负化合价数相等，则产品气是下游催化转化制硫的理想气体组成。

图 8-1-8 显示纯 H_2S 高温热化学氧化反应时，采用纯氧和空气的 ΣS^0、ΣS^+、ΣS^-、$\Sigma S^+ + \Sigma S^-$趋势很相似，只是一些极值及其温度略有差别，但差别并不大。采用纯氧为氧化剂时，ΣS^0、ΣS^+、ΣS^-的极值和变化为：约 1450℃时$(\Sigma S^0)_{max} = 72.2$，此时 $\Sigma S^+ + \Sigma S^- = 32.3$；约 600℃时$(\Sigma S^+)_{max} = 62.0$，同时$(\Sigma S^-)_{min} = -61.7$，$(\Sigma S^0)_{min} = 52.5$；约 740℃时 $\Sigma S^+ + \Sigma S^- > 1$；温度小于 170℃时 $\Sigma S^0 > 99$。采用空气为氧化剂时，ΣS^0、ΣS^+、ΣS^-的极值和变化为：约 1370℃时$(\Sigma S^0)_{max} = 74.1$，此时 $\Sigma S^+ + \Sigma S^- = 32.3$；约 560℃时$(\Sigma S^+)_{max} = 60.4$，同时$(\Sigma S^-)_{min} = -60.2$，$(\Sigma S^0)_{min} = 53.9$；约 710℃时 $\Sigma S^+ + \Sigma S^- > 1$；温度小于 160℃时 $\Sigma S^0 > 99$。这些结果说明，使用纯氧和空气造成的原料分压变化对高温生成单质硫的影响并不大，只是最大单质硫收率温度有一定差别，纯氧为 1450℃，比空气的 1370℃ 高约 80℃。1000~2000℃区间的高温下单质硫总收率随温度变化很小，原料分压的变化对高温热化学反应的单质硫总收率影响也不大。

图 8-1-8 还表明，500℃以下 $\Sigma S^+ + \Sigma S^-$非常接近于零；超过 500℃后 $\Sigma S^+ + \Sigma S^-$始终为正值，随温度升高而增加；超过 1000℃后硫的正价数 ΣS^+逐渐增加，负价数 ΣS^-绝对值逐渐趋减小，使得 $\Sigma S^+ + \Sigma S^-$值随温度升高越来越大，且总为正值。说明 H_2S 易被氧化到正化合价，且高温有利于正化合价硫化物，这是由于 SO_x的 ΔG 是很大的负值。另一方面，在低至硫的露点温度(120 ~ 150℃)条件下，纯 H_2S 与空气中氧进行选择氧化的单质硫回收率为 99.2%~99.6%，仍有 0.4%~0.8%的硫化物未转化为单质硫，这表明在硫化物排放要求苛刻的情况下，理论上单纯的 Claus 硫黄回收技术是难以满足越来越严格的环保排放标准的。

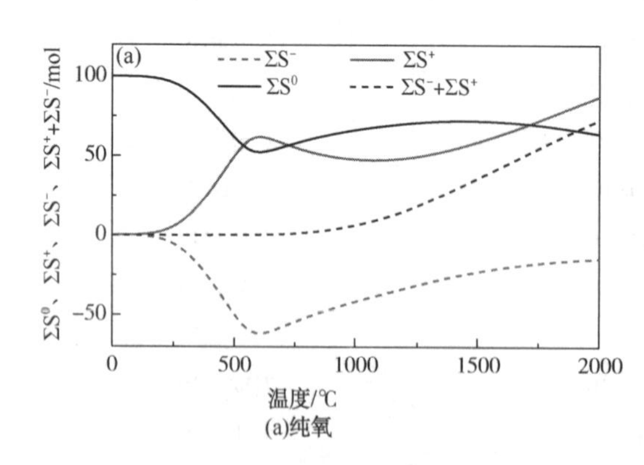

(a)纯氧

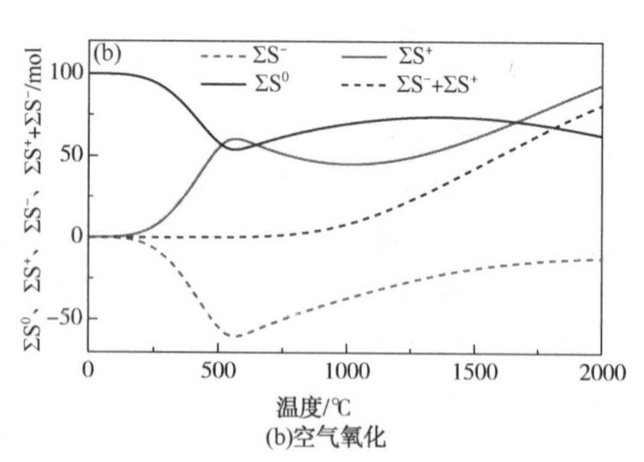

(b)空气氧化

图 8-1-8 纯氧和空气氧化 H_2S 的产物价态随温度的变化

条件：1 bar(绝)，100 mol H_2S，$H_2S : O_2 = 1 : 0.5$ (mol : mol)

对于硫黄回收过程，H_2S 高温氧化为单质硫是工业生产关注的问题。通过计算采用空气氧化 H_2S 的不同形态的单质硫随温度的分布可知(图 8-1-9)，在 500℃左右，S_3 ~ S_7 有极大值出现；超过 500℃以后 S_2 是最主要的单质硫形态，在约 1380℃时 S_2 达到最大值；1500℃以上会出现明显的原子态 S，且随温度升高而增加；S_8 在 500℃以下随温度降低而增加，且逐渐接近 100。在约 1380℃时的 S_2 是 H_2S 不完全氧化的主要热力学平衡产物，而其他形态单质硫的量很少，这是由于该条件下生成 S_2 的 ΔG 比生成其他形态单质硫低，至少低约 20kJ/mol，相应的平衡常数最高，比其他形态单质硫至少高约 1 个数量级。

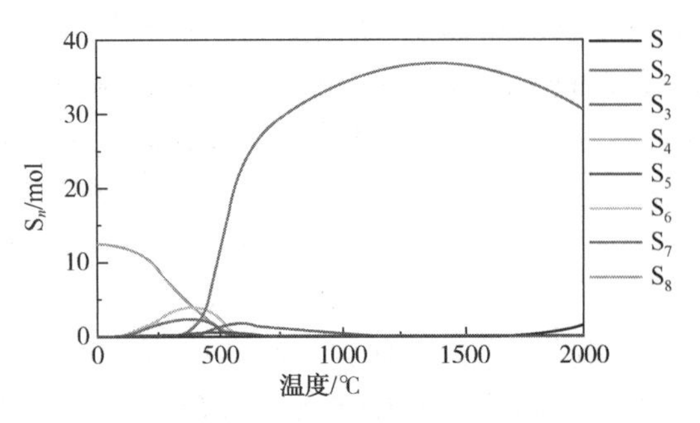

图 8-1-9　空气氧化 H_2S 的单质硫随温度的变化

条件：1 bar(绝)，100 mol H_2S，

H_2S : O_2 = 1 : 0.5 (mol : mol)

实际过程需要考虑 H_2S 进料浓度，对不同 H_2S 进料浓度(采用 N_2 平衡)进行计算分析(图 8-1-10)，可以获得 1000℃以上单质硫的最大产率、对应的温度和正负化合价等参数。在最大单质硫产率条件下：①对应的温度随 H_2S 进料浓度增加而增大，从 1% H_2S 的 1081℃升高到 100% H_2S 的 1368℃，变化较为显著，特别是在 H_2S 进料浓度低于 50%时；②单质硫最大产率 ΣS^0max 随 H_2S 进料浓度增加而缓慢降低，从 1% H_2S 的 80.4%降到 100% H_2S 的 74.1%；③代表正化合价硫化物的 ΣS^+ 和代表负化合价硫化物 ΣS^- 变化趋势相反，但变化很小。ΣS^+ 从 1% H_2S 的 45.4 升高到 100% H_2S 的 54.5，按均值折算为 SO_2 约 13%；ΣS^- 从 1% H_2S 的-15.7 升高到 100% H_2S 的-22.2，按均值折算为 H_2S 约 10%，说明在最大单质硫产率条件下，气氛是呈氧化性的，按照单质硫计算，SO_2 总是富余的；(4) 进料 H_2S 浓度超过 50%时，最大单质硫生成量对应的温度变化相对较小，在 1345 ~ 1368℃之间。

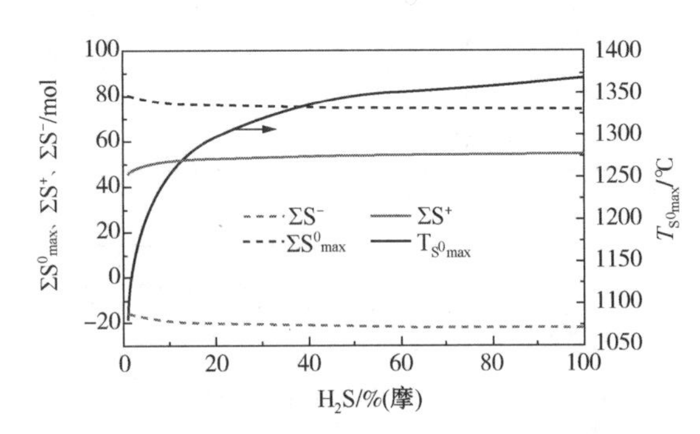

图 8-1-10　单质硫最大收率及硫的化合价随 H_2S 进料浓度的变化

(二) CS_2 和 COS 水解反应热力学

CS_2 和 COS 的水解反应比较简单[反应(8-1-2) ~ 反应(8-1-4)]，目的是尽可能将二者转化为 H_2S 和 CO_2。CS_2 的完全水解[反应(8-1-4)]可以看成两步，第一步部分水解生成 COS 和

H_2S[反应(8-1-2)]，第二步 COS 水解生成 CO_2 和 H_2S[反应(8-1-3)]。反应(8-1-2)和反应(8-1-3)的标态 ΔG 比较相近，在温度 1000℃以下，两个反应的 ΔG 都小于-30kJ/mol，两个反应在热力学平衡上都是有利的，在较低温度下都有很大的平衡常数。

$$CS_2 + H_2O = COS + H_2S \qquad (8-1-2)$$

$$COS + H_2O = CO_2 + H_2S \qquad (8-1-3)$$

$$CS_2 + 2H_2O = CO_2 + 2H_2S \qquad (8-1-4)$$

于硫黄回收过程而言，期望 CS_2 和 COS 都尽可能水解转化为 H_2S。从键离解能看(表 8-1-3)，CS_2 断掉一个 C=S 键并键合 O 形成一个 COS 的能量变化为 -231 kJ/mol，而 COS 断掉 C=S 键并键合 O 形成 CO_2 的能量变化为 -221.7 kJ/mol，因此理论上 CS_2 第一步水解比第二步水解容易，这与 CS_2 两步水解反应的 ΔG 变化也是一致的(见表 8-1-4 和图 8-1-11)。由图 8-1-11 可知，COS 水解反应的 ΔG 是绝对值较小的负值，且随温度升高而趋近于 0，在热力学上相对不利的。当把 CS_2 水解看成两步连串反应时，无论是 CS_2 还是 COS 水解反应，其水解深度都取决于 COS 的水解。因此，COS 的水解是硫黄回收过程需要更加关注的步骤。CS_2 第一步水解反应和 COS 水解反应的 ΔG 随温度变化的趋势是相反的，前者随温度升高 ΔG 减小，在热力学上是有利的；后者随温度升高 $\Delta G^{\ominus}$ 增大，在热力学上是不利的。因此，从热力学上讲，CS_2 和 COS 水解应尽可能在较低温度下进行。

表 8-1-3　25℃下 CS_2、COS 和 CO_2 的键离解能

化学键	离解反应	键离解能/(kJ/mol)
C=S	$CS_2 \rightarrow CS + S$	397.0
C=S	$OCS \rightarrow CO + S$	310.5
C=O	$OCS \rightarrow CS + O$	628.0
C=O	$CO_2 \rightarrow CO + O$	532.2

表 8-1-4　25℃下 CS_2 和 COS 水解生成 H_2S 的热力学参数

反应	$\Delta H^{\ominus}$/(kJ/mol)	$\Delta G^{\ominus}$/(kJ/mol)	$\Delta S^{\ominus}$/[J/(mol·K)]
$CS_2 + H_2O = H_2S + COS$	-33.8	-37.0	10.7
$COS + H_2O = H_2S + CO_2$	-33.8	-33.5	-1.0
$CS_2 + 2H_2O = 2H_2S + CO_2$	-67.6	-70.5	9.7

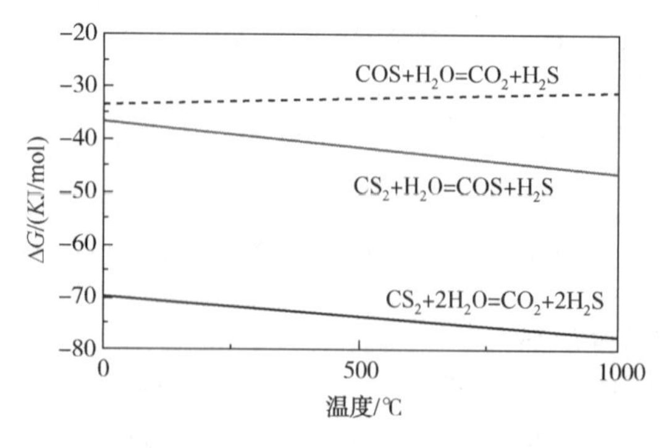

图 8-1-11　CS_2 和 COS 水解的 ΔG 随温度的变化

（三）H_2S 与 SO_x反应热力学

H_2S 与 SO_x（主要是 SO_2）反应生成单质硫是硫黄回收催化段最重要的反应。由于硫原子之间能够形成化学键，以及单质硫形态的多样性，单质硫本身既可与 H_2S 结合，又可与 SO_x 结合。因此，从微观上看 H_2S 与 SO_x的反应还是比较复杂的。为了简化这一过程，对硫黄回收过程催化段的反应 H_2S 与 SO_2反应生成单质硫的热力学进行分析。H_2S 与 SO_2反应生成单质硫可以用反应(8-1-5)所示的化学反应通式表示。

$$\frac{2}{3}H_2S+\frac{1}{3}SO_2=\frac{1}{n}S_n(n=1\cdots8)+\frac{2}{3}H_2O \tag{8-1-5}$$

由于单质硫形态的多样性，在热力学上除了生成单原子 S 和双原子 S_2的 ΔG 随温度降低，即高温有利，其他形态的单质硫在热力学趋势上都是低温有利。同时，在较低温度下，$n\geqslant4$ 的 S_n的 ΔG 小于零，而且 n 越大 ΔG 越小，在热力学上越有利。由此可见，在较低温度下硫黄回收过程的单质硫最终主要是以 S_8形态最有利。

H_2S 与 SO_2生成的 S_n是一种随 n 增加单质硫有序程度增加的过程，因此是一个 ΔS 随 S_n的 n 增大而快速转变为较大负值的过程，而 ΔS 随温度变化很小。因此，从热力学方程 $\Delta H = \Delta G + T\Delta S$ 可知，H_2S 与 SO_2在催化反应段是较强的放热反应过程，生成 S_n的 n 值越大，相应的熵驱动力也越大。25℃下 H_2S 与 SO_2生成 S_n的热力学参数见表 8-1-5；H_2S 与 SO_2反应生成不同单质硫的 ΔG 随温度的变化见图 8-1-12。

表 8-1-5　25℃下 H_2S 与 SO_2生成 S_n的热力学参数

产物	$\Delta H^{\ominus}$/(kJ/mol)	$\Delta G^{\ominus}$/(kJ/mol)	$\Delta S^{\ominus}$/[J/(mol·K)]
S	228.6	206.6	73.8
S_2	15.7	9.7	20.1
S_3	-0.4	0.2	-1.9
S_4	-12.2	-7.3	-16.4
S_5	-26.7	-17.1	-32.3
S_6	-31.7	-21.3	-35.0
S_7	-32.4	-21.7	-35.8
S_8	-36.1	-24.1	-40.2

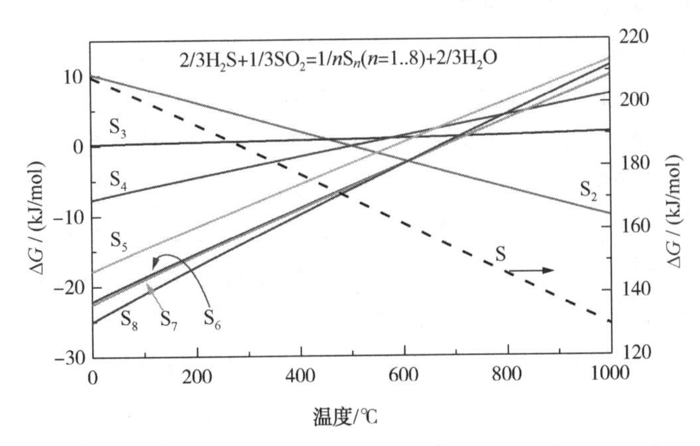

图 8-1-12　H_2S 与 SO_2反应生成不同单质硫的 ΔG 随温度的变化

（四）SO_x加氢的反应热力学

SO_x加氢是很强烈的放热反应，在很宽的温度范围内SO_2和SO_3加氢生成H_2S的ΔG都是较大的负值(< -100 kJ/mol)，因而具有极大的热力学平衡常数和反应驱动力。通过加氢反应，能够将SO_x尽可能转化为H_2S，使得未转化的SO_x浓度浓度极低，满足十分苛刻的排放标准。在硫黄回收过程中将少量SO_x转化为H_2S进行处理，以满足超低硫排放标准不仅在理论上是合理的，而且在实践上也证明是可行的。

尽管在热力学上SO_2和SO_3的加氢转化是非常有利的，但是SO_x加氢具有强烈的放热。计算表明，常温常压下进料(采用N_2平衡)，1%(体)的SO_2加氢的绝热温升为71℃，1%(体)的SO_3加氢的绝热温升高达120℃。由于SO_x加氢反应具有很高的绝热温升，在催化剂的操作温度范围有限的情况下，采用绝热反应器进行SO_x加氢时，进料的SO_x浓度不宜过高，否则可能引起飞温，损坏催化剂，甚至反应器。25℃下SO_x加氢生成H_2S的热力学参数见表8-1-6；SO_x加氢生成H_2S的ΔG随温度的变化见图8-1-13。

表8-1-6　25℃下SO_x加氢生成H_2S的热力学参数

反应	$\Delta H^\ominus$/(kJ/mol)	$\Delta G^\ominus$/(kJ/mol)	$\Delta S^\ominus$/[J/(mol·K)]
$SO_2 + 3H_2 = H_2S + 2H_2O$	-207.3	-190.1	-56.8
$SO_3 + 4H_2 = H_2S + 3H_2O$	-350.2	-348.1	-7.2

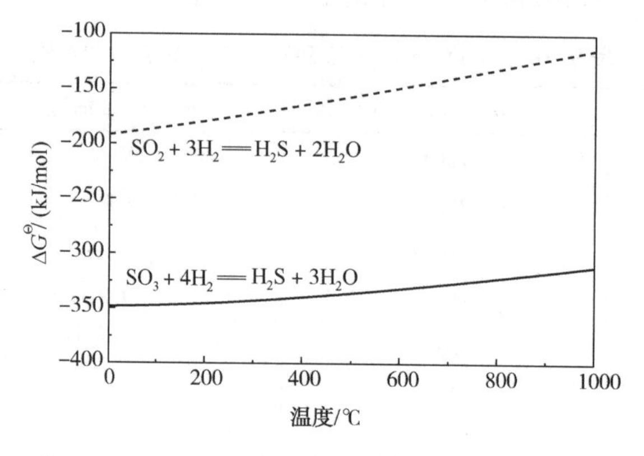

图8-1-13　SO_x加氢生成H_2S的ΔG随温度的变化

（五）CS_2和COS加氢的反应热力学

CS_2和COS深度加氢都是强放热反应，由于反应过程的熵是一个很大的负值，ΔG随反应温度增加上升很快，因此温度越低，深度加氢越有利。COS可以进行选择性加氢生成H_2S和CO，这一反应是一个很弱的吸热反应，即在绝热条件下也很接近等温反应，同时消耗的H_2仅为深度加氢反应的四分之一，可以大幅度节约H_2。另外，COS选择性加氢ΔG总是负值，并随温度升高而缓慢减小，升温有利于该反应。热力学上CS_2水解有很强的驱动力，CS_2水解生成COS是一个温和的放热反应。虽然COS选择性加氢可以进行温和转化，但COS选择性加氢的平衡常数并不是很大，采用COS选择性加氢并不能深度转化CS_2和COS。不过，由于CS_2和COS深度加氢反应在300℃以下都具有很大的平衡常数(大于10^8)，因此在相对较低温度下CS_2和COS都能深度加氢转化为H_2S，以满足苛刻的硫黄回收环保标准的要求。25℃下CS_2和COS加氢生成H_2S的热力学参数见表8-1-7；CS_2和COS加氢生成H_2S的

ΔG 随温度的变化见图 8-1-14。

表 8-1-7　25℃下 CS_2 和 COS 加氢生成 H_2S 的热力学参数

反应	$\Delta H^{\ominus}$/(kJ/mol)	$\Delta G^{\ominus}$/(kJ/mol)	$\Delta S^{\ominus}$/[J/(mol·K)]
$CS_2 + 4H_2 = 2H_2S + CH_4$	-232.3	-183.8	-162.7
$COS + 4H_2 = H_2S + H_2O + CH_4$	-198.5	-146.8	-173.4
$COS + H_2 = H_2S + CO$	7.4	-4.9	41.1

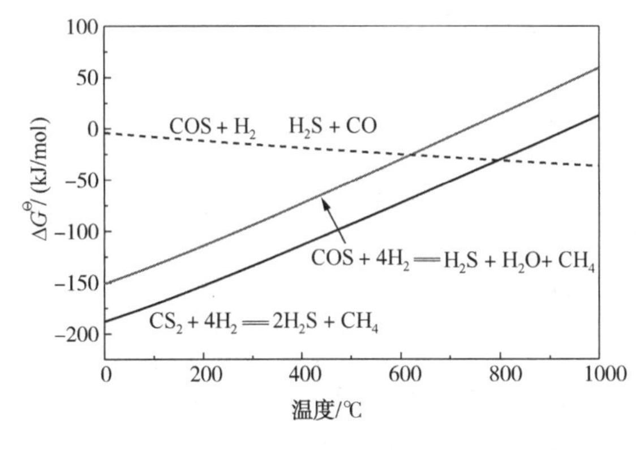

图 8-1-14　CS_2 和 COS 加氢生成 H_2S 的 ΔG 随温度的变化

（六）烃与硫化物反应热力学

在较高温度且缺氧的条件下，烃与硫化物容易反应生成 CS_2，工业上也普遍采用 CH_4 与单质硫反应制 CS_2。由于 CH_4 分子比较稳定，其他烃分子通常比甲烷更容易活化，因此在 CH_4 能与单质硫反应生成 CS_2 的条件下，其他大多数烃化合物也能与单质硫反应生成 CS_2。由于单质硫的形态多样，CH_4 与 n 值较低的单质硫 S_n 更容易反应生成 CS_2。其中单原子态 S 自身具有很高的能量，与 CH_4 反应的 ΔG 在 0~1000℃范围变化很小，约为-350 kJ/mol，具有很高的热力学平衡驱动力。对于其他形态单质硫与 CH_4 等烃类化合物反应生成 CS_2 的 ΔG 随温度升高呈下降趋势，是高温有利的反应。此外，CH_4 与 H_2S 也可以生成 CS_2，只是条件比较苛刻，ΔG 要在 942℃以上才小于 0，也就是需要在高温下才有足够的平衡驱动力。

根据图 8-1-9，在 CH_4 与单质硫反应生成 CS_2 的 $\Delta G<0$ 的温度（表 8-1-8）范围内，单质硫主要以 S_2~S_8 的形态存在。CH_4 与单质硫的反应只需要考虑 S_2 和 S_8 两个极限反应可以较好代表 CH_4 与单质硫的反应情况。图 8-1-15 是 CH_4 与 S_2 和 S_8 反应生成 CS_2 的 ΔG 随温度的变化趋势，n 为 3~7 的 S_n 与 CH_4 反应的 ΔG 变化曲线应介于 S_2 到 S_8 之间。CH_4 与 S_n 反应生成 CS_2 的 ΔG 降为零的温度见表 8-1-8，主要在 400~500℃区间，该温度范围主要有 S_2、S_3、S_6、S_7、S_8 等单质形态（见图 8-1-9），温度进一步升高，S_2 稳步增加，图 8-1-9 和表 8-1-8 显示温度到达 400℃以上会比较有利于 CS_2 的生成。

表 8-1-8　CH_4 与 S_n 反应生成 CS_2 的 ΔG 为 0 的温度点

反应	ΔG 降为 0 时的温度 / ℃
$CH_4 + S_2 = CS_2 + 2H_2$	401.8
$CH_4 + 2/3S_3 = CS_2 + 2H_2$	417.3
$CH_4 + 1/2S_4 = CS_2 + 2H_2$	440.4

续表

反应	ΔG 降为 0 时的温度 / ℃
$CH_4 + 2/5S_5 = CS_2 + 2H_2$	472. 2
$CH_4 + 1/3S_6 = CS_2 + 2H_2$	502. 2
$CH_4 + 2/7S_7 = CS_2 + 2H_2$	503. 4
$CH_4 + 1/4S_8 = CS_2 + 2H_2$	506. 5

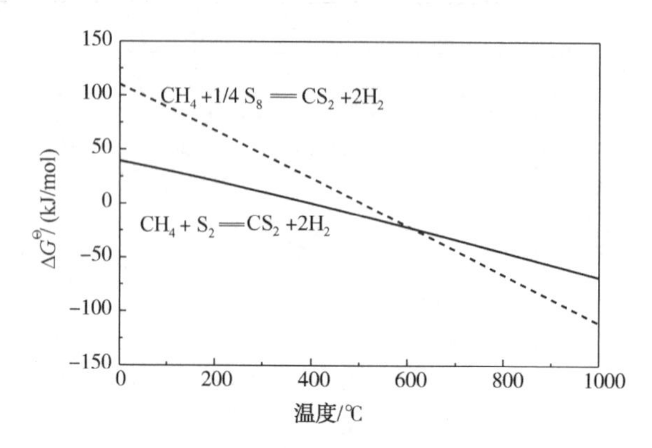

图 8-1-15　CH_4与单质硫反应生成 CS_2的 ΔG 随温度的变化

三、硫黄回收过程的反应动力学

Claus 硫黄回收单元的硫黄回收效率与催化反应段密切相关，其中催化剂性能和反应温度对硫黄回收有很大影响。在此以中国石油化工股份有限公司齐鲁分公司研究院的工业催化剂——大比表面氧化铝基硫黄回收催化剂为例进行相关研究和探讨。

（一）硫化物分子在催化剂上的吸附和脱附

为了研究催化剂表面结构对硫黄回收过程典型硫化物吸附和脱附的影响，研究了催化剂在几种不同气氛造成的表面结构对不同硫化物的吸附和脱附，即：未经任何处理的新鲜催化剂(标记为 Fresh)，纯氮气气氛中 300℃保持一定时间的催化剂(标记为 Dry)，含 15%蒸汽的氮气气氛中 300℃保持一定时间的催化剂(标记为 Steam)以及工业应用后的失活催化剂(标记为 Deactivation)。在这些催化剂样品上在约 25℃进行室温吸附(简写为 RTA)及程序升温脱附(简写为 TPD)的动态表征，以完成催化剂表面结构对不同硫化物的吸附和脱附行为。

1. CS_2的吸附和脱附

CS_2在不同表面结构的催化剂上室温吸附和程序升温脱附的质谱响应如图 8-1-16 所示。图 8-1-16(a)、(c)、(e)的 CS_2-RTA 显示室温下不同表面结构的催化剂对 CS_2的吸附差别很大：①新鲜催化剂上在切入 CS_2吸附的初始约 500s 时间内，几乎没有 CS_2的响应，COS 有最强的响应，同时 H_2S 与 COS 同步响应，信号相对较弱，证明 CS_2在新鲜催化剂上强烈水解生成 COS 和 H_2S；②蒸汽处理和干燥处理的催化剂上，从 COS 和 H_2S 的响应来看，CS_2室温吸附时的水解反应都很弱。但蒸汽处理催化剂上 CS_2水解产生的 H_2S 和 COS 信号强度为干燥处理催化剂的 3 倍左右。此外，在新鲜催化剂和蒸汽处理的催化剂上 CS_2的初始吸附除水解反应还表现出较大的 CS_2强度的波动，而干燥处理的催化剂上则并不明显。图 8-1-16(b)、 (d)、(f)的 CS_2-TPD 显示 CS_2脱附峰都很弱，CS_2响应强度顺序为新鲜催化剂>蒸汽处理催化剂>干燥处理催化剂。同时新鲜催化剂上还伴随较为明显的 COS 脱附峰，而蒸汽处理催化剂和干燥处理催化剂上几乎没有 COS 脱附。另外，新鲜催化剂和蒸汽处理催化剂上有较明显的 CO_2($m/z=44$，此处归属为 CO_2)和 H_2S($m/z=34$)脱附峰，并且新鲜催化剂上 CO_2、H_2S、COS 和 CS_2的脱附量比蒸汽处理催化剂上高一个数量级以上，脱附的峰值温度也明显高于蒸汽处理催化剂。蒸汽处理催化剂上脱附产物面积比为 $A(CO_2)/A(COS) \approx 121$，远高于新鲜催化剂的 $A(CO_2)/A(COS) \approx 11$，表明蒸汽处理催化剂存在的大量羟基或吸附水有利于 CS_2深度水解，但不利于 CS_2及其水解产物的吸附。干燥处理催化剂上 CS_2的 RTA 和 TPD 显示 CS_2的吸附、反应和脱附几乎可以忽略不计，只有很弱很宽的 CO_2脱附峰。

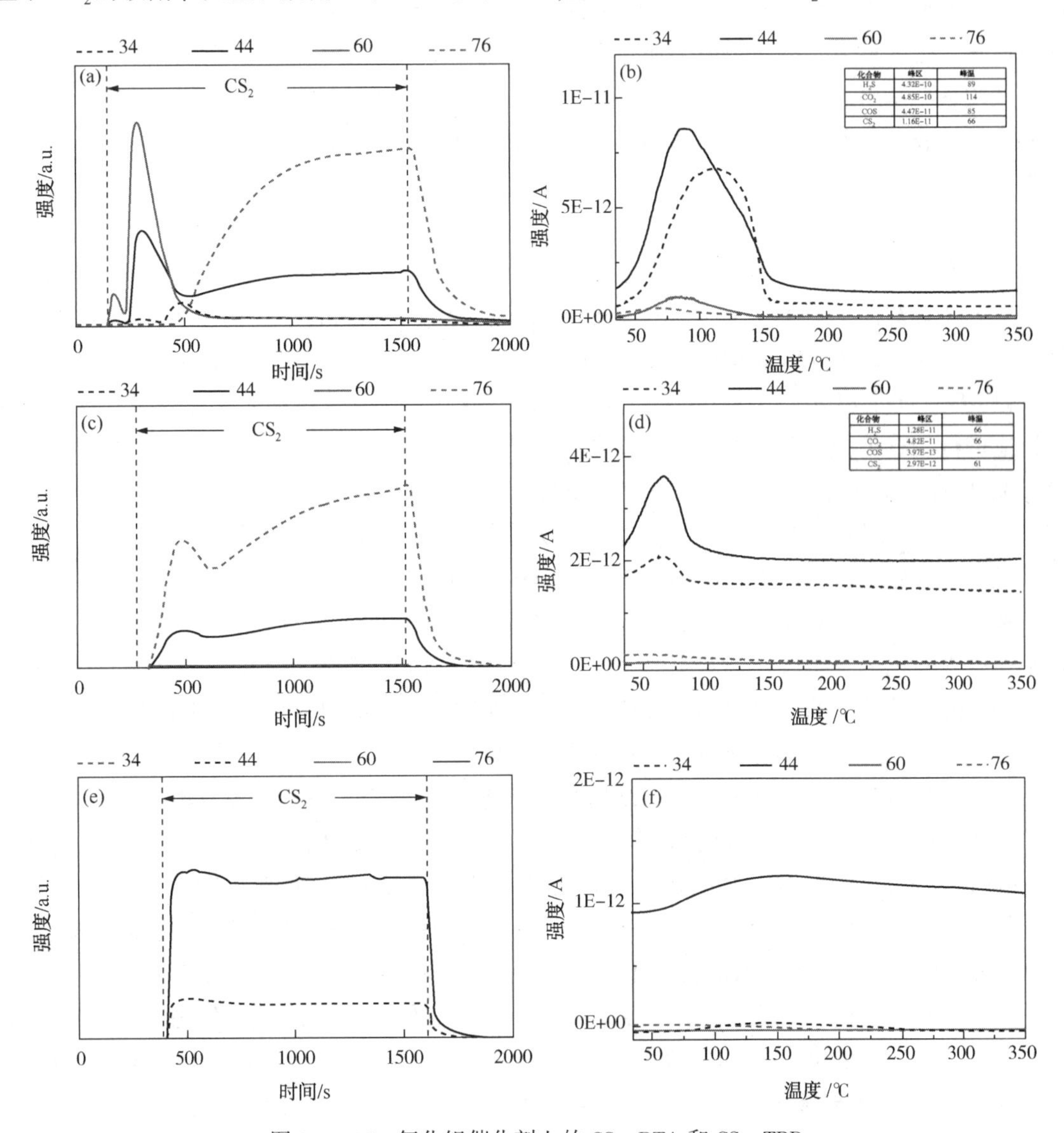

图 8-1-16　氧化铝催化剂上的 CS_2-RTA 和 CS_2-TPD

(a)(b)新鲜催化剂；(c)(d)蒸汽处理催化剂；(e)(f)干燥处理催化剂

CS_2-RTA 和 CS_2-TPD 表明表面结构对 CS_2吸附有极大影响。新鲜催化剂表面可以看成 Al-OH 和 Al-O 两种主要结构共存的状态，蒸汽处理催化剂表面主要为 Al-OH 结构，干燥处理催化剂表面主要为 Al-O 结构。新鲜催化剂的 CS_2-RTA 说明 Al-O 和 Al-OH 双中心表面结构对 CS_2的吸附和水解有较强的促进作用和影响，同步的 COS 响应远强于 H_2S 响应，说明水解产物 COS 吸附较弱，而 H_2S 吸附较强。新鲜催化剂上 CS_2-TPD 的 H_2S 脱附峰值温度较高，峰面积与 CO_2相当，进一步印证了 CS_2水解产物 H_2S 有较强的吸附，同时深度水解产物 CO_2也有较强的吸附，而 COS 的吸附就弱得多了。单一的 Al-OH 或 Al-O 表面结构不利于 CS_2的吸附和水解，但 Al-OH 中心与 CS_2的作用明显强于 Al-O 中心。CS_2在催化剂表面的逐步水解是温和的放热反应，同时 CS_2与表面相互作用，无论是物理吸附还是化学吸附也会导致放热，这两种方式的热效应会显著影响弱吸附 CS_2在催化剂表面的吸附，即产生明显的强度变化甚至水解，说明 Al-OH 和 Al-O 双中心十分有利于 CS_2的吸附和水解，单一 Al-OH 中心为主的表面吸附和水解作用大幅度减弱，单一 Al-O 中心为主的表面对 CS_2吸附和水解最差。

2. COS 的吸附和脱附

COS 在不同表面结构的催化剂上室温吸附和程序升温脱附的质谱响应如图 8-1-17 所示。图 8-1-17(a)、(c)、(e)的 COS-RTA 显示，室温下不同表面结构的催化剂对 COS 的吸附差别也很大：①新鲜催化剂上，整个吸附过程中有很强的 H_2S 和 CO_2(m/z = 44，此处主要是 CO_2）同步响应，很快达到最大值，并缓慢减弱，这说明 COS 室温吸附时有强烈的水解反应进行。有趣的是在吸附开始后很快出现了明显的 CS_2响应；②蒸汽处理催化剂上主要是 COS 的响应和较弱的 H_2S 响应，经过~500 s 后出现了接近 H_2S 强度的 CS_2响应。同时在初始通入 COS 的很短时间内，有一个很窄很尖锐的 COS 峰的出现，随后 COS 达到较高的强度并基本保持稳定；③干燥处理催化剂上，COS 的响应比较平稳，同时伴随较弱的 H_2S 响应。图 8-1-17(b)、(d)、(f)的 COS-TPD 显示新鲜催化剂上 COS 脱附峰面积最大，其次是干燥处理催化剂，蒸汽处理催化剂上几乎没有 COS 脱附。新鲜催化剂上还有明显的 CS_2脱附，而另外两种情况的催化剂几乎没有。此外，新鲜催化剂上 H_2S 和 CO_2的脱附峰强度和峰面积显著高于蒸汽处理催化剂和干燥处理催化剂。

COS-RTA 和 COS-TPD 表明表面结构对 COS 吸附也有极大影响，而且由于 COS 分子具有 C=O 中心，与干燥催化剂的作用明显不同于 CS_2。新鲜催化剂和蒸汽处理催化剂上的 COS-TPD 表明表面 Al-OH 中心对于 COS 的水解有很大影响，而且水解生成的 H_2S 可与 COS 发生逆水解反应生成 CS_2，即 $H_2S + COS = CS_2 + H_2O$。新鲜催化剂和干燥催化剂 COS-TPD 显示 Al-O 中心能增强 H_2S 的吸附，Al-O 和 Al-OH 双中心共存能极大促进 COS 的水解和水解产物 CO_2以及 H_2S 的吸附，吸附量增加一个数量级以上，同时吸附强度(温度)也明显增大。蒸汽处理催化剂的 COS-RTA 初始尖窄的 COS 峰可归结为 COS 与 Al-OH 作用的热效应使得 Al-OH 上弱吸附的 COS 脱附，显示了单 Al-OH 中心上 COS 的吸附是很弱的，这可从新鲜催化剂和干燥催化剂上 COS-TPD 的 COS 响应得到印证。与 CS_2不同，COS 分子中 C=O 的存在使得单一 Al-O 中心上 COS 也有较强吸附，说明 COS 可通过 C=O 与 Al-O 作用形成吸附，而 CS_2则不具有这一特性。

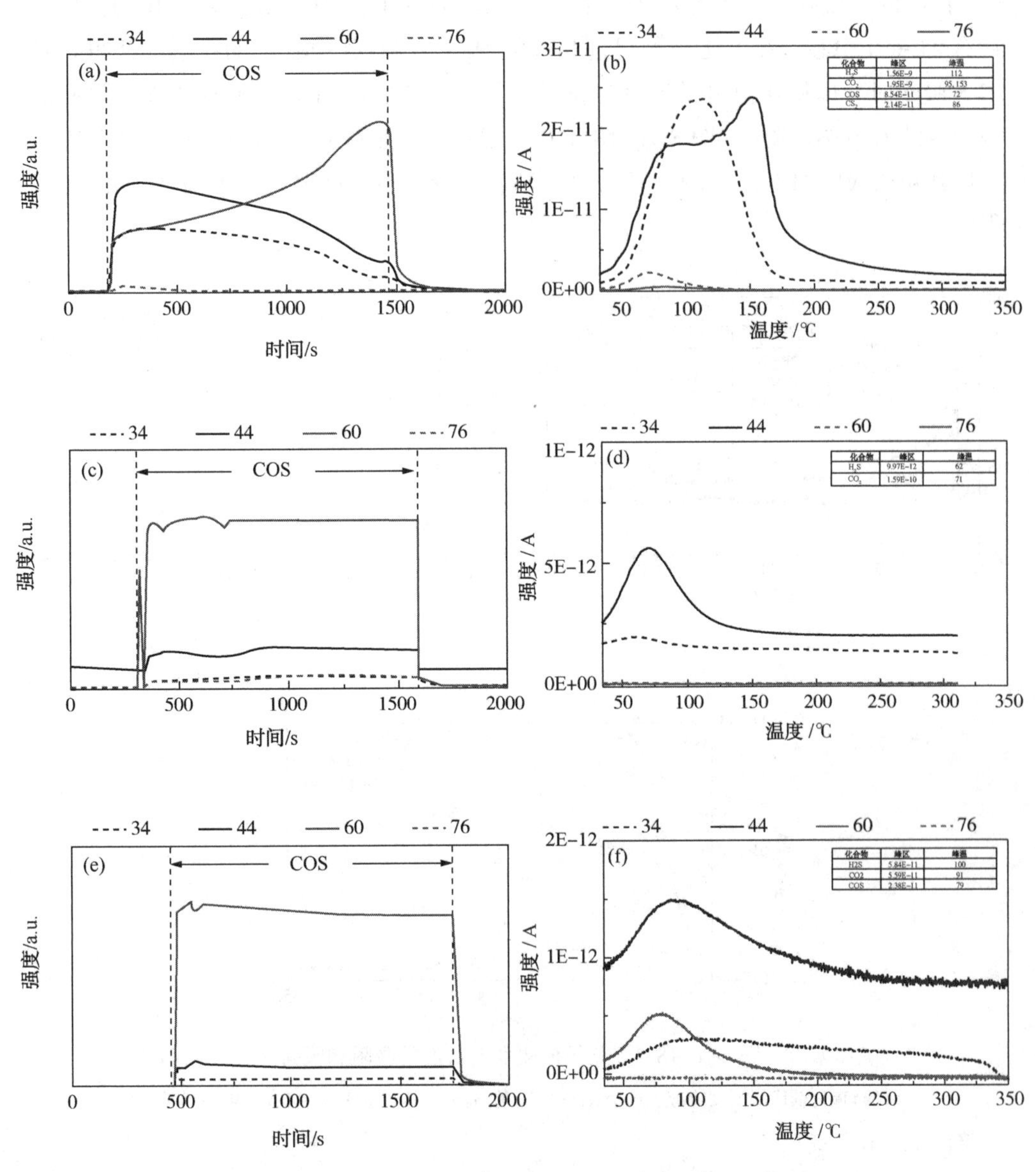

图 8-1-17　氧化铝催化剂上的 COS-RTA 和 COS-TPD

(a)(b)新鲜催化剂；(c)(d)蒸汽处理催化剂；(e)(f)干燥催化剂

3. H_2S 的吸附和脱附

室温下 H_2S 吸附的温度响应、质谱响应和程序升温脱附见图 8-1-18。图 8-1-18(a)是切入和停止 H_2S 吸附时的温度响应及其积分计算，结果表明在新鲜催化剂和干燥处理催化剂上 H_2S 吸附的热效应较为接近，而蒸汽处理催化剂上 H_2S 吸附的热效应仅为新鲜催化剂的约四分之一，明显弱得多。归一化的 H_2S-RTA 显示蒸汽处理催化剂上初始通入 H_2S 时，H_2S 响应出现了尖窄的强峰，干燥处理催化剂上有类似现象，但要弱得多，而新鲜催化剂上没有此现象。H_2S-TPD 显示 H_2S 脱附峰强度顺序为：新鲜催化剂>>干燥处理催化剂>>蒸汽处理催化剂。蒸汽处理催化剂几乎观察不到 H_2S 的脱附。

H_2S 的吸附与脱附及其吸附热效应都显示，Al-O 中心是 H_2S 吸附和活化的主要活性中心，在有 Al-OH 中心存在下能显著促进和增强 H_2S 在 Al-O 中心上的吸附，使得在新鲜催化剂 H_2S 吸附时，即使在初始吸附时有较强的热效应，但因 H_2S 的吸附较强而没有因吸附热出现尖窄的 H_2S 热脱附峰[图 8-1-18(b)]。蒸汽处理催化剂上 H_2S 吸附时的热效应虽然最小，但其初始吸附 H_2S 时出现尖窄的 H_2S 热脱附峰最强，这很好地说明 Al-OH 与 H_2S 的作用很弱。

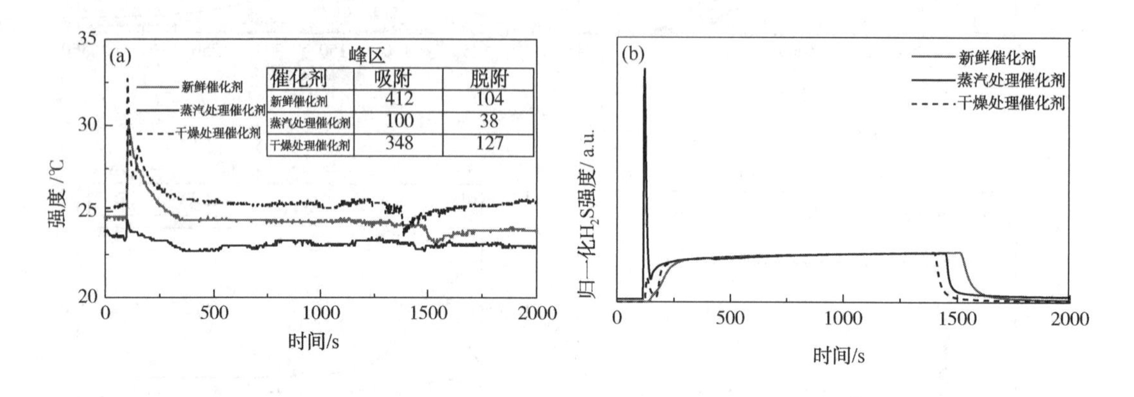

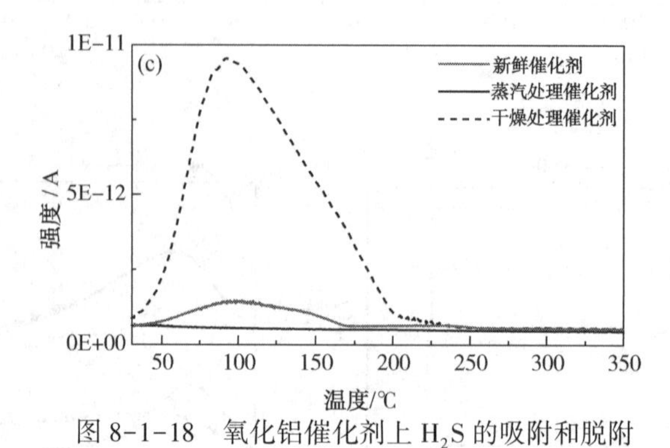

图 8-1-18　氧化铝催化剂上 H_2S 的吸附和脱附

(a)催化剂床层温度响应；(b) H_2S-RTA 的 H_2S 响应；(c)H_2S-TPD 的 H_2S 响应

4. SO_2的吸附和脱附

室温下 SO_2吸附的温度响应、质谱响应和程序升温脱附见图 8-1-19。图 8-1-19(a)是切入和停止 SO_2吸附时的温度响应及其积分计算。由图可知，SO_2吸附与 H_2S 的吸附类似，在新鲜催化剂和干燥处理催化剂上的热效应比较接近，而蒸汽处理催化剂上 SO_2吸附的热效应仅为新鲜催化剂的38%。归一化的 SO_2-RTA 显示干燥处理催化剂上 SO_2响应上升最快，其次是蒸汽处理催化剂，而且蒸汽处理催化剂上升到最大值最缓慢。SO_2-TPD 显示 SO_2脱附峰强度变化与 H_2S 类似，顺序为：新鲜催化剂>>干燥处理催化剂>>蒸汽处理催化剂。与 H_2S-TPD 不同的是，蒸汽处理催化剂上 SO_2脱附峰强度虽然最弱，但明显还是存在少量 SO_2 的脱附。

上述结果表明 SO_2的吸附中心主要是 Al-O 中心，Al-OH 中心共存时可以极大地促进 SO_2在 Al-O 中心上的吸附量，单一 Al-O 中心上 SO_2吸附量大幅度降低，而单一 Al-OH 中

心上 SO_2的吸附最弱。SO_2室温吸附未出现尖窄的 SO_2峰，说明 SO_2与催化剂表面的作用比其他硫化物分子强得多，并不因吸附热导致 SO_2的脱附[图 8-1-19(b)]。同时也说明硫化物分子中存在 O 中心(COS 和 SO_2)时有利于硫化物分子在 Al-O 中心上的吸附，Al-O 中心和 Al-OH 中心共存时能极大促进 CS_2、COS、H_2S 和 SO_2等硫化物分子的吸附。单一的 Al-OH 中心对上述四种硫化物分子的吸附都不利，单一的 Al-O 中心只对 CS_2的吸附不利。

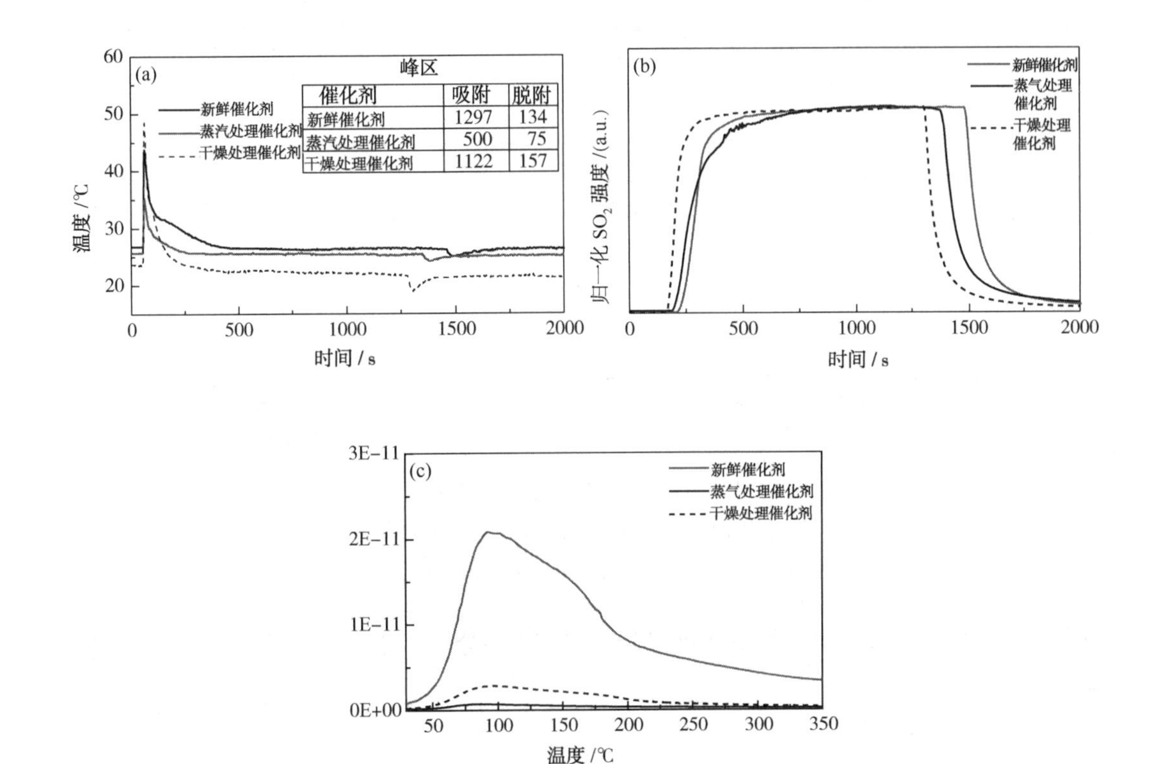

图 8-1-19　氧化铝催化剂上 SO_2的吸附和脱附

(a)催化剂床层温度响应；(b) SO_2-RTA 的 SO_2响应；(c) SO_2-TPD 的 SO_2响应

5. 催化剂上不同硫化物 TPD 对比

图 8-1-20 是 CS_2、COS、H_2S 和 SO_2在不同表面结构的催化剂和失活催化剂上吸附后的程序升温脱附对比。总体来讲，从四种硫化物的 TPD 谱图可以看出，失活催化剂上硫化物分子吸附的 TPD 行为与蒸汽处理的催化剂的 TPD 十分接近。这些结果说明实际运行过程中工艺气中通常有不少水蒸气存在，这对各种硫化物分子在催化剂表面的吸附是不利的。水蒸气的存在还将导致氧化铝催化剂的水热烧结。氧化铝催化剂的失活可能主要来自这种水热烧结导致的表面结构变化，水蒸气存在也有利于形成表面 Al-OH 结构，而这是导致催化剂失活的主要原因之一。

(二)硫黄回收催化剂上的反应动力学

氧化铝催化剂上的动力学是通过微反装置进行程序升温表面反应获得基础数据，然后通过换算和拟合得到。为了能够拟合出相关反应动力学方程，根据 H_2O、CO_2、H_2S、CS_2和

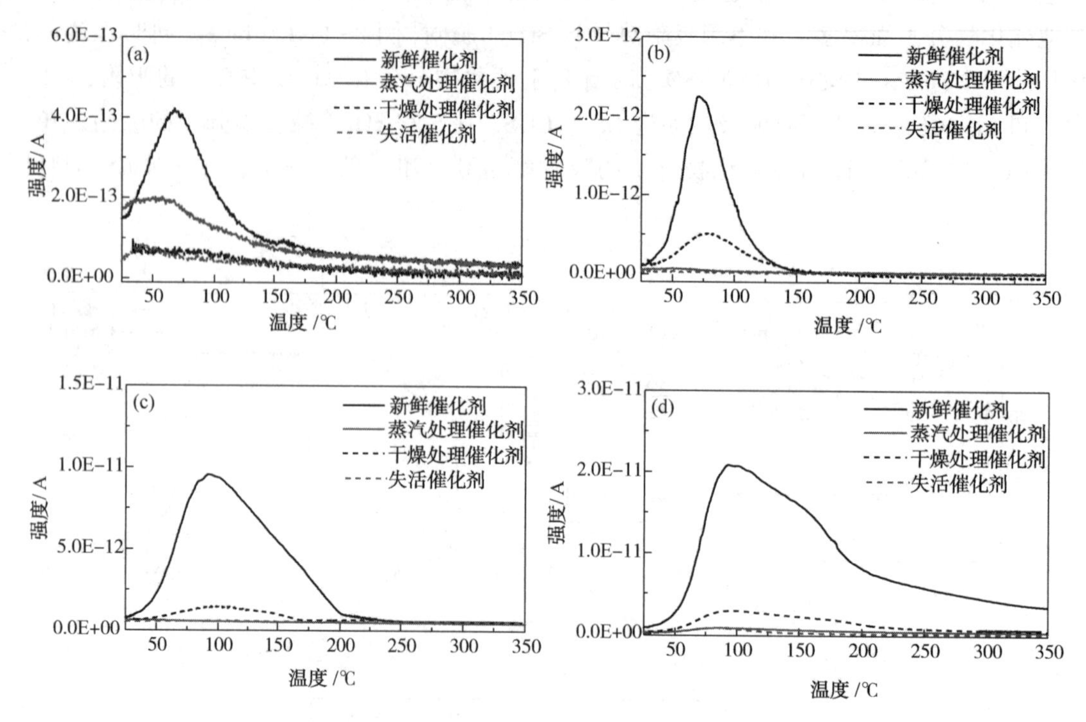

图 8-1-20　不同表面结构氧化

铝催化剂和失活催化剂剂的 TPD 谱图对比

(a) CS_2-TPD；(b) COS-TPD；(c) H_2S-TPD；(d) SO_2-TPD

COS 的浓度和实验时的压力换算成各种组分在体系中的分压，单位为 kPa，反应速率单位为 mmol/h。

动力学方程采用幂函数模型，如下：

$$r=k_0\exp\left(-\frac{E_a}{RT}\right)\times p_1^a\times p_2^b\times p_3^c\cdots$$

式中，k_0为速率常数；E_a为反应活化能；T为反应温度；a为反应物料 1 的反应级数；b为物料 2 的反应级数；c为物料 3 的反应级数……；p_i为组分 i 的分压。

数据处理采用 Polymath 6.0 通过 L-M 非线性回归拟合，得到相应的动力学参数。

1. COS 和 CS_2 水解动力学

根据不同 COS 和蒸汽含量进料的高空速程序升温表面反应数据整理得到表 8-1-9 所示的 COS 水解反应数据。根据表 8-1-9 的数据，采用 L-M 非线性回归拟合得到了 COS 的动力学参数(表 8-1-10)和拟合的回归图、偏差和残差分布(图 8-1-21～图 8-1-23)。

表 8-1-9　COS 水解动力学分析数据

T / K	r_{COS}/(mmol/h)	p / kPa	
		COS	H_2O
458	1.010	0.301	12.300
463	1.030	0.294	12.300
468	1.040	0.288	12.300
473	1.060	0.282	12.300
478	1.070	0.277	12.300
483	1.080	0.273	12.300
488	1.090	0.269	12.300
493	1.100	0.265	12.300
498	1.110	0.262	12.300
503	1.120	0.258	12.200
508	1.130	0.255	12.200
513	1.130	0.253	12.200
518	1.140	0.250	12.200
523	1.150	0.247	12.200
528	1.150	0.245	12.200
533	1.160	0.242	12.200
538	1.170	0.240	12.200
543	1.170	0.237	12.200
503	0.845	0.195	12.500
508	0.851	0.192	12.500
513	0.858	0.190	12.500
518	0.863	0.188	12.500
523	0.869	0.185	12.500
528	0.874	0.183	12.500
533	0.880	0.181	12.500
538	0.885	0.179	12.500
543	0.890	0.177	12.500
548	0.895	0.175	12.500
553	0.900	0.173	12.500
558	0.905	0.171	12.500
563	0.911	0.169	12.400
568	0.916	0.167	12.400
573	0.922	0.164	12.400

表 8-1-10　L-M 非线性回归分析得到的 COS 水解动力学参数

动力学回归参数	回归值	95%置信误差
k_0	102.0	0.9
E_a/(J/mol)	8799.0	37.9
a(COS)	0.96	0.006
$b(H_2O)$	-0.45	0.004

注：回归相关系数：$R^2=0.99$。

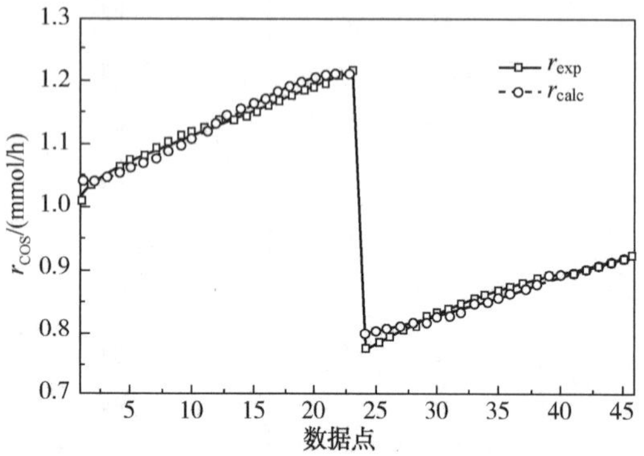

图 8-1-21　新鲜催化剂上 COS 水解的 L-M 非线性回归图

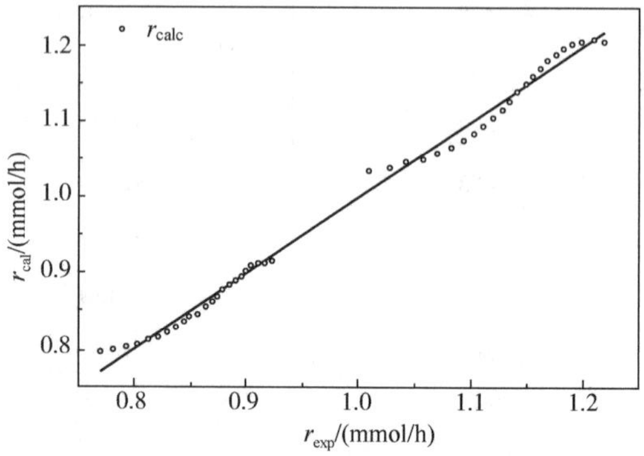

图 8-1-22　新鲜催化剂上 COS 水解的预测值与实验值偏差

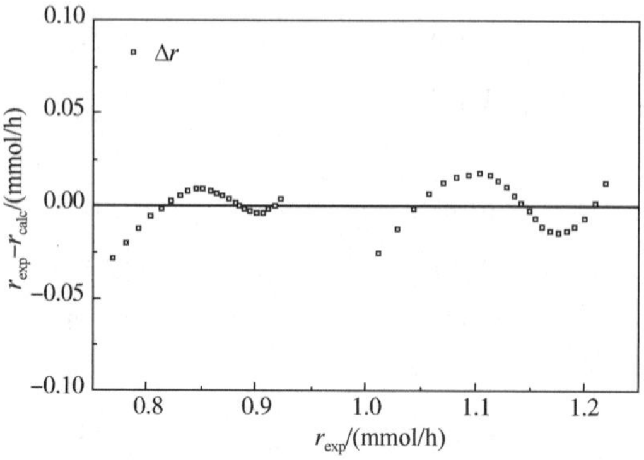

图 8-1-23　新鲜催化剂上 COS 水解的残差分布

根据回归参数得到的 COS 水解反应回归动力学方程如下：

$$r_{COS}=102.0\times\exp\left(-\frac{8799.0}{RT}\right)\times p_{COS}^{0.96}\times p_{H_2O}^{-0.45} \tag{8-1-6}$$

从 COS 水解反应 L-M 回归分析的相关系数 $R^2=0.99$ 和 95%置信误差看，回归模型和实验数据具有很高的相关性和很小的误差。L-M 回归分析得到的动力学参数显示，COS 水解反应的活化能为 8799 J/mol，活化能很低，仅相当于约 80℃的气体分子振动能量($E=3RT$)。根据 Maxwell 气体分子能量分布，这意味着在催化剂上室温下就会有相当多的 COS 分子具有超过活化能的能量，很容易发生水解反应。这与新鲜催化剂上的 COS-RTA 观察到室温下 COS 大量水解是一致的(图 8-1-17)，同时也证明氧化铝催化剂确实具有很好的 COS 水解性能，室温下可以很好地活化 COS 并发生水解反应。动力学方程中 COS 和 H_2O 的指数圆整后近似为 1 和-0.5，对 COS 为拟一级反应，说明催化剂上 COS 水解反应速率与 COS 分压成正比，与水蒸气分压成反比。这也显示出大量水蒸气存在对 COS 水解反应有明显的抑制作用。这一结果与 COS 在干燥催化剂、蒸气处理催化剂上吸附-脱附得到的结果是一致的(图 8-1-17)，也说明催化剂上 COS 的吸附是 COS 水解的关键。在接近实际运行条件下，水蒸气对催化剂上 COS 的水解有一定的抑制和阻碍作用，可能原因是水蒸气分压高时在催化剂表面的吸附量大，对弱吸附的 COS 在表面的吸附有显著的抑制作用，阻碍了 COS 在催化剂表面活性位的吸附，不利于 COS 的水解反应，这也说明 COS 水解反应符合 L-H 表面反应机理。

表 8-1-11 是根据 CS_2与水蒸气进行程序升温表面反应整理得到的动力学数据。根据表 8-1-11 的数据，采用 L-M 非线性回归拟合得到了 CS_2的动力学参数(表 8-1-12)和拟合的回归图、偏差和残差分布(图 8-1-24～图 8-1-26)。

表 8-1-11　CS_2水解动力学分析数据

T / K	r_{CS_2}/(mmol/h)	p / kPa	
		CS_2	H_2O
468	0.469	0.332	12.628
473	0.470	0.331	12.627
478	0.472	0.331	12.625
483	0.474	0.330	12.624
488	0.476	0.329	12.622
493	0.479	0.328	12.620
548	0.524	0.311	12.586
553	0.529	0.309	12.581
558	0.536	0.306	12.577
563	0.542	0.304	12.572
568	0.549	0.301	12.567
573	0.556	0.299	12.561
578	0.563	0.296	12.556
583	0.571	0.293	12.550
513	0.662	0.415	12.088
518	0.665	0.414	12.086
523	0.668	0.413	12.084
528	0.671	0.411	12.081
533	0.675	0.410	12.079
538	0.679	0.409	12.076
543	0.683	0.407	12.073
548	0.688	0.405	12.069

续表

T / K	r_{CS_2}/(mmol/h)	p / kPa	
		CS_2	H_2O
553	0.692	0.404	12.066
558	0.698	0.402	12.062
563	0.703	0.400	12.058
568	0.708	0.398	12.054
573	0.714	0.395	12.050
578	0.720	0.393	12.045
583	0.727	0.391	12.040
588	0.734	0.388	12.035
593	0.740	0.386	12.030
598	0.748	0.383	12.025
603	0.755	0.380	12.020
608	0.762	0.378	12.014
613	0.770	0.375	12.008
618	0.778	0.372	12.002

表 8-1-12　L-M 非线性回归分析得到的 CS_2 水解动力学参数

动力学回归参数	回归值	95%置信误差
k_0	1011.0	12.6
E_a/(J/mol)	5279.5	57.0
$a(CS_2)$	0.61	0.012
$b(H_2O)$	-2.24	0.005

注：回归相关系数：R^2 = 0.99。

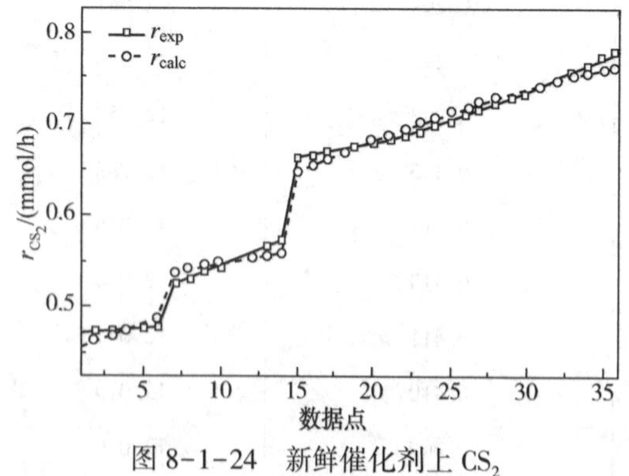

图 8-1-24　新鲜催化剂上 CS_2 水解的 L-M 非线性回归图

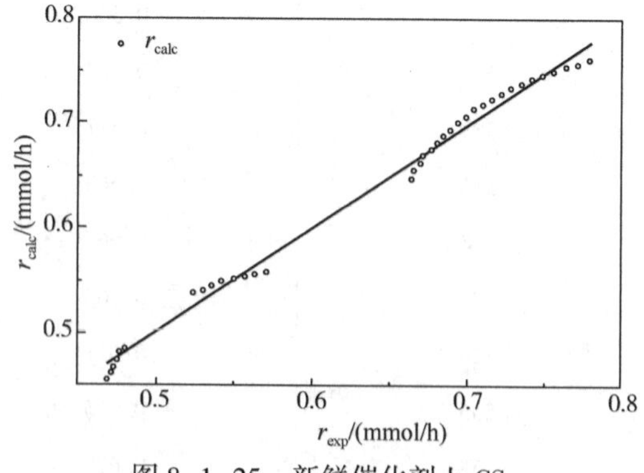

图 8-1-25　新鲜催化剂上 CS_2 水解的预测值与实验值偏差

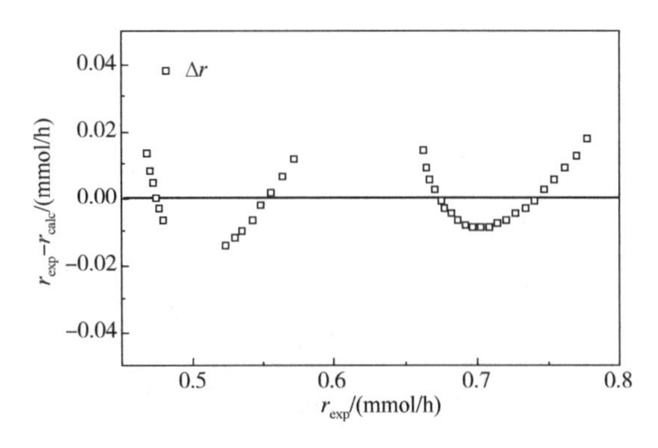

图 8-1-26　新鲜催化剂上 CS_2水解的残差分布

根据回归参数得到的 CS_2水解反应回归动力学方程如下：

$$r_{CS_2}=1011.0\times\exp\left(-\frac{5279.5}{RT}\right)\times p_{CS_2}^{0.61}\times p_{H_2O}^{-2.24} \tag{8-1-7}$$

从 CS_2水解反应 L-M 回归分析的相关系数 $R^2=0.99$ 和 95%置信误差看，回归模型和实验数据具有很高的相关性和很小的误差。从回归分析得到的动力学参数看，CS_2水解反应的活化能为 5280 J/mol，活化能很低，仅相当于约-61℃的气体分子振动能量($E=3RT$)。根据 Maxwell 气体分子能量分布，这意味着室温下就会有大量 CS_2分子可以在催化剂上活化并发生水解反应。与 CS_2-RTA 室温观察到新鲜催化剂上室温下 CS_2大量水解相符的(图 8-1-16)，该氧化铝催化剂确实具有很优良的 CS_2水解反应性能，室温就有大量 CS_2分子发生水解。动力学方程中 CS_2和 H_2O 的指数圆整后近似为 0.5 和-2，说明催化剂上 CS_2水解反应严重受到水蒸气的抑制。这显示出大量水蒸气存在对 CS_2水解反应有很强的抑制作用。这一结果也与 CS_2在干燥催化剂、蒸气处理催化剂上吸附很弱是一致的(图 8-1-16)。说明过多的水蒸气会对催化剂上 CS_2的水解有很强抑制和阻碍作用，可能原因是水蒸气分压较高时在催化剂表面的吸附比较强，大量占据活性中心，抑制了高对称性、弱吸附的 CS_2在表面的吸附，不利于 CS_2水解反应。同时也说明 CS_2水解反应符合 L-H 机理。

2. H_2S+SO_2*反应动力学*

氧化铝催化剂上 H_2S+SO_2的反应严重受到所生成的单质硫的影响。由图 8-1-27 可见，H_2S 和 SO_2在干燥催化剂上阶梯程序降温反应过程中，在恒定的阶梯温度下，SO_2和 H_2S 的响应信号强度(与分压成正比)稳步上升，说明保持催化剂温度恒定时，H_2S 和 SO_2转化率会逐渐降低，这与催化剂表面单质硫生成直接有关。单质硫的分压增高会在催化剂表面保持较高浓度，抑制 SO_2和 H_2S 的吸附，导致 H_2S 和 SO_2转化率降低。另一方面，温度稳步降低时，SO_2和 H_2S 的响应信号强度也稳步降低，H_2S 和 SO_2的转化率随温度的降低而增加，SO_2与 H_2S 生成单质硫的反应是一个强放热反应，因此这一结果总体上是符合热力学平衡的趋势的，说明在所考察的温度(210~310℃)范围内，H_2S 和 SO_2在催化剂上的反应符合热力学平衡的趋势，不仅受动力学因素影响，还明显受到热力学因素的影响。进一步降低温度会使反应在明显低于硫的露点温度下进行，更难以获得有效的动力学数据。

H_2S + SO_2反应动力学分析数据抽取程序降温过程中同一温度下保持同样时间的稳态数据整理换算得到，见表 8-1-13。

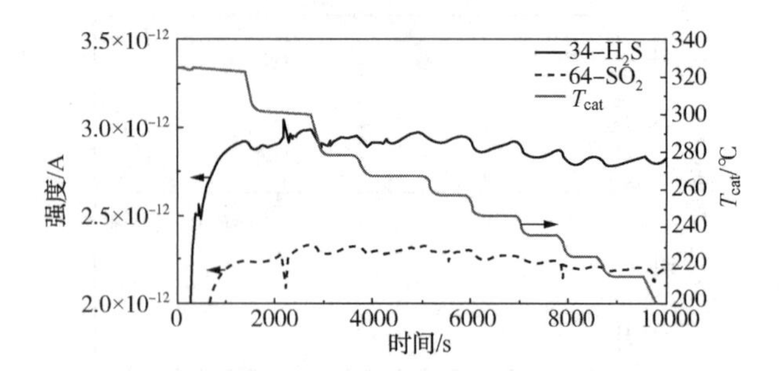

图 8-1-27　干燥氧化铝催化剂上 H_2S+SO_2 程序降温反应质谱响应

表 8-1-13　H_2S+SO_2 动力学分析数据

T / K	r_{H_2S}/(mmol/h)	p / kPa	
		H_2S	SO_2
488	2. 754	1. 487	1. 053
499	3. 090	1. 161	0. 874
510	3. 229	1. 025	0. 797
521	3. 285	0. 971	0. 758
531	2. 369	1. 860	1. 093
532	3. 316	0. 942	0. 746
542	2. 379	1. 850	1. 089
543	3. 317	0. 940	0. 749
553	2. 381	1. 849	1. 089
554	3. 323	0. 934	0. 755
575	2. 407	1. 824	1. 056

根据表 8-1-13 数据，采用 L-M 回归分析得到的非线性回归图、偏差和残差分布如图 8-1-28~图 8-1-30 所示，回归动力学参数如表 8-1-14 所示，回归动力学方程如方程式(8-1-8)所示。

$$r_{H_2S}=5.6\times\exp\left(-\frac{1416.5}{RT}\right)\times p_{H_2S}^{-1.02}\times p_{SO_2}^{0.94} \tag{8-1-8}$$

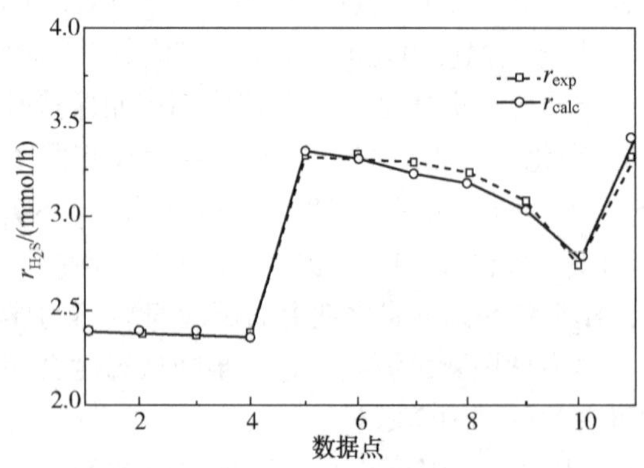

图 8-1-28　新鲜催化剂上 H_2S+SO_2 反应的 L-M 非线性回归图

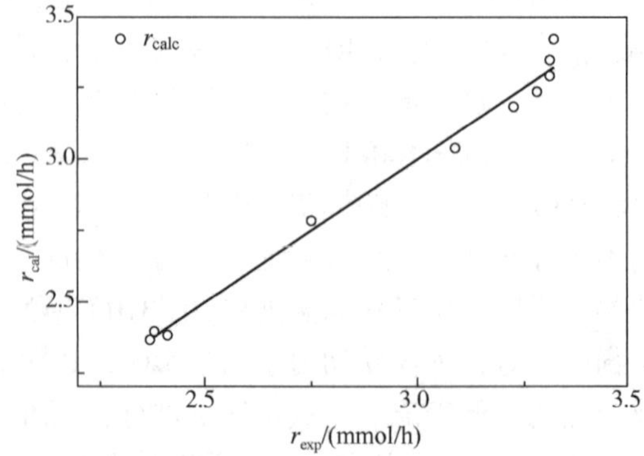

图 8-1-29　新鲜催化剂上 H_2S+SO_2 反应的预测值与实验值偏差

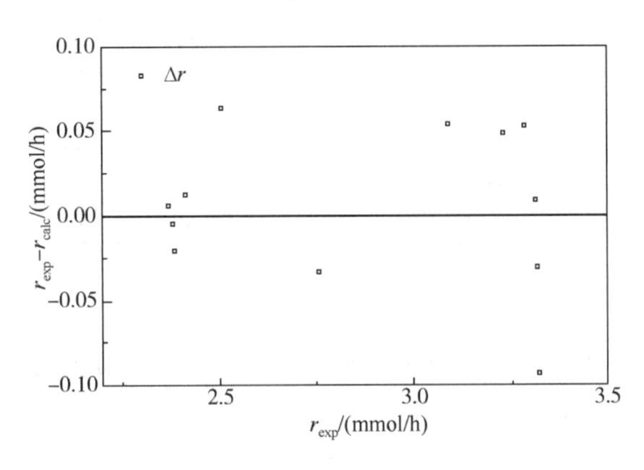

图 8-1-30　新鲜催化剂上 H_2S+SO_2反应的残差分布

表 8-1-14　L-M 非线性回归分析得到的 COS 水解动力学参数

动力学回归参数	回归值	95%置信误差
k_0	5.6	1.6
E_a/(J/mol)	1416.5	965.5
$a(H_2S)$	-1.02	0.271
$b(SO_2)$	0.94	0.474

注：回归相关系数：R^2 = 0.99。

L-M 回归分析得到的相关系数 $R^2=0.99$，95%置信误差也比较小，回归模型和实验数据有较好的相关性，但反应活化能和 SO_2反应级数的 95%置信误差还是偏大，这可能是 H_2S+SO_2反应过程中表面大量吸附单质硫导致的动力学参数是变化的或者说不“稳定”所致。回归分析得到的动力学参数显示，H_2S 与 SO_2反应的活化能仅为 1416 J/mol，活化能非常低，这意味着 H_2S 和 SO_2的室温平动动能就足以促使 H_2S+SO_2在催化剂上活化和反应。事实上，实验室在室温下同时通入含 SO_2和 H_2S 的气体时，二者确实立即反应。同时由于二者剧烈反应生成的单质硫几乎都直接覆盖在催化剂表面，导致催化剂因单质硫的覆盖快速失活而失去研究动力学的意义，根本无法进行动力学研究。H_2S 表现出-1 级数可能表明表面因反应过程大量单质硫占据活性中心，其脱附速度很慢，从而导致 H_2S 很容易与单质硫作用而阻碍其与 SO_2在活性中心的反应；SO_2主要吸附在催化剂活性中心，表现出正常的 1 级反应速度。

3. 硫化物分子加氢反应动力学

硫化物的加氢转化反应是在专门的加氢催化剂上进行的，加氢催化剂经预硫化后，采用与 CS_2和 COS 水解类似的程序升温表面反应的方法获得相应的动力学数据，通过 L-M 拟合得到相应的动力学参数。

如图 8-1-31 所示加氢催化剂上 SO_2的加氢转化反应比较复杂，SO_2-TPD 表明 SO_2在金属硫化物催化剂上的吸附种类较多，强吸附量较大，这同样会导致 SO_2+ H_2反应变得复杂化。为了简化计算，仅从原料消耗角度探讨 SO_2+ H_2反应动力学。相应地，采用如下动力学

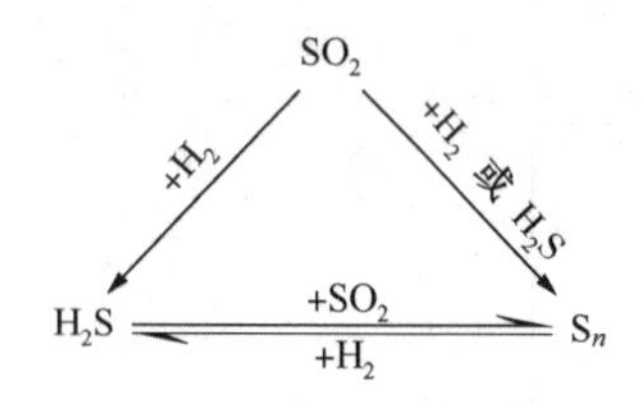

图 8-1-31　加氢催化剂上 SO_2 加氢转化反应示意图

方程进行实验数据的非线性拟合。

$$\gamma = -\frac{d\rho SO_2}{dt} = Ae^{-\frac{Ea}{RT}}\rho_{SO_2}^{a}\rho_{H_2}^{b} \tag{8-1-9}$$

在 SO_2 和 H_2 都有明显消耗且具有较好规律性的温度区间(200 ~ 300℃，473 ~573K)取数据，根据进料和质谱响应数据处理得到不同温度和浓度条件的 SO_2 加氢反应动力学数据，如表 8-1-15 所示。

表 8-1-15　预硫化新鲜催化剂上 SO_2 加氢动力学数据

T / K	r_{SO_2}/(kPa/s)	p_{SO_2}/ kPa	p_{H_2}/ kPa	T/K	r_{SO_2}/(kPa/s)	p_{SO_2}/ kPa	p_{H_2}/kPa
473. 2	2. 886E-02	3. 057	11. 175	520. 6	1. 005E-01	2. 627	10. 282
475. 9	3. 250E-02	3. 035	11. 148	523. 5	1. 072E-01	2. 587	10. 188
478. 2	3. 658E-02	3. 011	11. 113	526. 6	1. 144E-01	2. 544	10. 086
480. 6	3. 989E-02	2. 991	11. 082	529. 3	1. 222E-01	2. 497	9. 979
482. 9	4. 331E-02	2. 970	11. 049	532. 4	1. 299E-01	2. 451	9. 866
485. 1	4. 635E-02	2. 952	11. 021	535. 3	1. 381E-01	2. 401	9. 751
487. 0	4. 923E-02	2. 935	10. 992	538. 3	1. 457E-01	2. 356	9. 636
489. 0	5. 216E-02	2. 917	10. 963	541. 1	1. 534E-01	2. 309	9. 523
491. 0	5. 449E-02	2. 903	10. 931	543. 6	1. 605E-01	2. 267	9. 418
492. 9	5. 664E-02	2. 890	10. 913	546. 3	1. 670E-01	2. 228	9. 315
494. 6	5. 911E-02	2. 875	10. 884	549. 0	1. 733E-01	2. 190	9. 212
496. 3	6. 105E-02	2. 864	10. 862	551. 7	1. 790E-01	2. 156	9. 111
498. 1	6. 304E-02	2. 852	10. 833	554. 0	1. 842E-01	2. 125	9. 012
499. 7	6. 537E-02	2. 838	10. 799	556. 3	1. 890E-01	2. 096	8. 922
501. 6	6. 769E-02	2. 824	10. 764	558. 5	1. 939E-01	2. 067	8. 830
503. 3	7. 011E-02	2. 809	10. 727	560. 2	1. 981E-01	2. 042	8. 744
505. 3	7. 266E-02	2. 794	10. 688	562. 1	2. 022E-01	2. 017	8. 656
507. 2	7. 576E-02	2. 775	10. 640	564. 3	2. 063E-01	1. 992	8. 568
509. 8	7. 928E-02	2. 754	10. 584	566. 3	2. 101E-01	1. 970	8. 476
512. 3	8. 360E-02	2. 728	10. 522	568. 3	2. 141E-01	1. 945	8. 384
514. 9	8. 825E-02	2. 700	10. 450	570. 3	2. 186E-01	1. 918	8. 286
517. 8	9. 410E-02	2. 665	10. 366	572. 3	2. 228E-01	1. 893	8. 179

根据表 8-1-15 的 SO_2 加氢反应动力学数据，采用 L-M 回归分析得到的 SO_2 加氢动力学非线性回归图、偏差和残差分布如图 8-1-32~图 8-1-34 所示，回归动力学参数如表 8-1-16 所示，回归动力学方程如方程式(8-1-10)所示。

$$\gamma = -\frac{d\rho_{SO_2}}{dt} = 7193e^{-\frac{65510}{RT}}\rho_{SO_2}^{0.92}\rho_{H_2}^{1.34} \tag{8-1-10}$$

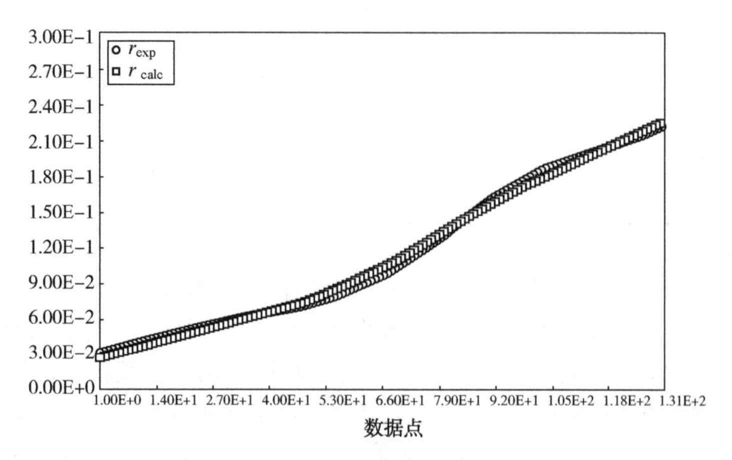

图 8-1-32　预硫化新鲜催化剂上 SO_2 加氢反应的 L-M 非线性回归图

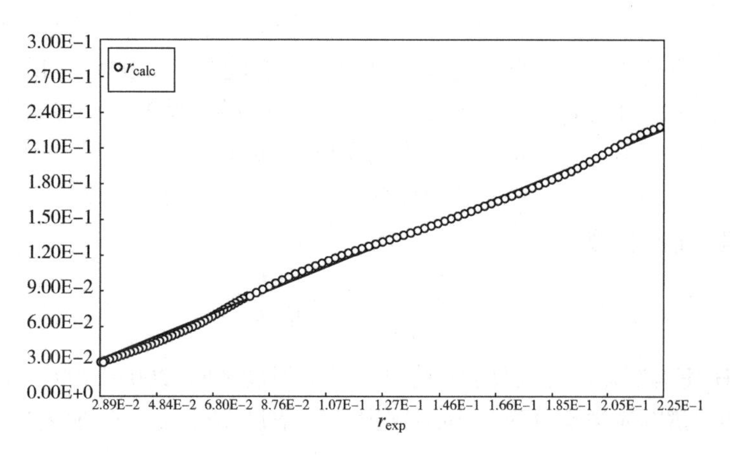

图 8-1-33　预硫化新鲜催化剂 SO_2 加氢反应的预测值与实验值偏差

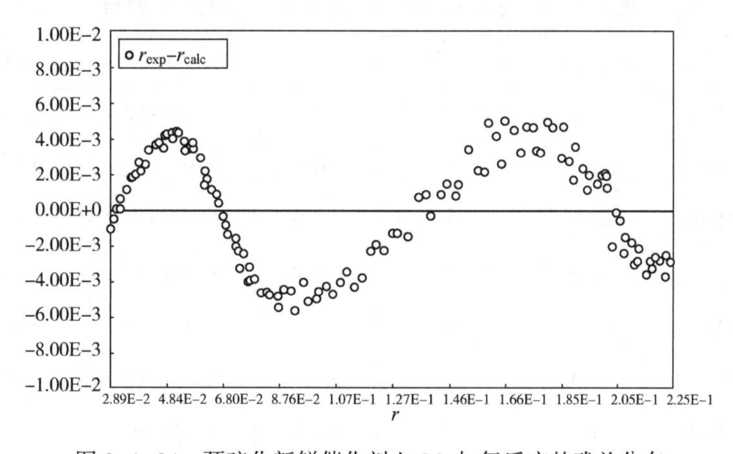

图 8-1-34　预硫化新鲜催化剂上 SO_2 加氢反应的残差分布

表 8-1-16　L-M 非线性回归分析得到的 SO_2 加氢动力学参数

动力学回归参数	回归值	95%置信误差
A	7193	2042
E_a/(kJ/mol)	65.61	1.35
$a(SO_2)$	0.92	0.12
$b(H_2)$	1.34	0.15

注：回归相关系数：R^2 = 0.998。

从 L-M 回归分析的相关系数 R^2=0.998 和 95%置信误差看，回归模型和实验数据具有较好的相关性和较小的误差。回归分析得到的动力学参数显示，SO_2加氢反应的活化能为 65.61kJ/mol，属于比较容易进行的反应。圆整后 SO_2和 H_2的反应级数分别为 1 和 1.5，说明 SO_2吸附较强，而 H_2的吸附相对而言较弱，增加 H_2的分压更利于提高 SO_2反应速率。

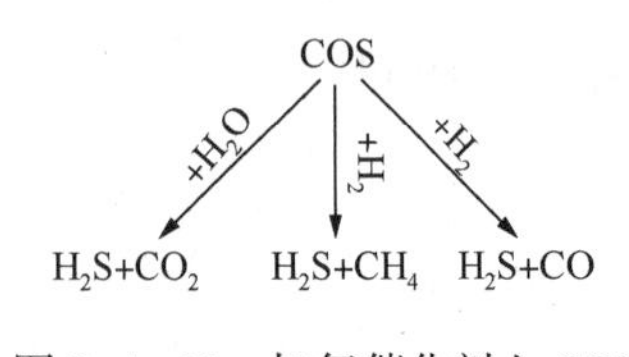

图 8-1-35　加氢催化剂上 COS 加氢转化反应示意图

由于加氢主反应和水解副反应都能使 COS 转化为 H_2S（图 8-1-35），根据 COS + H_2 TPSR 实验，在 200~300℃范围内，COS 加氢转化反应是主要的；从 CO_2的响应来看，更低温度或更高温度都有较为明显的水解反应发生。为此采用 COS 加氢反应为主的温度段进行 COS 加氢动力学方程的拟合，减少副反应对加氢反应的不利影响。为此，只从原料消耗角度探讨 COS + H_2反应动力学，采用如下动力学方程进行实验数据的非线性拟合。

$$\gamma = -\frac{d\rho_{COS_2}}{dt} = A e^{-\frac{Ea}{RT}} \rho_{COS}^{a} \rho_{H_2}^{b} \tag{8-1-11}$$

在 COS 和 H_2都有明显消耗且具有较好规律性的温度区间(200~270℃，473~543K)取数据，根据进料和质谱响应数据处理得到不同温度和浓度条件的 COS 加氢反应动力学数据，如表 8-1-17 所示。

表 8-1-17　预硫化新鲜催化剂 COS 加氢动力学数据

T / K	r_{SO_2}/(kPa/s)	p_{SO_2}/kPa	p_{H_2}/kPa	T / K	r_{SO_2}/(kPa/s)	p_{SO_2}/kPa	p_{H_2}/kPa
473.0	1.111E-02	1.297	8.272	504.0	5.429E-02	0.779	7.794
473.8	1.162E-02	1.291	8.262	507.3	6.050E-02	0.704	7.729
475.3	1.273E-02	1.277	8.245	510.9	6.693E-02	0.627	7.657
477.8	1.457E-02	1.255	8.222	514.6	7.342E-02	0.549	7.582
479.9	1.654E-02	1.232	8.192	518.1	7.968E-02	0.474	7.512
481.9	1.872E-02	1.205	8.168	521.7	8.573E-02	0.401	7.439
484.0	2.108E-02	1.177	8.137	524.7	9.097E-02	0.338	7.377
486.1	2.375E-02	1.145	8.107	527.7	9.560E-02	0.283	7.318

续表

T / K	r_{SO_2}/(kPa/s)	p_{SO_2}/kPa	p_{H_2}/kPa	T / K	r_{SO_2}/(kPa/s)	p_{SO_2}/kPa	p_{H_2}/kPa
488.0	2.673E-02	1.109	8.077	530.8	9.941E-02	0.237	7.267
490.2	3.011E-02	1.069	8.041	533.8	1.025E-01	0.200	7.226
492.5	3.389E-02	1.023	8.001	536.2	1.049E-01	0.171	7.187
494.9	3.824E-02	0.971	7.961	539.1	1.068E-01	0.148	7.156
498.0	4.310E-02	0.913	7.913	541.5	1.083E-01	0.130	7.129
501.0	4.843E-02	0.849	7.859	543.9	1.095E-01	0.116	7.101

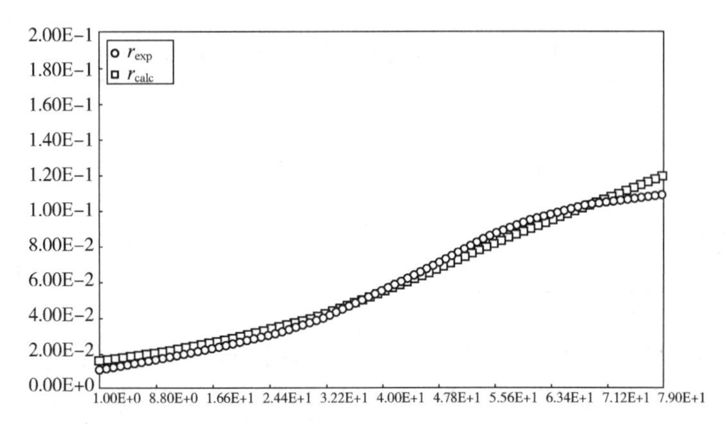

图 8-1-36　预硫化新鲜催化剂上 COS 加氢反应的 L-M 非线性回归图

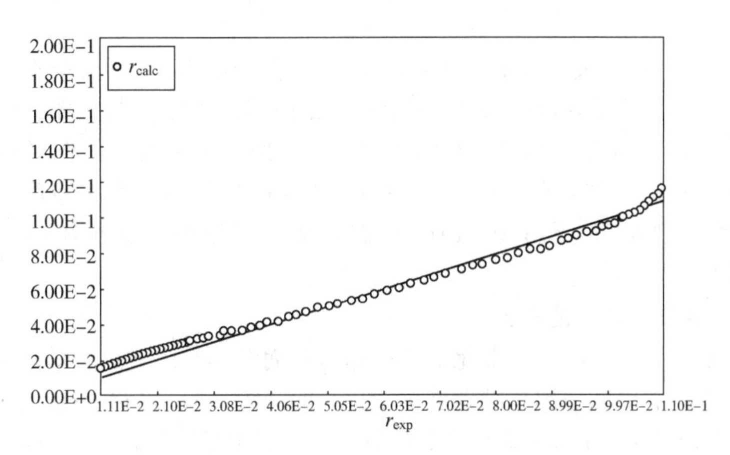

图 8-1-37　预硫化新鲜催化剂上 COS 加氢反应的实验值与预测值的偏差

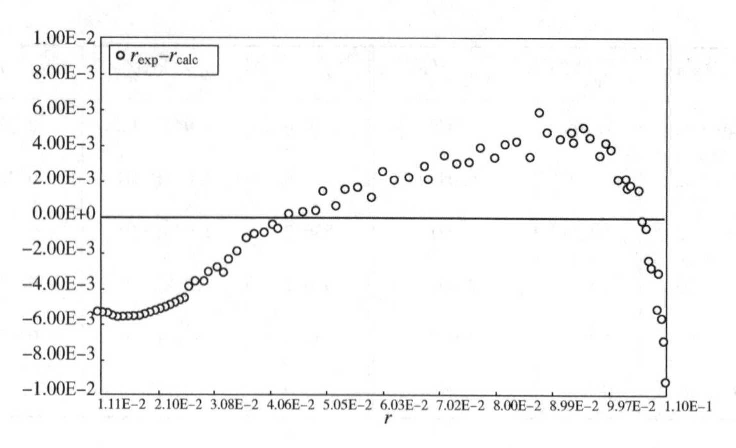

图 8-1-38　预硫化新鲜催化剂上 COS 加氢反应的残差分布

表 8-1-18　L-M 非线性回归分析得到的 COS 加氢动力学参数

动力学回归参数	回归值	95%置信误差
A	1. 01E+7	4. 13E+4
E_a/(kJ/mol)	9. 03	0. 017
a(COS)	0. 34	0. 003
$b(H_2)$	1. 25	0. 002

注：回归相关系数：R^2 = 0. 986。

根据表 8-1-17 的 COS 加氢反应数据，采用 L-M 回归分析得到的 COS 加氢动力学非线性回归图、偏差和残差分布如图 8-1-36～图 8-1-38 所示，回归动力学参数如表 8-1-18 所示，回归动力学方程如方程式(8-1-12)所示。

$$\gamma=-\frac{d\rho_{COS_2}}{dt}=1.01\times10^7 e^{-\frac{9030}{RT}}\rho_{COS}^{0.34}\rho_{H_2}^{1.25} \tag{8-1-12}$$

从 L-M 回归分析的相关系数 R^2=0. 986 和 95%置信误差看，回归模型和实验数据具有较好的相关性和较小的误差。COS 加氢反应的 L-M 回归动力学参数表明，COS 加氢反应的活化能为 9. 03 kJ/mol，属于很容易进行的反应，但是指前因子很大，表明 COS 加氢有效反应需要的碰撞次数较多，也可能 COS 加氢到 H_2S 和 CO 也容易发生可逆反应。调整后 COS 和 H_2的反应级数分别为 0. 5 和 1. 0，说明 H_2的吸附相对较弱，增加 H_2的分压有利于提高 COS 加氢反应速率。

(三) 硫黄回收催化剂失活机理

通过对氧化铝基硫黄回收失活催化剂的体相与表面结构和组成进行的表征，探讨了氧化铝基硫黄回收催化剂失活的原因，结合硫化物分子的吸附与脱附分析可能的失活机理。对新鲜催化剂样品(FS1)与失活样品(炼厂硫黄回收装置二反上部失活剂 DS2，炼厂硫黄回收装置一反上部失活剂 DS3，天然气硫黄回收装置一反上部失活剂 DS4)进行的表征分析如下。

分别取失活样品 DS2 和 DS3，经 24h90℃真空干燥处理后，将催化剂颗粒对半剖开，立即制样并转移到 X 光电子能谱(XPS)真空系统预抽室等待分析。样品 DS2 和 DS3 分析区域如图 8-1-39 和图 8-1-40 所示，分析区域直径为 400μm。失活样品 DS2 和 DS3 颗粒外表面和断面的 XPS 定量分析结果以及元素化学环境归属见表 8-1-19 和表 8-1-20。从样品 DS2

和 DS3 上的 C1s 和 S2p 谱峰强度(图 8-1-39 和图 8-1-40)、化学环境和归一化计算的原子含量(表 8-1-19 和表 8-1-20)上可直观看出，外表面的碳和硫的含量远远高于断面。同时，单质硫只在外表面被检测到，而断面没有检测到；硫酸盐形态的硫在外表面和断面都检测到了，外表面含量约为断面的 2~3 倍。此外，样品 DS2 外表面检测到了明显的-3 价氮化物，归属为铵盐或有机胺；样品 DS3 外表面检测到了明显的氧化态 Fe，归属为 Fe_2O_3；两种失活催化剂外表面都检测到了明显的 Na 盐和 SiO_2。分析显示这些化合物都只是在外表面存在，而颗粒断面没有。结合 TPO、XRD 和 BET 分析，催化剂失活的原因可以归纳为：①堵塞催化剂孔道和覆盖催化剂活性中心导致的失活，包括在催化剂颗粒外表面的积炭、单质硫、铵盐/有机胺、Na 盐、SiO_2、Fe_2O_3等；②催化剂酸化导致对酸性硫化物吸附和反应性能变差，主要是硫化物氧化为硫酸盐，硫酸盐的硫酸根具有较强的迁移性，能够导致整个催化剂颗粒由外向内逐渐酸化而失活；③催化剂存在烧结导致的结构变化失活，包括晶相结构变化和比表面积降低。

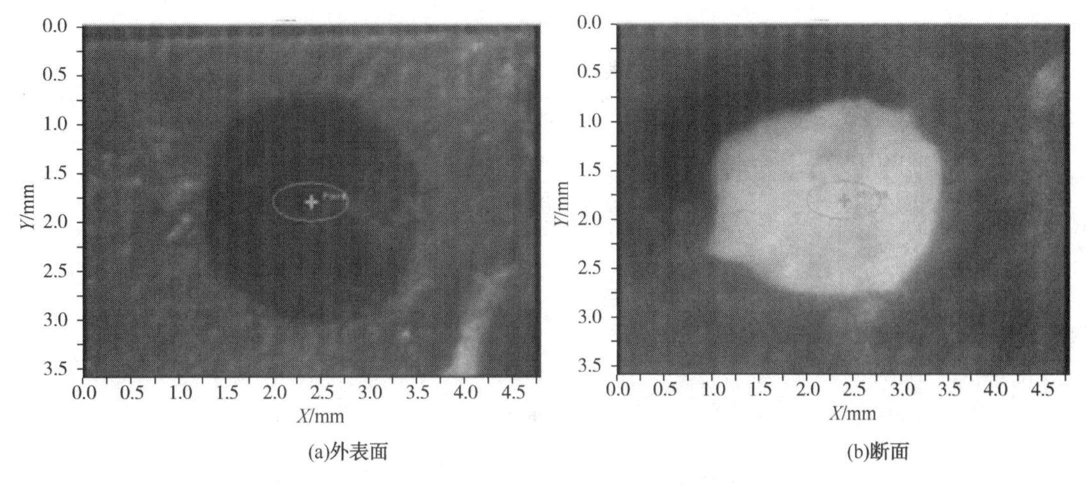

图 8-1-39　样品 DS2 催化剂颗粒的 XPS 分析区域图

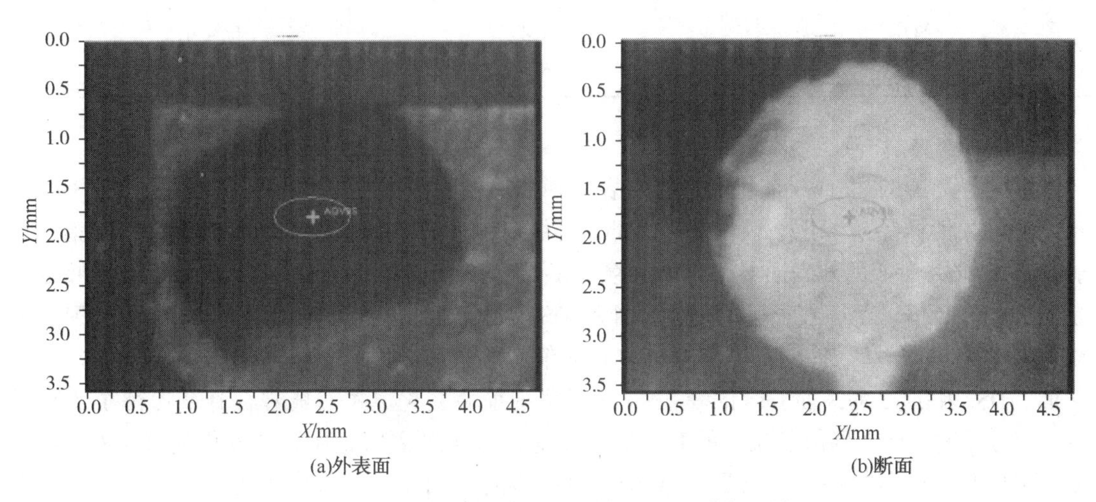

图 8-1-40　样品 DS3 催化剂颗粒的 XPS 分析区域图

表 8-1-19　样品 DS2 颗粒外表面(Surface)和断面(Bulk)的 XPS 分析结果

元素	Surface/%	Bulk /%
Al_2O_3	15.4	35.8
C-C/C-H	16.2	2.9
C-O	11.4	2.8
CO_3^{2-}	3.4	0.8
$HO/CO_3^{2-}/SO_4^{2-}$	18.7	26.4
Al_2O_3	23.2	29.9
S_n	1.7	—
SO_4^{2-}	3.6	1.4
NH_4^+/Amine	1.1	—
Na^+	0.4	—
SO_2	4.5	—

表 8-1-20　样品 DS3 颗粒外表面(Surface)和断面(Bulk)的 XPS 分析结果

元素	Surface /%	Bulk /%
Al_2O_3/AlO(OH)	19.5	35.4
C-C/C-H	11.4	2.7
C-O	5.7	3.3
CO_3^{2-}	1.8	0.9
Cl^-	0.4	—
Fe_2O_3	2.6	—
$HO/SO_4{}^{2-}$	26.9	27.7
Al_2O_3	23.7	28.8
Na^+	0.7	—
S_n	1.0	—
SO_4^{2-}	3.4	1.2
SiO_2	2.9	—

1. 积炭积硫失活

失活样品 DS2 和 DS3 催化剂颗粒外表面和断面的 C1s 谱峰如图 8-1-41 和图 8-1-42 所示。两种失活样品的催化剂颗粒外表面都有很强的 C1s 峰，而催化剂颗粒断面的 C1s 谱峰要弱得多。样品 DS2 的外表面 C1s 谱峰强度是断面的 5 倍，样品 DS3 的外表面 C1s 谱峰强度是断面的 2.8 倍，都存在显著的差别。样品 DS2 和 DS3 外表面 C1s 谱峰在 Ar 离子溅射前后变化并不大，溅射后 DS2 保留了 84%的 C1s 信号强度，DS3 保留了 76%的 C1s 信号强度。然而，DS2 和 DS3 的断面 C1s 谱峰在 Ar 离子溅射前后变化很大，溅射后 DS2 保留了 36%的 C1s 信号强度，DS3 保留了 35%的 C1s 信号强度。综合样品 DS2 和 DS3 催化剂颗粒外表面和断面 C1s 信号的数倍差别，以及 Ar 离子溅射前后的不同变化，可以肯定外表面的积炭主要来自催化剂使用过程，而断面主要是制样过程的沾污炭。Ar 离子溅射前后峰强度变化还说明催化剂颗粒外表面积炭较多，应该具有微米级的厚度。样品 DS2 和 DS3 外表面的 C1s 谱峰经解叠后都能得到两个较强 C1s 解叠峰和两个较弱的 C1s 解叠峰。C1s 强峰的结合能分别约为 284.1 eV 和 285.5 eV，可归属为 sp^2 和 sp^3 杂化的积炭(参见表 8-1-21)的 C1s 峰，两个样品的 sp^2 杂化的 C1s 峰都是最强的，属于类石墨或芳构化的积炭，相对较弱的 sp^3 杂化的 C1s 峰属于含氢较多的结焦。另外，DS2 和 DS3 外表面解叠出来的 288 eV 以上的两个很弱的 C1s 峰归属为碳酸根或羧酸根的 C1s 峰。催化剂断面的 C1s 强峰峰值约为 248.8 eV，属于 sp^3 杂化的烃碳，主要来自样品制备和测试准备过程的沾污炭。

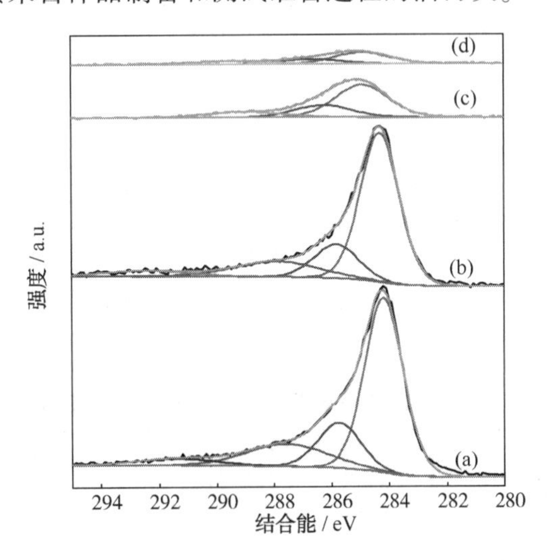

图 8-1-41 样品 DS2 催化剂颗粒的 C1s 谱峰

(a)外表面；(b) Ar 离子溅射后的外表面；(c) 断面；(d) Ar 离子溅射后的断面

为了进一步验证催化剂表面积炭，对预干燥处理样品 DS2 和 DS3 进行了程序升温氧化(图 8-1-43)。从程序升温氧化结果看，样品 DS2 和 DS3 上出现了从温度 100℃ 到 700℃很宽范围的 CO_2响应，并且在~250℃和~550℃有明显的较宽的 CO_2峰出现。这不仅证明失活样品 DS2 和 DS3 上确实存在较多的积炭，同时也说明表面的积炭有两种类型，一种峰值温度~250℃的是典型的含氢较多的结焦，对应 XPS 中的 sp^3 杂化的碳物种，伴随生成了较多的 H_2O；一种峰值温度~550℃的是类石墨或芳构化的积炭，DS2 上峰值温度高于 DS3，伴随生成的 H_2O 比 DS3 上少，说明 DS2 上积炭的石墨化程度比 DS3 更严重一些，这些都对应 XPS 中的 sp^2 杂化的碳物种。样品 DS2 和 DS3 程序升温氧化的 500℃以上高温 CO_2响应的峰面积明显更大，也与 XPS 中 sp^2 杂化的 C1s 峰强度大是一致的。程序升温氧化结果进一步说明这两种失活剂的积炭的氧化特性和含氢量是有显著差别的，其中芳构化和石墨化的积炭是导致催化剂失活的重要原因之一，主要在催化剂外表面覆盖活性中心或者堵塞孔道。

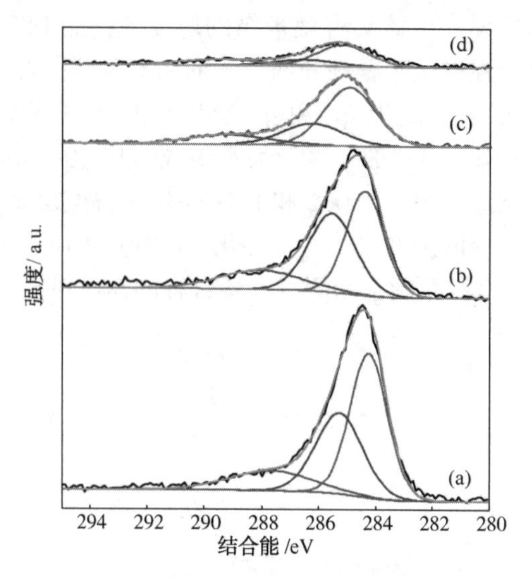

图 8-1-42　样品 DS3 催化剂颗粒的 C1s 谱峰

(a)外表面；(b) Ar 离子溅射后的外表面；(c) 断面；(d) Ar 离子溅射后的断面

表 8-1-21　两种不同杂化结构的 C1s 谱峰结合能

化学结构	C1s 的结合能/eV
sp^2杂化	~284. 0
sp^3杂化	~284. 8

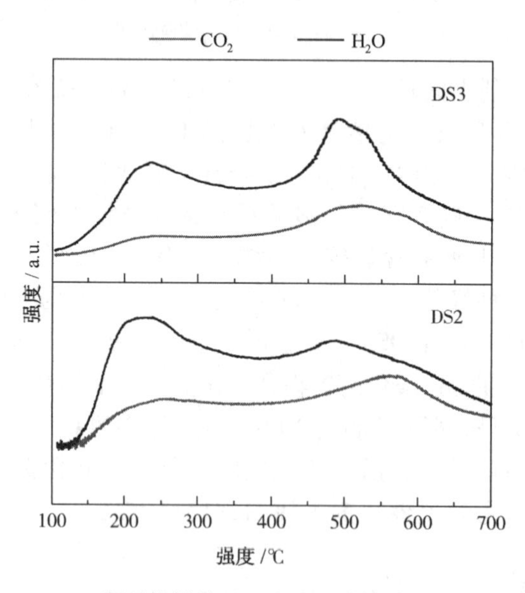

图 8-1-43　预干燥样品 DS2 和 DS3 的程序升温氧化谱图

失活样品 DS2 和 DS3 催化剂颗粒上的 S2p 谱峰如图 8-1-44 和图 8-1-45 所示。两个样品的外表面和溅射后的外表面上都有明显的单质硫(S2p 约为 163. 4 eV)和硫酸盐(S2p 约为 169. 0 eV)的 S2p 峰，断面只有硫酸盐的 S2p 峰。Ar 离子溅射前后的催化剂颗粒外表面 S2p

峰显示，样品 DS2 和 DS3 上单质硫的 S2p 峰强度几乎不变，而硫酸盐的 S2p 峰强度都有减弱，Ar 离子溅射处理后，DS2 上硫酸盐的 S2p 峰保留了约 40%的强度，DS3 上硫酸盐的 S2p 峰保留了约 80%的强度。两种样品断面的硫酸盐 S2p 峰有类似规律，Ar 离子溅射处理后，DS2 上硫酸盐的 S2p 峰保留了约 55%的强度，DS3 上硫酸盐的 S2p 峰保留了约 70%的强度。两种样品上硫酸盐 S2p 峰强度变化对比可知，无论外表面还是断面，Ar 离子溅射前后 DS3 上保留的硫酸盐 S2p 信号强度比 DS2 上大得多，说明 DS3 的硫酸盐化更为严重。DS3 是一反上部催化剂，面临的 SO_2浓度远高于二反上部催化剂 DS2，说明硫酸盐化与 SO_2气氛有关。另一方面，硫酸盐的强度减弱表明硫酸盐有表面偏析现象，硫酸根主要和氧化铝结合，Ar 离子溅射时会与催化剂基体氧化铝同时被溅射掉。两种样品上单质硫的 S2p 在 Ar 离子溅射前后并不明显变化，这充分证明单质硫主要存在在外表面的孔道中，具有一定“厚度”，即使表面的单质硫被溅射掉，浅表层孔道里面的单质硫也会继续“暴露”出来。这些结果说明单质硫堵塞催化剂孔道和硫酸盐化的共同作用是炼厂硫黄回收催化剂失活的重要原因。

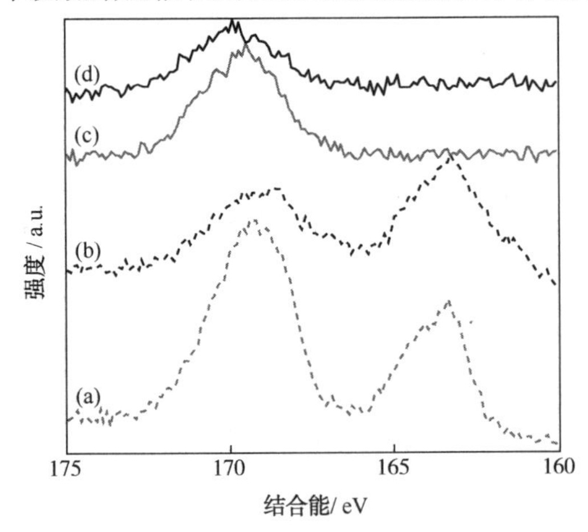

图 8-1-44　样品 DS2 催化剂颗粒的 S2p 谱峰

(a)外表面；(b) Ar 离子溅射后的外表面；

(c) 断面；(d) Ar 离子溅射后的断面

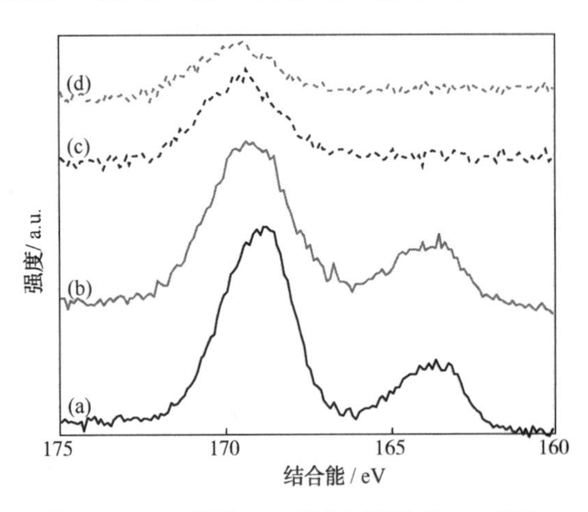

图 8-1-45　样品 DS3 催化剂颗粒的 S2p 谱峰

(a)外表面；(b) Ar 离子溅射后的外表面；

(c) 断面；(d) Ar 离子溅射后的断面

2. 硫酸盐化失活

天然气处理厂失活样品 DS4 的分析区域如图 8-1-46 所示，分析区域直径为 400 μm。失活样品 DS4 外表面和断面的 XPS 定量分析结果以及元素化学环境归属见表 8-1-22。样品 DS4 上外表面的 C1s 峰强度为断面的 2.4 倍(图 8-1-47)，比 DS2 和 DS3 的差别都小，说明 DS4 的积炭相对较少，同时 DS4 的 C1s 峰结合能约为 284.6 eV，与 sp^3 杂化碳更接近。从 DS4 的 S2p 来看，在约为 163.7 eV 有很弱的单质硫 S2p 信号出现，催化剂颗粒外表面主要是很强的约 169.4 eV 的硫酸盐 S2p 谱峰，催化剂颗粒断面也存在明显的硫酸盐 S2p 谱峰，只是比表面弱得多(图 8-1-48)。定量分析显示表面硫酸盐形态的硫原子百分含量高达 7.8%，体相也有 1.5%。从表面硫酸盐形态的硫原子含量对比来看，比 DS2 的 3.6%和 DS3 的 3.4%高得多，体相也略高于 DS2 的 1.4%和 DS3 的 1.2%（见表 8-1-19 和表 8-1-20)。由此可知，DS4 积炭失活比 DS2 和 DS3 要轻得多，硫酸盐化失活比 DS2 和 DS3 严重得多。这说明硫酸盐化是 DS4 失活的重要原因。此外，从表 8-1-22 可知，DS4 表面还存在 Na 盐、SiO_2、铵盐/有机胺、Fe_2O_3等，都是存在于催化剂的外表面，导致催化剂孔道堵塞和活性中心被覆盖而失活。

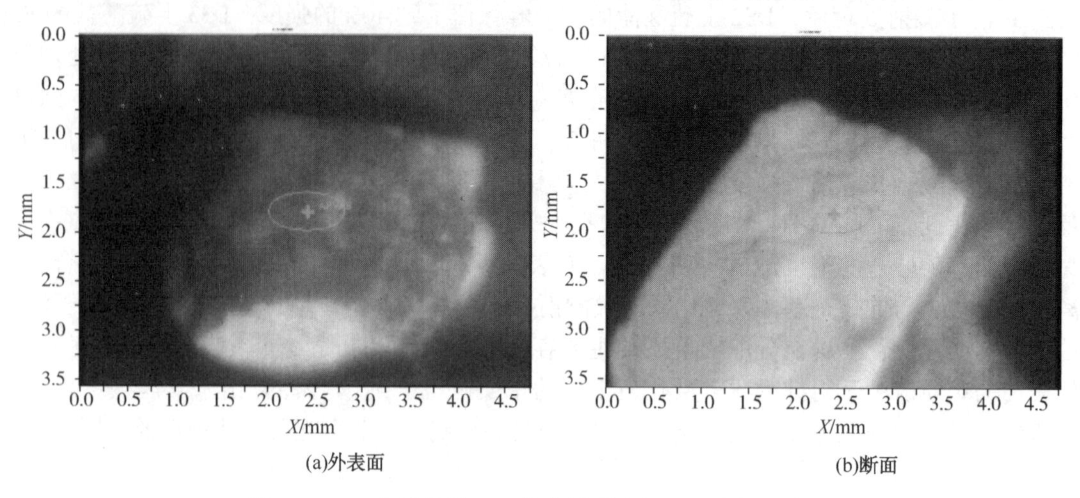

图 8-1-46　失活样品 DS4 催化剂颗粒的 XPS 分析区域图

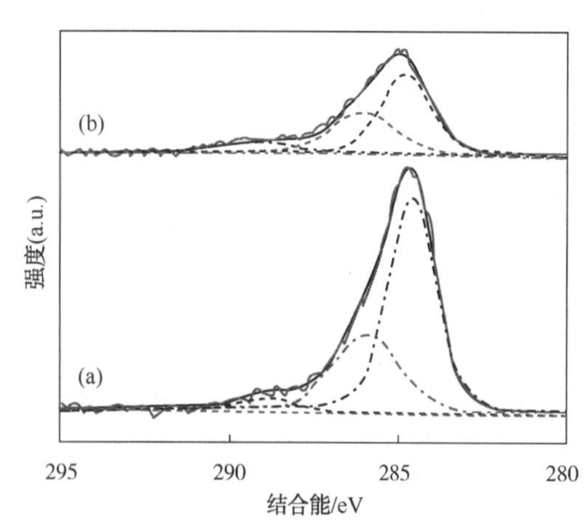

图 8-1-47　样品 DS4 催化剂颗粒的 C1s 谱峰
(a)外表面；(b) 断面

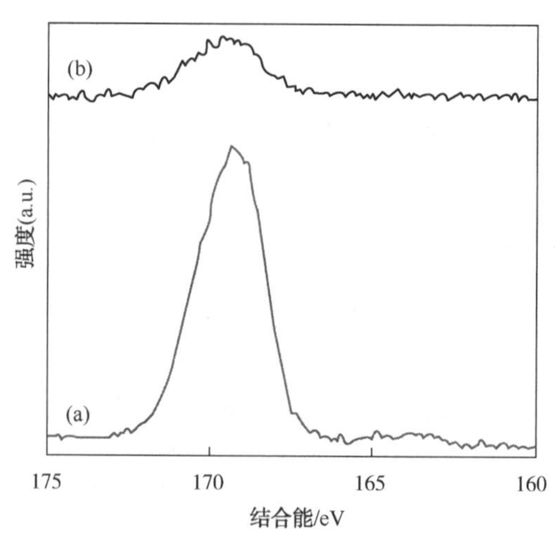

图 8-1-48　样品 DS4 催化剂颗粒的 S2p 谱峰
(a)外表面；(b)断面

表 8-1-22　样品 DS4 颗粒外表面(Surface)和断面(Bulk)的 XPS 分析结果

元素	Surface /%	Bulk /%
Al_2O_3/AlO(OH)	16.6	33.4
C-C/C-H	8.7	3.1
C-O	4.4	2.0
CO_3^{2-}	0.5	0.7
Fe_2O_3	1.6	—
NH^{4+}/Amine	1.9	—
Na^+	0.6	—

续表

元素	Surface /%	Bulk /%
$HO/SO_4^{2-}/CO_3^{2-}$	34.1	33.4
Al_2O_3	20.0	25.8
S_n	0.2	—
SO_4^{2-}	7.8	1.5
SiO_2	3.8	—

3. 催化剂结构变化失活

失活样品与新鲜催化剂的 XRD 衍射谱图如图 8-1-49 所示。XRD 显示新鲜催化剂 FS1 主要是薄水铝石(PDF#21-1307)和氧化铝(PDF#13-0373)两种晶相构成。失活样品 DS4 晶相与新鲜催化剂 FS1 结构基本一致，部分衍射峰略有增强。失活样品 DS2 上薄水铝石相基本消失，DS3 的薄水铝石相主要衍射峰变得窄而尖锐，明显增强。所有使用后的样品的 γ-Al_2O_3相衍射峰[2θ 为 67.032°（100%）和 42.611°（50%）]都有所增强。XRD 结果表明失活催化剂在晶相结构和晶粒大小(衍射峰强度)两个方面都会发生变化，从而因催化剂结构变化导致失活。

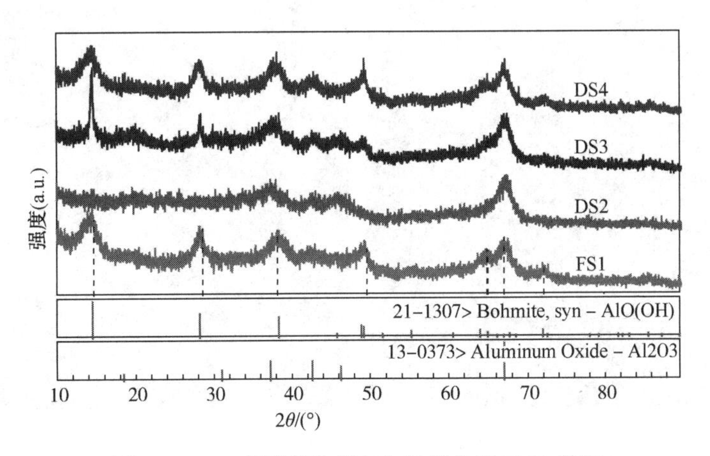

图 8-1-49 新鲜催化剂与失活催化剂 XRD 谱图

失活样品的扫描电镜照片(图 8-1-50)显示，与新鲜催化剂 SEM 照片对比，存在明显的大颗粒，说明新鲜催化剂使用过程存在小颗粒聚集形成大颗粒的烧结失活。失活催化剂和新鲜催化剂样品的比表面积和孔分析结果见表 8-1-23；失活催化剂和新鲜催化剂样品的孔分布曲线图 8-1-51。

表 8-1-23 失活催化剂和新鲜催化剂样品的比表面积和孔分析结果

样品	比表面积/(m^2/g)	平均孔径 / nm	孔容/(cm^3/g)
FS1	349	4.8	0.40
DS2	188	9.1	0.40
DS3	158	12.1	0.36
DS4	249	8.0	0.40

图 8-1-50　新鲜催化剂和失活催化剂样品的 5 μm 标尺扫描电镜照片对比

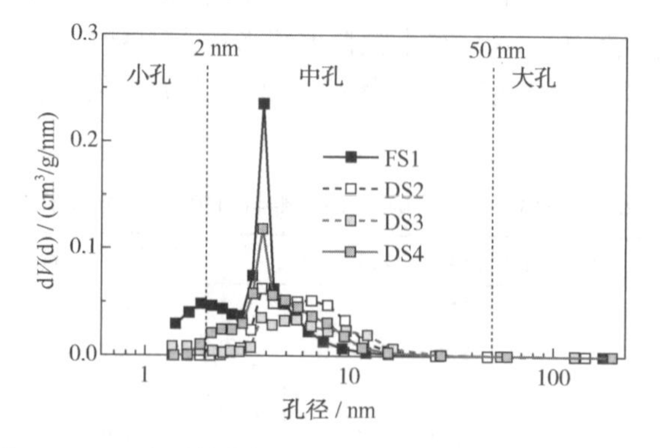

图 8-1-51　失活催化剂和新鲜催化剂样品的孔分布曲线

BET分析结果表明，新鲜催化剂具有349 m^2/g的比表面积，平均孔径为4.8 nm的介孔。与此相比，失活样品的比表面积大幅度降低，DS2、DS3和DS4三个失活样品的比表面积分别为新鲜样品的54%、45%和71%。催化剂的平均孔径显著增大。比表面积降低和平均孔径增大的结果与SEM照片中催化剂颗粒聚集长大是一致的。催化剂小颗粒聚集为大颗粒必然导致比表面积减小，同时聚集起来的大颗粒堆积又导致孔径增大，严重的情况还导致孔容降低。

总之，上述XRD、SEM和BET分析从不同角度较好地说明了氧化铝硫黄回收催化剂结构变化导致的失活。

第二节　反应过程工艺计算

一、概述

Claus硫黄回收工艺过程较为复杂，涉及众多副反应，生成的硫又有$S_1 \sim S_8$等众多形态，实际生产过程中还可能存在二氧化碳、烃类、氨等介质的反应。还原吸收法尾气处理过程中，再生酸性气回到反应炉还需要反复进行迭代计算。自Gamson和Elkins于1953年首次发表Claus反应的热力学研究结果以来，国内外均对Claus硫黄回收过程进行了大量研究，并在此基础上结合大量现场标定数据，发展出了多种计算模型和模拟计算软件。

软件模拟计算效率高，结果一般以图表形式呈现，较为直观，数据全面，计算精度高。但是专业模拟软件具有收费高、使用地点、授权使用人数等都受到限制、部分软件特定设备计算结果偏差等问题。人工手算不存在上述限制因素，同时，计算的过程也有利于加深对Claus工艺流程及其影响因素的理解，但是由于Claus硫黄回收过程存在大量的副反应，使得计算量过于庞杂，通常采用手算时，只能忽略大部分副反应，这会对计算结果造成一定影响，但就工程实践来讲，这样的偏差在可接受的范围。

现行的计算方法主要包括平衡常数法和吉布斯(Gibbs)最小自由能法。平衡常数法主要根据反应前后的物料平衡、反应平衡、热量平衡等列出方程组，再根据已知条件对方程组求解计算。早期Fischer等人在此基础上提出的图解计算的方法来求解相关方程组；朱利凯在总结前人计算模型的基础上，引入含生成热的气体焓的概念，对平衡常数法进行了简化。本章介绍的计算方法来自美国气体处理和供应商协会(以下简称GPSA，即Gas Processors Suppliers Association)的工程数据手册(第13版)，该方法也属于简化的平衡常数法的一种。

吉布斯(Gibbs)最小自由能法主要依据系统化学反应达到平衡时吉布斯自由能最小的热力学原理来对反应进行求解。该方法不涉及具体的反应过程，仅根据相关热力学参数，对规定的产物进行计算。只要有相关的热力学参数，并规定好反应后生成的产物，就可以进行计算。但是有研究认为，该方法对于高温反应产物的计算结果较为精确；但对于低温催化反应段，由于反应的控制因素是动力学因素而不是热力学因素，计算结果可能存在数量级上的差异。本书不对该方法做详细介绍，对该方法有兴趣的读者可自行参阅相关书籍进行学习。

二、计算模型

(一) 计算方法

平衡常数法主要根据反应前后的物料平衡、反应平衡、热量平衡等列出方程组，再根据已知条件对方程组求解计算。对 Claus 硫黄回收进行计算时，首先要明确相关炉子、反应器内发生的反应。为使手算变为可能，通常仅考虑硫化氢、二氧化硫、氧、单质硫之间的主反应，对夹带的烃类，假设其在反应炉内全部反应，其余副反应一般进行忽略。

具体计算时，需先假设反应产物的温度。根据反应产物的温度，可得出反应平衡常数，据此可以得到产物的组成和热焓。根据反应前后的物料平衡、热量平衡列方程组，并求解。

（二）基础数据

本节的基础数据来自 GPSA 工程数据手册(第 13 版)。

1. Claus 硫黄回收的反应

在反应炉内，约三分之一的硫化氢燃烧生成二氧化硫，主要反应如下：

$$H_2S+1.5O_2 = SO_2+H_2O \tag{8-2-1}$$

$$\Delta H(0℃) = -517900\text{kJ}$$

硫化氢与二氧化硫进一步反应生成单质硫：

$$2H_2S+SO_2 = S_x+2H_2O \tag{8-2-2}$$

$$\Delta H(0℃) = -126360\text{kJ}$$

总反应式如下：

$$3H_2S+1.5O_2 = S_x+3H_2O \tag{8-2-3}$$

$$\Delta H(0℃) = -644260\text{kJ}$$

其中，S_x 为生成的单质硫，根据温度不同，单质硫包括 S_2、S_3、S_4、S_5、S_6、S_7、S_8 等不同形态。当 x 取值不同时，式(8-2-2)和式(8-2-3)的 ΔH 值会有所变化，具体参见计算示例。这些不同形态硫的组成比例与温度、压力等都有关系，往往难以精确估量。在 Claus 硫黄回收的反应条件下，实际计算时，仅需考虑 S_2、S_6 和 S_8。

在烃类、CO_2 存在时，Claus 硫黄回收还包含生成羰基硫(COS)、二硫化碳(CS_2)、一氧化碳(CO)、氢气(H_2)等的副反应。在进行工艺过程计算时，一般会忽略这些副反应。酸性气中一般还带有烃类，这些烃类在计算时可按照完全燃烧处理，以甲烷为例，其反应式如下：

$$CH_4+2O_2 = CO_2+2H_2O \tag{8-2-4}$$

$$\Delta H(0℃) = -802800\text{kJ}$$

2. 反应平衡常数

反应平衡常数用于确定反应进行的程度和产物的组成。本章所述反应平衡常数以 K_p 表示。以反应式(8-2-2)为例，其定义如下：

$$K_p = \frac{(p_{H_2O}{}^2)(p_{Sx})^{3/x}}{(p_{H_2S})^2(p_{SO_2})} = \frac{[\text{Mols } H_2O]^2[\text{Mols } S_x]^{3/x}}{[\text{Mols } H_2S]^2[\text{Mols } SO_2]}\left[\frac{\pi}{\text{总 Mols}}\right]^{\frac{3}{x}-1} \tag{8-2-5}$$

式中　K_p——反应平衡常数，无量纲；

p——相应组分的分压，kPa；

[Mols]——相应组分的摩尔流量，kmol/h；

π——总压力，atm(A)。

不同温度下的 Claus 反应平衡常数见图 8-2-1。

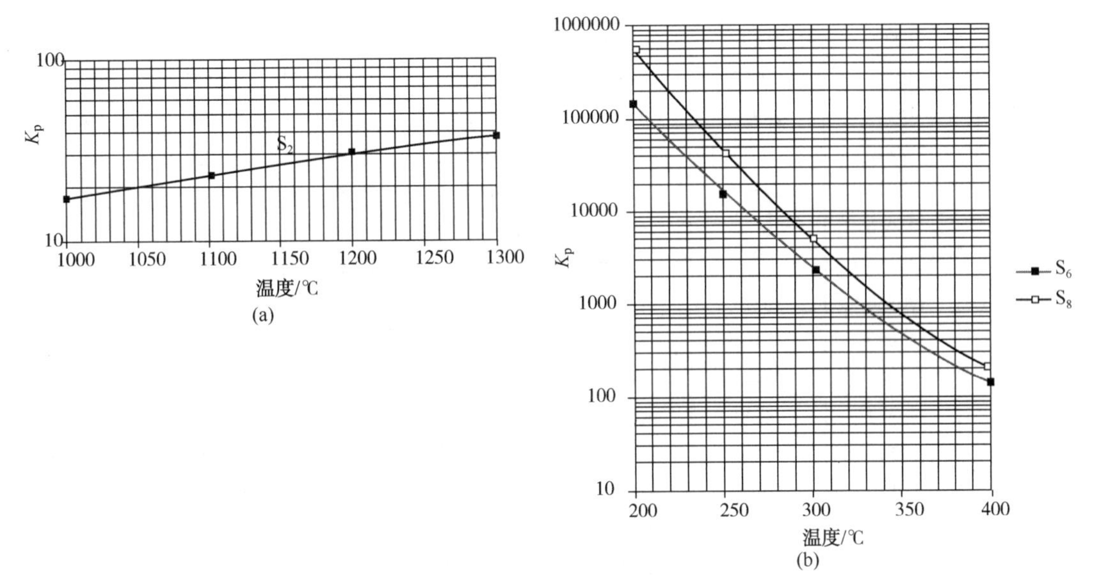

图 8-2-1　克劳斯反应平衡常数 K_p

对图 8-2-1 中的曲线，可按照以下拟合公式进行计算：

$$T=-592.5+1215\ln(K_p)-374.8[\ln(K_p)]^2+50.47[\ln(K_p)]^3 \tag{8-2-6}$$

$$T=637-54.75\ln(K_p)+2.069[\ln(K_p)]^2-0.03324[\ln(K_p)]^3 \tag{8-2-7}$$

式中　T——温度,℃；

K_p——反应平衡常数，无量纲。

其中式(8-2-6)为生成 S_2 的反应平衡常数(作者注：GPSA 工程数据手册第 13 版中，该公式首项 592.5 错写为正数，实际应该是负数，方与曲线拟合)，式(8-2-7)为生成 S_8 的反应平衡常数。

3. Claus 硫黄回收主要介质的热焓

Claus 反应热量平衡可以根据比热容和温差计算，但由于比热容与温度相关，具体算时还需要对比热和温度的关系进行拟合，然后再积分计算，过程相对复杂。采用焓值计算，过程相对简单。虽然焓值的绝对值目前无法定义，但从基准点出发的焓差是可以精确定义的。本节后面所述的焓值均以 0℃ 为基准点，假设此时的焓值为 0kJ/kmol。相关数据见表 8-2-1～表 8-2-3。

表 8-2-1　烃类的焓值　　kJ/kmol

温度/℃	C_1*	C_2	C_3	nC_4	iC_4	nC_5	nC_6
15	519.2	756.3	1052	1414	1379	1720	2042
25	868.8	1275	1778	2388	2331	2905	3450
50	1758	2626	2680	4934	4833	6004	7132
100	3617	5565	7862	10510	10350	12800	15220
150	5614	8826	12540	16730	16550	20400	24260
200	7770	12400	17700	23570	23390	28760	34220

续表

温度/℃	C_1 *	C_2	C_3	nC_4	iC_4	nC_5	nC_6
250	10090	16290	23310	30990	30820	37870	45050
300	12590	20460	29340	38940	38820	47650	56690
350	15240	24910	35770	47390	47320	58070	69060
400	18040	29620	42550	56310	56280	69080	82120
450	20990	24560	49670	65650	65680	80630	95800
500	24060	39740	57100	75380	75480	92680	110100
550	27250	45120	64830	85490	85640	105200	124800
600	30560	50710	72830	95940	96160	118100	140100
650	33980	56490	81090	106700	107000	131500	155900
700	37500	62450	89590	117800	118100	145200	172000
800	44820	74840	107200	140800	141200	173600	205500
900	52510	87820	125700	164600	165300	203300	240300
1000	60530	101300	144800	189600	190200	233900	276300
1100	68850	115200	164500	215100	215800	265500	313400
1200	77470	129600	184700	241300	242100	298000	351400
1300	86350	144200	205400	268100	268900	331200	390300
1400	95470	159200	226500	295400	296200	365100	430100
1500	104800	174400	247900	323100	323900	399700	470600
1600	114400	18900	268700	351100	352000	434900	511900
1700	124100	205500	291700	379500	380500	470800	553900

表 8-2-2　各类气体的焓值　kJ/kmol

温度/℃	N_2^*	O_2^*	空气	H_2^*	CO *	CO_2 *	H_2O *
15	437. 6	452. 4	436. 2	439. 5	437. 9	548. 7	512. 5
25	729. 5	756	727. 2	732. 3	730. 1	921	855. 7
50	1460	1521	1455	1464	1461	1873	1719
100	2923	3074	2915	2924	2927	3861	3461
150	4390	4648	4383	4381	4898	5941	5221
200	5863	6237	5861	5836	5878	8100	6994
250	7344	7838	7351	7293	7369	10330	8779
300	8836	9449	8857	8748	8873	12620	10580
350	10340	11070	10280	10200	10390	14970	12390
400	11860	12700	11920	11660	11930	17370	14220
450	13390	14330	13470	13120	13480	19830	16070
500	14940	15970	15050	14570	15050	22330	179501
550	16510	17680	16640	16040	16640	24880	19850
600	18090	19290	18240	17500	18250	27480	21780
650	19690	20960	19870	18980	19870	30110	23750
700	21300	22650	21500	20450	21510	32780	25740
800	24580	26050	24820	23430	24830	38220	29840
900	27910	29500	28190	26450	28210	43780	34090

续表

温度/℃	N_2^*	O_2^*	空气	H_2^*	CO^*	CO_2^*	H_2O^*
1000	2190	33000	31600	29510	31630	49440	28470
1100	24710	36540	35050	32620	35100	55180	43000
1200	38170	40140	38540	35780	38600	60990	47650
1300	41660	43780	42050	38990	42130	66860	52420
1400	45180	47470	45590	42250	45690	72790	57300
1500	48730	51190	49160	45560	49270	78760	62280
1600	52310	54950	52740	48920	52870	84770	67360
1700	55900	53750	56350	52320	56490	90810	72520

表 8-2-3　含硫组分的焓值　　kJ/kmol

温度/℃	S_2	SO_2^*	SO_3^*	H_2S^*	CS_2	COS	S_3	S_4	S_5	S_6	S_7	S_8
15	482. 4	590. 1	756. 7	504. 6	669. 3	609. 3	722. 8	967. 1	1294	1666	1971	2306
25	806. 5	990. 2	1272	841. 5	1122	1022	1210	1623	2168	2792	3302	3364
50	1625	2013	2596	1686	2273	2076	2447	3295	4391	5653	6688	7819
100	3293	4146	5376	3392	4654	4269	4986	6763	8976	11540	13650	15950
150	4997	6377	8303	5129	7123	6557	7595	10360	13720	17580	20820	24290
200	6730	8687	11350	6911	9668	8927	10260	14060	18590	23750	28120	32810
250	8486	11060	14510	8745	12280	11370	12960	17830	23570	30000	3553。	41460
300	10260	13480	17770	10640	14940	13870	15690	21660	28660	36310	43020	50240
350	12050	15950	21120	12590	17660	16420	18450	25540	33840	42680	50570	59130
400	13850	18450	24550	14600	20420	19030	21230	29460	39100	49090	58180	68140
450	15670	21000	28060	16670	23210	21680	24030	33410	44430	55530	65820	77260
500	174920	23570	31640	18790	26040	24360	26840	37380	49820	62010	73490	86480
550	19330	26190	35280	20970	28900	27090	29660	41370	55250	68510	81190	95820
600	21170	28830	38990	23190	31780	29840	32500	45390	60720	75040	88910	105300
650	23020	31500	42740	25460	34690	32630	35340	49410	66220	81580	86650	114800
700	24880	34210	46540	27760	37610	35440	38180	43450	71740	88160	104400	124400
800	28630	39700	54270	32480	43520	41140	43890	61570	85810	101400	120000	143800
900	32410	45290	62140	37340	49480	46920	49620	69710	93890	114700	135600	163400
1000	362200	50960	70130	42320	55490	52760	55360	77880	105000	128000	151200	183100
1100	40060	56720	78220	47420	61540	58670	61120	86070	116000	141500	166800	202800
1200	4393。	62540	86390	52620	67620	64620	66880	94280	127000	155100	182500	222500
1300	47840	68430	94630	57920	73730	70610	72650	102500	137800	168800	198200	242100
1400	51770	74370	102900	63320	79860	76640	78430	110700	148800	182600	213900	261600
1500	55730	80350	111300	68810	86010	82700	84210	119000	159700	196500	229600	281100
1600	59720	86380	119700	74380	92190	887900	89990	127200	170500	210400	245300	300400
1700	63730	92440	128100	80030	98390	94910	95780	135500	181300	224300	261000	319700

注：根据 GPSA 手册，以上各表中带 * 号的数据来自 NIST，未带 * 号的来自 McBride，B. J.，Zehe，M. J.，and Gordon，S.，“NASA Glenn Coefficients for Calculating Thermodynamic Properties of Individual Species，”（NASA/TP－2002－211556），Sept. 2002。

根据表 8-2-1 至表 8-2-3，对各组分的温度和焓值进行二阶数据拟合，可以得到以下公式：

0~400℃范围内：

$$
\begin{aligned}
H_2S &= -20.1+32.5T+0.00968T^2 \\
CO_2 &= -26.7+37.7T+0.0147T^2 \\
H_2O &= -4.55+34.4T+0.00292T^2 \\
CH_4 &= -29.2+32.5T+00312T^2 \\
O_2 &= -10.9+30.7T+0.00279T^2 \\
N_2 &= 4.45+29T+0.00164T^2 \\
SO_2 &= -37.1+40.9T+0.0136T^2 \\
S_2 &= -13.4+32.7T+0.00496T^2 \\
S_6 &= -86+115T+0.0202T^2 \\
S_8 &= -92.3+158T+0.0317T^2 \\
Slig(as\ S_1) &= 66.42T-0.05758T^2
\end{aligned}
\tag{8-2-8}
$$

900~1400℃范围内：

$$
\begin{aligned}
H_2S &= -2871+40T+0.00521T^2 \\
CO_2 &= -4241+50.3T+0.00335T^2 \\
H_2O &= 111+32.2T+0.00621T^2 \\
SO_2 &= -2994+50.7T+0.00324T^2 \\
N_2 &= -922+30.4T+0.00181T^2 \\
S_2 &= -493+35.1T+0.00156T^2
\end{aligned}
\tag{8-2-9}
$$

式中　T——温度，℃；

H_2S 等——相应组分焓值，kJ/kmol。

4. 不同温度下硫单质的形态

不同温度下硫单质的形态和分布有所不同，其摩尔组成分布见图 8-2-2。

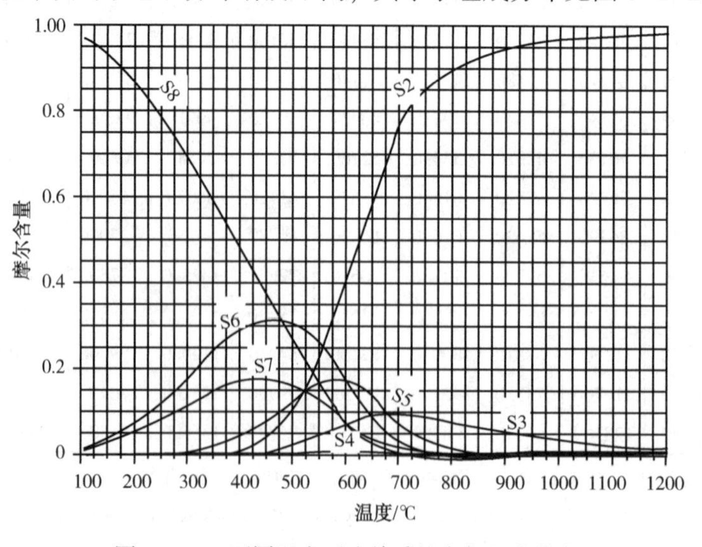

图 8-2-2　不同温度下硫单质的摩尔组成分布

S_2 与 S_6、S_8 之间转换的反应热见图 8-2-3。

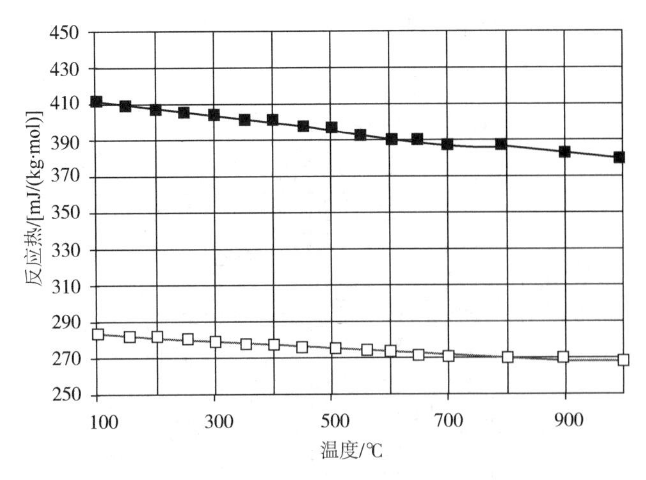

图 8-2-3　S_2 向 S_6、S_8 转换的反应热

—■—S_8　　—□—S_6

5. 硫的饱和蒸气压和冷凝热

硫的饱和蒸气压用于确定 Claus 硫黄回收过程中生成的单质硫的气液相状态。不同温度下，硫的饱和蒸气压见图 8-2-4。

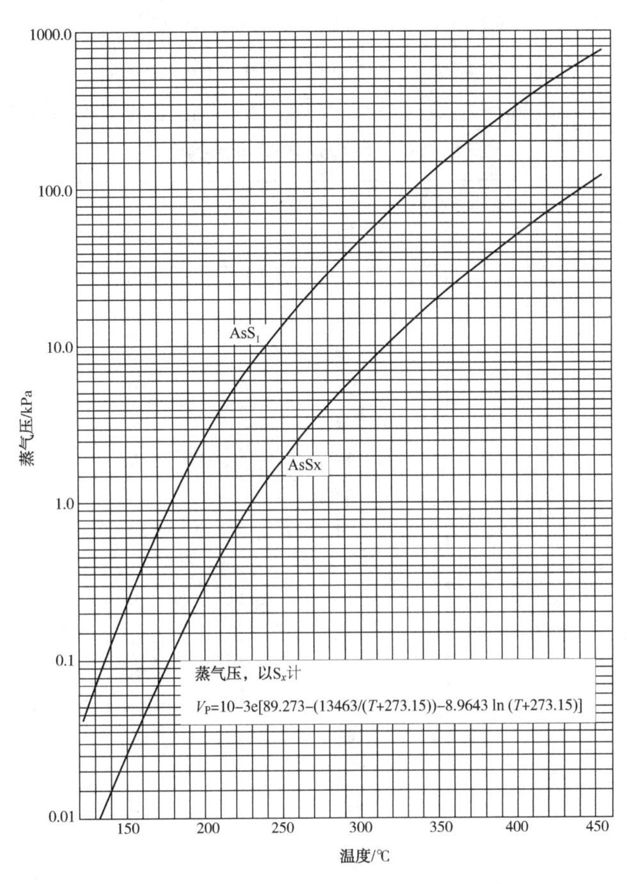

图 8-2-4　不同温度下硫单质的饱和蒸气压

除图 8-2-4 所示外，不同温度下硫的饱和蒸气压也可表示为前文式(4-3-21)所示公式。

在 Claus 硫黄回收过程中，液硫析出温度较低，此时析出的主要是 S_6 和 S_8。S_6 和 S_8 的汽化潜热见图 8-2-5。

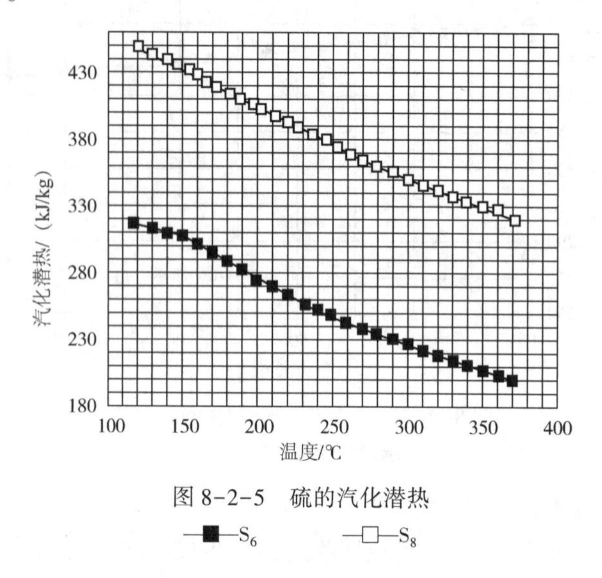

图 8-2-5　硫的汽化潜热

—■—S_6　—□—S_8

6. 其他

本章计算时，忽略了有机硫的生成和水解。本部分列举了羰基硫和二硫化碳生成及水解的部分参数，有兴趣的读者可自行尝试在本章计算示例的基础上，加上这部分的反应，再进行相关计算。反应炉内有机硫的生成见表 8-2-4；铝基催化剂上有机硫的水解见图 8-2-6。

表 8-2-4　反应炉内有机硫的生成

进料组成/%(mol)				进料中 COS、CS₂ 组成①②/%
烃类(以 C_3H_8 计)	H_2O	CO_2	H_2S	
0	6	4	90	0.5
0	6	14	80	1.5
0	6	24	70	2.5
0	6	34	60	3.5
0	6	44	50	4.5
0	6	54	40	5.5
0	6	64	30	6.5
0	6	74	20	7.5
2	6	4	88	2.0
2	6	14	78	3.0
2	6	24	68	4.5
2	6	34	58	6.0
2	6	44	48	7.0
2	6	54	38	9.0
2	6	64	28	11.0
2	6	74	18	14.0
4	6	4	86	3.5
4	6	14	76	5.0

续表

进料组成/%(mol)				进料中 COS、CS_2 组成①②/%
烃类(以 C_3H_8 计)	H_2O	CO_2	H_2S	
4	6	24	66	6.0
4	6	34	56	8.0
4	6	44	46	10.0
4	6	54	36	12.0
4	6	64	26	14.0
4	6	74	16	18.0

①最大值实际组成随操作温度、压力、停留时间、混合效果及炉子的效率变化；

②进料中 H_2S<30%，不直接通过炉膛时，进入主燃烧器的 COS、CS_2 生成量会减少。

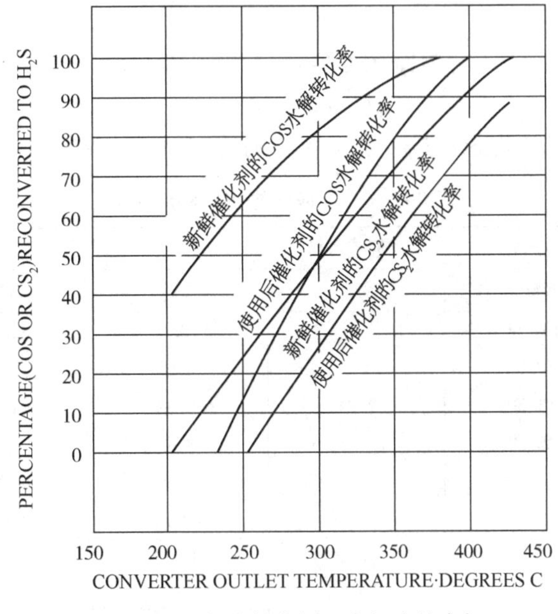

图 8-2-6　铝基催化剂上有机硫的水解

三、计算示例

本节通过具体案例，展示 Claus 硫黄回收工艺过程的具体计算。本节案例以一套 100t/d 的硫黄回收装置为例，计算采用的原料酸性气条件见表 8-2-5。

表 8-2-5　酸性气条件

温度/℃	43.3		
压力/kPa(A)	143		
组成			
H_2S/(kmol/h)	132.06	H_2S/%(体)	60.65
CO_2/(kmol/h)	70.05	CO_2/%(体)	32.17
H_2O/(kmol/h)	13.50	H_2O/%(体)	6.20

续表

CH_4/(kmol/h)	2.14	CH_4/%(体)	0.98
合计/(kmol/h)	217.75	合计/%(体)	100

环境干球温度37.8℃，湿球温度23.9℃，反应炉风机出口温度82.2℃。

(一)　反应炉

1. 需氧量计算

根据式(8-2-1)和式(8-2-4)，三分之一的硫化氢和全部的甲烷进行反应，共计需消耗氧气70.31kmol/h。

2. 物料衡算

根据图8-2-2，在反应炉内温度较高时，H_2S与SO_2反应生成的产物主要是S_2，如下式所示：

$$2H_2S+SO_2 = 3/2S_2+2H_2O \tag{8-2-10}$$

$$\Delta H(0℃)=47060kJ$$

假设x kmol/h的H_2S与SO_2进行了反应，则反应前后的物料组成如表8-2-6所示。

表8-2-6　反应炉进出口物料组成　　kmol/h

组分	反应炉入口			反应炉出口	
	酸性气	空气	合计	燃烧后	反应后
H_2S	132.06		132.06	88.04	88.04−x
CO_2	70.05		70.05	72.19	72.19
H_2O	13.50	9.94	23.44	71.73	71.73+x
CH_4	2.14		2.14		
SO_2				44.02	44.02−0.5x
N_2		264.36	264.36	264.36	264.36
O_2		70.31	70.31		
S_2					0.75x
S_6					
S_8					
合计	217.75	344.61	562.36	540.34	540.34+0.25x

假设火嘴和炉膛的总压降为11kPa，反应炉出口的压力为132kPa，约合1.3atm(绝)。根据式(8-2-5)定义，其反应平衡常数可表示如下：

$$K_p=\frac{(71.71+x)^2(0.75x)^{1.5}}{(88.04-x)^2(44.02-0.5x)}\frac{1.3}{[540.34+0.25x]^{0.5}}$$

当x一定时，K_p值一定，根据式(8-2-6)，对应的温度T是确定的，此时出口物料的热量也就确定了。根据热量平衡，出口物料的热量应等于进口物料的热量加上反应热，见表8-2-7。

表 8-2-7　出口物料热量　　kJ

项　目	热量
进口酸性气	328623
进口空气	840534
根据式(8-2-1)计算的硫化氢燃烧反应热	22797958
根据式(8-2-4)计算的甲烷燃烧反应热	1717982
根据式(8-2-10)计算的 Claus 反应的反应热	-1443623
合计	24241485

表 8-2-7 中合计的热量即为反应炉出口的总热量。根据上文所述，列出相关方程，对 x 求解即可得到反应炉出口的物料组成和温度。由于该方程未知数既有对数，又含有高次幂，直接求解较为困难，一般可采用试算法或者图解法求解。在本例中，计算得到 $x=61.35$kmol/h，反应炉出口温度 1164℃。

在此计算过程中，并未考虑反应炉的热损失。考虑一定比例的热损失后，反应炉出口温度略有降低，读者可自行进行相关计算。

(二) 反应炉废热锅炉

废热锅炉内，反应炉产物冷却，释放的热量用于发生蒸汽。假设废热锅炉出口过程气温度 371℃，根据图 8-2-2，仅考虑 S_2、S_6 和 S_8 时，蒸汽发生器出口上述三组分的摩尔比为 0.5∶45∶54.5，据此得到蒸汽发生器出口的物料组成热量(见表 8-2-8)。

表 8-2-8　废热锅炉进出口物料和热量　　kmol/h

组分	废热锅炉入口温度 1164℃			废热锅炉出口温度 371℃		
	流量/(kmol/h)	焓值/(kJ/kmol)	热量/(kJ/h)	流量/(kmol/h)	焓值/(kJ/kmol)	热量/(kJ/h)
H_2S	22.69	50740	1354116	2.696	13410	357879
CO_2	72.19	58838	4247494	72.19	15983	1153836
H_2O	133.09	45998	6122007	133.09	13160	1751465
SO_2	13.35	60401	805981	13.35	17009	226961
N_2	264.36	36910	9759624	264.36	10989	2905100
S_2	46.01	42471	1954264	0.07	12801	833
S_6				5.86	45359	265695
S_8				7.09	62889	446143
合计	555.69		24241485	522.69		7107912

反应炉废热锅炉出口 S_2、S_6、S_8 的总和为 13.02kmol/h，折算硫分压 3.28kPa，小于图 8-2-4 中的硫单质饱和蒸气压，因此没有液硫析出。

$S_2\sim S_6$ 的转化量为 5.86kmol/h，根据图 8-2-3 可得 S_2 转化为 S_6 反应热约 284900kJ/kmol(S_6)，本例中 S_2 转化为 S_6 产热量 1668817kJ/h；同理可得本例中 $S_2\sim S_8$ 的转化产热量 2935558kJ/h。可以求出反应炉废热锅炉总的热负荷为进出口的物料的热量差与反应热之和，即 24241458kJ/h-7107912kJ/h+1668817kJ/h+2935558kJ/h=20706133kJ/h。根据反应炉废热锅炉的热负荷，可以计算产汽量。

（三）硫冷凝器

硫冷凝器与反应炉废热锅炉的计算类似，只是多了液硫冷凝的过程。以第一硫冷凝器为例，假设出口温度为177℃，出口压力为128.15kPa(A)，根据图8-2-2，其出口基本不含S_2，出口S_6和S_8的摩尔比约为14.5∶85.5。在未考虑硫蒸气冷凝时，出口的S_6为1.74kmol/h，S_8为10.26kmol/h。根据图8-2-4此温度下硫饱和蒸气压，未考虑硫蒸气冷凝时，出口的硫蒸气分压大于其饱和蒸气压，因此会有部分硫蒸气冷凝为液硫，直至达到气液相平衡。据此可得第一硫冷凝器进出口的硫分布，见表8-2-9。

表8-2-9　第一硫冷凝器进出口的硫分布　kmol/h

项　目	入口温度371℃		出口温度177℃	
	气相	液相	气相	液相
S_2	0.07	—	—	—
S_6	5.86	—	0.06	1.67
S_8	7.09	—	0.038	9.82

考虑了硫的相变后，第一硫冷凝器的计算步骤与反应炉蒸汽发生器的计算一样，只是在最后计算热负荷时，还要根据图8-2-5额外加上硫蒸气冷凝为液硫时的放热。根据上述步骤，计算可得第一硫冷凝器的热负荷为4670270kJ/h。产物中，气相硫随过程气继续进入再热器，液相硫进入硫封。

（四）过程气加热器

过程气加热器是将硫冷凝器出口的过程气加热，使其避开露点，并达到Claus反应器适宜的反应温度。过程气加热器内随温度的升高，部分S_8转化为S_6，其余组分不变。按照第一过程气加热器出口温度246℃，出口压力121.3kPa(A)，同前述反应炉废热锅炉或者硫冷凝器的计算步骤，可得第一过程气加热器的热负荷为1203036kJ/h，具体计算过程不再赘述。

（五）Claus反应器

Claus反应器的计算过程同反应炉类似，需要先假设反应器内进行Claus反应的H_2S摩尔数，再根据平衡常数求得Claus反应器的出口温度，进而得到Claus反应器出口的热量。根据热量平衡，Claus反应器出口的热量等于入口的热量加上Claus反应的反应热，以此列方程即可求得相应的解。

Claus反应器操作温度一般在210~350℃之间，此时实际反应产物既有S_6又有S_8。为简化计算，计算时可仅考虑S_8。这样会对计算结果造成一定影响，但大量实例表明，本步计算仅考虑S_8同S_6、S_8都考虑相比，对总转化率的造成的偏差不超过1%。以Claus一反应器为例，假设$y$mol的H_2S进行了式(8-3-11)的反应。

$$2H_2S+SO_2 = S_8+2H_2O \quad (8-2-11)$$

$$\Delta H(0℃) = -126360kJ$$

Claus一级反应器进出口的物料组成见表8-2-10。

表 8-2-10　Claus 一反应器进出口物料组成　　kmol/h

物料	Claus 一反应器入口	Claus 一反应器出口
H_2S	26.69	26.69−y
CO_2	72.19	72.19
H_2O	133.09	133.09+y
SO_2	13.34	13.34−0.5y
N_2	264.36	264.36
S_6	0.12	
S_8	0.34	0.34+0.1875y
合计	510.13	510.13−0.3125y

此时 $K_p=\dfrac{(133.09+y)^2(0.43+0.1875x)^{0.375}}{(26.69-y)^2(13.34-0.5y)}\,\dfrac{1.2}{[510.13-0.3125y]^{-0.625}}$

根据式(8-2-7)可以列出对应温度的表达式，类似反应炉的计算步骤，列出相关方程，并根据物料和热量平衡求解可得 $y=17.47$kmol/h，此时 Claus 一反应器的出口温度为 305℃，出口的过程气组成见表 8-2-11。

表 8-2-11　Claus 一反应器出口物料组成

kmol/h

物料	Claus 一反应器出口	物料	Claus 一反应器出口
H_2S	9.22	N_2	264.36
CO_2	72.19	S_6	0.12
H_2O	150.56	S_8	3.71
SO_2	4.61	合计	504.76

经计算可得，Claus 一反应器进出口的热量平衡情况如下：

入口热量	4185996kJ/h
Claus 反应热	1103732kJ/h
入口热量+反应热	5289728kJ/h
出口热量	5289733kJ/h

结果显示，进出口热量偏差 5kJ/h，这就是由于一开始假设反应产物全部为 S_8，而最终计算时，根据出口温度，产物中分别列出了 S_6 和 S_8 导致的，这样细微的偏差在工程上是可以接受的。

第三节　吸收塔与再生塔工艺计算

尾气经急冷塔降温后进入吸收塔，其中的酸性组分被贫溶剂吸收，吸收了酸性组分的富溶剂在再生塔内实现再生，送至吸收塔循环使用。

该工艺流程中的核心设备为吸收塔和再生塔，它们分别承担吸收酸气和从溶液中再生酸气的职责。

一、吸收塔的设计

吸收塔系以胺液脱除酸性气中 H_2S 等达到所要求的净化指标的设备。由于反应的可逆性质，所以应采用气液逆流接触的传质设备。

逆流的气液传质设备有填料塔及板式塔两类。填料塔属于微分接触逆流操作，其中填料为气液接触的基本构件。板式塔属于逐级接触操作，塔板为气液接触的基本构件。在有降液管的塔板上气相与液相的流向相互垂直，属错流型。无降液管的穿流塔板则属逆流型。

板式塔与填料塔的一般性能对比见表 8-3-1。

表 8-3-1　板式塔与填料塔对比

序号	填料塔	板式塔
1	Φ800mm 以下造价一般比板式塔便宜，直径大则昂贵	Φ800mm 以下时，安装较为困难
2	用填料时小塔效率高，塔的高度低，但直径增大，效率下降，所需填料高度急增	效率稳定，大塔塔径效率比小塔有所提高
3	空塔速度(生产能力)低	空塔速度高
4	大塔检修清理费用大、劳动量大	检修清理较填料塔容易
5	压降小，对阻力要求小的场合较适用	压降比填料塔大
6	对液相喷淋量有一定要求	气液比的适应范围较大
7	内部结构简单，便于用非金属材料制造，可用于腐蚀较严重场合	多数不便于用非金属材料制作
8	持液量小	持液量大

胺法工艺需考虑溶液的发泡问题。板式塔中气流从溶液中鼓泡通过，较易导致发泡。但由于有适当的板间距，泡沫不易连接。填料塔内溶液在填料表面构成连续相，一旦发泡则较难控制。

近年来高效规整填料在吸收塔中获得了广泛的应用。因此，对于吸收塔，本文将着重介绍填料塔的设计、选型、计算及优化。

（一）填料塔的设计

填料塔的设计流程如下：

1）塔的工艺模拟；

2）填料的选择；

3）塔径的确定；

4）填料层高度的确定；

5）压降的计算；

6）填料塔内件的设计。

1. 塔的工艺模拟

根据原料组成、分离要求、操作条件与设计的工艺要求，进行塔的模拟计算。

吸收塔的工艺模拟可以采用通用的化工系统模拟软件包，如 Aspen Plus、Invensys Simsci

ProII、Hysys 等。其中，AMSIM 是完全集成到 ProII 中的胺脱硫脱碳模块，针对天然气和液化石油气，利用醇胺溶液、活化醇胺溶液(MDEA+Piperazine)或是物理溶剂来分离硫化氢、二氧化碳、氧硫化碳、二硫化碳和硫醇的过程的一个模拟软件。

通过模拟，可以计算得到净化尾气中 H_2S 的含量，以及用于塔内件设计的气液相负荷数据(包括气液相的流量、密度、黏度、表面张力等)。

2. 填料的选择

填料的选择包括填料的材质、种类与构型、尺寸等。

填料材质的选择，通常要考虑装置的设计温度、材质的耐腐蚀性、强度及价格等。用于吸收塔的填料通常是不锈钢材质，如 304、304L、321、316L 等。

填料种类的选择，是指选用规整填料还是散堆填料。这一问题尚未有明确的结论，一般气膜控制的吸收和真空精馏应优先选择规整填料；液膜控制的吸收、高压精馏、气液膜共同控制的吸收，宜选用持液量较大、液相湍动较大的散堆填料。散堆填料和规整填料在硫黄回收装置的吸收塔中都有所运用。

填料的构型和品种的选择要考虑最优的综合技术经济指标，这些指标主要是生产能力、传质效率、压降、堆积密度、价格、强度、可清洗性、装卸方便性、抗堵性能、抗结垢性能等。用于硫黄回收装置吸收塔的填料通常有鲍尔环、矩鞍环以及 250Y 型规整填料。

3. 塔径的确定

(1) 散堆填料塔径的确定

计算散堆填料塔的塔径，首先要计算泛点气速，以泛点气速为基准，对于不发泡物质，实际操作气速一般为泛点气速的 60%~80%；对于宜发泡物系，实际操作气速一般为泛点气速的 40%~60%。

$$D = 2\sqrt{\frac{G}{3600\pi\rho_G u_G}} \tag{8-3-1}$$

式中　D——塔径，m；

G——气相质量流量，kg/h；

ρ_G——气相密度，kg/m^3；

u_G——空塔气速，m/s。

(2) 规整填料塔径的确定

规整填料塔的塔径通常按照下列公式求得。

$$A = \frac{G}{3600C_G\left[\rho_G(\rho_L - \rho_G)\right]^{0.5}} \tag{8-3-2}$$

$$D = \sqrt{\frac{4}{\pi}A} \tag{8-3-3}$$

式中　A——塔截面积，m^2；

D——塔径，m；

G——气相质量流量，kg/h；

C_G——气体负荷因子，m/s；

ρ_G、ρ_L——气相、液相密度，kg/m^3；

u_G——空塔气速，m/s。

C_G通常取极限负荷C_{max}的75%～80%。C_{max}查图8-3-1求得。

4. 填料层高度的确定

通常采用传质单元法或理论板数法计算填料层高度Z，或从理论上说，填料塔内的两相浓度沿塔高连续变化，属连续(微分接触)传质设备，故用传质单元法计算填料高度较为合理。但在工程上，特别是精馏和吸收，习惯用理论板数法。但由于计算会有与实际情况不符的情况，因此计算出的填料层高度与实际生产需要之间会有一定出入。为了保证安全生产，也为了使生产发生波动时留有适当的调节余地，故实际采用的填料高度还应乘上一个1.3～1.5倍的安全系数。

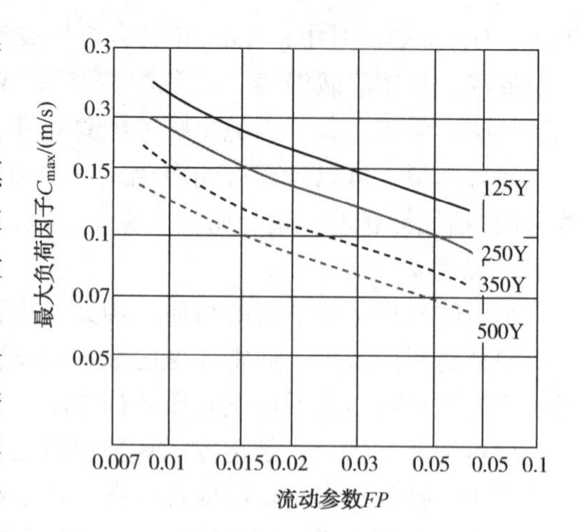

图8-3-1　几种填料的最大负荷因子C_{max}与流动参数FP关联曲线

$$Z = H_{OG} \times N_{OG} = N_{OL} \times H_{OL} \tag{8-3-4}$$

$$Z = N_T \times HETP \tag{8-3-5}$$

式中　H_{OG}、H_{OL}——气、液相总传质单元高度，m；

N_{OG}、N_{OL}——气、液相传质单元数；

N_T——理论板数；

$HETP$——等板高度或当量高度。

随着环保要求的不断提升，吸收塔顶尾气中H_2S含量的要求也越来越严苛，从早些年的200μg/g降低到近些年的50μg/g或者更低，这一方面对胺液的品质和用量有了更高的要求，另一方面，吸收塔中填料的总高度也比早些年有所增加，从6m到8m、10m乃至更高。

5. 填料压降的计算

对真空精馏及常压吸收塔，必须进行压降的计算，当全塔压降大于允许值时，必须放大塔径或更换填料品种规格。

全塔压降包括填料层压降和塔内件压降两部分，填料层压降是全塔压降的主要部分，其计算方法在水力学计算中介绍，计算的压降值总会与实际生产有一定的差距，特别是填料层中产生污垢后，故计算值也应引入一定的安全系数。

6. 填料塔内件的设计

填料塔内件设计是否完善，是保证填料达到预期性能的重要条件。例如分布器设计不当将严重影响填料的传质效率，填料支承设计不当将使填料层提前液泛，影响其生产能力。

填料塔内件设计一般包括液体分布器、再分布器、填料压圈、填料支承、气体入口分布器、除沫器的设计。

(二) 填料塔的水力学计算

填料的流体力学性能主要包括压降、持液量、载点、泛点和有效传质面积等。这些参数均与填料塔的流体力学状态有关。

当气体通过干填料层时，由于填料层阻力，使气体压力下降，压降随气速的1.8～2次方上升(见图8-3-2中L=0线)。当有液体喷淋时，由于液体附在填料上，故填料有一定持液量，随着喷淋密度的提高，持液量增加，液体所占空间加大，压降增加。在一定喷淋密度下，随着气速增至某一值，其摩擦阻力开始使液膜加厚，持液量增加，因而使 $\Delta p-u$ 线斜率增加，这一转折点称为载点。若气速继续增加至某一值，气体对液体的摩擦阻力使填料层中持液量足够多，从而使液体成为连续相，而气相由连续相转为分散相，以鼓泡方式通过液体，此时压降陡然增加，两相间流动的正常渠道遭到堵塞，因而使填料塔无法正常操作，$\Delta p-u$ 线出现另一转折点，即为液泛点，此时气速称泛点气速，通常为填料塔中的最大允许气速。填料塔的正常操作一定要严格控制在泛点气速以下，一般控制为泛点气速的40%~80%。

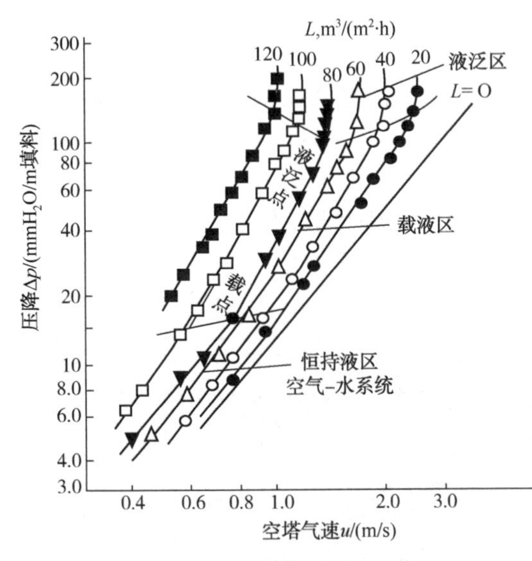

图 8-3-2　填料塔 $\Delta p-u$ 关系图

故填料塔操作时有以下三种流体力学状态。

① 恒持液量状态。此时气速低于载点气速，气体对液体的曳力小，填料上液膜厚度基本不变，持液量不变。

② 载液状态。气速在载点以上泛点以下，液膜加厚，且发生波动，持液量随气速上升。传质状况良好。

③ 液泛状态。液相转为连续相，气体呈鼓泡态，湍动强烈，填料层中返混剧烈，传质恶化，压降剧增。

上述填料层内气液两相流动状况的描述，适用于各种填料层内气液两相逆流流动过程，但对不同类型、不同尺寸的填料，泛点气速及填料层压降要进行实测，通过对实测数据按一定的计算方法进行归纳整理，得出各种计算常数或系数。由于散堆填料是乱堆装填的，所以实测数据有一定的随机性，但这些数据在工程设计中还是可靠的，并已积累了几十年的经验数据和半理论关系。

1. 泛点气速的计算

泛点气速是填料塔设计的一个重要参数，填料塔在泛点气速以下才可能稳定地操作；但如果气速太低，又会造成设备投资的浪费以及气、液分布的不均匀。所以填料塔设计的首要任务是根据所选用的填料类型，将其在操作条件下的泛点气速算出，再确定适宜的塔径和塔内实际操作气速下的填料层压降。

$$\lg\left[\frac{\mu_{Gf}^2}{g}\frac{a}{\varepsilon^3}\left(\frac{\rho_G}{\rho_L}\right)\mu_L^{\ 0.2}\right]=A-1.75\left(\frac{L}{G}\right)^{1/4}\left(\frac{\rho_G}{\rho_L}\right)^{1/8} \tag{8-3-6}$$

式中　μ_{Gf}——泛点空塔气速，m/s。

g——重力加速度，9.81m/s²。

a/ε^3——干填料因子，m^{-1}；

ρ_G、ρ_L——气、液相密度，kg/m³；

μ_L——液相黏度，mPa·s；

L、G——液体、气体的质量流量，kg/h；

A——系数，取决于填料类型和尺寸。

2. 填料层压降的计算

(1) 载点以下压降的计算

湍流条件下填料层压降计算公式如下：

$$\Delta p = \alpha\, 10^{\beta L} \frac{V^2}{\rho_G} \qquad (8-3-7)$$

式中　Δp——压降，Pa；

α、β——常数；

ρ_G——气相密度，kg/m^3；

L、V——液体、气体的质量流率，$kg/(m^2 \cdot s)$。

虽然该式是对于空气-水系统，用拉西环填料实验数据关联而来，但作为一种关联方法，具有普遍意义。

(2) 液泛压强降

各种填料的液泛特性表明，液泛压降取决于系统的物理性质而与气液比无关。如图 8-3-3Leva 曲线和 Eckert 曲线所示。

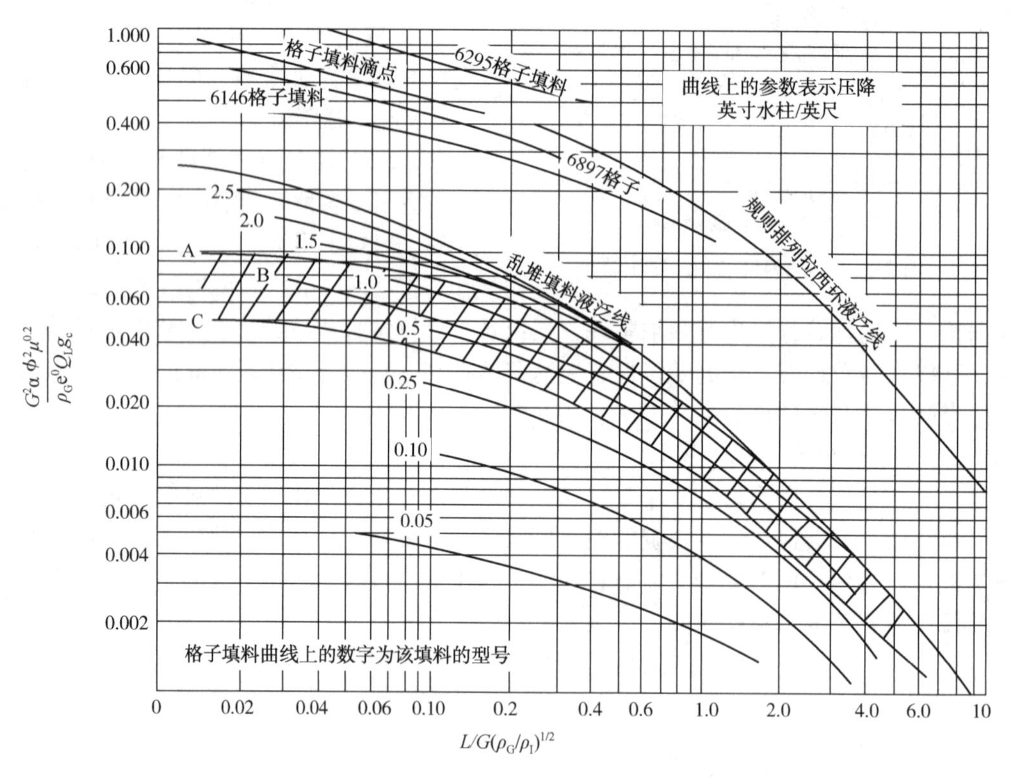

图 8-3-3　Leva 修正的载点、泛点与压降关系

为了便于利用计算机进行计算，有人将 Eckert 图中的泛点线进行模拟关联(见图 8-3-4)，以解析式的形式表达，其形式为：

$$V = B\exp\{-3.845186 + 4.0444306[-0.4982244/n(A^2) - 1]^{0.5}\} \qquad (8-3-8)$$

$$L = V/(\rho_G/\rho_L)^{0.5}\exp\{-4.03976 + 3.552134[-0.645854/n(AV^2) - 1]\}^{0.5} \qquad (8-3-9)$$

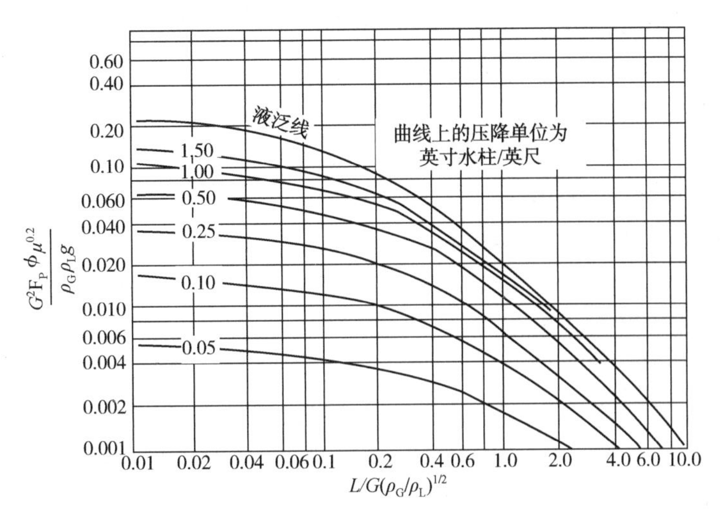

图 8-3-4　Eckert 泛点与压降计算的通用关联

式中　$A=\phi\psi\mu_L^{0.2}/\rho_G\rho_L g_c$；

$B=L(\rho_G/\rho_L)^{0.5}$；

L、V——液体、气体的质量流率，kg/(m² · h)；

ρ_G、ρ_L——气、液相密度，kg/m³；

ϕ——干填料因子，m^{-1}；

ψ——ρ_{H_2O}/ρ_L，水的密度与液体密度之比；

g_c——重力加速度，$1.27\times10^8 m/h^2$；

μ_L——液相黏度，mPa · s。

Eckert 图中在泛点线下部是一簇等压降线，用作计算各种不同操作条件下气体通过填料层的压降。由于还未对这一簇等压降线进行线性回归关联，暂可以采用二元三点压差法对各种不同条件下的填料层压降进行试差计算，各条等压降线的纵、横坐标对应点参照 Leva 图进行读取。

3. 持液量的计算

填料塔的持液量是指在一定操作条件下，单位体积填料层内，在填料表面和填料空隙中所积存的液体体积量，一般以 m³ 液体/m³ 填料表示。

填料的持液量是一个影响填料性能的重要参数，它对压降、效率和最大允许通量都有影响。实验证实在不同的气液负荷下持液量的变化规律是：载点以下，持液量大小几乎与气速无关；超过载点，气速增大，持液量则迅速增加。

持液量可分为静持液量 H_s、动持液量 H_o 和总持液量 H_t，总持液量为静持液量和动持液量之和。

影响填料层持液量的因素包括：①填料的形状和尺寸、填料的材质、表面特性及填料特性；②气液两相液流的物理特性，如黏度、密度、表面张力；③塔的操作条件，如气液两相流量及操作温度、塔内件的结构与安装等。

（1）载点以下持液量的计算

$$H_o = 1.295\left(\frac{du_L\rho_L}{\mu_L}\right)^{0.675}\left(\frac{d^3 g\rho_L^{\ 2}}{\mu_L^{\ 2}}\right)^{-0.44} ad \tag{8-3-10}$$

式中 H_o——填料层动持液量，m^3 液体/m^3 填料；

a——填料的比表面积，m^2/m^3；

d——填料的公称直径，m；

u_L——液相的空塔线速度，m/s；

ρ_L——液相的密度，kg/m^3；

μ_L——液相的黏度，mPa · s；

g——重力加速度，$9.81m/s^2$。

(2)泛点以下持液量的计算

$$H_t = \frac{C_0}{1 + \left(\frac{\Gamma_G}{\Gamma_L}\right)^{1-n/4} \left(\frac{\rho_L}{\rho_G}\right)^{1/4} \left(\frac{\mu_G}{\mu_L}\right)^{2/4} \left(\frac{Re_G}{Re_L}\right)^{(2+n)/4}} \tag{8-3-11}$$

对于空气-水系统，上式可简化为：

$$H_t = \frac{C_0}{1 + C_1 \ (Re_G/Re_L)^{0.25}} \tag{8-3-12}$$

式中 H_t——填料层总持液量，m^3 液体/m^3 填料；

ρ_G、ρ_L——气、液相密度，kg/m^3；

μ_G、μ_L——气、液相粘度，mPa · s；

Re_L、Re_G——气、液相雷诺常数，m^2/m^3；

Γ_G、Γ_L——气、液相润湿周边长，m；

C_0、C_1——常数。

(3) 载点到泛点之间持液量的计算

$$H_t = (H_{tf} - H_o)(u_G/u_{Gf})^{10} + H_o \tag{8-3-13}$$

式中 H_{tf}——两相流动时的总持液量，m^3 液体/m^3 填料；

H_o——液体单相流动时的持液量，m^3 液体/m^3 填料；

H_{tf}——泛点下总持液量，m^3 液体/m^3 填料；

u_G、u_{Gf}——空塔气速与泛点气速，m/s。

二、再生塔的设计

再生塔的作用是利用重沸器提供的水蒸气和热量使醇胺和酸性组分生成的化合物分解，从而将酸性组分解吸出来。此外，水蒸气还有汽提作用，即降低气相中酸性组分的分压，使更多的酸性组分从溶液中解吸，故再生塔也称汽提塔。

再生塔多使用浮阀塔盘。浮阀塔处理能力大(较泡罩塔高 20%~40%)，操作弹性大(即在较宽的气速范围内板效率变化较小)，板效率高(高 15%左右)，压降低，结构简单而易安装，其制造费用约为泡罩塔的 60%~80%。

根据理论板数的要求和多年实际运行的经验，再生塔多采用 20~30 层浮阀塔盘。因此，浮阀塔盘的设计计算方法也适用于再生塔。

(一) 浮阀塔的设计

圆盘形浮阀塔板的设计计算方法大体上可分为两大类：

1）以可允许的空塔气速，按气体处理量求出塔的气相空间截面积，以允许的降液管流速，按液体处理量求出降液管面积，再按临界阀孔气速求出浮阀数；

2）根据 Hoppe 的建议，浮阀塔应在浮阀全开平衡点的气速下工作为好，即根据允许通过一个浮阀的气量，按气体处理量求出每块塔板上所需的浮阀数；然后选定阀节距及作出塔板排布方案，求出鼓泡面积和降液面积。

根据多年来的使用经验，以第一种计算方法用得较为普遍，以下仅以 F1 型浮阀为例介绍第一种计算方法。

1. 塔板间距的选定

在进行塔径初算以前，先要按经验数据选定塔板间距。选择塔板间距时，主要考虑下面几个因素。

（1）雾沫夹带

在一定的气液负荷和塔径条件下，塔板间距小则雾沫夹带量大；适当增加塔板间距，可使雾沫夹带量减少。但任一物系在一定的允许空塔速度下均有一个最大的塔板间距与之相对应，超过这个间距，雾沫夹带量将不随间距的增大而减少。因此，过大的塔板间距是不必要的。

（2）物料的起泡性

对于易起泡的物料，塔板间距应选得大些；反之，塔板间距可取得小些。

（3）操作弹性

当要求有较大的操作上限时，可选择较大的塔板间距。

（4）安装和检修的要求

在确定塔板间距时，需考虑安装和检修塔板所需的空间。例如在开有人孔的地方，塔板间距应不小于 600mm。

塔板间距的大小与处理能力、操作弹性、塔板效率及塔径大小有密切的关系。一般较大的塔板间距可采用较高的空塔气速，这样，在一定的生产能力和操作条件下，塔径可取小些，但塔高增加。对板数较多或放在室内的塔，可考虑采用较小的塔板间距，适当增大塔径以降低塔高。当塔内各段负荷不同时，也可考虑各段采用不同的塔板间距以适应相同的塔径。若单从造价考虑，如果塔板数不多，采用板间距较大而塔径较小的塔可节省投资。

2. 塔径初算

塔板间距选定后，可按式(8-3-14)~式(8-3-21)算出初步的塔径，以便在塔板上布置其他部件，如降液管、溢流堰及浮阀等。但这样设计出来的塔板是否经济合理，能否满足要求的操作弹性范围，需要由后面介绍的水力学计算方法加以检验。如不合适，应调整板间距和塔板上其他参数和尺寸，重新进行验算，直到得出满意的塔板设计结果。

初算塔径的步骤如下：

（1）最大允许气体速度 $u_{\mathrm{v,max}}$

按式(8-3-14)计算：

$$u_{\mathrm{v,max}}=\frac{0.055\sqrt{gH}}{1+2\dfrac{L_{\mathrm{S}}}{V_{\mathrm{S}}}\sqrt{\dfrac{\rho_{\mathrm{L}}}{\rho_{\mathrm{V}}}}}\sqrt{\frac{\rho_{\mathrm{L}}-\rho_{\mathrm{V}}}{\rho_{\mathrm{V}}}} \tag{8-4-14}$$

式中　g——重力加速度，9.81m/s^2；

$u_{v,max}$——塔板气相空间截面积上最大的允许气体速度，m/s；

ρ_V——气相密度，kg/m^3；

ρ_L——液相密度，kg/m^3；

H——塔板间距，m；

V_S——气体体积流率，m^3/s；

L_S——液体体积流率，m^3/s。

式(8-3-14)适用于下列情况：

① 气液系统完全不起泡或只是轻微起泡；

② 塔板间距 H 为 0.3~1.2m；

③ 出口堰高 $h_w \leq 0.15H$。

为了使式(8-3-14)能适应各种起泡系统，可用表 8-3-2 的系统因数进行校正。

表 8-3-2　系统因数 K_S

系统名称	系统因数 K_S	
	用于式(8-3-15)	用于式(8-3-17)、式(8-3-18a、b)
炼油装置较轻组分的分馏系统，如原油常压塔、气体分馏塔等	0.95~1.0	0.95~1.0
炼油装置重黏油品分馏系统，如常减压的减压塔等	0.85~0.9	0.85~0.9
无泡沫的正常系统	1	1
氟化物系统，如 BF_3、氟利昂	0.9	0.9
中等起泡系统，如油吸收塔、胺及乙二醇再生塔	0.85	0.85
重度起泡系统，如胺及乙二醇吸收塔	0.73	0.73
严重起泡系统，如甲乙基酮、一乙醇胺装置	0.6	0.6
泡沫稳定系统，如碱再生塔	0.15	0.3

(2) 适宜的气体操作速度 u_a

按式(8-3-15)计算：

$$u_a = K \times K_S \times u_{v,\ max} \tag{8-3-15}$$

式中　u_a——塔板气相空间截面上的适宜气体速度，m/s；

K_S——系统因数，其取值见表 8-3-2；

K——安全系数，对于直径大于 0.9m、H>0.5m 的常压和加压操作的塔，K=0.82；对于直径小于 0.9m，或者塔板间距 $H \leq 0.5$m，以及真空操作的塔，K=0.55~0.65(H 大时 K 取大值)。

(3)气相空间截面积 A_a

按式(8-3-16)计算：

$$A_a = \frac{V_S}{u_a} \tag{8-3-16}$$

式中　A_a——计算的气相空间截面积，m^2。

(4) 计算的降液管内液体流速 u_{w1}

液体在降液管内的流速按式(8-3-17)和式(8-3-18a)[或式(8-3-18b)]计算，选两个计算结果中的较小值。

$$u_{w_1} = 0.17K \times K_S \tag{8-3-17}$$

当 $H \leqslant 0.75$m 时：

$$u_{w_1} = 7.98 \times 10^{-3} KK_S \sqrt{H(\rho_L - \rho_V)} \tag{8-3-18a}$$

当 $H > 0.75$m 时：

$$u_{w_1} = 6.97 \times 10^{-3} KK_S \sqrt{\rho_L - \rho_V} \tag{8-3-18b}$$

式中　u_{w_1}——计算的降液管内液体流速，m/s。

其他符号意义同前。

(5) 计算的降液管面积 A'_d

取式(8-3-19)、式(8-3-20)中计算结果的较大值。

$$A'_d = \frac{L_S}{u_{w_1}} \tag{8-3-19}$$

$$A'_d = 0.11 \times A_a \tag{8-3-20}$$

式中　A'_d——计算的降液管面积，m^2。

(6) 计算的塔横截面积 A_t

按式(8-3-21)计算：

$$A_t = A_a + A'_d \tag{8-3-21}$$

式中　A_t——计算的塔横截面积，m^2。

(7) 计算的塔径 D_C

按式(8-3-22)计算：

$$D_C = \sqrt{\frac{A_t}{0.785}} \tag{8-3-22}$$

式中　D_C——计算的塔径，m。

(8) 采用的塔径 D 及采用的空塔气速 u_v

根据计算的塔径，按国内标准浮阀塔板系列进行圆整，得出采用的塔径 D，按式(8-3-23)及式(8-3-24)计算采用的塔横截面积及空塔气速。

$$A = 0.785D^2 \tag{8-3-23}$$

$$u_v = \frac{V_S}{A} \tag{8-3-24}$$

式中　A——采用的塔横截面积，m^2；

D——采用的塔直径，m；

u_v——采用的空塔气速，m/s。

塔径圆整后其降液管面积按式(8-3-25)计算：

$$A_d = \frac{A}{A_t} \times A'_d \tag{8-3-25}$$

式中　A_d——采用的降液管截面积，m^2。

(二) 浮阀塔的水力学计算

浮阀塔板的水力学计算主要包括塔板压降、雾沫夹带、泄漏、降液管超负荷及淹塔等。

1. 塔板总压降 h_t

塔板总压降 h_t 包括干板压降 h_d、气体克服鼓泡层表面张力的压降 h_o 及气体通过塔板上液层的压降 h_L。

(1) 干板压降 h_d

对于 26~33g 的 F1 型浮阀塔板：

阀全开前按式(8-3-26)计算：

$$h_d = 0.7 \frac{m_V}{a_0} \frac{u_0^{0.175}}{\rho_L} \tag{8-3-26}$$

对于 33g 浮阀，式(8-3-27)可简化为：

$$h_d = 19.9 \frac{u_0^{0.175}}{\rho_L} \tag{8-3-27}$$

阀全开后按式(8-3-28)计算：

$$h_d = 5.37 \frac{u_0^2}{2g} \frac{\rho_G}{\rho_L} \tag{8-3-28}$$

式中 m_v——一个浮阀的质量，kg；

a_o——一个阀孔的面积，m^2；

g——重力加速度，9.81m/s^2；

h_d——干板压降，m 液柱。

(2) 气体克服鼓泡表面张力的压降 h_o

按式(8-3-29)计算：

$$h_o = \frac{19.6\sigma_L}{h_{v,max}\rho_L} \tag{8-3-29}$$

式中 σ_L——液体表面张力，N/m；

$h_{v,max}$——浮阀最大开度，m。

一般 h_o 值很小，可忽略。

(3) 气体通过塔板上液层的压降 h_L

按式(8-3-30)计算：

$$h_L = 0.4h_W + 2.35 \times 10^{-3} \left(\frac{3600L_S}{l_W}\right)^{\frac{2}{3}} \tag{8-3-30}$$

式中 h_L——气体通过塔板上液层的压降，m 液柱。

(4) 气体通过一块塔板的总压降 h_t

按式(8-3-31)计算：

$$h_t = h_d + h_L + h_o \approx h_d + h_L \tag{8-3-31}$$

式中 h_L——气体通过一块塔板的总压降，m 液柱。

2. 雾沫夹带 e

在相同的分离物系中，雾沫夹带量是随塔板间距的增大、空塔气速的降低而减少；塔板上清液层高度的降低使雾沫夹带量增大，在相同的塔板结构和操作条件下，雾沫夹带量是随物系表面张力的增加而减少；气相密度增加，液滴不易沉降，雾沫夹带量增大。液体黏度对雾沫夹带影响不大。

过量的雾沫夹带会使塔板效率降低很多，所以应限制塔板的雾沫夹带。一般情况下，雾沫夹带可限制在每 kg 上升气体所夹带的液体量小于或等于 0. 1kg。

雾沫夹带量 e 可按式(8-3-32)近似地计算：

$$e=\frac{q(0.052h_c-1.72)}{(1000H)^n\times\varphi'^2}\left(\frac{u_v}{\varepsilon\times m}\right)^{3.7} \tag{8-3-32}$$

式中　e——雾沫夹带量，kg 液体/kg 气体；

ε——除去降液管面积后的塔板面积与塔横截面积之比，按式(8-3-33)计算：

$$\varepsilon=\frac{A-2A_d}{A} \tag{8-3-33}$$

φ'——系数，在 0. 6~0. 8 间取值，当 $u_v=0.5u_{v,max}$时取小值；当 $u_v=u_{v,max}$时取大值；

u_v——采用的空塔气速，m/s；

m——参数，按式(8-3-34)计算：

$$m=5.63\times10^{-5}\left(\frac{\sigma_L}{1000\rho_v}\right)^{0.295}\left(\frac{\rho_L-\rho_V}{0.8\mu_V}\right)^{-0.425} \tag{8-3-34}$$

式中　μ_V——气体黏度，Pa·s；

q、n——系数，当 $H<0.35$m 时，$q=9.48\times107$，$n=4.36$；$H\geqslant0.35$m 时，$q=0.159$，$n=0.95$；

σ_L——液体表面张力，N/m；

H——塔板间距，m；

h_c——塔板上液层高度，mm。

式(8-3-32)对表面张力较小($\sigma\leqslant0.035$N/m)的有机化合物系统较适宜，对水或物理性质与水相近的液体，可用式(8-3-35)估算雾沫夹带值：

$$e=\frac{q(0.052h_c-0.206)}{(1000H)^n\times\varphi'^2}u_v^{3.69} \tag{8-3-35}$$

3. 泄漏

浮阀塔板上的泄漏量一般是随阀重和阀孔速度的增加而减少，随塔板上液层高度的增加而增加。其中以阀重和阀孔速度影响较大。在气速达到阀孔临界速度以前，塔板上的泄漏量是较大的。在一定的空塔速度下，阀孔速度可用塔板开孔率来调节，使塔板上全部浮阀在刚全开时操作，于是阀重就成为影响塔板泄漏的主要因素。

过多的泄漏将使塔板效率下降，特别是在靠近进口堰的地方泄漏将使板效率下降更多。所以浮阀塔板安装时应不允许它向进口堰方向倾斜。

塔板的泄漏量可控制在该塔板液体负荷的 10%以下。

对 30~33g 的 F1 型浮阀，塔板开孔率在 9%~11%时，可用式(8-3-36)、式(8-3-37)近似地计算塔板的泄漏量：

$h_w=0.05$m 时：

$$N_w\times10^4=2.09(\mu_V\rho_V^{1/2})^{-5.95}\left(\frac{L_w}{3600}\rho_L\right)^{1.43} \tag{8-3-36}$$

$h_w = 0.03\text{m}$ 时：

$$N_w \times 10^4 = 1.26(u_V \rho_V^{1/2})^{-5.95} \left(\frac{L_w}{3600} \rho_L \right)^{1.43} \tag{8-3-37}$$

式中　h_w——溢流堰高度，m；

N_w——泄漏量，%；

L_w——堰上液流强度，$m^3/(h \cdot m$ 堰长)。

当塔板的开孔率为其他数值时，对 30~33g 浮阀一般可取阀孔动能因数 $F_o = 5 \sim 6$ 作为操作的负荷下限值。当在真空操作而采用较轻浮阀时，负荷下限值将提高，故需适当提高 F_o 的下限值。例如对 25g±1g 浮阀，有两个塔实际操作的下限值分别为 $F_o = 5.6$ 及 7.78(前一例为 F1 型浮阀，后一例为 V-4 型浮阀)。阀孔动能因数按式(8-3-38)计算：

$$F_o = u_o \sqrt{\rho V} \tag{8-3-38}$$

式中　F_o——阀孔动能因数，$(m/s)(kg/m^3)^{1/2}$。

4. 淹塔

当降液管中清液高度超过一定值后，就可能因液体所携带的泡沫充满整个降液管而产生淹塔现象，使操作破坏，所以应使降液管内的清液维持在一定的高度以下。降液管内清液层高度取决于液相流过塔板的压降。这个压降为气相通过该板的压降、塔板上液层高度产生的压降以及液体流经降液管所产生的压降之和，可按式(8-3-39)计算：

$$h_L = h_t + h_c + h_{dk}(\text{或 } h'_{dk}) \tag{8-3-39}$$

式中　h_L——液相流过一层塔板所需克服的压降，m 液柱；

h_{dk}——不设进口堰时液相通过降液管的压降，m 液柱；

h'_{dk}——设进口堰时液相通过降液管的压降，m 液柱；

h_t——气体通过一块塔板的总压降，m 液柱；

h_c——塔板上液层高度，m。

h_{dk} 和 h'_{dk} 值可按式(8-3-40a)和式(8-3-40b)计算：

$$h_{dk} = 0.153(W_b)^2 \tag{8-3-40a}$$

$$h'_{dk} = 0.2(W_b)^2 \tag{8-3-40b}$$

为防止发生淹塔，必须满足式(8-3-41)要求。

$$h_L \leqslant (0.4 \sim 0.6)(H + h_w) \tag{8-3-41}$$

式(8-3-41)中的系数一般取 0.5，发泡严重的介质应取小值。

5. 降液管超负荷

当液体在降液管内流速太快，则从上层塔板携带到降液管内的气体将来不及在降液管中与液体分离而随液体进入下层塔板，降低了分离效率。液体在降液管内的最大流速由式(8-3-42)和式(8-3-43a)[或式(8-3-43b)]计算，选两式计算结果的较小值：

$$u_{w_1} = 0.17K_S \tag{8-3-42}$$

当 $H \leqslant 0.75\text{m}$ 时：

$$u_{w_1} = 7.98 \times 10^{-3} \times K_S \sqrt{H(\rho_L - \rho_V)} \tag{8-3-43a}$$

当 $H > 0.75\text{m}$ 时：

$$u_{w_1} = 6.97 \times 10^{-3} \times K_S \sqrt{H(\rho_L - \rho_V)} \tag{8-3-43b}$$

式中　u_{w_1}——降液管内液体流速，m/s。

6. 适宜操作区和操作线

浮阀塔板水力学计算表明，塔板上的许多因素是互相关联又相互制约的。对一个结构尺寸已定的塔板，将有一个适宜的操作区，它综合地反映了塔板的操作性能，把不同气液流率下塔板上出现的各种流体力学的界限综合地表达出来。通过适宜操作区和该塔板上的操作线，可以形象地反映出塔板的操作弹性大小，检验该塔板设计是否合理。

塔板适宜操作范围可用空塔气速[或 $u_V\rho_V^{1/2}$，(m/s)(kg/m³)$^{1/2}$]为纵坐标，液体流率[或液流强度，m³/(h·m 堰长)]为横坐标作图(见图8-3-5)。当塔的气液负荷(操作点)位于该适宜操作区适中位置，则塔板的流体力学操作状态是正常和稳定的。

作图的方法：

(1) 雾沫夹带界线

由式(8-3-32)或式(8-3-35)作出。一般情况下可把 $e=10\%$ 作为雾沫夹带的上限。

(2) 淹塔界线

由式(8-3-40)~式(8-3-41)作出。

(3) 降液管超负荷界线

由式(8-3-42)或式(8-3-43)所算出的降液管流速决定。

(4) 泄漏界线

当用30~33g F1型浮阀，塔板开孔率为9%~11%之间，可按式(8-3-33)或式(8-3-34)计算。一般情况下，可把 $N_w=10\%$ 作为泄漏的下限。

(三) 再生塔的设计特点

结合再生塔的工艺特点，其塔板的设计有以下特殊之处：

1) 胺液为发泡物系，其塔板的阀孔动能因子要比无泡沫的正常系统更低，这意味着，在同样的气相负荷下，再生塔需要更高的塔板开孔率。

2) 通常在一定的气液负荷和塔径条件下，塔板间距小则雾沫夹带量大，适当增加塔板间距，可使雾沫夹带量减少。对于易起泡的物料，塔板间距应选得大些。另外由于再生塔的板数并不多，因此通常其板间距选为600mm。

3) 富液入口上部的塔板，液相负荷低，其堰上液层高度通常小于13mm，尤其当塔处于低负荷操作时，其堰上液层高度更低。这样会由于塔板及溢流堰的制造和安装上的误差，使得堰上液流不均匀而引起板上液体的不均匀流动，因此，该部分塔板的出口堰应增加齿形堰。

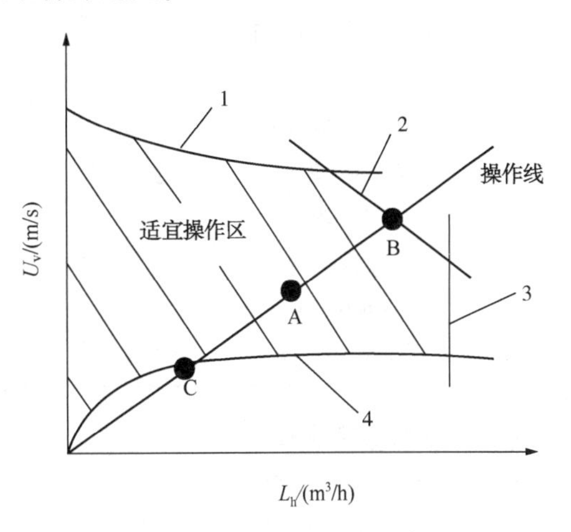

图8-3-5　适宜操作区示意图

A—设计点，此点对应于塔板设计时的气液负荷；OA—操作线，坐际原点O与设计点A的连线OA为在已知条件下设计出来的该塔板的操作线，在此线上各点的气液比是恒定的；B—负荷上限，在上图中负荷上限为淹塔控制；C—负荷下限；B与C之比即为操作弹性，比值越大，弹性越好

4) 富液入口下部的塔板，液相负荷高，降液管停留时间短，但由于胺液的易发泡特

性，应保证降液管停留时间在7s以上，且底隙流速应小于0.3m/s或更低。

5）塔板下部的集液箱用于液体抽出，为半贫液出口或与再沸器连接口。集液箱应尽可能地减少漏液，可采用焊接结构。对于改造装置，若条件不允许，也可采用可拆卸结构，但应做好集液箱的密封，防止大量液体直接漏入塔釜。

三、故障诊断及处理

（一）塔故障起因

故障处理的任务在于尽快搞清楚塔出现故障的原因，并采取有效措施，使塔恢复正常操作或达到设计指标。

塔的故障通常有以下几种：

1）塔没有达到预期的分离效率；

2）塔没有达到预期的气体或液体处理能力；

3）塔的压力降过高或过低；

4）塔的操作不稳定；

5）塔出现意想不到的腐蚀或材料问题。

塔故障诊断的首要任务是确定故障的起因，引起精馏塔故障的原因各种各样，是工艺问题还是相关的设备问题，这是两个大的判断方向。精馏塔发生故障的原因见表8-3-3。

表8-3-3　精馏塔发生故障的原因

故障原因	报告故障数/起	报告故障所占比例%
仪表和控制	52	18
塔内件故障	51	17
开车和(或)停车困难	48	16
操作困难	38	13
再沸器、冷凝器问题	28	9
原始设计、气液平衡、塔尺寸、填料类型等	21	7
泡沫	18	6
安装问题	16	6
塔板及降液管布置	13	4
塔的过压排放	12	4

（二）故障诊断步骤

（1）陈述问题和目标

这似乎是一项简单的任务，但通常因为人们对实际问题的认识不同，陈述问题的角度和深度也会不同。

例如：某塔处于不合适的高流率下操作，因雾沫夹带引起的分离效率低下，如果操作者或装置工程师用提高回流比来弥补效率不足，则会导致液泛。因此故障报告可能陈述的是水力学上限问题，而实际上却是雾沫夹带引起的效率问题。纠正的目标不应是解决水力学能力问题，而是要解决雾沫夹带问题。

因此，要仔细听取现场操作人员，装置工艺、设备、仪表工程师甚至维修人员和管理人员对异常症状的描述和判断意见，不要轻易否定，逐条罗列，通过进一步深入研究逐一排查。

(2) 问题的评估

主要是评估问题的严重性、危险性、经济损失情况。如果塔故障导致装置存在危险性，首先应采取应急措施排除危险。在问题存在的条件下，尽量采取一些临时性措施来维持生产，至少能为故障处理收集资料创造必要条件，取得尽可能完整可靠的资料，在有计划和准备的条件下停车，这样就可以缩短维修时间。

(3) 收集现场数据及原始设计文件

完整的资料应包括下述几方面：

① 装置的工艺管路及仪表流程图、平面布置图(竣工版)；

② 设计条件和设计说明书(设计条件下的物料平衡和热量平衡表或工艺流程模拟结果，工艺流程设计说明书，相关辅助设备、仪表设计说明书，塔内件水力学计算书，塔内件结构设计说明等)；

③ 有关设备、塔内件、相关管口方位施工图(竣工版)；

④ 历史正常操作和现在异常操作的现场工艺数据记录(实际的物料和热量平衡数据，实际塔压力降、温度、组成分布，异常过渡状态和开车过程记录等)；

⑤ 操作手册；

⑥ 塔及塔内件安装、检验、维修记录。

(4) 资料的排查与分析

排查的步骤：

① 检查工艺设计并对比实际情况(设计条件与操作工况对比；热力学；物性数据；理论板计算、最小回流比和再沸器汽化量；实际情况与设计工况下，有关塔与塔周边设备的热量和物料平衡等)；

② 检查设备设计并对比实际工况(能力估算；压力降估算；效率估算；各塔内件的水力学估算；分布效果；内件结构布置；换热器；泵等)；

③ 检查仪表和控制方案设计及运行(原始控制方案；所有控制系统对某个改变产生正确的响应；进出塔的物流参数测量仪表读数的准确)；

④ 检查机械完整性，塔内件(塔盘、填料、分布器集液器等)是否有损坏。

(5) 合理科学的诊断及处理

这是故障诊断过程的目标。做出的诊断通常不是单一的，而是多元的，不仅对那些显而易见的原因进行诊断，对任何可能引发的原因诊断也绝不能轻易放过。解决方案通常也是多元的：紧急方案、临时方案及永久性方案。

永久性方案只能在下次停车时实施，这种方案需要足够充分的准备时间，要按故障处理的目标分步骤实施，而且还要充分考虑到实施的方案可能引发的相关的或新的问题。

(6) 实施结果的监测记录

追踪故障处理方案的实施结果是十分重要的。如果方案实施成功，方案中合理的理念能在新的设计规范和其他相关设计中得到应用，使业内装置取得更大效益。

(三) 操作中常见故障原因分析

(1) 分离效率低

分离效率达不到预计值，可能从以下几方面进行解释：

① 气液相平衡数据(VLE)偏差；

② 理论板、最小回流比、再沸器汽化量计算偏差；

③ 物料平衡偏差；

④ 传质效率预测偏差；

⑤ 塔内件设计、安装问题：包括：板式塔上可能出现的液体分布不良，液体分布器的设计和性能，塔盘、集液器、分布器上的雾沫夹带，塔盘、集液器、分布器上的泄漏和渗漏，气体分布性能等。

(2) 水力学能力不足

当塔的能力不足时，可能是下列一种或多种情况引起：

① 关联式使用不正确或偏差；

② 塔操作中产生了没有预见到的起泡物质；

③ 塔内件设计、制造、安装失误；

④ 模拟计算结果不准确。

可以通过检查以下位置排查：

① 检查关联式适用的范围及准确度；

② 检查装置的实际热量和物料平衡数据是否和设计值有偏差；

③ 检查物系起泡性能；

④ 检查塔内件设计、制造、安装资料，查找气液流动收缩点；

⑤ 检查塔盘和内件是否移位；

⑥ 检查结垢堵塔的可能性。

(3) 塔操作不稳定

包括不稳定的流量、温度、压力、组成或这些参数的组合。可以检查的问题包括：一般的控制问题，压力控制问题，烃系统中是否带水，系统起泡性，进料条件的稳定性，再沸器的波动和稳定性，冷凝器放空和压力平衡等。

过高的压力降可以由下列问题引起：

① 气液流动有收缩/阻塞点；

② 预测模型偏差；

③ 塔内件设计、制造、安装失误；

④ 流动速率改变；

⑤ 过高的雾沫夹带。

可以通过检查以下位置排查：

① 检查塔盘、分布器、支撑板上的气液流动收缩点；

② 检查压降关联式的可靠性；

③ 检查传质元件以外的其他塔内件的压力降设计；

④ 检查装置仪表的准确性以及物料平衡数据是否和设计值有偏差。

(4) 辅助的设备问题

如再沸器液位控制和分布不合理、再沸器循环不足、设备结垢、放空系统过载、泄漏等。

(5) 腐蚀故障

（四）案例分析

案例一：

某炼厂硫黄回收装置吸收塔，设计指标为塔顶出口 H_2S 含量≤200μg/g，实际运行中出口 H_2S 含量均值约 4500μg/g，远超设计值数倍。经与原始设计参数对比后发现，实际气量和气体中 H_2S 含量与设计值一致，实际胺液量最多时用到 10t/h（设计值为 15t/h），胺液中 MDEA 浓度为 23%左右（设计值为 30%）。尾气吸收塔直径 Φ1000mm，内装两段 50#矩鞍环散堆填料，填料总高 7000mm。

胺液用量受全厂溶剂再生能力所限，达不到设计值。为了改善吸收效果，将原塔内散堆填料更换为 250Y 规整填料，同时更换原塔液体分布器和收集器，与实际的液相负荷相匹配。改造后，不增加实际胺液用量，吸收塔顶出口 H_2S 含量降至 200μg/g 以下。

案例二：

某炼厂胺液再生塔原设计处理量为 40t/h，设计操作弹性为 60%~120%。后厂区内生产调整，胺液总循环量增加到 60t/h，达到原设计的 150%。

扩能后塔内气液相负荷数据汇总于表 8-3-4。

表 8-3-4 扩能后塔内气液相负荷数据

序号	项 目	1#~2#塔板	3#~25#塔板
1	气相负荷/(kg/h)	6380	8972
2	液相负荷/(kg/h)	5000	68215
3	气相密度/(kg/m^3)	1.17	1.15
4	液相密度/(kg/m^3)	984.16	939.35
5	表面张力/(mN/m)	67.82	52.69
6	气相黏度/10^{-3}Pa·s	0.010	0.010
7	液相黏度/10^{-3}Pa·s	0.559	0.258

塔板结构参数汇总于表 8-3-5。

表 8-3-5 原塔结构参数

序号	项 目	数值
1	塔板层数	25
2	进料板（从上至下）	3
3	塔内径/mm	1600
4	板间距/mm	600
5	溢流程数	1
6	开孔率（基于塔截面积）/%	6.5
7	降液管宽度/mm	255
8	降液管面积与塔截面积之比/%	10.3
9	出口堰长/mm	1171
10	出口堰高/mm	50
11	降液管底隙高度/mm	50

按照原塔板参数进行水力学计算，提负荷后塔板的阀孔动能因子超过 10，降液管底隙流速接近 0.4m/s，原塔板的开孔率及底隙高度已不能保证塔的良好操作，需进行更换和改造。

针对水力学计算结果，主要对塔内件进行两方面的改造：一是增加原塔板的开孔率，提高气体在塔板上的流通面积；二是增大进料板及以下塔板的降液管底隙，降低底隙流速。

改造后，胺液再生塔的处理能力由 40t/h 增加至 60t/h，贫胺液中 $H_2S+CO_2 \leqslant 1g/L$，贫胺液再生效果达标。

改造前后部分塔板结构参数及水力学计算结果汇总于表 8-3-6。

表 8-3-6　改造前后部分塔板结构参数及水力学计算结果对比

序号	项　目	改造前		改造后	
		1#~2#	3#~25#	1#~2#	3#~25#
1	塔内径/mm	1600	1600	1600	1600
2	板间距/mm	600	600	600	600
3	溢流程数	1	1	1	1
4	开孔率(基于塔截面积)/%	6.5	6.5	10.4	15.3
5	降液管宽度/mm	255	255	255	255
6	出口堰高/mm	50	50	50	50
7	降液管底隙高度/mm	50	50	50	70
8	校正阀孔动能因子/$Pa^{1/2}$	12.7	18.4	7.9	7.8
9	单板压降/Pa	700	1286	555	716
10	降液管泛点率/%	27.45	53.44	24.31	38.53
11	降液管底隙流速/(m/s)	0.02	0.34	0.02	0.25

第四节　Aspen HYSYS 流程模拟

2014 年，Aspen 公司收购了由加拿大 Sulphur Experts 公司开发的全流程硫回收模拟软件 Sulsim，经过提升和改进后完全整合到 Aspen HYSYS 流程模拟软件当中，将 Aspen HYSYS 流程模拟的优势和 Sulsim 软件的功能融合在一起，成为硫黄回收装置模拟和优化的新一代软件产品。

本章节重点介绍采用 Aspen HYSYS 中的 Sulfur Recovery Unit 模拟硫黄回收装置，该硫黄回收装置采用改进的 Claus 工艺从 H_2S、COS、CS_2、SO_2 等酸性气中回收单质硫。

一、模拟基础

(一) 硫黄回收物性包

改进的 Claus 工艺使用高温“自由火焰”反应器和在连续较低温度下运行的固定床催化反应器的组合，以实现期望的转化反应。因此典型的改进的 Claus 硫黄回收工艺包括两个阶段：第一阶段为热反应阶段，第二阶段为催化反应阶段。

Aspen 公司 Sulsim 物性包结合了 Sulphur Experts 公司开发的硫黄专有物性包，模拟改进 Claus 过程，并使用相同的 Gibbs 自由能、焓和黏度关联式。这些参数已经经过多年的工业经验改进，以确保模拟结果与工厂性能相匹配。Aspen HYSYS 中专用的硫黄回收物性包是 Sulsim(Sulfur Recovery)，如图 8-4-1 所示。

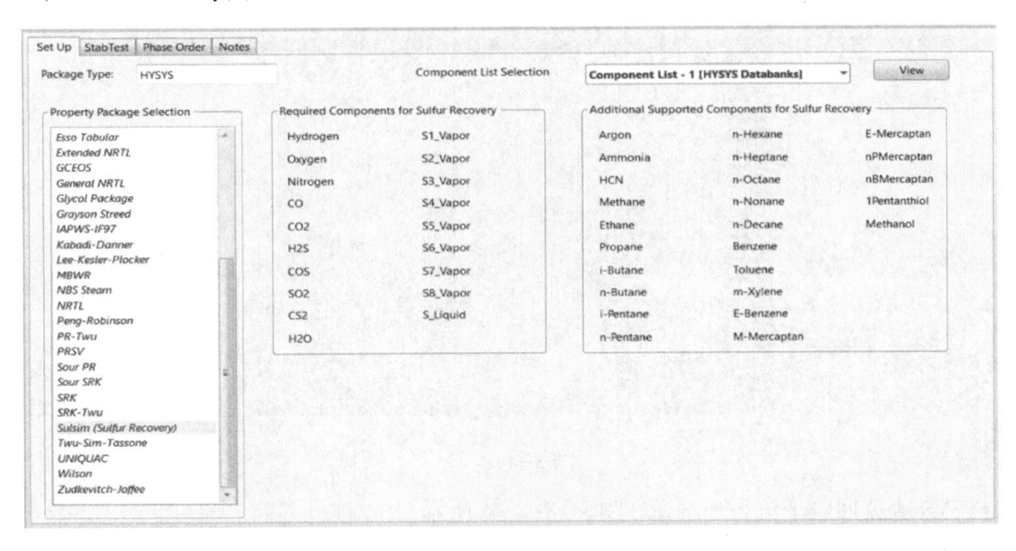

图 8-4-1

(二) 硫黄回收子流程

Aspen HYSYS 的硫黄回收模拟功能在硫黄回收单元子流程(Sulfur Recovery Unit Sub-Flowsheet)中实现，如果选择了硫黄回收物性包，并且工艺流程中不包括硫黄回收单元子流程，那么当进入模拟环境时，HYSYS 将出现以下对话框，自动提示添加硫黄回收单元子流程。如图 8-4-2 所示。

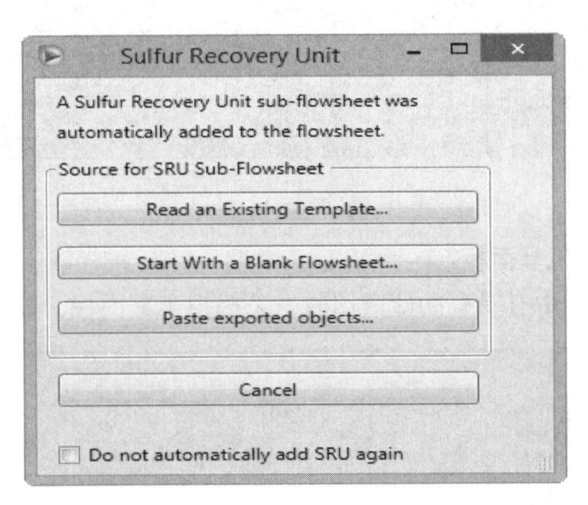

图 8-4-2

硫黄回收单元子流程也可以从工具面板中选择，然后添加到 HYSYS 流程中，硫黄回收单元子流程模块如图 8-4-3 所示。

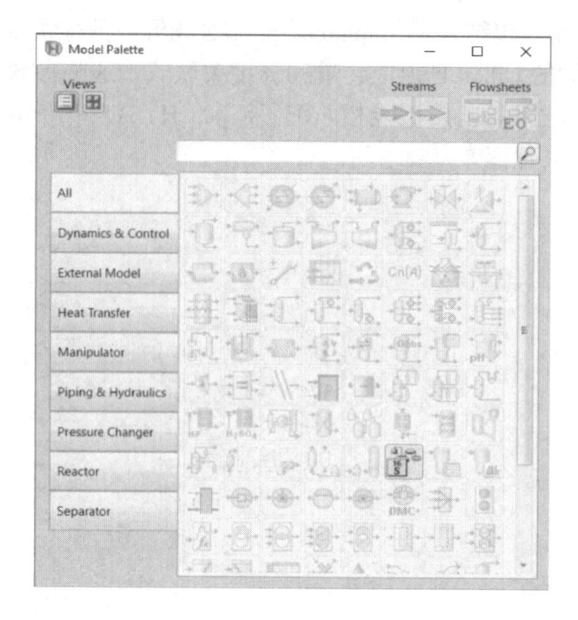

图 8-4-3

HYSYS 硫黄回收子流程环境示例如图 8-4-4 所示。

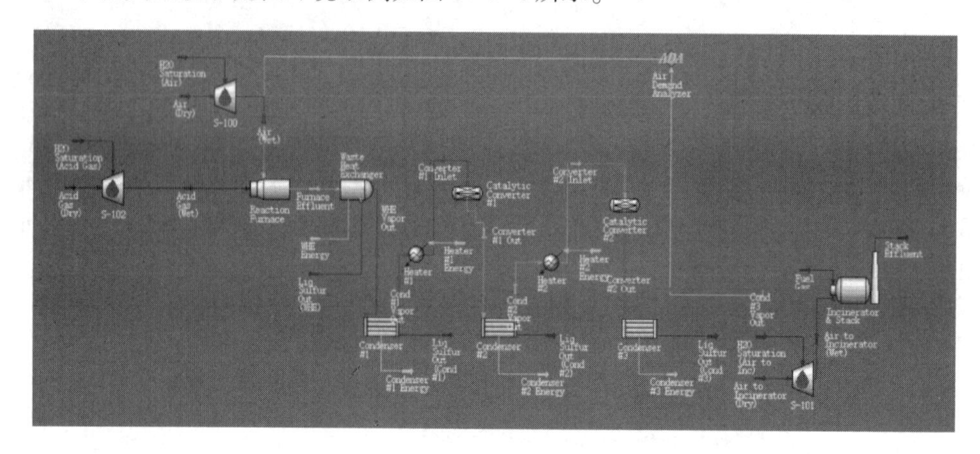

图 8-4-4

(三) 硫黄回收模拟工具面板

硫黄回收单元子流程中有专有的硫黄回收工艺模拟工具面板，如图 8-4-5 所示。

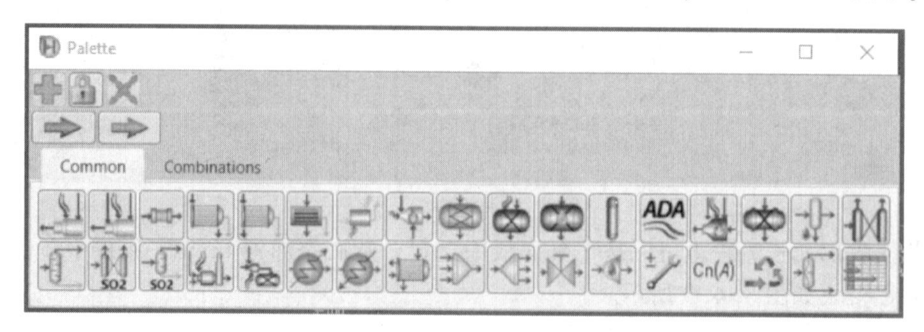

图 8-4-5

将光标放在模块的位置上，HYSYS 自动提示模块的名称，如图 8-4-6 所示。

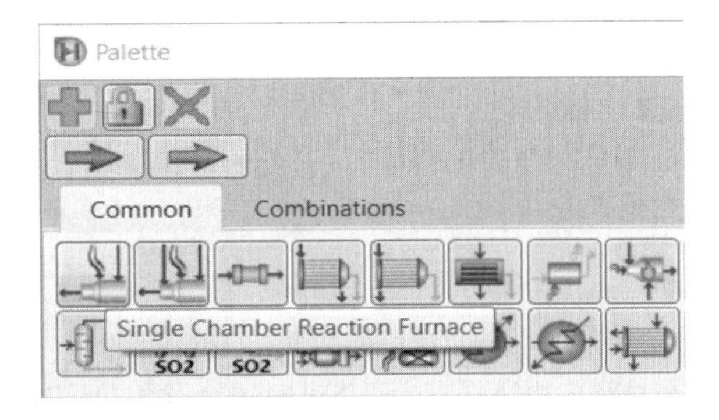

图 8-4-6

各功能模块按照从左向右从上到下的顺序依次为：

- Single Chamber Reaction Furnace——单室反应炉
- Two Chamber Reaction Furnace——双室反应炉
- Quench Section——急冷段
- Single Pass Waste Heat Exchanger——单管程余热锅炉
- Double Pass Waste Heat Exchanger——双管程余热锅炉
- Condenser——冷凝器
- Degasser——脱气器
- Direct Fired Heater——直燃式加热器
- Catalytic Converter——Claus 反应器
- Selective Oxidation Converter——选择性氧化反应器
- Sub-Dewpoint Catalytic Converter——亚露点催化反应器
- Coalescer——硫捕集器
- Air Demand Analyzer——空气需求分析器
- Reducing Gas Generator——还原气发生器
- Hydrogenation Bed——加氢反应器
- Quench Tower——急冷塔
- Simple Amine Absorber and Regenerator——简单胺液吸收和再生塔
- Redox Absorber——吸收塔
- SO_2 Absorber and Regenerator——SO_2 吸收和再生塔
- Non-Regenerable SO_2 Absorber——非可再生 SO_2 吸收塔
- Incinerator——焚烧炉
- Catalytic Incinerator——催化焚烧炉
- Cooler——冷却器
- Heater——加热器
- Heat Exchanger——换热器
- Mixer——混合器
- Tee——三通
- Control Valve——控制阀

- Saturator——饱和器
- Adjust——调整器
- Set——设置器
- Recycle——循环器
- Component Splitter(HYSIM Fractionator)——组分分离器
- Spreadsheet——电子表格

二、主要模拟模块

(一) 反应炉模型

Aspen HYSYS 模拟反应炉的模块有两个，分别是 Single Chamber Reaction Furnace 和 Two Chamber Reaction Furnace。

输入界面如图 8-4-7 所示。

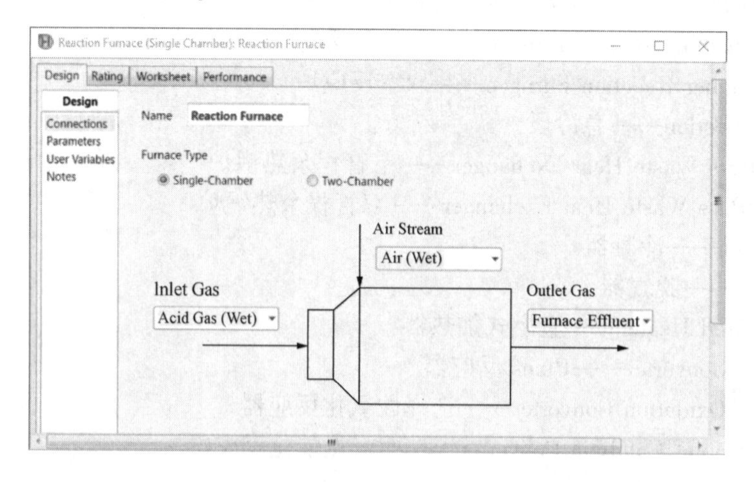

图 8-4-7

反应炉模型有 3 种计算反应器出口组成的方式，分别是(如图 8-4-8 所示)：

- Empirical——经验模型
- Thermodynamic——热力学模式
- Outlet-Known——出口已知模式

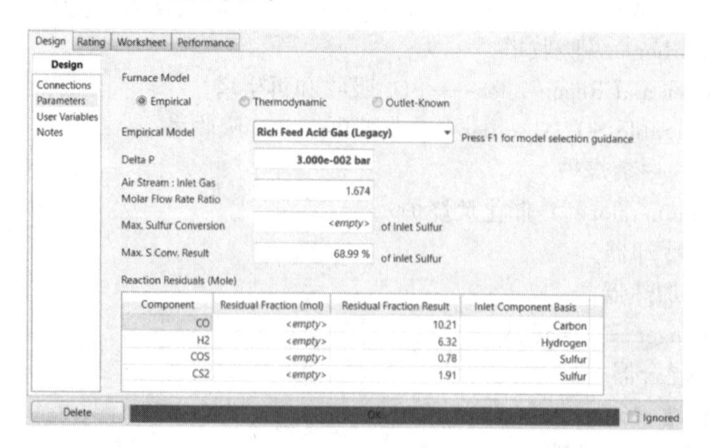

图 8-4-8

经验模型共有 9 种经验炉子模型选项以满足不同进料组成和工厂配置的需要。选择向导如图 8-4-9 所示。

Furnace Model Selection Guide							
	Feed Conditions						
Configuration	H_2S in Feed (mol%)	NH_3 in Feed (mol%)	O_2 Enrichment (mol%)	Fuel Gas Co-Firing (mol% of feed)	Acid Gas Bypass Fraction (%)	Empirical Model Selection	Recommended
Straight Through	30-100%	Typically none	None	None	None	Straight Through Amine Acid Gas	✓
Straight Through	50-100%					Rich Feed Acid Gas (Legacy)	Legacy
Split Flow	5-50%	Typically none	Typically none	Up to 10%	Up to 66.6%	Split Flow with Lean Acid Gas	✓
Split Flow	20-50%					Lean Feed Acid Gas (Legacy)	Legacy
Split Flow (with preheat)	10-20%					Lean Feed Acid Gas (Legacy)	Legacy
Sulfur Recycle	5-10%					Lean Feed Acid Gas (Legacy)	Legacy
Straight Through with NH_3-burning	30-100%	Up to 30%	None	None	None	SWS Acid Gas	✓
Straight Through with NH_3-burning	50-100%	NH_3 Present				NH3 SWS Acid Gas (Legacy)	Legacy
Oxygen Enrichment	25-100%	Up to 30%	20-100%	Typically none, but can be used	None	Oxygen Enrichment All Acid Gas	✓
Oxygen Enrichment	5-100%					Oxygen Enrichment (Legacy)	Legacy
Fuel Gas Co-Firing with Amine Acid Gas	5-100%	Typically none	20-100%	Up to 40%	None	Co-Firing Amine Acid Gas	✓
Fuel Gas Co-Firing with SWS	5-100%	Up to 30%	20-100%	Up to 40%	None	Co-Firing SWS Acid Gas	✓

图 8-4-9

（二）反应炉蒸汽发生器模型

Single Pass Waste Heat Exchanger 和 Double Pass Waste Heat Exchanger，如图 8-4-10 所示。

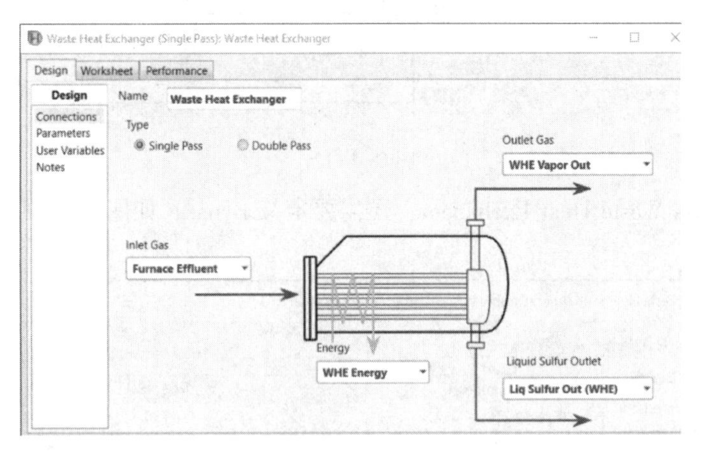

图 8-4-10

在反应炉蒸汽发生器中可以定义的雾沫夹带选项并允许考虑逆反应，对 Single Pass Waste Heat Exchanger 如图 8-4-11 所示。

雾沫夹带有二个选项：

- Percent Entrainment：出口气流中排出的总液硫的质量分数。
- Mass Entrainment：出口气流中总液硫的质量流量，显示单位是(质量/出口气体流量)。

当选择 Allow Simulation of back-reactions in the WHE 时，模型会考虑逆反应的影响，将部分单质硫转换回酸性气组分(如图 8-4-12 所示)：

- $H_2+S \longrightarrow H_2S$
- $CO+S \longrightarrow COS$

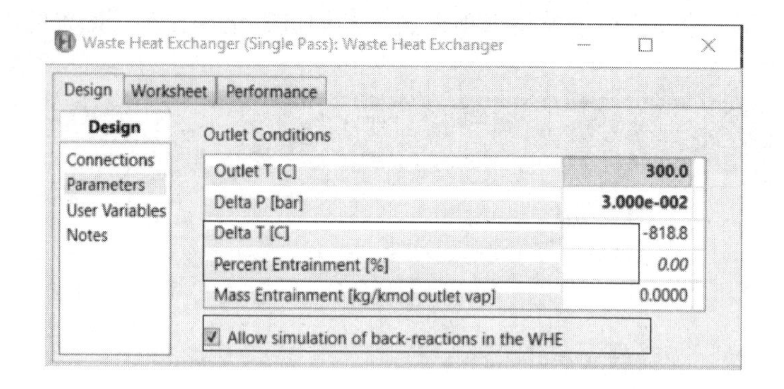

图 8-4-11

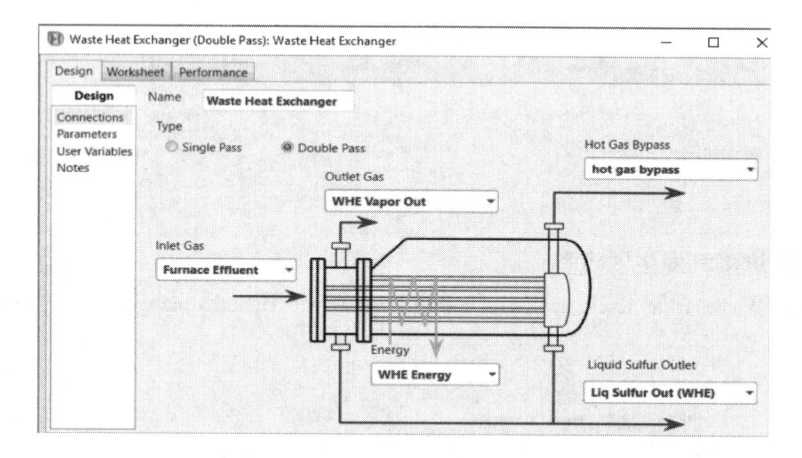

图 8-4-12

对 Double Pass Waste Heat Exchanger，还需要定义 Bypass(如图 8-4-13 所示)。

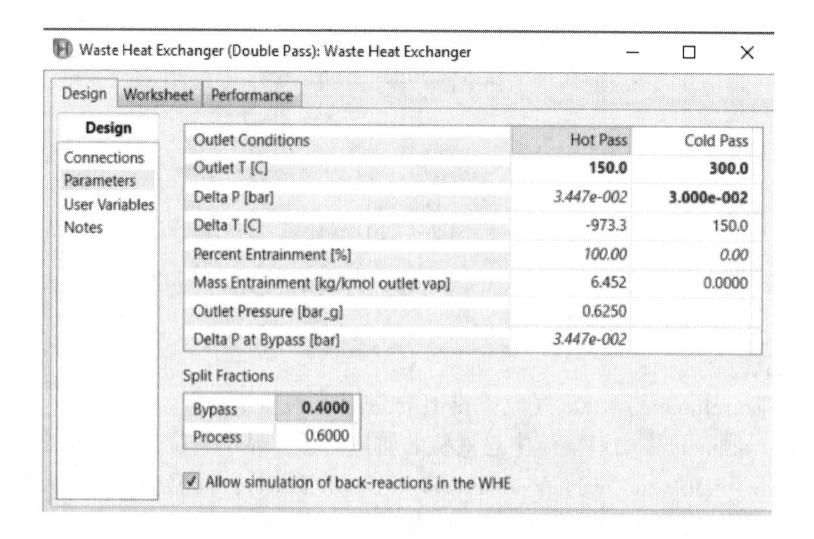

图 8-4-13

（三）反应器

反应器包括：Catalytic Converter、Selective Oxidation Converter 和 Sub-Dewpoint Catalytic Converter。

Claus 反应器(Catalytic Converter)将硫化氢进一步转化为单质硫，考虑 Claus 反应和 COS 与 CS_2 的水解作用，并考虑 Alumina 和 Titania 二种类型的催化剂，如图 8-4-14 所示。

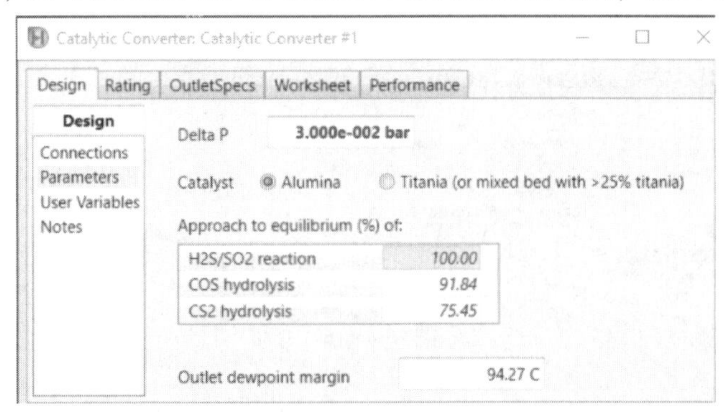

图 8-4-14

Claus 反应主要反应：

$$2H_2S+3O_2 \longrightarrow 2SO_2+2H_2O$$

$$2H_2S+SO_2 \longrightarrow 3S+2H_2O$$

水解反应：

$$COS+H_2O \longrightarrow CO_2+H_2S$$

$$CS_2+2H_2O \longrightarrow CO_2+2H_2S$$

亚露点反应器(Sub-Dewpoint Catalytic Converter)采用与 Claus 反应器相同的关联式，可以在低于硫黄露点的出口温度下操作，因此单质硫会部分残留在催化剂中，从而需要定期地进行催化剂再生来恢复反应活性，如图 8-4-15 所示。

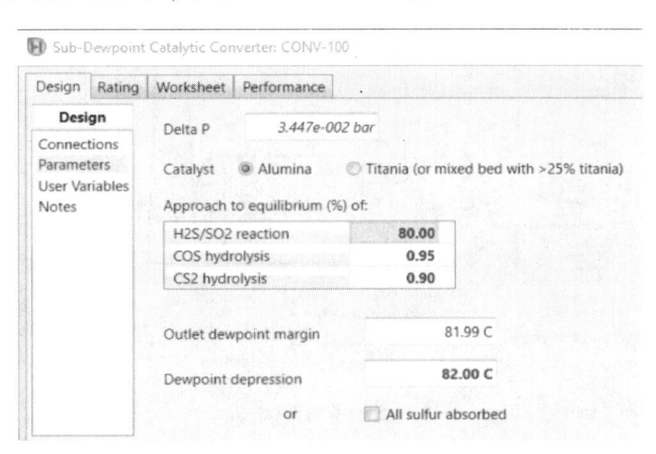

图 8-4-15

选择性氧化反应器(Selective Oxidation Converter)，可以模拟 Jacobs 超级 Claus 选择性氧化工艺，采用的是简单的转化反应器，用户可以定义转化率和选择性，如图 8-4-16 所示。

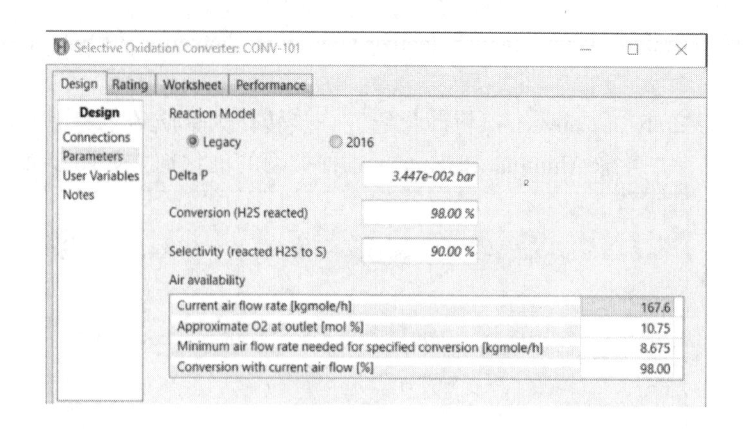

图 8-4-16

转化反应为：

$$2H_2S+O_2 \longrightarrow 2S+2H_2O$$

$$2H_2S+3O_2 \longrightarrow 2SO_2+2H_2O$$

（四）焚烧炉模型

焚烧炉模型包括 Incinerator 和 Catalytic Incinerator。焚烧炉(Incinerator)用于将尾气中的含硫物质，包括 H_2S、COS、CS_2 和单质硫进行进一步氧化焚烧，可以选择包括烟囱计算，可以选择使用动力学关联式计算出口气体中的硫化物组成，还可以设定穿透百分比(Breakthrough percentages)来定义焚烧炉的性能，如图 8-4-17 和图 8-4-18 所示。

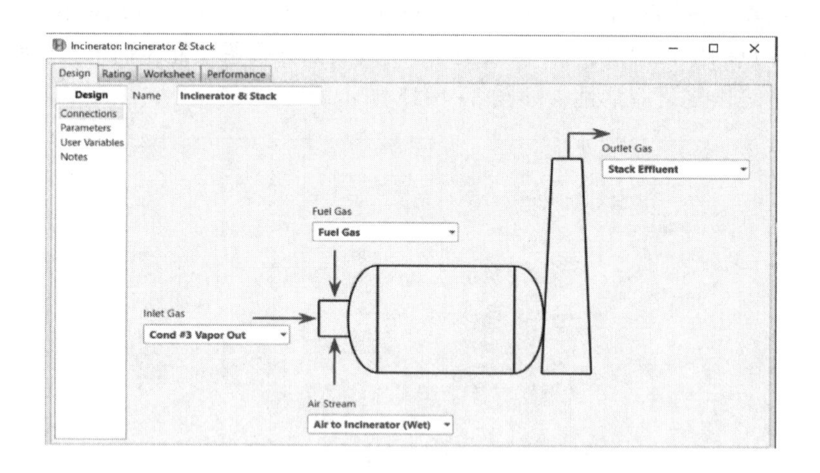

图 8-4-17

催化焚烧炉(Catalytic Incinerator)，模拟使用催化剂氧化尾气中的含硫化合物。

（五）空气需求分析器

空气需求分析器(Air Demand Analyzer)是 Sulsim 子流程特有的模块，用于控制进入反应炉中的空气流量，类似于调节器(Adjust)模块，如图 8-4-19 所示。

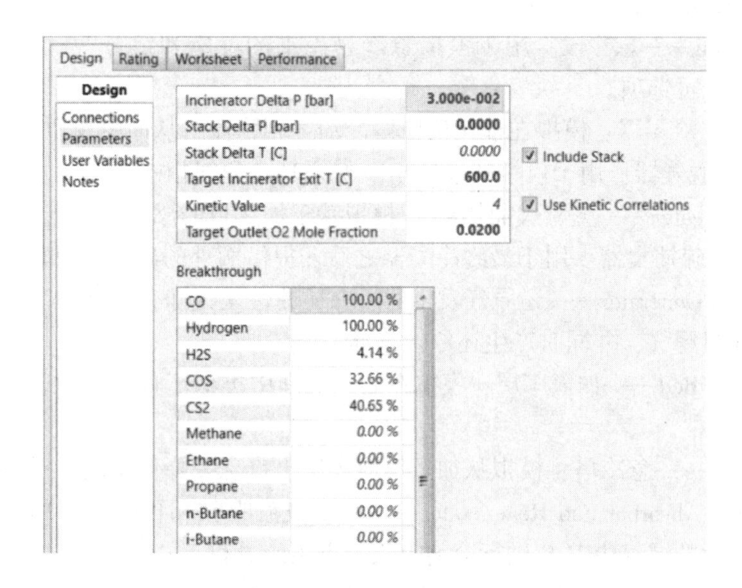

图 8-4-18

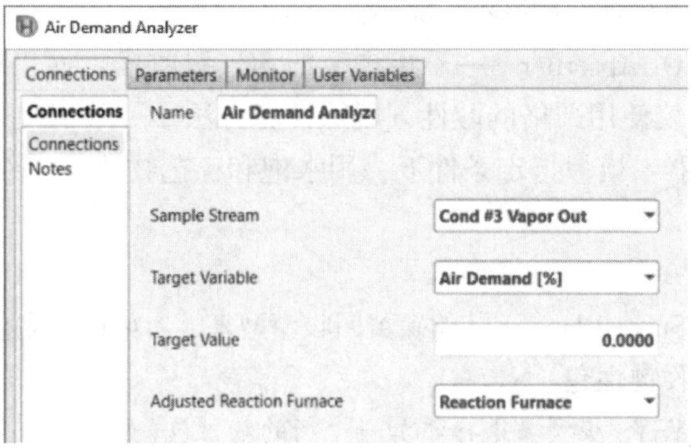

Air Demand Analyzer
Connections | Parameters | Monitor | User Variables
Connections
Connections
Notes
Name Air Demand Analyz
Sample Stream Cond #3 Vapor Out
Target Variable Air Demand [%]
Target Value 0.0000
Adjusted Reaction Furnace Reaction Furnace

图 8-4-19

在 Target Variable 下拉菜单处，可以有多个目标选项，如图 8-4-20 所示：

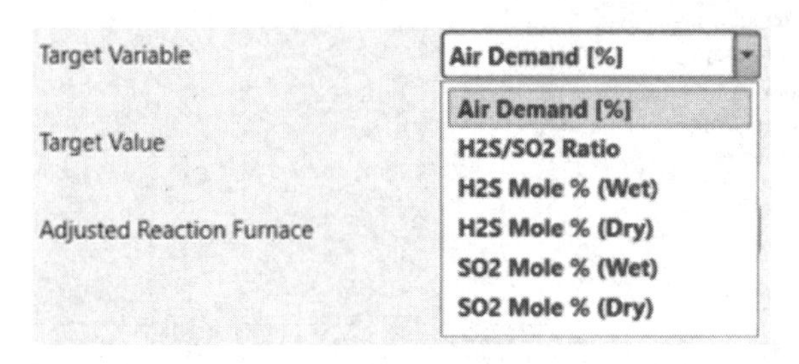

图 8-4-20

用户可以选择不同的目标选项，并在 Target Value 处定义目标值，ADA 根据定义的目标值自动计算反应炉所需的供风量。

（六）其他重要单元操作模块

Quench Section——急冷段：用于模拟急冷物流中的反应和组分，设计在反应炉之后，是热反应段的一个可选项。

Condenser——冷凝器：模拟在催化反应段冷却气相物流，从而将单质硫移除。

Degasser——脱气器：用于模拟从液硫相中脱除 H_2S 到气相中。

Direct Fired Heater——直燃式加热器 ：模拟基于加热目的燃烧燃料气或酸性气物流。

Coalescer——硫捕集器：用于最终冷凝器之后，提供额外的硫黄回收率。

Reducing Gas Generator——还原气发生器：在还原性尾气净化工艺中使用，模拟通过燃料气燃烧来再加热尾气，并同时产生还原性气体。

Hydrogenation Bed——加氢床层：模拟在尾气处理中类似于催化转化器的单元，将硫转化为 H_2S。

Quench Tower——急冷塔：模拟从加氢反应床层出口急冷降低温度，并移除多余的水。

Simple Amine Absorber and Regenerator——简单胺液吸收和再生塔：用于模拟尾气处理过程，是对急冷后的尾气中 H_2S 进行溶剂吸收与再生的过程。

Redox Absorber——吸收塔：用以模拟脱除尾气中的 H_2S。

SO_2 Absorber and Regenerator—— SO_2 吸收和再生塔：简单模拟酸性气中 SO_2 吸收再生的模块，建议使用严格的酸性气脱除计算方法。

Non-Regenerable SO_2 Absorber——不可再生的 SO_2 吸收塔：简单模拟酸性气中不可再生 SO_2 吸收塔的模块，建议使用严格的酸性气脱除计算方法。

Saturator——饱和器：模拟指定条件下，用水饱和工艺物流。

三、模拟案例

我们通过开发一个 Super Claus 工艺的硫黄回收模型来学习如何建立模型、调整和优化模型。

（一）设置硫黄回收物性包

1. 创建一个新的 HYSYS 模型，选择添加一个新的物性包（如图 8-4-21 和图 8-4-22 所示）

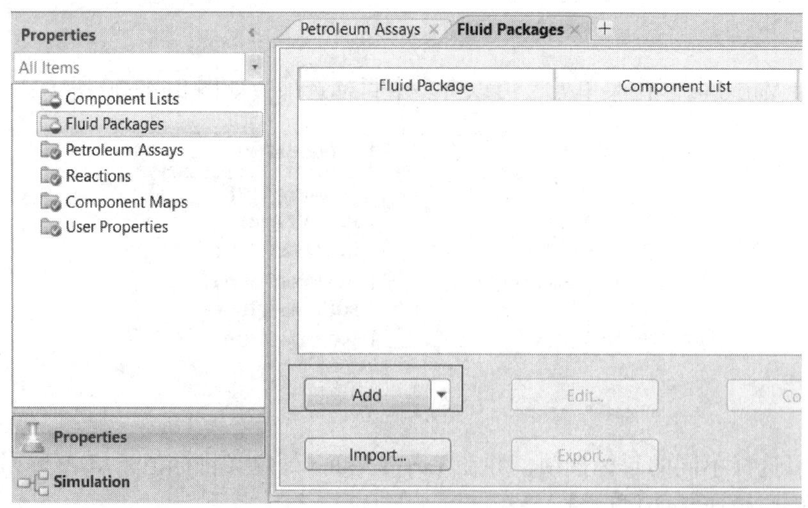

图 8-4-21

图 8-4-22

HYSYS 自动生成一整套所需要的和所支持的组分清单，包括 S_1 到 S_8 以及液硫(如图 8-4-23 所示)。

Component List Selection　Component List - 1 [HYSYS Databanks]　View

Required Components for Sulfur Recovery

Hydrogen	S1_Vapor
Oxygen	S2_Vapor
Nitrogen	S3_Vapor
CO	S4_Vapor
CO2	S5_Vapor
H2S	S6_Vapor
COS	S7_Vapor
SO2	S8_Vapor
CS2	S_Liquid
H2O	

Additional Supported Components for Sulfur Recovery

Argon	n-Hexane	E-Mercaptan
Ammonia	n-Heptane	nPMercaptan
HCN	n-Octane	nBMercaptan
Methane	n-Nonane	1Pentanthiol
Ethane	n-Decane	Methanol
Propane	Benzene	
i-Butane	Toluene	
n-Butane	m-Xylene	
i-Pentane	E-Benzene	
n-Pentane	M-Mercaptan	

图 8-4-23

2. 添加硫黄回收子流程

1) 进入 Simulation Environment，从工具面板中添加 Sulfur Recovery Unit 子流程(图 8-4-24)。

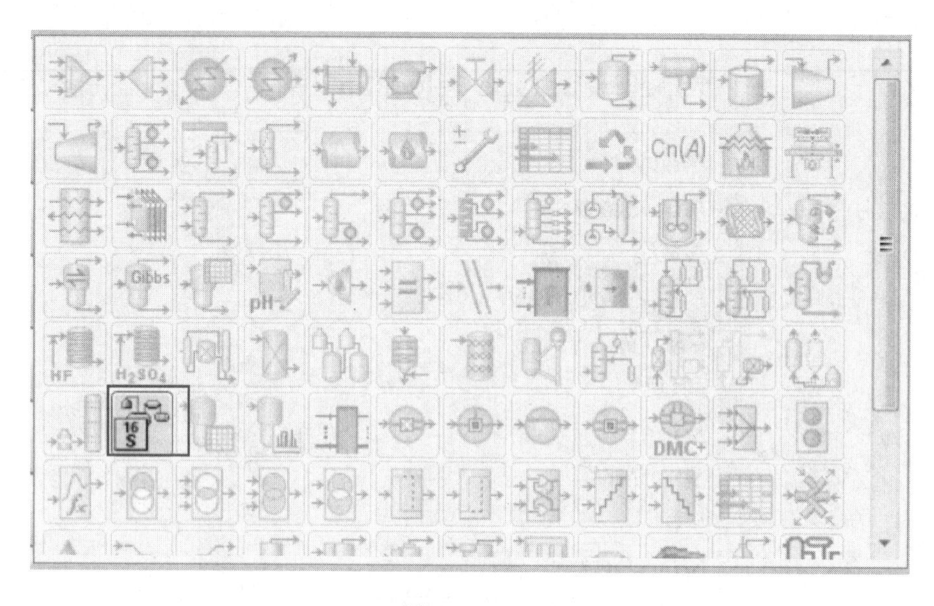

图 8-4-24

2）选择 Start with a Blank Flowsheet(图 8-4-25)。

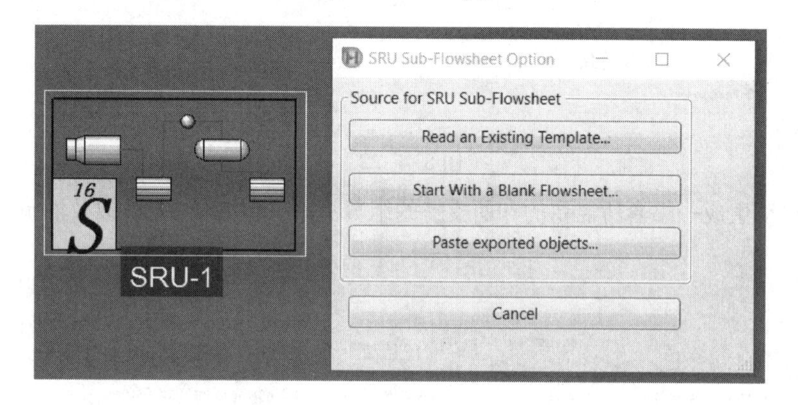

图 8-4-25

3）打开 SRU-1 子流程，进入 Sub-Flowsheet Environment(图 8-4-26)。

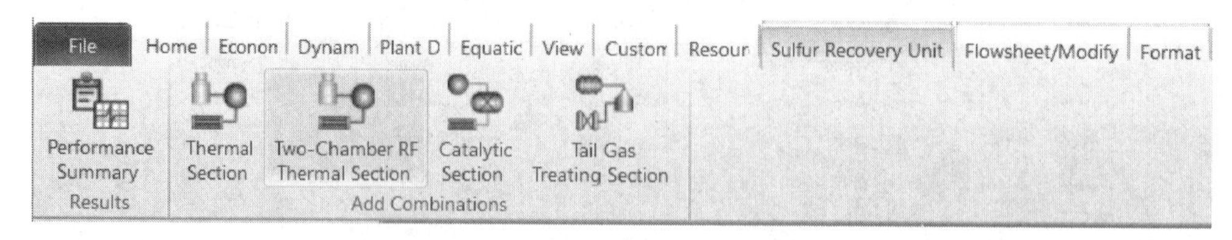

图 8-4-26

按 F4，弹出硫黄回收工具面板(图 8-4-27)。

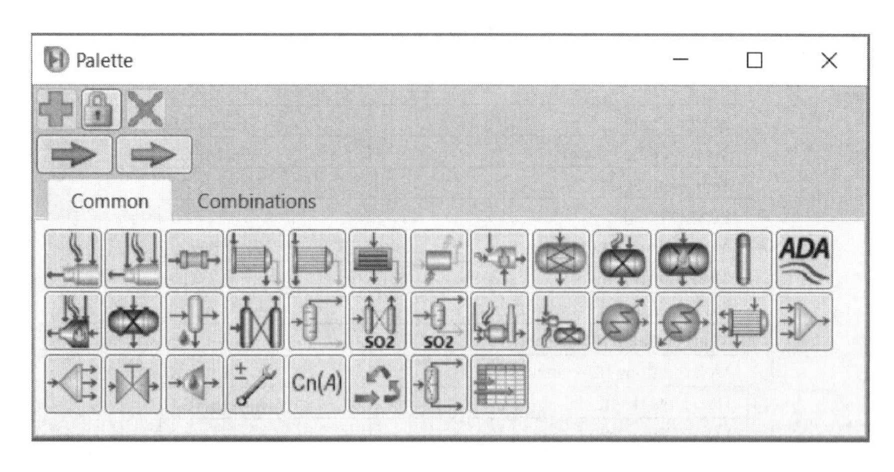

图 8-4-27

3. 建立硫黄回收工艺流程

（1）输入物流数据

1）在硫黄回收子流程中添加“Acid Gas”物流的操作条件和组成。

Stream Name	Acid Gas	Vapour Phase
Vapour/Phase Fraction	1.0000	1.0000
Temperature[℃]	40.00	40.00
Pressure[kPa]	170.0	170.0
Molar Flow[kgmole/h]	100.0	100.0
Mass Flow[kg/h]	3635	3635
Std Ideal Liq Vol Floe[m³/h]	4.580	4.580
Molar Enthalpy[kJ/kgmole]	-1.086e+005	-1.086e+005
Molar Enthalpy[kJ/kgmole-C]	214.3	214.3
Heat Flow[kJ/h]	-1.086e+007	-1.086e+007
Liq Vol Flow@Std Cond[m³/h]	2365	2365
Fluid Package	Basis-1	
Utility Type		

	Mole Fractions
Hydrogen	0.0000
Argon	0.0000
Oxyden	0.0000
Nitrogen	0.0000
Methane	0.0050
CO	0.0000
CO_2	0.2370
Ethane	0.0020
H_2S	0.7550
COS	0.0000
SO_2	0.0000
CS_2	0.0000
H_2O	0.0000
Ammonia	0.0000
HCN	0.0000
Propane	0.0010

2）添加“Air to Furnace”物流的操作条件和组成。

Stream Name	Air to Furnance
Vapour/Phase Fraction	1.0000
Temperature[℃]	45.00
Pressure[kPa]	170.0
Molar Flow[kgmole/h]	186.8
Mass Flow[kg/h]	5410
Std Ideal Liq Vol Flow[m^3/h]	6.221
Milar Enthalpy [kJ/kgmole]	454.2
Molar Entropy [kJ/kgmole-℃]	200.6
Heat Flow [kJ/h]	8.671e+004
Liq Vol Flow @Std Cond [m^3/h]	4416

	Mole Fractions
Hydrogen	0.0000
Argon	0.0093
Oxygen	0.2095
Nitrogen	0.7809
Methane	0.0000
CO	0.0000
CO_2	0.0003

（2）配置热反应段

1）从工具面板中添加 Single Chamber Reaction Furnace 到流程中，位号 FUR-100(图 8-4-28)。

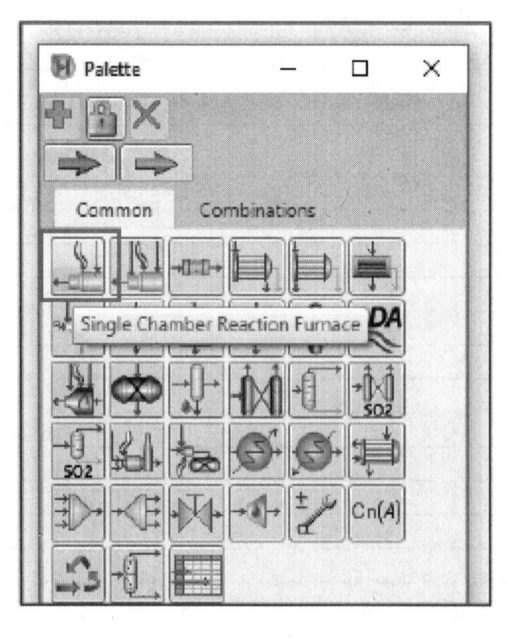

图 8-4-28

配置 FUR-100，并连接或新建相关物流(图 8-4-29)。

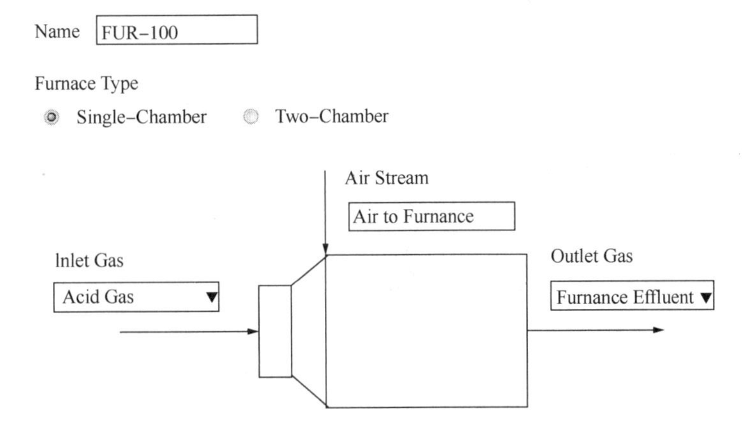

图 8-4-29

选择经验公式模型：Straight Through Amine Acid Gas，并定义压降(图 8-4-30)。

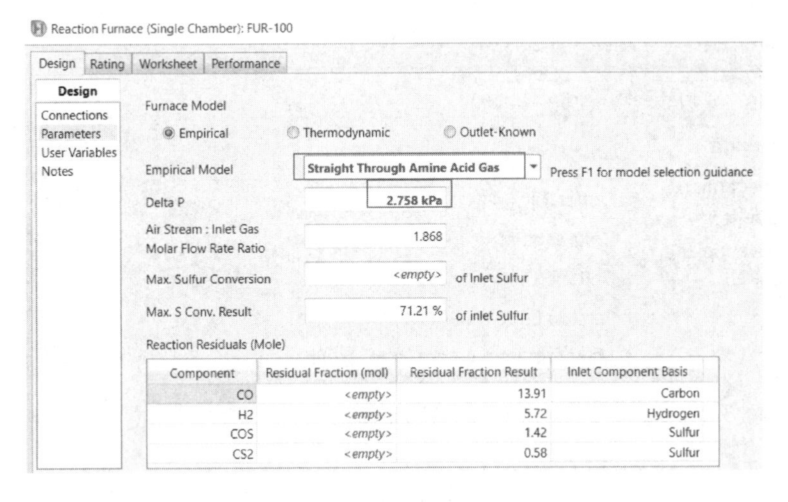

Component	Residual Fraction (mol)	Residual Fraction Result	Inlet Component Basis
CO	<empty>	13.91	Carbon
H2	<empty>	5.72	Hydrogen
COS	<empty>	1.42	Sulfur
CS2	<empty>	0.58	Sulfur

图 8-4-30

注：根据经验公式选择向导的推荐，酸性气中 H_2S 的浓度是重要的选择依据，由于例子中酸性气中含有高浓度的 H_2S，因此选择“Straight Through Amine Acid Gas”。

2）从工具面板中添加 Single Pass Waste Heat Exchanger 到流程中，放在反应炉之后，位号 WHE-100(图 8-4-31)。

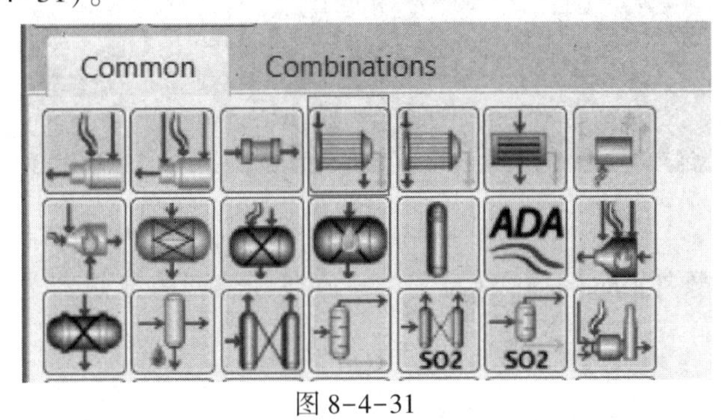

图 8-4-31

配置 WHE-100，并连接相关物流(图 8-4-32)。

Name
WHE-100
Type
Single Pass
Double Pass
Outlet Gas
WHE Outlet Gas
Inlet Gas
Furnance Effluent
Energy
WHE Energy
Liquid Sulfur Outlet
WHE Liquid Sulfur Outlet

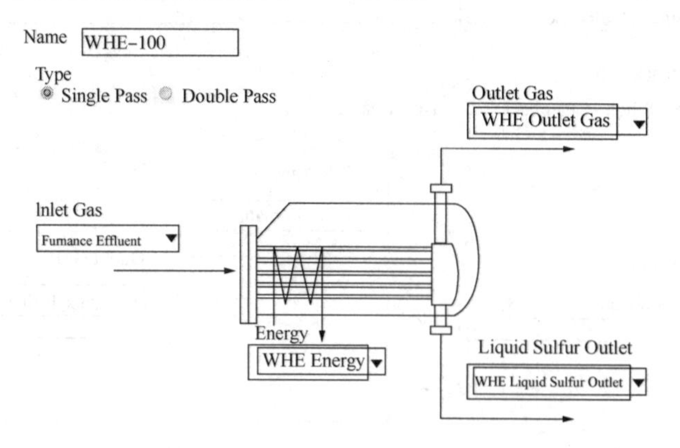

图 8-4-32

定义出口温度为 298.9℃，默认 Allow simulation of back-reactions in the WHE(图 8-4-33)。

Waste Heat Exchanger (Single Pass): WHE-100
Design
Worksheet
Performance
Design
Connections
Parameters
User Variables
Notes
Outlet Conditions
Outlet T [C] 298.9
Delta P [kPa] 3.447
Delta T [C] -889.0
Percent Entrainment [%] 0.00
Mass Entrainment [kg/kmol outlet vap] 0.0000
Allow simulation of back-reactions in the WHE

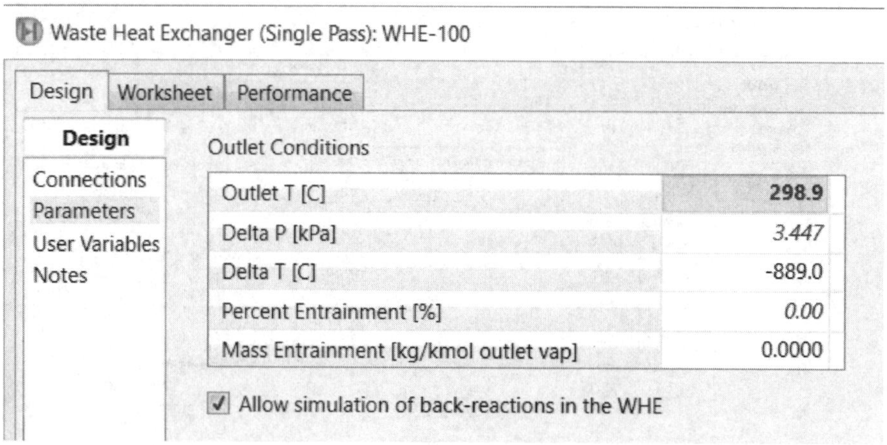

图 8-4-33

完成后流程图如下(图 8-4-34)：

Air to Furnance
Acid Gas
FUR-100
Furnance Effluent
WHE-100
WHE Outlet Gas
WHE Energy
WHE Liquid Sul fur Outlet

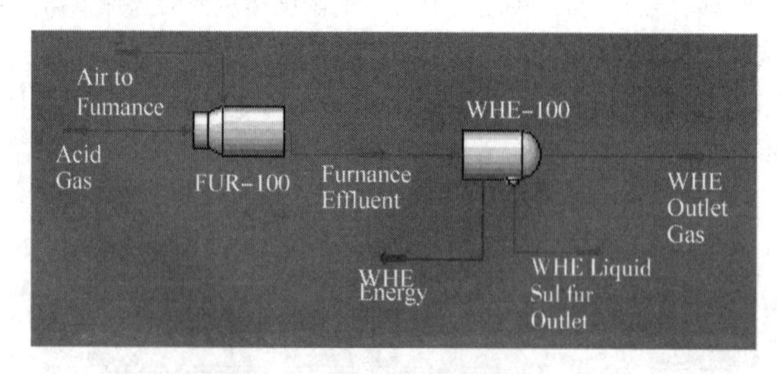

图 8-4-34

3) 从工具面板中添加 Condenser 到流程中，放在废热回收换热器之后，位号 COND-100 (图 8-4-35)。

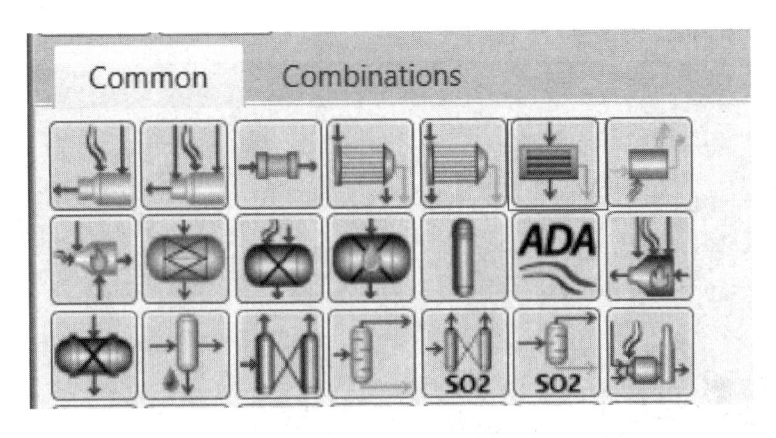

图 8-4-35

配置 COND-100，并连接或新建相关物流(图 8-4-36)。

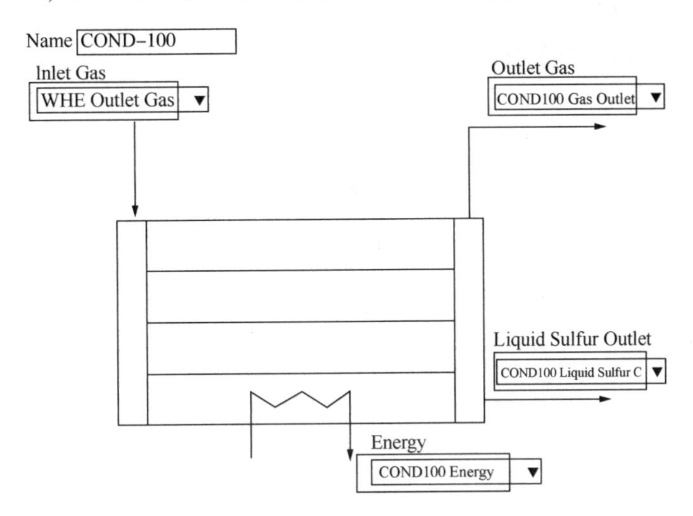

图 8-4-36

定义出口温度 135℃(图 8-4-37)。

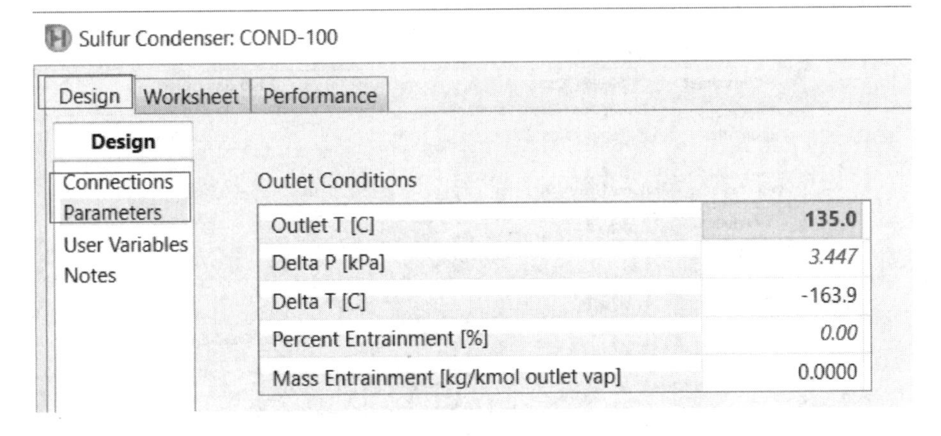

图 8-4-37

完成后流程图如下(图 8-4-38)：

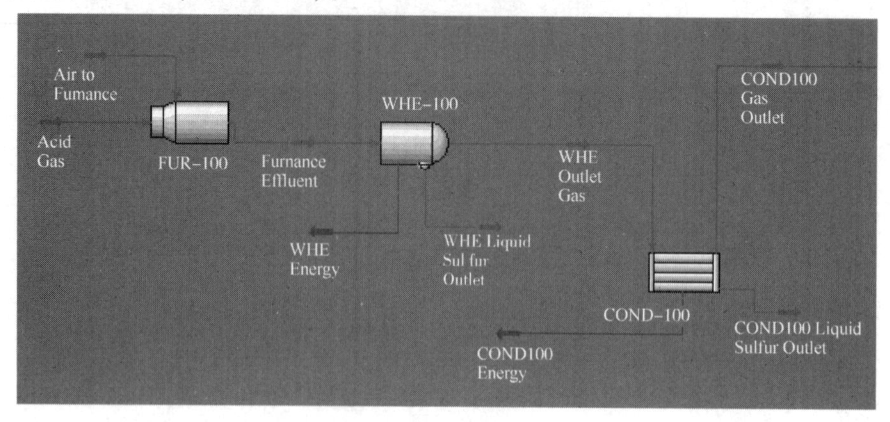

图 8-4-38

(3) 配置催化反应段

催化反应段是出现在热反应段之后，硫黄的 Claus 反应段由三步构成，即加热、催化反应、每个反应器逐级降温并冷却。通常这三步最多重复 3 次。

1) 从工具面板中添加 Heater 到流程中，位号 E-100。

配置 E-100，并连接相关物流(图 8-4-39)。

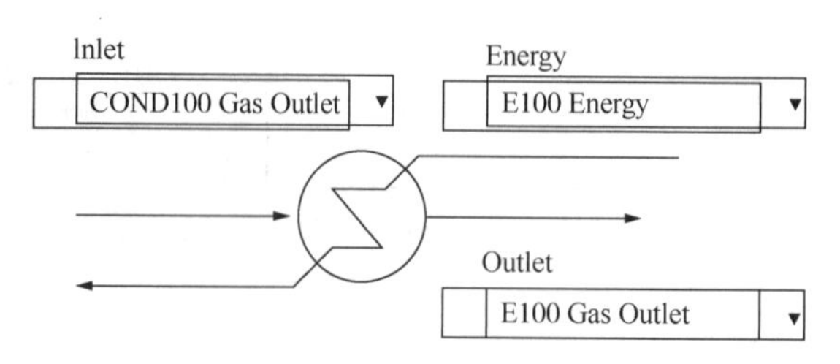

图 8-4-39

定义出口物流温度 270℃及压降(图 8-4-40)。

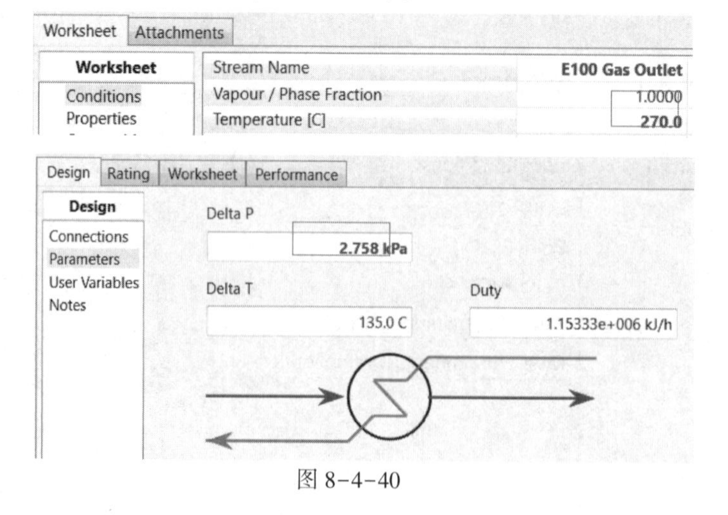

图 8-4-40

2）从工具面板中添加 Catalytic Converter 到流程中，位号 CONV-100（图 8-4-41）。

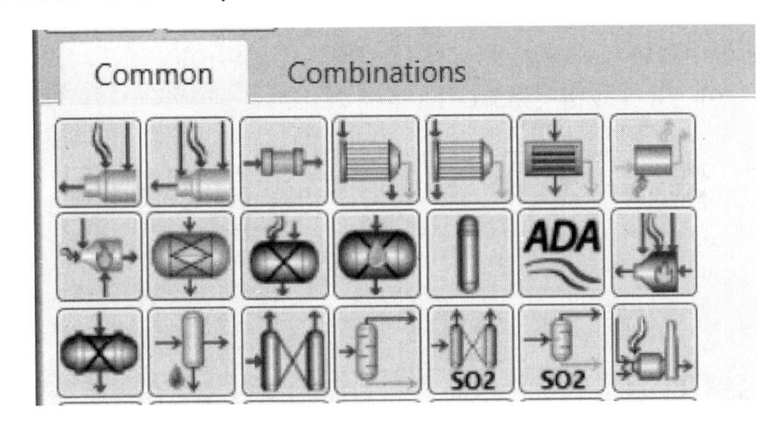

图 8-4-41

配置 CONV-100，并连接相关物流（图 8-4-42）。

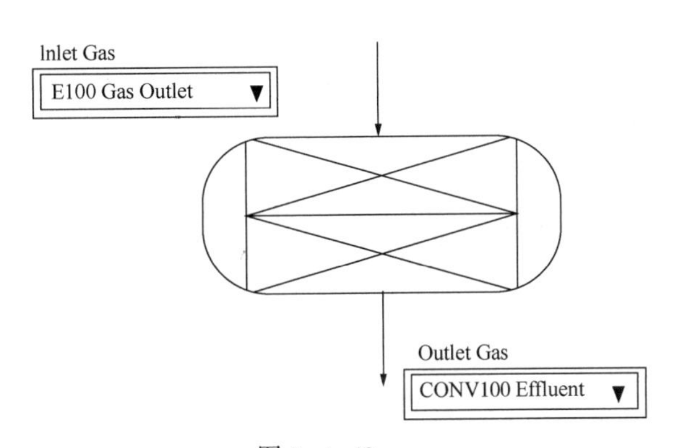

图 8-4-42

选择 Alumina Catalyst，定义 H_2S/SO_2 reaction 平衡 100%（图 8-4-43）。

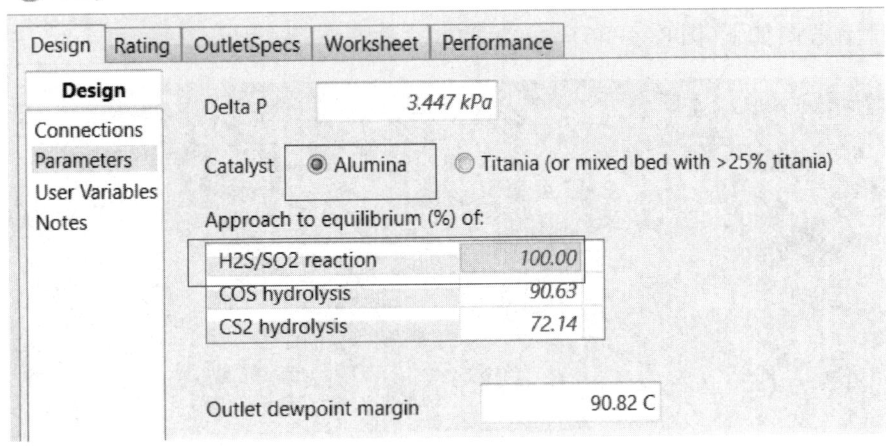

图 8-4-43

注：H_2S/SO_2 reaction 平衡值控制催化剂失活的模拟，如果值低于100%，HYSYS 模拟失活催化剂低于100%接近平衡。

3）从工具面板中添加 Condenser 到流程中，位号 COND-101。

配置 COND-101，并连接相关物流（图 8-4-44）。

Name COND-101
Inlet Gas
CONV100 Effluent
Outlet Gas
COND101 Gas Outlet
Liquid Sulfur Outlet
COND101 Liquid Sulfur C
Energy
COND101 Energy

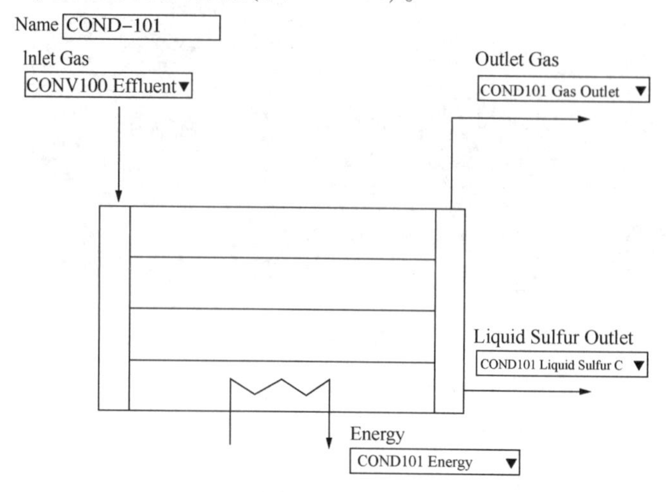

图 8-4-44

定义出口物流温度 135℃ 及压降（图 8-4-45）。

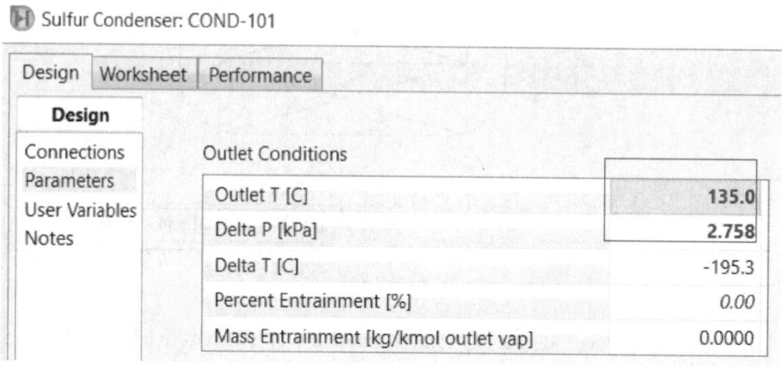

Sulfur Condenser: COND-101
Design
Worksheet
Performance
Design
Connections
Parameters
User Variables
Notes
Outlet Conditions
Outlet T [C]　135.0
Delta P [kPa]　2.758
Delta T [C]　-195.3
Percent Entrainment [%]　0.00
Mass Entrainment [kg/kmol outlet vap]　0.0000

图 8-4-45

完成后流程图如下（图 8-4-46）：

Air to Furnace
Acid Gas
FUR-100
Furnace Effluent
WHE-100
WHE Energy
WHE Outlet Gas
WHE Liquid Sulfur Outlet
COND-100
COND100 Energy
COND100 Gas Outlet
COND100 Liquid Sulfur Outlet
E-100
E100 Energy
E100 Gas Outlet
CONV-100
COND100 Effluent
COND-101
COND101 Energy
COND101 Gas Outlet
COND101 Liquid Sulfur Outlet

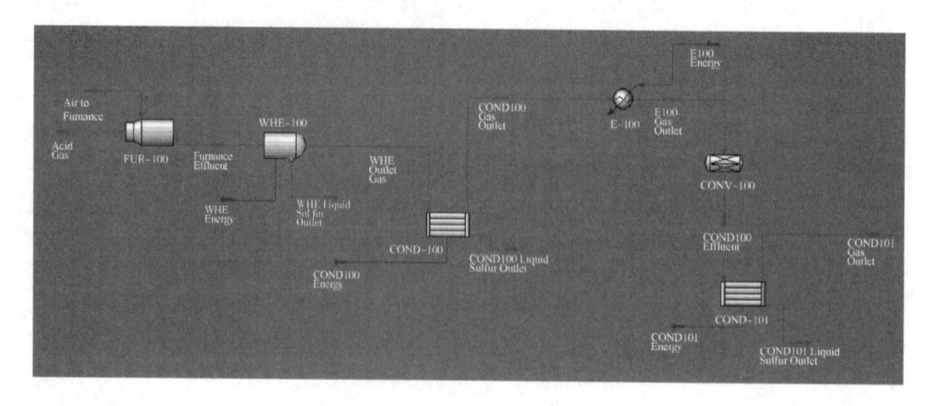

图 8-4-46

4）二级 Claus 反应器。

点击菜单中 Catalytic Section，添加组合的催化反应级到流程中(图 8-4-47)。

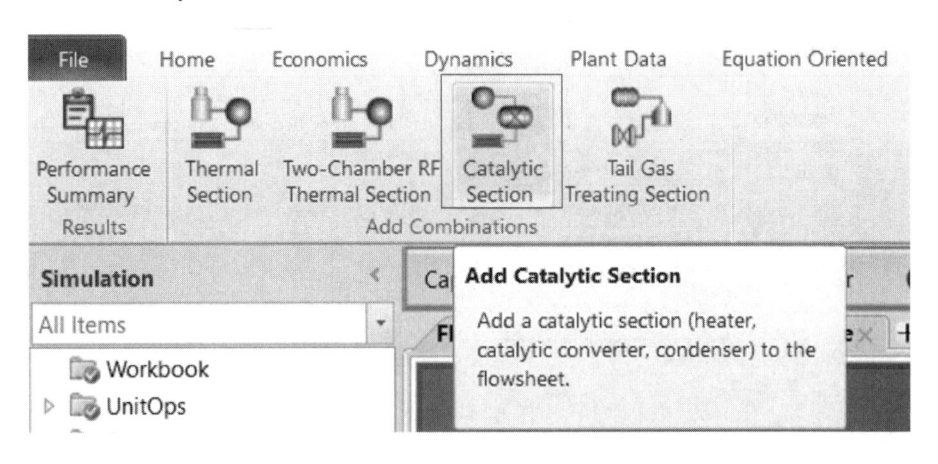

图 8-4-47

删除 E-101 进料物流 Stream 1，连接到 COND101 Gas Outlet 物流(图 8-4-48)。

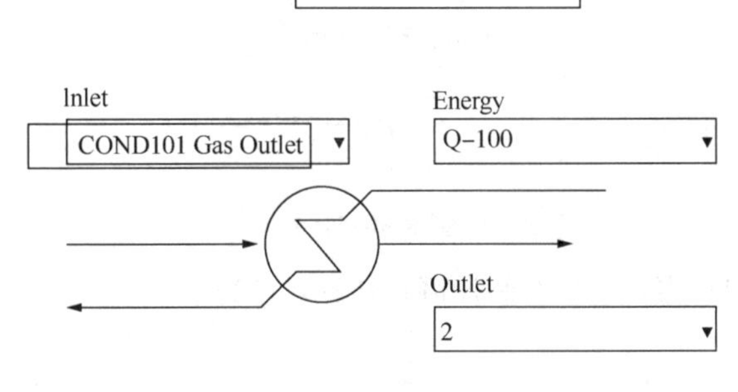

图 8-4-48

定义 E-101 出口物流温度 220℃ 和压降(图 8-4-49)。

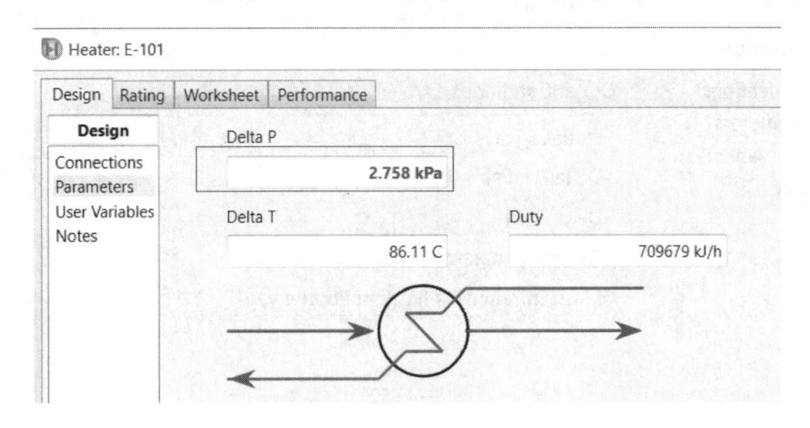

图 8-4-49

定义 CONV-101，选择 Titania 催化剂，定义 H_2S/SO_2 reaction 平衡 100%，Space Velocity 为 1000 1/h(图 8-4-50 和图 8-4-51)。

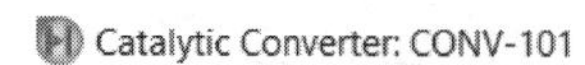

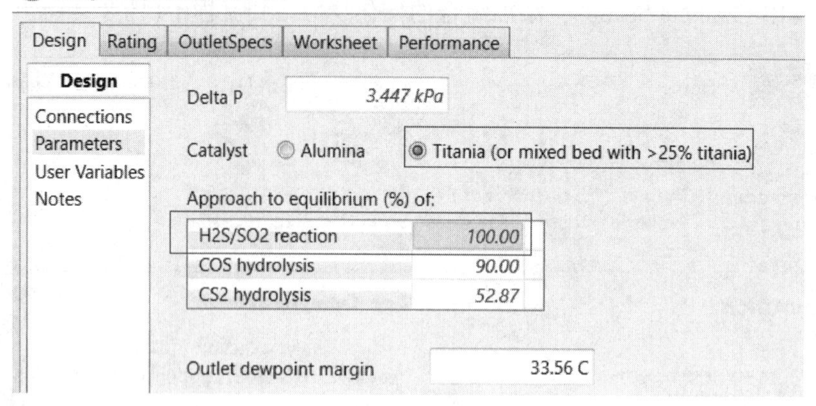

Catalytic Converter: CONV-101
Design
Rating
OutletSpecs
Worksheet
Performance
Design
Connections
Parameters
User Variables
Notes
Delta P
3.447 kPa
Catalyst
Alumina
Titania (or mixed bed with >25% titania)
Approach to equilibrium (%) of:
H2S/SO2 reaction
100.00
COS hydrolysis
90.00
CS2 hydrolysis
52.87
Outlet dewpoint margin
33.56 C

图 8-4-50

Catalytic Converter: CONV-101
Design
Rating
OutletSpecs
Worksheet
Performance
Space velocity
1000 1/hours
Catalyst bed volume
6.012 m3

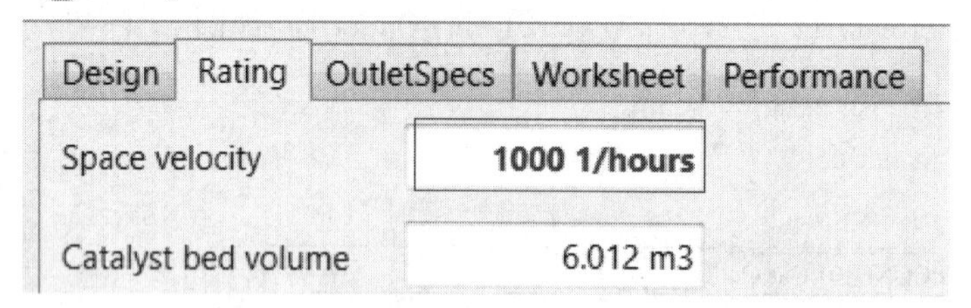

图 8-4-51

定义 COND-102 出口温度 135℃和压降(图 8-4-52)。

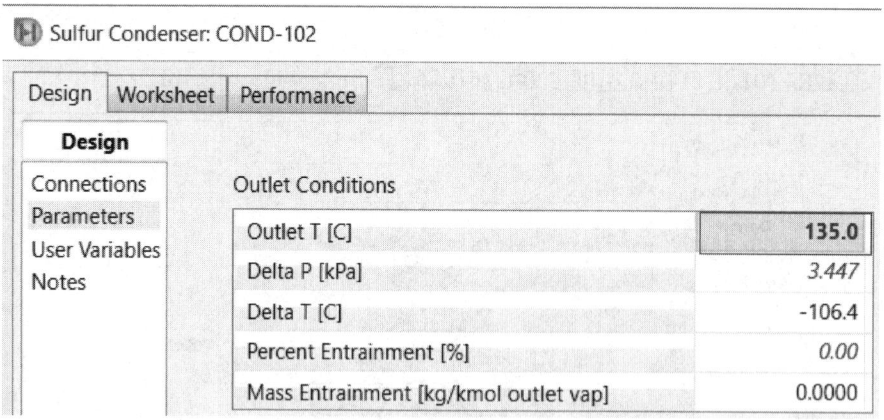

Sulfur Condenser: COND-102
Design
Worksheet
Performance
Design
Connections
Parameters
User Variables
Notes
Outlet Conditions
Outlet T [C]
135.0
Delta P [kPa]
3.447
Delta T [C]
-106.4
Percent Entrainment [%]
0.00
Mass Entrainment [kg/kmol outlet vap]
0.0000

图 8-4-52

完成后流程图如下(图 8-4-53):

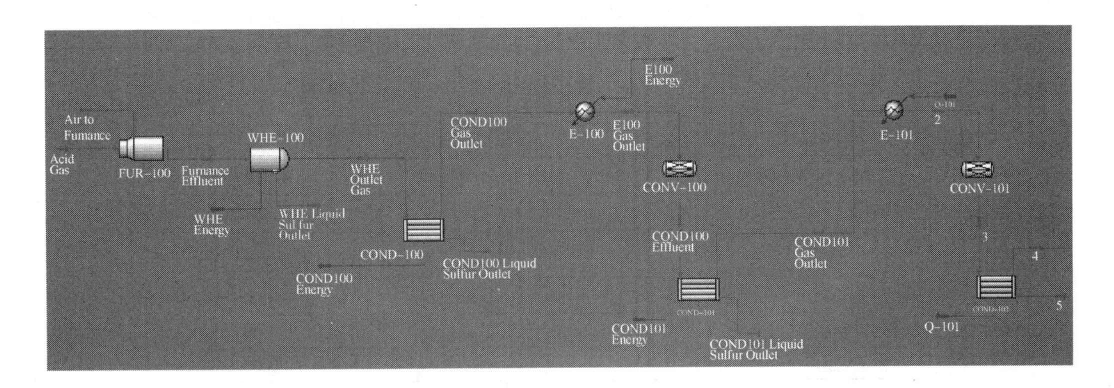

图 8-4-53

5）三级 Claus 反应器

从工具面板添加 Direct Fired Heater 到流程中，位号 DFH-100(图 8-4-54)。

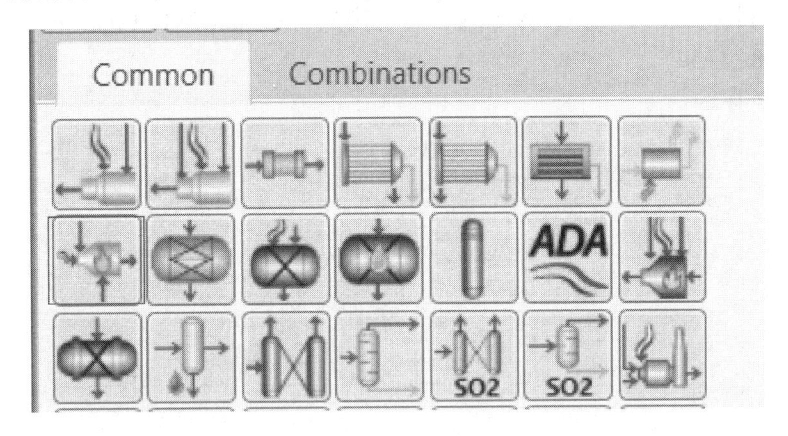

图 8-4-54

配置 DFH-100，连接或新建相关物流(图 8-4-55)。

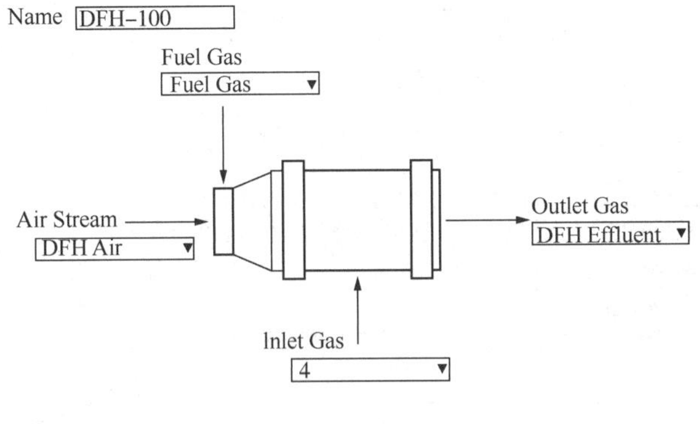

图 8-4-55

定义燃料气(Flue Gas)组成(甲烷)和操作条件。

Stream Name	Fuel Gas
Vapour/Phase Fraction	1.0000
Temperature[℃]	20.00
Pressure [kPa]	377.1
Molar Flow [kgmole/h]	0.1606

	Mole Ftactions
Hydrogen	0.0000
Argon	0.0000
Oxygen	0.0000
Nitrogen	0.0000
Methane	1.0000

定义空气物流(DFH Air)与物流 Air to Furnace 相同的组成和操作条件。

设定 DFH Effluent 的目标温度为 150℃：添加一个 Adjust 模块，调整燃料气的量，使得 DFH Effluent 的目标温度为 150℃(图 8-4-56)，定义 minimum 为 0.1kgmole/hr、maximum 为 5kgmole/hr(图 8-4-57)。

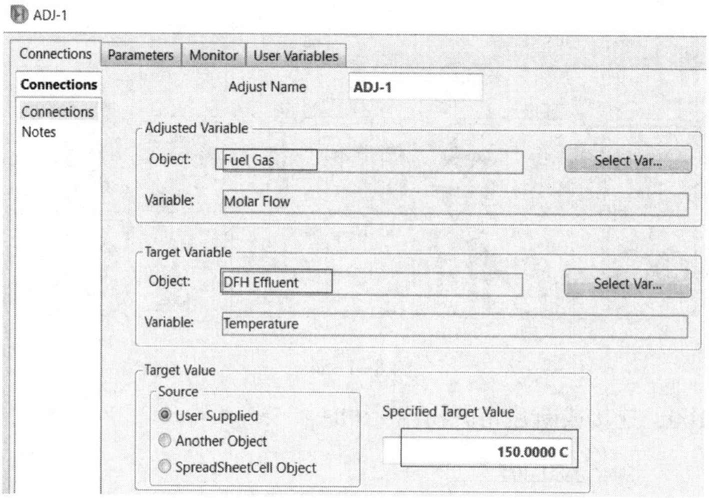

图 8-4-56

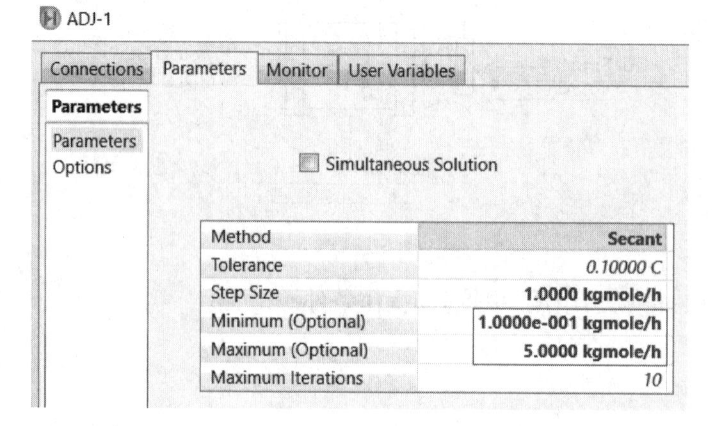

图 8-4-57

从工具面板添加 Selective Oxidation Converter 到流程中，位号 CONV-102(图 8-4-58)。

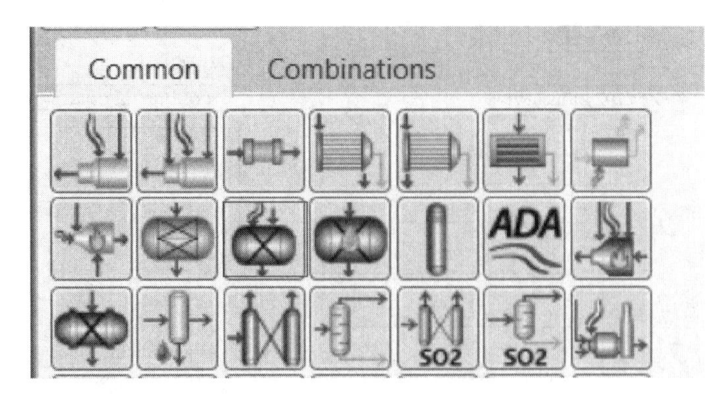

图 8-4-58

配置 CONV-102，并连接或新建相关物流(图 8-4-59)。

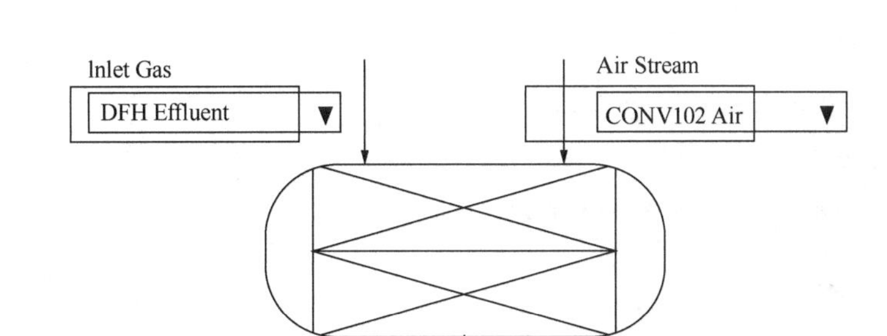

图 8-4-59

定义 CONV102 Air 的操作条件和组成与 Air to Furnace 相同，但不定义流量。定义 CONV-102 的 Approximate O_2 at outlet 为 0.5mol%(图 8-4-60)。

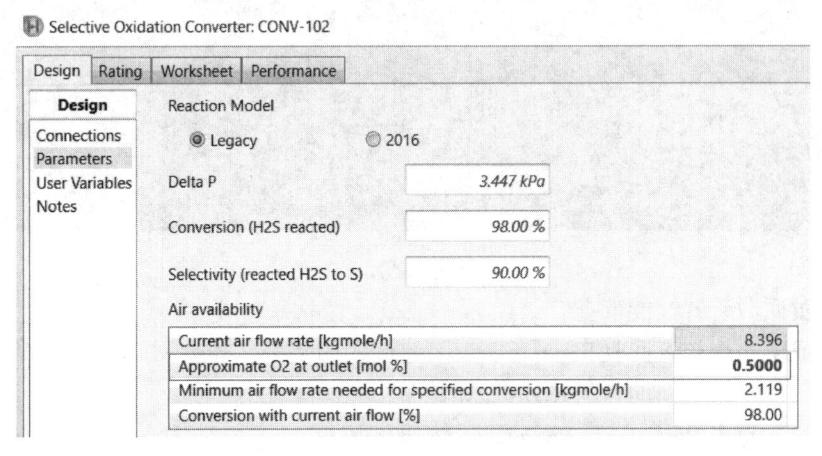

图 8-4-60

添加 Condenser 到流程中，位号 COND-103，并完成如下配置(图 8-4-61 和图 8-4-62)。

Name COND-103
Inlet Gas
CONV102 Effluent
Outlet Gas
COND103 Gas Outlet
Liquid Sulfur Outlet
COND103 Liquid Sulfur C
Energy
COND103 Energy

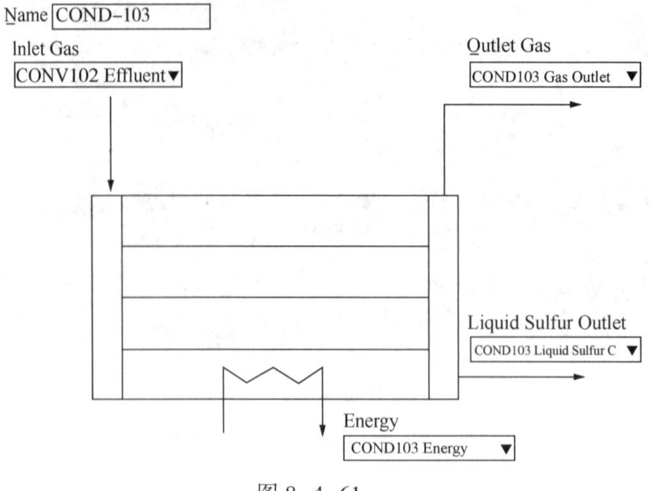

图 8-4-61

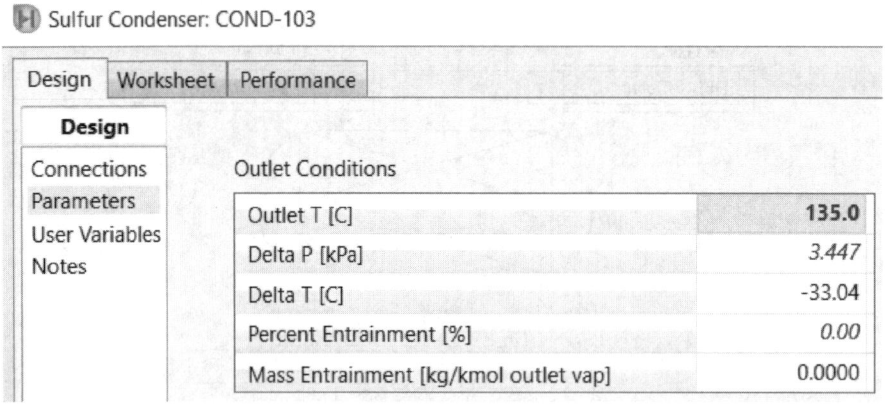

Sulfur Condenser: COND-103
Design
Worksheet
Performance
Design
Connections
Parameters
User Variables
Notes
Outlet Conditions
Outlet T [C] 135.0
Delta P [kPa] 3.447
Delta T [C] -33.04
Percent Entrainment [%] 0.00
Mass Entrainment [kg/kmol outlet vap] 0.0000

图 8-4-62

完成后的流程如下(图 8-4-63)：

Air to Furnance
Acid Gas
FUR-100
Furnance Effluent
WHE-100
WHE Energy
WHE Outlet Gas
WHE Liquid Sulfur Outlet
COND-100
COND100 Energy
COND100 Gas Outlet
COND100 Liquid Sulfur Outlet
E-100
E100 Energy
E100 Gas Outlet
CONV-100
COND100 Effluent
COND101 Energy
COND101 Liquid Sulfur Outlet
COND101 Gas Outlet
E-101
CONV-101
Q-101
ADJ-1
Fuel Gas
DFH Air
DFH Effluent
CONV101 Air
CONV-102
CONV102 Effluent
COND103Gas Outlet
COND103 Energy

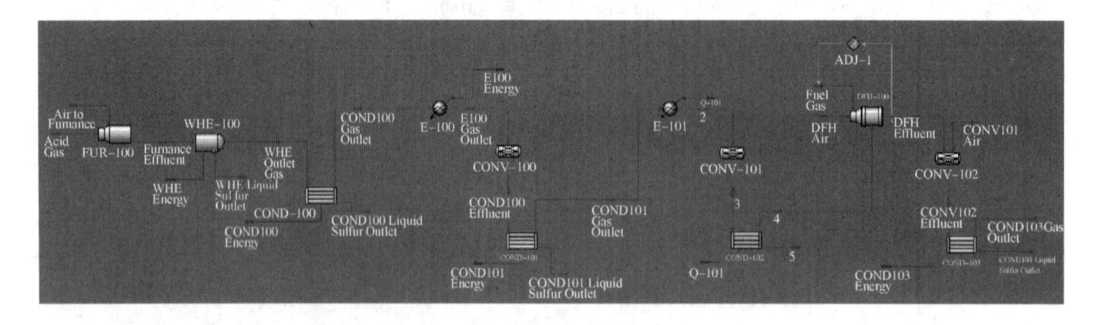

图 8-4-63

(4) 硫黄回收装置性能审查

以上完成了一个硫黄回收 Super Claus 工艺流程的建模，需要对这个流程的硫黄回收性能进行审查，以了解当前的状况并分析原因。

从菜单栏，点击 Performance Summary 按钮。

从这里，可以审查硫黄回收装置的总性能(图 8-4-64)。

SRU1

Trains　Customize　Train FUR-100

Efficiency

Stage	Thermal: FUR-100	Catalytic: CONV-100	Catalytic: CONV-101	Catalytic: CONV-102
Conversion (Unit) [%]	69.41	63.38	57.03	17.27
Conversion (Cumulative) [%]	69.41	88.78	95.16	95.99
Recovery (Unit) [%]	99.75	99.07	97.07	78.94
Recovery (Cumulative) [%]	69.23	88.60	94.97	95.78
COS Hydrolysis [%]	N/A	90.38	89.70	N/A
CS2 Hydrolysis [%]	N/A	71.94	52.50	N/A
Overall Recovery Efficiency [%]	---	---	---	95.78

Production

Stage	Thermal: FUR-100	Catalytic: CONV-100	Catalytic: CONV-101	Catalytic: CONV-102
Conversion (Unit) [lb/hr]	3680	1027	338.3	44.04
Conversion (Cumulative) [lb/hr]	3680	4707	5046	5090
Recovery (Unit) [lb/hr]	3671	1027	337.8	42.82
Recovery (Cumulative) [lb/hr]	3671	4698	5036	5078
Total Inlet Sulfur [lb/hr]	---	---	---	5302

图 8-4-64

可以审查热反应炉、一级、二级、三级催化转化器的总体性能，包括效率和产品多个方面。由图 8-4-64 可见，当前的总回收率为 95.78%，低于三级催化转化的转化率要求，如何进一步提高转化率?

首先查看供风量，双击 FUR-100 模块，查看性能，我们发现供风量为-11.12%(图 8-4-65)，表明供氧不足。

Reaction Furnace (Single Chamber): FUR-100

Design　Rating　Worksheet　Performance

Air demand [%]	-11.12
Sulfur conversion [lbmole/hr]	119.1
Sulfur conversion efficiency [%]	72.04
H2S reacted [%]	86.42
Ammonia reacted [%]	<empty>
COS at outlet [ppmmol]	3819
CS2 at outlet [ppmmol]	762.7
H2 at outlet [ppmmol]	1.542e+004
CO at outlet [ppmmol]	1.238e+004
COS+CS2+H2S at outlet [ppmmol]	4.016e+004
Residence time [seconds]	1.000
Volume [ft3]	203.7
Heat release at complete burn (HHV) [Btu/hr]	4.089e+007
Heat release at complete burn (LHV) [Btu/hr]	3.768e+007
Heat release at burner stoichiometry (HHV) [Btu/hr]	1.398e+007
Heat release at burner stoichiometry (LHV) [Btu/hr]	1.138e+007

图 8-4-65

(5) 调整反应炉供风量

采用 Air Demand Analyzer 来调整反应炉供风量。

从工具面板添加 Air Demand Analyzer(ADA)到流程中(图 8-4-66)。

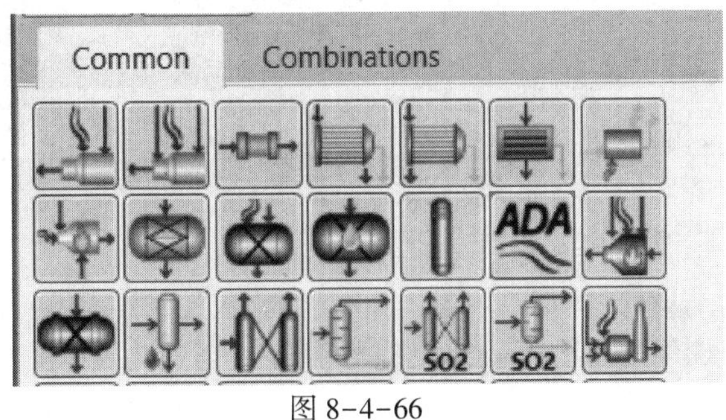

图 8-4-66

定义 ADA，通过调整样品物流来调整 FUR-100 的供风量(图 8-4-67 和图 8-4-68)。

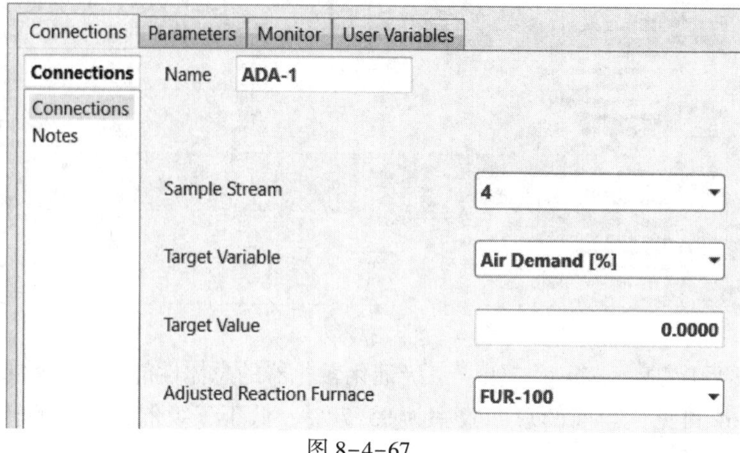

图 8-4-67

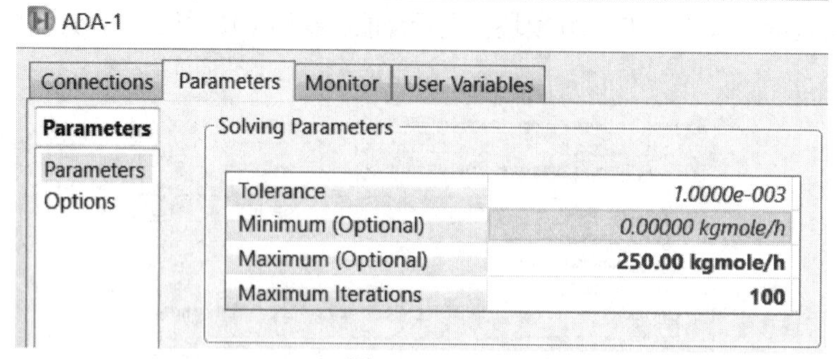

图 8-4-68

调整热反应炉供风量后，我们再来看硫黄回收的性能，能够发现回收率提高到了 98.41%(图 8-4-69)。

SRU1

Trains　Customize

Train FUR-100

Efficiency

Stage	Thermal: FUR-100	Catalytic: CONV-100	Catalytic: CONV-101	Catalytic: CONV-102
Conversion (Unit) [%]	69.76	65.61	70.14	56.60
Conversion (Cumulative) [%]	69.76	89.58	96.86	98.62
Recovery (Unit) [%]	99.76	99.13	97.53	89.28
Recovery (Cumulative) [%]	69.59	89.40	96.68	98.41
COS Hydrolysis [%]	N/A	90.99	90.91	N/A
CS2 Hydrolysis [%]	N/A	73.93	55.76	N/A
Overall Recovery Efficiency [%]	---	---	---	98.41

Production

Stage	Thermal: FUR-100	Catalytic: CONV-100	Catalytic: CONV-101	Catalytic: CONV-102
Conversion (Unit) [kg/h]	1678	476.6	175.2	42.21
Conversion (Cumulative) [kg/h]	1678	2154	2330	2372
Recovery (Unit) [kg/h]	1674	476.5	174.9	41.64
Recovery (Cumulative) [kg/h]	1674	2150	2325	2367
Total Inlet Sulfur [kg/h]	---	---	---	2405

图 8-4-69

(6) 调整硫露点边际温度

装置的性能能否进一步提升呢?

点击 CONV-101，观察出口物流硫露点边际温度，当前为 32.76℃(图 8-4-70)，因此还有很大降低的空间。

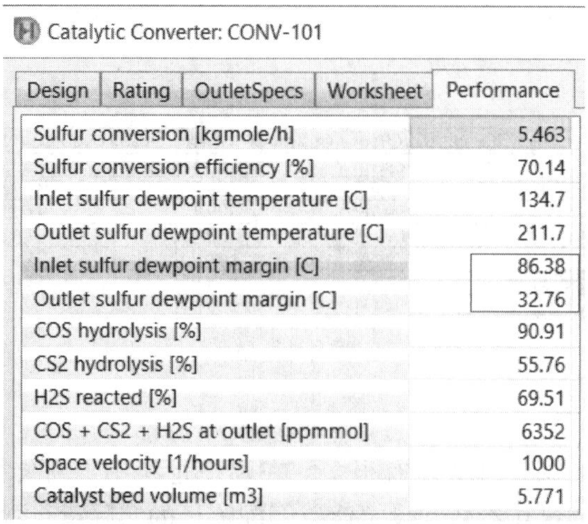

Catalytic Converter: CONV-101
Design
Rating
OutletSpecs
Worksheet
Performance
Sulfur conversion [kgmole/h] 5.463
Sulfur conversion efficiency [%] 70.14
Inlet sulfur dewpoint temperature [C] 134.7
Outlet sulfur dewpoint temperature [C] 211.7
Inlet sulfur dewpoint margin [C] 86.38
Outlet sulfur dewpoint margin [C] 32.76
COS hydrolysis [%] 90.91
CS2 hydrolysis [%] 55.76
H2S reacted [%] 69.51
COS + CS2 + H2S at outlet [ppmmol] 6352
Space velocity [1/hours] 1000
Catalyst bed volume [m3] 5.771

图 8-4-70

从工具面板添加 Adjust 到流程中，通过调整 CONV-101 进口温度来调整 CONV-101 的出口硫露点边际温度，设置如下(图 8-4-71 和图 8-4-72)：

ADJ-2
Connections
Parameters
Monitor
User Variables
Connections
Connections
Notes
Adjust Name
ADJ-2
Adjusted Variable
Object: 2
Select Var...
Variable: Temperature
Target Variable
Object: CONV-101
Select Var...
Variable: Outlet Sulfur Dewpoint Margin Specification
Target Value
Source
User Supplied
Another Object
SpreadSheetCell Object
Specified Target Value
5.0000 C

图 8-4-71

ADJ-2
Connections
Parameters
Monitor
User Variables
Parameters
Parameters
Options
Simultaneous Solution
Method Secant
Tolerance 0.10000 C
Step Size 10.000 C
Minimum (Optional) 100.00 C
Maximum (Optional) 250.00 C
Maximum Iterations 100

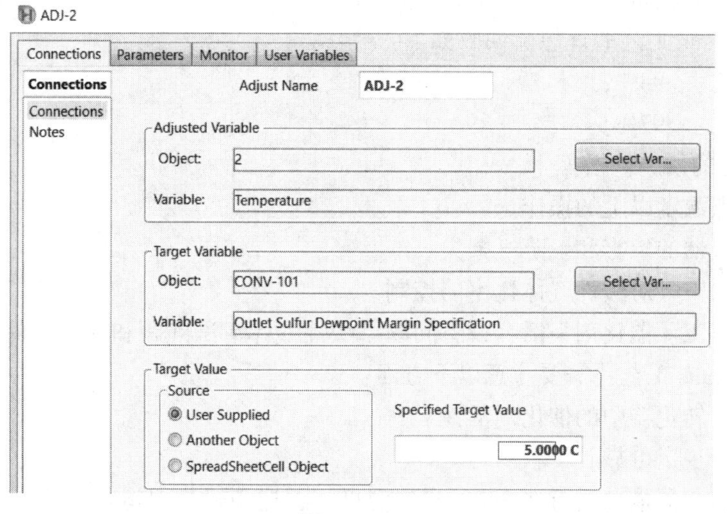

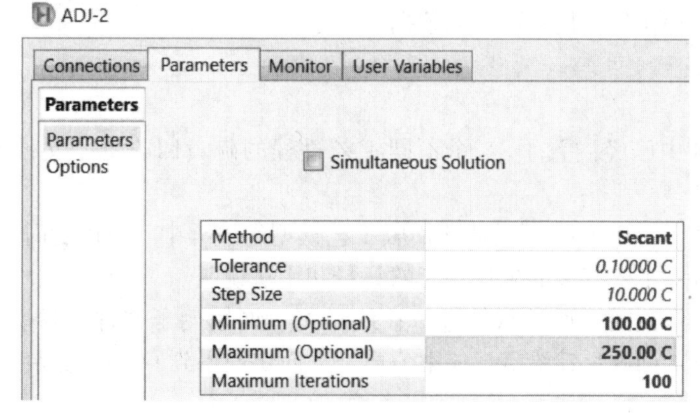

图 8-4-72

调整后，硫黄回收率进一步提高到98. 72%。

Efficiency

Stage	Thermal:FUR-100	Catalytic:CONV-100	Catalytic:CONV-101	Catalytic:CONV-102
Conversion(Unit)[%]	69.76	65.61	78.38	53.78
Conversion(Cumulative)[%]	69.76	89.58	97.72	98.93
Recovery(Unit)[%]	99.76	99.13	97.79	85.14
Recovery(Cumulative)[%]	69.59	89.41	97.53	98.72
COS Hydrolysis[%]	N/A	91.00	76.94	N/A
CS2 Hydrolysis[%]	N/A	73.95	34.97	N/A
Overall Recovery Efficiency[%]	...	...	...	98.72

图 8-4-73

注：硫黄回收装置的调整方法还有很多，在建模过程中，需要根据装置的实际操作情况，合理调整每个模块的操作参数和设定值以匹配工厂的实际运行状况，在此基础上合理优化操作参数，从而提高装置的性能。

四、硫黄回收装置的模拟和操作优化原则

硫黄回收装置操作的目的是尽可能提高转化率。

最佳性能 Claus 工艺的理想硫回收如下：

① 三级转化：>98%；

② 二级转化：>97%。

与理想能力的偏差包括：

① 在硫露点温度以上的操作。

② 通过冷凝器的硫雾和硫蒸气损失。

③ 不正确的空气对酸性气体比率的控制。

④ 开工、停工、催化剂失活、设备问题、酸性气体清洗问题和环境条件。

为了优化 Claus 工艺，需要注意以下方面：

① 确保所有转化器中的催化剂活性。

② 确保运行稳定可靠。

③ 第一级转化器最高运行在340℃出口温度下，避免过超温运行。

通过对硫黄回收装置建立工艺模型，能够帮助我们更好地理解装置的操作方法和性能指标，为装置设计和操作优化提供可靠的依据。

五、结束语

Aspen HYSYS 中已经内置了18个不同工艺过程的硫黄回收例子文件供使用者学习和参考。

用户在利用 Aspen HYSYS 开发硫化回收工艺模型的过程中，可以随时使用 F1 帮助功能查看在线帮助文件，了解有关的软件功能的解释和用法说明。

此外，用户还可以随时通过软件进行在线学习、调用例子文件、联系 Aspen 支持团队等，将模拟中遇到的问题反馈给 Aspen 本公司，从而快速得到专家的支持。

参 考 文 献

[1] B. W. Gamson, et al. Sulfur from hydrogen sulfide[J]. Chemical Engineering Process, 1953, 49, 203.

[2] H. Fishcher. Bruner/fire box design improves sulfur recovery [J]. Hydrocarbon Processing, 1974, 53 (10): 125.

[3] 朱利凯. Claus 法硫回收过程工艺参数的简化计算[J], 石油与天然气化工, 1997, 26(3): 163.

[4] 朱利凯. Claus 法制硫过程中最小自由能应用问题[J]. 天然气工业, 1990, 10(5): 7.

[5] 陈赓良, 等, Claus 发硫黄回收工艺技术[M]. 北京: 石油工业出版社, 2007: 188.

[6] 许金山, 商剑锋, 刘爱华, 等. 影响 Claus 尾气加氢催化剂性能的动力学研究[J]. 当代石油化工, 2018, 26(1): 24-29.

[7] 钱炜鑫, 刘增让, 马宏方, 等. 基于改进遗传算法的 Claus 脱硫尾气加氢反应动力学[J]. 华东理工大学学报(自然科学版), 2018, 44(1): 139-144.

第九章　设备与防腐

第一节　概　　述

硫黄回收装置能否长周期、安全稳定运行，其工艺过程设备的材料选择、结构设计、制造水平、安全操作至关重要。根据装置操作条件的特殊性及设备结构复杂、腐蚀形态多样化的特点，本章总结了硫黄回收装置常用的先进成熟、安全可靠的设计方法、设备结构、材料选择、操作维护、腐蚀形态及防腐措施。并通过典型案例分析，以达到提高设计、制造及操作人员的技术水平和能力。

第二节　静　设　备

一、燃烧器

（一）燃烧器的种类

硫黄回收装置燃烧器有反应炉燃烧器和焚烧炉燃烧器。如果催化反应阶段使用在线加热炉对过程气进行加热，就需要使用在线加热炉燃烧器（也称为再热炉燃烧器）。当没有外供氢源时，在尾气加氢还原部分，需要加氢还原炉燃烧器。硫黄回收装置使用到的各种燃烧器的分布如图 9-2-1 所示。

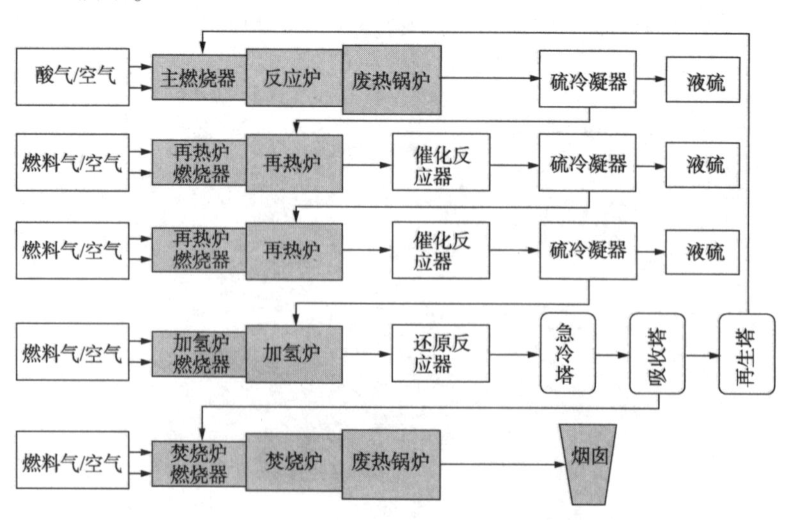

图 9-2-1　硫黄回收装置燃烧器分布图

（二）燃烧器作用及特点

1. 反应炉燃烧器

反应炉燃烧器是整个硫黄回收装置最核心的设备之一，因为酸性气当中的硫主要是通过Claus热反应(即燃烧反应)来进行回收的。热反应阶段回收的硫黄总量约占到整个装置硫黄回收量的60%~70%，因此反应炉燃烧器的运行情况决定着整个装置的操作水平。反应炉燃烧器要通过控制燃烧完成将H_2S转化为硫黄单质工艺反应，因此其是工艺类型的燃烧器而非加热类型的燃烧器。另外，反应炉也是单燃烧器炉体，即整台炉子的运行仅有一台燃烧器，燃烧器运行成败与否直接关系到炉膛的运行效果。这两个特点是硫黄回收主燃烧器区别于其他装置燃烧器最显著的特点，也是反应炉燃烧器作用重要、技术复杂的主要原因。

（1）工作原理

反应炉燃烧器的混合燃烧形式主要有外混式燃烧和预混式燃烧。其工作原理是按照Claus欠氧配风原理配比空气和酸性气的流量，完成Claus制硫热反应。外混式燃烧即酸性气和空气在喷入燃烧器的燃烧室前不混合，进入燃烧器的燃烧室后边混合边燃烧反应。预混式燃烧即酸性气和空气在喷入燃烧器的燃烧室前先进行混合，混合后的酸气和空气混合气体进入燃烧器的燃烧室即开始燃烧和反应。目前市场上使用的硫黄回收燃烧器以预混式为主。

（2）常见结构

作为一种高能燃烧器，反应炉燃烧器的结构主要分为中心气枪、前端不带耐火材料的风箱和后部带耐火材料的燃烧室。保证燃烧混合的导流器等部件位于风箱内。带有耐火材料的燃烧器燃烧室通过法兰或焊接与反应炉进行连接。从燃烧器喉口开始发生燃烧反应到反应炉出口的时间为整个反应炉的停留时间。反应炉燃烧器的常见结构见图9-2-2，反应炉燃烧器及燃烧炉常见结构见图9-2-3。

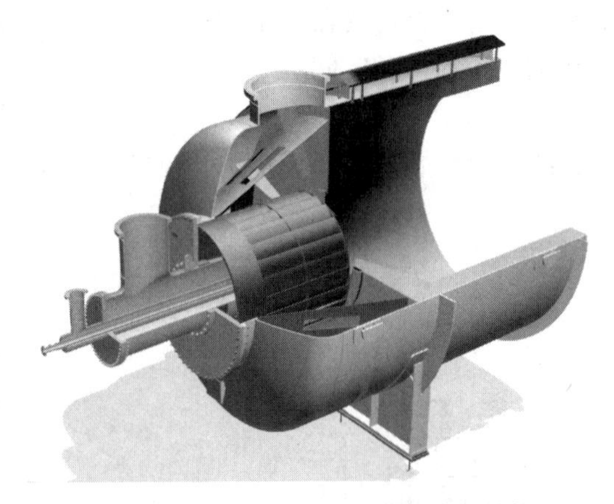

图9-2-2　反应炉燃烧器的常见结构

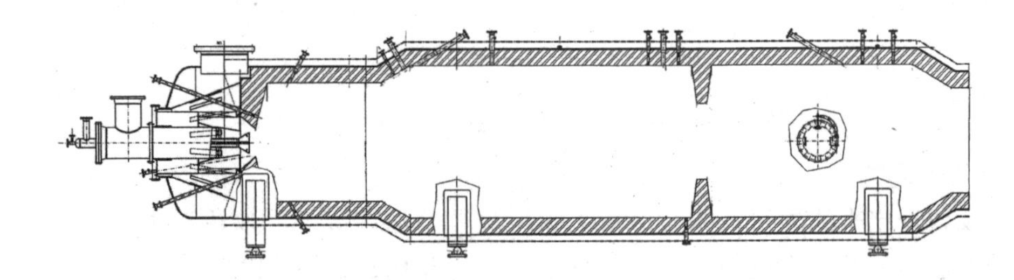

图9-2-3　反应炉燃烧器及燃烧炉常见结构

(3)主要工艺特点

1）通过Claus欠氧配风燃烧达到酸性气和空气的最佳混合燃烧，从而最大程度上回收硫黄；

2）通过充分的混合燃烧，在整体欠氧燃烧条件下将酸性气中的杂质(NH_3、烃类、甲醇、HCN 等)完全分解或燃烧掉，并且不能产生积炭、结焦、NO_x 等影响下游装置的有害物质；

3）通过充分混合燃烧来避免残余的氧气对下游催化剂的负面影响；

4）保证燃烧气体在反应炉内仍处于涡流混合状态，有利于 Claus 制硫热反应的充分进行。

(4) 主要操作特点

针对反应炉燃烧器的作用，其操作要点是根据酸性气的组分、流量，按照 Claus 反应正确配比相应的空气量(或者氧气量)，保证一定的炉温、反应炉出口处 H_2S 和 SO_2 的比例，将杂质完全消除。

2. 在线加热炉燃烧器

(1) 工作原理

在线加热炉又称再热炉。其主要作用是通过燃料气在欠氧条件下的燃烧，产生热烟气对过程气进行加热，完成 Claus 催化反应。

在线加热炉燃烧器的结构、原理与反应炉类似，而且燃烧空气配比也是欠氧配风。但不同于反应炉燃烧器的地方在于其是通过空气和燃料气的欠氧配风来进行燃烧，燃烧产生的热量对来自上游一级冷凝器的工艺过程气进行加热。从加热炉工艺气入口到工艺气出口的时间为在线加热炉的停留时间。

(2) 结构

在线加热炉燃烧器及燃烧炉常见结构见图 9-2-4。

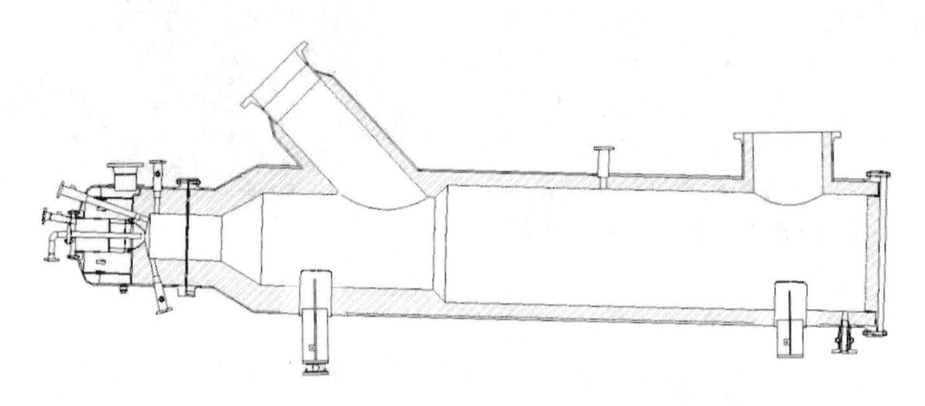

图 9-2-4　在线加热炉燃烧器及燃烧炉常见结构

(3) 主要工艺特点

1）从反应炉出来的过程气体经过一级硫冷凝器后温度降低，加热后进入催化反应器。在反应器内通过催化反应再进一步完成 Claus 反应，将 H_2S 深度转化为硫黄。

2）催化反应要求工艺过程气体在一定的温度下进行，因此，需要在线加热炉对过程气进行加热。

3）通过燃料气在欠氧条件下的燃烧，产生热烟气对过程气进行加热，进入反应器完成催化 Claus 反应。

(4) 主要操作要点

1）根据燃料气的组分、流量，按照欠氧原则控制好空气流量，确保燃烧即能够产生足够的热量，同时又不产生积炭；

2）燃烧器要有很强的混合燃烧能力，防止剩余氧气造成催化床层温度异常升高；

3）操作过程中要注意燃料气的组分波动。如果组分波动较大，就会对在线加热炉的运行效果造成不利的影响。在这种情况下，可采用其他过程气加热方法。一般燃料气组分稳定，无重组分(或含量很低)或者使用天然气的项目适于使用在线加热炉加热。

4）要确保过程气的注入角度不会对燃烧器的火焰造成干扰，防止炉体产生异常噪音或震动。同时，在反应炉内过程气要有足够的停留时间。

3. 加氢还原炉燃烧器

（1）主要工艺特点

1）通过增加催化反应级数，原理上可以一步一步地提高过程气中 H_2S 转化效率。但从技术性和经济性的角度考虑，通常采用两级催化反应。再通过尾气加氢还原的方法，将过程气当中硫的氧化物通过还原反应转化为 H_2S。最后通过急冷、吸收和再生处理，将 H_2S 进一步提取出来并返回反应炉进一步参与 Claus 热反应，提高硫回收效率。

2）尾气加氢反应的还原剂为氢气(H_2)。加氢还原炉燃烧原理为发生次化学当量反应产生氢气和 CO，完成还原反应。

（2）主要操作要点

1）根据燃料气的组分、流量控制好次化学当量反应配风的空气流量，燃烧反应要能够产生足够还原气体，同时又不能有积炭产生。

2）燃烧器要有很强的混合燃烧能力，防止氧气过剩。

3）操作过程中要注意燃料气的组分波动。如果组分波动较大，就会对加氢还原炉的运行效果造成不利的影响。采取加氢还原炉，一般要求燃料气组分稳定、没有重组分(或含量很低)或者使用天然气作为燃料。

4）要确保过程气的注入角度不会对燃烧器的火焰造成干扰，防止炉体产生异常噪音或震动。同时，在反应炉内要有足够的停留时间。

4. 焚烧炉燃烧器

（1）结构

焚烧炉燃烧器及燃烧炉常见结构见图 9-2-5。

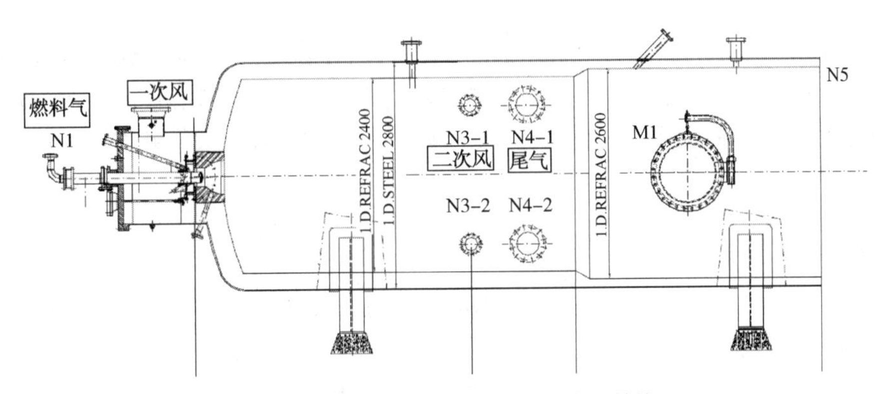

图 9-2-5　焚烧炉燃烧器及燃烧炉常见结构

(2) 主要工艺特点

1) 从吸收塔出来的 Claus 尾气还会含有一定量的 H_2S 等有害物质，这些有害物质必须通过焚烧炉进行焚烧，将 H_2S 尽可能地氧化成 SO_2 等，而后进行排放。

2) 尾气焚烧炉及其燃烧器是硫黄回收装置当中唯一采用过氧配风的燃烧设备。在焚烧 Claus 尾气的前提条件下，还要保证排放的 NO_x，H_2S、SO_2、CO 等满足排放要求。

3) 根据焚烧炉及其燃烧器特点，一般采用分级燃烧配风技术来达到上述工艺要求。从燃烧器注入的空气一般仅为燃料气当量燃烧需要的空气量的 80%，剩余的空气以及 Claus 尾气均从炉膛注入。从炉膛注入的空气用于燃料气的进一步充分燃烧和 Claus 尾气的焚烧。为避免从炉膛注入的空气和尾气对燃烧器的火焰造成干扰，一般都要求二者在炉膛上的注入位置要大于火焰长度。在炉膛空气和尾气注入之前的燃烧器和炉体内，燃料气和空气接近当量燃烧，为高温段。尾气注入后的炉膛空间为炉膛的低温段，低温段的空间决定着 Claus 尾气焚烧的停留时间。

4) 焚烧炉炉膛的温度、燃料气的组成、Claus 尾气的组成都会对焚烧炉出口的排放指标造成影响。对于不同的项目要依据上述因素确定燃烧器和炉膛的结构、空气的分布位置等，最终达到最佳的焚烧和排放效果。目前尾气焚烧炉出口 NO_x 的排放指标可以控制在不高于 $100mg/Nm^3$(干基，氧 3%条件下)，也有的装置达到了不高于 $50mg/Nm^3$。但一般来讲，排放标准越苛刻，焚烧炉高温段及低温段长度就越长，投资成本也会增加。

(3) 主要操作要点

焚烧炉燃烧器须是混合能力强的低氮氧的燃烧器，能够充分燃烧，而且不产生多余的氮氧化物。

1) 要根据 Claus 尾气的组分(特别是可燃组分含量)、流量并结合要求的烟气出口温度确定从燃烧器和炉膛上各自注入的空气流量，达到既充分焚烧 Claus 尾气，又不产生氮氧化物的目的；

2) 燃烧器与炉体设计的合理匹配对焚烧炉的焚烧效果及排放指标影响较大，在设计中须充分考虑。

(三) 反应炉燃烧器的技术发展

1. 烧氨燃烧器

(1) 反应原理

对于反应炉燃烧器，在通过 Claus 反应回收硫黄的同时，又可通过燃烧将含氨酸气中的氨进行分解燃烧。反应炉中的氨不是通过燃烧转化为氮氧化物和水，而是在欠氧环境下通过反应将氨分解，且抑制氮氧化物的生成。反应炉燃烧器的燃烧在欠氧条件下，产生的氮氧化物可以忽略不计。

(2) 燃烧反应

1) 氨的燃烧分解：

$$2NH_3+3/2O_2 = N_2+3H_2O \tag{9-2-1}$$

2) 氨的热分解：

$$2NH_3 = N_2+3H_2 \tag{9-2-2}$$

3) 氨与二氧化硫的反应：

$$H_2S+3/2O_2 = SO_2+H_2O \tag{9-2-3}$$

$$2NH_3+SO_2 = N_2+2H_2O+H_2S \quad (9-2-4)$$

(3)烧氨燃烧器应注意的问题

1)要保证烧氨的效果(比如氨的残余值小于50μg/g),要充分保证炉膛的燃烧器温度不低于1300℃,炉膛的停留时间不低于1s,另外防止含氨酸性气进入燃烧器之前发生铵盐凝结。

2)由于反应炉的主要功能是进行Claus制硫反应,为保证制硫反应的正常进行,并防止因处理氨而引起的不合理的设备尺寸和投资增加,一般应将氨在酸性气当中的总体积含量尽量控制在30%以内。否则,就需要考虑其他的特殊氨环保分解处理技术。

(四)燃烧器操作要点

1. 利用饱和蒸汽来防止在线炉和尾气加氢炉燃烧器积炭

饱和蒸汽可以用于控制在线炉和加氢还原炉火焰温度。另外,饱和蒸汽也可用于防止燃料气在欠氧条件下燃烧而产生的积炭问题。

无论是用于降低燃烧温度还是用于防止积炭,所用的蒸汽都要是饱和蒸汽,而且要防止有冷凝水的存在。否则,蒸汽的加注反而会对燃烧器的火焰产生负面影响。

2. 焚烧炉燃烧器的燃烧温度对排放指标的影响

焚烧炉燃烧器一般采用混合燃烧能力强的低氮氧燃烧器,以及控制燃烧器和炉膛注入的空气来保证焚烧炉的排放达标。但Claus尾气的组分、流量以及设计的炉膛温度(尾气注入后的低温区炉温)也会影响到最终的排放数据。一般情况下CO和VOC的排放浓度随炉膛温度的降低而增加,但氮氧化物的排放浓度随炉温的降低而降低。因此可见,焚烧炉出口的最终的排放浓度受多种因素影响,同时不同物质排放浓度间还相互制约。

焚烧炉的作用是将Claus尾气中的H_2S转化为SO_2,但不能降低焚烧炉出口的SO_2排放量。尾气焚烧炉出口SO_2的排放浓度取决于来料Claus尾气含硫化合物的含量。能否满足SO_2的排放,取决于硫黄回收的工艺技术及SO_2的处理技术。

3. 硫黄回收装置燃烧器的火检仪的特点

反应炉和焚烧炉是硫黄回收装置最常见的两种炉体,每种炉体均配备一台燃烧器,每台燃烧器均配备两台火检仪。由于单燃烧器炉体的特殊性,火检仪的信号直接作为炉膛是否正常燃烧的联锁条件之一。为保证炉膛的正常和安全运行,燃烧器所配的火检仪(特别是反应炉燃烧器的火检仪)均要求检测可靠,抗干扰能力强,适应多种燃料燃烧以及可以使用蒸汽降温的操作。特殊情况下,火检仪还必须能够检测H_2、CO等含量高的燃料气火焰。因此,硫回收装置燃烧器所用的火检仪要比一般燃烧器的火检仪要求更高,技术更复杂。

在实际生产当中,在燃烧器正常运行条件下,火检仪都可检测到稳定的火焰信号。但在烘炉阶段的初期,由于采用过氧配风及小的燃料气流量来控制烘炉温度,往往在此阶段燃烧器的火焰较小。由于火焰小且过氧配风火焰不稳定,因此会存在两台火检仪有一台检测不到火焰信号的情况,但随着炉温的增加、火焰的变大,两台火检仪一般在烘炉的炉膛温度大于300℃以上就都可以检测到火焰。另外,特殊情况下具备灵敏度调节功能的火检仪也可通过灵敏度调节、火焰对焦调节等操作来保证能够尽早得到火焰信号。

(五)硫黄回收装置燃烧器火检仪、观火孔、点火枪安装孔的吹扫

制S炉里面发生的反应比较复杂,很多是可逆反应。较其他装置更显著的一个特点是过程气所含的硫化物或气态的硫黄在低温情况下会在燃烧器的火检仪、观火孔、点火枪等的安装孔处形成积硫或造成硫腐蚀。因此这些安装孔的吹扫除了要达到冷却保护的作用，更重要的是还要起到防积硫、防腐蚀的作用。在燃烧器运行当中，务必要保持每个吹扫口均有连续、充足的吹扫气体进行保护，每个吹扫口均安装有监测吹扫量的流量计。

燃烧器各个管嘴的吹扫，对确保燃烧器的可靠运行极为关键，特别是反应炉燃烧器各个火检仪、观火孔、点火枪的吹扫保护。

（六）硫黄回收装置的大型化

近几年，随着国内几个炼油石化一体化项目的开展，硫黄回收装置的大型化也逐渐成为一种趋势。目前国内天然气领域最大处理量的硫黄回收装置为单套硫黄回收能力为 200kt/a。在炼油领域的硫黄回收装置，目前已经达到单套 150kt/a 的硫黄回收量。一些炼油项目目前正在设计 180kt/a 硫黄回收装置。

在生产条件允许且可行的情况下，采用大型化的硫黄回收装置可以节约投资、减少操作成本、减少人力消耗。但在装置大型化的过程中，关于燃烧器及炉膛要注意以下几个方面。

一定要做好设计阶段的处理负荷的核算，确保装置实际需要的最大处理量与设计的最大处理量尽可能的一致，不能一味地为了大型化而大型化。防止实际运行当中燃烧器及炉体的实际最大处理量与设计最大处理量偏差较大，从而导致燃烧器及炉体长期处于低负荷运行状态.

在处理好大型化装置处理量上限的同时，也要注意装置的设计最小处理量要在燃烧器、炉体的设计范围内，防止低负荷下燃烧器和炉体损坏。

为了增加装置的灵活性，可以给大型化硫黄回收装置同步配置一套处理量小的硫黄回收装置作为开车初期或平时负荷调整的机动装置。

对于大型化的燃烧器和炉体，要注意烘炉，特别是烘炉初期的操作炉温控制和操作安全性。可以采用电烘、专门的烘炉火嘴等方式解决低温段温度控制的难点问题。目前也有很多装置现场给燃烧器的燃料气主管线配备管径小的旁路管线，这一经验也可以较好地解决烘炉初期低温段控制的问题。

要注意燃烧器和炉体耐火材料的质量和砌筑过程的施工质量，特别是上半周期的施工质量。

（七）氨环保焚烧装置

对于氨含量超过 30%以上的酸性气或其他含氨废气，采用反应炉来分解烧氨就会受到局限。对于这样的高含氨酸气甚至是接近纯氨的废气，目前已经有使用专门的烧氨炉成功处理的实际应用。

烧氨炉主要基于的烧氨反应为：

$$2NH_3+3/2O_2 = N_2+3H_2O \qquad (9\text{-}2\text{-}5)$$

通过精确的氨及空气流量控制，以及氨、氧气残余值的反馈控制，烧氨炉可以达到既分解氨又有效抑制 NO_x（氮氧化物）的生成。依据不同项目的设计数据，烧氨炉出口的 NO_x（氮氧化物）可以被控制在 50～200mg/Nm^3（干基，氧 3%）范围内。如果需要，烧氨炉下游再使用 SCR/SNCR 装置就可进一步把 NO_x 的排放控制到 50～100mg/Nm^3（干基，氧 3%）。目前开工的装置已经成功地将氨含量接近 95%左右的含氨废气完全分解，烧氨炉出口的 NO_x 排放不高于 160mg/Nm^3（干基，氧 3%）。典型的烧氨炉结构见图 9-2-6。

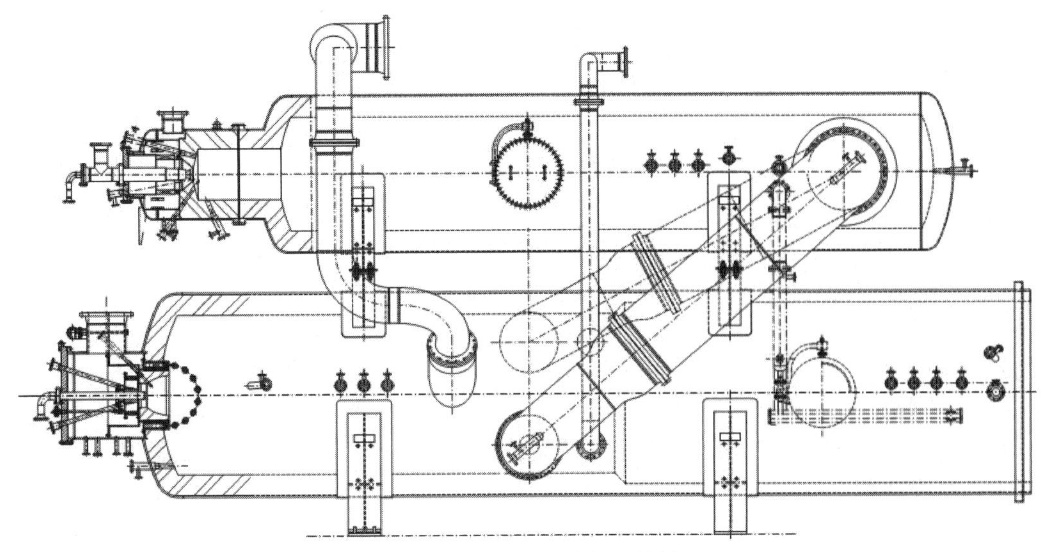

图 9-2-6　典型的烧氨炉结构

(八) 典型案例

1. 案例一

(1) 情况描述

反应燃烧器及反应燃烧炉炉温异常及震动。

(2) 运行情况

炉子运行当中有明显的震动和噪音，而且可从炉膛观火孔看到有强烈的不稳定扰动气流。

(3) 运行数据

1) 入口酸气组分：H_2S 55%(体)，剩余为 H_2O 和 CO_2 等；

2) 炉膛温度：900~1000℃；

3) 燃烧器处理负荷：约 70%。

(4) 原因分析

经现场调查发现，炉膛温度低于正常 Claus 反应配风应到达的温度，燃烧火焰颜色为浅橘黄色。一级硫冷凝器出口处的液硫产量仅占到总液硫产量的 50%左右。从上述情况分析装置异常的主要原因是配风比例不合适，空气流量偏低导致炉温低、Claus 燃烧反应不充分。Claus 反应不充分的炉内过程气体干扰了火焰的稳定性，造成震动、噪音以及热反应阶段的产硫量不足。

(5) 处理措施

查明空气配风不足的原因，将炉温提高到正常燃烧的 1000~1100℃后，炉膛运行平稳、震动消除，一级硫冷凝器出口液硫量提高到正常水平。即使负荷提高到设计的 110%之后，也未出现震动、噪音等异常情况。

2. 案例二

(1) 情况描述

反应炉燃烧器点火枪硫腐蚀损坏。

(2) 运行情况

硫黄回收装置连续运行一个长周期后，发现点火枪无法正常打火和点燃。

(3) 原因分析

点火枪的吹扫气体中断，流量不足。

(4) 处理措施：

清洗点火枪并进行干燥处理，而后测试点火枪电路，系统正常后可以恢复点火。

二、反应炉

(一) 设备操作特性

1. 工艺特性

有多种燃烧反应，介质成分复杂。

2. 腐蚀特性

腐蚀介质种类多，腐蚀状况复杂。有湿硫化氢应力腐蚀、二氧化硫露点腐蚀、高温硫腐蚀等多种腐蚀并存。

3. 温度特性

炉内温度高，同时装置负荷及酸性气浓度变化对设备造成热冲击。炉内介质温度在1000℃以上，烧氨及富氧燃烧温度更高，甚至达1600℃(需考虑耐火材料的耐受温度)。

(二) 设备结构

1. 金属壳体结构

1）硫黄回收装置反应炉为卧式圆筒形结构，燃烧器一般与炉体法兰连接或焊接，后端与余热锅炉焊接(对接或搭接)。

2）支座一般采用两个滚动(或带摩擦副)鞍座，向炉头方向移动。

3）壳体外部有防雨罩，分整体圆形可调温式和半圆形不可调温式。

2. 衬里结构

常用衬里结构有耐火可塑料、隔热浇注料与耐火砖的复合结构。

(1) 耐火可塑料结构

可塑料结构一般为双层结构，由刚玉质耐火可塑料+隔热可塑料组成，采用高强度的刚玉锚固砖支撑和固定。可塑料具有施工周期短、施工方便、施工难度小、保温钉采用非金属衬里(高强度耐火砖)、烘炉时间短等优点，特别适合特殊的异型结构和衬里的修补。两种材料的层间结合紧密。在硫黄回收装置中已有大量的成功使用业绩。可塑料的缺点是锚固砖尺寸较大，砖体开槽，根部用金属卡子与炉体连接，锚固砖间距较大，同时对卧式圆筒炉，其锚固砖受位置及强度影响，容易断裂，造成衬里脱落。同时存在锚固砖附近的可塑料振捣不实。容易存在穿透性网状裂纹，造成衬里失效。

(2) 隔热浇注料与耐火砖复合结构

隔热浇注料与耐火砖复合结构一般为三层结构，由锆刚玉莫来石耐火大砖+轻质耐热砖+隔热浇注料组成。大砖与浇注料复合结构特点有：迎火层为带榫槽的大砖结构，保证了衬里结构整体稳定性和强度，耐冲刷及抗腐蚀能力强，有效地阻止了高温腐蚀性气体窜入隔热层，整体安全性高，使用寿命长。隔热浇注料与耐火砖复合结构的缺点是：施工难度大，施工质量对使用寿命影响大，衬里材料层间容易出现间隙，容易串火，造成衬里失效。炉顶的异型结构或结构突变部位，耐火砖容易脱落。

(3) 花墙的设计

由于进入反应炉的酸性气是上游各装置来的气体，经常有波动，因此燃烧不是特别稳定、充分，反应炉后端接反应炉蒸汽发生器，为保护反应炉蒸汽发生器炉头不受冲击及使反应气流有一个稳定的充分接触的反应空间，一般在反应炉的中部或中后部位增设了花墙。常用的花墙砖结构为方砖内开圆孔形式，见图 9-2-7。

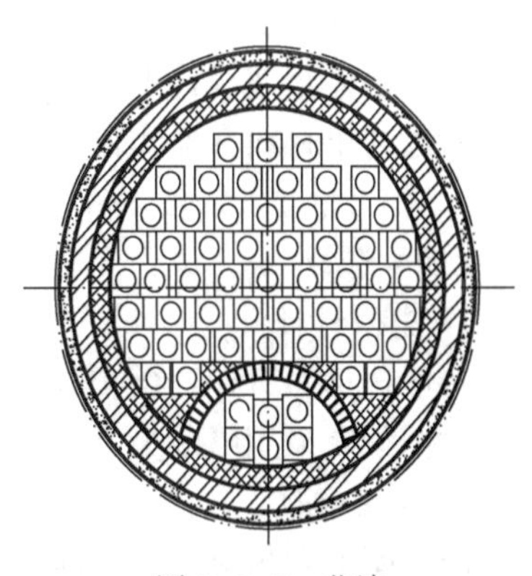

图 9-2-7 花墙

(三) 设计

1. 设计压力确定

反应炉点火使用的是燃料气，达到一定温度后引入酸性气，点火过程中易产生闪爆。以前国内设计的反应炉一般采用防爆膜作为防爆设施，但是存在一些问题，防爆膜需要定期更换。而防爆膜一旦爆破即导致全装置停产，同时在炉体上泄压释放了高温的有毒气体，不但侵害本装置操作人员的健康，同时也会影响全厂及周边地区的安全。因此，取消防爆膜，将炉体强度提高到能够承受爆破压力作为设计压力的选取基础，经核算，酸性气和燃料气爆破压力均不大于 0.7MPa。由于爆破压力只是偶然情况下发生的，因此以爆破压力下炉体强度不超过材料的 0.9 倍材料的屈服极限，保证在爆炸时炉体不发生永久性变形。为此炉体设计压力以上游装置的安全阀定压，即酸性气可能的最高压力(一般为 0.25MPa 表压)来确定，即按下述两原则算出壳体厚度，并取其中较大值即可。

工况	应力指标
设计压力	钢板的许用应力$[\sigma]_t$
爆破压力	0.9 倍屈服极限 σ_s

为此，反应炉设计压力取为 0.25MPa。

目前，国内外工程公司对反应炉的设计压力取值不同，取值最高已达到 0.53MPa。但经过对大量的不同直径的反应炉进行计算，按 0.53MPa 以下各种设计压力进行核算，结果是相同的。即反应炉金属壳体的厚度是由刚度决定的，不是由强度决定的。反应炉的强度计算是按照 GB/T150《钢制压力容器》进行。

2. 炉体温度确定

(1) 确定衬里厚度的计算温度

以前设计反应炉衬里时，炉体壁温按炼油装置一般加热炉的壁温要求，即在无风、环境温度为 20℃时，炉体壁温不超过 80℃。由于反应炉炉膛温度高，若保证炉体温度不超过 80℃，则衬里厚度相当厚，且低于 H_2S、SO_2 的露点温度。炉子壁温若低于 H_2S、SO_2 露点温度，则必然导致露点腐蚀。这种现象在装置运行中已得到验证，反应炉壳体在某些部位确实存在较严重的腐蚀。因此，炉子的壁温设计必须保证在任何环境条件下均高于露点温度，否则均会导致严重的腐蚀，影响装置的使用寿命。为确保有一定的裕度，在衬里计算时，炉体最低壁温取 200℃，最低不得低于 150℃，一般高于露点温度 50℃。国外工艺包有要求 343℃的情况。根据中国衬里材料及施工水平，建议壁温高于露点 50℃即可。

由于冬、夏两季环境气温的变化，炉体壁温发生变化。冬季时壁温低，夏季时壁温高，根据炉壁材质、强度、刚度要求，以防下雨时炉壁热损失大，导致装置运行不稳定。为避免炉体壁温受环境温度影响，炉子外表面设防护罩。

（2）炉体金属设计温度

考虑衬里材料在操作过程中有可能局部损坏的情况，炉体金属的设计温度一般按 350℃ 设计。

（四）选材

1. 壳体材料

一般选择 Q245R、Q345R。炉体内壁宜考虑刷防露点腐蚀的涂料，外壁宜刷高温变色漆，防雨罩宜采用厚度为 1mm 的防锈铝板。

2. 衬里材料

（1）刚玉质耐火可塑料性能指标见表 9-2-1，锚固砖性能指标见表 9-2-2

表 9-2-1　刚玉质耐火可塑料性能指标

项目		指标	
体积密度/(kg/m³)		110℃×24h	≥2900
耐压强度/MPa		110℃×24h	≥80
抗折强度/MPa		110℃×24h	≥13.2
		1000℃×24h	≥20
耐火度/℃		>1790	
荷重软化温度(0.2MPa)/℃		>1650	
加热永久线变化率/%		110℃×24h	-0.1
		1500℃×24h	-0.8
导热系数/[W/(m·K)]		540℃	≤2
		1000℃	≤1.5
化学成分/%	Al_2O_3	≥90	
	Fe_2O_3	≤0.4	
	SiO_2	≤1.5	
	碱金属	≤1.0	
热震稳定性(1100℃)/次		30(风冷)	
使用温度/℃		1600	

表 9-2-2　锚固砖性能指标

项目	指标	
体积密度/(kg/m³)	110℃×24h	2950~3150
耐压强度/MPa	110℃×24h	≥100
耐火度/℃	>1790	
荷重软化温度(0.2MPa)/℃	>1650	
加热永久线变化率/%	1500℃×3h	±0.1
导热系数/[W/(m·K)]	1100℃	≤1.5

续表

项目		指标
化学成分/%	$Al_2O_3+ZrO_2$	≥94
	Fe_2O_3	≤0.4
	SiO_2	≤1.5
热震稳定性(1100℃)/次		30(风冷)
使用温度/℃		≥1600

(2) 隔热浇注料与耐火砖复合结构材料

衬里一般分为三层，锆刚玉莫来石大砖(耐火层)+莫来石轻质砖(耐热层)+轻质浇注料结构(隔热层)。衬里厚度一般在350mm左右，需根据传热计算确定。传热计算方法依据SH/T3179《石油化工管式炉炉衬设计规范》。锆刚玉莫来石大砖性能指标见表9-2-3，轻质隔热砖性能指标见表9-2-4，隔热浇注料性能指标见表9-2-5。

表 9-2-3 锆刚玉莫来石大砖性能指标

项目		SW-NHZ3.0 锆刚玉莫来石大砖	
体积密度/(kg/m^3)		110℃×24h	2950~3150
耐压强度/MPa		110℃×24h	≥100
耐火度/℃		>1790	
荷重软化温度(0.2MPa)/℃		>1650	
加热永久线变化率/%		1600℃×3h	±0.5
导热系数/[W/(m·K)]		1100℃	≤1.5
化学成分/%	$Al_2O_3+ZrO_2$	≥94	
	Fe_2O_3	≤0.4	
	SiO_2	≤1.5	
热震稳定性(1100℃)/次		30(风冷)	
使用温度/℃		≥1600	

表 9-2-4 轻质隔热砖性能指标

项目	SW-NHZ1.4 轻质隔热砖	
体积密度/(kg/m^3)	110℃×24h	1350~1450
耐压强度/MPa	110℃×24h	≥12
加热永久线变化率/%	815℃×3h	-0.3~0
导热系数/[W/(m·K)]	540℃	≤0.4
化学成分 Al_2O_3/%		≥40
使用温度/℃	1400	

表 9-2-5　隔热浇注料性能指标

项目	SW-NH1.0 隔热浇注料	
体积密度/(kg/m³)	110℃×24h	950~1050
耐压强度/MPa	110℃×24h	≥8
	815℃×3h	≥6
抗折强度/MPa	110℃×24h	≥2
	815℃×3h	≥1.5
烧后线变化率/%	815℃×3h	-0.2~0
导热系数/[W/(m·K)]	540℃	≤0.25
使用温度/℃	1000	

(五) 典型案例

1. 炉体超温

(1) 情况描述

炉子震动，炉体中间支座离开设备基础，顶部局部区域超温，温度达 500℃以上。

(2) 原因分析

1) 由于运输条件限制，炉子长径比超过一般的经验值，长径比达到 5:1。

2) 未设花墙。

3) 燃烧器火焰不稳定，在炉膛内产生不均匀流动。

4) 酸性气、空气管线走向及刚性制约炉体膨胀。

5) 缩颈环前后设有膨胀缝。

(3) 处理措施

1) 将炉体重新做，在满足停留时间的前提下，将长径比缩短。从设备结构上解决细长带来的炉体刚性差造成炉体变形对衬里的影响。

2) 增设花墙，使燃烧充分和稳定。

3) 燃烧器火焰不稳定，造成火焰在炉膛内旋流不均匀。其原因是燃烧器在烘炉过程中造成回火，将二次风处的旋流叶片烧坏。业主建议燃烧器厂家将材料由碳钢改为不锈钢，在燃烧器厂家不同意的情况下，通过测绘修改了叶片材质，造成二次风叶片间距及叶片角度发生变化，火焰在炉膛内旋流不均匀，造成震动。衬里在震动情况下，顶部局部变形、开裂，火焰串至炉壁，造成超温。处理措施：在减少长径比后，燃烧器燃烧室加长，燃烧器局部改造。

4) 管线配置制约炉体膨胀。由于酸性气管线及空气管线相对于炉体温度低，装置规模较大时，管线直径大、刚性大；炉体温度高，刚性相对小，如果管线走向及应力不合理，制约炉子热膨胀，炉体会翘起来，对衬里产生影响。应减少管线对设备的推力，使设备自由膨胀。

5) 对反应炉的重要部位，如人孔附近、锥段变径处顶部、掺合阀附近设置炉壁热电偶，检测炉壁温度。

6）合理设置膨胀缝位置。

2. 可塑料衬里倒塌

（1）情况描述

炉子前端锥段上部衬里全部脱落，钢壳体烧穿。缩颈段顶部脱落，炉体衬里顶部脱落，锚固砖断裂。

（2）原因

1）锚固砖在高温下强度不足以支撑炉衬材料，造成锚固砖断裂。

2）锚固砖从与炉体连接的金属卡子脱落，卡子安装方向与受力及膨胀方向不一致。

3）锚固砖附近的可塑料振捣不实，存在穿透性网状裂纹，造成衬里塌陷。

（3）处理措施

1）在检修时间短的情况下，锥段钢壳贴补，衬里损坏处进行局部修复。

2）提高锚固砖的强度，使其高于可塑料的强度，对锚固砖的强度进行校核。

3）将锚固砖的锚固槽改为螺旋状。

4）停工检修时，对损坏的炉壳及衬里进行更换。

3. 浇注料衬里倒塌

（1）情况描述

炉子衬里上部大面积脱落(耐火层、耐热层)，保温钉碳化。

（2）原因

1）受施工环境条件和施工水平的限制，耐火层炉顶部浇注料施工的质量较差。

2）迎火层需要高强度的保温钉做支撑，而目前的保温钉最好材质为0Cr25Ni20只能耐温1100℃，埋设在耐火浇注料内的金属保温钉在炉膛温度达到1300℃以上时，温度超过了锚固钉自身的耐温限度，通过顶部浇注料内气孔透入的酸性气在高温下对锚固钉的高温硫化腐蚀较为严重，锚固钉的支撑作用就会消失，造成炉子迎火层塌陷。

3）耐火层浇注料存在的先天缺陷是：材料有烘干和烧后线收缩；材料在烘炉后，由于锚固钉与材料热膨胀不一致，造成应力分布不均匀；烘炉和使用一段时间后耐火层衬里出现较多裂纹，甚至还有穿透性裂纹。酸性气体通过裂纹对锚固钉，钢壳造成腐蚀。采用此结构的反应炉衬里使用寿命都较短，且经常出现倒塌现象，致使装置不能正常运行。

（3）处理措施

1）浇注料衬里损坏一般在上部，曾经有两套装置在处理时，将炉衬180°以上部位损坏的衬里清除，留下下部完好部分，加工出毛面，上部改为砖+浇注料或可塑料结构。

2）全部更换为砖+浇注料结构或可塑料结构。

3）采用可塑料时，保温钉用刚玉质锚固钉。

（4）其他常见问题

1）膨胀缝设置不当，膨胀缝设置除考虑耐火材料的膨胀外，还应考虑不应设置在截面变化处及不同材料、部件的连接处，衬里由两层或多层材料组成时，各层材料膨胀缝要错开，不能形成通缝，一般至少错开150mm。

2）热电偶位置不当，不宜设置在顶部。因为顶部温度最高，衬里施工难度最大。浇注料捣打不实。耐火砖不容易控制间隙，且顶部是耐火砖合缝的位置，施工及间隙不当很容易出现破裂。套管壁厚一般应为20mm。

3）看火孔位置角度设置不当。角度(斜度)太大，衬里太薄，无刚玉套管，施工质量无法保证。

4）衬里采用两层或三层砖，设有一层浇注料，施工难度大，特别是炉体圆度偏差较大时，衬里无法调整。

5）锥段上部耐火砖下沉，施工顺序不合适，应从炉头向余热锅炉方向施工。锥段拐角处的耐火砖应与相应的直段整体制作。

6）迎火层的耐火砖在顶部中心线不能设置砖缝，而且需要对称设置。

（六）掺合阀

1. 掺合阀的历史

最早使用的掺合阀(20 世纪 90 年代)大部分是荆门炼油厂机械所的产品，为当时唯一一家。阀芯为非金属耐火材料，使用效果还可以，唯一缺点就是非金属阀芯与阀杆连接处容易脱落、脆断。后来齐鲁 80kt/a 硫黄回收装置需要掺合阀时，由于工期紧，荆门炼油厂无法完成，若引进国外产品，价格无法承受且周期长，因此由三维工程与浙江石化阀门厂共同研制了一种内冷式(内取热)的掺合阀。

2. 内冷式掺合阀的原理

通过阀芯内引入锅炉水，将阀芯温度降到 371℃(高温硫快速腐蚀温度)以下，使阀芯能够长期工作。经过齐鲁石化硫黄回收装置试运用一年，阀芯厚度有不规则的减薄，后经过对材料改进，基本上能够适用一个周期。其具体结构见 JB/T 11483—2013《高温掺合阀》。对于掺合阀，目前普遍反映使用效果不好。由于掺合阀工艺使用越来越少，影响了掺合阀的研究发展。

（七）总结

1. 衬里结构选择

选择业绩好的衬里施工单位，衬里材料建议采用砖+浇注料复合或可塑料结构。

2. 衬里材料性能指标要求

衬里材料性能指标要求严格按照设计要求，如氧化锆、氧化铝含量要达到要求，控制氧化铁、氧化硅含量。明确强度指标、热震稳定性能指标、重烧线变化指标、耐火度、荷重软化温度等。同时，施工现场的材料须通过独立的第三方(专业检测结构)的复验。

3. 烘炉要求

1）制定完善合理的炉衬排版图、施工方案、烘炉方案，同时加强隐蔽工程的检查。

2）建议的烘炉形式，由于制硫燃烧器一般为进口，价格较贵。在烘炉低温段，烘炉温度升温速度不易控制，操作不当，很容易损坏燃烧器。最好的做法是分两次烘炉，初次烘炉由衬里厂家采用其自带的烘炉燃烧器，烘至 600℃以上，将自由水及部分结晶水烘掉。然后在开工前，采用正式燃烧器二次烘炉，减少低温段的停留时间，降低燃烧器损坏的风险。首次烘炉后，在正式烘炉(或开工)前，对炉体衬里进行保护，对南方或潮湿地区，应防潮。北方地区过冬要防寒。在开工前，采用正式操作的燃烧器进行第二次烘炉，烘至 1200℃以上，然后检查确认。

三、反应炉蒸汽发生器

（一）设备操作特性

1. 工艺操作

传热方式复杂，既有对流、辐射，也有传导，壳程(水侧)还有沸腾传热。

2. 腐蚀特性

腐蚀介质复杂，管程(烟气侧)有高温硫腐蚀、湿硫化氢应力腐蚀、二氧化硫露点腐蚀。

壳程(水侧)有吸氧腐蚀等。

3. 温度特性

前管箱的烟气温度达1300℃左右，甚至短时达到1600℃以上，换热管与管板连接接头及管板承受高温烟气冲刷。

(二) 设备结构

1. 反应炉蒸汽发生器结构示意图

(1) 反应炉蒸汽发生器主要元件及名称(见图9-2-8)。

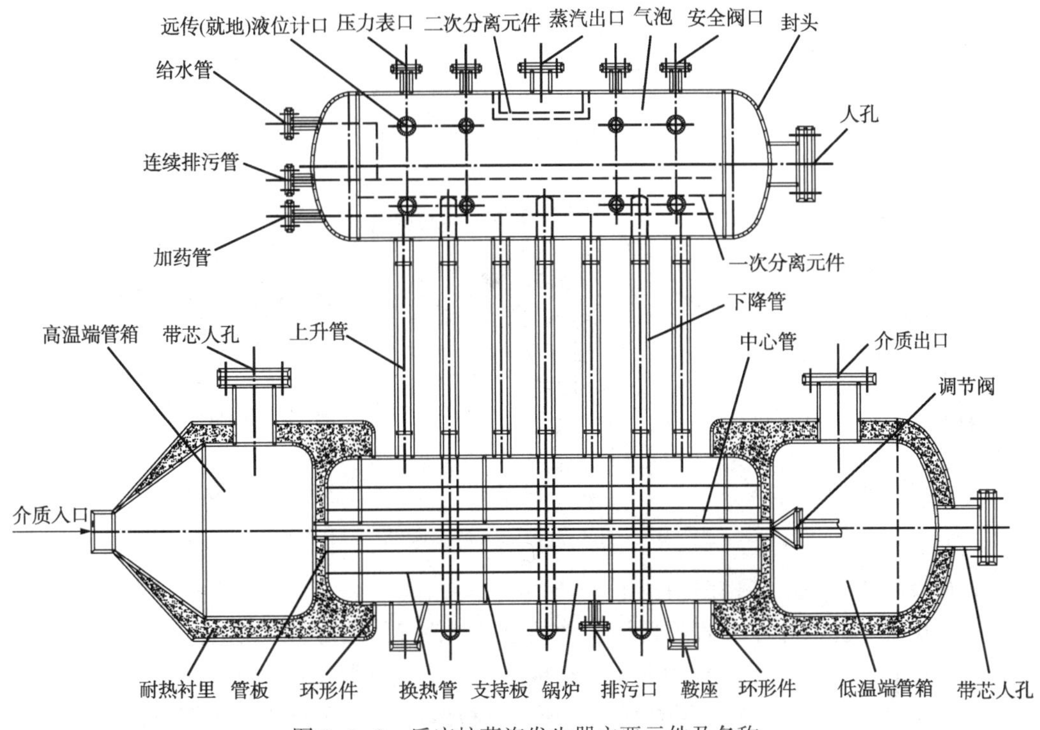

图9-2-8　反应炉蒸汽发生器主要元件及名称

(2)自带蒸发空间的反应炉蒸汽发生器主要元件及名称(见图9-2-9)。

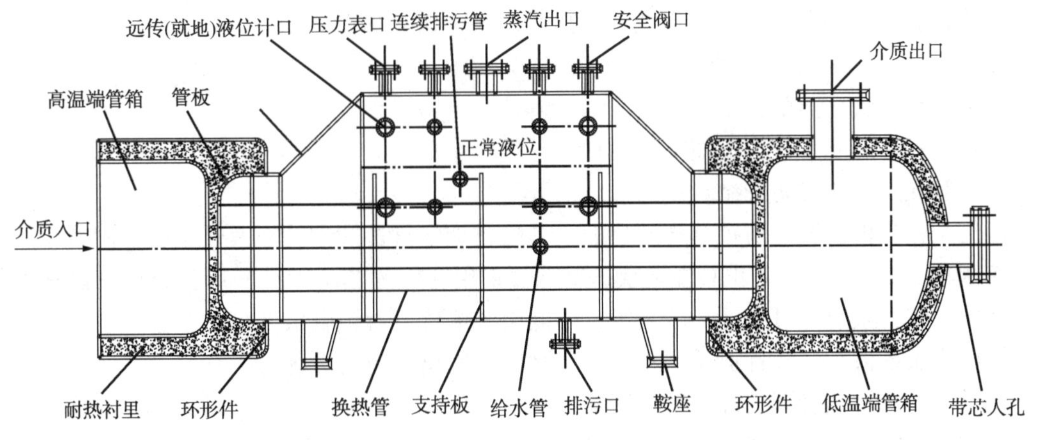

图9-2-9　自带蒸发空间的反应炉蒸汽发生器主要元件及名称

2. 管板

(1) 管板圆弧过渡段结构型式

管板圆弧过渡段结构型式见图 9-2-10。

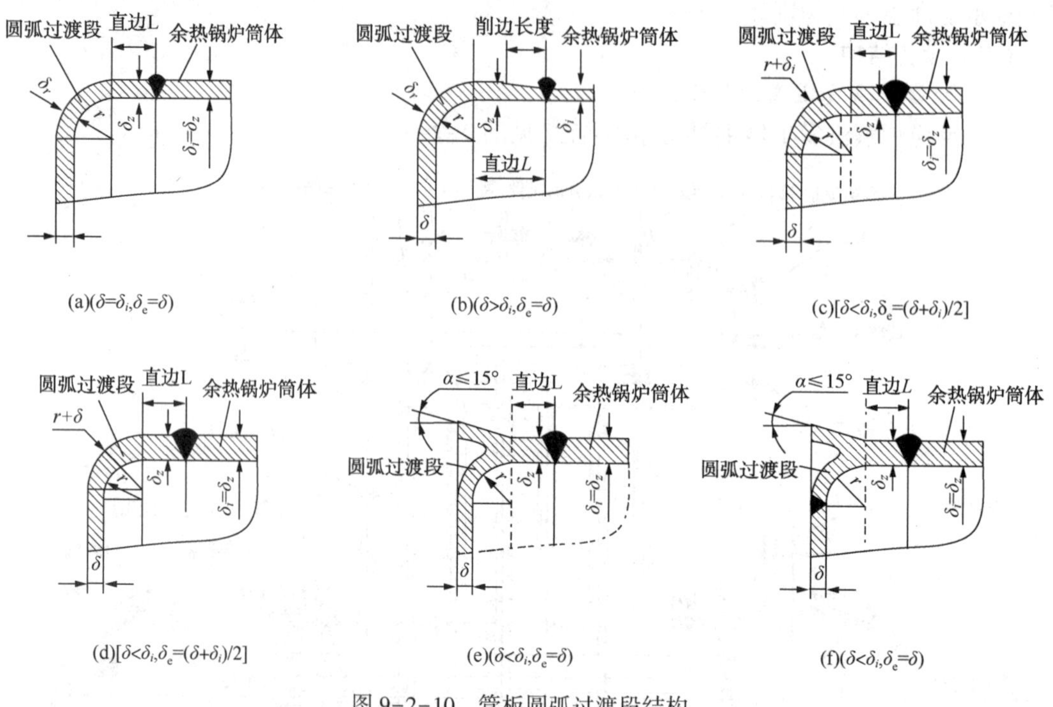

图 9-2-10 管板圆弧过渡段结构

(2) 管板圆弧过渡段结构适用范围

1) 结构(a): 主要用于壳程为低压、管板厚度与锅筒厚度相同的情况。

2) 结构(b): 主要用于壳程为低压、管板厚度大于锅筒厚度的情况。

3) 结构(c)、(d): 主要用于壳程为中压、管板厚度小于锅筒厚度相等的情况, 优先选择结构(c)。

4) 结构(e)、(f): 与以上结构区别不同处为管箱连接结构, 其管板过渡圆弧区采用锻件, 结构(e)为整体锻件, 结构(f)为过渡区为锻件, 管板区为钢板。

3. 管板及管头热防护结构

(1) 管板及管头热防护结构

管板及管头热防护结构见图 9-2-11。

(2) 管板及管头热防护结构特点

烟气入口管板设置热防护结构的目的, 是防止烟气直接冲刷管板及管接头, 同时将管头温度控制在 371℃以下, 防止高温硫快速腐蚀。采用有效的热防护结构后, 管板可以选择碳素钢及碳锰钢, 换热管可以选择碳素钢, 降低设备造价。避免管板及换热管选择不锈钢, 因不锈钢线膨胀系数大, 并且奥氏体不锈钢在水侧有氯离子应力腐蚀。

(3) 管板与换热管管头温度影响因素

1) 管板厚度对管头温度的影响。管板厚度增大, 管头温度升高, 一般中压余热锅炉管板厚度在 26~30mm 之间。

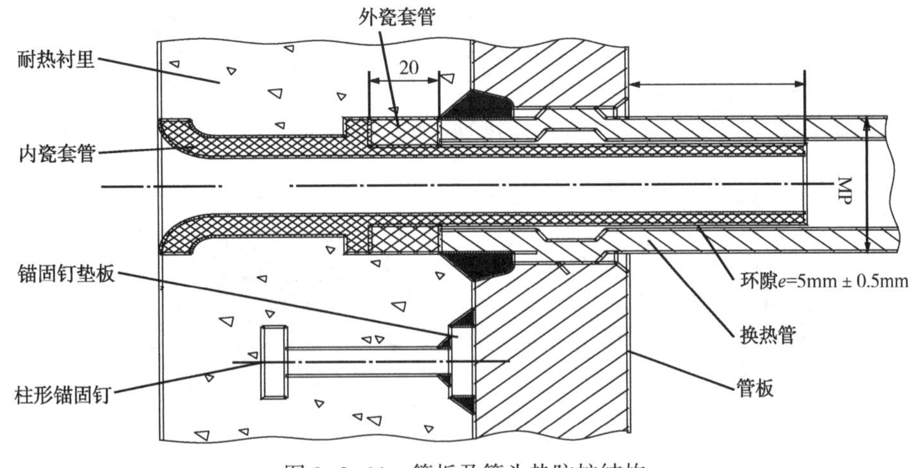

图 9-2-11　管板及管头热防护结构

2）换热管管间距对管头温度影响。管间距增大，管头温度降低。但是会造成管板直径、设备直径增大，不经济且不合理，因此，管间距调整应慎重。换热管布置方式采用正三角形、转角正三角形、正方形及转角正方形，一般采用三角形布置的同时适当增大管间距。

3）瓷管厚度对管头温度的影响。一般情况下，瓷管厚度的变化影响不大，但当瓷管厚度由 3mm 增大至 5mm 时，可使管头温度下降 8℃。但瓷管厚度增大后，会引起管头气速过高，气流阻力增大，同时也增大了瓷管段的对流传热，对管头不利。通过多套硫黄装置的使用情况看，对 *DN*40 及以下的瓷保护套管厚度取为 3mm，对 *DN*50、*DN*65 的瓷保护套管厚度取为 4mm，对 *DN*80 的瓷保护套管厚度取为 5mm。一般余热锅炉炉管规格均不大于 *DN*80。

4）管板耐火材料层厚度对管头温度的影响。根据试验，当管板耐火材料厚度在 20mm 以下时，管头温度随着厚度增加降低较多；但当材料厚度进一步增大时，管头温度降低并不十分明显。由于管板衬里完全由管板保温钉支撑，衬里材料太厚，当保温钉的设置及数量不合理时，瓷保护套管将承受衬里重量产生的剪切力，会造成套管断裂。但考虑到结构施工及成型后的结构稳定性，同时考虑壳程侧生产的中压蒸汽，耐火材料厚度为 75mm，如果产生低压蒸汽，耐火材料厚度可为 50mm。对于富氧工艺或烟气温度超过 1450℃ 的情况，为防止管板温度过高，管板表面衬里厚度一般为 80mm，其中贴近管板表面设一层整张的 5mm 的陶瓷纤维纸，降低管板温度。

5）环隙宽度对管头稳定的影响。瓷管与炉管之间保留的环隙虽然有限，但很重要。一方面便于施工；另一方面有了这一环隙后，作为“呆滞”气层，增加了有效的热阻值，对管头温度影响较大。当环隙宽度由 0. 5mm 增大到 1mm 时，可使管头温度降低 13℃，因此，取为 1mm。为保证“呆滞”气层的环隙，同时又便于施工时瓷套管安装定位，在内瓷管上缠 1mm 的细石棉绳，待高温时烧掉，自然形成环隙。有些单位采用报纸。

6）双瓷套管保护结构对温度场的影响。当采用单瓷管时，瓷管内外表面温度在管板端部耐热衬里层接触断面处出现一个温度最低的“温谷”区，在这个区域将出现较大的温度应力，并将该处瓷管“剪断”，从而使保护结构失效。当采用双瓷套管结构时，温度分布规律大大改变了，“温谷”位置推移到外瓷环的端部。而且，“温谷”的低温值变得平缓，并随外瓷环长度增加而变得更加平缓，从而避免瓷管断环。外瓷环长度为 20mm，管头温度约下降 12℃。

7）炉管伸出管板长度影响。管子伸出管板越短，管端离高温气体越远，管头温度相对低一些。焊缝采用U形深坡口，以保证焊接接头的强度。

（4）管板与换热管连接结构

1）管板与换热管连接结构：管板与换热管连接结构见图9-2-12。

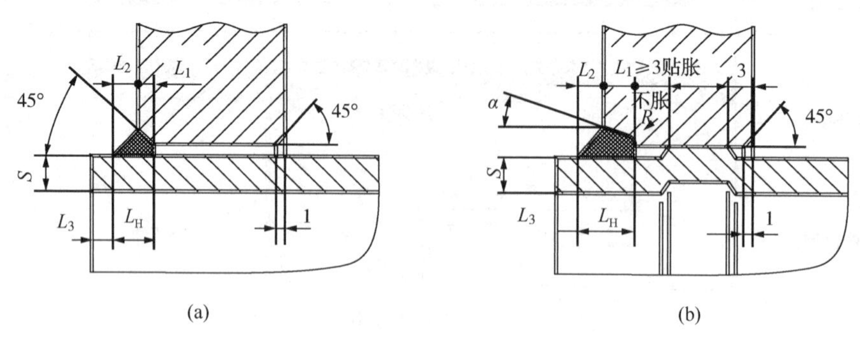

图9-2-12　换热管与管板的连接结构

2)换热管与管板的连接形式适用范围

① 结构(a)为强度焊，适用无法贴胀的情况，一般用于管板厚度26mm以下。

② 结构(b)为强度焊+贴胀，一般用于管板厚度26mm以上的中压余热锅炉。根据经验，管板厚度26mm以下，无法胀接，因此胀接长度至少10mm。由于制造厂基本上采用先焊后胀，且换热管厚度较厚，过渡区较大，管板厚度较小，容易影响焊接接头。

（三）选材

1. 主要受压元件

（1）管板

低压反应炉蒸汽发生器选取Q245R材料，中压反应炉蒸汽发生器选取Q345R材料。

（2）换热管

低压20无缝钢管(GB/T 9948)、中压20G无缝钢管(GB/T 5310)。

（3）锅筒壳体

汽包：低压反应炉蒸汽发生器选取Q245R，中压反应炉蒸汽发生器选取Q345R材料。

（4）前后管箱

Q245R或Q345R。

2. 管板衬里及双瓷套管

双瓷保护套管性能指标见表9-2-6，管板衬里性能指标见表9-2-7。

表9-2-6　双瓷保护套管性能指标

项目	烧结刚玉管(双瓷保护套管)	
体积密度/(kg/m^3)	110℃×24h	≥3000
耐压强度/MPa	110℃×24h	≥100
加热永久线变化率/%	1500℃×3h	±0.5
热震稳定性①	1100~常温	水冷12次或风冷30次

续表

项目		烧结刚玉管(双瓷保护套管)	
导热系数/[W/(m·K)]		540℃	≤2.5
		1100℃	≤1.5
化学成分/%	Al_2O_3	≥99②	
	Fe_2O_3	≤0.2	
	SiO_2	≤0.3	
显气孔率/%		15	
使用温度/℃		1600	
耐火度/℃		1790	

①烧结刚玉管(双瓷保护套管)成品仅检测热震稳定性，其余主要指标通过制备试块检测。

②衬里供货方可通过调整化学成分中 Al_2O_3 含量，添加抗热震稳定性的成分，提高热震稳定性次数，但化学成分中 Al_2O_3 含量不得低于94%。

表 9-2-7　管板衬里性能指标

项目		刚玉浇注料(管板衬里)	
体积密度/(kg/m³)		110℃×24h	≥3000
耐压强度/MPa		110℃×24h	≥50
		1500℃×3h	≥80
抗折强度/MPa		110℃×24h	≥7
		1500℃×3h	≥15
烧后线变化率/%		1500℃×3h	±0.3
导热系数/[W/(m·K)]		1100℃	≤1.5
化学成分/%	Al_2O_3	≥94	
	Fe_2O_3	≤0.4	
	SiO_2	≤1.5	

(四) 设计

1. 设计及计算方法

反应炉蒸汽发生器设计、计算、制造及检验的标准见 SH/T 3158。

2. 主要设计参数确定

1) 反应炉蒸汽发生器壳程的工作压力为饱和水蒸气压力。必要时，工作压力还应考虑系统管网、过热器等的压力降。反应炉蒸汽发生器壳程的设计压力应以工作压力为基准，考虑安全阀整定压力；设计压力值应大于等于安全阀的整定压力。

2）管板、换热管的设计温度要求如下：管板、换热管及中心管的设计温度应通过传热计算确定，当反应炉蒸汽发生器给水和炉水品质符合 GB/T 1576 或 GB/T 12145 的要求，管板有可靠的隔热防护时，管板、换热管及中心管的设计温度应按表 9-2-8 确定。

表 9-2-8　管板、换热管及中心管的设计温度

工作条件	受压元件	受压元件的设计温度
管程介质温度 1450～1600℃	管板	应通过传热计算后确定，且不低于 t_j①+90
管程介质温度>1100～1450℃		t_j+90
管程介质温度>900～1100℃		t_j+70
管程介质温度 600～900℃		t_j+50
管程介质温度 600℃以下		t_j+25
换热管		t_j+25

①t_j 为壳程设计温度。

（五）设计制造应注意的主要问题

硫黄回收装置的反应炉蒸汽发生器运行中的主要问题是换热管与管板的连接接头泄漏，针对此问题，在制造中应采取以下措施：

1. 管板与换热管焊接接头工艺评定

1）焊接工艺评定须符合 NB/T 47014 的规定。

2）评定所用试件材质、厚度、管间距、管子规格、坡口形式及尺寸均与实际产品一致。

3）焊接接头的渗透检测，符合 NB/T 47013.5 中 I 级为合格，且不允许存在任何裂纹及未熔合、未焊透等缺陷。

4）金相检测结果应符合 NB/T 47014 中附录 D 第 D.7.3 条规定，所有焊接接头根部应焊透，且不允许有裂纹、未熔合、未焊透。

5）所有受检测面的焊脚高度应大于或等于设计文件规定的焊脚高度减 0.5mm。

6）对于首次制造硫黄回收装置反应炉蒸汽发生器的制造厂，还应进行管头拉脱试验，具体要求为：取 2 个管头进行试验，换热管长度不少于 500mm。试验结果为拉脱力不小于换热管室温标准抗拉强度下限值，且断裂位置为换热管本体，换热管与管板焊接接头应完好。

2. 管板与换热管焊接接头焊接工艺

1）焊接工艺评定合格后，制定焊接工艺指导书，且应采取合适的焊接顺序，防止管板变形。

2）焊接应采用填丝氩弧焊，宜采用自动氩弧焊。根部打底焊应保证焊透。

3）打底焊后，壳程应采用大于或等于 0.3MPa 的压缩空气检查管头，合格后，应采取措施防止生锈。

4）多道焊层间的起弧与收弧位置应相互错开。

5）焊接接头的焊脚尺寸应符合设计文件的规定，焊缝成形美观，焊肉饱满，焊缝表面的焊渣及凸出于换热管的焊瘤均应清除。

3. 管板与换热管胀接工艺

1）胀接前应进行胀接工艺试验，确定合适的胀度。

2）胀接深度不应超过管板背面，换热管胀接与非胀接部位应圆滑过渡，不应有急剧的棱角。

3）胀接宜采用柔性胀接方法。

4. 管板与换热管焊接接头无损检测

1）焊接完毕，焊接接头表面应进行磁粉或渗透检测，符合 NB/T 47013.4 或 NB/T 47013.5 中 I 级为合格。

2）每个象限可进行不少于 10%射线检测抽查，抽查应覆盖所有焊工施焊的焊接接头，应符合 NB/T 47013.2—2015 附录 A 中密封焊要求。且在任何情况下，不允许存在裂纹、条形气孔、虫形气孔、局部密集气孔、条形夹渣、未焊透、未熔合。球形气孔、夹渣、夹钨和氧化物夹杂不应超过 NB/T 47013.2—2015 附录 A 表 A.4 的规定(对于强度焊，可以根据实际情况，放宽到 ϕ2mm)。

(六) 典型案例

1. 管板与换热管焊接接头泄漏

(1) 情况描述

操作过程中，发现壳程蒸汽压力不断降低，停工后，壳程充水，高温端管板的部分管头焊缝有水成雾状喷出，修复后仍然出现大面积渗漏，瓷套管断裂。

(2) 原因

1）在修复过程中，发现刨开的管头焊缝根部有约整圈 3mm 左右的空隙，说明未焊透，并且在第二次全部管头返修中发现所有的管头均存在同样情况，即根部有 3mm 的间隙。其主要原因是制造反应炉蒸汽发生器炉经验较少，未进行焊接工艺评定。且全部采用自动焊，焊接工艺存在问题，造成根部未焊透，减少了焊接接头的承载面积，同时剩余的焊缝部分存在缺陷。由于缺陷并未穿透，所以水压过程中并未出现泄漏心。但是当管头在操作过程中，由于受到热冲击和热疲劳，缺陷扩展，特别是气孔破裂，形成裂纹，并扩展，当焊接接头无法承受载荷产生的应力时，就产生泄漏。

2）由于制造工期短，焊工少，制造单位外聘焊工，其 24h 倒班，造成焊工疲劳。

3）修复后开工不到半年，又出现大面积泄漏，并且瓷套管在急冷过程中全部炸裂。其原因是修复时受现场条件限制，焊接仍然存在气孔等缺陷，并且由于设备已经使用过一段时间，管头有硫渗入，在焊接前，只进行了简单短时的火焰消氢(消硫)，焊后没有进行消除应力热处理。

(3) 处理措施

1）经过制造厂现场几次抢修，均出现不同程度的泄漏，后由该制造厂重新制造，仍然现场泄漏，并且尾气余热锅炉也出现同样问题。所以，最后决定更换制造厂。

2）通过更换制造单位，选择在硫黄回收装置有反应炉蒸汽发生器制造经验的单位制造，加大制造过程中的监督措施和手段。对焊工的资质进行检查，并进行考试，同时进行焊接工艺评定，通过工艺评定制定焊接工艺指导书，并严格执行。

3）要求制造厂有经验的高水平焊工焊接高温端管头，两端管板同时分区焊接。打底焊后，进行气密性试验后，清理干净并吹干，防止生锈。

4）管头焊接完毕，应进行表面渗透检测。同时对不同焊工，不同区域的管头随机抽取10%进行射线检测。

5）换热管采购时，要求预留足够的切头长度(曾经有的业主要求两端各留250mm切头长度)，以消除检测盲区及弥补管板表面的不平度偏差。对换热管逐根水压试验，选择质量好的钢管制造厂。

6）锅筒热处理尽量采取炉内整体热处理。热处理的升温、降温速度不超过65℃/h。

7）反应炉内尽量设置花墙，在管板前端500~1000mm左右设置一道花墙，可以减少烟气对管板的热冲击。开工、停工过程严格按照操作过程，在停工过程中进行保护和前置处理。

2. 瓷套管断裂

(1) 情况描述

瓷套管断裂，瓷套管无法安装。

(2) 原因

1）瓷套管断裂原因之一：是施工方法造成的。由于瓷套管很脆，与管板浇注料共同形成热防护结构。瓷套管插入换热管内后，施工浇注料采用了支模自流式震动捣打等机械方法。如果太实，瓷套管在换热管内的间隙不均匀，容易在开工后，由于温度作用，管板衬里产生热膨胀，挤断瓷套管。

2）瓷套管断裂原因之二：瓷套管的氧化铝含量太低，杂质含量高，强度低，同时耐急变温差的能力低，热震稳定性差。

3）瓷套管装入换热管困难：主要是由于瓷套管外径与换热管内径之间的间隙太小。一方面是瓷套管外径形成了正偏差，而换热管大部分均是负偏差，甚至个别换热管负偏差超过标准要求，导致瓷套管无法顺利装入换热管内。

(3) 处理措施

1）需采用人工涂抹后，人工木锤捣打。安装瓷套管时尽量保证换热管与瓷套管四周均匀。

2）提高氧化铝的含量。加强第三方的现场随机抽检，特别是瓷套管成品的耐急变温差的次数是否满足要求。

3）在制作瓷套管前，由制造厂逐根测量换热管的实际内径，向瓷套管生产厂家提供逐根的内径或实际最小的内径，进行配作。

3. 管板与换热管接头堵塞

(1) 情况描述

高温端管板瓷套管内存在大量的固体物质，堵塞管孔，造成压降增大，甚至无法继续操作。

(2) 原因

1）反应炉内耐火材料施工完毕，未进行清理，残存部分碎渣。耐火胶泥挤出砖缝部分未处理。砖与砖之间的错边部分，衬里施工厂家为了美观，用胶泥找平。膨胀缝及胶泥被掏空。

2）在烘炉及操作过程中存在燃料气，或酸性气带有大量的烃类物质，造成燃烧不充分，管头及管内残存炭黑等物质。烧氨不完全，氨未能完全分解，形成铵盐结晶，造成后续设备堵塞。

3）管头堵塞。

锅炉与高温气体接触的高温部位，如管箱壳体等往往采用耐火、绝热非金属材料作衬里防护，以降低壁温，便于选材。但非金属衬里在还原性气体中必须注意硅和铁的含量。国外早期和国内的余热锅炉都有因非金属衬里中 SiO_2 和 Fe_2O_3 含量较多，而使衬里被侵蚀产生空穴和析出 SiO_2 引起换热管堵塞造成装置停工的事故。

含硅和铁高的非金属保护层被侵蚀的原因，据认为是耐火材料中的 SiO_2 在含氢还原性气体中，高温下会气化流失。根据日本大阪工业所合成氨厂介绍，SiO_2 气化温度为900℃，而400℃时就会冷凝。法国提供的资料介绍，耐火砖会在800℃时析出 SiO_2，其反应式如下：

$$SiO_2+H_2 \xrightleftharpoons{800℃} SiO+H_2O$$

SiO成气态出现，而在小于700℃时，又变成 SiO_2，其反应式为：

$$2SiO+O_2 \xrightleftharpoons{<700℃} 2SiO_2$$

当温度降低时，由SiO生成的 SiO_2 会附着在设备上，有时甚至带入系统内，引起管路堵塞。Fe_2O_3 在高温下，可以和CO发生化学反应。

（3）处理措施

1）反应炉内耐火材料施工完毕，应清理残存部分碎渣等杂物。耐火胶泥挤出砖缝部分抹去。砖与砖之间的错边部分，不得用胶泥找平。膨胀缝塞完陶纤后，端部用胶泥抹缝。烘炉完毕，检查验收需再次清理，查看膨胀缝的陶纤、胶泥是否完好。建议用吸尘器清理。同时检查反应炉蒸汽发生器换热管内是否有杂物。

2）按照工艺操作规程进行精心操作，针对燃料气、酸性气变化等情况，调整操作参数，特别是烘炉及停工后，及时查看换热管管头及管内情况，及时清理附着在管头及管壁内的灰垢。

3）控制反应炉迎火层（锆刚玉莫来石大砖）、管板浇注料中的 SiO_2 含量小于或等于1.5%及 Fe_2O_3 含量小于或等于0.4%。另外，有资料报道，SiO_2 来源除耐火材料外，燃烧器燃烧的空气风机入口未加空气过滤网，也是造成管头堵塞的原因。

4. 换热管开裂失效

（1）情况描述

部分换热管沿轴向开裂。两端焊口附近管子本身开裂泄漏。

（2）原因

1）壳程除氧水除氧效果不好，造成吸氧腐蚀，甚至个别业主未设有除氧设施。水质不满足规范要求，且排污效果不佳，也会造成水中酸根离子等超标，对换热管造成腐蚀。

2）管头焊缝附近换热管开裂：换热管虽然进行了逐根水压和超声波等无损检测，但由于换热管端部质量最差，且端部存在盲区，缺陷漏检，而端部又是最重要部位，未能将有可能出现缺陷的部位切除，造成开裂、泄漏。

（3）处理措施

1）从操作上满足水质的要求，及时排污。

2）换热管订货时要求预留足够的切头。一般要求单头预留20mm以上，且要求两端切头。有的业主要求所有的换热设备预留长度达到500mm（两端之和），将端部质量差及检测盲区去掉，确保换热管本身的质量。

（七）总结

1)反应炉蒸汽发生器是硫黄回收装置的重要设备，出问题较多，一旦发生问题，将会引起装置紧急停工。对生产、环保造成巨大的影响，特别是热端管板的管子与管板的焊接接头，应引起足够的重视。

2）严格执行操作规程，避免焊接接头承受温度疲劳。

3）精心制造，加强制造环节的质量控制，严格执行设计文件。应进行焊接、胀接工艺评定，并根据工艺评定制定焊接工艺、胀接工艺指导书，并严格执行。加强焊工的管理，提高焊工的焊接水平，加强焊工的责任心，使其做到精细及精准焊接。加强中间环节的检验，实施中间过程的监造。

4）对换热管与管板的焊接接头进行射线检测，尽可能全部检测，特别是高温端。至少进行10%的检测，覆盖所有的象限及所有焊工焊接的接头。

5）胀接采用柔性胀接，管板超过26mm，应进行胀接。

6）对过程气达到1450℃或富氧操作时，建议管板与管板衬里增加一层5mm的整张含锆陶纤纸，以降低管板及管头的温度，同时管板上的保温钉应采用陶瓷保温钉。

7）加强停工过程中的检查，对反应炉进行清理，防止堵塞管头。对换热管的灰尘等进行清理并吹扫。

8）建议烟气温度在1500℃以上时，管板及换热管采用Cr-Mo钢，或进行高温硫腐蚀速率计算。

四、冷凝器

（一）设备操作特性

1. 工艺特性

管箱后端保温效果直接影响液硫的流动性。

2. 腐蚀特性

管程高温硫腐蚀、湿硫化氢腐蚀、二氧化硫腐蚀等；壳程氧腐蚀、酸根离子腐蚀等。

3. 温度特性

温度波动大，对设备容易造成热疲劳。

（二）设备结构

根据装置规模和工艺特点，冷凝器有组合式及单体式(分体式)。

1. 组合式结构

组合式有两种：一、三级组合式；一、二、三级组合式。

1）组合式冷凝器共用一个壳体，可以减少占地面积，设备结构紧凑，减少设备投资。但设备结构复杂，过程气入口管板由于受两侧不同温度的影响，管板受力不均匀，容易造成换热管温度疲劳，换热管与管板焊接接头容易开裂。

2）管板两侧的换热管数量不同，一二三冷数量递减，造成管板布管不均匀，两侧换热管的管间距不同，造成管板两侧受力不均匀，换热管与管板焊接接头容易开裂。

3）对于管箱为可拆式组合冷凝器，中间隔板密封不严，由于压差的作用，会串气，影响转化率。

4）对于装置规模很小的硫黄回收装置，一二三冷组合后，一冷直接与反应炉相连，结构、受力更复杂，更容易引起泄漏，二、三级冷凝器的管板及平盖尚无常规计算方法及标准。

5）对管箱为可拆式组合冷凝器，中间隔板密封及影响管板的受力尚无常规计算方法和标准。

2. 单体式结构

1）单体式冷凝器即各级冷凝器为独立的单体设备。

2）单体式可以避免组合式冷凝器的所有缺点。

3）单体式可以实现装置的大型化。

4）结构简单，设计、制造、安装的难度相对较小，检维修方便。

5）尽可能采用单体式冷凝器。

3. 管板结构

冷凝器管板有固定管板式、挠性管板结构。

1）固定式管板结构，结构设计、制造经验成熟，为常用结构。管板为刚性管板，管板较厚，制造成本高，管子与管板连接接头的热应力较大，但对组合式冷凝器结构最适用。

2）挠性管板结构在冷凝器上使用较少，为柔性结构，管板较薄。柔性管板的过渡结构可以吸收膨胀量，管子与管板连接接头的热应力较小，但不适合组合式冷凝器。

4. 壳体结构

壳体结构有釜式重沸器结构及固定管板热交换器结构两种，目前两种结构在装置中均有使用。

1）釜式重沸器结构，由于其变径段可以承受部分变形协调，同时其管板上可以布满换热管，管板受力均匀，气相空间可以调整，汽水分离效果较好，能够满足操作要求，操作方便。

2）固定管板热交换器结构，由于需要一定的气相空间，则管板上部有一部分空间不能布置换热管。采用拉杆形式，造成管板受力不均，拉杆与换热管膨胀量不一致，为防止管板变形，管板厚度相对较大。

3）同等规模的冷凝器，釜式重沸器结构与固定管板热交换器结构比较，釜式重沸器结构设备直径较小，造价较低，受力较好。再者，带气相空间的固定管板热交换器结构无法按常规方法进行计算，只能采用应力分析和经验方法计算。

5. 管箱结构

1）入口管箱：对于一级冷凝器，由于余热锅炉出口端容易超温，特别是反应末期。二级冷凝器由于反应器超温，对冷凝器造成高温硫腐蚀。停工过程中有可能产生湿硫化氢及二氧化硫露点腐蚀。有的设有耐酸内衬里。

2）出口管箱：一般有夹套或外盘管伴热，防止液硫温度低于凝点。内部分离器有丝网、金属或非金属填料。丝网容易腐蚀脱离，堵塞液硫出口。采用规整或散堆填料，效果较好。

3）管程出口端倾斜1°，便于液硫流动。

（三）选材

1. 壳体

由于壳程介质为锅炉水，产生低压蒸汽，壳体材料可以选用Q245R、Q345R钢板。

2. 管板

对挠性管板可以选用Q245R、Q345R钢板。对固定管板可以选择20#、16Mn锻件。前管板有高温硫腐蚀，后管板有湿硫化氢及二氧化硫露点腐蚀。

3. 换热管

可以采用10#、S31603。

1）大多数冷凝器换热管材质均采用10#钢。对于高温硫腐蚀，一般冷凝器的换热管壁厚均相对较厚，部分考虑均匀腐蚀。正常操作情况下，湿硫化氢及二氧化硫露点腐蚀不存在，因后端出口温度高于露点。

2）S31603等奥氏体换热管应用更少。在部分煤化工硫黄项目上，装置规模较小，主要是煤化工介质复杂，存在氰化物、大量的二氧化碳及酚类等物质。但要注意热膨胀、壳程氯离子及二氧化硫露点腐蚀。

4. 管箱衬里

管箱衬里性能指标见表9-2-9。

表9-2-9　管箱衬里性能指标

项目	SW-NS1.4耐酸浇注料	
体积密度/(kg/m³)	110℃×24h	1200~1400
耐压强度/MPa	110℃×24h	≥20
	540℃×3h	≥15
	815℃×3h	≥12
抗折强度/MPa	110℃×24h	≥3
	540℃×3h	≥2.5
	815℃×3h	≥2.5
导热系数/[W/(m·K)]	540℃	0.26~0.35
烧后线变化率/%	815℃×3h	-0.2~0
化学成分 Al_2O_3/%	≥30	
耐热性	250℃×4h	外观不允许有裂纹、剥落及大于2%为变化率，耐压强度保持率≥90%
耐酸性	常温浸40% H_2SO_4 30天或80℃浸40% H_2SO_4 15天	外观不允许有腐蚀、裂纹、膨胀、剥落等异常现象，耐压强度保持率≥90%

（四）设计

1. 设计及计算方法

（1）挠性管板

管板及换热管按照SH/T 3158《石油化工管壳式余热锅炉》标准计算。管箱、壳体按照GB/T 150《压力容器》计算。

（2）固定管板

按照GB/T 151《管壳式换热器》计算。对重沸器结构，壳体按GB/T 150的零部件计算。在进行GB/T 151计算时，壳体部分按管板等直径计算。

（3）固定式管板未布满换热管的计算

GB/T 151无法计算，如果按GB/T 151计算，只能按均匀布满管计算，计算结果有偏差。可以按照 TEMA 标准计算。

(4) 组合式固定式管板管

由于隔板两侧换热管数量不同，管间距不同。计算时只能简化为布管均匀，按一种管间距近似计算。

2. 主要设计参数确定

(1) 前后管箱设计温度确定

对于冷凝器的前后管箱操作温度差别较大的情况，可以根据前后管箱的操作温度分别确定各自的设计温度，以减轻设备质量，减少投资。

(2) 换热管壁温的确定

由于换热管在任何情况下均在水面以下，换热管的壁温(设计温度)按照 SH/T 3158《石油化工管壳式余热锅炉》选取，即水侧(壳程)的设计温度加 25℃。

(五) 设计制造应注意的主要问题

1. 冷凝器的结构形式选择

尽可能设计成重沸器结构形式。前后管箱设计应方便检维修。

2. 管板与换热管接头焊接及胀接工艺

换热管与管板的连接采用强度焊加贴胀的制造工艺，胀接采用柔性胀接。

3. 管板与换热管焊接接头无损检测

换热管与管板的焊接接头应进行表面检测。建议采用 X 射线抽查检测。

4. 对换热管材料的要求

1) 换热管应逐根进行水压试验。

2) 换热管订货时，应适当增加订货长度，已满足两端切头时足以去掉检测盲区。

3) 换热管应采用冷拔(轧)高精度无缝钢管。

5. 制造要求

1) 前后管箱及换热管与管板的焊接接头应进行局部消除应力热处理。

2) 管板与换热管的坡口设计成 U 形坡口，坡口深度建议 5mm。

(六) 典型案例。

1. 管板与换热管焊接接头泄漏

(1) 情况描述

换热管与管板焊接接头开裂，壳程水向管程侧渗漏。

(2) 原因

由于装置操作过程中发现泄漏，一般是壳程压力降低，甚至急剧降低；或管程压力升高，或从破硫封发现。因此停工时，往往发现大面积泄漏，从表观现象看是腐蚀造成的，其实质是制造过程中管头的焊接存在缺陷，有的是个别管头，有的是部分管头。比较一致的看法是由于个别管头的焊接缺陷(如气孔等)。在操作状态下(温度、压力)，由于疲劳，造成气孔开裂或裂纹扩展。管头泄漏，在腐蚀介质(二氧化硫、硫化氢)的露点下，对周围的管头进行腐蚀，不断循环，腐蚀加重，造成大面积腐蚀泄漏。

(3) 处理措施

1) 将设备进行清理置换干净。

2) 壳程充水或充水试压，找出漏点，做好标记，水排净后，表面进行着色检查。

3）用磨棒或其他专有工具(如手工铣)等，对缺陷进行清除。

4）清除后，对该部位进行表面检测，合格后，将着色剂等清理干净。

5）对整个管板进行消氢(或消硫)处理。

6）对缺陷清除部位进行补焊，补焊应有焊接工艺。

7）补焊完毕，做一次水压试验及表面检测，进一步找漏点。

8）如果存在缺陷，按以上步骤重新修复。如果没有缺陷，则进行消除应力热处理。

9）再次进行水压试验。

2. 管板与换热管接头堵塞

(1) 情况描述

管箱内残存杂物，换热管内有大量堵塞物质。

(2) 原因

1）反应炉燃烧状况不好，大量灰垢进入冷凝器，造成堵塞。烧氨不好，铵盐结晶堵塞。

2）反应炉衬里砌筑后，炉膛未清理干净，造成堵塞。

3）反应炉蒸汽发生器后端无衬里，至冷凝器的管道、冷凝器前管箱产生高温硫腐蚀，腐蚀产物进入冷凝器，堵塞换热管。

(3) 处理措施

1）燃烧状况不好，选择有业绩的燃烧器，调整工艺操作。

2）对反应炉进行清理和吹扫。

3）调整余热锅炉出口端的温度，不宜超过350℃。设计上对出口温度宜控制在300～350℃范围，减少高温硫的腐蚀。

4）对余热锅炉后管箱及冷凝器前管箱加衬里，选择耐高温硫腐蚀较好的铬钼钢材质。

5）停工后对系统设备进行吹扫和保护，防止形成露点腐蚀。

(七) 总结

1）冷凝器一般出问题较少，一般是管头泄漏和堵塞较多。

2）加强设计制造环节的控制和监督，选择业绩较好的制造单位。

3）操作要平稳，减少温度对管头的热冲击。

4）加强水质的控制和管理。

5）结构上尽量采用布满换热管的重沸器结构。坡口尽量采用U形坡口，管头热处理。

五、蒸汽过热器

(一) 设备操作特性

1. 工艺特性

1）尾气焚烧炉经常调整温度，过热蒸汽温度变化较大，时常出现蒸汽温度超过设计温度的情况。

2）受酸性气处理量及浓度变化的影响，过热蒸汽流量波动及温度变化，特别是流量低的情况长时间出现，对过热器产生不良影响。

2. 腐蚀特性

管程的过热蒸汽结垢，管壁温度过高，造成高温氧化腐蚀及爆管，壳程的烟气在开停工过程中易形成二氧化硫及三氧化硫露点腐蚀。

3. 温度特性

管壳程操作温度高，温度波动较大，管程过热蒸汽受上游设备操作影响较大，操作条件苛刻。

（二）设备结构

1. 管束结构

1）蒸汽侧以进出口联箱与多排多列蛇形管组焊结构。蛇形管一般为光管。

2）当过热蒸汽需要对过程气或尾气进行加热时，可采用两段式组合结构。高温段产生的过热蒸汽供加热器使用(材质不锈钢)，低温段产生的过热蒸汽进管网(材质铬钼钢)。

3）烟气与过热蒸汽顺流结构，逆流较少。

2. 箱体结构

1）蒸汽过热器一般采用箱式结构，烟气走壳程，过热蒸汽走蛇形管排内，以对流传热为主的结构。

2）箱体为带衬里的冷壁结构。

3. 衬里结构

箱体衬里结构为双层或单层耐酸浇注料结构。

（三）选材

1. 壳体

壳体采用由钢板和型钢组成的普通碳钢结构，膨胀节一般采用不锈钢材料。衬里厚度应考虑露点温度，器壁一般刷耐露点腐蚀涂料。

2. 管束

1）蛇形管排一般在蒸汽温度操作450℃以下采用铬钼钢(12Cr1MoVG)，蒸汽温度在450℃以上采用奥氏体不锈钢(如309H，321H、347H等)。

2）顺流结构的蛇形管排可采用铬钼钢(12Cr1MoVG)，但逆流应采用奥氏体不锈钢。

3）组合式管束，高温段应采用奥氏体不锈钢，低温段口采用铬钼钢。

3. 集箱

进出口集箱一般采用铬钼钢(12Cr1MoVG)。

4. 衬里

箱体内衬里为耐酸浇注料，其性能指标与冷凝器相同。

（四）设计

1. 设计及计算方法

1）箱体：箱体金属壳体为矩形结构，其计算方法按GB/T150中附录A非圆形截面容器。

2）衬里计算方法按SH/T 3179《石油化工管式炉炉衬设计规范》。

3）管束集箱及U形排管的强度计算按GB/T 150.3设计部分。

4）管束集箱开口补强：

① 拔制开口：计算方法按GB/T 20801.3—2006《压力管道规范 工业管道 第3部分 设计和计算》第6.7.5条：带挤压成型接口的支管连接补强计算。

② 承插焊开口：计算方法按GB/T 150.3设计部分。

2. 主要设计参数确定

1）箱体：设计压力取大于等于最高工作压力。设计温度（金属）为350℃。

2）衬里计算温度：以壳体壁温不低于二氧化硫（含不低于5%的二氧化硫转化成三氧化硫）露点温度加50℃，且不低于150℃。

3）集箱及U形排管的设计压力取值应大于等于安全阀的整定压力。进出口集箱的设计温度可分别按相应的操作温度确定。U形排管的设计温度应根据传热计算后确定，其值不低于过热蒸汽温度加50~100℃。

（五）设计制造应注意的主要问题

1. 设计

1）结构应尽量简单，便于操作及检维修。

2）结构应尽可能采用顺流方式。

3）蛇形管排不得采用翅片管结构。对管束应提出材料的高温性能要求。

4）蛇形管排尽量设计成奥氏体不锈钢结构。

5）集箱上的工艺管口尽量少，集箱的接管尽量采用拔制结构。

6）设计中应充分考虑系统设备的热膨胀。

7）由于箱体为方箱式结构，应充分考虑系统的压力降对箱体的影响。

2. 制造

1）应选择质量优良的制造单位，尽可能选择同时具有压力容器及锅炉资质的单位。同时，尽量选择有蛇形管自动弯制和检验的单位。

2）蛇形盘管不应采用弯头组焊，应采用弯管结构，同时尽量减少盘管的焊接接头，焊接接头应打磨。

3）单根管排水压完毕应排净，并吹干。

4）管束组焊完毕后的水压试验，应充分排净水渍。由于蛇形管的特殊结构，往往排不净，需要采用压缩空气吹出。如果仍然存有水，建议利用热处理炉的余温（200℃左右），进炉烘烤，以排净水渍。

3. 烘炉

蒸汽过热器箱体衬里施工完毕，养护好后，衬里应进行烘炉。

1）蒸汽过热器不单独进行烘炉，与尾气焚烧炉一起烘炉，利用其余热烘炉。

2）烘炉时，建议只对箱体衬里单独烘炉，管束不应置于箱体内，另用支架将管束置于箱体外。箱体顶盖用碳钢板加型钢制作，内铺设耐火陶纤。

3）烘炉完毕，衬里检查合格后，铺设密封材料，将管束吊入箱体内，不得撞击箱体，以免引起衬里脱落。

4）安装完毕，检验合格，应将管束与箱体连接部位焊接，保证密封。

（六）典型案例

1. 管束开裂

（1）情况描述

直管段开裂，蒸汽大量泄漏。

（2）原因

1）蒸汽品质差，含盐等物质，管壁结垢，造成超温、开裂。

2）水压试验后，换热管内有水未排净，北方冬天寒冷，未采取保护措施，冻裂。

3）衬里脱落，存于箱体底部，将管束底部的弯头部分埋于衬里中，造成露点腐蚀。

4）对设有翅片的管束，翅片上有灰尘等物质，发生露点腐蚀。

（3）处理措施

1）加强余热锅炉水质要求，提高余热锅炉蒸汽分离效果，定期化验蒸汽品质，保证进入过热器的蒸汽合格。

2）制造厂水压试验后，把水渍清除干净。在集箱进出口设阀门，在现场系统水压或气密时，切断过热器，防止水排不净，且防止杂物吹入过热器，堵塞管束造成超温开裂。在北方装置不开车时，为利于过冬，需要对过热器进行保护，如制作简易的暖气等防冻措施。

3）对管束不设翅片，采取光管。

4）对衬里施工进行严格监护和检查，在管束吊装时，注意不得冲击箱体及衬里，防止衬里脱落。

2. 管束与集箱密封泄漏

（1）情况描述

在尾气系统气密时发现，集箱与管束盖密封处泄漏，密封不严。

（2）原因

由于箱体与管束盖之间为加强型钢连接，由于型钢之间的平面度差，同时焊接产生变形，密封处垫片的密封为宽面密封，需要较大的螺栓压紧力，设计计算达不到密封要求，所以会产生泄漏。

（3）处理措施

1）对于后端接余热锅炉，进烟囱的情况，通过计算，如果正常操作为负压，可以不处理。

2）对于后端需要接深度脱硫（如碱洗），系统的压力相对提高，蒸汽过热器在正常工作状态下为正压，需要在管束吊装就位后，在密封处采取封闭焊接，同时应考虑箱体的承受压力。

3. 集箱变形及管口撕裂

（1）情况描述

在正常操作过程中，集箱筒体变形，安全阀接管根部从集箱上脱落，造成蒸汽外泄，紧急停工。

（2）原因

1）管束超温，集箱强度降低，造成集箱变形。

2）安全阀在起跳泄压过程中，会对集箱产生较大的反作用力，如果安全阀的安装没有考虑反作用力，此力将作用到管嘴根部，造成根部焊缝开裂。

3）装置低负荷下，蒸汽流量低，造成蒸汽出口温度远远高于设计值。如有的过热蒸汽出口温度 440℃，但实际操作中，温度达到 500℃。

4）过热器采用逆流，蒸汽出口温度高，且不易控制。同时材质仍然采用铬钼钢，也是造成集箱及管束超温失效的主要原因。

（3）处理措施

1）对集箱强度计算，特别是在增加深度脱硫后，焚烧炉压力升高。特别是对旧装置增加深度脱硫，要核算箱体强度，适当进行加固。

2）在集箱上减少开口，把安全阀等开口尽量开到管线上，或对安全阀加支撑。

3）当必须提高蒸汽的过热温度以满足加氢反应器反应要求，必须逆流时，加热的蛇形管采用不锈钢。

4）集箱上开口采取拔制，将角焊缝改为对接焊缝。

（七）总结

1）蒸汽过热器属于经常出问题的设备，希望引起重视。

2）过热器的顺流与逆流的选择很重要，同时管束尽量采用奥氏体不锈钢。

3）选择好的有业绩的制造单位相当重要。

4）管束加工及制造要求，如蛇形管弯制、检验，铬钼钢的热处理等的要求。

5）停工过程的吹扫部分决定了设备的长周期运行。正常情况下，设备是没有腐蚀的，只有高温氧化(烟气有过剩氧)停工时可能存在露点腐蚀等。

六、硫黄成型设备

（一）概述

随着保护环境的呼声日益提高，为减少二氧化硫排放，全球每年有超过 40Mt 硫黄作为石油、天然气的副产品以液态的形式被提炼出来。如果加上煤化工、冶炼和发电等行业脱硫所产生的硫黄，其产量将远远大于 40Mt。但是，由于硫黄特殊的物化特性，必须将大部分液体硫黄转换成规则的固态颗粒，以便安全、可靠、环保地运输、仓储和使用。总之，由于硫黄颗粒具有特性稳定、流动性能优越、无粉尘及无环境污染等明显优势，颗粒硫黄已成为相关行业首选。

目前国内外硫黄成型工艺主要有回转钢带冷凝造粒、塔式空气冷却造粒、转筒喷浆造粒和水下湿法造粒四种。

回转带式冷凝造粒机是硫黄成型中使用台数最多的造粒成型设备。据统计，在国内石油化工、煤化工、冶金等行业数量达到 400 多台套，具有功耗小、颗粒均匀特点。但生产能力较小，要求操作水平高，维护工作量较大。该设备主要制造厂家德国 SANDVIK 公司、南京三普造粒装备有限公司和上海瑞宝造粒机有限公司。

塔式空气冷却造粒工艺原理是：将熔融液硫从塔顶部滴落，通常经喷嘴加以分布；空气自塔底吹向塔顶，液硫在塔内下降过程中被上升的空气冷却而固化；在塔底收集固体颗粒。塔式空气冷却造粒工艺不需要水，也没有太多的转动部件，操作简单，适用于 200kt/a 以上的装置。但一次性设备投资高，由于使用空气冷却，能耗相当高。最大的缺陷是夹带粉尘的废气无法净化直接放空；并且造粒过程无水分，曾发生由于产生静电而导致的造粒塔燃烧损坏。目前基本没有更多的应用。该生产装置源于芬兰的奥托肯帕·奥依公司。

转筒硫黄造粒机在硫黄成型上的应用最早于 20 世纪 70 年代，由加拿大 Enersul 首先将肥料成粒技术和 TVA 尿素涂硫试验(TVA experiments on sulphur coating of urea)，合并设计出一系列标准的 GX 法(Procor Gx Process)装置，单台设计能力在 8～70t/h。该公司自 1990 年至今在全球销售转筒硫黄造粒机 108 台套。国内主要是南京三普造粒装备有限公司于 2008 年开发研制，自 2009 年至今销售 46 台套，单台设计能力 8～30t/h。该类型造粒机特点是生产能力范围广，占地少，效率高，设备模块化设计，建设周期短，颗粒含水在 0.5%以下。

水下湿法造粒工艺的生产原理是：将液态硫喷入或滴入水槽或水塔内，使其在水中固化，然后滤出。水造粒工艺的主要技术路线有 RIM 水造粒工艺、Hess oil Virgin Island 水造粒工艺、Devco Wet 水造粒工艺和 Smth & Ardusi 水造粒工艺。其原理是液硫经液硫泵送至造粒水箱顶端的液硫分配器，被其分成若干流束，流束在重力和表面张力的共同作用下形成一个个小液滴，流到造粒塔的冷水池中。小液滴在冷水池冷却成粒，硫黄粒料从塔底部被送入脱水筛脱水后即为成品，由造粒塔出来的冷却水经过滤冷循环使用。目前水下湿法成型设备厂家国外是美国 Devco 公司和加拿大 Enersul 公司，大部分在中东地区使用。普光气田使用的是美国 Devco 公司的工艺，单套达到 90t/h 产能，但产品含水量大约在 2%。国内生产厂家有洛阳涧光特种装备股份有限公司和西安磺石环保设备有限公司。

目前四种硫黄成型工艺在全球硫黄行业所占比例见图 9-2-13。

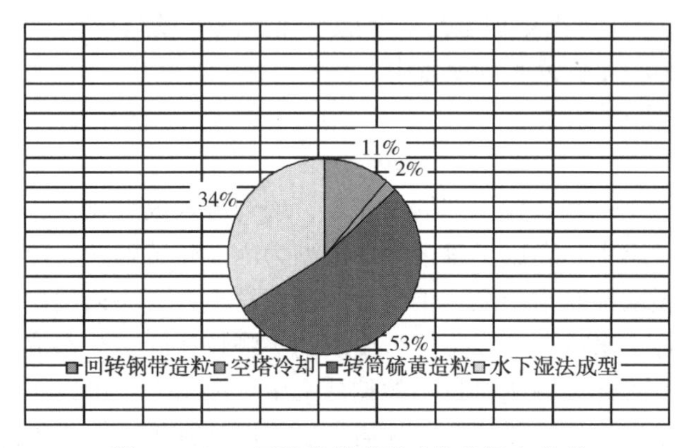

图 9-2-13　四种硫黄成型工艺市场占有率

四种造粒工艺生产的硫黄产品见图 9-2-14。

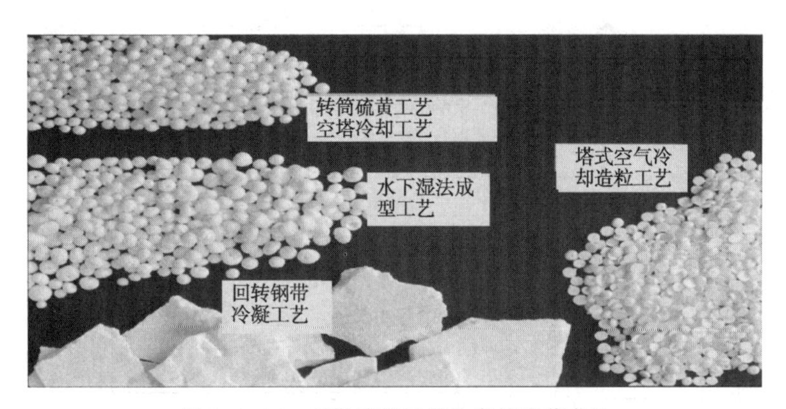

图 9-2-14　四种造粒工艺生产的硫黄产品

（二）湿法成型

1. 技术背景

随着我国国民经济持续、快速发展，能源需求量明显加大，原油进口数量逐年增加，尤其是含硫原油进口量大幅上升。硫黄回收装置的建设规模和设计技术水平也迅速上升，对硫黄成型机的加工能力和环保指标也逐渐增高。

硫黄湿法成型机在国外已经发展了近三十年的历史，供货商以美国 Devco 公司和加拿大

Enersul 公司为主，在全球各硫黄产量大国均有工业应用业绩。中国石化普光气田在 3Mt/a 的硫黄回收项目中引进了 4 套 Devco 公司的 90t/h 的湿法造粒机。

2011 年 1 月，中国石化工程建设公司(SEI)、中国石化洛阳石化公司与洛阳涧光公司三家在科技部联合立项，开发硫黄成型装备成套技术。该项目于 2012 年 9 月在中国石化洛阳石化公司的(40+40)kt/a 的硫黄回收项目中投产应用至今。2014 年 5 月，该项目通过中国石化科技部组织的技术鉴定，并荣获科技进步三等奖。

2016 年 9 月，中国石化工程建设公司(SEI)、中国石化中原油田与洛阳涧光公司三家在科技部联合立项，开展《90t/h 湿法硫黄成型装备技术优化》项目的技术研究。该项目技术成果已在普光气田项目现场工业应用。

2018 年 5 月，中石化广州工程有限公司、中科(广东)炼化有限公司与洛阳涧光公司三家在科技部联合立项，开展《大处理量高效节能型硫黄液下成型造粒系统》项目的技术研究，技术成果应用于 3×130kt/a 硫黄回收项目中。

2. 工艺流程及说明

(1) 工艺流程

液硫经液硫泵输送至成型装置上部的分布盘，均匀流入成型盘中，经成型盘底部的小孔滴入充满工艺水的成型罐中，在成型罐中冷却成型为固体硫黄颗粒。硫黄颗粒连同部分工艺水从成型罐底部排到振动筛脱水干燥，干燥后的硫黄送至料仓，采用包装机进行包装或输送机转运。由振动筛筛分出来的，粒径不符合要求的小颗粒连同工艺水流至沉淀罐中，小颗粒在下部锥体中沉积，通过螺旋输送机将小颗粒从水中分离出来，进入再熔罐融化后送回液硫池。工艺水则流回热水槽，经过换热器冷却后再送至成型罐中，形成循环。振动筛、成型罐及熔硫罐处的废气由排气风机引至除尘器处理后排入大气。工艺流程见图 9-2-15。

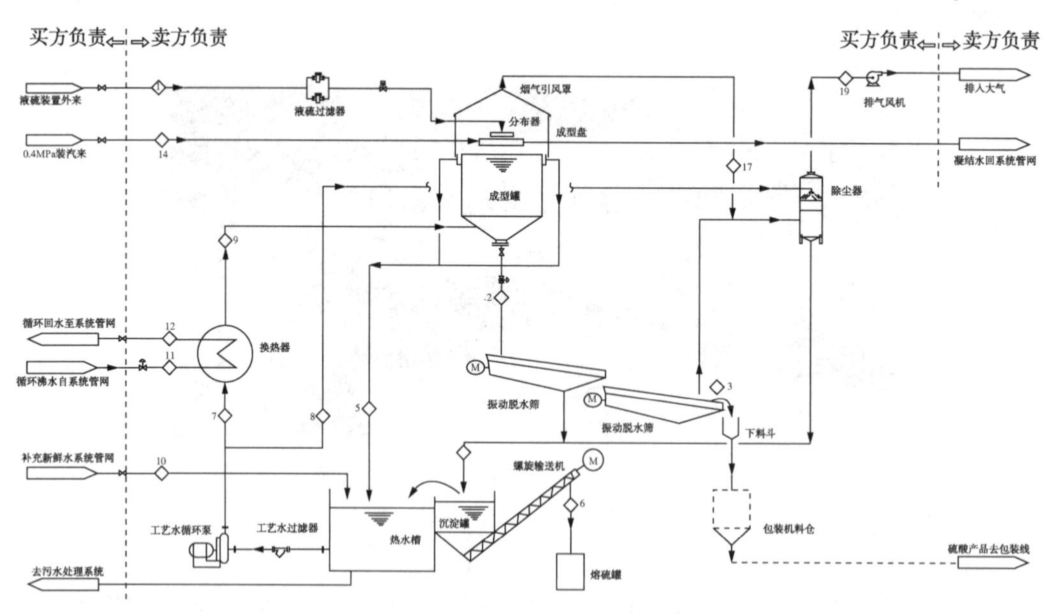

图 9-2-15　工艺流程图

(2) 技术特点

1) 液硫与水直接换热，生产能力强，产量调节范围大。

2）硫黄颗粒大小均匀，硬度高，粉碎度低。

3）静设备为主，易损件较少，长周期维护运行成本低。

4）产品含水量满足《工业硫黄 GB/T2449》标准的要求。

5）对温度、液位、质量等数据实行集中控制，自动化程度高。

6）公用工程耗量低。

7）占地面积小，项目总投资费用低。

3. 主要设备

硫黄湿法成型主要设备有分布盘、成型盘、成型罐、振动脱水筛、沉淀罐、螺旋输送机、熔硫罐、热水槽、循环水泵、换热器、除尘系统、管道系统及电控系统等组成。

4. 使用、维修与维护

（1）开车前的准备

1）所有设备、管道及配套的公用工程全部完工；

2）所有设备、管道的试压、吹扫、气密及置换均已结束并合格；

3）所有电气、仪表、地线安装、调试完毕；

4）所有设备单机试车完毕；

5）各公用工程外管全部打通，且试压、吹扫、气密完毕并引入界区内；

6）调试人员进入现场必须佩戴安全帽及必要的防护装备；

7）对其他人员可能造成触电危险的试验区，应派专人看护现场，并在试验区域挂警示牌；

8）在进行试验时，不允许带电接线；

9）送电前一定要进行绝缘检查，合格后方可送电。

（2）开车步骤及方法

启动成型机时，应按照如下 1)～11) 的顺序进行硫黄造粒作业：

1）首次开机时，开通热水槽补水管线向热水槽内注水，直至达到上液位；

2）确认伴热蒸汽温度满足要求，液硫管路及管路中的相关阀门伴热均匀；

3）确认分配盘已被清理干净，成型盘上无杂质、孔眼未被堵塞；

4）启动工艺水循环泵，打开泵出口管路上阀门，向成型罐注水，除尘器通水。当成型罐充满水，热水槽水位达到要求后，关闭补水管线，建立热水槽-水泵-换热器-成型罐-沉淀罐-热水槽之间的水循环，同时建立热水槽-水泵-除尘器-沉淀罐-热水槽之间的水循环；

5）启动排气风机、振动脱水筛，开启下游成品输送或包装系统；

6）确认液硫管线、成型盘预热温度达到要求，开启上游液硫泵，打开液硫管线切断阀，调节分配盘前的截止阀，液硫进入分配盘，开始进行成型造粒；

7）当成型罐内积攒一定硫黄后，手动打开排料阀进行排料，此时调整下料阀开度及进料截止阀开度，使成型罐进料量和出料量达到平衡，保证成型罐内硫黄颗粒具有适当的高度；

8）循环冷却水控制阀设置自动状态，根据换热器工艺水出口温度自动调整控制阀开度以保证成型罐进口工艺水温度符合要求；

9）成型罐造出的硫黄颗粒经过振动脱水筛脱水干燥后进入包装系统中的储料罐，当储料罐中料位达到一定高度后启动包装系统，开始硫黄产品的包装；

10）启动螺旋输送机，沉积的硫黄颗粒由旋转的螺旋输送机提升、脱水，从头部出料溜管排出至集料箱或再熔罐；

11）关注热水槽的液位，当降到一定高度时，调节补水管线中截止阀的开度，使热水槽液位维持平衡。

（3）正常使用中的维护

硫黄湿法成型设备是由静设备、动设备和电仪设备等组成，维修维护主要围绕在动设备部分进行。

1）振动脱水筛：

① 设备最初运行 50h 后和此后每隔 1000h 运行之后，检查所有螺栓的紧固性。

② 经常检查筛板并及时清理粘附物料，要在发生完全失效前进行修复或更换磨损的筛板或松动的筛板，以防止损坏其他筛机部件。

③ 振动结构和所有连接的可运行部件(弹簧、端部传动轴)，必须能够正常地运行。振动筛的任何部分均不应碰撞固定的部件(溜槽、平台等)。

④ 换筛板时，要检查侧板，横梁和连接板，在更换筛板时，要检查露出的各个部件。

⑤ 定期更换缓冲弹簧，在正常情况下，弹簧具有很长使用寿命，一个弹簧出现故障可表明整套弹簧接近了使用期限。建议：如发现一个弹簧有故障，要更换该支撑部位的整套弹簧。

⑥ 激振器应存放在干燥的库房中，可存放 12 个月，但潮湿的环境中，存放时间会缩短，极限条件下，只能存放 3 个月。

⑦ 激振器工作润滑油为 SY 1172—80《工业齿轮油》90 号润滑，使用前要确认是否有润滑油。

2）泵：

① 泵在运行过程中应平稳和没有异常噪声，且不允许干转。

② 按时更换润滑油。

③ 经常检查管路及结合处有无松动现象。开泵前，用手转动离心泵，看离心泵是否灵活。

④ 离心泵在运行过程中，轴承温度不能超过环境温度 35℃，最高温度不得超过 80℃。

⑤ 定期检查轴套的磨损情况，磨损较大后应及时更换。定期检查水泵联轴器找正情况。

3）螺旋输送机：

① 螺旋输送机在一般情况下，半年检查一次，一年消缺一次，三年大修一次。大修时全部零件都应拆除清理，更换磨损零件。

② 螺旋输送机需在进料口充满水的情况下运行，不得在无水的情况下长期运行，以免下部轴承过度磨损。

③ 注意保持所有轴承和驱动部分良好润滑。

（4）停车步骤及方法

当成型作业完毕，应该按照如下 1)~9)的顺序，停止成型机的工作：

1）关闭液硫管线上气动切断阀，以及去往分配盘的截止阀，关闭补水管线上的阀门。

2）当成型盘上的硫黄全部滴入成型罐内时，罐内的颗粒硫黄会逐渐减少，操作人员应控制成型罐下料阀，排净罐内的颗粒硫黄；并关闭成型盘保温蒸汽管线上的阀门。

3）当成型罐内硫黄全部落到脱水筛，脱水筛上的硫黄全部送入包装线后，停振动脱水筛。

4）当包装系统储料罐料位达到低限时停包装机。

5）成型罐内不再进料、脱水筛停止工作后，关闭除尘器进水阀门。

6）关闭成型罐排料阀，成型罐中的水由溢流排出。

7）关闭工艺水循环泵出口的截止阀，并停泵，停止工艺水循环。

8）关闭冷却器的循环水进、出阀门。

9）固液分离系统依然工作一段时间，直至沉淀罐内的硫黄颗粒全部通过螺旋输送机提升、脱水，从头部出料溜管排出后，停螺旋输送机。

5. 常见问题分析及处理措施

(1)成型盘底部小孔堵塞

1）故障原因：液硫中的固体杂质多、粒径大造成。

2）处理措施：

① 更换液硫过滤器滤网；

② 人工清理固体杂质；

③ 高压风吹扫。

(2）工艺水温过高

1）故障原因：

① 循环水量降低；

② 炼厂循环水水温过高；

③ 换热器换热效率下降；

④ 液硫温度过高。

2）处理措施：

① 可以检查工艺水的过滤器是否因杂质过多，滤网清理杂物；

② 通过增加循环水的流量和冷却水的流量来降低冷却水的水温；

③ 考虑清理板式换热器，可用3%的稀硝酸溶液浸泡除垢；

④ 可以适当增加造粒冷却水的流量和炼厂循环水的流量，如果工艺水温仍过高，只能停产，待液硫温度正常后再生产。

(3）成品颗粒黏连

1）故障原因：

① 液硫分布器孔眼堵塞严重；

② 成型盘底部不水平；

③ 成型盘安装偏心；

④ 工艺水温过高；

⑤ 液硫温度过高；

⑥ 成型罐上部无溢流。

2）处理措施：

① 参照故障一；

② 调整安装尺寸；

③ 调整中心位置；

④ 参照故障二；

⑤ 检查、调整伴热蒸汽压力；

⑥ 检查成型罐水面溢流，调增循环水泵流量。

(4) 颗粒中有片状物或大块固体物块出现

1) 故障原因：

① 成型罐上部溢流水消失；

② 成型盘堵塞严重，造成液位过高甚至溢流；

③ 液硫成型盘安装偏离中心或高低不平，使液硫液滴在固化前挂在成型罐壁面上，造成液滴结块或结片。

2) 处理措施：

① 检查成型罐底部排料阀开度并适当调小开度，并与调增循环水泵流量配合进行。

② 清理成型盘杂质和液硫过滤器滤网。

③ 调整成型盘安装位置和水平度。

(5) 成型罐底部排料阀开启最大位置也不下料

1) 检查底部排料阀是否工作正常。

2) 检查造粒机中物料堆积的原因。如排料阀工作正常的话，一般物料堆积主要由底部大块物料或大块杂物堵塞引起。

3) 检查成型盘安装是否正常，是否有液硫溢流现象。

6. 操作过程中的安全注意事项

1) 员工上岗前必须经过必要的技能培训和安全培训，掌握设备的操作要领和相关的安全注意事项后方可上岗。

2) 员工进入成型造粒区域内需按规定穿戴劳动防护用品，佩带 H_2S 报警仪。

3) 机械设备的安全防护装置，必须按规定正确使用，不准不用或将其拆掉。如发现有磨损、老化或其他不满足安全防护的条件，应当及时通知相关责任人进行维护、更换。

4) 严格按照开、停机步骤进行操作，严禁违章操作。

5) 动设备检修维护时，须切断电源，须办理设备交接手续。

6) 熔硫罐内检修维护、清理残留物，须穿戴防护用品，并按规定办理手续。

7) 装置运行中，人员严禁接触液体硫黄。

8) 设备检修维护时，严禁采用碳钢件，杜绝产生 FeS。

(三) 回转带式冷凝造粒

1. 技术背景

在 20 世纪 80 年代以前，国内炼厂装置小，硫黄回收量少。多数企业常以下面三种方法进行硫黄成型。

(1) 冷却破碎法

直接将液硫注入到水泥池中，靠其自然冷却，然后由人工破碎包装，现场存在的主要问题是生产环境差、生产效率低。

(2) 转鼓切片法

充满冷却水的转鼓下面局部浸在液硫中，使液硫冷却粘附在转鼓上，转到大半圈冷却后由刮刀铲下。存在的主要问题是现场粉尘污染严重，产品含粉尘多，刮刀磨损严重，设备故障率高。

(3) 熔铸法

将液硫注入链条挂的料斗中，然后沉入水池冷却后由链条带出水面，落模形成块状硫黄。该方式设备投资大，冷却水处理困难。

20 世纪 80 年代后随着国内炼油能力的不断提高，上述三种硫黄固化处理方式不能适应硫黄产量的增长。因此国内石化企业陆续引进德国 SANDVIK 公司的回转带式冷凝造粒机。该设备的引进大大提高了硫黄后处理的水平，改善了现场操作环境和产品外观。随着不断推广，该设备逐渐国产化。目前国产的回转钢带成型机占据着国内 80%以上的市场份额，为石化企业降低生产成本做出了贡献。

2. 工作原理及性能特点

(1) 工作原理

回转带式冷凝造粒机的工作原理是利用物料的低熔点特性，根据物料熔融态时的黏度范围，通过特殊的布料装置将熔融液料均布在其下方匀速移动的钢带上，同时在钢带下方设置的连续喷淋装置的强制冷却作用下，使得物料在移动、输送过程中得以冷却、固化，从而达到连续造粒成型的目的。

(2) 典型的工艺流程

典型的工艺流程见图 9-2-16。

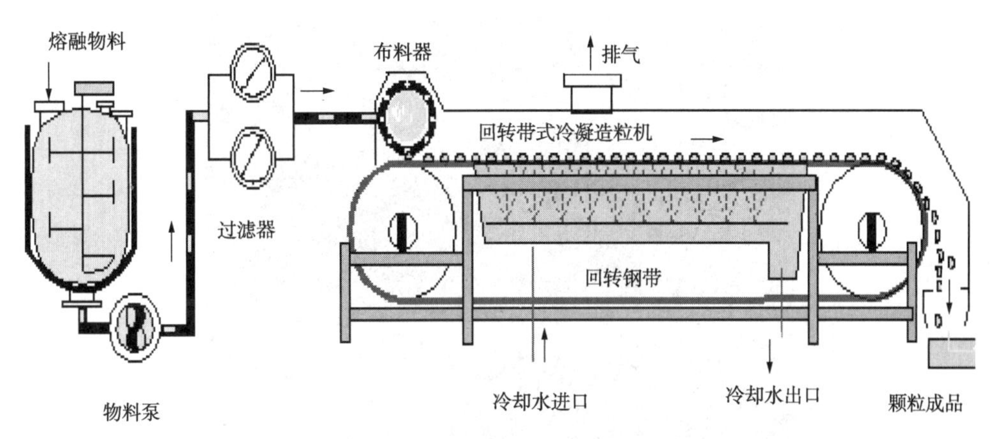

图 9-2-16　典型的工艺流程

(3) 典型结构

回转带式造粒机布料器典型结构见图 9-2-17。

(4) 性能特点

1) 连续冷凝固化、造粒成型，生产效率、操作环境得到大大改善。

2) 颗粒成品形状规整，无锐角，成粒率几乎接近 100%。成品的物理性能得到大大提高，产品竞争力增强。

3) 通过布料器转速或进料流量的调节，可在一定范围有效地调整成品粒度。

4) 采用薄钢带传热和雾化喷淋强制冷却，使熔融物料得到迅速冷凝固化和造粒成型。

5) 由于传输钢带在卸料端处的换向弯曲，使钢带固化物料与钢带的结合面产生分离，卸料时粉尘极少，颗粒形状得到有效保护。

6) 布料器与钢带均采用变频调速控制器，可根据生产能力、操作工艺及环境的变化，方便地进行调整与控制。

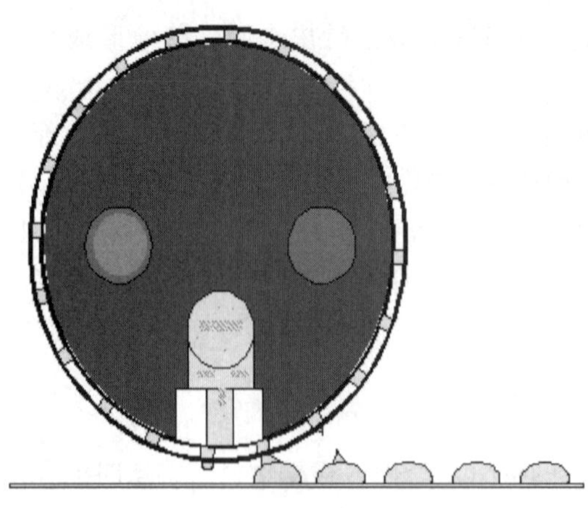

(a)光筒结构布料器

(b)凸台结构布料器

图 9-2-17　布料器典型结构

7）造粒装置采用三段温度智能控制，确保系统操作稳定、可靠。

3. 回转钢带造粒机生产现场和产品

回转钢带造粒机生产现场和产品见图 9-2-18。

图 9-2-18　回转钢带造粒机生产现场和产品

4. 设备使用及维修维护

（1）开车前注意事项

1）必须检查造粒机钢带、钢带传动辊面是否落入杂物或黏附着物料等异物，若发现则应及时清理，否则将损坏钢带。

2）检查钢带胶条是否有脱落，钢带是否跑偏。

3）必须检查管道过滤器是否清洗和安装。

4）检查水箱喷头是否堵塞或脱落丢失。

5）检查卸料刮刀是否磨损或者与钢带有间隙。

6）检查脱模剂混合罐中是否有足够的脱模剂。

7）检查硫黄回流管压力是否在0.40MPa以上，硫黄泵是否运转。

8）检查成型机脱模剂反向刮抹胶板是否磨损，脱模剂反向刮抹轴及衬板是否距钢带辊20mm以上，涂抹辊是否运转正常，脱模剂能否正常涂抹在钢带上。

（2）开车步骤

本开车步骤必须根据具体的造粒流程进行规定，现将基本的开车步骤介绍如下：

1）在物料造粒前30min进行布料器升温：打开蒸汽升温，观察布料器温度必须大于130℃才能运行布料器（或带联锁）。

2）对硫黄造粒启动脱模剂混合罐的脱模剂输送泵。

3）打开造粒机冷却段水箱冷却水进水阀门，并且要求观察雾化水喷溅在钢带内表面。通常每节水箱水流量为：CF0.5/0.6型≥$3m^3/h$。CF1.0型≥$4m^3/h$。CF1.2/1.5型≥$6m^3/h$，才能启动钢带、布料器和气动进料阀（或带联锁）。

4）启动下游皮带输送机和包装机（如果有）。

5）启动钢带电机，将钢带速度通常设定在30~40Hz之间。

6）启动布料器电机，将布料器速度通常设定在30~40Hz之间。

7）启动引风机和钢带冷却风扇（如果有）。

8）手动打开物料管线上的手动进料阀门。注意：出现任何故障时必须先关手动进料阀门。

9）启动成型机气动进料阀门（如果有）。注意：出现任何故障时必须先关气动进料阀门。

10）缓慢调节手动进料调节阀，同时观察物料在钢带的成粒情况。通常保证颗粒之间在钢带上不得相互粘连即可。钢带上硫黄产品分布见图9-2-19。

图9-2-19　钢带上硫黄产品分布

5. 正常运转注意事项

当造粒机正常生产后，必须每隔1h对造粒机进行巡检。检查内容如下：

1）若出现钢带粘料，检查卸料刮刀是否磨损或者与钢带有间隙。对硫黄造粒机还必须检查脱模剂反向刮抹胶板是否磨损，涂抹辊是否运转正常，脱模剂能否正常涂抹在钢带上。

2）出现造粒变差，产量下降。检查管线过滤器是否堵塞，布料器是否堵塞。

3）检查钢带胶条是否有脱落，钢带是否跑偏。当出现上述问题时，须及时处理。

4）开车前驱动钢带的减速机中已加注了适当黏度的润滑油，首次运行200h后，须将润滑油放尽并冲洗干净，另行加注新油至中心标高位置。链条每7天需涂抹普通黄油。主从动钢带辊轴承、钢带下托辊轴承和钢带下压辊轴承每30天加注普通黄油。回转布料器两端轴承处加注滴点为310℃高温脲基润滑脂SUNUP/XG。加注时间及油品牌号见设备上的标牌。

6. 停车步骤

1）在上游物料流尽后，手动关闭管线上的手动夹套球阀。

2）打开压缩空气吹扫阀门吹扫布料器及管线1min。当布料器物料排完后，关闭压缩空气阀门。

3）将布料器速度降为零后，关闭布料器电机。

4）待钢带上的余料走尽后，将钢带速度降为零后，关闭钢带电机。

5）关闭造粒机冷却水箱的进水阀门。

6）关闭引风机和钢带冷却风扇(如果有)。

7）关闭下游皮带输送机和下游包装机。

8）对硫黄造粒还需关闭脱模剂输送泵和混合罐的搅拌器。

9）清理造粒机现场杂物及残余物料。

7. 设备一般故障及解决方法

(1) 钢带冷却机故障及解决办法

钢带冷却机故障及解决办法见表9-2-10。

表9-2-10　钢带冷却机故障及办法

钢带故障描述	检查步骤及原因	解决方法
钢带不转	1）变频器是否通电；运行旋钮是否旋转； 2）检查紧急停车按钮(或拉绳）是否复位； 3）检查钢带防跑偏限位探头是否碰到钢带； 4）检查其他联锁控制，例如：冷却水温度、流量、下游设备联锁	1）将变频器通电；旋转调速旋钮； 2）将紧急停车按钮(或拉绳）复位； 3）将钢带防跑偏限位探头复位并松开防跑偏开关；立即采取措施调节钢带跑偏，使温度、流量符合解除联锁条件；启动下游设备
钢带电机发热过载 钢带运转过程抖动	1）钢带卸料刮刀顶紧螺栓顶在钢带上过紧； 2）钢带运转速度太慢，变频器频率太低； 3）物料粘在钢带上过紧，刮刀铲料困难； 4）钢带张紧力过大； 5）钢带辊轴承、钢带托辊轴承不转或损坏，造成阻力过大； 6）冷却水箱的上钢带尼龙托辊和托条磨损，造成尼龙托辊不转或钢带磨水箱上的不锈钢板； 7）钢带严重跑偏并且挤胶条	1）适当松开刮刀顶紧螺栓； 2）提高变频器的运转频率； 3）物料必须冷透或脱尽溶剂，钢带表面涂抹脱模剂； 4）将钢带放松，降低张紧力； 5）定期向轴承加注润滑脂或更换损坏的轴承； 6）更换尼龙托辊和水箱托条
钢带变形	1）整条钢带沿长度方向呈弓形，说明冷却水水量过低或冷却水温过高； 2）整条钢带单边向下弯曲变形，说明钢带跑偏，钢带两边张紧力不一致，造成单边过紧产生变形。同时可能有硬物刮磨碰撞钢带也可使钢带变形； 3）钢带边缘出现波浪形变形，说明钢带跑偏严重造成局部受力产生塑性变形	1）适当松开钢带，降低钢带张紧力。增大冷却水流量和降低冷却水温度； 2）按操作手册调整钢带跑偏，同时放松钢带变形一边张紧力。检查所有与钢带相关联的金属部件，排除与钢带相刮磨的隐患； 3）按操作手册调整钢带跑偏，对波浪处适当整形

续表

钢带故障描述	检查步骤及原因	解决方法
钢带出现裂纹	1）钢带在焊缝出现开裂，说明钢带经循环运转后，疲劳损坏； 2）钢带母材出现许多裂纹，说明钢带经循环运转后，母材疲劳损坏	1）立即在裂纹顶端钻一个 ϕ2.5 止裂孔，或请专业人员进行焊接； 2）不易修补，更换新钢带
钢带胶条脱落	钢带跑偏，钢带辊挤胶条	立即停车，调整钢带跑偏，按《钢带胶条粘接规程》进行粘接
钢带表面有划痕	刮刀顶紧力过大，并且刮刀口带有沙粒或铁屑对钢带表面划伤。刮刀刃口有毛刺划伤钢带	1）松开刮刀顶杆，用抹布清理刮刀口杂物再稍微顶紧，同时清理刮刀刃口毛刺； 2）开动钢带，用 320 目砂纸或布轮、羊毛轮打磨划痕处
内外表面带水	1）钢带内表面带水说明主动钢带辊里边的刮水槽中的毛刷磨损或橡胶板老化失去弹性，造成与钢带内表面贴合不好； 2）钢带变形造成与钢带内表面贴合不好； 3）钢带外表面带水说明反向涂抹液刮水板胶板与钢带外表面贴合不好，造成钢带水刮不下来	1）更换刮水槽中的毛刷或橡胶板； 2）将变形钢带调松，释放钢带张紧力，同时将毛刷更换成长毛刷，或将胶板按变形样式剪裁，增加贴合面； 3）检查胶板与钢带的贴合部位，清理胶板上的物料等杂物。同时增大胶板与钢带的贴合力
钢带表面粘料和地面落料	1）卸料刮刀与钢带有间隙或刮刀磨损严重； 2）物料卸料温度太高，冷却效果不好，造成粘钢带； 3）物料中含有溶剂过高，不能凝固； 4）钢带表面脱模剂太少或没有； 5）物料流量过大或造粒不好，在钢带上呈片状	1）调节刮刀与钢带间隙；更换磨损严重的刮刀； 2）降低冷却水温度；降低钢带速度； 3）降低物料中的溶剂含量； 4）钢带表面增加脱模剂量； 5）降低物料流量；改善造粒效果

（2）布料器故障及解决办法

布料器故障及解决办法见表 9-2-11。

表 9-2-11 布料器故障及解决办法

钢带故障描述	检查步骤及原因	解决方法
布料器外筒体不转	1）变频器是否通电；运行旋钮是否旋转； 2）检查紧急停车按钮（或拉绳）； 3）上罩限位开关是否复位； 4）布料器温度低，其内部物料没有熔化； 5）检查其他联锁控制，例如：冷却水温度、流量、下游设备联锁	1）将变频器通电；旋转调速旋钮； 2）将紧急停车按钮（或拉绳）复位； 3）将机头上罩合上； 4）提高布料器温度或延长加热时间； 5）使温度、流量符合解除联锁条件，启动下游设备
布料器电机发热过载，虽然开高速但外筒体运转很慢	1）布料器内物料没有完全熔化； 2）布料器运转速度太慢，变频器频率太低； 3）物料在布料器内碳化； 4）滑块压紧弹簧张紧力过大； 5）布料器轴承进料； 6）钢带严重跑偏并且边缘与布料器相碰擦	1）提高布料器温度或延长加热时间； 2）提高变频器的运转频率； 3）拆卸布料器进行清理； 4）将压紧弹簧磨短或更换张紧力小的弹簧； 5）拆卸布料和机械密封； 6）按操作手册调整钢带并修整钢带边缘。器轴承盒更换轴承

续表

钢带故障描述	检查步骤及原因	解决方法
布料器两端轴承盒漏料	1）轴承盒机械密封中的O形圈失效； 2）外筒体法兰处漏料，则是轴承盒与外筒体端面密封垫片 $\phi76/\phi100$ 失效	1）更换轴承盒机械密封中的O形圈； 2）抽出外筒体，将失效垫片取出更换新垫片
布料器不出料	1）管路中没有进料或管路温度过低，物料无法流出； 2）布料器温度过低； 3）管道中过滤器堵塞	1）打开进料阀门或提高管路温度； 2）提高布料器温度或延长加热时间； 3）清理过滤器，更换滤芯
布料器局部出料	1）进料量偏小； 2）布料器滑块局部有杂质堵塞外筒体； 3）外筒体小孔被杂质堵塞	1）增大进料量； 2）拆卸布料器，清理滑块上的杂质； 3）清理布料器外筒体
颗粒粘连	1）物料流量过大； 2）钢带和布料器转速不匹配； 3）布料器滑块与外筒体贴合不好，造成内漏料； 4）布料器滑块、外筒体磨损出现划痕、沟槽，造成内漏料； 5）布料器滑块、外筒体变形，出现周期性颗粒粘连	1）减少物料流量； 2）调节钢带和布料器转速使之匹配； 3）检查滑块弹簧是否失效，增大滑块弹簧的张紧力； 4）重新加工滑块的圆弧面和外筒体内孔，使配合面光滑无沟槽； 5）更换滑块或外筒体
颗粒大小沿钢带宽度方向分布不均	1）若靠近布料器进料端颗粒大，远离进料端颗粒小，说明布料器温度过低； 2）若靠近布料器进料端颗粒小，远离进料端颗粒大，说明布料器温度过高； 3）若布料器中间出料少、两端出料多，说明布料器中间温度高，出现堵塞、滑块变形、密封条(密封垫)损坏	1）提高布料器温度或降低进料温度； 2）降低布料器温度或提高进料温度； 3）清理布料器滑块或矫形；更换密封条(密封垫)

(3) 喷水箱故障及解决办法

喷水箱故障及解决办法见表9-2-12。

表9-2-12 喷水箱故障及解决办法

钢带故障描述	检查步骤及原因	解决方法
喷水箱喷头堵塞	冷却水杂质太多	管道增加80目过滤器。拆卸清理喷头。注意清理喷头时，不得将喷头内部的旋转片丢失！
喷水箱喷水无力	1）冷却水压力太小； 2）冷却水管道过滤器堵塞； 3）进水阀门开度太小，造成进水量减少	1）增大冷却水压力。通常水压≥0.3MPa； 2）检查管道过滤器，更换滤芯； 3）增大进水阀门开度
喷水箱回水不畅	1）进水阀门开度太大，造成进水量过大，无法顺利回水； 2）回水总管路口径过小或回水阻力太大	1）减小进水阀门开度； 2）增大回水总管口径，通常≥*DN*150，减少回水管路弯头和路径； 3）增大回水管与喷水箱之间的落差，通常≥1m

（四）转筒硫黄造粒

1. 技术背景

随着我国石化企业原油加工能力的不断扩产，同时进口原油含硫量较高，导致硫回收装置规模越来越大，硫黄固化处理量越来越大。因此，国内石化企业多数采用的回转带式冷凝造粒机因单台处理量太小（最大只有6t/h）、占地太大及故障率和维护费用高等问题。急需一种产量高、占地小及易维护的硫黄成型设备。美国Devco公司和加拿大Enersul公司曾试图打开中国市场，国内企业也考虑引进大型硫黄成型设备，但由于价格太高，基本都望而却步。只有普光气田引进了美国Devco公司的水下湿法造粒装置。南京三普造粒装备有限公司于2006年开始着手研制，经过三年研发，国内第一台硫黄转筒喷浆造粒机于2009年5月在连云港雅仕硫黄有限公司一次投料试车成功。到2018年12月已运行46台。该项技术和装置填补了国内空白，取得了国家专利，不仅为我国硫黄造粒成型技术提供了新的选择，同时为大规模生产装置提供了经济、合理、高效的工艺解决方案。目前可提供的机型生产能力分别为8~10t/h、15~16t/h、25~30t/h三种机型。

2. 工作原理及性能特点

（1）工作原理

在一个旋转的圆筒内壁安装许多抄板，随着圆筒的旋转，不断将筒内的粉末或小颗粒硫黄抄起，并在圆筒内一侧形成物料幕帘；在另一侧，液体硫黄从喷头喷入筒内的物料幕帘上，经与硫黄粉粒混合、喷涂凝聚形成球形颗粒，落在圆筒的底部，并被筒内抄板重新抄起，液硫继续喷涂，颗粒进一步长大成球。当颗粒形成2~8mm的圆球后，通过转筒的一端落入皮带输送机进行包装。在液硫喷入圆筒内的同时，喷入高压雾化水，利用水的汽化潜热使喷涂、包覆的液硫颗粒得以快速冷却固化，防止液硫粘连，同时水蒸气由引风机排出造粒机回转筒外，排出的尾气经水洗除尘后排空。整个过程通过检测造粒机内的物料温度，由计算机实时控制液硫或冷却水的流量，使物料既能快速冷却，又能有效防止物料含水量过大，避免造成水分超标。

（2）典型的工艺流程

1）工艺流程简介：来自脱硫工段的液硫由硫黄泵将硫黄直接打入旋转的硫黄转筒喷浆造粒机中；当液硫由雾化喷嘴喷入转筒内后，同时启动高压水泵，将新鲜水也以雾化的状态喷入转筒内对液硫进行冷却固化。通过检测造粒机内的物料温度和气体温度来控制喷硫量和喷水量，使之得到2~8mm的球形硫黄颗粒。因硫黄固化产生的汽化尾气由引风机抽出并送入水膜除尘器中进行湿法除尘，净化后的尾气直接排入大气中。水膜除尘器的除尘效率>98%，尾气含湿量<10%，进口尾气气温度~70℃，排出的气体温度40~60℃，空气中粉尘含量小于10μg/g；二氧化硫和硫化氢均小于8μg/g，脱硫除尘效率高，这在国内外湿法除尘器中是少有的。在使用该除尘器后，达到了在大气环境中的排放标准，该装置完全有条件在一类地区使用。由转筒造粒机出来的硫黄颗粒性质符合国家固体硫黄GB/T 2449.1—2014标准。

2）工艺流程简图：工艺流程简图见图9-2-20。

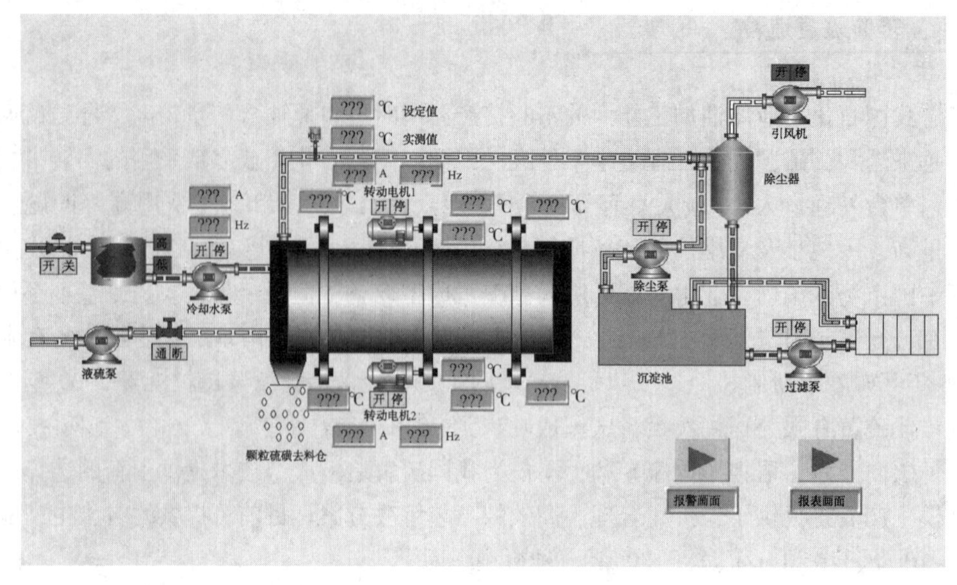

图 9-2-20　工艺流程简图

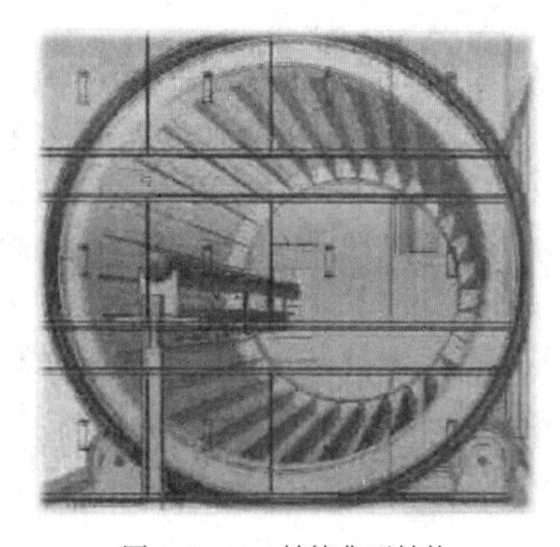

图 9-2-21　转筒典型结构

(3) 转筒典型结构

见图 9-2-21。

(4) 转筒硫黄造粒机安装现场

转筒硫黄造粒机安装现场见图 9-2-22。

(5) 转筒硫黄造粒机内部工作状况

转筒硫黄造粒机内部工作状况见图 9-2-23。

(6) 性能特点

1) 生产能力范围广，目前国外设备生产能力在 8～70t/h；国内设备生产能力在 8～30t/h。

2) 颗粒为 2～8mm 球形，产品堆比重在 1.15～1.3，含水量低于 0.5%。

3) 占地少，效率高，设备模块化设计；降低安装成本，建设周期短。

图 9-2-22　转筒硫黄造粒机安装现场

4）设备结构简单，易损件少，降低维护成本。

5）造粒生产过程在一个密闭的微负压空间内，没有硫黄跑冒滴漏问题，生产现场环境得以改善。

6）造粒过程所产生的尾气由专用的水膜除尘器进行水洗除尘处理，除尘率达98%，尾气粉尘含量≤10μg/g；达到环保排放标准。

图9-2-23　转筒硫黄造粒机内部工作状况

3. 使用及维修维护

（1）开车前注意事项

1）必须检查造粒机转筒齿轮、托轮面是否落入杂物或粘附着物料等异物，若发现则应及时清理，否则将损坏转筒！

2）在转筒尾部进料端加入1000kg固体颗粒硫黄作为造粒的种子，同时缓慢转动转筒，使物料在转筒内部均匀分布；同时开启除尘系统。

3）必须检查管道过滤器是否清洗和安装。

4）检查冷却水箱冷却水是否已充满。

5）检查下游设备是否启动。

6）检查蒸汽压力是否在0.40MPa以上，硫黄泵是否运转。

（2）开车步骤

开车步骤必须根据具体的造粒流程进行规定，现将基本的开车步骤介绍如下：

1）在物料造粒前30min进行硫黄夹套喷淋管升温：打开蒸汽阀门，观察硫黄夹套喷淋管温度必须大于135℃，才能启动硫黄夹套喷淋管上的气动球阀（有联锁）。

2）打开冷却水进水阀；启动除尘系统的风机、除尘水泵。

3）启动下游皮带输送机和包装机（如果有）。

4）启动硫黄泵电机，在管路上有压力显示，压力必须大于0.7MPa。

5）启动转筒电机。注意：液体硫黄没有喷入转筒不可长时间旋转，否则转筒内物料有排空危险，造成液硫挂壁而停车。因此在2min内必须有液硫喷入转筒内（与硫黄泵有联锁）。

6）立即打开硫黄夹套喷淋管上的气动球阀，同时用手动进料阀调节液硫喷入压力。注意：出现任何故障时必须先关手动进料阀门和气动球阀。

7）观察物料在转筒的成粒情况。通常保证颗粒在转筒形成物料帘幕，液硫没有喷在筒壁上，颗粒正常从出料口溢出为正常生产。

（3）正常运转注意事项

当造粒机正常生产后，必须每隔1h对造粒机进行巡检。检查内容如下：

1）若出现转筒内壁粘料，则立即停车，清理硫黄粘料后再开车。

2）出现造粒变差，产量下降，应检查管线过滤器是否堵塞，硫黄夹套喷淋管上的硫黄喷头是否堵塞。

3）检查转筒齿轮间隙、托轮磨损情况。当出现上述问题时，须及时处理。

（4）停车步骤

1）在关闭上游硫黄泵后，立即关闭管线上的气动夹套球阀。

2）系统自动打开压缩空气吹扫阀门吹扫硫黄夹套喷淋管及喷头 10s。当硫黄夹套喷淋管物料排完后，自动关闭压缩空气吹扫阀门。

3）系统将自动关闭转筒电机和高压水泵电机。

4）待转筒尾气温度低于 50℃后，关闭除尘系统。

5）关闭造粒机冷却水箱的进水阀门。

6）关闭下游皮带输送机和下游包装机。

7）清理造粒机现场杂物及残余物料。

4. 常见问题解决

(1) 转筒造粒机故障及解决办法

转筒造粒机故障及解决办法见表 9-2-13。

表 9-2-13　转筒造粒机故障及解决办法

故障描述	检查步骤及原因	解决方法
转筒不转	1）变频器是否通电；运行旋钮是否旋转； 2）检查紧急停车按钮（或拉绳）是否复位； 3）检查有关联锁是否动作，例如：冷却水温度、液位量、下游设备联锁	1）将变频器通电；旋转调速旋钮； 2）将紧急停车按钮（或拉绳）复位； 3）在 PLC 将转筒连锁故障消除，使温度、液位符合解除联锁条件，启动下游设备
转筒电机发热过载，转筒运转过程抖动	1）转筒内物料过多； 2）转筒运转速度太慢，变频器频率太低； 3）物料粘在转筒内壁上过多； 4）转筒托轮轴承、齿轮间隙过大或损坏，造成阻力过大	1）增加转速减少物料停留时间，减少积料； 2）提高变频器的运转频率； 3）物料必须清理转筒内壁； 4）定期向轴承加注润滑脂或更换损坏的轴承，调节齿轮间隙
硫黄在转筒内粘壁或粘在抄板上	1）引风管道积灰堵塞，造成尾气排风量减少，转筒内冷却效果不好； 2）硫黄喷头堵塞，造成液硫飞溅粘壁； 3）转筒内冷却水喷头堵塞，造成液硫冷却不好； 4）液硫压力过大（一般不得超出 0.6MPa），穿透料层	1）停车清理风管和引风机叶轮上的粉尘； 2)停车更换堵塞的硫黄喷头； 3)停车更换堵塞的冷却水喷头； 4)调整液硫进料压力小于 0.6MPa

(2) 硫黄夹套喷淋管和高压水管故障及解决办法

硫黄夹套喷淋管和高压水管故障及解决办法见表 9-2-14。

表 9-2-14　硫黄夹套喷淋管和高压水管故障及解决办法

故障描述	检查步骤及原因	解决方法
硫黄夹套喷淋管喷头异常喷淋，造粒不好	1）硫黄喷嘴堵塞有异物； 2）硫黄喷嘴磨损	1）停车更换； 2）停车更换
高压水压力超标报警	高压水喷头堵塞	停车更换高压水喷头

(3) 水膜除尘系统故障

水膜除尘系统故障及解决办法见表 9-2-15。

表 9-2-15　水膜除尘系统故障

故障描述	检查步骤及原因	解决方法
水膜除尘器除尘效果变差，粉尘排放超标	1）切向进风喷头和中心管环缝堵塞，造成无水喷出，失去水膜除尘效果； 2）除尘水泵堵塞，没有水进入除尘器或不转	1）停车更换或清理喷头或中心管； 2）停车清理水泵进口或检查水泵
水膜除尘器洗涤水无法排出漏水	下水口被大块硫黄堵塞，造成水流不畅，除尘水在筒内积存	停车打开清理孔，排出堵塞的硫黄

七、空冷器

（一）概述

空气式冷却器简称空冷器，它以环境空气作为冷却介质，依靠翅片管扩展传热面积强化管外传热，靠空气横掠翅片管束后的空气温升带走管内热负荷，达到冷凝、冷却管内热流体的目的。在炼油、化工行业中，空冷器是主要的工艺设备之一。主要分为干式空冷器、湿式空冷器、复合空冷器。

因为空气热焓值太低，其比热容为 0.24kcal/(kg·℃)，仅为水的 1/4，因此在相同冷却热负荷下，需要的空气量将是水的 4 倍。而且空气的密度、给热系数又远比水小，所以若用常规的传热元件，空冷器的体积势必比水冷器大得多。又由于大气温度随气候、季节、昼夜变化大，被冷介质的出口温度不易控制，因而一直以来未受到重视，随着工业特别是炼油、化工、动力冶金工业的发展，工业用水量急剧增加，出现了水供应不足，而且人们对保护环境、防止工业用水对江河湖海污染的呼声日益高涨，同时由于能源日益短缺，要求最大限度地节约能源。鉴于这些原因，迫切要求开发新的冷却介质和冷却设备，取之不尽、用之不竭的空气就自然受到了人们的重视。为了提高冷却性能、扩大适用范围，从多方面进行了改进，陆续出现了湿式空冷器和复合空冷器，并对空冷器的结构进行了很多的优化。

（二）结构及特性

1. 干式空冷器

干式空冷器结构示意图见图 9-2-24，其主要特点如下：

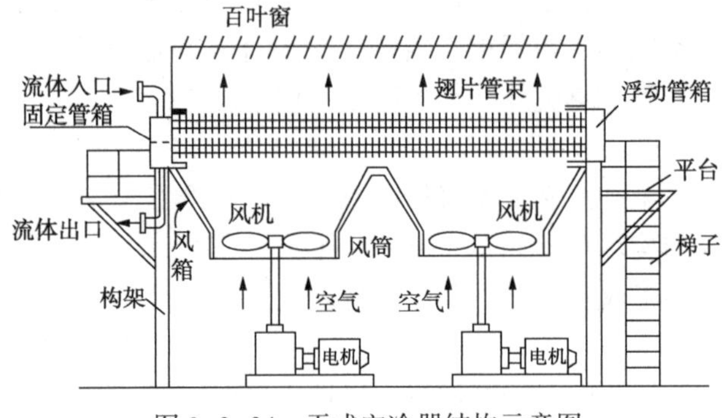

图 9-2-24　干式空冷器结构示意图

1）干式空冷器操作费用低，节约用水，对环境没有污染；但占地面积大，投资多，有时使用受到限制。

2）即使风机电源切断，仍有 30%~40%的自然冷却能力。

3）空气的风阻仅有 100~200Pa，故空冷器的操作费用低；空冷系统的维护费用一般情况下仅为水冷系统的 20%~30%。

4）空气腐蚀性小，空气可随意取得，不需任何辅助设备和费用，故选厂址不受限制。

2. 湿式空冷器

湿式空冷器分为增湿型空冷器和喷淋蒸发型空冷器，其结构示意图如图 9-2-25 所示。

图 9-2-25　湿式空冷器结构示意图

增湿型湿式空冷器在空冷器的空气入口处喷雾状水，使空冷器的入口空气增湿降温。增湿后的低温空气经过挡水板除去夹带的水滴，再横掠翅片管束，从而增大空气的热焓值和空气与热流体之间的温差，以强化管外传热。空气入口处空气相对湿度愈小，空气增湿后降温愈多，其冷却效果也愈显著。

喷淋蒸发型湿式空冷器在空冷器的工作过程中直接向翅片管上喷雾状水，借助于翅片管束(多为立放横排管)上少量水的蒸发和空气的增湿降温而强化管外传热，它同时兼有增湿型湿式空冷器的优点。我国目前炼油化工厂使用的湿式空冷器大多属此型式。但是喷淋蒸发型湿式空冷器的管排数不宜过多，一般为 2~4 排，而且只有前两排翅片管的迎水面才能被喷上水，第二排管以后其传热没有强化或强化很少；同时由于翅片管的结构特点，翅片表面无法完全被湿润，翅片管表面水的成膜性很差，翅片管上蒸发的水量很少，水的蒸发效率很低，翅片根部易积水、易结垢，增加了热阻，所以仅靠翅片管上水的蒸发带走的热负荷很小(约占总负荷的 10%~20%)，因此它主要还是靠增湿降温后空气的温升带走管内大部分热负荷。目前我国炼油化工厂使用的湿式空冷器大多属此型式，其管束立放横排管。喷淋型湿式空冷器由于采用立放管束，管子为三角形排列，其喷透性较差，第二排后面的管子喷不上水，而且翅片管水的成膜性差，再加上其喷嘴容易堵塞，均严重影响湿式空冷器的冷却效果，而且其翅片管容易被腐蚀和结垢，不仅缩短了湿空冷器使用寿命，而且影响其传热效率。另外，湿式空冷器的软化水迸溅造成的耗量很大，设备运行费用较高。

增湿型和喷淋型湿空冷器一般适用于管内工艺流体入口温度低于 80℃的低温位介质的冷凝或冷却，理论上可使管内热流体冷却到高于环境温度 5℃左右。

3. 复合空冷器

复合型高效空冷器在某种意义上是将传统空冷器、水冷器、凉水塔等几种设备复合在一起的高效传热设备，其结构示意图如图 9-2-26 所示。通过设计优化，可以替代传统的水冷系统，并实现“1+1>2”的集成效果。具有以下特点：

（1）能耗低

复合型空冷器在主装置区内对物料进行一次性冷凝或冷却，不需将热量再循环到凉水塔内进行二次冷却，故主装置区与凉水塔之间的循环水泵可被取消，节能率超过 50%。

（2）水耗小

复合型空冷器可以根据四季温差的变化进行喷淋水量的调节，在冬季北方地区基本可依靠自带翅片管束实现无水干运行。在平时喷水运行时，可通过双重收水、均匀布风等结构设计基本消除白雾现象，其综合年均耗水量可节约60%以上。

（3）易维护

复合型空冷器通过对管束的模块化、柔性化设计和整体热浸锌防腐处理，管束的寿命得以延长，检维修更换传热模块更加便捷。

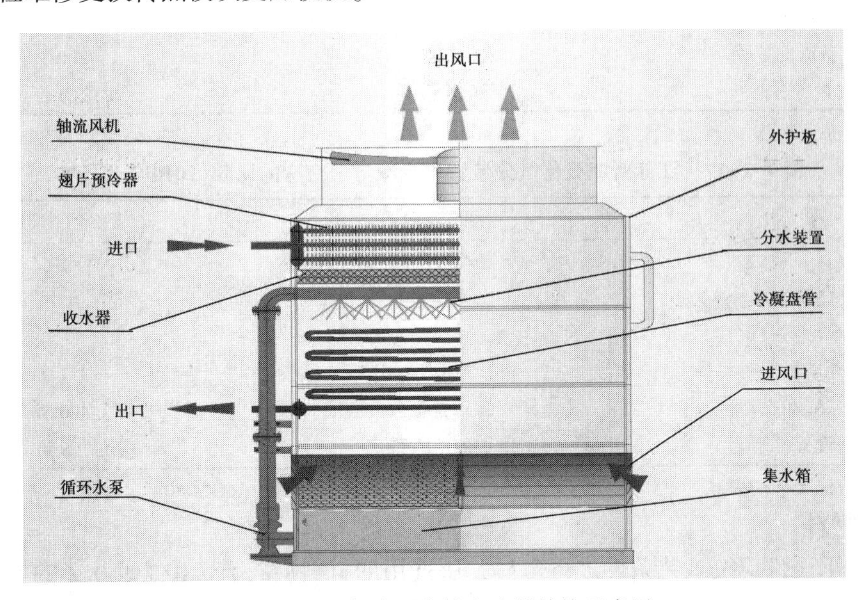

图 9-2-26　复合型高效空冷器结构示意图

4. 各种型式空冷器优缺点对比

1）干式空冷器操作简单、使用方便；但其管内热流体出口温度取决于环境干球温度，一般以不低于55～65℃为宜，而且热流体出口温度与设计气温之差不得低于15～20℃，否则无经济性，所以不能把管内热流体冷却到环境温度。而且随着节能技术的提高和改善，干式空冷器的使用由热流体进口温度大部分在180℃左右下降到100～120℃左右，对于120℃以上的热流体大多采用了热能回收措施，而无干式空冷器的用武之地，对低温位热流体的冷却无能为力。为了得到较低的热流体出口温度，必须对干式空冷器配后水冷器。

2）湿式空冷器仅适合于冷却进口温度低于70～75℃的热流体（如果热介质进口温度高于80℃时，翅片管表面极易结垢），它可将热流体冷却到高于环境湿球温度5℃左右。同时由于湿式空冷器要求喷雾化水，所以其喷淋系统的喷嘴出水口很小，一般为0.5～1mm，使用中极易堵塞，严重影响湿式空冷器的冷却效果。干式和湿式空冷器的工作机理决定了其冷却效果均受环境气温影响较大，气温波动，风、雨、日晒以及季节变化均会显著影响其冷却性能，故其操作弹性差，在冬季还会引起管内介质冻结；由于空气侧膜系数低，其传热面积要大得多，因此必须采用翅片管，故其投资较高。

3）复合空冷器的优点是适用范围宽（32～200℃）、效率高、占地小、投资低、管束免拆卸、不停机在线清洗；缺点是需定期对水箱进行排污，对水质的要求比普通循环水高。

复合型空冷器与干式空冷器的综合比较见表9-2-16，复合型空冷器与湿式空冷器的综合比较见表9-2-17。

表 9-2-16　齐鲁石化氯碱厂氯乙烯装置复合冷与干空冷的比较(2008 年运行)

项　目	干式空冷器	复合空冷器
设备型号	GP9×3-8-258-2.5S-23.4/DR	SYL-9×3
设计台数/(台/片)	8	3
设备出口温度/℃	70	70
耗电量/kW	296	177
设备造价/万元	240	200
设备占地	9×24(4 跨)	9×12(2 跨)

注：1 跨=6m。

表 9-2-17　江苏新海石化气分装置复合冷与湿空冷的比较(2010 年运行)

项　目	湿式空冷器	复合空冷器
设备型号	SL9×3-6-221-2.5S-16.9/DR	SYL-9×3
设计台数/(台/片)	20	6
设备出口温度/℃	45	40
耗电量/kW	18.5×3×10=555	354
设备造价/万元	500	400
设备占地	9×60(10 跨)	9×30(5 跨)

注：1 跨=6m。

(三) 材料

空冷器承压件应按工艺条件进行选材，所选用的材料应符合 GB/T 150.2 的要求。加工高硫原油用空冷器的选材还应符合 SH/T 3096 的规定；加工高酸原油用空冷器的选材还应符合 SH/T 3129 的规定；湿硫化氢腐蚀环境下选材还应符合 SH/T 3193 的规定。

1. 承压件用碳钢和低合金钢

1) 承压件用碳钢和低合金钢钢板应符合 GB/T 713 的规定，不锈钢复合钢板应符合 NB/T 47002.1 的规定，复合板级别为 B1 级。

2) 当用于可能引起晶间腐蚀的环境时，复合钢板应按 GB/T 4334 的规定进行晶间腐蚀试验，试验方法的选择、受检试件状态、检验合格要求应符合 GB/T 21433 及设计文件的规定。

3) 在再生酸性气空冷器的使用中，管箱一般采用 Q245R(正火)或 Q245R+S31603 材质，换热管一般采用 08Cr2AlMo 或 S31603 材质；在贫液空冷器的使用中，管箱一般采用 Q245R(正火)材质，换热管一般采用 10#或 10#(HSC)材质；在汽提塔顶空冷器的使用中，管箱一般采用 Q245R(正火)或 Q245R+S31603 材质，换热管一般采用 08Cr2AlMo 或 S31603 材质。

2. 承压件用奥氏体不锈钢

1) 承压件用不锈钢钢板应符合 GB/T 24511 的规定。

2) 换热管应符合 NB/T 47019、GB/T 13296 的规定。

3) 当用于可能引起晶间腐蚀的环境时，应选用含碳量不大于 0.03%的奥氏体不锈钢材料，且应按 GB/T 4334 的规定进行晶间腐蚀试验，试验方法的选择、受检试件状态、检验合格要求应符合 GB/T 21433 及设计文件的规定。

3. 湿 H_2S 腐蚀环境

1) 湿 H_2S 腐蚀环境分类按照 SH/T 3193 的规定。

2）湿 H_2S 腐蚀环境下的材料要求、试验要求等应符合 SH/T 3193 的规定。

4. 管箱

1）当管箱采用锻件时，锻件材料应符合 NB/T 47008 或 NB/T 47010 的规定，且其级别不应低于Ⅲ级。

2）符合下列情况之一时，承压件用碳钢或低合金钢的钢板和锻件应为正火或正火+回火状态供货，且承压件用钢板应按 NB/T 47013.3 逐张进行 UT 检测，Ⅰ级合格。

① 操作介质的毒性为极度或高度危害；

② 湿硫化氢腐蚀环境；

③ 设计压力大于或等于 5MPa；

④ 临氢环境。

3）除符合本条 2)款外，下列钢板应按 NB/T 47013.3 逐张进行 UT 检测，Ⅰ级合格：

① 管板和丝堵板用钢板；

② 管箱用厚度大于或等于 30mm 的 Q245R、Q345R；

③ 铬钼钢钢板。

4）丝堵式管箱的管板和丝堵板及有安放式接管结构的其他受压元件用钢板，当厚度超过 40mm 时，应按照 GB/T 5313 中 Z35 级的规定进行附加厚度方向的拉伸（*Z* 向拉伸）试验，其室温断面收缩率不应低于 35%。

5）管箱隔板材料应与箱体材料相同或相近，管箱承压件不应采用异种钢焊接。

6）与管箱相连的管箱座、吊耳等结构件，应与管箱主体材料相同或相近。

5. 基管和翅片管

1）基管用材料应符合表 9-2-18 中的规定，还应符合 NB/T 47019.1~47019.6 的规定。

表 9-2-18　基管用材料

基管材料	标准号	精度等级要求	备注
碳钢或碳锰钢钢管	GB/T 6479	高级	
碳钢或低合金钢钢管	GB/T 9948	高级	
奥氏体不锈钢钢管	GB/T 13296	标准中不分级	
奥氏体-铁素体型双相不锈钢钢管	GB/T 21833	高级	
其他，如 10(HSC)、铁素体换热管 0Cr13	—	—	按照设计文件规定

2）基管应按 GB/T 5777 逐根进行 100%UT 检测，合格级别为 L2.5 级。

3）翅片材料宜采用铝带或铝管，铝带应符合 GB/T 3880.1 的规定，铝管应符合 GB/T 4437.1 或 GB/T 4437.2 的规定。

6. 管法兰

管法兰应采用锻件，锻件级别不应低于 NB/T 47008 或 NB/T 47010 规定的Ⅲ级。

7. 焊材

1）承压件的焊接应选择与承压件母材相匹配的焊接材料，且应符合 NB/T 47015 和 NB/T 47018.1~5 的规定，并应通过焊接工艺评定。

2）承压件所用焊条的药皮应采用低氢型。

3）湿 H_2S 腐蚀环境下，碳钢、低合金钢焊接材料应保证熔敷金属中磷含量不大于

0.010%(质)，硫含量不大于0.005%(质)，并应符合设计文件的要求。

8. 紧固件和垫片

1）当接管法兰采用HG标准法兰时，紧固件也应采用HG标准配套产品。商品级紧固件的选用应符合相应限制规定。

2）法兰垫片不得使用石棉或含石棉的材料。

3）丝堵材料不得采用铸件或非金属件，且丝堵和丝堵垫片均应是实心金属制。

4）设计压力大于或等于5MPa空冷器管束承压法兰用螺柱表面应按NB/T 47013.4进行MT检测，I级合格。

5）钢结构所用紧固件可采用商品级。

9. 构架

构架用材料应符合GB 50017的规定。用于空冷器焊接结构的主梁、柱及支持梁等构件应采用Q235B或更高等级的材料。

10. 风机叶片

当叶片使用温度超过90℃时，应采用铝合金制风机叶片。

(四) 制造

1. 基本规定

1）空冷器承压件的焊接应由持有有效合格证的焊工担任，焊工考试应遵照TSG Z 6002进行。

2）承压件的材料应有可追溯性的标记，制造商应具有可操作的材料标记系统。

3）奥氏体不锈钢、双相不锈钢的加工和焊接应在无尘、无烟、无污染的洁净厂房或专门隔离的区域内进行。

2. 承压件的焊接

1）施焊前应按NB/T 47014进行焊接工艺评定，焊接接头试样应具有与母材相近的化学成分，其力学性能不应低于母材要求，焊接材料应符合NB/T 47015和NB/T 47018的相关规定。

2）产品焊接应采用评定合格的焊接工艺指导书(WPS)进行。

3）管箱用钢板应采用整张钢板制造，不得拼接。

4）管箱承压件的焊接接头应为全焊透型式。

5）承压件和非承压件的焊接应采用连续焊，外部垫板应设有ϕ10的通气孔。

6）铬钼钢施焊前应满足下列规定：

① 焊接坡口采用机械加工；

② 坡口表面应进行100%MT检测，Ⅰ级合格；

③ 坡口两边应均匀预热，预热温度应根据焊接工艺评定确定，坡口两侧预热范围不应小于150mm，且不小于3倍壁厚。

7）焊接接头的表面质量应符合下列规定：

① 形状、尺寸及外观应符合设计文件的规定；

② 不得有裂纹、未焊透、未熔合、气孔、弧坑、未填满和夹渣等缺陷，焊缝上的熔渣和飞溅物应清除干净；

③ 焊缝与母材应圆滑过渡。

8）焊缝咬边深度不应大于 0.5mm，下列焊接接头表面不得咬边：

① 设计文件要求进行 100%RT 或 UT 无损检测的焊缝；

② 介质毒性程度为极度、高度危害；

③ 湿 H_2S 等应力腐蚀环境；

④ 管箱材料为铬钼钢、奥氏体不锈钢及双相不锈钢。

9）焊接接头的返修应符合下列规定：

1）同一部位的返修次数不宜超过两次，并应将返修情况记入质量证明文件中；

2）有抗腐蚀要求的焊接接头，返修部位仍需保证不低于原有的耐腐蚀性能；

3）有焊后热处理要求时，焊接接头的返修应在热处理前进行，否则应重新进行热处理。

3. 翅片管

1）基管应为整根管，不得拼接。

2）基管应逐根进行水压试验。

3）当空冷器设计压力大于或等于 5MPa 时，基管检测不得用 ET 代替水压试验。

4）翅片应靠近管板。组装后，两管板之间每根翅片管上无翅片部分的总长度不应超过管板厚度的 1.5 倍。

5）双金属轧制翅片管，基管与铝管应紧密贴合，翅片管端部应带铝保护套并延伸至管板孔内。

6）翅片与基管的连接应紧密、无松弛。翅片管的翅片，不得有裂纹、磕碰和倒塌等缺陷，且不得用热镀焊、铜焊等方式与基管固定。

4. 翅片管与管板连接

1）基管端部外表面和管板管孔内表面应清洁。

2）管子与管板的连接宜采用胀焊并用的结构。

3）胀焊并用宜先焊后胀，胀接前应用 0.2MPa 的压缩空气进行泄漏检验。

4）碳钢、低合金钢及奥氏体不锈钢宜采用柔性胀接。

5）衬管与管接头的连接应采用高温黏合剂加轻胀，衬管末端应与换热管紧密贴合。衬管接头的连接型式见图 9-2-27。

5. 丝堵管箱加工

1）丝堵孔与丝堵垫片接触面宜采用数控加工。

2）需热处理的碳素钢、低合金钢管箱，其丝堵孔的螺纹应在管箱整体热处理后加工。

3）管板孔相邻两孔中心距允许偏差为±0.5mm，两孔中心距允许偏差为±1.0mm，丝堵孔与管孔的同轴度允许偏差为 0.5mm。

4）丝堵垫片接触面应符合下列规定：

① 应锪窝，锪窝平面的边缘应无毛刺，深度 1.5~2.0mm；

② 锪平面应无毛刺、平整光滑，表面粗糙度平均值应为 1.6~3.2μm；

③ 锪平面相对丝堵孔中心垂直度公差：碳素钢、低合金钢管箱应为 0.10mm，奥氏体不锈钢、双相不锈钢管箱应为 0.08mm；

5）丝堵硬度应高于丝堵垫片硬度，其值不小于 25HBW。

6. 丝堵与丝堵孔连接

1）配合公差应符合下列规定：

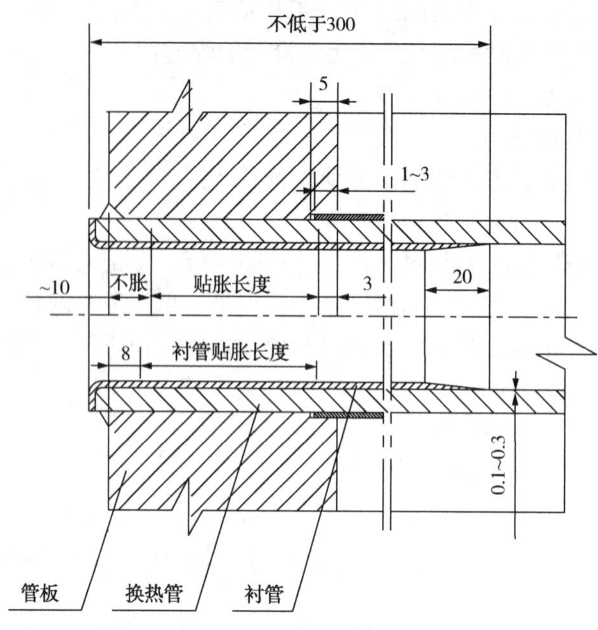

图 9-2-27　衬管接头的连接型式

① 碳素钢、低合金钢丝堵与丝堵孔配合公差宜为 H6/h6；

② 奥氏体不锈钢、双相不锈钢管束丝堵与丝堵孔配合公差宜为 H7/g6；

2）除另有规定外，丝堵装配时螺纹应涂抗咬合剂。

7. 焊后热处理

1）碳钢、低合金钢的管箱应进行焊后热处理，奥氏体不锈钢和双相钢一般不进行热处理。

2）热处理时法兰密封面应进行保护。热处理后所有密封面应无氧化皮、变形或损伤等缺陷。

3）符合下列条件之一时，换热管与管板间的焊接接头应进行焊后消除应力热处理：

① 应力腐蚀环境；

② 管箱材料为铬钼钢；

③ 设计文件有规定。

8. 风机

1）风机叶片应对照标准叶片做力矩平衡，允许的不平衡力矩应符合 NB/T 47007 的有关规定。

2）玻璃钢叶片的玻璃纤维层应薄而均匀，不得有起皱及树脂堆积现象。叶片质量允许偏差不应超过±5%。

3）铝合金叶片应进行消除应力热处理。

4）叶片根部与轮毂连接面应平整、不得有任何影响连接强度的缺陷。

5）风机采用皮带驱动时，皮带应具有静电疏导性能。

9. 构架

1）钢结构构架搭接或角焊缝的焊脚高度不应低于较薄件的厚度，根据其结构形式可采用连续焊或间断焊。

2）当进行热浸锌表面处理时，各零部件应设置排锌孔。

3）构架立柱拼接时，应等强度拼接。

4）构架梁拼接时，应避开开孔，保证全焊透和直线度要求。

（五）复合型空冷器的设计及制造

1. 材料及设计要求

（1）收水器

1）收水器（捕雾器）的结构选型如下：

① PVC 收水器适用于工艺介质设计温度 80℃以下工况，一般为多层板状填料，通过胶粘或螺栓连接，叠放而成蜂窝状收水器。

② 玻璃钢收水器适用于工艺介质设计温度 100℃以下工况，一般为 S 弯玻璃钢填料通过螺栓连接而成。

③ 铝合金收水器适用于工艺介质设计温度 100℃以上工况，一般为 S 弯铝合金填料通过螺栓连接而成。

2）水的飘逸量设计值不大于喷淋水量的 0.01%。

（2）喷淋装置

1）上水系统包括水泵、上水管、阀门等，其中每台设备至少需要备用泵一台，水泵前后均需加阀；上水管若为碳钢材质，则需内外热浸锌防腐处理。

2）分水管采用矩形管加工，根据上箱的尺寸确定，每个上箱撬块配置 1 根集水管，由集水管向喷淋管供水，结合处采用软密封。

3）喷淋管可采用 PVC、镀锌管、不锈钢等材质，长度方向开设喷头孔，可通过胶粘或丝扣与喷头进行连接。

4）喷头型式包括 PVC 螺旋喷头、PVC 旋转喷头、PVC 多层吊篮喷头、不锈钢单层吊篮喷头等。

5）固定卡箍、布水器安装后，需采用合适固定卡箍对喷淋管和集水管进行有效固定。

（3）上箱

1）上箱通过框架将若干管束、收水器和喷淋管连接为整体，采用自攻螺钉或螺栓将护板固定于框架上。自攻螺钉和螺栓外露部分加盖帽进行保护。上箱下框上设置 4 个吊耳，对称布置，并设定位孔。

2）护板材质包括镀锌板喷塑、镀锌铝板、铝塑板、不锈钢板等。

3）护板与护板、框架、接管结合处及易漏水处铺设密封胶进行填充密封。

4）在喷淋管与蒸发管束之间预留检修空间，并在相应外护板上对开设置观察窗。

5）当设备长度超过 6m 或质量超过 20t 时，上箱可采用双撬块布置结构。

6）碳钢或低合金钢管束，焊接成型后需进行 478℃的热浸锌防腐处理，锌层厚度不低于 80μm。

7）风室为方锥型或方箱型焊接结构，内部设加强筋板，风室之间设置隔板，风室需考虑风机电机的荷载及振动。直径小于或等于 1600mm 的风机，单个风室需配置 1~2 台风机。直径大于 1600mm 的风机，单个风室宜配置 1 台风机。

（4）下箱

1）下箱应进行防渗漏处理。

2）水箱应设置浮球阀，浮球阀外侧可设减压阀。当有特殊需要时，水箱内可设电子液位开关。

3）水箱应设置排污口与溢流口。排污口应配置排污阀，且处于常闭状态。

4）百叶窗有固定式和可拆式等结构形式，单台下箱应至少设置一处可拆百叶窗，叶片宜设置为角度不可调。

5）防虫网可采用不锈钢丝网或根据需要进行设计，宜附在百叶窗的框架内侧。

6）当有防冻要求时，水箱内应设置电加热器。

7）上箱与下箱应采用螺栓连接固定，上下箱结合处应铺设阻燃密封胶。

8）在下箱下框上应设置4个吊耳，且对称布置，并设地脚螺栓孔。

9）水箱内部宜采取防腐衬胶、衬玻璃钢等防腐措施。

2. 制造要求

1）换热管基管应符合NB/T 47019、GB/T 9948、GB/T 13296等要求。

2）根据管内介质情况，管束的焊接及检验要求应参照NB/T 47007及本标准正文部分执行。

3）预冷管束最底一排翅片管下应设支撑梁，支撑梁部位上的所有翅片管均应设波纹板或定距盒支撑。

4）当预冷管束的基管材质为不锈钢、有色金属时，翅片型式宜为缠绕式(L)或双金属轧制式(DR)，翅片材质为铝。

5）预冷管束的基管材质为碳钢或低合金钢时，翅片型式宜为缠绕式(L)，翅片材质为Q195，且应在整个预冷管束制作完毕后进行整体热浸锌防腐处理。

6）蒸发管束的换热管，外表面为光管，当其材质为碳钢或低合金钢时，整个蒸发管束应在制作完毕后进行整体热浸锌防腐处理。

7）蒸发管束的每排管应采用孔板、梅花卡板或栅条管等有效方式进行固定。当采用薄壁换热管时，固定处应设置相应保护套管。

8）管束的构架应进行热浸锌处理，碳钢或低碳合金钢管束应设有滑动结构。

9）喷头安装前应检查喷淋管上的钻孔，并应保证喷头安装垂直。

10）收水器之间安装应均匀，两片之间间隙不得大于20mm。

11）上箱、下箱装配完成后进行预组装。

12）水箱内部应采取防腐措施，防腐前应按照GB/T 8923.1对水箱内部进行喷砂除锈处理，除锈等级为Sa2.5。

（六）复合型空冷器在硫黄装置中的应用

按照中国石化最新编制的《石化钢制空冷器技术标准》中的定义，复合型空冷器是在空冷器、水冷器和凉水塔基础上发展出来的一种空冷器，是将串联型的“空冷器+水冷器+凉水塔”复合在一起的冷却设备，可以直接将介质冷至40℃以下。

中国石化茂名石化公司硫黄装置改造时，其在贫胺液空冷器+水冷器后面又增加了一台复合型空冷器，其可以将水冷器冷后出口介质再多冷5℃，最终冷后介质出口为35℃。

浙江石化新建的20Mt/a炼油项目所配套的硫黄装置，其非加氢再生贫胺液、加氢再生贫胺液、硫黄再生贫胺液三个工位直接采用的是复合型空冷器，其介质从最高88.3℃直接冷至40℃，节约了配管和占地。

珠海华峰40kt/a硫黄装置中，再生塔顶、汽提塔顶、贫胺液等工位也是直接采用复合型空冷器，直接将介质冷至40℃以下。

在南方和沿海地区，推荐使用复合型空冷器；在北方地区，推荐使用空冷器。

(七) 用户、制造商的界面划分

根据NB/T 47007的要求，用户、制造商的界面划分如下：

1. 制造商供货与工艺管线的接口

空冷器本体接管法兰口，含配对法兰及螺栓螺母、法兰垫片；放空口和排凝口需配法兰盖、螺栓、螺母、垫片；

2. 制造商供货与电气部分的接口

空冷器风机所配电机接线盒端子，变频器不在卖方供货范围内。

3. 制造商供货与土建部分的接口

空冷器底座以上，不含地脚螺栓。含空冷器检修用平台、爬梯，符合相关安全标准。

(八) 空冷器操作及维护要求

1. 空冷器的操作

1) 管内介质、温度、压力均应符合设计条件，严禁超压、超温操作；

2) 管内升压、升温时，应缓慢逐级递升，以免因冲击骤热而损坏设备；

3) 空冷器正常操作时，应先开启风机，再向管束内通入介质。停止操作时，应先停止向管束内通入介质，后停风机；

4) 易凝介质于冬季操作时，其程序与第3)条相反；

5) 负压操作的空冷器开机时，应先开启抽气器，管内达到规定的真空度时再启动风机，然后通入管内介质；停机时，按相反程序操作。冬季操作时，开启抽气器达到规定真空度后，先通入管内介质，再启动风机，以免管内冻结无法运行；

6) 停车时，应用低压蒸汽吹扫并排净凝液，以免冻结和腐蚀；

7) 开车前应将浮动管箱两端的紧定螺钉卸掉，保证浮动管箱在运行过程中可自由移动，以补偿翅片管热胀冷缩的变形量。

2. 空气冷却器风机操作应注意的事项

1) 风机叶片角度应按照设计提供的数据安装，盲目增大叶片安装角会使电机超负荷运行；

2) 运行过程中应密切注意电机电流情况，尤其是用风量较大时。

3. 空冷器的维护保养

(1) 空冷器空冷风机系统的维护保养及使用注意事项

1) 日常巡检：运行中有无异常性声音和振动，回转部件有无过热、松动。

2) 定期维护保养：每三个月通过注油嘴加注锂基润滑油。

3) 定期调整三角带的松紧度，并检查三角带胶带的磨损程度，磨损严重的应及时予以更换。

4) 全面检查各零、部件的紧固状态一年一次。

5) 风筒与叶轮的径向间隙检查一年一次。

6) 叶片角度及叶片沿风机轴向跳动应每年检查、调整一次。

7) 清除风机叶片表面油污，检查叶片损坏，半年一次。

(2) 检修注意事项

1) 风机使用角度不得超过规定的调角范围，以防电机过载。

2) 加注黄油不应超过油腔的2/3，以免轴承过热。

3）每次检修和更换电机时，必须注意接线相应，应保证风机叶轮俯视顺时针方向旋转。皮带传动机构的皮带应保持一定的张紧力，如过于松弛，则电机的动力无法有效地传递至风机，风机效率下降，甚至造成皮带飞出事故；如皮带过紧，摩擦阻力增大，容易造成电机超负荷，长时间运行还会造成电机、风机轴弯曲，轴承松动，致使振动、噪音增大，影响设备运行。

4）定期检查更换风机的皮带，确保风机使用正常。

（3）空冷器管束的维护注意事项

1）检查管束各密封面不得有泄漏现象。如有泄漏时，丝堵式管箱可将丝堵适当拧紧，仍无效果时，应停机更换垫圈或换丝堵(凡需更换垫片或螺接紧固件时，应先停机并将介质放空，然后进行)；

2）翅片管端泄漏时，允许将管子重胀，重胀次数不得超过2次，并注意不要过胀。无法用胀接修复时应更换翅片管。作为临时措施，也允许用金属塞堵塞；

3）如需到管束表面上检查时，应在翅片管上垫以木板或橡胶板，以免损坏翅片；

4）铝翅片如被碰倒时，应用专用工具(扁口钳)扶直；

5）定期清除翅片上的尘垢以减少空气阻力，保持冷却能力。清除方法是用压力水或压缩蒸汽冲刷；

6）检查管束热偿结构工作是否正常，浮动管箱移动必须灵活，不允许有滞卡现象；

7）定期维护时，应用蒸汽及水冲刷管束内部，务必将污垢除净。并应检查腐蚀厚度，其值不超过规定值(碳钢为3mm)。检查后重新安装时，应更换丝堵垫片及法兰；

8）定期维护时，应在管束外表面(不包括翅片表面)涂一层银粉漆；

9）定时对框架及其他物件进行外防腐处理。

（九）空冷器问题处理方案

1. 空冷器的检修

1）一般检修周期为2~4年。

2）清扫检查管箱及管束；更换腐蚀严重的管箱丝堵、管箱法兰的联接螺栓及丝堵、法兰垫片；

3）检查修复风筒、百叶窗及喷水设施；

4）处理泄漏的管子；

5）校验安全附件；

6）整体更换管束；

7）对管束进行试压；

8）检查修理轴流风机；

9）检查修复大梁、侧板等受力件。

2. 空冷器管束泄漏的处理方法

（1）换热管堵漏

空冷器管束经过一段时间的运行后，由于腐蚀等原因造成穿漏，可以采用化学粘补、打卡注胶和堵管等修理方法处理。当换热管泄漏量小时，可在不停车的情况下将管外的翅片除去，然后再进行化学粘补包扎或打卡注胶堵漏；如果不能用上述方法消漏，则应将管束停车吹扫干净，拆开管箱上的丝堵，在换热管两端用角度3°~5°的金属圆台体堵塞，以达到消漏的目的。

（2）换管

当空冷器管束非均匀腐蚀或制造缺陷而泄漏时，可采用换管消漏。首先将要更换的管子拆下，清洗管箱管孔。更换新管时，将管子中间稍拉弯曲，即可从两端管板孔穿入，穿入后进行胀接或焊接。

（3）风机系统检修

风机系统常见故障及排除方法见表 9-2-19。

表 9-2-19　风机系统常见故障及排除方法

故障表现形式	故障原因	排除方法
电流计指示异常	叶片角度有异常变化	校正安装角后紧固
	自调执行机构失灵	排除定位器和气源线故障
	风机轮毂平衡破坏	补校平衡
	皮带松动跳槽	调整皮带张紧力
电机电流过大或温度升高	叶片角度有异常变化	校正安装角后紧固
	轴承座剧烈振动	重新调整找正
	电机本身原因	查明原因
	电流单线断电	检查电源是否正常
传动部件异常振动	驱动部件螺钉松动	拧紧螺钉，紧固松动部位

（十）空冷器管束安装注意事项

1）管束在起吊时应用钢索吊挂吊耳，并防止碰损翅片和漆层。

2）多台管束安装在构架上，管束与管束侧梁间的间隙为 63mm。

3）管束入口法兰中心线与安装基准线的偏差不得大于 3mm。

4）管束与管束之间、管束与构架之间的间隙大于 10mm 时，应填塞石棉绳或安装密封板以减少泄漏。

5）斜顶空冷却器管束安装时，管束和构架上的限位卡板卡牢，以防管束脱落。

（十一）规范性引用文件

TSG 21—2016　固定式压力容器安全技术监察规程

GB/T 150　压力容器

GB/T 151　热交换器

GB/T 713　锅炉和压力容器用钢板

GB/T 1804　一般公差，未注公差的线性和角度尺寸的公差

GB/T 3880.1　一般工业用铝及铝合金板、带材 第 1 部分：一般要求

GB/T 4237　不锈钢热轧钢板和钢带

GB/T 4437.1　铝及铝合金热挤压管

GB/T 4711　压力容器涂敷与运输包装

GB/T 8923　涂装前钢材表面锈蚀等级和除锈等级

GB/T 9948　石油裂化用无缝钢管

GB/T 13237　优质碳素结构钢冷轧薄钢板和钢带

GB/T 13274	一般用途轴流风机技术条件
GB/T 13296	锅炉、热交换器用不锈钢无缝钢管
GB/T 13912	金属覆盖层钢铁制件热浸锌层技术要求及试验方法
GB/T 21833	奥氏体-铁素体型双相不锈钢无缝钢管
GB/T 24511	承压设备用不锈钢钢板及钢带
GB/T 50017	钢结构设计规范
GB/T 50205	钢结构工程施工及验收规范
NB/T 47007	空冷式换热器
NB/T 47008	承压设备用碳素钢和合金钢锻件
NB/T 47010	承压设备用不锈钢和耐热钢锻件
NB/T 47014	承压设备焊接工艺评定
NB/T 47015	压力容器焊接规程
JB/T 4730. 1~6	承压设备无损检测
JB/T 10562	一般用途轴流通风机技术条件
HG/T 20615	钢制管法兰(Class 系列)
HG/T 20631	钢制管法兰用缠绕垫片(Class 系列)
HG/T 20633	钢制管法兰用金属环形垫(Class 系列)
HG/T 20634	钢制管法兰用紧固件(Class 系列)
SH/T 3022	石油化工设备和管道涂料防腐蚀设计规范
SH/T 3096	高硫原油加工装置设备和管道设计选材导则

八、塔器

(一) 再生塔

1. 设备操作特性

(1) 工艺特性

操作应平稳，控制平稳的操作压力和温度，减少热稳定盐产生。

(2) 腐蚀特性

再生塔存在乙醇胺+二氧化碳+硫化氢+水、硫化氢+水、热稳定盐等腐蚀。

(3) 温度特性

合理控制操作温度，过低会使贫液中的 H_2S 含量高，过高会使溶剂产生热降解。

2. 设备结构

溶剂再生塔一般采用板式浮阀塔，规模小的可采用填料塔。最下部塔盘设有集液箱，便于贫液抽出。顶部一般设有丝网除沫器。塔顶回流及胺液入口均设有分布器。

3. 选材

再生塔的选材应符合 SH/T 3096《高硫原油加工装置设备和管道设计选材导则》，材料采用 Q245R+S31603 复合板，内构件(含塔盘)采用 S31603。

4. 设计

再生塔一般按压力容器设计，其设计应符合 TSG 21—2016《固定式压力容器安全监察规程》、GB/T 150 及 NB/T 47041《塔式容器》的要求。复合钢板应符合 NB/T 47002. 1《压力容器用爆炸焊接复合板 第 1 部分：不锈钢-钢复合板》。塔盘设计应符合 SH/T 3088《石油化工塔盘技术规范》。

5. 设计制造应注意的问题

1）再生塔的复合钢板应符合 NB/T 47002.1《压力容器用爆炸焊接复合板 第1部分：不锈钢-钢复合板》Ⅰ级。覆层厚度一般为3mm。塔盘板厚度应按 SH/T 3088《石油化工塔盘技术规范》进行计算，且名义厚度不低于3mm。

2）再生塔的焊接接头坡口处应采取机械办法去除覆层至少5mm。

3）塔壁与塔盘等内构件的支撑梁连接处，应去除覆层，直接焊在基层或堆焊层上。受力较小的构件，如塔盘支持圈、降液板等，可以直接焊在覆层上，但应对焊接部位周边100mm范围进行超探，符合 NB/T 47002.1《压力容器用爆炸焊接复合板 第1部分：不锈钢-钢复合板》中Ⅰ级。

4）复合钢板焊接及堆焊应采用双层焊接。过渡层应采用超低碳焊材，面层应采用抗腐蚀的焊接材料。

5）塔内构件安装应牢固，特别是塔盘双面可拆卡子处，以防塔盘脱落。必要时，可以在可拆的塔盘等内构件上采用双头螺栓连接。

6）由于再生塔的材料及结构满足操作及耐操作介质的腐蚀要求，设备本身在操作过程中很少发生问题，其产生的问题往往由工艺原因产生，如溶剂发泡、操作温度偏高造成胺液降解、热稳定盐的产生、杂质及热稳定盐为未滤等，对设备造成腐蚀、磨蚀以及冲塔。因此，需加强操作过程的控制和管理。

（二）急冷塔

1. 设备操作特性

（1）工艺特性

操作应平稳，控制平稳的操作压力和温度，减轻设备腐蚀。

（2）腐蚀特性

急冷塔存在硫化氢+水腐蚀。当加氢反应器效果不佳，且未采取措施(如加氨)时，二氧化硫进入急冷塔会造成塔壁及内构件的腐蚀。

（3）温度特性

合理控制操作温度，满足设计要求。

2. 设备结构

急冷塔一般采用填料塔。最下部设有均气孔板，同时可以洗涤尾气中的硫等杂质。顶部一般设有丝网除沫器。急冷塔入口均设有分布器。尾气入口应伸入设备内部。

3. 选材

急冷塔的选材应符合 SH/T 3096《高硫原油加工装置设备和管道设计选材导则》，材料采用 Q245R+S31603 复合板，内构件(含填料)采用 S31603。

4. 设计

急冷塔设计应符合 GB/T 150 及 NB/T 47041《塔式容器》的要求。复合钢板应符合 NB/T 47002.1《压力容器用爆炸焊接复合板 第1部分：不锈钢-钢复合板》。

5. 设计制造应注意的问题

1）急冷塔的复合钢板应符合 NB/T 47002.1《压力容器用爆炸焊接复合板 第1部分：不锈钢-钢复合板》Ⅰ级。覆层厚度一般为3mm。填料名义厚度不宜不得低于0.2mm，实测厚度不低于0.18mm。

2）急冷塔的焊接接头坡口处应采取机械办法去除覆层至少5mm。

3）塔壁与填料支撑等内构件的支撑梁连接处，应去除覆层，直接焊在基层或堆焊层上。受力较小的构件，如塔盘支持圈、降液板等，可以直接焊在覆层上，但应对焊接部位周边100mm 范围进行超探，符合 NB/T 47002. 1《压力容器用爆炸焊接复合板 第 1 部分：不锈钢-钢复合板》中Ⅰ级。

4）复合钢板焊接及堆焊应采用双层焊接。过渡层应采用超低碳焊材，面层应采用抗腐蚀的焊接材料。

5）塔内构件安装应牢固，特别是塔盘双面可拆卡子处，以防塔盘脱落。当筛孔塔盘上设有人孔时，筛孔塔盘等内构件上采用双头螺栓连接。

6）由于急冷塔的材料及结构满足操作及耐操作介质的腐蚀要求，设备本身在操作过程中很少发生问题，其产生的问题往往由工艺原因产生。

① 如加氢反应器异常，加氢效果不佳，且未采取措施(如加氨)时，即使设备及内构件采用 S30603 不锈钢，二氧化硫进入急冷塔仍会造成塔壁及内构件的腐蚀。

② 如加氢反应器效果不佳，单质硫进入急冷塔会造成填料堵塞，压降升高，需停工处理。

(三) 吸收塔

1. 设备操作特性

(1) 工艺特性

吸收塔的吸收效果直接影响二氧化硫的排放指标。

(2) 腐蚀特性

吸收塔存在硫化氢、热稳空盐、水腐蚀，乙醇胺+二氧化碳+硫化氢+水的腐蚀。

(3) 温度特性

合理控制操作温度，满足设计要求，温度越低，吸收效果越好。

2. 设备结构

吸收塔一般采用填料塔，也有采用板式塔。最下部设有均气孔板。顶部一般设有丝网除沫器。贫液入口设有分布器。尾气入口应伸入设备内部。

3. 选材

吸收塔的选材应符合 SH/T 3096《高硫原油加工装置设备和管道设计选材导则》，材料采用 Q245R，但应考虑设备处于湿硫化氢应力腐蚀环境。塔体也可采用 Q245R+S31603 复合板。内构件(含填料或塔盘板)采用 S31603。

4. 设计

吸收塔设计应符合 GB/T 150 及 NB/T 47041《塔式容器》的要求。复合钢板应符合 NB/T 47002. 1《压力容器用爆炸焊接复合板 第 1 部分：不锈钢-钢复合板》。

5. 设计制造应注意的问题

1）吸收塔的复合钢板应符合 NB/T 47002. 1《压力容器用爆炸焊接复合板 第 1 部分：不锈钢-钢复合板》Ⅰ级。覆层厚度一般为 3mm。填料名义厚度不宜不得低于 0. 2mm，实测厚度不低于 0. 18mm。

2）吸收塔的焊接接头坡口处应采取机械办法去除覆层至少 5mm。

3）塔壁与填料支撑等内构件的支撑梁连接处，应去除覆层，直接焊在基层或堆焊层上。受力较小的构件，如塔盘支持圈、降液板等，可以直接焊在覆层上，但应对焊接部位周边100mm 范围进行超探，符合 NB/T 47002. 1《压力容器用爆炸焊接复合板 第 1 部分：不锈钢-钢复合板》中Ⅰ级。

4）复合钢板焊接及堆焊应采用双层焊接。过渡层应采用超低碳焊材，面层应采用抗腐蚀的焊接材料。

5）塔内构件安装应牢固，特别是塔盘双面可拆卡子处，以防塔盘脱落。当筛孔塔盘上设有人孔时，筛孔塔盘等内构件上采用双头螺栓连接。

6）由于吸收塔的材料及结构满足操作及耐操作介质的腐蚀要求，设备本身在操作过程中很少发生问题，其产生的问题往往由工艺原因产生，如胺液发泡、热稳定盐的产生、再生塔操作异常等，造成贫液中硫化氢浓度过高，影响吸收塔效果，二氧化硫排放超标。

（四）酸性水汽提塔

1. 设备操作特性

（1）工艺特性

汽提塔的汽提效果直接影响净化水的排放。

（2）腐蚀特性

汽提塔存在硫化氢+水腐蚀。

（3）温度特性

合理控制操作温度，满足汽提要求。

2. 设备结构

汽提塔一般为板式浮阀塔。最下部设有集液箱，便于液相抽出。

3. 选材

酸性水汽提塔的选材可以采用Q245R，但应考虑设备处于湿硫化氢应力腐蚀环境。塔体也可采用Q245R+S30403复合板。内构件（含塔盘板）采用S30403。

4. 设计

汽提塔的设计应符合GB/T 150及NB/T 47041《塔式容器》的要求。复合钢板应符合NB/T 47002.1《压力容器用爆炸焊接复合板 第1部分：不锈钢-钢复合板》。

5. 设计制造应注意的问题

1）汽提塔的复合钢板应符合NB/T 47002.1《压力容器用爆炸焊接复合板 第1部分：不锈钢-钢复合板》Ⅰ级。覆层厚度一般为3mm。塔盘板名义厚度不低于3mm（不锈钢）。

2）复合钢板的汽提塔的要求与再生塔要求一致。

3）对汽提塔采用碳素钢或低合金钢时，其设计、制造要求应符合SH/T 3193《石油化工湿硫化氢环境设备设计导则》的要求。

4）由于汽提塔的材料及结构满足操作及耐操作介质的腐蚀要求，设备本身在操作过程中很少发生问题，其产生的问题往往由工艺原因产生，如除油效果不清、汽提塔操作异常等，造成净化水超标。

九、其他静设备

（一）转化器及加氢反应器

转化器及加氢反应器，由于操作条件相对缓和，出问题较少。转化器、加氢反应器有组合式（二合一、三合一及分体式）结构。内衬50~100mm的耐酸浇注料，防高温硫腐蚀及硫化氢、二氧化硫露点腐蚀，设备外部有50~100mm的保温材料，防露点腐蚀。设备壳体材料选择Q245R、整体热处理。内构件(格栅等)采用不锈钢材料，丝网采用S31603材料。考虑制硫与尾气有可能不同时开工，组合式转化器及加氢反应器的中间隔板应按单腔压力设计。加氢反应器内分布器结构有挡板式和分布板等型式。

(二) 过程气及尾气加热器

对于蒸汽加热的加热器，结构有卧式、立式两种，一般采用挠性管板结构，不设膨胀节。对饱和蒸汽加热器，管箱采用Q245R、管板Q345R、换热管采用20#钢、壳体Q345R，整体热处理。对过热蒸汽加热，管箱采用Q245R、管板及壳体采用铬钼钢，整体热处理。换热管与管板连接的焊接接头采用深U形坡口。立式加热器上部管板管头应与管板齐平。

(三) 硫封罐

正常情况下，硫封罐的温度在露点以上，选用碳钢材质即可，有的业主要求硫封罐用不锈钢材质。

(四) 蒸汽发生器

由于蒸汽发生器的腐蚀介质主要是硫化氢，且其过程气进出口温度均在露点以上，正常情况下，入口管箱有高温硫腐蚀，腐蚀轻微，材质选用Q245R、换热管选用10#钢即可，一般采用带蒸发空间的挠性管板结构，管头及管箱热处理。

十、在用压力容器修理与改造

(一) 什么是在用压力容器修理与改造

压力容器的改造是指改变主要受压元件的结构或者改变压力容器运行参数、盛装介质、用途等。压力容器的重大维修是指主要受压元件的更换、矫形、挖补，以及主要受压元件之间的对接接头焊缝的补焊。

(二) 在用压力容器修理与改造基本要求

1) 压力容器的改造或者重大修理方案应当经过原设计单位或者具备相应资格的设计单位同意。

2) 压力容器经过改造或者重大修理可以采用其原产品标准，经过改造或者重大修理后，应当保证其结构和强度满足安全使用要求。

3) 压力容器改造、重大修理的施工过程，必须经过具有相应资格的特种设备检验检测机构进行监督检验，未经监督检验合格的压力容器不得投入使用。

(三) 在用压力容器修理与改造准备工作

压力容器改造或者维修人员在进入压力容器内部进行工作前，使用单位应当参照《压力容器定期检验规则》的要求，做好准备和清理工作。达不到要求时，严禁人员进入。

(四) 在用压力容器改造与修理的焊接要求

1) 压力容器的挖补、更换筒节、增(扩)开口接管以及焊后热处理，应当参照相应的产品标准制定施工方案，并且经改造与维修单位技术负责人批准。

2) 经无损检测确认缺陷完全清除后，方可进行焊接(焊接工艺评定按规程)。焊接完成后应当再次进行无损检测。

3) 母材补焊后，应当打磨至与母材齐平。

4) 有焊后消除应力热处理要求时，应当根据补焊深度确定是否需要进行消除应力热处理。

（五）在用压力容器修理与改造耐压试验

有下列情况之一的压力容器，在改造与重大修理过程中应当进行耐压试验：

1）用焊接方法更换或新增主要受压元件的。

2）主要受压元件补焊深度大于二分之一实测厚度的。

3）改变使用条件，超过原设计参数并且经过强度校核合格的。

4）需要更换衬里的（耐压试验在衬里更换前进行）。

（六）在用压力容器修理与改造应注意的问题

1）更换或新增管口，但其管口公称直径大于等于250mm时，应按主要受压元件规定处理。

2）更换部分塔体时应注意原塔体与新塔体的对接，对接处圆度、周长及纵环焊缝的位置，防止出现十字焊缝。

3）更换内构件要注意拆除原内构件时不得损伤塔壁，一般预留10mm，然后手工磨掉。

4）更换管束要注意管板与原容器法兰的匹配，现场应核实尺寸。如果换热器是压力容器，则管束的更换应属于压力容器主要受压元件的改造与修理。

5）对于已经使用过的设备，用焊接方法进行改造与修理时，应考虑原设备的材质和操作介质，焊接前，一般要除油、除锈，焊前消氢处理。

6）对于更换$DN \geqslant 250$mm的管口或筒节，属于主要受压元件的更换时，需要进行水压试验。根据经验，一般需要对设备本体测厚、安全等级评级。然后进行强度核算，并进行水压试验压力核算。但由于在原基础上进行改造，基础如果使用多年，其强度会下降，所以需要专业评估基础能否承受水压试验的质量。目前，设备在原基础上的改造后水压试验是很难处理的问题。根据实际情况可以考虑水压、水气联合、气压试验，但水气联合、气压试验需要设备经过100%无损检测方可进行，一定要引起足够重视。

第三节　动设备

一、概述

作为石油化工装置，常规的分类方法分为动设备和静设备。石油化工动设备是指在石油化工生产装置中具有转动机构的工艺设备。石油化工动设备种类可按其完成化工单元操作的功能进行分类，一般可分为流体输送机械类、非均相分离机械类、搅拌与混合机械类、冷冻机械类、结晶与干燥设备等。动静设备分类的目的是专业化管理，但是随着技术进步和新技术、新工艺的发展，原来的分类简单粗放，不适合精细化管理和法律法规的要求，中石化重新进行了分类。新的设备分类按用途和属性分为28类，分别为：炉类、塔类、反应设备类、罐类、换热设备类、管道与阀门、通用设备类、油/气加注装卸设施、动力设备类、电气设备、自动控制与仪器仪表类、起重运输类、船舶、工程机械、制造加工检维修类、实验与检验设备、信息通讯设备、安全环保专用设备、办公设备、房屋和构筑物、钻井设备、钻采特车、测井及录井设备、物探设备、注采设备、地震地质资料处理解释设备、炼油化工专用设备、其他设备。

动设备主要以机泵为主，当机泵的工作介质为液体时，称为泵；当其工作对象为气体时，称为压缩机、鼓风机或通风机。按照机泵设备的主要部件的机械运动方式，可分为往复式及回旋式。按照机泵设备的工作原理，可分为容积式和非容积式。对容积式机泵，其驱动机通过传动机构带动活塞或形状各异的转子运动，通过减少介质所占据的封闭空间来提高介质的压力。非容积式机泵提高介质的压力是靠其驱动机带动转子做高速旋转，介质在高速旋转的转子中被提高了速度，然后在流道、扩压器或旋涡壳中，利用介质自身的惯性作用，将其动能转化为压力能。通过以上原理可以看出，非容积式机泵的运行特性是其出口压力(或进出口压力比值)随流量增加而减少或随流量减少而增高。

二、常用动设备类型及工作原理

(一) 风机

风机是硫黄装置的核心动设备，近几年来在炼油厂分级管理中归为B类设备，重要性大大提高。硫黄装置常用风机主要是离心式风机，通常由电机驱动或蒸汽驱动，主要是根据各装置资源来定。

1. 离心式风机的工作原理

离心式风机是根据动能转换为势能的原理，利用高速旋转的叶轮将气体加速，然后减速、改变流向，使动能转换成势能(压力)。在单级离心式风机中，气体从轴向进入叶轮，气体流经叶轮时改变成径向，然后进入扩压器。在扩压器中，气体改变了流动方向造成减速，这种减速作用将动能转换成压力能。压力增高主要发生在叶轮中，其次发生在扩压过程。在多级离心式风机中，用回流器使气流进入下一叶轮，产生更高压力。

2. 离心式风机的结构

离心式风机的叶片，按其出口安装角的大小可分为后弯式、前弯式、径向三种形式。硫黄回收装置为了提高处理能力，需要的压头都较高，所以风机一般都是多级离心风机。转子和弯道之间密封通常采用迷宫密封、浮动密封和干气密封等。

离心式风机结构示意图见图9-3-1及图9-3-2。

图9-3-1　离心式风机结构示意图(一)

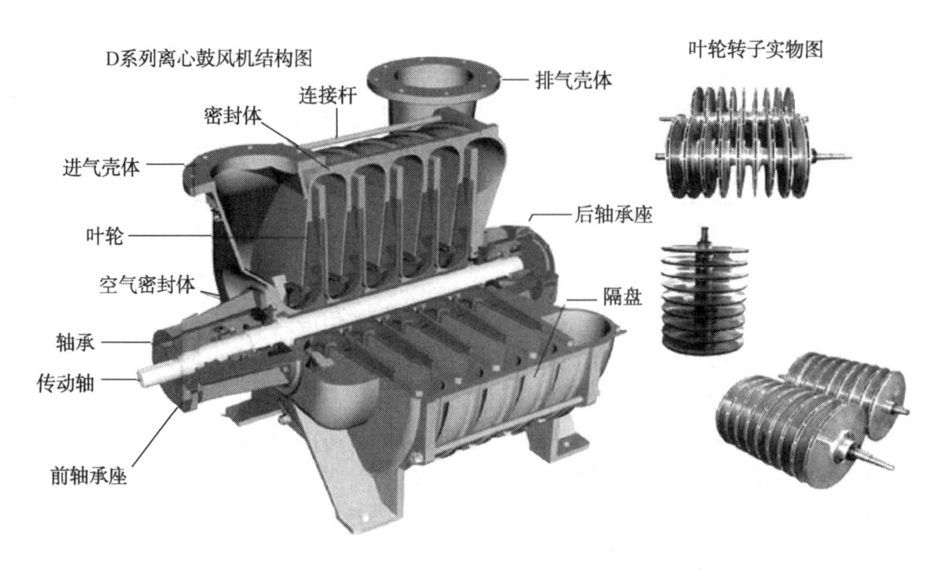

图 9-3-2　离心式风机结构示意图(二)

(二) 泵

泵主要用来输送水、油、酸碱液、乳化液、悬乳液和液态金属等液体，也可输送液、气混合物及含悬浮固体物的液体。硫黄回收装置常用泵有离心泵、齿轮泵、隔膜泵、管道泵、多级泵、旋涡泵、液硫泵(离心式和螺杆泵)。

1. 离心泵

(1) 离心泵工作原理

离心泵是最常见的液体输送设备，其原理是：离心泵工作时，液体注满泵壳，叶轮被泵轴带动旋转，对位于叶片间的流体做功，流体受离心作用，由叶轮中心被抛向外围。当流体到达叶轮外周时，流速非常高。泵壳汇集从各叶片间被抛出的液体，这些液体在壳内顺着蜗壳形通道逐渐扩大的方向流动，使流体的动能转化为静压能，减小能量损失。所以泵壳的作用不仅在于汇集液体，它更是一个能量转换装置。

(2) 离心泵的气缚现象及防止措施

如果离心泵在启动前壳内充满的是气体，则启动后叶轮中心气体被抛时不能在该处形成足够大的真空度，这样槽内液体便不能被吸上，这一现象称为气缚。为防止气缚现象的发生，离心泵启动前要用介质将泵壳内空间灌满，这一步操作称为灌泵。为防止灌入泵壳内的液体因重力流入低位槽内，在泵吸入管路的入口处装有止逆阀(底阀)；如果泵的位置低于槽内液面，则启动时无需灌泵。

(3) 离心泵的汽蚀及防止措施

离心泵发生汽蚀是由于液道入口附近某些局部低压区处的压力降低到液体饱和蒸汽压，导致部分液体汽化所致。所以，凡能使局部压力降低到液体汽化压力的因素都可能是诱发汽蚀的原因。

为防止汽蚀的产生，应根据产生汽蚀的条件，从吸入装置的特性、泵本身的结构以及所输送的液体性质三方面加以考虑。

1）结构措施。采用双吸叶轮，以减小经过叶轮的流速，从而减小泵的汽蚀余量；在大型高扬程泵前装设增压前置泵，以提高进液压力；通过叶轮特殊设计，以改善叶片入口处的液流状况；在离心叶轮前面增设诱导轮，以提高进入叶轮的液流压力。

2）泵的安装高度。泵的安装高度越高，泵的入口压力越低。降低泵的安装高度可以提高泵的入口压力，因此，合理的确定泵的安装高度可以避免泵产生汽蚀。

3）吸液管路的阻力。在吸液管路中设置的弯头、阀门等管件越多，管路阻力越大，泵的入口压力越低。因此，尽量减少一些不必要的管件或尽可能地增大吸液管直径，减少管路阻力，可以防止泵产生汽蚀。

4）泵的几何尺寸。由于液体在泵入口处具有的动能和静压能可以相互转换，其值保持不变。入口液体流速高时，压力低，流速低时，压力高，因此，增大泵入口的通流面积，降低叶轮的入口速度. 可以防止泵产生汽蚀。

5）液体的密度。输送密度越大的液体时，泵的吸上高度就越小，当用已安装好的输送密度较小液体的泵改送密度较大的液体时，泵就可能产生汽蚀，但用输送密度较大液体的泵改送密度较小的液体时，泵的入口压力较高，不会产生汽蚀。

6）输送液体的温度。温度升高时，液体的饱和蒸气压升高。在泵的入口压力不变的情况下，输送液体的温度升高时，液体的饱和蒸气压可能升高至等于或高于泵的入口压力，泵就会产生汽蚀。

7）吸液池液面压力。吸液池液面压力较高时，泵的入口压力也随之升高；反之，泵的入口压力则较低，泵就容易产生汽蚀。

8）输送液体时，在相同的温度下，较易挥发的液体其饱和蒸气压较高，因此，输送易挥发液体时的泵容易产生汽蚀。

（4）离心泵的优点

1）高效节能。通常采用 CFD 计算流体动力学，分析计算出泵内压力分布和速度分布关系、优化泵的流道设计，确保泵有高效的水力形线和较高效率。

2）安装、维修方便。泵体根据需要安装在方便操作的位置，泵的进出口阀门安装在管路方便检修及操作的位置。

3）运行平稳，安全可靠。电机轴和水泵轴为同轴直联、同心度高，运行平稳，安全可靠。

4）轴承。泵轴承一般使用 SKF 或哈轴承所产等型号，泵所配电机中，采用封闭式轴承，正常使用时，避免电机轴承的维护保养。

5）机封。机械密封基件一般选用波纹管结构，提高了密封效果。

（5）单吸式离心泵结构

单吸式离心泵叶轮分类见图 9-3-3，单吸式离心泵结构见图 9-3-4，单吸式离心泵封闭式叶轮结构见图 9-3-5。

2. 多级泵

（1）多级泵工作原理

叶轮在两级以上的泵称为多级泵。多级泵是进出水段与中段通过拉杆组合在一起的一种离心泵，它的输出压力可以很大，也是依靠叶轮的旋转而获取离心力。多级泵主要是用于泵出口压力要求高的场所，如锅炉注水等。

（2）多级泵结构

根据压力等级不同串联不同叶轮基数，多级泵的基本构造是由进水段、出水段、中段、

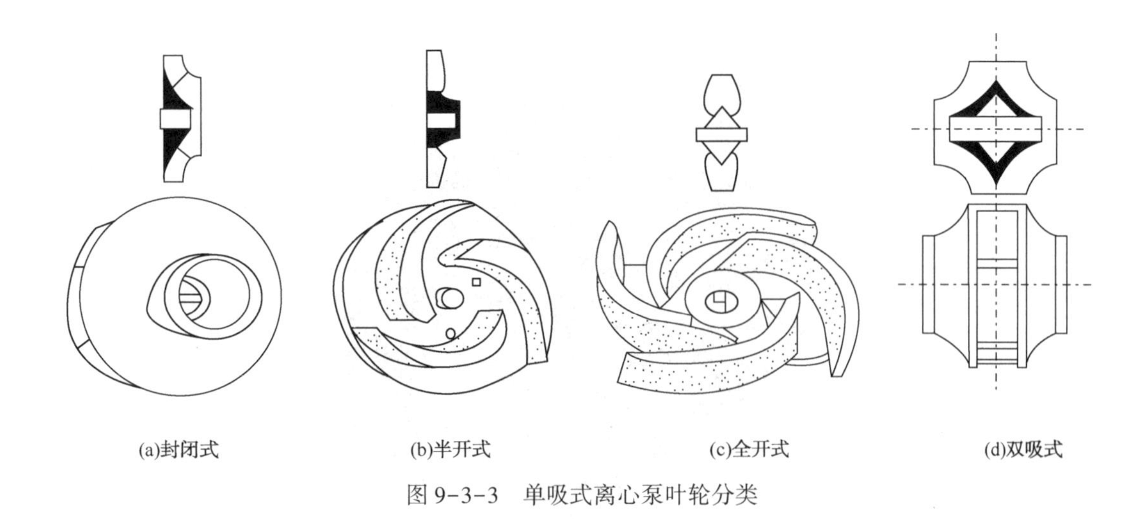

图 9-3-3　单吸式离心泵叶轮分类

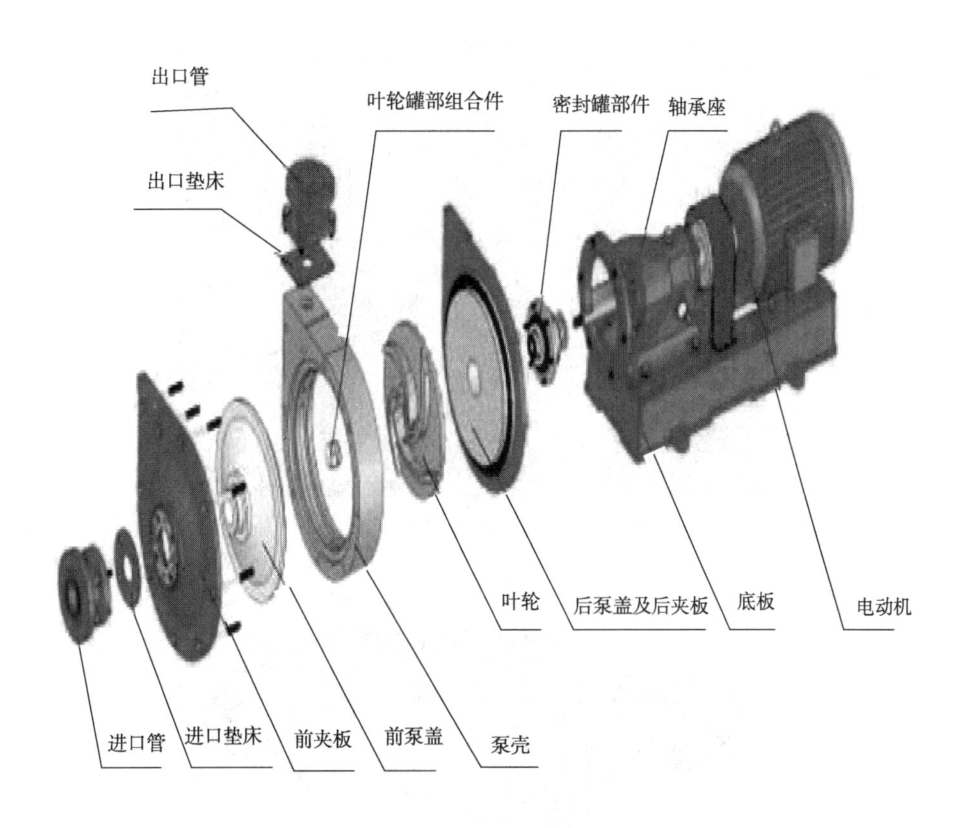

图 9-3-4　单吸式离心泵结构

尾盖、叶轮、泵体、泵轴、轴承、密封环、填料函等部件构成。十级叶轮多级泵组装见图 9-3-6，多级泵外观见图 9-3-7。

（3）多级泵结构

多级泵的特点是：具有高效节能、性能范围广、运行安全平稳、低噪音、长寿命、安装

图 9-3-5　单吸式离心泵封闭式叶轮结构

图 9-3-6　十级叶轮多级泵组装图

图 9-3-7　多级泵外观图

维修方便等优点，但是也有局限性，例如压力不能超过 6.0MPa，温度在-20~105℃。

3. 计量泵

计量泵主要用在仪表防冻液系统和注碱加药系统。主要采用往复式容积泵。

(1)计量泵工作原理

电机经联轴器带动蜗杆并通过蜗轮减速使主轴和偏心轮做回转运动，由偏心轮带动弓型连杆在滑动调节座内作往复运动。当柱塞向后死点移时，泵腔内逐渐形成真空，吸入阀打开，吸入液体；当柱塞向前死点移动时，此时吸入阀关闭，排出阀打开，液体在柱塞向进一步运动时排出。在泵的往复还原工作形成连续有压力、定量的排放液体。

(2) 计量泵分类

1) 根据过流部分形式分类：

① 柱塞、活塞式；

② 机械隔膜式；

③ 液压隔膜式。

2) 根据工作方式分类；

① 往复式；

② 回转式；

③ 齿轮式。

(3) 往复式计量泵优点

该类泵性能优越，其突出特点是可以保持与排出压力无关的恒定流量，其中隔膜式计量泵绝对不泄漏，安全性能高，计量输送精确，流量可以从零到最大定额值范围任意调节，压力可从常压到最大允许范围内任意选择。

(4) 往复式计量泵结构

往复式计量泵见图 9-3-8。

图 9-3-8　往复式计量泵外观图

4. 旋涡泵

(1) 旋涡泵工作原理

旋涡泵是叶片式泵的一种。在原理和结构方面，它与离心式和轴流式泵不一样，由于它是靠叶轮旋转时使液体产生旋涡运动的作用而吸入和排出液体的，所以称为旋涡泵。以闭式泵为例说明其工作原理：流体由吸入口进入流道和叶轮，叶轮为一等厚圆盘，在它外缘的两侧有很多径向小叶片。在与叶片相应部位的泵壳上有一等截面的环形流道，整个流道被一个隔舌分为吸、排两方，分别与泵的吸、排管路相联。泵内液体随叶轮一起回转时产生一定的离心力，向外甩入泵壳中的环形流道，并在流道形状的限制下被迫回流，重新自叶片根部进入后面的另一叶道。当叶轮旋转时，由于叶轮中运动液体的离心力大于流道中运动液体的离心力，两者之间产生一个旋涡运动，其旋转中心线是沿流道纵长方向，称为纵向旋涡。在纵向旋涡作用下，液体从吸入至排出的整个过程中，可以多次进入与流出叶轮，类似于液体在多级离心泵内的流动状况。液体每流经叶轮一次，就获得一次能量。当液体从叶轮流至流道时，就与流道中运动的液体相混合。由于两股液流速度不同，在混合过程中产生动量交换，使流道中液体的能量得到增加。旋涡泵主要是依靠这种纵向旋涡传递能量。

（2）旋涡泵结构

旋涡泵主要组成部件有叶轮、泵体、泵盖以及它们所组成的环形流道，旋涡泵叶轮不同于离心泵叶轮，它是一种外轮上带有径向叶片的圆盘。液体由吸入管进入流道，并经过旋转的叶轮获得能量，被输送到排出管，完成泵的工作过程。W 型旋涡泵外观见图 9-3-9，旋涡泵叶轮工作原理见图 9-3-10，叶轮外形结构见图 9-3-11。

图 9-3-9　W 型旋涡泵外观

（3）旋涡泵分类

1）闭式旋涡泵：闭式旋涡泵采用闭式叶轮、开式流道结构。闭式叶轮是指叶片部分设有中间隔板，叶片比较短小的一种叶轮。

2）开式旋涡泵：开式旋涡泵采用开式叶轮，闭式流道结构。开式叶轮是指叶片不带中间隔板，叶片比较长的一种叶轮。

3）离心旋涡泵：与离心泵相比，旋涡泵扬程较高，较容易实现自吸，但汽蚀性能差，而离心泵扬程低，但汽蚀性能相对较好。离心旋涡泵就是将这两种泵结合在一起，即第一级为离心叶轮，以减小泵的必需汽蚀余量；第二级为旋涡叶轮，提高泵的扬程。

5. 管道泵

（1）管道泵的工作原理

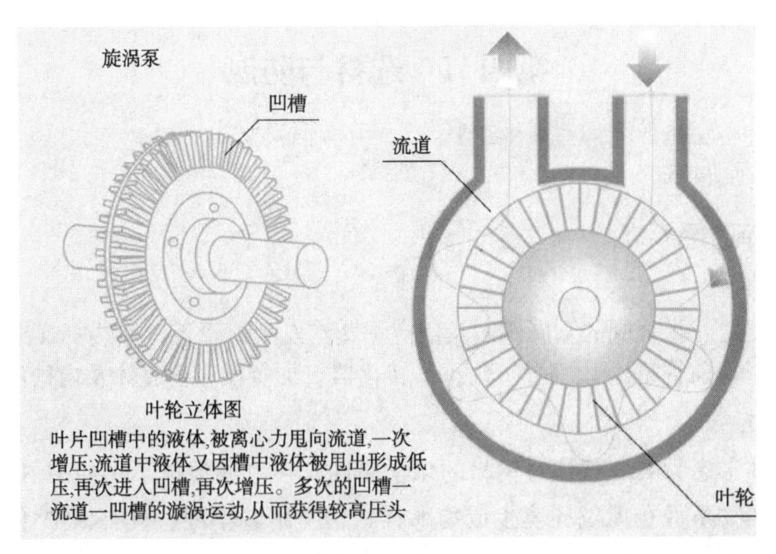

图 9-3-10　旋涡泵叶轮工作原理图

是单吸单级或多级离心泵的一种，属立式结构，因其进出口在同一直线上，且进出口口径相同，仿似一段管道，可安装在管道的任何位置，故取名为管道泵(又名增压泵)。

(2) 管道泵的结构

管道泵为单吸单级离心泵，进出口相同并在同一直线上，和轴中心线成直角，为立式泵。管道泵外形见图 9-3-12。

图 9-3-11　叶轮外形结构图

图 9-3-12　管道泵外形图

(3) 管道泵的优点

管道泵优点是结构简单，安装、维修、操作方便，是常用的增压设备，硫黄装置多用于闭式冷却塔、凝结水回收外送等位置。

第四节　选材与防腐

一、高温硫腐蚀

（一）腐蚀部位及形态

1. 腐蚀部位

反应炉保温钉、掺合阀的金属阀芯及反应炉蒸汽发生器管板、换热管管头、无衬里的后管箱至一级冷凝器前管箱（含过程气管线），转化器、加氢反应器壳体及内构件等部位。

2. 腐蚀形态

高温硫腐蚀形态为H_2S气体对钢材的化学腐蚀，在氢的促进下可使H_2S加速对钢材的腐蚀。其腐蚀产物不像在无氢环境生成物那样致密、附着牢固，具有保护性。在富氢环境中，原子氢能不断侵入硫化物垢层中，造成垢的疏松多孔，使金属原子和H_2S介质得以互相扩散渗透，因而H_2S的腐蚀不断进行。

（二）腐蚀反应

$$Fe + S \longrightarrow FeS \tag{9-4-1}$$

$$Fe + H_2S \longrightarrow FeS + H_2 \tag{9-4-2}$$

当温度达到350~400℃时，硫化氢按下式分解：

$$H_2S \longrightarrow S + H_2 \tag{9-4-3}$$

分解出来的硫以及过程气中的单质硫比硫化氢具有更强的活性，腐蚀更加剧烈。

温度达到480℃时，H_2S分解完全，腐蚀率下降。

（三）腐蚀影响因素

1. 温度

高温硫腐蚀的起始温度为240℃，温度越高，腐蚀越快。

2. 浓度

H_2S是所有活性硫中腐蚀性最大的。H_2S浓度越高，腐蚀速率越大。

3. 流速

流速越高，FeS保护膜越容易被冲刷脱落，金属的腐蚀就进一步加剧。

4. 钢材中的合金元素

材料抵抗高温硫腐蚀的能力主要随着钢中铬含量的增加而增加。铬是具有钝化倾向的元素。由于铬的存在，促进了钢材表面的钝化，因而减少了钢材对硫化氢的吸收量。

（四）防腐措施

1）选择耐高温硫腐蚀性能较好的材料，如铬钼钢、不锈钢等。

2）控制高温硫腐蚀部位的温度，降低高温硫腐蚀的速率。

（五）材料选择

处于高温硫（$t \geqslant 240$℃）腐蚀环境的材料，根据容器的操作温度和硫含量可从《经修正的McConomy曲线》（SH/T 3075中附录）中查取钢材的腐蚀率，按容器的设计使用寿命确定腐蚀裕量，当腐蚀裕量超过 6mm/a 时，应选用耐蚀性能更好的材料(不锈钢)。

二、湿硫化氢应力腐蚀

(一) 腐蚀部位及形态

1. 腐蚀部位

酸性气分液罐、急冷塔、污水汽提系统的汽提塔及原料水换热器等设备、停工未处理和保护的硫黄回收制硫系统(从反应炉至液硫脱气)的设备。

2. 腐蚀形态

(1) 一般腐蚀

硫化氢对碳素钢及低合金钢存在化学腐蚀。

(2) 硫化氢应力腐蚀(SSC)

在有水和硫化氢共存的情况下，与腐蚀环境和拉应力(残留的和/或外加的)有关的一种金属开裂。

硫化氢产生的氢原子渗透到钢的内部，降低金属的韧性，增加裂纹敏感性，最终导致脆性断裂，通常发生在焊缝及热影响区的高硬度区域。

(3) 氢诱导开裂(HIC)

当氢原子扩散进入钢铁材料中，并在凹陷处结合成氢分子(氢气)时，在碳钢和低合金钢材中引起金属内部分层或裂纹。

裂纹是由于氢的聚集点压力增大而产生的。氢诱导开裂的产生不需要施加外部应力。能够引起 HIC 的聚集点常常在钢中杂质含量较高的地方，这是由于杂质偏析形成具有较高密度的平面型夹渣(或)异常显微组织(如带状组织)。这种类型的氢诱导开裂与焊接无关。

(4) 氢鼓包(HB)

发生在钢板表面或近表面的氢诱导开裂(HIC)常常表现为氢鼓包。

(5) 应力导向氢诱导开裂(SOHIC)

与主应力(残余的或施加的)方向垂直的一些阶梯小裂纹，使已有的 HIC 裂纹连接起来的像梯子样形成的一组裂纹(通常是细小的)。这种开裂可被归类为由外应力和氢致开裂及周围的局部应变引起的 SSC。在碳钢和低合金钢容器的纵向焊接接头的母材、热影响区及高应力集中区，都曾观察到 SOHIC。但 SOHIC 并不是一种常见的现象。

(二) 腐蚀反应

硫化氢在水溶液中发生离解：

$$H_2S \longrightarrow H^+ + HS^- \tag{9-4-4}$$

$$HS^- \longrightarrow H^+ + S^{2-} \tag{9-4-5}$$

钢在含硫化氢的水溶液中发生电化学反应：

阳极反应：

$$Fe \longrightarrow Fe^{2+} + 2e \tag{9-4-6}$$

二次过程：

$$Fe^{2+} + S^{2-} \longrightarrow FeS \tag{9-4-7}$$

或：

$$Fe^{2+} + HS^- \longrightarrow FeS + H^+ \quad (9-4-8)$$

阴极反应：

$$2H^+ + 2e \longrightarrow 2H \longrightarrow H_2 \uparrow \quad (9-4-9)$$

(三) 腐蚀环境

1. 湿硫化氢腐蚀环境

容器接触的介质存在游离水(在液相中)，且具备下列条件之一时称为湿 H_2S 腐蚀环境。

1) 游离水中溶解的 H_2S 浓度大于 50mg/L；

2) 游离水 pH 值小于 4.0，且溶有 H_2S；

3) 游离水中氰氢酸(HCN)含量大于 20mg/L 并溶有 H_2S；

4) 气相中的 H_2S 分压大于 0.3kPa(绝)。

2. 湿硫化氢腐蚀环境分类

根据腐蚀机理不同，湿硫化氢腐蚀环境可以分为Ⅰ类和Ⅱ类。

Ⅱ类湿 H_2S 腐蚀(HIC、SOHIC 和 HB)环境是指当容器的工作环境为室温~150℃并符合下列其中任何一条时称为Ⅱ类湿 H_2S 腐蚀环境：

1) 由含水腐蚀产生的氢活性高；

2) H_2S 在水中的浓度大于 2000 mg/L，且 pH 值大于 7.6；

3) H_2S 在水中的浓度大于 50 mg/L，且 pH 值小于 4.0；

4) 游离水中的 pH 值大于 7.6，且水中氰氢酸(HCN)或氰化物含量大于 20 mg/L。

湿 H_2S 腐蚀环境不符合Ⅱ类的即称为Ⅰ类湿 H_2S 腐蚀环境。

(四) 腐蚀影响因素

1. 材料因素

Mn 在钢中形成 MnS 夹杂物是引起 H_2S+H_2O 腐蚀的主要因素。由于 MnS 为黏性的化合物，在钢材压延过程中呈条状夹杂。条状 MnS 的尖端即为渗入钢中的氢所聚集之处，而成为鼓泡、裂纹及开裂的起点，条状 MnS 夹杂多，产生应力开裂的机会就多。

2. 钢的化学成分

有益元素：Cr、Mo、V、Ti、Al、B；

有害元素：Ni、Mn、P、S。

3. 金相组织

抗硫化物应力开裂的性能按下列顺序递减：铁素体加球状碳化组织-淬火后经完全回火的纤维组织-正火+回火组织-正火后的显微组织-淬火后未回火的马氏体组织。

从晶粒大小看，细小晶粒组织抗硫裂性能好。

4. 强度和硬度

1) 钢材的强度(抗拉强度、屈服强度)越高(延伸率和收缩率越低)，产生硫化物应力腐蚀开裂的可能性越大。为防止硫化物应力开裂，应限制高强钢使用。

2) 钢材的硬度是导致硫化物应力开裂的重要因素，在某一给定的条件下，当硬度低于某个数值时可减少或不发生开裂。为防止设备开裂，对碳素钢和碳锰钢硬度控制在 HBW200，铬钼钢硬度控制在 HBW225。

5. 环境因素

1）硫化氢浓度：对同一钢材，硫化氢浓度越高，越容易产生硫化物应力开裂。

2）pH 值：一般情况下，pH 值越高，开裂可能性越小。pH<4.0，最严重；pH 值在 5~6 时不易开裂；但 pH≥7 时，基本上不会发生开裂。但当存在氰化物时，pH>7 情况下仍然会发生硫化物开裂。

3）水分：硫化氢应力腐蚀开裂必须有水分存在，或存在水蒸气结露的情况。

4）温度：在室温下，开裂几率越大，超过 60℃时的几率下降，超过 150℃不存在湿硫化氢应力腐蚀开裂。

6. 应力因素

1）冷加工：冷加工产生的冷作硬化，使钢材硬度增加，残余应力变大，因此冷加工降低了抗硫化物应力开裂的能力。

2）焊接：焊接产生的焊接残余应力通常接近材料的屈服极限，焊缝区域在熔合冷却及焊接热循环作用下的组织变化及偏析，因此焊接接头对开裂的敏感性高于母材，硫化物应力开裂往往发生在焊接热影响区，特别是熔合线。

3）应力水平：硫化物应力开裂发生在拉应力和腐蚀介质共同作用的部位。当应力高于某一临界值时，即产生应力腐蚀开裂，此极限值称为门槛应力。

（五）防腐措施

1）降低钢中的 S、P 含量。

2）加 Ca 处理，使条状 MnS 变成在轧钢过程中易于破碎的球状（MnCa）S。控制 Mn 含量。

3）增加不超过 0.25%的铜，可以减少氢向钢中的扩散量。

4）焊后热处理：降低焊接残余应力，使其硬度值控制在不超过 HBW200。

（六）材料选择

1. 在Ⅰ类湿 H_2S 腐蚀环境中使用的碳素钢及碳锰钢应符合的要求

（1）材料的强度和使用状态要求

1）材料标准规定的屈服强度 R_{eL}≤355MPa；

2）材料实测的抗拉强度 R_m≤630MPa；

3）材料使用状态应至少为正火 + 回火、正火、退火。

4）低碳钢和碳锰钢的碳当量 C_E 按板厚限制如下：

① <38mm　　$C_E = 0.43$

② 39~64mm　　$C_E = 0.45$

③ 65~102mm　　$C_E = 0.46$

④ >102mm　　$C_E = 0.48$

$$C_E = C + Mn/6 + (Cr + Mo + V)/5 + (Ni + Cu)/15 \qquad (9-4-10)$$

5）焊后热处理：

① 原则上应进行焊后消除应力热处理，焊后热处理温度应按标准要求尽可能取上限，以保证焊接接头的硬度达到 HBW≤200 要求；

② 热处理后，不允许在接触介质一侧打钢印。

6）壳体用钢板厚度大于12mm时，应按NB/T 47013进行超声检测，符合Ⅱ级要求。

2. Ⅱ类湿H_2S腐蚀环境选材

在Ⅱ类湿H_2S腐蚀环境下工作的压力容器用钢除满足I条类的要求外，还应符合下列要求，以提高钢材抗氢诱导裂纹(HIC)的能力(包括抗应力导向氢诱导裂纹SOHIC和氢鼓泡HB的能力)。

1）钢材熔炼分析的化学成分要求：

$$S\leqslant 0.002\%,\ P\leqslant 0.010\%,\ Mn\leqslant 1.35\%$$

2）板厚方向断面收缩率Z≥35%(三个试样平均值)和25%(单个试样最低值)；

3）抗HIC钢板和锻件冲击功三个试样平均值KV2≥34J，允许其中一个试样KV2≥25J。Q245R(HIC)的试验温度为-20℃；Q345R(HIC)和SA516-65/70(HIC)的试验温度为-30℃；

4）抗HIC钢板应按GB/T 4157或NACE TM0177的规定进行抗SSC试验，其门槛值应大于等于$0.8R_{eL}$；

5）抗氢诱导裂纹(HIC)试验：试验方法按GB/T 8650，A溶液或NACE TM0284的A溶液要求：$CLR\leqslant 5\%$；$CTR\leqslant 1.5\%$；$CSR\leqslant 0.5\%$(*CLR*为裂纹长度率,%；*CTR*为裂纹厚度率,%；*CSR*为裂纹敏感率,%)。

当容器内部材料不锈钢复合材料或堆焊层(S11306，S30403，S31603，S32168等)时，可不执行以上规定。对酸性水汽提换热设备管束可以选用08Cr2AlMo或09Cr2AlMoRE材料。

三、乙醇胺+二氧化碳+硫化氢+水腐蚀

（一）腐蚀部位及形态

1. 腐蚀部位

再生系统的再生塔、塔底重沸器及贫富液换热器(富液操作温度>88℃)的部位。

2. 腐蚀形态

在碱性介质(pH值为8~10.5)下，由碳酸盐及胺引起的应力腐蚀开裂和均匀腐蚀。其腐蚀主要是吸收硫化氢及二氧化碳的胺盐，重新分解生成硫化氢和二氧化碳，形成湿硫化氢及二氧化碳的腐蚀。

（二）腐蚀反应

1. 湿硫化氢腐蚀反应

见本节湿硫化氢应力腐蚀。

2. 二氧化碳腐蚀

$$Fe + 2CO_2 + H_2O \xlongequal{} Fe(HCO_3)_2 + H_2 \qquad (9-4-11)$$

$$Fe(HCO_3)_2 \xlongequal{} FeCO_3\downarrow + CO_2 + H_2O \qquad (9-4-12)$$

CO_2生成碳酸可直接腐蚀设备：

$$Fe + H_2CO_3 \xlongequal{} FeCO_3\downarrow + H_2 \qquad (9-4-13)$$

（三）腐蚀影响因素

1）对再生系统的腐蚀主要为二氧化碳和胺的腐蚀，二氧化碳有抑制硫化氢腐蚀的作用。

2）防止胺液污染，胺液储罐应采取惰性气体覆盖。

3）热稳定盐会造成设备的腐蚀。

4）固体物质(硫化铁、氧化铁)及热稳定盐对设备有冲蚀，破坏金属保护膜。

（四）防腐措施

1）工艺上满足控制热稳定盐的要求，严格控制工艺操作参数。

2）合理选择材料。

（五）材料选择

1）在操作温度高于88℃以上选用碳素钢及低合金钢，应进行消除应力热处理。尽可能采用S32168或S31603材料。

2）对再生塔底重沸器：采用带蒸发空间釜式重沸器结构，管束采用S32168或S31603材料。对贫富液换热器，管束采用S32168或S31603材料。

四、碱液应力腐蚀

（一）腐蚀部位及形态

1. 腐蚀部位

碱液储罐、钠法脱硫部分。

2. 形态

由碱液引起的碳钢设备应力腐蚀开裂，特别是焊缝处。碳钢在NaOH溶液中表面的钝化而形成表面钝化膜，钝化膜容易产生破口，在破口处热浓的NaOH溶液对钢产生腐蚀。

（二）腐蚀反应

$$Fe + 4OH^- \longrightarrow FeO_2^{2-} + 2H_2O + 2e \qquad (9-4-14)$$

$$FeO_2^{2-} + 4H_2O \longrightarrow Fe_3O_4 + 6OH^- + H_2 \qquad (9-4-15)$$

产生的氢原子渗透到钢材内部引起脆化，简称碱脆，而导致裂纹扩展、破裂。

（三）腐蚀影响因素

1. 碱液浓度

NaOH溶液浓度<5%时，无腐蚀，但应排除浓缩死区。

2. 使用温度(操作温度)

低于46℃，在各种NaOH溶液浓度下，均可用碳钢，且不做热处理(有伴热的器壁焊缝除外)。

3. 使焊接及冷加工造成的残余应力

消除残余应力，可以提高设备的使用温度，避免产生应力腐蚀。

（四）防腐措施

1）采用非金属衬里设备(如衬胶等)或玻璃钢设备。

2）根据钢材使用在氢氧化钠溶液中的温度与浓度的关系，进行合理选材。

（五）材料选择

1）根据钢材使用在氢氧化钠溶液中的温度与浓度的关系进行选材。

2）在NaOH溶液浓度<5%时，选用碳钢。且根据浓度-温度查SH/T 3075标准进行选材。

五、吸氧腐蚀

(一) 腐蚀部位及形态

1. 腐蚀部位

余热锅炉及冷凝器等水侧。

2. 腐蚀形态

碳钢在水中会构成氧的浓差电池而遭受吸氧腐蚀，腐蚀速度随水中氧含量的增加而加大。

水处于流动状态和密闭系统内，水的温度升高会使钢材在水中的腐蚀加剧。

(二) 腐蚀反应

碳钢在水中的腐蚀产物，初为氢氧化亚铁，次为氢氧化铁，最后被氧化为铁锈腐。蚀反应为：

$$Fe \longrightarrow Fe^{2+} + 2e \quad (阳极) \tag{9-4-16}$$

$$1/2O_2 + H_2O + 2e \longrightarrow 2OH^- \quad (阴极) \tag{9-4-17}$$

$$Fe^{2+} + 2OH^- \longrightarrow 2Fe(OH)_2 \tag{9-4-18}$$

$$4Fe(OH)_2 + O_2 + 2H_2O \longrightarrow 4Fe(OH)_3 \tag{9-4-19}$$

$Fe(OH)_2$与$Fe(OH)_3$虽然溶解度很小，但由于水中离子的影响，这些腐蚀产物不能形成保护膜，疏松地覆盖在钢铁表面上，最后在水、氧的共同作用下，生成铁锈，造成阳极区孔蚀，直至穿孔破坏。

$$Fe^{2+}(Fe^{3+}) + H_2O + O_2 \longrightarrow FeO \cdot Fe_3O_4 \cdot nH_2O \cdot Fe_2O_3 \tag{9-4-20}$$

(三) 腐蚀影响因素

1) 氧含量：氧含量越高，腐蚀越严重。

2) 温度：温度越高，腐蚀越严重。

(四) 防腐措施

1) 投用除氧设施。

2) 提高除氧水的温度，控制水中氧含量。

(五) 材料选择

1) 选用耐腐蚀材料(如不锈钢)。

2) 采用碳素钢或低合金钢时，提高材料的质量。

六、液氨腐蚀

(一) 腐蚀部位及形态

1) 腐蚀部位：氨精制系统的液氨储罐。

2) 腐蚀形态：液氨在空气污染的情况下，产生的应力腐蚀开裂。

(二) 腐蚀环境

如果同时符合下列各条件，即为液氨的应力腐蚀环境：

1) 介质为液态氨，含水量不高(≤0.2%)，且有可能受空气(O_2或CO_2)污染的场合；

2) 介质温度高于-5℃。液氨受到空气污染后，由于存在O_2及CO_2，促使液氨的应力腐蚀破裂，这类破裂是阳极溶解型的应力腐蚀破裂。

（三）腐蚀反应

阴极反应：

$$O_2 + 2NH_4^+ + 4e \longrightarrow 2OH^- + 2NH_3 \qquad (9-4-21)$$

阳极反应：

$$2Fe \longrightarrow 2Fe^{2+} + 4e \qquad (9-4-22)$$

整个反应：

$$O_2 + 2NH_4^+ + 2Fe \longrightarrow 2Fe^{2+} + 2OH^- + 2\ NH_3 \qquad (9-4-23)$$

当有 CO_2 存在时：

$$2NH_3 + CO_2 \longrightarrow NH_4CO_2NH_2 \qquad (9-4-24)$$

$$NH_4CO_2NH_2 \longrightarrow NH_4^+ + NH_2CO_2^- \qquad (9-4-25)$$

（四）腐蚀影响因素

1）材料强度：强度越高，产生液氨应力腐蚀开裂的可能性就越大。

2）水分：无水液氨产生应力腐蚀，液氨中加入0.2%的水，可抑制应力腐蚀发生。

3）温度：降低储存温度，当液氨储存温度降低到-5℃以下，一般不会发生应力腐蚀开裂。

4）消除应力热处理：消除应力热处理，可以有效避免液氨应力腐蚀开裂。

（五）防腐措施

1）液氨中添加大于等于0.2%的水作缓蚀剂。

2）注停工期间采取措施，防止空气进入设备。

（六）材料选择

在液氨应力腐蚀环境中使用碳钢及碳锰钢应防止空气污染，同时采取下列措施：

1）焊后做消除应力热处理；控制焊接接头（包括热影响区）的硬度值 HBW≤200；

2）其他对材料要求及限制符合湿硫化氢应力腐蚀对材料的要求及限制。

七、二氧化硫露点腐蚀

（一）腐蚀部位及形态

1. 腐蚀部位

尾气焚烧炉及后续设备（蒸汽过热器、尾气余热锅炉等）。

2. 腐蚀形态

亚硫酸对金属材料的腐蚀行为表现在对氢的置换反应，从腐蚀学理论可解释为氢去极化腐蚀过程（亦称析氢腐蚀），就常用材料碳钢和不锈钢而言，在溶液中的腐蚀属于阳极极化及阴极极化混合控制过程，这是因为铁的溶解反应易极化，同时氢在铁表面析出电位较大，故两者同时对腐蚀过程起促进作用，导致腐蚀速度加快。

（二）腐蚀反应

$$2SO_2 + O_2 \longrightarrow 2SO_3 \qquad (9-4-26)$$

$$SO_2 + H_2O \longrightarrow H_2SO_3 \qquad (9-4-27)$$

$$2Fe + H_2SO_3 \longrightarrow FeSO_3 + H_2\uparrow \quad (9-4-28)$$

$$SO_3 + H_2O \longrightarrow H_2SO_4 \quad (9-4-29)$$

$$Fe + H_2SO_4 \longrightarrow FeSO_4 + H_2\uparrow \quad (9-4-30)$$

(三) 腐蚀影响因素

1) 氧含量：控制氧含量，减少 SO_3生成。

2) 浓度：浓度越高，露点温度越高，腐蚀越厉害。

3) 温度：超过露点温度，腐蚀轻微。

(四) 防腐措施

1) 将操作温度(或控制金属材料)保持在露点温度以上，控制氧含量。一般控制在露点温度以上 20~50℃。

2) 停工保护，防止产生露点腐蚀。

3) 选择耐露点腐蚀材料。

(五) 材料选择

1) 选择耐 SO_2露点腐蚀的金属材料 09CrCuSb(ND 钢)。

2) 选择碳素钢、低合金钢、奥氏体不锈钢应控制在露点温度以上使用。

3) 腐蚀严重则用 904L、SMO254、C-276 等材料。

第五节　设备使用与维护

一、风机的使用与维护

(一) 风机的启动

1. 不带油站风机启动

此类风机多为轴承结构，以润滑脂或润滑油对轴承进行润滑。首先按风机旋向盘车，检查是否轻快均匀。检查风机润滑油液位或油杯润滑脂量合格。检查冷却水投用正常。检查风机温度计、测振仪等附件指示正常。关闭风机入口阀和出口阀，打开放空阀。启动电机，风机运行稳定后投入使用。

2. 带辅助油泵风机启动

此类风机主要是轴瓦，要辅助油泵提供润滑油。首先启动辅助油泵，20min 后检查油位、油温、油压正常，按风机旋向盘车，检查是否轻快均匀。检查冷却水投用正常。检查风机温度计、测振仪等附件指示正常。关闭风机入口阀和出口阀，打开放空阀。启动电机，风机运行稳定后投入使用。

(二) 风机的巡检检查内容

机组在运行中应经常检查各连接部位是否紧固，机组和轴承振动是否超标，机组声音是否正常，轴承温升是否稳定；电机温升、振动、噪声有无异常。电机电流有无异常变化。若超过标准应切换风机检修。

（三）轴承式风机的常见问题及处理

1. 风机杂音大

风机杂音主要是其他配件有缺陷引起的共鸣，正常情况下转子和迷宫密封不会损坏，风机本身杂音大常见原因是转子动平衡出现问题（转子沉积杂质或异常磨损），须解体对转子做动平衡，进行检查处理后回装试运。

2. 振动超标

主要是电机或风机轴承受损或达到使用寿命，电机和风机不同心，风机超负荷运行，在喘振区附近运行。

3. 风机喘振

风机喘振主要发生在刚启动或风机并入运行过程，其表现为一秒一次有规律的相似于人急促喘息样整机振动，具有极大的破坏力，若长期喘振会导致机组报废。当出现喘振时，应迅速调大出口阀门，使机组快速脱离喘振区。当出口阀门开启最大时，喘振现象仍存在，为系统阻力太大，使鼓风机运行在喘振区，须改变系统，这时要开大放空阀尽快脱离喘振区。

（四）轴瓦式风机的常见问题及处理

1. 油压低

辅助油泵启动后油压低，可能是长时间停运后调油压阀动作不敏感，需联系维修人员重新调整油压到规定标准。若调节不到要求，说明调压阀损坏需要及时更换。若调整到位可启动风机，继续观察主油泵运行情况，若达到风机运行要求可离开现场，若低于运行要求须重新整定调压阀，直到符合风机联锁规定范围要求。

2. 轴瓦损坏

轴瓦损坏的原因是缺油。一是启动前油压、油位不足；二是运行过程中主油泵坏辅助油泵没启动；三是停机时辅助油泵没有及时启动。特别是第三种情况经常遇见，操作人员在切换风机时要盯在现场，确认辅助油泵启动后再做其他工作。

3. 油温高

油温正常情况随气温变化上下波动，若油温一直缓慢上升，说明油冷器缓慢堵塞或结垢，应反冲洗油冷器，效果不明显就需拆开清理。若是瞬间上升后回到正常，说明温度计接线接触不好，应马上切除联锁，联系仪表维护检查，否则造成联锁停车。

二、泵的使用与维护

（一）盘车

盘车就是对动设备来说，开车前先将转动部件低速旋转几圈，主要是看有没有杂物，有没有碰撞、摩擦，防止开车后高速转动造成破坏，对所有动设备一般都要盘车，分为手工盘车和机械盘车。定期盘车的作用有三个：防止泵内生垢卡住；防止泵轴变形；盘车还可以把润滑油带到各润滑点，防止轴生锈，轴承得到了润滑有利于在紧急状态下马上开车。

（二）机械密封故障

机械密封的故障大体上都是由异常泄漏、异常磨损、异常扭矩等现象出现后才被人们所知道。造成故障的原因大致有如下四方面：

1）机械密封的设计选型不对；

2）机械密封质量不好；

3）使用或安装机械密封的机器本身精度达不到要求；

4）机泵运行操作错误。

（三）离心泵的日常维护和检查内容

1）禁止无水运行，不要调节吸入口来降低排量，禁止在过低的流量下运行；

2）监控运行过程，彻底阻止填料箱泄漏，更换填料箱时要用新填料；

3）确保机械密封有充分冲洗的水流，水冷轴承禁止使用过量水流；

4）润滑剂不要使用过多；

5）按推荐的周期进行检查。建立运行记录，包括运行小时数、填料的调整和更换、添加润滑剂及其他维护措施和时间。对离心泵抽吸和排放压力、流量、输入功率、洗液和轴承的温度以及振动情况都应该定期测量记录。

（四）离心泵常见问题的原因及处理

1. 泵振动大原因

1）轴承损坏。

2）轴振动或轴变形。

3）轴弯曲。

4）泵汽蚀产生振动。

5）联轴器未对中。

6）出入口管线严重变形。

7）密封静环倾斜。

2. 泵抽空或不上量

1）泵入口过滤器堵塞。

2）泵叶轮吸入口有杂物。

3）泵叶轮连接键脱离轴空转。

4）泵出口调节阀卡住。

5）流量指示仪表问题。

（五）多级泵问题及处理

多级泵运行中必须保证有足够的流量外送，否则就会发生汽蚀损毁设备，所以多级泵都设有回流阀。

1. 泵振动大

主要是联轴器不对中、轴弯曲、轴套间隙大泵串轴（发现不及时电机过载抱轴）、高压区叶轮冲刷严重转子动平衡破坏。措施：停泵检修。

2. 泵压头降低

泵内构件冲蚀、汽蚀磨损，叶轮、轴套壳体的有效厚度减薄，强度下降，回流涡流量增加，泵出口压力降低。措施：停泵更换新配件。

3. 泵自停

电机假信号，泵超负荷造成电机超载跳闸，泵体问题造成抱轴自停。措施：查找原因逐一排除处理。

(六) 管道泵启动及问题处理

管道泵常见问题是振动大和不上量。

1. 振动大

原因是入口堵塞，泵与管道不同心。

2. 不上量

原因是入口滤网堵塞，叶轮冲蚀穿孔漏量。处理方法：清理入口，泵重新找正，更换叶轮。

(七) 计量泵问题及处理

1. 流量调节方法

泵的流量调节是靠旋转调节手轮，带动调节螺杆转动，从而改变弓型连杆间的间距，改变柱塞(活塞)在泵腔内移动行程来决定流量的大小。调节手轮的刻度决定柱塞行程，精确率为95%。

2. 常见问题及处理

计量泵吸液不正常：主要表现是罐液位下降很缓慢或不降，原因是入口过滤器堵塞、出口线结垢不畅通、安全阀失效直接回流到罐内、泵隔膜裂纹泄量、上下封闭球腐蚀密封不严。处理措施：逐一排除找到原因，疏通或更换配件。

第十章　仪表及自动化控制

第一节　自动控制

一、概况

硫黄回收装置在炼油厂总体流程中处于尾部，原料的供给点多，因此它的原料（酸性气）流量和组成波动大，而硫黄的生成全靠硫化氢化学反应生成，为了确保高的硫转化率，必须对参加反应的另一物料（氧气）按化学计量供给，因此装置的设计必须采用先进合理的控制方案。另外，其原料、中间产物都含高浓度的硫化氢、二氧化硫、二硫化碳和羰基硫等有毒有害物质，介质一旦泄漏，就会发生人身伤亡和环境污染事故；此外，介质含有燃料气、硫黄、氢气等易燃易爆物料，同时还有多台不同压力等级的蒸汽锅炉，装置运行危险性大。为了保证装置的安全运行，要求其设计必须具有可靠的开工程序和完善的安全联锁系统。

二、主要控制方案

（一）酸性气的需氧控制

1. 控制方案的作用

空气流量的前馈-反馈-再反馈控制方案，是硫黄回收装置始终保持高的硫转化率和长周期平稳的保证。该控制方案在正常生产时，能适应装置原料酸性气流量和组成的变化，可自动调节主空气和微调空气流量，并能自动修正空气/酸性气比值误差。在装置开停工和低负荷运行时，可确保燃料气入反应炉自动配风，解决硫黄装置开停工和低负荷运行困难问题。

2. 工艺要求

本装置硫黄生产的原理是使原料气中硫化氢与空气中的氧气反应生成元素硫。氧气过量会生成二氧化硫，氧气过量严重时造成反应炉及加氢反应器超温、急冷水 pH 值下降等危及装置安全；氧气不足时硫化氢反应不完全，原料中杂质氨和烃燃烧不充分，造成装置停工和硫黄产品不合格。因此氧气过多过少都会对装置造成很大的影响，为此必须通过控制空气/酸性气比例，严格控制过程气中 $H_2S/2SO_2$ 为一定值。

3. 控制方案说明

主燃烧室空气流量控制采用前馈-反馈-再反馈控制方案。所谓前馈是指：通过测量酸性气和燃料气流量，计算出燃烧所需的空气量，把两物料或多物料需要的空气量相加作为主调空气量的设定值；所谓反馈是指：通过测量过程气中 $H_2S/2SO_2$ 值，作为微调空气流量的设定值；所谓再反馈是指：把微调空气调节情况再传递给主调空气，通过调节主调空气量确保微调空气正常运行。

空气流量的前馈控制如下：酸性气体积流量（FT/A）先进行温压补偿转换为质量流量，在主燃烧室的入口燃料气线上测量得到主燃烧室燃料气（FT/D1）的质量流量。通过测量燃料气的相对分子质量，计算块（AY/D）计算出燃烧空气对燃料气的完全燃烧质量流量的比值。通过燃料气质量流量与空气/燃料气完全燃烧比的相乘（FY/D2），得到完全燃烧测量燃料气所需的空气的计算质量流量，这个数值与操作人员设定的期望燃烧比值（HIC/D）相乘得到期望的燃料气的所需空气流量（FY/D3）。同时酸性气流量乘以操作人员设定的空气/酸性气燃烧比值（HIC/C），得到期望的燃烧酸性气效果的空气流量（FY/A1）。两者相加（FY/B1），得到期望的燃烧效果的所需空气总量，空气总量作为空气主调控制器（FIC/B）的设定值。

在上述设定的期望的空气/酸性气燃烧比值和实际的空气/酸性气比值之间存在偏差，同样对燃料气而言，计算得到的完全燃烧空气/燃料气比值和实际的完全燃烧空气/燃料气比值之间也存在偏差。为了消除这些偏差，实现准确的控制，又引入了反馈控制。将从第三硫冷凝器后管线中过程气的 $H_2S/2SO_2$ 测量值作为被控变量，$H_2S/2SO_2$ 质量控制器（AIC/C）的输出值通过调整微调空气流量控制器（FIC/C）设定值的方式加以反馈控制。当实际 H_2S-2SO_2 含量与零之间有偏差时，控制系统会调整微调风线的空气流量控制器（FIC/C）的设定点使 $H_2S/2SO_2$ 含量为零[%（体）]。反馈控制可进行正常微调回路和低负荷微调回路的选择（HS/C）。

在上述空气前馈和反馈控制时，如果操作人员设定的空气/酸性气燃烧比值（HIC/C）或燃料气期望燃烧比值（HIC/D）不当，微调空气流量可能太大或太少，影响前馈和反馈控制的正常运行。再反馈的作用是，把微调空气调节情况再传递给主调空气，使主调空气的设定发生改变，从而使微调空气得到有效调节。微调空气流量控制器（FIC/C）的输出通过平衡调整回路，用特殊的运算块（FY/B2）通过选择器（HS/B）去修正主空气量（FY/B1），防止微调风线空气流量过大或过小。反应炉前馈-反馈控制方案见图 10-1-1。

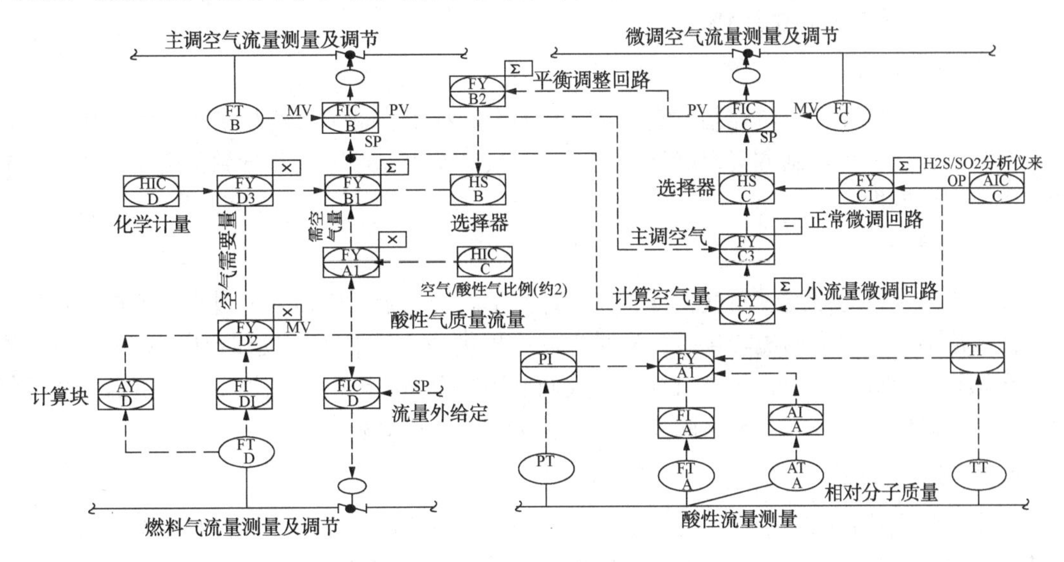

图 10-1-1　反应炉前馈-反馈控制方案

4. 应用实例

某硫黄回收装置 DCS 组态见图 10-1-2。

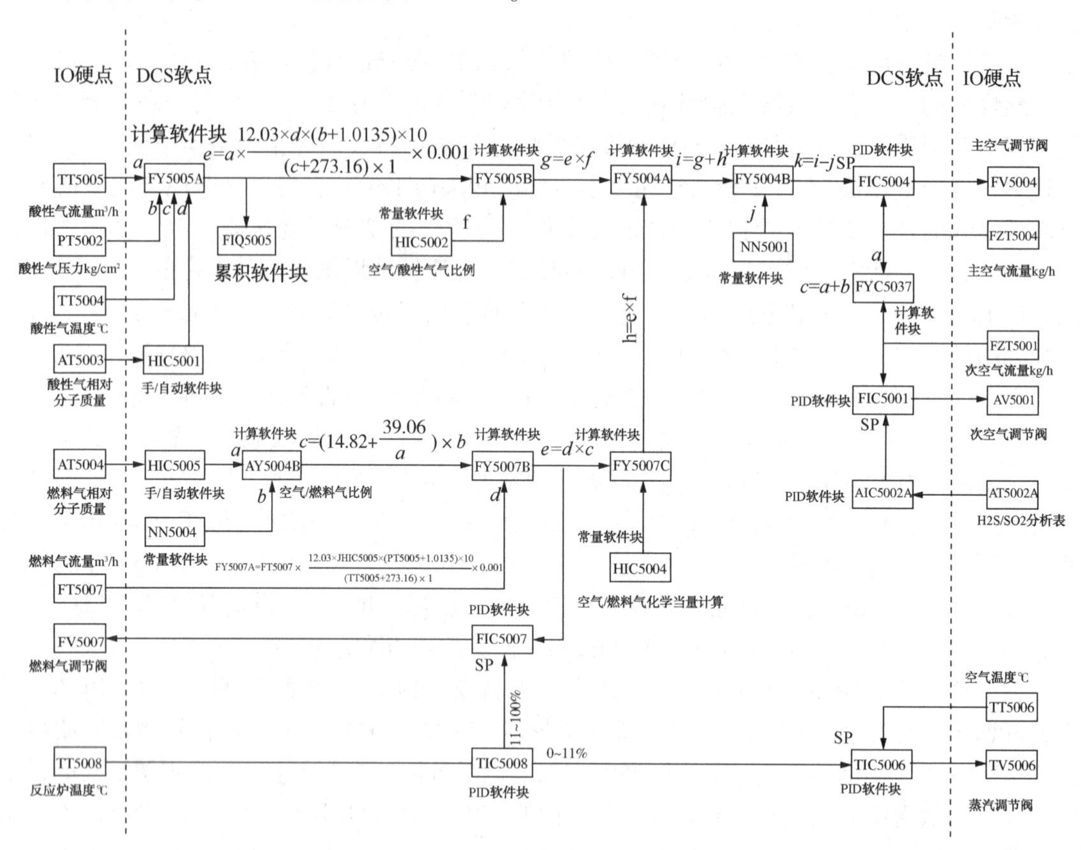

图 10-1-2　某硫黄回收装置 DCS 组态

（二）在线炉交叉限位控制

1. 控制方案的作用

该扩展双比率交叉限位控制方案是 ZHSR 的专利技术，是镇海石化工程公司采用在线炉工艺流程的保证。该控制方案很好地解决了燃料气和空气调整不同步导致的燃烧气体中过氧和产生炭黑的问题。

2. 工艺要求

在线炉的作用是通过燃料气在低于化学计量下燃烧，给反应器入口过程气或尾气提供热量，使反应器获得最大的硫转化率，同时为反应提供一定量的还原气体（H_2、CO）。重点避免：在燃料气组分发生变化、燃料气和空气调节系统发生故障、在线炉出口温度波动大等情况时，出现燃料气和空气调整不同步导致的燃烧气体中过氧和产生炭黑。

3. 控制方案说明

为了达到上述目的，设计了一个扩展双比率交叉限位控制方案，该控制方案完全可满足工艺的要求。该方案中通过反应器入口温度调节器（TIC）来控制空气流量控制器（FIC/B1）和燃料气流量控制器（FIC/A4）的设定值的方法来实现。

这个控制方案可以防止燃烧配比低于一个设定的低配比限(HC1 可能产生炭黑的化学计量)以下，或燃烧配比高于一个设定的高配比限(HC2 可能产生漏氧的化学计量)以上。在这个控制方案中有 3 个控制器，每个都有不同的作用。主控制器是反应器入口温度控制器(TIC)，它通过交叉系统给出空气流量控制器(FIC/B1)和燃料气控制器(FIC/A4)的设定值。在交叉限位系统中，将所有控制器的控制运算量都转化为“空气需要量”来参与比较和运算，这个“空气需要量”表示按完全燃烧配比烧掉燃料气所需的空气量。燃料气控制器(FIC/A4)的测量值和设定值也是燃烧燃料气所需空气量的千克数。交叉限位方案的理想配比(HC3)决定了燃料气控制器(FIC/A4)与空气流量控制器(FIC/B1)的设定值的差。

当交叉限位系统(FY/B3、FY/B4、FY/C3、FY/C4)检测到设定配比在最大配比(HC2)和最小配比(HC1)之间移动时，燃料气控制器和空气流量控制器的设定值同时变化不受交叉限位的制约。交叉限位系统通过允许设定配比在最大配比(HC2)和最小配比(HC1)间变化，可以获得快速的控制动作。

然而，当反应器入口温度控制器(空气需要量)的输出下降时，交叉控制系统会限制燃料气控制器的设定值，使其不至于太低，以免燃料气流量设定值与空气流量实测值之比大于操作人员设定的最高配比值(HC1)，这个限制动作在高选块(FY/A5)中进行。与此同时，当反应器入口温度控制器(空气需要量)的输出下降时，交叉控制系统会限制空气流量控制器的设定值太低，以免空气流量设定值与燃料气流量实测值之比小于操作人员设定的最低配比值(HC2)，这个限制动作在高选块(FY/B4)中进行。

同样，当反应器入口温度控制器(空气需要量)的输出上升时，交叉控制系统会限制燃料气控制器的设定值，使其不至于太高，以免燃料气流量设定值与空气流量实测值之比小于操作人员设定的最低配比值(HC2)，这个限制操作在低选块(FY/A6)中进行。与此同时，当反应器入口温度控制器(空气需要量)的输出上升时，交叉控制系统会限制空气流量控制器的设定值太高，以免空气流量设定值与燃料气流量实测值之比大于操作人员设定的最高配比值(HC1)。这个限制动作在低选块(FY/B3)中进行。

当空气或燃料气控制器的设定值被某一个选择器限制时，限制值在不断的变化以适应当时实际测量的空气流量值和所需的空气量。这样就构成一个动态系统，保持设定配比在操作人员设定的最大配比值(HC1)和最小配比值(HC2)之间移动并稳定地向操作人员设定的理想配比(HC3)靠拢。在线炉交叉限位控制见图 10-1-3。

4. 应用实例

某硫黄回收装置 DCS 组态见图 10-1-4。

(三) 焚烧炉复杂控制

1. 控制方案的作用

焚烧炉的作用是通过燃料气在高于化学计量下燃烧，给尾气提供热量，使尾气中硫化氢完全燃烧。

2. 工艺要求

为达到上述目标，要求把尾气加热至足够高温度、尾气中有一定的残余氧。另外还要求烟道气不产生炭黑，燃料气燃烧时产生的 NO_x 尽可能低，燃料气消耗尽可能低。

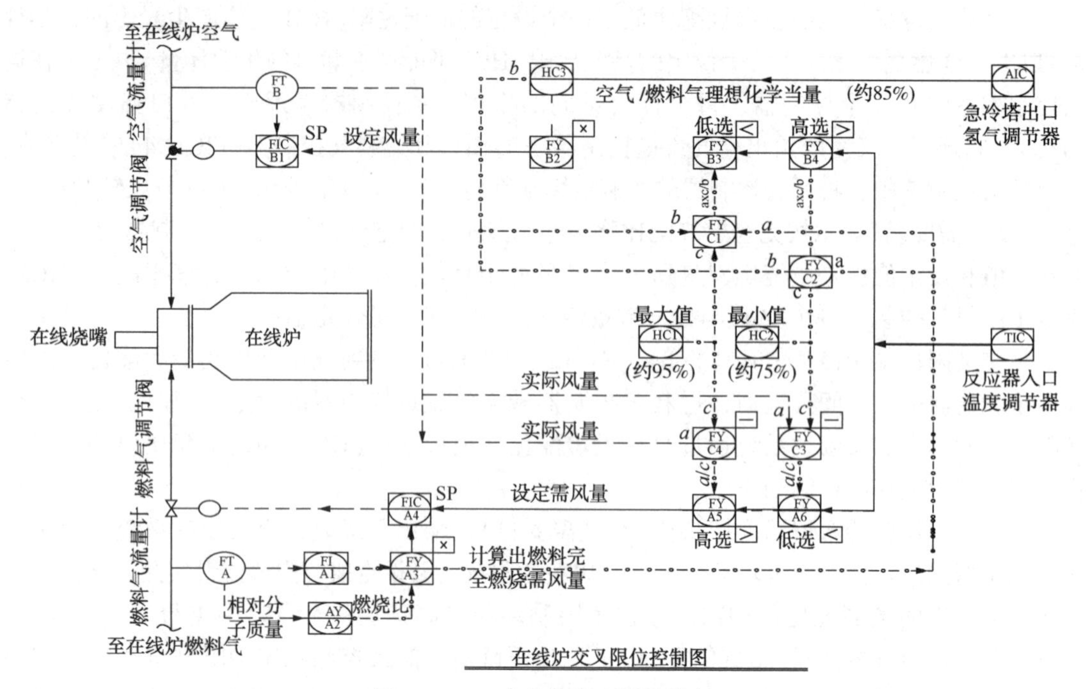

图 10-1-3　在线炉交叉限位控制

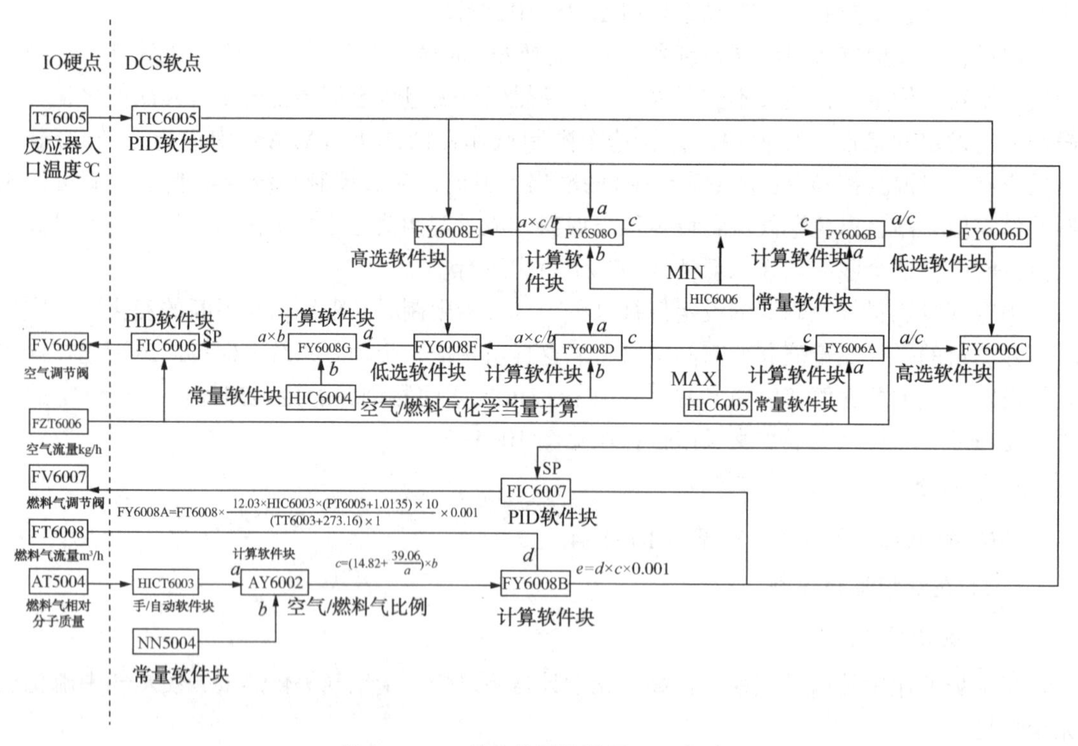

图 10-1-4　某硫黄回收装置 DCS 组态

3. 控制方案说明

为了实现上述工艺要求，本复杂控制通过低配比控制器、三段空气流量、燃料气流量、氧含量反馈来实现。

焚烧炉温度控制器(TIC)的输出采用分程控制方案。当焚烧炉温度控制器(TIC)的输出较大时，通过高分程(A-100%)使输出值作为燃料气流量调节器(FIC/A)和一段空气流量调节器(FIC/B)设定值，此时焚烧炉温度由燃料气和一段空气来控制；如果当焚烧炉温度控制器(TIC)的输出较小时，通过低分程(0~A)使输出值作为三段空气流量调节器(FIC/D)设定值，此时燃料气和一段空气流量控制阀已关至最小位置。在这种情况下，焚烧炉温度控制器(TIC)输出通过分程控制系统进入高选器(FY/D)，由于它是一个高选器，通过比较使三段空气流量调节器(FIC/D)有可能被焚烧炉温度控制器所控制，结果三段空气流量增加，焚烧炉被冷却下来。另外，如果 O_2 含量控制器(AIC)输出值比焚烧炉温度控制器(TIC)的输出大，则 O_2 含量控制器(AIC)就取得了三段空气流量控制器(FIC/D)的控制权。

为了使烟气 NO_x 的排放最小，低 NO_x 烧嘴的火焰区分为前区和后区，前区燃烧空气叫一段空气，后区燃烧空气叫二段空气，一段空气流量为总空气流量的85%，二段空气流量为总空气流量的35%，这样燃料气燃烧后保证还有20%的残余量。另外，通过一个低限位(HC1)控制方案来改变一段空气流量控制器(FIC/B)和燃料气流量控制器(FIC/A)的设定值，防止燃料气由于空气不足产生炭黑。焚烧炉复杂控制见图10-1-5。

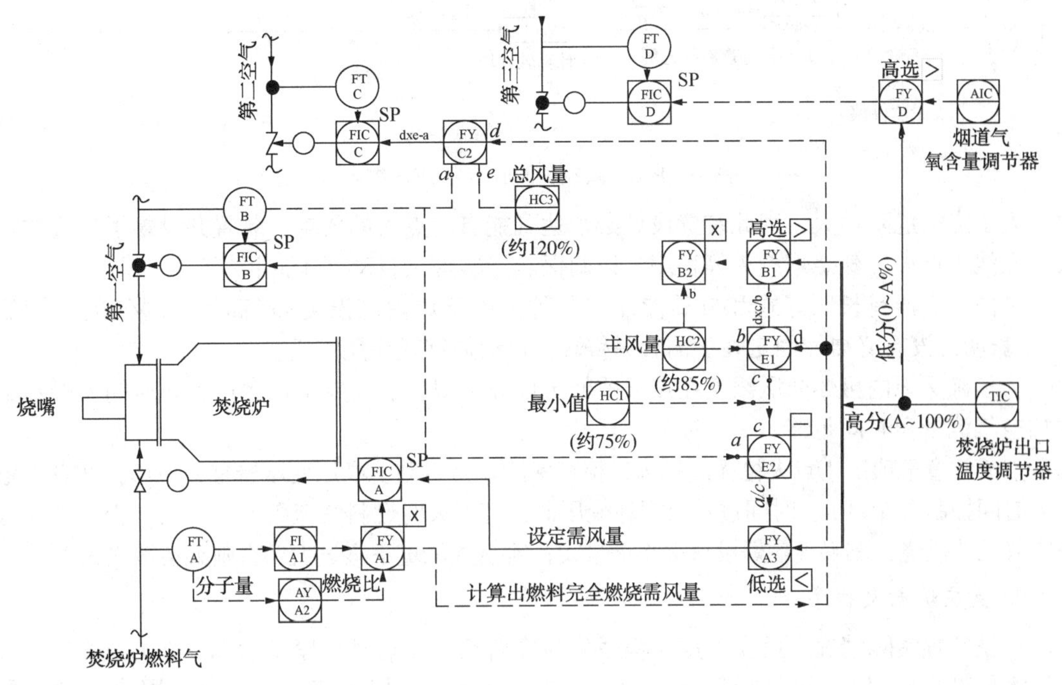

图10-1-5　焚烧炉复杂控制

4. 应用实例

某硫黄回收装置DCS组态见图10-1-6。

(四) 开工程序

1. 操作说明

硫黄回收装置有反应炉、在线炉和焚烧炉，由于炉内含有硫化氢、二氧化硫、燃料气等有毒有害物质，且炉内有一定的压力，因此这些炉子能否进行安全点火是装置操作的关键。

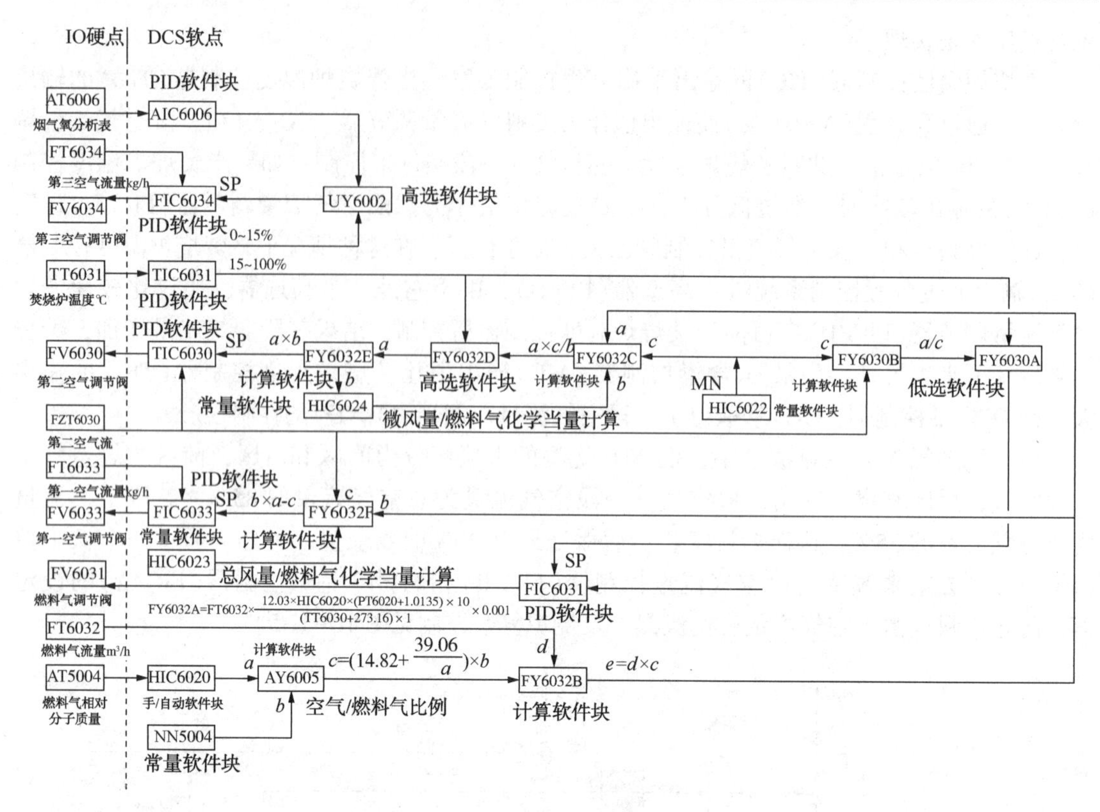

图 10-1-6 某硫黄回收装置 DCS 组态

由于人工点火危险性大，因此装置设计必须达到能自动点火的要求。装置共设置了反应炉点火、在线炉点火、焚烧炉点火等程序，以确保装置实现全自动开工的目标。

炉内点火器有长明灯式和自动伸缩式二种，由于炉内的温度高(高于燃料气的自燃温度)，长明灯没有必要，固定在炉内容易烧坏，自动伸缩式应用广泛。

为了确保炉内可燃介质浓度在点火前低于爆炸下限，点火要求：①可燃介质阀关严；②吹扫空气流量和时间足够。

点火注意事项：①点火枪无法打火，检查保险丝是否断，高压变压器是否损坏；②点火枪打火时间控制在5~10s，时间过长会损坏变压器；③点火时燃料气流量不宜过大，否则点火区缺空气无法燃烧，燃料气最好设点火小流量线；④空气流量不宜过大，否则火会被吹灭。

2. 反应炉点火程序

根据装置实际情况，反应炉点火程序分为冷启动、热启动、紧急启动，在 Claus 反应器床层无可燃介质时(主要是指液硫)，反应炉采用空气吹扫没有影响，宜采用冷启动；在 Claus 反应器床层有可燃介质时(主要是指液硫)，反应炉采用氮气吹扫(空气会引起液硫自燃)，宜采用热启动。

应用实例：

1）反应炉冷启动见图 10-1-7；

2）反应炉热启动见图 10-1-8。

3. 焚烧炉点火程序

焚烧炉后没有反应器，只有一种点火程序，应用实例见图 10-1-9。

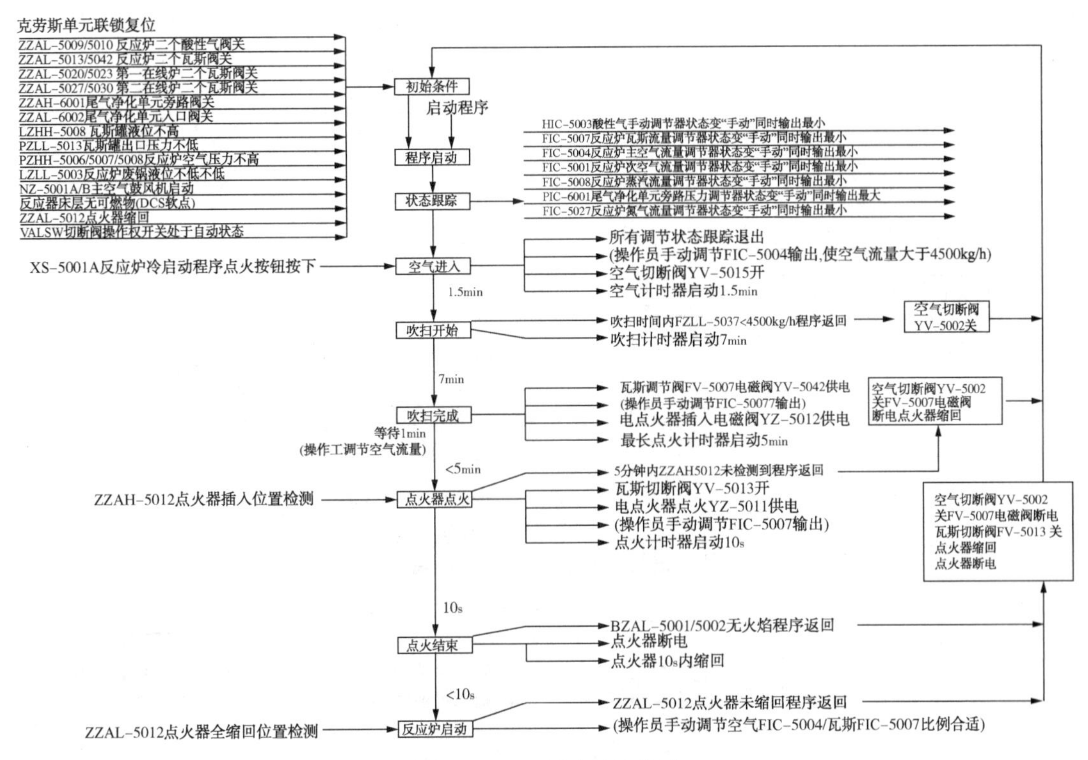

图 10-1-7 反应炉冷启动

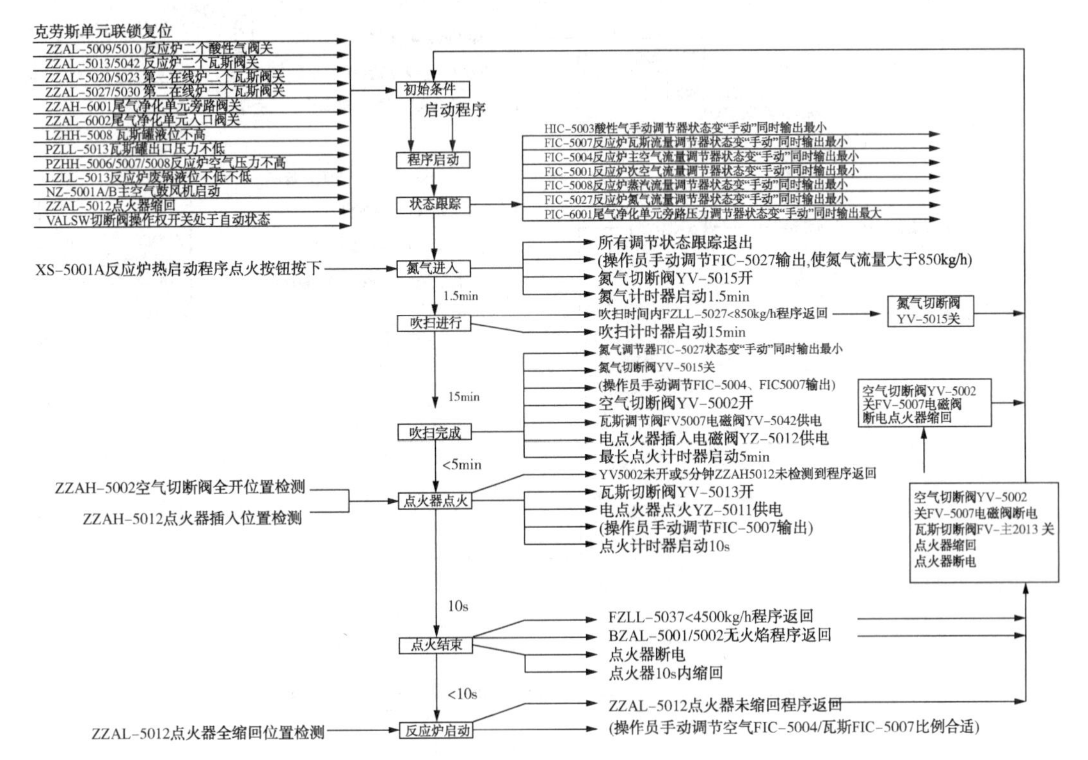

图 10-1-8 反应炉热启动

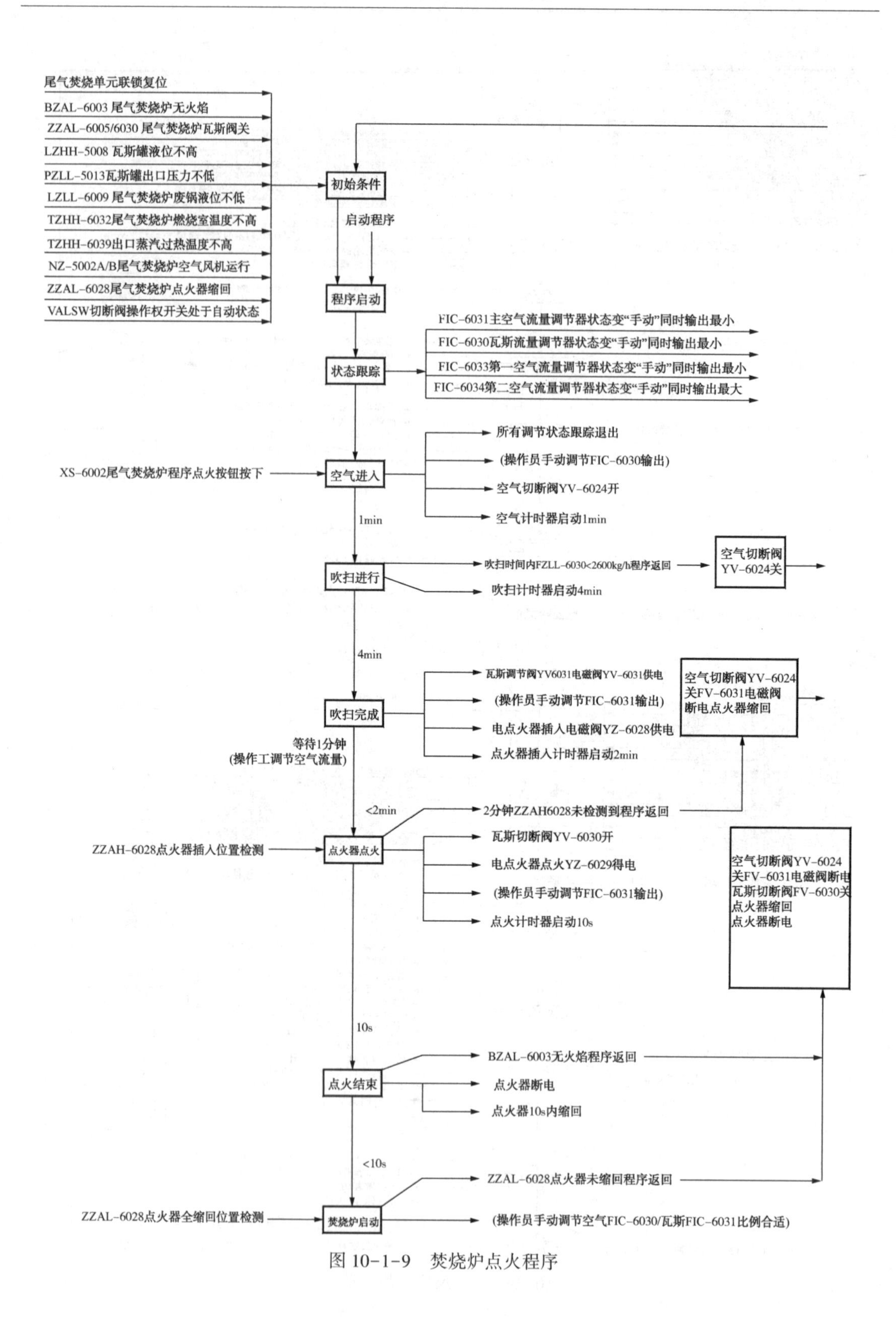

图 10-1-9　焚烧炉点火程序

三、安全联锁

1. 装置安全风险

1）反应炉和焚烧炉锅炉介质温度高，蒸汽压力高，设备壳体液位过低会造成设备损坏事故的发生，在任何原因造成液位过低时必须切断炉子进料，Claus 单元作停工处理。

2）含高浓度硫化氢和二氧化硫的尾气压力高于硫封高度产生压力时，尾气冲出硫封可能造成人身伤害事故，必须切断炉子酸性气进料，Claus 单元作停工处理，为了确保联锁的可靠性，压力测量点设在入燃烧器的空气管线上。

3）炉子熄灭，可能造成爆炸事故发生，必须切断炉子燃料气进料，为了确保联锁的可靠性，可结合炉子的实际温度和火焰检测仪表，采用合适的联锁方式；

4）空气中断，高浓度硫化氢的酸性气可能会倒窜至空气鼓风机入口，造成人身伤害事故的发生；空气流量长时间低，也会造成燃烧器损坏。

5）酸性气中断，可能发生回火；酸性气流量低时间长，也会造成燃烧器损坏。

6）酸性气和燃料气脱液罐的液位过高，凝液进入反应炉和焚烧炉，造成设备损坏。

7）燃料气压力低，造成回火和损坏喷嘴。

8）焚烧炉温度高，造成蒸汽过热器管束和吊件超温损坏，炉子内衬超温损坏。

2. 装置安全联锁

装置通常设置四个单元联锁：反应炉单元、尾气处理单元、尾气焚烧单元和液硫池单元。在装置开工后四个联锁关联如下：

从工艺流程和保护设备来讲，反应炉单元联锁，尾气处理单元也应停工；液硫池的池顶气应切换至尾气焚烧炉；反应炉联锁与焚烧炉联锁的关系可设置延时旁路，如果判断反应炉单元能在短时间内恢复正常，则可保持焚烧炉正常运行，以缩短装置恢复正常的时间。如判断反应炉单元不能在短时间内恢复，则焚烧炉也应停工。

尾气处理单元联锁，不会引发其他单元的联锁反应，Claus 尾气将直接引至焚烧炉。但尾气处理单元的旁路会引起装置烟气二氧化硫排放浓度严重超标，甚至发生环境污染事故，设计时应尽可能减少此联锁的触发可能性。对于有烟气碱洗单元的装置，碱洗设施设计时如考虑尾气处理旁路工况，通过改变碱洗单元的操作可避免二氧化硫排放浓度超标。

尾气焚烧单元联锁，如果尾气处理单元运行正常，尾气中硫化氢浓度低，反应炉单元可以继续运行，但焚烧炉需尽快恢复正常，如果短时间内不能恢复正常，装置应作停工处理。

液硫池单元为最低级别联锁，应根据实际流程确定与上级别联锁的关系。

应用实例见图 10-1-10 和图 10-1-11。

第二节　常规仪表

一、概况

硫黄装置流量仪表种类有超声波流量计（测量酸性气和燃料气流量）、质量流量计（测量

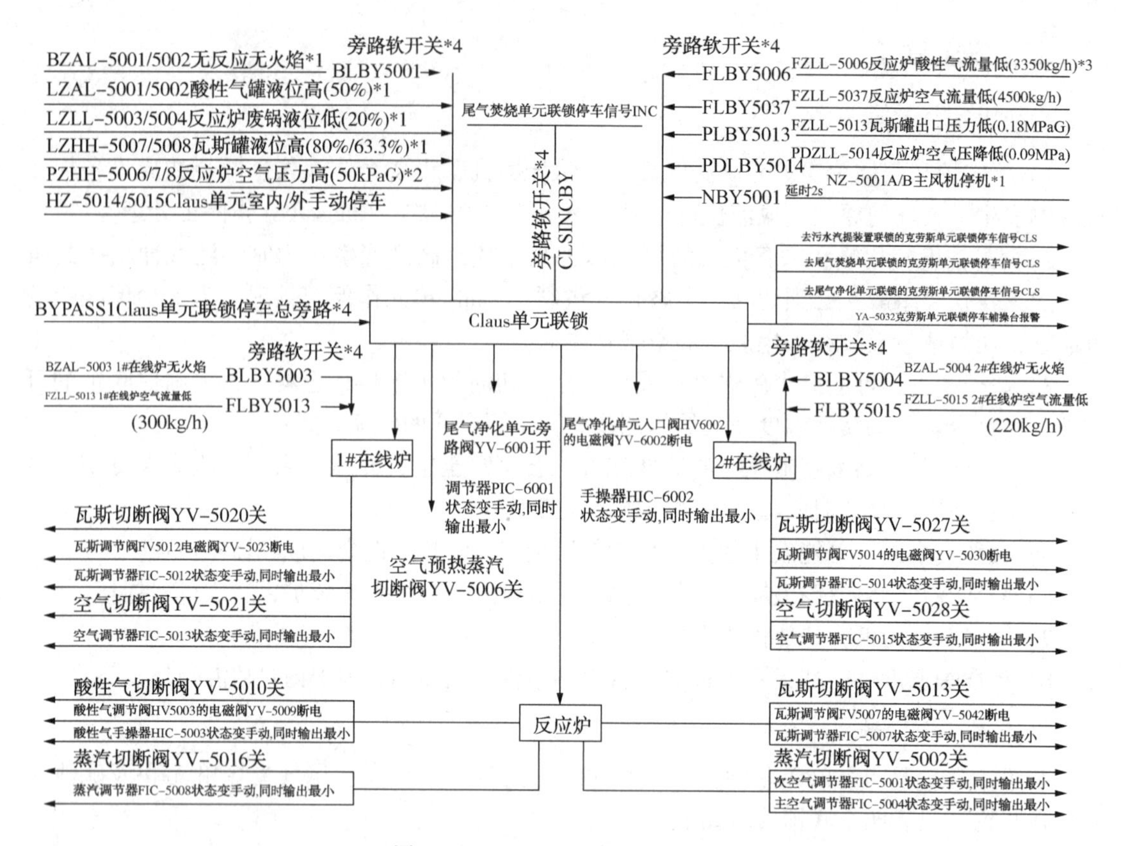

图 10-1-10 Claus 单元联锁逻辑

注：＊1—二取二联锁；＊2—三取二联锁；＊3—酸性气未引入前此条件不作用；＊4—在正常生产时不得投用旁路

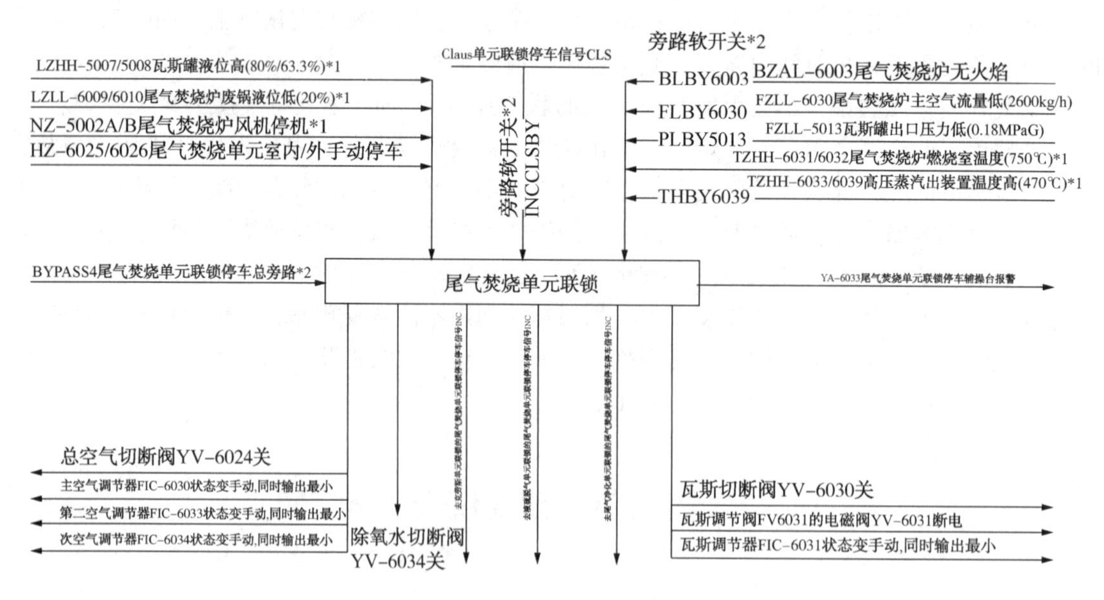

图 10-1-11 焚烧单元联锁逻辑

注：＊1—二取二联锁；＊2—在正常生产时不得投用旁路

燃料气流量)、热式流量计(测量空气流量)、涡街流量计(测量蒸汽流量)及部分孔板流量计；液位仪表选择双法兰差压变送器、浮筒液位计、导波雷达液位计，压力仪表以引压管压力变送器为主，温度仪表以热电偶为主，其中反应炉在使用热电偶的同时还采用了红外线温度仪表。装置还设置了 H_2S/SO_2 分析仪、pH 分析仪、氢含量分析仪、氧含量分析仪、CEMS、VOC、可燃气体报警仪及有毒气体报警仪等安全环保仪表。

反应炉风机控制一般由厂家随机带来的就地柜中的 PLC 实现，运行过程参数可以通过 PLC 通讯至 DCS，主风机控制也可直接在 DCS 中实现。装置的工艺联锁要求设置独立的紧急停车系统(SIS)。为工艺操作和仪表维护方便，很多联锁条件设置有联锁旁路，联锁旁路可以在 SIS 中以内部软旁路开关方式实现，也可以设置单独的辅助操作台设置硬旁路。对于重要单元和机组应分别在室内(外)设置了紧急停车按钮硬开关。

二、重要仪表测量原理

1. 高温热电偶

硫黄反应炉内压力低(<0.04MPa)，但炉内温度高(1200~1450℃)，含有高浓度的 H_2S 气体，对热电偶保护套管的耐温耐腐蚀要求较高，套管材料不适、制作质量差会导致套管开裂或泄漏，轻则导致温度测点无法使用，重则 H_2S 气体外漏，危及现场人员安全。

热电偶的基本原理是：当有两种不同的导体或半导体 A 和 B 组成一个回路，其两端相互连接时，只要两结点处的温度不同，一端温度为 T，称为工作端或热端，另一端温度为 T_0，称为自由端(也称参考端)或冷端，回路中将产生一个电动势，该电动势的方向和大小与导体的材料及两接点的温度有关。这种现象称为热电效应，两种导体组成的回路称为热电偶，这两种导体称为热电极，产生的电动势则称为热电动势。热电动势由两部分电动势组成，一部分是两种导体的接触电动势，另一部分是单一导体的温差电动势。热电偶回路中热电动势的大小，只与组成热电偶的导体材料和两接点的温度有关，而与热电偶的形状尺寸无关。当热电偶两电极材料固定后，热电动势便是两接点温度 T 和 T_0 的函数差。我国的热电偶分为 S、B、E、K、R、J、T 七种标准化热电偶，见表 10-2-1。

表 10-2-1　标准热电偶产品分类

类　型/极　性	分度号	使用测温范围/℃
铂铑 30(+)——铂铑(-)	B	+600~+1700
铂铑 13(+)——铂(-)	R	0~+1600
铂铑 10(+)——铂(-)	S	0~+1600
镍铬(+)——铜镍(-)	E	-200~+900
铁(+)——铜镍(-)	J	-40~+750
镍铬(+)——镍硅(-)	K	-200~+1200
铜(+)——铜镍(-)	T	-200~+350

硫黄装置中常用 B 型热电偶，该型热电偶具有准确度高、测温上限高、不需用补偿导线进行补偿等优点；但不足之处是热电势率较小，选用的贵金属材料比较昂贵。

2. 红外温度测量系统

一切温度高于绝对零度的物体都辐射红外光，红外辐射强度(热辐射)随材料本身的特性而变化，对许多物质来说，这个常数是已知的，它就是发射率，也与辐射源的温度有关。

发射率是为了衡量物体的辐射能力而定义的，它与材料性质及表面状态有关，其值等于真实物体的辐射能量与同温度下的黑体的辐射能量之比（黑体是一种理想化的辐射体，它吸收所有波长的辐射能量，没有能量的反射和透射，其表面的发射率为1），表示实际物体的热辐射与黑体辐射的接近程度，不同物体的发射率不尽相同，其值在0~1之间。根据辐射定律，只要知道了材料的发射率，就知道了任何物体的红外辐射特性。

红外测温仪是一种光电传感器，它由镜头、滤光片、传感器和电信号处理单元等组成，滤光片的作用是选择合适的光谱波长，传感器将接收到的红外辐射能转换为电参量，连接的电路处理单元产生电信号，进而转化为温度信号。红外温度仪在出厂时使用了几乎真正的黑体辐射源进行标定，在实际使用时，还要利用温度已知的参照物对发射率参数进行修正。

测温范围是测温仪最重要的一个性能指标。有些测温仪产品量程可达到-50~+3000℃，但这不能由一种型号的红外测温仪来完成。每种型号的测温仪都有自己特定的测温范围。因此，被测温度范围一定要考虑准确、周全，既不要过窄，也不要过宽。根据黑体辐射定律，在光谱的短波段由温度引起的辐射能量的变化将超过由发射率误差所引起的辐射能量的变化，因此，测温时应尽量选用短波较好。一般来说，测温范围越窄，监控温度的输出信号分辨率越高，精度越高。测温范围过宽，会降低测温精度。目前用在硫黄反应炉上的典型产品有美国Raytek公司的2001L系列产品及美国LumaSenser技术公司的E^2T产品，见图10-2-1。

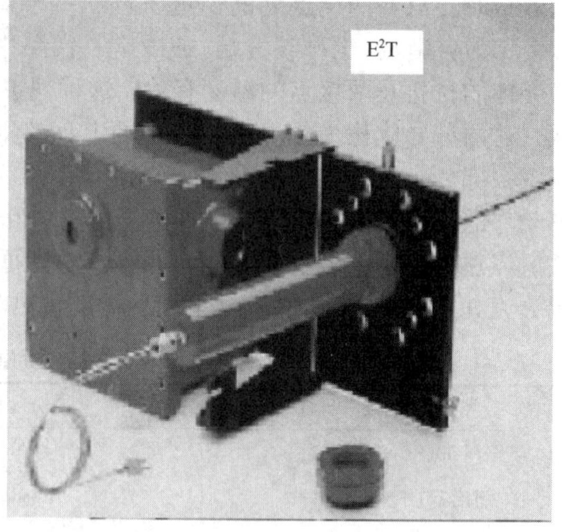

图10-2-1　二种进口红外温度仪表

3. 火焰检测仪

反应炉、在线炉、焚烧炉的燃烧器均配置火焰检测仪，燃料燃烧时火焰放出大量的能量，这些能量主要包括光能（紫外光、可见光、红外光等）、热能和声波，见图10-2-2。

燃烧火焰的辐射具有强度和脉动频率两个特点，出于可靠性考虑，判断火焰是否存在，一般是通过同时设定一个强度及脉动频率阀值来判断，当辐射强度超过此阀值时认为火焰存在，当检测到的脉动频率方面在15~50Hz范围内，则也认为火焰正常。实验表明，在三个火焰基础闪烁频率的范围，其中：① 15~50Hz火焰正常；② 7~15Hz火焰不稳定；③ ≤7Hz火焰熄灭。

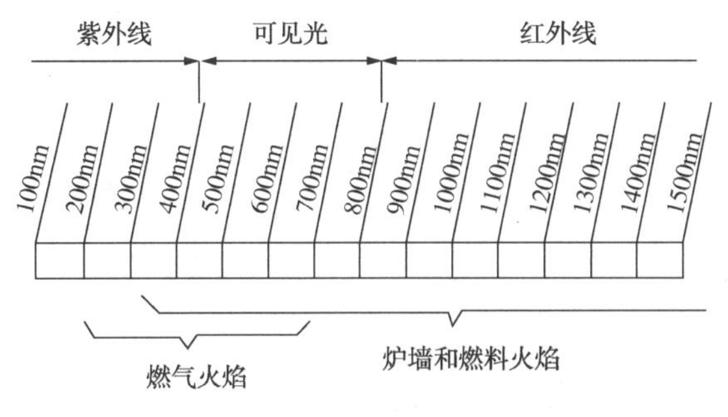

图 10-2-2　光谱波长图

硫黄装置中使用的火焰监测器有光电管式或光敏电阻式，光电管元件是在抽真空的玻璃泡内放置两个电极，阳极和具有光敏面的阴极，当光电管接收到火焰信号后，内阻降低，电压升高，升高后的电压经过功率放大而输出信号；光敏电阻则由铊、镉、铅等的硒化物制成，在红外线或紫外线的辐射下，光敏电阻感应发生变化而转变成电信号。

火焰检测仪有一体化式和分体式之分，见图 10-2-3。其中一体化式是火检探头和放大器集成在一起、安装在燃烧器上的结构；分体式则是火检探头安装在燃烧器上，放大器安装在机柜间内或室外遮阴处。目前，硫黄装置中使用的火焰检测器进口产品主要有 Duiker(红外原理，光谱范围：1050~2700nm)及德国 Durag(紫外原理，波长 190~520nm)等。

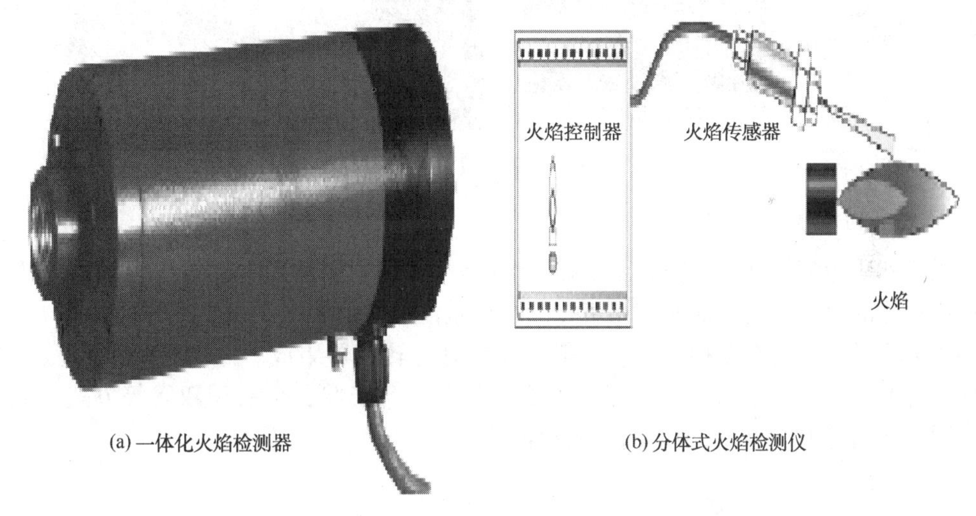

图 10-2-3　一体及分体火焰检测器

4. 超声波流量计

设静止流体中的声速为 c，流体流动的速度为 u，传播距离为 L，当声波与流体流动方向一致时(即顺流方向)，其传播速度为 $c+u$；反之，传播速度为 $c-u$。在相距为 L 的两处分别放置两组超声波发生器和接收器(T_1，R_1)和(T_2，R_2)，当 T_1 顺方向、T_2 逆方向发射超声波时，超声波分别到达接收器 R_1 和 R_2 所需要的时间为 t_1 和 t_2，则：

$$t_1=L/(c+u);$$

$$t_2=L/(c-u)$$

由于在工业管道中流体的流速比声速小得多，即 $c\gg u$，因此两者的时间差为 $\Delta t=t_2-t_1=$

$2Lu/cc$，由此可知，当声波在流体中的传播速度 c 已知时，只要测出时间差 Δt 即可求出流速 u，进而可求出流量 Q。利用这个原理进行流量测量的方法称为时差法，此外还可用相差法、频差法等原理的超声波流量计，见图 10-2-4、图 10-2-5。

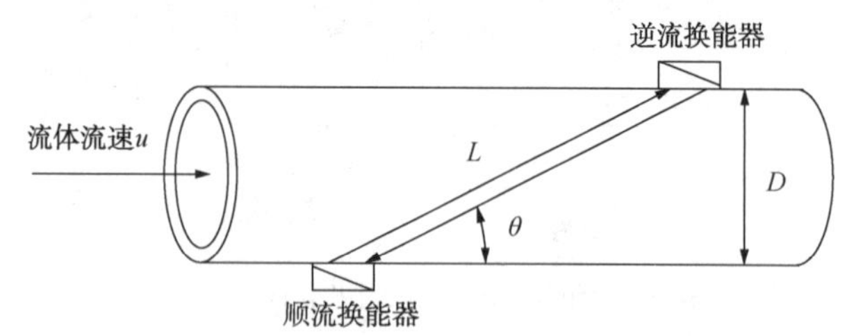

图 10-2-4　时差法超声波流量测量原理图

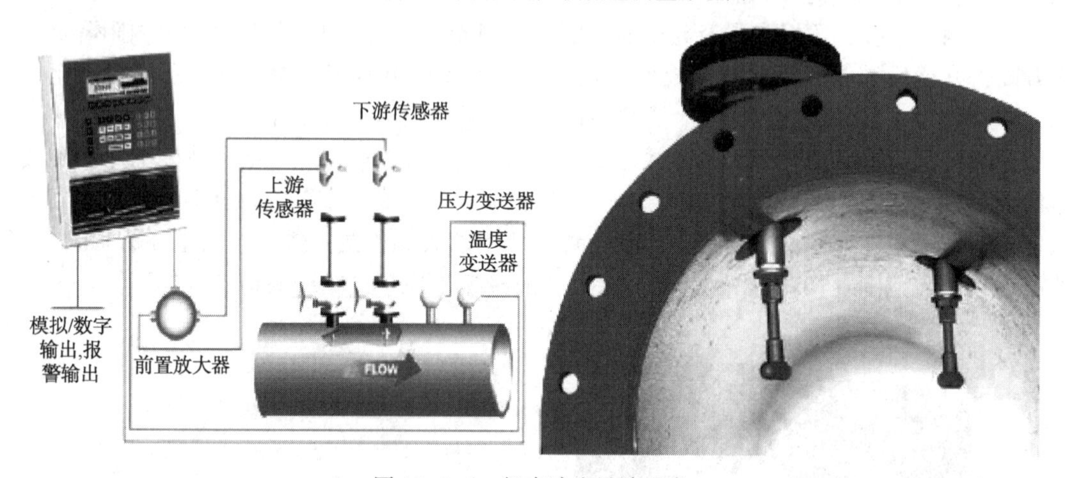

图 10-2-5　超声波流量计组成

5. 科里奥利质量流量计

科里奥利质量流量计(简称科氏力流量计)是一种利用流体在振动管中流动而产生与质量流量成正比的科里奥利力的原理来直接测量质量流量的仪表。

科氏力流量计结构有多种形式，一般由振动管与转换器组成。振动管(测量管道)是敏感器件，有 U 形、Ω 形、环形、直管形及螺旋形等几种形状，也有用双管等方式，但基本原理相同，下面以 U 形管式的质量流量计为例介绍。

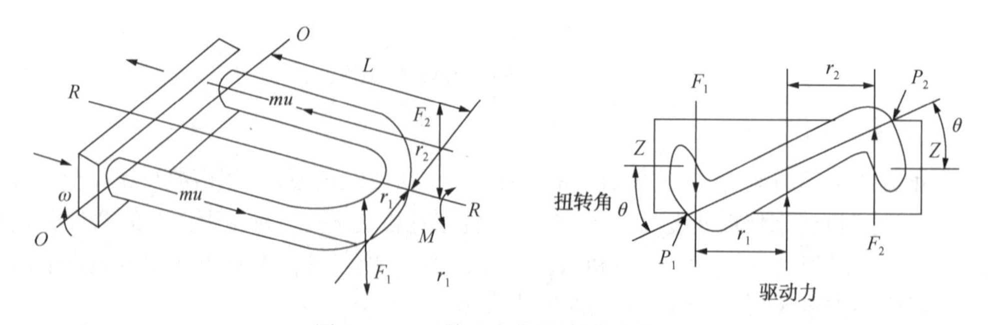

图 10-2-6　科氏力流量计测量原理

图 10-2-6 所示为 U 形管式科氏力流量计的测量原理示意图，U 形管的两个开口端固定，流体由此流入和流出，U 形管顶端装有电磁激振装置，用于驱动 U 形管，使其垂直于 U

形管所在平面的方向以 O-O 为轴按固有频率振动。U 形管的振动迫使管中流体在沿管道流动的同时又随管道作垂直运动，此时流体将受到科氏力的作用，同时流体以反作用力作用于 U 形管。由于流体在 U 形管两侧的流动方向相反，所以作用于 U 形管两侧的科氏力大小相等方向相反，从而使 U 形管受到一个力矩的作用，管端绕 R—R 轴扭转而产生扭转变形，该变形量的大小与通过流量计的质量流量具有确定的关系。因此，测得这个变形量，即可测得管内流体的质量流量。科氏力流量计能直接测得气体、液体和浆液的质量流量，也可以用于多相流测量，且不受被测介质物理参数的影响。测量精度较高，量程比可达 100：1。图 10-2-7 为科里奥利质量流量计的外观图。

图 10-2-7 质量流量计外形图

6. 热式气体质量流量计

热式质量流量计的基本原理是利用外部热源对管道内的被测流体加热，热能随流体一起流动，通过测量因流体流动而造成的热量(温度)变化来反映出流体的质量流量。

如图 10-2-8、图 10-2-9 所示，在管道中安装一个加热器对流体加热，并在加热器前后的对称点上检测温度。设 c_p 为流体的定压比热容，ΔT 为测得的两点温度差，则根据传热规律，对流体的加热功率 P 与两点间温差的关系可表示为：

$$P = q_m c_p \Delta T$$

由上式可写出质量流量的方程式：

$$q_m = \frac{P}{c_p \Delta T}$$

当流体成分确定时，流体的定压比热容为已知常数。因此由上式可知，若保持加热功率 P 恒定，则测出温差 ΔT 便可求出质量流量。若采用恒定温差法，即保持两点温差 ΔT 不变，则通过测量加热的功率 P 也可以求出质量流量。由于恒定温差法较为简单、易实现，所以实际应用较多。这种流量计多用于气体流量较大的测量。

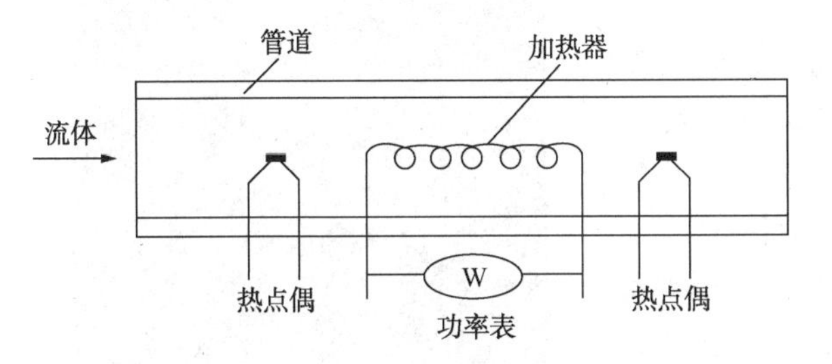

图 10-2-8 热式质量流量计结构示意图

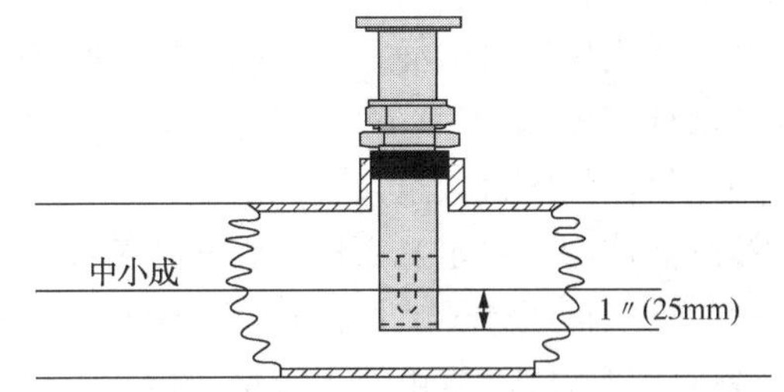

图 10-2-9 热式质量流量计的安装图

7. 阿牛巴流量计

阿牛巴流量计(又称笛形均速管流量计)属于差压式流量计，它输出为差压信号，与测量差压的变送器配套使用，采用高低压的差压测量原理测量流体上游的动压力与下游的静压力之间形成的压差，从而达到测量流量的目的。见图 10-2-10、图 10-2-11。

传感器的检测杆是由一根中空的金属管组成，迎流面钻多对总压孔，当流体流过探头时，在其前部产生一个高压分布区，高压分布区的压力略高于管道的静压，由于各总压孔是相通的，传至检测杆中的各点总压值平均后，由总压引出管引至高压接头，送到传感器的正压室；当传感器正确安装在有足够长的直管段的工艺管道上时，流量截面上应没有旋涡，整个截面的静压可认为是常数，在传感器的背面或侧面设有检测孔，代表了整个截面的静压，经静压引出管由低压接头引至传感器的负压室，正、负压室压差的平方与流量截面的平均流速成正比，从而获得差压与流量成正比的关系。

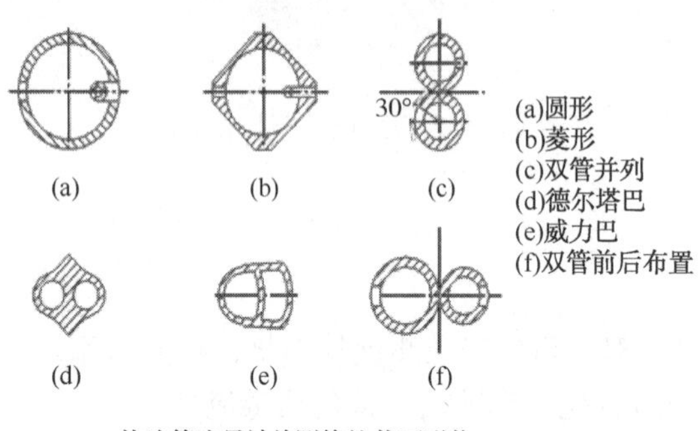

图 10-2-10　均速流量探头的截面形状

图 10-2-11　整表形状

8. 导波雷达液位计

导波雷达液位计是用于测量液体、浆料、悬浮液、颗粒状物料或固体物料的物位、距离，见图 10-2-12。测量原理：依据时域反射原理（TDR）为基础的雷达液位计，雷达液位计的电磁脉冲以光速沿钢缆或探棒传播，当遇到被测介质表面时，雷达液位计的部分脉冲被反射形成回波并沿相同路径返回到脉冲发射装置，发射装置与被测介质表面的距离同脉冲在其间的传播时间成正比，经计算得出液位高度。

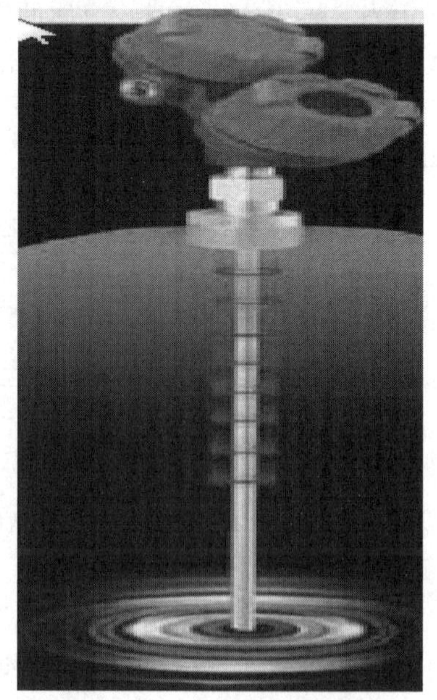

图 10-2-12　导播雷达物位计

9. 反吹式液位计

在敞口容器中插入一根吹气管，作为气源的空气或者惰性气体（如氮气）经过滤器过滤，可调减压器（其作用是将供气压力减至某一恒定值，恒定压力的大小根据被测液位高度而定）减压，保证吹气入口压力恒定。洁净的空气再经浮子流量计和恒流阀和吹气管路吹入被测液体中，吹气流量由浮子流量计指示，流量大小由浮子流量计上的流量调节阀设定，恒定流量的气体从插入液体的吹气管下端口逸出，鼓泡并通过液体排入大气。当吹气管下端有微量气泡（约为 150 个/min）排出时（因气泡微量且气体流速较低，可忽略空气在吹气管中的沿程损失，这样吹气管内的气压几乎与液位静压相等），因此由差压变送器指示的压力值即可反映出液位高度。见图 10-2-13。

吹气式液位计除了能测量洁净液体的液位外，特别适于有腐蚀性的酸碱盐液体、黏度较大的液体、易结晶液体、高温、含有固体颗粒液体的液位以及一些流化床料位的测量。

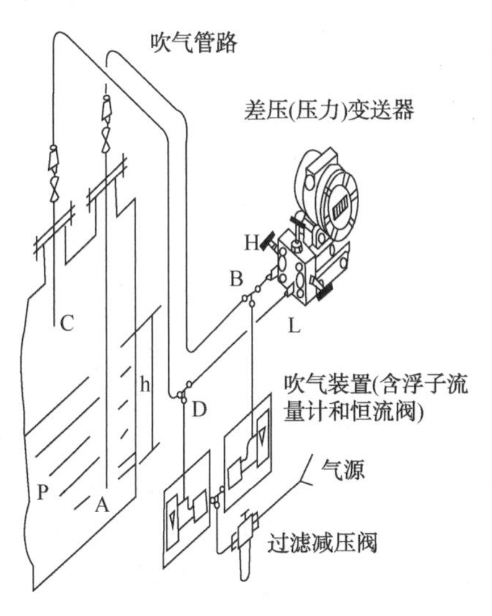

图 10-2-13　吹气式液位计安装图

三、重要仪表日常维护

1. 红外线温度仪

(1) 表头冷却水或空气流量维护

环境温度会影响仪表的准确度，当环境温度超过 50°C 时，则需要水冷或空冷对表头进行冷却。水冷或空冷都有一定的流量要求，平常应该经常检查，同时表头过冷也毫无必要，如果确实过冷，表头内置的加热器将自动启动，从而将温度控制在允许的范围内。

(2) 清洁镜片

光学组件包括物镜、目镜，这些透镜的内部表面有特殊涂层的镜片，除了物镜外表面外不需要清洁其他光学镜片，若拆开整个镜片组进行清洁反而会破坏仪表的精度。清洁物镜时，将光电组件从防爆外壳中取出，用面巾纸蘸上擦洗剂(70%异丙醇)。如果镜片特别脏，使用镜片清洗溶液。有的红外温度检测仪带有观察窗，观察窗内部脏时则也需要拆卸清洗。见图 10-2-14。

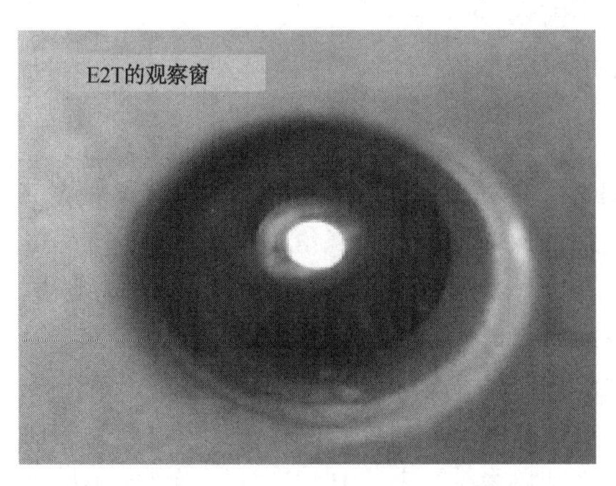

图 10-2-14　红外温度仪表观察窗

(3) 标定

如果所用的测温仪在使用中出现测温超差，并且通过调整安装位置仍然无法解决时，则需退回厂家或维修中心重新标定，红外测温仪的标定需要发射率高于 0.99 的黑体炉[注:

E2T 有一个内置的“电子校验”(CAL)系统，可以提供一个已知强度的信号，进行常规检查]。

2. B 型热电偶

选择耐高温的保护套管材质是关键，保护管有刚玉管、石英管和碳化硅等，通常比较脆(但通过特殊烧结工艺也能达到金属类似的硬度)，在装、卸时应注意不要磕碰。新制作的热电偶应确保在安装后炉内介质不外漏，为此，有的热偶厂家设计的结构中有二层气密装置，以防止热电偶保护套管意外破裂而发生硫化氢泄漏事故，第一层是在与设备法兰连接处，该处采用法兰密封；第二层密封结构在热电偶接线盒下部。为便于在运行期间观察是否泄漏，有的产品还带有检压接口，通过在接口处安装一台微压压力表，可以随时监测热电偶套管的破裂情况。为保证热偶测量精度并延长寿命，在订购热电偶产品时，对于铠装层内充填的高温氧化镁的纯度也要提出相应的要求。

在开工期间、烘炉结束的保温期间，若需要更换热电偶，应注意不能把自然冷的热电偶套管直接插入到安装孔中，以免套管爆裂，可以在外部把热偶套管慢慢加热到一定温度再插入，注意这个期间炉内不能有瓦斯和酸性气引入，以免发生人身危险。选择质量可靠的热偶产品对于硫黄炉子的安全运行非常重要，国内有的厂家不重视热偶制造质量关，故质量不太稳定，图 10-2-15 是比利时 Rodax 热偶的套管结构，国内部分硫黄装置有应用。

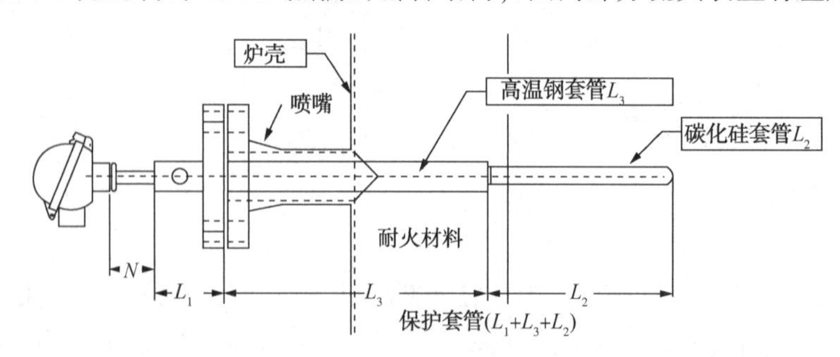

图 10-2-15　高温热电偶结构图

3. 火焰检测仪

火焰检测探头几乎是免维护的产品，除了偶尔需要对镜片进行清洁外，不需要额外的维护。注意事项有下列几点：一是在初始安装时应保证探头有合适的视角，视线的轴线应尽可能穿过待观察火焰的 1/3 处；二是火焰传感器所在的环境温度要在仪表的规定范围内，一般仪表的极限环境温度是 60℃，应避免阳光曝晒；对于分体式的火焰控制器，由于其防护等级较低，故火焰控制器最好安装在室内；三是火焰检测器在每次停工期间，应用红外或紫外灯测试，以免在开工时出现问题；四是火检探头必须通入冷却风，特别是夏季温度较高的地区，否则寿命极短，在停炉后，也不要马上关闭冷却风系统，要等到炉内温度降到常温后再停止，以免高温损坏火检探头。见图 10-2-16。

硫黄装置火焰检测仪使用好坏影响炉子的安全运行，火焰检测仪在原始设计时是参与联锁的，考虑到使用火焰检测仪的场合不会很多，应为硫黄装置单独准备适量的备件。

4. 质量流量计

质量流量计在初始安装时注意事项：一是测量瓦斯时，流量计应朝上安装，避免瓦斯中的液体沉积在测量管底部影响测量精度；二是应避免管道应力，可在质量流量计的前后采用金属软管；三是流量计前后应安装截止阀和旁路，以便日常的零位标定，调零时必须关闭前后截止阀确保流量计内介质满管。

图 10-2-16　火焰检测仪安装图

四、典型故障分析

1. 电磁阀和定位器等设备进水故障

电磁阀和定位器进水故障的后果是非常严重的，往往导致装置停工。应在检修时全面检查每个电磁阀、定位器的接线盒，做好设备密封，必要时加装防护罩。见图 10-2-17。

图 10-2-17　电磁阀、定位器进水案例

2. 电源故障

应根据电源厂家的推荐使用年限定期更换电源，电源分布在 DCS 机柜中，也分布在硫黄装置的就地风机机柜中，有独立的 24V 稳压电源，也有 PLC 系统自带的电源卡，建议这些电源的使用年限不要超过 10 年。

关键设备应有双路冗余的电源。在每次停工检修期间，仪表专业和电气专业应对全部 220V 电源负载、特别是现场的就地风机控制柜进行双电源切换试验，以保证当装置的一路 UPS 停电时，另一路 UPS（或 GPS）能给设备继续供电，避免装置跳车。见图 10-2-18。

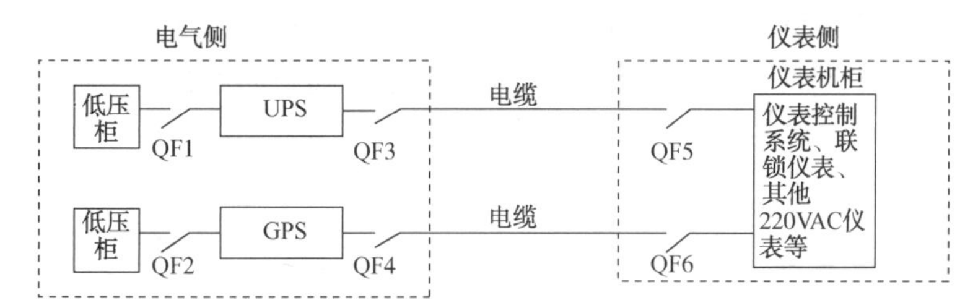

图 10-2-18　电源切换试验示意图

3. 操作室环境问题引起的仪表故障

硫黄装置的机柜室往往离装置较近，DCS 机柜间的空气中含有腐蚀性气体的可能性比其他装置高，端子、卡件腐蚀氧化造成的跳车屡见不鲜，仪表卡件的设备寿命比其他装置短，都是不争的事实，为此应改进机柜间空气质量，应采取的措施：对仪表机柜间电缆的电缆进线口进行封堵，增加机柜间的微正压措施，室内配置空气净化处理单元；对于风机控制就地机柜，在设计阶段能取消则取消，在不可避免增设现场控制柜的情形下，也应做好现场机柜的正压防护，以减少腐蚀性气体的进入。选择耐防腐等级高的 DCS 卡件；避免多套硫黄装置共用一套 DCS 或 SIS 的现象。PLC 卡件电路板上的腐蚀见图 10-2-19。

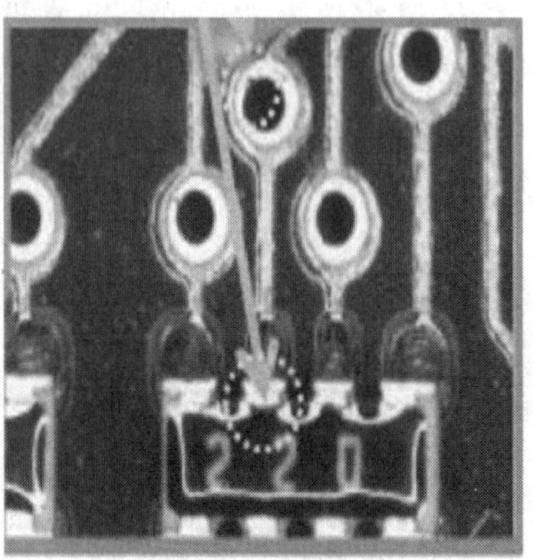

图 10-2-19　PLC 卡件电路板上的腐蚀

4. 液硫池温度和导波杆故障

液硫池的热电偶保护套管出现腐蚀，且腐蚀位置通常发生在气液交界面处，套管材质 316L，同样地，液位导波雷达导波杆也出现同样现象。见图 10-2-20。

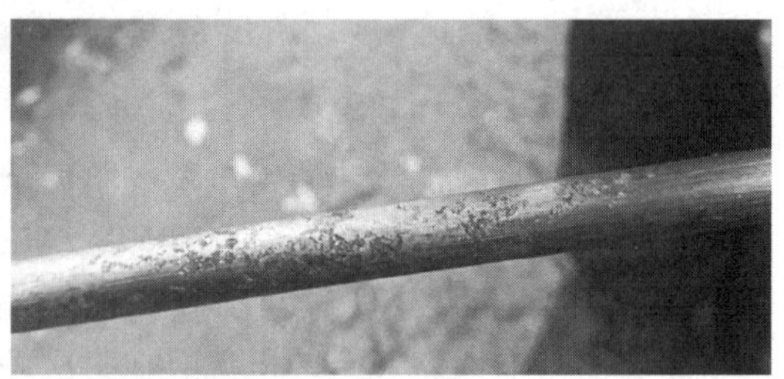

图 10-2-20　液硫池的热偶、导波雷达保护套管腐蚀

出现此现象的原因为液硫池底蒸汽盘管泄漏或液硫泵的蒸汽伴热管泄漏，导致水蒸气与含硫废气在交界面处形成酸的环境，因液硫池温度较高，在交界面处达 120~130℃，加剧了腐蚀的发生。对于仪表来说，在热电偶保护管上进行整体包覆四氟，有一定效果；但对导波雷达包覆四氟会影响雷达波的穿透强度，可改用吹气法测量、单法兰压力变送器或其他类型的雷达仪表来测量液位。

5. 蝶阀卡涩

Claus 尾气至焚烧炉调节蝶阀（带定位器）、去焚烧炉开关式联锁蝶阀（带电磁阀）都是大口径夹套蝶阀，平常这两台阀处于关闭状态，联锁时同时打开，由于阀内介质硫黄冷凝结晶而很容易导致联锁时这两台阀门因卡涩而无法打开，故日常应注意伴热蒸汽线的保温完好，宜选用1.0MPa蒸汽以提高伴热温度。另外，应选用三偏心蝶阀以减少阀门从关到开启动时的初始力矩。

6. 风机入口流量波动

反应炉风机入口均采用阿牛巴差压法测量空气流量，主风机入口流量在大风大雨天气时容易出现流量波动，造成主风机喘振，导致主风放空，入炉空气减少，燃烧不充分，出现黑硫黄现象。

有两种原因会导致入口风量失准：一是采用如图10-2-21所示的下进气方式，雨水落至平台钢板上时会溅起水珠，水珠被吸入至风道，进一步落入了阿牛巴测量管的测量孔引起流量波动。改进方法一：将平台底板的花纹钢板改成格栅板；方法二：采用风道朝天的方式吸入空气，由于风道上方的防雨罩面积太小，无法遮挡斜雨(图10-2-23)，雨水进入风道时落入了巴类测量管的测量孔，造成风量失准，进而引起风机喘振，改进方法是增大上部防雨罩(图10-2-22)。

图10-2-21　主风进气下进气方式

图10-2-22　增大防雨罩后

图10-2-23　顶部防雨罩太小

第三节　在线分析仪表

一、概述

(一) 在线分析仪表定义及分类

1. 在线分析仪表定义

在线分析仪表又称过程分析仪表，是指直接安装在工艺流程中，对物料的组成成分或物性参数进行自动连续分析的一类仪表。

2. 在线分析仪分类

在流程工业的过程分析中，在线分析仪器大致分为两类：一类是直接安装在流程工艺管线的在线分析仪器(on-line)，仪器传感器直接安装在工艺管道或设备中，也称为原位式在线分析仪器；另一类是通过简单的取样预处理，将样气从工艺管线取出，送到安装在现场的过程分析仪器(in-line)检测，也称为取样式在线分析仪器。取样式在线分析仪器通常配置简单的取样预处理装置，被称为分析仪器的取样预处理部件。

1）按被测介质的相态分，在线分析仪可分为气体分析仪和液体分析仪两大类。

2）按测量成分或参数分，可分为氢分析仪、氧分析仪、pH 值测定仪、电导率测定仪等。

3）按测量方法分，可分为光学分析仪、电化学分析仪、色谱分析仪、物性分析仪等。

4）在线气体分析仪器按照分析的原理进行分类，常用在线气体分析仪器主要有：

① 光学式气体分析器。主要包括红外线气体分析仪、紫外光谱气体分析仪、激光光谱气体分析仪、傅里叶变换红外光谱仪、化学发光气体分析器、紫外荧光气体分析仪等。

② 顺磁式氧分析器。主要包括热磁对流式氧分析仪、磁力机械式氧分析仪、磁压式氧分析仪。

③ 热学式气体分析器。主要包括热导式气体分析仪、热化学气体分析仪、催化燃烧式可燃气体分析仪、热值仪等。

④ 电化学式气体分析器。主要包括固体电解质氧化锆氧分析仪、燃料电池式氧分析仪、电解池式氧分析仪、定电位电解式有毒气体检测仪等。

⑤ 在线气相色谱仪。工业色谱仪常用检测器分类有：热导检测器（TCD）、氢火焰检测器（FID）、火焰光度检测器（FPD）等。

⑥ 在线质谱仪。主要分为四极质谱仪和磁质谱仪等。

⑦ 其他专用在线气体分析仪。包括在线硫化氢、总硫分析仪、在线总碳氢分析仪等。

（二）硫黄装置在线分析仪应用

硫黄装置主要分析点配置氢含量分析仪、比值分析仪、氧含量分析仪等，具体见图 10-3-1。

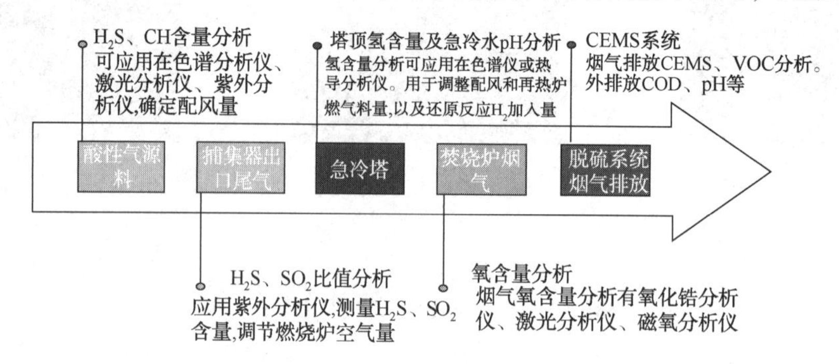

图 10-3-1　硫黄装置在线分析仪应用

硫黄装置应用的在线分析仪类型见表 10-3-1。

表 10-3-1　硫黄装置在线分析仪表应用

序号	分析仪表类型	应用分析点
1	色谱分析仪	酸性气原料组成、急冷塔塔顶氢气含量
2	紫外分析仪	酸性气原料组成、尾气 H_2S/SO_2 比值分析
3	热导分析仪	急冷塔塔顶氢气含量
4	pH 分析仪	急冷塔酸性水
5	磁氧分析仪	焚烧炉烟气
6	激光分析仪	酸性气原料组成、焚烧炉烟气
7	氧化锆分析仪	焚烧炉烟气
8	CEMS 系统	烟气排放

二、硫黄在线仪表

(一) 在线色谱分析仪

气相色谱仪的基本原理是色谱法。色谱法是一种物理分离方法，是将混和物中的各组分随时间分别从混和物中分离出来，所要分离的组分分布在两个相中，其中一个是有大表面积的固定相，另一相则是通过或沿着固定相作相对移动的流动相，由于固定相对混和物中的不同组分有不同的吸附力或溶解度，在载气的带动下，各个组分的移动速度不同，所以在色谱柱中停流的时间也不同，从而达到分离的目的。

1. 工作过程

在线气相色谱仪由分析单元、控制单元、样品处理单元等三个部分组成，见图 10-3-2。

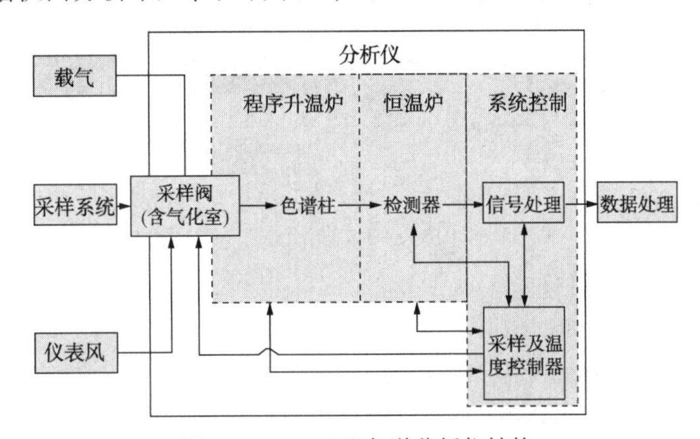

图 10-3-2　工业色谱分析仪结构

(1) 分析单元

主要由以下部件组成。

1) 恒温炉。给检测器提供恒定的温度，在程序升温型的色谱仪中，还需要设置程序升温炉供色谱柱按程序升温。

2) 自动进样阀。周期性向色谱柱送入定量样品。

3) 色谱柱系统。利用各种物理化学方法将混合组分分离开。

4) 检测器。据某种物理或化学原理将分离后的组分浓度信号转换成电量。

(2) 控制器

控制器的功能包括：炉温控制，进样、柱切和流路切换系统的程控，对检测器信号进行放大处理和数值计算。本机显示操作和信号输出，与 DCS 通信等。

(3) 采样单元

包括样品处理、流路切换、大气平衡部件等，这里所说的样品处理，是色谱仪内部对样品进行一些简单的流量、压力调节和过滤处理。如果样品含尘、含水 等，则需另设取样样品处理系统预先加以处理。

除了上述部件之外，还有气路控制指示部件(其作用是对进入仪器的载气及辅助气体进行稳压、稳流控制和压力、流量指示)、防爆部件(各种隔爆、正压、本安防爆部件及其报警联锁系统)等。

2. 在线紫外分析仪原理

紫外分析仪是基于光谱分析中最基本的吸收光谱定律———比尔(Beer)定律设计的一类仪表，一般由光源、单色器、吸收池、检测器以及数据处理及显示装置等部分构成。当被测气体通过测量室时，光源发出某一波长的光被气体吸收，光束被半透半反镜分成两路，每一路通过一个单色器到达检测器。测量通道上的单色器只让被测气体吸收波长的光通过，参比通道上的单色器只让未被气体吸收的某一波长的光通过，测量对数放大器的输出值与参比对数放大器的输出值之差与被测气体的浓度成正比。光谱波长见图 10-3-3。

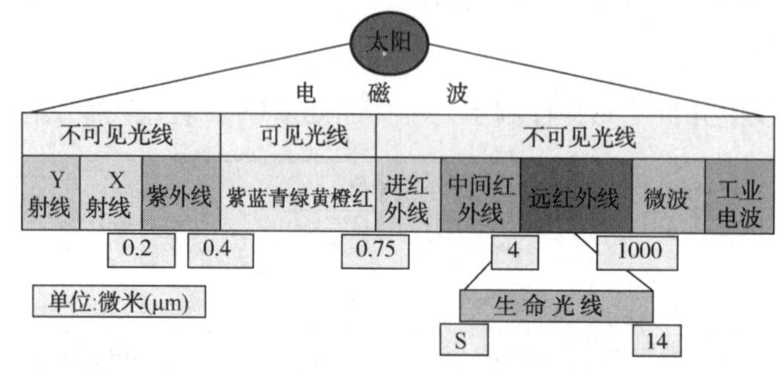

图 10-3-3　光谱波长

(二) H_2S/SO_2 比值分析仪

当前硫黄装置应用较多的比值分析仪有以下公司产品：

1）美国 Ametek 公司 880-NSL 型比值分析仪；

2）加拿大 Galvanic 公司 943-TGX 型比值分析仪；

3）美国 AAI 公司 TLG837 型比值分析仪；

4）中国聚光科技 OMA-3510 型比值分析仪。

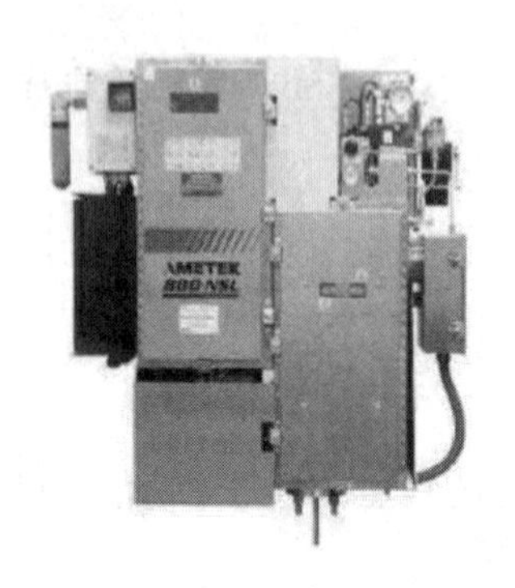

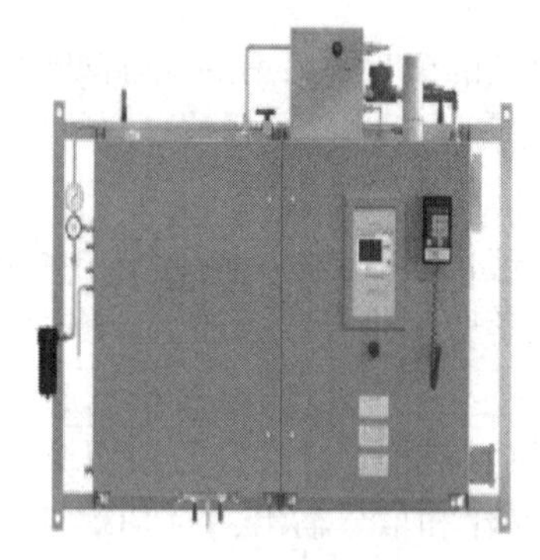

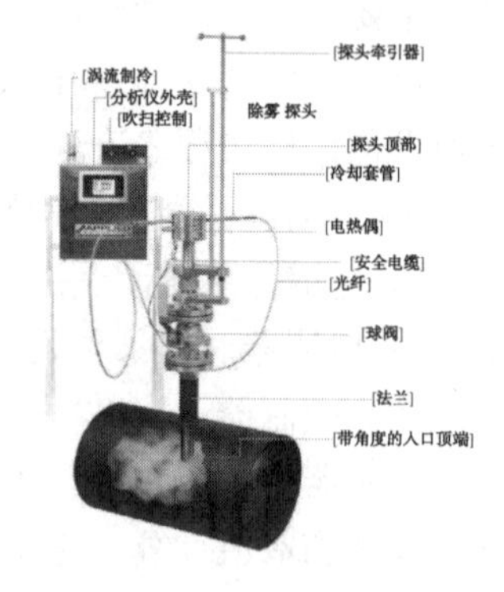

图 10-3-4　各公司比值分析仪外形

各公司比值分析仪外形见图 10-3-4。Ametek 公司的 880-NSL 型比值分析仪是利用一组多波长、无散射的紫外光谱在同一光路同时测量 4 个通道的互不干涉的紫外光波吸光率，根据待测介质的光吸收特性，4 个紫外光波的波长分别为 232nm、280nm、254nm 和 400nm，分别用于测量 H_2S、SO_2、S 蒸气的浓度和参比基准，其中参比基准主要用于补偿和修正由于石英窗不干净、光强变化和其他干扰对测量精度的影响。比值分析仪原理图、气路图见图 10-3-5、图 10-3-6。

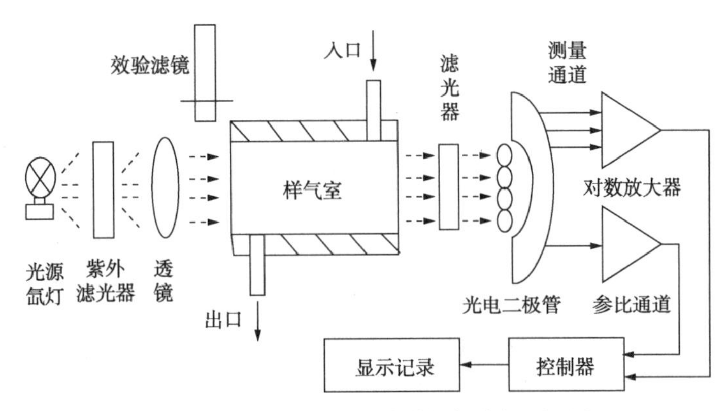

图 10-3-5　880NSL 比值分析仪分析原理图

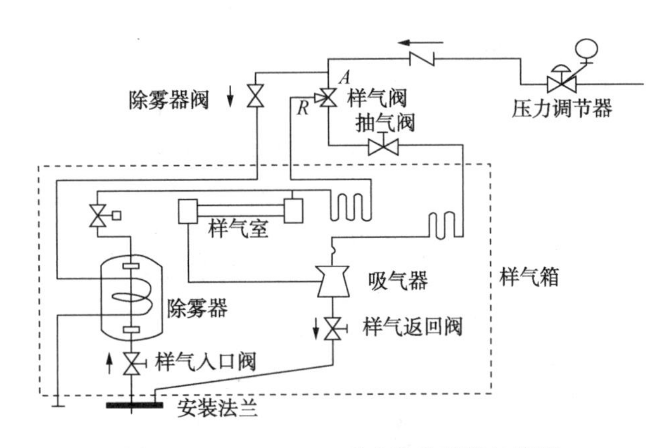

图 10-3-6　880NSL 型比值分析仪气路图

(三) 氢气分析仪

氢气的热导率要远远大于背景气中各种组分的热导率。基于氢气这一特性，热导式气体分析仪通过测量混合气体热导率的变化来检测氢气含量。常见气体热导率见表 10-3-2。

表 10-3-2　常见气体热导率

气体名称	热导率(入)/[cal/(cm·s·℃×10^{-5})]	相对热导率(入)O/(入)AO/[cal/(cm·s·℃×10^{-5})]
空气	5.83	1.000
氢 H_2	41.60	7.150
氦 He	34.80	5.910
氮 N_2	5.81	0.996
氧 O_2	5.89	1.013
氖 He	11.10	1.900
氩 Ar	3.98	0.684
氪 Kr	2.12	0.363
氯 Cl_2	1.88	0.328
氨 NH_3	35.20	0.890
一氧化碳 CO	5.63	0.960
二氧化碳 CO_2	3.50	0.605
二氧化硫 SO_2	2.40	0.350
硫化氢 H_2S	3.14	0.538

续表

气体名称	热导率(λ)/[cal/(cm·s·℃×10⁻⁵)]	相对热导率(λ)O/(λ)AO/[cal/(cm·s·℃×10⁻⁵)]
二硫化碳 C_2S	3.70	0.285
甲烷 CH_4	7.12	1.250
乙烷 C_2H_6	4.36	0.750
乙烯 C_2H_6	4.19	0.720
乙炔 C_2H_2	4.53	0.777

热导式气体分析仪是通过测量混合气体热导率的变化分析气体组成的仪器。由于气体热导率很小，变化量更小，很难直接测量。因此采用间接方法，通过热导检测器(热导池)，把混合气体的热导率变化转化为热敏元件电阻变化，电阻变化通过电桥进行测量。

(四) pH 分析仪

pH 值是指水溶液的酸度或碱度。水溶液的 pH 值由溶液中的 H^+和 OH^-离子浓度决定 pH 值是 H^+离子以 10 为底的对数的负数：$pH=-\log[H^+]$。pH 分析仪由测量电极、参比电极、温度补偿元件三部分组成，测量电极产生一个与所测量溶液 pH 值成比例的电压，参比电极在恒定温度下保持恒定电压，两个电极的电势差(mV)与 pH 值成比例。见图 10-3-7。

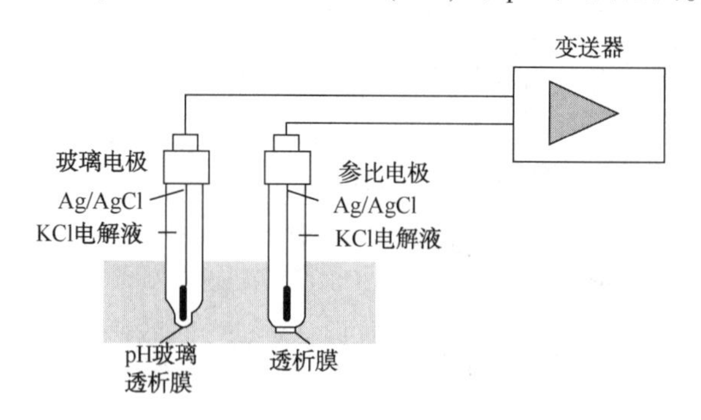

图 10-3-7　pH 分析仪测量原理

(五) 磁氧分析仪

任何物质在外界磁场作用下都会被磁化，呈现出一定的磁特性。会被外磁场吸引的物质叫顺磁性物质，会被外磁场排斥的物质叫逆磁性物质。气体介质处于磁场中也会被磁化，而且根据气体的不同也分别表现出顺磁性或逆磁性。O_2、NO、NO_2等是顺磁性气体；H_2、N_2、CO、CH_4等是逆磁性气体。O_2的体积磁化率为+146。

氧气体积磁化率远远高出其他常见气体，利用氧气这一特性，设计了顺磁式氧分析仪，有热磁对流式氧分析仪、磁力机械式氧分析仪、磁压力式氧分析仪三种。

磁力机械式氧分析仪原理：在一个密闭的气室中，装有两对不均匀磁场的磁极，它们磁强梯度正好相反，两个空心球(哑铃)置于两对磁极的间隙中，哑铃固定在弹性金属带上，可以为轴转动，中间装有一平面反射镜。当气室中氧含量为零时，光源发出光束，经镜子平均反射到两片光电池上，使光电组件输出为零。当含有氧气时，沿磁强梯度方向形成氧分压差，使空心球带动镜子偏转，反射光随之偏移，两个光电池上的光量出现差值，光电组件输出与氧量对应的毫伏电压信号。

常见气体磁化率见表 10-3-3、表 10-3-4，磁力机械式氧分析仪结构及原理见图10-3-8。

表 10-3-3　常见气体的体积磁化率(0℃)

气体名称	化学符号	$k\times10^{-6}$ (C. G. S. M)	气体名称	化学符号	$k\times10^{-6}$ (C. G. S. M)
氧	O_2	+146	氦	He	-0.083
一氧化氮	NO	+53	氢	H_2	-0.164
空气	—	+30.8	氖	Ne	-0.32
二氧化氮	NO_2	+9	氮	N_2	-0.58
氮化亚氮	N_2O	+3	水蒸气	H_2O	-0.58
乙烯	C_2H_4	+3	氯	C_{12}	-0.6
乙炔	C_2H_6	+1	二氧化碳	CO_2	-0.84
甲烷	CH_4	-1	氨	NH_3	-0.84

表 10-3-4　常见气体的相对磁化率(0℃)

气体名称	相对磁化率	气体名称	相对磁化率	气体名称	相对磁化率
氧	+100	氢	-0.11	二氧化碳	-0.57
一氧化氮	+36.3	氖	-0.22	氨	-0.57
空气	+21.1	氮	-0.40	氩	-0.59
二氧化氮	+6.16	水蒸汽	-0.40	甲烷	-0.68
氦	-0.06	氯	0.41		

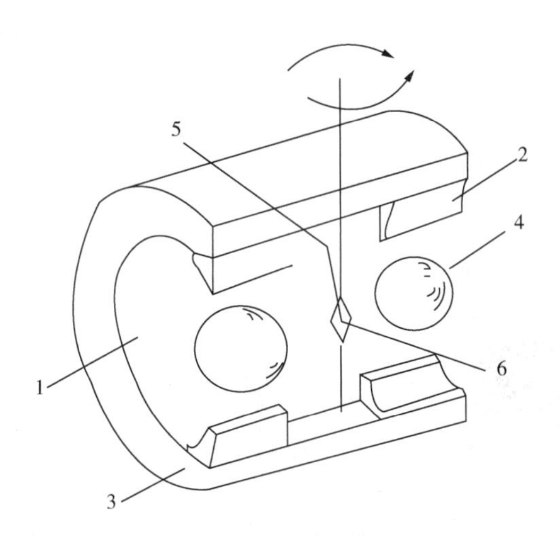

(a) 磁力机械式氧分析器检测部件结构
1-密闭气室; 2,3-磁极; 4-空心球体;
5-弹性金属带; 6-反射镜

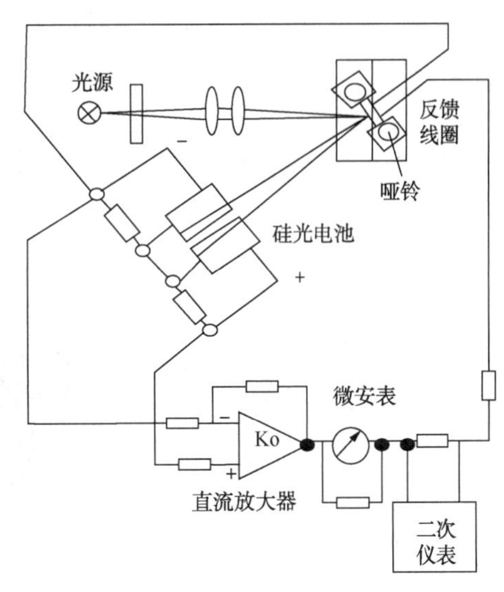

(b) 磁力机械式氧分析器原理示意

图 10-3-8　磁力机械式氧分析仪结构及原理

(六) 氧化锆分析仪

掺有氧化钙、氧化镁或氧化钇的氧化锆材料，在高温下是良好的氧离子导体，当两边氧浓度不同时，会产生氧浓差电势，该电势大小可由能斯特方程计算得出。当温度高于 600℃时，电势输出才和氧含量成单值关系。氧化锆分析仪工作原理见图 10-3-9。影响氧化锆分析仪测量准确性因素有：

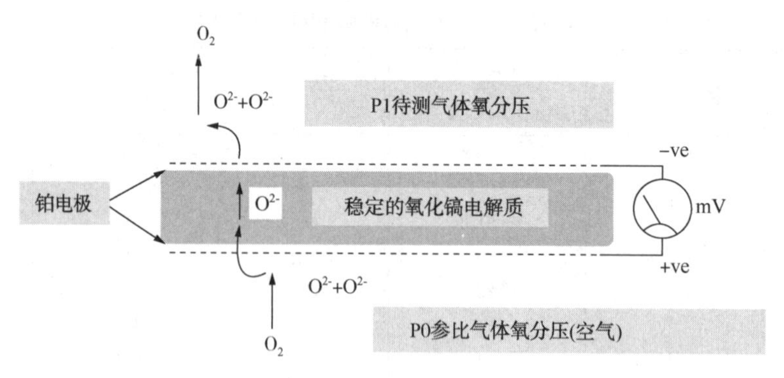

图 10-3-9　氧化锆分析仪工作原理

1）被测气体带水；

2）被测气体含可燃性气体、CO、H_2；

3）氧化锆分析仪探头堵塞；

4）参比气不稳定。

（七）激光分析仪

激光气体分析仪采用的是 DLAS（半导体激光吸收光谱 Diode Laser Absorption Spectroscopy）光谱吸收技术，通过分析激光被气体的选择性吸收来获得气体的浓度。它与传统红外光谱吸收技术的不同之处在于，半导体激光光谱宽度远小于气体吸收谱线的展宽（测量范围更窄，更有针对性，自然抗干扰能力强）。因此，DLAS 技术是一种高分辨率的光谱吸收技术。

相对于红外气体分析仪，激光抗干扰性强很多，不受 H_2O 和粉尘的影响，测量更准确。自动修正温度、压力对测量的影响。激光分析仪见图 10-3-10。

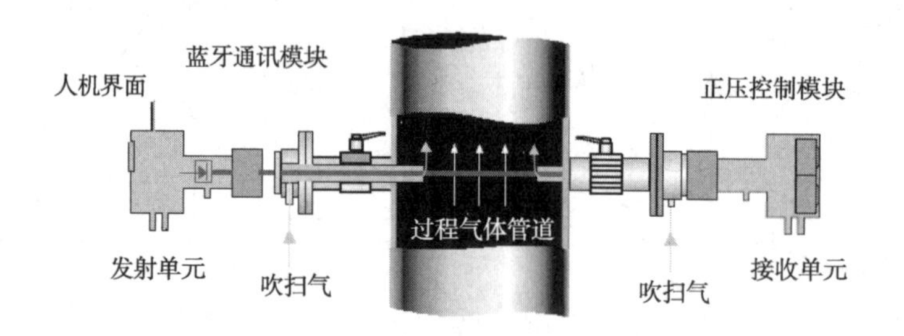

图 10-3-10　激光分析仪

（八）CEMS 系统

1. CEMS 系统组成

CEMS 系统组成见图 10-3-11。

1）颗粒物排入浓度监测子系统。

2）气态污染物排放浓度监测子系统（SO_2、NO_x、VOC）。

3）烟气参数监测子系统（温度、流速、氧含量、湿度）。

4）数据采集与处理系统（显示、存储、打印、传输）。

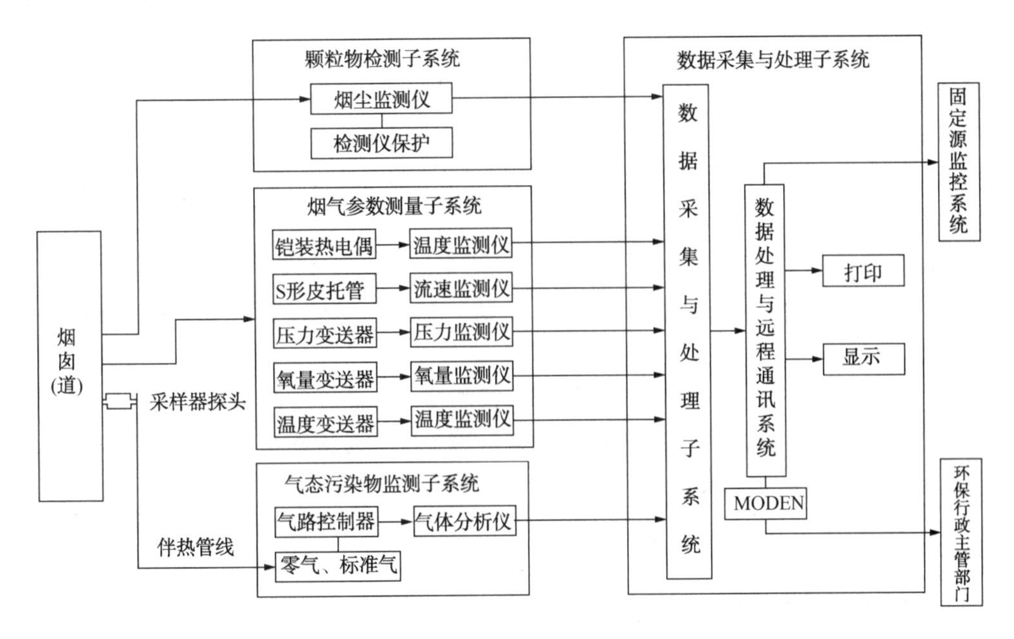

图 10-3-11　CEMS 系统组成

2. CEMS 系统监督考核内容

(1) 比对监测

1) 污染物浓度、氧量、流量、烟温比对。

2) 现场核查。

3) 制度执行情况。

4) 设备操作、使用和维护保养记录。

5) 运行、巡检记录。

6) 定期校准、校验记录。

7) 标准物质和易耗品的定期更换记录。

8) 设备故障状况及处理记录。

(2) 现场核查

1) 设备运行情况。

2) 仪器参数设置。

3) 设备运转率、数据传输率。

4) 缺失、异常数据的标记和处理。

5) 污染物的排放浓度、流量、排放总量的数据及统计报表(日报、月报、季报)。

(九) 固定式气体报警仪

1. 可燃气体报警仪

应用最广泛的催化燃烧原理。利用催化燃烧的热效应，由检测元件和补偿元件配对构成测量电桥，在一定温度条件下，可燃气体在检测元件载体表面及催化剂的作用下发生无焰燃烧，载体温度就升高，通过它内部的铂丝电阻也相应升高，从而使平衡电桥失去平衡，输出一个与可燃气体浓度成正比的电信号。

2. 有毒气体报警仪

应用电化学原理。电化学传感器通过与被测气体发生反应并产生与气体浓度成正比的电信号来工作。典型的电化学传感器由传感电极(或工作电极)和反电极组成，并由一个薄电解层隔开。气体首先通过微小的毛管型开孔与传感器发生反应，然后是疏水屏障层，最终到达电极表面。

3. 气体报警仪安装要求

1）检测比空气重的可燃气体或有毒气体，检测器安装高度距地面(或楼地板)0.3~0.6m。

2）检测比空气轻的可燃气体或有毒气体，检测器安装高度应高出释放源0.5~2m。

3）报警仪应安装在无冲击、无振动、无强电磁干扰、易检修场所。

4）现场报警仪应自带声光报警。

三、在线分析系统组成及分析小屋

(一) 在线分析系统组成

在线气体分析系统的基本组成按照取样式和非取样式分类。取样式分析系统的基本组成主要包括样品取样处理系统、在线分析仪器、数据采集处理传输以及分析小屋或分析柜等。在线分析系统见图10-3-12。

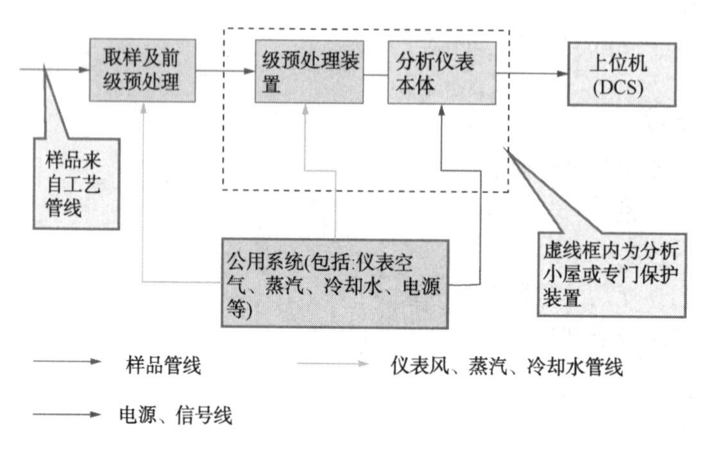

图10-3-12　在线分析系统

(二) 取样及样品处理系统要求

1. 取样系统

1）由取样点取出的试样应有代表性，当通过取样系统后不应引起组分和含量的变化。

2）取样口应设置在维护人员易接近之处，并应兼顾到试样的温度、压力和滞后时间；取样口不应设置在流体呈层流的低流速区及节流件下游的涡流区和死角。

3）气体试样应避免液体混入，液体试样应避免夹带气体。当工艺管线管壁易附着脏物时，应将取样探头插入管线中心(1/3~1/2)；当试样中有固体颗粒时，应在取样处安装过滤器，并备有反吹接口。

4）根据取样的工艺状况，取样系统应具备相应的减压稳流、冷凝液排放、超压放空、负压抽吸、故障报警或耐高温等功能。

5）在取样过程中如出现凝结物时，应采取保温伴热措施，但应避免过热引起试样组成变化。

2. 取样及样品处理系统要求

1）取样管路应尽量短，使滞后时间最小，样品输送系统的滞后时间不宜大于60s，取样管管径宜为*DN*6~*DN*15。

2）取样管材质宜采用不锈钢，当试样中含有可腐蚀不锈钢的组分时，可采用聚乙烯、聚四氟乙烯等其他合适的材质。

3）预处理装置：

① 预处理装置一般包括样品净化、汽化、稳压稳流、恒温等部分，应根据具体试样条件和分析仪表的技术要求确定；

② 预处理装置应靠近分析取样点设置，并由分析仪制造厂成套配置；

③ 试样通过预处理装置后，应符合分析仪表检测器对试样的技术要求；

④ 经过预处理装置后的试样，其待测组分的浓度应不受影响。

3. 在线分析小屋

在线分析仪安装在现场，因而需要不同程度的气候和环境保护，以确保仪表的使用性能并利于维护。所以在线分析仪表相对集中且都处于爆炸危险区域，应考虑采用分析小屋，它对于需要高等级防护、用途重要且需要经常维护的分析仪提供了一种可控制的操作和维护环境，并可降低长期维护费用。

（1）分析小屋防爆要求

1）小屋内：1区，IIB+H2，T3。

2）小屋外：2区，IIB+H2，T3。

3）小屋安装在2区，按照不高于1区的防爆要求设计及制造分析小屋（或分析柜），分析小屋（或分析柜）内部所有电气设备均满足1区防爆要求，并提供相应防爆证书（H_2钢瓶处5m范围内接线箱等电器防爆等级符合氢气环境IIC）。

（2）分析小屋配置要求

1）结构型式：钢焊接框架式结构，一般净深为2500mm，高度为3000mm，小屋内部净高不低于2700mm，小屋门的数量根据长度确定，小于等于4m设一个门，大于4m设两个门，门为外开单扇型，带有推杆式逃生锁。

2）空调通风系统：配防爆冷暖变频空调或空气调节系统，在环境极限温度下能保证室内温度保持在22℃±2.5℃，分析小屋配置两台排风扇，保证小屋每小时至少6次的换气量。

3）配管：包括样品管线，快速回路管线，公用工程管线（蒸汽、仪表风、工业氮、冷却水等）。

4）配线：仪表信号、供电（照明、空调、采样泵等供电使用GPS、仪表供电用UPS）、接地等。

5）安全报警系统：小屋根据安全要求配置可燃气体、氢气、氧气、有毒气体报警仪。

正常工作时，分析小屋内风机连续运转，保证每小时 6 次的换气量。当分析屋内任一检测器达到预报警限时，室内预警灯、室外警灯、警笛工作，并输出信号到 DCS ；直到信号达到预报警限以下，待操作人员确认后，方能停止。

6）照明系统：配有防爆荧光灯，其中一个为应急灯，保证小屋内的照度不低于 300LUX，预处理箱和接线箱侧分别设置照明灯。

7）载气和标气：小屋内有色谱分析仪，需配置载气系统。

四、主要在线分析仪的选型

（一）酸性气原料组成分析（H_2S、CO_2、HC）

酸性气组成见表 10-3-5。

1）难点：H_2S 毒性强、腐蚀性强，要求分析系统防腐、安全操作及废气排放要整体考虑。NH_3 和 CO_2 易形成铵盐结晶堵塞管线，样品管线及处理系统要伴热在 140℃ 以上。

2）建议：采用色谱仪分析，在安全和维护上存在较大隐患，而对于配风量控制主要参数是 H_2S 含量，因此建议此点只测量 H_2S，采用紫外分析仪或激光分析仪直接安装在工艺管道上测量。

表 10-3-5　酸性气组成

组分	范围/%（体）	设计值/%（体）	组分	范围/%（体）	设计值/%（体）
H_2S	75~90	80	NH_3	1~2	1.5
CO_2	10~15	12.5	H_2O	3~5	4
HC	1~2	2	总计	100	100

（二）尾气 H_2S/SO_2 比值分析

1）特点：硫蒸气易结晶，造成分析系统堵塞。

2）建议：采用紫外分析仪，直接安装在工艺管道上测量，无引样管线，响应时间小于 10s，美国 Ametek 公司 880-NSL 型比值分析仪应用较为成熟，市场占有率最高，但价格也最高。

（三）急冷塔塔顶氢气含量分析

1）特点：介质压力低、带水、含 H_2S，取样处理系统及排放安全要求高。

2）建议：因样气组成复杂，H_2 含量很低，而干扰组分 CO_2 含量较高，因此不建议采用热导式 H_2 分析仪，建议采用色谱分析仪。

（四）焚烧炉烟气氧含量分析

1）特点：介质压力低。

2）建议：前期选用磁氧分析仪较多，配置蒸汽喷射采样探头，样品处理系统复杂，而采用直插式氧化锆分析仪和原位式激光分析仪不需要引样和样品预处理，维护量少，如费用允许，建议采用激光分析仪。

五、分析仪常见故障分析

案例一：880 型比值分析仪。

分析仪进入“SAMPLE CYCLE ”就伴随“LOW LIGHT LEVEL”进入“ZERO CYCLE”。这种

情况常发生在刚开车阶段，一般是由于在分析仪没有投用前配风量过大，导致 SO_2浓度超过2%，引起低光报警，请通知系统操作人员将风量递减，直到能进入“SAMPLE CYCLE”正常运行。另外就是开车时，由于 H_2S 浓度超过 4% ，一进入“SAMPLE CYCLE”就进入“ZERO CYCLE”，请通知系统操作人员将风量增加，直到能进入“SAMPLE CYCLE”正常运行。

案例二：880 型比值分析仪。

分析仪进入“SAMPLE CYCLE”，但 SO_2和 H_2S 浓度示值均为零。出现这种情况首先检查确认尾气是否存在，同时查看抽气量表头指针是否抖动，如果有尾气存在且抽气量表指针抖动，将采样阀和回样阀关闭，看气室压力是否在 30psi 左右，打开采样阀关闭回样阀，检查气室压力是否从 30psi 迅速回落至 20psi 以下，如果不回落，往往就是采样阀以下采样管堵塞。同时检查球阀及夹套蒸汽压力是否符合要求，并采取了保温措施，必要时使用铁丝疏通采样管。如果分析仪已进入“SAMPLE CYCLE”尾气存在且抽气量正常，读数就是零，则检查检测室内滤光组件是否腐蚀、光检测电路板上光电池是否损坏。

案例三：氢气色谱分析仪。

指示数据偏低，样品处理系统及色谱仪出峰正常，用标气检查并标定。检查结果：样品管路或过滤器堵塞；抽吸系统堵，工作不正常。原因：自动脱液罐浮子密封不好，空气进入检测系统。

第十一章　硫黄回收装置设计原则

第一节　概　　述

原油中含有多种形态的硫，其硫含量范围通常在0.05%~4%之间，少量品种的高硫原油中硫含量甚至高于10%。硫是炼厂中重要的污染物和腐蚀元素，燃烧后生成的SO_2和SO_3又是炼厂的主要污染因子。在石油炼制和生产加工过程中，原油中的硫元素会发生物理化学反应，并迁移分布至产品、副产品及“三废”中，其中硫黄回收装置更是全厂主要的硫元素去向和核心环保装置。通常，随全厂加工流程的不同，通过硫黄回收装置回收的硫元素可占原油中硫的50%~80%，在不含焦化装置的炼厂中，这一比例更高。近年来，随着炼厂规模扩大和环保要求日益严格，对硫黄回收装置也提出了更高的要求。

硫黄回收装置的加工能力应能保证在加工最大含硫原油及加工装置最大负荷的情况下，能完全处理产生的酸性气；装置的处理能力应可保证在任一单系列硫黄回收装置出现故障时，其余系列能够完全处理产生的酸性气。装置设定还应考虑开停工工况，当全厂各装置不同时开工/停工检修时，装置应能在最低酸性气负荷时正常运行。对于多系列的硫黄回收装置，其配套的溶剂再生装置可以共用，也可每2~3套硫黄回收装置共用一套溶剂再生装置。

第二节　工艺设计原则

一、酸性气预处理部分

对来自溶剂再生装置的酸性气组成一般要求为硫化氢含量≮50%(体)；当酸性水汽提装置采用单塔加压侧线抽出或双塔加压汽提工艺流程时，对酸性气组成一般要求为氨含量≯1%(体)；来自上游装置的酸性气应控制烃含量≯2%(体)，水含量为饱和水；混合后原料酸性气中氨浓度不宜超过25%(体)，否则应与工业炉专业及推荐的燃烧器供货商沟通确认。

当混合后原料酸性气中硫化氢含量低于50%(体)要求时(如原料主要为煤制氢装置酸性气)，宜考虑采取筛选脱硫溶剂、优化脱硫工艺、酸性气提浓等方法提高硫化氢浓度，或者采用适合处理低浓度酸性气的硫回收工艺(例如分流法Claus制硫工艺、液相氧化法制硫工艺等)。

硫黄回收装置可同时处理少量含二氧化硫酸性气(如来自S-Zorb装置和可再生湿法烟气脱硫装置的再生尾气等含二氧化硫酸性气)，需根据酸性气原料条件(流量及组成等)，进行工艺核算后确定其对本装置的影响，以决定是否可引入硫黄回收装置以及引入的具体位置。

原料酸性气应按含氨酸性气与不含氨酸性气分别进装置，分别设置分液罐，含氨酸性气分液罐中的凝液宜送至酸性水汽提装置，再生酸性气分液罐的凝液宜送至溶剂再生装置。

一般情况下，可按不含氨酸性气预热至100~160℃（视炉膛温度定）后与含氨酸性气合并进酸性气燃烧炉的原则进行设计；采用双区炉工艺时，不含氨酸性气可不进行预热。

当装置需要处理油品脱硫醇氧化尾气时，尾气宜进入酸性气燃烧炉。

二、Claus 部分

根据酸性气中氨含量和采用的燃烧器型式选择分解氨的流程，常用的流程有单区炉（同室同喷嘴型流程）、双区炉（两室串联型流程）。当混合酸性气中氨含量高于2%（体）时，或炉膛火焰温度低于1050℃，宜采取双区酸性气燃烧炉的工艺，将全部含氨酸性气与部分不含氨酸性气混合后经燃烧器进入燃烧炉的第一燃烧区，该区由于处在氧气富裕的状态下，可以较容易地达到将氨完全分解所需的较高温度，其余酸性气进入燃烧炉的第二燃烧区。

当酸性气燃烧炉的炉膛温度低于1150℃时，宜考虑以下措施提高炉膛温度：

1）对酸性气和/或空气进行预热；

2）采用双区酸性气燃烧炉；

3）用富氧代替空气；

4）添加燃料伴烧。

反应炉余热锅炉应采用火管式锅炉，对于中等以上规模的硫黄回收，废热锅炉壳程宜发生中压蒸汽。对于小型规模的硫黄回收，为降低投资及简化流程，废热锅炉壳程宜发生1.0MPa低压蒸汽。

过程气的再热方式是影响工艺流程选择的重要因素。再热方式主要分为直接加热（包括高温烟气掺合法和在线燃烧炉加热法）和间接加热（包括中压蒸汽加热法、气-气换热法和电加热法）两大类，各种过程气再热方式的主要特点见表11-2-1。

表11-2-1　过程气再热方式的主要特点

过程气再热方式	适用范围	主要特点	
		优点	缺点
高温烟气掺合法	小型规模	1)流程和设备简单； 2)投资和操作成本低； 3)温度调节灵活	1）硫转化率略有下降； 2）掺合阀材质要求高； 3）操作弹性较小； 4）影响装置长周期运行
在线燃烧炉加热法	中、大型规模；燃料气组成比较稳定	1）调节方便，控制灵敏； 2）操作弹性大	1）管道和设备尺寸略大； 2）投资和操作成本较高； 3）燃料气和空气比例控制严格
中压蒸汽加热法	中、大型规模	1）操作简单、温度控制方便； 2）操作弹性大	投资和操作成本较高
气-气换热法	小型规模	操作简便，不影响过程气中H_2S和SO_2的比例和转化率	1）换热器设备庞大； 2）操作弹性小； 3）管线布置复杂； 4）开工速度较慢，易形成硫冷凝

续表

过程气再热方式	适用范围	主要特点	
		优点	缺点
电加热法	小型规模	1）操作方便、温度调节灵敏； 2）操作弹性大； 3）开工速度快	能耗高

对于小型硫黄回收装置，过程气加热宜采用高温烟气掺合法；对于大、中型硫黄回收装置，过程气加热宜采用自产中压蒸汽加热法，当装置燃料气组成比较稳定时，也可采用在线燃烧炉加热法。当采用中压蒸汽作为过程气加热源时，自产蒸汽压力和进入装置的蒸汽压力不宜低于4.0MPa。

硫黄回收装置宜采用两级Claus反应器。一级Claus反应器宜装填对有机硫化物具有良好水解率、抗硫酸盐化能力强的催化剂。为增加COS和CS_2的水解率，应提高一级反应器入口温度或在一级反应器底部装填有机硫水解催化剂。过程气进入Claus反应器的温度应根据所选催化剂推荐的条件确定，应比硫蒸气露点高10~30℃，一级反应器入口温度宜取240~250℃，二级反应器入口温度宜取220~230℃。

硫黄回收装置宜采用三级硫冷凝器。硫冷凝器的壳程宜发生低低压蒸汽，发生的蒸汽除用于本装置伴热，还可应用于溶剂再生塔重沸器的热源，发生低低压蒸汽的压力为0.4~0.5MPa(表)，应根据装置内低低压蒸汽管网的压力确定，一般发生蒸汽的压力宜高于装置内管网的压力0.05MPa(表)。

三级硫冷凝器的壳程除采用发生低低压蒸汽工艺外，也可以采用发生乏汽工艺以提高克劳斯部分的硫回收率。当三级硫冷凝器发生乏汽时，过程气出口温度不宜低于130℃(表)；当三级硫冷凝器发生乏汽时，乏汽宜采用空冷器进行冷却后返回硫冷凝器，发生乏汽的压力宜为0.12MPa(表)。

三、液硫脱气部分

硫黄回收装置应设置液硫脱气设施，应根据产品要求确定脱气工艺，脱气后液硫中H_2S含量视脱气工艺不同而不同，一般脱气后液硫中H_2S含量为10~50μL/L。

当采用加压空气气提工艺进行液硫脱气时，脱气后液硫中H_2S为10~20μL/L；当采用循环脱气工艺进行液硫脱气时，脱气后液硫中$H_2S \leq 50$μL/L；当采用加压空气气提工艺进行液硫脱气时，空气可来自工厂非净化空气管网，也可由本装置的酸性气燃烧炉鼓风机提供，用于脱气的空气应经空气预热器加热后使用；空气用量应注意避开爆炸极限范围；脱气排出的含硫化氢尾气应送至反应炉进一步处理。

四、尾气处理部分

尾气处理工艺的选择应根据尾气排放标准、装置投资及操作成本确定。主要的尾气处理工艺及技术要点见表11-2-2。

表 11-2-2　尾气处理工艺及技术要点

序号	工艺名称	技术开发公司	总硫回收率/%	技术要点
1	SCOT(斯科特)	SHELL	≥99.8	还原-吸收工艺，通过燃料气在在线还原炉发生次化学当量反应产生 H_2、CO 等还原气体
2	LQSR 节能型硫黄回收尾气处理	LPEC/齐鲁石化研究院	≥99.8	还原-吸收工艺，采用低温加氢还原催化剂，简化尾气加热方式，有效降低能耗，减少装置投资，提高装置运行的可靠性
3	SUPER-SCOT(超级斯科特)	SHELL	≥99.95	SCOT 技术改进，二段再生与吸收、降低贫液吸收温度，减少净化气中硫含量，净化尾气中 H_2S含量小于 10μL/L，总硫小于 50μL/L
4	LS-SCOT(低硫斯科特)	SHELL	≥99.95	SCOT 技术改进，溶液中加入助剂以提高再生效果，在同等蒸汽单耗下改进贫液质量，降低贫液吸收温度，减少净化气中硫含量，净化尾气中 H_2S 含量小于 10μL/L，总硫小于 50μL/L
5	LT-SCOT(低温斯科特)	SHELL	≥99.95	SCOT 技术改进，采用低温加氢还原催化剂
6	RAR	KTI	≥99.9	不设置在线还原炉，通过换热途径再热尾气，利用外供氢源
7	HCR	NIGI	≥99.9	不设置在线还原炉，通过换热途径再热尾气，大幅度提高硫黄回收装置过程气中 H_2S/SO_2 比例
8	串级 SCOT(串级斯科特)	SHELL	≥99.8	SCOT 技术，尾气脱硫的半贫液作为脱硫装置二次吸收溶剂

按照现行国家标准，硫黄回收装置的总回收率应达到 99.9%以上，尾气处理建议采用还原吸收法尾气处理工艺。应根据所选择的尾气处理工艺及加氢催化剂类型确定尾气的加热方式。当装置有自产中压蒸汽，且采用低温加氢催化剂时，推荐采用自产中压蒸汽加热。加热后尾气进入加氢反应器的温度开工初期宜控制在 220℃，开工末期宜控制在 240℃，应根据不同低温催化剂进行适当调整。

为满足加氢催化剂末期加热温度的要求，可以通过以下措施：①对于中型以上规模的硫黄回收，设置两台尾气加热器进行串联，其中第一台尾气加热器采用自产饱和中压蒸汽加热，第二台采用过热中压蒸汽加热，也可仅采用过热中压蒸汽加热；②对于小型或中型规模的硫黄回收，采用一台用自产饱和中压蒸汽加热和一台电加热器加热串联的形式；③对于中型以上规模的硫黄回收，也可采用在线加热炉或管式加热炉的形式。

对于小型硫黄回收装置，若无合适的中压蒸汽来源，可采用与尾气焚烧炉烟气换热、与加氢反应器出口尾气换热的方式进行加热。

当采用在线炉加热方式时，如果采用次当量控制方案产生还原气时，供给的空气量约为理论量的 85%~95%。当工厂有固定的还原气源时，则在线炉仅起加热作用。

还原气的用量推荐理论耗氢量的 1.5 倍左右，实际操作中应通过氢气在线分析仪连续监测，保持急冷塔顶尾气中氢气含量为 1.5%~3%(体)。

应根据装置规模来确定是否设置尾气处理余热锅炉。对于小型规模的硫黄回收装置，可不设置尾气处理余热锅炉；对于中型规模的硫黄回收装置，宜根据产汽量进行技术经济比较后确定是否设置尾气处理余热锅炉，对于大型规模的硫黄回收装置，宜设置尾气处理余热锅炉。尾气处理余热锅炉出口尾气温度宜确定在170℃，壳程发生低低压蒸汽条件应与一、二级硫冷凝器相同。

五、尾气焚烧部分

尾气焚烧炉应采用低 NO_x 燃烧器，烟气中的 NO_x 的浓度宜作为燃烧器的性能指标要求。烟气回收余热可采用中压蒸汽过热器+尾气焚烧炉废热锅炉的方式。烟气的排烟温度一般为300~350℃，排放温度取决于烟囱高度、当地气象条件、烟囱结构等因素。

六、催化剂

Claus 催化剂主要为氧化铝基催化剂，主要类型有活性氧化铝催化剂、硫回收催化剂保护剂、助剂型氧化铝催化剂、含钛氧化铝催化剂和钛基催化剂、多功能复合型硫回收催化剂等。具有孔容大、比表面积大、活性高等特点，根据工艺技术要求，通常将 Claus 催化剂组合配套使用。尾气加氢催化剂主要含钴、钼，为活性金属组分，具有孔容大、比表面积大、加氢活性和有机硫水解活性高的特点。

应根据所选择的催化剂性能，确定适宜的反应器空速，通过工艺计算来确定催化剂装填量。在一级反应器中宜组合装填具有有机硫水解功能的催化剂。对于酸性气 H_2S 含量或流量变化幅度较大的硫黄回收装置，可将脱漏氧保护型催化剂与氧化铝基催化剂组合配套使用。尾气加氢催化剂在开工进料前需要进行催化剂预硫化，在装置停工前，需要进行催化剂的钝化处理。根据工艺要求，可选择常规型或低温型尾气加氢催化剂。

第三节　静设备设计原则

一、静设备设计原则

（一）总则

硫黄回收装置静设备(以下简称设备)设计应符合国家颁布的法令、法规、标准及规章的要求，同时应满足工程项目统一规定的要求。根据设备的介质特性、操作特点，合理选择材料、结构设计、强度计算，满足设备制造、检验、施工及验收等方面要求。保证装置设备先进、安全、环保节能、经济合理。

（二）规范性引用文件

GB/T 150　压力容器
GB/T 151　热交换器
GB/T 713　锅炉和压力容器用钢板
GB/T 1576　工业锅炉水质
GB/T 5310　高压锅炉用无缝钢管
GB/T 5313　厚度方向性能钢板
GB/T 8923.1　涂覆涂料前钢材表面处理　表面清洁度的目视评定　第1

	部分：未涂覆过的钢材表面和全面清除原有涂层后的钢材表面的锈蚀等级和处理等级
GB/T 9948	石油裂化用无缝钢管
GB/T 12145	火力发电机组及蒸汽动力设备水汽质量
GB/T13296	锅炉、热交换器用不锈钢无缝钢管
GB/T 30583	承压设备焊后热处理规程
GB 31570—2015	石油炼制工业污染物排放标准
GB 31571—2015	石油化学工业污染物排放标准
GB/T 50128	立式圆筒形钢制焊接油罐施工及验收规范
GB/T 50341	立式圆筒形钢制焊接油罐设计规范
GB/T 50461	石油化工静设备安装工程施工质量验收规范
JB/T 4711	压力容器涂敷与运输包装
NB/T 47065	容器支座
HG/T 20592—20635	钢制管法兰、垫片、紧固件
HG/T 21594—20604	衬不锈钢人孔和手孔
HG/T 21514—20535	钢制人孔和手孔
NB/T 47002. 1	压力容器爆炸用复合不锈钢　第1部分：不锈钢-钢复合钢板
NB/T 47008	承压设备用碳素钢和合金钢锻件
NB/T 47010	承压设备用不锈钢和耐热钢锻件
NB/T 47013	承压设备无损检测
NB/T 47014	承压设备焊接工艺评定
NB/T 47015	压力容器焊接规程
NB/T 47018	承压设备用焊接材料订货技术条件
NB/T 47019	锅炉、热交换器用管订货技术条件
NB/T 47020~47027	压力容器法兰、垫片、紧固件
NB/T 47041	塔式容器
NB/T 47042	卧式容器
SH/T 3074	石油化工钢制压力容器
SH/T 3075	石油化工钢制压力容器材料选用规范
SH/T 3096	高硫原油加工装置设备和管道设计选材导则
SH/T 3115	石油化工管式炉轻质浇注料衬里工程技术条件
SH/T 3158	石油化工管壳式余热锅炉
SH/T 3179	石油化工管式炉炉衬设计规范
SH/T 3534	石油化工筑炉工程施工及验收规范
TSG 21—2016	固定式压力容器安全技术监察规程
API RP941	Steels for Hydrogen Service at Elevated Temperatures and Pressures in Petroleum Refineries and Petrochemical Plants

（三）设计基础

1. 一般规定

1）设备设计应符合 GB/T 150.1～150.4、GB/T 151、TSG 21 及国家颁布的其他有关法律和规章的规定。

2）设备设计所遵循的技术标准、规范及规定均应为最新标准(包括修改和补遗)。

3）压力容器的设计、制造单位应具有国家(或地方)质检局颁发的相应级别的许可证。

2. 设计方法

硫黄回收装置的设备一般按照 GB/T 150 进行设计。但采用常规设计无法满足设计要求时，局部结构可以采用分析设计(按照 JB/T 4732—1995《钢制压力容器-分析设计标准》)。国外专利商对某些特定设备有特殊要求时，可按其规定，同时须符合国内相关法规的规定。

3. 设计压力及设计温度

1）设计压力、设计温度除有特别要求外，均按 GB/T 150、SH/T 3074、NB/T 47041 等确定。

2）如果工艺资料(数据表)中给出了设计压力、设计温度，原则上按此设计，但如果存在不合理的，应按规范和相关要求重新核定，并与提出条件的专业人员协商确定。

3）除下列情况之一外，管壳程设计压力不等的换热器，低压侧的设计压力应取不小于较高压力侧设计压力的 4/5 倍：

① 低压侧的介质为气体或气液两相(如气体换热器，壳程为低压侧的冷凝器和釜式重沸器等)。

② 低压侧的介质为液体，但与其直接连接(连接管线上无任何阀门)的容器介质为气体或气液两相(如与汽水分离器相连的壳程为低压侧的蒸汽发生器等)。

③ 已采取安全措施使低压侧能承受换热管爆裂所产生的短时压力剧增(如设置就地安全阀、爆破片等)。

④ 高压侧的设计压力不大于 2.5MPa。

4）除按非标换热器进行设计的，其余换热器应按工艺资料(数据表)中所提换热器规格(压力等级)进行选择，并按确定的设计压力、温度和腐蚀裕量进行核算。如(零)部件强度不够，则按所需强度重新设计。如强度满足，则按所选标准换热器不再减少或减薄。

5）如果工艺资料(数据表)或专利商中无规定时，制硫及尾气处理部分工艺介质为过程气(尾气)介质的设备设计压力为 0.25MPa。

6）对带有炉衬的容器及元件，应进行传热计算，依据传热计算结果确定元件的设计温度。当各元件的传热计算温度小于等于 350℃时，设计温度不宜低于 350℃。在确定非金属隔热衬里厚度时，金属壁温应大于或等于介质的露点温度加 20～50℃。

7）当各受压元件在工作状态下的金属温度不同时，可分别设定每一受压元件的设计温度。

8）容器受压元件两侧与不同温度介质直接接触时，应按较苛刻侧工作温度确定元件的设计温度。

4. 腐蚀裕量

1）为防止受压元件由于腐蚀、机械磨损而导致厚度削弱减薄，应考虑腐蚀裕量。对有均匀腐蚀或磨损的元件，应根据预期的设计使用寿命和介质对金属材料的腐蚀速率(及磨蚀速率)确定腐蚀裕量。

2) 腐蚀裕量按SH/T 3074的规定选取。工艺系统或专利商对容器的腐蚀裕量有专门规定时，其腐蚀裕量应按其规定确定，但不得低于相应规范要求。

3) 所有与同一流体介质接触的受压元件，包括壳体、封头、接管应考虑相同腐蚀裕量。碳钢和低合金钢受压元件的最小腐蚀裕量为1.5mm，不锈钢受压元件的腐蚀裕量可取小于1mm。

4) 在设计寿命内，当由腐蚀速率计算出的腐蚀裕量超过6mm时，应选用更加耐蚀的材料(或复合材料)，但复层金属不应计入强度。

5) 下列情况，可考虑腐蚀裕量≤1mm：

① 有可靠的耐腐蚀衬里的基体金属；

② 法兰的密封面；

③ 容器外部构件，如支座(不包括裙座筒体)、基础环、塔顶吊架等，以及用涂漆能有效防止环境腐蚀的外部构件。

6) 管壳式换热器的换热管、拉杆、定距管、折流板等，一般可不考虑腐蚀裕量。但制硫及尾气处理系统的换热设备的换热管，当采用碳素钢或低合金钢时，应考虑不小于1mm的腐蚀裕量。

7) 对两侧同时与介质接触的元件，应根据两侧不同的操作介质选取不同的腐蚀裕量，两者叠加。

8) 对不同类型的设备(如分离器、塔器、卧式容器、立式储罐等)的腐蚀裕量还应符合相应标准的规定。

5. 设计寿命

1) 容器的设计寿命指在预定的腐蚀裕量下，容器预期达到的使用寿命(服役期限)，需在图样中注明。但容器的使用者应按TSG 21对容器进行定期检验、定级，特别是当操作条件发生变化时，应根据定期测厚数据，重新估算腐蚀裕量，确定新的使用寿命。

2) 容器的设计寿命应符合SH/T 3074及设计项目统一规定的要求。

3) 操作温度长期超过材料的高温持久强度或蠕变极限控制材料许用应力的容器外，当腐蚀速率小于或等于0.2mm/a时，塔器、容器、换热器壳体及管箱，设计寿命不少于15年。高合金钢管束：10年；碳钢及低合金钢管束：4年且不低于一个操作周期。

4) 如果静设备所用的主要承压元件在设计温度下的材料许用应力是由钢材的高温持久强度或蠕变极限所确定的，则此设备的设计寿命一般不超过15年。

6. 设计规范的选择

1) 静设备的设计、制造、检验和验收除特殊规定外，压力容器遵照GB/T 150的有关规定。

2) 塔器遵照NB/T 47041和SH/T 3098的有关规定。

3) 卧式容器遵照NB/T 47042的有关规定。

4) 管壳式换热器遵照GB/T 151的有关规定。

5) 管壳式余热锅炉遵照SH/T 3158的有关规定。

6）空冷式换热器遵照 NB/T 47007 的有关规定。

7）除另有规定外，设计内压不大于 6kPa 的现场安装的焊接立式圆筒储罐，其设计和建造应遵照 GB/T 50341 的有关规定。储罐的设计内压高于 6kPa，但不超过 18kPa 时，应遵照 SH/T 3167 或 GB/T 50341 附录 A 的有关规定。储罐设计内压高于 6kPa 时，不允许使用弱顶罐(弱连接结构)。储罐设计内压高于 18kPa 时，其设计和建造应遵照 SH/T 3167 的有关规定。

8）对于利旧改造的静设备，改造前设备状况应满足 TSG 21 中 1～3 级(包括 3 级)的规定。

9）对属于 TSG 21 管辖的压力容器，在满足上述的规范标准外，还必须遵照 TSG 21 的有关规定。

(四) 材料选用

1. 选材基本原则

材料选择应符合下列条件：

1）容器的设计压力、设计温度、介质的特性和操作特点；

2）钢材的力学性能、化学性能和物理性能；

3）容器的制造工艺(钢材的焊接性能、热处理性能等)；

4）经济合理性(材料价格、制造费用)；

5）容器的设计寿命。

2. 选材一般规定

1）静设备受压元件用钢应符合 GB/T 150、GB/T 151、SH/T 3075、SH/T 3096 的规定，且并应符合工艺设计条件或工艺包专利商对材料的要求。

2）静设备主要受压元件应符合 TSG 21 规定，钢材的使用温度上限应不超过 GB/T 150 中钢材许用应力表中对应的上限温度。

3）储罐用材(包括焊接材料)，应符合 GB/T 50341 标准中对钢材的要求。

4）塔类裙座壳用材料按受压元件用钢要求选用。

5）压力容器承压件选材时应尽量避免异种钢焊接。

6）压力容器的焊接材料应符合 NB/T 47018 和 NB/T 47015 的规定。

7）碱液(NaOH)、湿硫化氢应力腐蚀，高温硫腐蚀以及液氨等介质环境下的选材可参照 SH/T 3075 的规定。

8）管壳式换热器：

① 换热器的选材，应从经济性、长周期运转和可靠性等多方面综合考虑。

② 选用不锈钢换热管时，宜选用冷轧精制管。当有抗晶间腐蚀要求时，还应按 GB/T 4334.5 进行晶间腐蚀试验。

③ 双相不锈钢无缝换热管应符合 SA-789 S31803 或 S32205(与 Sandvik 公司的 SAF2205 相当)，或 SA-789 S32750(与 Sandvik 公司的 SAF2507 相当)的规定。如选用国产双相不锈钢换热管，应事先征得业主/买方的同意。

④ 10 号和 20 号换热管应符合 GB/T 9948 的规定，不锈钢换热管应符合 GB/T 13296 的规定，并均应符合 NB/T 47019《锅炉、热交换器用管订货技术条件》的规定。

⑤ 如果壳程为湿硫化氢、碱液或液氨等应力腐蚀环境，壳程要求焊后热处理时，浮头法兰的螺栓应选用 30CrMoA 或强度级别更低的螺栓。

⑥ 管板两侧的垫片应为同种类型。当业主或项目统一规定无要求时，浮头垫片宜采用波齿复合垫。

⑦ 选用国内标准的换热器，详细设计文件中应提供换热器安装总图，详细注明该换热器的设计数据、技术要求、材料选择、垫片型式、开口接管、标高方位、防腐、重叠等，并提交业主审查。

（五）结构设计

1. 基本原则

1）结构形式合理、经济的，满足制造、检验、装配、运输和维修等要求。

2）焊接接头形式、尺寸合理。施焊、无损检测操作容易，焊接应力小，变形小。

3）尽量减少局部附加应力和应力集中，补强结构合理，结构不连续处应平滑过渡。

4）受热部件的热膨胀不受外部约束，并减小自身约束。

5）选择合适的密封结构和材料，保证密封性能良好。

6）凡需热处理的受压壳体在图样上需注明：最终热处理前需将平台梯子、管线支承用节点板和支座垫板等焊好，最终热处理后不得在壳体上任意进行施焊。凡需焊后进行热处理的换热器，设备法兰密封面应在热处理后进行精加工。

2. 一般规定

（1）基本结构

1）焊缝结构按 HG/T 20583 的规定，但需保证承压焊缝为全焊透结构。

2）所有裙座式立式设备的地脚螺栓应跨中均布，且地脚螺栓直径均不得小于 M24。

3）容器上的管嘴除应能够承受设计温度下的压力外，还应能够承受外部管道的推力和弯矩。当主体专业未提出管道推力和弯矩时，可按 SH/T 3074 规定。

4）立式设备底封头上的开口应引出裙座外部，开口接管在裙座内部不应留有法兰接口。

5）操作温度大于 345℃的容器或合金钢容器的裙座上部过渡段长度应为保温层厚度的 4~6倍，且不少于 500mm。过渡段材质与容器底封头材质相同。

6）卧式容器鞍座垫板材质应与壳体相同或相近。

（2）换热类设备

1）换热器管束级别均为Ⅰ级。换热管不允许拼接。

2）换热器与管板的连接形式应采用强度焊加贴胀结构，胀接宜采用柔性胀接。

3）当工艺有要求时，冷换设备防冲板必须置于介质入口位置。

4）立式换热器上管板的换热管管头应不高于管板表面，或在管板上考虑低点排凝。

（3）梯子平台

1）标高 <20m 的平台，栏杆高度应不低于 1m；标高 ≥ 20m 时，栏杆高度应不低于 1.2m。栏杆应设置钢管扶手和踢脚板。

2）直梯应有护圈，入口处应设置防跌落装置。

3）过道和斜梯宽度应不小于 800mm，并有护栏。

4）容器或塔器上的检修平台设计载荷应不低于 300kg/m^2。

5）花纹钢板厚度不小于 GB/T 33974 中的 5mm。钢格板规格不低于 YB/T4001. 1 中 G255/30/100W。

（4）主要零部件结构及选择标准

1）塔盘结构设计按 SH/T 3088 的要求进行。塔盘间距以支持圈的上表面为基准，液封盘的定位尺寸也以液封盘的上表面为基准。塔盘板的材质为碳钢时，厚度不低于 4 mm，材质为不锈钢时，则厚度一般不低于 3 mm(如果有特殊要求，遵循特殊要求)。塔盘板的分块大小必须考虑到以能进出人孔为准。最后一块液封盘一定保证介质流通间距。

2）卧式容器支座按 NB/T 47065. 1，对大型制硫余热锅炉等重型设备，宜采用滚动支座或带聚四氟乙烯摩擦副的滑动支座。立式容器腿式支座按 NB/T 47065. 2，耳式支座按 NB/T 47065. 3。特殊的可另行设计。

3）每台设备应按规定设置接地板，接地板材料为 S30408。

4）容器内侧原则上应按 HG/T 20583 中的规定在靠近人孔处设置永久性爬梯和把手，以便检修人员的出入。

5）对装有可拆内件的塔器，顶部应设置吊柱，以利于内件的拆装。

6）除特殊要求外，人孔直径原则上不小于 *DN*450，设备人孔优先选用 HG 标准。立式设备人孔按 HG/T 21521《垂直吊盖带颈对焊法兰人孔》、HG/T 21518《回转盖带颈对焊法兰人孔》。卧式设备人孔 HG/T 21524《水平吊盖带颈对焊法兰人孔》、HG/T 21518《回转盖带颈对焊法兰人孔》。

7）一般容器的封头按 GB/T 25198 选用。补强圈按 JB/T 4736 选用。

8）设备的管法兰和垫片按 HG 体系选用，设备法兰宜选用 NB/T 47023。若容器压力、温度或直径超出法兰标准范围，则需自行设计非标设备法兰。垫片选用时，材料不得选用石棉制品，应选用石墨复合垫、缠绕垫或金属环垫等。

9）锻件除应符合 NB/T 47008、NB/T 47010 的规定。

10）若无特殊要求，丝网除沫器按 HG/T 21618 选用。

11）除换热器外，容器尺寸标注及开口伸出高度按 SH/T 3074 中的《设备开口伸出高度选用表》规定进行。

12）立式设备及换热器可拆卸管箱的吊耳按 HG/T 21574 选用。

13）弯头、异径管、管帽等管件按 SH/T 3408($DN \leqslant 600$mm)和 SH/T 3409($DN > 600$mm)或 GB/T 12459 标准。

（六）制造、检验与验收

1. 基本要求

1）压力容器制造单位必须持有国家质量监督检验检疫总局(或地方)颁发的相应类别制造许可证。

2）容器的焊接必须由持有相应类别的有效焊工合格证的焊工担任。焊工考试应遵照国家颁发的《锅炉压力容器压力管道焊工考试与管理规则》进行。

3）容器的无损检测的人员，应按照《特种设备无损检测人员考核与监督管理规则》的要求取得相应无损检测资格，且不低于Ⅱ级。

4)空冷器制造商应取得全国锅炉压力容器标准化技术委员会颁发的《空冷器安全注册证》。

2. 一般规定

静设备的制造、检验与验收应符合 GB/T 150、GB/T 151、TSG 21 的规定。

1）有应力腐蚀的碳素钢、低合金钢容器应进行消除应力热处理。

2）奥氏体不锈钢热加工件应进行固溶或固溶稳定化热处理。

3）奥氏体不锈钢及其焊接接头应根据工艺介质来确定是否需要进行晶间腐蚀试验。

4）奥氏体不锈钢及其复合钢板制设备制造完毕后，不锈钢表面应清除油污做酸洗、钝化处理，所形成钝化膜采用蓝点法检查，无蓝点为合格。

5）奥氏体不锈钢设备水压试验用水的氯离子含量应不超过 25mg/L，水压试验后应将水渍清除并吹干净。

6）硫黄回收装置换热器：

① 换热管与管板的连接应采用强度焊+贴胀。贴胀宜采用柔性胀接，贴胀宜开设宽度为 0.4mm 的胀槽。

② 换热管与管板焊接前，应进行焊接工艺评定，焊件的结构与尺寸应以实际产品一致。

③ 换热管与管板焊接应采用氩弧焊，打底焊后应进行气密性试验，试验压力至少 0.3MPa，合格后方可焊接第二遍，焊接完毕后应进行磁粉或渗透检测。

④ 换热管与管板的焊接接头宜进行不少于 10%的 X 射线检测，检测合格标准执行 NB/T 47013.2 附录 A 要求。

（七）保温及防腐

1. 保温

1）保温材料按 SH/T 3010《石油化工设备或管道绝热工程设计规范》及项目统一规定的要求选用，对奥氏体不锈钢设备，所选保温材料应按 GB/T 17393 的规定，严格控制氯离子含量。

2）对受环境温度影响的寒冷地区设备，当无法保证在开工、停工及操作过程中设备壁温低于金属使用温度下限时，设备外表面应进行保温。

3）酸性水储罐罐壁应进行保温，罐顶宜进行保温。液硫储罐罐壁、罐顶均应进行保温。

4）设备的表面色和标志应符合 SH/T 3043 和业主的规定要求。

2. 防腐

（1）埋地设备的外防腐材料

埋地设备的防腐材料采用环氧煤沥青加玻璃布，防腐等级为特加强级。

（2）地上设备的外防腐材料

1）非保温设备：设备外表面涂两遍防锈漆、两遍中间漆、两遍各色面漆。钢材表面除锈等级为 Sa2.5 级，其他应按 SH/T 3022 进行施工和验收。

2）保温设备：设备外表面涂两遍防锈漆。钢材表面除锈等级最低为 Sa2.5，其他应按 SH/T 3022 进行施工和验收。

（3）换热器的防腐

装置中水冷器的循环水侧应进行涂料防腐，防腐涂料可采用 SHY-99 型。

（4）储罐防腐

硫黄回收装置的储罐一般为溶剂储罐、酸性水储罐及液硫储罐。

1）内防腐：

① 溶剂储罐一般不作内防腐。

② 酸性水储罐内防腐可采用纳米钛或聚氨酯玻璃鳞片涂料。

③ 液硫储罐内防腐可采用热喷涂锌(铝)或其合金，符合 GB/T 9793 的要求。

2）外防腐：直接暴露在大气中受阳光照射的防腐分为两部分：

① 保温覆盖的罐壁部分，要求涂料耐潮湿、耐化工大气；

② 其余部位：

a. 包括罐壁外表面(非保温覆盖罐壁部分)、抗风圈表面及其他金属结构外表面等。要求耐紫外线、耐盐雾、耐化工大气。

b. 罐底板下表面：钢板边缘涂可焊性涂料，其余部位涂快干型涂料。

c. 罐底边缘板外缘要求防水、耐候、具有弹性的涂料，一般采用涂料、胶泥、玻璃布复合结构。

d. 除罐底边缘板外缘金属表面除锈等级为 Sa2. 5 或 St3 外，其余部位金属表面除锈等级为 Sa2. 5 或以上。

（八）衬里施工

1. 基本要求

1)衬里材料制备及施工单位应具备筑炉工程施工资质，应建立、健全和实施质量保证体系和质量检验制度，并编制施工技术条件。

2）衬里材料应按设计文件采购，应有合格的质量证明书及产品使用说明书等技术文件。

3)衬里材料应经业主及监理单位确认后，方可使用。需要抽样检查的材料应由采购单位负责送验，并经业主、监理及施工单位等现场见证取样，送专业检测机构复检。

2. 施工与烘炉

1）酸性气反应炉、反应炉蒸汽发生器、尾气焚烧炉、蒸汽过热器及尾气焚烧炉余热锅炉的衬里宜在业主施工现场进行。Claus 一、二级反应器、加氢反应器的衬里可在施工完毕、烘炉后运至业主现场。

2）衬里的养护与烘炉宜由衬里施工厂家进行，施工单位应根据衬里特点及施工现场的烘炉条件，制定合理的烘烤曲线、相关设备保护方案以及相应的安全措施，报业主及监理批准。

（九）大型设备运输与吊装

1. 运输与包装

1）容器的涂敷与运输包装应符合 JB/T 4711 的规定。

2）大型设备设计时应充分考虑现有运输限制条件，在满足临界运输尺寸前提下，尽量设计成可整体运输设备。如不能整体运输，应尽量减少现场组焊次数。

3）因运输条件限制，对于需现场组焊的大型设备，设计时要结合现场实际情况提出现场组焊的要求(如焊接、探伤、水压试验、热处理、吊装等)。

2. 吊装

1）大型容器吊耳的设计应按 SH/T 3515，由吊装单位负责。吊装单位根据设备设计文件制定吊装方案，且由吊装公司决定其吊装的设备是否需设置吊耳及确定吊耳的型式和位置。

2）容器设计单位选用的或制造厂自带的吊装设施，应在吊装单位核算确认后，方可在现场吊装时采用。

3）需要整体热处理的设备必须在热处理前完成吊耳垫板的焊接，且由吊装单位提供垫板位置、规格及材料，由制造单位负责焊接，且由业主负责对制造及吊装单位的协调。

（十）施工验收规范

GB/T 50128《立式圆筒形钢制焊接储罐施工及验收规范》

GB/T 50211《工业炉砌筑工程施工及验收规范》

GB/T 50236《现场设备、工业管道焊接工程施工规范》

GB/T 50461《石油化工静设备安装工程施工质量验收规范》

HG/T 2640《玻璃鳞片衬里施工技术条件》

SH/T 3515《大型设备吊装工程施工工艺标准》

SH/T 3524《石油化工静设备现场组焊技术规程》

SH/T 3534《石油化工砌筑工程施工及验收规范》

SH/T 3540《钢制换热器设备管束复合涂层施工及验收规范》

第四节　仪表设计原则

一、现场仪表的选用

（一）选型设计原则

仪表选用应满足工艺技术的需要，满足工厂对装置检修周期的需要，在同等技术条件下，优先考虑选用国产或合资仪表。

根据装置存在易燃、易爆物质及区域防爆要求，选择符合相应防爆等级要求的仪表，在现场防爆场所安装的电动仪表以本安防爆为主。对于有氢气存在的场合，要求(ia)dⅡCT4以上；对于其他易燃易爆场合，防爆等级应不低于ia(ib)ⅡBT4。要求仪表的防护等级IP65以上。根据计量需要，配置符合装置计量要求的计量仪表。根据工艺需要，设置技术成熟可靠的在线分析仪表。按易燃或有毒泄漏点设置可燃气体和毒性气体检测仪表，以确保装置及人员安全。根据硫黄装置的特点、厂区周边环境情况，合理选择耐介质腐蚀及耐一定环境腐蚀的仪表材质及仪表外壳材质，合理选择适合环境要求的仪表配管及安装材料。

装置采用先进的分散控制系统和安全联锁系统(DCS/SIS)进行集中监视、控制和管理。同时根据工艺操作的需要在SIS中编程实现装置开工程序和停工联锁逻辑程序等功能。

（二）流量仪表

1）对于就地或小管道($DN \leq 25$)流量的测量，可选用金属管转子流量计或一体化孔板流量计。

2）节流装置及差压流量仪表：

① 对于含硫蒸气或易产生氨盐的夹套管流量的测量，可选用带夹套的文丘里管；

② 对于较大管径($DN>300$)或要求较小压损流量的测量，选用均速管流量元件；

③ 含有单质硫或介质易结晶的场合的流量的测量，可采用楔式流量计；

④ 流量差压变送器选用智能型，现场开方，变送器带一体化三阀组。

3）蒸汽流量的测量优先选用分体型涡街流量计。

4）对于介质组分变化不大的大管道空气流量的测量，可选用分体型热式质量流量计。

5）酸性气的流量测量优先选用带相对分子质量测量的气体超声波流量计，同时将温度、压力补偿信号引入DCS进行温压补偿。燃料气流量测量选用质量流量计或差压流量计。

6）对于大管道循环冷水流量的测量优先选用可分体潜水型液体超声波流量计或电磁流量计。

7）流量计安装时根据需要设置旁路。

（三）液位仪表

（1）就地液位仪表

1）一般场合采用透光式玻璃板液位计；

2）高温场合采用高温玻璃板液位计；

3）高温高压场合采用高温型磁性浮子液位计；

4）地下池场合采用顶装式浮球液位计；

5）液氨场合采用磁性浮子液位计；

6）易冻、易凝介质采用外加蒸汽伴热管的方式。

（2）远传液位仪表

1）对于液位测量，优先采用双法兰差压变送器测量；

2）对于高温蒸汽发生器液位采用双室平衡容器+差压变送器的方式测量；

3）对于液硫池液位采用吹气法+双法兰差压变送器的方式测量；

4）对于地下罐体液位采用雷达液位计测量；

5）对于大型非挥发液体储罐采用雷达液位计测量；

6）对于液硫罐采用抛物面天线的雷达液位计测量。

（四）压力仪表

（1）就地压力(差压)仪表

1）由于装置所处的环境含有腐蚀性气体及测量强腐蚀介质多，所以本装置一般选用全不锈钢防腐压力表；

2）对于微压真空环境的测量选用全不锈钢防腐真空压力表；

3）在机泵出口管道的压力表选用耐震的压力表；

4）对于液硫介质或可能产生氨盐的介质的测量，选用法兰连接的全不锈钢隔膜式压力表；

5）对于微压真空环境、黏度较大、腐蚀性较强、易结晶介质的测量，选用法兰连接的全不锈钢膜片压力表；

6）对于含氨浓度高的场合选用全不锈钢氨用压力表；

7）对于微压场合选用膜盒压力表；

8）对于差压环境的就地指示选用全不锈钢差压表；

9）压力表连接螺纹一般采用M20×1.5。

（2）远传压力(差压)仪表

1）一般压力场合选用压力变送器；

2）对于微压真空环境的测量选用差压变送器；

3）对于黏度大、腐蚀性较强、易结晶介质的压力测量选用单法兰差压变送器；

4）一般差压场合选用差压变送器，对于黏度大、腐蚀性较强、易结晶介质的差压测量选用双法兰差压变送器；

5）压力变送器、差压变送器等电动变送仪表选用智能型，采用 HART 通讯协议；

6）含腐蚀性介质的变送器的膜片材质采用哈氏合金，其他的采用 316SS；

7）高静压低差压变送器应注明静压要求（≥16MPa）；

8）差压变送器均配置三阀组，压力变送器另外安装切断阀。法兰连接的带冲洗环。

（五）温度仪表

（1）就地温度仪表

就地连续测量指示（温度<600℃）的场合选用双金属温度计（带外保护套管）。在磨损严重的场合选用耐磨套管。频率计算不符合要求的加加强钉。

（2）远传温度仪表

1）一般温度场合选用分度号“K”型防内漏铠装热电偶，IEC 标准；

2）考虑到烘炉低温段的温度测量，选用了 K+B 型双式热偶分别指示低温段和高温段的温度。外套管采用双层刚玉管+耐高温加强管；

3）机组随机轴温测量元件采用铂热电阻，IEC 标准，分度号为“Pt100”；

4）测温元件一般采用绝缘型，频率计算不符合要求的加加强钉；

5）根据工艺的需要，在 Claus 一、二反应器和尾气加氢反应器中分别采用双式和三式测温元件测量反应器中不同床层点的温度。除此之外，测温元件一般不采用多点式热电偶的结构；

6）工艺管道上，温度仪表插深保证温度敏感段完全浸入测量介质中；一般设备上，温度仪表插入设备内深度为 200mm；大型罐体上，温度仪表插入设备内深度为 500mm；

7）温差信号通过 DCS 系统内部各温度点的计算得到；

8）热电偶带现场温度变送器；

9）在温度较高的场合（如炉子）选用红外温度测量系统。可设“B”型反应炉专用热电偶作为辅助测温手段。

（六）调节阀

1）一般的场合选用气动薄膜或气缸调节阀（单/双座阀），大口径管道根据需要选用蝶阀，要求不高就地控制选用自力式调节阀。阀门连接法兰标准采用 ANSI RF/RJ；

2）大口径且有严格关闭时间和泄漏要求的场合选用进口成熟产品；

3）对于高压降场合的调节阀，宜采用多级笼式或多级阀芯式、耐高压降、防空化、低噪音调节阀；

4）根据工艺流体性质（含颗粒或腐蚀）、操作条件（高温、高压或高压差）等确定阀芯是否堆焊硬质合金；

5）黏度大、易结晶介质场合的调节阀应采取夹套伴热的形式；

6）控制型调节阀需配本安智能型电/气阀门定位器和空气过滤减压器。并根据工艺需要配故障保位阀及其他附件；

7）大口径（DN≥100）且不带工艺旁路的控制型调节阀根据工艺需要配带手轮和故障保位阀；

8）对于联锁阀可选用关闭性严密的 ON/OFF 两位式、带弹簧复位的切断球/蝶阀；

9）独立或带调节功能的联锁阀门需配电磁阀，其中电磁阀应采用隔爆的、24VDC 低功耗的、带不锈钢接线盒的型号。同时根据阀门开关时间的需要配置排气阀/储气罐等附件；

10）联锁阀门根据工艺需要配置带不锈钢接线盒隔爆型阀位回讯行程开关；

11）根据工艺需要选用三通分流式调节阀；

12）要求不高就地控制选用自力式调节阀。

（七）分析仪表

（1）在线分析仪表包括样气预处理系统和数据处理系统，应成套供货；

（2）在线分析仪表的检测变送部分及辅助系统（样品预处理和样品回收系统等）在现场分析小屋内由供货商一体化集成安装。

（八）安全仪表

一体式可燃/有毒气体检测器直接输出 4～20mA 信号进 GDS 系统，或 DCS 系统中的独立卡件进行浓度指示报警。气体检测器选用 24VDC 供电带现场报警旋转灯的型号，并配备必要的便携式多种气体检测器。可燃气体报警器选用催化燃烧原理传感器，硫化氢和氨气报警器选用定电位电解式原理传感器。

（九）随机仪表

机组随机仪表的选型应尽可能与装置选型原则一致。

二、控制系统的设计要求

1）为满足生产装置的集中复杂先进控制和管理的要求，装置采用先进水平的 DCS/SIS 系统，并可与工厂信息管理系统构成完整的控制及管理网络。DCS/SIS 系统按国外进口或国内先进产品选用，控制器/电源/总线/通讯卡件等均按 1∶1 冗余配置。

2）考虑到硫黄装置本身控制的特性和开停工操作的安全性，硫黄装置设置独立的紧急停车系统（SIS），装置的开工程序及联锁停工程序做于 SIS 系统中。联锁停工逻辑采用故障安全型逻辑，并根据投资费用，尽量考虑输入元件三取二配置。

3）在辅操台上和装置区内，根据工艺需要设置联锁紧急停车开关，重要联锁至执行器的输出端根据维护需要设置硬旁路开关。辅操台开关信号状态同时引入 SIS 系统记录。联锁的输入根据工艺操作和仪表维护的需要设置 SIS 内部软旁路开关，以提高联锁的安全性、灵活性和维护的方便性。

4）电气设备的运行信号通过通讯方式引入 DCS 系统，在 DCS 上显示运行参数状态。

第五节　安全设计原则

一、过程危险源及危险有害因素分析

（一）物料危险化学品特性

装置的火灾危险类别为甲类，涉及的主要危险有害物质及其特性见表 11-5-1、表 11-5-2。

表 11-5-1　主要危险物特性一览表

序号	介质名称	常温状态	熔点/℃	沸点/℃	闪点/℃	引燃温度/℃	自燃点/℃	爆炸极限/%(体)	爆炸危险类别	火灾危险类别
1	硫化氢	气	-86	-60	-50	260	270	4.3~45.5	IIB/T3	甲
2	氨	气	-78	-33		651	630	15~28	IIA/T1	乙
3	氢气	气	-259	-253	<-50	510	560	4~75.6	IIC/T1	甲
4	氮气	气	-210	-196						
5	二氧化硫	气	-76	-10						乙
6	MDEA	液			137	662				
7	硫黄	固	119	445	207		232			乙

表 11-5-2　主要有害物特性一览表

序号	介质名称	毒性	危险化学品类别	MAC/(mg/m^3)	PC-TWA/(mg/m^3)	PC-STEL/(mg/m^3)
1	硫化氢	Ⅱ(高度危害)	第2.1类易燃气体	10	—	—
2	氨	Ⅳ(轻度危害)	第2.3类有毒气体		20	30
3	氢气	Ⅳ(轻度危害)	第2.1类易燃气体		100	
4	氮气		第2.2类不燃气体			
5	二氧化硫		第2.3类有毒气体		5	10
6	MDEA			5		
7	硫黄		第4.1类易燃固体			

(二)生产过程危险分析

硫黄回收装置属于甲类火灾危险装置，既有火灾、爆炸危险性，又易发生 H_2S 中毒。另外，装置中还存在高温、粉尘、噪声、低温、灼伤、粉尘、机械伤害等危险有害因素。生产过程危险分析如下。

1. 溶剂再生装置

(1) 火灾、爆炸危险性

富胺液再生塔区的危险物质是闪蒸罐和再生塔顶馏出的含 H_2S 气体。该再生塔顶设有空冷、后冷器、回流罐以及回流泵，这些设备及其管线发生泄漏，含 H_2S 会迅速扩散，遇明火易发生爆炸。常易泄漏点是回流泵的端面密封。

生产过程中再生出来的酸性气中硫化氢浓度高，如设备、管线发生腐蚀，酸性气发生泄漏，由于浓度和压力较高，极易发生中毒事故及火灾、爆炸事故。

(2) 中毒危害

H_2S 中毒是溶剂再生装置再生塔和回流罐及泵区的主要危险。H_2S 是神经性毒物，对黏膜有强烈的刺激作用，高浓度时可直接抑制呼吸中枢，引起迅速窒息而死亡。在炼油厂许多装置如脱硫制硫、含硫污水汽提、污水处理场、火炬气柜等都发生过 H_2S 中毒死亡事故。

甲基二乙醇胺为弱碱性。装卸或泄漏的胺液对人会带来危害。高浓度吸入出现咳嗽、头痛、恶心、呕吐、昏迷，其蒸气对眼有强烈刺激性，反复接触可能引起肾损害，长时间接触可导致灼伤。

(3) 化学灼伤危害

装置中使用甲基二乙醇胺溶剂。甲基二乙醇胺溶液对皮肤和眼睛有较强刺激性和腐蚀性。皮肤和眼睛接触可造成灼伤，眼睛接触可造成损害甚至失明。

(4) 烫伤危害

装置操作温度缓和，溶剂再生塔温度为123℃，压力为0.11MPa。塔底重沸器热源为蒸汽，蒸汽排凝或裸露的蒸汽管线会发生烫伤事故。

2. 酸性水汽提装置

(1) 火灾、爆炸危险性

酸性水罐设有除油和水封设施，如水封不好或水封排气管高度不够，罐顶就会有可燃气体溢出，遇明火有爆炸事故发生的可能。原料水罐排出的污油一般为轻质油居多，如密封排放系统泄漏跑油，也有发生火灾的危险。

汽提塔顶为H_2S和NH_3气体，这两种气体分别为甲类和乙类火灾危险物质，如发生泄漏，遇明火有发生爆炸的危险。

该装置介质中H_2S和NH_3对设备和管线焊缝易造成应力腐蚀开裂，酸性水进料泵和汽提塔顶循环泵有轴密封失效的可能，泄漏出H_2S和NH_3气体有发生火灾爆炸的危险。

(2) 毒性危害

H_2S和NH_3为毒性物质，中毒是该装置的主要危害。H_2S是神经性毒物，重度中毒会因中枢神经麻醉而死亡；NH_3是无色而有特殊味道的气体，低浓度对人的上呼吸道有刺激作用，高浓度可造成组织溶解性坏死，引起化学性肺炎和灼伤。氨可引起反射性呼吸停止，溅入眼内可致晶体浑浊，角膜穿孔，甚至失明。

该装置易于发生H_2S泄漏的部位有原料水泵，端面密封泄漏会带出H_2S气体。汽提塔顶循环回流泵和空冷器系统的阀门法兰有泄漏H_2S和NH_3气体的可能，引发中毒事故的发生。

(3) 烫伤危害

汽提塔底的重沸器一般都用蒸汽加热，蒸汽压力为1.0MPa左右，温度为250℃左右，蒸汽管线在低点排凝时，有烫伤危险。

(4) 噪声危害

噪声主要发生在空冷和泵区，蒸汽排放也会产生噪声，噪声超限，会对人的听力造成伤害。

(5) 高处坠落

汽提塔和框架区的梯子、平台存在缺陷，或检修作业中搭设的架子平台和围栏不牢固，或安全制度不落实，都有高空坠落致伤的危险。

3. 硫黄回收装置

(1) 火灾、爆炸危险

1) 反应炉使用燃料气，燃料气发生泄漏可引发爆炸、着火事故。燃烧炉在开工点火作业时，若炉内存有可燃气体未被置换合格，点火操作有可能发生炉膛爆炸。

2）反应炉风机若停机，酸性气、燃料气有可能倒串入风机管线中，而引发事故。如再启动风机会把空气、酸性气、燃料气一起送入高温炉膛内，而引发重大爆炸事故。

3）装置停工过程中，如吹扫不干净，设备内会存有硫。开车过程中，控制不当有可能发生硫燃烧而造成温度上升，严重时甚至损坏设备或催化剂。

4）余热锅炉产生中、低压蒸汽，运行中如水位过低、发生干锅，易发生爆管事故。

5）焚烧炉使用燃料气，燃料气发生泄漏可引发着火、爆炸事故。

6）焚烧炉在开工时，炉内如存有燃料气，点火时可发生炉膛爆炸事故。

7）焚烧炉运行中，如燃料气带液(烃类)，焚烧炉会严重超温，还有可能造成炉后的管线、烟囱发生二次燃烧而损坏设备。

8）液态硫、固态硫与空气接触，遇点火源可发生火灾。硫粉尘在空气中达到一定的浓度，具备点火能量后也可发生粉尘爆炸。

9）酸性气和过程气中硫化氢浓度高。如设备(管线)发生腐蚀，介质发生泄漏，由于浓度高，极易发生中毒事故，也可引发火灾、爆炸事故。

（2）中毒危险

硫化氢中毒是该装置的主要危险。全装置从前至后都存在硫化氢介质，任何部位一旦泄漏都会迅速扩散至全装置。酸性气分液罐周围、酸性气燃烧炉区、加氢反应器顶部抽出管线和尾气吸收塔的富胺液管线的阀门法兰处都是硫化氢易泄漏的重点部位。酸性气分液罐底部排凝如密闭排放不好，泄漏硫化氢非常危险，易造成人员中毒。

（3）烫伤危险

该装置高温部位多，反应产生的液硫要保证在管线中流动必须超过熔点温度120℃，一般在140℃左右。反应器生成的液硫经过冷凝冷却器进入液硫封罐，再去硫黄成型。过程中如管线保温不善或液硫控制温度过低、流量小就会堵塞管线，在处理过程中可能会烫伤作业人员。

另外，反应炉、焚烧炉和余热锅炉外壁无保温隔板，或保护层不完善，也易发生烫伤事故。

（4）机械伤害

装置中设有泵、风机等动设备，操作人员如防护或操作不当，有可能发生机械伤害事故。

硫黄成型单元的成型机运转、成型包装、叉车输送，或作业人员违章作业，或设备故障检修，都会出现机械伤害的危险。

（5）高处坠落

作业人员在操作、检修设备及高空作业中，如安全措施不落实，粗心大意，还可发生高空坠落、物体打击等人身伤害事故。

（6）粉尘危害

装置的反应器使用的催化剂为颗粒状，在开停工装卸催化剂时会有粉尘产生，硫黄成型及库房也会有粉尘产生，吸入过量粉尘会对作业人员呼吸系统带来伤害。

二、设计采用的安全设施和措施

（一）工艺设计

1）为防止设备和管道超压而造成事故，在塔、容器出口和管道的有关部位设有安全阀等泄放设施，并与全厂泄压火炬系统连通，安全阀设计满足《中国石化集团公司安全阀设置规定》（中国石化〔2001〕安字 30 号）的规定。

2）对于易燃易爆物料，在操作条件下置于密闭的设备和管道中，设备以及管线之间的连接处均采取相应的密封措施加强管道、设备密封，防止介质泄漏。

3）在反应炉风机出口设置有止回阀的同时，设置反应炉压力高高联锁停炉，在系统压力过高时，切断酸性气进料阀，防止酸性气倒窜进入大气。

4）公用工程管道与易燃易爆管道相接时，设置三阀组或止回阀和盲板，以防止工艺介质倒窜。

5）液氨罐进出口管道应设远程自动切断阀，液氨罐应为地上布置，全压力式液氨储罐宜采用固定式水喷雾系统，并应设顶棚和围堰。

6）对含硫化氢气体及烃类气体采样均设置密闭采样器，防止有毒物料的跑、冒、滴、漏对操作人员产生危害。

（二）消防设计

1. 水消防系统设计

装置的火灾主要依靠设置在装置周边和装置区消防道路边的消火栓、消防炮提供的消防冷却水，利用消防车提供泡沫、干粉进行防护冷却和灭火。

1）装置区设置独立的稳高压消防给水管网，稳高压消防给水系统服务装置所有范围。

2）装置消防水量按火灾延续供水时间不小于 3h 设计。

3）在装置周边和装置区沿消防道路环状布置稳高压消防给水管道，埋地敷设。

4）环状管网用阀门分割成若干独立管段，使每段消火栓的数量不超过 5 个。

5）环状管网的布置能满足当某个环段发生事故时，其余环段能满足 100%的消防用水量的要求。

6）环状管网上布置有 *DN*150 快速调压自泄地上式室外消火栓，消火栓间距不宜超过 60m。

7）为保护装置的高大构架和设备群，在这些设备附近消防水管道上设固定式消防水炮保护，水炮额定出水量为 30～50L/s，喷嘴为直流喷雾两用喷嘴，消防水炮距保护对象不宜小于 15m。

8）装置泵区附近宜设消防软管卷盘，其保护半径宜为 20m。

9）装置区超过 15m 高的构架平台，沿梯子敷设半固定式消防给水竖管，并在各层设带阀门的管牙接口，平台长度超过 25m 时，在平台两侧设置消防给水竖管，且消防给水竖管的间距不宜大于 50m。

10）在硫黄成型机房及硫黄库房内设室内消火栓。

11）硫黄仓库每座占地面积大于 1500m^{2}或总建筑面积大于 3000m^{2}时，应设置自动喷水灭火系统，并宜采用自动喷水灭火系统。

2. 蒸汽灭火系统设计

1）装置内设有半固定式蒸汽接头及一定数量的软管站，使可能出现的泄漏点在灭火蒸汽保护范围内。

2）液硫池设固定式蒸汽灭火。

3. 泡沫灭火系统

酸性水罐设置半固定式低倍数泡沫灭火系统，采用液上喷射系统。

4. 小型灭火器

装置内的设备、构筑物、成型机房及硫黄库房等均按严重危险级设置手提式干粉灭火器，灭火器的最大保护距离不超过9m，每一配置点的灭火器数量2具，多层构架分层配置。

在泵区、换热区、炉区等重要场所增设了推车式干粉灭火器。

5. 稳高压消防水系统

依托工厂消防设施，消防水采用稳高压消防系统。

6. 火灾报警系统

为有效预防火灾，及时发现火情，保障安全生产，装置设火灾自动报警系统。

1）装置区火灾报警主机设在控制室，在现场机柜间、操作室等处设感烟探测器，在主要出入口设手动报警按钮和声光报警器，装置区四周设防爆火灾报警按钮，成型机房、硫黄仓库设防爆火灾报警按钮。

2）装置变电所设置火灾报警主机，最终火灾报警信号送至该区域电气值班室火灾报警主机。变电所内设感烟探测器，在电缆夹层中设感温电缆，在主要出入口、楼梯口设手动报警按钮和声光报警器。

3）当发生火灾时，报警信号均接入火灾报警控制器，同时联动相应位置的空调机、通风机，并接通相应区域的声光报警器或扩音对讲系统。

（三）总平面设计

1. 总平面布置原则

1）充分体现国家的方针、政策，并结合当地情况，在满足使用要求的前提下，做到布局合理，尽量减少投资、降低造价，切实注意节约用地；

2）符合生产要求，保证生产工艺流程顺畅，同时兼顾消防和检修要求；

3）功能分区明确，整体布局合理；

4）考虑风向、地质和其他周边条件，因地制宜布置。

2. 总平面布置要求

1）装置外围设环形消防道路，环形消防道路宽度为6m、7m，道路交叉口内侧转弯半径为12m。装置内检修道路宽度为6m，检修道路交叉口内侧转弯半径为9m。

2）装置与周围设施安全间距：装置防火间距控制见表11-5-3（防火间距遵循《石油化工企业设计防火规范》GB 50160—2008）。

表 11-5-3　主要新建建构筑物防火间距一览表

间距名称	规范间距/m
硫黄回收联合装置与其他工艺装置	30.0
硫黄回收联合装置与食堂	40.0
硫黄回收联合装置与单身宿舍	40.0
硫黄回收联合装置与消防用房	50.0
硫黄回收联合装置与办公楼	40.0
硫黄回收联合装置与产品运输道路	15.0
硫黄回收联合装置与工厂库房(丙类)	22.5
硫黄成型、仓库与工厂库房(丙类)	18.75

3）装置设备平面布置要求

装置区大部分设备均露天布置，有利于可燃气体的扩散；装置内设有供检修、消防用的贯穿道路。装置平面布置满足《石油化工企业设计防火规范》(GB 50160—2008)的要求。

(四)设备设计

1. 防护罩、防护屏

1)各转动设备设置防护罩。

2)机泵设置在管廊下，均为室外防护型。

3)焚烧炉与反应炉设计隔热防护罩。

2. 抗震、防风措施

根据当地的自然情况，设备按标准规范进行了抗震和风压计算。

3. 防腐、防烫、保温设施

1)根据介质、操作温度、操作压力，本装置静设备按照 GB/T 150—2011、GB/T 151—1999、JB/T 4710—2005、JB/T 4731—2005 进行设计和制造，主要设备的设计选材参照 SH/T 3096—2012《高硫原油加工装置设备和管道设计选材导则》。凡腐蚀严重部位，选用不锈钢、不锈钢复合钢板或不锈钢堆焊层。

2）用于容器壳体的高合金钢复合板优先采用爆炸成型的复合板。

3）在使用过程中有可能发生应力腐蚀开裂的设备，设备制造完毕后进行焊后消应力热处理。

4）设备设计中充分考虑了当地的风压、地震烈度及场地因素。

5）设备裙座设置了防火层，高温和低温设备及管道均进行了隔热和保冷。

6）根据规范要求在高空操作的设备，在必要的位置均设置了平台、梯子、扶手、围栏等，以保证操作人员的人身安全。

7）加工过程中设备含硫化氢浓度较高，根据容器的操作温度和硫化氢浓度计算其腐蚀率，选取相应的耐腐蚀材料，比如不锈钢复合板，或容器内壁采用堆焊不锈钢层结构。此外为减缓设备腐蚀，局部采用注缓蚀剂防腐。

8）设备外表面防腐按《石油化工设备和管道涂料防腐蚀设计规范》(SH/T 3022—2011)等规范要求进行，对金属容器外表面刷防腐涂料。埋地设备的防腐材料采用环氧煤沥青+玻璃布，防腐等级为特加强级。

(五) 电气设计

1. 电视监控系统

1) 为了适应企业现代化管理的要求，实现对生产装置的生产情况、设备运行情况及消防安全的监视，在装置内、硫黄成型机厂房、硫黄仓库设电视监控系统，纳入全厂电视监控系统。电视监控系统信号要可在控制室、操作间显示和控制。

2) 装置区内设置防爆一体化摄像机，采用单模光缆接入现场机柜间的电视监控机柜，并接入控制室工业电视主机。

3) 现场摄像机的电源由现场机柜间 UPS 电源集中提供。

2. 爆炸危险区域划分等级和火灾场所电气设备的防爆及防护等级

爆炸危险区域划分根据国家标准《爆炸和火灾危险环境电力装置设计规范》(GB 50058—1992)、《石油化工企业生产装置电力设计技术规范》(SH 3038—2000)绘制。装置的电力配线电缆均选阻燃型电缆。

3. 防雷、防静电接地措施

(1) 一般原则

电气工作接地、保护接地、防雷接地、防静电接地及仪表接地共用一套接地系统。在装置内和建筑物内要进行总等电位联结和局部等电位联结。安装符合 GB/T 21714.4—2008 要求的合适的 SPD。

(2) 防雷措施

1) 建筑物、构筑物的防雷分类及防雷措施，按《建筑物防雷设计规范》(GB 50057—2010)的有关规定执行，按第二类防雷建筑物设计。

2) 为防止感应雷击，在建、构筑物内的金属物体，如设备外壳、管道、金属构架等需用接地线连接到设在建、构筑物四周地下的接地环路上。

3) 对高层金属构架、壁厚大于 4mm 的金属密闭容器及管道(油罐除外)，可不装接闪器，但应接地，接地点不应少于两处，两接地点间距离不宜大于 18m，冲击接地电阻不应大于 30Ω。

4) 甲 B、乙类可燃液体地上固定顶罐，当顶板厚度不小于 4mm 时可不设避雷针；丙类液体储罐及压力储罐可不设避雷针；浮顶罐或内浮顶罐不应设接闪杆，但应将浮顶和罐体用 2 根 $50mm^2$ 扁镀锡软铜复绞线进行电气连接。储罐接地点不应少于两处，两接地点间距离不应大于 30 m，接地电阻不应大于 10Ω。

(3) 防静电措施

凡有可能产生静电的储油罐、输送易燃易爆液体的管道及各种阀门均应装设防静电接地设施，按《石油化工静电接地设计规范》SH 3097—2000 要求执行。

1) 爆炸危险环境内的机泵、设备、构架、平台及管线。

2) 厂区内输送可燃性气体，液体管线的首末端、分支处，直线段每隔 50 m 处；进入装置界区的地上工艺管线，在装置边界内侧。

3) 装车栈台：钢轨、鹤管。每个车位应有临时接地卡。

4) 平行管道净距小于 100mm 时，应每隔 20m 加跨接线。管道交叉且净距小于 100mm 时亦应加跨接线。

5) 只有防静电接地时，接地电阻应小于 30Ω。

4. 采用的其他电气安全措施

1）为确保晚间安全生产，在装置平台、过道及其他需要的地方均设置了照明设施；装置区、变电所、机柜间、操作室设应急照明，应急照明电源由EPS提供电源，应急照明时间不小于30min。

2）仪表用电采用不间断电源供电，以确保供电的可靠性。

3）露天安装的电机、电器、配电箱，均装有防雨设施。

4）安装在机械车辆可能通行地带的配电箱、电气设备和照明灯杆的底部，设有防冲撞设施。

5）低压系统中的电气设备，安装了符合劳动部《漏电保护器安全监察规定》要求的漏电保护器。

6）为便于内操人员和外操人员的联络，除有线电话外，还设无线对讲系统、扩音对讲系统等多种通信手段，以确保安全生产。

（六）仪表设计

1. 联锁保护

为确保装置和重要工艺设备的安全，确保生产人员的安全，装置设置有高可靠性的安全仪表系统（SIS）。重要联锁系统检测单元输入信号按“三取二”方式设置。

2. 紧急停车设施

为保证各个装置安全运行，避免、消除、减小事故危害，装置采用先进的分散控制系统和安全联锁系统（DCS/SIS）进行集中监视、控制和管理。采用冗余、容错的高可靠性系统实现。安全仪表系统包括紧急停车系统、紧急切断系统和一些重要的安全控制回路，保护装置在事故时按次序安全停车或采取安全切断措施，从而保护设备，保护人员安全。

3. 自动化开工程序

装置反应炉和焚烧炉为正压设备，炉子点火时风险很大，设计采用了自动点火系统，实现自动吹扫和点火，确保了装置开停工的安全。

4. 其他安全措施

1）为了保证装置停电时仪表尚能工作一段时间，设置了UPS不间断电源，以便处理停电所引起的一系列问题。

2）对装置区有可能泄漏并积聚易燃易爆气体和H_2S等有毒气体的地方，设置了可燃气体报警仪和有毒气体报警仪。

3）为了保护设备和生产安全，在设计中正确选用了风开、风关调节阀，以便装置停风时调节阀能处于安全位置。

4）对一些关键设备的过高或过低将影响装置正常操作的过程参数在DCS系统中设置了越限指示报警，以防影响装置的正常生产或危及其他设备的安全。

5）监测、控制仪表在按工艺生产要求选型时，还考虑了仪表安装地点的爆炸危险性和火灾危险性，并按《爆炸和火灾危险环境电力装置设计规范》（GB 50058）进行选型。

（七）建构筑物设计

1. 建筑防火防爆

硫黄装置内主要生产建筑物包括控制室（机柜间）、配电室、硫黄成型包装厂房及仓库等。建筑设计主要执行《石油化工生产设计规范》(SH/T 3017)，建筑物防火间距及防火构造的设计主要执行《石油化工企业防火规范》(GB 50160)及《建筑设计防火规范》(GB 50016)；当建筑物需要采取抗爆措施时，设计应执行《石油化工建筑物抗爆设计标准》(GB 50779)[现行标准为《石油化工控制室抗爆设计规范》(GB 50779—2012)，目前正在修编过程中]。

通常情况下，装置操作及管理人员的办公室可设置在中心控制室内。如需要在装置界区内设有人职守的办公用房，则应将该部分房间设置在装置控制室或机柜间内。当装置机柜间内设有常驻操作及管理人员时，则需要按照最高等级考虑其安全防护的措施，如采用抗爆建筑物等。

从前，硫黄成型包装厂房及仓库一般组合在一起统称为硫黄仓库。近些年由于装置规模不断扩大，使得硫黄仓库的建筑面积也不断扩大，一个建筑防火分区已经不能满足要求了，而包装流水线又不能采用防火墙来进行分隔，这就带来一个问题：如采用水幕进行分隔是可以满足防火要求的，但水幕的水遇燃烧的硫黄将生成硫酸，由此而产生的酸性消防水需要设置单独的工艺和设施进行处理，增加了装置的占地和造价。因此，当硫黄仓库的建筑面积需要突破一个建筑防火分区时，应考虑将硫黄成型包装工段和仓库分开设置成两栋建筑物，即硫黄成型包装厂房和硫黄仓库，以满足装置大型化的要求。

2. 钢结构耐火保护

耐火层采用室外并能适用于烃类火灾的防火涂料；涂有耐火层的构件，其耐火极限不应低于1.5h。设备承重钢结构框架、支架、管架的下列部位应覆盖耐火层：

1) 支承设备钢构架：单层构架的梁、柱；多层构架的楼板为透空的钢格板时，地面以上10m范围的梁、柱；多层构架的楼板为封闭式楼板时，地面至该层楼板面及其以上10m范围的梁、柱；

2) 支承设备钢支架；

3) 钢管架：底层支承管道的梁、柱；地面以上4.5m内的支承管道的梁、柱；上部设有空气冷却器的管架，其全部梁柱及承重斜撑；下部设有液化烃或可燃液体泵的管架，地面以上10m范围内的梁、柱。

(八) 给排水设计

为防范和控制在生产过程中突发事故或在事故处理过程中泄漏物料、污染消防水等污染物对周边接纳水体环境所产生的污染，有效降低环境风险、确保环境安全，设置防止水体污染三级防控系统。

1. 一级防控系统

(1) 装置区

由装置围堰(大围堰)、设备围堰(小围堰)、含油污水提升池及配套管道系统等构成。装置区设置高度为150mm的围堰，控制事故水的漫流，利用围堰储存和控制事故水的扩散和转移，在事故水出装置围堰处设置的通向含油污水系统和雨水系统的切断阀。在较小事故状态时，打开通向含油污水系统的切断阀，将事故水导入装置重力流含油污水管道，进入含油污水提升池，通过含油污水提升泵将事故液体送污水处理场处理。

(2) 酸性水罐区

防火堤内设置矩形混凝土排水明沟，罐组内雨水管道出防火堤后分别设置通向含油污水系统和清净雨水系统的切断阀及水封井，事故时，关闭含油污水和清净雨水系统切断阀；事故结束后，根据防火堤内事故水情况，对污染事故大的，打开至含油污水系统的阀门，将事故水导入重力流含油污水管道，进入含油污水提升池，通过含油污水提升泵将事故水送污水处理场处理。

2. 二、三级防控系统

二级、三级防控措施依托工厂现有事故水防控系统。

（九）其他安全设计

1. 防噪声

1）装置噪声控制设计按 GB/T 50087—2013《工业企业噪声控制设计规范》进行。

2）在满足工艺流程要求的前提下，高噪声设备尽量相对集中，并尽可能将高噪声设备布置在远离敏感目标的位置。

3）主要噪声设备如泵、电机、风机、压缩机等的选型时，在生产允许的条件下，尽可能选用低噪声设备。

4）对高噪声的设备采用隔声和消声等措施降低噪声，各装置加热炉采用低噪声燃烧器，蒸汽放空口加设消声器。采取降噪、防噪措施后，设备噪声值可满足规范要求。

2. 防灼烫

装置大部分热源设备露天布置，高温设备等均设隔热保温层。凡表面温度超过 60℃的设备和管道，距地面或工作台高度 2.1m 以内、距操作平台周围 0.75m 以内设防烫伤隔热层，可使操作人员免受伤害。满足《石油化工企业职业安全卫生设计规范》(SH 3047—93)的要求。

3. 防护栏

电机等转动设备设防护罩等保护措施。生产过程中需经常操作和检查的设备和部位，均设置操作平台、梯子和各种保护栏杆。

4. 安全标志

结合工艺设备的布置情况，按照《工作场所职业病危害警示标识》(GBZ 158—2003)要求，在装置内易引起误操作、有毒的岗位、危险部位设置安全警示牌或风向标，提醒操作人员注意，并在生产场所、工作场所的紧急通道和紧急出入口设置醒目标志和指示箭头。

5. 风向标

在有可能泄漏高浓度硫化氢的装置，在危险部位及设备处设置警示牌，在高处设风向标。

6. 个体防护装备

装置含有害、有毒物料，为了保证安全生产，必须有针对性地配备一定数量的劳保用具及建立相应的安全卫生设施。口罩、手套、安全帽、工作服保证至少每人一份且满足需要，安全防护眼镜等其他个人防护用品保证满足现场需要。

根据《石油化工企业职业安全卫生设计规范》(SH 3047)的要求，装置在安全位置设置洗眼器设施，便于人员被有毒有害物质污染后初期的紧急自救，发生喷溅事故时可及时处置以减轻伤害程度。

第十二章　运行管理、能耗分析及节能措施

第一节　日常运行管理及操作要点

一、装置主要操作参数

（一）反应炉温度

采用部分燃烧法工艺的硫黄回收装置，反应炉炉膛温度是装置关键控制参数，该工艺反应炉内发生的是高温 Claus 反应，反应速度很快，通常在 1s 内即可完成全部反应，反应炉内理论转化率可达 60%～70%，反应炉炉膛温度与转化率关系如图 12-1-1 所示。高温 Claus 反应为吸热反应，炉温越高越有利于反应向正方向进行。当原料酸性气中 H_2S 浓度较低（一般体积比小于 45 %）时，设计上可采用反应炉分区燃烧的方式，将部分酸性气引至反应炉后部燃烧区，使前燃烧区酸性气有较高的配风，以提高前燃烧区炉膛温度。当酸性气含氨时，为保证氨的完全分解，炉膛温度必须高于 1250℃，但炉膛温度应避免超过 1500℃，否则不仅选择耐火材料相当困难，而且炉内会生成多种氮氧化物，增加三氧化硫的生成量，导致装置催化剂硫酸盐化失活和后续的设备腐蚀。

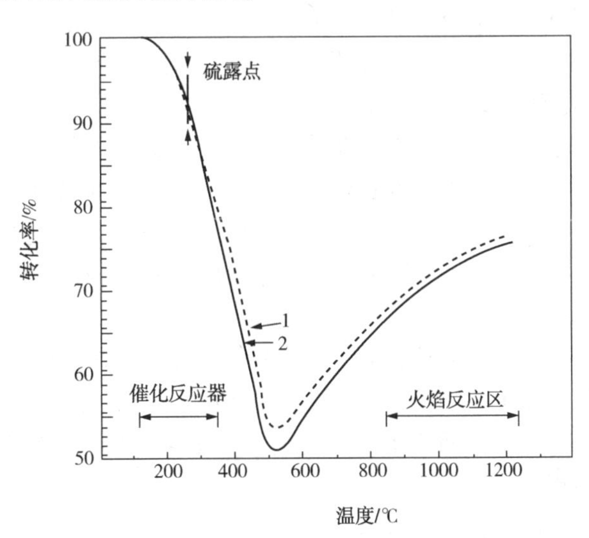

图 12-1-1　硫黄装置硫化氢平衡转化率和温度的关系

目前国内大型硫黄回收装置一般采用一支或多支热电偶和红外测温仪配合使用，来监测反应炉炉膛温度。

1. 反应炉炉膛温度的影响因素

主要有以下几个方面：

1）酸性气硫化氢浓度。反应炉炉膛温度和酸性气的硫化氢浓度有关，硫化氢浓度越高，反应炉炉膛温度越高；

2）酸性气中的烃含量。酸性气中含有一定量的烃有利于提高反应炉炉膛温度，但二硫化碳的生成量主要与原料气中烃含量有关，亦取决于燃烧炉的操作温度，大体上在1000℃时二硫化碳的生成量最大，然而在1300℃时，二硫化碳的生成量又下降到一个很低的水平；

3）采用反应炉分区燃烧设计的硫黄回收装置，通过调整反应炉烧嘴和反应炉后燃烧区的酸性气流量，可影响前燃烧区的温度。

2. 提高反应炉炉膛温度途径

1）预热进反应炉空气和酸性气；

2）反应炉补燃料气(或氢气)伴烧；

3）采用富氧代替空气；

4）提高酸性气浓度；

5）采用反应炉分区燃烧设计的硫黄回收装置，适当降低前燃烧区酸性气流量，以提高前燃烧区温度。

（二）反应炉气风比

国内大型硫黄回收装置大都采用部分燃烧法生产工艺，反应炉的气风比即进反应炉空气流量和酸性气流量的比值(一般为质量流量)，直接决定了过程气中硫化氢与二氧化硫的浓度比，同时从Claus反应的基本原理可以知道，反应器中硫化氢与二氧化硫反应的浓度比为2∶1，即当过程气中$H_2S/SO_2=2:1$时，Claus反应的平衡转化率最高，因此在生产中应尽可能满足这一条件，以获取最高转化率。硫黄回收装置气风比一般通过安装在最后一级硫冷器(或硫捕集器)后部的H_2S/SO_2在线比值分析仪进行实时分析检测，实现闭环监控和调节。

（三）硫化氢二氧化硫在线分析比值

硫黄回收装置生产中硫化氢、二氧化硫在线分析比值是通过控制气风比来实现的，并通过最后一级反应器出口的H_2S/SO_2在线比值分析仪测量硫化氢和二氧化硫的浓度，比值仪与反应炉的一路配风(微调风)构成反馈控制回路，以使硫化氢与二氧化硫的比值尽量接近2∶1，从而达到提高硫转化率的目的。通过实践，可以找出H_2S/SO_2的比值与转化率之间的对应关系如图12-1-2所示。

在Claus反应过程中，空气的不足和过剩都影响硫黄回收率，反应炉配风量在同等条件下对转化率的影响关系见图12-1-3。从图中可以看出，选择合适的气风比是很关键的操作，空气量不足或过剩均会降低硫黄回收率，但空气不足比空气过剩对硫黄回收率的影响更大，气风比不合适的危害体现在：

1）空气不足破坏了硫化氢和二氧化硫比值2∶1的比例关系，使硫化氢和二氧化硫不能按最佳配比反应，结果造成硫化氢气体大量过剩，硫化氢的转化率降低。

2）空气不足会造成酸性气中的烃不能完全燃烧，形成炭黑，一方面产品硫黄呈黑、灰色，影响质量指标；另一方面会造成催化剂床层积炭，活性下降，硫转化率降低；同时也会引起反应炉蒸汽发生器、硫冷凝器管束积炭，影响换热效率。

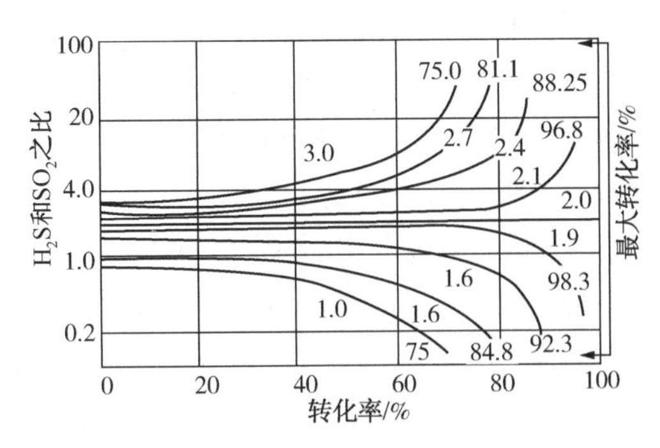

图 12-1-2　H_2S/SO_2比例和硫转化率的关系

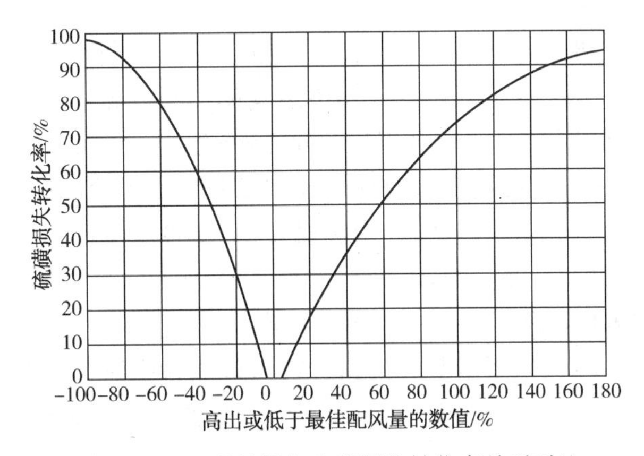

图 12-1-3　配风量与硫黄回收转化率关系对比

3）正常生产时，配风不足，烃类、硫化氢等燃烧不完全，会带至焚烧炉燃烧，焚烧炉温度会上升，可能导致焚烧温度超标，甚至导致装置焚烧炉温度高联锁动作。

4）在原料气量小或浓度低的情况下，如果配风不足，还会使反应炉炉膛温度太低，导致氨分解不完全，硫转化率降低。

5）配风过大，硫化氢燃烧生成的二氧化硫的量变大，过程气H_2S/SO_2的比值小于2，这样也降低了硫化氢的转化率，也会使加氢反应器床层温度过高。

6）配风过大，还会使反应炉炉膛温度升高，甚至反应炉炉膛超温。

7）配风过大，会产生反应炉燃烧漏氧(未反应的氧)，使催化剂床层的温度升高，并生成少量三氧化硫，使催化剂发生硫酸盐化，活性下降。

反应炉气风比的调节是硫黄回收装置生产操作的关键，通过调整气风比保证烃、氨和1/3硫化氢完全燃烧，因此酸性气中硫化氢、氨、烃类浓度高，气风比也大。在酸性气质量变差(组分变化)、流量过小或开停工过程中，通常适当提高气风比，以提高反应炉温度并有效焚烧去除原料中的杂质。H_2S/SO_2比值在线分析仪的投用情况是决定气风比的关键因素，当该在线分析仪异常时，气风比应依据当时反应炉温度、尾气氢含量、反应器床层温度、焚烧炉温度等参数加以调节。

(四) 一级 Claus 反应器入口温度

Claus 反应器的作用是在催化剂作用下使过程气中的H_2S和SO_2发生低温 Claus 反应生成S_x和H_2O，同时水解CS_2和COS。低温 Claus 反应是放热反应，操作温度越低，越利于提高转化率。但反应温度过低，会引起硫蒸气在催化剂表面冷凝，造成催化剂积硫失活，因此控制过程气进入反应器的温度应比硫蒸气露点高 10~30℃，通过 HYSYS 流程模拟，某 100kt/a 装置一级反应器出口硫露点温度为 233.1℃。CS_2和 COS 水解反应是反应器中重要的副反应，该反应是吸热反应，温度升高有利于反应进行。一级 Claus 反应器硫分压较高，露点温度高，同时为促进 CS_2和 COS 的水解，通常采用提高 Claus 一级反应器床层操作温度以促进 COS 和 CS_2的水解，提高装置硫转化率。控制好一级 Claus 反应器入口温度，使催化剂活性得以充分发挥，对提高总硫回收率也是很重要的。一般一级反应器入口温度控制在 220~250℃，床层温升 70~100℃。国内硫黄回收装置过程气加热方式有在线炉加热、中压蒸汽加热、高温掺和升温、气气换热等。

（五）二级 Claus 反应器入口温度

由于一级 Claus 反应器生成的硫在硫冷器被大量冷凝，剩余少量未反应的硫化氢和二氧化硫进入二级 Claus 反应器，在催化剂的作用下继续反应生成硫，反应温度越低，硫的回收率越高，但过低的反应温度会导致硫蒸气冷凝堵塞催化剂微孔结构，使催化剂失活。通过 HYSYS 流程模拟，某 100kt/a 装置二级反应器出口硫露点温度为 200.7℃。因此二级 Claus 反应器入口温度一般控制在 200~230℃，床层温升 10~30℃，同时由于二级 Claus 反应床层温度控制较低，基本不发生 COS、CS_2水解反应。

（六）加氢反应器入口温度

经捕集硫雾后的 Claus 尾气经加热升温后，进入加氢反应器，在催化剂的作用下，过程气中的 S_8、SO_2与 H_2反应被还原成 H_2S，COS、CS_2等有机硫则被水解生成 H_2S 和 CO_2，反应式如下：

$$SO_2 + 3H_2 \longrightarrow H_2S + 2H_2O \quad (12-1-1)$$

$$S_8 + 8H_2 \longrightarrow 8H_2S \quad (12-1-2)$$

$$COS + H_2O \longrightarrow H_2S + CO_2 \quad (12-1-3)$$

$$CS_2 + 2H_2O \longrightarrow 2H_2S + CO_2 \quad (12-1-4)$$

加氢反应为放热反应，温度越低越有利于反应向正方向进行，但有机硫的水解反应为吸热反应，温度越高越有利于水解，为了使尾气中 SO_2和 S_8还原充分，同时使 COS 和 CS_2水解完全。使用普通加氢催化剂工况下，反应器入口温度一般控制在 260~280℃，床层温升随着尾气中 SO_2和 S_8的含量增加而增加，一般床层温度要求在 300~340℃。使用低温催化剂装置，反应器入口温度一般可控制在 220~250℃，床层温度一般在 250~280℃，低温催化剂的使用使加氢反应器采用中压蒸汽加热变为可能。国内硫黄回收装置加氢反应器入口过程气加热方式有在线炉加热、中压蒸汽加热、管式炉加热、反应器进出口气气换热及电加热配合、过程气和高温烟道气换热等。

（七）加氢后尾气中氢含量

Claus 尾气通过加热升温后与 H_2混合，进入加氢反应器，在加氢催化剂作用下，尾气中的硫和二氧化硫与氢气发生加氢反应，为了保证 S_8和 SO_2反应完全，必须保证加氢反应器出口尾气中有一定的氢含量，一般控制在 2%~6%，如果反应器氢含量不足，SO_2会击穿反应器床层，造成急冷水 pH 值降低，腐蚀设备，同时还可能造成急冷塔填料硫堵塞的严重后果。硫黄装置加氢尾气中氢气的来源主要有反应炉欠氧燃烧生成的氢气、外补氢气、在线炉次化学燃烧产氢等。

（八）急冷水 pH 值

加氢尾气在急冷塔内利用循环急冷水来降温，急冷水自急冷塔底部经急冷水泵加压，进入冷却器冷却至40℃后，返回急冷塔塔顶。加氢尾气冷却后其中的水蒸气被急冷水冷凝，产生的酸性水由急冷水泵送至酸性水汽提装置处理。为了防止酸性水对设备的腐蚀，需控制急冷水 pH 值在 7~9 之间。目前国内硫黄回收装置一般采取注液氨、氨水、碱液和脱氧水置换等手段调节急冷水 pH 值。注氨水操作相对平稳、安全，实际操作中根据 pH 值的高低，确定注氨水量。而注液氨或注碱存在一定的风险，注氨过程中可能发生水击，氨气泄漏，同时氨带入过程气中会对溶剂吸收产生不利的影响，注碱可能产生碱脆等。控制急冷水 pH 值的关键是平稳操作，确保加氢反应完全，避免 SO_2 带入急冷塔。在正常情况下，进入急冷塔尾气中 SO_2 含量为零，急冷水的 pH 值在 7~9，但装置的操作一旦发生波动，Claus 尾气中 SO_2 和 S 含量偏高，加氢反应器中加氢不完全，使进入急冷塔的尾气中含有一定量的 SO_2，而 SO_2 易溶于水且具有较强的酸性，造成急冷水 pH 值下降，使急冷塔、空冷及相应管线的腐蚀加重，此时应在急冷水中加入适量的氨，或加脱氧水置换急冷水，把急冷水的 pH 值控制在 7~9，减少急冷水对设备和管线的腐蚀。

（九）吸收塔顶温度

含 H_2S 的加氢尾气进入吸收塔底自下而上，被自上而下的较低温度的溶剂吸收净化，加氢尾气中的 H_2S 和部分 CO_2 被溶剂吸收，吸收后的加氢尾气从吸收塔顶出去到下个工段处理。溶剂吸收 H_2S 和 CO_2 的过程为放热反应，温度越低越有利吸收，但是溶剂温度过低，会增加溶剂的黏度，反而不利于溶剂吸收和循环，因此入吸收塔的溶剂温度一般控制在 20~50℃。加氢尾气在吸收塔内与溶剂接触并传质、传热后从塔顶出来，塔顶出口加氢尾气温度能够反映吸收塔上部加氢尾气被溶剂吸收的最后温度，该温度也是影响加氢尾气中 H_2S 吸收的关键因素。

（十）再生塔顶分液罐压力

吸收了硫化氢的富溶剂进入溶剂再生塔，在一定的温度、压力下发生解吸反应，溶剂得到再生。溶剂再生塔顶解吸出来的气相组分主要是硫化氢、CO_2 和水蒸气，经冷却器冷却后进入再生塔顶回流罐进行气液分离，再生酸性气返回 Claus 制硫单元，液相作为回流液返回再生塔顶。

再生塔顶分液罐压力决定着再生塔顶压力，再生塔压力越低越有利于解吸。但在生产中，再生塔压力的控制调节则需要综合考虑。首先，再生塔顶再生酸性气压力必须高于接收单元即 Claus 制硫单元酸性气压力，才能保证再生酸性气的回收；其次，再生塔压力与塔底温度密切相关，塔顶压力越低，塔底温度越低，当塔底温度低于 115℃时，就会影响溶剂的再生效果，进而影响贫溶剂质量；另外对于没有塔底抽出泵的再生塔，贫液靠再生塔与溶剂储罐压差及塔高产生的静压自流回罐，因此，塔液位需要一定的压力来控制。

再生塔压力的影响因素及调节：

1）重沸器蒸汽量过低，不足以解吸富液中硫化氢和 CO_2 组分，应将蒸汽提高至合适的比例。

2）再生酸性气调节阀失灵，压力波动大，应改副线操作，对调节阀处理。

3）再生酸性气可能因温度较低而结盐，导致分液罐丝网堵塞，这时需要提高再生酸性气温度，也可向管线内注蒸汽或脱氧水溶解携带生成的盐类。

4）如果再生塔有液泛的现象，则塔顶压力、塔顶与塔底压差将有明显的变化，应及时调整气、液相负荷。

再生塔塔顶都设有放空线和安全阀组，安全阀组连接至火炬线。当异常状态下压力高超过安全阀定压值时，安全阀自动起跳，将塔内硫化氢等气相组分泄压至火炬线排放。但是如果塔顶放空阀或安全阀有内漏现象，也将影响到塔顶压力的控制，如果酸性气放火炬系统压力升高，应对安全阀进行排查。

（十一）焚烧炉后部温度

焚烧炉的目的是把尾气中 H_2S 全部焚烧成 SO_2，同时要有较低的 NO_x 生成率，并使焚烧尾气中的 VOCs 及 CO 降低至排放指标以下，其中焚烧炉后部温度是主要影响因素。硫黄装置焚烧炉将尾气中 H_2S 与 O_2 反应生成 SO_2，温度越高反应转化率越高，因此温度越高越有利于 H_2S 的焚烧，硫黄装置稳定工况下，烟气氧含量在 2%以上、焚烧炉后部温度 550℃以上能够有效焚烧尾气中的硫化氢，确保排放尾气 H_2S 浓度符合国标要求。目前部分硫黄装置烟气排放对 VOCs 及 CO 也有指标限制，当焚烧炉后部温度控制在 700℃以上时，才能有效焚烧尾气中的 VOCs 及 CO。据资料显示，一氧化碳自燃点在 641~658℃之间，在 870℃时的转化率会达到 90%以上。对于焚烧炉来说，温度偏高不会造成严重的后果，但硫黄回收装置焚烧炉后部有蒸汽过热器或者其他余热回收设备，若焚烧炉后部温度过高，会损坏后续余热回收设施，严重的会使炉管破裂造成事故，一般焚烧炉后部温度根据其后续的设备设置温度高安全联锁。若尾气焚烧炉及中压蒸汽过热器设计温度允许，可提温至 800℃，甚至更高。为控制较低的 NO_x 生成率，焚烧炉燃烧器采用低 NO_x 烧嘴，一般主空气流量为燃料气燃烧化学计量的 80%，其余 30%的化学计量空气进入燃烧器后部，避免燃烧器高温区域过氧生成 NO_x，一般控制烟道气中 O_2 含量 2%~5%（体）。

（十二）装置 3.5MPa 蒸汽压力

国内大型硫黄回收装置反应炉后部都设置了余热锅炉，部分装置尾气焚烧炉后部也设置余热锅炉，均产生 3.5~4.5MPa 中压蒸汽，中压蒸汽部分装置自用，其余经焚烧炉后部的蒸汽过热器过热后并入工厂 3.5MPa 蒸汽管网，出装置蒸汽压力与装置负荷及蒸汽管网背压有关。目前装置 3.5MPa 蒸汽压力控制方案一般有两种类型：一种为蒸汽出过热器后设置压力控制阀，控制压力在 3.5~3.9MPa，蒸汽经压控后送系统管网；另一种为装置反应炉余热锅炉出口单独设置蒸汽压力控制阀，适当提高蒸汽压力控制（可达 4.5MPa），以便提高饱和蒸汽温度，并利用该蒸汽加热制硫反应器入口过程气获得更高的温升。日常操作中装置 3.5MPa 蒸汽均由压力控制阀自动控制，应保证蒸汽压力稳定，避免超压引起余热锅炉安全阀起跳。

（十三）装置 3.5MPa 蒸汽温度

3.5MPa 饱和蒸汽温度与压力成对应关系，余热锅炉汽包出口压力在 3.5MPa 时，蒸汽温度为 242.6℃，如果蒸汽温度过低，可能是蒸汽压力过低或蒸汽带水，蒸汽温度过高可能是余热锅炉汽包压力过高，也可能是余热锅炉烧干，因此汽包出口蒸汽温度异常应及时分析排查原因。

余热锅炉产生的饱和蒸汽经焚烧炉后部蒸汽过热器过热后成为过热蒸汽，装置负荷不同，过热蒸汽温度也有所不同。3.5MPa 过热蒸汽出装置温度根据各工厂的 3.5MPa 过热蒸汽管网运行情况确定，一般控制在410~450℃，温度过低，可能会引起管网带水，导致管线水击甚至影响下游用汽设备的安全，温度过高可能使蒸汽管线及蒸汽过热器管束超温损坏。焚烧炉后部蒸汽过热器设置一级减温器(或二级减温器)，高压除氧水通过减温器以雾化形式与蒸汽混和，控制外送过热蒸汽温度符合指标要求。另外，当装置负荷波动幅度过大，导致过热器出口蒸汽温度过高或过低时，可通过调节焚烧炉后部温度来控制3.5MPa过热蒸汽温度。

(十四) 烟气脱硫洗涤水pH值

钠法烟气脱硫工艺采用氢氧化钠作为烟气脱硫吸收剂。在脱硫塔内，含氢氧化钠吸收液与含SO_2尾气接触混合，烟气中SO_2在被吸收液吸收以后，与循环液中的NaOH反应生成Na_2SO_3，降低吸收液pH值，故而需要向塔底循环吸收液中补充碱液，使脱硫洗涤水pH值维持在7左右。Na_2SO_3溶液对环境会产生危害，因此通过塔底鼓风将Na_2SO_3氧化为中性的Na_2SO_4，随废水外排。如果循环液pH值过高，可通过降低补碱量调节。另外，Na_2SO_3氧化不完全，也会使循环液pH值偏高，可通过加大废水氧化鼓风量，确保Na_2SO_3氧化完全。

二、主要控制回路及操作要点

(一) 反应炉酸性气配风控制回路及操作要点

1. 控制回路

部分燃烧法硫黄回收装置生产原理是使原料气中硫化氢与空气中的氧气反应生成单质硫。氧气过量会生成二氧化硫，影响装置硫黄收率，甚至影响装置安稳长周期运行；氧气不足，硫化氢反应不完全，影响装置硫黄收率的同时，也使原料中氨和烃等杂质燃烧不充分，造成硫黄产品不合格，甚至堵塞后路影响装置正常生产。反应炉酸性气配风过多或过少都会对装置造成很大的影响，为此通过控制反应炉空气/酸性气比例，实现过程气中H_2S/SO_2尽量接近2∶1，确保装置高的硫黄收率和正常运行。反应炉空气流量控制一般采用前馈-反馈控制方案。所谓前馈，即通过测量酸性气和燃料气流量，计算出燃烧所需的空气量，把二物料或多物料需要的空气量相加作为主调空气量的设定值；所谓反馈，即通过测量过程气中$H_2S/2SO_2$值(或H_2S/SO_2值)，并通过控制器的输出作为微调空气流量的设定值。目前部分装置还增加了再反馈控制，即把微调空气调节情况再反馈给主调空气，通过调节主调空气量确保微调空气正常运行。

在上述空气前馈和反馈控制时，如果设定的空气/酸性气燃烧比值(HIC/C)或燃料气燃烧比值(HIC/D)不当，微调空气流量可能太大或太小，影响前馈和反馈控制的正常运行。再反馈的作用是，把微调空气调节情况再传递给主调空气，使主调空气的设定发生改变，而使微调空气得到有效调节。微调空气流量控制器(FIC/C)的输出通过平衡调整回路，用特殊的运算块(FY/B2)通过选择器(HS/B)去修正主空气量(FY/B1)，防止微调风线空气流量过大或过小。具体见图12-1-4。

2. 控制回路投用

首先，调整好主调空气流量调节器(FIC/B)、微调空气流量调节器(FIC/C)、燃料气流量调节器(FIC/D)的PID参数，调节器投“自动”。其次，把空气/酸性气燃烧比值(HIC/C)或燃料气期望燃烧比值(HIC/D)设定合适的值，调整主调空气流量调节器(FIC/B)的设定值

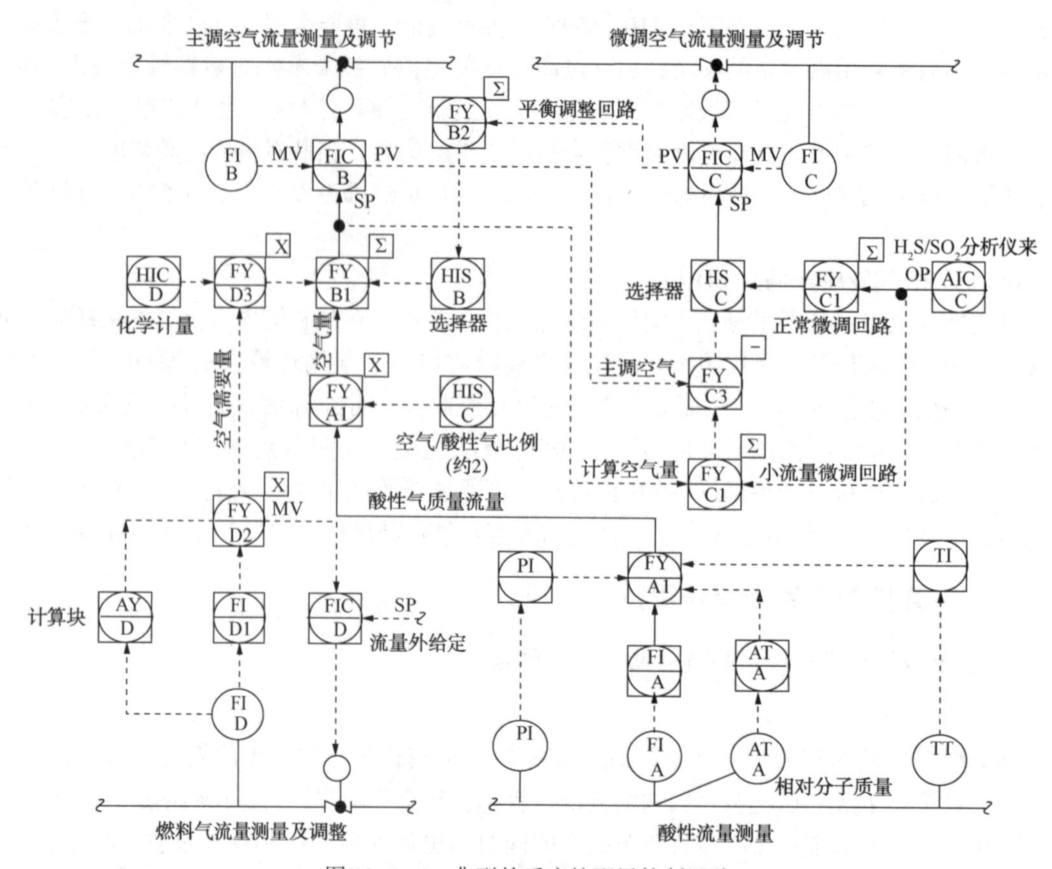

图 12-1-4　典型的反应炉配风控制回路

与计算值(FY/B1)相近，主调空气流量调节器投“串级”，装置前馈控制投用。接着，微调空气流量调节器(FIC/C)的设定值与计算值(FY/C1)相近，微调空气流量调节器投“串级”，装置反馈控制投用。最后，如果有必要投用再反馈，则把选择器(HS/B)切至平衡调整回路，再反馈系统投用。如果装置负荷低，主调空气调整困难，把选择器(HS/C)切至小流量微调回路，把前馈和反馈全部引入微调空气流量调节器。当微调空气流量过大(过小)，通过调大(调小)主调空气配比确保微调空气有一定的调节余量。

(二) Claus 反应器入口温度控制回路及操作要点

Claus 硫黄回收工艺中的过程气再热的目的是提高第一、二级反应器的入口温度，使 Claus 反应在要求的床层温度下进行。过程气加热方式主要有高温掺和、气/气换热、在线炉加热、气/汽换热(蒸汽加热)等形式。

1) 气/汽换热法一般采用余热锅炉产生的中压蒸汽(3.5~4.5MPa)作热源，操作和控制简单，反应器入口温度与蒸汽阀位构成单回路控制，或者反应器入口温度与蒸汽流量构成串级控制回路，图 12-1-5 为典型的蒸汽加热控制回路，投用前应先将蒸汽流量和温度控制器手动控制，凝结水后路打通，排尽

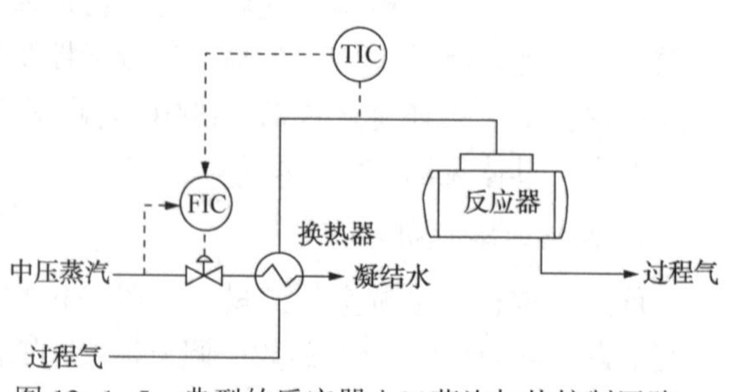

图 12-1-5　典型的反应器入口蒸汽加热控制回路

冷凝水，缓慢引蒸汽进入加热器，防止水击，待温度和蒸汽流量稳定后，将蒸汽流量投自动，整定调节器PID，蒸汽流量平稳后投串级，温度调节器投自动。日常操作中如果发现蒸汽流量波动，应立即将控制器手动控制，并加强蒸汽线脱水，同时检查凝结水后路是否畅通。

2）在线炉加热是通过燃料气在略低于化学计量下燃烧，给反应器入口过程气或尾气提供热量，温度调节灵活，燃料气和空气流量比例控制严格，操作难度大，由于在燃料气组分发生变化、燃料气和空气调节系统发生故障、在线炉出口温度波动大等情况时，容易发生燃料气和空气调整不同步而出现的燃烧气体中过氧和产生炭黑。为此在线炉工艺一般配套使用双比例交叉限位控制回路，使空气和燃料气流量在最大配比和最小配比之间操作。

双比例交叉限位控制方案：反应器入口温度输出分两路，一路输出进入空气选择器，经过高选器和低选器的比较选择后，与正常配比值的乘积得到的数值作为空气流量调节器的给定值来调节空气流量。另一路输出进入燃料气选择器，经过低选器和高选器的比较选择后，其输出作为燃料气流量调节器的给定值来调节燃料气流量。经过这样的选择输出后，空气流量和燃料气流量就形成相互克制的关系。

控制回路投用，首先将温度调节器自动、燃料气和空气流量调节器手动控制，手动改变燃料气和空气的阀位，根据现场火焰颜色、温度变化判断配风的大小，直至当量燃烧，然后输入最大配比、最小配比、理想配比值，一般分别取0.7、1.0、0.95，通过估算，使配比接近理想配比值，同时确认温度控制器的输出值与燃料气和空气流量接近，然后将燃料气和空气流量投串级，温度调节器投自动。通过调整反应器入口温度控制器的设定值，控制系统自动调节达到目标值。

交叉限位控制系统在温度调节器自动、燃料气和空气流量调节器串级时才起作用，如果出现阀门或流量计故障时，应先将控制回路手动控制，可以先保持燃料气调节器阀位不变，加大风量，当温度上升说明配风不足，当温度上升到最高值开始下降时，说明配风过大，观察温度和氢含量变化，结合炉子火焰颜色判断配风大小，燃料气在空气90%化学计量燃烧火焰为红色，在空气95%化学计量燃烧火焰为淡黄，在空气98%化学计量燃烧火焰为淡蓝色。如果配风过大，也会导致反应器床层温度升高，配风过小可能引起床层积炭，因此应联系外操加强液硫颜色的检查。

（三）加氢反应器入口温度控制回路及操作要点

加氢反应器的温升反映出硫黄回收装置配风的好坏，以及运行是否平稳。如果硫黄回收部分配风量偏低，则硫黄回收尾气中硫化氢浓度高，而二氧化硫浓度低，加氢反应器温升将减小。反之，当硫黄回收部分配风量偏高，则尾气中硫化氢浓度低，而二氧化硫浓度高，加氢反应器温升将增大。当反应器温度过高达到400℃以上，将会对催化剂活性、寿命等产生危害，还有可能烧坏反应器内支撑件、测温元件等，而加氢反应床层温度直接关系到有机硫的水解深度，因此加氢反应器入口温度的控制是非常重要的。对于不同的尾气处理工艺，加氢反应器入口温度的调节控制方案是不同的，主要有气气换热、加热炉、蒸汽加热和电加热等方式，而大型硫黄回收采用在线炉加热居多，下面就典型的加热炉方案进行介绍。

加氢反应器入口温度是通过改变流入加氢炉的燃料气量来控制的，反应炉内燃料气和空气按一定比例以实现轻度的完全燃烧，既产生热量又产生还原气，因此对燃料气和空气的配比有十分严格的要求。尤其在燃料气组分发生变化情况下，既要防止不足空气燃烧产生炭黑，又要防止过量空气燃烧使催化剂和溶剂失活，因此也造成急冷塔腐蚀和堵塞，为此采用扩展双比例交叉限制控制方案，这个控制方案可以使燃烧点高于一个设定的低配比限和低于一个设定的高配比限，燃料气在空气70%化学计量以下燃烧可能产生炭黑，95%化学计量以上燃烧可能产生游离氧，建议85%~90%的化学计量空气操作，主控制器是温度控制器，温度控制器通过交叉系统给出空气流量控制器和燃料气控制器的设定值。见图12-1-6、表12-1-1。

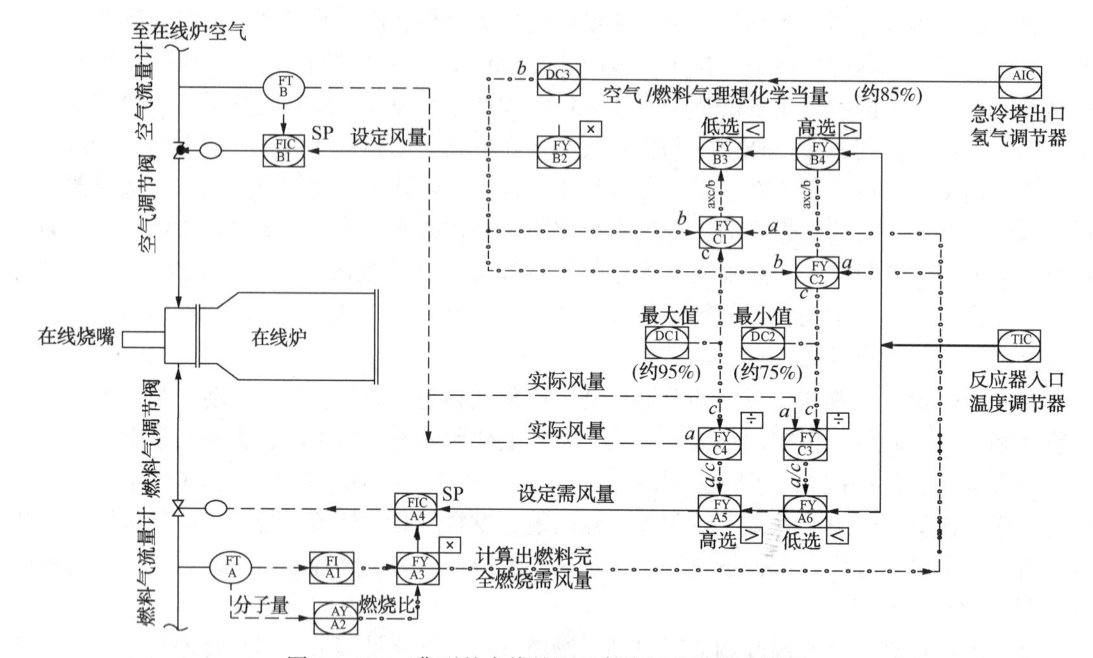

图12-1-6　典型的在线炉双比例交叉限位控制回路

表12-1-1　燃料气在不同化学计量空气下燃烧产生的还原气量

空气化学计量	1mol 燃料气燃烧后的生成气中 $CO+H_2$ 的摩尔浓度/(mol/L)			
	CH_4	C_2H_6	C_3H_8	C_4H_{10}
计量100%	0.5	0.4	0.4	0.3
计量90%	1.5	1.3	1.2	1.0
计量80%	3.7	3.2	2.8	2.7
计量70%	6.9	5.8	5.6	5.4

交叉限位控制方案与在线炉控制方案相同，实际配比控制在0.85左右，以保证产生一定浓度的还原气。

(四) 焚烧炉后部温度控制回路及操作要点

焚烧炉是对经过吸收塔吸收后的尾气进行焚烧，使尾气中的 H_2S 充分燃烧生成 SO_2，以达到尾气排放标准。而 H_2S 是否被充分燃烧与焚烧炉后部的温度有密切关系，而且焚烧炉后部温度还直接影响着炉后蒸汽过热器的运行安全以及产生的中压蒸汽的质量，因此对焚烧炉温度的控制还是比较严格的。为达到上述目标，要求把尾气加热至足够高的温度且尾气中有一定的残余氧，另外还要求烟道气不产生炭黑，燃料气燃烧时产生的 NO_x 尽可能低，燃料气消耗尽可能低。同时由于焚烧后的尾气温度较高，能避免低温排放尾气时酸性物质对设备管线的腐蚀。低于500℃时 H_2S 和有机硫不能完全焚烧，高于800℃对焚烧完全影响不大，但燃料气用量却大幅度增加。因此，综合各方面考虑，焚烧温度一般控制在 500~800℃。尾气氧含量也影响烟气排放和装置能耗，所以焚烧炉一般设置后部温度控制和烟气氧含量控制两个控制回路，或者整合为一个控制系统。

目前在役硫黄回收装置焚烧炉烧嘴主要有两种形式，一种是普通烧嘴，空气和燃料气全部进入主烧嘴过氧燃烧，空气线上设置 2 台调节阀，一台主风调节阀和燃料气调节阀与焚烧炉后部温度构成串级控制回路，通过一定配比燃烧控制焚烧炉后部温度在工艺指标范围内，另外一台微调风调节阀与烟气氧含量构成串级控制回路，主要控制氧含量，这两个控制回路独立运行。该控制方案操作简单，投用前将燃料气和主空气调节阀手动控制，确保燃料气过氧燃烧，根据火焰颜色、氧分仪指示判断配风大小，待温度稳定后，燃料气和主空气控制器投自动，并将配比调节至实际配比，然后调节控制器 PID，流量稳定后，燃料气和主空气流量控制器投串级，温度控制器投自动，缓慢改变温度控制器设定值，回路投用正常。根据氧分仪调节微调风流量，尽量使阀位保持在 50%左右，氧分析仪指示稳定后微调风控制器投自动，整定 PID，流量稳定后投串级，氧分仪控制器投自动。见图 12-1-7。

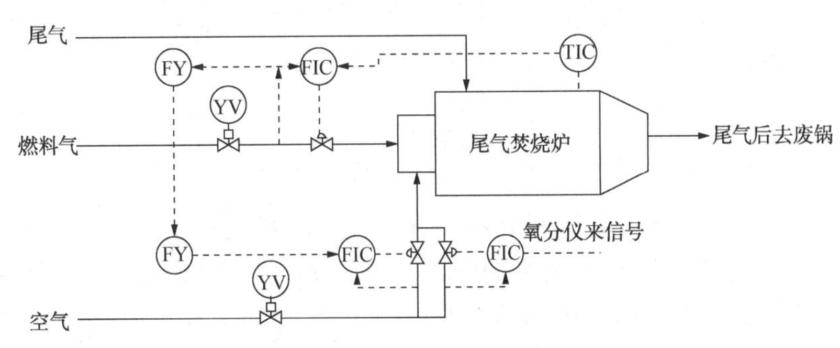

图 12-1-7 焚烧炉典型控制方案

为确保燃料气完全燃烧，初次点炉后可以根据温度变化、火焰、氧含量综合判断配风情况。日常操作中温度调节器输出不能大幅提高，否则可能出现燃料气流量过大，主风流量不能及时调节，导致配风严重不足，因此三台控制器的 PID 整定非常重要。烟道气氧含量一般控制在 2%~5%，如果微调风阀门全开的情况下仍不能满足氧含量要求，则要分析排查原因，适当调节主风配比，保持微调风阀位在 50%左右，提高抗波动能力。同时为了避免燃料气不完全燃烧，可根据经验将燃料气和主空气阀位设置高低限位，由于焚烧炉温度影响因素较多，主要有燃料气压力、风机压力、仪表、烟气流量及烟气组分，在炉温出现大幅波动时，应综合分析原因，采取针对性的调节措施。

另外一种烧嘴是低 NO_x 烧嘴，为了使烟气 NO_x 的排放最小，低 NO_x 烧嘴的火焰区分为前区和后区，前区燃烧空气为第一空气，后区的燃烧空气为第二空气，第一空气流量为总空气流量的 85%，第二空气流量为总空气流量的 35%，这样燃料气燃烧后保证还有 20%的残余量。同时为了避免焚烧炉超温和保证烟气中的氧含量，焚烧炉后部还设置第三空气，具体的控制方案如图 12-1-8 所示。

本复杂控制通过低配比控制器、三段空气流量、燃料气流量、氧含量反馈来实现。焚烧炉温度控制器（TIC）的输出采用分程方案。

控制回路投用，首先设定好总风量配比值（HC3）、第一空气量配比值（HC2）和最小值配比（HC1）值。其次，调整好第一空气（主风）流量调节器（FIC/B）、第二空气流

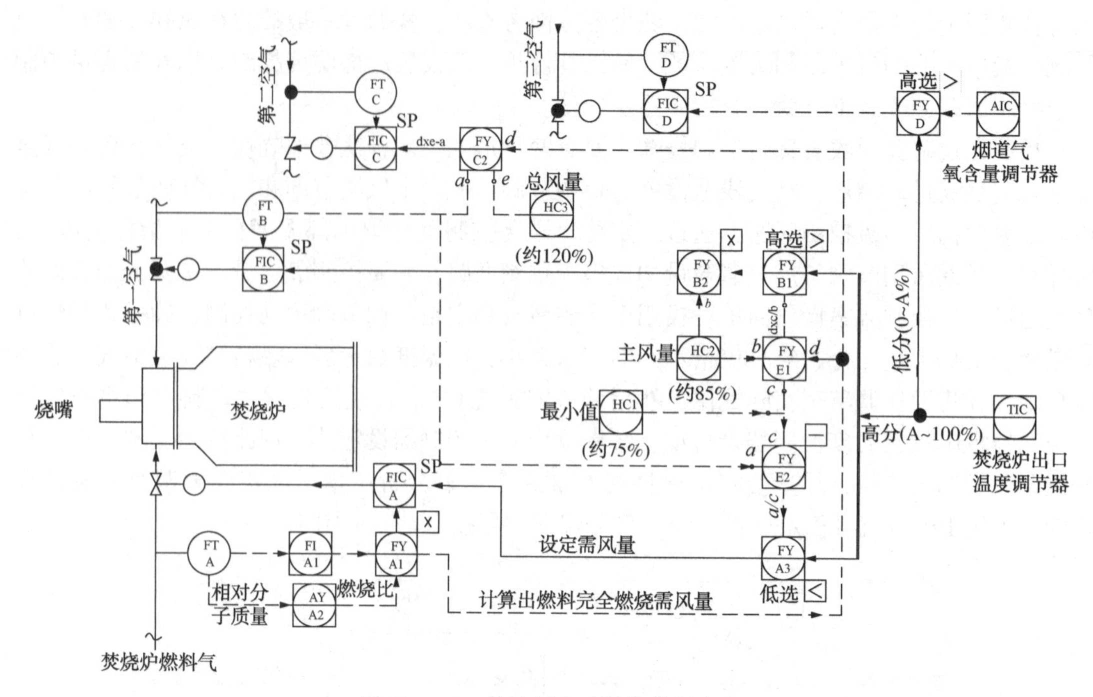

图 12-1-8　单比例交叉限位控制方案

量调节器(FIC/C)、第三空气流量调节器(FIC/D)、燃料气流量调节器(FIC/A)的 PID 参数，调节器投“自动”。接着，把焚烧炉温度控制器(TIC)投“手动”，调整调节器输出使该值与总风流量基本相同，确认第一空气流量调节器(FIC/B)和第二空气流量调节器(FIC/C)测量值和设定值基本一致，将第一空气流量调节器(FIC/B)和第二空气流量调节器(FIC/C)和燃料气流量调节器(FIC/A)切至“串级”。最后，把焚烧炉温度控制器(TIC)和氧含量控制器(AIC)投“自动”，高选器(FY/D)选择高的信号输送到第三空气流量调节器(FIC/D)，调整第三空气流量调节器(FIC/D)测量值和设定值基本一致，第三空气流量调节器(FIC/D)切至“串级”。

(五) 余热锅炉液位控制回路及操作要点

大型硫黄回收装置反应炉后部和焚烧炉后部一般都设置余热锅炉，将从反应炉过来的高温过程气从1000℃以上冷却到300℃左右，通过产生蒸汽回收余热，余热锅炉主要由蒸汽汽包和蒸发器组成，一般采用热虹式循环，除氧水直接进入汽包，再进入蒸发器壳程内，3.5~4.4MPa 蒸汽从汽包的顶部出来经过过热、减温调压后并入中压蒸汽管网。

余热锅炉液位是硫黄回收装置的重要工艺指标，余热锅炉液位过高，汽包出口蒸汽带液严重，液态水进入蒸汽过热器或下游蒸汽透平机组造成事故，若余热锅炉液位过低，管束温度上升，管束变形，将损坏余热锅炉。如果余热锅炉采用单冲量调节系统，当负荷突然增大，出现“虚假液位”时，调节器就误以为液位升高而错误地关小给水阀门，可能造成锅炉烧干。大型硫黄酸性气燃烧炉余热锅炉汽包液位控制一般采用三冲量控制系统，三冲量是指汽包液位、蒸汽流量和给水流量三个测量信号，汽包液位是主冲量。为了避免余热锅炉烧干或脱氧水的中断以及蒸汽带液，余热锅炉中的水位是由液位控制器控制，并通过产生蒸汽流量前馈来调整锅炉供水流量控制器给定值来控制锅炉给水阀门。蒸汽流量作为余热锅炉给水量的补充信号使锅炉水位不变，在前馈流量基础上加入液位控制器的输出，使前馈流量得到校正，作为余热锅炉给水流量控制器的给定值，克服了动态特性和流量测量误差引起的余热锅炉水位误差。余热锅炉液位控制方案见图12-1-9。

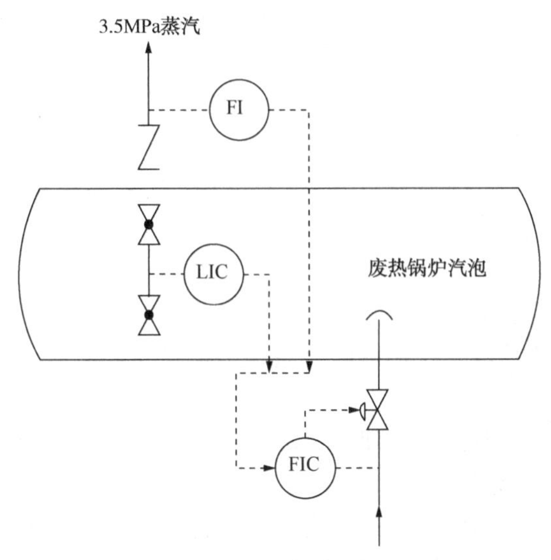

图12-1-9　余热锅炉液位控制方案

控制回路投用前应调节好控制器的PID，液位控制器LIC和上水流量调节器FIC均投手动，根据发汽量和液位趋势手动调节上水量，待液位和上水量稳定后，将流量调节器投串级，然后将液位控制器投自动。在日常操作中，应经常检查锅炉液位，一、二次表是否相符，严防干锅。定期对壳程排污，防止管束结垢。投用好液位、流量调节系统，确保液位稳定。调节好锅炉的压力，严防设备憋压。

在正常操作时，若发现余热锅炉汽包液位DCS和现场指示为零，出口流量指示为零，余热锅炉出口过程气温度超高，则可判断余热锅炉烧干。发现余热锅炉烧干后，不可盲目操作，烧干后如果立即加水，容易引起设备损坏甚至引起爆炸。此时，装置应作紧急停工处理，迅速汇报相关人员，打开蒸汽发生器壳程蒸汽放空阀泄压，并根据余热锅炉烧干程度作相应处理。若壳程蒸汽泄至常压后，打开排污阀壳程还有大量凝结水，则可缓慢加入脱氧水冷却，然后才能恢复生产。若壳程蒸汽泄压至常压后，打开排污阀无脱氧水，则缓慢通入蒸汽冷却，然后再加入脱氧水。

（六）溶剂循环系统控制回路

溶剂循环系统由吸收塔和再生塔组成，急冷塔顶尾气进入吸收塔与贫溶剂逆向接触，净化后至焚烧炉，吸收了H_2S和部分CO_2等气体的富溶剂从吸收塔底进入富液泵，升压后经贫液-富液换热器进入再生塔再生，再生后的贫液由泵送至贫液-富液换热器、空冷器、水冷器冷却后进入吸收塔上部，溶剂循环使用。再生塔顶出来的酸性气经再生塔顶空冷器冷却后进入回流罐，经分离后气相返回至Claus单元。回流罐底的凝液经回流泵升压后返回再生塔上部回流。

溶剂循环系统主要有两个控制回路：一个是吸收塔贫液的单回路控制，贫液流量控制阀投自动状态，保持进塔贫液流量的稳定，根据装置负荷变化，可以改变流量控制器的设定值，进塔贫液流量通过自动调节达到目标值；另一路是吸收塔液位与富液流量控制构成的串级控制回路，该回路中，吸收塔液位是主控制器，它的输出作为富液流量的设定值，当吸收塔液位高时，输出增加，富液流量控制器设定值增大，液位下降，从而保持了吸收塔液位的稳定。因此，溶剂循环系统控制的目的是保证吸收塔的平稳运行。该系统中水汽进出不平衡，会导致系统中水含量增加或减少，从而导致再生塔液位缓慢上升或下降。当再生塔液位过低时，可以通过补充除氧水方式补液；当再生塔液位过高时，可以将回流罐内的酸性水部分外排，以保证液位稳定。

操作要点如下：

① 控制好尾气和贫液入吸收塔温度，尽量减少尾气出入吸收塔的温度差，保持尾气中水蒸气含量的平衡。

② 做好急冷塔的操作，防止入吸收塔的尾气带液。

③ 投运好再生塔顶空冷器，控制好酸性气冷后温度，同时防止再生塔发生冲塔或淹塔事故。

④ 若再生塔液位过高，从酸性水回流泵出口退出部分酸性水，使再生塔液位符合要求。

（七）再生塔蒸汽流量控制回路

再生塔底重沸器利用 0.35MPa 蒸汽作为热源，为了再生塔的溶剂得到有效的再生，蒸汽流量与富液流量采用比值控制方案。富溶剂流量乘以蒸汽与富溶剂的设定比值，计算得出所需要的蒸汽流量作为重沸器蒸汽流量调节器的设定值，控制重沸器蒸汽流量。这样控制系统根据人为设定的蒸汽与富溶剂的比值，自动调节重沸器的蒸汽流量，克服了溶剂流量波动时蒸汽流量没有及时跟上使溶剂再生效果下降的不利因素，确保溶剂再生塔长期处于最佳操作状态。通过该控制回路，使重沸器的蒸汽流量随富液的流量改变而改变，保证了重沸器的气相返塔温度，从而确保溶剂的再生效果，也避免了溶剂的损耗。见图 12-1-10。

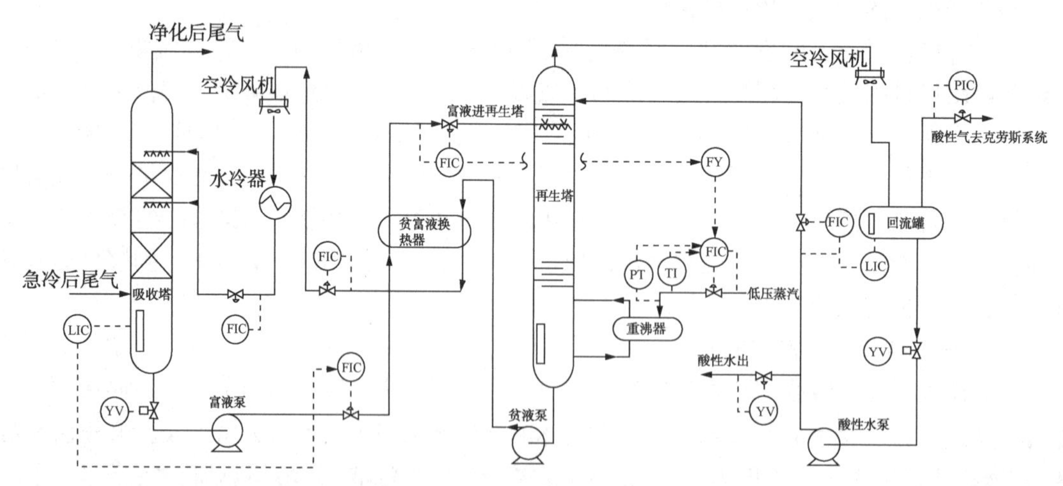

图 12-1-10　再生塔蒸汽流量控制方案

（八）烟气脱硫洗涤水 pH 值控制回路

后碱洗工艺烟气中 SO_2 被吸收液吸收以后，吸收液 pH 值降低，不利于脱除烟气中的 SO_2，故而需要向塔底循环吸收液中补充碱液，使脱硫塔中吸收液 pH 值维持在 7~8，如果吸收液 pH 值过低，可能造成烟气中二氧化硫不能被完全吸收，导致烟气超标排放。如果吸收液 pH 值过高，可能引起脱硫塔填料碳酸盐结晶，系统压力上升。烟气脱硫设施一般设置吸收液 pH 分析仪与注碱流量控制阀构成的串级控制回路，如果 pH 值低于设定值，pH 值控制器输出增大，注碱流量控制器给定值增大，注碱量自动调节加大，达到稳定吸收液 pH 值的目的。正常生产时，注碱泵一般采用计量泵，可以通过调节回流阀开度控制压力，达到控制注碱流量的目的。

（九）主风机防喘振控制回路

硫黄回收装置空气主风机一般为离心式鼓风机，当管网阻力增大到某值时，鼓风机流量下降很快，当下降到一定程度时，就会出现整个鼓风机管网的气流周期性振荡现象，压力和流量发生脉动，同时发出异常噪音，即发生喘振，整个鼓风机组受到严重损坏，因此鼓风机严禁在喘振区运行。为了防止喘振发生，机组设有防喘振控制回路。

空气鼓风机的防喘振控制一般由制造厂家提供，防喘振控制要求保护鼓风机防止不稳定特性而造成损坏。如果压缩机流量减少到要接近喘振线的一个值时，防喘振控制器会打开通大气的排放阀，从而达到防喘振的目的。喘振参数应根据制造厂家提供的喘振曲线，结合鼓风机实际安装情况而确定，喘振点一旦设定，不可随意变更。空气鼓风机驱动方式有汽驱和电驱方案主要有两种：固定极限流量防喘振控制——把压缩机最大转速下喘振点的流量作为极限值，使压缩机运行时的流量始终大于该极限值。可变极限流量防喘振控制——在喘振边界线右侧做一条安全操作线，使防喘振调节器沿着安全线工作，就是使压缩机在不同转速下运行时，其流量均不小于该转速下的喘振点流量。

入口导叶调节：离心风机通过连接不同吸入口导叶开度下的喘振起始点得到喘振边界线；其工作特性曲线见图 12-1-11。在喘振边界线的左侧区域便是此风机的喘振区。

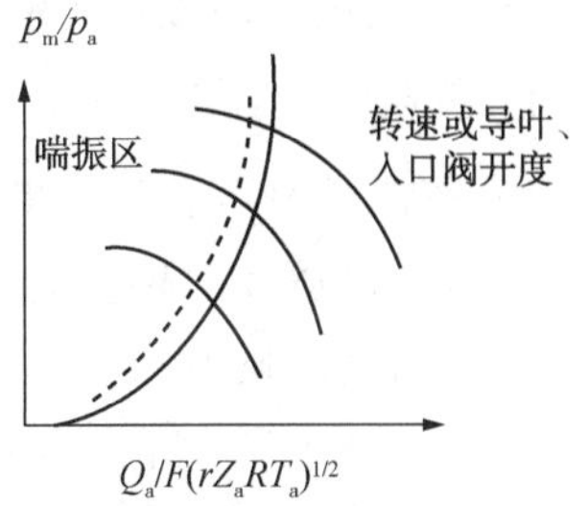

p_m/p_a

喘振区

转速或导叶、入口阀开度

$Q_a/F(rZ_aRT_a)^{1/2}$

图 12-1-11　主风机防喘振控制曲线

图中　$Q_a/[F(rZ_aRT_a)^{1/2}]$——入口实际流量与理论流量之比；

p_m/p_a——出入口压缩比；

Z_a——入口气体压缩系数；

T_a——入口气体温度，K；

r——绝热指数；

R——气体常数，$m^2/(s^2 \cdot K)$；

F——入口流通面积，m^2(图中设为 $1m^2$)；

Q_a——风机入口流量，m^3/h；

p_a——风机入口压力，Pa；

p_m——风机出口压力，Pa；

下角标 a——入口；

m ——出口。

防喘振控制回路由入口流量测量元件、差压变送器、进气温度测量元件、出口压力变送器、控制室调节器和防喘振调节阀组成。

防喘振控制线：

$$p_d = a \times \Delta p + b$$

式中　p_d——鼓风机出口压力；

Δp——鼓风机入口流量差压；

a，b——根据鼓风机性能曲线确定的常数。

差压变送器将测得的入口流量差压信号送至控制柜，作为测量值$\Delta p_{测}$；压力变送器将测得的出口压力信号送至控制柜，按照防喘振控制公式计算得出差压值，作为调节器的设定值$\Delta p_{设}$。当$\Delta p_{测}>\Delta p_{设}$时，调节器输出信号使防喘振阀关闭，当$\Delta p_{测}<\Delta p_{设}$时，调节器输出信号使防喘振阀迅速打开。如果鼓风机的工作点快速接近喘振线，则必须启动大幅度快速反应设施，为鼓风机提供有效保护。为此，在喘振线和控制线之间设置了安全线；如果工作点到达安全线，防喘振电磁阀失电，瞬间全开，俗称“阀跳变”。这样会造成反应炉供风严重不足，甚至可能由于空气低流量联锁造成装置跳车。

因此离心风机应在远离喘振边界线的状态下工作。国产风机防喘振系统与风机入口流量有直接关系，一般选用均速管流量计，如果流量计管腔或引压管积灰积液，很可能会引起测量不准、防喘阀跳开，因此应加强入口流量计的定期维护，确保其完好。实际操作中为避免喘振，一般采取如下措施：将防喘振系统引入DCS，设置工作点报警，一旦接近喘振线，内操立即采取有效措施。入口导叶和防喘阀控制由DCS控制，一般保持防喘阀有一定的开度，并保持风机入口流量在安全的范围内，使工作点远离喘振线。

三、日常操作调节

（一）反应炉温度低(高)的原因以及调节方法

1. 原因

1）酸性气H_2S含量太低；

2）双区燃烧反应炉，前区酸性气流量偏小(大)；

3）燃料气流量波动；

4）酸性气中烃含量过高；

5）酸性气中烃含量过低；

6）空气/酸性气比例不合适；

7）空气/燃料气比例不合适；

8）调节器比例、积分、微分不合适；

9）仪表测量不准。

2. 调节方法

1）投用空气和酸性气温度调节系统；

2）需要适当增加(减少)前区酸性气流量；

3）投用反应炉温度与燃料气流量串级调节系统；

4）反应炉空气停止预热，反应炉补氮气降温；

5）反应炉补燃料气；

6）调整空气/酸性气比例器；

7）调整空气/燃料气比例器；

8）重新整定调节器PID；

9）联系仪表工校表。

（二）硫回收率低的原因及调节方法

1. Claus 单元硫回收率低原因及调节方法

1）尾气中 H_2S/SO_2 比值不合适，投用 H_2S/SO_2 在线分析仪，控制尾气中 H_2S/SO_2 在2∶1；

2）Claus 反应器入口温度偏低或偏高，把反应器入口温控制在工艺指标内；

3）Claus 催化剂活性下降，催化剂进行热浸泡或再生操作；

4）硫捕集器效率低，硫捕集器更换丝网；

5）硫冷凝器后尾气温度高，降低硫冷凝器蒸汽压力；

6）装置负荷偏高或偏低，做好装置平稳运行；

7）酸性气浓度偏低，平衡管网酸性气平衡分配。

2. 尾气净化单元硫回收率低原因及调节方法

1）尾气净化反应器床层温度偏低，提高尾气净化反应器入口温度；

2）尾气净化反应器催化剂失活，对催化剂进行预硫化或再生操作；

3）尾气中 H_2 含量偏低，提高氢气流量或降低加热炉空气/燃料气配比；

4）Claus 单元硫转化率偏低，优化 Claus 单元操作；

5）吸收塔气液混合效果差，提高吸收塔贫液入口位置；

6）吸收塔温度偏高，降低尾气和贫液温度，适当提高溶剂负荷；

7）贫液中 H_2S 含量偏高，提高再生塔蒸汽/富液配比，加强溶剂再生效果。

（三）硫黄质量差的原因以及调节方法

1. 原因

1）酸性气中烃含量高，导致硫黄碳含量高；

2）反应炉空气/酸性气配比小，硫黄碳含量高；

3）反应炉空气与酸性气混合效果差，硫黄碳含量高；

4）反应炉温度过低，硫黄中有机物含量高；

5）液硫池脱气部分液位低，硫黄中 H_2S 量高；

6）空气鼓泡器空气流量低，硫黄中 H_2S 含量高；

7）液硫脱气系统未投用，硫黄中 H_2S 含量高；

8）蒸汽或明水泄漏进入液硫池，导致硫黄中水含量、酸度过高。

2. 调节方法

1）及时联系上游装置，适当提高反应炉配风比；

2）适当调大反应炉空气/酸性气配比；

3）提高反应炉烧嘴空气和酸性气压降；

4）提高反应炉炉膛温度；

5）关严液硫池底部阀；

6）调大空气鼓泡器空气流量；

7）投用液硫脱气系统；

8）排查换热器、伴热盘管等可能存在泄漏的设备，杜绝水蒸气或水进入液硫池，并确保液硫温度在工艺指标范围内。

（四）加氢反应器温度高的原因以及调节方法

1. 原因

1）Claus 制硫单元配风过大，使尾气中 SO_2 含量升高，SO_2 与 H_2 反应加剧，导致加氢反应器床层温度上升。另外配风增大，尾气硫单质夹带也增多，S 与 H_2 反应，也会导致加氢反应器床层温度上升；

2）进加氢燃烧配风过量漏氧；

3）系统氢气压力波动或氢气压控阀故障，导致补充氢气量波动；

4）在线氢气分析仪故障导致氢气流量控制阀误动作；

5）加氢反应器入口温度高；

6）尾气流量波动。

2. 调节方法

1）密切注意 H_2S/SO_2 在线分析仪数据，立即减小配风，如波动较大，可改手动控制进风，并加强单质硫的捕集与回收；

2）调节好加热炉配风，杜绝氧气进入加氢反应器；

3）联系调度，要求供氢装置保持平稳操作，氢气压力控制阀改手动控制，及时联系仪表人员处理压控阀；

4）氢气流量控制阀改手动控制，及时联系仪表维修在线氢气分析仪；

5）投用好加氢反应器入口温度自动控制，避免入口温度大幅波动；

6）调节尾气量，使尾气来量平稳。

（五）净化后尾气中硫化氢含量高的原因及调节方法

1. 原因

1）吸收塔入口贫液中 H_2S 含量偏高；

2）吸收塔温度过高；

3）吸收塔气液混合效果差；

4）吸收塔气相负荷不足；

5）吸收塔入口尾气中 H_2S 含量偏高；

6）贫液中 MDEA 浓度过低；

7）吸收塔溶剂负荷过小；

8）溶剂中 MDEA 老化；

9）尾气入吸收塔温度过高；

10）溶剂中含有杂质，导致溶剂发泡。

2. 调节方法

1）提高再生塔蒸汽/富液配比；

2）降低尾气和贫液入塔温度；

3）提高吸收塔贫液入塔位置；

4）提高气相负荷，防止塔盘漏液；

5）优化 Claus 工段操作；

6）向溶剂中加入一定量新鲜的 MDEA，加大提浓量；

7）提高吸收塔溶剂循环量；

8）更换部分溶剂；

9）提高急冷塔急冷水循环量，降低急冷水冷后温度；

10）投用好贫溶剂过滤器，或更换溶剂，保证溶剂质量。

（六）净化后尾气中有机硫含量高的原因及调节方法

净化后尾气中有机硫含量是决定烟气排放的重要因素，日常操作中应定期采样，分析总硫含量，有条件的装置可以设置净化后尾气总硫分析仪，如果总硫含量高，及时分析排查原因，从产生原因、水解率两方面采取有效措施，降低净化后尾气有机硫含量，采用钛基制硫催化剂、高效脱硫剂以提高有机硫水解、吸收效果。

1. 原因

1）Claus 反应器催化剂活性下降，存在积硫、积炭、硫酸盐化等失活情况，催化剂床层操作温度控制不当，会使 COS 等有机硫在反应器中水解率下降。由于脱硫剂对 COS 等有机硫没有明显的吸收作用，所以会造成净化后尾气中有机硫含量增加。

2）原料气中酸性气浓度低，烃含量、CO_2 含量高，在反应炉中因燃烧反应生成的 COS 等有机硫增多，在后续过程中不能有效进行水解反应，也会导致净化后尾气有机硫含量高。

2. 调节方法

1）适当调整 Claus 反应器催化剂床层的操作温度，并对床层温升以及系统压降加强监控；提高加氢反应器入口温度，使加氢反应器床层温度控制在 310~330℃，以增强有机硫的水解效果。另外，随着装置运行时间的增长，催化剂活性下降，加氢床层温度也应适当提高。

2）严格控制硫黄装置的负荷，避免上游装置的酸性气流量与浓度的波动；分流低浓度酸性气，降低 CO_2 对硫黄装置的不利影响。

（七）吸收塔顶温度高的原因及调节方法

正常情况下吸收塔顶温度控制在 40℃ 左右，与过程气进塔温度、贫液进塔温度、过程气中 H_2S 含量等因素有关。若塔顶温度过高，将影响过程气中 H_2S 组分在胺液中的溶解度，降低胺液对尾气的净化效果。

1. 原因

1）急冷塔出口过程气温度高，导致过程气进吸收塔温度高；

2）贫液进塔温度高；

3）过程气 H_2S 含量高，胺液吸收 H_2S 是放热反应，导致吸收塔顶温度高。

2. 调节方法

1）提高急冷水循环量，投用好急冷水空冷器、水冷器，控制急冷塔出口过程气温度在正常范围；

2）投用好贫液空冷器、水冷器及贫富液换热器，控制进塔贫液温度在正常范围；

3）调整硫黄回收单元操作，降低进加氢炉尾气中SO_2、H_2S、硫蒸气的量。

（八）pH值低的原因以及调节方法

1）在正常情况下，急冷水的pH值为7~9，一般不发生变化，因此不用调节；

2）在加氢单元工况不稳时，造成尾气中SO_2还原不完全，急冷水pH值降低，此时操作人员应根据pH在线分析仪的指示，注入适量氨水，急冷水pH值控制在工艺卡片范围内；

3）在加氢反应器催化剂进行预硫化、钝化或再生操作时，尾气中SO_2浓度高，急冷水的pH值会迅速下降，通过注氨、碱或脱氧水置换调节急冷水pH值；

4）日常操作中，如果急冷水pH值下降幅度不大，可以通过往急冷水加脱氧水置换，以提高急冷水pH值；

5）如果急冷水pH值低，应联系外操采样观察急冷水外观，正常急冷水无色透明，并用试纸检测比对pH值，如发现仪表指示不准，及时联系仪表人员处理。

（九）贫液硫化氢含量高的原因以及调节方法

1. 原因

1）再生塔底部温度偏低；

2）再生塔压力偏高；

3）再生塔气/液相负荷不合适；

4）贫富液换热器内漏，导致富液窜入贫液系统；

5）重沸器壳程液位过高；

6）富液中CO_2含量偏高。

2. 调节方法

1）提高再生塔蒸汽/溶剂比值；

2）控制好再生塔压力；

3）调整再生塔蒸汽/溶剂比值；

4）通过采样分析贫富液换热器进出口贫液硫化氢含量，消除介质互窜；

5）从酸性水回流泵排出部分酸性水；

6）降低吸收塔贫液入口位置，降低富液CO_2吸收量。

（十）焚烧炉后部温度高的原因以及调节方法

1. 原因

1）焚烧炉烧嘴燃料气相对分子质量或流量波动，燃料气未充分燃烧，进入焚烧炉后部，与二段风反应导致焚烧炉后部温度高；

2）净化后尾气中H_2S、烃、氢含量突然升高；

3）二段风控制阀故障，风量减少，导致焚烧炉后部温度高；

4）装置负荷突然减小，导致进焚烧炉尾气量下降；

5）焚烧炉后部温度调节器比例、积分、微分不合适；

6）仪表测量不准。

2. 调节方法

1）燃料气相对分子质量或流量波动大时，改手动控制；

2）做好Claus单元和尾气加氢单元的平稳生产，避免净化后尾气H_2S、烃、氢含量异常；

3）二段风控制阀改手动控制，及时联系仪表处理；

4）将焚烧炉燃料气调节阀改手动，立即关小调节阀；

5）重新整定调节器PID；

6）联系仪表人员校表。

（十一）装置3.5MPa蒸汽温度高的原因以及调节方法

1. 3.5MPa蒸汽(余热锅炉出口蒸汽)温度高原因

1）加热炉炉膛温度升高；

2）锅炉液位突然降低，导致蒸汽出口温度突然升高；

3）蒸汽系统管网压力高；

4）蒸汽出装置压控阀故障。

2. 调节方法

1）查明炉子炉膛温度变化的原因，控制炉膛温度在工艺指标范围内；

2）及时调整液位，控制液位在工艺指标范围内；

3）联系调度查明原因，必要时安排蒸汽现场放空；

4）蒸汽出装置压控阀改手动控制或副线，及时联系仪表处理。

（十二）烟气二氧化硫排放浓度高的原因以及调节方法

1. 原因

1）净化后尾气中硫化氢含量高；

2）烟气脱硫塔吸收液pH值低；

3）入烟气脱硫塔烟气中SO_2浓度高；

4）仪表故障；

5）污水罐尾气影响；

6）尾气脱硫塔气液混合不好。

2. 调节方法

1）提高吸收液循环量；

2）提高注碱量；

3）平稳硫黄装置操作，减少波动，降低净化后尾气硫化氢含量，采样分析焚烧炉燃料气中硫化氢含量，从源头上降低进尾气脱硫塔烟气中二氧化硫浓度，同时提高脱硫塔的吸收液循环量和注碱量；

4）联系仪表人员校表；

5）稳定污水罐尾气流量，提高硫黄焚烧炉温度和氧含量；

6）停工更换喷嘴和填料。

（十三）烟气脱硫塔顶冒白烟的原因以及调节方法

1. 原因

1）相变换热器换热效果差，烟气排放温度低；

2）加热空气流量低；

3）加热空气温度低；

4）烟气带液多；

5）入脱硫塔烟气温度过低。

2. 调节方法

1）调整相变换热器操作；

2）提高加热空气流量；

3）降低加热空气流量；

4）控制脱硫塔合适的液气比；

5）控制好焚烧炉后部温度，尽可能提高烟气温度。

（十四）液硫脱气效果差的原因以及调节方法

硫黄回收装置生产的液硫中一般含有300～400μg/g的H_2S，若以液硫形式出厂，在输送过程中H_2S易引起结聚，当达到H_2S的爆炸极限，容器本身又有易起火的FeS，使其具备了发生爆炸的条件；若以固硫形式出厂，则在成型过程中，随温度的降低，H_2S将逸出，污染环境，未逸出的H_2S残留在固体硫黄中，将在用户使用过程中引起二次污染，因而无论是固硫或液硫形式出厂，必须将液硫中的H_2S脱除，此过程称液硫脱气。目前国内液硫脱气主要采用如下形式：净化尾气鼓泡脱气液硫循环脱气、低压空气鼓泡脱气、高压空气鼓泡脱气、液硫搅拌+添加剂等。

净化尾气鼓泡脱气的工艺过程：利用罗茨风机从吸收塔出口抽出净化尾气并升压，送至液硫池鼓泡器，气提液硫中的H_2S，硫池的气体再经增压机或抽射器送至加氢反应器入口加热器前。该法得到的液硫中H_2S能达到小于10μg/g的要求，且有利于提高和氢反应器床层温度。

循环脱气的工艺过程：采用液硫泵将液硫池内的液硫增压后，再返回硫池，如此不断循环，直到液硫中的H_2S被脱到符合要求为止，脱气过程中放出的H_2S随硫池内气体被喷射系统抽至装置尾气焚烧炉焚烧。该法简单，但液硫中H_2S达不到小于10μg/g的要求，脱后气没有回收硫。

空气鼓泡脱气的工艺过程：利用空气连续注入安装在硫池内的鼓泡器，起到气提H_2S的作用，脱气后液硫中含H_2S量≤10μg/g，脱气过程中放出的H_2S随硫池内气体被液硫池废气增压机送到主烧嘴燃烧。该法流程较为简单，液硫中H_2S能达到小于10μg/g的要求。

高压空气鼓泡脱气的工艺过程：利用液硫泵把液硫池内的液硫加压，液硫再经冷却后进入一个压力容器内，该脱硫塔下部通入压缩空气，脱硫塔内装有催化剂或填料，从塔顶部出来尾气入装置燃烧炉回收硫。液硫中H_2S能达到小于10μg/g的要求，但该法流程复杂、投资大、操作难度大。

液硫搅拌+添加剂法：工艺简单，但产品质量受添加剂的影响，现场作业环境差，设备故障多，增加了添加剂的消耗。

目前液硫脱气方法很多，这里以空气鼓泡脱气的Shell工艺为例进行说明。Shell脱气是荷兰Jacobs公司专利技术，它利用空气连续注入安装在液硫池内的数个鼓泡器，起到气提H_2S的作用，而且还可使约60%的H_2S氧化为硫，确保脱气后液硫中H_2S含量低于10ppm

的要求。针对 Shell 脱气法，液硫脱气效果差的原因如下：

1）鼓泡空气量不足；

2）鼓泡空气流量分布不均匀；

3）鼓泡区与储藏区连通阀漏，液硫在鼓泡区停留时间短；

4）液硫温度过高，不利于多硫化氢分解；

5）H_2S 气相分压高，液相中 H_2S 或多硫化物析出效果差。

调节方法如下：

1）提高鼓泡空气量；

2）调节各路鼓泡空气量合适；

3）停工时检修连通阀；

4）调整伴热，控制液硫温度在 149℃以下；

5）调整液硫废气蒸气抽射器或废气增压机操作，尽量降低 H_2S 气相分压。

（十五）固体硫黄产品水分高的原因以及调节方法

1. 原因

1）液硫池蒸汽伴热盘管漏；

2）液硫线夹套内管漏；

3）余热锅炉、硫冷器管束漏；

4）液硫池温度偏低；

5）液硫成型过程的影响。

2. 调节方法

1）排查泄漏伴热管线，并停用；

2）查找内漏管线，安排检修；

3）停工检修；

4）适当提高伴热温度，并提高液硫池废气抽射量，促进水分蒸发；

5）检查排除液硫成型过程水带入固硫的原因。

（十六）设备和管线硫化氢泄漏处理

硫黄装置硫化氢泄漏危害很大，容易引起环保、安全、人身事故，需高度重视。

1）发现设备和管线硫化氢泄漏，立即汇报值班、调度和相关技术人员，启动事故处理应急预案。

2）操作人员佩戴空气呼吸器至现场，设法迅速切断泄漏源，设定初始隔离区，封闭事故现场，发出有毒气体逸散报警，紧急疏散转移隔离区内所有无关人员，实行交通管制。

3）组织消气防人员和专业医疗救护小组抢救现场中毒人员，进入现场抢救人员必须佩戴空气呼吸器。

4）以含硫化氢气体外泄点为中心，根据风速、风向布置监测点，实时监测空气中硫化氢气体浓度，及时调整隔离区的范围，加强现场人员的个人防护，疏散现场及周边无关人员。

5）条件允许时，迅速组织力量对泄漏部位进行封堵、抢修作业。作业人员必须根据现场监测的硫化氢气体浓度，佩戴空气呼吸器或防硫化氢面具。

6）硫化氢泄漏量较大，引起周边恶臭等环境污染问题时，联系消防队，在泄漏点周边建立水幕，稀释、吸收泄漏的酸性气，防止酸性气大面积扩散。

7）如果泄漏点较小，能够实施在线检修，则安排装置降量，降低装置运行压力，在做好安全防护措施后，安排泄漏点处理。

8）如果泄漏点较大，当前运行压力下无法进行处理，则安排装置或单元紧急停工，再进行检修。

第二节　长周期运行

一、工艺技术管理

（一）原料的管理

一般来说，硫黄回收装置的原料为上游溶剂再生装置、气体分馏装置脱硫单元及污水汽提装置等来的酸性气。原料酸性气所含杂质的种类及含量与酸性气来源有较大关系，主要包括 CO_2、烃类、H_2O、NH_3等。

1. NH_3的影响

酸性气中的 NH_3会与酸性气中 CO_2、H_2S 在低温且存在液态水或水汽条件下形成硫氢化氨、多硫化氨和碳酸氢氨结晶，堵塞冷凝器管束，增加系统压降；还可产生氮氧化物，引起设备腐蚀、催化剂中毒，因此设计上一般烧嘴要求原料酸性气中 NH_3不大于 25%（体），焚烧炉出口氨含量不大于 50μg/g。为确保 NH_3在酸性气燃烧炉中充分燃烧分解为 N_2和 H_2，需控制酸性气燃烧炉炉温在 1250℃以上。

2. 烃的影响

酸性气中的烃含量增加会提高燃烧炉炉膛温度和余热锅炉热负荷，增加燃烧所需的空气量和过程气量，增加设备尺寸，增加投资；加剧燃烧炉中副反应，增加 CS_2和 COS 生成量，降低硫转化率；没有完成反应的烃类会在催化剂表面形成积炭，引起催化剂床层压降上升，造成催化剂活性下降，并产生黑硫黄；一般要求酸性气中烃含量小于 2%。

3. 水的影响

据反应平衡，水蒸气的存在会造成制硫反应平衡左移，不利于硫黄生成，降低硫黄转化率。如果酸性气带水进炉，将降低反应炉炉温，液体在高温下迅速汽化，使反应炉乃至整个系统压力升高，严重时还可能引起反应炉爆炸，严重影响燃烧反应的进行；酸性气大量带水，可能引起炉子熄火，损坏保温衬里；水分多还直接影响产品质量和催化剂活性；同时，水汽的存在将增加设备和管线的腐蚀。如果酸性气带明水，则酸性气管线需设置伴热管线，控制酸性气温度不低于 80℃，并设置分液罐，分离酸性气中携带的明水。

4. CO_2的影响

CO_2的存在会稀释酸性气中 H_2S 浓度，也会和 H_2S 在燃烧炉中生成 CS_2和 COS，导致硫回收率降低。同时，根据反应炉热平衡，CO_2和水蒸气存在会增加过程气携带高温热量，相应降低燃烧炉炉膛温度，不利于 NH_3的热分解。

由于炼油厂硫黄回收装置使用的工艺基本都是部分燃烧法，因此按照硫黄回收装置工艺选用基本原则，要求酸性气中的硫化氢含量在50%以上；其次为保证硫黄产品质量、保护催化剂、防止管线和设备堵塞、提高硫转化率，维持装置的正常生产，要求严格控制酸性气质量，当酸性气质量达不到要求时，将引发装置一系列的问题。

（二）工艺指标的管理

工艺指标是工艺技术规程中的核心部分，是确保生产安全、稳定、高效运行的基础保证，同时也是决定硫黄产品质量的关键。装置应制定工艺卡片值，工艺卡片值应包括原料及辅助材料的主要控制指标、产品及中间产品的质量控制指标、环保控制指标、工艺参数及动力控制指标。工艺指标每年必须修订一次，也可以根据生产需要适时按程序进行修改。装置或系统的每一个操作室应确保至少有一套有效的纸面版工艺卡片，操作人员应严格按照工艺卡片指标范围对工艺参数进行调整，对影响设备、工艺生产安全的温度、压力、组分配比等指标不允许超标，其他指标的超标要及时分析原因并进行调整，相关情况在交接班中及工艺技术台账中进行记录。

（三）催化剂寿命的管理

正确使用硫黄回收催化剂是提高 Claus 型硫黄回收率和延长催化剂寿命的重要因素之一。日益严格的环保法规要求硫黄回收装置必须保持高的硫回收率。由于硫回收装置在热转化阶段最高只能达到60%～70%的硫回收率，因此在实际生产中预防催化剂失活对保证装置的高硫回收率和避免对下游尾气处理装置的影响尤为重要。

根据实际生产分析发现，造成催化剂失活的原因有多种，而与日常相关的主要有以下三种：床层积硫、碳沉积、硫酸盐化。为预防及控制催化剂失活，确保催化剂保持较好的活性，在日常装置操作过程中需注意以下几点：

1）尽量按照 $H_2S : SO_2 = 2 : 1$ 的比例进行操作，是达到最高硫转化率的关键。同时确保催化剂床层任何部位的温度不能低于硫的露点温度，一般要求 Claus 床层温度不低于 220℃。

2）优化装置停开工程序，开工升温时，应注意防止氧气不足，燃烧不完全而使催化剂床层积炭。再者，催化剂升温过程中，要尽可能防止 450℃以上高温，以免催化剂性能受到损害。

3）确保装置平稳，减少停开工操作，一个运行周期内催化剂吹硫操作一般控制在 2 次以内，确保催化剂有较好的活性，反之，则需要考虑更换催化剂。

（四）系统压力的管理

硫黄回收装置能否长周期运行，压力降是重要因素。在设计方面，加热方式、设备和管径大小、塔的型式、催化剂高度、工艺管线的走向等直接影响装置的设计压力降；在操作方面，酸性气烧氨不完全、催化剂床层积炭、设备和管线积硫直接造成装置压力降增大，严重时可能导致装置停工。

硫黄回收装置设计的总压降一般小于 40kPa，在确定加热方式时，压力降大小应作为重点来考虑；烧氨的燃烧器操作温度必须大于 1250℃，防止氨燃烧不完全；尾气处理单元的尾气中氢气浓度必须大于 2%（体），防止硫击穿加氢催化剂，堵塞急冷塔。

（五）溶剂质量的管理

胺法脱硫在气体净化工业中应用较广，其过程简单，溶剂价廉易得，净化度高。国内大部分硫黄回收装置配套的尾气处理装置中，都应用吸收–解吸体系的胺法脱硫来回收硫化氢。目前硫黄回收装置胺液选用以二乙醇胺、甲基二乙醇胺、二异丙醇胺居多。通常，选择一种合适的脱硫剂应遵循以下原则：

1）吸收活性和选择性要高。

2）溶液稳定性好。

3）操作弹性大，适应性强。

4）溶液不容易发泡，胺损失小。

5）腐蚀性小。

在胺液使用过程中，容易出现发泡现象，通常发生在吸收塔。胺液发泡会降低装置处理量，增加胺损失及降低尾气净化度，因此，应尽量避免或减轻发泡。

引起胺液发泡的原因有很多，如：胺液中有大量悬浮的固体颗粒；胺液中溶解或冷凝了烃类；原料气中含有机酸；胺液产生降解产物；浓度过高；气液接触速度过快等。胺液发泡的共同点是胺液的黏度明显增加。

为避免或减轻胺液 发泡，可采取措施如下：防止胺液与空气接触；控制胺液再生温度不宜过高，以减少胺的降解；采用高效的胺液过滤装置，及时去除固体颗粒杂质；净化溶剂及使用消泡剂等。

胺液使用过程中，杂质不断被带入，降解不断发生，造成胺液质量不断下降。可以从以下几方面进行检查、判断胺液质量是否下降：

1）胺液效果下降，净化后尾气不达标；

2）胺液颜色发生变化，尤其是贫液颜色变化明显，呈现出红褐色、黑色或墨绿色，当胺液发生降解时呈现红褐色，如胺液系统中产生了大量的硫化亚铁，则表现出黑色；

3）分析胺液中硫代硫酸根($S_2O_3^{2-}$)浓度，是判断胺液降解程度的最简便的理论方法。优质的胺液中 $S_2O_3^{2-}$ 浓度不会大于 1g/L，而降解比较严重的胺液，$S_2O_3^{2-}$ 浓度会达到 20g/L 以上；

4）如果胺液很脏、黏度很大，则发泡的几率会大大增加，需要及时采取措施进行净化、再生或更换处理。

（六）炉水质量的管理

工作压力越高的锅炉，对水质的要求也越高，控制也越严。水质控制的目的是防止锅炉及其附属水、汽系统结垢和腐蚀，确保蒸汽质量和下游用汽设备的安全运行，并在保证上述条件下，减少锅炉的排污损失，提高换热效率和经济效益。

为保证蒸汽品质合格，需要对锅炉给水、锅炉水及蒸汽多项指标进行全面控制，主要包括锅炉给水 pH 值、电导率、硬度、炉水 pH 值、电导率、PO_4^{3-}浓度等。

1）炉水的 pH 值应维持在 9~11 之间，主要是避免锅炉钢材的腐蚀，保证 PO_4^{3-}与 Mg^{2+}、Ca^{2+}反应生成碱式磷酸钙(镁)水渣，抑制炉水中硅酸盐水解生成硅酸，减少硅酸在蒸汽中的溶解携带。当 pH 值在 9~11 之间时对设备腐蚀速度最小，保护膜稳定性最高。相反，当 pH <8 或 pH>13 时，保护膜被溶解，腐蚀速度明显加快。

2）炉水的电导率随含盐浓度的增加而增加，电导率只能反映炉水的总含盐量，在一定温度下电导率高说明炉水品质不合格，炉水含盐量大可能造成汽水共沸影响锅炉安全运行和蒸汽品质，给水品质不合格也可造成炉管腐蚀。

3）锅炉水中维持一定量的磷酸根，是为了防止锅炉内产生钙(镁)垢，中压余热锅炉

PO_4^{3-}浓度一般控制在5~15mg/L，PO_4^{3-}浓度过高可增加排污量，过低需提高加药量。

二、联锁管理

（一）工艺联锁管理

硫黄回收装置的联锁是为了在非正常状态下保护装置或设备免受重大损害和确保人员安全而设计的。在正常状态下必须保持联锁系统工作正常，不应出现未达到联锁条件而启动联锁，也不能在达到联锁条件时联锁不能启动，造成不应有的损失。在正常状态下，不允许随意切除联锁系统。

生产装置必须要有1套完整的联锁逻辑图册，检修后的装置、新装置、新增回路联锁、联锁报警，必须在开工前或投用前进行现场试验，确认联锁、报警设定值的准确性，联锁动作的正确性、可靠性。对临时安排检修装置，涉及联锁回路改动的，在该回路投用前也必须进行现场试验确认。长期切除的联锁保护系统重新投用之前，也必须进行现场试验确认。

装置正常生产期间，需要临时切除联锁的，需要填写《联锁短时切除审批表》，办理审批手续。如需要切除24h以上或长期切除的联锁，需要办理联锁变更审批手续。

（二）设备联锁管理

设备联锁是指保护机组、泵、电气设备及其附件本体安全运行的联锁保护系统。在正常状态下必须保持联锁系统工作正常，不应出现未达到联锁条件而启动联锁；也不能在达到联锁条件时联锁不能启动，造成不应有的损失。在正常状态下，不允许随意切除联锁系统。

设备检修完成后新增回路联锁、联锁报警，必须在开工前或投用前进行现场试验，确认联锁、报警设定值的准确性，联锁动作的正确性、可靠性。对临时安排检修设备，涉及联锁回路改动的，在该回路投用前也必须进行现场试验确认。长期切除的联锁保护系统重新投用之前，也必须进行现场试验确认。

装置正常生产期间，需要临时切除联锁的，需要填写《联锁短时切除审批表》，办理审批手续。如需要切除24h以上或长期切除的联锁，需要办理联锁变更审批手续。

第三节　能耗分析

一、蒸汽分析

（一）装置0.35MPa蒸汽分析

0.35MPa蒸汽主要用于硫黄回收装置的伴热及尾气加氢单元溶剂再生塔的重沸器加热，硫黄装置尾气加氢部分消耗能量最多的就是溶剂再生塔重沸器消耗蒸汽，占尾气系统能耗的50%~70%。影响蒸汽耗量的主要因素是醇胺溶剂种类、溶剂浓度及溶剂循环量等，当前工艺条件下，吨硫黄0.35MPa蒸汽耗量在1.0~1.5t/h。

为减少蒸汽用量，可采取以下措施：

1. 醇胺溶剂的选择

目前硫黄回收装置一般采用配置浓度高、选择吸收性能好、和H_2S及CO_2反应热低的MDEA作为吸收溶剂，也有装置在当前醇胺溶剂的基础上，通过添加助剂，改善溶剂再生效果，提高贫液质量，从而降低再生塔蒸汽耗量。另外，部分企业在醇胺溶剂中添加物理吸收溶剂，制备能吸收有机硫的复合性溶剂，在一定程度上也能降低蒸汽耗量。

2. 采用两级吸收两段再生工艺

不同的贫液质量对尾气净化程度不同，在硫黄回收装置尾气吸收和再生系统设计上，可采用两级吸收和两段再生技术，再生塔中部抽出部分半贫液冷却后，进入吸收塔下部，以吸收较高浓度的尾气中的硫化氢，再生塔底部抽出的深度再生的精贫液，冷却后进入吸收塔上部，对一次吸收后的尾气再次净化吸收，以得到更高的尾气净化效果。由于进入再生塔下部的溶剂量减少，同时可提高尾气净化效果，采用该技术，一般可降低0.35MPa蒸汽耗量约30%。

3. 优化工艺参数

硫黄装置尾气加氢单元蒸汽消耗，和装置前面工段的运行工况有直接关系，装置前面工段平稳运行，提高硫回收率，可降低尾气加氢单元的运行负荷，可降低溶剂循环系统吸收负荷，并降低再生塔蒸汽消耗。另外可通过调整吸收塔贫液进塔位置、再生塔顶压力、再生塔回流比等方式，降低CO_2共吸率，提高溶剂再生效果，从而降低装置再生塔0.35MPa蒸汽消耗。

4. 强化装置疏水器管理

溶剂再生塔如果使用疏水器控制疏水，必须使用高效疏水器，确保正常疏水，防止蒸汽跑损。蒸汽夹套伴热相关管线及设备上疏水器也要加强管理，防止疏水器直通，导致蒸汽跑损。对于疏水器检查，可采用疏水器外壁测温度方式进行，一般0.35MPa饱和蒸汽疏水器外壁温度不高于95℃，如果温度偏高，说明疏水器存在蒸汽直通，蒸汽跑损增加。

（二）1.0MPa蒸汽分析

1.0MPa蒸汽主要用于硫黄回收装置的伴热及酸性气预热器、空气预热器、减温减压至0.35MPa蒸汽系统，另外装置各管线、设备吹扫蒸汽一般为1.0MPa蒸汽，部分装置焚烧炉余热锅炉煮炉蒸汽为1.0MPa蒸汽。硫黄装置1.0MPa蒸汽消耗占装置总能耗的10%~15%左右，影响蒸汽耗量的主要因素是减温减压至0.35MPa蒸汽系统的蒸汽流量。部分小规模硫黄回收装置(一般30kt/a以下)反应炉余热锅炉按产1.0MPa蒸汽设计，余热锅炉产1.0MPa蒸汽并经过热后送至工厂1.0MPa蒸汽管网，装置1.0MPa蒸汽产汽量主要与装置负荷及余热锅炉换热器效率有关，其次是仪表测量偏差等因素。

硫黄装置降低1.0MPa蒸汽消耗，可采取以下措施：

1）条件允许情况下适当提高装置的运行负荷，增加装置0.35MPa蒸汽发汽量，或减少装置0.35MPa蒸汽消耗，降低1.0MPa蒸汽减温减压至0.35MPa蒸汽系统的流量。

2）酸性气预热器和空气预热器控制合适的出口温度，同时保证预热器设备完好，避免1.0MPa蒸汽泄漏。同时酸性气预热器和空气预热器加热蒸汽采用疏水器形式疏水，必须选用高效疏水器，避免蒸汽直通跑损(蒸汽直通还会冲刷管线导致泄漏)。

3）1.0MPa蒸汽疏水器管理。硫黄装置工艺介质伴热管线较多，一般伴热采用1.0MPa蒸汽，要加强管理，防止疏水器直通，导致蒸汽跑损。对于疏水器检查，可采用疏水器外壁测温度方式进行，一般1.0MPa饱和蒸汽疏水器外壁温度不高于120℃，如果温度偏高，说明疏水器存在蒸汽直通，蒸汽跑损增加。

4）对于产1.0MPa蒸汽的硫黄装置，通过提高装置运行负荷及原料酸性气浓度，可提高装置反应炉温度，增加反应炉余热锅炉1.0MPa饱和蒸汽产量。同时要控制好余热锅炉的水质，保持锅炉管束有较高的换热效率；合理控制装置原料酸性气质量，避免因酸性气带烃燃烧不完全产生炭黑，使锅炉管束内壁积炭，降低换热效率。

（三）3.5MPa蒸汽分析

当前大型硫黄回收装置反应炉余热锅炉大都按产3.5MPa饱和蒸汽设计，部分装置焚烧炉余热锅炉也产3.5MPa饱和蒸汽（SSR工艺由于采用烟气和加氢入口过程气换热，焚烧炉不产3.5MPa蒸汽），3.5MPa饱和蒸汽经焚烧炉后部的蒸汽过热器过热后，送至工厂3.5MPa过热蒸汽管网，供下游装置使用。同时部分装置制硫反应器、加氢反应器入口过程气采用3.5MPa饱和（或过热）蒸汽加热升温，以满足反应器床层催化剂反应温度需求。大型硫黄装置在较高运行负荷下，一般为负能耗，主要是3.5MPa过热蒸汽外送对装置能耗的贡献，某国内技术100kt/a硫黄装置设计吨硫黄产3.5MPa过热蒸汽3.6t，装置设计能耗为-100kgEO/t，在装置运行负荷为75%时，装置实际吨硫黄产3.5MPa过热蒸汽2.4t，运行能耗为-77 kgEO/t。

提高装置3.5MPa蒸汽单位产量，主要措施如下：

1）提高装置酸性气浓度，可提高装置反应炉温度，并减少惰性组分带走的热量，单位硫黄产量工况下可增加反应炉余热锅炉3.5MPa饱和蒸汽产量。对于烧氨装置来说，原料酸性气适当高浓度的氨（体积浓度最高不大于25%），由于氨的反应分解，有助于提高反应炉温度，增加3.5MPa饱和蒸汽产量。另外对于原料酸性气工艺指标范围内的烃（一般体积浓度不高于3%），也会提高硫黄装置单位蒸汽产量。酸性气带烃和酸性气带氨会增加上游装置的加工损失。

2）控制好余热锅炉的水质。反应炉余热锅炉和焚烧炉废热锅炉对炉水质量要求较高，提高炉水质量控制，可保持锅炉管束高效的换热效率，并延长锅炉运行周期，同等工况下，增加锅炉3.5MPa饱和蒸汽产量。锅炉水质控制包括锅炉给水水质控制、锅炉加药控制、锅炉定期排污、锅炉连续排污等操作。

3）装置酸性气原料控制。合理控制装置原料酸性气质量，防止酸性气大量带烃、带液、带胺等工况发生，并平稳反应炉配风控制，避免反应炉高温燃烧不完全产生炭黑，使锅炉管束内壁积炭，降低换热效率。

4）合理控制3.5MPa蒸汽消耗。部分硫黄装置制硫反应器、加氢反应器入口过程气采用3.5MPa饱和（或过热）蒸汽加热升温，如果采用疏水器形式疏水，必须选用高效疏水器，避免蒸汽直通跑损（蒸汽直通还会冲刷管线导致泄漏）。如果采用凝结水罐进行疏水，要控制凝结水罐液位在工艺指标内，避免蒸汽跑损。另外必须确保加热器完好，避免加热器管束泄漏跑损蒸汽。

5）3.5MPa饱和蒸汽疏水器管理。硫黄装置内部3.5MPa饱和蒸汽管线低点处一般设置疏水器，确保饱和蒸汽不带明水。生产中必须确保该疏水器好用，防止饱和蒸汽直通跑损蒸汽。

6）定期对蒸汽系统相关仪表进行校验，确保测量准确。

（四）溶剂再生装置蒸汽耗量因素分析

溶剂再生装置能耗中，蒸汽比重一般在85%以上，同时溶剂再生塔重沸器是装置蒸汽消耗的主要设施。溶剂再生装置蒸汽耗量影响因素如下：

1）选择合适的脱硫剂。由于溶剂不同，富液解吸硫化氢、二氧化碳所需热量也不同，因此实际操作中，首先要选择合适的脱硫剂，在确保再生效果的前提下，选择合适的脱硫剂可以降低蒸汽消耗。因 MDEA 溶剂具有良好的选择性吸收性能，同时可以采用较高的溶剂浓度和酸性气负荷，和 H_2S、CO_2反应热小，因此该溶剂再生能耗低，应用最广。

2）提高富液进塔温度，降低再生塔回流比。再生塔富液进料后，通过塔底重沸器提供热量，加热富液并汽提酸性气，使富液得到再生，重沸器的热负荷包括：富液加热至塔底温度所需热量、塔顶回流液气化所需热量、富液中酸性气组分与醇胺溶剂反应所需热量、补水加热和设备热损失等热量。

① 提高富液进塔温度。富液进塔温度提高的措施主要有：足够的富液-贫液换热面积、定期清洗富液-贫液换热器消除结垢、设备管线保温减少热损失等。通常富液进再生塔温度在 95~100℃，再生塔塔底温度和富液进塔温度差值一般要求小于 30℃，否则富液进塔温度偏低。

② 降低再生塔回流比。回流比是指溶剂再生塔顶回流液和排出酸性气量的比值，跟溶剂种类、富液组成、贫液质量要求等有关，对于 MDEA 溶剂，溶剂集中再生装置回流比可控制在 1~4 之间，对于硫黄回收装置来说，再生塔回流比需要提高到 4~6，回流比高，再生的贫液质量会越好，但再生塔蒸汽消耗会增加。因工况不同，溶剂再生塔回流液气化所需热量占塔总热量的 15%~50%，差别很大，当溶剂种类和富液组分固定时，则适当降低回流比，可降低再生塔重沸器蒸汽耗量。

3）减少富液流量。再生塔蒸汽消耗和溶剂循环量的大小有密切关系，因此，在确保上游脱硫效果的前提下，降低溶剂循环量，可减少蒸汽消耗。减少溶剂循环量的措施一般包括：采用两级吸收两段再生技术、串级吸收技术、适当提高溶剂 MDEA 浓度等，对于溶剂再生装置来说，减少 1t 富液量，一般可减少蒸汽耗量 80~120kg。

4）再生塔底温度、塔顶压力控制。再生塔的蒸汽消耗与塔底温度和塔顶压力也有较大关系，塔顶压力越高，塔底温度越高，消耗蒸汽越大。另外再生塔底温度影响溶剂再生效果，在 MDEA 溶剂工况下，一般再生塔底温度控制在 118~125℃，对应的塔顶压力一般控制在 0.05~0.08MPa(表)。再生塔顶外送酸性气进硫黄回收装置，操作中应确保外送管线畅通，降低溶剂再生塔压力，从而降低再生塔系统蒸汽消耗。

5）合理控制贫液 H_2S 浓度。在满足上游脱硫单元产品质量情况下，适当提高贫液 H_2S 浓度，可有效降低再生塔回流比，从而降低蒸汽消耗。集中溶剂再生装置生产的贫液供应上游各种工况的脱硫装置，可根据上游装置工况，确定贫液 H_2S 浓度(一般称贫液贫度)，比如一般干气脱硫装置，贫液 H_2S 浓度可控制在 1g/100mL，对于加氢装置的循环氢脱硫，因操作压力高，可适当提高贫液 H_2S 浓度，而对于硫黄回收装置来说，因需要适应高标准排放要求，贫液 H_2S 浓度需要控制在 0.2g/L 左右。

6）低温热回用。溶剂再生装置重沸器加热温度较低(118~125℃)，如果装置周边有合适的低温热源(如 200~250℃油品)，可直接引至重沸器加热，降低装置蒸汽耗量。

（五）污水汽提装置蒸汽耗量因素分析

目前污水汽提装置工艺一般分单塔低压无侧线、单塔加压侧线、双塔加压汽提三种，三种工艺装置蒸汽能耗比例有所差别，蒸汽能耗占装置总能耗比例，单塔低压无侧线工艺为90%~95%，单塔加压侧线工艺为85%~90%，双塔加压汽提工艺则为65%左右，同时装置运行负荷变化情况下，蒸汽能耗占装置总能耗比例也会变化，一般装置运行负荷下降，蒸汽能耗占比会略下降。污水汽提装置蒸汽消耗主要用于汽提塔重沸器的加热蒸汽，汽提塔重沸器的热负荷包括：进塔酸性水加热至塔底温度所需热量、汽提塔顶回流液加热至塔底温度所需热量、酸性气组分从酸性水中汽化所需热量、酸性水中电解质电离所需热量、设备热损失等。其中酸性气组分从酸性水中汽化所需热量、酸性水中电解质电离所需热量随装置原料酸性水的硫化氢、氨浓度增加而增加。污水汽提装置蒸汽耗量影响因素如下：

1）加热原料水热量影响。污水汽提装置进塔酸性水一般和净化水换热进行升温后进入汽提塔，可以通过优化装置换热流程、适当提高酸性水-净化水换热器换热面积、定期清洗换热器提高传热效率、做好设备管道保温减少热损失等方式，提高酸性水进汽提塔温度(或者热进料温度)。通常单塔低压无侧线工艺原料水进塔温度为95~105℃，单塔加压侧线工艺热进料温度可达145℃左右。

2）汽提塔回流比影响。汽提塔回流比会影响净化水质量、蒸汽耗量及汽提塔操作。回流比太小，影响净化水质量，回流比太大，蒸汽耗量增加，造成部分蒸汽随酸性气抽出，再经冷凝返塔，形成恶性循环。单塔低压无侧线工艺采用冷回流时，回流液返塔位置以比原料水进塔位置高出2~4块塔盘为宜，当装置规模较小时，为简化流程，回流液也可和原料水合并进塔。两种不同的返塔位置直接影响所需蒸汽量，资料介绍分开进塔比合并进塔可节省蒸汽12~24kg/t原料水。单塔低压无侧线工艺采用顶循环回流时，能耗要比冷回流增加，采用顶循环回流能避免塔顶酸性气空冷器因受气温变化而影响酸性气组成及操作，也能减少塔顶管道结晶堵塞的可能性，但能耗增加较多。单塔加压侧线工艺汽提塔操作影响因素较多，一般通过汽提塔冷热进料量比例和侧线拔出量进行调整操作，冷进料类似塔顶冷回流，污水浓度不同，侧线拔出比例占汽提塔总进料量的10%~15%，汽提塔冷热进料比例一般在1：3.5至1：2.5之间(最佳工况为1：3)。

3）汽提塔顶压力控制。汽提塔的操作压力应在保证酸性气进硫黄回收装置前提下尽量降低，可减少蒸汽耗量，单塔低压无侧线工艺塔顶压力一般按0.09~0.16MPa(表)控制，单塔加压侧线塔顶压力一般按0.45~0.55MPa(表)控制。

4）合理控制净化水氨氮、硫化物浓度。在满足净化水产品质量情况下，适当提高净化水氨氮、硫化物浓度，可降低蒸汽消耗。

5）酸性水原料性质影响。酸性水原料氨氮、硫化物浓度高，会增加装置蒸汽消耗。另外，酸性水原料含油、焦粉等杂质对污水汽提装置生产工况影响较大，油组分进入汽提塔，会破坏汽提塔气液相平衡，引起产品质量波动，为确保产品质量，需提高重沸器蒸汽量。酸性水中的焦粉会导致换热设备结垢，降低换热效率，降低酸性水进塔温度，焦粉还会导致汽提塔塔盘结焦，降低塔盘效率，从而导致汽提塔蒸汽耗量增加。焦粉和重组分油进入汽提塔，甚至导致汽提塔塔盘堵塞，装置无法正常运行。

二、电消耗分析

（一）硫黄装置电消耗分析

硫黄回收装置电主要消耗在反应炉风机、焚烧炉风机和其他一些机泵的用电上，特别是装置反应炉风机用电占装置用电的70%~80%，因此降低装置用电首先考虑减少反应炉风机用电，具体电消耗分析如下：

1. 装置反应炉风机

1）装置反应炉风机规格选择与装置运行负荷相匹配，消除“大马拉小车”情况，以提高风机运行效率，同时优化风机防喘控制回路，减少风机放空阀就地排放量，可以通过建立风机运行工况点和防喘工况点的差值进行控制。

2）合理进行装置管道规格选择和布置，降低装置运行总压差，并合理选择反应炉风机出口压力，如100kt/a规模ZHSR硫黄装置，满负荷运行工况下，反应炉压力为25kPa(表)，主风机出口压力可选择在40kPa(表)，而部分装置运行工况下，反应炉压力高达40kPa，反应炉风机出口压力选择必须达到60kPa(表)，相应能耗增加。

3）大型硫黄回收装置，可以根据工厂的蒸汽平衡，反应炉主风机设置一台蒸汽透平机，利用装置自产的3.5MPa(或2.5MPa)过热蒸汽驱动反应炉风机，以降低装置电耗。另外，该蒸汽透平机出口可设计为产0.35MPa蒸汽，供硫黄或溶剂再生装置的重沸器使用。

4）硫黄装置设计负荷一般在30%~110%，操作弹性大，与之匹配的装置反应炉风机供风量变化范围也非常大。同时当前国产风机系列型号间隔较大，每套装置选择并非效率最高点，影响了电动机轴功率，因此可采用变频技术，提高风机运行效率。

2. 装置焚烧炉风机

硫黄装置焚烧炉运行压力低，一般会设计单独的供风鼓风机，风机出口压力为10kPa(表)。由于硫黄装置运行负荷弹性大，在装置长时间处于较低负荷运行时，装置反应炉风机因功率大而不得不进行适当的放空，此时可以通过增加反应炉风机到焚烧炉的供风流程，利用反应炉风机的放空空气供应焚烧炉，从而停运焚烧炉风机，降低电耗。

3. 液硫脱气工艺选择

不同的液硫脱气工艺用电负荷差别较大，比如Shell空气鼓泡技术，直接在液硫池内布置空气鼓泡器，引少量反应炉风机空气进行鼓泡，电耗非常低。液硫循环脱气、Amoco(BP)脱气工艺、LS-DeGas工艺等由于使用循环液硫泵或者循环风机，增加装置电耗，有文献说明采用Amoco(BP)脱气工艺增加电耗6.5kW·h。

4. 装置机泵和空冷电耗

机泵电耗取决于泵的扬程和流量，因此在装置机泵选择中要合理配备，避免“大马拉小车”工况发生，另外可以通过后期的机泵叶轮切削等方式，降低机泵电耗；部分机泵受装置运行负荷影响大，可以采用变频电机降低电耗，比如锅炉给水泵等。空冷电耗，可以通过合理设置变频空冷数量、采用同步皮带等方式，实现节能运行。另外，目前逐步推广使用的湿式空冷，也具有一定节电效果。

5. 尾气在线增压机

部分引进工艺装置为提高装置运行操作弹性，在加氢单元设置了装置尾气增压机，对过程气进行增压，如某公司70kt/a Claus+SCOT工艺硫黄装置，增压机电机额定功率达430kW，后期通过流程优化改造，实现了停运增压机，节电效果明显。

6. 尾气电加热器

部分装置尾气加氢反应器入口加热方式采用气气换热+电加热方式，在气气换热器换热效率下降后，电加热器一直高负荷运行，耗电功率大。

（二）溶剂再生装置电消耗分析

溶剂再生装置的电耗主要消耗在溶剂泵和溶剂空冷器上，溶剂再生装置电耗主要有一些问题影响因素。

1）机泵运行效率。装置设计时要合理考虑机泵的参数，避免实际运行中出现“大马拉小车”现象，另外要采用高效的机泵，减少电耗。

2）合理设置贫液泵及贫液外送压力。再生贫液送上游装置，应根据上游装置脱硫塔操作工况选择合适流量和扬程的贫液泵。比如某厂，送干气脱硫装置贫液扬程为167m，送液化气脱硫装置扬程为257m，如果合并设置一台机泵，电耗增加115kW。

3）贫液及酸性气空冷器选择。在空冷器电机的选择上可考虑采用变频电机，平稳贫液温度控制，降低人员操作强度，同时减少用电消耗。另外要控制上游来的富液品质，避免富液含油、焦粉等情况而使空冷管束内壁结构，同时定期安排空冷管束外壁除尘，保持空冷管束高效的换热效率。

4）溶剂泵流量存在富裕的，可利用泵叶轮切割来达到节电目的，日常装置运行中尽可能投用切割叶轮的机泵节省装置用电。

（三）污水汽提装置电消耗分析

污水汽提装置工艺一般分为单塔低压无侧线、单塔加压侧线、双塔加压汽提三种，三种工艺装置电耗占装置总能耗比例有所差别，但一般都不高于装置设计总能耗的10%，同时装置运行负荷变化情况下，电耗占装置总能耗比例也会变化，一般装置运行负荷下降，电耗占比略会增加。

1）单塔低压无侧线工艺装置，电耗主要是装置原料水泵、净化水泵、酸性气空冷等设备。首先是装置设计时机泵合理选型，避免装置运行期间出现“大马拉小车”现象；其次是考虑装置负荷波动，原料水、净化水泵电机可采用变频电机；其三是塔顶酸性气冷后温度受环境温度影响较大，空冷器电机可选择变频电机，稳定酸性气冷后温度，降低操作人员作业强度，减少用电消耗。另外在操作上，要保持净化水-污水换热器高效运行，降低换热后净化水温度；通过合理控制净化水出装置温度（比如至常减压电脱盐注水净化水可不过空冷器）等措施降低装置运行电耗。

2）单塔加压侧线和双塔加压汽提工艺装置，电耗主要是装置氨压机、原料水泵、净化水泵及净化水空冷等，部分装置因换热设备处于框架高处，需要设置循环水增压泵。在装置氨压机选择上，首先优先选择运行效率高的压缩机，目前随着压缩机技术进步，螺杆机运行效率普遍高于往复机；其次由于螺杆机或往复机都是容积式压缩机，压缩机负荷和装置液氨产量负荷相匹配，避免压缩机负荷偏大引起大流量气氨回流导致电耗浪费；另外生产操作中，应该关注液氨介质相关设备的安全阀，避免安全阀内漏，导致液氨泄漏至污水系统，致使液氨在装置内打循环增加电耗。装置换热框架设计上，如果装置总图布置条件允许，建议相关水冷器按低位布置，取消循环水增压泵，节约电耗。其余机泵电耗影响参考单塔低压无侧线工艺装置分析。

三、硫黄装置 S Zorb 烟气进反应炉和加氢反应器能耗比较

近十年来，受汽油质量升级影响，催化汽油脱硫装置（即 S Zorb 装置）应用非常广泛，S

Zorb 装置因催化剂再生产生的含 SO_2烟气处理比较困难，目前通过技术攻关和操作优化，很多工厂成功将 S Zorb 烟气引至硫黄装置处理，回收其中的硫单质，实现环保生产。S Zorb 烟气至硫黄装置处理一般有三个流程设计，分别为进硫黄装置反应炉、进硫黄装置第一 Claus 反应器和进硫黄装置加氢反应器，其中进反应炉和加氢反应器流程应用较为广泛。S Zorb 烟气设计组分见表 12-3-1。

表 12-3-1　某 1.5Mt/a S Zorb 装置烟气组分数据

项　目	数　据	项　目	数　据
质量流量/（kg/h）	1663.5	组成/%	
体积流量/（m^3/h）	1248.51	H_2O	2.50
温度/℃	204.7	O_2	0.20
压力/kPa(表)	97.88	N_2	90.50
平均相对分子质量	29.86	CO_2	1.90
—	—	SO_2	4.9
—	—	CO	0.00

进反应炉处理能够再次对 S Zorb 烟气进行高温焚烧，消除烟气杂质对硫黄装置正常生产影响，且通过反应炉配风补偿调节，消除烟气含氧对硫黄装置催化剂、溶剂的不利影响。但该烟气惰性组分高，进反应炉处理，会降低反应炉温度(以 70kt/a 硫黄装置为例，1t/h 的 S Zorb 烟气进反应炉，会降低炉温 20℃)，同时 S Zorb 烟气惰性组分被多次加热和冷却，导致能耗浪费。

S Zorb 烟气进硫黄装置加氢反应器，消除了该烟气对硫黄装置反应炉的影响，并避免多次加热烟气惰性组分，有利于降低硫黄装置制硫单元运行能耗。同时该烟气直接进加氢反应器，其中的微量氧含量和 SO_2含量，会增加加氢反应器床层温升，在同等工况下，可适当降低加氢反应器入口过程气的加热温度，节约加氢单元能耗。但 S Zorb 烟气直接进硫黄装置加氢反应器对加氢催化剂要求较高，一般要求催化剂具备耐氧功能，防止催化剂中毒。另外，S Zorb 烟气直接进硫黄装置加氢反应器处理，加氢单元需要外供较大流量的氢气，以维持正常的加氢反应。某 70kt/a 硫黄装置加氢反应器处理 1t/h 的 S Zorb 烟气，增加外供氢气约 50kg/h。

表 12-3-2 为某 70kt/a 硫黄装置两种处理 S Zorb 烟气流程的能耗对比。

表 12-3-2　S Zorb 烟气进反应炉和加氢反应器能耗比较

	未进 S Zorb	进 S Zorb 后	未进 S Zorb	进 S Zorb 后
引入部位	反应炉前		尾气加氢反应器前	
能耗/(kgEO/t)	-45	-12	-86	-82

S Zorb 烟气进硫黄装置反应炉后对装置的能耗影响约增加 33kgEO/t，对装置能耗及排放影响较大，而进加氢反应器能耗约增加 4kgEO/t，对装置能耗影响不明显。

四、原料组成对能耗的影响

酸性气浓度对能耗的影响不大，但酸性气中的氨含量和烃含量对装置的能耗影响较大，通过流程模拟计算，酸性气中含烃(以乙烷计)每增加 1%(体)，降低能耗 10kgEO/t 硫黄；

酸性气中含氨每增加5%(体)，降低能耗21kgEO/t硫黄(见表12-3-3)。但酸性气中带烃将会影响各炉子配风，一旦烃类未完全燃烧将直接影响硫黄质量，甚至影响装置正常运行；酸性气中的氨如未燃烧完全，易在装置低温部位形成铵盐结晶，影响装置处理能力，严重时会引起装置停工，在设计上一般按氨含量5%(体)设计，氨含量最高不大于25%(体)。

表12-3-3　硫黄装置原料酸性气浓度对能耗的影响

项　目	能耗数据影响量			
H_2S浓度/%(体)	85	95	85	85
氨浓度/%(体)	0	0	0	5
烃浓度/%(体)	0	0	1	0
装置能耗/(kgEO/t硫)	-96	-97	-106	-117

注：以上数据为流程模拟计算值。

第四节　节能措施

一、余热的回收和利用

(一) 过程气余热的回收和利用

余热回收方式总体分为热回收(直接利用热能)和动力回收(转变为动力或电力后再用)两大类。利用余热锅炉回收气、液的高温余热比较容易，回收低温余热则比较麻烦和困难。余热回收利用主要从以下几个方面考虑：

1) 对于排出高温烟气的各种热设备，其余热应优先由本设备或本系统加以利用；

2) 在余热余能无法回收用于加热设备本身，或用后仍有部分可回收时，应利用来生产蒸汽或热水，以及产生动力等；

3) 要根据余热的种类、排出的情况、介质温度、数量及利用的可能性，进行企业综合热效率及经济可行性分析，决定设置余热回收利用设备的类型及规模；

4) 应对必须回收余热的冷凝水，高、低温液体，固态高温物体，可燃物和具有余压的气体、液体等的温度、数量和范围，制定利用的具体管理标准。

余热资源很多，不是全部都可以回收利用的，余热回收本身也还有个损失问题。在目前的技术和经济条件下，一部分是应该而且可以利用的，另一部分目前还难以利用，或利用起来不合算。

余热回收固然很重要，但最根本的问题还在于尽量减少余热的排出，这方面的主要措施是降低排烟温度，减少冷却介质带走的热量，减少散热损失，提高热工设备本身的效率等。

(二) 烟气余热的回收和利用

硫黄回收装置为达到烟气达标排放，加氢单元净化后尾气必须通过550~800℃高温焚烧，因此焚烧后烟气余热量较大，余热回收效益可观。烟气余热回收和利用主要有以下形式：

1）蒸汽过热器+蒸汽发生器，目前大型硫黄回收装置大都按此流程设计。装置反应炉余热锅炉一般按产 3.5MPa 饱和蒸汽设计，所产饱和蒸汽经焚烧炉后部的蒸汽过热器过热后，达到并入工厂 3.5MPa 过热蒸汽管网，供下游装置使用。蒸汽过热器和烟气换热可设置成顺流或逆流两种形式，同样过热蒸汽温度工况下，顺流形式换热需要更高的焚烧炉后部温度，但过热器出口烟气余热也高。因蒸汽过热器后烟气温度依旧高达 400℃左右，一种方式就是在过热器后部设置蒸汽发生器，大型硫黄装置按产 3.5MPa 饱和蒸汽设计，所产蒸汽和反应炉余热锅炉蒸汽合并后进入过热器。另外考虑到硫黄装置烟气露点腐蚀因素，装置烟气都是以 250℃左右高温形式排放，而烟气设置蒸汽发生器产 3.5MPa 饱和蒸汽，烟气最终排烟温度在 260℃，可避开露点腐蚀温度区间，对于 100kt/a 硫黄装置，焚烧炉蒸汽发生器可产 3t/h 3.5MPa 饱和蒸汽。目前随着硫黄装置烟气排放指标提升，烟气露点温度值也在下降，焚烧炉后部烟气蒸汽发生器可按产 1.0MPa 饱和蒸汽设计(甚至 0.4MPa 饱和蒸汽)，烟气排放温度下降至 200℃以下，所产蒸汽可供污水汽提或者溶剂再生装置使用，如果装置排烟温度由 260℃下降至 200℃，可多回收余热约 15%。

2）蒸汽过热器+气气换热器，SSR 工艺部分装置设计换热方式。该工艺是将焚烧炉蒸汽过热器后烟气和进加氢反应器的过程气直接换热，以提高进加氢反应器过程气温度，满足加氢反应器反应要求，并回收烟气余热，该技术直接进行气气换热，适应有蒸汽余量的工厂。但由于气气换热器管束容易发生结垢的情况，长周期运行时间受限。

3）带烟气脱硫单元的硫黄装置，因烟气脱硫单元运行需要，进脱硫单元前烟气可与烟气脱硫塔后的低温烟气换热，对低温烟气进行升温，即实现余热回收，同时消除烟气脱硫单元排放烟气冒“白烟”情况。同时也可采用进脱硫单元前烟气与空气换热，再用加热后的热空气去加热脱硫塔后的低温烟气，消除脱硫塔冒“白烟”情况。

4）对于小规模硫黄装置(小于 30kt/a)，装置焚烧炉后部烟气余热量有限，可以直接设置 1.0MPa 饱和蒸汽发生器，用于回收余热。

(三）乏汽(除氧器)余热的回收和利用

大型硫黄回收装置副产蒸汽量大，部分装置同时设置除氧器，通过热力除氧器后的氧及二氧化碳、氮等不凝气体随剩余蒸汽一起排入大气，称为乏汽。乏汽中未凝结蒸汽约为除氧器加热用总蒸汽量的 5%左右，这部分蒸汽排入大气，既损失了工质及热量，又给周围环境造成了一定的噪音污染。除氧器产生的乏汽压力较低，但其热焓值与除氧加热用的蒸汽的热焓值相差仅 1%~4%，如果设置一个装置，能够回收乏汽热量和蒸汽凝结水，就可以实现节能减排、乏汽循环再利用的目的。

乏汽回收装置一般包括乏汽热量及物流回收单元、不凝气排出单元、防汽蚀单元及相应的控制单元，下面介绍一种典型的乏汽回收装置——JF-CV 除氧器乏汽回收装置。JF-CV 除氧器乏汽回收装置包括 JF-CV 吸收塔、热水收集罐、输送水泵和控制系统等。常温工作水在通过 JF-CV 吸收塔负压室内的多个引射器时，产生的卷吸作用使负压室产生负压，除氧器乏汽一部分被工作水吸收，另一部分乏汽从负压室下部向下经过双程降淋时被吸热，最后极少量蒸汽和氧气等不凝气从排放口排放。吸热后的工作水进入位于地面的热水收集罐，经过输送水泵将热水直接送入除氧器内回收。JF-CV除氧器乏汽回收装置具有的功能：特制的负压抽吸功能、智能化的自动控制，保障了除氧器的乏汽排放背压的稳定；内置高精度的脱气膜管，把大部分氧气等不凝气体分离排出，回收的冷凝水不影响除氧器的进水品质，保证了除氧器除氧效果；双程喷射降淋技术提高了除盐水对乏汽的吸收能力，吸收率可达99.8%；乏汽吸收塔与热水收集罐上下分体安装，增大了高温水的汽蚀余量，配合热水收集罐内置的防汽蚀装置，保障水泵长年连续运行不会发生汽蚀。

二、凝结水的回收和利用

1. 凝结水回收利用的作用

1）减少除盐水的用量，即可以减少水处理及原水费用。

2）凝结水进入除氧器作为锅炉/蒸汽发生器的补水，可以减少燃料消耗，用于余热锅炉可增加蒸汽量。

3）改善锅炉/蒸汽发生器给水水质，减少排污量，保护环境。

4）凝结水回收利用，可减少排污量，降低排污费用。

2. 凝结水回收利用的方式

1）还原利用：凝结水可直接作为低压锅炉的给水或简单的净化处理再利用。这种直接还原的利用方式是凝结水回收的首选方式。

2）换热利用：当凝结水被污染的可能性大，而所需处理费用又很高时，就应利用换热器加热锅炉给水和/或其他流体，回收凝结水热量。

3）闪蒸利用：处于饱和状态的冷凝水一旦排至低压区，就会产生闪蒸汽。由于闪蒸汽从闪蒸前的高温凝结水中带走大量的汽化热，所以有利用价值。

三、机泵过剩扬程控制及变频控制

机泵扬程过剩原因：石油化工企业设计时为了适应生产操作弹性的要求和设计选型的需要，以及实际生产中原料性质变化、产品方案调整等情况，致使为数不少的机泵额度功率高于使用工况运行功率，处于“大马拉小车”的状况，由此造成电能浪费。石化企业的电耗80%用于电机驱动上，因此机泵的节能降耗是降低成本的关键措施。而降低机泵过程扬程的方法有出口节流、入口节流、旁路调节、切割叶轮、更换叶轮和叶轮减级等方法。变频调速节能是相对于阀门调节而言，采用变频调速器后，将出口阀全开，通过改变电机电源频率来改变电机转速。变频器调节除节能外，还有以下优点：

1）变频调速器体积小、质量轻、操作简便，根据需要可手控、自控、遥控。

2）变频器的输入端与电源相接，输出端与电机进线相接，实施过程方便。

3）电机可低速、直接在线启动，启动电流（电机启动瞬间电流）可由额定电流的7倍降低至1.7倍，对电网和设备冲击小。

4）变频器有过电压、欠电压、瞬间停电、过电流、短路等功能保护。

四、主风机的过剩风量控制及变频控制

目前硫黄装置主风机普遍采用恒速控制风量，即风机的转速不变，通过改变导叶，放空

阀调节风量，该方法能耗大。如果采用变频器，改为调速控制，调节风机的速度以改变风量，将减少能耗，可提高经济效益。采用变频控制有以下优点：

1）精确的速度控制。变频器输出频率的精确度和分辨率都达到0.01 Hz。也就是说，一对磁极的电动机，转速可以以每分钟不到1转的速率调节。因此，在工厂中可以根据物料流量的变化，精确地控制风机风量，既保证物料不堵不掉，又保证可靠的运行在最低转速，达到尽可能大的节能效果。

2）软启动。变频器输出频率可以连续地从0~50Hz之间变化，变化速率可以根据工艺要求设定，因此高压风机可以实现软启动。通常高压风机容量都较大(450 kW以上)，直接启动时冲击电流很大(5~7倍额定电流值)，造成对电网的干扰，同时对电网容量的要求也相应增加；即使安装附加的启动装置，冲击电流仍然相当大。而软启动是平稳的，没有冲击电流，从根本上解决了大容量电动机的启动问题。

3）完善的保护功能。变频器的保护功能很强，在运行过程中能随时监测到各种故障，显示故障类别（如电网电压降低、缺相、模块过热、过载、直流过电压、欠电压等），并立即封锁输出电压。这种自我保护的功能，不仅保护了变频电源，还保护了电机不被损坏。

4）操作简单可靠。变频器操作十分简单，通过按键就能设置各种参数、完成启动和停机操作，特别是简化了风机启动的操作过程。

与采用导叶及放空阀控制风量方式相比，采用调速控制风量有着明显的节能效果。由流体力学可知：风量与转速的一次方成正比；风压与转速的平方成正比；轴功率与转速的三次方成正比。当风量减少，风机转速下降时，其功率降低很多。例如：风量下降到80%，转速也下降到80%，轴功率将下降到额定功率的51%；如果风量下降到50%，功率将下降到额定功率的12.5%。即使考虑附加控制装置效率的影响，这个节电效果也是很可观的。

对于离心风机而言，喘振是非常致命的，对机组损害非常大，要防止喘振，必须满足风机工作转速下的吸入流量大于喘振点的流量。硫黄装置风机入口流量要满足各个炉子的供风总量之和，同时要满足液硫池鼓泡空气压力(空气鼓泡技术)，在这两个前提下，可以适当地调节风机导叶及放空阀开度，起到节能作用。理论上恒速风机正常运行工作点离喘振点越远越安全，所以保证一定的过剩风量能提高机组运行稳定性。过剩风量的确定，可以通过风机性能 $Q-P$ 曲线，查出在该最小流量下对应的风压，沿着 $Q-P$ 曲线，当 Q 增大时，P 会逐渐降低；当 P 下降到装置允许的最低风压时，对应的流量减去装置所需的最低风量即为装置的最大过剩风量，理论上该过剩风量越大风机越安全，但是此时风机耗能也会增加，目前硫黄装置主风机一般有20%的风量过剩放空。

硫黄装置主风机作为装置重要设备，长时间保持风机运行在较低转速，存在较大的风险隐患，如装置酸性气量存在较大波动，变频跟不上，会导致风压低，炉子供风量不足，尾气排放二氧化硫超标，造成严重的环保事故。同时风压过低可能会导致反应炉酸性气倒窜的可能，另外可通过调低风机放空阀的阀门开度来达到降低风机电流，起到节能作用，因此需要谨慎考虑在硫黄装置主风机使用变频电机。当然如工厂蒸汽负荷允许，可采用蒸汽作为动力，既节能也能优化操作控制。

五、主风机供应焚烧炉

硫黄装置焚烧炉运行压力低，一般会设计单独的供风鼓风机，风机出口压力为10kPa(表)。由于硫黄装置运行负荷弹性大，在装置长时间处于较低负荷运行时，装置反应炉风机因功率大而不得不进行适当的放空，此时可以通过增加反应炉风机到焚烧炉的供风流程，利用反应炉风机的放空空气供应焚烧炉，从而停运焚烧炉风机，降低电耗。

主要流程说明：在主风机出口与焚烧炉风机出口之间增加跨线，跨线上增设一组压力调节阀，将主风机出口空气压力减压到0.01MPa(表)，引至焚烧炉。

某100kt/a规模硫黄装置，在正常工况下，同时开启主风机和焚烧炉风机，两台风机电量总功耗为722.5kW，其中主风机功耗635kW，焚烧炉风机功耗87.5kW；如停用焚烧炉风机，主风机的电量功耗为690kW，相比改造前节省电能32.5kW。

操作注意事项：操作前须提高主风机压力，并增加放空量，使风机入口流量达到能满足目前各炉子燃烧所需得到空气量(如无法达到，则停止作业)，主风机运行稳定后，对主风机至焚烧炉风机段管线进行排凝。打开主风机至焚烧炉风机跨线阀，及时调节、控制主风机出口压力稳定，外操同时逐步关闭焚烧炉风机出口阀门，打开防喘阀，适当关小入口导叶开度，操作过程要缓慢进行，严禁主风机较高压力的空气进入焚烧炉风机导致设备损坏。确认主风机运行正常、焚烧炉供风正常后，将主风机运行信号切入焚烧炉联锁单元，焚烧炉风机运行信号切出焚烧炉联锁单元。

六、空冷器的应用及变频控制

空气冷却器简称空冷器，以空气作为冷却剂，可用作冷却器，也可用作冷凝器。空冷器主要由管束、支架和风机组成。空气冷却器热流体在管内流动，空气在管束外吹过。

硫黄装置空冷器应用广泛，急冷水、贫液、酸性气等介质都有应用，以空冷代替水冷，可以缓和水源不足的矛盾。空冷器基本构成见图12-4-1。

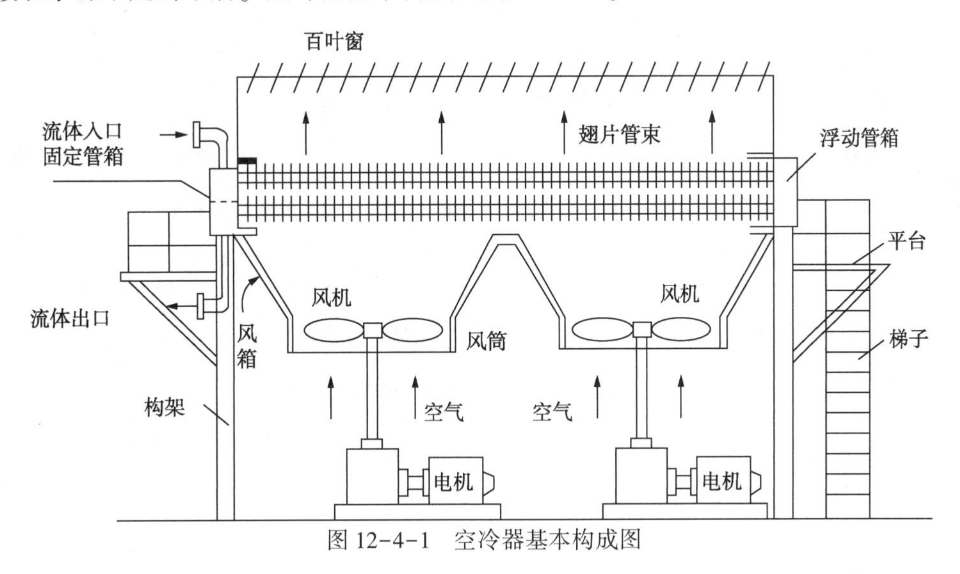

图12-4-1　空冷器基本构成图

管束：包括管箱、换热管、管束侧梁及支持梁等；
风机：包括轮毂、叶片、支架及驱动机构等；
百叶窗：包括窗叶、调节机构及百叶窗侧梁等；
构架：用于支撑管束、风机、百叶窗及其附属件的钢结构；
风箱：用于导流空气的组装件；
附件：如蒸汽盘管、梯子、平台等。

空气冷却器主要是通过调节风机的叶片角度、变频电机来调节风量，对有百叶窗的空冷器也可以通过调节百叶窗的开度来调节风量，调节方法有手动和自动两种，对于有几台空冷器并联运行的，也可以通过停运其中一台或几台来调节。

空冷管束型号表示方法由下面几个部分组成：

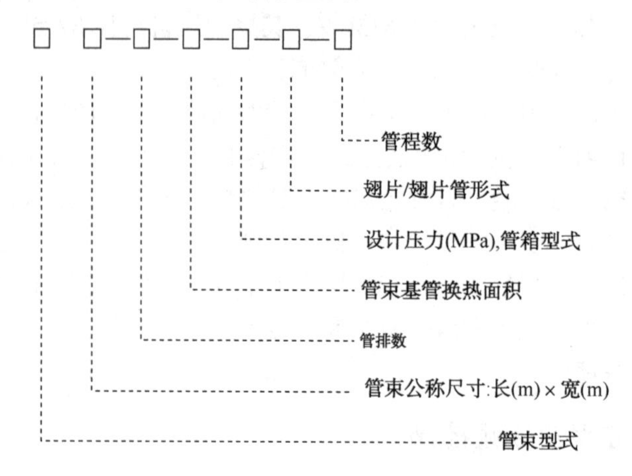

型式与代号见表 12-4-1。

表 12-4-1　空冷管束型式与代号

管束形式	代号	管箱形式	代号	翅片管形式	代号
鼓风式水平管束	GP	丝堵式管箱	S	L 型翅片管	L
斜顶管束	X	可卸盖板式管箱	K1	双 L 型翅片管	LL
引风式水平管束	YP	可卸帽盖式管箱	K2	滚花型翅片管	KL
		集合管式管箱	J	双金属轧制翅片管	DR
				镶嵌型翅片管	G

管箱允许工作压力见表 12-4-2，管箱钢材适用温度范围见表 12-4-3。

表 12-4-2　管箱允许工作压力

管箱形式	允许工作压力/MPa
可卸盖板式，可卸盖帽式	≤6.4
丝堵式	≤20
集合管式	≤35

表 12-4-3　管箱钢材适用温度范围

钢　材	出口温差/℃
碳素钢	>110
奥氏体钢	>80

风机形式表示方法如下：

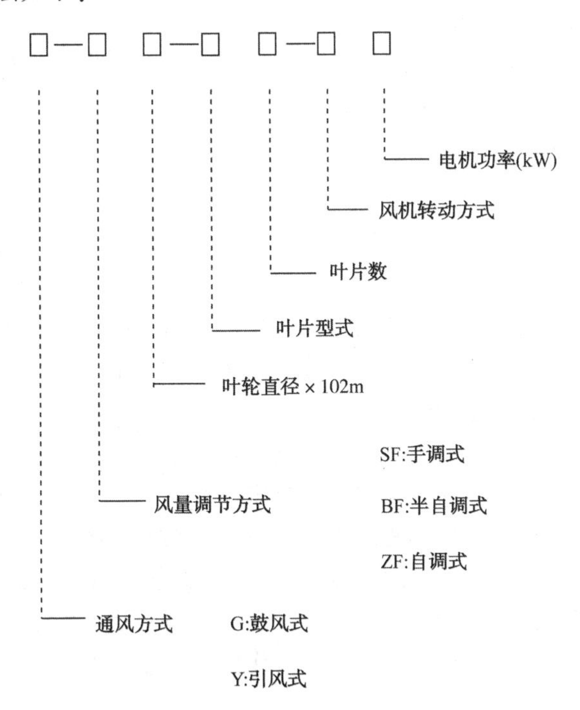

如 G-SF36B4-e22 表示为：鼓风式，停机手调角风机；叶片直径 3600mm，B 型叶片，4 片叶片，e 型传动，电机功率 22kW。

空冷电机有工频和变频两种，目前硫黄装置一般采用工频和变频相结合的空冷，一方面可以通过调整频率更好的控制冷后温度，优化操作，另一方面也能减少操作人员的劳动强度，大大减少了调整空冷器百叶开度的次数，并实现节能效果。

变频电机的优缺点如下：

由于采用变频器供电后，电动机可以在很低的频率和电压下以无冲击电流的方式启动，并可利用变频器所供的各种制动方式进行快速制动，为实现频繁启动和制动创造了条件，而同时变频电动机的机械系统和电磁系统处于循环交变力的作用下，给机械结构和绝缘结构也会带来疲劳和加速老化问题。

相对于普通电机，变频电机价格不会贵很多，但是优势很明显。变频电机采用"专用变频感应电动机+变频器"的交流调速方式，使机械自动化程度和生产效率大为提高，其优点还有：具备有软启动功能；采用电磁设计，减少了定子和转子的阻值；适应不同工况条件下的频繁变速；在一定程度上节能。

七、选用性能优秀的疏水器

硫黄装置疏水器主要应用在0.35MPa、1.0MPa、3.5MPa蒸汽疏水。对于蒸汽管道，因疏水器的疏水能力不够，尤其是在蒸汽管道暖管过程中，管道内产生大量的凝结水，如果管道内的凝结水不能及时排出，就会产生水击现象，甚至出现崩管伤人情况。为此，合理选择疏水器成为避免上述问题产生的关键所在。

合理选择疏水器，保证凝结水及时从换热设备或蒸汽管道中顺利排出，对系统的正常运行起着非常关键的作用。选择疏水器的重要数据是疏水器在设计工作状态时，疏水器前后压力差 $\Delta P = P_1 - P_2$ 下的疏水能力，因此，疏水器 ΔP 设计压差下的最大排水量应作为选择疏水器的重要依据参数之一。另外，根据疏水器的压力、温度适应范围和连接方式，初步确定疏水器的型号。疏水阀选型及注意事项如下：

1. 疏水阀选型

灵敏度高，准确无误地阻汽排水，不泄漏蒸汽，能提高蒸汽利用率，工作性能可靠，背压率高、使用寿命长、维修方便是疏水阀选型的首选条件。在工程设计中主要是确定最大和最小负荷时的工作压差、排水量，然后根据厂家提供的疏水阀排水量曲线图进行选型，以确定疏水阀进、出口管径，并确定所选公称直径的疏水阀排水量大于需要的排水量。

蒸汽疏水阀的入口压力是指由于蒸汽压力的波动或温度调节阀的节流，蒸汽疏水阀入口处的最低工作压力；蒸汽疏水阀的出口压力是指蒸汽疏水阀后可能形成的最高工作背压，当排入大气时，实际压差按蒸汽疏水阀入口压力决定。

最大排水量应取用汽设备产生的凝结水量乘以备用系数。备用系数一般取 2~4(滚筒式烘干设备备用系数取 6~10)。需要的排水量大于单个疏水阀的排水量时，可以将两个或两个以上的疏水阀并联使用，此时疏水阀的型号应一致，规格尽可能相同。如果需要较多的疏水阀并联，应与采用分水罐自动控制液位的方法作比较，以选用更合适的排水方案。

2. 选型注意事项

存在过热蒸汽或基本无冷凝水的场合下，以及疏水阀的尺寸过大的场合下，容易出现冷凝水量无法确保吊桶浮起的情况，从而导致疏水阀无法关闭、蒸汽不断排出。因此，在冷凝水很少的使用场合中，不可以使用吊桶式。当入口侧的压力急剧下降时，疏水阀内的冷凝水将再次蒸发，从而使吊桶的浮力消失，导致蒸汽不断排出，这种现象也要引起注意。在负荷不稳定的系统中，如果排水量可能低于额定最大排水量15%时，不应选用脉冲式疏水阀，以免在低负荷下引起蒸汽泄漏。

热动力式疏水阀有接近连续排水的性能，其应用范围较广，一般都可选用，但最大允许背压不得超过入口压力的50%，最低进出口压差不得低于0.05MPa。恒温式、热动力式疏水阀都无需进行保温处理，进行保温处理后易发生无法感知温度、变压室内的蒸汽无法散热从而导致疏水阀无法工作的现象。

3. 疏水阀安装

在蒸汽管道的末端、最低点；蒸汽系统减压阀、调节阀前；附属设备的底部(如汽水分离器，蒸汽加热设备的低处，扩容器、水平安装的波纹补偿器波峰的下部)；文丘里流量计的上游侧，不可避免的袋形的底部及可能积存凝液的地方，都应安装疏水阀。当蒸汽管道较长时，每隔一段距离应适当增加疏水接点。疏水阀只能并联使用，不能串联使用，多台用汽设备不能共用一个疏水阀。

八、污水汽提装置节能措施

污水汽提装置能耗主要在1.0MPa蒸汽消耗上，蒸汽消耗占装置总能耗的90%以上，低压汽提装置蒸汽消耗占比在95%以上，做好装置节能工作，主要从节约蒸汽消耗入手。

1. 对于低压汽提装置

1）改善原料水性质，做好原料水罐撇油工作，减少进汽提塔原料水中的油含量及焦粉含量。

2）提高污水-净化水换热器换热效率，进而提高原料水进塔温度，充分回收净化水热量。

3）稳定塔顶含氨酸性气拔出量，避免产生大量的冷回流。

4）利用注碱脱氨原理，汽提塔合理注碱，控制适当的净化水pH值(一般净化水pH值控制在8.5~9.5)，可显著降低汽提塔蒸汽消耗。

2. 对于加压汽提装置

1）改善原料水性质，做好原料水罐撇油工作，减少进汽提塔原料水中的油含量及焦粉含量。

2）提高换热器换热效率，进而提高原料水进塔温度，充分回收侧线气、净化水热量。

3）依据净化水氨氮在线分析数据，及时调整侧线抽出量，避免大量热量被侧线带出。

4）结合汽提塔实际操作及净化水质量情况，合理降低汽提塔冷进料流量。

5）利用注碱脱氨原理，汽提塔合理注碱，控制适当的净化水pH值，可显著降低汽提塔蒸汽消耗。

九、溶剂再生装置节能措施

溶剂再生装置能耗中，蒸汽比重一般在85%以上，其次是电耗，比重一般在5%~10%，因此溶剂再生装置节能措施首先应该从降低蒸汽耗量和电耗两个方面进行考虑。

（1）降低蒸汽耗量

1）选择高效脱硫剂。

2）提高富液进塔温度，降低再生塔回流比。

3）采用两级吸收两段再生技术、串级吸收技术，适当提高溶剂MDEA浓度。

4）合理控制再生塔底温度、塔顶压力控制。

5）合理控制贫液H_2S浓度。在满足上游脱硫单元产品质量情况下，适当提高贫液H_2S浓度，可有效降低再生塔回流比，从而降低蒸汽消耗。

（2）降低电耗

1）提高机泵运行效率。装置设计时要合理考虑机泵的参数，避免实际运行中出现“大马拉小车”现象，另外要采用高效的机泵，提高机泵运行效率，减少电耗。

2）合理设置贫液泵及贫液外送压力。再生贫液送上游装置，应根据上游装置脱硫塔操作工况选择合适流量和扬程的贫液泵。

3）贫液及酸性气空冷器选择考虑采用变频电机，降低人员操作强度，同时减少用电消耗。

4）控制上游来的富液品质，避免富液含油、焦粉等情况而使空冷管束内壁结垢，同时定期安排空冷管束外壁除尘，保持空冷管束高效的换热效率。

5）溶剂泵流量存在富裕时，可利用泵叶轮切割来达到节电目的，日常装置运行中尽可能投用切割叶轮的机泵节省装置用电。

（3）回收凝结水热量

溶剂再生装置重沸器产生大量凝结水，在凝结水外排前，可以设计合理的换热流程，回收凝结水中的低温热量，降低装置运行能耗。

（4）低温热回用

溶剂再生装置重沸器加热温度较低(118～125℃)，如果装置周边有合适的低温热源(比如200～250℃油品)，以直接引至重沸器加热，以提高换热效率，实现节能操作。

参 考 文 献

[1] 赵伟光．除氧器乏汽回收技术在热电厂的应用[J]．包钢科技，2009，35(2)：76-78.
[2] 刘明宝．除氧器乏汽回收技术在节能减排中的应用[J]．四川电力技术，2009，32(6)：62-63.

第十三章　化验分析

第一节　化验分析基础知识

一、化验分析基本用品及要求

(一) 一般仪器简介

1. 玻璃仪器

玻璃仪器是化验分析的基本器具。玻璃具有很高的化学稳定性、热稳定性、很好的透明度、一定的机械强度和良好的绝缘性能，因此在分析化验中得到广泛的应用。玻璃仪器主要有滴定管、移液管和容量瓶三大类，这三类均属于小容量器具，参与数据计算，因此对这类器具有严格的管理规定和使用要求，如：计量器具洗刷后不能加热或烘干，计量器具必须通过有资质的检定部门进行检定，只有检定合格并在检定有效期内方能使用。

2. 石英玻璃仪器

石英玻璃仪器是光化学分析中的主要仪器，常用于痕量分析、高纯试剂制备中。石英玻璃具有极好的耐酸性能，除氢氟酸外，任何浓度的有机酸和无机酸甚至在高温下都极少和石英玻璃发生反应。

化验室中常用的石英玻璃仪器有：石英烧杯、坩埚、石英管(库仑)等。

3. 铂及其他金属器皿

铂又叫白金，具有熔点高(1773.5℃)、耐熔融的碱金属碳酸盐及氢氟酸的腐蚀特性，是热的良导体。铂坩埚适于灼烧及称量沉淀用；铂丝、铂片常用作电化学分析中的电极。

(二) 天平

1. 分类

从天平的构造原理来分类，天平分为机械天平和电子天平两类。

2. 主要技术指标

天平的主要技术指标是最大称量和分度值。最大称量又称最大负荷，表示天平可称量的最大值。天平的最大称量必须大于被称物体可能的质量。天平的分度值即天平标尺一个分度对应的质量。

3. 选择天平的标准

根据分析方法规定和要求选择合适的天平：①要考虑称量的最大质量和要求的精度，确保不损坏天平和满足准确度要求；②在确保准确度要求的同时不必选用精度过高的天平以免造成浪费。

（三）大型仪器和物性分析仪器

仪器分析涉及的仪器主要分为以下四类：色谱仪、电化学分析仪器、光化学分析仪器和物性分析仪器。这类仪器主要按照分析方法的要求来选择。仪器必须经过有资质的检定部门检定合格后方可使用，并在检定有效期内进行期间核查，以保证仪器有效。仪器出现故障维修后要重新检定或用标准物质校准后方可使用。

二、化学试剂分类及应用

（一）实验室用水

分析实验室用水是指能够满足分析化验工作要求的“纯水”，它有相应的国家标准，规定了其级别、质量指标要求，可视为用量最大的试剂。不同的分析方法要求使用不同级别的实验室用水。

我国国家标准 GB 6682—2008《分析实验用水规格和试验方法》将适用于化学分析和无机痕量分析等试验用水分为 3 个级别：一级水、二级水和三级水。

表 13-1-1 列出来各级分析实验室用水的规格。

表 13-1-1　分析实验室用水的规格

项　　目		一级水	二级水	三级水
外观(目视观察)		无色透明液体		
pH 值范围(25℃)		—①	—①	5.0~7.5
电导率(25℃)/(mS/m)	≤	0.01②	0.10②	0.50
可氧化物质［以(O)计］/(mg/L)	<	—	0.08	0.4
吸光度(254nm，1cm 光程)	≤	0.001	0.01	—
蒸发残渣(105℃±2℃)/(mg/L)	≤	—③	1.0	2.0
可溶性硅［以(SiO_2)计］/(mg/L)	<	0.01	0.02	—

① 由于在一级水、二级水的纯度下，难于测定其真实的 pH 值，因此，对一级水、二级水的 pH 值范围不做规定。

② 一级水、二级水的电导率需用新制备的水“在线测定”。

③ 由于在一级水的纯度下，难于测定可氧化物质和蒸发残渣，对其限量不做规定，可用其他条件和制备方法来保证一级水的质量。

分析实验室用水一般通过蒸馏法、离子交换法、电渗析法或多种方法结合使用来制取。经过各种纯化方法制得的各种级别的分析实验室用水，纯度越高要求储存的条件越严格，成本也越高，应根据不同分析方法的要求合理选用。

（二）化学试剂规格及应用

1. 化学试剂规格

化学试剂种类繁多，目前没有统一的分类方法，一般按试剂的纯度分为基准试剂、优级纯、分析纯、化学纯、实验试剂等。下面介绍各种规格的试剂的应用范围。

基准试剂(容量)是一类用于标定滴定分析标准溶液的标准物质，可作为滴定分析中的基准物质用，也可精确称量后直接配制标准溶液。基准试剂主要成分含量一般在99.95%~100.05%，杂质含量略低于优级纯或与优级纯相当。

优级纯主要成分含量高，杂质含量低，主要用于精密的科学研究和测定工作。分析纯主要成分含量略低于优级纯，杂质含量略高，用于一般的科学研究。化学纯品质较分析纯差，但高于实验试剂，用于工厂、教学实验的一般分析工作。实验试剂杂质含量更多，但比工业品纯度高，主要用于普通的实验或研究。高纯、光谱纯及纯度99.99%(4个9也用4N表示)以上的试剂，主要成分含量高，杂质含量比优级纯低，且规定的检验项目多，主要用于微量及痕量分析中试样的分解及试液的制备。分光纯试剂要求在一定波长范围内干扰物质的吸收小于规定值。

2. 化学试剂的包装及标志

表13-1-2列出化学试剂的标签颜色。

表13-1-2　化学试剂的标签颜色

级别	中文标志	英文标志	标签颜色
一级	优级纯	GR	深绿色
二级	分析纯	AR	金光红色
三级	化学纯	CP	中蓝色
	基准试剂		深绿色
	生物染色剂		玫红色

(三) 标准物质

1. 标准物质的定义

标准物质(reference material，RM)：是一种已经确定了具有一个或多个足够均匀的特性值的物质或材料，用以校准设备，评价测量方法或给材料定值的材料或物质。

有证标准物质(certified reference material，CRM)：附有由权威机构发布的文件，提供使用有效程序获得的具有不确定度和溯源性的一个或多个特性值的标准物质。

2. 标准物质的级别

我国将标准物质分为一级和二级，它们都是有证标准物质(CRM)，其编号由国家质监总局统一指定和颁发。

一级标准物质(GBW)：是用绝对测定法或两种以上不同原理的准确可靠的方法定值，若只有一种定值方法可采用多个实验室合作定值。它的稳定性大于12个月，准确度具有国内最高水平。

二级标准物质[GBW(E)]：是用与一级标准物质进行比较测量的方法或一级标准物质的定值方法定值，其不确定度和均匀性未达到一级标准物质水平，稳定性大于6个月，适用于一般性测量。

3. 标准物质的应用

标准物质可检验实验室测定某项特性指标的准确度或对某特性量值检测的偏离程度，标准物质的使用可以为实验室查找自身质量问题提供方向，有助于计量认证实验室提高自身检测水平。

标准物质可以考核、评价实验室检测人员的操作水平和检测能力。某特性量值检验结果的准确度是检验人员在仪器设备使用、操作、日常维护保养、标准方法的理解、执行能力等多方面的综合反映。

计量认证实验室应重视标准物质在提升实验室检测服务能力方面的重要作用，切实建立一套行之有效的标准物质质量保证体系，充分发挥标准物质在量值溯源和质量控制中的作用，不断提高自身的技术能力和管理水平。

标准物质概括为四种用途：①标定分析仪器；②评价分析方法；③用作工作标准：绘制工作曲线、给物料定值；④化学试剂标准滴定溶液的制备：GB 601—88(2016)。

4. 标准物质的期间核查

标准物质期间核查的目的是保证其量值的准确性，核查方法有以下几种：

1）比对核查，包括标准物质间比对和实验室间比对等；

2）标定核查，即对实验室配制的标准溶液，采用标准方法直接标定其浓度；

3）标准方法核查，可参照高等级标准或按照标准物质证书规定的检测方法进行核查；

4）使用被检样品进行核查，选择稳定性高且与被核查对象成分相近的样品作为核查标准；

5）复现性检测，对于标准物质，可进行反复测定，并将测量结果与证书的标准值进行比较，判断其量值的核查结果是否满足规定的允差。

（四）标准溶液配制

1. 溶液浓度表示方法

溶液是一种以分子、原子或离子状态分散于另一种物质中构成的均匀而又稳定的体系，由溶剂和溶质两部分组成。溶液的浓度通常是指在一定量的溶液中所含溶质的量，在国际标准和国家标准中，溶剂用 A 代表，溶质用 B 代表。化验工作中常用的溶液的浓度表示方法有以下几种：

（1）物质的量浓度

B 物质的量浓度，常简称为 B 的浓度，是指 B 的物质的量除以混合物的体积，以 c_B 表示，单位为 mol/L，即：

$$c_B = \frac{n_B}{V}$$

（2）质量分数

B 的质量分数：是指 B 的质量与混合物的质量之比，用 ω_B 表示，常用%表示或直接用质量分数表示，如 mg/g、μg/g、ng/g 等。

（3）质量浓度

B 的质量浓度：是指 B 的质量除以混合物的体积，以 ρ_B 表示，单位为 g/L，即：$\rho_B = \frac{m_B}{V}$。当溶度很稀时，可用 mg/L、μg/L、ng/L 表示。

（4）体积分数

B 的体积分数：混合前 B 的体积除以混合物的体积(适用于溶质 B 为液体)，以 ϕ_B

表示。

(5) 比例浓度

包括容量比浓度和质量比浓度。

容量比浓度：是指液体试剂相互混合或用溶剂(大多为水)稀释时的表示方法。

质量比浓度：是指两种固体试剂相互溶合的表示方法，是一种固体稀释方法。

(6) 滴定度

滴定度：是表示滴定分析用的标准滴定溶液浓度的一种方法，用 T 表示，是指 1mL 标准溶液相当于被测物质的质量，单位为 g/mL。

2. 标准溶液的配制和标定

(1) 一般规定

已知准确浓度的溶液叫做标准溶液。标准溶液浓度的准确度直接影响分析结果的准确度。因此，配制标准溶液在方法、使用仪器、量具和试剂方面都有严格的要求。一般按照国标 GB 601—2016《化学试剂标准滴定溶液的制备》要求制备标准溶液，它对标准溶液配制所用水、试剂、基准物质及环境条件都有明确规定，对人员操作及配制过程都有具体要求：

1) 制备标准溶液用水，在未注明其他要求时，应符合 GB 6682—2008 三级水的规格。

2) 所用试剂的纯度应在分析纯以上。

3) 所用分析天平的砝码、滴定管、容量瓶及移液管均需定期校正。

4) 标定标准溶液所用的基准试剂应为容量分析工作基准试剂，制备标准溶液所用试剂为分析纯以上试剂。

5) 制备标准溶液的浓度系指 20℃时的浓度，在标定和使用时，如温度有差异，应进行补正。

6) 标定或比较标准溶液浓度时，平行试验不得少于 8 次，两人各作 4 次平行测定，每人 4 次平行测定结果的极差(即最大值和最小值之差)与平均值之比不得大于 0.1%。结果取平均值。浓度值取四位有效数字。

7) 对凡规定用标定和比较两种方法测定浓度时，不得略去其中任何一种，且两种方法测得的浓度之差不得大于 0.2%，以标定结果为准。

8) 制备的标准溶液浓度与规定浓度相对误差不得大于 5%。

9) 配制浓度等于或低于 0.02mol/L 的标准溶液时，应于临用前将浓度高的标准溶液用煮沸并冷却的水稀释，必要时重新标定。

10) 碘量法反应时，溶液的温度不能过高，一般在 15~20℃之间进行。

11) 滴定分析用标准溶液在常温(15~25℃)下，保存时间一般不得超过 2 个月。

(2) 配制方法

不是任何试剂都可用于直接配制标准溶液，因此标准溶液的配制有两种方法：直接配制法、间接配置法。

1) 直接配制法：凡是基准物都可直接配制成标准溶液。即准确称取一定质量基准物质，溶解后配制成一定体积的溶液，根据基准物质质量和溶液体积，计算出标准溶液的准确浓度。

能用于直接配制标准溶液的物质称为基准物质。基准物质必须具备下列条件：

① 试剂应十分稳定。例如，加热干燥时不分解，称量时不吸湿，不吸收空气中的 CO_2，不被空气氧化等。

② 纯度高，一般要求纯度在 99.9%以上，杂质少到可以忽略的程度。

③实际组成与化学式完全符合。若含结晶水时，如硼砂($Na_2B_4O_7 \cdot 10H_2O$)，结晶水的含量也应与化学式相符。

④ 试剂最好有较大的摩尔质量，这样可以减少称量误差。

2）间接配制法：间接配制法也叫标定法。许多试剂由于不易制成纯品或不易保存(如氢氧化钠)，或组成并不固定(如盐酸、硫酸等)，或在放置过程中溶液不稳定等，都不能直接或间接配制成标准溶液。即先配制成接近所需浓度的溶液，然后再用基准物质或另一种物质的标准溶液来测定其准确浓度。这种利用基准物质(或已知准确浓度的溶液)来确定标准溶液浓度的操作过程，称为标定。标定标准溶液采用两人八平行规则。

三、化验分析基本程序

（一）样品的采集与制备

1. 采样目的

采样的基本目的是从被检的总体物料中取得有代表性的样品，通过对样品的检测，得到在容许误差内的数据，从而求得被检物料的某一或某些特性的平均值及其变异性。

2. 采样的基本原则

采样的基本原则是使采得的样品具有充分的代表性。一般来说，采样误差常常大于分析误差，因此，掌握采样和制样的基本知识非常重要。

3. 采样方案

①确定总体物料的范围。②确定采样单元和二次采样单元。③确定样品数、样品量和采样部位。④规定采样操作方法和采样工具。⑤规定样品的加工方法。⑥规定采样安全措施。

4. 采样误差

采样误差分为随机误差和系统误差。增加采样的重复次数可以消除随机误差，但不能消除系统误差。

5. 样品数和采样量

在满足需要的前提下，能给出所需信息的最少样品数和最少样品量为最佳样品数和最佳样品量。

（1）样品数

一般化工产品都可用多单元物料来处理。其单元界限可能是有形的，如容器；也可能是设想的，如流动物料的一个特定事件间隔。

对多单元的被采物料，采样操作分两步：第一步，选取一定数量的采样单元；第二步，按物料特性值的变异性类型分别采样。

总体物料的单元数小于 500 时，采样单元的选取数，推荐按表 13-1-3 的规定确定；单元数大于 500 时，按下式计算采样单元数，

$$S = 3 \times \sqrt[3]{N}$$

如遇小数时，则进为整数。

表 13-1-3　选取采样单元的规定

总体物料的单元数	选取的最少单元数	总体物料的单元数	选取的最少单元数
1~10	全部单元	182~216	18
11~49	11	217~254	19
50~64	12	255~296	20
65~81	13	297~343	21
82~101	14	344~394	22
102~125	15	395~450	23
126~151	16	461~512	24
152~181	17		

(2) 样品量

在满足需要的前提下，样品量至少应满足以下要求：

1) 至少满足三次重复检测的需求；

2) 当需要留存备考样品时，应满足备考样品的需求；

3) 对采得的样品物料如需做制样处理时，应满足加工处理的需要。

6. 样品制备的一些基本原则

1) 对于组成较为均匀的产品，任意采取一部分或稍加混合后取一部分集成为具有代表性的分析式样(如汽、柴油罐样)。

2) 对于很不均匀的式样，选取具有代表性的均匀式样较为复杂，例如固体硫黄。为了使采取的试样具有代表性，必须按一定的程序，自物料的各个不同部位取出一定数量大小不同的颗粒。取出的份数越多，试样的组成与被分析物料的平均组成越接近。但考虑以后在试样处理上所花费的人力、物力等，应该以选用能达到预期准确度的最节约采样量为原则。

采样后要进行破碎混合，缩减成适宜于分析的式样。分四个步骤：破碎、过筛、混匀、缩分。

常用的手工缩分方法是"四分法"，见图 13-1-1。先将破碎的样品混合均匀，堆成锥形压成圆饼状，通过中心按+字形切为 4 等份，弃去任意对角的两份，留下另外两份作为样品。由于样品中不同颗粒、不同相对密度的颗粒大体上分布均匀，留下样品的数量是原来的一半，仍能代表原来的成分。

(二) 分析方法的选择

对于炼厂硫黄生产过程及产品来说，主要用到的分析方法有化学分析法和仪器分析法。

1. 化学分析法

化学分析法是以化学反应为基础的分析方法。可用通式表示为：X+R=P。其中，X 代表被测成分，R 代表试剂，P 代表生成物。

由于反应类型不同，操作方法不同，化学分析法又分为重量分析法、滴定分析法和气体分析法。

2. 仪器分析法

仪器分析法是以物质的物理化学性质为基础并借用较精密的仪器测定被测物质含量的分

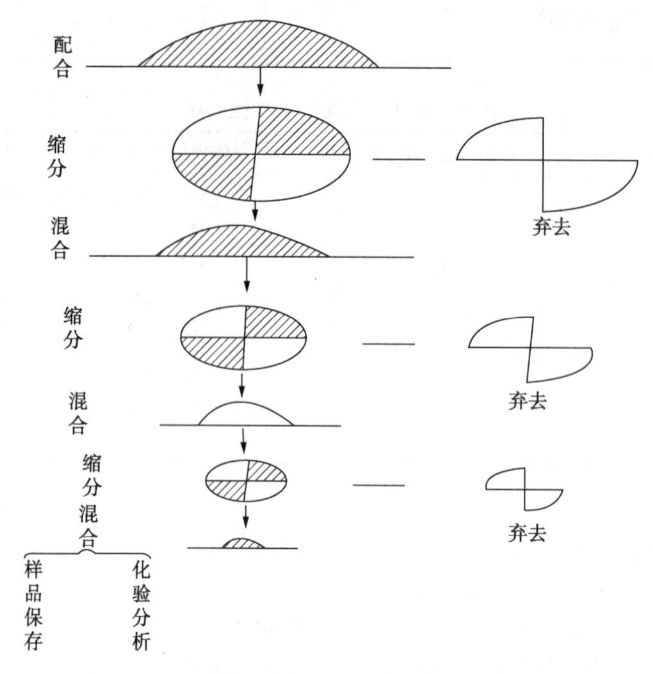

图 13-1-1　样品四分法

析方法。它包括光化学分析法、电化学分析法、色谱分析法和质谱分析法。

3. 化学分析法和仪器分析法的特点及关系

1）化学分析法的特点：所用仪器简单，方法成熟，适合常量分析。

2）仪器分析法的特点：快速、灵敏，能测低含量组分及有机物结构等。

3）仪器分析法有些操作如试样处理、制备标样等，都离不开化学分析法，因此，两者是密切配合、互相补充的，分析工作者只有学好化学分析的基础知识和技能，才能学好仪器分析。

（三）分析数据处理

1. 分析数据

为了取得准确的分析结果，不仅要准确测量，而且要有正确的记录与计算，这就用到有效数字。

（1）有效数字

所谓有效数字就是实际测得的数字，有效数字的位数根据分析方法与仪器的准确度来决定，一般使测得的数值中只有最后一位是可疑的。有效数字不仅表明数量的大小，也反映测量的准确度。

（2）有效数字中"0"的意义

"0"在有效数字中有两种意义：一种是作为数字定位，例如 0. 0123；另一种是有效数字，例如 0. 01230。

（3）数字修约规则

"四舍六入五成双"法则，即当位数≤4 时舍去，位数≥6 时进位，当位数为 5 时，则应视保留的末位数是奇数还是偶数，5 前为偶数应将 5 舍去，5 前为奇数则进位。

2. 有效数字运算规则

有效数字的运算法，目前还没有统一的规定，可以先修约再运算，也可以直接用计算器计算，然后修约到应保留的位数，其计算结果可能稍有差别，不过也是最后可疑数字上稍有差别，影响不大。

四、分析误差

在分析工作中，往往出现用同一个分析方法测定同一个样品，虽经多次测定，但结果总不会是完全一样的情况，这说明在分析测定中存在误差。为此，我们必须了解误差产生的原因，并想法消除这些因素。

（一）分析误差的几个基本概念

1. 真实值与平均值

1）真实值：物质中各组分的实际含量，它是客观存在的，但不可能准确地知道。

2）平均值：是指在一组数据中所有数据之和再除以这组数据的个数。是多次测量的平均结果，不是真实值，测量次数越多，平均值越接近真实值。

2. 准确度与误差

1）准确度：是指测定值与真实值之间相符合的程度。

2）准确度的高低常以误差的大小来衡量，即误差越小，准确度越高；误差越大，准确度越低。

3. 精密度与偏差

1）精密度：是指在相同条件下 n 次重复测定结果彼此相符合的程度。

2）精密度的大小用偏差表示，偏差愈小，说明精密度愈高。

4. 准确度与精密度关系

欲使准确度高，首先必须要求精密度也要高，但精密度高并不说明其准确度高，因为可能在测定中存在系统误差，可以说精密度是保证准确度的先决条件。

（二）误差的来源与消除

误差分为系统误差和偶然误差。

1）系统误差：又称可测误差，它是由分析过程中经常发生的原因造成的，重复测定时会重复出现。系统误差分为仪器误差、分析方法误差、试剂误差和操作误差，系统误差对分析结果的影响比较固定。消除系统误差可通过调校仪器、控制反应、试剂选择、熟练操作等方法来消除。

2）偶然误差：又称随机误差，是指测定值受多种因素的随机变动而引起的误差。偶然误差又叫不可测误差，无法测量，不可校正。可通过多次测定，取结果的平均值来尽量消除偶然误差的影响。

（三）提高分析准确度的方法

要提高分析结果的准确度，必须考虑在分析工作中可能产生的各种误差，采取有效措施将这些误差减少到最小。

1. 选择合适分析方法

各种分析方法的准确度是不相同的。在选择分析方法时，主要根据组分含量及对准确度的要求，在可能的条件下选择最佳的分析方法。

2. 增加平行测定的次数

增加测定次数可以减少偶然误差。在一般的分析测定中，测定次数为3~5次，如果没有意外误差产生，基本上可以得到比较准确的分析结果。

3. 减少测量误差

为了使测量的相对误差小于0.1%，则试样的最低称样量应为：

$$试样质量 = \frac{绝对误差}{相对误差} = \frac{0.0002}{0.001}g = 0.2g$$

滴定剂的最少消耗体积为：

$$V = \frac{绝对误差}{相对误差} = \frac{0.02}{0.001}mL = 20mL$$

4. 消除测定中的系统误差

消除系统误差可以采取空白试验、校正仪器、对照试验等措施。

第二节　常用分析方法

常用的分析方法有化学分析法和仪器分析法。

一、化学分析法

(一) 重量分析法

1. 重量分析法定义

重量分析法是指根据化学反应生成物的质量求出被测物组分含量的方法，也称称量分析法。根据被测组分含量，重量分析法分为沉淀称量法、气化法、电解法。

2. 重量分析法的基本操作

沉淀称量法是将欲测定的组成沉淀为一种有一定组成的难溶性化合物，然后经过一系列操作步骤来完成测定。

$$试样 \xrightarrow{溶解} 试液 \xrightarrow{沉淀} 沉淀式 \xrightarrow{过滤、洗涤、烘干或灼烧} 称量式 \xrightarrow{质量恒定} 计算含量$$

我们称这种分析方法为重量分析法中的沉淀称量法。沉淀析出的形式称为沉淀式，烘干或灼烧后称量时的形式称为称量式，例如：

$$Fe^{3+} \longrightarrow \underset{沉淀式}{Fe(OH)_3} \longrightarrow \underset{称量式}{Fe_2O_3}$$

3. 重量分析法所需仪器

重量分析法所用仪器简单，主要有天平、加热炉、过滤设备、微波炉。

4. 重量分析法应用

重量分析法是直接用分析天平称重而获得分析结果，不需要与基准物质进行比较，所以准确度比较高，相对误差一般为0.1%~0.2%。但重量分析法测定步骤较繁琐，耗时多。

硫黄质量分析中，水含量、硫质量分数、灰分质量分数等均用重量分析法。

(二) 滴定分析法

滴定分析法是化学分析法中最主要的分析方法。进行分析时，先用一个已知准确浓度的溶液作为滴定剂，用滴定管将滴定剂滴加到被测物质溶液中，直到滴定剂与被测物质按化学计量关系定量反应完全为止。然后测量标准溶液消耗的体积，根据标准溶液的浓度和所消耗的体积，算出待测物质的含量。

1. 滴定分析法的名词术语

1）标准溶液：已知准确浓度的溶液。

2）滴定：将标准溶液通过滴定管逐滴滴加到待测溶液中的操作过程。

3）化学计量点：在滴定过程中，滴定剂与被测组分按照滴定反应方程式所示计量关系定量地完全反应时的点。

4）指示剂：指示化学计量点到达而能改变颜色的一种辅助试剂。

5）滴定终点：因指示剂颜色发生明显改变而停止滴定的点。

6）终点误差：滴定终点与化学计量点不完全吻合而引起的误差，也称滴定误差。

2. 滴定分析法的要求和分类

滴定分析法是以化学反应为基础的分析方法。

(1) 可作为滴定分析基础的化学反应

并非所有的化学反应都能作为滴定分析法的基础，作为滴定分析法基础的化学反应必须满足以下几点：

1）反应要有确切的定量关系，即按一定的反应方程式进行并且反应要进行完全；

2）反应迅速完成，对速度慢的反应要有加快的措施；

3）主反应不受共存物质的干扰，或有消除的措施；

4）有确定化学计量点的方法。

(2) 滴定分析分类

滴定分析一般分为四类：酸碱滴定法、配位滴定法、氧化还原滴定法、沉淀滴定法。

二、仪器分析

(一) 电化学分析法

电化学分析法是建立在物质的电化学性质基础上的一类分析方法。通常将被测物质溶液构成一个化学电池，然后通过测量电池的电动势或测量通过电解池的电流、电量等物理量的变化来确定被测物的组成和含量。常用的电化学分析法有电位分析法、库仑分析法、极谱分析法和溶出伏安法等。本节主要介绍电位分析法和库仑分析法。

1. pH 值的测定

用直接电位法测定溶液的 pH 值，是以玻璃电极为指示电极，饱和甘汞电极为参比电极浸入试液中，组成原电池。其电池符号可表示为：

$$(-)\,Ag \mid AgCl,\ HCl \mid 玻璃 \mid 试液 \mid\mid KCl(饱和),\ Hg_2Cl_2,\ Hg(+)$$

$$\leftarrow 玻璃电极 \rightarrow \phi(液) \leftarrow 甘汞电极 \rightarrow$$

玻璃电极与饱和甘汞电极所组成的电动势为：

$\varepsilon=\phi$(甘汞电极) $+\phi$(液)$-\phi$(玻璃)$=\phi$(甘汞电极) $+\phi$(液)$+0.059$pH

令 ϕ(甘汞电极) $+\phi$(液)$=K$

即得 $\varepsilon= K+ 0.059$pH

式中，K 在一定条件下为一常数，因此，电池电动势与溶液 pH 值成直线关系。但由于 K 值中 ϕ(液)是未知常数，不能通过测量电动势直接求 pH 值，因此利用 pH 酸度计测定溶液的 pH 值时，先用已知准确 pH 值的 pH_s 缓冲溶液来校准仪器，消除不对称电势等的影响，然后再测定待测液，从表盘读出 pH_x。

$$pH_x = pH_s + \frac{\varepsilon_x - \varepsilon_s}{0.059} \qquad (13-2-1)$$

待测的 pH_x 是以标准 pH 缓冲溶液的 pH_S 为标准。从式中可以看出，标准溶液与待测溶液差 1 个 pH 值单位时，电动势差 0.059V(25℃)。将电动势变化的伏特数直接以 pH 值间隔刻出，就可以进行直读。所用标准缓冲液的 pH_s 值和待测液的 pH_x 值相差不宜过大，最好在 3 个 pH 值单位以内，可减小测定误差。

2. 库仑分析法

库仑分析法是在电解分析法的基础上发展起来的一种电化学分析法。库仑分析法除了恒电位库仑分析法和恒电流库仑分析法外，还有一种新型库仑分析法，即动态库仑分析法。库仑法的理论基础是法拉第电解定律。

(1) 法拉第定律

库仑法的理论基础是法拉第电解定律，法拉第电解定律包含两个内容：

第一，电流通过电解质溶液时，发生电极反应的物质的量与所通过的电量成正比，及 $m \propto Q$。式中，m 为物质在电极上析出的质量，单位为 g；Q 为电量，单位为 C(库仑)。

由于 $Q=i\cdot t$，所以 $m\propto i\cdot t$

式中　i——电解电流，A；

　　　t——电解时间，s。

第二，相同的电量通过不同电解质溶液时，在电极上析出的各种物质的质量与该物质的相对原子质量成正比，与每个原子中参加反应的电子数(n)成反比。

若有一定量电量通过电解池时，则电极上析出物质的量可用下式计算：

$$m = \frac{Q}{96500}\cdot\frac{M}{n} \qquad (13-2-2)$$

式中　m——析出物质的质量，g；

　　　M——析出物质的摩尔质量，g/mol；

　　　Q——通过电解池的电量，C；

　96500——法拉第电量；

　　　n——电极反应时每个原子得失的电子数。

(2) 库仑分析法中关键问题

库仑分析法要取得准确结果的关键是保证电极反应的电流效率为 100%。电流效率是指用于主反应的电量与通过电解池的总电量之比。电流效率 100%，说明电量全部用于被测离子的反应，而无干扰离子消耗的电量。

$$电流效率=\frac{主反应的电量}{通过电解池的总电量}$$

影响电流效率的主要因素有：

1）溶剂：电解多在水溶液中进行，水能参与电极反应产生H_2和O_2，消耗电量。防止的办法是选择适当的电解电压和控制溶液的pH值。

2）溶液中的O_2：O_2可以在阴极上还原：$O_2+4H^++4e=2H_2O$，消耗电量，一般可通氮气除氧。

3）共存杂质的影响：有些杂质可能参与电解反应，消耗电量。可做空白校正和通过预电解除去杂质的干扰。

（3）动态库仑分析法

动态库仑法又称微库仑分析法，它不同于恒电流库仑分析法和恒电位库仑分析法，是一种新型的库仑分析法。在测定过程中，其电流电位都不是恒定的，而是根据被测定物浓度变化，应用电子技术进行自动调节，其准确度、灵敏度和自动化程度更高。更适合作微量分析。

1）方法原理：以氧化微库仑法分析硫含量为例：

$$SO_2+I_3^-+H_2O\longrightarrow SO_3+3I^-+H^+$$

SO_2由载气带入滴定池与滴定池内的I_3^-反应，使I_3^-浓度降低，参考-测量电极对指示I_3^-浓度的变化，将信号输入放大器，由放大器输出一个相应的电压于电解电极对，在阳极发生氧化反应：$3I_3^-\rightarrow I_3^-+2e$，以补充$SO_2$消耗的$I_3^-$，使测定池中的$I_3^-$浓度恢到初始状态。计量补充$I_3^-$所需要的电量，根据法拉第定律求出样品硫的转化率及含量。计算公式如下：

① 转化率：

$$f=\frac{A\times 0.166\times 100}{R\times V\times C} \qquad (13-2-3)$$

式中　A——积分值；

0.166——硫的电化当量数；

100——积分1个数相当于100mC；

R——积分采样电阻，Ω；

V——进样体积，μL；

C——标样浓度，μg/μL。

② 硫含量：

$$W(\mu g/g)=\frac{A\times 0.166\times 100}{R\times f\times V\times d} \qquad (13-2-4)$$

式中　d——样品密度，mg/μL。

2）氧化微库仑法分析硫含量注意问题

① 在电解液中加入叠氮化钠来消除氯和氮的干扰，但叠氮化钠的加入，不能克服溴的干扰。

② 滴定池对温度是敏感的，池体周围的温度骤变会影响基线的稳定性，特别是过热的燃气或加热带温度太高，会加速电解液的挥发，导致基线漂移，影响测定结果，因此注意保

持池体温度在 25℃左右。

③ 用与待测样品硫含量相近的标样，选择合格的操作条件，偏压、增益、燃烧气和载气的流速、进样速度为 0.5μL/s。

④ 三氧化硫不被 I_3^- 滴定，因而硫的转化率达不到 100%，所以不能直接用法拉第定律计算硫含量，一般用硫标样先进行校准，测定二氧化硫的转化率，再计算硫含量。

（二）光化学分析

光化学分析法是主要根据物质发射、吸收电磁辐射以及物质与电磁辐射的相互作用来进行分析的一类重要的仪器分析法。

光化学分析法可分为吸收光谱法和发射光谱法，其中吸收光谱法又可分为紫外可见分光光度法、红外光谱法和原子吸收光谱法。

1. 紫外可见分光光度法

（1）基本知识

1）许多物质是有颜色的，当含有这些物质的溶液浓度改变时，溶液颜色的深浅也就随着改变，溶液越浓颜色愈深，溶液越稀颜色愈浅。

2）物质或溶液的颜色是由于其对光的选择性吸收产生的。

3）光的吸收定律

$$A = kbc$$

光的吸收定律也称朗伯-比尔定律。朗伯定律是说明光的吸收与吸收层厚度 b 成正比。比尔定率是说明光的吸收与溶液浓度 c 成正比。如果同时考虑吸收层的厚度和溶液的浓度对单色光吸收率的影响，则得朗伯-比尔定律。它是吸光光度分析的理论基础。

透射光强度 I_t 与入射光强度 I_0 之比称为透射比，用 T 表示：

$$T = \frac{I_t}{I_0}$$

透射比的倒数的对数为吸光度：

$$A = \lg \frac{I_0}{I_t} = \lg \frac{1}{T}$$

（2）紫外可见分光光度计

紫外分光光度计的主要部件包括光源、单色器、吸收池、检测器及测量系统等。

1）光源：紫外可见分光光度计理想的光源应具有在整个紫外可见光域的连续辐射，强度应高，且随波长变化能量变化不大。但实际上是难于实现的。在可见光区常用钨丝灯（或卤钨灯）为光源；在紫外光区，常用氢灯、氘灯为光源。

2）单色器：单色器是将光源发射的复合光分解为单色光的光学装置。单色器一般由五部分组成：入射狭缝、准光器、色散器、投影器和出射狭缝。

3）吸收池：吸收池是盛放样品的容器，它具有两个相互平行、透光且具有精确厚度的平面。玻璃吸收池用于可见光区，石英吸收池用于紫外光区。

4）检测器：检测器是一种光电转换设备，它将光强度转变为电信号显示出来。常用的有光电池、光电管或光电倍增管。

5）测量系统：测量系统包括放大器和结果显示器。

（三）定量分析

1. 工作曲线法

对于单一组分的测定，工作曲线法是实际工作中用得最多的一种定量方法。

工作曲线的制作方法为：配制4个以上浓度或适当比例的待测成分标准溶液，以空白液作参比溶液，在选定的波长下，分别测定吸光度。以标准浓度为横坐标，吸光度为纵坐标，绘制工作曲线。

在一定条件下，工作曲线是一条直线，工作曲线可以用一元线性方程表示：

$$y = a + bx$$

式中　x 为标准溶液的浓度；y 为相应的吸光度；a 是截距；b 为斜率。

用最小二乘法求得直线的斜率和曲线斜率。同等条件下测定待测组分的吸光度，依据 $y=a+bx$，求得待测组分的浓度或含量。

2. 标准对照法(直接比较法)

当工作曲线是通过原点的一条直线时，在工作曲线的线性范围内，用原点及一个标准溶液就可以制作一条工作曲线，即 $y=bx$。在相同条件下，在同一波长处测定，吸光度与浓度成正比，根据下式可计算出待测样品的浓度。

$$\frac{C_{样}}{C_{标}} = \frac{A_{样}}{A_{标}},\ 即得\ C_{样} = C_{标}\frac{A_{样}}{A_{标}} \tag{13-2-5}$$

3. 吸收系数法

吸收系数法是利用标准样品的吸收系数值进行定量的。其方法是：先测定标准品准确的吸收系数，然后与样品的测定值进行比较，计算出样品的质量分数。用以下公式计算：

$$\omega = \frac{(E_{cm}^{\%})_{样}}{(E_{cm}^{\%})_{标}} \times 100\% \tag{13-2-6}$$

式中　ω——被测物含量；

$E_{cm}^{\%}$——溶液浓度1%，液层厚度1cm时的吸光度。

（1）红外吸收光谱法

红外光谱是一种分子吸收光谱，它和紫外吸收光谱一样，呈现出带状光谱，红外吸收光谱法不仅用于有机化合物的定性鉴别，还用于化学反应过程的优化控制和化学反应机理的研究。当红外光照射到样品时，其辐射能量不足以引起分子中电子能级的跃迁，而只能被样品分子吸收，引起分子振动能级和转动能级的跃迁。由于分子的振动能级和转动能级的跃迁产生的连续吸收光谱称为红外吸收光谱。

1）定性分析：利用红外吸收光谱进行有机化合物定性分析可分为两个方面：一是有机物官能团分析，主要依据红外吸收光谱的特征频率来鉴别含有哪些官能团，以确定未知化合物的类别；二是结构分析，即利用红外吸收光谱提供的信息，结合未知物的各种性质和其他结构分析手段(如紫外吸收光谱、核磁共振波谱、质谱)提供的信息，来确定未知物的化学结构式或立体结构。

2）定量分析：红外吸收光谱进行定量分析的基本原理和紫外吸收光谱一样，都是依据朗伯-比尔定律。定量分析主要通过标准比对法，建立强大的数据库进行比对分析。如汽油辛烷值分析和组成分析。

（2）原子吸收光谱法

1）概述及定量依据：原子吸收光谱法是依据在待测样品蒸气相中被测元素的基态原子，对由光源发出的被测元素的特征辐射光的共振吸收，通过测量辐射光的减弱程度，从而求出样品中被测元素的含量。它的主要功能是测定各种无机物和有机物中金属和非金属元素的含量。

试样经原子化后获得的原子蒸气，可吸收锐线光源的辐射光，定量分析仍遵循朗伯-比尔定律。

2）原子吸收光谱仪：原子吸收光谱仪由光源、原子化系统、分光系统和检测系统 4 部分组成。

① 光源：作为光源要求发射的待测元素的特征锐线光谱有足够的强度、背景小、稳定性高。为了提供锐线光源，通常使用空心阴极灯(元素灯)或无极放电灯。

② 原子化系统：原子化系统的作用是将试样中的待测元素转化成原子蒸气。它可分为火焰原子化和无火焰原子化，前者操作简单、快速，有较高的灵敏度，后者原子化效率高，试样用量少，适用于高灵敏度的分析。

③ 分光系统：分光系统(单色器)由凹面反射镜、狭缝和色散元件组成，对多光束仪器，配有旋转折光器，以随时检查背景。

④ 检测系统：检测系统由检测器(光电倍增管)、放大器、对数转换器和显示装置(记录器)组成，它可将单色器出射的光讯号转换成电信号后进行测量。

（3）荧光分析法

1）根据物质分子吸收光谱和荧光光谱能级跃迁机理，具有吸收光子能力的物质在特定波长光(如紫外光)照射下可在瞬间发射出比激发光波长的光，即荧光。

2）荧光分析法是指利用某些物质被紫外光照射后处于激发态，激发态分子经历一个碰撞及发射的去激发过程所发生的能反映出该物质特性的荧光，可以进行定性或定量分析的方法。

由于有些物质本身不发射荧光(或荧光很弱)，这就需要把不发射荧光的物质转化成能发射荧光的物质。例如用某些试剂(如荧光染料)，使其与不发射荧光的物质生成络合物，络合物发射荧光，再进行测定。因此荧光试剂的使用，对一些原来不发荧光的无机物质和有机物质进行荧光分析打开了大门，扩展了分析的范围。

3）荧光分析法可分为直接测定法和间接测定法。不管是直接测定还是间接测定，一般采用标准工作曲线法，取各种已知量的荧光物质，配成一系列的标准溶液，测定出这些标准溶液的荧光强度，然后给出荧光强度对标准溶液的浓度工作曲线。在同样的仪器条件下，测定未知样品的荧光强度，然后从标准工作曲线上查出未知样品的浓度(即含量)。

一般常用的荧光分析仪器有目测荧光仪(荧光分析灯)、荧光光度计和荧光分光光度计三种。

（四）色谱分析

1. 色谱分析的分离原理及特点

1）实现色谱分离的先决条件是必须具备固定相和流动相。固定相可以是一种固体吸附剂或涂渍于惰性载体表面上的液态薄膜，此液膜可称为固定液。流动相可以是具有惰性的液体或超临界流体，其应与固定相和被分离的组分无特殊的相互作用(若流动相为液体或超临界流体可与被分离的组分存在相互作用)。

2) 色谱分离能够实现的内因是由于固定相与被分离的各组分发生吸附(或分配)作用的差别。实现色谱分离的外因是由于流动相的不间断的流动。

3) 色谱分析法分离的优点有：不会损失混合物中的各个组分，不改变原有组分的存在形态，不生成新的物质。

4) 色谱分析法的特点：选择性高，分离效率高，灵敏度高，分析速度快。

5) 色谱分析法也有其不足之处：从色谱峰不能直接给出定性的结果，不能用来直接分析未知物，必须用已知纯物质的色谱图来对照，分析无机物和高沸点的有机物时比较困难。

2. 气相色谱流出曲线的特征

被分析的样品经气相色谱分离、鉴定后，由记录仪绘出样品中各个组分的流出曲线，即色谱图。色谱图是以流出时间(t)为横坐标，以检测器对各组分的电讯号响应值(mV)为纵坐标，色谱图上可以得到一组色谱峰，每个峰代表样品中的一个组分(见图 13-2-1)。由每个色谱峰的峰位、峰高和峰面积、峰的宽窄及相邻峰之间的距离都可以获得色谱分析的重要信息。

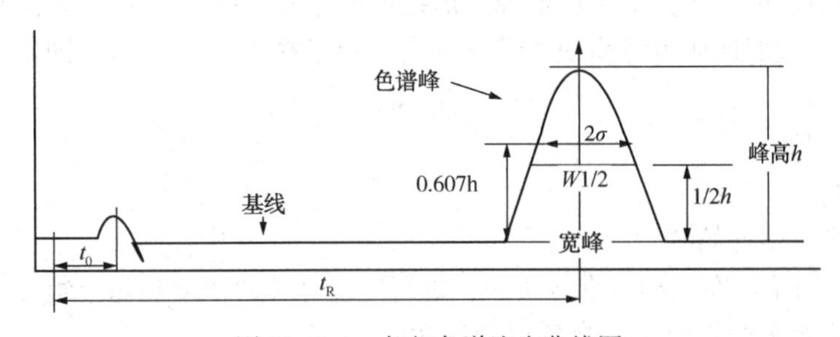

图 13-2-1 气相色谱流出曲线图

3. 气相色谱仪构造

用气相色谱法进行分析时，需用的设备有载气及流速控制、测量装置、进样器和汽化室、色谱柱及柱温控制、检测器及恒温室、数据处理系统。

4. 色谱分析的定性与定量分析方法

在气相色谱分析中，当操作条件确定后，将一定量样品注入色谱柱，经过一定时间，样品中各组分在柱中被分离，经检测器后，就在记录仪上得到一张确定的色谱图。由色谱图中每个组分峰的位置即可进行定性分析，由每个色谱峰的峰高或峰面积即可进行定量分析。

(1) 常用的定性方法

1) 纯物质对照：对组成不太复杂的样品，若欲确定色谱图中某一位置色谱峰所代表的组分，可选择一系列与未知物组分相接近的标准纯物质，以此进样，当某一纯物质的保留值与未知色谱峰的保留值相同时，即可初步确定此未知色谱峰所代表的组分。

2) 利用保留值的经验规律定性：大量实验结果已证明，在一定柱温下，同系物的保留值对数与分子中的碳数成线性关系，此即为碳数规律。另外，同一族的具有相同碳数的异构体的保留值对数与其沸点成线性关系，此即沸点规律。

当已知样品为某一同系列，但没有纯样品对照时，可利用上述两个经验规律定性。

3）利用其他方法定性：

① 利用化学方法配合进行未知组分定性。有些带官能团的化合物能与一些试剂起化学反应从样品中除去，从比较处理前后两个样品的色谱图，就可以认出哪些组分属于某族化合物。还可以在柱后把流出物通入有选择性的化学试剂中，利用显色、沉淀等现象对未知物进行定性。只要在柱后更换装有不同试剂的试管，就有可能对混合样品中各组分进行鉴别。

② 结合仪器进行定性。近年来发展了气相色谱与质谱或红外光谱在系统上直接联用的色谱-质谱仪和色谱-红外光谱仪，分离和定性同时进行，当色谱分析完毕时，同时得到质谱或光谱的谱图。

（2）定量分析方法

1）峰高、峰面积定量法——检量线法。用峰高定量法计算，事先需要用不同的标准物质配成不同浓度进样，这样就会流出各个不相同的色谱峰，由于浓度不同，同组分峰高亦不同，根据相应数值就可绘出不同组分的标准曲线。然后在同样条件下进行未知操作，由未知组分的峰高经过查阅标准工作曲线，即可得知组分的浓度(或质量分数)。

若用峰面积对浓度作图，由于色谱峰外形接近于等腰三角形，所以根据计算等腰三角形面积的计算方法，近似地认为峰面积 A 等于峰高 h 乘半峰宽 $W_{h/2}(W_h)$，即：

$$A = h \cdot W_{h/2} \quad (13-2-7)$$

式中　A——峰面积；

h——峰高；

$W_{h/2}$——峰高一半处的峰宽。

2）定量校正因子：在气相色谱分析中，进行定量计算的依据是每个组分的含量(质量或物质的量)与每个组分的峰面积(或峰高)成正比。

$$m_i = g_i A_i \quad (13-2-8)$$

式中　m_i——组分含量；

g_i——比例系数；

A_i——组分峰面积。

当用气相色谱法分析混合物中不同组分的含量时，由于不同组分在同一检测器上产生的响应值不同，所以不同组分的峰面积不能直接进行比较，为了定量计算，就需要引入定量校正因子。定量校正因子可分为绝对校正因子与相对校正因子。

3）外标法：选择样品中的一个组分作为外标物，用外标物配成浓度与样品相当的外标混合物，进行色谱分析，求出单位峰面积(或峰高)对应的外标物的质量(或体积)分数(常称 K 值)。然后在相同条件下对样品进行色谱分析，由样品中待测物的峰面积和待测组分对外标物的相对质量(摩尔)校正因子，就可求出待测组分的质量(体积)分数，计算公式如下：

$$\omega_i = W_i \times \frac{\omega_s}{W_s} = A_i g_{wi} \times \frac{\omega_s}{A_s g_{ws}} = A_i \times \frac{g_{wi}}{g_{ws}} \times \frac{\omega_s}{A_s} = A_i \times G_{wi/s} \times K \quad (13-2-9)$$

式中　ω_s——外标物的质量分数，%；

ω_i——被测组分的质量分数，%；

A_i——待测组分的峰面积；

$G_{wi/s}$——待测组分对外标物的相对质量校正因子；

K——与外标物单位峰面积对应的外标物的质量分数($K = \frac{\omega_s}{A_s}$),%。

(3) 归一化法：当样品中各组分均能被色谱柱分离并被检测器检出而显示各自的色谱峰，并且已知各待测组分的相对校正因子(G_{wi}或 G_{ni})时，就可求出各组分的质量分数(或体积分数)。计算方法如下：

$$\omega_i = \frac{W_i}{W} \times 100\% = \frac{W_i}{W_1 + W_2 + \cdots + W_i + \cdots + W_n} \times 100\%$$

$$= \frac{A_i g_i}{A_1 g_1 + A_2 g_2 + \cdots + A_i g_i + \cdots + A_n g_n} \times 100\%$$

$$= \frac{A_i \frac{g_i}{g_s}}{A_1 \frac{g_i}{g_s} + A_2 \frac{g_2}{g_s} + \cdots + A_i \frac{g_i}{g_s} + \cdots + An \frac{g_n}{g_s}} \times 100\%$$

$$= \frac{A_i G_i}{A_1 G_1 + A_2 G_2 + \cdots + A_i G_i + \cdots + A_n G_n} \times 100\% \qquad (13-2-10)$$

式中　A_1、A_2、…、A_i、…、A_n——样品中各个待测组分的峰面积；

G_1、G_2、…、G_i、…、G_n——样品中各个待测组分对标准物(苯)相对(质量或摩尔)校正因子。

第三节　硫黄回收化验分析实例

一、原料气、酸性气组成分析

1. 适用范围

本方法适用于炼油厂石油裂解气、副产硫化氢及其他烃类气体组成的测定。

2. 方法概要

炼油厂副产硫化氢是一种含 $C_1 \sim C_5$ 正异构烷烯烃、氢气、二氧化碳、一氧化碳、硫化氢等复杂的多组分气体混合物，本方法是用三种固定相使其全部分离、并用热导池检测器进行测定。分别在三台色谱仪上进样，得到三张色谱图，再用面积校正归一法综合计算，得到各组分的含量。

3. 试剂和材料

载气：氢气、氮气。

4. 仪器

1) 型号：带热导检测器的气相色谱仪；

2) 进样器：六通气体进样阀；

3）记录器：色谱数据工作站；

4）检测器：热导池检测器。

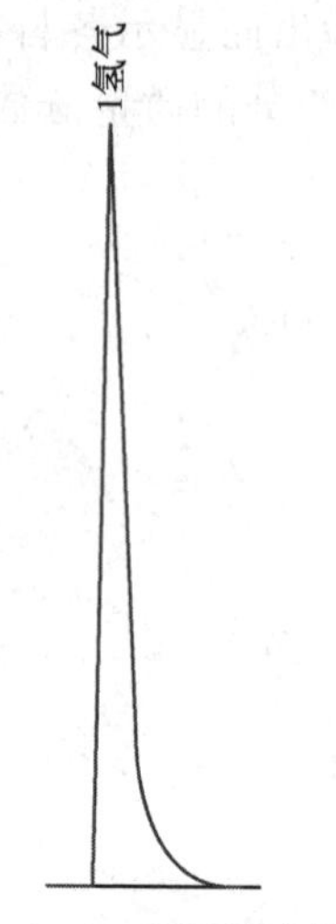

图 13-3-1　氢纯度色谱图

5. 仪器准备

色谱分离典型操作条件及色谱图：

（1）柱Ⅰ

固定相：13X 分子筛或 5A 分子筛（0.5mm～0.3mm）。

柱子：长 2m，内径 4mm。

柱温：40℃。

载气：氮气 100mL/min。

桥流：80mA。

检测器温度：60℃。

色谱图：见图 13-3-1。

（2）柱Ⅱ

固定相：邻苯二甲酸二丁酯：6201 担体（0.5～0.3mm 或 0.3～0.2mm）= 30：100

柱子：长 4m，内径 4mm。

柱温：40℃。

载气：氢气 80～100mL/min。

桥流：180mA。

检测器温度：50℃。

色谱图：见图 13-3-2。

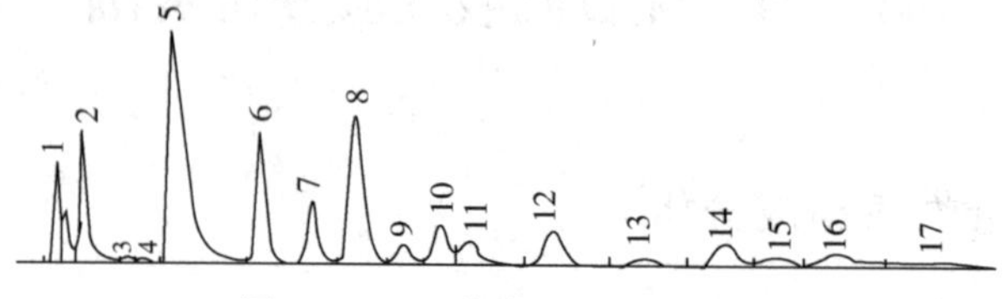

图 13-3-2　分离 C_1～C_5 色谱图

1—碳一（空气、甲烷、一氧化碳）；2—碳二（乙烷、乙烯）；3—丙烷；4—丙烯；5—硫化氢；6—异丁烷；7—正丁烷；8—丁烯异丁烯；9—反丁烯；10—顺丁烯；11—异戊烷；12—正戊烷；13～16—总戊烯；17—碳六

（3）柱Ⅲ

固定相：环丁砜：活性炭（0.5～0.3mm）= 10：100

柱子：长 4m，内径 4mm。

柱温：60℃。

载气：氢气，流量 80～100mL/min。

桥流：180mA。

检测器温度：80℃。

色谱图：见图 13-3-3。

6. 实验步骤

1）开启色谱仪。

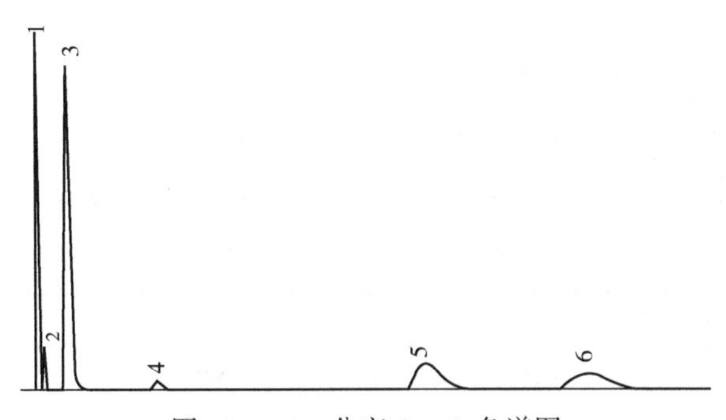

图 13-3-3　分离 C_1 ~ C_2 色谱图

1—空气；2—一氧化碳；3—甲烷；4—二氧化碳；5—乙烯；6—乙烷

2）按操作条件规定的范围调整好仪器的各部件，待基线稳定后即可进样。

3）定性：按操作条件中各组分对应的绝对保留时间进行定性。

4）定量计算。

谱图量出氢气峰高。根据峰高定量法，从预先做好的以柱Ⅰ得到的色谱图量出氢气峰高，根据峰高定量法，从预先做好的峰高-氢气百分含量曲线上查出该样品中的氢气含量。

在 100 中扣除氢气含量以后，再依据柱Ⅱ得到的色谱图，用峰面积校正归一法求得 C_3 ~ C_5各组分及空气、一氧化碳、甲烷、二氧化碳、乙烷乙烯两个合峰的百分含量。

由柱Ⅲ得到空气、一氧化碳、甲烷和二氧化碳、乙烷乙烯的百分含量，再依据柱Ⅱ得到的色谱图分别用峰面积校正归一法求出组分的百分含量。

5）各组分的相对校正因子见表 13-3-1。

表 13-3-1　各组分的相对校正因子

组分	f	组分	f	组分	f	组分	f	组分	f
空气	2.4	丙烷	1.55	丁烯	1.23	异戊烷	0.98	一氧化碳	2.38
甲烷	2.8	丙烯	1.55	异丁烯	1.22	正戊烷	0.95	硫化氢	2.63
乙烷	1.96	异丁烷	1.22	反丁烯	1.18	戊烯	1.00		
乙烯	2.08	正丁烷	1.18	顺丁烯	1.15	二氧化碳	2.08		

7. 结果计算

（1）计算

计算各组分的体积分数 ϕ_i，数值以% 表示，按下式计算：

$$\phi_i = \frac{A_i f_i}{\sum A_i F_i} \times 100 \qquad (13-3-1)$$

式中　ϕ_i——i 组分的体积分数；

A_i——i 组分的峰面积；

f_i——i 组分的校正因子。

（2）结果的表示

分析结果按 GB/T 8170 修约至两位小数。

8. 精密度

按下述规定判断试验结果的可靠性(95%置信水平)。

重复性：同一操作者重复性测定的两个结果之差不应大于表 13-2-2 数值。

再现性：两个实验室各自提出的两个结果之差不应大于表 13-2-2 数值。

表 13-3-2　精密度要求

组分浓度/%(体)		重复性	再现性
C_2	0.1	0.06	0.08
	1.0	0.12	0.28
	4.0	0.5	1.2
C_3	8~10	0.5	1.4
	22~30	0.9	2.3
C_4	2~4	0.2	0.5
	4~8	0.4	0.7
	15~22	0.7	1.5
C_5	5	0.6	1.5
	15	0.9	3.0

注：随着现在仪器的技术进步，原来需要三台仪器分析组成，现在可以通过一台色谱多柱实现，如现在常用的五阀七柱色谱仪，能将上述组成在一台色谱仪上完成分析。

二、硫黄过程气中硫化氢、二氧化硫、羰基硫的分析

1. 适用范围

本标准规定了硫黄过程气等气体中 H_2S、SO_2、COS 的试验方法，适用于测定气体中 H_2S、SO_2、COS 的含量，不适用于含其他组分的气体。

2. 方法概要

在本标准规定的条件下将待测试样注入色谱仪进行分析，通过测量各个组分的峰面积，利用事先绘制好的标准曲线分析出 H_2S、SO_2、COS 的含量。

3. 试剂与材料

1) 载气：氢气或氦气，纯度不低于 99.99%。

2) 标气：与分析样品浓度接近的标气。

3) 秒表。

4) 皂膜流量计。

4. 仪器

1) 色谱仪：具备热导检测器以及六通阀进样系统的气相色谱仪。

2) 记录装置：任何能够满足要求的积分仪和色谱数据采集系统均可使用。

3) 色谱柱：401 有机担体填充的色谱柱，条件见表 13-3-3。

表 13-3-3　试验条件

操作条件		典型参数
色谱柱		401 有机担体
柱温(恒温)	初温/℃	45
检测器温度/℃		60
载气流量/(H_2mL/min)		45
进样量/mL		1

5. 测定步骤

1）标准曲线的绘制：用与试样浓度接近的标气进样分析，绘制各组分的曲线。

2）试样的测定：待仪器稳定后，将适量样品注入色谱仪，测定各组分的峰面积，用绘制的曲线计算出各组分的含量。

3）典型色谱图见图 13-3-4。

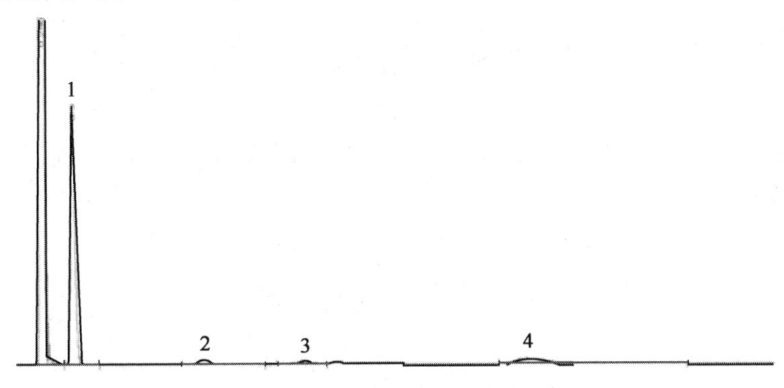

图 13-3-4　硫黄过程气图谱

1—二氧化碳；2—硫化氢；3—硫氧碳；4—二氧化硫

6. 结果计算

1）用标准曲线法计算出各组分的含量。

2）分析结果按 GB/T 8170 的规定修约，分析结果保留两位小数。

三、硫黄净化气中硫化氢分析(检测管法)

1. 适用范围

本方法适用于液化石油气、循环氢、炼厂气等气体中硫化氢、氯化氢、氨、甲醛、烃类等单组分含量的测定。

2. 方法概要

利用层析法测定气体中单组分含量，组分含量与检测管层析柱长度成正比关系，因此可直接得到单组分含量。

3. 试剂与材料

1）气体检测管：硫化氢检测管、氯化氢检测管、氨检测管、甲醛检测管、烃类检测；

2）检测管配套采样器或注射器 100mL 或其他体积。

4. 测定步骤

1）依据测定组分种类及浓度选用适宜的检测管，注意检测管使用说明中规定的样品体积和样品注入速度。

注：如所测气体浓度太高，可用稀释法，将所测结果乘以稀释倍数；如所测浓度太低，可加大采气量，将所测结果除以扩大倍数；当采用较大采气量时，应将气体采集体积换算为标准状况下的体积进行计算。

2）用采样器(或注射器)抽取定量样品，用胶垫堵好采样器(或注射器针头)。

3）将检测管两端切开，检测管与采样器(或注射器)连接，注意检测管的进气方向。

注：检测管放置干燥阴凉处，使用时切开两端要立即使用。如检测管中层析柱出现松动或断开现象时，禁止使用，另取检测管重新测定。

4）将采样器(或注射器)中采集的样品以规定的速度均匀注入检测管中，当样品中含有待测组分时，检测管中层析柱将变色。

5. 结果计算

1）读取检测管中层析柱变色长度所对应的读数 C_1，数值单位以检测管说明为准(mg/m^3或%)。

2）读取数值为 mg/m^3，需变换数据单位时，可根据式(13-3-2)、式(13-3-3)进行单位换算后报出结果。

$$C_2(\%) = \frac{C_1 \times 22.4}{1000 \times M} \tag{13-3-2}$$

$$C_3(\text{mg/kg}) = \frac{C_1 \times 22.4}{M} \tag{13-3-3}$$

式中　C_1——层析柱变色长度所对应的读数，mg/m ；

C_2——样品待测组分质量浓度,%；

C_3——样品待测组分质量浓度，mg/kg；

M——待测组分的摩尔质量，g/mol；

22.4 ——气体在标准状况下(0℃，101.325kPa)的平均摩尔体积，L/mol。

3)测定结果按 GB/T 8170 的规定修约，报出单位为 mg/m^3时修约至 1 位小数。

6. 精密度

含量在 50mg/kg 以下时，两次平行测定结果的相对误差不应大于 10%；含量在 50mg/kg 以上时，两次平行测定结果的相对误差不应大于 5%。

四、脱硫液中溶解硫化氢分析

1. 方法概要

乙醇胺脱硫液吸收硫化氢后，生成乙醇胺的相应盐类，在弱碱性介质中，硫被碘氧化，过剩的碘用硫代硫酸钠标准溶液回滴，由硫代硫酸钠的消耗数计算出硫化氢的含量。

硫被碘氧化，其反应式为：

$$S^- + I_2(\text{过量}) \rightarrow S\downarrow + 2I^- \qquad (13-3-4)$$

过剩的碘用硫代硫酸钠标准溶液回滴，其反应式如下：

$$I_2 + 2Na_2S_2O_3 \rightarrow Na_2S_4O_6 + 2NaI \qquad (13-3-5)$$

2. 试剂与材料

1）氢氧化钠：5%水溶液。

2）醋酸锌：1%水溶液。

3）碘溶液：0.01mol/L。

4）醋酸：10%水溶液。

5）硫代硫酸钠标准溶液：0.01mol/L。

6）淀粉指示剂：0.5%水溶液。

7）容量瓶：100mL；移液管：10mL、5mL、2mL。

8）碘量瓶：250mL。

9）量筒：50mL、10mL。

10）滴定管：25mL，棕色酸式。

11）万用电炉。

3. 测定步骤

1）用移液管取2.00mL待测试样于预先盛有5%氢氧化钾溶液的100mL容量瓶中，将移液管口靠近液面，加蒸馏水稀释至刻度，摇匀备用。

2）移取上述溶液5.00mL于预先盛有30mL醋酸锌溶液的250mL碘量瓶中，在电炉上加热煮沸1min，冷却至室温后，加入10mL 10%醋酸，再用移液管加入10mL 0.01mol/L碘液在暗处放置5min，用0.01mol/L硫代硫酸钠标准溶液回滴过剩的碘至浅黄色时，加入大约1mL 0.5%淀粉指示剂(此次呈蓝色)，继续滴至蓝色消失，记录硫代硫酸钠消耗的体积，与此同时作一份空白。

注：①如果样品中含不饱和烃时，可不必加热煮沸 。

②如果样品中含有硫代硫酸根时，$S_2O_3^{2-}$对本方法有干扰。

4. 结果计算

脱硫液中溶解硫化氢含量W，数值以g/L表示，按下式计算：

$$W = \frac{(V_2 - V_1) \times c_{Na_2S_2O_3} \times \frac{1}{2} \times 34.08}{V_{样}} \qquad (13-3-6)$$

式中　V_1——空白消耗硫代硫酸钠体积，mL；

V_2——样品消耗硫代硫酸钠体积，mL；

$c_{Na_2S_2O_3}$——硫代硫酸钠标准溶液的物质的量浓度，mol/L；

34.08——硫化氢的摩尔质量，g；

$V_{样}$——取样体积，mL。

测定结果按GB/T 8170的规定修约至2位小数。

5. 精密度

硫化氢含量 3g/L 以上时，两次平行测定结果的绝对误差不大于 0.5g/L；硫化氢含量 3g/L 以下时，两次平行测定结果的绝对误差不大于 0.2g/L。

五、贫液中 MDEA 浓度的分析

1. 适用范围

本方法适用于脱硫液中甲基二乙醇胺浓度的测定

2. 方法概要

甲基二乙醇胺是一种弱碱性有机化合物，它与盐酸反应，生成甲基二乙醇胺的盐酸盐，可用中和法测定。

3. 试剂与材料

1）盐酸标准溶液：0.05mol/L。

2）1%甲基红-0.1%次甲基蓝混合指示剂(2∶1)。

3）容量瓶：100mL 一个。

4）移液管：2mL、5mL、10mL 各一支。

5）锥形瓶：250mL 2 个。

6）微量滴定管：10mL。

4. 测定步骤

1）称取试样约 0.5g(称准至 0.1mg)于锥形瓶中，用蒸馏水冲洗瓶壁并稀释。

2）往锥形瓶中加入 3~5 滴指示剂(呈绿色)，用 0.5mol/L 盐酸标准溶液滴至浅紫色，计算盐酸消耗体积。

5. 结果计算

脱硫液中甲基二乙醇胺含量 W，数值以%(质量分数)表示，按下式计算：

$$W=\frac{V\times c_{\mathrm{HCl}}\times\frac{119.2}{1000}}{m_{样}\times\frac{5}{100}}\times 100\% \qquad (13-3-7)$$

式中 c_{HCl}——盐酸的物质的量浓度，mol/L；

V——滴定时盐酸消耗的体积，mL；

119.2——甲基二乙醇胺的摩尔质量，g/mol；

$m_{样}$——样品质量，g。

测定结果按 GB/T 8170 的规定修约至 2 位小数。

6. 精密度

两次平行测定结果的绝对误差不超过 0.5%。

六、贫液中总热稳态盐分析

1. 适用范围

本方法适用于石油加工气体脱硫系统中贫胺溶液总热稳盐含量(HSS)的测定。

2. 方法概要

样品通过阳离子交换树脂交换后转换成相对应的酸，然后用标准碱液滴定进行定量计算。

3. 试剂与材料

1）001×7 型阳离子交换树脂；

2）10%盐酸溶液；

3）0. 01mol/L 氢氧化钠标准溶液；

4）去离子水：在分析中仅使用符合 GB/T 6682 规定的三级水；

5）酚酞指示剂；

6）饱和氯化钠溶液；

7）pH 试纸：1~14。

4. 仪器与设备

1）酸式滴定管：1 支；

2）碱式滴定管：1 支；

3）胶头滴管：1 支；

4）250mL 锥形瓶：2 个；

5）电子天平(精度 0. 1mg)：1 台。

5. 测定步骤

1）新树脂首先进行预处理后待用。

① 新树脂首先用饱和氯化钠溶液约 2 倍于树脂体积的量浸泡 18~20h，然后放尽盐水，用清水漂洗干净，使排出水不带黄色；

② 用 2%~4%的氢氧化钠溶液约 2 倍于树脂体积的量浸泡树脂 2~4h(或小流量清洗)，放尽碱液后，冲洗树脂直到排出水呈中性为止；

③ 用 5%的 HCl 溶液约 2 倍于树脂体积的量浸泡树脂 4~8h，放尽酸液，用去离子水漂洗至中性待用。

2）树脂装柱：在酸式滴定管中填上少许棉花，并加入半管去离子水，将处理后的树脂慢慢装入酸式滴定管中，边装边轻轻敲打滴定管，使树脂在管中均匀填实。

注：在整个树脂装填过程中，去离子水面必须始终高出树脂，装填好的树脂应该均匀无气泡。树脂装填体积为整个酸式滴定管体积的 3/4。

3）在 20mL 小烧杯中精确称取约 0. 5g 贫胺样品，并记录质量。为减小滴定操作中产生的误差，在实验过程中作如下规定：

① 当贫胺液中热稳盐含量在 6%以上时，应将贫胺液质量调整到约 0. 25g；

② 当贫胺液中热稳盐含量在 3%~6%之间时，应称取约 0. 5g 贫胺液；

③ 当贫胺液中热稳盐含量在 1. 5%~3%之间时，应将贫胺液质量调整到约 1. 0g；

④ 当贫胺液中热稳盐含量在 1. 5%以下时，应将贫胺液质量调整到约 2. 0g。

由于在具体操作中无法确认热稳盐的具体范围，一般都采用约 0.5g 称量贫胺液，滴定操作后，经计算可确认热稳盐的范围，再采用上面的规定来更精确测量热稳盐含量。

4）将样品用去离子水稀释至 2mL，倒入树脂柱中，称样烧杯用去离子水淋洗干净，淋洗水全部倒入树脂柱内，滴出液用滴定锥形瓶接收。

5）等样品经过树脂柱后，用去离子水淋洗树脂柱，淋洗液也接收在滴定锥形瓶中，直至用 pH 试纸测试出树脂柱中滴出的淋洗液呈中性（pH=7）即可。

注：在整个交换过程中，树脂柱中的液面始终要高于树脂，否则在倒入去离子水淋洗时容易在树脂中产生气泡。用 pH 试纸测量淋洗液 pH 值时，次数应尽量的少。

6）在滴定锥形瓶中加 2~3 滴酚酞溶液指示剂后，用 0.01mol/L 的 NaOH 标准溶液滴定，当锥形瓶中的溶液变成桃红色，静置半分钟颜色不变时即为终点，记录下所消耗的 NaOH 标准溶液的体积。

7）如果还需测定其他样品，用 15mL 10%的 HCl 溶液倒入树脂柱进行再生，再用去离子水淋洗至淋洗液呈中性，即可进样测定。

6. 结果计算

按下式计算试样中总热稳盐含量：

$$W_{HSS} = \frac{V_{NaOH} \times c_{NaOH} \times 11.9}{W_{样}} \tag{13-3-8}$$

式中　W_{HSS}——总热稳盐质量分数，%；

V_{NaOH}——滴定所消耗的氢氧化钠的体积，mL；

c_{NaOH}——滴定所用氢氧化钠的物质的量浓度，mol/L；

$W_{样}$——样品质量，g。

按下式计算试样中总热稳盐阴离子含量：

$$W_{HSSAnion} = \frac{W_{HSS}}{Adjustment\ Factor} \tag{13-3-9}$$

式中　$W_{HSSAnion}$——总热稳盐阴离子质量分数，%；

Adjustment Factor——胺调节因子，见表 13-3-4。

表 13-3-4　不同化合物的胺调节因子

化合物	MDEA	DEA	DIPA	TEA	FLEXSORB
胺调节因子	2.50	1.98	2.66	2.98	3.40

7. 精密度

单个试样两次平行测定结果之差不得超过平均值的 1%。

七、净化气中硫含量分析

1. 适用范围

本标准规定了采用紫外荧光法测定气态烃及液化石油气中总挥发性硫的方法。

本标准适用于分析原料、中间产品及最终产品的气态烃及液化石油气中的硫含量，气态烃的精密度验证范围为 1~100mg/kg，液化石油气为 1~196mg/kg。本标准适用于分析卤素质量分数小于0.35%的液化石油气中总挥发性硫，不适用于不挥发的含硫化合物的检测。

2. 方法概要

将气体或液化气试样通过阀进样的方式引入到高温燃烧管中。在富氧的条件下，试样中的硫被氧化为二氧化硫(SO_2)。燃烧过程中生成的水被除去，燃烧生成的其他气体经紫外灯照射，SO_2吸收了紫外灯的能量转化为激发态的二氧化硫(SO_2^*)。激发态的SO_2^*变成基态的SO_2的过程释放出荧光，通过光电倍增管检测荧光，根据获得的信号可检测出样品中的硫含量。

3. 试剂和与材料

1）试剂纯度：试验使用的试剂如无特殊规定均为分析纯。如果使用其他纯度的试剂，应保证不降低测定结果的精密度。

2）惰性气体：只能用氩气或氦气，纯度≥99.998%，水含量不大于5mg/kg。

3）氧气：最低纯度为99.75%，水含量不大于5mg/kg。

4）标准物质：可使用液体标样或气体标样。

5）质量控制样品：应选用稳定的能代表被测样品的气体样品或液化石油气样品。

4. 仪器

1）燃烧炉：电加热炉，温度控制在1075℃±25℃，足以使试样裂解同时将硫氧化为二氧化硫。

2）燃烧管：石英燃烧管，可将试样直接进入高温氧化区。燃烧管应带有引进氧气和载气的支管。氧化区应足够大，以使试样能完全燃烧。

3）流量控制：仪器应配有流量控制器，以确保氧气和载气的稳定供应。

4）干燥管：仪器应配有脱水装置，以除去试样燃烧过程中生成的水蒸气。可以通过膜式干燥管或渗透干燥器来实现，利用选择性毛细管作用原理脱除水。

5）紫外光检测器：检测器为定量检测器，测量二氧化硫经紫外光照射后发出的荧光。

6）进样系统：进样系统应具备气体阀、液体阀或通用进样阀模块。测试系统应具备阀进样系统及硫分析仪。阀进样系统应以惰性气体为载气，将试样定量带入氧化区域并进行分析，载气流速应可控并重复，流量约为30mL/min。

7）带状图表记录器、电子数据记录仪、积分仪或记录器任选其一。

5. 仪器准备

安装仪器并进行检漏。典型的仪器操作条件见表13-3-5。

表13-3-5　典型的操作条件

项　目	数　据
进样系统温度/℃	85±20
载气进样流速/(mL/min)	25~30
炉温/℃	1075±25
炉中氧气流量计设定值/(mL/min)	375~450
进样氧气流量计设定值/(mL/min)	10~30

续表

项　　目	数　　据
进样载气流量计设定值/(mL/min)	130~160
气体样品进样量/mL	10~20
液化石油气样品进样量/μL	15

调节仪器灵敏度、基线稳定性，并进行仪器的空白校正。

6. 校准

1）根据当前试样的预计硫含量选择对应的曲线，具体见表 13-3-6。选择标准物质的浓度范围，所选用的含硫化合物和稀释剂的类型应能代表被分析样品。表 13-3-6 中是个典型的浓度范围，如果需要可以选用更窄的范围。

表 13-3-6　典型硫校正范围以及标准化合物含量　　单位：mL/m^3

校正曲线 1	校正曲线 2	校正曲线 3
空白	空白	空白
5.0	10.00	50
10.00	50.00	100
—	100.00	200

2）保证样品阀处于“取样”位置，使样品罐与进样系统的样品阀相连。

3）将试样充满样品阀的定量环，以实现试样的定量并对不同浓度样品进行分析。

4）依据仪器操作说明运行仪器，并对标准物质进行分析。

5）仪器校正法可分为多点校正和单点校正。

7. 实验步骤

1）根据要求取样，试样的硫含量应介于所用标准曲线的浓度范围内。

2）按第 6 条 2)~4)测试试样的响应值。

3）检查燃烧管及气路的其他组件，以确认试样燃烧完全。如果观测到有积炭或变黑，则降低进样速度或进样体积，或二者同时降低。

4）清洗及重新校准：根据使用说明书对积炭及变黑部件进行清洗。在清洗或调节后重新安装组件并检测系统的气密性。分析试样之前重新对仪器进行校正。

5）每个试样至少测试三次，测定结果取三次的平均值。

6）分析结果见图 13-3-5。

8. 计算

1）仪器的校正使用自校正程序进行，计算试样的硫含量 S_m(以 mg/kg 计)按式(13-3-10)进行：

$$S_m = \frac{G \times d}{s} \tag{13-3-10}$$

式中　d——标准样品的密度，g/mL；

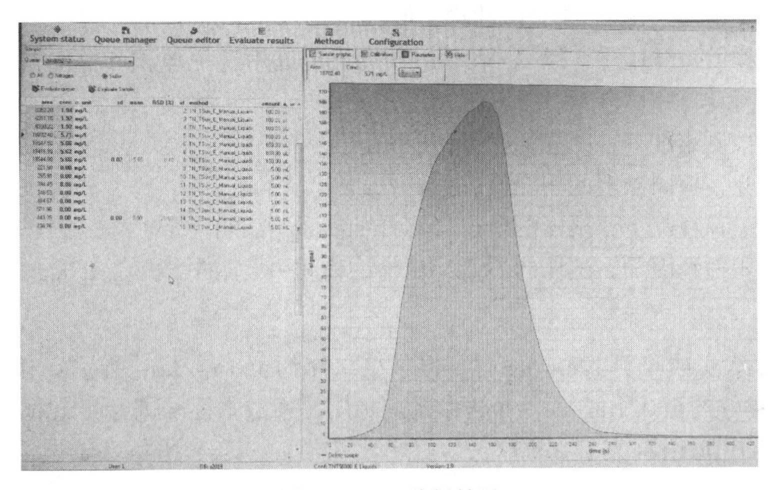

图 13-3-5　分析结果

s——试样的密度，g/mL；

G——试样中测得的硫含量，mg/kg。

2）应用单点校正时，需按式(13-3-11)、式(13-3-12)计算校正因子 K(每 ng 硫对应的响应值)：

$$K = \frac{A_c}{M_c \times S_{cg}} \tag{13-3-11}$$

$$K = \frac{A_c}{V_c \times S_{cv}} \tag{13-3-12}$$

$$M_c = V \times D_c \tag{13-3-13}$$

式中　A_c——检测器对标准样品的响应值；

M_c——标准样品的进样质量，以 mg 表示，直接测定或用进样体积和密度按式(13-3-13)进行计算；

V——试样的进样体积，μL；

V_c——标准样品的进样体积，μL；

S_{cg}——标准样品的硫含量，mg/kg；

S_{cv}——标准样品的硫含量，mg/L。

3）计算校正因子的平均值并计算标准偏差是否在可接受的范围。校正因子应每天计算。

4）计算试样的硫含量，按式(13-3-14)进行，以(mg/kg)表示；按式(13-3-15)进行以(mg/L)表示：

$$S_0 = \frac{A}{M \times K \times F_g} \tag{13-3-14}$$

或

$$S_0 = \frac{A}{V \times K \times F_v} \tag{13-3-15}$$

$$M = V \times D \tag{13-3-16}$$

式中 K——校正因子，每 ng 硫对应的响应值；

M——试样的进样质量，以 mg 表示，直接测定或用进样体积和密度按式(13-3-16)进行计算；

D——在检测温度下，试样的密度，g/mL；

A——试样在检测器上的响应值；

F_g——质量稀释因子，试样的质量/(试样的质量+溶剂的质量)，g/g；

F_v——体积稀释因子，试样的质量/(试样的体积+溶剂的体积)，g/mg。

9. 报告

当测定结果大于或等于 10mg/kg 时，报告结果修约至 1mg/kg；当测定结果小于 10mg/kg 时，报告结果修约至 0.1mg/kg。报告结果应标明是通过本标准进行测定的。

八、急冷水中 pH 值(25℃)分析

1. 适用范围

1）本方法适用于饮用水、地面水及工业废水 pH 值的测定。

2）水的颜色、浊度、胶体物质、氧化剂、还原剂及含盐量均不干扰测定；但在 pH 值小于 1 的强酸性溶液中，会有所谓酸误差，可按酸度测定；在 pH 值大于 10 的碱性溶液中，因有大量钠离子存在产生误差，使读数偏低，通常称为钠差。消除钠差的方法，除了使用特制的低钠差电极外，还可以选用与被测溶液的 pH 值相近似的标准缓冲溶液对仪器进行校正。

温度影响电极的电位和水的电离平衡。须注意调节仪器的补偿装置与溶液的温度一致，并使被测样品与校正仪器用的标准缓冲溶液误差在±1℃之内。

2. 方法概要

pH 值由测量电池的电动势而得。该电池通常由饱和甘汞电极为参比电极，玻璃电极为指示电极所组成。在 25℃，溶液中每变化 1 个 pH 单位，电位差改变为 59.16mV，据此在仪器上直接以 pH 值的读数表示。温度差异在仪器上有补偿装置。

3. 试剂和材料

1）蒸馏水：煮沸并冷却，电导率小于 2×10^{-6}S/cm，其 pH 值以 6.7~7.3 之间为宜。

2）标准缓冲溶液：用中国计量科学研究院检定合格的袋装 pH 标准物质，配制成 pH(4.008，25℃)、pH(6.865，25℃)、pH(9.180，25℃)的标准溶液。

4. 仪器

1）酸度计或离子浓度计：常规检验使用的仪器，至少应当精确到 0.1 pH 单位，pH 值范围从 0~14。如有特殊需要，应使用精密度更高的仪器。

2）玻璃电极与甘汞电极。

5. 试验步骤

1）仪器校准：操作程序按仪器使用说明书进行。先将水样与标准溶液调到同一温度，记录测定温度，并将仪器温度补偿旋钮调至该温度上。用标准溶液校正仪器，该标准溶液与水样 pH 值相差不超过 2 个 pH 单位。从标准溶液中取出电极，彻底冲洗并用滤纸吸干。再将电极浸入第二个标准溶液中，其 pH 值大约与第一个标准溶液相差 3 个 pH 单位，如果仪器响应的示值与第二个标准溶液的 pH(S)值之差大于 0.1 pH 单位，就要检查仪器、电极或标准溶液是否存在问题。当三者均正常时，方可用于测定样品。

2）样品的测定：测定样品时，先用蒸馏水认真冲洗电极，再用水样冲洗，然后将电极浸入样品中，小心摇动或进行搅拌使其均匀，静置，待读书稳定时记下 pH 值。

6. 精密度

重复性和再现性见表 13-3-7。

表 13-3-7　重复性和再现性

pH 值范围	允许差/pH 单位	
	重复性	再现性
6	±0.1	±0.3
6~9	±0.1	±0.2
9	±0.2	±0.5

九、原料水、中间水、净化水中氨氮分析

1. 适用范围

本标准规定了测定水中氨氮的蒸馏-中和滴定法；

本标准适用于生活污水和工业废水中氨氮的测定；

当试样体积为 250mL 时，方法的检出限为 0.05 mg/L(均以 N 计)。

2. 方法概要

调节水样的 pH 值在 6.0~7.4，加入轻质氧化镁使呈微碱性，蒸馏释出的氨用硼酸溶液吸收。以甲基红-亚甲蓝为指示剂，用盐酸标准溶液滴定馏出液中的氨氮(以 N 计)。

3. 试剂和材料

除非另有说明，分析时所用试剂均符合国家标准的分析纯化学试剂，实验用水为无氨水。

1）无氨水；

2）硫酸 $\rho(H_2SO_4)$ = 1.84g/mL；

3）盐酸 ρ = 1.19 g/mL；

4）无水乙醇 ρ = 0.79 g/mL；

5）无水碳酸钠(Na_2CO_3)，基准试剂；

6）轻质氧化镁(MgO)，不含碳酸盐；

7）氢氧化钠溶液，c(NaOH) = 1mol/L；

8）硫酸溶液 $c(1/2H_2SO_4)$ = 1mol/L；

9）硼酸(H_3BO_3)吸收液 ρ = 20g/L；

10）甲基红指示液 ρ = 0.5g/L；

11）溴百里酚蓝指示剂 ρ = 1g/L；

12）混合指示剂；

13）碳酸钠标准溶液 $c(1/2\ Na_2CO_3)=0.0200mol/L$；

14）盐酸标准滴定溶液 $c(HCl)=0.02mol/L$；

15）玻璃珠；

16）防沫剂，如石蜡碎片。

4. 仪器

1）氨氮蒸馏装置：由500mL凯式烧瓶、氮球、直形冷凝管和导管组成，冷凝管末端可连接一段适当长度的滴管，使出口尖端浸入吸收液液面下。亦可使用蒸馏烧瓶。

2）酸式滴定管：50mL。

5. 试验步骤

（1）样品预蒸馏

将50mL硼酸吸收液移入接受瓶内，确保冷凝管出口在硼酸溶液液面下。分取250mL水样(如氨氮含量高，可适当少取水样，加水至250mL)移入烧瓶中，加2滴溴百里酚蓝指示剂，必要时，用氢氧化钠溶液或硫酸溶液调整pH值至6.0(指示剂呈黄色)~7.4(指示剂呈蓝色)，加入0.25g轻质氧化镁及数粒玻璃珠，必要时加入防沫剂，立即连接氮球和冷凝管加热蒸馏，使馏出液速率约为10mL/min，待馏出液达200mL时，停止蒸馏。

（2）样品分析

将全部馏出液转移到锥形瓶中，加入2滴混合指示剂，用盐酸标准滴定溶液滴定，至馏出液有绿色变成淡紫色为终点，并记录消耗的盐酸标准滴定溶液的体积 V_s。

（3）空白试验

用250mL水代替水样，按步骤5(1)进行预蒸馏，按步骤5(2)进行滴定，并记录消耗的盐酸标准滴定溶液的体积 V_b。

6. 结果计算

水样中氨氮的浓度按式(13-3-17)计算：

$$\rho_N=\frac{V_s-V_b}{V}\times c\times 14.01\times 1000 \qquad (13-3-17)$$

式中 ρ_N——水样中氨氮的浓度(以N计)，mg/L；

V——试样的体积，mL；

V_s——滴定试样所消耗的盐酸标准滴定溶液的体积，mL；

V_b——滴定空白所消耗的盐酸标准滴定溶液的体积，mL；

c——滴定用盐酸标准溶液的浓度，mol/L；

14.01——氮的原子量，g/mol。

7. 准确度和精密度

标准样品和实际样品的准确度和精密度见表13-3-8。

表 13-3-8　标准样品和实际样品的准确度和精密度

样品	氨氮含量/(mg/L)	重复性限 r/(mg/L)	再现性限 R/(mg/L)	相对误差/%
标样 1	2.76	0.106	0.146	0.73
标样 2	23.8	0.641	1.39	-0.42
地表水	6.60	0.109	0.515	—
生活污水	21.4	0.694	3.09	—

注：由 5 家实验室参加验证，每家实验室对每个样品重复性测定次数均为 6 次。

十、原料水、中间水、净化水中硫化物分析

1. 适用范围

1）本标准规定了测定水和废水中的硫化物。

2）试样体积 200mL，用 0.01mol/L 硫代硫酸钠溶液滴定时，本方法适用于含硫化物在 0.40mg/L 以上的水和废水测定。

3）共存物的干扰与消除：试样中含有硫代硫酸盐、亚硫酸盐等能与碘反应的还原性物质产生正干扰，悬浮物、色度、浊度及部分重金属离子也干扰测定，硫化物含量为 2.00mg/L时，样品中干扰物的最高允许含量分别为 $S_2O_3^{2-}$ 30mg/L、NO_2^- 2mg/L、SCN^- 80mg/L、Cu^{2+} 2mg/L、Pb^{2+} 5mg/L 和 Hg^{2+} 1mg/L；经酸化—吹气—吸收预处理后，悬浮物、色度、浊度不干扰测定，但 $S_2O_3^{2-}$ 分离不完全，会产生干扰。采用硫化锌沉淀过滤分离 SO_3^{2-}，可有效消除 30 mg/L SO_3^{2-} 的干扰。

2. 方法概要

在酸性条件下，硫化物与过量的碘作用，剩余的碘用硫代硫酸钠滴定。由硫代硫酸钠溶液所消耗的量，间接求出硫化物的含量。

3. 试剂

使用符合国家标准的分析纯试剂，去离子水或等同纯度的水。

1）盐酸(HCl)：ρ = 1.19g/mL；

2）磷酸(H_3PO_4)：ρ = 1.69g/mL；

3）乙酸(CH_3COOH)：ρ = 1.05g/mL；

4）载气：高纯氮，纯度不低于 99.99%；

5）盐酸溶液：1+1，用盐酸(3.1)配制；

6）磷酸溶液：1+1，用磷酸(3.2)配制；

7）乙酸溶液：1+1，用乙酸(3.3)配制；

8）氢氧化钠溶液：$c(NaOH)$ = 1mol/L；

9）乙酸锌溶液：$c[Zn(CH_3COO)_2]$ = 1mol/L；

10）重铬酸钾标准溶液：$c(1/6K_2Cr_2O_7)$ = 0.1000mol/L；

11）淀粉指示液：1%；

12）碘化钾；

13）硫代硫酸钠标准溶液：$c(Na_2S_2O_3)$ = 0.1mol/L；

14）硫代硫酸钠标准滴定液：$c(Na_2S_2O_3)$ = 0.01mol/L；

15）碘标准溶液：$c(1/2I_2)$ = 0.1mol/L；

16）碘标准溶液：$c(1/2I_2)$ = 0.01mol/L。

4. 仪器

1）酸化-吹气-吸收装置，如图 13-3-6 所示。

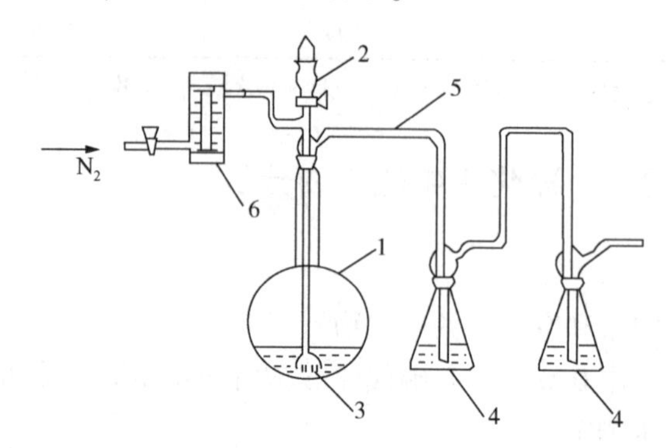

图 13-3-6　碘量法测定硫化物的吹气装置

1—500mL 圆底反应瓶；2—加酸漏斗；3—多孔砂芯片；
4—150mL 锥形吸收瓶，亦用作碘量瓶，直接用于碘量法滴定；
5—玻璃连接管，各接口均为标准玻璃磨口；6—流量计

2）恒温水浴，0～100℃。

3）150mL 或 250mL 碘量瓶。

4）25mL 或 50mL 棕色滴定管。

5. 试验步骤

（1）试样的预处理

1）连接好酸化-吹气-吸收装置，通载气检查各部位气密性。

2）分取 2.5mL 乙酸锌溶液(1mol/L)于两个吸收瓶中，用水稀释至 50mL。

3）取 200mL 现场已固定并混匀的水样于反应瓶中，放入恒温水浴内，装好导气管、加酸漏斗和吸收瓶。开启气源，以 400mL/min 的流速连续吹氮气 5min 驱除装置内空气，关闭气源。

4）向加酸漏斗加入 1∶1 磷酸(1.69g/mL)20mL，待磷酸接近全部流入反应瓶后，迅速关闭活塞。

5）开启气源，水浴温度控制在 60～70℃时，以 75～100mL/min 的流速吹气 20min，以 300mL/min 流速吹气 10min，再以 400mL/min 的流速吹气 5min，赶尽最后残留在装置中的硫化氢气体。关闭气源，按下述碘量法操作步骤分别测定两个吸收瓶中硫化物含量。

注：①上述吹气速度仅供参考，必要时可通过硫化物标准溶液的回收率测定，以确定合适的载气速度。②若水样 $S_2O_3^{2-}$ 浓度较高，需将现场采集且已固定的水样用中速定量滤纸过滤，并将硫化物沉淀连同滤纸转入反应瓶中，用玻璃棒捣碎，加水 200mL，其余操作同步骤 5(1)。

（2）测定

将步骤 5(1)所制备的两份试样各加入 10.00mL0.01 mol/L 碘标准溶液，再加 5mL 盐酸溶液，密塞混匀。在暗处放置 10min，用 0.01 mol/L 硫代硫酸钠标准溶液滴定至溶液呈淡黄

色时，加入1mL淀粉指示液，继续滴定至蓝色刚好消失为止。

(3)空白试验

以水代替试样，加入与测定时相同体积的试剂，按步骤(1)和(2)所述进行空白试验。

6. 结果表示

二级吸收的硫化物含量c_i(mg/L)按下式计算：

$$c_i = \frac{(V_0 - V_i)c \times 16.03 \times 1000}{V} (i = 1, 2) \tag{13-3-18}$$

式中　V_0——空白试验中，硫代硫酸钠标准溶液用量，mL；

V_i——滴定二级吸收硫化物含量时，硫代硫酸钠标准溶液用量，mL；

16.03——硫离子($1/2S^{2-}$)摩尔质量，g/mol；

c——硫代硫酸钠标准溶液浓度，mol/L。

试样中硫化物含量c(mg/L)按下式计算：

$$c = c_1 + c_2$$

式中　c_1——一级吸收硫化物含量，mg/L；

c_2——二级吸收硫化物含量，mg/L。

十一、液体硫黄中硫化氢和多硫化氢分析

1. 适用范围

本部分适用于由石油炼厂气、天然气等回收制得的液体工业硫黄，其他工艺生产的液体工业硫黄也可参照执行本部分。

2. 方法概要

使试料在温度为145℃±2℃的油浴中处于熔融状态，用氮气吹扫试料中的硫化氢，并用乙酸锌溶液吸收吹扫出的硫化氢气体，生成硫化锌沉淀。在酸性溶液中，硫化锌与碘反应，过量的碘用硫代硫酸钠标准滴定溶液滴定，根据碘的消耗量可计算出硫化氢的质量分数。反应式如下：

$$H_2S + Zn(CH_3COO)_2 = ZnS\downarrow + 2CH_3COOH \tag{13-3-19}$$

$$ZnS + 2CH_3COOH + I_2 = Zn(CH_3COO)_2 + 2HI + S\downarrow \tag{13-3-20}$$

$$I_2 + 2Na_2S_2O_3 = 2NaI + Na_2S_4O_6 \tag{13-3-21}$$

3. 试剂和材料

1）冰乙酸；

2）乙酸锌溶液：30g/L；

3）碘标准滴定溶液：$c(1/2\ I_2) = 0.1$mol/L；

4）硫代硫酸钠标准滴定溶液：$c(Na_2S_2O_3) = 0.1$mol/L；

5）淀粉指示剂：5 g/L；

6）氮气：纯度99.9%以上。

4. 仪器

1）浮子流量计：300mL/min。

2）硫化氢吹扫和吸收装置，见图 13-3-7。

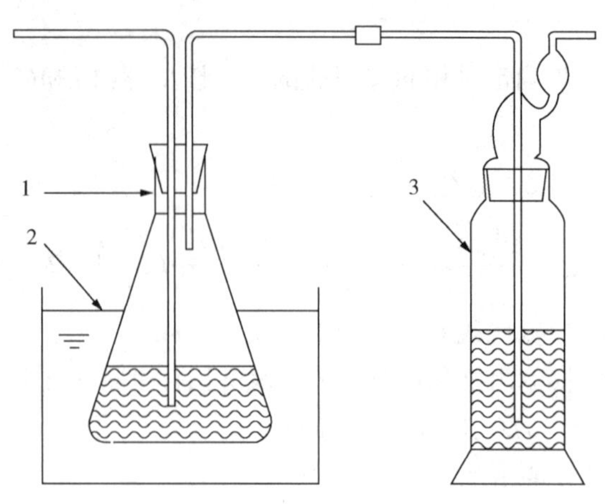

图 13-3-7　硫化氢吹扫和吸收装置

1—采样装置；2—控温油浴：能控制温度 145℃±2℃；

3—洗气瓶：容量 500mL，内盛约 100mL 乙酸锌溶液。

5. 试验步骤

在通风良好的通风橱内，将盛有试料的锥形瓶置于室温的控温油浴中，并连接好硫化氢吹扫和吸收装置，将油浴缓慢升温至 145℃±2℃。待试料完全熔融后，以约 150mL/min 的流速通入氮气，吹扫至少 60min。

取下盛有乙酸锌溶液的洗气瓶，将溶液转移至碘量瓶中，用水冲洗玻璃管及洗气瓶壁数次，洗液一并转入碘量瓶中。向碘量瓶中加入 10mL 冰乙酸，再加入 10. 00mL 或 20. 00mL 碘标准滴定溶液(根据试料中硫化氢的含量而定，如碘量瓶中的溶液呈淡黄色，应再定量补加碘标准滴定溶液)，摇匀。用硫代硫酸钠标准滴定溶液滴定至溶液呈淡黄色，加入 1mL 淀粉指示剂，继续滴定至溶液蓝色消失为终点。

同时进行空白试验。

注：样品分析完毕后，趁热将瓶中的硫黄倒出，残余硫黄待冷却后，轻微震动即可脱落。少量附着物可用碱性洗涤剂如洗衣粉等置于超声波清洗器中清洗。

6. 结果计算

硫化氢和多硫化氢以硫化氢(H_2S)的质量分数 ω_8 计，按下式计算：

$$\omega_8 = \frac{[(V_0 - V)/1000]cM/2}{m} \times 100\% \qquad (13-3-22)$$

式中　V_0——空白试验所消耗的硫代硫酸钠标准滴定溶液的体积的数值，mL；

V——测定所消耗的硫代硫酸钠标准滴定溶液的体积的数值，mL；

c——硫代硫酸钠标准滴定溶液的实际浓度的准确数值，mol/L；

M——硫化氢的摩尔质量的数值，g/mol(M=34. 08)；

m——试料的质量的数值，g。

取平行测定结果的算术平均值为测定结果。平行测定结果的相对偏差应符合表 13-3-9 规定。

表 13-3-9　平行测定结果的相对偏差

硫化氢的质量分数/%	平行测定结果的相对偏差/%
≤0.0010	≤35
> 0.0010~≤0.0050	≤25
>0.0050	≤15

7. 安全

1）液体工业硫黄易燃，在氧气的存在下容易发生火灾。应严格遵守国家有关消防、危险品的安全条例。

2）液体工业硫黄中含有硫化氢等毒性气体，在生产及贮运过程中，应制定相应有效的防护措施，防止发生人员中毒事故。

第十四章　安全环保及职业卫生

第一节　危险性分析

硫黄回收装置的安全隐患主要可分为物质危险性、反应失控、气相燃爆等几类，其中存在于硫黄回收装置各个部分的硫化氢、氨等有毒气体是硫黄回收装置的主要物质危险性隐患，酸气带烃及其他杂质情况下容易导致制硫反应炉反应失控超温，而燃烧炉、酸性水罐及管道等设备均存在气相燃爆风险。此外，设备腐蚀、堵塞等引起的事故也时有发生。

一、物料危险性

硫黄回收装置生产中所用或产生的主要危险化学品有硫化氢、二氧化硫、硫黄、氨、氢气、甲基二乙醇胺(MDEA)、燃料气及氮气等。这些物料中硫化氢、氢气、燃料气都是甲类火灾危险性物质，二氧化硫、硫黄、氨是乙类火灾危险性物质，甲基二乙醇胺(MDEA)是丙类火灾危险性物质，氮气是惰性窒息性气体，其主要危险危害是中毒窒息、火灾、爆炸。主要危险有害物质特性见表14-1-1，主要危险有害物质及其危险有害因素分布见表14-1-2。

表14-1-1　安全、环保及职业卫生

序号	介质名称	闪点/℃	自燃温度/℃	爆炸极限/%(体)	火灾危险类别	爆炸危险类别		职业危害程度分级	有毒物质容许浓度/(mg/m^3)		
						类级	组别		MAC	PC-TWA	PC-STEL
1	H_2	<-50	560	4.0~75.6	甲	ⅡC	T1	Ⅳ	—	—	—
2	燃料气	—	482~632	5~14	甲	ⅡA	T1	—	—	—	—
3	硫化氢	<-50	260	4~46	甲	ⅡB	T3	Ⅱ	10	—	—
4	SO_2	—	—	—	乙	—	—	—	—	5	10
5	硫黄	无意义	232	下限 $35mg/m^3$	乙	—	—	—	—	—	—
6	氨	无意义	651	15.7~27.4	乙	ⅡA	T1	Ⅳ		20	30
7	氮气	—		—	戊	—	—	—	—	—	—
8	MDEA	135	265	0.9~8.4	丙B	—	—	—	—	—	—

注：MAC：最高容许浓度；PC-TWA：时间加权平均容许浓度；PC-STEL：短时间接触容许浓度。

表 14-1-2　主要危险有害物质及其危险有害因素分布

序号	单元	主要危险部位	危险有害物质	主要危险有害因素	火灾危险类别
1	硫黄回收	制硫燃烧炉、转化器、余热锅炉、酸性气分液罐、硫池	硫化氢、二氧化硫、硫、燃料气、氨、氮	中毒窒息、火灾、爆炸、腐蚀	甲
2	尾气处理	尾气焚烧炉、急冷塔、吸收塔、加氢反应器、再生塔	硫化氢、氢气、二氧化硫、燃料气、氨、甲基二乙醇胺(MDEA)、氮	中毒窒息、火灾、爆炸、腐蚀	甲

(一) 硫化氢的物理化学性质及危害

1. 硫化氢的性质

硫化氢是无色有臭鸡蛋气味的毒性气体，相对分子质量 34.08，相对密度为 1.189，一般来说酸性气中硫化氢浓度越高，酸性气的密度越小。爆炸极限为 4.3%～46%(体)。硫化氢可溶于水及油类中，有时可随水或油类流至远离发生源处，而引起意外中毒。硫化氢溶于水生成氢硫酸，0℃时 100mL 水中可溶 437mL 硫化氢，40℃可溶 186mL 硫化氢，也溶于乙醇、汽油、煤油，原油等有机溶剂。它能使银、铜及金属制品表面发黑，与许多金属离子作用，生成不溶于水或酸的硫化物沉淀。硫化氢的化学性质不稳定，在空气中易燃烧，纯硫化氢在空气中达到 260℃时发生自燃。

2. 硫化氢的毒性及对人的危害

硫化氢属毒性很大的气体，按 GBZ 230—2010 职业性接触毒物分级属于Ⅱ级，是强烈的神经毒物，对黏膜有明显的刺激作用。低浓度时，对呼吸道及眼的局部刺激作用明显；浓度越高，全身性作用越明显，表现为中枢神经系统症状和窒息症状。人的嗅觉阈为 0.012～0.03mg/m^3，起初臭味的增强与浓度的升高成正比，但当浓度超过 10mg/m^{3}之后，浓度继续升高臭味反而减弱，空气最高允许浓度为 10mg/m^3。在高浓度时，很快引起嗅觉疲劳而不能察觉硫化氢的存在，故不能依靠其臭味强弱来判断硫化氢浓度的大小，可根据硫化氢报警仪指示灯来判别。硫化氢的局部刺激作用，是由于接触湿润黏膜与钠离子形成的硫化钠引起的。当游离的硫化氢在血液中来不及氧化时，则引起全身中毒反应。目前认为，硫化氢在全身作用是通过与细胞色素氧化酶中三价铁及这一类酶中的二硫键起作用，使酶失去活性，影响细胞氧化过程，造成细胞组织缺氧。由于中枢神经系统对缺氧最为每感，因此首先受害。高浓度时则引起颈动脉窦的反射作用使呼吸停止；更高浓度也可直接麻痹呼吸中枢而立即引起窒息，造成“电击样”中毒。硫化氢对人体的危害见表 14-1-3。

表 14-1-3　硫化氢对人体的危害

浓度/(mg/m^3)	接触时间	毒性反应	危害等级
1400	倾刻	嗅觉立即疲劳，昏迷并呼吸麻痹而死亡，毒性与氢氰酸相近	重度
1000	数秒钟	很快引起急性中毒，出现明显的全身症状，呼吸加快，很快因呼吸麻痹而死亡	
760	15～60min	可引起生命危险，发生肺水肿、支气管炎及肺炎、头痛、头晕、激动、呕吐、咳嗽、步态不稳、喉痛、鼻咽喉发干及疼痛、排尿困难等症状	

续表

浓度/(mg/m^3)	接触时间	毒性反应	危害等级
300	1h	出现眼和呼吸道强烈刺激症状，能引起神经抑制，短时间即出现急性眼刺激症状，长时间接触可引起肺水肿	中度
70~150	1~2h	眼及呼吸出现刺激症状，吸入2~15min，即发生嗅觉疲劳，嗅不到气味，浓度越高，嗅觉疲劳发生越快，长期接触可引起亚急性和慢性结膜炎	轻度
30~40		虽嗅味强烈，仍能忍耐，这是引起局部刺激和全身性症状的阈浓度	
4~7		中等强度的臭味	无危害
0.4		明显嗅出	
0.035		嗅觉阈	

人体硫化氢中毒表现可以分为以下几种：

(1) 急性中毒

1) 轻度中毒：接触较低浓度的硫化氢时引起眼结膜及上呼吸道刺激症状。患者首先出现头晕、心悸、呼吸困难、行动迟钝症状，如继续接触，则出现畏光流泪、眼刺痛、流涕、鼻及咽喉灼热感，数小时或数天后自愈。

2) 中度中毒：在接触浓度在200~300mg/m^3时出现中枢神经系统症状，头痛、头晕、乏力、呕吐、运动失调，同时出现喉痒、咳嗽、视觉模糊、角膜水肿等刺激症状。经治疗很快痊愈。

3) 重度中毒：表现为骚动、抽搐、意识模糊、腹泻、腹痛，迅速陷入昏迷状态，可因呼吸麻痹而死亡，即在数秒钟突然倒下，瞬间停止呼吸，立即进行人工呼吸尚可望获救。

(2) 亚急性中毒

一般将经常接触而发生的局部刺激表现列为亚急性中毒，常见刺激症状为发痒、异物感、流泪、羞明，甚至视力模糊。检查有结膜充血和角膜混浊等变化。长时间暴露在较高浓度(约100mg/m^3以上)，可能引起肺水肿或支气管肺炎。

(3) 慢性中毒

慢性接触低浓度硫化氢可致嗅觉减退，出现神经衰弱症状及植物神经功能障碍，如反射增强，多汗、手掌潮湿、持久的红色皮肤划痕等，偶尔可引起多发性神经炎。

3. 硫化氢中毒的急救措施

如泄漏现场有中毒受伤者，应首先组织抢救中毒者。抢救中毒者关键在及时，要重在现场。操作员戴上空气呼吸器进入现场将受伤人员抬到上风向空气新鲜处，严密观察呼吸功能。松解衣扣和腰带，摘下假牙和清除口腔异物。维持呼吸道通畅，注意保暖。在搬运过程中要沉着、冷静，不要强拖硬拉，防止造成骨折，如已有骨折或外伤要注意包扎和固定。

把中毒者从现场中抢救出来后，应立即有重点地进行一次检查，检查的顺序是：神智是否清晰，瞳孔反应如何，脉搏、心跳是否存在，呼吸是否停止，有无出血或骨折。如心跳呼吸停止，则要就地抢救，进行心脏胸外挤压和人工呼吸(可施行仰卧引臂压胸法，禁止口对口人工呼吸)，在病情未改善前，人工呼吸不可轻易放弃，或边抢救，边转运至医院抢救。呼吸困难或面色青紫者，要立即给予氧气吸入。如患者呼吸、心跳正常，但有昏迷，在转运途中要注意观察心跳、呼吸变化。发现心跳和呼吸停止，则要立即进行现场抢救。除使用强心剂和呼吸兴奋剂外，有抽搐时可注射安定等。昏迷患者可注射高渗葡萄糖及半胱氨酸、谷胱甘肽、细胞色素 C 和维生素 B，对严重病例要积极防治肺炎、肺水肿和脑水肿。

对受伤者进行心跳和呼吸两方面的施救，直到气防人员赶到，交给医疗专业人员。眼睛损害者立即用清水或 2%碳酸氢钠冲洗，再用 4%硼酸水洗眼并滴入无菌橄榄油。醋酸可的松滴眼可防止角膜炎。

胸外心脏挤压法要求使病人仰卧在地板上，急救者用双手交叉重叠压迫，将手掌根部放在胸骨下端，避开剑突，双手指离开胸壁，肘关节保持垂直不弯，用身体的力量冲击下压胸骨下陷 2~3cm，迅速抬手，但不要离开胸壁。每分钟以 60~80 次为宜。挤压时不要用力过猛，防止肋骨骨折。胸外心脏挤压要做较长时间，不要轻易放弃。注意不要按错位置（不是胸骨的中上部，也不是剑突处）。在进行胸外心脏挤压时，必须密切配合进行口对口的人工呼吸(对于有毒介质可施行仰卧引臂压胸法，禁止口对口人工呼吸)。如一人急救，每挤压心脏 30 次，人工呼吸 2 次；若两人急救，每挤压心脏 15 次，人工呼吸 2 次，操作者要密切配合，操作正规，压力均匀。

4. 预防硫化氢泄漏中毒措施

1）生产、操作、检测及有关作业人员上岗前要接受安全教育，经考试合格后，方准上岗。任何硫黄回收装置上岗人员均应掌握以下知识：预防硫化氢中毒及救护的职业卫生知识，并掌握中毒自救及互救的基本技能；熟练掌握安全操作规程规定及有关管理规定；熟练掌握有关特殊防护用品使用、维护及保管知识；掌握本装置，本岗位硫化氢的分布情况。

2）岗位上应根据生产岗位和工作环境的不同特点，配备完好适用的硫化氢防护用品。在硫化氢污染区作业须佩戴特殊防护用品，在未脱离危险区域前，严禁脱下防护用品。

3）尽量实现密闭生产，使装置区域或生产作业环境硫化氢浓度符合国家卫生标准。有可能泄漏硫化氢造成中毒危险的装置或区域要安装自动检测报警器。

4）现场巡回检查要携带硫化氢报警仪，现场硫化氢浓度报警仪要定期检验、保证好用。

5）装置改造或操作条件发生变化使硫化氢浓度超过常规含量时，主管部门要采取相应有效的防护措施，并及时通知有关班组或岗位，防止发生中毒事故。

6）凡酸性气、酸性水采样，分液罐脱水及含有酸性气、瓦斯、硫黄过程气的管线、容器、机泵等堵漏及检修作业或在含油、含酸、含碱污水井、工业废水井等含硫化氢危险区作业时应选用适用的防毒面具，两人同行，一人监护，一人作业，并参照室外风向指示站在上风方向。

7）凡进入可能含有硫化氢的设备容器内作业，必须按照有关安全规定切断一切进出物料管线并加装盲板，彻底冲洗，吹扫置换，经采样分析合格、落实安全措施、办理安全作业票后、有人监护的情况下方准进入作业。

8）一般情况下禁止进入水道(井)、密闭密器等危险场所作业；必须进入时，生产单位和施工单位要制定切实可行的安全措施，对设备内气体进行可燃气、有毒气体、氧含量的分析，合格后持有效的进容器作业票并在监护人监护下方可入内。

9）杜绝装置内有毒气体的泄漏，对易泄漏部位要经常检查，发现漏点马上处理。

10）落实涉硫化氢作业安全措施。装置区内严禁就地排放硫化氢，涉硫化氢作业必须办理《硫化氢作业许可证》，制定安全作业方案，必须搭设安全作业平台和应急救援通道，必须全程佩戴空气呼吸器，监护人必须现场配备备用空呼器，携带便携式硫化氢报警仪，达到临战救援状态，严禁盲目施救、无防护救援。

5. 硫化氢泄漏的判断与处理

（1）硫化氢泄漏的判断

由于硫化氢毒性大，因此操作工及相关人员应加强装置的巡回检查，特别是对易泄漏的阀门、法兰、采样点、管线等更应多加检查。巡检时，操作人员应随身携带便携式硫化氢报警仪，发现硫化氢浓度高，应戴好空气呼吸器，查出泄漏点，采取切实可行的措施加以处理。在装置首次开工过程中，应对酸性气线上所有的阀门、法兰、焊缝用浸醋酸铅的滤纸进行测试，如滤纸变黑，则说明有硫化氢泄漏，必须立即排除掉。

严禁用嗅觉感官去判断硫化氢的泄漏点，如发现某一区域硫化氢浓度较高，可用硫化氢报警仪或醋酸铅试纸检测，试纸变黑，则说明泄漏。醋酸铅与硫化氢的反应式为：

$$H_2S + Pb(CH_3COO)_2(\text{白}) = PbS(\text{黑色}) + 2\,CH_3COOH \qquad (14-1-1)$$

（2）硫化氢泄漏的处理

第一步：报警、疏散与警戒。发现硫化氢泄漏后应立即向班长汇报。班长了解情况后立即向车间值班人员报告。情况严重时应通知车间领导、技术人员并向调度报告，如果有人员受伤则应向消防队和医院报警。报警要求说明以下内容：事故装置、事故设备位号、泄漏介质、泄漏量的大小、有无人员受伤等。迅速检查现场并通知在硫化氢泄漏点附近及其下风向人员撤离。现场作业人员感觉到硫化氢气味或被告知有硫化氢泄漏，应立即撤离硫化氢污染区。在装置出入口进行警戒，防止无关人员或车辆进入。

第二步：漏点处置。发现硫化氢报警器报警或人为通知发生硫化氢泄漏时，戴上气防器具到现场察看泄漏部位、泄漏介质，并告之班长。进行警戒与现场人员疏散。在组织救护伤员的同时组织进行泄漏处理，如岗位人员较少则在将受伤人员救护至安全地带后再组织进行泄漏处理。戴上空气呼吸器寻找泄漏源，根据泄漏情况决定是否紧急停工(两人同时外出)。迅速关闭阀门，隔离泄漏源。具体隔离范围(关闭的阀门)可根据具体泄漏点位置决定，尽量减小隔离范围，或如泄漏量大，无法接近时，可适当扩大隔离范围。设备技术人员根据泄漏点状况联系相关单位进行堵漏处理。泄漏处理时注意防火防爆。泄漏处理时进入现场必须二人以上同时进出，并佩戴好空气呼吸器等防护器具。

第三步：着火处置。如果泄漏着火，灭火人员必须戴好空气呼吸器，迅速切断泄漏源。若不能立即切断气源，不允许熄灭正在燃烧的气体。可喷水冷却附近容器，灭火剂选用雾状水、抗溶性泡沫、干粉等。

（3）生产恢复

重新进入泄漏区进行恢复作业的条件：泄漏点已经被处理好并试压完好。整个警戒区任何地点经便携式硫化氢检测器检测硫化氢浓度均符合要求，方可解除警戒，恢复正常生产操作。

（二）氨的物理化学性质及危害

1. 氨的性质

氨为无色、强碱性，极易挥发的气体，具有刺激性气味，相对密度为0.82(-79℃，液体)、0.6(气体)；爆炸范围15%~28%(体)；自燃点651℃；最高允许浓度30mg/m³。氨易溶于水，其水溶液称为氨水，呈碱性。还可溶于乙醇、乙醚等有机溶剂。有还原作用，在催化剂作用下被氧化为一氧化氮。高温分解成氮和氢。

2. 氨的毒性及对人体的危害

氨属Ⅳ级毒物，主要是对呼吸道有刺激和腐蚀作用。氨与人体潮湿部位的水分作用生成高浓度氨水，可导致皮肤的碱性灼伤，如溅到眼睛可致失明。氨进入人体后会阻碍三羧酸循环，降低细胞色素氧化酶的作用。致使脑内氨增加，可产生神经毒作用。浓度过高时可使中枢神经系统兴奋性增强，引起痉挛，通过三叉神经末梢的反射作用引起心脏停搏和呼吸停止。高浓度氨可引起组织溶解性坏死。

人对氨的嗅觉阈为0.5~1mg/m³，大于350mg/m³的场所无法工作。车间空气最高允许浓度为10mg/m³。氨对人体的危害见表14-1-4。

表14-1-4　氨对人体的危害

浓度/(mg/m³)	接触时间/min	人体反应	危害程度
3500~7000 1750~3500 700 553	30	即刻死亡 危及生命 立即咳嗽 强烈刺激，可耐受1.25min	重度
175~350 140~210	20	鼻眼刺激，呼吸和脉搏加速 有明显不适，但尚可工作	中等
140 70 67.2	30 30 45	鼻和上呼吸道不适，恶心、头痛 呼吸变慢 鼻、咽有刺激感，眼有灼痛感	
9.8 0.7		无刺激作用 感觉到气味	无

急性氨中毒，患者眼和鼻有辛辣和刺激感，流泪，咳嗽，喉痛，出现头痛、头晕、无力等全身症状。重度中毒时会引起中毒性肺水肿和脑水肿，可引起喉头水肿、喉痉，发生窒息如抢救不及时，会有生命危险。氨中毒严重损害呼吸道和肺组织，抢救时严禁使用压迫式人工呼吸法。

3. 氨中毒的急救措施

急性中毒应立即脱离现场，吸氧，控制肺水肿发生，保持呼吸道畅通。治疗过程要防止喉头水肿或痉挛，防止溃烂的气管内脱落而造成窒息，这种情况容易在中毒后24~48h内发生。皮肤污染和灼伤，可用大量水及时冲洗，再用硼酸溶液洗涤，此后按一般灼伤处理。眼部灼伤，应立即拉开眼睑，用大量水清洁。其他可参照硫化氢泄漏应急处置措施。

(三) 二氧化硫的物理化学性质及危害

1. 二氧化硫的物理化学性质

二氧化硫在常态下为无色气体，有刺激性气味。二氧化硫相对分子质量为64.06；液态下在0℃时的相对密度为1.4337，气态的相对密度为2.927；熔点为-76.1℃；沸点为-10℃；20℃时蒸气压324.18kPa；液态下，24℃折射率为1.410；在常温加压至405.2kPa即可液化。溶于水部分生成亚硫酸。溶于乙醇、乙醚、氯仿、甲醇、硫酸和醋酸。不燃，也不助燃。与水生成的亚硫酸缓慢氧化成硫酸。车间空气最高容许浓度为15mg/m^3。

2. 二氧化硫的毒性及危害

二氧化硫属中等毒类。中毒症状主要由于其在黏膜上生成亚硫酸和硫酸的强烈刺激作用所致。既可引起支气管和肺血管的反射性收缩，也可引起分泌增加及局部炎症反应，甚至腐蚀组织引起坏死。大量吸入二氧化硫可引起肺水肿、喉水肿、声带痉挛而窒息。

二氧化硫作用的靶细胞主要是上呼吸道，因为它易溶于水形成亚硫酸刺激眼和鼻黏膜，具有腐蚀性；二氧化硫在组织液中的溶解度很高，所以吸入空气中的二氧化硫很快会溶解消失在上呼吸道，很少进入深部气道，因此只有深度呼吸或二氧化硫吸附在尘粒表面上时才有可能进入肺部。长期接触二氧化硫的人一方面刺激上呼吸道引起支气管平滑肌反射性收缩，呼吸阻力增加，呼吸功能衰落；另一方面刺激和损失黏膜，使黏膜分泌增多变稠，纤毛运动受阻，免疫功能减弱，导致呼吸道抵抗力下降，诱发不同程度的炎症，如慢性鼻咽炎、慢性支气管炎、支气管哮喘和肺气肿等。此外，长期接触二氧化硫对大脑皮质机能产生不良影响，使大脑劳动能力下降，不利于儿童智力发育。

空气中二氧化硫对人体的影响见表14-1-5所示。

表14-1-5　空气中二氧化硫对人体的危害

浓度/(mg/m^3)	毒性影响
5240	立即产生喉头痉挛、喉水肿而致窒息
1050~1310	即使短时间接触也有危险
400	吸入5min一次接触限值(试验数值)
200	吸入15min一次接触限值(试验数值)
125	吸入30min一次接触限值(试验数值)
50	开始引起眼刺激症状和窒息感
20~30	立即引起喉部刺激的阈浓度
8	约有10%的人可发生暂时性支气管收缩
3~8	连续吸入120h无症状，肺功能绝大多数指标无变化
1.5	绝大多数人的嗅觉阈

人体二氧化硫的中毒可以分为以下几种：

(1) 急性中毒

主要引起呼吸道和眼的刺激症状，如流泪、畏光、鼻、咽、喉部烧灼样痛、咳嗽、声音嘶哑，甚至有呼吸急促、胸痛、胸闷，有时还出现头痛、头昏、全身无力及恶心、呕吐、上腹痛等。检查可见结膜和鼻咽黏膜明显充血，鼻中隔软骨部黏膜可有小块发白的灼伤，肺部可有弥漫性干湿罗音。严重时可于数小时内发生肺水肿而现呼吸困难和紫绀，甚至可因合并细支气管痉挛而引起急性肺气肿。吸入极高浓度时可立即引起反射性声门痉挛而窒息。

(2) 灼伤

液体二氧化硫可引起皮肤及眼灼伤，溅入眼内可立即引起角膜混浊，浅层细胞坏死，严重者角膜形成瘢痕。

(3) 慢性影响

可有头痕、头昏、乏力、嗅觉和味觉减退。常发生鼻炎、咽喉炎、支气管炎。个别诱发支气管哮喘。较常见的消化道症状有牙齿蚀症、恶心、胃部不适、食欲不振等。长期接触可产生气肿。

3. 急救措施

1) 急性中毒。可给2%~5%碳酸氢钠溶液喷雾吸入，每日2~3次，每次10min。防治肺水肿和继发感染。

2) 眼损伤。滴入无菌液体石蜡或蓖麻油以减轻刺激症状，如液体二氧化硫溅入眼内，必须用大量生理盐水或温水冲洗，滴入醋酸考的松眼药水和抗菌素。角膜损伤时及早到眼科处理。

3) 长期接触出现症状时可对症治疗。

4. 防护措施

1) 发生及使用二氧化硫的生产过程要密闭设备并加强通风。加强设备检修和安全操作。

2) 注意个人防护。纱布口罩中可夹饱和碳酸氢钠溶液及1%甘油湿润纱布层以吸收二氧化硫。工作前后可用2%碳酸氢钠漱口。

3) 有明显眼、鼻、喉及呼吸道疾病，手、面部湿疹，支气管哮喘和肺气肿等病者不宜接触二氧化硫。

5. 二氧化硫泄漏的判断与处理

硫黄回收装置中二氧化硫主要存在于酸性气燃烧炉以后的流程介质中，由于二氧化硫具有刺激性气味，操作中易发现二氧化硫的泄漏。当发现二氧化硫大量泄漏时，应迅速撤离泄漏污染区人员至上风处，并立即进行隔离。操作员应戴上防毒面具或空气呼吸器从上风方向进入现场，尽可能查找泄漏原因，切断泄漏源，用工业覆盖层或吸收剂盖住泄漏点附近的下水道等地方，防止气体进入，并合理通风，加速扩散。喷洒雾状水加以稀释、溶解。具体视情况加以处理。

(四) 硫黄的危害

液体硫黄含有微量的硫蒸气、H_2S、SO_2，对人体有危害；固体硫黄毒性很低，生产中不致引起急性中毒。硫在胃内无变化，但在肠内大约有10%转化为硫化氢而被吸收，故大量口服可致硫化氢中毒。生产中长期吸入硫粉尘一般无明显毒性作用，硫粉尘有时引起结膜炎；硫能经无损皮肤吸收，与皮肤分泌物接触可形成硫化氢和五硫黄酸，对皮肤有弱刺激性。

二、反应与工艺流程危害分析

根据《首批重点监管的危险化工工艺目录》安监总管三〔2009〕116号文“氧化工艺”为危险化工工艺。根据安监总局颁布的《调整的首批重点监管危险化工工艺中的部分典型工艺》的要求，将“Claus法气体脱硫”列入“氧化工艺”。因此硫黄回收工艺属于重点监管的危险化工工艺。该装置的工艺过程均采用DCS分散控制，并根据工艺要求及安全等级要求，配备独立于控制系统的安全仪表系统(SIS)，含紧急停车和安全联锁系统，保证关键和重要设备，特别SIS系统同时完成装置制硫燃烧炉和尾气焚烧炉的燃烧过程安全保护，使装置可靠连续长期运行，保证装置人员人身安全。

(一) 制硫装置主要风险

制硫装置与尾气处理装置包含的危险物质包括H_2S、SO_2、S、CO、FeS、烷烃等，其中H_2S、SO_2、CO等有毒有害气体泄漏是较为突出的物质危险性隐患，容易引发环境污染、燃爆及人员中毒事故，由于硫化氢等大量存在于硫黄回收装置的多个设备，其安全控制、泄漏检测以及应急处置技术尤为重要。

管道、设备中的硫化亚铁是硫腐蚀的主要产物，硫化亚铁的着火点很低，容易发生自燃，具有高活性、放热量大的特性，同时其颗粒小、腐蚀性高，在停工维修、清洗等过程中易发生危险，造成设备损坏乃至更严重的事故时有发生。

当空气与瓦斯的混合气体流出的速度低于火焰传播速度时，火焰回到燃烧器内部燃烧(即制硫炉回火)，可能引起爆震或熄火，有烧坏混合室及闪爆等事故隐患，因此需要在明确火焰扩散机理的基础上通过合理控制炉膛压力、调节燃烧器风门或风道上蝶阀等防止回火。除回火外，脱火则是由于瓦斯压力过高、组分过轻或炉膛负压偏大等原因造成燃料气脱离主火嘴处燃烧，容易造成炉膛和出口温度波动，严重时可导致火嘴熄灭、闪爆。

硫黄回收装置的酸性气流量/浓度与配风比是重要的操作条件，只有合适的空气与酸性气比才能达到最大的硫回收率，配风量大会降低硫回收率，严重时污染环境；配风量小则会降低硫回收率，导致烃类物质燃烧不完全，产生积炭、阻塞等后果。此外，生产过程中一旦由于风机故障等停风，会导致酸性气直接进入尾气系统，造成严重冲击，其中的烃类还会遇高温发生不完全燃烧而积炭；在设备切换过程中操作失误造成风机反转，将导致酸性气倒流，直接威胁人的生命安全。

酸性气组分异常时同样存在安全隐患。酸性气带烃及其他杂质情况下，容易导致制硫反应炉超温，系统堵塞或系统压力上升，催化剂活性下降等问题，而空气量不够时将导致积炭，不仅增加了硫黄装置停工时烧焦负荷，在积炭量过大时还会导致装置阻塞，进而引发致有毒气体泄漏等后果。酸性气带水等液相也是硫回收装置的常见问题，由于燃烧炉温度较高导致液相汽化，炉内压力骤升，以至引起防爆膜爆裂，有毒气体泄漏。

硫黄回收装置制硫工艺过程的温度较高，需要对炉膛温度、气体组成等严格监控，一旦发生事故轻则出现装置壳体上翘变形、燃烧器部件损坏、衬里损坏等故障，重则危及生命安全。此外，部分区域如液硫池、燃烧炉、酸性水罐等气相燃爆风险大，需要严格气体组成、完善防护措施。

硫黄回收装置工艺介质中的蒸汽、硫蒸气及周边大气等气体，均会对装置设备和管线产生不同程度的腐蚀，硫黄回收装置的腐蚀类型很多，腐蚀机理复杂，既有高温腐蚀，也有低温化学腐蚀和应力腐蚀。对硫黄回收装置腐蚀的控制与泄漏监检测是需要特别关注的一项工作，例如，冷却器的管板间易发生泄漏，导致硫蒸气接触冷却水而凝固，造成设备的阻塞，严重时会引起系统压力升高，造成防爆膜爆裂、物料泄漏等后果；液硫池、硫冷凝器、余热锅炉设备等位置同样是泄漏高发区域，需要重点关注，在生产实践中必须从设备选材、物料组成控制、工艺防腐、监控预警等多方面综合防护，保证硫黄回收装置长周期安全平稳运行。

硫黄成型库房等区域中由于含有大量的硫粉尘，加之必要的成型设备的运转，因此具有粉尘爆炸的危险。硫黄粉尘的爆炸下限是 $35g/m^3$，实际生产中应从消除可燃物和消除火源两个方面完善粉尘燃爆防控措施，消除可燃物的措施包括密闭操作、加强置换、严格规范操作、及时清除粉尘等，消除火源的措施主要包括严格控制动火作业、消除和控制静电及火花、炽热物体等，此外还需要完善监测与消防措施，加强储运管理。

（二）尾气处理装置主要风险

除设备腐蚀、泄漏等硫黄回收装置共有风险外，由于尾气处理装置通常包括以瓦斯为燃料对硫黄尾气的焚烧，如果瓦斯突然中断，会因没有燃料气供应使焚烧炉火焰熄灭，影响正常生产。如果瓦斯带液，会造成空气供应量不足，在焚烧炉内积炭，有时还会在管线中发生燃烧，烧毁管线造成设备事故或气体泄漏，威胁安全生产。此外，焚烧炉回火、闪爆等事故也时有发生，例如 2003 年 11 月某硫黄回收装置焚烧炉进行开工点火时，没有及时点着主火嘴而发生闪爆，造成尾气中压蒸汽过热器西侧弯头箱鼓起，烟囱内墙体被震塌。

尾气处理装置控制的关键是尾气中 SO_2 的转化，影响因素主要包括催化剂性能、反应温度、加氢量等。加氢量过大会加重尾气焚烧炉的负担，严重时造成焚烧炉飞温以致损坏；加氢量过小，SO_2 不能完全转化，会和过程气中 H_2S 反应生成硫黄阻塞设备，严重时会引起硫黄反应单元的事故。

由于 H_2S 和 SO_2 在没有催化剂存在的条件下也能缓慢反应，积累之后有可能阻塞设备或者管线，特别是在没有尾气处理设施或采用焚烧的尾气处理方法的装置中，尾气中 H_2S 和 SO_2 含量较大，经常会出现硫黄阻塞烟囱管线的现象，从而造成整个硫黄系统阻塞，影响安全生产，严重时还会造成被迫停工现象。

酸性气中 H_2S 的含量及烃含量往往是随时间变化的，需要对过程气中 H_2S 和 SO_2 含量进行分析，从而对配风量随时进行调节，国外和某些国内的引进装置基本上实现了在线色谱分析，但国内普遍采用的分析方法仍是人工色谱分析法，分析人员每天必须与有毒气体直接接触，在采样过程中如果忽视安全或违反规定进行操作，很容易发生中毒危险，而且这种危险直接威胁生命，在生产过程中应该重点注意。

（三）采样安全

（1）酸性气采样

1）应采用密闭式采样器，严禁直接排入大气。

2）佩戴好空气呼吸器，由两人同时到现场，人站在上风方向，一人采样，另一人协助并监护，采样阀开度不宜过大。

3）采样时操作人员应带好便携式硫化氢报警仪，若采样过程中出现报警仪报警，操作人员应迅速离开现场，并查出泄漏点。

4）采样时若发现采样阀门漏，须及时更换阀门，更换时必须戴好空气呼吸器，并有专人监护，采样结束必须关严阀门。

5）为防止采样过程硫化氢气体泄漏，须对采样器阀门、接口等部位定期进行气密性检查。

（2）硫黄尾气采样

硫黄尾气采样可参照酸性气采样做好个体防护。

（3）自动采样分析

随着仪表自动化技术水平的不断提升，硫黄回收、尾气处理在线仪表连续监测分析是大势所趋，这样既可以减少人工采样的风险，又可以提高装置经济技术运行水平。

三、工艺危险性分析方法

（一）HAZOP 及 SIL 评估方法准则

（1）HAZOP 分析

危险与可操作性分析(HAZOP)方法是危害辨识的重要应用技术之一，其全面、系统、科学等性能优势决定了其在工艺过程危险辨识领域的领先地位，使其成为国际上工艺过程危险性分析中应用最广泛的分析技术之一。

HAZOP 分析是一种用于辨识设计缺陷、工艺过程危害及操作性问题的结构化分析方法，方法的本质就是对工艺图纸和操作规程进行分析。在这个过程中，按规定的方式系统研究每一个单元(即分析节点)，分析偏离设计工艺条件的偏差所导致的危险和可操作性问题。HAZOP 分析组分析每个工艺单元或操作步骤，识别出那些具有潜在危险的偏差，这些偏差通过引导词引出，使用引导词的一个目的就是为了保证对所有工艺参数的偏差都进行分析。分析组对每个有意义的偏差都进行分析，并分析它们的可能原因、后果和已有安全保护措施等，同时提出应该采取的措施。

HAZOP 分析方法的本质就是通过系列的分析会议对工艺图纸和操作规程进行分析。在这个过程中，由各专业人员组成的分析组按照规定的方式系统地分析偏离设计工艺条件的偏差。因此 HAZOP 分析方法明显不同于其他分析方法，因为其他分析方法可由一个人单独完成，而 HAZOP 分析必须由不同专业人员组成的分析组来完成。HAZOP 分析对工艺或操作的特殊点进行分析，这些特殊的点称为“分析节点”或“工艺单元”或“操作步骤”。HAZOP 分析组分析每个节点，识别出具有潜在危险的偏差，并对偏差原因、后果及控制措施等进行分析，最终形成 HAZOP 分析报告。

（2）SIL 评估

SIL 全名为安全完整性等级(Safety Integrity Level)，英文缩写为 SIL，由每小时发生的危险失效概率来区分(10^{-7}≤SIL2<10^{-6}；10^{-8}≤SIL3 <10^{-7})。按照国际标准的规定，将安全等级分为 4 级，即 SIL1~SIL4，其中 SIL4 等级为最高。

生产过程所需要的安全等级由专门的生产工艺公司来评估确定。一般对安全要求比较高的工艺生产过程需要的安全等级为 SIL3。IEC61508 将 SIL 划分为 4 级，即 SIL1、SIL2、SIL3 和 SIL4。安全相关系统的 SIL 应该达到哪一级别，是由风险分析得来的，即通过分析风险后果严重程度、风险暴露时间和频率、不能避开风险的概率及不期望事件发生概率这四个因素综合得出。级别越高，要求其危险失效概率越低。

典型的 SIL 评估内容包括：①定 SIF。采用危险与风险分析方法对装置重要联锁回路进行安全功能 SIF 分析，形成装置安全仪表系统安全功能分析技术报告。②定目标 SIL。结合风险矩阵，采用保护层分析方法(LOPA)，从危险和可操作性分析、通过文档化保护层计算每个识别的危险，确定每个联锁回路的安全完整性等级。③实际 SIL 与目标 SIL 比对，确定不符合目标 SIL 的联锁回路。

（二）工艺危险性分析案例

为促进企业对危险与可操作性分析(HAZOP)等方法的运用，2016年起中国石化每年举办HAZOP技术应用大比武，其中包括对硫黄回收装置的风险与运行管理隐患的系统排查，以某140kt/a硫黄回收装置为例，识别的主要风险隐患如下。

1）高浓度有毒有害的酸性气、酸性水物料泄漏，引发环境污染及人员中毒事故。

2）燃烧炉因配风、燃料气不足等问题熄火，易造成闪爆；酸性气进入下游，造成环境污染。

3）汽包因水位控制故障，造成干锅。

4）检维修时，管道设备内硫化亚铁自燃，若硫吹扫不彻底，易造成管线设备超温损坏。

5）管道中含有硫化氢、水汽、二氧化硫、亚硫酸等，造成管线设备腐蚀。

6）液硫储存系统因温度降低造成液硫凝固，堵塞管道。

7）液硫池因脱气效果差，硫化氢外泄，造成环境污染。

8）风机故障，造成装置停车，酸性气放火炬引发环境污染。

9）燃烧炉燃料气配比不当，燃烧不完全，反应器积炭，催化剂损坏，尾气排放不达标。

10）溶剂带烃或其他杂质，造成再生系统胺液发泡，影响贫胺液品质。

11）酸性水罐气相连通，易引发连锁事故，造成事故扩大。

12）制硫装置安全阀起跳后酸性气排放到高压火炬气系统，可能对高压火炬气系统产生露点腐蚀。

13）酸性气分液罐自启动泵停车检维修排放线直排含油污水地沟，可能造成现场检维修人员中毒。

14）现场非密闭采样，造成有毒气体泄漏，影响人员健康和污染环境，严重时，造成人员伤亡。

15）操作波动、尾气大量带氧等原因造成加氢反应器内反应剧烈，催化剂床层温度及反应器出口升高。

16）溶剂缓冲罐罐底排污阀内漏可能导致贫液泄漏至含油污水系统，导致水系统污染。

17）原料水罐罐顶气相通过氮气喷射泵加压后直排酸性气放火炬线，存在严重安全隐患，若空气吸入原料水罐，在酸性气放火炬管线内可能达到爆炸极限，从而引起火灾爆炸。

18）液氨储罐顶部气相放空仅为单阀设计，若阀门内漏，可能导致氨气泄漏至环境，引起环境污染，人员中毒。

此外，经过对某硫黄回收装置SIF回路的分析，结果表明：该装置需要设置SIS系统且等级至少为SIL2，对结果起关键作用的是制硫炉炉膛压力高高回路。制硫炉火焰熄灭、酸性气分液罐液位高高只要求SIL1即可，另外9个联锁没有SIL等级硬性要求。在设备选型时，有SIL需要的回路应配备满足相应SIL等级的测量仪表和执行机构。依据SIL评估结果，一些不必要的联锁可以在设计阶段取消，联锁值和联锁结构可以优化，从而提高了设计标准，减少给开工和操作留下的问题。通过评估梳理清楚各SIF回路，得到了描述比较完整的安全要求规格书，使联锁设置的目的和作用非常清晰，为生产运行期间维护管理提供参考。SIL定级分析中还提出多条建议，例如增设关键测量仪表的报警、更改酸性水泵自动启动设定值、对鼓风机出口阀动作速度要求等。

第二节　过程安全管理

一、过程安全管理发展概况

过程安全(Process Safety)是指在危险化学品的生产、储存、使用、处置和转移等生产经营活动中，如何预防装置和设施可能发生的危险化学品意外泄漏及可能引发的事故，造成对企业员工和社区居民的伤害以及环境的破坏和财产的损失。过程安全不仅涉及物料安全、反应安全等工艺安全问题，还必须考虑设施设备、电气仪表、自动控制等可能引发的安全问题，过程安全目标的实现，需要工艺、机械、电气自控等各专业的共同努力。

过程安全管理就是运用风险管理和系统管理思想、方法建立管理体系，在对过程系统进行全面风险分析的基础上，主动地、前瞻性地管理和控制过程风险，预防重大事故发生。过程安全不同于职业安全。职业安全主要关注人员的安全，强调增强人的安全意识，注重行为安全管理。

(一) 国外发展情况

20 世纪 80 年代，欧美国家从许多惨痛的事故教训中逐步认识到过程安全的重要性，开始研究制定相关的法律法规。美国化学工程师协会于 1985 年专门成立化工过程安全中心(CCPS)，通过与设计者、施工者、操作人员、安全专家和学术界的紧密联系，组织召开了与过程安全有关的各类专题讨论会、研讨会，编写了一系列用于指导实施过程安全管理的指南性书籍。

欧盟于 1982 年 6 月颁布了《工业活动中重大事故危险法令》(82/501/EEC)，为铭记发生在意大利塞维索地区的毒物泄漏事故，该法令也被称为《塞维索指令》，后于 1996 年、2003 年和 2012 年经历了三次修订。《塞维索指令Ⅲ》吸取了欧美企业在全球范围内发生的重大危险化学品事故经验教训，衔接了有关国际公约的规定，是一部比较全面、综合、完善的预防和控制危险化学品重大事故的法规文件，提出的管理思路和措施的整体架构，值得我们研究和借鉴。比如，该法规把查明企业存在的所有安全风险、风险大小、应当采取具有针对性的预防措施，这些预防和控制危险化学品重大事故最重要的工作，全部推给了企业，责成企业去完成，并要求企业负责人承诺确保预防重大事故的各项措施得到正确实施，这样的管理思路，显然有利于落实企业的主体责任。

美国职业安全健康管理局于 1992 年颁布了联邦法规《高危险化学品过程安全管理》(PSM)，适用于所有涉及危险化学品的活动，包括使用、存储、生产和操作等，通过对工艺设施整个生命流程中各个环节的管理，从根本上减少或消除事故隐患，从而提高工艺设施的安全。该标准工艺安全管理包含以下 14 个互相关联的要素：工艺安全信息、工艺危害分析、操作程序和安全惯例、技术变更管理、质量保证、承包商管理、开工前安全检查、设备完整性、设备变更的管理、培训及表现、事故调查、人员变更管理、应急计划及响应、审核。

美国环境保护署于 1996 年在 PSM 的基础上颁布了《化学品事故预防规定》，也称为《风险管理计划》(RMP)。PSM 重点规定了企业应做好的一系列重要的过程安全管理要素，侧重于对企业内部管理的要求；RMP 增加了对环境释放风险的管理要求，规定企业必须制定和提交风险管理计划，体现了对企业外部环境的关注。这两部法规在法律框架下协调配合，构成了美国对高危险化学品企业全方位监管的法规措施。

对欧盟的《塞维索指令Ⅲ》和美国的PSM加上RMP构成的管理体系进行比较，两者的管理思路基本相同，管理规定有所不同。《塞维索指令Ⅲ》更全面、严密和完善。2013年，根据美国总统的要求，美国的PSM和RMP法规已开始修订。由美国提出的过程安全管理的理念、思想和方法，在全球危险化学品企业得到了普遍认可和应用，并得到不断发展。

（二）我国过程安全管理基本要求

我国的安全生产管理包含了过程安全和职业安全两方面，两者重点关注的对象和管理方法不同，但又相互关联、相互影响。职业安全所强调的安全文化建设、增强人的安全意识、重视行为安全等，对于过程安全管理同样重要。实行区别对待、分级管理，把高风险企业管好，而对其他企业不提过于严厉的要求，以减少企业负担，支持企业发展。

国家安监总局在2010年9月6日发布《化工企业工艺安全管理实施导则》(AQ/T 3034—2010)，于2011年5月1日起实施，包含工艺安全信息(PSI)、工艺危害分析(PHA)、操作规程、培训、承包商管理、试生产前安全审查、机械完整性、作业许可、变更管理、应急管理、工艺事故/事件管理、符合性审核等12个相互关联的要素。

国家安全监管总局在《安全生产标准"十三五"发展规划》中公布，"十三五"期间将进一步完善危险化学品强制性标准，包括制修订高危化学品安全管理与控制标准、制修订危险化学品企业风险分级及管控标准，包括涉及高风险工艺、重大危险源安全管理及技术标准；同时将进一步完善危险化学品强制性行业标准，包括制定化工过程安全管理系列标准、制修订危险化学品企业安全标准化系列标准，罐区与储罐安全标准；此外，还将完善精细化工反应安全风险评估标准、化工园区安全管理系列标准等推荐性标准。

近年来，国家将"两重点一重大"(即重点监管的危险化工工艺、重点监管的危险化学品和重大危险源)的安全管理提高到一个新的高度。国务院安委会、国务院办公厅和国家安全监管总局相继发布了一系列的《指导意见》、《通知》文件，从立项审批、设计资质、安全设计标准、人员培训和培养、危险辨识、试生产论证等方面对"两重点一重大"提出了监管要求。其中，技术方面要求包括：建立健全安全监测监控体系，装备安全仪表系统，安装、完善自动化控制系统、安全联锁系统等。《国务院办公厅关于印发危险化学品安全综合治理方案的通知》(国办发〔2016〕88号)规定新建化工装置必须装备自动化控制系统，涉及"两重点一重大"的化工装置必须装备安全仪表系统，危险化学品重大危险源必须建立健全安全监测监控体系。《国家安全监管总局关于加强化工过程安全管理的指导意见》(安监总管三〔2013〕88号)规定，对涉及"两重点一重大"的生产储存装置进行风险辨识分析，要采用危险与可操作性分析(HAZOP)技术，一般每3年进行一次。

国家安全监管总局《关于加强精细化工反应安全风险评估工作的指导意见》(安监总管三〔2017〕1号)针对精细化工反应的热风险提出了系统的评估方法、评估流程、评估标准指南，具体评估内容包括物料热稳定性风险评估、目标反应安全风险发生可能性和导致的严重程度评估、目标反应工艺危险度评估等，综合反映安全风险评估结果，考虑不同的工艺危险程度，建立相应的控制措施，在设计中体现，并同时考虑厂区和周边区域的应急响应。

（三）中国石化过程安全管理情况

中国石化作为国有特大型骨干企业，高度重视安全生产工作，坚持问题导向、目标导向，以识别大风险、消除大隐患、杜绝大事故为工作主线，实施风险管理，加强过程管控，努力提升安全管理精细化和有效性，逐步把安全培育成中国石化的核心竞争力之一。

中国石化下属企业均根据《危险化学品重大危险源暂行管理规定》(总局第40号令)和《危险化学品重大危险源辨识》(GB18218)进行了重大危险源辨识、分级，共涉及危险化学品重大危险源739个，其中炼油化工板块394个，销售公司326个，商业储备公司14个，管道储运公司5个，数量多、范围广。中国石化始终致力于充分落实国家的安全管理要求，督促企业切实落实安全生产主体责任，进一步完善安全生产条件，持续增强从业人员安全意识，提高从业人员的业务技能，全面加强和改进安全生产管理。一方面，结合重大危险源管理，针对存在问题的炼厂、油库，积极组织进行HAZOP分析评估和SIL分析评估，明确企业的HSE风险，制定相应控制措施；排查企业安全监控情况，完善监控自控措施；排查企业无高低液位报警联锁、无紧急切断阀和紧急停车系统的问题，完善安全仪表联锁和紧急停车系统。另一方面，结合危险化工工艺管理情况，选取代表性典型装置，结合企业现场工艺条件、控制措施和运行情况，进行工艺安全研究与评估，提出系统安全控制措施建议。

中国石化集团公司HSE管理体系是为了确保系统安全而建立起来的一种规范、科学的管理体系，该体系遵循系统安全的基本思想，继承现行有效的管理经验和做法，吸收、借鉴国外先进经验，补充、完善现有行之有效管理制度，达到系统化、科学化、规范化、制度化，其十个要素包括：①领导承诺、方针目标和责任；②组织机构、职责、资源和文件控制；③风险评价和隐患治理；④承包商和供应商管理；⑤装置(设施)设计和建设；⑥运行和维修；⑦变更管理和应急管理；⑧检查和监督；⑨事故处理和预防；⑩审核、评审和持续改进。

近年来，中国石化持续改进QHSE管理体系，全面提高健康安全环保管理水平。改进健康、安全、环保管理体系建设和运行中存在不规范、两张皮现象，实现管理升级，从传统的状态管理向系统过程管理转变，将员工体系意识、体系理解、体系能力与体系建设紧密结合起来，尤其是加强领导干部、专业管理人员对体系的学习、理解，使各级管理人员以身作则，带头自觉遵守和严格执行程序文件，按体系要求开展工作。通过全员、全方位的努力，达到领导理念可靠、制度可靠、执行可靠，监督队伍素质提高，管理体系有效运行。

二、过程安全管理基本要素

(一) 过程安全管理各要素的基本要求与联系

为深入贯彻落实《国务院关于进一步加强企业安全生产工作的通知》(国发〔2010〕23号)和《国务院关于坚持科学发展安全发展促进安全生产形势持续稳定好转的意见》(国发〔2011〕40号)精神，加强化工企业安全生产基础工作，全面提升化工过程安全管理水平，国家安全监管总局提出了化工过程安全管理的主要内容和任务，包括：收集和利用化工过程安全生产信息；风险辨识和控制；不断完善并严格执行操作规程；通过规范管理，确保装置安全运行；开展安全教育和操作技能培训；严格新装置试车和试生产的安全管理；保持设备设施完好性；作业安全管理；承包商安全管理；变更管理；应急管理；事故和事件管理；化工过程安全管理的持续改进等。

目前国际先进的工艺装置基本上采用了洋葱模型的过程安全防护策略，洋葱模型从里到外分别代表：工艺设计，基本工艺控制，报警、操作员干预，自动执行的安全仪表系统

(SIS)或紧急停车系统(ESD)，泄放设施，物理防护，应急响应等。由于P&ID图几乎包含了洋葱模型的所有安全措施，显示了所有设备、管道、工艺控制系统、安全联锁系统、物料互供关系、设备尺寸、设计温度、设计压力、管线尺寸、材料模型和等级、安全泄放系统、公用工程管线等关于工艺装置的关键信息，因此通过分析P&ID，几乎可以分析所有安全措施的充分性，检查强制性标准规范在设计中的执行和落实情况。

(二) 典型事故案例解读

历年来硫黄回收装置的安全事故常有发生，2004年10月27日9时44分，中石油大庆石化分公司炼油厂硫黄回收车间V402原料水罐发生重大爆炸事故，死亡7人，直接经济损失192.27万元。2014年6月9日，扬子石化炼油厂硫回收装置2号酸性水罐着火引发爆炸，相邻三个酸性水罐及一个油灌受影响，当日大火被扑灭后又发生复燃，引起社会舆论的高度关注。此外，2006年兰州石化发生过硫黄回收装置检修时设备内部充氮、导致5名检修人员窒息身亡的事故，抚顺石化也曾发生过H_2S泄漏导致巡检人员中毒摔死的典型事故。

分析典型事故案例可以发现，过程安全管理不严的教训非常惨痛，大多体现在以下方面：①安全防范意识差，安全教育和操作培训不到位。可谓不知不会，无知无畏，对作业过程中的危害性认识不够，后果估计不足，贪图便捷，鲁莽行事，盲目操作。②隐患治理力度不够，无法确保本质安全。③应急预案不完善，应急响应能力不足。④作业安全管理、变更管理不到位，安全措施不能有效落实。⑤安全管理制度不完善，且执行不力，违规操作屡禁不止。安全管理制度执行层层弱化，有章不循，违章指挥、操作，往往导致事故的发生。

三、过程安全管理要素的实施

硫黄回收装置的过程安全管理要素的实施可从以下方面开展。

(一) 过程安全信息

企业要明确责任部门，按照《化工企业工艺安全管理实施导则》(AQ/T3034)的要求，全面收集生产过程涉及的化学品危险性、工艺和设备等方面的全部安全生产信息，并将其文件化；在综合分析收集到的各类信息基础上，明确提出生产过程安全要求和注意事项。通过建立安全管理制度、制定操作规程、制定应急救援预案、制作工艺卡片、编制培训手册和技术手册、编制化学品间的安全相容矩阵表等措施，将各项安全要求和注意事项纳入自身的安全管理中。

(二) 过程风险管理

首先要建立风险管理制度，企业要制定化工过程风险管理制度，明确风险辨识范围、方法、频次和责任人，规定风险分析结果应用和改进措施落实的要求，对生产全过程进行风险辨识分析；对涉及重点监管危险化学品、重点监管危险化工工艺和危险化学品重大危险源(以下统称“两重点一重大”)的生产储存装置进行风险辨识分析，要采用危险与可操作性分析(HAZOP)技术，一般每3年进行一次，对其他生产储存装置的风险辨识分析，针对装置不同的复杂程度，选用安全检查表、工作危害分析、预危险性分析、故障类型和影响分析(FMEA)、HAZOP技术等方法或多种方法组合，可每5年进行一次，企业管理机构、人员构成、生产装置等发生重大变化或发生生产安全事故时，要及时进行风险辨识分析。企业要组织所有人员参与风险辨识分析，力求风险辨识分析全覆盖。

其次要确定风险辨识分析内容。化工过程风险分析应包括：工艺技术的本质安全性及风险程度；工艺系统可能存在的风险；对严重事件的安全审查情况；控制风险的技术、管理措施及其失效可能引起的后果；现场设施失控和人为失误可能对安全造成的影响；在役装置的风险辨识分析还要包括发生的变更是否存在风险，吸取本企业和其他同类企业事故及事件教训的措施等。

此外，还需要制定可接受的风险标准，企业要按照《危险化学品重大危险源监督管理暂行规定》(国家安全监管总局令第40号)的要求，根据国家有关规定或参照国际相关标准，确定本企业可接受的风险标准，对辨识分析发现的不可接受风险，企业要及时制定并落实消除、减小或控制风险的措施，将风险控制在可接受的范围。

(三) 装置运行安全管理

在操作规程管理方面，企业要制定操作规程管理制度，规范操作规程内容，明确操作规程编写、审查、批准、分发、使用、控制、修改及废止的程序和职责。操作规程的内容应至少包括：开车、正常操作、临时操作、应急操作、正常停车和紧急停车的操作步骤与安全要求；工艺参数的正常控制范围，偏离正常工况的后果，防止和纠正偏离正常工况的方法及步骤；操作过程的人身安全保障、职业健康注意事项等。操作规程应及时反映安全生产信息、安全要求和注意事项的变化。企业每年要对操作规程的适应性和有效性进行确认，至少每3年要对操作规程进行审核修订；当工艺技术、设备发生重大变更时，要及时审核修订操作规程。企业要确保作业现场始终存有最新版本的操作规程文本，以方便现场操作人员随时查用；定期开展操作规程培训和考核，建立培训记录和考核成绩档案；鼓励从业人员分享安全操作经验，参与操作规程的编制、修订和审核。

在异常工况监测预警方面，企业要装备自动化控制系统，对重要工艺参数进行实时监控预警；要采用在线安全监控、自动检测或人工分析数据等手段，及时判断发生异常工况的根源，评估可能产生的后果，制定安全处置方案，避免因处理不当造成事故。

在开停车安全管理方面，企业要制定开停车安全条件检查确认制度。在正常开停车、紧急停车后的开车前，都要进行安全条件检查确认。开停车前，企业要进行风险辨识分析，制定开停车方案，编制安全措施和开停车步骤确认表，经生产和安全管理部门审查同意后，要严格执行并将相关资料存档备查。企业要落实开停车安全管理责任，严格执行开停车方案，建立重要作业责任人签字确认制度。开车过程中装置依次进行吹扫、清洗、气密试验时，要制定有效的安全措施；引进蒸汽、氮气、易燃易爆介质前，要指定有经验的专业人员进行流程确认；引进物料时，要随时监测物料流量、温度、压力、液位等参数变化情况，确认流程是否正确。要严格控制进退料顺序和速率，现场安排专人不间断巡检，监控有无泄漏等异常现象。停车过程中的设备、管线低点的排放要按照顺序缓慢进行，并做好个人防护；设备、管线吹扫处理完毕后，要用盲板切断与其他系统的联系。抽堵盲板作业应在编号、挂牌、登记后按规定的顺序进行，并安排专人逐一进行现场确认。

(四) 岗位安全教育和操作技能培训

一是建立并执行安全教育培训制度。企业要建立厂、车间、班组三级安全教育培训体系，制定安全教育培训制度，明确教育培训的具体要求，建立教育培训档案；要制定并落实教育培训计划，定期评估教育培训内容、方式和效果。从业人员应经考核合格后方可上岗，特种作业人员必须持证上岗。

二是从业人员安全教育培训。企业要按照国家和企业要求，定期开展从业人员安全培训，使从业人员掌握安全生产基本常识及本岗位操作要点、操作规程、危险因素和控制措施，掌握异常工况识别判定、应急处置、避险避灾、自救互救等技能与方法，熟练使用个体防护用品。当工艺技术、设备设施等发生改变时，要及时对操作人员进行再培训。要重视开展从业人员安全教育，使从业人员不断强化安全意识，充分认识化工安全生产的特殊性和极端重要性，自觉遵守企业安全管理规定和操作规程。企业要采取有效的监督检查评估措施，保证安全教育培训工作质量和效果。

三是新装置投用前的安全操作培训。新建企业应规定从业人员文化素质要求，变招工为招生，加强从业人员专业技能培养。工厂开工建设后，企业就应招录操作人员，使操作人员在上岗前先接受规范的基础知识和专业理论培训。装置试生产前，企业要完成全体管理人员和操作人员岗位技能培训，确保全体管理人员和操作人员考核合格后参加全过程的生产准备。

（五）试生产安全管理

试生产安全管理方面首先要明确试生产安全管理职责。企业要明确试生产安全管理范围，合理界定项目建设单位、总承包商、设计单位、监理单位、施工单位等相关方的安全管理范围与职责。项目建设单位或总承包商负责编制总体试生产方案、明确试生产条件，设计、施工、监理单位要对试生产方案及试生产条件提出审查意见。对采用专利技术的装置，试生产方案经设计、施工、监理单位审查同意后，还要经专利供应商现场人员书面确认。项目建设单位或总承包商负责编制联动试车方案、投料试车方案、异常工况处置方案等。试生产前，项目建设单位或总承包商要完成工艺流程图、操作规程、工艺卡片、工艺和安全技术规程、事故处理预案、化验分析规程、主要设备运行规程、电气运行规程、仪表及计算机运行规程、联锁整定值等生产技术资料、岗位记录表和技术台账的编制工作。

其次是抓好试生产前各环节的安全管理。建设项目试生产前，建设单位或总承包商要及时组织设计、施工、监理、生产等单位的工程技术人员开展“三查四定”（三查：查设计漏项、查工程质量、查工程隐患；四定：整改工作定任务、定人员、定时间、定措施），确保施工质量符合有关标准和设计要求，确认工艺危害分析报告中的改进措施和安全保障措施已经落实。部分安全管理具体要求如下。

1）系统吹扫冲洗安全管理：在系统吹扫冲洗前，要在排放口设置警戒区，拆除易被吹扫冲洗损坏的所有部件，确认吹扫冲洗流程、介质及压力。蒸汽吹扫时，要落实防止人员烫伤的防护措施。

2）气密试验安全管理：要确保气密试验方案全覆盖、无遗漏，明确各系统气密的最高压力等级。高压系统气密试验前，要分成若干等级压力，逐级进行气密试验。真空系统进行真空试验前，要先完成气密试验，要用盲板将气密试验系统与其他系统隔离，严禁超压。气密试验时，要安排专人监控，发现问题，及时处理；做好气密检查记录，签字备查。

3）单机试车安全管理：企业要建立单机试车安全管理程序。单机试车前，要编制试车方案、操作规程，并经各专业确认。单机试车过程中，应安排专人操作、监护、记录，发现异常立即处理。单机试车结束后，建设单位要组织设计、施工、监理及制造商等方面人员签字确认并填写试车记录。

4）联动试车安全管理：联动试车应具备下列条件：所有操作人员考核合格并已取得上岗资格；公用工程系统已稳定运行；试车方案和相关操作规程、经审查批准的仪表报警和联锁值已整定完毕；各类生产记录、报表已印发到岗位；负责统一指挥的协调人员已经确定。引入燃料或窒息性气体后，企业必须建立并执行每日安全调度例会制度，统筹协调全部试车的安全管理工作。

5）投料安全管理：投料前，要全面检查工艺、设备、电气、仪表、公用工程和应急准备等情况，具备条件后方可进行投料。投料及试生产过程中，管理人员要现场指挥，操作人员要持续进行现场巡查，设备、电气、仪表等专业人员要加强现场巡检，发现问题及时报告和处理。投料试生产过程中，要严格控制现场人数，严禁无关人员进入现场。

（六）设备完好性管理

设备完好性管理方面，首要任务是要建立并不断完善设备管理制度。

一是建立设备台账管理制度：企业要对所有设备进行编号，建立设备台账、技术档案和备品配件管理制度，编制设备操作和维护规程。设备操作、维修人员要进行专门的培训和资格考核，培训考核情况要记录存档。

二是建立装置泄漏监（检）测管理制度：企业要统计和分析可能出现泄漏的部位、物料种类和最大量。定期监（检）测生产装置动静密封点，发现问题及时处理。定期标定各类泄漏检测报警仪器，确保准确有效。要加强防腐蚀管理，确定检查部位，定期检测，建立检测数据库。对重点部位要加大检测检查频次，及时发现和处理管道、设备壁厚减薄情况；定期评估防腐效果和核算设备剩余使用寿命，及时发现并更新更换存在安全隐患的设备。

三是建立电气安全管理制度：企业要编制电气设备设施操作、维护、检修等管理制度。定期开展企业电源系统安全可靠性分析和风险评估。要制定防爆电气设备、线路检查和维护管理制度。

四是建立仪表自动化控制系统安全管理制度：新（改、扩）建装置和大修装置的仪表自动化控制系统投用前、长期停用的仪表自动化控制系统再次启用前，必须进行检查确认。要建立健全仪表自动化控制系统日常维护保养制度，建立安全联锁保护系统停运、变更专业会签和技术负责人审批制度。

设备安全运行管理方面要注重以下环节：

一是开展设备预防性维修。关键设备要装备在线监测系统。要定期监（检）测检查关键设备、连续监（检）测检查仪表，及时消除静设备密封件、动设备易损件的安全隐患。定期检查压力管道阀门、螺栓等附件的安全状态，及早发现和消除设备缺陷。

二是加强动设备管理。企业要编制动设备操作规程，确保动设备始终具备规定的工况条件。自动监测大机组和重点动设备的转速、振动、位移、温度、压力、腐蚀性介质含量等运行参数，及时评估设备运行状况。加强动设备润滑管理，确保动设备运行可靠。

三是开展安全仪表系统安全完整性等级评估。企业要在风险分析的基础上，确定安全仪表功能（SIF）及其相应的功能安全要求或安全完整性等级（SIL）。企业要按照《过程工业领域安全仪表系统的功能安全》（GB/T 21109）和《石油化工安全仪表系统设计规范》的要求，设计、安装、管理和维护安全仪表系统。

（七）作业安全管理

作业安全管理方面，首先要建立危险作业许可制度。企业要建立并不断完善危险作业许可制度，规范动火、进入受限空间、动土、临时用电、高处作业、断路、吊装、抽堵盲板等特殊作业安全条件和审批程序。实施特殊作业前，必须办理审批手续。

其次是要落实危险作业安全管理责任。实施危险作业前，必须进行风险分析、确认安全条件，确保作业人员了解作业风险和掌握风险控制措施、作业环境符合安全要求、预防和控制风险措施得到落实。危险作业审批人员要在现场检查确认后签发作业许可证。现场监护人员要熟悉作业范围内的工艺、设备和物料状态，具备应急救援和处置能力。作业过程中，管理人员要加强现场监督检查，严禁监护人员擅离现场。

(八)承包商管理

严格承包商管理制度是承包商管理的关键。企业要建立承包商安全管理制度，将承包商在本企业发生的事故纳入企业事故管理。企业选择承包商时，要严格审查承包商有关资质，定期评估承包商安全生产业绩，及时淘汰业绩差的承包商。企业要对承包商作业人员进行严格的入厂安全培训教育，经考核合格的方可凭证入厂，禁止未经安全培训教育的承包商作业人员入厂。企业要妥善保存承包商作业人员安全培训教育记录。

落实安全管理责任是承包商管理的另一个重要内容。承包商进入作业现场前，企业要与承包商作业人员进行现场安全交底，审查承包商编制的施工方案和作业安全措施，与承包商签订安全管理协议，明确双方安全管理范围与责任。现场安全交底的内容包括：作业过程中可能出现的泄漏、火灾、爆炸、中毒窒息、触电、坠落、物体打击和机械伤害等方面的危害信息。承包商要确保作业人员接受了相关的安全培训，掌握与作业相关的所有危害信息和应急预案。企业要对承包商作业进行全程安全监督。

(九)变更管理

企业在工艺、设备、仪表、电气、公用工程、备件、材料、化学品、生产组织方式和人员等方面发生的所有变化，都要纳入变更管理。变更管理制度至少包含以下内容：变更的事项、起始时间，变更的技术基础、可能带来的安全风险，消除和控制安全风险的措施，是否修改操作规程，变更审批权限，变更实施后的安全验收等。实施变更前，企业要组织专业人员进行检查，确保变更具备安全条件；明确受变更影响的本企业人员和承包商作业人员，并对其进行相应的培训。变更完成后，企业要及时更新相应的安全生产信息，建立变更管理档案。

变更管理程序流程如下：

一是申请。按要求填写变更申请表，由专人进行管理。

二是审批。变更申请表应逐级上报企业主管部门，并按管理权限报主管负责人审批。

三是实施。变更批准后，由企业主管部门负责实施。没有经过审查和批准，任何临时性变更都不得超过原批准范围和期限。

四是验收。变更结束后，企业主管部门应对变更实施情况进行验收并形成报告，及时通知相关部门和有关人员。相关部门收到变更验收报告后，要及时更新安全生产信息，载入变更管理档案。

(十)应急管理

企业要建立完整的应急预案体系，包括综合应急预案、专项应急预案、现场处置方案等。要定期开展各类应急预案的培训和演练，评估预案演练效果并及时完善预案。企业制定的预案要与周边社区、周边企业和地方政府的预案相互衔接，并按规定报当地政府备案。企业要与当地应急体系形成联动机制。

企业要建立应急响应系统，明确组成人员(必要时可吸收企外人员参加)，并明确每位成员的职责。要建立应急救援专家库，对应急处置提供技术支持。发生紧急情况后，应急处置人员要在规定时间内到达各自岗位，按照应急预案的要求进行处置。要授权应急处置人员在紧急情况下组织装置紧急停车和相关人员撤离。企业要建立应急物资储备制度，加强应急物资储备和动态管理，定期核查并及时补充和更新。

(十一)事故和事件管理

企业要制定安全事件管理制度，加强未遂事故等安全事件(包括生产事故征兆、非计划停车、异常工况、泄漏、轻伤等)的管理。要建立未遂事故和事件报告激励机制。要深入调查分析安全事件，找出事件的根本原因，及时消除人的不安全行为和物的不安全状态。

企业完成事故(事件)调查后，要及时落实防范措施，组织开展内部分析交流，吸取事故(事件)教训。要重视外部事故信息收集工作，认真吸取同类企业、装置的事故教训，提高安全意识和防范事故能力。

(十二)持续改进化工过程安全管理工作

企业要成立化工过程安全管理工作领导机构，由主要负责人负责，组织开展本企业化工过程安全管理工作。企业要把化工过程安全管理纳入绩效考核。要组成由生产负责人或技术负责人负责，工艺、设备、电气、仪表、公用工程、安全、人力资源和绩效考核等方面的人员参加的考核小组，定期评估本企业化工过程安全管理的功效，分析查找薄弱环节，及时采取措施，限期整改，并核查整改情况，持续改进。要编制功效评估和整改结果评估报告，并建立评估工作记录。

化工企业要结合本企业实际，认真学习贯彻落实相关法律法规和本指导意见，完善安全生产责任制和安全生产规章制度，开展全员、全过程、全方位、全天候化工过程安全管理。

四、过程安全管理要素评审

过程安全管理要素评审指的是为获得审核证据并对其进行客观的评价，以确定满足审核准则的程度所进行的系统的、独立的并形成文件的过程，依据审核的目的和对象，可以是内部审核，也可以是外部审核。过程安全管理要素评审准则包括 AQ/T 3034—2010 化工企业工艺安全管理导则、适用的法律法规及其他要求以及组织的工艺安全管理文件和要求。评审过程基于以下两个原则：一是独立性，这是审核的公正性和审核结论的客观性的基础；二是基于证据的方法，在一个系统的审核过程中，得出可信的和可重现的审核结论的合理方法。

评审方案的实施主要包括以下环节：与有关方沟通审核方案，审核及其他与审核方案有关的活动的协调和日程安排，建立和保持评价审核员及其持续专业发展的过程，确保审核组的选择，向审核组提供必要的资源，确保按审核方案进行审核，确保审核活动记录的控制，确保审核报告的评审和批准，确保审核后续活动。其中现场评审过程包括举行首次会议、审核的沟通、信息的收集和验证、形成审核发现、准备审核结论、举行末次会议等。

过程安全管理要素评审是过程安全管理的重要环节，而过程安全的闭环管理对于践行安全生产尤为关键。要以过程质量确保安全质量，注重安全管理诸要素的整合，变整安全生产系统为一条封闭的管理链，确保整个安全生产系统的闭环控制。管理“闭环”包括“行为零缺点，保障零缺陷，管理零漏洞”三大控制环节，要求控制严密有力、信息传递有序、流程通畅闭合、反馈及时快速，从而高效、科学地发挥过程安全管理的实施效果。

第三节　环保管理及要求

环境保护是我国的基本国策，它关系到我国生态文明建设和人民群众身体健康。2015年4月，国家环保部和质检总局联合发布新版国家标准《石油炼制工业污染物排放标准(GB 31570—2015)》，于2015年7月1日正式实施。酸性气回收装置SO_2排放浓度，重点控制区要求达到$100mg/Nm^3$以下。目前比较成熟的硫黄尾气标准化治理方案是中国石化股份有限公司齐鲁分公司研究院自主研发的“LS-DeGAS成套技术”，其主要内容为：液硫池气体进加氢处理、采用耐氧加氢及有机硫水解催化剂、独立的尾气吸收再生系统、高效胺液、低温吸收、焚烧炉后增加深度净化设施及相关的自动控制技术。

1）装置正常生产时，硫化氢气体排出量为零，有少量SO_2、氮氧化物、烟尘经烟囱排出，执行国家《石油炼制工业污染物排放标准(GB 31570—2015)》，事故状态SO_2排量略多。在装置运行中可从以下几方面着手做好硫黄回收装置环保工作：

① 提高酸性气质量，降低酸性气中烃含量、氨含量及其他杂质成分。由于杂质的存在，使得酸性气燃烧炉配风困难，炉内副反应增多，要使氨分解，燃烧温度就得提高，这些都使转化率大幅下降，尾气中污染物增多。因此，必须尽量降低酸性气中杂质含量。提高酸性气质量主要从上游装置着手。

② 选用高效催化剂，提高反应深度。选用的催化剂应能长期保持高活性，能有效促进硫氧碳、二硫化碳的水解；同时能防漏氧及抗硫酸盐化。

③ 搞好硫黄回收操作，使Claus反应在最佳条件下进行，获得最高转化率。强化液硫脱气操作，减少大气污染。

④ 开好尾气处理装置，有效降低尾气中污染物含量；设置外排烟气SO_2、氮氧化物、烟尘等在线连续监测仪表，随时检测烟气污染物浓度，确保达标排放。

2）装置产生固体废物主要为硫黄反应器和加氢反应器报废催化剂及废瓷球和检修过程中产生的固体废弃物。废催化剂、废瓷球、检修废物等按危险废物管理，由固废专业厂家回收处置。

3）废水包括含硫污水及锅炉排水。含硫污水来自急冷塔排水和酸性气冷凝液脱水，送污水汽提装置处理；制硫余热锅炉、尾气余热锅炉、冷凝冷却器定期排出的含盐污水，通过冷却、降温、降压，和冲洗地面的污水进入污水处理场。

4）向火炬排放酸性气时的环保要求：

① 在非生产异常情况下，严禁向火炬泄放酸性气。

② 在紧急情况下，应事先与环保和调度部门取得联系，并征得同意，严禁长时间向火炬系统排放酸性气；酸性气无法平衡时，应组织上游装置降负荷生产，减少酸性气产量。

③ 酸性气放火炬之前，应安排火炬岗位加大瓦斯伴烧，确认伴烧成功后，酸性气才能放火炬，以确保硫化氢燃烧完全，避免造成恶臭和中毒事故的发生。

硫化氢放火炬结束后，须用氮气吹扫置换火炬线，确保火炬管线的畅通。

5）现场管理环保要求：

① 加强火炬、烟囱、异味排放点等敏感部位管理，消除冒黑烟、超标排放、跑冒滴漏、异味扰民等现象发生。

② 烟气实时监控，无论工艺问题还是设备问题，都要及时发现，快速解决，杜绝超标排放。

③ 深入开展工厂异味排查治理。开展 LDAR 检测与修复工作，组织挥发性有机气体 VOC 治理，要充分利用好挥发性气体监测仪，加强对现场设备、管线法兰、机泵密封等易泄漏部位检测治理，杜绝异味产生；加强检修装置开停工过程监管，落实开停工环保方案，减少开、停工过程异味产生和超标排放。

第四节 职业卫生

一、职业危害因素

硫黄回收装置主要职业危害介质除硫化氢外，还存在以下职业危害因素：

1. 高温

对于本项目装置，高温的产生有两种因素：一种是气候造成的夏季高温，室外作业环境全部处于高温环境；另一种是生产装置的高温部位，如高温设备、蒸汽管道等，这种高温环境只作用在局部，夏季气候的高温则增加了装置高温部位作业的危害。

高温对人的危害主要表现为引起机体能量代谢、水盐代谢、神经内分泌、呼吸、心血管、消化、泌尿等系统以及视觉器官、生化和免疫机能的生理功能的改变，严重时导致急性热致病也就是通常所说的中暑，它又分为热痉挛、热衰竭和热射病。对于长期接触高温环境的人，几个月后可能产生头痛、胃痛、心跳过速、眩晕、恶心等不适；高温作业几年后可产生高血压、性欲减退、性功能障碍、心肌损害、血红蛋白过少等病症。

装置酸性气燃烧炉、尾气焚烧炉、加氢反应器、转化器、加氢进料换热器等高温操作场所，其温度均较高，由于保温损坏没及时修复或高温设备裸露，存在造成现场操作人员高温灼伤的可能。

液硫由硫封罐自流入液硫池，脱气后再用泵送至液硫成型部分，液硫的温度较高，如果硫封罐、液硫输送管道、液硫泵等发生泄漏，人身接触就会发生烫伤事故。硫黄的熔点为119℃，若管线保温不好，易发生凝堵，在处理凝堵管线时，存在造成现场操作人员高温灼伤的可能。

硫黄造粒机物料及热媒温度较高，停止热媒后约 1h 才能冷却，因此若操作人员未劳保着装、戴隔热手套，不慎接触造粒机有可能发生烫伤。

2. 粉尘

由于硫黄成型设备的运转和装卸作业，硫黄成型厂房、成品库房中含有大量的硫黄粉尘，如果成型厂房、库房的地面和设备聚集大量硫黄粉尘，未设置通风、排尘系统或效果不良，作业环境中粉尘长期超标，作业人员防护不当或未防护，易造成尘肺危害。

装置中使用制硫催化剂、保护催化剂、加氢催化剂，在装卸、搬运及填装过程中，也会产生粉尘危害。

3. 噪声

生产性噪声的主要来源，一是因固体振动产生的起伏运动而产生的机械性噪声，二是气流的起伏运动而产生的空气动力性噪声。本装置的主要噪声源有制硫炉鼓风机、尾气炉鼓风机、空冷器风机及各种机泵等，检修前后的吹扫和设备的高压放空也可以使界区内的噪声升高。要优先选用低噪声设备，风机出入口、蒸汽排放口要设置消音器，使其噪声级符合国家标准，确保操作人员接触噪声符合国家标准规范。

噪声对人听力的危害，轻则听力损伤，重则耳鼓膜破裂；噪声对神经系统的危害主要为神经衰弱综合征；对心血管系统的影响，可使交感神经紧张，从而产生心跳加快、心率不齐、血管痉挛等症状；对消化系统的影响，可能引起胃功能紊乱、食欲不振、肌肉无力等症状。另外，噪声对睡眠、视力、内分泌等也有一定影响。另外，噪声干扰信息交流，使人员误操作发生率上升，影响安全生产。

二、职业危害防护

1）凡进入生产装置、施工现场的人员必须按要求戴安全帽、穿工作服、劳保鞋，并根据工作场所职业危害因素的种类、浓度或强度，穿着、佩戴相应的劳动防护用品。

2）在使用各种劳动防护用品前，要对其防护功能的有效性和安全性进行检查，确保有效好用，凡已不能起到有效防护作用的劳动防护用品应及时更新。对过滤式防毒面具，还应核对有害气体种类和浓度是否合适，并严格控制使用时间。禁止使用过期和报废的劳动防护用品。

3）应爱护劳动防护用品，并会正确穿戴和使用，妥善保管，不得随意损坏和蓄意破坏。

4）固体硫黄生产、搬运人员、液硫充装人员应穿戴好劳动保护用品，并佩戴防尘口罩，失效的滤棉要及时更换。噪声防护关键是进入噪声区佩戴合格的护耳器。

5）在进行涉及硫化氢介质的作业时要根据情况佩戴合适的防毒口罩、防毒面具或空气呼吸器，防止硫化氢中毒。

6）防止职业危害的根本是通过技术措施，改进或消除尘、毒、噪声等职业危害因素，实现本质职业安全。

第十五章　绿色开停工技术

中国石化积极实施绿色低碳发展战略，把降低硫黄装置烟气 SO_2 排放浓度作为炼油板块争创世界一流的重要指标之一，开发出“LS-DeGAS 降低硫黄装置烟气 SO_2 排放成套技术”、“热氮吹硫”等技术，对于部分硫黄装置正常生产期间、开停工期间的烟气 SO_2 排放起到了明显的降低作用，但不同设计、不同工况下的硫黄装置，在开、停工期间的 SO_2 达标排放依然是一大难题。

第一节　绿色开工技术

一、开工统筹时间安排

硫黄回收装置的开工阶段，主要有反应炉、焚烧炉等炉子升温烘炉，Claus 单元系统升温加氢单元系统升温，加氢催化剂预硫化，溶剂热循环建立，引酸气开工等步骤。中国石化《炼油主要装置停工、开工程序指导意见》对硫黄回收装置开工关键步骤统筹时间安排见表 15-1-1。

表 15-1-1　硫黄装置开工关键步骤统筹时间安排表

时间	关键步骤	主要内容	耗时/h	总时间/h
第一天	贯通吹扫气密	过程气系统贯通、吹扫、气密	24	24
		燃烧气系统气密	8	
		氢气系统气密	24	
第二天	焚烧炉	引燃料气进装置，至焚烧炉前放空	12	12
	反应炉	反应炉热风烘炉	24	24
	尾气溶剂系统	尾气溶剂系统水冲洗	24	
第三天	焚烧炉点火	燃料气采样分析合格	10	10
		焚烧炉点火，按升温曲线升温	24	14
	反应炉点火	反应炉点火，按升温曲线升温	24	
	尾气溶剂系统	尾气溶剂系统水冲洗	24	
第四天	焚烧炉继续升温	焚烧炉继续按升温曲线升温	24	24
	反应炉继续升温	反应炉继续按升温曲线升温	24	
	酸性气系统气密	酸性气系统气密	24	
	余热锅炉汽包、硫冷器升压	余热锅炉汽包、硫冷器升温、升压	12	
	急冷塔系统	急冷塔系统冲洗，建立水循环	24	24
	加氢反应器升温	加氢反应器升温至 190℃	24	24
	尾气溶剂系统	尾气溶剂系统气密	24	

续表

时间	关键步骤	主要内容	耗时/h	总时间/h
第五天	焚烧炉继续升温	焚烧炉继续按升温曲线升温	24	24
	反应炉继续升温	反应炉继续按升温曲线升温	24	
	尾气溶剂系统	尾气溶剂系统引胺液建立冷循环	24	
	加氢单元氮气置换	加氢反应器给氮气进行置换	12	
第六天	焚烧炉烘炉完毕	焚烧炉烘炉完毕，恒温	12	
	反应炉烘炉完毕	反应炉烘炉完毕，恒温	24	24
	尾气溶剂系统	尾气溶剂系统引胺液建立热循环	24	
	加氢催化剂预硫化	加氢反应器引酸性气和氢气预硫化	24	
第七天	引酸气	引酸气进反应炉	2	2
		切断燃料气进反应炉	2	2
	引尾气进尾气单元	检查液硫颜色和流动情况	2	2
	转入正常生产	尾气由焚烧炉改为去尾气处理单元	2	2
		调整操作，控制参数在工艺指标内	2	2

二、加氢催化剂预硫化

加氢催化剂的加氢脱硫活性只有在钴、钼组分处于硫化态下才具备。在更换催化剂或催化剂再生后，其钴、钼组分处于氧化态，所以必须对加氢催化剂进行预硫化操作。预硫化操作在耐火材料干燥之后进行，预硫化反应如下：

$$MoO_3 + H_2 + 2H_2S = MoS_2 + 3H_2O \qquad (15-1-1)$$

$$9CoO + H_2 + 8H_2S = Co_9S_8 + 9H_2O \qquad (15-1-2)$$

预硫化期间注意事项：

1）预硫化反应是放热反应，会使床层温度上升。在催化剂预硫化操作期间，要避免催化剂被部分或全部硫化之后，反应器入口气体中存在游离氧气。当游离氧气接触预硫化催化剂时，会使催化剂发生氧化失活、温度失控等负面操作。

2）在没有硫黄尾气存在的情况下，应避免氢气与催化剂在高于200℃时接触。

（一）加氢催化剂预硫化时间举例计算

加氢催化剂装量为20t，其中，MoO_3含量为13%，CoO含量为3.5%，用硫化氢体积含量80%的酸性气进行预硫化，每小时硫化进气量为100Nm^3，计算最少硫化时间。

答：MoO_3的相对分子量为144

CoO的相对分子量为75

MoO_3的质量为20×13%=2.6t

CoO的质量为20×3.5%=0.7t

MoO_3的摩尔数为2.6×1000/144=18.0556kmol

CoO的摩尔数为0.7×1000/75=9.3333kmol

根据加氢催化剂预硫化反应方程式可得：

MoO_3全部硫化所需要的H_2S的摩尔数为18.0566×2=36.1kmol

CoO 全部硫化所需要的 H_2S 的摩尔数为 $9.3333\times\frac{8}{9}=8.3$kmol

预硫化每小时的硫化氢摩尔流量为 100×80%/22.4＝3.5714kmol/h

则最少的预硫化时间(36.1+8.3)/3.57＝12.4h

(二) 硫黄加氢催化剂预硫化的传统工艺

传统加氢催化剂预硫化工艺是采用制硫单元引酸气反应后的过程气来进行，目前还有大量企业在使用本工艺。

1. 操作要点

1) Claus 单元引酸性气，自加氢反应器前引至焚烧炉焚烧后自烟囱排放。

2) 如果加氢还原反应器已冷却下来，必须以 20～30℃/h 的升温速率加热。当催化剂床层温度达 200℃时，调整硫黄操作，使尾气中 H_2S/SO_2＝(3～4)/1。

3) 将硫黄尾气改入反应器，自急冷塔后进焚烧炉。加氢反应器注入氢气，使反应器入口气中氢含量在 3%(体)左右，开始预硫化。并以 20℃/h 的温升将加氢反应器加热到 260℃。

4) 预硫化结束，过程气并入溶剂系统。

2. 预硫化结束判断标准

通过在线分析和分析结果调整酸性气及氢气加入量，当加氢反应器出口无 SO_2，反应器出口氢气分压低于入口氢气分压，急冷塔 pH 值稳定，床层存在稳定温升，催化剂预硫化结束。

3. SO_2 排放情况

此预硫化操作期间，尾气中 SO_2 排放值在 10000mg/m^3 以上的时间长达约 24h，在当前环保形势日趋严峻的形势下，该工艺将会被淘汰。见图 15-1-1。

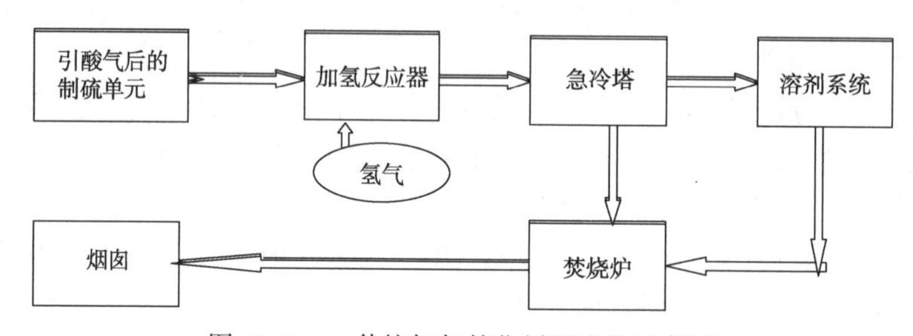

图 15-1-1　传统加氢催化剂预硫化示意图

(三) 直接用硫化氢预硫化的工艺

1. 操作要点

直接用硫化氢预硫化的工艺适用于有多套硫黄装置且不是同步开停工的工厂中应用，见图 15-1-2，操作要点如下：

1) 溶剂吸收再生系统达到热循环状态。

2) 用惰性氮气将加氢反应器系统建立循环，通过调整加氢反应器加热器的温度，以 20～30℃/h 的温升加热，直到温度达 200℃为止。

3) 从炼油酸性气获得用于预硫化催化剂的 H_2S，至反应器的预硫化过程气必须含有 1%～2%(体)的 H_2S 和 3%(体)左右的氢气。使用比长管分析预硫化期间加氢反应器的入口

和出口气流中的 H_2S 含量。

4）以 20℃/h 的速度提高加氢反应器床层温度至 260℃，继续预硫化。

5）若循环气中的压力偏高，则通过压控阀将多余的含 H_2S 气流排入溶剂吸收再生系统，在吸收塔内进行 H_2S 的吸收反应，吸收塔出来的富液进入再生塔再生，再生后的气体进入正常生产的硫黄装置处理。

6）若循环动力使用的是循环风机，要确保风机的密封不发生泄漏。

7）该预硫化操作过程，要防止含氧的制硫单元尾气进入加氢反应器。

2. 预硫化结束判断标准

根据分析结果，调整酸性气加入量和氢气加入量，观察反应器床层温升情况，直至反应器入口、出口的 H_2S 分压基本相同，床层温度不再上升或略有下降时，预硫化结束。

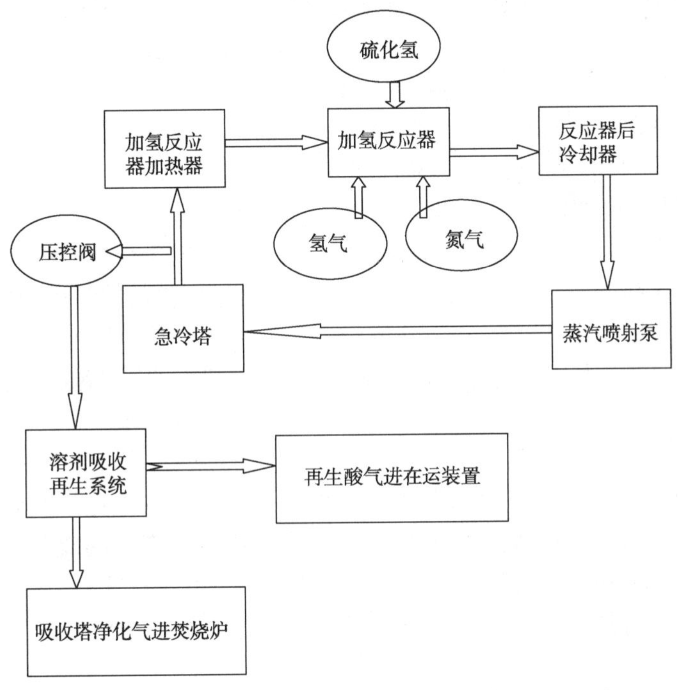

图 15-1-2　直接用硫化氢对催化剂进行预硫化流程示意图

3. SO_2 排放情况

可达标排放。

4. 单套硫黄装置加氢反应器预硫化采用该工艺说明

1）单套硫黄装置的开工一般处于整个工厂的开工初期，酸性气来量不稳定。可通过产清洁酸性气单元的溶剂系统将 H_2S 适当“富集”，脱硫塔与再生塔建立循环，降低再生塔温度（再生塔底温度可按 80℃操作）。根据清洁酸性气单元的运转情况，适当提高再生塔底蒸汽，将获得的 H_2S 用于单套硫黄加氢反应器预硫化。

2）通过泄压阀将加氢反应器泄压的含硫化氢尾气排放至硫黄装置溶剂单元，通过贫液吸收后，进焚烧炉排放至烟囱。

3）吸收塔出来的富液进入再生塔再生，再生塔初期可先采用“富集”低温操作，在中后期可将再生酸气改制焚烧炉焚烧后，并入焚烧炉后的烟气脱硫塔脱硫后达标排放。

5. 案例：预硫化不到位的案例

某工厂硫黄回收装置因加氢反应器设备原因，在预硫化阶段只能提温度到190℃，无法以20℃/h速度将反应床提温到260℃，只在180℃进行了预硫化的操作。引制硫单元尾气后，发现加氢反应器活性不足，加氢反应器达不到正常加氢反应的温升20~30℃，床层温度只有200℃，急冷塔pH值经常处于7以下，需要补充氨水中和。急冷水颜色发黄绿色，明显里面存有硫黄粉末。持续月余，急冷水被迫经常采取新鲜水置换的方法。在设备本身加热能力不足的情况下，往加氢反应器入口注入$100m^3/h$的工业风，床层温度提到了260~280℃，经过24h的运转，急冷水颜色由黄绿色变为无色，pH值稳定在7~9之间。

（四）加注硫化剂，提供硫化氢，实施提前预硫化

借鉴炼油行业中汽柴油加氢装置催化剂预硫化的经验，在没有酸性气的情况下采用加注硫化剂(一般为二甲基二硫或二硫化碳)的办法来进行预硫化。其主要原理是：硫化剂在约180℃时发生热分解，产生硫化氢，供催化剂预硫化使用。只需在加氢反应器入口加热器后增加注剂流程和相应注剂设施即可。中国石化齐鲁石化公司(以下简称齐鲁石化)第五套硫黄装置分别在2015年3月首次开工和2016年9月第二次开工过程中采用了此方案，经验证完全可行。

（五）催化剂器外预硫化

和催化剂器外再生一样，硫黄装置加氢催化剂同样可以进行器外预硫化，开工前装填已经预硫化好的加氢催化剂(可以是新剂也可以是旧剂)，此时催化剂的装填需要无氧作业。在闲置状态，因硫化态的加氢催化剂不稳定，与空气接触会自燃，所以要与空气隔离，并用氮气进行保护。反应器升温时，要用氮气置换系统内空气后，再建立循环升温，防止空气进入。

三、低负荷引酸气

炼化企业的投产是一个逐步增加产量的过程，期间产生的硫化物以硫化氢的形式被分离，送到硫黄回收装置进行处理，炼化装置满负荷运行时所产生的硫化氢可以顺利地被处理，但是开、停工期间由于上游装置的负荷变化造成硫黄回收装置的原料——酸性气的量低于硫黄回收装置的设计操作范围，导致绝大部分硫化氢在开工初期排放火炬，对周围环境造成污染。

硫黄装置为保证Claus工艺的正常运作，必须保证反应炉的温度在980℃以上以及两台转化器的温度保持在催化剂活性温度区间。前者的目的在于确保反应炉的燃烧效率(稳定的火焰)以及最低的残氧量，使高温Claus反应顺利进行，后者主要是保证反应器床层低温Claus反应的顺利进行。制约硫黄回收装置操作弹性低限的关键因素在于反应炉的反应热，反应炉内部的反应热作为主要能量，必须能够支撑整个高温Claus反应的连续进行，否则就会造成高温Claus反应的终止。

理论上讲，当装置负荷低于30%时，无法进行正常开工，但近年来，随着掺烧工艺的出现，有效解决了这一问题。混掺高焓值组分可以大幅度提高原料的焓值，确保装置在低负荷情况下启动运行，而且调节方便，可操作性高，是一个相对高效的方法。

（一）掺烧天然气

因天然气组分稳定、热值高、硫含量低的特点，用天然气作燃料的效果远好于炼厂干气。有条件的工厂应在硫黄回收装置配备天然气线，可解决以下问题：①开工初期无燃料气问题；②系统升温时，用炼厂干气做燃料，烟气 SO_2 排放高问题；③硫黄装置低负荷运行，导致酸性气放火炬的问题。

1. 低负荷掺烧天然气前，在装置原流程上需增加的配置

1）反应炉配置有流量表的天然气独立配风进炉流程，实现天然气独立配风。同时反应炉前配置有流量表的蒸汽线。

2）开工初期酸性气量较小，原来酸性气流量表量程较大，低流量时仪表不准确，配置小量程的酸性气流量表，这样便于掌握配风。

2. 掺烧前应具备条件

1）用天然气燃烧将反应炉温度按升温曲线加热到1200℃左右，制硫一级反应器床层温度升到220~280℃，制硫二级反应器220~240℃。升温阶段控制燃烧气中要不存在游离氧。制硫单元尾气自加氢反应器前进焚烧炉。

2）加氢单元，加氢催化剂预硫化完毕，用氮气循环保持加氢反应器床层温度220~280℃；硫黄再生溶剂系统保持热循环。

3）炼厂上游装置开工初期，胺液集中再生装置采取冷循环状态，再生塔顶温度控制在80℃，将富溶剂中的硫化氢“富集”，“富集”时间根据装置设计负荷来定。

3. 低负荷掺烧天然气，引低流量酸气进硫黄回收

以40kt/a硫黄回收装置初次开工为例，通过调节进反应炉天然气流控阀，缓慢降低进反应炉的天然气量，同时降低进炉风量。天然气量降至100m^3/h左右，同时根据天然气分析数据，核算准确的天然气化学当量燃烧配风（一般空气/天然气体积流量比在6.5~8.5），按天然气质量流量/蒸汽质量流量为4的配比，控制反应炉蒸汽通入量。同时分析天然气燃烧后尾气组分，并调整反应炉配风至天然气燃烧尾气中无游离氧，再将掺烧的尾气改入加氢系统，再并入溶剂吸收再生系统。

胺液集中再生系统逐渐提高进再生塔底重沸器的蒸汽量，提高塔底温度至正常指标，控制在122~125℃，控制再生塔顶的压力维持在0.08MPa。当硫黄酸性气分液罐压力达到0.06MPa后，缓慢打开进炉的酸性气流控阀，引酸性气进炉，根据酸性气流量，调整配风，控制气风比为2.5左右，根据比值分析仪（引酸气前投用 H_2S/SO_2 在线比值分析仪）的数值来调整配风量，同时加氢反应器及时补入氢气。酸性气引至反应炉后，根据炉膛温度和转化器床层温度来调整配烧的天然气量，炉膛温度控制1000~1100℃，一级转化器床层温度不低于280℃，二级床层温度不低于200℃，在温度满足的情况下，尽可能减少配烧量。随着清洁酸气量逐步增加，足以维持系统温度时，或反应炉温度升高到1350℃时，逐步减低配烧天然气量和配风量，直至取消掺烧。按照空气体积流量/天然气体积流量配比、天然气质量流量/空气质量流量配比，同步减低天然气、空气和蒸汽，调整过程中，系统中不要有游离氧。

本工艺的特点是，“富集”清洁酸气，保证酸气不放火炬，同时引酸气的过程中也可排放达标。操作难点是天然气与风的稍欠氧燃烧控制要到位，保证没有游离氧进入加氢反应器，同时又不发生析炭。

（二）掺烧氢气

氢气属于洁净能源，燃烧不生成任何杂质，对硫黄回收装置的产品质量无任何影响。缺点是热值比天然气低，价格相对昂贵。

1. 低负荷掺烧氢气前，在装置原流程上需增加的配置

1）反应炉配置有流量表的氢气进炉流程。

2）开工初期酸性气量较小，原来酸性气流量表量程较大，低流量时仪表不准确，配置小量程的酸性气流量表，这样便于掌握配风。

2. 低负荷掺烧氢气，引低流量酸气进硫黄回收

1）掺烧氢气前，先用瓦斯燃烧气将制硫部分、加氢反应器部分升温到引酸气前的热态温度。反应炉点燃瓦斯前，先将以下流程打通：反应炉→反应炉蒸汽发生器→第一硫冷凝器→第一再热器→克劳斯一反应器→第二硫冷凝器→第二再热器→克劳斯二反应器→第三硫冷凝器→加氢反应器加热器→加氢反应器→急冷塔→焚烧炉→烟囱。

急冷塔与吸收塔隔离，防止瓦斯燃烧气中的游离氧与吸收塔溶剂接触。

用瓦斯燃烧气将反应炉按升温曲线加热到1200℃左右，制硫一级反应器床层温度升到220~280℃，将制硫二级反应器温度升到220~240℃，加氢反应器床层温度升到220℃。

在此过程中，瓦斯中的硫组分、硫黄装置系统中的残硫，会燃烧生成SO_2，因此在升温过程中，要注意以下两个问题：

① 升温过程中，余热锅炉、硫冷凝冷却器要保证处于120℃以上，防止设备腐蚀。

② 要投用好急冷塔 pH 在线仪，若呈酸性，及时注碱中和。

2）硫黄再生的溶剂系统保持热循环。

3）炼厂上游装置开工初期，胺液集中再生装置采取冷循环状态，再生塔顶温度控制80℃，将富溶剂中的硫化氢“富集”，“富集”时间根据装置设计负荷来定。

4）各设备达到预定温度后，将制硫部分尾气自加氢反应器前放空。加氢反应器建立氮气预硫化流程，运行稳定后，补入硫化氢进行预硫化。

预硫化结束，反应炉炉头保持瓦斯当量燃烧，逐渐增加H_2掺烧量，降低瓦斯耗量、维持火炮稳定，最终达到瓦斯以最小量维持烧嘴火焰不离火、掺烧H_2量维持炉温。

溶剂再生系统逐渐提高进再生塔底重沸器的蒸汽量，提高塔底温度至正常指标，控制在122~125℃，控制再生塔顶的压力维持在0.08MPa。当硫黄酸性气分液罐压力达到0.06MPa后，缓慢打开进炉的酸性气流控阀，引酸性气进炉瓦斯切断，根据酸性气流量，调整配风，控制气风比为2.5左右，根据比值分析仪(引酸气前投用H_2S/SO_2在线分析仪)的数值来调整配风量，同时加氢反应器及时补入氢气。酸性气引至反应炉后，根据炉膛温度和转化器床层温度来调整配烧的氢气量，炉膛温度控制1000~1100℃，一级转化器床层温度不低于280℃，二级床层温度不低于200℃，在温度满足的情况下，尽可能减少氢气配烧量。随着清洁酸气的酸气逐步增加，足以维持系统温度时，或反应炉温度升高到1250℃时，逐步减低配烧氢气和配风，直至取消掺烧。调整过程中，系统中不要有游离氧。

本工艺的特点是，富集清洁酸气，保证酸气不放火炬，同时引酸气的过程中也可排放达标。操作难点是氢气与风的次化学当量燃烧控制要到位，保证没有游离氧进入加氢反应器，在没有硫黄尾气进入加氢反应器的前提下，床层在320℃以上时系统中不能存有氢组分。

以下为2个低负荷运行时，掺烧H_2的案例(属已开工正常后掺烧)。

案例1：以齐鲁石化第五套硫黄回收装置为例，装置设计加工能力为100kt/a，首次开

工时因上游装置无法同步开工，酸气负荷只有约1500m^3/h，远低于设计低限，为避免酸性气放火炬，工厂采取了以下措施：

① 增加掺烧流程。新增了一条氢气线，并至反应炉瓦斯调节阀前，采用掺烧氢气的办法解决开工初期负荷低、系统热量不足的问题。

② 硫化氢富集。因上游装置开工不同步，即使1500m^3/h的酸性气也无法保证，为此在胺液集中再生装置采取了冷胺循环富集硫化氢的方式，当富液中硫化氢浓度达到足以产生1500m^3/h酸气时，便开始开工。经过两次实践操作，证明这种做法可行。

案例2：煤化工酸气浓度低的掺烧案例。见表15-1-2。

表15-1-2　某煤化工企业20kt/a硫黄回收装置正常工况下，最低负荷可处理酸性气的组成

项　　目	酸性气1	酸性气2	酸性气3
流量/(Nm^3/h)	2526	800	2375
H_2S浓度/%	34.24	11.03	0.77

为解决装置开工前期酸性气量不足的问题，将组成主要是氢气的变换气作为拌烧介质进行混烧，达到良好的效果，装置在酸性气量达到1622Nm^3/h、浓度仅有26%的情况下实现顺利运行，并于次日产出合格产品。以纯硫化氢计，装置的操作弹性下限从30%降至14.6%。利用硫黄回收装置原有工艺物料——氢气作为装置低负荷运行的混烧介质，不仅提高了装置低负荷运行的可靠性，降低了开工期间对环境的污染，而且对原有工艺和产品不会产生任何影响，对于化工企业逐步实现清洁生产具有重要的意义。

四、停工后的再开工

硫黄装置投入运行一段时间后停工，再开工所用的方法取决于硫黄装置停工的环境、停工时间长短及其现有条件。装置试运时，现在大部分设计都可达到Claus单元、尾气处理单元、溶剂再生单元同步单独进行。除非装置中所有的硫在停工期间已全部除去，否则装置(尤其Claus单元)在反应器床层、硫冷器管束等部位含有残留的硫，在足够高的温度下与空气接触会燃烧。另外，如果还原催化剂经过硫化和(或)其他催化剂上有硫，则绝对不允许氧气与其接触，过热可能造成装置设备永久损坏。

(一) 装置运行一段时间，按计划停工，经过检修后的开工启动

1. 传统启动方法

传统开工方法一般分为三部分：

1) 反应炉先烧燃料气重新开工升温，升到800~1000℃后，反应炉燃烧气并入加氢单元反应器系统升温，再在加氢反应器前走旁路进焚烧炉。或者反应炉烧燃料气升温期间，燃烧尾气直接在加氢反应器前走旁路进焚烧炉。

2) 加氢单元建立氮气循环重新开工升温预硫化。

3) 溶剂再生部分自身开工建立循环、升温。

这三个单元同步进行，可用5天时间达到正常生产条件。实践证明，经过停工吹硫和检修后的Claus单元中硫并不能彻底清除干净，同时工厂燃料气中含硫化氢相对多。这就造成在Claus单元用燃料气开工梯度升温过程中，硫和硫化氢会被燃烧成SO_2，从加氢单元旁路

进焚烧炉时，会造成排放超标。

2. 硫黄单元开工系统升温的绿色启动方法

(1) 加氢催化剂是氧化态

溶剂再生系统建立自身循环，加氢系统与溶剂再生系统隔离。Claus 单元反应炉引燃料气点炉升温，燃烧气经过整个 Claus 单元后，进加氢反应器，经过急冷塔进焚烧炉，如此在梯度升温过程中产生的 SO_2便被急冷塔中的水溶解，急冷塔根据 pH 值调节加氨或碱量中和，这样便不会造成开工加热升温过程中的烟气超标。

注意事项：

1) Claus 单元在系统升温前就要保证 Claus 单元的余热锅炉、硫冷凝器、蒸汽加热器处于超过 120℃的热态，因残硫燃烧生成了 SO_2，遇到升温燃烧气中的 H_2O，在设备表面温度低于烟气露点温度时，在设备表面形成酸雾露珠，导致腐蚀。

2) 该过程中严禁升温烟气进入溶剂再生系统，因升温烟气中存有氧(异常条件下存有 SO_2)，溶剂接触会变质。

案例：某企业硫黄回收单元的余热锅炉、硫冷凝器经常泄漏，给生产造成很大的被动。排除设备本体原因、生产波动因素外，发现是使用方法不对，主要有两点问题：

① 在反应炉升温过程中，余热锅炉未调整到热态；

② 硫冷凝器未设计保温蒸汽线。若使用得当，一般硫黄装置的余热锅炉、硫冷凝器有 20 年左右使用寿命，但该企业因存在以上两点使用不当的问题，这些设备的使用周期很短，甚至检修后一开工就出现了设备泄漏问题。

(2) 加氢催化剂是硫化态

若要该阶段 SO_2排放达标，则需要在焚烧炉后增设烟气脱硫设施，克劳斯单元升温期间，制硫尾气直接自加氢反应器前引至焚烧炉，再通过烟气脱硫设施后，可达标排放。

同时加氢反应器建立氮气循环升温，严禁制硫部分的游离氧、硫雾、SO_2进入加氢反应器，造成加氢催化剂失活。

溶剂再生部分开工建立循环、升温。

引酸气前，按掺烧天然气、氢气的方法，可保证酸气不放火炬，并且开工阶段达标排放。

(二) 装置运行一段时间，非计划停工，系统硫未除去的开工启动

如果装置仅短时间停工并无空气进入，则可快速重新开工。

实际操作中，硫黄装置若遇到反应炉倒塌、系统堵塞、余热锅炉或硫冷凝器泄漏、余热锅炉烧干、溶剂系统堵塞等不能在线处理的故障，被迫长时间停工，足以使耐火材料和催化剂冷却，而硫没有从 Claus 催化剂床层中除去，则必须修改开工方法。

此时硫黄装置在冷态下的重新启动，必须蒸发掉 Claus 催化剂上存在的硫，并从催化剂上清除掉，不允许发生实际燃烧，因这样会损坏装置设备，为此要求进入 Claus 单元热气体中 O_2含量不大于 0.4%。

加氢单元与 Claus 单元隔断，保持用惰性气体正压循环，建立加氢单元的提温循环，防止制硫单元升温尾气进入加氢单元。

实际上，每当装置中存在一些硫时，燃料气体的燃烧必须在化学当量条件下进行，以避免损坏 Claus 和反应器(含硫)中的催化剂。化学当量燃烧条件定义为燃烧燃料气体

中含有的 H_2 和烃全部转化为 CO_2 和 H_2O，而烟道气中无过量 O_2。进行化学当量燃烧的主要问题是难以建立正确的燃料气/燃烧空气的比率，这是由于流量测量的误差和燃料气组成的不确定性。在燃料气燃烧期间不正确的(非化学当量条件下)操作，在装置加热阶段可能是危险的，因为可能形成积炭(缺氧)，或烟道气中存在过量氧气。在第一种缺氧情况下，燃料气燃烧期间生成的炭黑会在反应器床层集聚，导致反应器压差上升和催化剂失活；在第二种氧气过量情况下，设备及催化剂中存在的硫可能发生燃烧，伴随局部温度升高而损坏设备或催化剂。

燃料气若是天然气，当量燃烧的控制相对容易得多。

注意事项：

1）因装置是被迫停工，处理问题时间较长，反应炉和反应器中的耐火材料和催化剂冷却是难免的。在从燃料气切换到酸性气之前，要保证余热锅炉液位和蒸汽压力稳定，硫冷凝器给汽保温，这些部分处于120~140℃的温度下；用氮气循环气保持加氢催化剂是热态的；保持急冷塔的水循环和溶剂系统的胺液循环，以便下一次开工。

2）装置问题处理完毕，反应炉和制硫反应器不具备直接引酸气的温度，重新启动前需将 Claus 单元尾气自加氢反应器前改至焚烧炉，反应炉引燃料气点燃梯度提温，一般需要把反应炉提温到1000~1100℃，反应器提温到220℃以上，即可重新引酸气。无论装置何时重新启动，都应监控所有的温度，尤其是反应器中的温度，如果温度开始迅速上升，装置应停工，并用氮气吹扫冷却。在这种情况下，严禁用从 Claus 单元空气鼓风机来的热空气冷却装置，因为可能造成硫着火。

3）在装置启动前，因系统中的硫未处理，经过 Claus 催化剂床层的过程气可能受硫沉积物限制，导致系统压差上升，提温过程中的析炭也会造成一级硫冷凝器或一级反应器的堵塞。因此，也须进行频繁的压力降观察，以防装置超压。若某一设备压力降变大，则需要停止提温操作，分析并处理。若硫冷凝器丝网堵塞，则需要采用更换丝网或器外用高压水枪清洗等处理方法。若制硫反应器堵塞，则需要器外用钢筋划开催化剂上的瓷球，打通气体通道。反应器上部应装5~10cm 厚度的瓷球，不仅可以方便清理催化剂的积硫、积炭等其他堵塞杂物，而且能使反应器中气流分布更为均匀。

4）这种工况下，除以上各种操作难度外，同样由于系统中硫未处理的原因，进焚烧炉尾气焚烧后直接放烟囱，会导致烟气 SO_2 排放浓度严重超标，为此烟气必须在进烟囱前经过烟气脱硫设施处理后方能达标排放，期间需要注意产生的含盐废水不要冲击污水处理装置。

第二节　绿色停工技术

一、停工统筹时间安排

为了硫黄回收装置的设备、管线维修或反应器催化剂的更换等，对装置进行停工时，要求去除催化剂床层及系统中存在的硫并把设备降至常温。传统的硫黄回收装置停工工艺一般分为 Claus 单元、尾气加氢单元及胺液循环系统等三个单元同步进行，要经过催化剂热浸泡、催化剂硫酸盐还原、惰性气体吹硫、催化剂钝化和冷却、尾气溶剂退胺、水洗、吹扫等阶段，一般需要 6 天时间。传统的停工过程中，惰性气体吹硫、催化剂钝化等过程，装置烟气 SO_2 排放数据可达 10000mg/m^{3}左右；酸性气管线、胺液循环系统未实现密闭吹扫、密闭排放，现场化工异味大，严重与当前的环保要求不符。

在环保要求日趋严格的形势下，炼油企业各装置停工、开工需要实施密闭吹扫、密闭排放，实现“绿色无污染”停开工。中国化工炼油事业部组织编制了《炼油主要装置停工、开工指导意见》，以统一的标准，在实施密闭吹扫、满足环保排放要求的前提下，尽可能缩短停工和开工时间。其中对硫黄回收装置停工关键步骤统筹时间安排见表 15-2-1。

表 15-2-1　硫黄停工关键步骤统筹时间安排表

时间	关键步骤	主要内容	耗时/h	占总时间/h
停工前三天	Claus 反应器升温热浸泡	降低装置负荷至 30%	3	
		提高反应炉空气与酸性气配比，提高反应器床层温度，控制不超过 400℃	24	
停工前二天	Claus 反应器继续热浸泡	提高反应炉空气与酸性气配比，提高反应器床层温度，控制不超过 400℃	24	
停工前一天	Claus 反应器热浸泡结束	提高反应炉空气与酸性气配比，直至检查液硫看窗液硫量无较变化	24	
第一天	切断转化炉酸性气，切换烧燃料气除硫	Claus 系统改烧燃料气除硫	1	
		停酸性气进反应炉	1	
		酸性气预处理系统氮气吹扫置换	24	24
	加氢反应器循环降温	切出氢气	1	
		加氢反应器循环降温至 120℃左右，系统补充氮气保压	24	
		尾气溶剂系统循环降温	8	
第二天	Claus 单元烧瓦斯除硫	提高反应炉配风，以反应器床层温度不超过 320℃为准，提高除硫效果	8	24
		进反应炉前酸性气管线设备引小流量蒸汽密闭吹扫，吹扫气排至反应炉	24	
	加氢催化剂钝化	加氢反应器逐步增加空气量，强化钝化	24	
		急冷水控制好 pH 值不小于 7	24	
	尾气溶剂系统退胺冲洗	尾气溶剂系统退胺并冲洗	24	
第三天	Claus 单元除硫结束降温	提高反应炉配风至过氧状态，直至液硫看窗无液硫流出	2	
		Claus 系统除硫结束，转化炉开始降温	24	24
		Claus 反应器同时进行降温	24	
	加氢反应器降温	加氢反应器钝化结束，循环降温至最低温度	24	
		急冷水系统置换	10	
	尾气溶剂系统冲洗	尾气溶剂系统冲洗	24	

续表

时间	关键步骤	主要内容	耗时/h	占总时间/h
第四天	Claus单元及焚烧炉同步降温	反应炉降温至700℃后，焚烧炉开始同步降温	10	
		3.5MPa蒸汽放空，开始降压降温	24	24
		硫冷凝器降压降温	24	
		反应炉、焚烧炉切断燃料气进料	2	
	加氢反应器降温	加氢反应器空气吹扫	24	
		急冷水系统除臭钝化	24	
	尾气溶剂系统密闭吹扫	尾气溶剂系统密闭吹扫	24	
第五天	Claus单元及焚烧单元空气吹扫降温	1. 反应炉引空气吹扫降温	12	
		2. 焚烧炉引空气降温	12	
		3. 酸性气系统吹扫	24	
		4. Claus单元降温至80℃停风机自然降温	2	
	急冷水系统冲洗	急冷水系统冲洗	24	
	尾气溶剂系统除臭、钝化	尾气溶剂系统除臭、钝化	24	
第六天	急冷水系统冲洗	急冷水系统冲洗	12	
	溶剂系统吹扫	尾气溶剂系统吹扫	24	24
	加部分盲板	加部分盲板	10	
第七天	溶剂系统吹扫	尾气溶剂系统吹扫	12	
	加完盲板拆人孔	加完全部盲板，拆人孔通风	22	22
第八天	分析合格交检修	全部容器采样合格，现场组织验收合格	8	8

二、制硫催化剂热浸泡

在正常操作时，硫被吸附到Claus催化剂孔隙中。在计划停工前，需要除去催化剂上吸附的硫，以防硫在催化剂上固化，或避免高温有氧条件下催化剂中的硫燃烧。为此，在装置停工前48h，Claus反应器的入口温度应升高到比正常温度高10～20℃，以使吸附的硫从Claus催化剂床层蒸发，接着在硫黄冷凝器中冷凝并被捕集排到液硫池。这个操作就是Claus催化剂热浸泡。

Claus一二级反应器中的主反应公式为：$2H_2S+SO_2 = 3/x\ S_x+2H_2O+Q$，正常操作时，一级反应器的床层温度在320℃左右、二级反应器的床层温度在240℃左右最为优化。该反应为放热反应，根据化学平衡移动的原理，温度升高化学平衡向着吸热反应的方向进行。所以在热浸泡阶段，由于一二级反应器温度升高，Claus单元的硫转化率会下降，进入加氢单位尾气的H_2S、SO_2增多，但一般加氢单元设计上都有足够的余量，经过尾气加氢处理工艺后，装置总的硫回收率并没有变化。所以在热浸泡阶段，SO_2排放是达标的。

三、加氢催化剂停工阶段钝化

(一) 钝化过程

加氢催化剂的钝化过程是指催化剂表面的 FeS、最活泼的 MoS_2 和 Co_9S_8 与通入反应器中的 O_2 发生反应，防止检修期间催化剂在常温下与空气接触时自燃，引起“飞温”而损坏催化剂、设备，或严重污染空气环境，甚至发生人员 SO_2 吸入中毒的严重气防事故。

钝化的主要反应如下：

$$MoS_2 + 7/2O_2 = MoO_3 + 2SO_2 + Q \quad (15-2-1)$$

$$Co_9S_8 + 25/2O_2 = 9CoO + 8SO_2 + Q \quad (15-2-2)$$

$$2FeS + 7/2O_2 = Fe_2O_3 + 2SO_2 + Q \quad (15-2-3)$$

钝化过程是将加氢反应器加热器、加氢反应器、反应器后蒸汽发生器、蒸汽喷射泵、急冷塔等设备分别与 Claus、MDEA 系统隔离断开，建立一个闭路流程。将这个闭路流程通入氮气，启动蒸汽喷射泵(或循环风机)，建立过程气闭路循环工况。为防止蒸汽喷射泵启动后加氢单元产生真空，抽入不需要的空气，加氢单元需补充氮气，维持系统压力不小于10kPa。若系统压力升高，可通过急冷塔顶开车排放线上的压力控制阀将尾气排入焚烧炉。通过调节加氢反应器加热器的手段，控制加氢反应器催化剂床层在温度 100~120℃之间，然后向氮气循环气体中缓慢加入空气，控制循环气中的氧含量浓度为 0.5%(体)，期间可使用手提式分析仪检查循环气中 O_2、SO_2 浓度。钝化操作过程中要密切观察催化剂床层温升情况，有温升则表示催化剂钝化反应已开始，随后反应器床层温升慢慢扩散，直到任何测温点都不再测到温升为止。加氢反应器在钝化过程中生成了 SO_2，因而整个反应器的温度都会上升，此温升往往也会限制停工的速度。通常反应器入口处 0.5%(体)的氧气浓度会使床层温度升高约 56℃，为此必须严格监控所有反应器床层温度以及反应器入口和出口的氧含量，不允许反应器床层温度超过 200℃。如果反应器床层温度接近 200℃，要降低反应器入口过程气的氧含量，以控制反应器床层温升。反应器床层温度恢复到 120℃时，再以每次 0.25%的增量将反应器入口过程气的氧气含量提高到 1%(体)，继续对反应器催化剂进行钝化，并控制反应器床层温度不高于 200℃。当离开反应器的气体氧气含量等于 1%(体)时，可提高氧气含量以每小时 1%的增量，将氧气含量提高到 5%(体)。每次提高气体氧气含量前，都要等待反应器床层温升结束、温度回归到 120℃左右再调整，，直至切断氮气并逐渐增加循环气中的氧气含量，若此时催化剂仍没有温升，催化剂床层温度状态为逐步下降，检测离开床层的气体氧气含量与进入床层气体氧气含量基本相同，系统中无 SO_2，此时催化剂已是惰性的，钝化过程结束。

SO_2 易溶于水，1 体积的水溶液可溶解 40 体积的 SO_2，SO_2 的水溶液称为亚硫酸，属于中强酸，对钢材的腐蚀速度快，但实际证明 SO_2 在没有饱和水存在下，在水蒸气环境下对钢材的腐蚀并不明显。加氢反应器催化剂钝化过程中产生了 SO_2，可以从以下两方面来应对其腐蚀性强的负面影响：一是急冷塔安装酸碱 pH 在线分析仪，当循环气中的 SO_2 溶于急冷塔的循环水中，造成 pH 值低于 7 时，则往急冷塔中注入氨水或碱液中和，控制 pH 值在 7~9 之间；二是蒸汽喷射泵设计安装在急冷塔前，因为该部位温度较高，没有饱和水，腐蚀较小。

加氢催化剂钝化过程中急冷塔中和 SO_2 后产生的亚硫酸盐，流程上排入了酸性水汽提装置。这部分盐在酸性水汽提过程中很难脱除，能使净化水中 COD、硫化物含量偏高。实际证明，加氢催化剂钝化过程若反应过快，产生的含盐废水会冲击酸性水汽提装置，导致净化水硫含量超标，但若控制得当，对酸性水汽提装置基本没有什么影响。通过调节氮气循环气中空气注入量的手段，控制钝化反应速度不要太快，以闭路循环气超过20kPa泄压排放至焚烧炉时烟气SO_2在线检测仪不超过$100mg/m^3$为基准，不仅可避免产生的废水冲击酸性水汽提装置，也可保证该过程的烟气达标排放。

若加氢催化剂不需要检修或更换，则可以选择不钝化处理。这时的催化剂是以MoS_2和Co_9S_8的形态存在，是一个不稳定的状态，常温下遇到空气会发生自燃。则按照图15-2-1的流程，建立氮气循环气的闭路循环，调节加氢反应器加热器的温度，使催化剂降到常温。此过程要严防空气进入循环气，避免发生氧化反应，造成催化剂失去加氢反应的活性。催化剂温度降到常温后，反应器出入口加盲板隔离，注入氮气微正压惰性保护，防止游离氧进入，只要不发生自燃现象，该方案可达到环保停工。

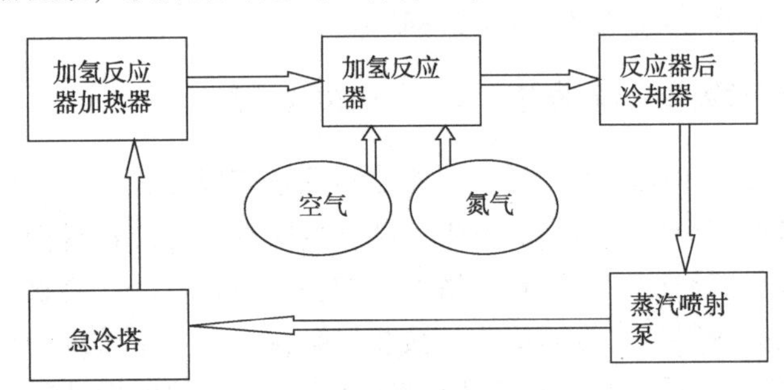

图15-2-1　加氢反应器钝化循环气流程示意图

案例：催化剂钝化不当，造成环境污染。

某企业硫黄回收停工方案中写道："保证催化剂床层温度在60~70℃条件下使FeS缓慢氧化，从而保证催化剂活性组分(硫化态)不变，下次开车不必硫化即能使用。"按照该方案执行，每次停工打开设备后，加氢反应器都存在自燃现象，现场SO_2气味大，床层温度梯度上升，使现场处于一种危急状态。该方案存在三个问题：一是加氢催化剂钝化温度偏低，钝化不彻底，应改为在100~120℃进行；二是对加氢催化剂处于硫化态是一个不稳定、易自燃的状态认识不足，加氢催化剂要钝化就要彻底钝化；三是加氢催化剂钝化了下次再开车不用硫化认识错误。

硫化态的钴钼催化剂与SO_2反应会生成大量硫黄，反应式如下：

$$2MoS_2 + 3SO_2 = 2MoO_3 + 7S \quad (15-2-4)$$

$$2Co_9S_8 + 9SO_2 = 18CoO + 25S \quad (15-2-5)$$

案例：某硫黄装置加氢催化剂停工钝化采用循环氮气降温，因系统与Claus吹硫烟气隔离不充分，两个过程同时进行时，吹硫烟气中的SO_2进入了循环气中，加氢反应器中发生了以上反应，产生了大量的硫黄，导致本来两天左右即可完成的钝化反应，七天才结束。

此案例也说明，若不进行加氢催化剂钝化，在降温循环氮气中掺入SO_2，产生的硫黄会堵塞床层。

（二）加氢催化剂钝化计算举例

加氢催化剂装量为20t，其中，MoO_3含量为13%，CoO含量为3.5%，对使用3年后的催化剂进行彻底钝化，计算SO_2的最低生成量。

答：加氢反应器钝化化学方程式如下：

$$MoS_2 + 7/2O_2 \longrightarrow MoO_3 + 2SO_2 + Q \quad (15-2-1)$$

$$Co_9S_8 + 25/2O_2 \longrightarrow 9CoO + 8SO_2 + Q \quad (15-2-2)$$

MoO_3的摩尔数为2.6×1000/144=18.0556kmol

CoO 的摩尔数为0.7×1000/75=9.3333kmol

由 Co、Mo 原子守恒可得：

3年后硫化态的加氢催化剂中MoS_2的摩尔数为18.0556 kmol

Co_9S_8摩尔数为9.3333/9=1.037 kmol

则由MoS_2生成SO_2的摩尔数为18.0556×2=36.1112 kmol

由Co_9S_8生成SO2的摩尔数为1.037×8=8.296 kmol

SO_2的最低生成量为36.1112+8.296=44.4072 kmol

即SO_2的最低生成量为44.4072×64=2.842 t

四、停工阶段急冷塔、吸收塔、再生塔的处理

加氢单元的吸收塔、再生塔停工后，需要进行蒸塔，以尽量清除塔内残存的H_2S，为下一步的水洗塔创造条件。为避免蒸塔时有毒、恶臭气味的气体直接排向大气环境，需要密闭蒸塔。吸收再生单元退溶剂结束后，再生塔的吹扫先开塔顶空冷，直接开塔底蒸汽，吹扫后的气相经塔、容器顶空冷器、水冷器冷却，液相经泵排至酸性水系统，少量不凝气去低压瓦斯系统或者进反应炉焚烧(反应炉600℃以上燃烧状态)，吹扫尾气进反应炉焚烧必须密切关注酸性水分液罐液位是否正常，避免吹扫气带液至反应炉。密闭蒸塔(密闭吹扫)结束后，可安排吸收塔、再生塔的除臭钝化操作。

加氢反应器催化剂钝化结束后，急冷塔建立自己的循环，给新鲜水置换水洗，水洗水排入酸性水汽提装置。急冷塔水洗结束后，安排进行循环除臭和钝化。

各塔冲洗水要分析COD数据，符合所在单位环保管理数据，可直接排入污水处理场；若不合格，则由环保管理集中收集处理。

(一) 停工后设备的除臭处理

硫黄装置运行一段周期后，在设备、管线内淤积较多有毒有害物质，给停工吹扫及检修的环境和安全带来很大隐患。为避免设备停工吹扫或设备打开后，积存在设备内的硫化氢、小分子硫醇、氨氮等有毒有害物随放空蒸汽扩散到装置现场及周围的环境中，造成环境污染和人员伤害，装置必须在停工检修前进行恶臭消除(除臭)操作，常用恶臭治理方法是化学氧化法。

以某公司某产品反应为例(分别除硫化氢、氨、有机硫等臭)描述除臭反应如下：

$$M^{2+} + S^{2-} = MS \quad (15-2-6)$$

$$M^{2+} + 4NH_4 = M + 4(NH_3)^{2+} \quad (15-2-7)$$

$$M^{2+} + RSH = M(RSH)_m^{2+} \quad (15-2-8)$$

$$Q^{3+} + 3H_2O + 3NH_3 = Q(OH)_3 + 3NH_4^+ \quad (15-2-9)$$

其中M^{2+}为该产品中的二价阳离子，Q^{3+}为该产品中的三价阳离子，m为1~4的倍数。

(二) 停工后的 FeS 钝化处理

硫黄装置运行一段周期后，系统内特别是装有填料的塔设备、胺液系统的换热器内蕴藏

着可观的 FeS 等易燃物。停工检修时，因 FeS 自燃烧坏设备及设备内构件的事故时有发生，并给装置及检修人员的安全带来极大威胁，因此装置在停工检修时必须进行硫化亚铁清洗。

硫化亚铁钝化反应，常用方法是采用强氧化剂与之反应，最终生成可溶于水的硫酸根和三价铁离子以及单质硫沉淀。

$$Y^{7+} + FeS \longrightarrow S + SO_4^{2-} + Fe^{3+} \quad (15-2-10)$$

吸收除臭、钝化方法很多，主要分为物理法、化学法、生物法和离子法四类。在硫黄装置用得最多的是化学氧化法，从已有的案例来看，处理过程和结果都达到了环保要求，并取得了很好的效果。

在 FeS 钝化操作过程中，严禁在清洗药剂中加入有机酸或无机酸，因为酸会与 FeS 反应产生 H_2S，容易导致人员中毒事故发生。实际操作中，有的清洗公司用次氯酸钠(或高锰酸钾)等药剂清洗结垢严重的换热器管束时，为增加清洗效果，加入了草酸、柠檬酸的组分，因垢样内含 FeS，操作过程析出 H_2S，现场处于一个高风险状态。

案例：某企业硫黄装置在化学清洗堵塞腐蚀严重的贫富胺液换热器管束时，因在清洗槽中加入了盐酸，致使垢物中迅速析出大量 H_2S，当场致使 3 人死亡，6 人受伤。

五、Claus 单元内残硫去除方法

Claus 单元切除酸气后，需对单元催化剂、设备及管线内的残硫最大限度地去除，以避免残硫在检修期间遇到高温燃烧造成损害。硫黄装置停工期间烟气超标排放主要集中在停工初期的系统吹硫阶段，目前已在使用的工艺如下。

(一) 传统的“瓦斯燃烧气吹硫”工艺

硫黄装置传统的停工“瓦斯吹硫”工艺为：反应炉酸性气切除，改瓦斯气与空气当量燃烧，用燃烧后的烟气对硫黄装置系统内的残硫进行吹扫。后期通过逐步增加进炉空气量来提高过程气中的氧含量，确保将系统中的硫化亚铁全部燃烧干净。当逐步提高过程气中氧含量，床层温度依然稳定不变或呈下降趋势，且 Claus 反应器出口 SO_2 含量接近零时，可认为瓦斯吹硫结束(流程示意图如图 15-2-2 所示)。

存在问题：

1) 瓦斯吹硫期间 Claus 尾气通过跨线直接去焚烧炉，虽时间短(48h 左右)，但由于系统内的残硫和硫化亚铁发生反应，生成大量 SO_2 直接排放烟囱，烟气 SO_2 排放浓度最高达(30000mg/m^3)，对环境影响大。

2) 由于瓦斯组分变化较大，化验分析数据滞后，造成空气配比无法及时跟上，易出现析炭，污染催化剂或过氧 Claus 反应器床层超温现象，极大地缩短了催化剂的使用寿命，并降低了催化剂的回用率。

3) 硫黄装置整体停工后，反应炉温度偏高，需要相对长的一段时间，方能进入设备检查和检修。

(二) “天然气燃烧气吹硫”工艺

Claus 催化剂过氧钝化操作前，将 Claus 单元的天然气与空气按次化学当量(微欠氧)燃烧产生惰性气体，同时反应炉前通入适量蒸汽，以降低反应炉燃烧温度，并避免燃烧产生积炭，制硫单元尾气继续进尾气加氢处理系统进行硫元素加氢及胺液吸收净化处理，Claus 催化剂吹硫过程中产生的 SO_2，全部由加氢反应器加氢反应后生成 H_2S，由吸收塔内 MDEA 胺

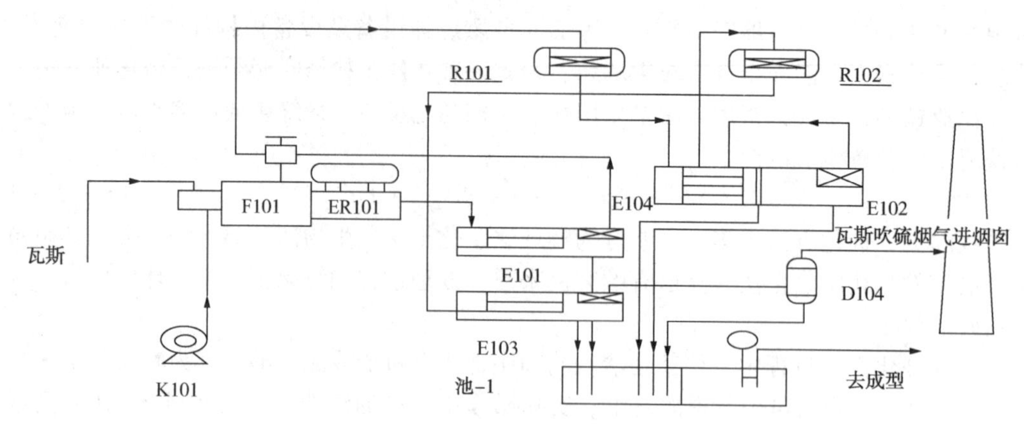

图 15-2-2　传统瓦斯吹硫流程示意图

K101—制硫风机；F101—反应炉；ER101—反应炉蒸汽发生器；E101—第一硫冷凝器；R101—克劳斯一反应器；E102—第二硫冷凝器；R102—克劳斯二反应器；E103—第三硫冷凝器；D104—硫捕集器

液吸收后返回到溶剂再生塔进行再生，再生后的酸性气可返回未停工的硫黄装置或者选择其他途径处理。吹硫过程中，通过严格控制过程气中 O_2 含量提高幅度，防止 Claus 反应器床层飞温。

“天然气燃烧气吹硫”期间 SO_2 排放可达标。注意事项如下：

1）精细化操作要求高。该操作对装置仪表及操作人员要求相对较高，要求天然气与氧气次化学当量燃烧，吹扫过程气中要求氧气含量很低(一般体积浓度不高于 0.5%)。

2）钝化期间增加 O_2 含量的速度要慢，可按每小时 0.2%的速度逐步提高，期间要密切关注加氢反应器的温度，若温升过快，逐步降低空气量，直至温升可控。该过程需要现场及时用比长管及时检测系统中的氧含量和 SO_2 含量。

3）实际操作中急冷塔循环水的 pH 值低于 7 时，需要及时补充碱液或氨水来中和，这个现象也说明加氢反应器的加氢反应不完全，存在未反应的 SO_2 进入急冷塔的情况。此时要及时降低加入的空气量，并补充氢气等操作。

4）硫黄回收装置整体停工后，反应炉温度偏高，需要相对长的一段时间，方能进入设备检查和检修。

（三）“热氮吹硫”新工艺

1. 有外供氢的“热氮吹硫”工艺

中国石化获得国家专利的“热氮吹硫”新工艺为：反应炉酸性气和风量切除，改通热氮(加热器将冷氮加热至 220℃左右)，分别进入 Claus 单元余热锅炉后部、一级反应器入口、二级反应器入口，对系统中的残硫进行吹扫。见图 15-2-3。

同时对于系统中的硫化亚铁采取炉头注入空气，逐步提高吹硫气体氧含量的办法将其全部燃烧。之后含有 SO_2 和硫单质的吹硫烟气进入加氢反应器加氢，并进入急冷塔冷却，然后进入吸收塔进行过程气净化，吸收塔出来的富液进入再生塔再生，再生后的气体进入正常生产的硫黄装置处理或用其他办法处理。

该工艺 Claus 单元吹硫与 Claus 单元的催化剂提氧钝化是同步进行的。吹硫钝化结束的标准是在有少量氧气(体积浓度 1%)存在的情况下，检测 Claus 单元吹扫气中无 SO_2 存在；进液硫池前液硫线排污无硫黄存在，两者具备，吹硫结束。

在“热氮吹硫”结束后，将 Claus 单元与尾气加氢单元断开，加氢反应系统与溶剂系统断开。Claus 单元进行反应炉给氮气降温，吹扫气进焚烧炉；尾气加氢部分的加氢催化剂进行氮气的循环降温；溶剂部分开始再生、降温、退胺等操作。

热氮吹硫新工艺利用氮气(惰性气体)不易发生化学反应的原理进行吹硫，与传统“瓦斯吹硫”工艺、“天然气燃烧气吹硫”工艺的区别主要有以下几点：

1）无副反应，对系统及吹硫效果不会产生其他影响。

2）钝化空气气量小，入加氢反应器反应温升可控度大。

3）入吸收塔负荷小，吸收塔出口硫化氢含量低，使装置排放烟气中 SO_2 含量低。该工艺能够有效降低停工期间烟气 SO_2。采用热氮气吹硫操作烟气排放 SO_2 含量最高值位于吹硫开始阶段，通过优化操作烟气 SO_2 排放浓度能够控制在 100mg/m^3 以下。中后期吹硫操作稳定后，烟气 SO_2 排放浓度可控制在 20～40mg/m^3 之间，远远低于多年来采用“瓦斯吹硫”的烟气 SO_2 排放浓度，达到最新排放标准要求，能够实现装置停工期间全过程烟气达标排放。

4）采用“热氮吹硫”不仅避免了“瓦斯吹硫”析炭污染催化剂事件的发生，同时也避免了“瓦斯吹硫”过氧造成反应器床层严重超温现象的发生，延长了催化剂的使用寿命。

5）热氮吹硫结束后，反应炉、余热锅炉、硫冷凝器处理较干净，无残硫存在，设备打开后，无自燃事故发生。

6)避免了“瓦斯吹硫”工艺、“天然气燃烧气吹硫”工艺在硫黄回收装置全面交付检修后反应炉温度偏高的问题。交付检修后，炉温度即降到了常温，方便检修。

存在问题：要想确保吹硫时间和效果，氮气消耗量至少 2000m^3/h 以上(相对 80kt/a 硫黄装置)，停工期间要做好氮气平衡。

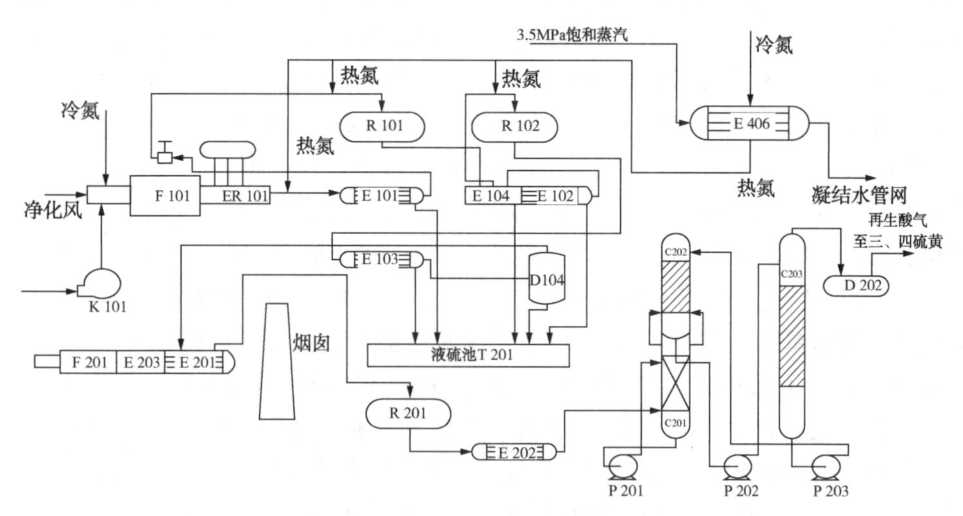

图 15-2-3　热氮吹硫流程示意图

K101—制硫风机；F101—反应炉；ER101—反应炉蒸汽发生器；E101—第一硫冷凝器；R101—Claus 一反应器；E102—第二硫冷凝器；R102—Claus 二反应器；E103—第三硫冷凝器；D104—硫捕集器；E406—氮气加热器；F201—焚烧炉；E201—尾气加热器；E203—蒸汽过热器；R201—加氢反应器；C201—急冷塔；C202—吸收塔；C—203 再生塔

2. 无外供氢的“热氮吹硫”

中国石化中原油田普光净化厂(以下简称普光净化厂)硫黄装置无外供氢源，正常生产期间用天然气、空气、蒸汽反应，产生氢气，用于加氢反应。产氢气时的反应式为：

$$CH_4 + H_2O = CO + 3H_2 \qquad (15-2-11)$$

$$CH_4 + 2H_2O = CO_2 + 4H_2 \qquad (15-2-12)$$

$$CO + H_2O = CO_2 + H_2 \qquad (15-2-13)$$

2018年3月5日开始，齐鲁研究院、三维石化、普光净化厂共同在其某套20kt/a的硫黄装置进行了“热氮吹硫先导性实验”。

（1）吹硫钝化过程

3月4日12：30，酸性气切除，第一再热器入口通入9000Nm³/h的低压氮气开始吹硫。加氢炉天然气流量控制在159Nm³/h左右、燃烧空气1000Nm³/h左右（配风比例约1：7）、减温蒸汽200kg/h左右，加氢炉出口温度维持在300℃左右。

3月5日12：27~3月6日10：11，吹硫氮气温度控制在220℃，烟气SO_2排放逐步由350mg/m³降至60mg/m³。第三硫冷凝器出口SO_2含量由0.35%迅速降至0，急冷塔出口H_2含量逐步由1.5%升高至2.5%，急冷水pH值保持稳定在8~9，一级硫封6h后无明显液硫流出，二级硫封12h后无明显液硫流出，三级硫封仍有液硫流出。

3月6日10：11，Claus炉反应炉温度降至500℃，将炉头吹扫氮气调整为2000Nm³/h，第一再热器入口氮气调整为7000Nm³/h。炉膛降温速率维持在30℃/h。10：40，第一再热器入口提工厂风200Nm³/h。10：40~14：43，第一Claus反应器床层自上而下依次出现一定温升，最高温升50℃至250℃，加氢反应器床层温度稳定在320℃，第三硫冷凝器出口SO_2体积含量由0上涨至0.51%后稳定，急冷塔出口H_2体积含量逐步由2.5%降至1.3%，急冷水pH值稳定在8.1，烟气SO_2排放由60mg/m³上涨至130mg/m³。14：43，保持通入钝化风量100Nm³/h，至3月7日10：18，钝化期间第三硫冷凝器出口SO_2逐步稳定在0.18%，H_2含量逐步稳定在1.9%，加氢反应器床层温度稳定在320℃，Claus第一、第二反应器温度稳定在200~220℃，急冷水pH值稳定在8.1，烟气SO_2排放由130mg/m³下降至90mg/m³。

3月7日10：18，钝化风量继续提至200Nm³/h钝化。14：20，第三硫冷凝器出口SO_2稳定在0.54%，H_2含量逐步稳定在1.2%，加氢反应器床层温度稳定在320℃，Claus第一反应器底层和第二反应器顶层开始出现明显温升，烟气SO_2排放由90mg/m³上升至120mg/m³。3月7日14：20，钝化风提至300Nm³/h。至3月8日1：50，钝化期间第三硫冷凝器SO_2稳定在0.62%，加氢单元H_2体积浓度0.9%，加氢反应器床层温度稳定在330℃，Claus第一、第二反应器床层自上而下依次出现一定温升，最高温升60℃至258℃，烟气SO_2稳定在130mg/m³。至3月8日7：45，第三硫冷凝器出口SO_2体积浓度逐步由0.62%降至0.24%，加氢炉出口温度由300℃上升至315℃，加氢反应器床层温度由330℃上升至358℃。将钝化风量降至100Nm³/h。至16：10，制硫系统中SO_2体积浓度稳定在0.04%，H_2体积浓度1.9%，加氢反应器温度降至320℃，制硫反应器降至200~220℃，烟气SO_2排放由130mg/m³下降至66mg/m³。调整钝化风量至300Nm³/h，至18：09，制硫系统中SO_2体积浓度上升至0.34%，H_2体积浓度逐步下降至1.3%，加氢反应器温度迅速升高至360℃，Claus第二反应器床层底部出现一定温升，烟气SO_2浓度稳定在100mg/m³。关闭全部钝化工厂风流程，对加氢反应器进行降温。

至3月9日10：11，加氢反应器温度逐步降至320℃，制硫系统中SO_2体积浓度下降至

0.01%，H_2体积浓度为2.1%，烟气SO_2浓度稳定在45mg/m³。又将钝化风提至300Nm³/h。至12：31，制硫系统SO_2体积浓度快速上涨至0.36%后逐步回落至0.25%，H_2体积浓度下降至1.5%，加氢反应器温度迅速升高至360℃，烟气SO_2浓度稳定在100mg/m³。关闭全部钝化工厂风流程，对加氢反应器进行降温。17：00，加氢反应器温度降至320℃，制硫系统中SO_2体积浓度逐步下降至0.01%，H_2体积浓度逐步上升至2.1%，烟气SO_2稳定在45mg/m³。热氮流量逐步提升至10000Nm³/h。17：00，打开第三硫冷凝器液硫现场放空口打靶确认过程气中夹带有少量硫雾。

3月9日17：00，吹硫末期，系统中硫含量已经很少，为避免在没有硫黄尾气的情况下，加氢反应器催化剂在高温(高于200℃)与氢气发生置换反应，导致催化剂失活。进行了流程调整。过程气直接进入尾气焚烧炉，加氢炉停炉氮气正压保护。

吹硫进行至101h后，打靶结果为肉眼无法明显观察到硫粉附着。

(2) 吹硫效果

1) 在本次实验过程中，由于加氢炉燃烧稳定，吹硫期间加氢尾气H_2体积浓度维持在2.5%左右，说明加氢炉产生的还原性气体(H_2+CO)能够满足硫雾还原为H_2S的耗氢量。

2) Claus单元吹硫、钝化同步进行，钝化空气最高达到300Nm³/h(约0.6%氧含量)，加氢尾气H_2体积浓度最低降至0.91%，急冷水pH值稳定，钝化产生的SO_2全部进加氢单元转化为H_2S。

3) 通过对第三硫冷凝器液硫出口进行打靶检测及三级硫封流动情况观察，在吹硫进行至90h后，吹硫效果与传统停工相当。吹硫进行至101h后，打靶结果为肉眼无法明显观察到硫粉附着。吹硫时间较设计延时约18h，吹硫程度达到预期，吹硫效果得到验证。

4) 尾气切除后，在初次提升钝化风量至150Nm³/h时，出现约1h烟气SO_2排放超标的情况，最高上涨至1105mg/m³，后逐步回落至标准(400mg/m³)范围内。

5) 整个钝化过程中未消耗碱液、未产生含盐污水。

(3) 下步改进

1) 优化一下程序，具体制硫部分的吹硫、钝化时间能缩短至4天以内。

2) 在设有加氢炉的装置，在用天然气产生氢气时，采用热氮吹硫期间，会发生以下反应：

$$SO_2 + 3CO \rightleftharpoons 2CO_2 + COS \quad (15-2-14)$$

$$CO + S \rightleftharpoons COS \quad (15-2-15)$$

生成的羰基硫会使烟气SO_2排放浓度增加，如在尾气焚烧炉后增上烟气脱硫塔，可有效降低烟气中SO_2排放浓度，确保达标排放。

六、引天然气掺烧，解决低负荷生产难题，避免停工期间酸气放火炬

因工厂装置布局、上下游装置停工先后顺序等原因，在全厂性停工过程的后期，上游装置酸性气不能同步切除，导致部分时间段硫黄装置酸性气量小、浓度低，难以维持正常生产，常规操作是将酸性气排放火炬。

天然气具有以下优点：热值高，掺烧后可保证系统热量，维持生产，避免酸气放火炬；

硫含量低，不会增加烟气 SO_2排放；组分稳定，配风调整相对容易，不易造成床层析炭；爆炸极限较氢气窄，操作上更安全。

当全厂大面积停工，酸性气量小到装置难以维持正常运行时，按照核算的保证反应炉温度达到1000~1200℃的天然气掺烧量和配风量，反应炉引天然气并进行次化学当量燃烧(空气量/天然气体积配比6.5~8.5)，并按天然气质量流量/蒸汽质量流量为4的配比，向反应炉内通入降温蒸汽。

掺烧的天然气、空气、蒸汽要配有带流量表的单独流程。

因工厂停工阶段的酸性气是递减或有波动，掺烧的天然气、空气、蒸汽量需要单独供应流程并按既定比例，并控制反应炉的温度在1000~1200℃的控制范围内进行增减调整。

酸性气正常进入反应炉，按照 H_2S/SO_2在线分析仪测量数值操作，过程气正常进入加氢单元操作。加氢反应器反应温度，急冷塔急冷水 pH 值等数据来判断系统是否过氧。同时可通过比长管检测过程气 H_2S、O_2、SO_2数据是否正常判断装置运行工况。若上游装置酸性气切断，硫黄装置可切换至系统吹硫阶段。

该方案可使酸性气不放火炬，同时保证该阶段的装置达标排放。

存在问题如下：

1) 对精细化操作要求较高，对装置仪表及操作人员要求相对较高，要求天然气与氧气次化学当量燃烧，掺烧气中要求氧气含量很低。

2) 停工阶段的酸性气是逐步递减的，根据酸性气流量及浓度变化进行配风操作比较困难，容易造成系统内氧含量过大，SO_2加氢不及时，使加氢反应器超温，急冷塔急冷水 pH 值下降呈酸性，因此需要根据各设备温度、各在线仪表数据及比长管快速检测综合判断装置运行工况。

3) 若过多的氧进入制硫催化剂，会造成床层的积硫和硫化亚铁燃烧，制硫反应器床层"飞温"，此时需要及时降低配风量。

4) 若游离氧进入加氢反应器，会造成硫化态加氢催化剂氧化反应，容易造成加氢反应器 SO_2"击穿"，并导致反应器床层飞温。该阶段要准确判断过程气 SO_2分压增加原因，比如是少量酸性气完全燃烧造成，或是因为"反硫化"造成的。

第三节　开停工期间的数据分析

分析测试在硫黄装置的生产管理过程中占有重要地位，可以发挥装置眼睛的作用，准确及时的分析测试数据可以指导装置运行，优化装置操作。在装置开停工阶段，系统中的氧、SO_2、H_2S、H_2、急冷水 pH 值等测定尤为关键，直接决定装置能否安全环保开停工。

一、在线分析仪表配置

硫黄装置必须配备在线分析仪，用于分析 Claus 尾气中 H_2S、SO_2含量、急冷塔循环水 pH 值、加氢气体中 H_2含量和进烟囱气流中的 O_2和 SO_2含量等参数，以便对装置开停工和正常生产进行操作指导。在装置开停工期间，部分时间段需要每小时分析一次 Claus 尾气中的 H_2S、SO_2含量。Claus 尾气中的 H_2S 和 SO_2含量及加氢反应器出口过程气中的 H_2含量，可用在线分析仪进行连续分析，同时应定期采用化学分析方法检查在线分析仪的分析结果，如在线分析仪故障，应增加实验室分析频率。

随着环保要求越来越严，硫黄装置开停工过程中的系统升降温操作、酸气低负荷生产期间燃料气掺烧操作、装置停工催化剂钝化操作等阶段，过程气氧含量是否控制得当，是决定装置能否安全、环保开停工的关键因素，因此在反应炉余热锅炉出口、加氢反应器入/出口增设过程气氧含量在线分析仪表，也逐步成为硫黄装置必配的在线分析仪表。

在线分析仪表故障影响生产的案例：某企业硫黄回收装置加氢单元氢含量在线分析仪表和急冷水的pH值在线分析仪表长期停用。某天装置外补高纯氢气中断，切换为重整的低纯氢，氢气压力和组分都发生较大变化。切换后，装置急冷水发黄绿色，且急冷水pH值下降，烟囱SO_2排放浓度从个位数升到200mg/m^3左右。超标排放持续约4h。原因是两个在线分析仪表故障，加氢反应器氢气不足，没有及时识别，造成加氢反应器内生成硫黄，进入急冷水循环系统。当时虽进行了化验色谱分析，但对于装置异常状态下的操作指导显然是严重滞后的。

二、快速分析方法

硫黄装置在开停工阶段，酸性气流量逐步增加或降低，装置操作工况变化很大，装置开停工过程需要尽快得到部分分析数据，若采用实验室分析方法，对于指导操作可能存在严重滞后。在装置开工升温阶段、低负荷引酸气阶段，停工吹硫阶段、加氢催化剂钝化阶段、停工燃料气伴烧阶段，装置烟道气通常需要每小时分析一次，一般进行奥氏(orsat)分析或Firyte试验，以检测焚烧炉余热锅炉出口烟道气中的O_2和CO含量，在燃烧速率改变时也要进行这种分析，若可使用手提式分析仪分析O_2和CO含量，或用比色玻璃管检测，指导生产的速度要快得多。

配置H_2S和SO_2比长管对装置操作控制是很重要的，在装置操作不稳时，采用比色玻璃管分析进入和离开反应器的工艺气体中的H_2S和SO_2含量，在这些玻璃管内，H_2S和SO_2之间的反应和指示通过颜色逐渐变化来证明，这些分析很快，对于初步分析来说是相当精确的。

在燃烧燃料气加热的Claus部分时，反应器加热器出口过程气中存在烟灰，可用一块湿滤纸与气体接触来检测，如存在烟灰时滤纸会变黑。

另外可使过程气通过一盛水的气槽，检测它是否含气态硫，如过程气存在气态硫时，会形成一胶质沉积物(浅黄色)。这种试验在硫吹扫操作结束时特别有意义，它可确认硫是否全部除去。

三、正常运行期间的实验室分析方法

硫黄装置在正常运行期间，需确定合适的分析项目、分析方法及分析频次。通过对企业化验分析管理实际调研，结合硫黄装置生产需求，规范了分析项目、分析方法及分析频次，建议企业采用表15-3-1。硫黄装置在线仪表配置齐全且运行良好，可适当减少分析项目和分析频次，建议企业采用表15-3-2。

表 15-3-1　分析项目、分析方法及分析频次表

序号	样品名称	分析项目	分析频率	分析方法
1	酸性气	H_2S	1 次/周	GZHLH-T4. 102. 23. 086
		CO_2、烃		GZHLH-T4. 102. 23. 086
		氨		Q/SH 3385 0004
2	一级硫冷器入口过程气	H_2S、SO_2、COS	2 次/周	GZHLH-T4. 102. 23. 054
3	二级硫冷器入口过程气	H_2S、SO_2、COS	2 次/周	GZHLH-T4. 102. 23. 054
4	三级硫冷器入口过程气	H_2S、SO_2、COS	2 次/周	GZHLH-T4. 102. 23. 054
5	加氢反应器入口尾气	H_2S	2 次/周	GZHLH-T4. 102. 23. 054
		H_2	2 次/周	GZHLH-T4. 102. 23. 222
6	加氢反应器出口尾气	H_2S	2 次/周	GZHLH-T4. 102. 23. 054
		H_2	2 次/周	GZHLH-T4. 102. 23. 222
7	急冷水	pH	2 次/周	GB/T 6904. 3—93
8	净化后尾气	H_2S	1 次/天	GZHLH-T4. 102. 23. 066
		总硫	1 次/周	GB/T11060. 4—2010
9	贫液、富液	H_2S	2 次/周	GZHLH-T4. 102. 23. 021
		CO_2		GZHLH-T4. 102. 23. 009
		MDEA		GZHLH-T4. 102. 23. 010
		热稳态盐		GZHLH-T4. 102. 23. 081
10	烟道气	H_2S	1 次/月	GZHLH-T4. 102. 23. 086
		SO_2		GZHLH-T4. 102. 23. 054
11	溶剂再生塔顶回流罐酸性水	pH	1 次/周	GB/T 6904. 3—93
		铁离子		GZHLH-T4. 102. 23. 006
		氯离子		GZHLH-T4. 102. 23. 005
12	锅炉水、凝结水	pH	2 次/天	GB/T 6904. 3—93
13	锅炉水	PO_4^{3-}	2 次/天	GB/T 1576
14	硫黄(产品)	纯度、灰分、酸度、砷、铁、有机物、水分	1 次/周	GB/T 2449—2006

表 15-3-2　分析项目、分析方法及分析频次

序号	样品名称	分析项目	分析频率	分析方法
1	酸性气	H_2S	2 次/月	GZHLH-T4. 102. 23. 086
		CO_2、烃		GZHLH-T4. 102. 23. 086
		氨		Q/SH 3385 0004
2	一级硫冷器入口过程气	H_2S、SO_2、COS	1 次/周	GZHLH-T4. 102. 23. 054
3	二级硫冷器入口过程气	H_2S、SO_2、COS	1 次/周	GZHLH-T4. 102. 23. 054
4	三级硫冷器入口过程气	H_2S、SO_2、COS	1 次/周	GZHLH-T4. 102. 23. 054
5	加氢反应器入口尾气	H_2S	1 次/周	GZHLH-T4. 102. 23. 054
		H_2		GZHLH-T4. 102. 23. 222

续表

序号	样品名称	分析项目	分析频率	分析方法
6	加氢反应器出口尾气	H_2S	1次/周	GZHLH-T4. 102. 23. 054
		H_2		GZHLH-T4. 102. 23. 222
7	急冷水	pH	1次/周	GB/T 6904. 3—93
8	净化后尾气	H_2S	1次/天	GZHLH-T4. 102. 23. 066
		总硫	1次/周	GB/T11060. 4—2010
9	贫液、富液	H_2S	2次/周	GZHLH-T4. 102. 23. 021
		CO_2		GZHLH-T4. 102. 23. 009
		MDEA		GZHLH-T4. 102. 23. 010
		热稳态盐		GZHLH-T4. 102. 23. 081
10	烟道气	H_2S	1次/月	GZHLH-T4. 102. 23. 086
		SO_2		GZHLH-T4. 102. 23. 054
11	溶剂再生塔顶回流罐酸性水	pH	1次/周	GB/T 6904. 3—93
		铁离子		GZHLH-T4. 102. 23. 006
		氯离子		GZHLH-T4. 102. 23. 005
12	锅炉水、凝结水	pH	2次/周	GB/T 6904. 3—93
13	锅炉水	PO_4^{3-}	2次/周	GB/T 1576
14	硫黄(产品)	纯度、灰分、酸度、砷、铁、有机物、水分	1次/周	GB/T 2449—2006

硫黄装置净化气中硫化氢含量是考察烟气中SO_2排放浓度的一个重要指标，目前各企业基本采用比长管检测法测定硫化氢。比长管法具有操作简单、分析速度快的特点，但存在测定数据误差大的问题。正常生产期间使用微库仑仪测定净化尾气中的总硫，每天使用比长管法测定净化尾气中的硫化氢，每周使用微库仑法测定总硫一次，两者数据进行比较。此外，还可利用以下方法测定净化尾气中有机硫含量，以考察催化剂的有机硫水解能力。

测定方法为：首先采用微库仑测定仪测定净化尾气总硫含量；让原料气通过内径为5~10mm、长度为200~300mm的玻璃管(内装固体硫酸镉试剂)，吸收硫化氢，测定吸收硫化氢后的净化气的总硫含量，即为有机硫的硫含量。有机硫一般为COS，折算为COS的公式如下：

$$\text{COS 含量}=\text{有机硫的硫含量}\times 60/32$$

$$H_2S\ \text{含量}=(\text{总硫含量}-\text{有机硫硫含量})\times 34/32$$

目前各企业使用的微库仑仪均为国产产品，其性能已完全可以满足分析需要，无需使用进口产品。

目前各企业对硫黄装置过程气及净化尾气采样是直接使用气袋采样，由于气体中带有大量水蒸气，若不使用干燥管进行干燥则无法避免气体中水蒸气对样品中SO_2气体的吸收溶解，造成数据不准确。在硫黄装置过程气及净化尾气采样过程中，应使用干燥管对气体中水蒸气进行脱除，干燥剂使用球状无水氯化钙。当干燥管内的无水$CaCl_2$变潮时，应及时更换新的干燥剂。

第十六章　异常工况分析与典型案例

第一节　异常工况处理原则

异常工况一般分为紧急情况和影响产品质量的生产波动等，在任何情况下，必须严格遵守工艺纪律、工艺卡片的规定。当装置生产出现异常时，各相关人员要保持冷静，准确判断，果断处理，绝对避免惊慌失措。紧急情况下，首先保证避免人身伤亡事故及重大设备损害事故；避免硫化氢泄漏、中毒；避免环境污染；避免火警、火灾事故。保护催化剂，避免催化剂结焦失活；减少胺液跑损。由于硫黄回收装置和含硫污水汽提装置、气体脱硫装置等联合装置有毒、易燃、易爆气体以及各种油类多，各种原因可能会造成意想不到的紧急事故发生，如果不快速判断、正确处理，将会造成严重事故，危及设备和人身安全。事故发生初期，应及早发现并正确判断事故发生的原因，迅速果断处理，避免事故扩大，力争把一切事故消灭在萌芽状态。任何情况下，燃料气和酸性气等不准排空，以免造成污染和其他中毒、燃爆事故。

第二节　异常工况分析与典型案例

一、硫黄回收装置紧急停工的引发因素

①酸性气中断；②装置突然停电；③鼓风机、除氧水泵等关键机动设备发生故障，备用设备不能备用；④余热锅炉烧干锅、拔管泄漏、管板严重泄漏液位控制不住；⑤除氧水中断，短期无法恢复；⑥仪表风中断时间较长，生产难以维持；⑦计算机控制系统故障且短期难以恢复，生产难以维持；⑧燃烧炉内发生衬里损坏、防爆门破裂或泄漏、热电偶损坏、炉壁烧穿泄漏；⑨催化剂床层严重析炭，系统堵塞压降高，生产无法维持；⑩设备、管线、阀门发生严重泄漏，危及安全生产及人身安全；⑪酸性气严重带水或带烃；⑫液硫线堵塞，压降高，不能短时间处理，生产无法维持；⑬其他危及装置安全运行的情况发生。

二、硫黄回收装置紧急停工的步骤及注意事项

（一）紧急停工步骤

1）启用酸性气燃烧炉和尾气焚烧炉自保。酸性气改放火炬；风机改放空；

2）关闭酸性气入燃烧炉的阀门；

3）关闭空气入燃烧炉的阀门；

4）鼓风机改放空或停机；

5）现场确认 DCS 风机停机联锁各阀门开关动作是否正确；

6）确保高温掺和阀冷却水正常供给；

7）向厂调及有关部门报告事故及紧急停工情况，查明原因。若时间短，维持系统温度等，等待开工；若时间较长，则按正常停工处理。

（二）紧急停工后做好以下工作

1）停液硫脱气系统；

2）对热电偶、燃烧炉火嘴等采取隔热保护措施；

3）控制好蒸汽伴热管网压力，加强液硫系统的伴热，确保液硫系统温度，防止液硫凝固堵塞系统；

4）冷凝冷却器视情况给蒸汽保护，余热锅炉保持压力稳定；

5）观察尾气焚烧过热蒸汽温度变化，及时做出相应调整；

6）关闭一二转加热器、尾气一二级加热器入口蒸汽阀。

（三）紧急停工注意事项

1）如果仪表风中断，自控阀失灵，要立即改现场手动控制生产；

2）如果有氮气补入净化风措施，尽快将氮气串入净化风系统，尽快恢复生产；

3）必要时，手动激发联锁停车。

三、硫黄回收装置晃电的现象、后果以及处理方法

（一）晃电的现象及后果

1）装置发生晃电时，可能会造成部分机泵停运；

2）照明灯、指示灯将瞬间闪灭；

3）情况严重时，会造成反应炉、尾气焚烧炉熄灭而引起炉膛温度、余热锅炉出口温度迅速下降；

4）冷却器的液位上升，出口温度下降；

5）酸性气快速切断阀也可能自动关闭，酸性气联锁放火炬。

（二）处理方法(对于晃电可灵活处理)

1）一旦发生装置晃电，操作人员应及时汇报相关人员，佩戴空气呼吸器迅速关闭风机的出口阀，并关闭电源开关；

2）视酸性气平衡情况将酸性气改放火炬，或者上游装置紧急限量；

3）加强捕集器的排污操作；

4）迅速检查装置运行情况和影响范围，能迅速恢复的要迅速恢复，并及时调整生产至正常；

5）若风机停运不能及时重新启运，则关闭风机电源开关。同时关闭空气进炉阀或鼓风机出口阀；改酸性气至火炬，关闭酸性气进燃烧炉阀、瓦斯进炉阀。停除氧水及蒸汽，维持炉温，加强集中的排污操作。问明停电原因，若短时间能恢复供电的，应尽快恢复生产，炉子再次进风必须缓慢，以防突然大量进风引起系统爆燃事故；

6）在线炉压缩机如停运，应停炉处理。重新启动压缩机，最好按照正常点炉步骤点炉。安全起见，至少应在炉膛温度高于 800℃以上时(必须从看火孔处看到炉膛发红)，才可引氢进炉。

7）尾气焚烧炉如停运，应迅速停炉处理。重新启动压缩机，迅速按照正常点炉步骤点炉。与焚烧炉相连接设备如蒸汽过热器、尾气换热器、余热锅炉等，应做好保护工作，避免设备出现过热；

8）机泵如有停运，按步骤重新启动即可。

四、硫黄回收装置长时间停电有哪些现象、后果及处理方法

（一）长时间停电现象及后果

1）装置发生长时间停电时，压缩机全部停运，停车联锁动作；

2）室内照明灯、机泵指示灯将全部熄灭和大面积报警；

3）DCS会造成瞬间停机，过数秒后DCS会自动运行；

4）酸性气燃烧炉、尾气焚烧炉的炉火熄灭而引起炉膛温度等迅速下降；

5）冷却器的液位上升，出口温度下降；

6）酸性气快速切断阀自动关闭；

7）尾气炉烟囱可能冒出黄色的烟。

（二）处理方法

1）如全装置停电，应按紧急停工处理。

2）如果本装置内部停电按照以下程序处理：

① 压缩机停电按紧急停工处理，联系电工、调度查明原因；

② 佩戴空气呼吸器将酸性气改出装置放火炬，关闭酸性气进炉阀，同时关闭空气进炉阀，燃烧炉火嘴、热电偶等给氮气保护；

③ 停除氧水以及蒸汽进出，维持炉温；

④ 用副线控制好各工艺参数；

⑤ 如发现酸性气泄漏，佩戴好空气呼吸器迅速关闭压缩机电源开关；

⑥ 加强捕集器的排污操作；

⑦ 冷却器的液位视情况改为蒸汽保护；

⑧ 如DCS供电中断，改现场手动控制。

3）尾气处理装置DCS启动停车联锁或现场紧急停工：

① 关闭在线炉瓦斯阀及空气阀，并关闭氢气阀，炉前少注氮气保护火嘴；

② 关闭尾气焚烧炉瓦斯阀及空气阀，炉前少注氮气保护火嘴；

③ 进加氢反应器氢气停；

④ 余热锅炉保持液位与压力；

⑤ 若停电时间长，DCS不间断电源供电不足，应用现场阀门控制；

⑥ 各机泵出口阀关闭。

五、硫黄回收装置除氧水中断的原因和处理

（一）除氧水中断原因

1）上游除氧水生产装置故障；

2）除氧水管线泄漏或堵塞，除氧水压力低等。

（二）现象及后果

1）当除氧水中断时，所有余热锅炉、冷却器的液位下降甚至液位回零；

2）冷却器出口的温度出现上升趋势；

3）除氧水中断，如不及时发现查明原因并及时处理，后果将会是严重的，如出现余热锅炉干锅、冷换设备损坏等。

（三）处理方法

1）短时间停除氧水（不超过10min），根据日常掌握的汽包液位估算除氧水的存量，判断装置能够坚持的时间。

① 减少入反应炉酸性气量，相应减少反应炉配风量，降低反应炉的温度，剩余酸性气可改排酸性气火炬系统，或上游装置限量；

② 尾气焚烧炉降低瓦斯量，降低炉膛温度；

③ 迅速关闭余热锅炉液控阀，防止倒串；

④ 迅速关闭一级~三级冷却器、蒸汽发生器的液控阀，防止倒串；

⑤ 一级至三级冷却器、蒸汽发生器的液位视情况改为蒸汽保护；

⑥ 加大尾气急冷塔冷却水循环量，加强尾气捕集器的排污操作；

⑦ 待来水后按开工程序进行开工。

2）装置长时间停除氧水，按紧急停工进行处理。

① 装置紧急停工；迅速关闭余热锅炉、冷却器液控阀；视冷却器出口温度情况改蒸汽保护；加强捕集器的排污；高温掺和阀给蒸汽保护，等待来水后按开工程序进行开工。

② 尾气处理装置使用除氧水的设备一般只有加氢反应器后余热锅炉和尾气焚烧余热锅炉。尾气加氢余热锅炉给蒸汽保护，尾气焚烧炉降低温度操作，尾气焚烧余热锅炉视情况停除氧水阀，停炉处理。

③ 及时关闭加氢反应器的进氢气阀。急冷塔、吸收塔、再生塔等可正常运行，等待硫黄回收装置开工。

六、硫黄回收装置循环水中断现象、后果及处理

（一）循环水中断现象及后果

1）硫黄回收装置鼓风机有润滑油冷却或循环水冷却系统的，可能造成润滑油（风机轴承）温度高，严重时可能引起联锁停机。

2）尾气处理装置循环冷却水冷却器出口温度持续上升，水洗急冷塔顶、尾气吸收塔、再生塔出口气体温度升高。

（二）循环水中断处理方法

1）硫黄回收装置能补新鲜水的用新鲜水代替（部分机泵、鼓风机冷却水）。

2）及时联系生产调度了解情况，短时间不能恢复，则按反应炉停车按钮反应炉作紧急停工处理（装置切换进料、停反应炉）。反应炉紧急停工后操作人员到现场检查，根据现场玻璃板、压力表和温度计的指示判断装置闷炉情况，发现问题及时处理，一旦装置循环水恢复正常，按装置开工步骤启动反应炉。

3）联系调度尽快恢复循环水供应，在循环水恢复后，重新恢复尾气处理部分操作。

七、硫黄回收装置净化风(仪表风)中断现象、原因及处理

(一) 净化风中断现象及原因

1) 当净化风中断时，风压快速下降，装置内所有控制调节阀失灵，诸多工艺参数发生异常变化，DCS 发生大面积报警。

2) 可能的原因为空压站设备故障、净化风管线大量泄漏或堵塞等。

(二) 净化风中断处理方法

1) 由于净化风中断时，控制阀失去控制调节作用，有条件的单位，本装置及时串入非净化风或氮气代替净化风，维持好装置操作运行。

2) 否则安排人员及时到现场改手动操作。风开阀处于关闭状态，风关阀处于开启状态，因此，风开型调节阀副线控制，风关型调节阀由泵出口阀或调节阀上游阀控制。如果净化风中断时间短，内外操配合好用副线控制好各工艺参数，维持好系统液面、温度、压力、流量等参数，以便尽快恢复生产。如果净化风中断时间长，按紧急停工处理。

八、硫黄回收装置燃料气中断现象、原因及处理

(一) 燃料气中断现象及原因

1) 硫黄装置反应炉不用瓦斯，因此，停燃料气对制硫部分没有影响(反应器入口由在线燃烧炉升温的装置除外)。但对装置尾气焚烧炉影响很大，燃料气中断时，焚烧炉燃料气流量、压力下降，焚烧炉温度急剧下降，装置联锁自保系统动作，装置进入紧急停工状态。

2) 造成燃料气中断的主要原因：调节阀故障、燃料管网出现异常、燃料气管线堵塞或大量泄漏等。

(二) 燃料气中断处理方法

1) 当燃料气中断时，制硫部分正常运转。反应器入口采用线燃烧炉升温的装置，能改烧氢气的改烧氢气，没有氢气燃烧保证温度的，火嘴给予氮气保护，同时尽可能维持反应器床层温度不低于 220℃，否则，装置按停工处理，尾气改入烟囱。

2) 由于焚烧炉温度不能维持，过热器质量不能保证，因此过热蒸汽改出管网，由消音器处就地放空。

3) 联系调度，如燃料气短期可以恢复供应，则维持制硫部分正常运转。尾气处理部分维持急冷水冷却塔、胺液吸收塔、再生塔等正常运行。

4) 如果燃料气长时间供应不上，根据情况，按照调度指令组织生产或装置停工。

九、硫黄回收装置酸性气中断现象、原因及处理

(一) 酸性气中断现象及原因

1) 酸性气中断时，酸性气流量(进炉空气量)大幅下降甚至快速回零，酸性气压力(炉前风压)下降或回零。酸性气燃烧炉温度大幅下降，余热锅炉出口温度、各冷凝冷却器出口温度下降。

2) 原因可能是胺液再生装置、气体脱硫装置故障或联锁突发动作。

(二)处理方法

1）若酸性气中断时间较短，可紧急停工，待酸性气恢复后，在较短的时间内开工。

2）酸性气中断时间长，装置作紧急停工处理，并做好停工后续工作。

3）若酸性气不是完全中断，可按装置低负荷运行模式进行操作。

十、硫黄回收装置停蒸汽的现象及处理方法

(一）硫黄回收装置停蒸汽现象

硫黄回收装置在正常生产中，装置硫冷却器、还原尾气蒸汽发生器自产低低压蒸汽(0.4MPa)，装置反应炉余热锅炉、焚烧炉余热锅炉产3.5MPa蒸汽(部分小规模装置产1.0MPa蒸汽)，装置蒸汽使用点主要是管线伴热(包括夹套伴热)、酸性气和空气预热器、溶剂再生重沸器等，装置输入蒸汽主要为1.0MPa蒸汽，部分装置还有0.4MPa蒸汽输入。装置停蒸汽，会引起0.4MPa蒸汽管网压力下降、1.0MPa蒸汽压力及流量下降。

(二）硫黄回收装置停蒸汽处理

及时联系生产调度了解事故原因和停汽时间的长短，并进行相应的调整操作。

1）短时间停汽，如装置酸性气负荷较高时停1.0MPa蒸汽对装置无影响。

2）如装置负荷较低，请示调度，说清原因，尾气净化单元按临时停工处理。

3）长时间停汽，如引起装置蒸汽用量不足，可用装置自产3.5MPa蒸汽减压减温到1.0MPa蒸汽，否则需要安排装置紧急停工处理。

十一、硫黄回收装置系统压力降升高的原因和处理方法

硫黄装置系统压力升高时，应根据系统各部位压力的指示和各排污点排污情况，果断分析堵塞部位，及时进行处理。

(一）系统压力升高原因

1）冷凝冷却器管束堵塞。

2）捕集器堵塞。

3）反应器床层堵塞。

4）液硫线堵塞。

5）烟囱底部堵塞。

6）催化剂粉化，阻力大。

7）冷凝器或夹套向系统内漏。

8）酸性气来量增加。

9）冷却洗涤塔堵塞。

10）分液罐捕集丝网堵塞。

11）分液罐液硫线堵塞。

(二）处理方法

1）放掉壳程内除氧水，提高壳程蒸汽压力和温度，使堵塞的硫黄熔化。

2）提高伴热蒸汽压力和温度，使堵塞的硫黄熔化，必要时短时停工破坏捕集器丝网堵塞层。

3）提高反应器入口温度，减少反应器床层堆积的液硫。必要时短时停工破坏催化剂表

面堵塞层。

4）提高伴热蒸汽压力和温度，使硫黄熔化，并加强各低点排污。堵塞较严重时，需灵活或停工处理。

5）定期打开烟囱底部人孔，清除烟囱底部积物。

6）更换催化剂。

7）确定泄漏部位，停工处理。

8）气体脱硫及溶剂再生单元与酸性水汽提单元稳定操作，在配风满足的情况下，加强配风操作。在配风不能满足时，首先降低污水汽提单元处理量。其次，降低上游装置加工负荷。

9）提高过程气入口温度，停止冷却循环水，尾气直接改放焚烧炉等。

10）视各自情况提高三级冷却器出口温度，或短时停工，破坏丝网等。

11）提高伴热蒸汽压力和温度，使硫黄熔化。否则，采取其他措施。

十二、硫黄回收装置酸性气带液、带烃的危害及处理方法

（一）酸性气带液、带烃的危害

1）酸性气带烃将增加燃烧炉的燃烧负荷，风机供风将剧增，如配风不够，催化剂床层析炭，硫黄颜色变绿或黑色，堵塞系统设备管线，造成装置系统压力上升。还可能引起反应炉超温损坏。

2）酸性气带烃，反应炉配风未及时跟上，导致反应炉燃烧严重欠氧，反应炉温度下降，未燃烧的烃类到尾气焚烧炉发生二次燃烧，生产难以控制。

3）酸性气微量带水，水分进入反应炉导致反应炉温度下降，影响转化率和氨的焚烧；酸性气带水严重时，会使炉子熄火，甚至引起燃烧炉爆炸，严重影响装置安全生产。

4）酸性气带水，还会影响装置产品质量和催化剂活性，水汽的存在将增加设备和管线的腐蚀。

5）胺液进入反应炉，在反应炉高温缺氧环境下，无法充分燃烧，燃烧产物会导致催化剂失活，反应温升降低，并可能堵塞系统设备管线，造成系统压力降上升。

（二）酸性气带液、带烃的主要原因

酸性气带液、带烃对于不同的装置组成结构，原因也不尽相同，还要具体问题具体分析，但基本上离不开以下几种情况：

1. 酸性水汽提单元来酸性气带水的原因

1）污水汽提塔塔顶温度控制太高；

2）污水汽提塔塔顶分液罐液面控制太高；

3）压力波动较大；

4）污水汽提塔冲塔。

2. 酸性水汽提单元来酸性气带烃原因

1）酸性水汽提单元脱气、除油效果差；

2）酸性水脱气罐压力、液面控制超高；

3）酸性水储罐没有及时撇油，导致罐内污油界面太低引起酸性水泵抽污油；

4）常减压、焦化、加氢裂化装置来酸性水带烃、带油太严重。

3. 气体脱硫及溶剂再生单元来酸性气带水、带溶剂原因

1）溶剂再生塔塔顶空冷器、水冷器冷却效果差；

2）溶剂再生塔冲塔；

3）溶剂再生塔塔顶回流罐液位控制太高。

4）溶剂易发泡。

4. 气体脱硫及溶剂再生单元来酸性气带烃

1）富液闪蒸罐操作压力太高；

2）富液闪蒸罐液位控制太高；

3）富液闪蒸罐进塔富液温度低；

4）进闪蒸罐富液流量偏大并波动大；

5）催化、焦化、加氢裂化等装置来富液带液态烃严重。

5. 尾气处理来酸性气带水、带溶剂

1）尾气处理溶剂再生塔塔顶空冷器、水冷器冷却效果差；

2）尾气处理溶剂再生塔冲塔；

3）尾气处理溶剂再生塔塔顶回流罐液位控制太高。

6. 酸性气分液罐脱液效果差

1）酸性气分液罐伴热蒸汽给得过大；

2）酸性气分液罐排液不畅或操作不当造成液位满或太高；

3）酸性气分液罐泡沫网脱落或腐蚀严重，不能起到产生泡沫作用；

4）尾气处理与气体脱硫及溶剂再生单元来酸性气流量波动大。

5）酸性气入反应炉吹扫低压蒸汽阀大量内漏。

（三）酸性气带液、带烃装置应对措施

1）酸性气带水严重时，立即进行脱水，并及时联系生产调度及上游装置，查明原因，必要时将酸性气改放火炬。

2）要经常观察酸性气燃烧炉的炉前压力变化，并及时调整炉子配风量。

3）酸性气带油或带烃超标时，应联系生产管理部及上游装置查明原因，为保证生产正常进行，加大配风量并将部分带烃酸性气改放火炬，待其合格后再接收。

4）观察炉前温度，一旦超高，立即通入氮气进行降温处理，保护好炉内的燃烧器。

十三、硫黄回收装置一二转入口加热器管束泄漏的处理办法

（一）管束泄漏的现象

硫黄回收单元一二级反应器入口温度是通过燃烧炉余热锅炉所产中压蒸汽加热至反应所需温度，当一二级反应器入口加热器出现管束泄漏时，中压蒸汽往系统过程气泄漏，严重时导致制硫系统压力上升，液硫池压力上升，尾气处理急冷塔外甩酸性水量增加等现象。

（二）管束泄漏的处理方法

1）出现一二级反应器入口加热管束泄漏时，加热器蒸汽流量、急冷水外排量等判断泄

漏量，如果泄漏量较小，可短时间维持运行，如果泄漏量大，影响反应器温升及硫封液硫流通，装置必须进行紧急停工处理。

2）处理一二级反应器入口加热器的同时，要检查反应器催化剂是否存在粉化现象，如果存在较为严重的粉化情况时，则需要更换催化剂，硫黄回收单元按正常停工处理。

十四、硫黄回收装置加氢尾气加热器管束泄漏现象及处理办法

（一）加氢尾气加热器管束泄漏现象

制硫系统来尾气首先与制硫燃烧炉所产中压蒸汽经尾气一级加热器加热后，与尾气焚烧炉蒸汽过热器所产过热中压蒸汽，经尾气二级加热器加热到还原反应器入口所需温度，进行加氢还原反应。当尾气一二级加热器出现管束泄漏时，中压蒸汽往系统过程气泄漏，导致尾气还原吸收系统压力上升，尾气急冷塔外甩酸性水量增加等现象。

（一）加氢尾气加热器管束泄漏处理

1）硫黄回收系统来尾气全部经跨线进尾气焚烧炉，注意调整尾气焚烧炉燃料气与配风量。

2）停氢气进加氢反应器，尾气还原吸收系统进行少量氮气置换后，能切断尾气进焚烧炉的要切断，减少系统抽力进入大量空气。观察加氢反应器温度变化，必要时入口加盲板，短时间保温保压，加热器交检修处理。

3）尾气溶剂再生部分做紧急停工处理。

4）检查加氢反应催化剂粉化情况，如果存在较为严重的粉化情况，则加氢催化剂必须更换。

5）处理完毕，尾气还原吸收系统按正常开工步骤进行开工。

6）当前环保要求严格，必要时装置进行停工处理。

十五、硫黄回收装置 H_2S/SO_2 在线分析仪故障处理

H_2S/SO_2 在线分析仪投用是否正常，直接影响到硫黄回收装置的硫转化率。若在线分析仪发生故障，应确保反应炉微调空气流量处于手动控制状态，同时根据反应炉温度、两级制硫反应器温度、加氢反应器温度、氢含量、焚烧炉温度等参数的变化，以及烟囱排放 SO_2 情况，及时调整配风量，确保 SO_2 达标排放。同时联系化验人员提高二级反应器出口尾气 H_2S 和 SO_2 浓度分析频率，并根据尾气中 H_2S/SO_2 浓度，及时调整反应炉主空气与微空气流量。一旦 H_2S/SO_2 在线分析仪修复，操作人员应立即投入使用。

十六、硫黄回收装置 H_2 在线分析仪故障处理

H_2 在线分析仪投用是否正常，直接影响加氢还原工段的正常运行，若 H_2 在线分析仪发生故障时，应立即把 H_2 流量调节阀切换手动操作，观察加氢反应器温度、焚烧炉后部温度、焚烧炉燃料气流量等参数的变化以及烟囱排放 SO_2 情况，进行调整。同时联系化验人员提高尾气中 H_2 浓度分析频率，并根据尾气中 H_2 浓度，调整 H_2 流量。一旦 H_2 在线分析仪修复，操作人员应立即将其投入使用。

十七、硫黄回收装置余热锅炉烧干的现象、原因及处理办法

(一)余热锅炉烧干的现象

装置余热锅炉DCS和现场液位计指示为“0”、且余热锅炉入口除氧水流量为“0”、出口蒸汽流量大幅度减少，出口过程气温度升高较大或超高，则可判断余热锅炉缺水烧干。

(二)余热锅炉烧干的原因

1）除氧水压力降低或中断；

2）管束发生大量泄漏；

3）排污阀内漏严重或未关死；

4）余热锅炉液位计假指示；

5）酸性气量增大或组分变化大；

6）除氧水上水仪表出现问题。

(二) 余热锅炉烧干的处理方法

1）发现余热锅炉缺水后，不可盲目操作，针对不同的原因应采取相应的措施。管束泄漏时，装置应做紧急停工处理。除氧水的问题，应查明原因，如短时间内不能解决(此时余热炉出口过程气温度变化不大，一旦温度开始升高)，则必须按紧急停工处理。

2）若壳程蒸汽泄压至常压后，打开排污阀，壳程还有大量除氧水放出(此时必须余热锅炉出口过程气温度变化不大)，则可缓慢加入除氧水冷却。

3）若壳程蒸汽泄压之常压后，打开排污阀，壳程没有除氧水放出(余热锅炉出口过程气温度升高较大)，则可缓慢加入蒸汽冷却，然后再加入除氧水冷却。

4）若余热锅炉出口温度过高或降低等异常情况，装置紧急停工后，联系上级主管部门制定处理方案。

十八、硫黄回收装置硫封破坏导致酸性气泄漏的原因、现象及处理方法

(一) 硫封破坏原因

硫黄回收系统压力超过设计硫封封压(主要由原料带液、系统堵塞、设备内漏等原因造成)。

(二) 硫封破坏现象

1）过程气从硫封罐或储硫罐冒出，或液硫池压力升高。

2）系统压力突然下降。

3）酸性气流量、燃烧空气流量突然大幅度上升。

(三) 硫封破坏处理方法

1）请示生产调度，做紧急停工处理；

2）酸性气改放火炬，停止配风；

3）在装置周围做明显的禁入标志，现场有人监护，防止不知情人误入，造成人员伤害；

4）待系统压力降下来后，佩戴空气呼吸器关闭硫封罐的阀门；

5）用非净化风或蒸汽等吹散周围的烟气，达到进人的标准；

6）引合格酸性气开工建立硫封；

7）若因为设备内漏或系统堵塞造成硫封破坏，则应处理有关设备或系统。

十九、硫黄回收装置风机跳闸酸性气倒窜原因、现象及处理

(一) 风机跳闸酸性气倒窜原因

1) 电气故障、风机超温、超电流停机、风机振动高、润滑油压力低等原因导致风机联锁跳机。

2) 主风机出口单向阀不完好，风机跳机后风机出口压力下降，反应炉供风中断，燃烧停止，反应炉酸性气在炉膛压力作用下倒流，进入主风机出口空气管线。

(二) 风机跳闸酸性气倒窜现象

1) 燃烧炉配风突然下降；

2) 风机运转声消失；

3) 风机出口单向阀关闭不严时，炉内酸性气倒窜由风机冒出；

4) 主风机放空阀和入口周边有硫化氢味道和报警。

(三) 风机跳闸酸性气倒窜处理方法

1) 装置做紧急停工处理，内操确认反应炉酸性气进料阀全关；

2) 酸性气改放火炬系统，或者上游装置限量；

3) 在装置周围做明显的禁入标志，现场有人监护，防止不知情人误入，造成人员伤害；

4) 佩戴空气呼吸器，迅速关闭空气、酸性气入炉阀门；

5) 用非净化风吹散周围的酸性气，使其浓度降至 $10mg/m^3$ 以下；

6) 切除跳闸风机，开启备用风机，按开工步骤恢复生产。

二十、溶剂再生单元紧急停工

(一) 紧急停工原因

溶剂再生单元由于各厂装置结构不尽相同，归属管理不同，问题表现也就不同，问题处理表述困难。一般情况下，待催化裂化、延迟焦化、加氢裂化等装置做出生产调整后，按上级安排进行如下紧急停工处理；在非常紧急情况下，也必须加强与催化裂化、延迟焦化、加氢裂化装置等联系。

(二) 停工步骤

1) 关闭再生塔塔底重沸器蒸汽；

2) 停所有机泵、风机，酸性气改排酸性气火炬线，关闭酸性气至硫黄回收单元控制阀；

3) 停富液进装置，关闭富液闪蒸罐、再生塔液位控制阀；

4) 富液闪蒸罐压力下降后，关闭闪蒸罐顶烃类放火炬阀；

5) 停工过程中要防止超温超压，降温降量过快损坏设备；

6) 若短时间内不能开工，则按正常停工处理。

二十一、溶剂再生单元停循环水的现象和处理

溶剂再生单元内，用到循环水的设备是溶剂再生塔顶后冷器及机泵冷却水。

(一) 停循环水现象

1) 溶剂再生单元塔顶回流罐液位将下降，压力上升，回流液温度将升高，溶剂再生塔顶温度上升；

2）溶剂储罐的温度将逐步上升；

3）贫液去上游脱硫装置的温度将升高，造成各脱硫塔的操作温度上升，影响正常操作，会造成脱硫效果差。

（二）短时间停循环水处理方法

1）控制重沸器加热蒸汽量，降低溶剂再生塔的塔底温度；

2）适当减小塔顶回流量；

3）通知上游脱硫单元操作人员，适当减小外送贫液量；

4）通知硫黄回收岗位人员，加强酸性气分液罐的脱水工作；

5）打开溶剂再生塔顶后冷器循环水的排气阀，放净蒸汽，避免来水时产生气阻；

6）机泵冷却水改新鲜水；

7）通知上游脱硫相关装置或单元，检查各脱硫塔的液位情况，及富液是否有发泡现象产生；

8）保证再生塔顶空冷器最大冷却效果。

（三）单元长时间停循环水理方法

1）按紧急停工处理方案进行处理；

2）控制塔底重沸器加热蒸汽流量，逐步降低气体脱硫及溶剂再生塔的温度，直至关闭调节阀；

3）适当减小回流量，直至关闭流量调节阀；

4）通知上游脱硫岗位，适当减小外送贫液量；

5）通知硫黄回收岗位，加强酸性气分液罐的脱水工作；

6）打开溶剂再生塔顶后冷器循环水的排凝阀，放净蒸汽，避免来水时产生气阻；

7）机泵冷却水改新鲜水；

8）通知上游相关装置或单元，检查各脱硫塔的液位情况及富液是否有发泡现象产生；

9）保证再生塔顶空冷器最大冷却效果；

10）维持各塔的液位，待来水后再按开工程序进行开工。

二十二、溶剂再生单元停电

（一）停电现象

1）机泵全部停运；

2）溶剂再生单元再生塔温度升高，压力将升高；

3）照明灯、指示灯将全部熄灭；

4）DCS 会造成瞬间停机，过数秒后 DCS 会自动运行；

5）溶剂再生单元再生塔进料不正常或不进料，塔底液面下降；

6）溶剂再生塔顶后冷器的管、壳程温度将升高。

（二）瞬时停电或短时间停电的处理方法

1）将溶剂再生塔塔底重沸器的蒸汽量下调即关小调节阀，切忌降温太快使塔形成负压；

2）维持各罐、塔的液位；

3）各停运机泵正常开启后调整进料量，调整各罐、塔的液位控制，直到平稳生产；

4）加强与厂生产调度及上游脱硫单元的联系；

5）关闭各停运机泵出口阀，重新启动停运的机泵；

6）检查现场指示仪表与设备是否正常；

7）待来电后再按开工程序进行开工。

（三）长时间停电的处理方法

1）按紧急停工处理方案进行处理；

2）溶剂再生单元再生塔塔底重沸器的蒸汽量下调即关小调节阀，切记降温太快使塔形成负压；

3）密切注意各塔液位，调节溶剂再生塔顶回流罐液位，若液位较高，开回流泵副线向再生塔输送，调节其液位；

4）关闭酸性气去硫黄回收单元调节阀，同时改放酸性气火炬；

5）加强与厂生产部及上游脱硫单元的联系；

6）关闭各泵出口阀，通知电工关闭各泵的电源；

7）如出现液控阀泄漏，应及时关闭下游阀，以维持塔的液位；

8）检查现场指示仪表与设备是否正常；

9）根据气温变化，考虑做好防冻防凝工作；

10）来电后，按开工程序开工，及时调整操作，稳定生产。

二十三、溶剂再生单元停蒸汽

（一）停蒸汽现象

1）塔底重沸器流量表显示值变小；

2）溶剂再生单元再生塔塔底温度明显下降，塔整体温度下降；

3）溶剂再生单元再生塔塔底液位明显上升，塔的压力下降；

4）贫液内硫化氢含量将增加；

5）在冬季有可能造成单元仪表停运。

（二）停蒸汽处理方法

由于本单元工艺消耗蒸汽为0.4MPa低低压蒸汽，当供应蒸汽中断时，首先查明原因，如果只是0.4MPa低低压蒸汽供应中断，可考虑用1.0MPa低压蒸汽通过连通阀往本单元串汽，维持生产；如果1.0MPa低压蒸汽也中断，按实际情况依如下方法处理。

（三）短时间停蒸汽的处理方法

1）开大再生塔塔底蒸汽调节阀开度；

2）关小塔顶回流调节阀开度；

3）视情况调节好溶剂再生塔顶回流罐压力；

4）注意各调节仪表的运行情况（冬季），如有冻凝现象立即通知外操改副线控制；

5）尽量维持各塔和容器的液位；

6）加强巡检，及时与内操联系，检查现场实际值与DCS值的对应情况；

7）检查脱硫塔、溶剂再生塔的压力情况（切忌形成负压），如果压力较低可向塔内充氮气，维持系统压力；

8）检查各冷换设备的运行情况，特别是有无泄漏现象的发生；

9）来蒸汽后，按开工程序开工，及时调整操作，稳定生产。

（四）长时间停蒸汽的处理方法

1）上游脱硫单元是否停送溶剂、本单元是否作停工处理，听从生产调度安排；

2）关闭再生塔塔底蒸汽流控阀，稳定脱硫塔、再生塔液位；

3）关小塔顶回流阀开度，视情况调节脱硫塔、溶剂再生塔回流罐压力；

4）注意各调节仪表的运行情况（冬季），如有冻凝现象，立即通知外操改副线控制；

5）尽量维持各塔和容器的液位；

6）检查各冷换设备的运行情况，特别是有无泄漏现象发生；

7）检查脱硫塔、溶剂再生塔的压力、温度情况（切忌形成负压），如果压力较低可向塔内充氮气，维持系统压力；

8）来蒸汽后，按开工程序开工，及时调整操作，稳定生产。

二十四、溶剂再生单元停仪表风的现象及处理方法

（一）停仪表风的现象

所有控制调节阀失灵，操作参数变化较大。

（二）停仪表风处理方法

及时通知外操，非净化风串净化风，若非净化风也停，则按如下方法处理：

1）及时将各工艺参数通知给外操，配合好外操用副线控制好各工艺参数；

2）及时了解情况，仪表风是否能马上恢复。

3）若装置无法通过副线调整，装置按停工处理。

二十五、酸性水汽提单元紧急停工的步骤

1）关闭汽提塔塔底重沸器蒸汽热源，停所有机泵、空冷风机；

2）关闭酸性气至硫黄回收单元阀。视系统压力情况，将酸性气改入硫回收，平衡系统压力；

3）关闭净化水出装置阀，将净化水改入原料水罐；

4）视原料水罐液位情况，装置继续收原料水或停原料水进装置。

5）停工过程中要防止超温超压、降温降量过快损坏设备；

6）若短时间内不能开工，则按正常停工处理。

二十六、酸性水汽提单元停电

（一）停电现象

1）机泵全部停运；

2）酸性水汽提塔整体温度升高，压力将升高；

3）照明灯、指示灯将全部熄灭；

4）DCS 会造成瞬间停机，过数秒后 DCS 会自动运行；

5）酸性水汽提塔进料不正常或不进料，塔底液面下降；

6）冷进料流量表与热进料流量表指示偏小，或为零；

7）净化水出装置温度将升高。

(二)瞬时停电或短时间停电的处理方法

1）将酸性水汽提塔塔底重沸器的蒸汽量调节阀关小，切忌使塔形成负压；
2）联系下游用水装置，视情况关闭净化水出装置调节阀；
3）维持好各塔、罐液面及压力；
4）重新启动因停电而停止的运行泵；
5）检查原料水罐的水封罐运行情况；
6）注意观察原料水罐的液位情况。

(三）长时间停电处理方法

1）按紧急停工处理方案进行处理；
2）将酸性水汽提塔塔底重沸器的蒸汽量调节阀关小，切忌使塔形成负压；
3）关闭净化水出装置调节阀；
4）关闭酸性气去硫黄回收单元调节阀；
5）关闭各机泵出口阀，联系电工关闭各泵的电源开关；
6）检查各冷换设备的运行情况，特别是有无泄漏现象发生；
7）检查酸性水汽提塔的压力情况；
8）检查原料水罐的水封罐运行情况，注意观察原料水罐的液位情况。

二十七、酸性水汽提单元停蒸汽的现象及处理方法

(一）停蒸汽现象

1）塔底重沸器流量表显示值为零；
2）汽提塔底温度明显下降，塔整体温度下降；
3）汽提塔液位上升，塔压力下降；
4）净化水质量不合格(在线检测仪表)；
5）在冬季有可能会造成单元仪表停运。

(二）停蒸汽处理方法

因为本单元工艺消耗蒸汽为低低压或低压蒸汽，当供应蒸汽中断时，首先查明原因，如果只是0.4MPa低低压蒸汽供应中断，可请示生产调度考虑用系统管网1.0MPa低压蒸汽通过连通阀往0.4MPa低低压蒸汽系统管网串汽，维持生产；如果1.0MPa低压蒸汽中断，采用中压蒸汽串入，按实际情况依如下方法处理。

(三）短时间停蒸汽的处理方法

1）关小酸性水汽提塔的进料调节阀，降低处理量，视情况调节塔顶回流量，维持酸性水汽提塔的液位、压力、温度；
2）关闭外排的净化水，净化水改原料水罐；
3）通知硫黄回收单元密切注意酸性气进装置量的变化；
4）将空冷停运；
5）注意观察原料水罐的液位情况，检查原料水罐的水封罐运行情况；
6）检查各冷换设备的运行情况，特别是有无泄漏现象发生。

(二）长时间停蒸汽的处理方法

1）按紧急停工处理方案进行处理；必要时系统充氮气维持系统闭路循环；

2）关闭酸性水汽提塔的进料调节阀，维持塔的液位、压力、温度；
3）关闭原料水泵，关闭外排的净化水，将净化水返回原料水罐；
4）注意各调节仪表的运行情况（冬季），如有冻凝现象，立即通知外操改副线控制；
5）将空冷停运；
6）关闭酸性气出装置阀；
7）注意观察原料水罐的液位情况，检查原料水罐的水封罐运行情况；
8）检查各冷换设备的运行情况，特别是有无泄漏现象发生。

二十八、酸性水汽提单元停仪表风的现象及处理方法

（一）酸性水汽提单元停仪表风的现象

1）DCS 多点发生报警；
2）所有控制调节阀失灵；
3）操作参数变化较大。

（二）酸性水汽提单元停仪表风处理方法

及时通知外操，将非净化风串净化风，若非净化风也停，则按如下方法处理：
1）及时将各工艺参数通知给外操，配合好外操用副线控制好各工艺参数；
2）及时了解情况：仪表风是否能否马上恢复、系统仪表风是否能串过来，并且串过来压力是否正常；
3）迅速打开酸性水汽提塔液控阀的副线阀，根据塔液位表值调节好副线阀开度；
4）迅速关闭酸性水汽提塔底再沸器蒸汽流控阀的副线阀，并根据内操表值调节好副线开度；
5）迅速打开净化水出装置流控阀的副线阀，并根据内操表值调节好副线开度。迅速打开冷热流进料控阀的副线阀，并根据内操值调节好副线；
6）迅速打开酸性气压控阀的副线阀，并根据内操表值调节好副线开度；
7）迅速打开塔顶温控串级顶循流控阀，根据内操表值调节好副线开度；
8）做好检查工作，发现问题及时处理。
9）若装置无法通过副线调整，装置按停工处理。

二十九、汽提塔淹塔的原因及处理方法

（一）汽提塔淹塔原因

1）污水处理量过大；
2）上部塔盘结垢；
3）塔内下部气相负荷过大；
4）塔盘开孔率小。

（二）汽提塔淹塔现象

1）塔顶、中部温度下降，塔压差增大，塔顶和侧线带出大量的液体，分液罐液位上升较快；
2）重沸器蒸汽加不上；
3）净化水质量超指标。

（三）汽提塔淹塔处理方法

1）若发现及时，降低污水处理量，降低重沸器蒸汽量，净化水改入污水罐，过段时间，

恢复正常后，净化水分析合格即可改出装置；

2）通知硫黄回收单元，加强分液罐排液，严禁酸性水带入制硫燃烧炉；

3）停工处理。

三十、污水汽提塔顶酸性气线堵的现象、原因和处理方法

（一）污水汽提塔顶酸性气线堵现象

污水汽提塔塔顶压力升高，顶温下降，酸性气流量降低。

（二）污水汽提塔顶酸性气线堵原因

污水汽提塔操作不当，塔顶出口气体温度低。在温度低于90℃的情况下，H_2S、NH_3和CO_2等易生成NH_4HS、NH_4HCO_3盐类结晶，堵塞空冷、管线等。

（三）污水汽提塔顶酸性气线堵处理方法

1）适当提高塔顶温度；

2）空冷入口适当加注除氧水(除盐水)；

3）加强管线伴热；

4）堵塞严重情况下，紧急停工后用蒸汽吹扫处理。

三十一、硫黄回收装着余热锅炉出口温度超工艺指标上限的原因和处理

（一）余热锅炉出口温度超工艺指标上限原因

1）酸性气负荷过大；

2）余热锅炉炉管结垢。

（一）余热锅炉出口温度超工艺指标上限处理

1）适当降低处理负荷；

2）短时间停工处理：提前预制好捅炉管的设施，要短于炉管长度，以免破坏保护套管。拆下炉后封头，用捅条快速清扫即可。

三十二、硫黄回收装置液硫线堵塞的原因和处理

（一）液硫线堵塞原因

1）夹套温度不足；

2）盐类沉积；

3）腐蚀物等集聚；

4）分液罐捕集丝网脱落盖住出口，且杂物积聚堵塞。

（二）液硫线堵塞处理

1）提高夹套温度；

2）用捅条等捅开，必要时拆下，用高压水枪疏通。

三十三、DCS常见故障的现象及处理方法

（一）DCS出现黑屏或数据不刷新处理

1. DCS出现黑屏或数据不刷新处理现象及原因

1）如果只是单个显示器黑屏或数据不刷新，一般来说是显示器故障或工作站死机所

造成；

2）某一点或数点输出回路数据突变或没有响应（如阀门不动作），一般可能是卡件故障，输出保持不变，需要更换卡件，最有可能是安全栅（单点或地板式）故障所引起。

2. DCS出现黑屏或数据不刷新处理处理办法

1）故障只是单个显示器或单点，不影响生产，处理相对简单；

2）对于带控制回路的点工艺数据不刷新，控制回路会自动切至手动进行控制，此时根据现场仪表或一次表指示进行手动控制；

3）对于输出锁位的控制阀应联系外操将控制阀改副线操作；

4）若操作波动已无法调整正常，并可能影响到装置安全，则按紧急停工步骤处理。

（二）某一区域工艺参数不刷新或所有工作站全部黑屏

1. 现象及原因

某一区域（几十点或上百点）的工艺参数不刷新（伴随有系统报警），甚至所有工作站全部黑屏，造成这种现象可能是控制器的故障，这类故障的影响面较大。

2. 处理方法

1）如果故障点多数为指示参数（不带控制回路），参照其他正常参数进行操作；

2）对于带控制点回路的点，控制回路会自动切至手动进行控制，与外操联系，依据现场仪表或一次表指示进行手动控制；

3）对于输出锁位的控制阀，应联系外操将控制阀改副线操作；

4）如果故障区域中控制回路较多，与外操联系，依据现场仪表或一次表指示进行手动控制；

5）若操作波动已无法调整正常，并可能影响到装置安全，则按相关岗位操作法的紧急停工步骤处理。

（三）UPS（不间断电源）掉电

1. UPS（不间断电源）掉电现象

DCS屏幕因失电而发生黑屏现象，且各控制回路都自动出于“MAN”状态并锁位，即现场控制阀开度处于掉电前状态。

2. UPS（不间断电源）掉电处理办法

1）由于无法通过DCS屏幕对装置现场各参数进行监控和调节，故出现该状态非常危险，如果无法在短时间内恢复，在请示车间、调度后装置需紧急停工；

2）在停工过程中，密切注意各主要就地压力表、液位表、温度计，流量可参考就地一次表读数（量程乘上百分数）；

3）在此过程中，严禁超温超压，严禁高压窜到低压系统，同时要避免重大设备事故、避免火灾、环境污染及中毒事故；

4）有多台屏幕而不是全部黑屏时，可利用正常操作站操作，联系相关人员处理故障（更换显示器或重启）；

5）所有屏幕不正常时，联系相关人员进行处理，仪表恢复正常后外操及时巡检，将现场液面、压力、温度、流量与DCS对照，如有出入及时联系仪表校验；

6）DCS故障时，操作人员首先要根据控制阀开度表，将控制阀切换成手动（如DCS屏幕无显示，则应到现场根据一次表用副线调节），并由外操自现场向内操报告压力、流量、液面、温度实际情况，在处理过程中要严格掌握不降温、不超压原则，确保安全生产；

7）根据实际操作情况，联系调度及车间值班人员，可以进行降量、降压操作；

8）当仪表短时间内无法修复且操作无法维持时，可以请示调度及车间按紧急停工处理。

（四）系统死机，一次表无指示造成黑屏

1. 现象

DCS仅有输出而无输入，控制阀会自动切换至手动，但切换过程有较大滞后，控制阀并未锁定在原来的开度。

2. 处理办法

1）各岗位应先检查各自主要参数控制阀的开度，并调至正常；

2）根据现场液面计、压力表等相关指示进行操作，同时要求对现场设备如燃烧炉、机泵、快速切换阀等进行检查，发现异常，紧急处理；

3）及时汇报车间、调度；如长时间修复不好，紧急停工。

第十七章　工程伦理和职业操守

第一节　工程师的职业伦理

一、工程伦理简介

随着科技的进步，大量新兴科学成果正在迅速转化为技术产业和工程实践。科技的高速发展为改善人类生存环境和状态起到了巨大的作用。然而，科技在工程中的应用同样成为一把“双刃剑”，即在造福人类的同时，也对自然和人类产生灾难性的影响。随着大型工程项目的不断实施，工程技术的社会负面效应越来越突出和严重。科技力量的强大和高速发展以及后果的不确定性，使人类社会置身于巨大的风险之中。

工程是以满足人类需求的目标为指向，应用各种相关的知识和技术手段，调动多种自然和社会资源，通过一群人的相互协作，将某些现有实体汇聚并建造为具有使用价值的人造产品的过程。人类在工程领域不断发展与突破，带来了诸如炼油化工、道路桥梁、航空航天、生物医药等各行各业的工程实践产物。

伦理是指人与人相处的各种道德规则、行为准则，近代以来，伦理也进一步推广为人与外界，以至人与环境之间的关系。伦理在起源之初，便与道德密切相关，两者都包含着传统风俗、行为习惯等内容。在中国文化中，关于道德的论述可追溯到古代思想家老子的《道德经》，老子说：“道生之，德蓄之，物行之，器成之。是以万物莫不尊道而贵德。道之尊，德之贵，夫莫之命而常自然。”这其实也可引申为古人对伦理含义的最初描述。随着历史的变迁和时代的发展，符合道德规范的伦理逐渐演化成为具有广泛适用性的一些准则和在特殊实践活动中应遵循的行为规范。

在传统的大众认知里，工程师是从事某项工程技术活动的“专家”，而“专家”的词源本是“profess”，意为“向上帝发誓，以此为职业”。因此，在传统的工程师“职业”的概念中先天包含了两个方面的内容：一是专业技术知识，二是职业伦理；而现代赋予工程师“职业”以更多的内涵，诸如组织、准入标准，还包括品德和所受的训练以及除纯技术外的行为标准。

工程伦理就是阐述、分析工程实践活动(包括活动和结果)与外界之间关系的道理。工程伦理是用以规范人类在工程活动的各种行为规范。工程一旦出现安全环保等影响人类生存和发展的问题，工程造福人类的目标非但不能实现，还会给社会带来灾难。因此，加强工程师在工程伦理方面的学习与教育在当下显得尤为重要。

公众的安全、健康、福祉被认为是工程师带给人类利益最大的善，这使得工程伦理规范在订立之初便确认“将公众的安全、健康和福祉放在首位”的基本价值准则。沿着这个基本思路，西方国家各工程社团制定并实施的职业伦理规范以外在的、成文的形式强调了工程师在“服务和保护公众、提供指导、给以激励、确立共同的标准、支持负责人的专业人员、促进教育、防止不道德行为以及加强职业形象”

首先，作为职业伦理的工程伦理是一种预防性伦理。预防性伦理包含两个维度：第一，“工程伦理的一个重要部分是首先防止不道德行为”。作为职业人员，为了预测其行为的后果，特别可能具有重要伦理维度的后果，工程师必须能够前瞻性地思考问题。负责任的工程师需要熟悉不同的工程实践情况，清楚地认识自己职业行为的责任。

其次，作为职业伦理的工程伦理是一种规范伦理。责任是工程职业伦理的中心问题。

最后，作为职业伦理的工程伦理是一种实践伦理。它倡导了工程师的职业精神。这可以从三个维度来理解：其一，它涵育工程师良好的工程伦理意识和职业道德素养，有助于工程师在工作中主动地将道德价值嵌入工程，而不是作为外在负担被“添加”进去。其二，它帮助工程师树立起职业良心，并敦促工程师主动履行工程职业伦理规范。工程职业伦理规范用规范条款明确了工程师多种多样的职业责任，履行工程职业伦理规范就是对雇主与公众的忠诚尽责，也就对得起自己作为工程师的职业良心。在工程师的职业生涯中，职业良心将不断激励着个体工程师自愿向善，并主动在工程活动中道德实践，内化个体工程师职业责任与高尚的道德情操，并形塑个体工程师强烈的道德感。其三，它外显为工程师的职业责任感，即工程师应主动践行“服务和保护公众、提供指导、给以激励、确立共同的标准、支持负责任的专业人员、促进教育、防止不道德行为以及加强职业形象”这八个方面的具体职业责任。

二、工程伦理规范

伦理规范代表了工程职业对整个社会做出的共同承诺——保护公众的安全、健康与福祉，这常在伦理规范中被表述为“首要条款”。作为一项指导方针，伦理规范以一种清晰准确的表达方式，在职业中营造一种伦理行为标准的氛围，帮助工程师理解其职业的伦理含义。但是，伦理规范为工程师提供的仅仅是一个进行职业伦理判断的框架，不能代表最终的伦理判断。伦理规范只是向工程师提供从事伦理判断时需要考虑的因素。

工程伦理在工程师之间及在工程师和公众之间表达了一种内在的一致。工程师群体受到社会进步及科技进步的影响，其职业责任观发生了多次改变，归纳起来，经历了从服从雇主命令到承担社会责任、对自然和生态负责集中不同的伦理责任观念的演变。工程师责任观的演变直接导致了工程师职业伦理规范的发展。在当今欧美国家，几乎所有的工程社团都把“公众的安全、健康与福祉”放在了职业伦理规范第一条款的位置，确保工程师个人遵守职业标准并尽职尽责，这成为现代工程师职业伦理规范的核心。

无论是西方国家的工程师职业伦理规范，还是中国的工程师职业伦理规范，无一不突出强调工程师职业的责任。“责任的存在意味着某个工程师被制定了一项特别的工作，或者有责任去明确事物的特定情形带来什么后果，或阻止什么不好的事情发生”。因此，在工程师职业伦理规范中，责任常常归因于一种功利主义的观点，以及对工程造成风险的伤害赔偿问题。

工程师责任具体来说包含三个方面的内容，即个人、职业和社会，相应地，责任区分为微观层面(个人)和宏观层面(职业和社会)。责任的微观层面由工程师和工程职业内部的伦理关系所决定，责任的宏观层面一般指的是社会责任，它与技术的社会决策相关。对责任在宏观层面的关注，体现在工程伦理规范的基本准则中。在微观层面，其一，各工程社团的职业伦理规范鼓励工程师思考自己的职业责任。工程师通过积极参与到技术革新过程中，就能引导技术和工程朝向更为有利的方面发展，尽可能规避风险，这就期望工程师认真思考自己在当前技术和工程发展背景中考虑到自己行为的后果。其二，微观层面的责任要求作为职业伦理规范的一部分，它体现为促进工程师的诚实责任，即“在处理所有关系时，工程师应当以诚实和正直的最高标准为指导”，引导工程师在实践中发扬诚实正直的美德。

工程伦理规范从制度和规范的角度制约了工程师“应当如何行动”，并明确了工程师在工程行为的各环节所应承担的各种道德义务。面对当今世界在技术推陈出新和社会快速发展问题上的物质主义和消费主义倾向，伦理规范从职业伦理的角度表达了对工程师“把工程做好”的时间要求，更寄予工程师“做好的工程”的伦理期望，着力培养并形塑工程师的职业精神。伦理规范不仅为“将公众的安全、健康和福祉放在首位，并且保护环境”提供合法性与合理性论证，并且还要求工程师将防范潜在风险、践行职业责任的伦理意识以良心的形式内化为自身行动的道德情感，以正义检讨当下工程活动的伦理价值，鼓励工程师主动思考工作的最终目标和探索工程与人、自然、社会良序共存共在的理念，从而形成工程实践中个体工程师自觉的伦理行为模式，主动履行职业承诺并承担相应的责任。

伦理规范要求工程师以一种强烈的内心信念与执着精神主动承担起职业角色带给自己的不可推卸的使命——“运用自己的知识和技能促进人类的福祉”，并在履行职业责任时“将公众的安全、健康和福祉放在首位”，并把这种资源向善的道德努力升华为良心。具体表现在：①工程师视伦理规范为工作中的行为准则，为自己的工程行为立法。②伦理规范时刻在检视工程师的行为动机是否合乎道德要求，通过对自己职业行为可能造成后果的评估，设身处地为可能受到工程活动后果不良影响的人和物考虑，对自己行为作进一步权衡和慎重选择。③伦理规范敦促工程师在工作中明确自身职业角色和社会义务，及时清除杂念，纠正某些不正当手段或行为方式，不断向善。④伦理规范以其明确的规范以引导工程师在平常甚至琐碎的工作中自觉地遵从规范，主动承担责任。

从职业伦理的角度，主动防范工程风险、自觉践行职业责任，增进并可持续发展工程与人、自然、社会的和谐关系，都是工程师认同和诉求的工程伦理意识。基于这种共识，伦理规范要求工程师在具体的工作中，把实行负责任的工程实践这一道德要求变为自己内在、自觉的伦理行为模式，主动履职职业承诺并承担相应的责任。在工程职业伦理规范建立的逻辑链中，工程师的自律一方面凸显人的存在总是无法摆脱经验的领域；另一方面，又表现出人对工程实践中风险的主动认识，以及对行业的职业责任、具体工作中角色责任和风险防御、造福公众的社会责任的主动担当。伦理规范将自律建立在工程师自觉认识、理解、把握工程-人-自然-社会整体存在的客观必然性的前提和基础上。可以说，伦理规范所倡导的工程师自律使被动的“我”成长为自由的“我”，从而表现为一种从向善到行善的自觉、自愿与自然的职业精神。

三、工程职业制度

一般来说，工程职业制度包括职业准入制度、职业资格制度和执业资格制度。其中，工程职业资格又分为两种类型：一种属于从业资格范围，这种资格是单纯技能型的资格认定，不具有强制性，一般通过学历认定取得；另一种则属于职业资格范围，主要是针对某些关系人民生命财产安全的工程职业而建立的准入资格认定制度，有严格的法律规定和完善的管理措施，如统一考试、注册和颁发执照等管理，不允许没有资格的人从事规定的职业，具有强制性，是专业技术人员依法独立开业或独立从事某种专业知识、技术和能力的必备标准。

工程师职业准入制度的具体内容包括高校教育及专业评估认证、职业实践、资格考试、职业管理和继续教育五个环节。其中，高校工程专业教育是注册工程师职业资格制度的首要环节，是对资格申请者教育背景进行的限定。在一些国家，未通过评估认证的专业毕业生不能申请职业资格，或者要经过附加的、特别的考核才能获得申请资格。职业实践，要求工程专业毕业生具备相应的工程实践经验后方可参加职业资格考试；资格考试，分为基础考试和专业考试两个阶段，通过基础考试后，才可允许参加职业资格考试。通过资格考试获得资格证书，再进行申请注册，取得职业资格证书，才具备在工程某一领域执业的资格和权力。

职业资格制度是一种证明从事某种职业的人具有一定的专门能力、知识和技能，并被社会承认和采纳的制度。它是以职业资格为核心，围绕职业资格考核、鉴定、证书颁发等而建立起来的一系列规章制度和组织机构的统称。执业资格制度是职业资格制度的重要组成部分，它是指政府对某些责任较大、社会通用性较强、关系公共利益的专业或工种实行准入控制，是专业技术人员依法独立开业或独立从事某种专业技术工作学识、技术和能力的必备标准。参照国际上的成熟做法，我国职业资格制度主要由考试制度、注册制度、继续教育制度、教育评估制度及社会信用制度五项基本制度组成。

四、工程师的权利和责任

（一）工程师的权利

工程师的权利指的是工程师的个人权利。作为人，工程师有生活和自由追求自己正当利益的权利，例如在雇佣时不受基于性别、种族或年龄等因素的不公正歧视的权利。作为雇员，工程师享有作为履行其职责回报的接收工资的权利、从事自己选择的非工作的政治活动、不受雇主的报复或胁迫的权利。作为职业人员，工程师有职业角色及其相关义务产生的特殊权利。

一般来说，作为职业人员，工程师享有以下八项权利：①使用注册职业名称；②在规定范围内从事职业活动；③在本人执业活动中形成的文件上签字并加盖职业印章；④保管和使用本人注册证书、执业印章；⑤接受继续教育；⑥对本人执业活动进行解释和辩护；⑦获得相应的劳动报酬；⑧对侵犯本人权利的行为进行申诉。上述八项权利中，最重要的是第②条和第⑤条。工程师应该了解自身专业能力和职业范围，拒绝接受个人能力不及或非专业领域的业务。

（二）工程师的责任

工程师必须遵守法律、标准的规范和惯例，避免不正当的行为，要求工程师必须“努力提高工程职业的能力和声誉”。严厉禁止随意的、鲁莽的、不负责任的行为，“不得故意从事欺诈的、不诚实的或不合伦理的商业或职业活动”，需要对自己工作疏忽造成的伤害承担过失责任。同时，根据已有的工程实践历史及经验，提醒工程师不要因为个人私利、害怕、微观视野、对权威的崇拜等因素干扰自己的洞察力和判断力，对自己的判断、行为切实负起责任。

五、工程师的职业操守

负责任的职业操守，是工程师最综合的美德。

(一) 诚实可靠

"科技的精髓是求实创新"。这个"求实"是从实际出发，实事求是，把握客观世界的本质和规律；是工程师诚实不欺的职业品格和严谨踏实的工作作风。严谨求实是工程伦理的重要内容，是工程师应该具有的又一职业道德素质。

工程师应该清清白白地做人，光明磊落地做事，个人名利的获取应该是途径正当、手段光明，应当确立起"诚实光荣、作伪可耻"的是非观和荣辱观。我们应坚定自己的道德信念，提升自己的道德境界，工程师的思想和行为应该能够代表人类文明发展的方向，是社会成员效法的楷模。因此，淡化名利观念，抵御各种不正当利益的诱惑，维护工程劳动的诚实性，是工程师道德自律的重要方面

严谨的作风要求在工程活动一丝不苟、兢兢业业，只有这样才能获得未知世界的第一手材料和真实信息，建设优质工程。正确对待工程活动中的错误，真理和错误往往相伴而行，事实上，无论是观察结果、实验结果和根据观察与实验所得出的推论与结论都可能出错。我们不能犯不诚实的错误，不能犯疏忽大意的错误，因为这是我们工作态度、工作作风的问题，是可以避免的。正确的态度是认识到犯错误的可能，以严谨的态度防止或减少这种可能性。

工程师必须要客观和诚实，禁止撒谎或有意歪曲夸大，禁止压制相关信息(保密信息除外)，禁止要求不应有的荣誉以及其他旨在欺骗的误传。而且诚实可靠还包括在基于已有的数据做出声明或估计时，要真实；对相关技术的诚实分析和客观评判；以客观和诚实的态度来发表公开声明。

(二) 尽职尽责

从职业伦理的角度来看，工程师的"尽职尽责"体现了"工程伦理的核心"。"诚实、公平、忠实地为公众、雇主和客户服务"是当代工程职业伦理规范的基本准则。

(三) 忠实服务

服务是工程师开展职业活动的一项基本内容和基本方式。"诚实、公平、忠实的为公众、雇主和客户服务"依然是当代工程职业伦理规范的基本准则。

在当前充满商业气息的人类生活中，服务是工程师为公众提供工程产品、满足社会发展和实现公众需要的行为或活动，从而呈现出工程师与社会、公众之间最基础的帮助关系。因为工程实践的过程充满风险和挑战，工程活动的目标和结果可能存在不可准确预估的差距，工程产品也极有可能因为人类认识的有限性而对社会发展和公众生活存在不可准确预估的差距，工程产品也极有可能因为人类认识的有限性而对社会发展和公众生活存有难以预测的危害。工程活动及产品通过商业化的服务行为满足社会和公众的需要，并通过"引进创新的、更有效率的、性价比更高的产品来满足需求，使生产者和消费者的关系达到最优状态"，促进社会物质繁荣和人际和谐。由此看来，服务作为现代社会中人类工程活动的一个伦理主题，是经济社会运行的商业要求，服务意识赋予现代工程职业伦理价值观以卓越的内涵。

作为一种精神状态，忠实服务是工程师对自身从事的工程实践伦理本性的内在认可。

六、石化行业对从业工程师的规范要求

石油化工具有高温高压、易燃易爆、有毒有害、链长面广的行业特点，从业风险较高，员工的丝毫麻痹大意，都有可能给自己和他人带来伤害。因此，石化行业员工必须认真执行中国及业务所在国家(地区)的 HSE 方面的法律、法规和标准，掌握行业 HSE 管理规定和相关知识与技能，了解应对突发事件的知识，并严格按照 HSE 规定和要求约束自己的行为。

遵循工程伦理和道德规范要求，也是石化行业对从业工程师的基本要求。应严格遵守组织纪律，服从工作安排和指挥，并按照规定程序和制度下达指令、执行操作、请示汇报；严格遵守岗位纪律，履行岗位职责，提高工作效率和质量，认真完成各项工作任务；遵守诚信规范的从业要求，做到“当老实人、说老实话、办老实事”；遵守社会公德、职业道德、家庭美德、培育良好个人品德，尊重社会主流文化，与社会、自然和谐相处；倡导绿色低碳、厉行节约，认真履行节能环保等社会责任，践行简约俭朴、健康向上的生活方式，推进生态文明建设。

以中国石化为例，中国石化每天面对上千万的顾客和利益相关者，产品质量有着重要的社会影响，因此中国石化对从业工程师和员工提出严格的质量要求：①应以一丝不苟的态度和精细严谨的作风，确保产品质量、工程质量和服务质量 100%合格，践行“每一滴油都是承诺”的社会责任；②牢固树立整体质量意识，上游为下游着想，上一环节对下一环节负责，严把各环节质量关，提高质量保障水平；③必须认真执行中国及业务所在国家(地区)的质量管理方面的法律、法规和标准，掌握公司质量管理规定和相关知识与技能，注重识别和控制质量风险，防范和杜绝质量事故；④坚持“质量永远领先一步”的行业质量方针，力求实现“质优量足，客户满意”的质量目标。

在严格把好产品质量关的同时，中国石化始终坚持生产过程的严格监控和管理，从节约资源、保护环境和坚持以人为本等宗旨出发，确保企业各项工作和活动中始终遵守以下几项原则：①把人的生命健康放在第一位，坚守“发展决不能以牺牲人的生命为代价”的安全生产红线；②在企业所有生产经营活动中切实做到对人的健康负责、对环境负责；③用安全衡量生产实践，用行动保障生命健康，追求生产与环境的和谐；④以“零容忍”的态度努力实现“零违章、零伤害、零事故、零污染”；⑤始终坚持“一切隐患可以消除，一切违章可以杜绝，一切风险可以控制，一切事故可以避免”的理念。通过落实责任、加强监督、严格考核等措施实现控制风险、杜绝违章、消除隐患、避免事故的目的；⑥在工作中应采取必要措施，最大限度地减少安全事故，最大限度地减少对环境造成的损害，最大限度地减少对自己和他人健康造成的伤害。

中国石化秉承“为美好生活加油”的企业使命，企业始终坚持“严、细、实、恒”的工作作风，弘扬“人本、责任、诚信、精细、创新、共赢”的企业核心价值观，致力于建设成为人民满意、世界一流的能源化工公司。企业愿景和发展战略的实现，也需要从业工程师认同企业文化，遵守共同的行为准则，营造和谐有序的工作氛围，建设团结高效的工作团队；共同践行中国石化《员工守则》，履行“每一滴油都是承诺”的责任，为社会提供一流的产品、技术和服务。

通过了解中国石化企业文化、企业核心价值观及其《员工守则》，我们可以看出中国石化所提倡的员工行为规范理念和对从业人员的要求，也契合工程伦理中“将公众的安全、健康和福祉放在首位”的基本价值准则。

第二节　硫黄回收装置工程师职业操守

一、硫黄回收装置工程伦理问题

改革开放以来，随着我国经济高速增长，石油化工行业也进入快速增长期，全行业总产值在30年间增长了100多倍，我国石油化工产业规模也已经连续4年保持世界第一位，基本满足了人民群众日益增长的物质生活需要，极大地改善和增进了群众的福祉。但是，不可回避的是，随着化工行业生产力的极大发展，整个行业面临着一系列环境伦理和安全伦理冲突，对可持续发展形成了严峻挑战。

尤其是我国自产低硫原油远远不能满足需求，目前进口原油约占供应量一半以上，其中大部分进口原油来自中东地区。加工原油中进口含硫原油所占比例有上升趋势。国内炼油厂加工进口含硫原油的数量将逐年增大。然而通过石油加工所产生的运输燃料与石油化工原料均为低硫、超低硫甚至无硫产品，以满足日益严格的环保要求。过程中产生的以含硫化合物为主的酸性气和酸性水的处理和排放也是环境保护的重点，必须将其转化为硫黄或无机硫化合物加以脱除，这使得酸性气、酸性水的处理和硫黄回收具有突出的现实意义。因此对环境危害和保护引发的环境伦理冲突，是硫黄回收装置工程师所首要面对的工程伦理冲突。工程师的环境伦理责任包含了维护人类健康，使人免受环境污染和生态破坏带来的痛苦和不便；维护自然生态环境不遭破坏，避免其他物种承受其破坏带来的影响。

与此同时，石油炼制工业规模的快速大幅度发展，危险化学品事故造成的后果也很难控制在工厂范围内，并会对周边社区居民和企事业单位产生不利影响，甚至造成严重的生态灾难。硫黄回收装置作为炼油化工装置，从规划、设计到运营、维护等全过程都蕴藏着安全风险。如果对安全风险估计不足，特别是对装置本身的操作风险和运行风险没有做好风险分析、风险控制和应急准备，那么一旦风险触发产生安全事故，往往对厂区、社会和公众造成严重影响。因此安全伦理冲突，也是硫黄回收装置工程师需要面对的工程伦理冲突。

随着含硫原油和含硫天然气的处理量日益增长，为了满足新的排放标准，改良Claus硫回收工艺得到进一步发展。进步不仅表现在工艺技术上，还表现在传统改良Claus工艺的应用和运行方式上。为了提高硫回收率，对硫黄回收装置工程师在以下四个方面的要求越来越高：工艺过程认识、工艺过程评价、工艺过程监控和工艺过程控制；并且应达成以下共识：①通过行动来减少污染物的排放，降低能源消耗，这样更符合工程的环境伦理。②通过行动来改善装置现场面貌，消除安全隐患，这样更符合工程的安全伦理。

二、硫黄回收过程操作中人员的保护

在任何一个企业和车间，员工生命安全是最重要的底线，石化行业坚持“安全高于一切，生命最为宝贵”的HSE价值观，这也是硫黄回收装置工程师在日常管理和操作过程中需要关注的关键点。而对于硫黄回收装置而言，尽管装置工艺物料压力普遍较低(一般表压不高于80kPa)，但是通常操作温度较高(130~1300℃)，并且还有高浓度有毒气体。

在硫黄回收装置中，含硫化氢和二氧化硫有毒气体的危险性众所周知。硫化氢会很快损坏嗅觉神经并且影响中枢神经系统，当浓度超过500μL/L的时候使人失去知觉，如果浓度更高则是极其致命的；二氧化硫在 500μL/L 的浓度下也是非常危险的，并且浓度超过 1000μL/L 可使人因血液缺氧而致命。

如果作为硫黄回收装置工程师，一味追求指标的达标，而忽视装置现场的管理，造成现场“跑、冒、滴、漏”多、工作环境差、能源消耗大，那么这也与工程伦理相违背。因此在硫黄回收装置的工程设计中合理设置有毒气体报警仪、正压式空气呼吸器、紧急停车系统等安全设施，这也符合工程伦理中安全伦理的相关要求。在硫黄回收装置日常操作和维护中，现场工程师要对装置存在的运行和操作风险进行充分识别和分析，并采取有效措施将安全风险降至可接受范围。对日常存在的高风险操作，工程师要制定严格的操作说明，其中应包含：①逃生路线及紧急集合点；②安全护具的放置位置和佩戴要求；③事故发生后的应急措施和急救程序。

硫黄回收装置可能存在的其他危险还包括冷凝器和余热锅炉周围的高压蒸汽烫伤和爆炸风险；系统和液硫池内的液态硫燃烧和烫伤风险；液硫池、硫黄装卸设备和燃料气使用设备存在的着火和爆炸风险。

近些年，化工企业事故频发，而问题的根源往往在于化工生产的诸多环节中漠视甚至忽视工程伦理问题。化学工业生产过程中产生的工程伦理问题究其一点，即在关键时刻工程师、技术操作人员、生产企业单位和相关部门是否能够坚持人民利益至上，是否能够把公众的安全、健康和福祉放在首位。

重视但不畏惧硫化氢和二氧化硫的危险性是硫黄回收装置工程师所应具备的基本职业素质，杜绝有毒物质泄漏，找出并通过科学方法消除装置存在的安全隐患；硫黄回收工程师应严格遵守并执行企业相关安全制度，对作业许可证的开具要严格把关，安全措施要充分落实，确保装置人员和自身安全，是硫黄回收装置工程师所应具备的最基本工程伦理要求。

三、硫黄回收过程操作中环境的保护

（一）正常操作

以往，硫黄回收装置在全厂范围内的重视程度较低，只要求简单的维持运行，企业管理层往往更加关注的是产品的生产和销售，对于硫黄回收装置只要能满足监管机构的最低要求，而很少去关注硫黄回收率。而最近几年，随着国内相关新环保法规的颁布和实施，人们对硫黄回收装置重视程度有一定程度提高，同时也都认可精心和优化装置操作是达到并维持较高回收率的必要条件。

2015 年颁布的环保法规要求更严格的硫黄回收尾气排放指标，许多工程师认为改良 Claus 工艺已经没有潜能，转而寻求新的增补和提标工艺；另一些工程师则坚定的从提高催化剂效率和胺液吸收率入手，对 Claus 工艺进行进一步优化和改良以期达到更高的总硫收率，使尾气二氧化硫含量进一步降低。虽然双方存在分歧，却均认同精心操作和系统优化对提高 Claus 硫黄回收总硫收率是最基本的管理和操作基础。

硫黄回收装置工程师对装置的优化程序分为四个步骤：①确保所有设备处于正常状态并且正常运行；②寻找最佳热力学工作条件并使装置在这些条件下运行；③尽量降低装置污染物排放量；④消除装置现场“跑、冒、滴、漏”和安全隐患。

硫黄回收装置的环境伦理要求工程师在正常管理和操作行为中注重装置的总硫收率和尾气排放的稳定达标，而当装置操作条件(温度、压力、流速等)一旦确定，空气与酸性气比值就成为了硫黄回收装置影响总硫收率的最重要的控制参数，此项参数控制的好坏，直接决定装置的回收率，并影响装置尾气排放的达标。作为硫黄回收装置工程师，应尽可能建立最有利于 Claus 反应的条件，并清楚认识到最佳的条件是由化学热力学和动力学来决定的，是需要通过实际操作过程的反馈和修正来得以实现的。实事求是，用实践检验真理，也符合工程伦理的约束和要求。

（二）开停工操作

硫黄回收装置开车和停车的规程在装置操作手册中有详细的说明，虽然不同装置的常规程序仅在细节上有区别，这些区别是企业相关设施和操作习惯不同造成的，但总体的开停车步骤和节点在一定程度上是具备统一条件的。一些大型企业，比如中国石化，通过企业内部下发的《炼油装置开停工指导意见》对硫黄回收装置开车和停车步骤、节点和操作内容进行了详细的规定和说明，在对硫黄回收装置工程师开停车操作进行指导的同时，以期达到统一和规范管理的目的。

在开停车期间，硫黄回收装置排放污染物会高于正常运行工况，但是可以通过合理的开停车操作和过程优化使污染物排放量大幅降低。硫黄回收装置工程师需要对开停工方案进行反复推演，对三废排放进行细致核算，用理论结合实际经验提出有效措施，将开停工期间的污染物排放量降至最低。

炼油化工企业一般都设置硫黄回收装置来回收生产过程中产生的硫。硫黄回收装置工程师必须对自己的管理和操作行为进行评价、约束和规范，以减少硫黄回收装置运行过程中污染物的排放。作为主持装置工程活动的工程师，要担负起相应职责，在日常工程实践活动中不仅从道德的角度出发重新审视工程与自然的关系，而且要从意识形态上树立起环境伦理责任感，加强环境保护意识，最终实现硫黄回收装置的清洁生产与环境保护的良性循环。

四、硫黄回收过程操作中设备及化工三剂的保护

在硫黄回收装置的设计和日常运行过程中，工程师应仔细地考虑和跟踪设备的保护，尤其是通过由相关压力容器规范制定的压力释放系统，保护设备免受超温、超压的破坏。

由于酸性气体的组成和燃烧方式不同，反应温度不同，制硫炉温度一般在较高的范围运行，有时甚至超过 1400℃，因此必须使用合适的耐火材料保护炉内的金属表面、管道的端部和余热回收设备的管板。工程师还应着重考虑超温超压造成腐蚀的保护和预防，制定严格细致的检查规范并对检查情况进行记录，这样可以预防严重问题的发生。同时，因为水分贯穿硫黄回收整体流程，当系统温度过低时会产生较严重的露点腐蚀，运行工程师需要建立装置露点腐蚀监测点，并详细记录分析腐蚀情况。

对于硫黄回收装置，催化剂的更换和装卸在装置运行和维护费用中占比较高，一方面是催化剂本身的成本较高，尤其是一些新型的钛基催化剂，另一方面是运输和装卸过程中的污染和失效损耗占比较大。预防催化剂的损坏既是一个设计问题，也是一个操作问题。在设计阶段，硫黄回收装置工程师应建议选择最佳的再热方式；在运行阶段，应严防可能造成催化剂失活的组分进入反应器。大多数催化剂的损伤出现在开停工阶段，开车涉及从硫化氢到生产硫黄产品的催化剂床层的准备和预热工作，通常引入过程气前要将催化剂床层加热至操作温度。反应炉和在线炉的烘炉和升温建议使用清洁燃料，并严格控制过程气中过氧量，防止催化剂的积炭、超温损坏和硫酸盐化。

五、硫黄回收装置的高效和精益化管理

同样的硫黄回收装置，不同的管理者和使用者可能体现出不同的运行效果。作为负责任的硫黄回收装置工程师，应不受外界利害的干扰，客观地评价装置各项参数，追求设备较长的使用寿命，降低化工三剂消耗并使装置保持在较低的能耗程度运行，这是硫黄回收装置工程师所应具备的最基本的职业要求。硫黄回收装置工程师应对装置各个生产环节进行检验和控制，消除浪费，特别是减少对资源和能源不必要的消耗，从而有力地在满足环保指标的大前提下使生产向精益型和可持续型转变。装置应该在工程师的管理下走出一条生产上精耕细作、管理上精雕细刻、经营上精打细算、技术上精益求精的发展之路，为建设节约型社会尽自己的一份责任。同时也符合工程伦理中责任伦理、利益伦理的要求。

任何一个硫黄回收装置工程师都有责任通过利用自己的专业知识，并在工程伦理规范的规范下，将自己的装置通过维护和优化变得更加平稳和高效。高效的硫黄回收装置应有能力长期在满负荷状态下运行，并发生最少的运行中断和指标超标情况。实现这个目的的首要条件就是：硫黄回收装置工程师具备更加专业的技术和更加严格的工程伦理约束。对于硫黄回收装置，其处理量依赖于基础设计、工艺设备配置、过程控制、处理的气体组成和操作者技能。对于已经建成的硫黄回收装置，基本流程和工艺配置一般都已无法更改，同时受原料来源影响，操作者一般也无法直接控制原料的质量和数量。因此硫黄回收装置工程师成了装置运行中最灵活的变量，在装置运行过程中起了较其他装置所起的作用和影响更加显著，这也就要求硫黄回收装置工程师在职业素养和工程伦理方面有更加高的自我要求。

一套装置按其设计能力满负荷运行是装置工程师的责任，而经过装置工程师的管理和优化是否能达到设计目的，这取决于装置工程师的知识、风险精神、面对各种可能发生的问题的应对能力和在工程伦理方面的自我要求。高效的装置需要以高负荷和稳定运行为基础，在此状态下运行，装置将取得最高的硫回收率和最大化的经济回报，使催化剂具有更长的使用寿命，使装置对环境的污染降到最低。

在硫黄回收装置的日常运行中，装置工程师及其他操作者的重要性怎么强调都不为过。装置工程师在管理好自己装置的同时，还要加强与上游装置的工程师进行密切的联系和沟通，以期对自己装置的现状和未来状态有一个完整的了解。装置工程师必须全面熟悉本装置的方方面面，学会及时发现问题，特别是在装置不正常的时候。还需要通过培训，使操作人员也具备更高的操作技能。以往，硫黄回收装置被认为是垃圾处理单元，操作者的培训往往被忽视。然而随着环保等级的提升和原油的逐步劣质化，硫黄回收装置开始得到重视，相关技能培训也应逐步展开。

硫黄回收装置工程师有责任对装置的运行情况进行记录，并通过这个过程将现时数据与以往数据进行比较，并定期进行分析，发现变化并找出变化的原因。实践证明，这些记录和做法是非常宝贵的工程经验，当装置发生问题时可以及时发现并采取措施进行调整和消除，以期达到装置高效运行的目的。以上工作都需要工程师具有负责任的职业精神，而尽职尽责也是工程伦理的核心。

六、硫黄回收装置安全环保事故的伦理分析

事故案例：2011 年××公司硫黄回收装置异味污染案例

2011 年 3 月 20 日 18 时 57 分，××公司接到市环保局环境监察总队电话，称本市多个地区居民反映大气环境中有异味，要求××公司协助查找异味源头。企业立即组织相关部门和人员对炼油生产区域进行全面排查，经查，当天中午 11 时 30 分至 24 时，××公司一套硫黄回收装置酸性气紧急放火炬水封罐间歇发生 3 次水封冲破现象，泄放的酸性气冲破水封后，含硫化氢的酸性气未经焚烧而直接通过高 120m 的火炬进入大气，造成异味扩散。发现异常后，××公司立即采取有效措施予以控制。

事故的直接原因是××公司相关硫黄回收装置的酸性气紧急放火炬控制阀内漏，且由于酸性气火炬的点火系统发生故障正在维修中，导致泄漏的酸性气没有经过焚烧直接排入大气，最终酿成异味扩散事故。

事故的间接原因主要有以下几点：

1）风险识别不到位，在 3 月 4 日已经发现相关硫黄回收装置酸性气放火炬管道结盐堵塞后，只识别了酸性气应急放火炬的风险，但对酸性气泄漏导致水封水溶解管道积盐而贯通火炬的风险识别不到位，未能采取有效防范措施。

2）监控措施不到位。3 月 20 日中午 11 时 30 分至 24 时，相关硫黄回收装置酸性气紧急放火炬水封罐压力 3 次发生明显波动，操作人员没有及时监控到异常工况，从而未能在第一时间落实处理，导致事态进一步扩大。

3）应急处理能力不到位。3 月 20 日 18 时 57 分，××公司接到环境监察总队通知后，虽然立即启动了应急预案，相关部门和人员迅速赶往现场排查，但没有在较短时间内及时发现问题源头，从而未能有效控制事态扩大。

事故教训及防范整改措施：

1）提高酸性气紧急放火炬水封罐水封高度：立即增加水封罐的水封高度，形成有效水封，确保水封罐前压力在 0.1MPa 以上防止外泄，同时加强对酸性气火炬系统各操作参数的监控，发现水封压力低于 0.1MPa 立即补水，确保泄漏酸性气不至外泄。

2）酸性气紧急放火炬线增加切断阀门：经相关部门充分研讨，决定在酸性气火炬管道上安装切断阀门，实现酸性气系统与大气系统有效隔绝（阀门已在 3 月底完成安装），并根据安装阀门后的工艺设备状况修改、完善相关硫黄回收装置紧急情况下酸性气泄放操作方案。

3）加强生产现场环境监测和巡查：一是进一步强化全公司各装置异常工况通报制度；二是环境监测中心进一步扩大监测范围，与生产调度处形成联动机制，现场监测人员一旦发现异常立即通知生产调度处采取应急处理措施；三是加强装置现场巡查和异味督察，发现违规排放严肃处罚。

4）加强技术培训：对“3·20”事件进行深入剖析，制定防范措施、落实整改方案，强化技术培训，提高职工技术分析水平和应急处理能力。增上技措项目：对相关硫黄回收装置内所有酸性气排放火炬无手阀的控制阀加装上下游阀及副线阀，确保装置正常生产情况下可有效切断酸性气放火炬流程，对酸性气控制阀进行检查修理，确保阀门密封良好。

很多化工事故都在现实中演变为灾难，不仅极大地影响到公众的安全、健康和福祉，也给社会发展和公众生活的生态环境造成难以估量的损害。硫黄回收装置作为炼油化工产业链中重要的一环，具有装置数量多、有毒有害物质浓度高、操作温度高等高风险的特点。硫黄回收装置必须有效而可靠运转的同时，还必须达到相应的尾气排放标准。对于硫黄回收装置来说，原料来源杂乱且组成和流量极不稳定，这就对人员操作能力、仪表自动化程度和设备可靠性提出了严格要求。

上述代表性事故案例充分说明了硫黄回收装置一旦出现事故后的严重后果，也对硫黄回收装置工程师和技术操作人员分析和处理问题的能力提出了高要求。如何在日常生产和管理过程中有效掌握和控制潜在风险？如何规避可能存在的风险而不至于演化为事故？这就需要硫黄回收装置工程师在各环节中将公众的安全、健康和福祉放在首位，积极主动排查装置的隐患和故障，保证装置在符合环保要求的前提下，以最高的可靠性和符合环保要求的工况运转。

同时，硫黄回收装置工程师还应注重参与和利用团体思维解决问题，需要经常参与团体决策。管理、工程和操作部门对问题和隐患的理解不同，应广泛听取意见并系统考察本系统以前所发生的类似问题，弄清问题和隐患是如何被诊断和解决的，查阅操作和维修记录，对比正常工况时和问题工况时装置的各项性能有何不同。注意装置数据的实时采集和分析计算，包括催化剂数据和热平衡、物料平衡数据。通过集体讨论的方法列出所有可能的原因或各种原因的组合，然后系统地逐一排除。问题的发现和解决可以提高装置操作水平、提高平稳率和达标率，避免停车和事故的发生，增加装置的可靠性。

作为硫黄回收装置工程师，对重要信息的忽视和无知也可能是导致风险演变为事故的一个重要因素。因此硫黄回收装置工程师要认真学习与装置相关的国家标准和地方标准，了解装置设计规范和准则，掌握硫黄回收安全管理、应急管理、风险管理的本质，这样就可以避免在管理装置和处理突发事件时做出错误的决定。

化工过程安全的核心就是风险管理。硫黄回收装置工程师应在“零事故”的安全理念下，科学地评估风险，辨识生产过程中存在的危险源，采取有效的风险控制措施，将风险降至可接受程度，避免事故的发生。严格按照相关规定，对装置各项操作(工艺参数、工艺流程、设备和关键人员等)的变更进行管理，按专门程序对所有的变更进行风险评估、批准、授权、沟通、实施前检查并做变更记录，必要时落实相应的变更培训。过程安全管理的各个要素之间存在紧密的内在联系，需要相互协同，硫黄回收装置工程师只有做到工作中不出现管理之间衔接的漏洞，才能发挥好事故预防的作用。

炼油化工作为流程工业，流程中的任何一个环节都起着承上启下的作用。在炼油化工企业硫平衡和环境保护目标达成的过程中，硫黄回收装置同样发挥着不可替代的作用。作为硫黄回收装置工程师，应坚持环境与生态的可持续发展，以综合全面的视角积极掌控已知的与潜在的风险，做好相关的各项评估，减少风险引发的各种不确定因素，缓解公众的担忧情绪，实现炼油化工项目与人、自然、社会的和谐有序发展。

参 考 文 献

[1] 李正风，丛杭青，王前．工程伦理[M]．北京：清华大学出版社，2016.